2019 年度
全国钻井液完井液学组工作会议
暨技术交流研讨会论文集

孙金声　罗平亚　主编

U0209491

中国石化出版社

内 容 提 要

本书收集了 2019 年度全国钻井液完井液学组工作会议暨技术交流研讨会论文 117 篇，主要内容包括钻井液新技术及处理剂、深井及海洋钻井钻井液技术、非常规油气钻井钻井液技术、环保钻井液技术、钻井液井壁稳定及防漏堵漏技术、油气层保护技术、钻井液现场复杂事故处理、钻井液评价仪器及评价方法等，反映了国内近几年钻井液完井液科研成果和技术进展。本书可供从事钻井液完井液技术领域的科研人员、工程技术人员及相关院校师生参考使用。

图书在版编目(CIP)数据

2019 年度全国钻井液完井液学组工作会议暨技术交流研讨会论文集/孙金声，罗平亚主编.
—北京：中国石化出版社，2019.10

ISBN 978-7-5114-5554-3

Ⅰ.①2… Ⅱ.①孙…②罗… Ⅲ.①钻井液-完井液-文集
Ⅳ.①TE254-53

中国版本图书馆 CIP 数据核字(2019)第 212120 号

中国石化出版社出版发行

地址:北京市东城区安定门外大街 58 号
邮编:100011 电话:(010)57512500
发行部电话:(010)57512575
http://www.sinopec-press.com
E-mail:press@sinopec.com
北京艾普海德印刷有限公司印刷
全国各地新华书店经销

*

787×1092 毫米 16 开本 47 印张 1161 千字
2019 年 10 月第 1 版 2019 年 10 月第 1 次印刷
定价:328.00 元

《2019 年度全国钻井液完井液学组工作会议暨技术交流研讨会论文集》
编 委 会

主　编：孙金声　罗平亚

副主编：刘梅全　程荣超　林永学　王中华　耿　铁

　　　　苗海龙

编　委：（按姓氏笔画顺序）

前　　言

中国石油学会石油工程专业委员会钻井工作部钻井液完井液学组于 2019 年 11 月在江西赣州召开 2019 年度全国钻井液完井液学组工作会议暨技术交流研讨会。旨在促进我国钻井液完井液技术发展，总结和交流钻井液完井液领域的科研成果和现场工程经验，加强钻井液完井液新技术、新产品的推广应用，梳理钻井液完井液技术面临的挑战。

本次会议得到了钻井液完井液行业广大科研人员、工程技术人员、院校师生的积极响应和热情参与，得到了各级主管部门的大力支持。自钻井液完井液学组发出征文通知以来，各单位踊跃投稿，共收稿 117 篇，经专家审定，全部收录文集，并由中国石化出版社正式出版发行。

本论文集包括钻井液新技术及处理剂、深井及海洋钻井钻井液技术、非常规油气钻井钻井液技术、环保钻井液技术、钻井液井壁稳定及防漏堵漏技术、油气层保护技术、钻井液现场复杂事故处理、钻井液评价仪器及评价方法 8 个部分，比较全面地反映了近年来钻井液完井液技术的进展。论文集力图站在国内钻井液完井液发展前沿的高度来进行阐述和分析问题，重点总结了国内各油田钻井液完井液领域攻关的重点成果和现场应用的典型案例，对从事钻井液完井液技术领域的科研人员、工程技术人员及院校师生有参考借鉴作用。

本次会议由中国石化石油工程技术研究院承办，同时得到中国石油、中国石化、中国海油、延长石油集团及各大研究院校等单位相关领导和专家的大力支持，在此致以衷心的感谢！

中国石油学会石油工程专业委员会
钻井工作部钻井液完井液学组

目　录

钻井液新技术及处理剂

钻井液井壁稳定及防漏堵漏技术

油气层保护技术

钻井液现场复杂事故处理

钻井液评价仪器及评价方法

国内近 5 年钻井液用聚合物研究与应用进展

杨小华　林永学

（中国石化石油工程技术研究院）

摘　要　本文主要从天然及改性聚合物材料、合成聚合物材料、农副产品改性制备聚合物材料等方面介绍了国内近 5 年在钻井液用聚合物方面的研究与应用进展，并指出今后的研究重点为：（1）合成聚合物材料方面：研制含膦酸基单体及高温稳定的支化阴离子或非离子单体，及星形结构的聚醚、聚醚胺等有机化合物；突破传统分子结构，制备剪切稳定性和高温稳定性好、抑制性强、黏度效应低、基团稳定性好的新型聚合物；加强反相乳液聚合物处理剂的研究，加快乳液产品工业化，扩大应用范围；研制油基钻井液防漏、堵漏材料，探索合成生物的合成基钻井液处理剂。（2）天然材料改性方面。通过改变吸附基和水化基团性质和数量，采用结构重排、分子修饰等途径提高处理剂的热稳定性。

关键词　聚合物　天然材料　合成材料　农副产品　钻井液　应用进展

　　油田化学品在石油勘探开发中占重要地位，其应用遍及石油勘探、石油工程、集输、注水等所有工艺过程。随着油气勘探开发地域的扩大，所开采油气层位越来越深，地质条件日趋复杂，开采难度越来越大，尤其是页岩气、页岩油等非常规油气资源的开发，为了保证尽可能高效地进行石油钻探和提高油气采收率，从钻井、固井、酸化压裂、提高采收率、原油集输、油田水处理等，直到最后采出油气的各个环节，都必须采取有效措施以保证施工的顺利进行。在这些过程中，对油田化学品的要求更高，油田化学品的用量也越来越大，可以说没有油田化学品，石油勘探开发就不能顺利进行。在油田化学品中 90% 是聚合物材料。聚合物在油田化学中占首要地位，并有着广阔的发展空间和市场潜力。

　　聚合物按照来源可分为天然材料及改性聚合物、合成聚合物和农副产品制备聚合物。天然聚合物包括淀粉、纤维素、木质素、植物胶，以及一些无机天然矿物材料等；合成聚合物包括聚丙烯酸(盐)、聚丙烯酰胺、含磺酸聚合物、丙烯酸与丙烯酰胺等单体的多元共聚物、聚乙烯醇、酚醛树脂及磺酸盐、氨基树脂及磺酸盐、酮醛缩聚物及磺酸盐、聚醚、聚醚胺、聚胺、聚季铵、聚乙烯吡咯烷酮等。本文就 5 年来聚合物在钻井液中的研究应用进展作一介绍，旨在为钻井液科研工作者提供参考。

1　合成聚合物

　　钻井液是钻井中使用的作业流体，起着"血液"的重要作用。钻井液处理剂是用于配制钻井液，维护和改善钻井液性能，从而起到悬浮和携带岩屑，润滑冷却钻头，提高钻头进尺，利于破碎岩石，并增加井壁稳定性，防止发生卡、塌、漏、喷等复杂事故。

无论从应用还是研究方面，合成聚合物始终占据钻井液处理剂的主导地位。20 世纪 80 年代发展起来的含羧酸基的阴离子型和两性离子型丙烯酸（AA）、丙烯酰胺（AM）类聚合物，因基团比例及相对分子质量不同，可分别用作增黏剂、降滤失剂、包被絮凝剂、流型调节剂、防塌剂和降黏剂，在钻井液中占重要位置，至今仍然是国内用量最大的处理剂之一。

实践表明，含羧酸基的聚合物尽管具有较强的抗温抗盐和一定的抗钙能力，但在高温下，特别是存在高价金属离子时其作用会明显下降，甚至失去作用。针对丙烯酸类聚合物抗温、抗钙能力不足。国外在 20 世纪 80 年代就广泛应用 2-丙烯酰胺基-2-甲基丙磺酸（AMPS）聚合物，并形成了具有不同作用的钻井液处理剂。随着 AMSP 单体的国产化，国内于 20 世纪 90 年代初研制生产了以 PAMS601 为代表的 AMPS 与 AM 等单体的共聚物处理剂，并在现场应用中取得良好效果。由 2-丙烯酰氧-2-甲基丙磺酸（MAOPS）与 AM、阳离子单体合成的共聚物 CPS-2000，并形成了两性离子磺酸盐聚合物钻井液。由 AM、丙烯酰胺基长链烷基磺酸和双烯磺酸单体为原料合成的低相对分子质量的抗高温聚合物降滤失剂 SMPFL 系列产品，于 2010 年投入生产和现场应用，在现场钻井中表现出良好的抗高温性能，并形成了高温高密度/超高温高密度钻井液体系[1~5]。

近年来，随着对 AMPS 聚合物性能逐步认识，AMPS 与其他单体共聚成为聚合物研制的主要方向，如与 N-乙烯基吡咯烷酮（NVP）、N-乙烯基己内酰胺（N-VCL）、N，N-二甲基丙烯酰胺（DMAM）、N，N-二乙基基丙烯酰胺（DEAM）、烯丙基磺酸钠（AS）、二甲基二烯丙基氯化铵（DMDAAC）、甲基丙烯酸十八酯（SMA）、烯丙基聚乙二醇（APEG）、对苯乙烯磺酸钠（SSS）、衣康酸（IA）、乙烯基苯基磺酸盐（VPS）、苯乙烯（St）、丙烯酸丁酯（BA）、甲基丙烯酸甲酯（MMA）等单体开展二元、三元、四元、五元共聚物研究工作，但重复性研究居多。

近 5 年围绕进一步提高抗温抗盐能力研究主要有：制备抗温抗盐抗钙的 P（AMPS/N-VCL/二乙烯基苯）聚合物增黏剂 SDKP[6]、P（AM/SMA）油基钻井液降滤失剂 FLA[7]、抗温 180℃的 P（AM/AMPS/IA/DMDAAC/NVP）聚合物[8]、低相对分子质量的 P（AA/AS/DM-DAAC）聚合物[9]、P（AM/AMPS/DMDAAC/VPS）聚合物[10]、抗温 240℃ 抗 36% NaCl 的 P（AM/APEG/AA/SSS）聚合物[11]、P（AM/AMPS/NVP）微交联共聚物 PTAPN[12]、抗温 270℃ 的 P（AA/AM/AMPS/DMAM/NVP）共聚物降滤失剂 HR-1[13]等。

长期以来，粉状聚合物处理剂的生产以水溶液聚合为主，而采用反相乳液聚合方法制备的聚合物反相乳液，与粉状聚合物相比，不仅能够减少在烘干、粉碎过程中因降解、交联等造成的不利影响，且可直接加入钻井液并快速分散，同时可减少用量。实践证明，P（AM/AA）聚合物反相乳液的性能明显优于水溶液方法制备的组分相同的粉状聚合物，并在应用中表现出良好的性能。为此，针对反相乳液聚合物的合成开展了一系列研究，如 P（AM/AMPS/DMAM）共聚物反相微乳液、P（AM/IA/AMPS）超浓聚合物反相乳液、P（AM/AA/AMPS）超支化聚合物[14]、P（AM/AMPS/DAC）两性离子聚合物[15]、P（AM/KAA/阳离子单体)[16]、P（AM/AA/2-甲基丙烯酸-N，N-二甲基乙酯)[17]。

一直以来，聚合物处理剂的研究始终基于改善侧链的稳定性，选择吸附基团和水化基团（不同单体），一些烷基取代丙烯酰胺后尽管水解稳定性高于 AM，但酰胺基仍然存在水解趋势，长期稳定性仍然没有解决；就结构而言，始终以链状为主的聚合物处理剂在热稳定性和剪切稳定性方面仍然存在缺陷，高温老化前后钻井液的黏度和切力变化大，给钻井液处理维护带来困难。由于国内缺少诸如乙烯基乙酰胺和乙烯基甲酰胺等水解稳定性强的单体，因此与国外相比，适用于高温、特别是高钙条件下的聚合物仍然存在差距[18]。

2 天然材料改性聚合物

20 世纪 80 年代，以 CMS、HPS 等为代表的淀粉醚化产物，因具有良好的抗盐能力而成为饱和盐水钻井液的理想降滤失剂，但抗温能力不足限制了其应用范围，故提高抗温性是淀粉改性的主要方向，而目前的改性方法主要局限在醚化和接枝共聚方面。在醚化方面，以环氧氯丙烷为交联剂合成的高黏度交联-羧甲基淀粉，抗剪切能力强，具有较好的增黏、降滤失、抗温和抗盐能力。国内在淀粉接枝共聚物方面开展了一些研究[19]，并得到了具有良好的降滤失、抑制性、增黏及抗温抗盐能力的接枝共聚物，以淀粉为主体制备的抗 140℃ 高温淀粉 SMART，于 2014 年投入生产和现场应用，在现场钻井中表现出良好的抗高温性能，并形成了环保抗高温钻井液体系[20]。围绕淀粉改性及提高抗温性能的研究还有，如 AM/AMPS-淀粉共聚物、AM/AA/MPTMA-淀粉共聚物、AM/AMPS/DAC-淀粉共聚物、两性离子 AM/DMC/SSS-淀粉共聚物[21,22]。但目前这些接枝共聚物研究中很少突出淀粉的主体作用，仅是含有淀粉且不明主体占比，尤其对于接枝反应缺乏数据支撑，关于接枝共聚物组成、接枝效率和接枝率等基本没有涉及，没有明确产物是接枝共聚物还是混合物，没有评价接枝物和混合物对钻井液性能的影响。作为淀粉下游产物，以甲基葡萄糖苷、乙基葡萄糖苷等为主剂的钻井液所特有的优越性，使烷基糖苷（APG）的应用日益受到重视。与 APG 相比，阳离子烷基糖苷（CAPG）在保持 APG 优越性的同时，抑制能力更突出，以 CAPG 为主剂的钻井液可有效解决水敏性泥页岩地层的井壁失稳问题[23]。此外，以葡萄糖与三甲基氯硅烷为原料合成了具有较好抑制性、润滑性和一定增黏、降滤失作用的三甲基硅烷基葡萄糖苷 TSG[24]。从酸法造纸废液中分离出的木质素磺酸盐是最早用于制备钻井液降黏剂的原料之一。随着降黏剂用量的减少，用于合成降黏剂的木质素改性产物的用量也越来越少。围绕接枝共聚和高分子化学反应改性开展了一些研究，如木质素与不同单体接枝共聚制备的低相对分子质量的 AMPS/AA/DMDAAC-木质素磺酸接枝共聚物和 SS/Ma-木质素磺酸钙接枝共聚物[25]。

国外对天然材料改性处理剂的研究重点主要是利用天然材料的结构和基团特征制备特殊功能的处理剂，更注重天然材料的主体作用，并保持材料的自身优势，适用范围更明确，目的性更强，且在强调环保时并不过于强调抗温能力，重视增加天然材料改性处理剂的应用范围和用量，而不是追求增加品种。与国外相比，国内在天然材料改性处理剂研究方面存在较大差别：生产和应用缺乏延续性；缺乏新手段和新思路，通常是研究多，转化和推广应用少，且重复研究多，更多研究以发表论文为目标，且研究多局限在室内性能评价，没有重视天然改性处理剂所组成钻井液的环保性能。围绕提高天然材料改性处理剂的产品质量、扩大应用面，今后应重点从改变结构和基团性质，增加基团数量，寻找新的改性方法出发，并通过结构重排、分子修饰等途径提高处理剂的热稳定性，延长使用周期，扩大应用范围。研制热稳定和剪切稳定性强、易生物降解的绿色处理剂，制备用于处理剂合成的原料等，实现处理剂低成本绿色环保发展目标[26]。

3 农林加工副产品改性处理剂

利用农林加工副产品作为合成原料，既有利于变废为宝，又可以降低生产成本，是发展低成本钻井液处理剂的重要途径。如以玉米秸秆制备的两性秸秆纤维素聚合物[27]，加量为

0.4%时具有较强的提黏、提切、吸附、降滤失及防塌性能，滤失量由 29mL 降至 11.8mL，回收率可达 93.3%。以玉米秸秆为原料合成的 CMC 与甲基丙烯酰氧乙基三甲基氯化铵（DMC）接枝共聚制备的两性离子纤维素，具有一定的抗盐降滤失能力[28]。

工业废料和农林加工副产品的利用，应着眼于环境保护和资源化方向，以发展绿色环保产品为目标，研制开发新型低成本的处理剂，在完善已有处理剂性能的前提下，重点通过不同的分离、纯化工艺及化学反应制备用于页岩抑制、防漏堵漏、降滤失、降黏、润滑、防卡、乳化和封堵等作用的产品。

4 发展趋势

近 5 年尽管开展了大量研究，但投入现场应用的很少，现场所用产品仍然以早期开发的为主。尽管品种多，但高质量的少，尤其是适用于高温、高盐、高密度及页岩气水平井钻井液的处理剂与国外相比还存在差距[29]。结合发展趋势及国内实际情况，今后的研究重点为：（1）合成聚合物材料方面。研制含膦酸基单体及高温稳定的支化阴离子或非离子单体，及星形结构的聚醚、聚醚胺等有机化合物；突破传统处理剂的分子结构，制备剪切稳定性和高温稳定性好、抑制性强、黏度效应低、基团稳定性好的新型聚合物，探索用于封堵、堵漏和井壁稳定的吸水性互穿网络聚合物颗粒或凝胶材料、树枝状或树形结构的低分子聚合物处理剂、树状聚合物交联体、可反应聚合物凝胶、两亲聚合物凝胶、吸油互穿网络聚合物等；加强反相乳液聚合物处理剂的研究，加快乳液产品工业化，扩大应用范围；重视处理剂的配伍性和协同增效能力，探索降解后仍然具有抑制和降黏作用的大分子处理剂的合成；研制油基钻井液防漏、堵漏材料，探索合成生物的合成基钻井液处理剂。（2）天然材料改性方面。通过改变吸附基和水化基团性质和数量，通过结构重排、分子修饰等途径提高处理剂的热稳定性。淀粉方面，突出淀粉的主体作用，通过烷基化、交联、接枝共聚等提高淀粉改性产物的抗温能力，制备降滤失剂、增黏剂、防塌剂、包被剂和絮凝剂等；探索两性离子或阳离子纤维素醚和混合醚的合成，制备具有暂堵和降滤失作用的超细纤维素，实现低成本。木质素方面，一是围绕提高抗盐、抗温目标进行分子修饰，二是将木质素分解（水解）成不同结构的单元，再进一步反应制备高温高压降滤失剂、絮凝剂、表面活性剂、抑制剂、分散剂和油基钻井液乳化剂等。

从提高钻井液抑制性出发，强化钻井液抑制性的聚合物将越来越受到重视，传统的依靠提高相对分子质量来达到增黏切、包被、絮凝及降滤失等作用的处理剂，将会逐步发展为以基团热稳定性和水解稳定性强、且吸附和水化能力强的低分子聚合物为主。未来的增黏剂、提切剂等，将通过处理剂与黏土或固相颗粒及处理剂分子间的有效吸附而形成空间网架结构，而使钻井液具有良好的剪切稀释性，以赋予钻井液良好的触变性，低的极限（水眼）黏度，以有效发挥钻头水功率。包被絮凝剂将更强调通过多点强吸附、形成疏水膜和强抑制作用来达到控制黏土、钻屑水化分散的目的，以保证钻井液清洁。降滤失剂则要求黏度效应低，对钻井液流变性不产生不利影响，并有利于提高钻井液的抑制性和润滑性、改善滤饼质量。

随着向深地、深海、地热和超深页岩气等油气资源开发的转移，耐温 280℃ 或更高温 300℃ 的抗盐聚合物，仍是目前稀缺产品。高温下不水解、不降解的新单体是开发和研究的关键。今后还应不断加大已有聚合物研究成果的转化力度，加快规模化生产建设，扩大推广应用面。针对不同地质要求及需求，不断研制、开发和应用聚合物新产品，提升聚合物整体水平，解决石油工程技术难题。

参 考 文 献

[1] 杨小华，李家芬，钱晓琳，等. 超高温聚合物降滤失剂 PFL-1 的合成及性能评价[J]. 石油钻探技术，2010，38(2)：37-41

[2] 杨小华，钱晓琳，王琳，等. 抗高温聚合物降滤失剂 PFL-L 的研制与应用[J]. 石油钻探技术，2012，40(6)：8-12.

[3] 杨小华，林永学. 无机聚合物材料及其在油田中的应用[J]. 应用化工，2019，48(2)：424-429.

[4] 田璐，李胜，杨小华，等. PFL 系列超高温聚合物降滤失剂在徐闻 X3 井的应用[J]. 油田化学，2012，29(2)：1-4.

[5] 魄强，王长勤. PFL-H 抗盐抗高温聚合物在濮深 20HF 井的应用[J]. 化工管理，2016，(11)：110-111.

[6] 谢彬强，邱正松. 无固相钻井液超高温增黏剂 SDKP 的结构、性能及应用[J]. 油田化学，2014，31(4)：481-487.

[7] 周研，蒲晓林，刘鹭，等. 油基钻井液用聚合物降滤失剂合成与性能评价[J]. 精细化工，2018，(6).

[8] 王金利，姜春丽，李秀灵，等. 耐温抗盐聚合物降滤失剂的合成与评价[J]. 精细石油化工进展，2016，(1)：13-17.

[9] 高胜南，蒲晓林，都伟，等. 低相对分子质量聚合物降滤失剂的合成与研制[J]. 精细化工，2017(3).

[10] MA X P，ZHU Z X，SHI W，et al. Synthesis and application of a novel betaine-type copolymer as fluid loss. additive for water-based drilling fluid[J]. Colloid & Polymer science，2017，295(1)：53-66.

[11] 全红平，徐为明，袁志平. AM/APEG/AA/SSS 聚合物降滤失剂的合成及性能[J]. 石油化工，2017，46(3)：356-363.

[12] 戎克生，杨彦东，徐生江，等. 抗高温微交联聚合物降滤失剂的制备与性能评价[J]. 油田化学，2018，35(40：582-591.

[13] 张丽君，王旭，胡小燕，等. 抗温 270℃钻井液聚合物降滤失剂的研制[J]. 石油化工，2017，46(1)：117-123.

[14] 王中华. 钻井液用超支化反相乳液聚合物的合成及其性能[J]. 钻井液与完井液，2014，(3).

[15] 王中华. 钻井液用两性离子 P(AM-AMPS-DAC)共聚物反相乳液的制备与性能评价[J]. 中外能源，2014(4).

[16] 王琳，钱晓琳. 聚合物乳液的合成及其在钻井液中的应用[J]. 西部探矿工程，2015，(12)44-48.

[17] 董晓波，赵晖，刘敏等. 乳液聚合物的合成及其在钻井液中的性能研究[J]. 精细石油化工进展，2015，16(2)：20-23.

[18] 王中华. 国内钻井液处理剂研发现状与发展趋势[J]. 石油钻探技术，2016，44(5)：1-8.

[19] 孔勇，杨枝，王治法，等. 淀粉改性研究及其在钻井液中的应用[J]. 应用化工，2016，45(11)：2153-2157.

[20] 杨枝，徐洋，王治法，等. 天然改性低相对分子质量聚合物钻井液技术[J]. 特种油气藏，2015，(3).

[21] 乔营，李烁，魏朋正，等. 耐温耐盐淀粉类降滤失剂的改性研究与性能评价[J]. 钻井液与完井液，2014，31(4)：19-22.

[22] 贺蕾娟，逯毅，刘瑶，等. AM-DMA-SSS-淀粉的合成及性能评价[J]. 应用化工，2015，44(1)：53-56.

[23] 司西强，王中华．阳离子烷基糖苷合成过程中的季铵化反应[J]．应用化工，2014，43(6)：1159-1161.

[24] 苏慧君，蔡丹，张洁，等．强抑制性三甲基硅烷基葡萄糖苷的合成及其防膨性研究[J]．复杂油气藏，2014，7(2)：61-64.

[25] 李骑伶，赵乾，代华，等．对苯乙烯磺酸钠/马来酸酐/木质素磺酸钙接枝共聚物钻井液降黏剂的合成及性能评价[J]．高分子材料科学与工程，2014，30(2)：72-76.

[26] 王中华．中国天然材料改性钻井液处理剂现状与开发方向[J]．中外能源，2018，(8)：28-35.

[27] 皇飞，张群正，武志远等．玉米秸秆制备钻井液处理剂及性能评价．应用化工，2016，(6)：1049-1052.

[28] 贺蕾娟．利用农作物秸秆制备钻井液处理剂及其评价[D]．西安：西安石油大学，2015.

[29] 王中华．国内钻井液处理剂研发现状与发展趋势[J]．石油钻探技术，2016，44(3)：1-7.

作者简介：杨小华，女，教授级高级工程师，中国石化石油工程技术研究院首席专家。从事钻井液处理剂及钻井液体系研究工作。地址：北京市朝阳区北辰东路 8 号北辰时代大厦 519 室，邮编：100101，电话：010-84988201/18618220856，E-mail：yangxh.sripe@sinopec.com。

。

近油基钻井液技术及实践

司西强　王中华　雷祖猛　孙举

(中国石化中原石油工程有限公司钻井工程技术研究院)

摘要　随着环保要求的日益严苛和钻井液技术的不断进步，"水替油"成为钻井液技术发展的必然趋势。针对目前油基钻井液配制成本高、钻屑后处理压力大等问题，开展了作用机理与油基相近、性能与油基相当、且绿色环保的近油基钻井液研究。通过钻井液体系构建及配方优化，得到了近油基钻井液优化配方：近油基基液(水活度0.746)+1.0%~3.0%土+1.5%~2.0%降滤失剂 ZY-JLS+0.1%~0.3%流型调节剂 ZYPG-1+3.0%~7.0%成膜封堵剂 ZYPCT-1+1.0%~3.0%纳米封堵剂 ZYFD-1+0.5%~2.0%抑制增强剂 ZYCOYZ-1+0.1%~0.3%pH调节剂+重晶石。钻井液密度在 1.17~2.50g/cm^3 范围内可调。密度为 1.17g/cm^3 时，钻井液水活度为 0.651。钻井液抗温达 150℃；岩屑回收率>99%；极压润滑系数 0.035，泥饼黏附系数 0.0524；钻井液滤液表面张力 29.425mN/m；钻井液中压滤失量 0mL，高温高压滤失量 4.5mL；钻井液 EC_{50} 值 128400mg/L；钻井液抗盐达饱和，抗钙 10%、抗土 30%、钻屑 25%、抗水 30%、抗原油 20%；钻井液表现出较好的储层保护性能。结果表明，近油基钻井液作用机理与油基相近，通过嵌入及拉紧晶层、吸附成膜阻水、低水活度反渗透驱水等发挥抑制防塌性能。该钻井液抑制防塌性能优异、固相清洁及容纳能力强、润滑防卡效果好、不黏卡钻具、环保优势显著，适用于高活性泥页岩、含泥岩等易坍塌地层及页岩油气水平井的钻井施工，实现现场绿色、安全、高效钻进。近油基钻井液体系在东北松辽盆地北部的松页油 XHF 井成功应用，效果突出。在邻井坍塌周期不超过 21d 的情况下，该井 100%纯泥岩裸眼浸泡 165d 仍然保持强效持久的井壁稳定，完井作业以 200~300m/h 的高速度下套管一次成功。松页油 XHF 井是我国第一口用水基钻井液打成的页岩油水平井，打破了松辽盆地北部页岩油层被称为"钻井禁区""不可战胜"的神话，为我国下步页岩油大规模开发积累了宝贵的第一手资料，意义重大。从技术、成本及环保等角度来说，近油基钻井液体系均表现出明显的优势，有利于促进国内外钻井液技术进步，具有较好的经济效益和社会效益，应用前景广阔。

关键词　近油基钻井液　近油基基液　页岩油气　低活度　强抑制　高润滑　水替油

众所周知，井壁失稳是油气钻探过程中最常见的井下复杂情况。据统计，90%以上的井壁失稳发生在泥页岩及含泥岩等易坍塌地层[1~7]。在钻遇黏土矿物含量高的高活性泥页岩及含泥岩等易坍塌地层时：常规水基钻井液不能有效抑制黏土水化膨胀、分散；强抑制水基钻井液虽然抑制防塌效果好，绿色环保，但远未达到油基钻井液的应用效果[8~12]；目前传统解决办法仍然是采用油基钻井液[13]。但油基钻井液存在配制成本高、钻屑后处理压力大等问题，限制了其更大规模的推广应用，且待环保要求严苛到一定程度、钻井液技术发展到一定高度时，油基钻井液必将被水基钻井液所取代[14]。于是，在这种形势下，寻求一种作用机理与油基钻井液相近、性能与油基钻井液相当且绿色环保的近油基钻井液体系成为现场亟需。

要想成功研发出近油基钻井液体系，首先要弄清楚油基钻井液和水基钻井液的根本区别在于：油基钻井液为非水环境，不存在地层水化作用，而现有水基钻井液均存在不同程度水化作用，水化作用的存在对井壁稳定是非常不利的[15,16]。从本质上来说，水基钻井液的水化作用是导致钻井施工中井壁失稳的主要因素[17~21]。因此，在水基钻井液体系研发过程中，要想达到油基钻井液的应用效果，必须把消除水化作用作为钻井液性能的重中之重。消除钻井液水化作用的前提条件主要有两个：一是钻井液可在地层井壁上吸附成膜[22~25]，阻止钻井液中自由水进入地层，避免水化作用引起的井壁垮塌；二是钻井液水活度足够低[26~28]，可在渗透压差的作用下驱使地层水往钻井液中反渗透，达到地层去水化的效果。也就是说，只有具备了吸附成膜阻水和反渗透驱水这两个基本特征的钻井液才是真正的近油基钻井液。

近油基钻井液与现有高性能水基钻井液的本质区别在于：高性能水基钻井液是依靠强抑制剂来实现抑制防塌，地层水化作用无法避免，坍塌周期较短；而近油基钻井液与油基钻井液一样，无水化过程，不存在黏土矿物的水化运移，地层坍塌周期可无限延长，或者可认为不存在坍塌周期的概念。既然不存在水化作用，那么压力传递就成为影响近油基钻井液和油基钻井液井壁稳定效果的主要因素。因此，要想避免井壁失稳，近油基钻井液还必须做好封堵措施[29,30]，避免或减弱压力传递作用，从去水化、强封堵等多个角度共同作用来确保井壁稳定。总的来说，要想实现近油基钻井液的技术目标，需要使钻井液满足吸附成膜阻水、反渗透驱水这两个基本条件，同时具备强封堵效果。

自 2011 年以来，中国石化中原石油工程公司研究人员研制出了低活度的近油基基液，并以其为基础，配套不同功能的其他配伍处理剂，构建并形成了近油基钻井液体系优化配方，该钻井液体系具有嵌入及拉紧黏土晶层、吸附成膜阻水、低水活度反渗透驱水、高润滑、低成本、绿色环保等特性，其作用机理与油基钻井液相近、性能与油基钻井液相当，现场达到了油基钻井液的应用效果。近油基钻井液体系适用于高活性泥页岩、含泥岩等易坍塌地层及页岩油气水平井的钻井施工，符合现场亟需，对实现现场施工的绿色、安全、高效钻进具有重要意义。本文主要介绍近油基钻井液的研究概况、技术优势及现场应用效果，以期对国内外钻井液技术人员有一定的启发作用，促进钻井液技术的不断进步。

1 近油基钻井液

近油基钻井液要达到的研究目标很明确，即充分发挥近油基基液的近油特性，以近油基基液为主体，研制或优选其他配伍处理剂，通过协同作用来提高近油基钻井液的综合性能，形成一种作用机理与有机相近，性能与油基相当，且绿色环保的近油基钻井液体系，使钻井液技术朝着绿色环保、低成本、高性能的方向发展。

1.1 体系构建及配方优化

1.1.1 近油基基液

近油基基液是由糖基聚醚、杂多糖、烷基糖苷、植物胶、壳聚糖等天然产物经一系列生物化学反应制备得到。近油基基液具有油的性质，可认为是一种油，但又不存在油的环保问题。

通过对近油基基液特性评价，可以看出当近油基基液水活度≤0.746 时，可发挥出较好的成膜及反渗透、抑制、润滑等效果，且水活度在 0.746~0.702 时，黏度效应不明显。可确定近油基基液在水活度为 0.746 时可充分发挥作用，且对钻井液黏度无影响。因此，在构建近油基钻井液体系时，以水活度为 0.746 的近油基基液为基础进行。

1.1.2 体系构建及配方优化

以水活度为 0.746 的近油基基液为基础，围绕其研制或优选了不同功能的各种配伍处理剂，并优化了加量，最终研究形成了近油基钻井液体系的优化配方：近油基基液（水活度 0.746）+1.5%~2.0%降滤失剂 ZY-JLS+0.1%~0.3%流型调节剂 ZYLX-1+3.0%~7.0%成膜封堵剂 ZYFD-1+1.0%~3.0%纳米封堵剂 ZYFD-2+0.5%~2.0%抑制增强剂 ZYYZ-1+0.1%~0.3%pH 调节剂+重晶石。经测试，密度为 1.17g/cm³ 时，钻井液水活度为 0.651。

根据所钻地层实际需要，钻井液密度在 1.17~2.50g/cm³ 范围内可调。对近油基钻井液体系优化配方及加重后的钻井液性能进行了评价。钻井液老化实验条件为：140℃、16h，高温高压滤失量测试温度为140℃，不同密度下近油基钻井液的性能评价结果如表1所示。

表1　不同密度近油基钻井液体系配方的性能

密度 ρ/ (g/cm³)	AV/ mPa·s	PV/ mPa·s	YP/Pa	YP/PV/ (Pa/mPa·s)	G'/G''/ Pa/Pa	FL_{API}/ mL	FL_{HTHP}/ mL	润滑系数	黏附系数	pH 值
1.17	30.5	21	9.5	0.452	3.5/4.5	0	4.5	0.032	0.0524	9.0
1.40	35.0	24	10.5	0.438	1.5/2.0	0	5.0	0.051	0.0612	9.0
1.60	40.0	29	11.0	0.379	1.5/2.0	0	4.0	0.066	0.0787	9.0
1.80	48.0	37	11.0	0.297	1.5/2.0	0	4.0	0.075	0.0875	9.0
2.00	54.5	45	9.5	0.211	2.0/3.0	0	3.8	0.083	0.1051	9.0
2.20	59.0	50	9.0	0.180	1.5/3.0	0	3.8	0.095	0.1228	9.0
2.35	62.5	50	12.5	0.250	2.0/3.5	0	3.8	0.125	0.1228	9.0
2.50	70.0	59	11.0	0.186	2.5/5.0	0	2.8	0.129	0.1228	9.0

由表1中数据可以看出，近油基钻井液体系在不加重及密度较低的情况下，流变性及降滤失性能均较好，随着密度的升高，钻井液黏度和切力均呈上升趋势，高温高压滤失量呈降低趋势，虽然润滑系数随着密度升高而逐渐增大，但在高密度条件下仍然保持了较好的润滑性能。当密度升高至 2.0g/cm³ 时，钻井液表观黏度 54.5mPa·s，塑性黏度 45mPa·s，高温高压滤失量 3.8mL，极压润滑系数 0.083，泥饼黏附系数 0.1051；当密度升高至 2.5g/cm³ 时，钻井液表观黏度 70mPa·s，塑性黏度 59mPa·s，高温高压滤失量降至 2.8mL，极压润滑系数 0.129，泥饼黏附系数 0.1228。可以看出，在高密度情况下，钻井液黏度上升幅度较大，特别是塑性黏度较表观黏度上升的速度更快，针对上述问题，可通过严格控制重晶石质量、调变钻井液配方中聚合物加量来优化钻井液流变性能，确保近油基钻井液体系在高密度时仍然具有较好的流型，满足不同区块现场施工的技术需求，实现安全、快速、高效钻进。普通水基钻井液或高性能水基钻井液在高密度时，由于其抑制地层造浆的能力较差，在钻进的中后期，往往会出现钻井液黏切大幅度上升的问题，而近油基钻井液则不会出现这种情况，这是因为近油基钻井液体系中的近油基基液是一种性能与油相近的流体，可消除地层黏土矿物的水化作用，从而避免地层造浆导致的流变性能失控难题。

1.2 近油基钻井液性能

近油基钻井液以水活度为 0.746 的近油基基液作为基础，使近油基钻井液具有吸附成膜阻水、低水活度反渗透驱水、嵌入及拉紧晶层等作用，配合着成膜封堵及纳微米级配封堵等措施，可保证应用地层的井壁稳定，实现现场施工的安全快速高效钻进。为了充分展示近油基钻井液的性能优势，对烷基糖苷（APG）钻井液和近油基钻井液的性能进行了对比。性能评价结果如表 2 所示。

表 2 APG 钻井液与近油基钻井液的性能对比结果

性能	APG 钻井液	近油基钻井液
抑制性能	岩屑回收率：5%：29.75%；35%：89.04%；促进黏土分散	岩屑回收率：5%：95.55%；15%：99.80%；抑制地层造浆效果好
润滑性能	极压润滑系数 0.075 泥饼黏附系数 0.0875	极压润滑系数 0.035 泥饼黏附系数 0.0524
抗温性能	抗温<130℃	抗温达 150℃
环保性能	无生物毒性、可生物降解，符合海洋排放标准	无生物毒性（EC_{50} 值 128400mg/L）、可生物降解，符合海洋排放标准
成本	>7000 元/m³	4500~6600 元/m³

由表 2 中数据可以看出，近油基钻井液岩屑回收率：5% 时，95.55%；15% 时，99.80%；近油基钻井液抑制地层造浆效果好；近油基钻井液极压润滑系数 0.035，泥饼黏附系数 0.0524；近油基钻井液抗温达 150℃；近油基钻井液无生物毒性，可生物降解，符合海洋排放标准；近油基钻井液单方成本 4500~6600 元/m³。通过与 APG 钻井液进行对比，可以看出，近油基钻井液从抑制、润滑、抗温、环保、成本等方面均具有显著优势，符合钻井液绿色化、低成本、高性能的发展趋势。

1.3 近油基与油基钻井液的性能对比

为充分展现近油基钻井液体系的近油基特性及环保性能，从抑制、润滑、失水、储层保护及生物毒性等方面对近油基钻井液和油基钻井液进行了比较。岩屑回收实验条件为120℃、16h，钻井液老化实验条件为 150℃、16h，动静态渗透率恢复值测试温度为 90℃。近油基钻井液按 1.1.2 中提供的优化配方配制；油基钻井液配方组成：柴油+20%CaCl₂+4%粉状乳化剂+1%Span80+3%CaO+2%结构剂+2%降滤失剂 JPAS，油水比为 8：2。实验结果如表 3 所示。

表 3 近油基钻井液与油基钻井液性能对比

钻井液	岩屑回收率/%	润滑系数	FL_{API}/mL	FL_{HTHP}/mL	动/静态渗透率恢复值/%	EC_{50} 值/(mg/L)
近油基	99.10	0.035	0	4.5	91.24/92.70	128400
油基	100.00	0.045	1.6	5.0	90.40/95.60	—

由表 3 中数据可以看出，近油基钻井液岩屑回收率为 99.10%，油基钻井液岩屑回收率为 100%；近油基钻井液润滑系数为 0.035，油基钻井液润滑系数为 0.045；近油基钻井液中压滤失量和高温高压滤失量分别为 0mL 和 4.5mL，油基钻井液中压滤失量和高温高压滤失量分别为 1.6mL 和 5.0mL；近油基钻井液动静态渗透率恢复值分别大于 91% 和 92%，油基

钻井液动静态渗透率恢复值分别大于90%和95%。由上述实验数据分析结果可以看出，近油基钻井液在抑制、润滑、降滤失、储层保护等方面性能与油基钻井液相当，且绿色环保。因此，在目前世界环保要求日益严格的情况下，近油基钻井液可作为避免现场钻井施工过程中环保压力的一种有效解决手段，实现绿色、安全、高效钻进。近油基钻井液是未来钻井液技术发展的一个主流方向。

2 近油基钻井液技术优势

2.1 井壁稳定能力强效持久

近油基钻井液通过嵌入及拉紧晶层、吸附成膜阻水、低水活度反渗透驱水等作用机理共同作用来保持井壁的强效持久稳定。

2.1.1 嵌入及拉紧晶层

近油基基液拉紧黏土晶层的实验结果见表4。

表 4 近油基基液处理前后黏土样品 XRD 数据

样品	$2\theta/(°)$	晶层间距 D/nm
钙土−清水	6.2830	1.4056
钙土−近油基基液	6.3880	1.3824

由表4中数据可以看出，近油基基液拉紧黏土晶层的效果显著。这是因为近油基基液含有多个羟基和胺基，可优先于自由水进入黏土晶层，拉紧黏土晶层间距，实现强抑制。

2.1.2 吸附成膜阻水

基浆及近油基钻井液浸泡岩心的扫描电镜照片如图1所示。

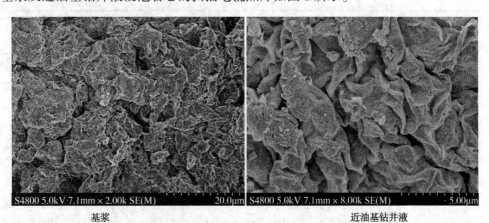

基浆   近油基钻井液

图 1 钻井液浸泡岩心的扫描电镜照片

由图1可以明显看到，近油基基液可以在岩心表面形成非常明显的吸附膜。这是因为近油基基液多个亲水的羟基、氨基吸附在井壁表面，亲油的烷基露在外面形成致密的"油膜"，可阻止自由水进入地层，实现强抑制。

2.1.3 反渗透驱水

近油基基液吸附在井壁表面形成半透膜，同时通过氢键结合自由水，滤液水活度低，可实现地层水在渗透压差作用下向钻井液中运移。当近油基基液水活度低于 0.746 时，具有明显的反渗透驱水现象。泥球浸泡实验结果如图 2 和表 5 所示。

低水活度的近油基基液不仅可跟高水活度时一样嵌入及拉紧晶层，而且可通过强吸附成膜、降低水活度实现反渗透，有效控制钻井液滤液侵入地层和促使地层水向钻井液反渗透，避免地层孔隙压力传递，从而抑制泥页岩水化膨胀分散，达到稳定井壁的目的。通过泥球浸泡实验来评价近油基基液的成膜性能及反渗透性能。泥球浸泡实验的操作步骤如下所示：制备质量为 20g 的泥球(土水质量比为 2：1)，精确称出其质量 m_1，室温下，分别浸泡在清水及不同水活度的近油基基液中，浸泡一定时间后取出，用滤纸吸净表面液体，精确称出其质量 m_2，对比浸泡前后泥球质量的变化，并观察泥球外观形貌的变化。根据测试结果，确定出近油基基液具有明显成膜作用时的水活度。清水及不同水活度近油基基液中泥球浸泡实验结果见图 2 和表 5。

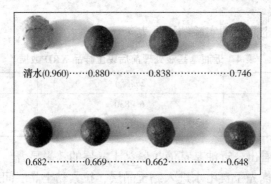

图 2　不同水活度近油基基液浸泡泥球 1d 后外观变化

表 5　清水及不同水活度近油基基液中泥球质量随时间变化

基液水活度	初始质量/g	浸泡 1d 质量/g	浸泡 1d 脱水量/g	浸泡 3d 质量/g	浸泡 3d 脱水量/g
0.960	19.14	28.18	−9.04	—	—
0.880	19.77	20.14	−0.37	20.36	−0.59
0.838	19.80	20.00	−0.20	20.08	−0.28
0.746	20.09	19.95	0.14	20.03	0.06
0.682	20.12	19.45	0.67	19.50	0.62
0.648	19.57	18.24	1.33	18.28	1.29

由表 5 中数据可以看出，当泥球浸泡在不同水活度的近油基基液中，随着水活度的降低，浸泡一定时间后，泥球的脱水趋势越来越强，由于近油基基液的强吸附作用，泥球表面呈致密光滑的状态，切开后泥球内部干燥，泥球表面的成膜效果越来越明显。当用清水浸泡泥球时，泥球水化膨胀分散程度较大，浸泡 1d 后，泥球吸水量达 9.04g，浸泡 3d 后，泥球已经膨胀分散于水中，无法准确称量吸水质量；当近油基基液水活度为 0.838 时，泥球仍然在吸水，但吸水量很小，水活度为 0.880 和 0.838 的近油基基液浸泡 3d 后的泥球吸水量分别为 0.59g 和 0.28g；当近油基基液水活度≤0.746 时，泥球呈现出逐渐增大的脱水趋势，水活度为 0.746、0.682、0.648 的近油基基液浸泡 3d 后的泥球脱水量分别为 0.06g、0.62g、1.29g。通过上述分析可以看出，当近油基基液水活度≤0.746 时，其可在浸泡泥球表面形成较好的吸附膜，并能实现反渗透作用，驱使自由水从泥球中析出，使浸泡后泥球质量小于

浸泡前泥球质量。因此，确定近油基基液水活度在 0.746 时，能够保证钻井液具有较好的吸附成膜阻水和反渗透驱水的效果。

2.1.4 岩心柱浸泡实验

油基钻井液及近油基钻井液等不同钻井液体系浸泡 180d 的岩心柱外观照片如图 3 所示。

| 油基钻井液 | 近油基钻井液 | 近油基钻井液瓣开后 |

图 3 不同钻井液浸泡 180d 的岩心柱外观

由图 3 可以直观地看出，岩心柱在近油基钻井液中浸泡 180d 未垮塌，表明其具有非常强效持久的抑制防塌性能，其抑制防塌效果与油基钻井液相当；同时近油基钻井液可在浸泡的岩心柱表面形成致密吸附膜，阻止滤液侵入，使柱内水析出，保持岩心柱内部干燥、质地坚硬。

2.2 润滑性能好

近油基基液同时吸附在井壁和钻具表面形成规则致密"油膜"，降低了泥饼的黏附系数和起下钻摩阻，实现高润滑效果，润滑性能与油基钻井液相当。钻井液基浆为近油基钻井液扣除近油基基液配制得到。钻井液泥饼的扫描电镜照片如图 4 所示。

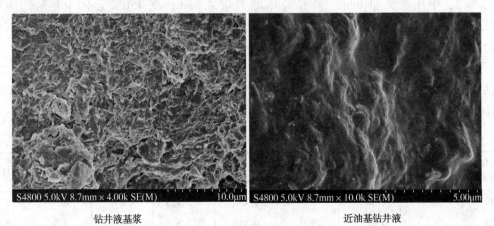

S4800 5.0kV 8.7mm × 4.00k SE(M)   10.0μm   S4800 5.0kV 8.7mm × 10.0k SE(M)   5.00μm

钻井液基浆   近油基钻井液

图 4 钻井液基浆及近油基钻井液泥饼的扫描电镜照片

近油基钻井液密度在 $1.2 \sim 2.0 \mathrm{g/cm^3}$ 时，极压润滑系数 $0.048 \sim 0.083$，泥饼黏附系数 $0.052 \sim 0.105$，润滑性能优异。不需要添加其他极压润滑剂，近油基基液本身即可满足长水平段润滑需要。不同密度的近油基钻井液的极压润滑系数和泥饼黏附系数测试结果如图 5 所示。

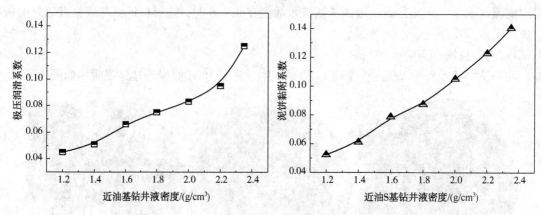

图5 不同密度近油基钻井液润滑性能

2.3 抗温性能强

通过对不同老化温度下近油基钻井液的性能进行考察，来评价其抗温性能。老化实验条件为：设定温度下热滚16h。近油基钻井液流变性能及滤失性能测试结果如表6所示。

表6 近油基钻井液在不同温度下的性能

老化温度/℃	$AV/mPa \cdot s$	$PV/mPa \cdot s$	YP/Pa	$YPPV/$ $(Pa/mPa \cdot s)$	$G'/G''/$ Pa/Pa	FL_{API}/mL	FL_{HTHP}/mL	pH 值
100	34.5	22	12.5	0.568	4.0/5.5	0	1.4	9.0
120	33.5	23	10.5	0.457	4.0/5.5	0	4.0	9.0
140	30.5	21	9.5	0.452	3.5/4.5	0	4.5	9.0
150	31.5	22	9.5	0.432	3.0/3.5	0	6.0	9.0

由表6中数据可以看出，近油基钻井液在140℃老化16h后，动塑比0.452，初终切适宜3.5/4.5，中压滤失量0mL，高温高压滤失量4.5mL；在150℃老化16h后，动塑比0.432，初终切适宜3.0/3.5，中压滤失量0mL，高温高压滤失量6.0mL。依据上述实验结果分析，可认为近油基钻井液抗温达150℃。

为了进一步考察近油基钻井液抗温性能的持久稳定性能，对钻井液在140℃下老化不同时间后的性能进行了考察，老化时间分别为：16h、32h、48h、64h、96h。实验结果如表7所示。

表7 近油基钻井液不同老化时间的性能（140℃）

老化时间 h	$AV/mPa \cdot s$	$PV/mPa \cdot s$	YP/Pa	$YP/PV/$ $(Pa/mPa \cdot s)$	$G'/G''/$ Pa/Pa	FL_{API}/mL	FL_{HTHP}/mL	pH 值
16	30.5	21	9.5	0.452	3.5/4.5	0	4.5	9.0
32	31	22	9.0	0.410	2.5/6.0	0	5.0	9.0
48	30	21	9.0	0.429	3.0/4.0	0	5.0	9.0
64	32	23	9.0	0.391	3.0/4.0	0	5.0	9.0
96	28	20	8.0	0.400	3.0/3.5	0.1	6.6	9.0

由表7中数据可以看出，近油基钻井液在140℃高温老化96h后，仍能保持较好的流变

性和较低的滤失量，动塑比 0.400，初终切适宜 3.0/3.5，中压滤失量接近 0，高温高压滤失量 6.6mL。如果钻井液流变性能及滤失性能开始变差，可通过补充增黏提切剂、降滤失剂等进行维护，使钻井液性能在高温条件下长时间保持稳定状态。上述实验结果表明，近油基钻井液在 140℃长期老化后，可保持稳定的钻井液性能，现场施工过程中可减少维护次数，缩减材料消耗成本，实现降本目的。

2.4 储层保护效果好

近油基钻井液的滤液表面张力及动静态渗透率恢复值的实验结果如表 8 和表 9 所示。

表 8 近油基钻井液滤液表面张力测试结果

配方	滤液表面张力/（mN/m）	P_n 滤液表面张力降低率/%
基浆	42.935	—
近油基钻井液	29.425	31.47

表 9 近油基钻井液渗透率恢复值测试结果

渗透率	围压/MPa	$P_{前稳}$/MPa	$P_{后稳}$/MPa	渗透率恢复值/%
静态	6.0	0.364	0.389	93.57
动态	6.0	0.417	0.455	91.65

由表 8 和表 9 中数据可以看出，近油基钻井液的滤液油水界面张力低，仅为 29.425mN/m，可减小水锁效应，提高滤液返排效率；近油基钻井液的岩心静态、动态渗透率恢复值都大于 91%，表现出较好的储层保护性能。

2.5 环保效果好

对近油基钻井液的生物毒性进行了评价测试，所用方法为发光细菌法，检测指标为 EC_{50} 值。经检测，近油基钻井液优化配方的 EC_{50} 值为 128400mg/L，远大于排放标准 30000mg/L。得出结论为：近油基钻井液无生物毒性，可适用于海洋及其他环保要求较高地区的钻井施工，实现绿色、安全、高效钻进。

3 近油基钻井液现场应用

主要介绍近油基钻井液体系在东北松辽盆地北部松页油 XHF 井的应用情况。

3.1 概况

近油基钻井液体系在东北松辽盆地松页油 XHF 井成功应用，该井是国内第一口采用水基钻井液成功完井的陆相页岩油水平井。该井井别为参数井，井型为丌窗侧钻水平井，钻探目的为开发松辽盆地北部页岩油资源。该井设计井深 3154m，井斜 87.3°，裸眼段长 1600m，水平段长 800m，完井方式为套管固井、压裂完井。造斜段依次穿过嫩江组、姚家组、青山口组青三、二段，水平段目的层为青山口组青一段。造斜段和水平段钻遇地层岩性为灰黑色泥岩、灰黑色荧光泥岩，岩性分析结论为 100%纯泥岩。

3.2 技术难点

该井施工技术难点主要表现在以下三个方面：
（1）泥页岩地质特性，导致地层井壁稳定难度极大。

造斜段：嫩江组、姚家组、青山口组青二、三段的软泥岩垮塌趋势严重。水平段：青山口组青一段的泥岩地层层理、裂缝发育、胶结性差。施工区块内已完井情况表明，青山口组地层坍塌周期不超过 21d，井壁失稳风险极大。

（2）整个造斜段及水平段岩性为 100% 纯泥岩，采取裸眼钻进，润滑防卡难度大。

如果钻井液抑制及润滑性能不强，则极易造成钻头泥包，从而导致工艺面不好确定，钻头容易漂移，定向困难；另外，若钻井液体系润滑性能较差，则极易引起托压、卡钻等井下复杂事故。

（3）整个造斜段及水平段的纯泥岩地层极易造浆，导致钻井液维护处理难度大。

松页油 XHF 井造斜段及水平段的地层岩性为 100% 纯泥岩，主要为灰黑色泥岩、灰黑色荧光泥岩，极易水化膨胀、分散，导致地层造浆严重。一旦钻井液抑制性能较差，钻进过程中来不及除掉的泥岩钻屑将会侵入钻井液，分散形成亚微米颗粒，引起钻井液有害固相含量迅速升高，致使钻井液的维护处理难度加大。更为严重的是，对于高密度钻井液可能导致流变性能失控，无法维护。

3.3 技术对策

根据施工技术难点分析，主要从井壁稳定技术和润滑技术两个方面来制定技术对策。

3.3.1 井壁稳定及固相清洁技术

① 超强抑制及固相清洁：近油基基液+抑制增强剂 ZYYZ-1；

② 成膜封堵：近油基基液+成膜封堵剂 ZYFD-1；

③ 纳微米级配封堵：纳米封堵剂 ZYFD-2+不同粒径刚性和变形材料（与地层孔缝相匹配）。

3.3.2 润滑技术

①近油基基液在井壁及钻具表面吸附形成疏水润滑膜；

②后期完井作业使用塑料小球、石墨等固体润滑剂，保障下套管作业顺利施工。

3.4 应用效果

通过对现场实钻情况进行总结分析，发现近油基钻井液体系具有以下应用效果。

3.4.1 抑制防塌效果突出，井壁保持长久稳定

钻进过程中返出泥岩钻屑形貌如图 6 所示。

图 6 钻进过程中返出泥岩钻屑外观

由图 6 可以看出，1554~3154m 造斜段、水平段钻出的嫩江、姚家、青山口灰黑色、深灰色、灰褐色软泥岩均保持了原始形貌，棱角分明，硬度较大，掰开后内部干燥。

16

松页油 XHF 井不同地层井段的稳定周期统计情况如表 10 所示。

表 10　松页油 XHF 井不同地层井段的稳定周期

层位	岩　　性	邻井 X 井坍塌 周期/d	松页油 XHF 井 稳定周期/d
嫩江组	深灰、灰黑色泥岩、灰黑色泥岩夹薄层黑褐色油页岩等	7~10	165
姚家组	灰黑、灰色泥岩、粉砂质泥岩、灰绿、紫红色泥岩等	7~10	161
青山口组	灰黑色泥岩、灰黑色介形虫层、褐黑色油页岩等	21	159

由表 8 中统计数据可以看出，近油基钻井液体系应用于松页油 XHF 井的井壁稳定周期远远高于以往施工邻井的坍塌周期，稳定造斜段软泥岩和水平段纯泥岩的能力强效持久，坍塌周期得到极大延长，我们认为近油基钻井液可大幅延长高活性泥页岩易坍塌地层的坍塌周期，确保易坍塌地层的安全、快速、高效钻进。

3.4.2　自身润滑性好，无托压卡钻和钻头泥包

近油基钻井液自身润滑性好，无须添加其他润滑剂。定向段和水平段起下钻摩阻小，润滑防卡效果好。

① 定向段：起钻摩阻 6~7t，下钻摩阻 4~5t；水平段：起钻摩阻 10~12t，下钻摩阻 6~8t；近油基钻井液润滑防卡效果好；

② 整个定向段定向过程顺利，无任何托压现象；

③ 定向段和水平段起下钻顺畅，无钻头泥包现象。

近油基钻井液施工过程中，刚出井的复合 PDC 钻头外观如图 7 所示。

图 7　近油基钻进过程中刚出井钻头外观

3.4.3　钻井液不黏卡钻具，无钻头泥包

在钻具长时间静置、钻井液不循环的情况下长达 28h，钻具未发生黏卡现象，为停泵维修、井下复杂处理等作业提供了充足时间，避免了埋钻具、井眼报废的风险。不黏卡钻具是近油基钻井液较其他水基钻井液的一个非常显著的技术优势。另外，近油基钻井液在钻进过程中，无钻头泥包现象，利于提高机械钻速。

3.4.4　钻井液性能稳定，固相容纳能力强，抑制地层造浆效果显著

近油基基液对钻井液具有良好流型调节作用，钻井液易于维护处理，各项性能稳定，固相容纳能力强，在固控设备失效情况下仍然保持较好流动性；在整个钻进过程中，钻井液坂

含为 5.4~21.4g/L，劣质固相不易分散，便于固控设备及时清除，钻井液具有良好的固相清洁能力，固相含量不超过 31.0%。

近油基钻井液施工井段的泥浆性能测试结果如表 11 所示。

表 11　近油基钻井液不同井深的性能测试结果

井深/m	密度/(g/cm^3)	FV/s	PV/mPa·s	YP/Pa	Gel/Pa/Pa	FL/mL	固相/%	MBT/(g/L)	$HTHP$/mL	K^+/(mg/L)	黏附系数
1766	1.40	48	31	8.5	2.0/3.0	2.4	13	6.4	--	28000	0.0612
2122	1.41	54	43	16	3.5/7.0	2.2	15	5.4	4.8	28800	0.0699
2435	1.60	89	70	28	5.0/10.0	0.2	21.5	6.2	6.2	29800	0.0875
2867	1.60	70	61	18	5.0/16.0	0.2	23.6	8.0	3.8	31000	0.0699
3106	1.60	99	83	35	7.0/25.0	0.2	25.2	16.0	4.0	31000	0.0699

3.4.5　钻井液无生物毒性，可生物降解，绿色环保

近油基钻井液主要组成为近油基基液、生物聚合物、改性多糖、纤维素聚合物、惰性封堵剂、无机电解质等，除惰性固相和无机盐外，其余均为可生物降解物质。前期曾对近油基钻井液室内配方的生物毒性进行了测试，测试指标为 EC_{50} 值，测得近油基钻井液室内配方的 EC_{50} 值为 128400mg/L，远大于排放标准 30000mg/L，无生物毒性。得出结论为：近油基钻井液无生物毒性，可生物降解，绿色环保，具有油基钻井液所不具备的环保优势，可缓解目前油基钻井液带来的环保压力，扩大水基钻井液的适用范围，近油基钻井液可适用于海洋及其他环保要求较高的地区钻井。

4　结论及认识

（1）通过对近油基基液水活度、黏度、成膜及反渗透、抑制及润滑等特性进行评价，确定了近油基基液水活度≥0.746 时，可充分发挥其近油基特性。

（2）以水活度为 0.746 的近油基基液为基础，构建并研究得到了近油基钻井液体系优化配方，具有优异的抑制、抗温及润滑性能；近油基钻井液作用机理与油基钻井液相近，性能与油基钻井液相当，且绿色环保，从技术及环保等方面均表现出明显优势。

（3）松页油 XHF 井现场应用情况表明，近油基钻井液体系具有超强抑制、地层不造浆、高润滑、不黏卡钻具、强封堵、绿色环保等显著技术优势，可有效解决高活性泥页岩等易坍塌地层及页岩油气水平井钻井施工过程中出现的井壁失稳、托压卡钻等井下复杂，利于提高机械钻速，缩短钻井周期，降低钻井成本，经济效益和社会效益显著，应用前景广。

（4）在现有研究基础上，继续开展近油基钻井液作用机理的深入研究，比如说近油基基液水活度与成膜效果、抑制防塌性能的内在联系，近油基基液与其他配伍处理剂的协同作用，为近油基钻井液体系的现场推广应用提供理论支撑。

（5）针对国内各页岩油气区块地层的不同地质特点，优化调整钻井液配方组成及施工技术方案，开展近油基钻井液体系的适用性研究，形成满足不同页岩地层复杂地质特征的近油基钻井液系列技术，在威荣、涪陵、松辽、黄金坝、长宁、延长等页岩油气区块开展推广应用，满足目前钻井施工中对钻井液性能、成本、环保等方面的严苛要求，实现绿色、安全、高效钻进。

（6）开展近油基钻井液老浆的回收利用技术研究，提升钻井液循环利用率，在确保性能满足现场技术要求的前提下，降低钻井液综合使用成本。

（7）在目前"近油基钻井液体系"研究及实践基础上，开展"超油基钻井液体系"的前瞻研究。

参 考 文 献

[1] 王中华. 钻井液及处理剂新论[M]. 北京：中国石化出版社，2017：456-467.

[2] 唐文泉. 泥页岩水化作用对井壁稳定性影响的研究[D]. 青岛：中国石油大学，2011：2-4.

[3] 李天太，高德利. 页岩在水溶液中膨胀规律的实验研究[J]. 石油钻探技术，2002，30（3）：1-3.

[4] 刘向君，丁乙，罗平亚，等. 钻井卸载对泥页岩地层井壁稳定性的影响[J]. 石油钻探技术，2018，46（1）：10-16.

[5] 沈建文，屈展，陈军斌，等. 溶质离子扩散条件下泥页岩力学与化学井眼稳定模型研究[J]. 石油钻探技术，2006，34（2）：35-37.

[6] 唐文泉，高书阳，王成彪，等. 龙马溪页岩井壁失稳机理及高性能水基钻井液技术[J]. 钻井液与完井液，2017，34（3）：21-26.

[7] 袁华玉，程远方，王伟，等. 长水平段钻井泥岩井壁坍塌周期分析[J]. 科学技术与工程，2017，17（3）：183-189.

[8] 张克勤，何纶，安淑芳，等. 国外高性能水基钻井液介绍[J]. 钻井液与完井液，2007，24（3）：68-73.

[9] 王治法，蒋官澄，林永学，等. 美国页岩气水平井水基钻井液研究与应用进展[J]. 科技导报，2016，34（23）：43-50.

[10] 王建华，鄢捷年，丁彤伟. 高性能水基钻井液研究进展[J]. 钻井液与完井液，2007，24（1）：71-75.

[11] 赵虎，龙大清，司西强，等. 烷基糖苷衍生物钻井液研究及其在页岩气井的应用[J]. 钻井液与完井液，2016，33（6）：23-27.

[12] 龙大清，樊相生，王昆，等. 应用于中国页岩气水平井的高性能水基钻井液[J]. 钻井液与完井液，2016，33（1）：17-21.

[13] 王中华. 油基钻井液技术[M]. 北京：中国石化出版社，2019：344-345.

[14] 闫丽丽，李丛俊，张志磊，等. 基于页岩气"水替油"的高性能水基钻井液技术[J]. 钻井液与完井液，2015，32（5）：1-6.

[15] 司西强，王中华，王伟亮. 聚醚胺基烷基糖苷类油基钻井液研究[J]. 应用化工，2016，45（12）：2308-2312.

[16] 谢俊，司西强，雷祖猛，等. 类油基水基钻井液体系研究与应用[J]. 钻井液与完井液，2017，34（4）：26-31.

[17] 贾俊，赵向阳，刘伟. 长庆油田水基环保成膜钻井液研究与现场试验[J]. 石油钻探技术，2017，45（5）：41-47.

[18] 张国仿. 涪陵页岩气田低黏低切聚合物防塌水基钻井液研制及现场试验[J]. 石油钻探技术，2016，44（2）：22-27.

[19] 司西强，王中华，王伟亮. 龙马溪页岩气钻井用高性能水基钻井液的研究[J]. 能源化工，2016，37（5）：41-46.

[20] 魏风勇，司西强，王中华，等. 烷基糖苷及其衍生物钻井液发展趋势[J]. 现代化工，2015，35（5）：48-51.

[21] 刘敬平，孙金声. 页岩气藏地层井壁水化失稳机理与抑制方法[J]. 钻井液与完井液，2016，33（3）：

25-29.

[22] 张克勤，方慧，刘颖，等. 国外水基钻井液半透膜的研究概述[J]. 钻井液与完井液，2003，20(6)：1-5.

[23] 屈沅治，孙金声，苏义脑. 新型纳米复合材料的膜效率研究[J]. 石油钻探技术，2008，36(2)：32-35.

[24] 李海涛，赵修太，龙秋莲，等. 镶嵌剂与成膜剂协同增效保护储层钻井液室内研究[J]. 石油钻探技术，2012，40(4)：65-71.

[25] 蒲晓林，雷刚，罗兴树，等. 钻井液隔离膜理论与成膜钻井液研究[J]. 钻井液与完井液，2005，22(6)：1-4.

[26] 于雷，张敬辉，李公让，等. 低活度强抑制封堵钻井液研究与应用[J]. 石油钻探技术，2018，46(1)：44-48.

[27] 刘敬平，孙金声. 钻井液活度对川滇页岩气地层水化膨胀与分散的影响[J]. 钻井液与完井液，2016，33(2)：31-35.

[28] 陈金霞，阚艳娜，陈春来，等. 反渗透型低自由水钻井液体系[J]. 钻井液与完井液，2015，32(1)：14-17.

[29] 侯杰. 硬脆性泥页岩微米–纳米级裂缝封堵评价新方法[J]. 石油钻探技术，2017，45(3)：32-37.

[30] 刘凡，蒋官澄，王凯，等. 新型纳米材料在页岩气水基钻井液中的应用研究[J]. 钻井液与完井液，2018，35(1)：27-33.

基金项目： 中国博士后科学基金特别资助项目"钻井液用两性甲基葡萄糖苷的合成及其作用机理"(2012T50641)、中国博士后科学基金面上资助项目"钻井液用糖苷基季铵盐的合成及其抑制机理研究"(2011M501194)、中国石化集团公司重大科技攻关项目"烷基糖苷衍生物基钻井液技术研究"(JP16003)、中国石化集团公司重大科技攻关项目"改性生物质钻井液处理剂的研制与应用"(JP17047)、中国石化集团公司重大科技攻关项目"硅胺基烷基糖苷的研制与应用"(JP19001)联合资助。

作者简介： 司西强(1982 年—)，男，2005 年 7 月毕业于中国石油大学(华东)应用化学专业，获学士学位，2010 年 6 月毕业于中国石油大学(华东)化学工程与技术专业，获博士学位。现为中石化中原石油工程公司钻井院钻井液工艺专家，研究员，近年来以第 1 发明人申报发明专利 40 件，已授权 15 件，发表论文 80 余篇，获河南省科技进步奖等各级科技奖励 20 余项。地址：河南省濮阳市中原东路 462 号中原油田钻井院，邮编：457001，电话：15039316302，E-mail：sixiqiang@163.com。

国内外微泡沫钻井液技术进展

王超群　陈缘博　张道明　郭晓轩

（中海油田服务股份有限公司油田化学事业部油田化学研究院）

摘　要　综述了近十年（2008~2018）国内外微泡沫钻井液技术研究及应用进展，总结了国内外在微泡沫钻井液理论研究及矿场应用方面取得的认识。针对目前的技术现状，分析了微泡沫尺寸与地层孔隙喉道半径匹配关系认识不清、微泡沫引起的堵塞、室内评价与现场应用效果差异较大等几方面问题。提出了对于微泡沫钻井液技术的研究要从钻井工程和油藏工程两方面考虑：要建立数学模型定量描述微泡沫尺寸与多孔介质中匹配关系，从而为微泡沫在不同储层中的应用提供理论参考；要研究微泡沫产生的"贾敏效应"对储层流体渗流能力的影响，避免微泡沫钻井液施工后可能引起的产液量下降问题；要建立实验室与现场制备条件的对应关系，统一关于微泡沫钻井液的制备规范或标准。

关键词　微泡沫　钻井液　微泡沫

微泡沫钻井液由于其低密度、可循环使用等特性被广泛应用于易漏失储层的钻完井作业中。微泡沫钻井液是由基液、表面活性剂、增黏剂和降滤失剂等添加剂组成，体系中气泡具有聚集而不聚结的独特性质，大量的气泡在地层孔隙中逐渐聚集形成"架桥"[1,2]，从而起到了降低钻井液滤失的作用。以往的应用实例表明，水基微泡沫钻井液可成功完成枯竭储层和其他低压地层的钻进，展现了其在欠平衡钻井方面较强的技术优势和应用前景。本文综述了2008~2018年间，国外微泡沫钻井液技术研究及应用进展，总结了目前取得的一些认识，探讨了该技术的研究方向，以期为微泡沫钻井液技术的进一步研究和应用提供一些参考。

1　微泡沫体系

微泡沫是气体在表面活性剂及稳定剂的作用下均匀稳定分散在水相形成的体系。从热力学角度上看，微泡沫是热力学不稳定体系，有着向降低体系表面吉布斯能（消泡）方向进行的趋势。因此，需要添加表面活性剂及稳定剂来提高微泡沫体系的稳定性，微泡沫常见发泡剂与稳泡剂见表1。从相态上看，微泡沫是气-液两相结构，气相被包裹在两个液相层（高黏水层与聚合物/表面活性剂浓度过渡层）中，形成了气相-液相-液相结构，并在各层的交界面上依次出现了气液表面张力降低膜、高黏水层固定膜和水溶性改善膜。

表1　常用发泡剂与稳泡剂

	类型	名称	特点
发泡剂	阴离子表面活性剂	脂肪酸、脂肪醇、烯烃的磺酸盐/硫酸盐	溶解好，起泡快，耐温，生物降解性差
	阳离子表面活性剂	季铵盐/脂肪醇胺盐	有一定的抗盐能力，有一定抗菌效果
	非离子表面活性剂	脂肪醇/烷基酚聚氧乙烯醚脂肪醇酰胺	起泡能力好，抗盐能力强，但存在浊点
	两性离子表面活性剂	甜菜碱类/脂肪醇氧化胺类	起泡能力好，抗盐能力强，可复配阴离子表面活性剂

续表

类型		名称	特点
稳泡剂	表面活性剂	脂肪醇醚硫酸铵	通过表面活性剂间的协同作用来增强界面膜强度
		脂肪醇酰胺	
		脂肪酰胺丙基氧化胺	
		脂肪酰胺丙基甜菜碱	
	增黏剂	黄原胶	提高液相黏度，降低流动，减缓泡沫排液速度
		瓜尔胶	
		聚丙烯酰胺	
		羧甲基纤维素	
		羟乙基纤维素	

2 国外研究及应用进展

2.1 国外研究进展

近年来，国外对微泡沫的研究逐渐由宏观转向微观，注重对微泡的组成结构、物理化学性质及多孔介质中的流变性等基础性能进行研究，得出了以下认识。

2.1.1 微泡沫的结构

微泡沫的独特结构是导致其性能有别于普通泡沫的根本原因。Fink JK，Growcock FB 等发现，微泡沫耐压达 27.3MPa，是普通泡沫耐压强度的 10 倍[3,4]。此后，为了进一步研究微泡沫与普通泡沫的结构区别，国外学者开展了大量实验研究了微泡沫的微观结构。Amiri，Woodburn，Jaurgi 等使用电子显微镜观测了微泡沫的微观结构，他们发现微泡沫的厚度等效于 350 个表面活性剂分子在层间规整的排列，这间接证明了微泡沫的多层结构[5]。近年来，尽管国外学者们对于 sebba 的"一核、二层、三膜"结构仍然存在争论，但随着研究的深入，人们逐渐统一了对于微泡沫"多层"结构的认识。

2.1.2 微泡沫的稳定性及尺寸分布

微泡沫的稳定是发挥其性能的前提，而微泡沫厚度及外壳的黏度是影响微泡沫稳定的主要因素。Ivan 等[6]研究发现，当微泡沫厚度 $<4\mu m$ 或 $>10\mu m$ 时，微泡沫稳定性急剧下降；Gaurina 认为微泡沫外壳应该保持合适的黏度以降低 Marangoni 效应对液膜厚度的影响[7]。Matsushita 在研究搅拌强度对微泡沫稳定性影响中发现，当搅拌时间从 210s 增大至 330s 时，搅拌速率从 5000r/min 增加至 5500r/min 时，微泡沫的半衰期显著增加，并且随着表活性剂的浓度从 0.5g/L 增大至 2.5g/L 时，微泡沫的半衰期增加了 3 倍[8]。为了定量描述微泡沫的稳定性，H Sadeghialiabadi 与 M C Amiri 对比了 $t_{0.5}$，$t_{0.1}$，线性排液曲线，初始斜率四种稳定指数评价微泡沫稳定性的差异，研究发现相比其他 3 种指数方法，采用 $t_{0.1}$ 评价微泡沫的稳定性更加准确[9]。

另一个影响微泡沫稳定性的因素是泡沫的排液情况，Moshkeelani 分析了泡沫发生速率与排液曲线的关系，实验发现 Stokes 定律可以很好地描述微泡沫发生速率与泡沫尺寸的关系[10]：

$$u = \frac{2}{9} \cdot \frac{g(\rho_F - \rho(r)r^2}{\mu}$$

式中，u 为泡沫发生加速度；g 为重力加速度；$\rho(r)$ 为直径为 r 的微泡沫体系的密度；ρ_F 为微泡沫流体密度；μ 为流体的动态黏度。

此外，近年来国外学者对于其他因素(温度、压力、表面活性剂类型、pH 值、介质矿化度、聚合物)对微泡沫性能的影响也进行了深入研究[11,12]，得出了以下认识。

(1) 当表面活性剂浓度>临界胶束浓度(CMC)时，微泡沫的稳定性最佳。

(2) 微泡沫制备时的标准搅拌速率为 5000r/min。

(3) 溶液离子强度对微泡沫的性能影响较大，而 pH 值影响较小。

从微观上看，微泡沫尺寸的大小及分布影响着微泡沫的性能。Belkin[13]发现，随着泡沫尺寸的减小，微泡沫的存在时间降低，当尺寸小于 $50\mu m$ 时，微泡沫稳定性急剧下降。Jauregi P[14]利用光学显微镜、激光衍射等方法测量了微泡沫的尺寸，发现微泡沫的尺寸范围为 $30\sim90\mu m$。Dermiki M 研究发现，微泡沫尺寸受表面活性剂浓度、离子强度及无机粒子的影响较大[15]，随后，MCAmiri 等学者考察了蒙脱土的加入对微泡沫尺寸及分布的影响，实验发现加入 0.5%蒙脱土后，微泡沫的尺寸分布更加均匀，表面活性剂加入浓度降低(0.233%~0.116%)，实验还发现，阴离子表面活性剂(SDS)与蒙脱土的协同增效作用大于非离子表面活性剂(NPE)与蒙脱土的作用，蒙脱土使得微泡沫的抗温、耐盐性得到了提高[16]。此外，为了更加直观地描述微泡沫尺寸及其分布，Nareh 采用可视技术研究了微泡沫尺寸及其分布，经测量发现微泡沫的平均尺寸为 $78\mu m$，且 50%以上的微泡沫尺寸集中在 $56\sim88\mu m$ 之间。为了研究微泡沫尺寸随时间的变化情况，Feng W，Singhal N 等[17]发现最初微泡沫的尺寸为 $69\mu m$，20min 后增加至 $239\mu m$，30min 后增大至 $410\mu m$(图 1)。说明随着放置时间的延长，微泡沫界面膜在重力排液的影响下逐渐变薄，微泡沫间不断聚并，导致微泡沫的尺寸不断增大。

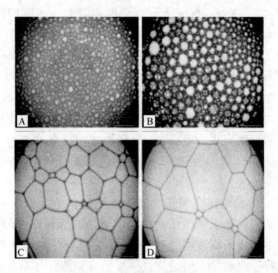

图 1　微泡沫尺寸随分散时间的变化

为了进一步描述微泡沫尺寸与温度、压力的关系，Ali Alizadeh 等使用 0.3% SDS+5% Span 制备了微泡沫体系，建立了微泡沫尺寸与地层温度、压力的数学关系[18]。实验发现，相比于压力来说，温度是影响微泡沫尺寸的主要因素，且 Beggs 和 Brills 理论更适用于微泡沫在温度压力条件下的变化。

此后，Bjorndalen，Kuru 与 Nareh 陆续对微泡沫尺寸变化进行了研究，提出了在多孔介质条件下，研究微泡沫尺寸分布的意义大于微泡沫的平均尺寸[19,20]。此种观点从应用角度出发，为研究微泡沫在不同储层应用时封堵位置及封堵效果提供了思路。不仅如此，笔者认为具有相同平均尺寸的两个微泡沫体系由于尺寸分布的不同，可能会导致宏观性质出现较大差异，因此在研究微泡沫体系的尺寸分布，对制备相对统一、规范的微泡沫体系更有指导意义。

2.1.3 微泡沫在多孔介质中的流变性能

2008~2018 年，国外学者在地层温度、压力条件下，研究了微泡沫在多孔介质中的流变性，主要通过建立数学模型的方法来描述微泡沫在多孔介质中存在状态。

微泡沫在多孔介质中的流变性决定了微泡沫的实际性能。20 世纪 90 年代，Rossen 等基于微泡沫不可压缩性的前提下，提出了微泡沫在多孔介质中的流变符合分相流模型（fractional flow）[21]，然而该模型在实践中的拟合效果不佳。此后，Kovscek A R 提出了微泡沫在多孔介质中数量守恒模型（population balance），并建立了多孔介质的孔隙度与微泡沫密度、气体饱和度及发泡、消泡速率间的关系[22]：

$$\phi \frac{\partial}{\partial t}(n_t S_t + n_m S_m) + \nabla(n_m \mu_m) = \varphi S_m(r_g - r_d) \tag{1}$$

式中，ϕ 为孔隙度；S_t、S_m 为束缚和流动气的饱和度；n_t，n_m 为束缚和流动泡沫的密度；r_d，r_g 为泡沫相对消泡、发泡速率。该模型建立了微泡沫饱和度与储层孔隙参数关系，描述了微泡沫在储层环境下存在的状态。但笔者认为，该模型是基于微泡沫数量守恒的假设推导而来，而在多孔介质中微泡沫的总体数量是无法"守恒"的，体系消泡后会转化为液相、气相，进一步地与岩石间发生传质传热作用，即便总体气量不变，其存在状态已发生变化，导致微泡沫体系的性能急剧下降，因此该模型的理论指导意义具有一定的局限性。

Zitha PLJ，Ali Alizadeh，Khamehchi 等研究了影响微泡沫密度的因素。研究发现，微泡沫密度是时间、压力、温度、表面活性剂浓度的函数，且微泡沫在高温下的流变行为符合 Power 定律（幂律定律）[23]。但是该模型未能考虑环境压力对微泡沫密度的影响，而研究微泡沫在地层温度、压力下的流变性更有实际意义。

温度和压力是影响微泡沫流变性能的主要因素。Alberta 大学的 N Bjorndalen[24,25] 等研究了微泡沫通过孔隙介质时的压力，分析其架桥封堵的能力，得出了在实现最佳封堵性能时，微泡沫中表面活性剂浓度应大于 0.3%，聚合物浓度应在 0.03%~0.9% 的结论；此外，作者发现：低剪切速率黏度（LSRV）与体系的稳定性有关，当 LSRV 小于 40000cP 时，微泡沫体系处于不稳定状态。

Ali Alizadeh 推导了一种微泡沫在多孔介质中发泡与消泡的数学模型，考虑了毛细管力对发泡、消泡速率的影响。计算了在多孔介质环境下，微泡沫密度随发泡效率的变化情况，并预测了其在多孔介质中的侵入深度[26]。虽然该数学模型对微泡沫体系在多孔介质中的存在状态分析与真实情况有一定差异，但是为进一步研究微泡沫体系与储层岩石作用关系提供了一些参考。

2.2 国外应用进展

近年来，受国际原油价格波动的影响，全球范围的钻井业务受到了较大冲击，因此关于微泡沫钻井液的应用较少。2008 年，Devon 公司的 W F Macphail[27] 等研究了使用微泡沫作为钻完井液在三口井上的应用情况，第一个实例是位于加拿大 Alberta 砂岩油藏的某口产气井，在经过水力压裂后，使用油基微泡沫钻完井液来封堵产水层，以保证气井的产能，收到了较好的效果；后面两口井的应用实例是针对白云灰岩的气井，深度为1460m，目标层为厚度90m，原始地层压力6MPa，该两口气井都出现比较严重的漏失现象，漏失量约为$6\sim8m^3/$h，使用微泡沫完井液较好地控制了水层产水，稳定了井壁环境，为该产气井的生产提供了较好的环境。

2009年，Gentzis. T[28]报道了使用微泡沫体系在对Alberta煤气层的应用情况，分析了使用微泡沫钻井液在进行作业时效果不佳的原因。作者认为，过低的注入压力导致微泡沫并未达到设定的储层位置；同时，微泡沫配方的误配，使得微泡沫钻井液黏度过低(78000cP)，远低于方案的设定值(150000~200000cP)，因此导致微泡沫钻井液性能下降，未能达到预期效果。

2012年，Sewetha Gokavarapa[29]针对印度NIKO地区储层的特点，论述了微泡沫钻井液体系在该地区应用的可行性，通过上百口井的应用表明，微泡沫钻井液体系适用于该地区高渗、易漏储层的钻完井作业，表现出了良好的应用前景。

从披露的报道上看，微泡沫钻井液应用主要集中在井深1500~2000m的气田钻井作业上，且多数井均收到较好的作业效果。但值得注意的是，施工过程中的注入压力对微泡沫钻井液作业效果有较大的影响。因此，保持合适的施工压力是开展微泡沫钻井作业的重要环节。

3 国内研究及应用进展

3.1 国内近十年的研究进展[30~34]

与国外相比，国内对微泡沫形成及微观作用机理方面的研究较少，学者们主要关注微泡沫体系宏观性能的提升，所采取的方法主要有两方面，一方面是通过复配表面活性剂来提高微泡沫体系耐温耐盐性能(主要以阴离子表面活性剂与两性离子表面活性剂复配为主)，另一方面是通过在表面活性剂中引入特殊元素，从而赋予表面活性剂更加优异的性能。

牛步青以聚胺为水化抑制剂构建了聚胺微泡沫钻井液体系，该体系由4%海水膨润土浆+0.7%ZNJ(增黏剂)+0.4%SDP-1(主起泡剂)+0.5%SDP-2(辅起泡剂)+0.5%聚胺组成，此聚胺微泡沫钻井液体系的抗温达120℃，可抗12%氯化钠、20%海水、12%劣质土、21%柴油污染，具有较好的防漏堵漏性能及储层保护效果。张海山开发了一种适用于大庆油田外围中深井的微泡沫钻井液，其组成为：0.3%复合发泡剂+0.3%高黏CMC+0.5%部分水解聚丙烯腈胺盐+0.5%有机硅腐殖酸钾+0.1%降黏剂，其中，复合发泡剂是由十二烷基硫酸盐与十二烷基苯磺酸盐按7：3组成。此种微泡沫钻井液可抗温120℃，且污染小(岩心渗透率恢复率可达91%)。郑义平针在膨润土、包被剂、增黏剂和稳泡剂等物质配制的钻井液中加入自制发泡剂TSB，形成了高温泡沫钻井液，抗温可达150℃。配方为：2%膨润土+0.1%增黏剂+0.1%稳泡剂+0.2%包被剂A+14%包被剂B+4%发泡剂TSB。王晓军合成了微泡沫发泡剂LF-2和稳泡剂HMC-1，优选了增黏剂和降滤失剂，配制了抗温抗盐无固相微泡沫钻井液。室内性能评价表明，该钻井液的岩屑回收率达88.7%，40/80目砂石漏层中30min漏失量仅1.8mL，岩心渗透率恢复率88.87%。李辉等使用了含硼特种表面活性剂RDEB作为微泡沫钻井液的起泡剂，将此种1%含硼表面活性剂与0.2%CMC、0.2%CMS及0.2%KCl的4%膨润土配制成微泡沫钻井液，实验发现：该微泡沫钻井液在80℃、120℃滚动16h后，稳定时间均大于24h。此外，该微泡沫钻井液流变性、失水造壁性能良好，抗温、抗污染能力强，能满足复杂易漏地层作业的需求。

虽然以上对于微泡沫钻井液的研究提高了微泡沫钻井液的耐温、耐盐性能，但对于真实温度、压力条件下微泡沫的动态稳定性考察较少，仍需要进一步在微观机理上深入研究。

3.2 国内近十年的应用进展[35~40]

近年来，国内对于微泡沫钻完井液体系的应用逐渐增多，多为陆地老区油田。由于老区油田开发时间长，低压地产区块逐渐增多，该技术主要在此类油田应用较多。

2009 年，冀东油田在南堡区块，对 NP1-80 井使用了微泡沫钻井液体系，该井深3792m，有两个主力产层，厚度为约 8m，在钻进的过程中由于底水的侵入影响了测试，在尝试其他措施无效的情况下，冀东油田使用了微泡沫钻井液体系，收到了较好的效果。2010年，范白涛，刘小刚等研究了微泡沫钻井液在渤海油田潜山地层的应用，分别在渤海油田 2口井（BZ28-1-N4，BZ29-4-5）的潜山地层进行了现场应用，结果表明，可循环泡沫钻井液的密度低，可在 $0.6 \sim 0.99 g/cm^3$ 范围内调节；其稳定时间大于 24h；抗温达 150℃；岩心的渗透率恢复值在 70% 以上，采用可循环泡沫钻井液的防漏堵漏效果明显。2012 年，胜利油田使用配方为：3%TV-2+0.1%PAM+0.3%AC-2 的微泡沫钻井液对在邵 4-平 1 井进行了应用，获得良好的油层保护效果，该井完井后试油，产油量为 30~40t/d，相比邻井提高 50%以上。2014 年，辽河油田针对页岩气成藏特点及钻井过程中可能出现的问题，研制出了油基环微泡沫钻井液配方，并进行了性能评价实验。实验结果表明：研制的油基微泡沫钻井液密度在 $0.65 \sim 0.88 g/cm^3$ 范围内可调，抗温可达到 150℃，稳定时间可达 60h；润滑性能优良，具有较好的抗水、抗钙污染性能和防塌抑制性强。该油基微泡沫钻井液不仅可满足页岩气井钻井的需求，而且还可应用于低压低渗透储层和低压盐膏层钻井。大庆钻探工程公司针对吉林探区乾安易漏井区的特点，研制出了微泡沫钻井液配方：4% 膨润土+0.5% 纯碱+1.5% 铵盐+0.3% 复合金属离子聚合物+1% 抗复合盐降滤失剂+0.5%KCl+1% 阳离子沥青粉+2% 低荧光井壁稳定剂+0.3%BZ-MBF-Ⅱ+0.3%BZ-MBSF+1% 乳化石蜡+2%XA 溶胀型随钻堵漏剂+2% 胶粒堵漏剂，现场施工发现：乾 234-2-2 井应用微泡沫钻井液进行近平衡施工，有效控制了漏失情况的发生。2015 年，辽河油田先后在沈采、茨采地区应用了水基微泡沫钻井液技术，共成功应用 10 余口井；井型包括双分支水平井、水平井、侧钻水平井、直井探井、大修井；最深井达到 4450m，普遍起到了防漏堵漏、保护油气层的目的。微泡沫钻井液配方为：清水+0.2%NaOH+0.3%HT-XC+2% 超低渗透剂+2% 超细钙+1%SMP-1+1%SPNH+0.2%FB+0.2%FW。现场应用表明：微泡沫钻井液具有良好的防漏堵漏功能，可为潜山储层实现低成本、优快钻井提供保证。2016 年，中海油服针对印尼 Ksobenacat 区块低压低渗的地质特点，以表面活性剂 JM 为发泡剂，生物聚合物 PF-XC 为稳泡剂，配制了低密度微泡沫钻井液：基液+1%PF-PAC(LV)+0.3%JM+0.5%PF-XC+2%PF-SAT。室内实验表明：微泡沫钻井液性能稳定，气液不易分离，长时间静置性能不会变化，而且高温下的稳定性较好，能有效抑制黏土膨胀和页岩坍塌；现场使用该体系在 BD-195 井和 SWD-15 井进行了现场试验，2 口井顺利钻至设计井深，钻井过程中未发生井下故障，且机械钻速得到显著提高。2017 年，中国石油海外分公司针对乍得潜山地层压力系数低，容易出现严重漏失、坍塌等问题，研制了一种发泡能力强同时具有稳泡能力的发泡剂 GWFOM-LS，其抗温能力达到 130℃，抗盐能力达 10%，抗钙能力达 0.5%。该体系在乍得 BaobabC1-13 井裂缝发育的潜山油层。现场应用表明，该发泡剂配制的可循环微泡钻井液性能稳定，而且具有较好的携岩和储层保护性能，利于井下工具信号传导，解决了钻井过程中潜山地层恶性漏失问题。

综合国内应用情况可以看出，国内多采用阴离子表面活性剂、阴离子-两性离子表面活性剂复配作为发泡剂，以黄原胶或聚丙烯酰胺为稳定剂来制备微泡沫钻井液，从应用效果上看，在工况温度为150℃，井深4500m的条件下，微泡沫钻井液仍具有良好的降低漏失效果。

4 微泡沫钻井液技术的不足

目前，国外开发的众多微泡沫体系，多从化学角度出发，追求体系在高温、高矿化度下的稳定性。但从工程角度上说，微泡沫体系"用在哪、怎么用"更加重要。因此从现场应用的角度出发，笔者认为微泡沫钻井液仍存在以下几方面不足。

4.1 微泡沫微观尺寸与地层孔隙喉道半径的匹配关系认识不清

微泡沫尺寸在一定的温度、压力下具有可变性，其大小影响着对低渗地层的封堵效果。因此，认识微泡沫尺寸与岩石孔隙喉道关系是进一步发挥微泡沫钻井液性能的前提。此外，还需要深入研究微泡沫在多孔介质中的尺寸与岩石孔隙喉道的匹配关系，建立数学模型定量地描述这种匹配关系，从而为微泡沫在不同储层中的应用提供理论参考。

4.2 微泡沫引起的堵塞

在实际应用中，虽然关于微泡沫钻井液在作业过程中对储层的堵塞鲜有报道，但结合微泡沫尺寸小、可变形的特点，考虑到其可深入至油藏内部的实际问题，当微泡沫进入低压储层时，滞留在孔隙中的微泡沫既阻止了钻井液向储层的漏失，同时也增加了储层内流体的渗流阻力，进而可能影响储层的油气产量，在一定能程度上产生"贾敏效应"，从而影响油藏的开发效果。

4.3 微泡沫的制备条件需要规范-细化

多数研究认为微泡沫的搅拌速率应为5000r/min为宜，但由于微泡沫体系组成(起泡剂、稳泡剂)的不同，使得微泡沫的尺寸及其分布有较大差异，因此需要对不同类型微泡沫体系规范相应制备流程，以便系统研究其性能。此外，实验室可在高剪切速率下，得到粒径较小，更加均匀、稳定的微泡沫体系，而现场施工受场地、设备等条件的限制，制备的微泡沫体系性能与实验室有较大差异，所以，在微泡沫的制备上需要建立实验室与现场制备条件的对应关系。

5 结论

（1）近十年，国外对微泡沫钻井液技术的理论研究主要集中于微泡沫的微观稳定机理及其在多孔介质中的流变性能。应用方面，受原油价格波动的影响，国外报道较少，其应用主要集中在加拿大地区，且微泡沫钻井液的效果受施工条件影响较大；国内对于微泡沫钻井液技术的研究多集中在对功能性微泡沫钻井液体系的开发，包括使用磺酸盐类表面活性剂复配作为发泡剂提高微泡沫的耐温性能，使用糖苷、天然多糖物质来提高微泡沫在高温高盐环境下的稳定性。在应用方面，国内对于微泡沫钻完井液体系的应用逐渐增多，多为陆地老区油田。

（2）对于微泡沫钻井液技术的研究需要从钻井工程及油藏工程两方面考虑，一方面，要研究微泡沫体系尺寸与岩石孔隙间的"可及-不可及"关系，以期建立某种数学模型，并通过模型，指导微泡沫钻井液在不同地层中的应用；另一方面，要深入研究微泡沫钻井液在多孔介质中的贾敏效应及其对储层中流体渗流能力的影响，避免微泡沫钻井液施工后可能引起的产液量下降问题，保障钻井作业后油藏的开发效果。

（3）微泡钻井液的制备，需要建立起实验室与现场制备条件的对应关系，形成统一的制备流程或规范。同时，在施工过程中要针对储层情况研究微泡沫钻井液的合理注入压力，以防止微泡沫钻井液"进不去"或"堵得深"等问题；此外，对于微泡沫可能引起的堵塞问题，要研究适合的消泡解堵技术，不断完善其"可循环、易返排"的技术特点。

参 考 文 献

[1] Gaurina-Međimurec, Pašiĉ -Rudarsko-geološko-naftni Zbornik. Aphron-based drilling fluids: solution for low pressure reservoirs[J]. Rudarsko-geološko-naftni zbornik, 2009, 21(4): 65-72.

[2] 邓柯，许期聪，邓虎，等. 一种微泡沫基液体系在砂质黄土层雾化钻井中的应用[J]. 钻采工艺, 2012, 35(5): 94-97.

[3] Fink JKDispersions, emulsions, foams. Petroleum engineer's guide to oil field chemicals and fluids[M]. Boston: Gulf Professional Publishing, 2012, chapter21: 663 – 94.

[4] Growcock FB, Belkin A, Fosdick M, Recent advances in aphron drilling fluids[J]. SPE Drill Complet 2007, 22(2): 74 – 80.

[5] Amiri MC, Woodburn ET. A method for the characterization of colloidal gas aphron dispersion[J]. Chem Eng Res Des 1990, 68(10): 154 – 60.

[6] Ivan CD, Blake LD, Quintana JL. Aphron-base drilling fluid: Evolving technologies for lost circulation control. SPE annual technical conference and exhibition. New Orleans, LA, USA: Society of Petroleum Engineers, SPE-67735, 2001.

[7] Gaurina-Međimurec N, Pašiĉ B. Aphron-based drilling fluids: solution for low pressure reservoirs[J]. Rudarsko Geološko Naftni Zbornik 2009, 21(5): 65 – 72.

[8] Matsushita K, Mollah A H, Stuckey D C, et al. Predispersed solvent extraction of dilute products using colloidal gas aphrons and colloidal liquid aphrons: Aphron preparation, stability and size[J]. Colloids and Surfaces, 1992, 69(1): 65-72.

[9] HSadeghialiabadi, MCAmiri. A new stability index for characterizing the colloidal gas aphrons dispersion [J]. Colloids and Surfaces A, 2015, (471): 170-177.

[10] MCAmiri, MMoshkelani. Electrical conductivity as a novel technique for characterization of colloidal gas aphrons(CGA)[J]. Colloids and Surfaces A, 2008, 20(317): 262-269.

[11] Jauregi P, Varley J. Colloidal gas aphrons: potential applications in biotechnology. Trends[J]. Biotechnology 1999, 17(10): 389 – 95.

[12] Matsushita K, Mollah AH, Stuckey DC, et al Predispersed solvent extraction of dilute products using colloidal gas aphrons and colloidal liquid aphrons: aphron preparation, stability and size[J]. Colloids Surf, 1992, 69(2): 65 – 72.

[13] Belkin A, Irving M, O'Connor R, et al How aphron drilling flfluids work. SPE annual technical conference and exhibition[C]. Dallas, Texas, USA: SPE 96145, 2005.

[14] Jauregi P, Mitchell GR, Varley J. Colloidal gas aphrons(CGA): dispersion and structural features. Am Inst Chem Eng[J]. 2000, 46(10): 24 – 36.

[15] Jauregi P, Dermiki M. Separation of value-added bioproducts by colloidal gas aphrons(CGA)flotation and applications in the recovery of value-added food products. In: Rizvi S, editor[M]. Separation, extraction and concentration processes in the food, beverage and nutraceutical industries. Elsevier, 2010: 284 – 313.

[16] MCAmiri, HSadeghialiabadi. Evaluating the stability of colloidal gas aphrons in the presence of montmorillonite nanoparticles[J]. Colloids and Surfaces A, 2014, 45(5): 212-219.

[17] Feng W, Singhal N, Swift S. Drainage mechanism of microbubble dispersion and factors influencing its stability[J]. Colloid Interface Sci, 2009, 14(8)337: 548 – 554.

［18］ Alizadeh A, Khamehchi E. Mathematical modeling of the colloidal gas aphron motion through porous medium, including colloidal bubble generation and destruction［J］. Colloid and Polymer Science, 2016, 294（6）: 1075-1085.

［19］ Nareh MA, Shahri MP, Zamani M. Preparation and characterization of colloid gas aphron based drilling flfluids using a plant-based surfactant［C］. SPE 16088, 2012.

［20］ Basu S, Malpani P R. Removal of methyl orange and methylene blue dye from water using colloidal gas aphron—effect of processes parameter［J］. Sep Sci Technol, 2001, 36(13): 2997 – 3013.

［21］ Rossen W R, Zhou Z H, Mamun C K. Modeling Foam Mobility in Porous Media［J］. SPE Advanced Technology Series, 1995, 3(1): 146-153.

［22］ Alizadeh A, Khamehchi E. A model for predicting size distribution and liquid drainage from micro bubble surfactant multi-layer fluids using population balance［J］. Colloid and Polymer Science, 2015, 293(12): 3419-3427.

［23］ Zitha P L J, Du D X. A New Stochastic Bubble Population Model for Foam Flow in Porous Media［J］. Transport in Porous Media, 2010, 83(3): 603-621.

［24］ N Bjorndalen, J M Alvarez and WEJossy. An experimental study of the pore blocking mechanisms of Aphron drilling fluids using micro models［A］. SPE 121 417, 2009.

［25］ N Bjorndalen, Jose Alvarez, et al Ergun Kuru. A Study of the Effects of Colloidal Gas Aphron Composition on Pore Blocking［J］. SPE 121417, 2011.

［26］ Alizadeh A, Khamehchi E. Mathematical modeling of the colloidal gas aphron motion through porous medium, including colloidal bubble generation and destruction［J］. Colloid and Polymer Science, 2016, 294(6): 1075-1085.

［27］ W F Macphail, R C Cooper, TBrookey. Adopting aphron fluid techno-logy for completion and work over applications［A］. SPE 112439, 2008.

［28］ Gentzis T, Deisman N, Chalaturnyk R J. Effect of drilling fluids on coal permeability: Impact on horizontal wellbore stability［J］. International Journal of Coal Geology, 2009, 78(3): 177-191.

［29］ Gokavarapu S, Gantla S, Patel J, et al An Experimental Study of Aphron Based Drilling Fluids［J］. Saint Petersburg, 2014, 10(10): 186-190.

［30］ 牛步青, 黄维安. 聚胺微泡沫钻井液及其作用机理［J］. 钻井液与完井液, 2015, 32(6): 30-33.

［31］ 张海山, 李国庆. 微泡沫钻井液: CN, 101613595A［P］. 2009-12-30.

［32］ 郑义平, 李爱民, 黄文红. 高温泡沫钻井液体系的实验研究［J］. 新疆石油科技, 2008, 18(4): 9-12.

［33］ 王晓军. 抗温抗盐无固相微泡沫钻井液研制与现场应用［J］. 石油钻探技术, 2016, 44(2): 58-61.

［34］ 吴庭, 赵林, 高志军. 抗腐蚀、抗高温泡沫钻井液的研究［J］. 化学工程与装备, 2009, 12(11): 36-40.

［35］ 范白涛. 可循环泡沫钻井液在渤海油田的应用［J］. 钻井液与完井液, 2010, 24(4): 44-47.

［36］ 刘振东, 唐代绪, 刘从军, 等. 无固相微泡沫钻井液的研究和应用［J］. 钻井液与完井液, 2012, 29(3): 33-35.

［37］ 杨鹏, 李俊杞, 孙延德. 油基可循环微泡沫钻井液研制及应用探讨［J］. 天然气工业, 2014(34): 74-78.

［38］ 王占林, 冯水山. 可循环微泡沫钻井液技术在易漏失地层钻井施工中的应用［J］. 西部探矿工程, 2014, 26(11): 69-72.

［39］ 苏乐, 郭磊. 印尼 KSOBENACT 区块低密度微泡沫钻井液技术［J］. 石油钻探技术, 2016(4): 18-20.

［40］ 罗淮东, 石李保, 左京杰, 等. 可循环微泡钻井液研究及其在乍得潜山地层的应用［J］. 钻井液与完井液, 2017, 34(5): 8-12.

一种新型水基钻井液用超支化聚合物抑制剂的结构与性能

蒲晓林　王　昊

（西南石油大学油气藏地质及开发工程国家重点实验室）

摘　要　为了解决在钻井过程中遇到的页岩水化、井壁失稳等复杂问题，本文介绍了一种新型水基钻井液用超支化聚合物抑制剂 HBP-NH$_2$，由于其特有的超支化结构以及带有大量的末端抑制性基团胺基。HBP-NH$_2$ 在各项性能测试中表现良好，页岩热滚回收率显著提高至 76.85%，膨润土基浆的 Zeta 电位绝对值也得到明显地降低，湿态膨润土层间距由原来的 1.9070nm 逐步降低至 1.3422nm，其他各项测试，例如环境扫描电镜和红外光谱实验，也佐证了 HBP-NH$_2$ 的抑制性。在机理分析中，提出了不同相对分子质量的 HBP-NH$_2$ 对应不同的抑制方式，在吸附方式上，HBP-NH$_2$ 也可通过质子化的伯胺和氢键进行多元吸附，在一定程度上填补了超支化抑制剂的机理空白。

关键词　水基钻井液　页岩水化　抑制剂　抑制性能　抑制机理

　　页岩气作为一种清洁高效的能源，在石油工业中引起了广泛的关注[1]。受美国页岩气成功开发的影响，世界页岩气勘探开发的技术与水平在不断提高。作为世界上最大的页岩气储量国，中国一直致力于页岩气的勘探和开发。与此同时，中国页岩气开发也面临着一系列挑战[2]。多年来，页岩水化膨胀引起的井壁失稳、坍塌等问题一直困扰着页岩气的开发[3]。与美国不同的是，中国的页岩中含有大量的黏土矿物，如蒙脱石、高岭石和伊利石。尤其是蒙脱石，它是一种由硅氧四面体和铝氧八面体组成的晶体（图 1），由于本身的晶体缺陷，蒙脱石的晶层间含有大量的阳离子（Na$^+$ 或 Ca^{2+}）来维持电荷平衡。当这些阳离子接触到水基钻井液时，它们很容易水解以加速水化作用（图 2），继而发生正离子解离。由于蒙脱石晶层表面固有的电负性，蒙脱石晶层相互排斥，页岩进一步水化膨胀、分散，最终导致井壁的失稳、坍塌。

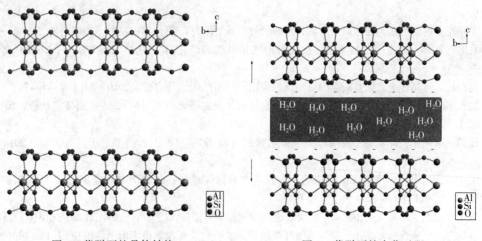

图 1　蒙脱石的晶体结构　　　　　　　图 2　蒙脱石的水化过程

为了解决这些问题，许多抑制剂被广泛地应用于抑制页岩水化。在水基钻井液中，一些无机盐和一些含有抑制基团的小分子线性聚合物通常被用作页岩水化抑制剂。对于胺类抑制剂，烷基胺[4]、聚(氧烷基)胺[5]、聚(氧丙烯)酰胺胺[6]等线性聚合物已成功地应用于水基钻井液中。然而，在许多领域都发挥着重要作用的超支化聚合物，在钻井液中的应用却少之又少。Bai 等[7]发现，超支化聚酰胺胺通过其末端的伯胺官能团有效地抑制了页岩的水化，它的页岩线性膨胀率远低于其他传统抑制剂产品。同样地，Zhong 等[8]也研究了聚酰胺胺树枝状聚合物的抑制性能，并分析了不同代的聚酰胺胺树枝状聚合物的吸附类型。然而，水基钻井液仍需要新结构、新产品来丰富超支化聚合物在抑制剂上的应用。另一方面，端胺基超支化聚合物与页岩的相互作用机理也需要进一步的研究与完善。

本文以合成的四酯和二乙烯三胺为原材料，合成了一种新型端胺基超支化聚合物页岩水化抑制剂($HBP-NH_2$)。在此基础上，作者着重研究了 $HBP-NH_2$ 的结构表征、抑制性能及抑制机理。

1 实验部分

1.1 材料

丙二酸二甲酯(99%)、丙烯酸甲酯(99%)、正己烷(99%)、四丁基溴化铵(99%)、无水碳酸钠(99%)、无水甲醇(99%)、二乙烯三胺(99%)和乙酸乙酯(99%)购自成都科龙化学试剂有限公司(中国成都)。钠膨润土(工业级)由新疆中飞下子街膨润土有限公司提供。

1.2 四酯和 $HBP-NH_2$ 的合成与结构表征

在配备回流冷凝器的四颈烧瓶中，将 0.1mol(13.211g)丙二酸二甲酯溶解于 40mL 正己烷中。随后，将 0.2mol(27.642g)无水碳酸钾和 1g 四丁基溴化铵添加到四颈中。然后将该反应混合物加热到 55℃并且将 0.2mol(17.218g)丙烯酸甲酯通过恒压滴液漏斗逐滴添加到反应混合物中。添加完成后，反应混合物在 60℃下回流 12h。粗产物经冷却至室温后结晶，再用乙酸乙酯对粗产物进行重结晶，得到提纯后的四酯。

将 0.18mol(18.5706g)二乙烯三胺加入装有恒压滴液漏斗的四颈烧瓶中。然后在 N_2 气保护下，将 0.04mol(12.1716g)四酯溶解在 50mL 的甲醇中并逐滴加入四颈烧瓶中。在 50℃下搅拌 3h 后，将混合物转移到茄形烧瓶中，通过旋转蒸发仪在 70℃下减压蒸馏 3h。最后得到黄色黏稠液体 $HBP-NH_2$。总合成方案如图 3 所示。

通过 Nicolet 6700 FT-IR 红外光谱仪对四酯和 $HBP-NH_2$ 进行结构表征，通过 Agilent 6224 飞行时间质谱仪对 $HBP-NH_2$ 的相对分子质量进行表征。

1.3 $HBP-NH_2$ 的抑制性能测试及抑制机理研究

1.3.1 页岩热滚回收率测试

配制 350mL 不同浓度(0%~3%)的 $HBP-NH_2$ 水溶液，将 50g 页岩岩屑(6~10目)分别加入上述溶液中，然后将溶液密封在老化罐中，并在滚动炉中在各种温度下进行老化。在热滚后，将含有页岩岩屑的溶液冷却至室温，并通过 40目筛筛分岩屑。收集留在 40目筛中的岩屑并在 110℃下干燥 4h。最后，对干燥后的岩屑进行称重(记为 Mr)，页岩热滚回收率由公式(1)计算：

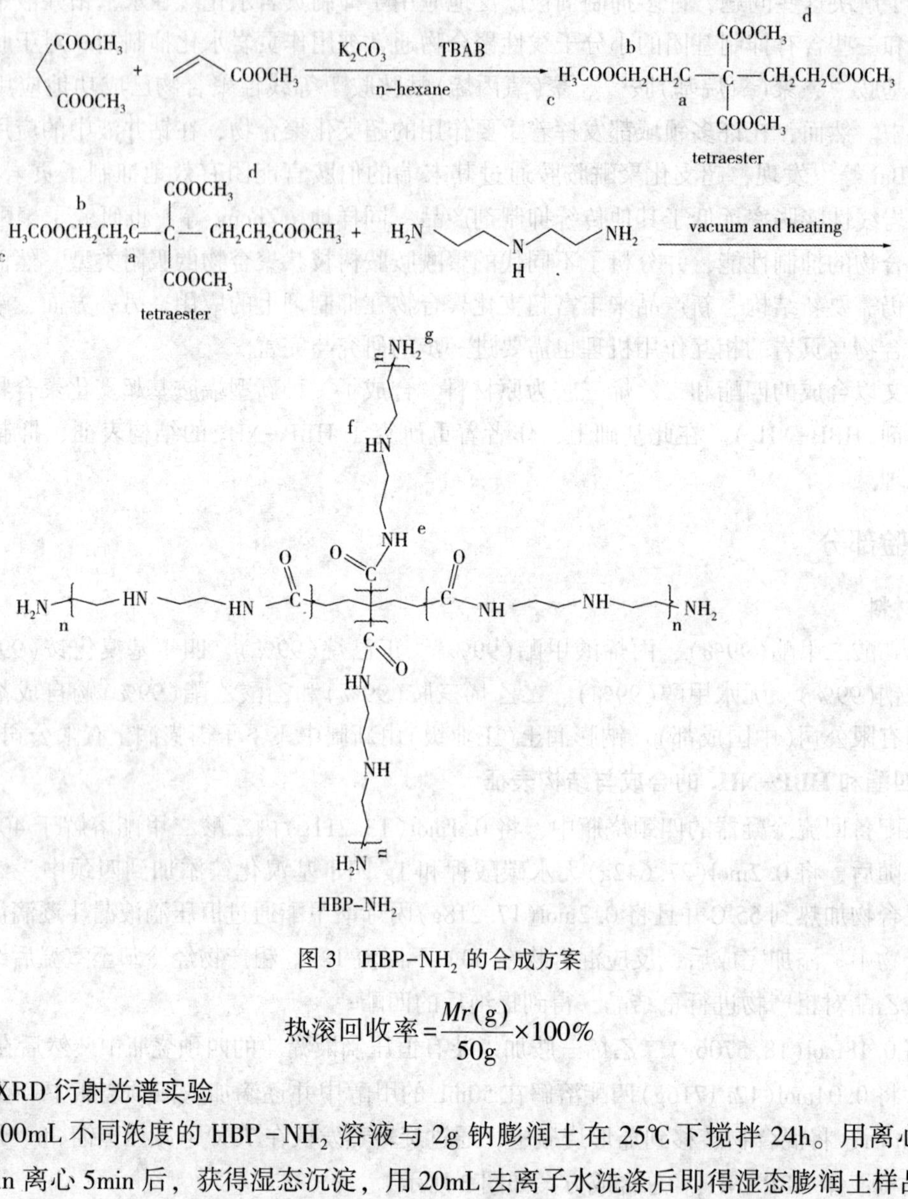

图 3　HBP-NH$_2$ 的合成方案

$$热滚回收率 = \frac{Mr(g)}{50g} \times 100\% \qquad (1)$$

1.3.2　XRD 衍射光谱实验

将 100mL 不同浓度的 HBP-NH$_2$ 溶液与 2g 钠膨润土在 25℃下搅拌 24h。用离心机在 5000r/min 离心 5min 后，获得湿态沉淀，用 20mL 去离子水洗涤后即得湿态膨润土样品，湿态膨润土样品在 105℃下烘干 4h 即得干态膨润土样品。为了研究每种抑制剂对钠膨润土层间距大小的影响，用 DX-2700X 射线衍射仪对不同抑制剂处理后的干态膨润土，湿态膨润土进行扫描，得 X 射线衍射（XRD）光谱，并通过布拉格定律计算膨润土晶层间距：

$$n\lambda = 2d\sin\theta \qquad (2)$$

其中，$n=1$，$\lambda=0.15406nm$。

1.3.3　Zeta 电位测试

配置若干份含有不同浓度 HBP-NH$_2$（0%~3%）的 4% 膨润土水基钻井液基浆，并用 Zeta 电位仪测试其在不同转速不同 HBP-NH$_2$ 浓度下的 Zeta 电位，以表征 HBP-NH$_2$ 抑制膨润土渗透水化的能力。

1.3.4 微观形貌测试与化学键测试

用 Quanta 4500 环境扫描电子显微镜对 XRD 衍射光谱实验中经 1% 的 HBP-NH$_2$ 处理前和处理后的湿态膨润土样品进行观察，得到相应的 ESEM 的图像。为进一步探讨膨润土与 HBP-NH$_2$ 的相互作用，用 Nicolet 6700FT-IR 红外光谱仪对 XRD 衍射光谱实验中经 1% 的 HBP-NH$_2$ 处理前和处理后的干态膨润土样品进行结构分析。

2 结果与讨论

2.1 HBP-NH$_2$ 的结构分析

图 4 显示了四酯与 HBP-NH$_2$ 的红外光谱，在四酯的红外光谱中，1733cm^{-1} 处为酯基 C=O 的特征吸收峰，随着聚合反应的进行，四酯与二乙烯三胺间发生了酰化反应形成酰胺键，因此，在 HBP-NH$_2$ 的红外光谱中，1733cm^{-1} 处酯基特征峰消失的同时在 1644cm^{-1} 处出现了属于酰胺键 C=O 的特征吸收峰。与此同时，3200~3400cm^{-1} 处出现了属于伯胺官能团的特征吸收峰，证明了 HBP-NH$_2$ 中伯胺官能团的存在。在飞行时间质谱测试中，HBP-NH$_2$ 的相对分子质量均匀地分布在 500~3400 这一范围内。

2.2 HBP-NH$_2$ 的抑制性能分析

2.2.1 页岩热滚回收率分析

在钻井过程中的高温条件下，页岩岩屑易发生结构水化，膨胀和分散。在这一阶段，抑制剂可以抑制岩屑的分散，保持井壁的稳定性。如图 5 所示，测试了不同的 HBP-NH$_2$ 浓度和不同的高温温度下的页岩热滚回收率。由图可知，HBP-NH$_2$ 显著提高了页岩热滚回收率。在 120℃时，3%HBP-NH$_2$ 的页岩热滚回收率达到了最高的 76.85%。HBP-NH$_2$ 优异的抑制性来源于其超支化结构的均匀包覆和末端多伯胺官能团的有效吸附。但当温度从 120℃升高到 200℃时，由于 HBP-NH$_2$ 的热分解，在相同 HBP-NH$_2$ 浓度下页岩的热滚回收率也逐渐降低。

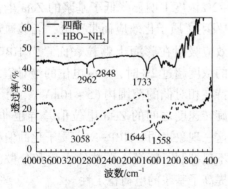

图 4 四酯与 HBP-NH$_2$
的红外光谱

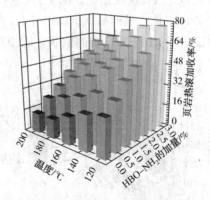

图 5 不同温度不同 BP-NH$_2$
浓度下的页岩岩屑热滚回收率

2.2.2 XRD 衍射光谱分析

如图 6 所示，记录了不同样品的 X 射线衍射光谱。19.75°、34.81° 和 61.78° 处为膨润土的特征吸收峰；其他峰，例如 26.56°、36.52° 和 50.08° 则来源于杂质石英砂。作为空白样品，干膨润土的层间距为 1.2511nm（$2\theta = 7.06°$）。经过充分的水化作用后，钠离子被交换出晶层，带负电荷的晶体表面互相排斥，湿膨润土层间距也随之扩展到 1.9070nm（$2\theta = 4.63°$）。经不同浓度（0%~3%）的 HBP-NH$_2$ 处理后，湿膨润土层间距由原来的 1.9070nm 逐步降低到 1.3422nm，这反映出湿膨润土晶层表面的表面水化得到了显著抑制，这是因为 HBP-NH$_2$ 是一种相对分子质量小、带有大量伯胺官能团的超支化聚合物，可与带负电的膨润土晶层表面形成多化学位点的抑制性吸附，压缩晶层间距的同时排出层间水，使层间距降低。

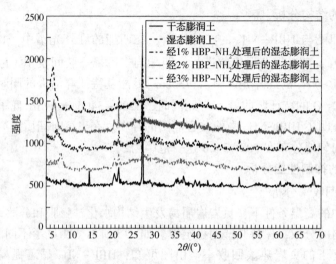

图 6 经不同浓度 HBP-NH$_2$ 处理后的膨润土的 XRD 谱图

2.2.3 Zeta 电位分析

Zeta 电位可以表征膨润土基浆中的膨润土颗粒的分散程度。由于晶格缺陷和晶层中钠离子的离解，水中带负电荷的膨润土颗粒总是相互排斥。因此，Zeta 电位的绝对值与膨润土颗粒的水化和分散程度成正比。图 7 为在不同 HBP-NH$_2$ 浓度和不同旋转速度下测得的膨润土基浆的 Zeta 电位。显而易见，HBP-NH$_2$ 在 0%~2% 浓度下明显降低了基浆的 Zeta 电位，这一现象证明了 HBP-NH$_2$ 中的伯胺官能团在水中发生了质子化效应而带正电，能够通过电荷效应吸附在膨润土颗粒表面。当 HBP-NH$_2$ 的浓度超过 2% 时，Zeta 电位的绝对值总体保持在相对低的范围内（5~10mV），而不同的旋转速度之间的 Zeta 电位值差异也非常小。这一现象表明，HBP-NH$_2$ 质子化的伯胺基团不仅抑制了膨润土颗粒的水化和分散，而且提高了基浆的电荷稳定性。

2.2.4 微观形貌分析与化学键分析

图 8 反映了湿膨润土和用 1% HBP-NH$_2$ 处理后的湿膨润土的 SEM 图像。在充分水化后，由于水的渗透作用，紧密的膨润土趋于伸展[a（1）和 a（2）]。与此相比，经 HBP-

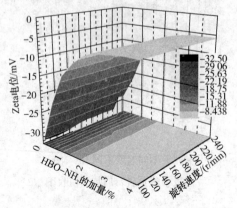

图 7 在不同 HBP-NH$_2$ 浓度不同转速下的膨润土基浆的 Zeta 电位

NH_2处理的湿膨润土则显现出不规则的形状，部分区域甚至出现了聚集的块状，这反映了湿膨润土水化程度被部分抑制，即拉伸趋势受到了一定的抑制[b(1)和b(2)]。为进一步考察 HBP-NH_2 与膨润土的作用关系，图9考察了干态膨润土和经1%HBP-NH_2处理后干态膨润土的红外光谱。就干态膨润土而言，$1060cm^{-1}$和$695cm^{-1}$处的特征吸收带归因于 Si-O 键。在 $536cm^{-1}$ 和 $463cm^{-1}$ 处的峰分别来自 Al-O-Si 和 Si-O-Si 的弯曲振动。$3620cm^{-1}$处的峰来源于 Al-OH。经 HBP-NH_2 处理后，干态膨润土在 $2940cm^{-1}$ 和 $2868cm^{-1}$ 处出现了亚甲基的伸缩振动峰，表明 HBP-NH_2 成功地吸附在膨润土上发挥抑制作用。此外，根据 Boulet 等[9]的研究表明，由于伯胺弯曲振动的频率增加，$1659cm^{-1}$附近的吸收峰被认为是来源于伯胺与膨润土间相对稳定的，广泛的，有序的氢键结构。

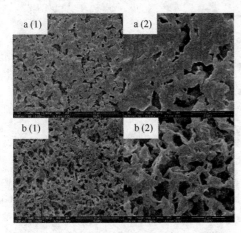

图8　HBP-NH_2处理前后膨润土的 SEM

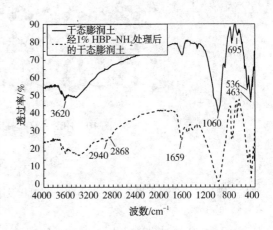

图9　HBP-NH_2处理前后膨润土红外光谱

2.3　HBP-NH_2 的抑制机理分析

　　HBP-NH_2 的抑制得益于其超支化结构和更多的末端基团，但不同相对分子质量的 HBP-NH_2 其抑制作用方式也不尽相同。具有较大相对分子质量的 HBP-NH_2 优选均匀地覆盖并涂覆在膨润土外表面上以防止水渗透。在该方法中，末端伯胺基团提供了更多的化学位点以在 HBP-NH_2 和膨润土之间形成稳定的吸附。同时，具有较小相对分子质量的 HBP-NH_2 可以渗透到水合膨润土的中间层中以减少层间距并排除水，因为末端基官能团团可以通过其质子化的正电荷或氢键与膨润土结合(图10)。

3　结论

　　本文介绍了一种新型水基钻井液用超支化聚合物抑制剂 HBP-NH_2 的合成与抑制性能。在结构表征中，红外光谱和飞行时间质谱表明了 HBP-NH_2 具有特有的超支化结构和大量的末端抑制性基团基。在抑制性能测试中，页岩热滚回收率显著提高至76.85%，膨润土基浆的 Zeta 电位绝对值也得到明显的降低，湿态膨润土层间距由原来的 1.9070nm 逐步降低至 1.3422nm，在微观形貌分析中，SEM 图像直观地展现了 HBP-NH_2 的抑制性。在机理分析中，提出了不同相对分子质量的 HBP-NH_2 其作用方式不同，在吸附方式上，HBP-NH_2 可通过质子化基的电荷作用和氢键这二者进行多元吸附。

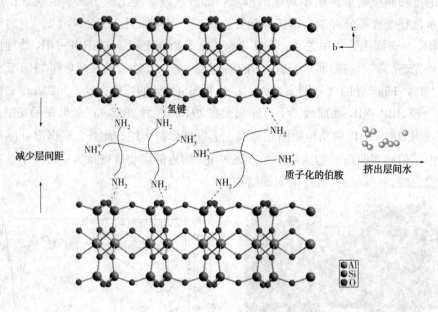

图 10　HBP-NH$_2$ 与膨润土的作用机理

参 考 文 献

[1] 张抗，谭云冬. 世界页岩气资源潜力和开采现状及中国页岩气发展前景[J]. 当代石油石化，2009(3)：9-12.

[2] Hu D，Xu S. Opportunity，challenges and policy choices for China on the development of shale gas[J]. Energy Policy，2013，60：21-26.

[3] Liang L，Xiong J，Liu X. Experimental study on crack propagation in shale formations considering hydration and wettability[J]. Journal of Natural Gas Science and Engineering，2015，23：492-499.

[4] Xie G，Luo P，Deng M，et al. Investigation of the inhibition mechanism of the number of primary amine groups of alkylamines on the swelling of bentonite[J]. Applied Clay Science，2017，136：43-50.

[5] Qu Y，Lai X，Zou L，et al. Polyoxyalkyleneamine as shale inhibitor in water-based drilling fluids[J]. Applied Clay Science，2009，44(3-4)：0-268.

[6] Zhong H，Qiu Z，Huang W，et al. Poly(oxypropylene)-amidoamine modified bentonite as potential shale inhibitor in water-based drilling fluids[J]. Applied Clay Science，2012，67-68(Complete)：36-43.

[7] Bai X，Wang H，Luo Y，et al. The structure and application of amine-terminated hyperbranched polymer shale inhibitor for water-based drilling fluid[J]. Journal of Applied Polymer Science，2017：45466.

[8] Zhong H，Qiu Z，Zhang D，et al. Inhibiting shale hydration and dispersion with amine-terminated polyamidoamine dendrimers[J]. Journal of Natural Gas Science & Engineering，2016，28：52-60.

[9] Boulet P，Bowden A A，Coveney P V，et al. Combined experimental and theoretical investigations of clay? polymer nanocomposites：intercalation of single bifunctional organic compounds in Na-montmorillonite and Na+ hectorite clays for the design of new materials[J]. Journal of Materials Chemistry，2003，13(10)：2540.

一种疏水缔合型抗高温降滤失剂研究

康　圆　孙金声　刘敬平　赵建伟

[中国石油大学(华东)石油工程学院]

摘　要　以 AM、DMDAAC、STT 为原料合成了一种疏水缔合降滤失剂，其最佳合成条件为：AM：DMDAAC：STT 为 2：2：1，单体浓度为 25%，反应时间为 5h，引发剂加量为 0.3%，反应温度为 70℃。在 4% 基浆中加入 2% 合成物，经 200℃ 老化后，其 API 滤失量为 7.2mL。

关键词　降滤失剂　疏水缔合型　钻井液　抗高温

2018 年我国原油对外依存度超过 70%，严峻的能源形势，迫切需要新的接替油气资源。深层超深层油气资源丰富，是未来油气勘探开发的主战场。深层超深层钻井面临井底温度高、地质条件复杂、矿化度高等技术难题。目前井筒工作液不能完全满足超深井作业要求，钻井液高温失效易引发井塌、卡钻、井漏、井喷等重大安全事故。为解决这一问题，我们展开一种疏水缔合型抗高温降滤失剂研究。

1　实验方案

本降滤失剂由 AM、DMDAAC、STT(疏水单体)三种单体通过乳液聚合而成，分别考察了单体配比、单体浓度、引发剂用量、反应温度、反应时间对降滤失性能的影响。评价方式为在 4% 土中加入 2% 降滤失剂，评价其流变和降滤失性能。

2　实验结果及讨论

2.1　单体配比对降滤失剂性能的影响

首先改变 AM 单体配比，控制单体浓度为 20%，引发剂加量为 0.5%，实验数据如表 1 所示。

表 1　AM 单体比例对降滤失剂性能的影响

AM：DMDAAC：STT	$AV/\text{mPa} \cdot \text{s}$	$PV/\text{mPa} \cdot \text{s}$	YP/Pa	$FL_{\text{API}}/\text{mL}$
8：4：4	14	11	3	16.8
6：4：4	15	12	3	14.4
4：4：4	15	12.5	2.5	14.0
2：4：4	17	14.5	2.5	12.2
0：4：4	10	8	2	15.0

由表 1 可得，当反应单体的质量比为 AM：DMDAAC：STT = 2：4：4 时，经 200℃ 老化 16h 后，钻井液的滤失量最小，为 12.2mL，确定最佳 AM 单体配比为 AM：DMDAAC：STT = 2：4：4。

其次，改变 DMDAAC 单体配比，控制单体浓度为 20%，引发剂加量为 0.5%，所得的实验数据如表 2 所示。

表 2　DMDAAC 单体配比对降滤失剂性能的影响

AM∶DMDAAC∶STT	AV/mPa·s	PV/mPa·s	YP/Pa	FL_{API}/mL
2∶8∶4	13	11	2	20.4
2∶6∶4	14	12	2	16.4
2∶2∶4	19	16	3	10.6
2∶0∶4	13	10	3	15.0

当 DMDAAC 单体的质量比为 AM∶DMDAAC∶STT=2∶2∶4 时，经 200℃ 老化 16h 后，钻井液的滤失量最小，为 10.6mL，确定 DMDAAC 单体配比为 AM∶DMDAAC∶STT=2∶2∶4。

改变 STT 单体配比，控制单体浓度为 20%，引发剂加量为 0.5%，实验数据如表 3 所示。

表 3　STT 单体配比对降滤失剂性能的影响

AM∶DMDAAC∶STT	AV/mPa·s	PV/mPa·s	YP/Pa	FL_{API}/mL
2∶2∶8	10	8	2	20.8
2∶2∶6	10	8.5	1.5	18.4
2∶2∶1	19	17	2	9.4
2∶2∶0	7	6	1	24.3

由表 3 可得，当 STT 单体的质量比为 AM∶DMDAAC∶STT=2∶2∶1 时，经 200℃ 老化 16h 后，基浆体系钻井液的滤失量最小，为 9.4mL。因此，确定 STT 单体比例为 AM∶DMDAAC∶STT=2∶2∶1。

2.2　单体浓度对降滤失剂性能的影响

由自由基聚合反应原理可知合成聚合物特性受反应单体浓度的影响。所以改变反应单体浓度，控制 AM∶DMDAAC∶STT 为 2∶2∶1，引发剂加量为 0.3%，测量不同单体浓度对降滤失剂性能的影响，实验数据如表 4 所示。

表 4　单体浓度对降滤失剂性能的影响

单体浓度	AV/mPa·s	PV/mPa·s	YP/Pa	FL_{API}/mL
30%	20	17.5	2.5	9.2
25%	20	17	3	8.6
15%	17	15	2	9.8
10%	15	13	2	10.4

当反应单体浓度为 25% 时，经 200℃ 老化 16h 后，钻井液的滤失量最小，为 8.6mL。所以，当单体比例 AM∶DMDAAC∶STT 为 2∶2∶1，引发剂加量为 0.3% 时，确定反应单体浓度为 25%。

2.3　引发剂用量对降滤失剂性能的影响

控制 AM∶DMDAAC∶STT 为 2∶2∶1，单体浓度为 25%，反应温度为 50℃，反应时间为 5h，改变引发剂浓度，实验数据如表 5 所示。

表 5　引发剂用量对降滤失剂性能的影响

引发剂浓度	AV/mPa·s	PV/mPa·s	YP/Pa	FL_{API}/mL
0.1%	17	15	2	9.4
0.2%	19	16	3	9.0
0.3%	20	17	3	8.6
0.4%	22	18	4	9.2
0.5%	18	15	3	9.4

由表 5 所示，随着引发剂浓度的增大，API 滤失量先减小后增大，引发剂浓度为 0.3% 时，经 200℃ 老化 16h 后，钻井液的滤失量最小，为 8.6mL。所以，当 AM：DMDAAC：STT 为 2：2：1，单体浓度为 25% 时，确定引发剂用量 0.3%。

2.4　反应温度对降滤失剂性能的影响

控制 AM：DMDAAC：STT 为 2：2：1，单体浓度为 25%，反应时间为 5h，改变引发剂用量 0.3%，通过改变反应温度，合成不同温度下的聚合物，实验数据如表 6 所示。

表 6　反应温度对降滤失剂性能的影响

反应温度℃	AV/mPa·s	PV/mPa·s	YP/Pa	FL_{API}/mL
50	20	17	3	8.6
60	21	17	4	8.2
70	23	18	5	7.6
80	21	18	3	8.0
90	22	17.5	4.5	8.2

由表 6 可得，当温度在 50℃ 上升到 90℃ 的时候，钻井液滤失量先减小后增大，当反应温度为 70℃ 时，其 API 滤失量最小，为 7.6mL。所以，确定反应温度为 70℃。

2.5　反应时间对降滤失剂性能的影响

控制 AM：DMDAAC：STT 为 2：2：1，单体浓度为 25%，反应温度为 50℃，改变引发剂用量 0.3%，反应温度 70℃，在不同反应时间下合成聚合物，实验数据如表 7 所示。

表 7　不同反应时间对降滤失剂性能的影响

反应时间/h	AV/mPa·s	PV/mPa·s	YP/Pa	FL_{API}/mL
3	21	17.5	3.5	8.0
5	23	18	5	7.6
7	24	19	5	7.4
9	24	19.5	4.5	7.4
11	25	20	5	7.2

由表 7 可知，当反应时间为 11h 时，经 200℃ 老化 16h 后，钻井液的滤失量最小，为 7.2mL。从成本角度考虑，选择最佳反应时间为 7h，此时的滤失量为 7.4mL。由此得出降滤失剂最佳的合成条件为：AM：DMDAAC：STT 为 2：2：1，单体浓度为 25%，应时间为 5h，引发剂加量为 0.3%，反应温度为 70℃。

3 结论

以 AM：DMDAAC：STT 为原料，通过乳液聚合合成了一种浆滤失剂，其最佳合成条件为 AM：DMDAAC：STT 为 2：2：1，单体浓度为 25%，应时间为 5h，引发剂加量 0.3%，反应温度为 70℃。在 4% 基浆中加入 2% 合成物，经 200℃ 老化后，其 API 滤失量为 7.2mL。

参 考 文 献

[1] 王中华. 国内近期钻井液降滤失剂研究与应用进展[J]. 石油与天然气化工，1994(2)：108-111.

[2] 张春光，孙明波. 降滤失剂作用机理研究——对不同类型降滤失剂的分析[J]. 钻井液与完井液，1996 (3).

[3] 乔英杰，王慎敏，甄捷，等. 抗高温抗盐降滤失剂 SHK—AN 的合成及性能研究[J]. 哈尔滨师范大学自然科学学报，2001(5).

[4] 朱彤. 一种新型疏水缔合水溶性聚合物的研制及其性能研究[D]. 西南石油学院，2003.

[5] 蒋玲玲，罗平亚，陈馥，等. 疏水缔合聚合物在高密度钻井液中的应用研究[J]. 钻井液与完井液，2005，22(4)：5-7.

[6] 王中华. AM/AA/MPTMA/淀粉接枝共聚物钻井液降滤失剂的合成[J]. 精细石油化工(06)：19-23.

[7] 王显光，杨小华，王琳，等. 国内外抗高温钻井液降滤失剂研究与应用进展[J]. 中外能源，2009，14 (4)：37-42.

[8] Mao H，Qiu Z，Shen Z，et al. Novel hydrophobic associated polymer based nano-silica composite with core-shell structure for intelligent drilling fluid under ultra-high temperature and ultra-high pressure[J]. Progress in Natural Science：Materials International，2015，25(1)：90-93.

[9] 张耀元，马双政，王冠翔，等. 抗高温疏水缔合聚合物无固相钻井液研究及现场试验 [J]. 石油钻探技术，2016(6)：60-66.

[10] 鲍允纪. 钻井液用抗高温抗盐降滤失剂的合成与性能研究[D]. 山东轻工业学院，2012.

[11] Zhang Y，Shuangzheng M A，Wang G，et al. A Study and Field Test for Solid-Free High Temperature Resistance Hydrophobic Association Polymer Drilling Fluid[J]. Petroleum Drilling Techniques，2016.

[12] Xia X J，Guo J T，Liu S Q，et al. Research of Nanosilica Particles Grafted with Functional Polymer Used as Fluid Loss Additive for Cementing under Ultra-High Temperature[J]. Materials Science Forum，2016，847：8.

[13] 刘大海，张元，段春兰，等. 钻井液降滤失剂 KJC 的合成[J]. 石油与天然气化工，43(5).

水基钻井液用低增黏提切剂的合成与性能评价

褚　奇　石秉忠　李　涛　李　胜

（中国石化石油工程技术研究院）

摘　要　为了实现在调控钻井液黏度的情况下获得良好的携岩能力，以丙烯酰胺(AM)、2-丙烯酰胺基-丙磺酸钠(AMPS)、二甲基二烯丙基氯化铵(DMDAAC)、甲基丙烯酰氧乙基-N，N-二甲基丙磺酸(DMAPS)和十六烷基疏水单体(C_{16}-D)为原料，采用自由基聚合法，制备了一个新型的两性聚合物疏水缔合聚合物(PAADDC)。采用傅里叶变换红外光谱(FT-IR)和核磁共振(^{1}H NMR)表征了PAADDC的分子结构，采用静态光散射(SLS)测定了聚合物的相对分子质量。对低增黏提切剂PAADDC的流变性能进行了评价。结果表明，PAADDC在100℃热老化实验前后16h，表观黏度(AV)、塑性黏度(PV)、动切力(YP)、YP与PV的比值(RYP)随PAADDC用量的增加而增加，在60~180℃热老化实验中，YP与PV的比值随PAADDC用量的增加而降低。通过剪切强度、黏度效应和剪切强度可持续性的对比实验，表明PAADDC的性能优于传统增黏剂。环境扫描电镜(ESEM)和原子力显微镜(AFM)的观察表明，PAADDC在溶液中形成了连续的三维网状结构，这是其剪切强度显著提高的主要原因。

关键词　黏度　钻井液　增黏剂　流变性能　提切剂

在钻井工程中，钻井液具有冷却钻头、平衡地层压力和获取地质信息等功能，但最重要的功能是将岩屑携返至地面，保证井眼清洁[1~3]。除了钻井设备的影响外，钻井液的流变性对于携岩具有较大影响。动切力(YP)是表征钻井液携岩能力的最重要的参数。简单地说，YP是钻井液在循环过程中胶体颗粒之间的引力，即动态条件下钻井液内部的网络结构强度。YP越高，钻井液携岩能力越强，井底的岩屑越易被推举至地面[4~7]。

在钻井施工中，钻井液工程师提高钻井液YP的方式有两种：一是向钻井液中加入膨润土(Na-MMT)，这是最为经济的操作。然而，若钻井液中的膨润土含量较高，则易造成泥包钻头、密度波动、固含增大和药品消耗增大等负面影响[8,9]。二是向钻井液中加入增黏剂，如黄原胶(XC)、羧甲基纤维素(CMC)、聚阴离子纤维素(PAC)等天然产物，以及聚丙烯酰胺(PAM)等人工合成的聚合物等，的确达到了提高钻井液YP目的。然而，钻井液YP增大的同时，钻井液的黏度也会随之增大。过高的钻井液黏度，则会对钻井速度、除气效果、激动压力、循环压耗、泥饼质量等产生负面影响[10~12]。因此，有必要研发一种对钻井液具有明显提切效果且黏度效应并不显著的处理剂。

本文以AM、AMPS、DMDAAC、DMAPS和C_{16}-D为原料，采用自由基聚合法，合成了一种黏度效应受限的提切剂(PAADDC)。讨论了PAADDC的浓度和温度对钻井液流变性能的影响，并与其他传统增黏剂进行了对比，深入讨论了低增黏提切剂PAADDC的作用机理。

1　实验部分

1.1　主要原料

AM、AMPS、DMDAAC、$K_2S_2O_8$、NaOH、丙酮、乙醇均为分析纯；DMAPS、C_{16}-D，

实验室自制；Na-MMT、CMC、XC、PAC、PAM 均为工业品。

1.2 制备方法

聚合过程在四口圆底烧瓶中进行，烧瓶内装有搅拌器、温度计、氮气进气口和冷凝器。将 AMPS 溶于水中，用 5.0% 的 NaOH 溶液中和至 pH 值为 8.0；在上述溶液中加入 AM、DMDAAC、DMAPS、C_{16}-D。通氮气，将反应溶液放入烧瓶中加热 30min。当温度达到 45℃时，加入 $K_2S_2O_8$，6h 后反应停止。聚合过程中，用玻璃注射器将相对分子质量调节溶液（乙醇/水的质量比 = 1∶9）通过橡胶隔膜逐步注入烧瓶中。最后将产品手工切成小块，在 70℃真空干燥 24h，放入干燥器中。

AM、AMPS、DMDAAC、DMAPS、C_{16}-D 的摩尔比为 1∶0.14∶0.05∶0.05∶0.06，五种单体的总重量百分比为 25.0%。引发剂对单体的质量为 0.02%，该相对分子质量调节剂对单体的质量为 0.5%。

1.3 结构表征与相对分子质量的测定

为了去除未反应的单体，PAADDC 与乙醇沉淀 12h，用丙酮洗涤三次。产品在 40℃干燥后，用 60∶40(体积比)乙二醇和乙酸的提取液，在索氏提取器上再次剔除未反应的单体，得到的样品用乙醇洗涤，在 40℃真空烘箱中烘干至恒重。

采用 Agilent Cary 670 FT-IR 光谱仪(安捷伦，美国)，将 PAADDC 涂覆在 KBr 盘上，在 25℃范围内($4000\sim400cm^{-1}$)测定了 PAADDC 的傅里叶变换红外光谱(FT-IR)。以 D_2O 为溶剂，采用 Bruker Avance 400 核磁共振波谱仪(布鲁克，瑞士)对核磁共振(^1H NMR)光谱和进行了扫场测量。

采用 Gs-As 激光源(658nm，40mW)，静态光散射(SLS)测量(怀亚特，加拿大)，测定了 PAADDC 和常规增黏剂的相对分子质量分布。

1.4 钻井液流变性能测试

将 16g Na-MMT 加入 400mL 蒸馏水中，高速搅拌 2h。将溶液放置 24h。将一定量的 PAADDC 或常规增黏剂分别溶解在上述悬浊液中，高速搅拌 20min。将 Na-MMT/PAADDC 或 Na-MMT/常规增黏剂体系放入热滚炉中，在一定温度(60℃、80℃、100℃、120℃、140℃、160℃、180℃)下进行高温老化。

把老化后的钻井液移入高搅杯中，高速搅拌 10min，然后按文献[13]报道的测试程序，用六速旋转黏度计测定转速为 600r/min 和 300r/min 时钻井液面所处的刻度(Φ)，用式(1)~式(3)计算钻井液的表观黏度(AV)、塑性黏度(PV)和 YP：

$$AV = \Phi_{600}/2 \tag{1}$$

$$PV = \Phi_{600} - \Phi_{300} \tag{2}$$

$$YP = 0.511(\Phi_{300} - PV) \tag{3}$$

1.5 微观形貌分析

采用 Quanta450 型环境扫描电镜(ESEM，FEI，美国)对 PAADDC 分子(0.05g/L)在水溶液中的微观形貌进行了观察。将 PAADDC 溶液样品直接放入样品室，使其在一定的温度和压力下处于溶液状态观察。

采用 Nanoscope III 型原子力显微镜(AFM，Digital Instrument，美国)对 0.001g/L 的

PAADDC 分子表面形貌进行了观察。所有 AFM 分析均在悬臂梁驱动幅值为 45~80nm 的轻敲模式下进行。

2 结果与讨论

2.1 结构分析

图 1 为 PAADDC 的 FT-IR 图。其中，N–H 在 3349.26cm^{-1}（伯胺）处的非对称伸缩振动峰；在 3192.98cm^{-1}处为 N–H 对称伸缩振动峰（仲胺），对应于 AMPS，在 793.60cm^{-1}处 N–H 的面外变形振动峰（伯胺和仲胺），对应于 AM 和 AMPS。C=O 在 1656.00cm^{-1}处的伸缩振动峰和 C–N 在 1403.71cm^{-1} 处的伸缩振动峰（伯胺和仲胺）。S=O 在 1190.35cm^{-1}，1121.09cm^{-1}，1026.35cm^{-1} 和 1005.43cm^{-1}（磺酸基团）处的伸缩振动峰，对应于 AMPS 和 DMAPS。N$^+$–C 在 1470.16cm^{-1}（季铵基团）处的伸缩振动峰。

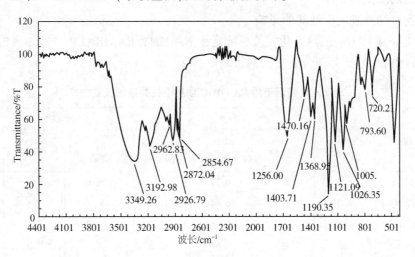

图 1　PAADDC 的 FT-IR 谱图

图 2 显示，甲基质子（–CH–在聚合物骨架中）出现在 2.09~2.49ppm。聚合物骨架中的–CH$_2$–亚甲基质子出现在 1.25~1.77ppm，AMPS 和 DMAPS 单元的–CH$_2$–和–CH$_2$SO$_3$–对信号的贡献在 3.68~3.77ppm，DMDAAC 和 DMAPS 单元的甲基质子（–CH$_3$）分别出现在 3.30ppm。AM 单元(–NH$_2$)的伯胺质子出现在 7.16ppm，AMPS 单元(–NH–)的仲胺质子出现在 8.03ppm。结合 FT-IR 的分析结果，成功地合成了目标产物 PAADDC。

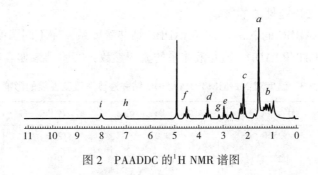

图 2　PAADDC 的 ^{1}H NMR 谱图

2.2　相对分子质量的测定

表 1　PAADDC 和常规增黏剂的 *M*w 和 *M*n 的测定结果

类别	$M_w/(\times10^5\,g/mol)$	$M_n/(\times10^5\,g/mol)$	类别	$M_w/(\times10^5\,g/mol)$	$M_n/(\times10^5\,g/mol)$
PAADDC	1.1661	1.0074	PAC	7.5933	7.2215
CMC	7.6205	7.1309	PAM	7.8100	7.6590
XC	7.7504	7.2008			

在 0.1mol/L NaCl 溶液中，通过 SLS 分析得到相对分子质量（M_w）和数均相对分子质量（M_n）。表 1 为 PAADDC 和常规增黏剂的 M_w 和 M_n 的测定结果。结果表明，相比于常规增黏剂，PAADDC 的 M_w 和 M_n 较小。

2.3　流变性能测试

2.3.1　浓度对钻井液流变性能的影响

在 100℃下进行 16h 的热老化实验，测定了 Na-MMT/PAADDC 钻井液体系的流变参数。PAADDC 浓度对水基钻井液流变参数的影响见表 2。

表 2 老化前后不同 PAADDC 浓度下钻井液的流变性能

浓度/（%）	老化前				老化后			
	$AV/$ mPa·s	$PV/$ mPa·s	YP/Pa	$RYP/$ （Pa/KmPa·s）	$AV/$ mPa·s	$PV/$ mPa·s	YP/Pa	$RYP/$ （Pa/mPa·s）
0.05	8.5	6.5	2.0	0.31	8.0	6.0	2.0	0.33
0.10	11.5	8.0	3.5	0.44	11.5	8.0	3.5	0.44
0.15	15.0	10.0	5.0	0.50	15.5	10.0	5.5	0.55
0.20	18.5	11.5	7.0	0.61	18.5	11.5	7.0	0.61
0.25	23.5	12.5	11.0	0.88	23.0	12.0	11.0	0.91

表 2 为老化前后含不同浓度 PAADDC 钻井液的流变参数（AV、PV、YP 和 RYP）。随着浓度的增加，Na-MMT/PAADDC 钻井液体系的 AV、PV、YP 和 RYP 在老化前均有所增加，尤其是 RYP，这意味着 PAADDC 有利于 Na-MMT/PAADDC 钻井液体系网络结构的形成。与老化前的值比较，这些参数值基本相同。结果表明，PAADDC 有利于提高钻井工程中岩屑的携砂能力。

2.3.2　温度对钻井液流变性能的影响

采用含 0.2%PAADDC 的 Na-MMT/PAADDC 钻井液体系，在不同温度下热滚 16h，老化实验后测定了 Na-MMT/PAADDC 钻井液体系的流变参数，实验结果如表 3 所示。

表 3　温度对 Na-MMT/PAADDC 钻井液体系流变性能的影响

温度/℃	$AV/mPa·s$	$PV/mPa·s$	YP/Pa	$RYP/（Pa·mPa·s）$
60	25.0	13.0	12.0	0.92
80	22.0	12.0	10.0	0.83
100	18.5	11.5	7.0	0.61

续表

温度/℃	AV/mPa·s	PV/mPa·s	YP/Pa	RYP/(Pa/mPa·s)
120	18.5	11.5	7.0	0.61
140	16.5	10.5	6.0	0.57
160	14.0	9.5	4.5	0.47
180	7.5	6.5	1.0	0.15

由表 3 可知，PAADDC 在 Na-MMT 钻井液中的流变参数（AV、PV、YP 和 RYP）在 60～180℃范围内逐渐衰减。当时效温度由 160℃变为 180℃时，下降趋势更为明显。显然，高温会削弱分子链与黏土之间的吸附。这意味着膨润土颗粒与 PAADDC 分子之间的结合被破坏了。PAADDC 在 180℃时一定程度上失效。

2.3.3　对比评价实验

为研究 PAADDC 在调控钻井液黏度、提高钻井液 YP 的性能，在不同老化温度下老化将含有 0.2% 的 PAADDC 与常规增黏剂的 Ma-MMT 钻井液的流变性能进行对比。图 3 和图 4 分别展示了 Na-MMT/PAADDC 和 Na-MMT/常规增黏剂体系的 AV 和 RYP 性能。首先，与传统增黏剂相比，在相同温度下，当温度达到 100℃时，Na-MMT/PAADDC 体系的 AV 较小，这意味着 PAADDC 比传统高相对分子质量增黏剂具有更好的黏度限制。其次，随着温度的升高，不同钻井液体系的黏度存在较大差异。在 Na-MMT/常规增黏剂体系中，随着温度的快速升高，AV 值呈下降趋势。除 180℃外，Na-MMT/PAADDC 体系黏度随温度变化具有热稳定性。这可能是由于 PAADDC 相对分子质量小，而热稳定性高。因此，在相同浓度下，Na-MMT/PAADDC 体系的 AV 小于 Na-MMT/常规增黏剂体系，且在降解温度下稳定。同时，由于热降解作用，传统的高相对分子质量增黏剂在高温下没有显示处较高黏度。

图 4 为 PAADDC 和常规增黏剂对水基钻井液 YPR 的影响。除 XC 外，PAADDC 的 RYP 均高于常规增黏剂。这说明 PAADDC 在较宽的温度范围内，具有良好的流变特性，可以提高钻井液的剪切强度，限制钻井液黏度。随着老化温度的升高，5 种钻井液样品的 RYP 逐渐下降。这显然是由于 CMC、XC、PAC 等生物聚合物的热降解作用显著，因此有充分的理由相信 PAADDC 应用于钻井液中可以显著提高钻井液的携切能力。

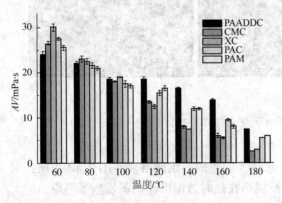

图 3　不同温度下钻井液的 AV

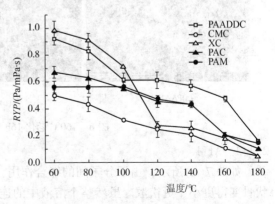

图 4　不同钻井液的 RYP 随温度变化曲线

2.4 作用机理分析

2.4.1 ESEM

为了研究 PAADDC 在钻井液中的作用机理，采用 ESEM 技术对 PAADDC 溶液的微观形貌进行了清晰的表征。图 5 和图 6 分别为 PAADDC、XC 和 PAM 在 100℃和 160℃热老化实验 16h 后的聚集结构。

如图 5(a)和图 5(b)所示，PAADDC 和 XC 水溶液中由于微观交联结构，特别是 PAAD-DC，形成了连续的三维网络。这种网状结构和聚集链是由于 PAADDC 的分子间疏水缔合作用以及聚合物链中正离子和负离子之间静电相互作用的共同作用而形成的，具有良好的剪切强度。相反，在图 5(c)所示的 PAM 试样的表面层中，存在许多具有薄膜的线性结构，说明 PAM 提高钻井液剪切强度的能力弱于 PAM 和 XC。

当热时效温度增加到 160℃时，如图 6(a)所示，形成了 PAADDC 的网络骨架，有利于提高钻井液的剪切强度。这是由于 PAADDC 分子中阴离子基团和阳离子基团之间存在疏水缔合作用和静电相互作用的共同作用。通过对比，如图 6(b)和图 6(c)所示，经过热实验，XC 的连续三维网络和 PAM 的线性结构被完全破坏，导致 XC 和 PAM 在高温钻井液中失效。

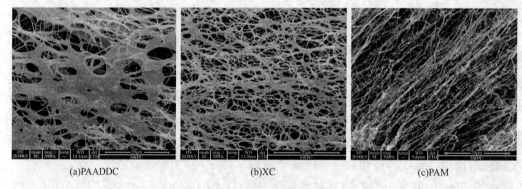

(a)PAADDC   (b)XC   (c)PAM

图 5　100℃老化 16h 后不同聚合物的 ESEM

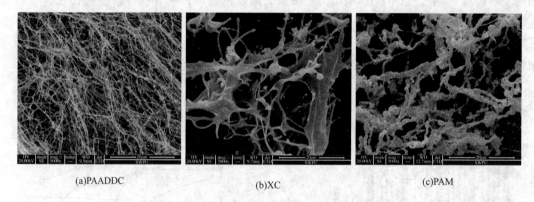

(a)PAADDC   (b)XC   (c)PAM

图 6　160℃老化 16h 后不同聚合物的 ESEM

2.4.2 AFM

如图 7(a)所示，由于分子间的缔合作用，形成了完整的三维网络。与图 7(b)相比，网状骨变得更小、更松散。虽然整个溶液中的连续网络在热时效温度作用下发生了坍塌，但大量不同尺寸的凝聚体形成并相互连接，形成了微小的网络结构。这意味着疏水基团的分子间缔合以及正负基团之间的静电相互作用对内部结构强度有正向影响。研究结果与水基钻井液抗剪强度的提高相一致。

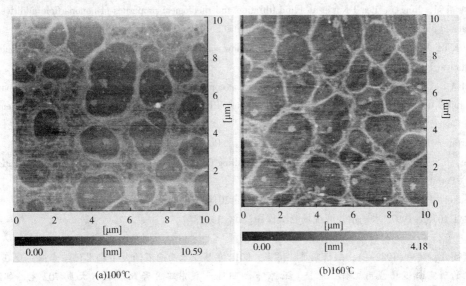

(a)100℃   (b)160℃

图7　不同温度老化后 PAADDC 的 AFM

3　结论

（1）采用自由基聚合法合成了一种两性疏水缔合聚合物 PAADDC 作为水基钻井液流变性能调节剂。采用 FT-IR 和 1H-NMR 表征了 PAADDC 的结构，并用 SLS 法测定了其相对分子质量。

（2）研究了 PAADDC 在 Na-MMT 钻井液中的流变性能。老化实验前后，随着 PAADDC 用量的增加，AV、PV、YP 和 RYP 均呈规律性增加；PAADDC 在 Na-MMT 钻井液中的 RYP 随着热老化温度从 60℃提高到 180℃而降低。

（3）与传统增黏剂相比，PAADDC 在提高钻井液剪切强度和限制黏度方面具有良好的流变性能。此外，根据 ESEM 和 AFM 的观察，探讨了 PAADDC 的作用机理。PAADDC 中疏水基团的分子间缔合以及正负基团之间的静电相互作用对 PAADDC 的流变性能有积极的影响，可以提高剪切强度和限制黏度。

参 考 文 献

[1] 鄢捷年. 钻井液工艺学[M]. 北京：中国石油大学出版社，2000.

[2] Hamed S B, Belhadri M. Rheological properties of biopolymers drilling fluids[J]. Petrol Sci, Eng. 2009, 67 (3-4)：84~90.

[3] Huang X B, Jiang G C, He Y B, et al. Improvement of rheological properties of invert drilling fluids by enhancing interactions of water droplets using hydrogen bonding linker[J]. Colloids Surf A. 2016, 506：467~475.

[4] Engel S P, Rae P. New method for sand cleanout in deviated wellbores using small diameter coiled tubing. In：Paper SPE 77204, Presented at the IADC/SPE Asia Pacific Drilling Technology in Jakarta, Indonesia, 2002.

[5] Mohammadi M, Kouhi M, Sarrafi A, et al. Studying rheological behavior of nanoclay as oil well drilling fluid [J]. Res Chem Intermediat. 2013, 41(5)：2823~2831.

［6］Khalil M，Jan B M. Herschel-Bulkey rheological parameters of a novel environmentally friendly lightweight bio-polymer drilling fluid from xanthan gum and starch［J］. Appl Polym Sci. 2012，124（1）：595~606.

［7］Barry M M，Jung Y，Lee J K，et al. Fluid filtration and rheological properties of nanoparticle additive and in-tercalated clay hybrid bentonite drilling fluids［J］. Petro Sci Eng. 2015，127：338~346.

［8］Song K L，Wu Q L，Li M C，et al. Performance of low solid bentonite drilling fluids modified by cellulose nan-oparticles［J］. Nat Gas Eng. 2016，34：1403~1411.

［9］Patel A D. Design and development of quaternary amine compounds：shale inhibition with improved environmen-tal profile. In：Paper SPE 121737，Presented at the SPE International Symposium on Oilfield Chemistry in Woodlands，Texas，USA，2009.

［10］Mortimer D A. Synthetic polyelectrolytes-A review［J］. Polym Int. 1991，25（1）：29~41.

［11］Nee，L S，Khalil，et al. Lightweight biopolymer drilling fluid for underbalanced drilling：an optimization study ［J］. Petrol Sci Eng. 2015，129：178~188.

［12］Frenkel，P. Viscosifiers for drilling fluids. US Patent 20140336086，2014.

［13］GB/T 16783-1997. 水基钻井液现场测试程序［S］，1997.

作者简介：褚奇（1982—），副研究员，博士，2012 年毕业于西南石油大学应用化学专业，现在从事油田化学品的研究与现场应用工作。地址：北京市朝阳区北辰东路 8 号北辰时代大厦 702 室，邮政编码 100101，电话（010）84988610/18611781706，E-mail：chuqi. sripe@ sinopec. com。

油基钻井液液体降滤失剂研制及在页岩气钻井上的应用

张洁[1] 王立辉[1] 程荣超[1] 张克明[2] 孙 举[2] 赵志良[1]

(1. 中国石油集团钻井工程技术研究院；

2. 中国石油集团两部钻探工程有限公司；3 中国石化中原石油工程组)

摘 要 国内威远-长宁地区页岩气井具有压力系数高(>2.0)、温度低(90℃左右)，孔喉半径小(纳微米级)等特点，普通的降滤失剂软化点高且粒径太大，无法与页岩孔喉相匹配，高密度油基钻井液存在封堵难和滤失量大的问题，导致钻井过程中很容易出现井眼失稳的问题，这给钻井液技术带来了巨大的挑战。为此，研制了以改性腐殖酸化合物与乳化大分子胶团化合物为主要成分的液体降滤失剂，其平均粒径为105.6nm，其具有配伍性好、对流变性影响小、温度适应范围广及与页岩储层尺寸匹配好等优点。该技术在现场累计应用几十井次，现场应用效果表明，可将高温高压滤失量控制在4mL以内，钻井液性能稳定，应用井未出现复杂情况；减少了复杂事故，钻井机械钻速高，使用液体降滤失剂可以较好地解决井壁不稳定问题且经济实惠，具有极好的应用前景。

关键词 油基钻井液 液体降滤失剂 页岩气 钻井

随着世界油气需求的不断增长和油气开采技术的不断进步，使产自富有基质页岩系统中的页岩气成为勘探的热点和重点[1]。与常规气藏相比，页岩气藏具有自生自储和储层超低渗透率的特点[2]，且国内页岩气区块普遍压力系数高，密度低，普通的封堵剂和降滤失剂尺寸大软化点高，给钻井液带来了巨大的挑战。针对高密度油基钻井液存在封堵难和滤失量大的问题，研制了一种高密度油基钻井液用液体降滤失剂，现场应用效果良好。

1 页岩气储层主要特征及井壁失稳原因分析

页岩气气藏一般埋藏浅、地层温度低、有机质成熟度低，富含有机物(总有机碳为1wt%~20wt%)，岩性主要为暗色泥页岩与致密粉砂岩的薄互层，层理发育，含有硅质和钙质；基质致密，渗透率一般在0.01~0.00001md。在构造活跃地区或者上覆地层剥蚀地层压力下降的情况下发育裂缝，并被钙质或泥质充填。孔隙度一般低于10%，微裂缝发育。

1.1 全岩及黏土分析

通过X射线衍射(XRD)分析页岩气地层的矿物成分，如表1所示。实验结果表明，威远-长宁区块页岩样品的矿物包括石英、伊利石、方解石、白云石、微斜长石、黄铁矿、伊/蒙混层和绿泥石。值得注意的是，页岩样品中含有一定量的伊利石和伊/蒙混层。

表1 威远-长宁区块页岩样品的XRD分析

井号	深度/m	矿物/%								
		石英	伊/蒙混层	伊利石	高岭石	绿泥石	微斜长石	方解石	白云石	黄铁矿
宁201	2517	33.8	5.14	27.3	1.98	5.14	9.3	10.7	2.0	3.5
宁203	2300	29.6	6.36	35.2	2.44	4.89	6.9	9.0	2.3	2.7

井号	深度/ m	矿物/%								
		石英	伊/蒙混层	伊利石	高岭石	绿泥石	微斜长石	方解石	白云石	黄铁矿
威201	2767	39.8	3.47	27.8	1.39	2.08	4.8	9.5	4.4	6.2
威201	2671	27.6	1.28	21.8	1.02	1.54	4.3	21.6	14.8	5.4
威201	2697	22.6	0.8	24.3	0.8	1.54	3.3	20.7	22.5	3.8
威201	1452	41.7	0	14.4	0.3	0.3	3.9	23.2	9.0	5.8
威201	1508	24.0	0.76	22.8	0.76	1.01	6.0	32.0	6.4	5.8

同时，伊利石的比例为 69%~96%，是页岩样品的主要矿物成分。伊利石是一种分散性和非膨胀性黏土矿物。页岩地层含有大量的石英(24%~41.7%)和碳酸盐(方解石和白云石)，导致了高孔隙度、高渗透率。有小比例的伊/蒙混层(<5%)，蒙脱石的溶胀性是引起严重井壁失稳问题的主要原因。通过对页岩矿物分析，威远-长宁区块页岩气地层具有很高的非膨胀性黏土矿物含量。此外，页岩样品的阳离子交换容量为 5.17mmol/100g。因此，井眼失稳问题是由于黏土矿物的分散性，而不是黏土矿物的膨胀性。

1.2 扫描电镜分析

对宁 203 井(2300.69~2301.01m)和威 201 井(2767.13~2767.31m)页岩样品的 SEM 照片进行了分析，如图 1 所示。实验结果表明，样品的孔隙在纳米和微米之间。大孔隙的直径约为 200nm，平均孔径约为 80nm。

同时，宁 203 井在页岩样品中还能观察到若干微裂缝，微裂缝宽度达到微米级。因此，威 201 井页岩气地层是一种含有大量孔隙和微裂缝的致密储层。

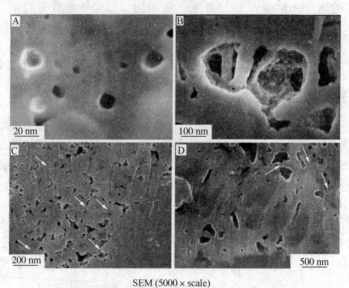

SEM (5000 × scale)

图 1 威远-长宁区块页岩样品的电镜扫描图像

1.3 润湿性分析

水滴和油滴(煤油)的接触角测试在储层段岩心和露头岩心样品上进行，如表 2 及图 2 所示。

表2 页岩样品接触角测试结果

实验对象	水接触角/(°)	煤油接触角/(°)
储层段岩心(YS108井)	19.51	8.12
龙马溪组露头(双河镇)	18.47	5.79

(a)岩心水接触角(25℃)　　　　　　　　(b)露头蒸馏水接触角(25℃)

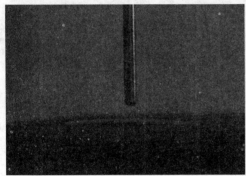

(c)岩心煤油接触角(25℃)　　　　　　　　(d)露头煤油接触角(25℃)

图2　页岩样品接触角测试结果(水和油)

实验结果表明：储层段岩心和露头在表面润湿性上表现出一致性，相比较而言，岩心更亲油。

通过对页岩样品的理化性质分析，得出了井壁失稳的机理如下：

（1）由于页岩表面的裂缝和微裂缝，沿裂缝入侵地层的钻井液滤液会引起孔隙压力的增加。如果滤液侵入到破碎区周围所有的裂缝空间，破碎区会失去钻井液压力的支撑作用，导致地层破裂和塌陷。

（2）由于页岩孔隙的毛管渗吸作用，孔隙压力增大，造成页岩的分散、剥落和塌陷。毛管压力能提高页岩地层亲油性的能力。页岩地层有许多小的低渗孔喉，基于拉普拉斯方程，这些小孔隙的平均直径为5nm，可以产生一个30MPa左右的压力。

（3）钻井液或滤液侵入地层可能会导致井壁失稳。当滤液渗入地层时，随着时间的推移，井壁上的孔隙压力会逐渐增大。当液柱压力不足以支撑孔隙压力、围岩对井壁应力大于岩石本身的强度，将会产生井壁失稳。

此外，近年来越来越推崇油基钻井液体系使用在页岩气水平井段。滤液通过毛管力和钻井液液柱压力侵入地层，页岩地层裂缝将会开启；由于页岩孔隙直径太小难以在井壁形成泥饼，解决井壁失稳稳定问题的关键是防止液体压力的传递，因此，封堵井壁上的页岩地层裂缝或孔隙，阻止压力传递是提高井壁稳定性的关键。

2 液体降滤失剂的研制与评价

2.1 液体降滤失剂的研制

腐殖酸含有大量的活性羧基基团，其可以与胺基化合物发生化学反应。因此，本文利用亲油性的长链胺类化合物对腐殖酸进行改性，将其接枝到腐殖酸分子上，得到的腐殖酸酰胺类化合物不仅具有一定的亲油性，还有着较好的抗高温性能。液体降滤失剂采用改性腐殖酸化合物与乳化大分子胶团化合物为主要成分，其主要合成反应式如图3所示。

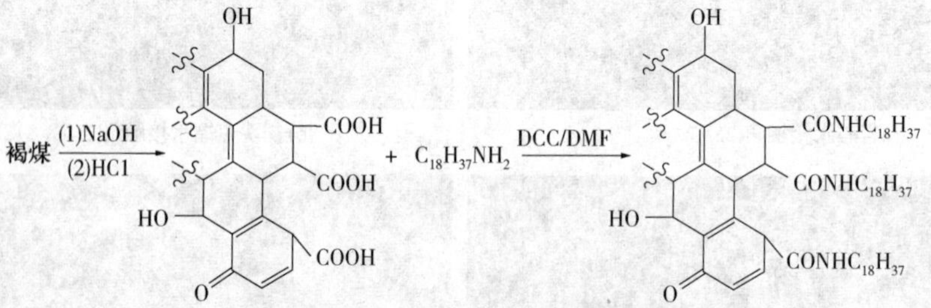

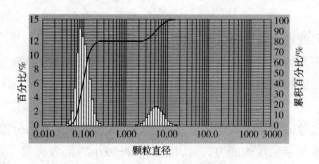

图3 液体降滤失剂主要反应原理

2.2 液体降滤失剂的评价

2.2.1 粒径分布分析

图4显示了液体降滤失剂的粒度分布。平均直径大约是 $0.1056\mu m$，D_{10} 是 $0.0667\mu m$，D_{50} 为 $0.1061\mu m$，$D_{90}5.538\mu m$，属于纳米和微米范围。大尺寸的颗粒约为微裂缝直径的 $1/3\sim2/3$，这样大小的颗粒容易在瞬时漏失过程中架桥并封堵地层。较小尺寸的颗粒可以在井壁表面进入孔隙，形成致密、薄的内部泥饼，强化页岩层的井壁。

图4 液体降滤失剂的粒度分布

2.2.2 降滤失效果

室内评价了液体降滤失剂在分别为0%、1%、2%及3%加量下的流变性能及滤失性能，实验结果表明：改液体降滤失剂具有加量小，降滤失效果显著，配伍性好，对流变性影响小等优点(表3)。

表 3   液体降滤失剂室内评价效果

配方		ρ/ (g/cm³)	$\varphi600/\varphi300$/ mPa·s	AV/ mPa·s	PV/ mPa·s	YP/ Pa	GEL/ Pa/Pa	破乳 电压/V	API/ mL	HTHP/ mL
配方 1①	滚前	2.0	78/42	39	36	3	4.5/5	2000	27	
	90℃，16h	2.0	89/49	44.5	40	4.5	4/	2000	12	18
配伍 2(配方 1+ 1%液体降滤失剂)	滚前	2.0	76/44	38	32	6	3.5/4.5	2000	8	
	90℃，16h	2.0	88/53	44	35	9	5/5	2000	6	8
配方 3(配方 1+ 2%液体降滤失剂)	滚前	2.0	97/56	48.5	41	7.5	4.5/5	2000	2.8	
	90℃，16h	2.0	86/49	43	37	6	3.5/3.5	2000	1.6	2.4
配方 4(配方 1+ 3%液体降滤失剂)	滚前	2.0	105/67	52.5	38	14.5	5/6	2000	1.6	
	90℃，16h	2.0	86/50	43	36	7	3.5/3.5	2000	0.8	1.8

注：①配方 1：(5#白油：20%CaCl₂)＝95：5+7%乳化剂+2%有机土+5%CaO+4%氧化沥青+重晶石，ρ＝2.0g/cm³。

每一组实验 30min 后的滤饼厚度如图 5 所示。将以上 4 组配方进行实验，实验结果表明：与不添加钻井液对比，其对滤失量有很大影响。液体降滤失剂在高浓度时效果更好。浓度为 2%是可以观察到的最佳浓度。

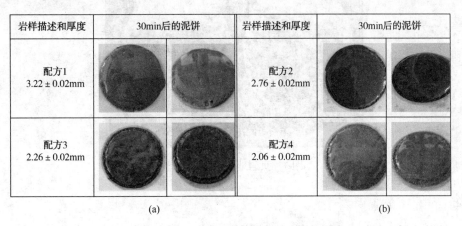

岩样描述和厚度	30min后的泥饼	岩样描述和厚度	30min后的泥饼
配方1 3.22 ± 0.02mm		配方2 2.76 ± 0.02mm	
配方3 2.26 ± 0.02mm		配方4 2.06 ± 0.02mm	

(a)   (b)

图 5   配方 1~配方 4 高温高压泥饼图

3   现场应用

液体降滤失剂已推荐在该区块很多井使用，如表 4 所示。现场应用结果表明，最大钻井液密度为 2.23g/cm³，最大井底温度高达 180℃，最大长度的裸眼井段是 2138m，最大埋藏深度可达 5700m。部分应用井的现场钻井液性能如表 4 所示。结果表明，其钻井液性能稳定，可将高温高压滤失量控制在 4mL 以内，应用井未出现复杂情况；减少了复杂事故。

表 4   钻井液的性能

井号	密度/ (g/cm³)	FV/s	AV/ mPa·s	PV/ mPa·s	YP/Pa	GEL/ Pa/Pa	HTHP/ mL	S/%
井 C	2.0~2.1	45~65	52~63	44~51	10~14	4~6.5/6~8	1~2.7	37~41
	2.1~2.23	55~75	58~79	50~65	11~15	4~6.5/6~8	1.2~2.8	41~49

续表

井号	密度/ （g/cm³）	FV/s	AV/ mPa·s	PV/ mPa·s	YP/Pa	GEL/ Pa/Pa	HTHP/ mL	S/%
井 D	2.0~2.05	70~80	44~73	34~60	10.5~13	6~8/9~10	1~3.8	~53
井 E	2.0~2.06	60~80	60~80	53~70	7~11	4~6/8~12	2.2~3.0	~45

井壁稳定性得以维持，从而得到合格的井眼，如图 6 所示。页岩地层的返排岩屑如图 7 所示。返排的岩屑很规则，齿痕清晰可寻。

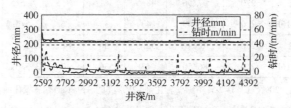

图 6　焦页 56-6 三开井径、钻时曲线

图 7　页岩地层返排的岩屑

4　结论

（1）页岩地层中封堵井壁上的微裂缝或孔隙，防止压力的传递是提高井壁稳定性和形成规则井眼的关键。

（2）研制出了一种新的液体降滤失剂，具有配伍性好、对流变性影响小、温度适应范围广及与页岩储层尺寸匹配好等优点，并能有效地将页岩地层的微裂缝或孔隙封堵。

（3）使用液体降滤失剂油基钻井液可以有效解决页岩气井壁失稳问题，没有发生卡钻事故或钻井液相关的其他故障，实现了安全钻井作业。

基金项目：国家科技重大专项课题《深井超深井优质钻井液与固井完井技术研究》（2016ZX05020-004），国家科技重大专项课题《库车坳陷深层-超深层天然气田开发示范工程》（2016ZX05051-003），中国石油股份有限公司重大科技专项《西南油气田天然气上产 300 亿立方米关键技术研究与应用》（2016E-0608），国家科技重大专项课题《四川盆地大型碳酸盐岩气田开发示范工程》（2016ZX05052）。

作者简介：张洁（1985—），女，现在中国石油集团工程技术研究院钻井液所工作，主要从事钻井液与储层保护研究。E-mail：zhangjiedri@ cnpc. com. cn。

咪唑啉类缓蚀剂的合成与评价

屈沅治[1]　孔祥吉[2]　钱　锋[2]　黄宏军[1]　龙郡男[1,3]

[1. 中国石油集团工程技术研究院有限公司;

2. 中国石油国际勘探开发公司;

3. 中国石油大学(北京)石油工程学院]

摘　要　以油酸、二乙烯三胺为原料,氧化钙为脱水剂,采用不同季铵化试剂合成水溶性咪唑啉季铵盐缓蚀剂。通过静态挂片失重法测定了产品的缓蚀性能,探究了合成咪唑啉中间体的较佳工艺条件。实验结果表明采用氧化钙作脱水剂,明显降低了咪唑啉环化反应的温度,咪唑啉中间体最佳合成工艺条件:n(油酸):n(二乙烯三胺):n(氧化钙)为 1:1.2:2,环化时间为 6h,环化温度为 160℃。红外光谱法表征了五元环咪唑啉化合物的合成。季铵化试剂种类及加量均影响咪唑啉季铵盐的缓蚀性能,咪唑啉季铵盐水溶性增强,缓蚀性能得以提升。

关键词　咪唑啉　季铵盐　缓蚀剂　缓蚀率

合理使用缓蚀剂是防止金属及其合金在环境介质中发生腐蚀的有效方法。缓蚀剂技术由于具有良好的效果和较高的经济效益,已成为防腐蚀技术中应用最广泛的方法之一,尤其在油气田开发、油气集输、石油产品的生产加工、化学清洗、工业用水、机械加工制造等过程中,缓蚀技术已成为主要的防腐蚀手段[1]。

咪唑啉类缓蚀剂因其具有优异的缓蚀性能、对热稳定、无特殊刺激性气味、低毒、环保等突出特点,在油气开采、集输、油田水处理等过程被广泛应用[2]。咪唑啉的合成工艺技术主要有溶剂法、真空合成、高温合成等[3~6],其合成工艺普遍存在使用甲苯、二甲苯等有毒性携水剂,反应时间长,反应温度高,脱除携水剂能耗高和环境污染严重等问题,随着人们环保意识的增强,研发新型、高效、经济性良好、环境友好的缓蚀剂越来越受到重视[7]。咪唑啉类缓蚀剂制备采用氧化钙做脱水剂[8],可避免使用甲苯类携水剂,减少后续处理过程,降低环化反应温度。

本文以油酸、二乙烯三胺为原料,氧化钙为脱水剂,合成了油溶性咪唑啉,用红外光谱表征合成产物。同时为避免油溶性咪唑啉难溶于水而导致其应用范围窄,采用不同季铵化试剂合成了水溶性咪唑啉季铵盐[8~12],同时根据 SY/T 5273—2014 标准评价了产物对 Q235 钢的缓蚀效果,探究了不同的水溶性咪唑啉季铵盐缓蚀剂的合成工艺。

1　实验部分

1.1　材料、药品与仪器

油酸、二乙烯三胺、氧化钙、氯化苄、氯乙酸、氢氧化钠、Q235 钢片、砂纸、无水乙醇、丙酮(均为分析纯)、FTIR-650 傅里叶变换红外光谱仪、三口烧瓶、电热套、球形冷凝管、直形冷凝管、分水器、温度计、温度计套管、磁力搅拌器。

1.2　反应原理

油酸与二乙烯三胺脱水发生酰胺化反应,生成脂肪酰胺和水,加热搅拌反应一段时间后，加入一定量的氧化钙，高温条件下进行环化脱水反应，生成咪唑啉产物。降温后，加入季胺化试剂 RX 进行季铵化处理，增加缓蚀剂在水中的溶解度，最后生成水溶性咪唑啉季铵盐缓蚀剂。

$$CH_3(CH_2)_2CH=CH(CH_2)_7COOH + H_2N\diagup\diagup NH\diagup\diagup NH_2$$

$$\xrightarrow[120\text{℃}]{-H_2O} CH_3(CH_2)CH=CH(CH_2)_7COHN(CH_2)_2NH(CH_2)_2NH_2$$

$$\xrightarrow[\text{环化}]{+HaO} \begin{array}{c} N-CH_2CH_2NH_2 \\ \diagup \\ N \diagdown C_{17}H_{33} \end{array}$$

$$\xrightarrow[\text{季铵化}]{+RX} \left[\begin{array}{c} N-CH_2CH_2NH_2 \\ \diagup \\ N^+ \diagdown C_{17}H_{33} \\ | \\ R \end{array} \right] X^-$$

1.3 合成实验

1.3.1 油酸咪唑啉的合成

油酸、二乙烯三胺加入连有搅拌装置、温度计、分水器和冷凝装置的 500mL 三口烧瓶中，开启冷凝、搅拌，升温至 100~110℃，保温 1h，随后，加入一定量的氧化钙，继续升温至 160℃ 左右回流反应 6h，即得到棕褐色膏状油溶性咪唑啉。红外光谱特征吸收峰：1560cm^{-1}（C-N 单键伸缩振动的表征，咪唑啉环的特征吸收峰之一），初步确定合成的产物为五元环咪唑啉化合物。

1.3.2 油酸咪唑啉的氯化苄季铵盐化

油酸咪唑啉产物降至室温时，搅拌条件下，用恒压滴液漏斗缓慢滴入适量氯化苄。由于季铵化反应是放热反应，故在滴加过程中，需要控制滴液速度，防止过热。氯化苄滴加完成后，升温至 50~60℃ 范围内季铵化反应 3h，得到红棕色的水溶性咪唑啉季铵盐缓蚀剂。

1.3.3 油酸咪唑啉的氯乙酸钠季铵盐化

在三口烧瓶中加入一定量油酸咪唑啉产品和适量水，搅拌，升温至 50℃，称取一定摩尔比的氯乙酸溶于适量去离子水中，用滴液漏斗慢慢加入三口烧瓶中，温度不要超过 55℃，同样，称取两倍氯乙酸摩尔的氢氧化钠，配制成 30% 的溶液，用滴液漏斗加入三口烧瓶中，瓶内温度不超过 60℃，滴加完毕后，将反应物在 50~60℃ 范围内反应 3h，再在 80~90℃ 反应 1h，反应混合物的 pH 值从 14 降至 10，得到棕黄色的产品。

1.4 缓蚀性能评价

1.4.1 模拟盐水的配置

参考 Q/SY 126—2005 标准，按照表 1 中盐类的组成配置缓蚀实验用的模拟盐水。

表 1 模拟盐水中组分含量

组分名称	NaCl	MgCl$_2$	Na$_2$SO$_4$	CaCl$_2$	NaHCO$_3$
质量分数/%	5.0	0.2	0.6	0.4	0.04

1.4.2 静态挂片实验

实验材料为 Q235 钢，尺寸为 76mm×13mm×1.5mm，依次用 200$^{\#}$ 水相砂纸、400$^{\#}$、600$^{\#}$ 金相砂纸将试片表面打磨光滑平整。置于沸程在 60~90℃ 的石油醚中，用脱脂棉除去试片表面油脂后，放入无水乙醇当中浸泡 5min 后再用丙酮清洗，烘干备用。试片经处理后用尼龙绳悬挂在腐蚀介质中，缓蚀剂质量浓度均为 100mg/L，保持温度 50 ±1℃ 放置 72h。按照式(1)对腐蚀速率和腐蚀率进行计算：

$$r_{corr} = \frac{8.76 \times 10^4 \times (m - m_t)}{S \times t \times \rho} \tag{1}$$

式中，r_{corr} 为腐蚀速率，mm/a；m 为实验前的试片质量，g；m_t 为实验后的试片质量，g；S 为试片的总面积，cm^2；ρ 为试片材料的密度，g/cm^3；t 为实验时间，h。

$$\eta = \frac{\Delta m_0 - \Delta m_1}{\Delta m_0} \times 100\% \tag{2}$$

式中，η 为缓蚀率，%；Δm_0 为空白实验中试片的质量损失，g；Δm_1 为加剂实验中试片的质量损失，g。

2 结果与讨论

2.1 咪唑啉反应条件的优化

形成咪唑啉环过程中，进行了酰胺化和脱水成环反应。酰胺化过程中油酸与二乙烯三胺混合物升温至 70℃ 时，酸碱成盐反应放热量大，温度迅速升到 100℃ 左右，在 100~110℃ 必须保温一段时间，尽量使二乙烯三胺与油酸完全成盐，否则，未成盐的二乙烯三胺不仅会影响咪唑啉的收率，也会参与后面的季胺化反应。

实验中，改变油酸和二乙烯三胺的摩尔比分别合成咪唑啉中间体，以 0.1mol 油酸为基准，氧化钙加入量为 0.2mol，并改变环化脱水温度和环化时间，探究原料配比、环化温度和环化时间对咪唑啉中间体缓蚀率的影响。

表 2 不同反应条件对咪唑啉中间体缓蚀率的影响

序号	摩尔比/油酸：二乙烯三胺	环化温度/℃	环化时间/h	缓蚀率/%
1	1：1.1	160	4	59.4
2	1：1.1	160	6	61.3
3	1：1.1	190	4	58.5
4	1：1.1	190	6	60.2
5	1：1.2	160	4	70.5
6	1：1.2	160	6	74.4
7	1：1.2	190	4	68.4
8	1：1.2	190	6	71.8
9	1：1.3	160	4	64.3
10	1：1.3	160	6	66.8
11	1：1.3	190	4	63.5
12	1：1.3	190	6	65.6

由表 2 的实验结果可知，改变油酸与二乙烯三胺的摩尔比、环化温度和环化时间对合成咪唑啉中间体的缓蚀效果均有影响，其中，油酸与二乙烯三胺的摩尔比的影响最大。分析得出，对咪唑啉中间体缓蚀率的影响依次为：油酸与二乙烯三胺的摩尔比>环化时间>环化温

度。结合实验结果，咪唑啉中间体的优化反应条件为：n(油酸)：n(二乙烯三胺)为1：1.2，环化时间为6h，环化温度为160℃。

实验中采用氧化钙作脱水剂，咪唑啉成环的合适温度为160℃，较文献[10,12]报道的180~240℃明显降低；反应产物无须进行甲苯、二甲苯等携水剂回收过程，降低了能耗；在油气开采过程中腐蚀介质中含有一定矿化度的地层水，其中含有一定量的钙离子，因此产物中某种形态存在的钙离子无须脱除，减少了产品的后处理过程。

2.2 咪唑啉类缓蚀剂对缓蚀率的影响

实验中，以合成的咪唑啉、氯化苄季铵化咪唑啉(咪唑啉与氯化苄的摩尔比为1：1.1)、氯乙酸钠季铵化咪唑啉(咪唑啉与氯乙酸钠的摩尔比为1：1.1)三种产品添加到腐蚀盐水中，添加的质量浓度均为100mg/L，缓蚀的效果见表3。

表3 不同咪唑啉类缓蚀剂对缓蚀率的影响

缓蚀剂类别	m/g	m_1/g	$\Delta m_1/g$	$r/(mm/a)$	$\eta/\%$
空白	11.3065	10.8263	–	3.383	–
咪唑啉	11.3060	11.1334	0.1726	1.216	64.1
氯化苄季铵化咪唑啉	11.3062	11.2226	0.0836	0.589	82.6
氯乙酸钠季铵化咪唑啉	11.3061	11.2435	0.0626	0.441	87.0

$S=22cm^2$；$\rho=7.85g/cm^3$；$t=72h$；$\Delta m_0=0.4802g$

备注："–"表示空白实验中未添加缓蚀剂，无缓蚀率数据。

与空白实验相比，添加不同的咪唑啉类缓蚀剂均有明显的缓蚀效果，其中添加氯乙酸钠季铵化咪唑啉的缓蚀效果最佳，缓蚀率达87.0%。分析其原因，缓蚀剂的水溶性对缓蚀剂的影响较大，氯乙酸季铵化咪唑啉在水中的溶解性最好；而氯化苄季铵化咪唑啉时，其产品的水溶液略浑浊，其季铵化反应不充分，还有未反应完全的油溶性咪唑啉中间体，导致产物的水溶性较差、缓蚀率较低；油性咪唑啉没季铵化时水溶性差，在加热的腐蚀盐水中成浑浊，其缓蚀效果差。

2.3 咪唑啉与季铵化试剂摩尔比对产物缓蚀率的影响

实验中，油酸与二乙烯三胺的摩尔比为1：1.2，n(咪唑啉)：n(季铵化试剂)分别为1：1.0、1：1.1、1：1.2，季铵化反应3h，对不同的季铵化试剂，分别考察了咪唑啉与季铵化试剂不同摩尔比对产物缓蚀性能的影响。缓蚀剂添加的质量浓度均为100mg/L，实验结果见表4。

表4 不同季铵化试剂不同加量对产物缓蚀性能的影响

n(咪唑啉)：n(季铵化试剂)	季铵化试剂	m/g	m_1/g	$\Delta m_1/g$	$r/(mm/a)$	$\eta/\%$
1：1	氯化苄	11.3058	11.1812	0.1246	0.878	74.1
	氯乙酸钠	11.3060	11.2117	0.0943	0.664	80.4
1：1.1	氯化苄	11.3062	11.2226	0.0836	0.589	82.6
	氯乙酸钠	11.3061	11.2435	0.0626	0.441	87.0
1：1.2	氯化苄	11.3056	11.2275	0.0781	0.550	83.7
	氯乙酸钠	11.2934	11.2242	0.0692	0.488	85.6

$S=22cm^2$；$\rho=7.85g/cm^3$；$t=72h$；$\Delta m_0=0.4802g$

从表 4 实验结果可以看出，当油溶性咪唑啉中间体与氯化苄季铵化反应时，随着氯化苄用量的增加，合成的咪唑啉季铵盐缓蚀剂在水中的溶解性增强，缓蚀率提高，当两者摩尔比为 1∶1.2 时，生成的咪唑啉季铵盐的水溶性最佳，随之其缓蚀效果增强，其缓蚀率达到 83.7%。

当油溶性咪唑啉中间体与氯乙酸钠季铵化反应时，氯乙酸钠过量对咪唑啉的季铵化是有利的，但氯乙酸钠的加入量过多后，合成的咪唑啉季铵盐缓蚀剂的缓蚀率反而有所下降，实验结果表明，两者摩尔比为 1∶1.1 时，生成的咪唑啉季铵盐的缓蚀率为 87.0%，缓蚀效果最佳。

3 结论

(1) 采用氧化钙为脱水剂，咪唑啉中间体最优的反应条件为：$n($油酸$)∶n($二乙烯三胺$)∶n($氧化钙$)$为 1∶1.2∶2，环化时间为 6h，环化温度为 160℃。

(2) 咪唑啉季铵化后，形成缓蚀性能更好的水溶性咪唑啉缓蚀剂，季铵化试剂种类及加量均影响产物的缓蚀性能。

参 考 文 献

[1] 张天胜，张洁，高红，等. 缓蚀剂(第二版)[M]. 北京：化学工业出版社，2008.

[2] 郭睿，张春生，包亮，等. 新型咪唑啉缓蚀剂的合成与应用[J]. 应用化学，2008，25(4)：494-497.

[3] 关建宁，宋娜，张金俊，等. 咪唑啉型缓蚀剂合成方法的研究进展[J]. 工业水处理，2009，29(4)：8-11.

[4] 常艳兵，王为民，魏显达. 新型油酸咪唑啉缓蚀剂 HS11 合成与应用[J]. 化学工程师，2011，192(9)：65-67.

[5] 张光华，王腾飞，董惟昕. 硫脲基烷基咪唑啉季铵盐缓蚀剂在油水两相中的传质性能[J]. 化工进展，2010，29(12)：2254-2259.

[6] 林修洲，倪强，黄德阳. 油酸基咪唑啉缓蚀剂的合成与缓蚀性能[J]. 腐蚀与防护，2013，34(2)：125-128.

[7] 高秋英，梅平，陈武，等. 咪唑啉类缓蚀剂的合成及应用研究进展[J]. 化学工程师，2006，128(5)：18-21.

[8] 李学坤，安娇龙，成西涛，等. 新型咪唑啉季铵盐缓蚀剂合成工艺研究与性能评价[J]. 应用化工，2013，11(21)：2005-2008.

[9] Tian H W, Li W A, Hou B R, et al. Insights into corrosion inhibition behavior of multi-active compounds for X65 pipeline steel in acidic oilfield formation water[J]. Corrosion Science, 2017, 117: 43-58.

[10] 吴效楠. 油酸咪唑啉季铵盐的合成及缓蚀性能的研究[J]. 承德石油高等专科学校学报，2016，18(3)：16-20.

[11] 庞宏磊，崔广华. 油酸咪唑啉季铵盐合成及其复配剂缓蚀抑雾性能研究[J]. 山东化工，2018，47(17)：35-36.

[12] 周丽，厉安昕，魏玮宏. 水溶性咪唑啉季铵盐缓蚀剂的合成[J]. 辽宁化工，2018，47(9)：875-877.

作者简介：屈沅治(1975—)，博士，从事钻井液技术及油气井工程应用研究工作。地址：北京市昌平区黄河街 5 号院 1 号楼，邮政编码 102206，电话(010)80162069，E-mail：yuanzhiqu@ petrochina. com. cn。

咪唑啉类乳化剂的合成及性能评价

龙郡男　屈沅治　冯小华　黄宏军

(中国石油集团工程技术研究院)

摘　要　油基钻井液具有较好的抑制性能、抗温性能和润滑性能，能够有效稳定井壁、防止井壁坍塌，适用于深井、大斜度井、高温井等高难度井和复杂地层钻井。油基钻井液是以水为分散相，油为连续相，并添加适量的乳化剂、降滤失剂、有机土和加重剂等形成的乳状液，其本质是油包水的不稳定乳状液，因此，乳化剂在其中发挥至关重要的作用。为解决油基钻井液常用乳化剂黏度高、流动性差、乳化效果差的问题，本文通过简单的酰胺化反应合成了乳化能力强的咪唑啉乳化剂，研究了三种咪唑啉乳化剂在油基钻井液中的性能，包括市面上同类咪唑啉、实验室合成咪唑啉以及咪唑啉季铵盐。其中咪唑啉季铵盐的合成以油酸、二乙烯三胺为原料，氯化苄为季铵化试剂。通过对比评价分析，室内合成咪唑啉的乳化能力要优于市面同类咪唑啉与咪唑啉季铵盐，且室内合成咪唑啉乳化剂的热稳定性、电稳定性、抗高温能力要优于咪唑啉季铵盐。

关键词　咪唑啉　咪唑啉季铵盐　乳化剂　油基钻井液

乳化剂是油基钻井液的核心处理剂，对于油基钻井液体系的性能好坏起着至关重要的作用。目前油基钻井液中常用的乳化剂普遍存在破乳电压低、流变性差、抗高温能力差等缺点。并且目前国内的油基钻井液乳化剂大多数分为主乳化剂和副乳化剂，二者必须配合使用，造成了钻井液体系配方复杂，本文以油酸、二乙烯三胺为原料合成了咪唑啉，然后以氯化苄作季铵化试剂，生成咪唑啉季铵盐。通过电稳定性、乳化率等手段考察了其各自的乳化能力，并评价了以各自乳化剂为基础配制的油基钻井液的性能，从而对比评价合成的咪唑啉、咪唑啉季铵盐与市面上同类咪唑啉乳化剂在油基钻井液中的性能，从而优选出性能优异的乳化剂。

1　实验部分

1.1　实验材料

油酸(上海麦克林生物化学公司)、二乙烯三胺、氯化苄(西陇科学股份有限公司)、二甲苯、5号白油、20%氯化钙、有机土、降滤失剂、氧化钙、重晶1石。

1.2　实验仪器

水浴锅、分析天平(上海舜宇恒平科学仪器有限公司)、三口烧瓶、恒压漏斗、机械搅拌器(青岛同春石油仪器有限公司)、冷凝管、数显旋转黏度计(青岛同春石油仪器有限公司)、电稳定性测试仪(青岛同春石油仪器有限公司)、高温高压滤失仪(青岛同春石油仪器有限公司)。

1.3　反应原理

油酸与二乙烯三胺脱水发生了酰胺化反应，生成了脂肪酰胺和水，水与二甲苯形成共沸物被蒸出，在冷凝器中冷凝后于分水器中分层，二甲苯回流至烧瓶中。水被不断分离出反应体系，促进了反应的进行。

$$CH_3(CH_2)CH=CH(CH_2)COOH+H_2N(CH_2)_2NHNH_2 \xrightarrow[160℃]{-H_2O}$$
$$CH_3(CH_2)_7CH = CH(CH_2)_7COHN(CH_2)_2NH(CH_2)_2NH_2 \tag{1}$$

$$R-COOH+H_2N(CH_2CH_2NH)_nH \xrightarrow{-H_2O} R-\overset{\overset{\displaystyle O}{\|}}{C}-NH(CH_2CH_2NH)_nH \tag{2}$$

随着反应的进一步进行，脂肪酰胺进一步脱水，发生环化反应，得到咪唑啉中间体。

$$R-\overset{\overset{\displaystyle O}{\|}}{C}-NH(CH_2CH_2NH)nH \xrightarrow{-H_2O} \overset{N}{\underset{R}{\triangle}}NH-(CH_2CH_2NH)_{n-1}H \tag{3}$$

最后将携水剂二甲苯减压蒸出，用氯化苄进行改性：

$$\tag{4}$$

1.4 合成方法

1.4.1 咪唑啉的制备

将一定配比的油酸和二乙烯三胺加入三口瓶中并将其置于加热装置上，在三口瓶中装上温度计和冷凝管后，不断搅拌使其完全混合，升温至110℃反应1h，再升温至160℃反应2h。稍降温后，趁热将产物倒入烧杯中。

1.4.2 咪唑啉季铵化

将一定量按上述合成的咪唑啉加入三口瓶中，在三口瓶中装上温度计和冷凝管，搅拌条件下，用分液漏斗缓慢添加合适量的氯化苄，在110～120℃之间反应1.5h，稍降温后，趁热将产物倒入烧杯中，得到咪唑啉季铵盐。

1.5 性能评价方法

油基泥浆基础配方：240mL的5号白油+6%乳化剂+20%氯化钙(60ML)+2%有机土+2%降滤失剂+3.5%氧化钙+重晶石(624g)。

分别将市面上同类咪唑啉、室内合成咪唑啉及咪唑啉季铵盐三种乳化剂，按照6%比例添加到配置好的油基泥浆中，然后依次测试其流变性、破乳电压、高温高压滤失量。

实验采用数显旋转黏度计测定三种泥浆在60℃和高温150℃连续热滚16h后的的黏度，按照标准实验步骤测定钻井液流变性。分别记录600r/min、300r/min、6r/min、3r/min表盘稳定时的读数。分别计算3种钻井液体系的塑性黏度、动切力和表观黏度。

实验采用高温高压滤失仪测定三种泥浆在高温150℃连续热滚16h后钻井液滤失量，按照标准实验步骤测定钻井液滤失量。实验所用工作压力为0.7MPa，温度为150℃。用秒表记录滤失时间30min时的滤液体积。钻井液的最终滤失量 $V_1=2V_{30}$。

实验采用电稳定性测试仪测定三种泥浆在60℃和高温150℃连续热滚16h后的破乳电压，按照标准实验步骤测定油基钻井液破乳电压。每种油基钻井液体系各测试5组数据，然后去掉最高值和最低值，剩余三组数据取平均值即可。

2 结果与讨论

2.1 原料配比对咪唑啉合成反应的影响

改变油酸和二乙烯三胺的摩尔比分别合成咪唑啉中间体，探究原料配比对咪唑啉中间体产率的影响。

表 1 原料配比对咪唑啉合成反应的影响

序号	摩尔比/油酸：二乙烯三胺	出水量/mL	序号	摩尔比/油酸：二乙烯三胺	出水量/mL
1	1：0.8	14.40	4	1：1.1	15.30
2	1：0.9	14.94	5	1：1.2	17.82
3	1：1	15.12	6	1：1.4	17.64

由表 1 可知，随着油酸与二乙烯三胺的摩尔比增加，反应的出水量增加，当摩尔比为 1：1.2 时，出水量最大，反应最充分，所以油酸与二乙烯三胺的摩尔比优选为 1：1.2。

2.2 抗温性能评价

将分别加入市面同类咪唑啉、合成咪唑啉、咪唑啉季铵盐 3 种乳化剂的油基钻井液进行高温老化实验。实验数据如表 2。

表 2 乳化剂降滤失性能

	性能	$\Phi600$	$\Phi300$	$\Phi6$	$\Phi3$	GEL/Pa	HTHP/mL	AV/mPa·s	PV/mPa·s	YP/Pa
1#	常温	89	51	7	6	6/7	5.4×2	44.5	38	6.5
	热滚 16h	107	68	5	4	5/7	5.8×2	53.5	39	14.5
	热滚 32h	92	50	4	3	4/5	6.7×2	46	42	4
2#	常温	265	149	15	14	12/14	6.0×2	132.5	116	16.5
	热滚 16h	211	114	7	5	5/7	6.2×2	105.5	97	8.5
	热滚 32h	199	113	5	4	4/3	6.5×2	99.5	102	5.5
3#	常温	232	130	14	12	11/12	5.0×2	116	102	14
	热滚 16h	244	139	16	13	13/15	5.1×2	122	105	17
	热滚 32h	232	130	15	12	12/14	5.3×2	116	102	14

备注：1#配方为 240mL 的 5 号白油+6%咪唑啉(同类市场产品)+20%氯化钙(60mL)+2%有机土+2%降滤失剂+3.5%氧化钙+重晶石(624g)。

2#配方为 240mL 的 5 号白油+6%咪唑啉季铵盐乳化剂+20%氯化钙(60mL)+2%有机土+2%降滤失剂+3.5%氧化钙+重晶石(624g)。

3#配方为 240mL 的 5 号白油+6%合成咪唑啉乳化剂+20%氯化钙(60mL)+2%有机土+2%降滤失剂+3.5%氧化钙+重晶石(624g)。

根据表 2 可知，当老化温度为 150℃时，随着热滚时间的增长，添加了合成咪唑啉乳化剂的油基钻井液流变性能以及滤失量变化很小，抗温能力能达到 150℃，且流变性能、降滤失性能最好，优于咪唑啉季铵盐和市面上同类咪唑啉。

2.3 乳化能力的测定

2.3.1 乳化率的测定

分别按照油水比9∶1、8∶2、7∶3(5号白油和蒸馏水)配制300mL基液,加入6g乳化剂和6g有机土,高速搅拌30min,再将乳状液在150℃下热滚16h,取出,冷却,高速搅拌20min后,在60℃下应用电稳定性测试仪测定乳液破乳电压,再倒入500mL量筒中,静置24h,测定分离出的油层体积V,乳化率计算公式:

乳化率=(300-V)/300×100%

数据见表3。

表3 油水比对乳化能力的影响

乳化剂	油水比	破乳电压/V	乳化率/%
1#	9∶1	541	80.33
	8∶2	424	41.33
	7∶3	334	11.33
2#	9∶1	743	100
	8∶2	571	90.33
	7∶3	438	46.0
3#	9∶1	1004	100
	8∶2	829	100
	7∶3	651	100

根据表3可知,随着油水比比例的变化,合成咪唑啉乳化剂的乳化能力最强,强于市面上的同类咪唑啉乳化剂和咪唑啉季铵盐。

2.3.2 破乳电压的测定

对分别加入市面同类咪唑啉、合成咪唑啉、咪唑啉季铵盐3种乳化剂的油基钻井液进行破乳电压的测定。数据见表4。

根据表4可知,添加了合成咪唑啉乳化剂的油基钻井液,在热滚前后破乳电压数值最高,基本维持在1000V左右,且变化不大,数值最稳定,电稳定性最好。

表4 乳化剂的电稳定性

破乳电压 E/V	热滚前/V	热滚16h/V	热滚32h/V
1#	1182	573	653
2#	409	450	786
3#	1021	1095	1188

综上所述,合成的咪唑啉乳化剂无论是在流变性能、降滤失性能方面,还是在抗温能力与乳化能力上,均要优于市面上同类咪唑啉乳化剂和咪唑啉季铵盐乳化剂,在油基钻井液中起到了更好的性能优化作用。

3 结论

(1)合成咪唑啉的最佳摩尔比为:油酸与二乙烯三胺的摩尔比为1∶1.2。

(2)合成的咪唑啉乳化剂在油基钻井液中的热稳定性、电稳定性以及降滤失性能、乳化能力均要优于市场上同类咪唑啉，且优于经氯化苄季铵化后形成的咪唑啉季铵盐乳化剂，具有较好的应用价值。

参 考 文 献

[1] 覃勇，蒋官澄，邓正强．抗高温油基钻井液主乳化剂的合成与评价[J]．钻井液与完井液，2016，33（1）6-10．

[2] 佟芳芳，苏碧云，倪炳华．环保型钻井液应用分析与发展方向[J]．石油化工应用，2012，31（11）：1-4．

[3] 王旭东，郭保雨，陈二丁，等．油基钻井液用高性能乳化剂的研制与评价[J]．钻井液与完井液，2014，31（6）：1-4．

[4] 梁大川，黄进军，崔茂荣，等．抗高温高密度低毒油包水钻井液的乳化剂优选和研制[J]．西南石油学院学报，2000，22（3）：74-77．

[5] 肖利亚，乔卫红．咪唑啉类缓蚀剂研究和应用的进展[J]．腐蚀科学与防护技术，2009，21（04）：397-400．

[6] 王中华．国内外油基钻井液研究与应用进展[J]．断块油气田，2011，18（4）：533-537．

[7] 李哲．抗高温油基钻井液体系的研制[D]．北京：中国石油大学，2011．

作者简介： 龙郡男（1995—），研究生在读，目前就读于中国石油大学（北京）石油工程学院，专业方向为石油与天然气工程，现如今在中国石油集团工程技术研究院钻井液所实习。地址：北京市昌平区黄河街5号院1号楼中国石油集团工程技术研究院有限责任公司；102206，电话：18310255369，邮箱：1101193699@ qq.com. 。

抗盐纳米乳液制备及其性能评价

杨峥[1] 刘盈[2] 徐栋[3] 刘峰报[4] 冯杰[1] 张志磊[1]

(1. 中国石油集团钻井工程技术研究院；2. 中国石油勘探开发研究院；
3. 中石油煤层气有限责任公司工程技术研究院；4. 中国石油塔里木油田公司勘探事业部)

摘　要　随着致密油气等非常规油气资源勘探开发的不断深入，钻探施工难度逐渐增大，钻井液技术遇到了新的挑战和发展机遇。近年来，纳米材料由于其特殊的表面效应和小尺寸效应，受到了钻井液技术研究者的广泛关注。然而在实践应用过程中发现，纳米材料在应用条件下极易发生团聚，导致颗粒粒径增大，进而失去其纳米应用特性。本文以一种常用纳米乳液为研究对象，研究了外部环境对其分散稳定性的影响。针对其抗盐性较差的不足进行了改性研究，并制备了一种抗盐型纳米乳液。

关键词　纳米乳液　粒度分布　抗盐　水基钻井液

随着科技的不断发展和进步，人们对材料的认识也逐步从宏观认知向微观研究过度。纳米材料以其超微尺度特征逐渐成为研究者关注的焦点，20世纪末钻井液领域已开始关注对纳米材料的探索。随着国内非常规油气资源的大规模开发，致密储层纳微米孔隙的封堵成为研究热点，纳米材料在钻井液领域的应用研究也逐渐增多[1~3]。但是对纳米材料而言，由于其粒径小，比表面积和表面能较高，在制备和应用过程中始终存在着颗粒团聚的问题。在类似钻井液应用的复杂环境，尤其是在高含盐的情况下，纳米材料的团聚会被加速，使其丧失纳米材料的应用特性，甚至影响钻井液整体性能。因此，本文针对非常规油气资源开发的需求和纳米材料遇盐团聚的技术难题，对部分常见纳米材料进行了优选，并结合优选结果开展了钻井液用抗盐纳米乳液的制备研究。

1　实验原料及仪器

实验所用的材料、试剂和仪器设备如表1和表2所示。

表1　实验材料

名　称	备　注	名　称	备　注
纳米二氧化硅(Nano-1)	白色粉末	纳米封堵剂(Nano-2)	白色粉末
纳米碳酸钙(Nano-3)	白色粉末	纳米乳液(Nano-4)	乳白色液体，含量>48%
氯化钠(NaCl)	分析纯	氯化钾(KCl)	分析纯

表2　实验仪器设备

名　称	型　号	生产厂家
激光散射粒度分布分析仪	LA-950	日本 HORIBA 公司
扫描电子显微镜	SIRION200	美国 FEI 公司

名　称	型　号	生产厂家
变频高速搅拌机	GJS-B12K	青岛同春石油仪器有限公司
变频高温滚子加热炉	GW300	青岛同春石油仪器有限公司
高温高压失水仪	GGS42-3	青岛海通达专用仪器有限公司
Zeta 电位仪	Zetasier nano-2	英国马尔文公司

2　纳米材料优选

对六种材料进行了分散性评价，图 1 为六种纳米材料粒径分布的测定结果。可以看出，Nano-1、Nano-3 颗粒间产生了严重的团聚，即使超声也很难将颗粒完全分散开，而 Nano-2 虽然在超声后可以分散开，但使用搅拌的方式却效果不理想。在超声分散或简单搅拌的情况下均保持了良好的纳米分散状态，因此选择纳米乳液（Nano-4）作为研究对象。

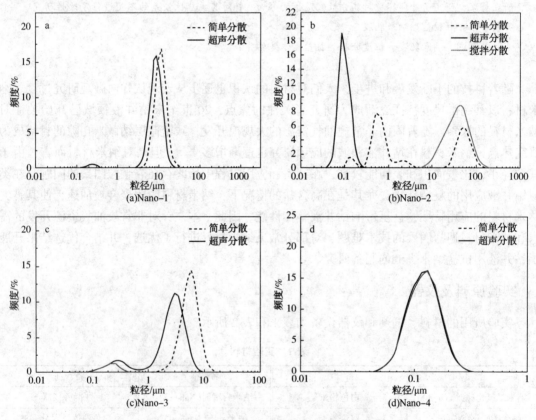

图 1　不同纳米材料的粒径分布情况

采用 SEM 对 Nano-4 的粒径分析结果进行了进一步的验证。从图 2 可以看到，纳米乳液颗粒为球形，颗粒粒径大小较为均匀，具有较好的分散性。激光粒度仪的分析结果显示，纳米乳液粒径分布在 51~296nm 之间，主要集中在 80~150nm，平均粒径为 117nm，与 SEM 电镜的扫描结果一致。

由于钻井液在使用过程中会周期性经受高速剪切作用，因此对纳米乳液的剪切稳定性进行了分析研究。图 3 所示为 1% 和 10% 的纳米乳液在 12000r/min 转速下高速搅拌 1h 后的粒径分布情况。可以看出，在高剪切力作用后，其粒径分布情况变化不大，说明纳米乳液具有良好的剪切稳定性。

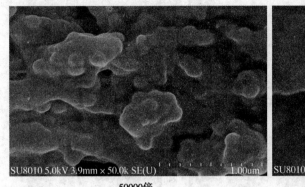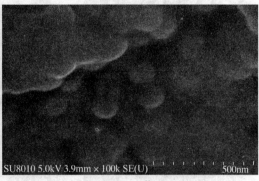

50000倍　　　　　　　　　　　　　　　　　　　100000倍

图 2　纳米乳液扫描电镜照片

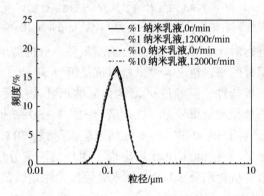

图 3　纳米乳液在高剪切力作用后的粒径分布情况

当钻遇盐岩层、盐膏层、盐水层时，钻井液常会受到盐侵影响。此外，在钻井液的配置过程中，也会使用一定量的盐类添加剂。在上述情况下，随着溶液中电解质浓度的增加，纳米颗粒极易受影响而发生团聚。因此采用沉降观察法和粒径分析法，研究了不同浓度 NaCl 对纳米乳液分散稳定性的影响。图 4 显示了不同浓度 NaCl 对 1wt%、5wt% 和 10wt% 浓度纳米乳液分散稳定性的影响。可以看出，随着 NaCl 浓度的增加，纳米乳液的团聚沉降现象越发明显。对比观察图中不同时间下 2.5wt% 的 NaCl 对纳米乳液的影响，发现纳米乳液在经过一定的时间后才逐渐观察到明显的团聚，说明纳米颗粒的团聚是一个缓慢的过程，随着 NaCl 浓度的增大，这一过程将加快。图 5 描述了 NaCl 对纳米乳液平均粒径的影响情况。可以看出，当 NaCl 浓度达到 2% 后，纳米乳液发生明显团聚，平均粒径急剧增大，说明纳米乳液的抗盐性不够理想。

3　抗盐纳米乳液制备

3.1　抗盐组分优选

针对纳米乳液抗盐稳定较差的问题，采用在纳米乳液制备过程中添加抗盐组分的前改性方式提高其对外加盐类电解质的耐受性。以室温下 15wt%NaCl 为筛选条件，对 6 种可能具

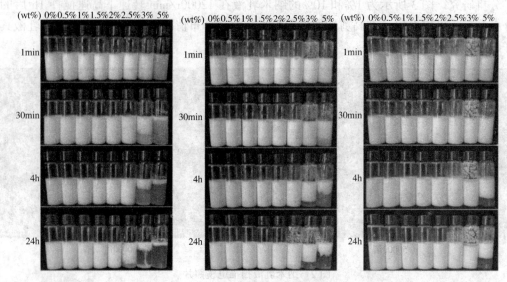

图 4   不同 NaCl 浓度对纳米乳液分散稳定性的影响

（从左到右纳米乳液浓度分别为 1wt%、5wt% 和 10wt%）

有改性效果的抗盐组分进行对比，并进一步结合温度条件，对抗盐组分进行抗温抗盐性能的评价。表 3 描述了抗盐组分的筛选情况。可以看出抗盐组分 SR-1、SR-3 和 SR-4 仅使纳米乳液在室温下具备良好的抗盐性，但经过 90℃ 老化后纳米乳液就发生了明显的团聚分层现象，其在温度场作用下抗盐稳定效果较差。抗盐组分 SR-2、SR-5 和 SR-6 可使纳米乳液具备一定的抗温抗盐性能。含有 SR-2 和 SR-6 的纳米乳液经过 130℃ 老化后依旧能够均匀分散。含 SR-6 组分的纳米乳液在 140℃ 老化后出现了明显的团聚分层，且团聚体颜色发黄，呈现出热氧老化趋势。含有抗盐组分 SR-5 的纳米乳液抗盐稳定性最好，抗温可达 180℃。

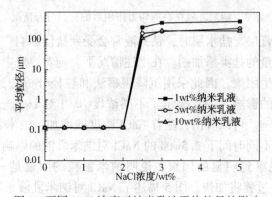

图 5   不同 NaCl 浓度对纳米乳液平均粒径的影响

表 3   含不同抗盐组分纳米乳液的粒径分布情况

抗盐组分	编号	25℃ 粒径/μm	90℃ 粒径/μm	120℃ 粒径/μm	130℃ 粒径/μm	140℃ 粒径/μm	180℃ 粒径/μm	190℃ 粒径/μm
SR-1	1	0.11690	—					
SR-2	2	0.11984	0.12001	0.11310	—			

续表

抗盐组分	编号	25℃ 粒径/μm	90℃ 粒径/μm	120℃ 粒径/μm	130℃ 粒径/μm	140℃ 粒径/μm	180℃ 粒径/μm	190℃ 粒径/μm
SR-3	3	0.12098	—	—	—	—	—	—
SR-4	4	0.11601	—	—	—	—	—	—
SR-5	5	0.11972	0.11314	0.11796	0.11920	0.11632	0.11649	—
SR-6	6	0.11448	0.12977	0.11765	0.11579			

3.2 抗盐组分用量研究

抗盐组分 SR-5 在使用前应当进行适量稀释, 当其浓度过大时, 游离的抗盐组分易在颗粒间架桥而产生絮凝作用, 从而影响纳米乳液的原始分散[4]。通过多次实验对比, 选择以抗盐组分 SR-5 与水的质量比为 1∶4 进行稀释。在 pH 值为 8、室温搅拌 5min 的条件下, 以纳米乳液与 SR-5 的质量比计, 研究了含有不同添加量 SR-5 的纳米乳液分散稳定性。图 6 描述了不同 SR-5 含量的纳米乳液在 20wt%NaCl 室温老化 24h 后的团聚情况。可以看出当质量比大于 50∶1 时, 纳米乳液发生了明显的团聚。SR-5 须达到足够的用量时才可能使纳米乳液具备良好的抗盐改性效果。这是因为其在颗粒表面的吸附, 可以起到空间位阻作用, 在未达到吸附平衡前, 其效果随用量的增大而提升[5,6]。

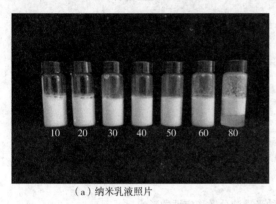

（a）纳米乳液照片

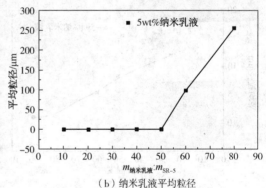

（b）纳米乳液平均粒径

图 6　SR-5 含量对纳米乳液平均粒径的影响

3.3 制备工艺研究

在上述研究中发现, 当抗盐组分 SR-5 含量大于 50∶1 时具备了不错的抗盐效果。为了进一步研究工艺条件对平均粒径的影响, 将 SR-5 用量降低至 60∶1, 此时纳米乳液在盐溶液中会发生明显团聚, 以此来观察不同工艺条件是否可以改善纳米乳液的团聚行为。在 $m_{纳米乳液}∶m_{SR-5}$ 为 60∶1 的条件下, 对比了不同搅拌速率、反应时间、反应温度、pH 值下改性纳米乳液在 20wt%NaCl 溶液中室温老化 24h 后的分散情况（图 7）。

从图 7 中可以看出, 在制备过程中给予一定的搅拌可以促进抗盐组分与乳液颗粒的充分接触和反应, 其平均粒径明显变小。随着搅拌速率的增加, 平均粒径变化幅度趋于平稳。搅拌速率优选为 800r/min。随着反应时间增加到 15min, 改性纳米乳液在 NaCl 溶液中的平均粒径有所减小, 之后继续增加反应时间效果逐渐趋于稳定, 与抗盐组分在乳液颗粒表面的吸附速率呈正相关[5]。在反应初期, 吸附速率较快, 延长反应时间效果明显, 但随着时间的继续延长和吸附量的增加, 吸附速率逐渐下降。因此适度增加反应时间可以促进改性效果, 反应时间优选为 30min。随着反应温度的升高, 纳米乳液在 NaCl 溶液中的平均粒径逐渐减小，特别是温度超过 80℃后，平均粒径已经降低至 1μm 左右，说明提高反应温度可以明显促进改性效果。分析认为，抗盐组分 SR-5 的溶解度随温度升高而下降，当反应温度升高时，SR-5 分子趋于在固-液界面上富集[7]，促进了其在乳液颗粒表面的吸附，因此可以看到随着温度的升高改性效果会提升。当反应温度超过 80℃后，平均粒径的下降趋缓，因此反应温度选择为 80℃。酸性条件下制备的纳米乳液，其在 NaCl 溶液中均团聚严重。当 pH 值大于 6 时，平均粒径呈降低趋势，pH 值大于 10 后平均粒径趋于平稳。反应 pH 值优选为 10。

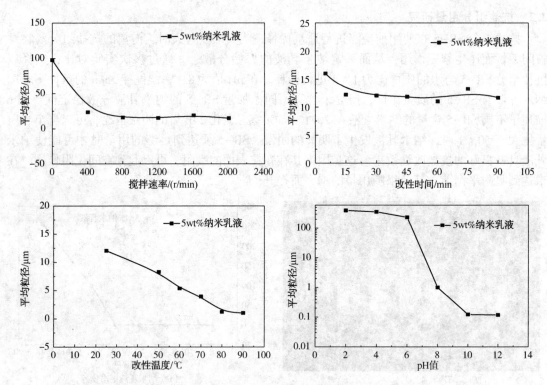

图 7　不同制备工艺条件对纳米乳液分散稳定性的影响

3.4　抗盐纳米乳液的抗温性能评价

结合上述研究制备了不同抗盐组分含量的纳米乳液，并在不同温度和盐浓度的条件下对其性能进行了对比评价。

从图 8 中可以看出，SR-5 含量不低于 20∶1 时，纳米乳液在 25wt%盐浓度下抗温抗盐效果均较好；当含量为 30∶1 时，仅在 15wt%盐浓度下较为稳定；当含量小于 40∶1 时，15wt%和 25wt%盐浓度下抗温抗盐性能均较差。通过提高抗盐组分 SR-5 的含量可以有效提高纳米乳液的抗温抗盐性能。如表 4 所示，当 SR-5 含量提高至 10∶1 或 5∶1 时，纳米乳液可以在饱和盐水溶液中经受 180℃的老化而保持稳定分散。

表 4　SR-5 改性剂抗温抗盐改性效果评价

$m_{\text{纳米乳液}}∶m_{\text{SR-5}}$	盐浓度	室温粒径/μm	180℃老化后粒径/μm
5∶1	饱和 NaCl	0.11748	0.12403
	饱和 KCl	0.11856	0.11741

$m_{纳米乳液} : m_{SR-5}$	盐浓度	室温粒径/μm	180℃老化后粒径/μm
10：1	饱和 NaCl	0.11962	0.13068
	饱和 KCl	0.11610	0.12507

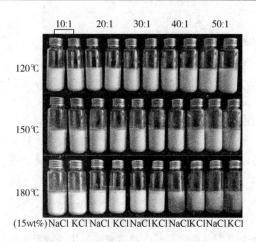 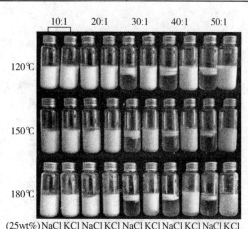

图 8　不同抗盐组分含量纳米乳液抗温抗盐性能对比

4　结论与认识

（1）针对纳米乳液遇盐易团聚的问题，通过在纳米乳液制备过程中添加抗盐组分的前改性方式提高了其对外加盐类电解质的耐受性。

（2）不同制备工艺对抗盐纳米乳液分散稳定性会产生不同影响，其中反应温度影响较为明显。

（3）经过优化改性后的纳米乳液抗盐可达饱和，抗温可达 180℃。

参 考 文 献

[1] 白小东，蒲晓林，张辉. 纳米成膜剂 NM-1 的合成及其在钻井液中的应用研究[J]. 钻井液与完井液，2007，24（1）：13-14.

[2] 白小东，肖丁元，张婷，等. 纳米碳酸钙改性分散及其在钻井液中的应用研究[J]. 材料科学与工艺，2015，23（1）：89-94.

[3] 黄进军. 钻井液处理剂对纳米石蜡乳液分散性能影响[C]. 国际石油石化技术会议论文集. 2017：8.

[4] Yang L，Du K，Niu X，et al. An experimental and theoretical study of the influence of surfactant on the preparation and stability of ammonia-water nanofluids[J]. International journal of refrigeration，2011，34（8）：1741-1748.

[5] 赵国玺. 表面活性剂作用原理[M]. 北京：中国轻工业出版社，2003.

[6] 卢绍杰，卫乃勤. 聚合物胶体的空间稳定机理[J]. 离子交换与吸附，2000，16（4）：296-303.

[7] 陈宗淇. 胶体与界面化学[M]. 北京：高等教育出版社，2001.

作者简介：杨峥，硕士，工程师，任职于中国石油集团工程技术研究院有限公司钻井液研究所，主要从事钻井液技术研究工作。地址：北京市昌平区黄河街 5 号院 1 号楼，电话：010-80162089，E-mail：yangzhdr@cnpc.com.cn。

新型流型调节剂研制及作用机理

刘真光

（中国石化胜利石油工程有限公司渤海钻井总公司）

摘　要　为了提高大位移水平井钻井液的 τ_0/μ_p 和 LSRV，本文通过分子结构设计、合成条件优化，制备出一种聚丙烯酰胺类流型调节剂 SDR。利用 FT-IR、TGA 以及特性黏度测定等实验手段，表征了 SDR 的分子结构。结果表明，SDR 具有目标分子结构、热稳定性好，其黏均相对分子质量为（60~100）万。与常用的增黏剂 XC 相比，SDR 表现出更好的流型调节能力、低剪切流变性能和抗温性能。分析表明其微观增黏切的主要作用机理为：SDR 的强亲水基团通过架桥吸附作用，易形成"聚合物-固相颗粒-SDR-水"的三维网架结构；另外，嵌段式分布的疏水基团可在钻井液中形成可逆的分子间及分子内疏水缔合结构。在"聚合物-固相颗粒-SDR-水"网架结构与疏水缔合结构的共同作用下，钻井液中形成了具有一定凝胶强度的三维网架结构，从而表现出独特的流变性能。以新合成的 SDR 为主要处理剂，优选了一套携岩性能突出、综合性能优良水基钻井液配方 ERD，该配方具有较强的低剪切黏度和静结构力；动塑比较高，剪切稀释性较好，抗温性能较好，具有较强的井眼清洁能力。

关键词　大位移水平井　流型调节剂　网架结构　携岩能力　水基钻井液

在大位移井钻井过程中，大斜度井段和水平井段极易出现岩屑床，直接影响到安全、高效、低成本钻井，甚至关系到钻井的成败。钻井液的动塑比（τ_0/μ_p）、低剪切黏度（LSRV）、静切力等流变参数，是保持井眼清洁最重要的可控因素。目前的流型调节剂种类少，作用效果不理想。因此，迫切需要研制一种具有较高的动塑比、低剪切黏度的流型调节剂，这也是当前国内外流型调节剂的研究热点问题。本文基于钻井液流变学和高分子化学等基本理论，进行流型调节剂分子结构设计，优化制备条件，制备出一种聚丙烯酰胺类流型调节剂，并通过 FT-IR、TGA 以及特性黏度测定等实验方法，对流型调节剂进行表征。评价流型调节剂的流型调节能力、低剪切流变性能、静切力和抗温性能，并根据其表现出的流变特性和分子结构，探讨其微观作用机理。最后，以新合成的流型调节剂为主要处理剂，优化一套携岩性能突出、综合性能优良的高效携岩水基钻井液体系。

1　流型调节剂 SDR 的制备

1.1　SDR 分子结构优化设计

结合近几年人工合成聚合物的文献资料和生物聚合物流型调节机理，基于钻井液流变学和高分子化学等基本理论，优化设计流型调节剂分子应具有如下结构特点：①强亲水性基团；②抗温性基团；③嵌段分布的长链疏水基团；④相对分子质量应低于 100 万。初步设计流型调节剂的合成单体为丙烯酰胺（AM）、2-丙烯酰胺基-2-甲基丙磺酸（AMPS）和含有长链烷基的甲基丙烯酸十八烷基酯 SMA。

其中，AM、AMPS 中含有的 $-NH_2$、$-C=O$ 等亲水基团，能够在钻井液中形成氢键，有利于提高聚合物溶解度、凝胶强度、低剪切速率黏度；SMA能够在钻井液中形成疏水缔合结构，提高钻井液的凝胶强度、低剪切速率黏度；AMPS中的磺酸基能够提高聚合物的耐温耐盐性，防止高温、高矿化度条件下酰胺基的水解。

1.2 聚合方法选择

制备疏水缔合聚合物的方法有很多，最简单有效的方法是乳液聚合法。因为该种聚合方法允许疏水单体在胶束中先形成疏水单体自由基，然后与水溶液中的水溶性单体聚合。研究结果表明，在相同的相对分子质量条件下，乳液聚合法制备的疏水缔合聚合物比水溶液自由基聚合制备的聚合物（分子结构具有随机性）有更好的增黏特性。研究表明，在相同的相对分子质量条件下，乳液聚合法制备的嵌段疏水缔合聚合物比水溶液自由基聚合制备的聚合物有更好的流变特性。到目前为止，研究者们大多采用水溶液自由基胶束聚合的方法制备疏水缔合聚丙烯酰胺HAPAM，即将疏水单体增溶于表面活性剂的胶束之中，在引发剂作用下胶束中的疏水单体链与水溶液中的AM发生共聚合，从而制得具有微嵌段结构的HAPAM。因此，本实验优选乳液聚合法。

1.3 原料和试剂

丙烯酰胺（AM）：化学纯，国药集团化学试剂有限公司；2-丙烯酰胺基-2-甲基丙磺酸（AMPS）：工业品，经乙酸重结晶，并经 $CaCl_2$ 干燥后，放置冰箱中保存；甲基丙烯酸十八烷基酯（SMA）：化学纯，阿拉丁试剂，用前经氯仿重结晶；偶氮二异丁腈（AIBN），化学纯，天津大茂化学试剂厂，使用前经丙酮重结晶；十二烷基磺酸钠（SDS）、氢氧化钠、丙酮均为分析纯，国药集团化学试剂有限公司；去离子水。

1.4 合成步骤

将适量的AMPS溶于去离子水中，用NaOH调节pH值至中性，倒入三口烧瓶中，加入适量AM、SDS，最后加入溶有AIBN的疏水单体SMA溶液，搅拌、溶解，通氮气30min后，升温至50℃，反应6h，得白色胶状物。取出白色产物，用丙酮反复洗涤，40℃真空干燥，粉碎造粒，即得流型调节剂SDR。其中，引发剂加量0.2%、SDS加量3.5%、AM：AMPS：M质量比5：10：2。

2 流型调节剂SDR表征

2.1 红外光谱分析

采用美国尼高力NEXUS傅里叶变换红外光谱仪，用KBr压片法测定了流型调节剂SDR的FT-IR谱图，如图1所示。

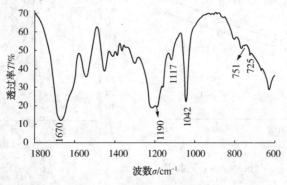

图1 SDR的FT-IR谱图

由图 1 可知，在 $1000 \sim 900 cm^{-1}$ 区间没有出现烯类 C=C 的伸缩振动峰，表明聚合物反应进行完全，没有单体残留。$1670 cm^{-1}$ 处的吸收峰为酰胺基中 C=O 键的特征吸收峰；$1117 cm^{-1}$ 为 $S(=O)_2$ 的不对称伸缩振动吸收峰；$1042 cm^{-1}$ 为 $S(=O)_2$ 的对称伸缩振动吸收峰；$1190 cm^{-1}$ 处为丙酸酯基特征吸收峰；$720 cm^{-1}$、$751 cm^{-1}$ 处是 $(CH_2)_n$ 的特征吸收峰。FT-IR 表征结果说明，产物分子链上带有所有共聚单体的链节，合成了预期的目标产物。

2.2 相对分子质量表征

利用乌氏黏度计测聚合物特性黏度的实验方法，求取不同浓度 SDR 溶液的比浓黏度 η_{sp}/c 和 $\ln\eta_r/c$ 值，然后做 $\eta_{sp}/c \sim c$ 和 $\ln\eta_r/c \sim c$ 的函数图，如图 2 所示。

由图 2 外推 $c \to 0$ 得截距为 201，即 SDR 特性黏度 $[\eta]$ 为 201mL/g；由一点法求聚合物特性黏度公式（1），得 SDR 的特性黏度 $[\eta]$ 在 $251 \sim 312$ mL/g 之间。按照 GB 12005.1—1989 行业标准，取 K 为 3.75×10^{-3}、α 为 0.66。根据 Mark-Houwink 经验方程式（2），估算流型调节剂 SDR 的黏均相对分子质量。

$$\eta = \frac{\sqrt{2(\eta_{sp} - \ln\eta_r)}}{c} \tag{1}$$

$$[\eta] = KM^{\alpha} \tag{2}$$

综合分析稀释法和一点法求聚合物的相对分子质量据计算结果知，合成的流型调节剂 SDR 的黏均相对分子质量在（60~100）万范围内。

2.3 热重分析

采用梅特勒-托利多公司生产的 TGA/DSC1 热失重仪，使用氧化铝坩埚，氮气流量 50mL/min，以 $10℃/min$ 的升温速率从 50℃ 升至 1000℃，得到热重-差示扫描量热分析 TG-DSC 曲线。

合成的流型调节剂 SDR 的 TG-DSC 曲线如图 3 所示。由图 3 可以看出，在室温~200℃ 之间，主要是聚合物吸附水的脱去，失重率在 5% 左右。SDR 的热分解过程分为多个阶段，其中主要的热分解有三个。第一阶段发生在 320~350℃，失重率为 27%，这可能是磺酸基、聚合物酰胺基的亚胺以及疏水侧链的热分解的原因；第二阶段发生在 370~430℃，失重率为 20%，这可能是聚合物主链断裂的原因；第三阶段发生在 770~800℃，失重率为 8%，这可能是聚合物分子链热分解的原因。由于聚合物分子中引入了抗温的磺酸基团，该聚合物在 320℃ 才开始分解，此时聚合物残余量为 90%；在 400℃ 时，聚合物的残余量为 50%；在 770℃ 时，聚合物的残留量仍然保持在 30%。通过以上分析，说明合成的流型调节剂 SDR 具有良好的热稳定性。

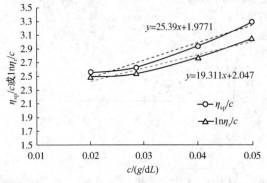

图 2 SDR 溶液的 $\eta_{sp}/c \sim c$ 和 $(\ln\eta_r)/c \sim c$ 关系图

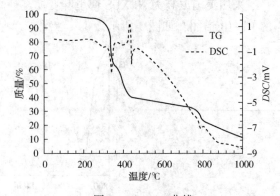

图 3 TG-DSC 曲线

3 SDR 流变性能评价

3.1 调节流型能力

3.1.1 SDR 水溶液调节流型能力

为了研究 SDR 水溶液流变性能随加量的变化规律，配制一系列不同浓度的 SDR 和 XC 水溶液，实验过程中使用淄博中轩生化有限公司生产的 XC，充分溶解后，测试各实验浆的流变性能。实验结果如表 1、表 2、图 4、图 5 所示。

表 1　SDR 水溶液的流变性能实验结果

SDR 加量/%	AV/mPa·s	PV/mPa·s	YP/Pa	$G10''$/Pa	$G10'$/Pa	$\Phi6$	$\Phi3$	τ_0/μ_p
0.1	4.5	4	0.5	0	0	0	0	0.13
0.2	10.5	9	1.5	0	0	1	0	0.17
0.3	18.5	13	5.5	0.5	0.5	1	1	0.42
0.4	27.5	17	10.5	1.5	3.5	5	3	0.62
0.5	37	22	15	3	7	7	6	0.68
0.6	47	27	4.5	11.5	12	9		0.74
0.7	59	33	26	7	18	19	15	0.79
0.8	70	36	34	9.5	22.5	23	19	0.94
0.9	85	42	43	12.5	30	32	27	1.02
1	95	45	50	15.5	36	37	31	1.11

表 2　XC 水溶液的流变性能实验结果

XC 加量/%	AV/mPa·s	PV/mPa·s	YP/Pa	$G10''$/Pa	$G10'$/Pa	$\Phi6$	$\Phi3$	τ_0/μ_p
0.1	5	3	2	0	0	2	2	0.67
0.2	7.5	4	3.5	2	2	3	3	0.88
0.3	11.5	6	5.5	2.5	3.5	5	5	0.92
0.4	15	6	9	4.5	6.5	9	9	1.50
0.5	18	7	11	6	8	11	11	1.57
0.6	23.5	9	14.5	8	10.5	17	16	1.61
0.7	27.5	10	17.5	10	13	21	21	1.75
0.8	31.5	10	21.5	12	15	25	24	2.15
0.9	36.5	11	25.5	14	18	32	31	2.32
1	39.5	11	28.5	15.5	19	35	34	2.59

由图 4、图 5 不同浓度 SDR 和 XC 水溶液的流变性能对比图可以看出，随着 SDR、XC 加量的增加，SDR、XC 水溶液的表观黏度 AV、动塑比 τ_0/μ_p、Φ_3 读数和终切力 $G10'$ 都不断增大。与 XC 相比，SDR 表现出更好的增黏性能。当 SDR 加量为 0.4% 时，SDR 水溶液动塑比可达 0.62，表现出良好的提切能力。另外，相同加量的 SDR 和 XC 水溶液的 Φ_3 读数相近，表现出相近的低剪切流变性能。当 SDR、XC 加量小于 0.6% 时，SDR 水溶液的终切力

75

$G10'$ 小于 XC 水溶液的终切力 $G10'$；当 SDR、XC 加量大于 0.6% 时，SDR 水溶液的终切力 $G10'$ 迅速增加，大于 XC 水溶液的终切力 $G10'$。

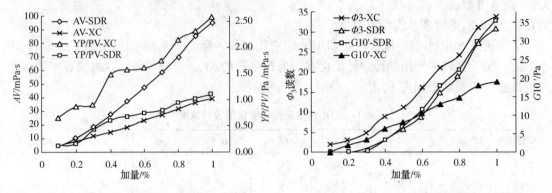

图 4　SDR、XC 水溶液流变性能对比图　　　图 5　SDR、XC 水溶液流变性能对比图

3.1.2　SDR 膨润土浆调节流型能力

为了研究 SDR 膨润土浆流变性能随加量的变化规律，在 4% 膨润土基浆中分别加入不同浓度的 SDR 和 XC，充分溶解后，测试各实验浆的流变性能。实验结果如表 3、表 4、图 6、图 7 所示。

表 3　SDR 膨润土浆的流变性能实验结果

SDR 加量/%	AV/mPa·s	PV/mPa·s	YP/Pa	$G10''$/Pa	$G10'$/Pa	Φ_6	Φ_3	τ_0/μ_p
0	4	2	2	0	0	0	0	1
0.05	8	5	3	0.5	0.5	1	1	0.60
0.1	13	8	5	2.5	7.5	6	5	0.63
0.15	20	12	8	4.5	11	10	10	0.67
0.2	25	14	11	6	14	13	13	0.79
0.25	30	15	15	8.5	17.5	19	18	1.00
0.3	35.5	17	18.5	10.5	20	24	22	1.09
0.35	41.5	20	21.5	13	22.5	29	27	1.08
0.4	48.5	23	25.5	15.5	26	34	32	1.11
0.45	55	25	30	17.5	30	38	36	1.20
0.5	63	28	35	22.5	33	46	46	1.25

表 4　XC 膨润土浆的流变性能实验结果

XC 加量/%	AV/mPa·s	PV/mPa·s	YP/Pa	$G10''$/Pa	$G10'$/Pa	Φ_6	Φ_3	τ_0/μ_p
0	4	2	2	0	0	0	0	1
0.05	9.5	7	2.5	1.5	3.5	2	2	0.36
0.1	12	8	4	2.5	5	5	5	0.50
0.15	14.5	7	7.5	3.5	5.5	6	6	1.07
0.2	17	8	9	4.5	7	9	9	1.13

XC 加量/%	AV/mPa·s	PV/mPa·s	YP/Pa	$G10''$/Pa	$G10'$/Pa	Φ_6	Φ_3	τ_0/μ_p
0.25	18.5	8	10.5	5.5	8.5	10	10	1.31
0.3	19.5	8	11.5	6	9	12	12	1.44
0.35	21.325	8.65	12.675	7	10.5	14	14	1.47
0.4	25	10	15	8	12	16	16	1.50
0.45	26	10	16	9	13	19	19	1.60
0.5	30.5	11	19.5	10.5	16	25	24	1.77

由图6、图7不同浓度SDR和XC膨润土浆的流变性能对比图可以看出，随着SDR、XC加量的增加，SDR、XC膨润土浆的表观黏度AV、动塑比τ_0/μ_p、Φ_3读数和终切力$G10'$都不断增大。与XC相比，SDR表现出更好的增黏性能。当SDR加量为0.2%时，SDR水溶液动塑比可达0.79，表现出良好的提切能力。另外，在加量相同的条件下，SDR膨润土浆的Φ_3读数高于XC，表现出更好的低剪切流变性能。在加量相同的条件下，SDR膨润土浆的终切力$G10'$高于XC，表现出更高的凝胶强度。

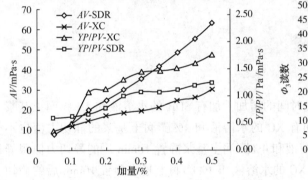

图6 SDR、XC膨润土浆流变性能对比图

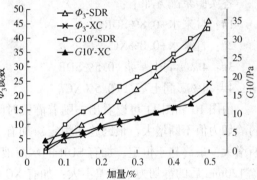

图7 SDR、XC膨润土浆流变性能对比图

3.2 低剪切流变性能

为了研究SDR和XC溶液的低剪切流变性能，在水溶液和4%膨润土基浆中加入不同浓度的SDR和XC充分溶解后，使用Brookfield DV-III Ultra型黏度计34#转子测试其在30℃温度条件下的低剪切流变性能。实验结果如图8、图9所示。

各实验浆配方如下：

1#：自来水+0.8%SDR。

2#：自来水+0.8%XC。

3#：4%膨润土基浆+0.5%SDR。

4#：4%膨润土基浆+0.5%XC。

由图8和图9可以看出，随着转速的增大，SDR溶液和XC溶液的黏度值都不断减小。当转速为0.3r/min时，SDR水溶液的黏度值为67586mPa·s，SDR膨润土浆的黏度值为94180mPa·s，低剪切速率黏度值远高于相同条件下的XC溶液。由此可知，SDR水溶液和膨润土浆都有较好的低剪切流变性能。

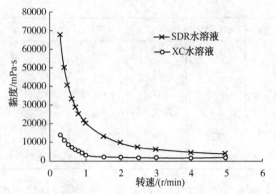

图 8　SDR、XC 水溶液低剪切流变性能对比　　　图 9　SDR、XC 基浆溶液低剪切流变性能对比

3.3　静切力性能

为了研究 SDR 和 XC 溶液的静切力性能，在自来水和 4%基浆中加入不同浓度的 SDR 和 XC，充分溶解后，用 Fann35A 型六速黏度计，在 25℃温度条件下测量其静切力随静置时间的变化规律。实验结果如图 10、图 11 所示。

各实验浆配方如下：

1#：自来水+0.8%SDR。

2#：自来水+0.8%XC。

3#：4%膨润土基浆+0.5%SDR。

4#：4%膨润土基浆+0.5%XC。

由图 10 和图 11 可以看出，随着静置时间的增加，加有 SDR 的水溶液和 4%膨润土基浆的静切力值不断增大，最终趋于恒定；加有 XC 的水溶液和 4%膨润土基浆的静切力值也不断增大，最终趋于恒定。加有 SDR 的水溶液和 4%膨润土基浆静置 10min 后的静切力值跟静置 120min 后的静切力值相差不大；加有 XC 的水溶液和 4%膨润土基浆静置 10min 后的静切力值跟静置 120min 后的静切力值相差也不大。加有 SDR 的水溶液和加有 XC 的水溶液的静切力最终稳定值相差不大；加有 SDR 的基浆静切力最终稳定值远高于加有 XC 的基浆静切力最终稳定值。由此可知，SDR 能在水溶液或 4%基浆中迅速形成较强的网架结构，具有较强的凝胶强度。

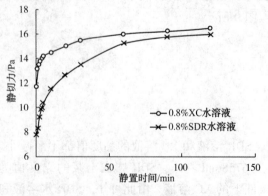
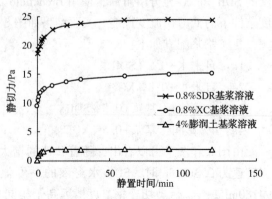

图 10　SDR、XC 水溶液的静切力对比图　　　　图 11　不同实验浆的静切力对比图

3.4 抗温性能评价

为了研究 SDR 和 XC 溶液的抗老化性能，配制 SDR、XC 水溶液和 4%基浆悬浮液，充分溶解后，分别测试各实验浆在 110℃/16h、120℃/16h、130℃/16h、140℃/16h 老化前后的流变性。实验结果如表5、图12、图13 所示。

1#～8#各实验浆配方：

1#、2#、3#、4#：4%基浆+0.5%SDR。

5#、6#、7#、8#：4%基浆+0.5%XC。

表5 流变性能实验结果

序号	实验条件		$AV/$ mPa·s	$PV/$ mPa·s	$YP/$ Pa	$G10''/$ Pa	$G10'/$ Pa	$\Phi6$	Φ_3	τ_0/μ_p	$API/$mL
1#	110℃/16h	老化前	55	20	35	13.5	20	37	37	1.75	8
		老化后	57.5	32	25.5	7	18.5	19	18	0.80	8.4
2#	120℃/16h	老化前	55	20	35	13.5	20	37	37	1.75	8
		老化后	56.5	32	24.5	5.5	16.5	15	13	0.77	10
3#	130℃/16h	老化前	55	20	35	13.5	20	37	37	1.75	8
		老化后	59	35	24	4	15.5	12	10	0.69	9.2
4#	140℃/16h	老化前	45	18	27	14.5	24.5	34	31	1.50	8
		老化后	64.5	45	19.5	2	5.5	5	5	0.43	9.6
5#	110℃/16h	老化前	30	11	19	8.5	14	22	21	1.73	10.8
		老化后	31.5	14	17.5	5	7	14	12	1.25	12.6
6#	120℃/16h	老化前	30	11	19	8.5	14	22	21	1.73	10.8
		老化后	30.5	16	14.5	2	3.5	6	5	0.91	11.4
7#	130℃/16h	老化前	30	11	19	8.5	14	22	21	1.73	10.8
		老化后	28	18	10	1	1.5	3	2	0.56	12.4
8#	140℃/16h	老化前	25.5	7	18.5	9	14.5	22	22	2.64	10.8
		老化后	17	12	5	1	3.5	2	2	0.42	15.6

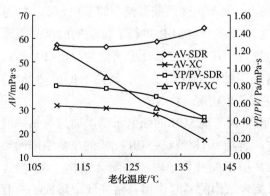

图12 SDR、XC 膨润土浆的流变性能对比图

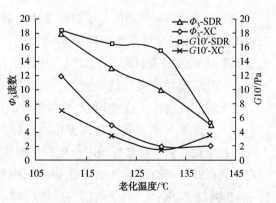

图13 SDR、XC 膨润土浆的流变性能对比图

由表 5、图 12、图 13 可知，SDR4%基浆溶液经 140℃/16h 老化前后，表观黏度 AV、塑性黏度 PV、动切力 YP 变化不大，但是终切力 $G10'$ 和 Φ_3 读数老化前后变化较大。另外，SDR 还具有一定的降滤失性能。因此，SDR4%膨润土浆能抗 140℃ 温度。

4 SDR 作用机理探讨

由上述测试结果可知，流型调节剂 SDR 在水溶液和 4%膨润土基浆中都有良好的增黏提切能力，动塑比较高，剪切稀释特性较好，低剪切黏度较高，静切力无时间依赖性等独特的流变性。

其中流型调节剂 SDR 中的合成单元 AM 具有较高的竞聚率，从而保证了 SDR 具有较高的相对分子质量。另外，AMPS 中含有的 $-C=O$、$-SO_3^{2-}$ 等强亲水基团，通过与钻井液中的黏土颗粒、聚合物架桥吸附，形成具有一定强度的"聚合物-固相颗粒-SDR-水"复合空间网架结构。此外，SDR 采用水溶液自由基胶束聚合的制备方法，即将疏水单体增溶于表面活性剂的胶束之中，在引发剂作用下胶束中的疏水单体首先发生聚合反应，形成疏水单体巨自由基，在反应过程中，疏水单体巨自由基不断进入连续相中，与水溶液中的其他单体巨自由基发生共聚。因此，疏水单体链在 SDR 中呈嵌段式分布，从而制得具有微嵌段疏水结构链的聚丙烯酰胺类聚合物 SDR。嵌段式分布的疏水结构链能够在钻井液中发生分子间及分子内疏水缔合结构。在这种可逆的疏水缔合结构与"聚合物-固相颗粒-SDR-水"复合网架结构共同作用下，形成了钻井液体系中具有一定凝胶强度的空间网架结构，从而表现出独特的流变性能。具体表现为：①较强的增黏提切能力；②较高的动塑比；③良好的剪切稀释特性；④特高的低剪切黏度；⑤较快的弱凝胶特性。另外，SDR 溶液的在不同温度老化后，仍具有一定的静切力值。这是因为 AMPS 中的磺酸基 $-SO_3^{2-}$ 能够提高聚合物的耐温耐盐性，防止在高温、高矿化度条件下酰胺基、长链烷基的水解，提高了 SDR 的抗温性能。

总之，流型调节剂 SDR 通过亲水基团与钻井液中的固相颗粒、聚合物的架桥吸附作用、疏水基团的缔合作用，能够在钻井液中形成错综复杂、具有一定凝胶强度的空间网架结构，从而表现出优良的流变性能。

5 结论

（1）基于流型调节剂的分子结构设计，制备出一种聚丙烯酰胺类流型调节剂 SDR。通过 FT-IR、TGA 以及特性黏度测定等实验方法，对流型调节剂 SDR 进行表征。实验结果表明流型调节剂 SDR 具有目标分子结构，热稳定性较高，其黏均相对分子质量为（60~100）万。另外，SDR 溶液性能实验结果表明，SDR 具有较强的增黏提切能力、较高的低剪切黏度、静切力无时间依赖性、抗温 140℃，各项性能均优于生物聚合物 XC。

（2）探讨了 SDR 的流变性调控作用机理：流型调节剂 SDR 的强亲水基团通过与钻井液中的固相颗粒、聚合物架桥吸附作用，易形成"聚合物-固相颗粒-SDR-水"的三维空间网架结构；嵌段式分布的疏水基团可在钻井液中形成分子间及分子内疏水缔合结构。在"聚合物-固相颗粒-SDR-水"网架结构与可逆的疏水缔合结构的共同作用，钻井液中形成了具有一定凝胶强度的空间网架结构，从而表现出独特的流变性能。

参 考 文 献

［1］杨振杰，刘阿妮，张喜凤，等．韦兰胶对钻井液流变性能的影响规律［J］．钻井液与完井液，2009，26（3）：41-43．

［2］杨振杰，刘延强，雷大秋，等．三赞胶对钻井液性能影响的研究［J］．精细与专用化学品，2010，18（6）：27-31．

［3］Lee K J，Lee D K，Kim Y W，et al. One-pot synthesis of supramolecular polymer containing quadruple hydrogen bonding units［J］. European Polymer Journal，2007，43（10）：4460-4465.

［4］Kaiser C E，Kaiser B A，Collins J R，et al. High Carrying Capacity Temperature-stable Breakable Gel for Well Drilling，Completion and Other Uses［P］. US8383556，2013-2-26.

［5］Holtsclaw J，Funkhouser G P A. Crosslinkable Synthetic Polymer System for High-Temperature Hydraulic Fracturing Applications. SPE125250，2009.

［6］Collins N，Kharitonov A，ThaemLitz C，et al. First Application of New Polymer Viscosifier with a Non-Damaging Drill-in Fluid［C］. AADE National Technical Conference，Texas，2011，April 12-14.

［7］Thomas A，Gaillard N，Favero C. Novel Associative Acrylamide-based Polymers for Proppant Transport in Hydraulic Fracturing Fluids. SPE164072，2013.

［8］Iverson B J，Santra A K，Reyes P T. Zero Shear Viscosifying Agent［P］. US8623792，2014-1-7.

［9］Amanullah M. Dendrimers and Dendritic Polymers-Application for Superior and Intelligent Fluid Development for Oil and Gas Field Applications. SPE164162，2013.

［10］Lecolier E，Herzhaft B，Rousseau，et al. Development of a Nanocomposite Gel for Lost Circulation Treatment. SPE94686，2005.

［11］Machado J C V，Aragao A F L. Gel Strength as Related to Carrying Capacity of Drilling Fluids. SPE21106，1990.

［12］Harris P C，Heath S J. Rheological Properties of Low-Gel-Loading Borate Fracture Gels. SPE52399，1998.

作者简介：刘真光(1990—)，男，钻井工程师，山东省临朐县人，2016 年毕业于中国石油大学(华东)油气井工程专业，目前主要从事油气井工作液及钻井工艺研究。地址：山东省东营市东营区运河路 698 号，邮编：257200，电话：18854651631，E-mail：456LZG@163.com。

抗温抗盐型包被絮凝剂 DQB-150 的研制与应用

孙　敏　于兴东　宋　涛　张冬明　贾欣鹏

(中国石油集团公司大庆钻探工程公司)

摘　要　室内采用丙烯酸(AA)、丙烯酰胺(AM)、2-丙烯酰胺基-2-甲基丙烷磺酸(AMPS)、硅烷偶联剂等多元共聚物作为单体，用过硫酸铵作引发剂合成了钻井液用抗温抗盐型包被絮凝剂 DQB-150，采用正交实验对其合成条件进行了优化，并对研制产品性能进行了评价。实验结果表明，包被絮凝剂 DQB-150 能够实现抗温 150℃，抗盐 15%，加量在 0.3% DQB-150 水溶液表观黏度在 50mPa·s 以上，抑制钙土膨胀降低率可达 60%，岩屑的高温滚动回收率在 88% 以上，同时与其他钻井液处理剂配伍性良好。包被絮凝剂 DQB-150 在大庆油田 XS8-H3、N193-H277 井成功应用，钻遇大段泥岩时能够有效预防黏土侵，钻井液流变性稳定，岩屑返出成型，应用效果显著[1~3]。

关键词　钻井液　包被絮凝剂　抗温　盐水体系

随着钻井技术的发展，大角度井、水平井及定向造斜井等各种高难度的井位也在不断增加，对稳定井壁、防止坍塌、抑制钻屑水化分散、提高钻井速度等方面也有了更高的要求。

包被剂是钻井液体系中使用的一种重要添加剂，其作用是有效地包被钻屑，防止钻屑和泥页岩水化分散，防止井壁垮塌，还能在钻屑和页岩表面形成保护膜，防止钻屑相互黏结而增加过筛阻力。原有的常规包被剂固体粉末包被剂不易于现场添加，而液体乳液型包被剂存在不稳定、易分层变质，且现场消耗大、用量多，很多都不具备抗盐能力，已经不能满足现场施工的要求。盐水钻井液体系较淡水钻井液体系具有更强的抑制性，能够更好地抑制黏土水化，保护井壁稳定，更好地实现钻井安全及油气层保护[4,5]。

本文研制的包被絮凝剂 DQB-150 具有良好的包被抑制性、热稳定性与抗盐抗污染能力，并且具有良好的润滑能力及降滤失的效果；低毒、环保表现出优异的工作性能。现场加量仅为 0.3%~0.5% 就与同类产品达到同样的效果且作用实效长。

1　实验部分

1.1　主要试剂和仪器

主要原料：采用丙烯酸(AA)、丙烯酰胺(AM)、2-丙烯酰胺基-2-甲基丙烷磺酸(AMPS)、硅烷偶联剂、过硫酸铵、乳化剂、白油、蒸馏水、氢氧化钠(NaOH)、氮气等。

主要仪器：集热式磁力加热搅拌器、数显电动搅拌器、六速旋转黏度计、页岩线性膨胀仪、极压润滑仪、常温中压降滤失仪、滚子加热炉等。

1.2　包被絮凝剂的合成

(1)原料准备：在温度不超过 35℃ 的条件下，用 50%(wt%)氢氧化钠将丙烯酸的 pH 值调至 8.0，形成丙烯酸钠水溶液备用，取 2-丙烯酰胺-2-甲基丙磺酸配制成 50%(wt%)的水溶液并用 50%(wt%)氢氧化钠将 pH 值调至 8.0 形成 2-丙烯酰胺-2-甲基丙磺酸钠盐水溶液备用，取丙烯酰胺配制成 50%（wt%）的水溶液备用，硅烷偶联剂配制成 50%（wt%）的水溶液备用。

（2）合成过程：将丙烯酸钠水溶液、2-丙烯酰胺-2-甲基丙磺酸钠盐水溶液、50%（wt%）丙烯酰胺水溶液、50%（wt%）硅烷偶联剂、白油、两种乳化剂（5∶1）按一定比例加入反应釜中；通氮气，快速搅拌进行乳化；水浴加热；温度升至 50℃时，滴加过硫酸铵水溶液，第一次加 2 滴，观察温度上升情况，开启高速搅拌器并保证散热状况良好，继续以每两秒一滴的速度滴加，滴加完毕后开始计时，反应 4h 得到目标产物。

2 结果与讨论

2.1 正交实验

单因素实验中考察的各影响因素间隔较大，不够精确，故以单因素实验为基础，进一步采用正交实验法对反应工艺条件进行优化。正交实验的评价指标是包被剂在土浆中线性膨胀率和滚动回收率，性能评价滚动回收实验条件为 150℃/16h，正交实验水平因素表和正交实验结果分别如表 1、表 2 所示。

表 1　因素水平表

水平	因素			
	A	B	C	D
1	4∶2∶1	1∶1	0.2	45
2	4∶4∶1	1∶2	0.24	50
3	2∶2∶1	1∶1.5	0.28	55

注：A 为单体比；B 为油水比；C 为引发剂浓度（wt%）；D 为反应温度（℃）。

表 2　正交实验结果

编号	因素				线性膨胀降低率/%	页岩滚动回收率/%
	A	B	C	D		
1	1	1	1	1	32	70
2	1	2	2	2	35	75
3	1	3	3	3	55	80
4	2	1	2	3	40	65
5	2	2	3	1	50	80
6	2	3	1	2	45	70
7	3	1	3	2	48	75
8	3	2	1	3	50	70
9	3	3	2	1	35	65
Ⅰ	7.4	8.6	8.7	8.83		
Ⅱ	9.45	8.2	9.9	8.75		
Ⅲ	10.1	9.3	8.8	9.38		
R	2.675	1.1	1.925	0.975		

从极差分析结果可看出，各因素对产物性能影响为 A>C>B>D，即单体比是主要影响因素，其次是引发剂用量，然后是油水比，而反应温度对产物性能影响最小。正交实验可得出最优的反应条件是 $A_1B_3C_3D_3$。

2.2 稳定性测试

分别取包被絮凝剂 DQB-150、国内外现场使用的共四种包被剂，各 10mL，分别加入 4 个试管中，常温静置一段时间，计时并观察现象(表 3)。

表 3 同类包被剂稳定性测试表

包被剂	静止时间/d	观察现象	静止时间/d	观察现象	静止时间/d	观察现象	静止时间/d	观察现象
DQB-150 包被絮凝剂	30	白色乳液状、无变质	40	白色乳液状、无变质	50	白色乳液状、无变质	60	白色乳液状、无变质
国产 1# 包被剂		灰色液体、无变质		灰色液体、无变质		不稳定、分层		不稳定、分层
进口 包被剂		部分不溶物、灰色乳液		不稳定、分层		不稳定、分层		不稳定、分层
国产 2# 包被剂		灰白色 乳液		灰白色 乳液		灰白色 乳液		不稳定、分层

对比国内外常用同类包被剂，常温下静置后的结果，可以看出；包被絮凝剂 DQB-150 的稳定性最好，至少能够达到静置 60d 状态良好，不分层。[6]

2.3 钻井液性能测试

在 10%氯化钠+5%氯化钾钻井液体系加入 0.5%抗高温抗盐包被剂和本领域常用包被剂测定流变性、高温老化 16h 前后滤失的变化及极压润滑性的测定。

表 4 盐水体系中钻井液性能对比实验表

钻井液体系	包被剂	实验条件	$\Phi600$/mPa·s	$\Phi300$/mPa·s	FL/mL	Ep
10%氯化钠+ 5%氯化钾	未加包被剂	常温	17	14	35	0.50
		120℃	10	7	全失	0.50
		150℃	8	5	全失	0.50
	乳液包被剂	常温	44	23	15	0.40
		120℃	32	18	20	0.40
		150℃	25	16	22	0.36
	DQB-150 包被絮凝剂	常温	68	56	8.6	0.38
		120℃	56	43	10	0.30
		150℃	50	38	10	0.30

从表 4 可以看出，DQB-150 包被絮凝剂在 120℃和 150℃高温老化后，仍保持良好的钻井液流变性并兼顾降滤失和润滑的效果，抗盐 15%以上，老化后无起泡异味现象。

2.4 线性膨胀性实验

本实验利用膨润土按页岩膨胀实验标准要求压制人造岩心，按照页岩膨胀测试标准在页岩膨胀仪上进行页岩膨胀实验，以此评价包被剂对泥页岩的抑制防膨能力，在氯化钠盐水钻井液体系中测定 24h 后的膨胀量，实验结果见表 5。

表 5 膨胀量对比实验

DQB-150 加量/%	膨胀量/mm	国产 1#包被剂 加量/%	膨胀量/mm	进口包被剂 加量/%	膨胀量/mm	国产 2#包被剂 加量/%	膨胀量/mm
0.1	3.05	0.1	3.45	0.1	3.36	0.1	3.34
0.3	2.87	0.3	3.09	0.3	3.04	0.3	3.08
0.5	2.66	0.5	2.86	0.5	2.93	0.5	2.85
0.7	2.55	0.7	2.80	0.7	2.81	0.7	2.80
0.9	2.50	0.9	2.72	0.9	2.76	0.9	2.69

从表 5 可以看出：包被絮凝剂 DQB-150 考虑成本及效果，对比国内外三种包被剂的膨胀量实验，现场加量在 0.3%~0.5%时即可达到很好的效果。

2.5 滚动回收实验

为考察包被剂的抑制钻屑水化膨胀能力，通常考虑岩屑的高温滚动回收实验。取页岩钻屑过 8~10 目筛，烘干至恒重，称取 20.0g，加入盐水溶液的老化罐中，在 150℃下老化 16h 后，取出老化罐，冷却至室温，将罐内的液体和泥页岩倒入 40 目的分选筛中，用自来水清洗 1min。将分选筛和页岩一起放入烘干箱中，在(105±3)℃下烘干 4h，取出冷却，在空气中静止冷却 2h，称量记录数据 M，计算滚动回收率 R[7]。

$$R = M/20.00 \times 100\%$$

其中，R 为钻屑回收率，%；M 为热滚后钻屑回收量，g。

结果见表 6。

表 6 包被剂用量对滚动回收率的影响

包被剂加量/%	0.1	0.3	0.5	0.7	0.9
DQB-150 包被絮凝剂	83.88	84.26	85.65	87.36	88.39
国产 1#包被剂	80.14	81.15	82.15	82.98	83.95
进口包被剂	71.45	73.69	75.98	78.18	80.79
国产 2#包被剂	73.78	76.54	79.12	81.26	82.98

可以看出，现场加量在 0.3%~0.5%时即可大幅度提高钻井液的抑制性和包被能力，形成性能稳定的钻井液体系。

2.6 配伍性

由于现场钻井液体系是根据具体地质要求来确定的，不同区块采用不同的钻井液体系。因此，该产品与钻井液体系的配伍性是制约其能否推广应用的关键，通过与现用的钻井液盐水体系进行配伍性实验。实验结果表明：包被絮凝剂 DQB-150 可在多种钻井液体系中配合使用，并具有良好的配伍性，能够提黏提切，调节流变、具有较好的包被抑制效果，并兼顾一定的降低失水和润滑的作用。[8]

3 现场应用

包被絮凝剂 DQB-150 在 XS8-H3、N193-H277 井成功应用。现场应用过程中与深层抗高温水基钻井液及高性能水基钻井液配伍性良好，同时表现出良好的包被抑制性，能够有效絮凝钻井液中的无用固相，钻进过程中返出岩屑成型(表 7)。

表7 包被絮凝剂 DQB-150 现场应用井钻井液性能

井号	钻井液体系	密度/(g/m³)	黏度/s	YP/Pa	PV/mPa·s	FL/mL	Kf
N193-H277	高性能水基	1.35~1.45	48~70	8~24	20~32	1.8~2.4	0.0524
XS8-H3	深层抗高温水基	1.15~1.25	45~60	9~18	18~26	1.8~2.0	0.0437

松辽盆地上部地层泥岩发育，钻井过程中钻遇嫩江组、姚家组、青山口组及泉头组，泥质含量高，泥岩段长，极易发生黏土侵导致钻井液流变性失控，尤其是上部大井眼施工，进尺快、岩屑浓度高，极易发生泥包钻头等井下复杂。

XS8-H3 井是一口天然气开发井，上部技套施工钻遇上述大段泥岩地层。开钻配制钻井液时加入 0.5%包被絮凝剂 DQB-150，充分搅拌，循环均匀，使聚合物分子链充分伸展，性能达标开钻。钻进过程中，根据岩屑返出情况及时补充包被絮凝剂，一般每钻进 100m 补充 0.25t，保证包被絮凝剂 DQB-150 含量不低于 0.5%，配合中速高速离心机，确保絮凝后的无用固相及时清除。钻进过程中，岩屑成型好，补充包被剂无跑浆情况发生，钻井液性能稳定，对黏切影响小，塑性黏度 18~26mPa·s，动切力 9~18Pa，未发生黏土侵，全井施工过程中无泥包现象，测井一次到底，起下钻顺利，取得很好的应用效果。

4 结论

（1）研制的包被絮凝剂 DQB-150 具有良好的包被抑制性、热稳定性与抗盐抗污染能力，0.5%水溶液表观黏度大于 50mPa·s；在 15%盐水浆中抗温达 150℃，同时对钻井液的滤失性及润滑性有积极作用，性能指标达到国外同类产品水平。

（2）包被絮凝剂 DQB-150 与水基钻井液配伍性良好，在现场应用过程中，加量仅 0.5%即可满足大段泥岩施工要求，返出岩屑成型，能够有效絮凝无用固相，现场施工井无泥包等井下复杂发生。

参 考 文 献

[1] 赵福麟. 油田化学[M]. 山东东营：石油大学出版社，2000，8.

[2] 潘祖仁. 高分子化学[M]. 北京：化学工业出版社，2011：156159.

[3] 王中华. AMPS 多元共聚物在钻井液中的应用[J]. 精细石油化工进展，2000，1(10)：20-23.

[4] 罗志华，罗跃，张建国，等. 钻井液用两性离子共聚物 HTB 的合成及性能研究[J]. 精细石油化工进展，2003，4(11)：1-4.

[5] 杨小华，王中华. 油田用聚合醇化学剂研究与应用[J]. 油田化学，2007，24(2)：171-174.

[6] 罗霄. 抗温耐盐共聚物降滤失剂及抑制剂的合成与性能研究[D]. 西南石油大学，2014.

[7] 钟汉毅. 聚胺强抑制剂研制及其作用机理研究[D]. 中国石油大学(华东)，2012.

[8] 胡金鹏，管中原，卢云康，等. 抗盐高相对分子质量絮凝剂 CP-1 的研制与应用[J]. 钻井液与完井液，2014，31(1)：24-27.

基金项目：国家重大科技专项"松辽盆地致密油开发示范工程"(2017ZX05071)

作者简介：孙敏(1981—)，女，汉族，籍贯：黑龙江省大庆市，中级工程师，硕士研究生，2009 年 6 月毕业于扬州大学，分析化学专业，现从事钻井液处理剂的合成研究与分析。电话：18645951221，邮编：163413，E-mail：sunmin001@ cnpc.com.cn。

高密度可酸溶加重剂研制及性能评价

王双威[1] 曹权[2] 张洁[1] 李斌[2]

(1. 中国石油集团工程技术研究院有限公司;
2. 中国石油天然气股份有限公司西南油气田分公司)

摘要 在高密度钻井液中,使用高密度可酸溶加重剂既可降低钻井液的固相含量,又可提高储层酸化效果。使用优质矿源,通过水热氧化法,制备了可酸溶高密度加重剂四氧化三锰,并通过使用不同比例的重晶石和四氧化三锰复配降低钻井液成本。将钻井液加重至相同的密度,分析了四氧化三锰含量变化对高压油气藏储层保护效果的影响。实验结果证明,当四氧化三锰与重晶石比例为1:2时,与只使用重晶石加重的钻井液酸化后渗透率恢复值提高10%以上。通过钻井液性能以及岩石表面孔隙分析可知,四氧化三锰的加入,可以提高钻井液中小粒径颗粒的浓度,降低钻井液的滤失量,提高钻井液滤饼致密程度以及对储层孔隙的暂堵效果。酸化时,由于四氧化三锰在酸液中溶解,打散了泥饼的致密结构,可以大大降低油气资源突破污染带的压力,实现降低储层损害的目的。

关键词 储层保护 四氧化三锰加重剂 四氧化三锰 可酸溶加重剂 储层段钻井液 渗透率恢复值

近几年,随着浅层资源开发程度不断提高,开发难度不断增大以及地质理论和工程技术的不断进步,深层,这个过去勘探开发的"冷区"已然成为新"热区",成为油气开发新的增长点。随着储层埋藏深度的不断增加,钻井过程中对钻井液的密度、流变性、抑制性以及封堵性的要求也越来越高[1],同时钻井液对储层造成的固相颗粒损害也越来越严重。加重剂是钻井液中主要的固相颗粒之一,是储层受到固相颗粒堵塞伤害的主要因素[2~8]。钻井液密度越高,加重剂浓度越大,对储层造成的伤害也越严重。酸化作业是解除钻完井液对储层损害的主要方式。酸化作业中,通过酸液溶解钻完井液固相颗粒,可以部分恢复储层油气通道的渗流能力。钻完井液中的可酸溶固相越高,酸化作业提高储层产能的效果越好。因此,高密度可酸溶加重剂在储层保护方面具有非常明显的优势。

1 几种加重剂性能对比

目前常用的固体加重剂包括重晶石加重剂、石灰石加重剂、钛铁矿加重剂和四氧化三锰加重剂。储层保护钻井液对加重剂的性能要求主要包括钻井液密度、粒径分布、对套管的磨损以及酸溶率(表1)。加重剂对钻井液的影响如下。

(1)密度越高,配制同样密度钻井液加量越少,钻井液固相含量越低,可以降低固相颗粒伤害程度。

(2)粒径越窄,粒度越小,在钻井液中的悬浮稳定性越强。

(3)形状规则的固相颗粒在储层压力下返排时阻力较小,返排率较高。形状规则的固相颗粒对套管磨损轻,自身形状保持度高,钻井液循环过程中不会由于自身粒径变化对钻井液性能造成额外的影响。

(4)酸溶率越高,储层发生固相颗粒伤害后,酸化作业解除伤害的效果越好。

在现有可酸溶加重剂中,四氧化三锰的密度最高达到 $4.8g/cm^3$,平均粒径最小,粒径中值为 1μm 左右,形状呈球形,同时酸溶率超过 95%[9,10]。因此四氧化三锰可以降低深井超深井高密度钻井液中固相含量,提高钻井液的悬浮稳定性、固相酸溶率从而改善钻井液的储层保护效果。另外,由于四氧化三锰的球形结构,保证了其具有良好的形状保持能力,可以通过分离回收,重复利用。

表 1 常见加重剂的性能对比

参数(加重剂)	重晶石	碳酸钙	钛铁矿	四氧化三锰
密度/(g/cm^3)	4.2	2.71	4.6	4.8
平均粒径/μm	15~20	可控,范围宽	5	1
形状	不规则,多棱角	不规则	不规则	球形
酸溶率/%	不溶	酸溶率≥98%	酸溶率≥90%	酸溶率≥95%

2 低能耗四氧化三锰研发

2.1 四氧化三锰研发

目前四氧化三锰的生产基本都采用电解金属锰粉(片)悬浮液氧化法。该方法具有工艺简单、操作方便、单位产量大、锰回收率高和污染小等优点。但是由于在加工过程中需要加入 SeO_2,因而国产电解锰普遍含有 Se。由于 Se 易挥发和氧化,Se 的化合物有一定的毒性,会损害现场操作人员的身体,也会影响大气质量。

该技术在 Mn_3O_4 的制备中所考察的主要影响因素有:反应温度、分散剂乙醇的添加量、$10\%H_2O_2$ 的添加量及其添加速度、溶液的酸碱度。取 0.5mol/LMnSO$_4$ 溶液 300mL,置于 500mL 烧杯中,加热至 60℃,用控温磁力搅拌器控温和搅拌,用 $V(NH_3:H_2O)=1:1$ 氨水调 pH=10 左右,搅拌时间为 0.5h,冷却后过滤,反复洗涤沉淀至向滤液中滴加 BaCl^2 溶液无浑浊形成为止。将所得滤饼配为 300mL 浑浊液,并分成 3 份各 100mL,分别置于 500mL 烧杯中,各用 $V(NH_3:H_2O)=1:1$ 氨水调溶液 pH 值,各加入适量 95% 乙醇;用分液漏斗控制适宜的速度,逐滴加入适量 $10\%H_2O_2$;控温到一定温度,并不断搅拌至 H_2O_2 加完即止。冷却后过滤,洗涤,干燥(在鼓风干燥箱中不鼓风状态下保持 110℃,时间为 5h),即为所需的 Mn_3O_4 产品。

2.2 四氧化三锰性能评价

评价了研发的四氧化三锰和进口四氧化三锰的主要参数,性能对比分析结果证明,研发的四氧化三锰和进口四氧化三锰的酸溶率>99%,粒径分布 4~12μm,密度>4.7g/cm^3,性能基本接近。磁余量和磁导率方面研发产品小于进口产品,对井下工具的影响更小,分析各项指标,研发的四氧化三锰样品符合高密度可酸溶加重剂的性能要求(表 2)。

表 2 不同四氧化三锰样品的基本性能对比

厂家		研发产品	进口产品
酸溶率/%		99.67	99.02
粒径分析/μm	D_{10}	5.122	4.472
	D_{50}	7.697	6.720
	D_{90}	11.565	10.097

续表

厂家	研发产品	进口产品
密度/(g/cm³)	>4.7	>4.7
磁余量/meu	0.000012	0.00147
磁导率/(e/meu)	1.565×10⁻⁶	8.122×10⁻⁶
其他指标-	锰元素>60%	铁元素<2%
	锰元素>65%	铁元素<4.5%

3 四氧化三锰加重剂与重晶石复配效果评价

目前四氧化三锰加重剂的价格较常规重晶石加重剂高很多。在油气价格长期低迷的情况下，推广应用受到很大的限制。将四氧化三锰与常规重晶石以适当比例复配，既可以降低四氧化三锰的使用费用，又可以提高储层酸化效果，提高油气藏产能。因此评价了艾肯的四氧化三锰样品与重晶石加重剂复配后的钻井液性能评价。

重晶石与高密度可酸溶加重剂按不同比例复配后，钻井液的黏度有所下降、API滤失量和高温高压滤失量都有所降低，当重晶石与高密度可酸溶加重剂比例为1:2时，滤失量降低程度最明显，当全部使用可酸溶加重剂时，滤失量较复配时有所升高。分析原因认为，高密度可酸溶加重剂的粒度非常集中，单一粒径封堵能力较弱，因此推荐高密度可酸溶加重剂与重晶石加重剂复配使用。即可降低加重成本，又可降低钻井液的滤失量(表3)。

表3 加入高密度可酸溶加重剂前后钻井液性能对比

加重剂配方		实验条件	$\Phi600$	$\Phi300$	Gel10″/10′/Pa/Pa	FLAPI/mL	HPHT FL(120℃)
重晶石	可酸溶加重剂						
1	0	老化前	112	75	11.5/22	4.4	
		120℃/16h老化后	104	72	12/20	5.2	7.4
2	1	老化前	106	71	10/18	2.2	
		120℃/16h老化后	101	66	11/19	2.6	4.2
1	1	老化前	100	64	9.5/15	2.0	
		120℃/16h老化后	93	60	10/15	2.2	3.8
1	2	老化前	98	62	8/15	1.6	
		120℃/16h老化后	90	57	9/18	2.0	3.2
0	1	老化前	92	60	8.5/15	3.8	
		120℃/16h老化后	90	58	9/18	4.6	4.8

将重晶石与高密度可酸溶加重剂以不同比例复配后加重钻井液通过微观形貌分析可知，当两种复配比例为1:2~1:1时，泥饼最为致密，与滤失量测定的结果一致。两者的最佳复配比例为1:1~1:2。

4 四氧化三锰与重晶石复配后钻井液储层保护效果评价

将得到的实验泥饼在15%HCl溶液中2h，之后再次观察扫描电镜下的微观结构，如图

1、图 2 所示。通过微观形貌分析可知，酸化前可酸溶加重剂与其他钻井液材料协同作用形成致密的泥饼降低钻井液侵入储层。酸溶后球状颗粒明显减少，说明可酸溶加重剂已溶解。常规酸溶率测定实验证明，可酸溶加重剂的酸溶率为 96%。可酸溶加重剂溶解后，打散了污染带的致密结构，在污染中形成流动通道，形成连通孔隙。降低气藏试采及生产时的启动压力，同时有助于气流将侵入储层的钻井液返排。

| 图 1　酸化前的微观结构 | 图 2　酸化后的微观结构 |

高密度可酸溶加重剂加入现场钻井液后可以提高渗透率恢复值，降低岩心污染实验过程中的动态失量。让场钻井液动态渗透率恢复值为 72.4%，以重晶石加重剂：高密度可酸溶加重剂＝1∶2 的比例加重钻井液后，渗透率恢复值调高至 86.4%（表 4）。

表 4　储层保护剂对渗透率恢复值的评价

污染流体	$\rho/(g/cm^3)$	岩心井号	污染前渗透率/mD	污染后渗透率/mD	渗透率恢复率/%	损害率/%
1#	1.55	32	2.63	1.91	72.4	27.6
2#	1.57	88	2.04	1.76	86.4	13.6

注：动态污染 125min，压差 3.5MPa，渗透率恢复值为酸化后，酸液为 9%HCl+3%HAc+1%HF，使用岩心为碳酸盐岩人造岩心，基质渗透率小于 0.1mD。

钻井液配方：1#现场钻井（重晶石加重），2#现场钻井液（重晶石：四氧化三锰 1∶1 加重）。

5　结论

（1）四氧化三锰加重剂与现有加重剂相比，具有密度高、粒度小而分布集中、颗粒规则呈球形、酸溶率高，有助于提高钻井液固相的悬浮稳定性和酸溶率，降低钻井液固相含量和进入储层固相颗粒的返排压力。

（2）国内外四氧化三锰加重剂在密度、酸溶率、粒径等关键参数方面差距较小，可以使用国产四氧化三锰加重剂作为高密度可酸溶加重剂。

（3）将四氧化三锰和重晶石复配后，粒径分布范围加宽，封堵能力提高，当重晶石与四氧化三锰的比例为 1∶1~1∶2 时，钻井液滤失量较全部使用四氧化三锰家加重更低，API 滤饼更加致密。

（4）将四氧化三锰和重晶石按 1∶1 比例为钻井液加重，酸化后钻井液的渗透率恢复值为 86.4%，比全使用重晶石加重提高 14%。

参 考 文 献

[1] 田惠，刘音，赵雷，等．水溶性钻井液加重剂的研制及性能评价初探[J]．石油化工应用，2017，36（2）：152-154.

[2] 任中启．用于消除钻井过程固相损害的氧化方法研究[J]．石油钻探技术，2003，31(6)：36-38.

[3] 王富华，邱正松，丁锐，等．氧化法消除钻井完井液固相损害的室内实验[J]．钻井液与完井液，2001，18(2)：10-13.

[4] 雷鸣，瞿佳，康毅力，等．川东北裂缝性碳酸盐岩气层钻井完井保护技术[J]．断块油气田，2011，18（6）：783-786.

[5] 朱金智，游利军，李家学，等．油基钻井液对超深裂缝性致密砂岩气藏的保护能力评价[J]．天然气工业，2017，03：62-68.

[6] 康毅力，张杜杰，游利军，等．裂缝性致密储层工作液损害机理及防治方法[J]．西石油大学学报：自然科学版，2015，05：1－8.

[7] 张洁，王治中，宋建民．伊拉克 Ahdeb 油田储层损害机理研究[J]．石油钻采工艺，2014，36(2)：64-67.

[8] 魏裕森，韦红术，张俊斌，等．碳酸钙粒径匹配对储层保护效果的影响研究[J]．长江大学学报(自科版)，2015，12(14)：51-54.

[9] 韩成，邱正松，黄维安，等．新型高密度钻井液加重剂 Mn304 的研究及性能评价[J]．西安石油大学学报(自然科学版)，2014，29(2)：89-93.

[10] 邱正松，等．国外高密度微粉加重剂研究进展[J]．钻井液与完井液，2014，31(3)：78-82.

基金项目：国家科技重大专项课题《库车坳陷深层-超深层天然气田开发示范工程》(2016ZX05051-003)，国家科技重大专项课题《四川盆地大型碳酸盐岩气田开发示范工程》(2016ZX05052)，中国石油股份有限公司重大科技专项《西南油气田天然气上产 300 亿立方米关键技术研究与应用》(2016E-0608)。

作者简介：王双威(1986—)，工程师，硕士，毕业于西南石油大学应用化学专业，现从事储层保护技术研究工作。地址：北京市昌平区黄河街 5 号院 1 号楼中国石油集团工程技术研究院有限公司，102206，电话：010-80162097，邮箱：449106160@qq.com。

聚合物钻井液抗温增效剂的研制

梁文利

（中国石化江汉石油工程有限公司页岩气开采技术服务公司）

摘　要　针对目前钻井朝着高温、深层、超深层方向发展，目前的常规聚合物钻井液体系抗温能力仅有100℃，部分改性聚合物产品达到120~130℃，仍然达不到现场钻井作业的技术要求，随着新《环境保护法》的颁布及实施，对部分磺化材料的使用受到条件限制。研制了一种抗温增效剂，该增效剂是一种小分子聚合物，可以提高钻井液抗高温能力，对常规的 KPAM、FA-367、LV-PAC、HV-PAC 等聚合物处理剂均有良好的抗高温增效能力，能够将抗温能力提高50℃~100℃，具有良好的推广应用价值。该抗温增效剂现场操作简单，仅需要在原有的聚合物钻井液体系基础上，加入抗温增效剂，即可以形成良好的抗高温钻井液体系。

关键词　聚合物钻井液　抗温　增效剂

随着钻井朝着深井超深井方向发展，地层温度逐步增加，并且最新《环境保护法》的颁布，部分地区要求使用环保钻井液体系，采用去磺化钻井液体系，而目前普通聚合物钻井液体系抗温能力有限。加入常规除氧剂亚硫酸钠效果不明显，而且在高温条件下，发生热分解，失去了效能。因此，特别需要研制一种针对聚合物钻井液的抗温增效剂，不需要加入磺化材料，不仅可以提高抗温能力，而且降低了钻井液维护处理成本[1~3]。

1　抗温增效剂的研制

在室内研制了一种抗温增效剂，是采用多种表面活性剂在 70~80℃ 下恒温反应 4h，并通入氮气 0.1MPa 无氧环境下反应，反应完成之后，进行蒸馏提纯，冷却后，获得最终产品即抗高温增效剂 HSA[4,5]。

2　抗温增效剂性能研究

2.1　评价各种聚合物产品的抗温性能

为了评价 LV-CMC、KPAM、HV-PAC、VIS、driscal、S192、HE300、BDV-200S、抗盐增黏剂（XBQ）、HT-VIS-1 等产品的抗温性能，将以上聚合物类产品在 180℃ 条件下进行热滚老化，并且评价不同类型的聚合物产品与抗温增效剂的复配效果。实验结果见表1。

表1　不同聚合物处理剂抗温性能评价

序号	配方	热滚条件	AV/mPa·s	PV/mPa·s	YP/Pa	$\Phi6/\Phi3$	热滚后实验图片
1	0.5%LV-CMC+0.2%烧碱	滚前	3	2	1	1/0	
		滚后	2	2	0	0/0	
2	0.5%LV-CMC+0.2%烧碱+3%HSA	滚前	3.5	3	0.5	1/0	
		滚后	2	1	1	1/0	

续表

序号	配方	热滚条件	$AV/mPa \cdot s$	$PV/mPa \cdot s$	YP/Pa	$\Phi6/\Phi3$	热滚后实验图片
3	0.5%KPAM+0.2%烧碱	滚前	5.5	3	2.5	1/0	
		滚后	1.5	1	0.5	0/0	
4	0.5%KPAM+0.2%烧碱+3%HSA	滚前	6	4	2	2/1	
		滚后	5.5	3	2.5	2/1	
5	0.5%HV-PAC+0.2%烧碱	滚前	19	14	5	2/1	
		滚后	1.5	1	0.5	0/0	
6	0.5%HV-PAC+0.2%烧碱+3%HSA	滚前	18.5	14	4.5	2/1	
		滚后	2.5	2	0.5	1/0	
7	0.5%VIS+0.2%烧碱	滚前	19.5	10	9.5	12/10	
		滚后	2	1	1	0/0	
8	0.5%VIS+0.2%烧碱+3%HSA	滚前	21	10	11	12/10	
		滚后	2	1	1	0/0	
9	0.5%driscal+0.2%烧碱	滚前	12.5	8	4.5	3/2	
		滚后	2	2	0	0/0	
10	0.5%driscal+0.2%烧碱+3%HSA	滚前	13	9	4	3/2	
		滚后	10.5	7	3.5	2/1	
11	0.5%driscal+0.5%KPAM+0.2%烧碱	滚前	18.5	13	5.5	3/2	
		滚后	1.5	1	0.5	0/0	
12	0.5%driscal+0.5%KPAM+0.2%烧碱+3%HSA	滚前	19	13	6	3/2	
		滚后	14	8	6	3/2	
13	0.3%driscal+0.3%KPAM+0.2%烧碱	滚前	10	7	3	2/1	
		滚后	1.5	1	0.5	0/0	
14	0.3%driscal+0.3%KPAM+0.2%烧碱+3%HSA	滚前	10	7	3	2/1	
		滚后	8.5	6	2.5	1/1	
15	0.5%S192+0.2%烧碱	滚前	14	12	2	2/1	
		滚后	1.5	1	0.5	0/0	
16	0.5%S192+0.2%烧碱+3%HSA	滚前	17.5	16	1.5	2/1	
		滚后	2	2	0	0/0	
17	0.5%HE300+0.2%烧碱	滚前	14	8	6	2/1	
		滚后	1.5	1	0.5	0/0	
18	0.5%HE300+0.2%烧碱+3%HSA	滚前	17	12	5	2/1	
		滚后	11.5	8	3.5	2/1	
19	0.5%BDV-200S+0.2%烧碱	滚前	17.5	17	0.5	2/1	
		滚后	5	4	1	1/0	
20	0.5%BDV-200S+0.2%烧碱+3%HSA	滚前	15.5	14	1.5	2/1	
		滚后	15.5	10	5.5	3/2	

续表

序号	配方	热滚条件	AV/mPa·s	PV/mPa·s	YP/Pa	Φ6/Φ3	热滚后实验图片
21	0.5%抗盐增黏剂(XBQ)+0.2%烧碱	滚前	18	14	4	3/2	
		滚后	1.5	1	0.5	0/0	
22	0.5%抗盐增黏剂(XBQ)+0.2%烧碱+3%HSA	滚前	19	14	5	3/2	
		滚后	9.5	7	2.5	2/1	
23	0.5%HT−VIS−1+0.2%烧碱	滚前	10	8	2	2/1	
		滚后	2	2	0	0/0	
24	0.5%HT−VIS−1+0.2%烧碱+3%HSA	滚前	10	8	2	2/1	
		滚后	9.5	7	2.5	2/1	

注：热滚条件：180℃×16h。

从表 1 可以看出：研制的抗温增效剂 HSA，对于大部分聚合物产品均具有抗温增效作用，仅仅有 HV−PAC、VIS、S192 效果不明显，分析原因是：聚阴离子纤维素中的醚键基团，抗温度性能不强，在高温条件下很容易断裂，与所研制的 HAS 增效剂不能够形成氢键，提高增溶抗温能力；黄原胶分子由 D—葡萄糖、D—甘露糖、D—葡萄糖醛酸、乙酰基和丙酮酸构成，由于含有醚键基团不能将氢键加强。S192 是一种特殊的阳离子聚丙烯酰胺类聚合物，由于分析结构上的差异，HSA 不能提高氢键增强能力[6,7]。

2.2 不同增黏剂的抗高温 200℃性能评价

对不同增黏剂 BDV−200S、KPAM、HT−VIS−1、driscal−D 进行 HSA 增效性能研究，并且与常规的除氧剂亚硫酸钠进行高温老化效果对比分析，实验结果见表 2。

表 2 不同增效剂的性能评价

序号	钻井液配方	热滚条件	AV/mPa·s	PV/mPa·s	YP/Pa	Φ6/Φ3
1	水+0.5%BDV−200S+0.2%烧碱+3%HSA	滚前	12.5	10	2.5	2/1
		滚后	13.5	10	3.5	2/1
2	水+0.5%BDV−200S+0.2%烧碱+1%亚硫酸钠	滚前	8.5	7	1.5	2/1
		滚后	8.5	8	0.5	1/0
3	水+0.5%KPAM+0.2%烧碱+3%HSA	滚前	6	4	2	2/1
		滚后	4.5	3	1.5	1/0
4	水+0.5%KPAM+0.2%烧碱+1%亚硫酸钠	滚前	4.5	3	1.5	2/1
		滚后	3	2	1	0/0
5	水+0.5%HT−VIS−1+0.2%烧碱+3%HSA	滚前	9.5	7	2.5	2/1
		滚后	9	6	3	2/1
6	水+0.5%HT−VIS−1+0.2%烧碱+1%亚硫酸钠	滚前	5	4	1	1/0
		滚后	4.5	3	1.5	1/0
7	水+0.5%driscal−D+0.2%烧碱+3%HSA	滚前	11.5	7	4.5	2/1
		滚后	10	6	4	2/1
8	水+0.5%driscal−D+0.2%烧碱+1%亚硫酸钠	滚前	9	7	2	2/1
		滚后	6	4	2	1/0

注：热滚条件：200℃×16h。

从表 2 可以看出：HSA 具有明显的抗温增效能力，增黏剂在热滚前和热滚后，性能没有发生变化，而采用除氧剂亚硫酸钠高温热滚后，增黏剂降解严重。

抗温增效剂作用机理：HSA 可以提高聚合物在高温度下的热稳定性。这是由于 HAS 含有羟基官能团，产生氢键并与聚合物链交联，能够在高温下强化聚合物并避免其被破坏。此外，HSA 浓度为 1%～2% 时，钻井液具有较高的最大黏度和切力，在温度较高时黏度值仍较高，且下降缓慢。添加 HSA 后，加强了聚合物的羟基基团与水分子之间的氢键，提高了其热稳定性。亚硫酸钠作用机理：高分子聚合物在高温条件下时候，会出现严重的热降解现象，氧化降解采用了除去溶液中的氧气，加入亚硫酸钠降低含氧量，从而来缓解聚合物的热降解问题[8~10]。

2.3 LV-CMC 的降失水增效能力评价

为了评价 LV-CMC 的降失水效果，进行 80℃、120℃、150℃ 老化实验，并且进行抗温增效能力实验，实验结果见表 3。

表 3 LV-CMC 抗温老化实验及增效性能研究

序号	配方	热滚条件	AV/mPa·s	PV/mPa·s	YP/Pa	$\Phi6/\Phi3$	API/mL	热滚温度和时间
1	4%土+1.5%LV-CMC+0.2%烧碱+0.2%纯碱	滚前	18	12	6	4/3		
		滚后	22	15	7	6/5	10	80℃×16h
2	4%土+1.5%LV-CMC+0.2%烧碱+0.2%纯碱	滚前	18	12	6	4/3		
		滚后	15	9	6	9/8	36	120℃×16h
3	4%土+1.5%LV-CMC+0.2%烧碱+0.2%纯碱+1%HSA	滚前	19	14	5	4/3		
		滚后	23	14	9	9/8	11.6	120℃×16h
4	4%土+1.5%LV-CMC+0.2%烧碱+0.2%纯碱	滚前	19	14	5	3/2		
		滚后	15	8	7	11/10	53	150℃×16h
5	4%土+1.5%LV-CMC+0.2%烧碱+0.2%纯碱+1%HSA	滚前	19	14	5	3/2		
		滚后	17	10	7	10/9	22	150℃×16h

从表 3 可以看出：LV-CMC 抗温仅有 80℃，加入增效剂 HSA 可以将抗温能力提高到 120℃，在 150℃ 高温条件下仍然具有良好降失水能力，与不加增效剂相比较，抗温能力明显提高。

2.4 BDV-200S 在不同温度下性能影响评价

将 BDV-200S 和 DRISCAL-D 两种样品在 180℃、220℃、240℃ 不同温度下热滚后测定各项性能，实验结果见表 4。

表 4 BDV-200S 和 DRISCAL-D 抗高温度性能增效实验

序号	实验配方	热滚条件	AV/mPa·s	PV/mPa·s	YP/Pa	$\Phi6/\Phi3$	热滚条件
1	1%BDV-200S+0.2%烧碱	滚前	33.5	19	14.5	6/4	
		滚后	25	19	6	2/1	180℃×16h
		滚后	4.5	4	0.5	1/0	220℃×16h
		滚后	4	4	0	1/0	240℃×16h

续表

序号	实验配方	热滚条件	AV/mPa·s	PV/mPa·s	YP/Pa	Φ6/Φ3	热滚条件
2	1%BDV-200S+ 0.2%烧碱+1%HSA	滚前	33.5	23	10.5	5/3	
		滚后	35.5	24	11.5	5/3	180℃×16h
		滚后	33	23	10	5/3	220℃×16h
		滚后	15	13	2	2/1	240℃×16h
3	1%DRISCAL-D+0.2%烧碱	滚前	23.5	13	10.5	5/3	
		滚后	2	1	1	0/0	180℃×16h
		滚后	2	1	1	0/0	220℃×16h
		滚后	1.5	1	0.5	0/0	240℃×16h
4	1%DRISCAL-D+ 0.2%烧碱+1%HSA	滚前	23.5	13	10.5	5/3	
		滚后	21.5	14	7.5	3/2	180℃×16h
		滚后	15	10	5	3/2	220℃×16h
		滚后	9	8	1	1/0	240℃×16h

从表4可以看出:将BDV-200S和DRISCAL-D加量放大之后,增效剂的增效作用明显,流变性能稳定。BDV-200S和DRISCAL-D在加入增效剂HSA之后,增效作用明显,抗温能够达到220℃,但是在240℃下,性能不稳定,说明增效至240℃已经是极限了(图1,图2)。

 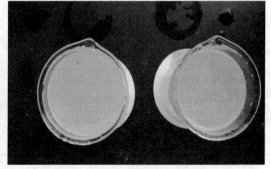

图1　BDV-200S样品240℃热滚后　　　　　图2　DRISCAL-D样品240℃热滚后

(前面是没有加增效剂,后面是加入增效剂)　　(前面是没有加增效剂,后面是加入增效剂)

2.5　与聚合物氯化钾钻井液体系的配伍性实验

为了研究HSA对聚合物钻井液体系的增效性能,进行配伍性实验,实验结果见表5。

钻井液体系配方:3%膨润土+0.2%纯碱+0.2%烧碱+1.5%聚合物降失水剂+5%氯化钾+0.5%包被剂+0.5%聚胺抑制剂+2%超细碳酸钙+3%沥青类防塌剂+3%液体润滑剂+重晶石加重。

表5　HSA与聚合物钻井液体系的配伍性实验结果

序号	HSA/%	热滚条件	AV/mPa·s	PV/mPa·s	YP/Pa	GeL/Pa	API/mL	pH值	R/%
1	0	滚前	47	35	12	2/10			
		滚后	34	24	10	3/6	6.8	10	75

续表

序号	HSA/%	热滚条件	AV/mPa·s	PV/mPa·s	YP/Pa	GeL/Pa	API/mL	pH 值	R/%
2	1	滚前	49	34	15	2/10			
		滚后	45	34	11	2/8	3.6	10	86
3	3	滚前	46.5	31	15.5	2/11			
		滚后	45	35	10	2/6	3.2	10	92

注：热滚条件：120℃×16h。

从表 5 可以看出：加入 HSA 之后，钻井液的流变性稳定性明显增强，失水有大幅度降低，特别是可以增强包被剂以及抑制剂的抑制能力，热滚回收率由 75% 增加到 92%，说明加入增效剂 HAS 之后，整套的体系的综合性能都明显提高。

3 结论

（1）研制的抗温增效剂具有良好的提高聚合物处理剂的抗温能力，能够将普通聚合物处理剂抗温能力提高 50~100℃。

（2）钻井液增效剂 HSA 具有提高抗温增效能力，能够对包被、抑制、降失水能力保持几乎不变。

（3）HSA 增效剂现场应用效果明显，流变性、失水性能均能够保持在合理范围内。

参 考 文 献

[1] 单文军，陶士先，付帆，等。抗 240℃高温水基钻井液体系的室内研究[J]. 钻井液与完井液，2014，31(5)：10-13.

[2] 陶士先，张丽君，单文军. 耐高温(230℃)饱和盐水钻井液技术研究[J]. 探矿工程(岩土钻掘工程)，2014，(1)：21-26.

[3] 李凤霞，蒋官澄，王郑库，等. TLJ-1 植物胶钻井液抗温能力的提高[J]. 钻井液与完井液，2010，27(5)：31-33.

[4] 刘菊泉，于立松，刘平江，等. 清洁盐水完井液中抗高温保护剂的作用研究[J]. 长江大学学报(自然科学版)，2012，(5)：93-95.

[5] 王中华. 国内外超高温超高密度钻井液技术现状与发展趋势[J]. 石油钻探技术，2011，39(2)：1-7.

[6] 张勇. 南海莺琼地区高温高压钻井技术的探索[J]. 天然气工业，1999，19(1)：71-75.

[7] 徐同台. 八十年代国外深井泥浆的发展状况[J]. 钻井液与完井液，1991，8(增刊1)：29-45.

[8] 袁建强，何振奎，刘霞. 泌深 1 井钻井设计与施工[J]. 石油钻探技术，2010，38(1)：42-45.

[9] 赵秀全，李伟平，王忠义. 长深 5 井抗高温钻井液技术[J]. 石油钻探技术，2007，35(6)：69-72.

[10] 徐同台，赵忠举. 21 世纪初国外钻井液和完井液技术[M]. 北京，石油工业出版社，2004：305-314.

作者简介：梁文利(1979—)男，硕士，2010 年毕业于长江大学，工程师，钻井液技术专家，现工作于中国石化江汉石油工程页岩气开采技术服务公司，地址：湖北省武汉市东湖高新区高新大道光谷七路豹澥地铁口江汉石油工程页岩气技术服务公司，电话：15826568878，E-mail：nijiang2007@163.com。

抗高温气滞塞技术研究与应用

柴 龙[1] 林永学[1] 金军斌[1] 王 沫[2]

(1. 中国石化石油工程技术研究院；2. 中国石化西北油田公司)

摘 要 为解决新疆塔河外围奥陶系高温高压储层气窜速度过快等难题，对油气上移规律和影响因素进行分析，实验结果表明井筒内流体的凝胶强度和表面张力是影响油气上窜的主要因素。通过研选抗高温流性调节剂 SMRM、表面张力调节剂 SMSM 和抗高温降滤失剂 SMPFL 等气滞塞用关键处理剂，形成了抗高温气滞塞及配套施工工艺，评价显示其抗温达 200℃，表面张力低于 22mN·m^{-1}，高温下凝胶强度大于 30Pa，远高于现用聚磺稠塞体系，且具有较好的井浆相容性。在五口气侵严重的井中进行应用，分别配合起钻、测井、取心和完井等进行施工作业，显示其可降低气窜速度 75% 以上，有效地延长了安全作业时间，提高了钻完井安全和效率。抗高温气滞塞的成功研发与应用，为高温高压气侵储层段的钻完井施工提供了一种安全有效的井控手段。

关键词 气滞塞 气窜速度 高温高压 凝胶强度

随着油气开发技术的不断发展，深部的油气和页岩气资源成为新的开发热点，但在钻完井施工过程中，当钻进含天然气储层后常会发生气侵现象，特别是由气液置换导致的气侵问题较难处理，如处理不当易发生溢流和井喷等复杂[1]。新疆顺南及顺北地区奥陶系储层微裂缝发育，储层温度最高达 200℃，多口井在钻进一间房组储层后发生严重的气侵现象，气窜速度最高达 295m/h，现场尝试采用提高钻井液密度和井底打稠浆塞等方式来降低气窜速度，但效果均不明显，且存在井漏污染储层的风险，气窜速度过快问题严重地影响了井控安全和施工效率。针对类似难题，在欠平衡钻井中为减缓井筒中的油气上窜，国内科研人员将冻胶阀[2~4]或高浓度膨润土浆[5]泵入井底进行气体阻滞，取得一定效果，但冻胶阀存在抗温能力小于 150℃、施工后需破胶和膨润土浆易造成井浆黏土污染等问题，无法在上述地区使用。通过分析高温高压井筒内油气的上移规律和气滞影响因素，优选出抗高温气滞塞关键处理剂，采用高温高压流变仪等仪器进行测试评价，构建出抗温达 200℃的气滞塞及配套施工工艺，现场多口井的使用效果显示其降低气窜速度大于 75%，有效地延长了安全作业时间，提高了施工效率和安全。

1 气滞能力影响因素分析

在气滞塞体系构建之前需先明确影响气滞能力的主要因素，以此作为后续关键处理剂优选和性能评价的理论依据。国内学者孙宝江[8]等对单个气泡在井筒内上升速度规律进行了室内研究，分析了溶液黏度、密度和气泡大小等因素对气泡上移速度的影响。国外 Otto L. A. Santos 等[9~13]通过实验验证了影响直井气窜速度的主要因素，除了气泡的大小因素外，还包括井斜和流变性等影响因素。在国内外学者研究的基础上，主要针对井内流体密度、表面张力和凝胶强度等影响因素进行细化研究分析。

1.1 井内流体密度对气体上移的影响

井内流体一般为钻完井液，而气体则以天然气为主，主要成分为甲烷。天然气在井底高温高压条件下处于超临界状态[6]，密度虽然接近于液态，但仍远低于常用钻井液密度，由于两者之间密度差的原因，导致天然气由于浮力而不断上升和体积不断增大，密度进一步降低，进而上窜速度不断增加[7]。

为便于模拟和计算，利用理想状态方程可计算出 1L 地面状态的甲烷气体在不同钻井液密度和井深下所受浮力的大小，如图 1 所示，模拟顺南地区井下条件，钻井液密度为 1.70g/cm³ 和 1.40g/cm³，地温梯度为 2.8℃/100m，液态甲烷密度为 0.42g/cm³。随着井深的增加，甲烷受到温度和压力的双重影响，体积处于一个不断被压缩的过程，所受浮力也在不断地减少，直到其体积不能被继续压缩、达到液态密度时，所受浮力则保持不变。在甲烷气体达到液态密度前，在两种密度钻井液中所受到的浮力大小相同，而在油气达到液态密度后，其浮力随钻井液密度增大而提高。

1.2 表面张力影响因素分析

采用中空低密度小球在不同浓度十二烷基苯磺酸钠的聚合物溶液中进行上移速度测试，如图 2 所示。在相同条件下，气泡上升最终速度随着聚合物溶液的气液界面张力增大而增大。这是因为气泡在上升过程中，前端表面活性剂浓度不断稀释、尾端浓度不断积累，导致气泡表面产生表面活性剂浓度梯度及表面张力梯度[8]。溶液浓度越小，表面张力越大，气泡表面的浓度梯度和表面张力梯度越小，导致阻力减小，最终使气泡上升速度增大。

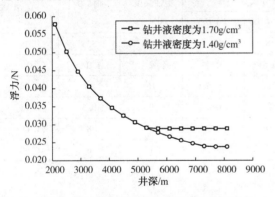
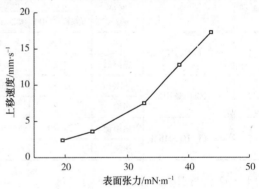

图 1 地面 1L 甲烷在不同密度钻井液和井深下的浮力　　图 2 表面张力对低密度小球上移速度的影响

1.3 流变性因素分析

在气窜影响因素相关研究中，通常认为流变性中的表观黏度是主要影响因素之一，通过三种不同流体中的中空微珠上移实验可以看出，见表 1，与表观黏度相比，流体的凝胶强度才是决定中空微珠上移速度的主要因素。

表 1 不同黏度流体中低密度小球上窜速度测试

测试流体	六速黏度计读数			表观黏度/mPa·s	凝胶强度/Pa	中空微珠上窜速度/mm·s⁻¹
	Φ600/Φ300	Φ200/Φ100	Φ6/Φ3			
清水	2/1	0/0	0/0	1	0	37.5
高黏流体	45/30	24/15	4/2	22.5	1	3
低浓度气滞塞	23/23	23/23	22/22	11.5	8	0

注：中空微珠密度 0.4g/cm³，微珠半径为 0.5mm，三种流体密度为 1.01g/cm³。

2 气滞塞设计与性能评价

为模拟目标区域的施工条件，以下实验中所采用的老化温度均为200℃，静止老化时间为16h，使用Fann35六速黏度计在50℃下进行常规流变性测试。

2.1 气滞塞设计

2.1.1 关键处理剂研选

2.1.1.1 抗高温流性调节剂优选

在优选提切剂之前，为了抑制灰岩储层中泥岩的水化膨胀，有利于储层保护，配方中引入4%KCl。国内外常用的流性调节剂一般为黄原胶，但其抗温能力最高为120℃左右，无法满足顺南地区奥陶系储层200℃的高温要求。经过对国内外抗温能力较好的三种流性调节剂HEC、HE300和SMRM进行评价，实验数据如表2显示，羟乙基纤维素HEC和聚合物HE300在200℃静置后黏度大幅降低，动塑比较低，基本失去提切效果，而SMRM热滚后切力进一步提高，动塑比达到6，具有较好的抗高温提切作用，SMRM是聚合单体接枝到有机改性后的层链状矿物表面而制成的产品，可作为气滞塞用流性调节剂，其配方中的具体加量需根据现场气窜情况进行调整。

表2 抗高温流性调节剂评价

序号	配方	条件	六速黏度计读数			塑性黏度/ mPa·s	动切力/ Pa	动塑比
			Φ600/Φ300	Φ200/Φ100	Φ6/Φ3			
1	4%KCl+1%HE300	热滚前	31/19	14/8	1/0.5	12	3.5	0.29
		热滚后	4/2	1/0.5	0/0	2	0	0
2	4%KCl+1%HEC	热滚前	52/36	23/13	6/5	16	10	0.63
		热滚后	5/3	2/1	0/0	2	0.5	0.25
3	4%KCl+1%SMRM	热滚前	24/20	19/16	9/8	4	8	2.00
		热滚后	14/13	13/13	16/16	1	6	6.00

2.1.1.2 抗高温表面张力调节剂优选

考虑到气滞塞应用区域地层温度，界面张力调节剂需耐温达200℃，通过优选几种抗高温高表面活性处理剂，包括季铵盐阳离子表面活性剂DC-551、十二烷基硫酸钠SDS、有机硅表面活性剂Si-SM和氟碳类表面张力调节剂SMSM，通过对比基浆+0.1%各表面活性剂在200℃高温前后的表面张力变化(表3)，测试结果显示经过高温后SMSM仍具有较低的表面张力，显示出较好的抗温性能。

表3 不同表面张力调节剂高温前后性能评价

序号	表面张力调节剂代号	高温前表面张力/mN·m⁻¹	高温后表面张力/mN·m⁻¹
1	SDS	31.5	45.6
2	Si-SM	15.6	42.3
3	DC-551	21.3	23.7
4	SMSM	17.4	19.1

注：基浆配方：4%KCl+4%SMRM。

2.1.1.3 抗高温增黏降滤失剂优选

为进一步提高气滞塞气滞能力和降低滤失量，强化其在应用井段特别是泥岩段的井壁稳定性，需优选与流型调节剂配伍性较好的抗高温增黏降滤失剂。在 4%KCl+4%SMRM 基浆中分别加入 4 种样品，在 200℃静置 16h 后进行评价，结果见表 4。高温后 ST-180 在配方中基本失去增黏降滤失作用，而加入 Dristemp、DriscalD 和 SMPFL 样品的配方滤失量在 10~14mL 之间，且黏度增加明显，同时综合考虑材料性价比和易用性，选择 SMPFL 作为气滞塞用增黏降滤失剂，该处理剂是由含磺酸基的烯基单体和丙烯酰胺、丙烯酸共聚而成的耐温抗盐聚合物。

表 4　抗高温增黏降滤失剂优选

| 序号 | 配方 | 条件 | 六速黏度计读数 | | | 塑性黏度/ mPa·s | 动切力/ Pa | 中压失水/ mL |
			Φ600/Φ300	Φ200/Φ100	Φ6/Φ3			
1	4%KCl+4%SMRM	热滚前	24/20	9/8	9/8	4	8	–
		热滚后	14/13	13/13	13/13	1	6	78.6
2	1#+1%Dristemp	热滚前	82/58	13/11	13/11	24	17	–
		热滚后	36/26	12/10	12/10	10	8	13.2
3	1#1%DriscalD	热滚前	86/62	14/12	14/12	24	19	–
		热滚后	38/28	17/14	17/14	10	9	11.4
4	1#+1%SMPFL	热滚前	74/54	12/10	12/10	20	17	–
		热滚后	34/24	14/10	14/10	10	7	10.2
5	1#+1%ST-180	热滚前	68/50	10/8	10/8	18	16	–
		热滚后	17/13	9/8	9/8	4.5	65.8

2.1.2 气滞塞配方

通过对研选出的抗高温流型调节剂 SMRM、表面张力调节剂 SMSM、抗高温降滤失剂 SMPFL[14]和抗高温纤维 SMASF 等气滞塞关键处理剂进行优化配伍，最终形成一套抗温能力达 200℃、高温凝胶强度大于 30Pa、具有低表面张力的气滞塞。

气滞塞配方：8%SMRM+2%SMPFL+1%SMASF+0.3%SMSM+4%KCl+0.3%NaOH+重晶石。

2.2 气滞塞性能评价

2.2.1 常规性能评价

根据气滞能力影响因素分析，主要考察 200℃高温后气滞塞的凝胶强度和表面张力的大小，表 5 评价数据显示，高温后气滞塞凝胶强度由 36Pa 升高至 70Pa，表面张力稍有降低，但仍维持在 22mN·m^{-1}以内，说明气滞塞体系具有较好的抗高温气滞能力。

表 5　抗高温气滞塞性能评价

| 样品 | 条件 | 六速读数 | | | 密度/ (g/cm³) | 凝胶强度/ Pa | 表面张力/ mN·m^{-1} |
		Φ600/Φ300	Φ200/Φ100	Φ6/Φ3			
气滞塞	热滚前	214/194	180/158	102/93	1.81	36	17.84
	热滚后	91/84	77/73	63/62	1.81	70	21.36

2.2.2　高温高压流变性评价

大部分流体在常温和高温下的流变性差别较大，为了真实地模拟井下环境，分别将模拟聚磺钻井液稠塞与抗高温气滞塞进行高温后和高温下的流变性对比，主要评价气滞塞黏度和凝胶强度的变化。与表 5 中气滞塞热滚前后的数据相比，表 6 中的聚磺稠塞经过 200℃ 高温后的黏度和凝胶强度均大幅降低，不利于井筒内气体上窜的控制。

表 6　聚磺稠塞高温热滚前后流变性

| 样品 | 条件 | 六速黏度计读数 | | | 密度/ | 表观黏度/ | 凝胶强度/ |
		$\Phi600/\Phi300$	$\Phi200/\Phi100$	$\Phi6/\Phi3$	（g/cm³）	mPa·s	Pa
聚磺稠塞	热滚前	-/250	200/134	30/22	1.80	–	10
	热滚后	50/34	28/20	10/8	1.81	25	3

注：（1）"-"表示黏度超量仪器量程；（2）模拟聚磺稠塞体系：6%膨润土+1%DSP-3+0.5%HV-PAC+0.5%HEC+4%SMP-2+4%SPNH+3%FT342+0.5%NaOH。

模拟井下高温环境，采用 Anton Paar 高温高压流变仪对聚磺稠塞和气滞塞进行高温下的流变性评价，测试温度为 60~190℃，结果如图 3 所示。聚磺稠塞体系在高温下的凝胶强度为 2Pa 左右，表明其在高温下基本失去了气滞能力，而气滞塞随着温度的升高，凝胶强度由 30Pa 增加至 55Pa，气滞效果得到进一步加强。

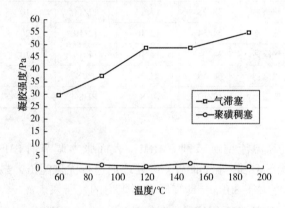

图 3　热滚后气滞塞与模拟聚磺稠塞的高温流变性

2.2.3　井浆配伍性评价

气滞塞施工过程中不可避免会与井浆产生少量混浆，表 7 混浆实验结果表明，随着气滞塞混入比例由 10% 增加至 50% 后，对顺南 A 井现场聚磺井浆黏度影响较小，表明气滞塞体系与聚磺井浆具有较好的配伍性。

表 7　气滞塞与顺南 A 井浆配伍性实验

| 配方 | 六速黏度计读数 | | | 密度/ | 塑性黏度/ | 动切力/ | 凝胶强度/ |
	$\Phi600/\Phi300$	$\Phi200/\Phi100$	$\Phi6/\Phi3$	（g/cm³）	mPa·s	Pa	Pa
气滞塞（现场配制）	100/90	85/81	75/74	1.80	10	40	19.5
顺南 A 井浆	106/70	54/35	12/9	1.83	36	17	4
顺南 A 井浆+10%气滞塞	103/61	47/30	14/13	1.82	42	9.5	3.5

续表

配方	六速黏度计读数			密度/(g/cm³)	塑性黏度/mPa·s	动切力/Pa	凝胶强度/Pa
	Φ600/Φ300	Φ200/Φ100	Φ6/Φ3				
顺南 A 井浆+30%气滞塞	88/59	48/34	16/15	1.82	32	12	3.5
顺南 A 井浆+50%气滞塞	86/55	43/30	17/16	1.81	31	12	7

3 现场应用

3.1 应用效果

抗高温气滞塞技术在西北 5 口存在严重气侵的井中进行了应用，分别配合起钻、测井、取心和下油管等进行施工，井底温度最高达 164℃，静止最长时间 122h，循环排后显示气滞塞在长期高温下具有优良的油气阻滞效果，气窜速度降低率大于 75%（表 8），有效地保障了高温高压复杂油气井的安全勘探开发。

表 8　西北地区五口井气滞塞施工效果

井号	井底温度/℃	使用前气窜速度/(m/h)	使用后气窜速度/(m/h)	气窜速度降低率/%
顺北 A	164	68	15	77.9
顺北 B	156	300	25	91.7
顺北 C	152	123	14	88.6
塔河 A	121	156	19	87.8
跃进 A	156	80	4	94.7

3.2 顺北 B 井施工过程

顺北 B 井是部署在顺托果勒低隆北缘的一口评价井，三开套管下深 7376m，四开钻进一间房油气层后，因全烃值较高，钻井液密度由 1.25g/cm³ 逐步提高至 1.50g/cm³。取心前短起下测试后效，显示气窜速度高达 300m/h，无法满足安全施工需要，使用气滞塞技术配合进行连续取心作业，施工要求及过程如下：

（1）气滞塞配浆罐要求容积为 25～30m³ 的独立泥浆罐，须配套泥浆泵和加料泵管线，其管线阀门灵活好用，与其他泥浆罐之间不窜不漏，配制气滞塞前务必清洗干净，使用井场水配制即可。

（2）所配制出的气滞塞密度与井筒内钻井液密度保持一致，防止泵入过程中与井浆产生过多混浆，影响气滞性能。

（3）使用加料漏斗依次加入气滞塞各处理剂，加入顺序为 KCl、SMRM、SMPFL、SMASF、SMSM 和 NaOH，待各处理剂搅拌均匀分散后加入加重材料继续搅拌 2～3h，调节气滞塞密度至 1.50g/cm³。

（4）起钻至井深 6984m 时，泵入 12m³ 气滞塞后替入井浆起钻，气滞塞封隔井段为 6347～6984m。

（5）起钻更换取心筒后下钻至 7778.33m 时开泵循环排后效，静止时间 48.83h，井底温度 156℃，气滞塞返出时振动筛筛面跑浆，随后全烃开始上涨，全烃达 73% 时关井节流循环，后效持续时间 148min，计算气窜速度为 25m/h，气窜速度降低率达 91.7%。

103

4 结论与建议

（1）油气与钻井液之间的密度差是造成井筒内油气滑脱上窜的主要原因，流体的凝胶强度和表面张力是阻滞油气上窜的主要因素。

（2）抗高温气滞塞抗温达 200℃、表面张力低于 22mN·m^{-1}、高温下凝胶强度大于 30Pa，现场应用显示其可降低气窜速度 75% 以上，提高了施工效率和安全。

（3）国内外学者均未在高温高压环境中进行气滞能力的相关研究工作，后续还需研发相关配套实验评价设备，在油气上移规律及影响因素等方面开展更深入的研究。

参 考 文 献

[1] 张兴全，周英操，刘伟，等．碳酸盐岩地层重力置换气侵特征[J]．石油学报，2014，35（5）：958-962.

[2] 胡挺，曾权先，李华磊，等．冻胶阀完井技术研究与应用[J]．石油钻采工艺，2012，34（1）：32-35

[3] 刘德基，廖锐全，张慢来，等．冻胶阀技术及应用[J]．钻采工艺，2013，36（2）28-29，33.

[4] 王在明，朱宽亮，冯京海，等．高温冻胶阀的研制与现场试验[J]．石油钻探技术，2015，43（4）：78-82.

[5] 温建平，贾东民，张洪伟．欠平衡钻井用气滞塞浆液：CN 103805149A[P].2014-05-21

[6] 万立夫，李根生，黄中伟，等．超临界流体侵入井筒多想流动规律研究[J]．钻采工艺，2012，35（3）：9-13

[7] 卓鲁斌，葛云华，张富成，等．碳酸盐岩油气藏气侵早期识别技术[J]．石油学报，2012，33（S2）：174-180

[8] 郭艳利，孙宝江，王宁，等．单个气泡在井筒内上升速度规律实验研究[C]第二十六届全国水动力学研讨会文集．北京：海洋出版社，2014：566-570

[9] Otto L A Santos. A Study on Gas Migration in Stagnant Non-Newtonian Fluids[R]. SPE39019, 1997.

[10] J J Fery, J Romieu. Improved Gas Migration Control In A New Oil Well Cement[R]. SPE17926, 1989.

[11] Ashley Johnson, Ian Rezmer-Copper. Gas migration：fast, slow or stopped[R]. SPE29342, 1995.

[12] R L Sykes, J L Logan. New technology in gas migration control[R]. SPE 16653, 1987.

[13] S E Shipley, B J Mitchell. The effect of hole inclination on gas migration[R]. SPE20432, 1990.

[14] 杨小华，王琳，王治法，等．一种钻井液用耐温抗盐降滤失剂及其制备方法：CN，102433108A[P].2012-05-02.

作者简介：柴龙(1984—)，男，新疆乌鲁木齐市人，2007 年获中国地质大学（北京）材料科学与工程专业学士学位，2010 年获中国地质大学（北京）化学专业硕士学位，工程师，主要从事抗高温高密度钻井液技术与井筒内高温高压气体上窜控制技术方面的研究工作。电话：18611197978，E-mail：chailong.sripe@sinopec.com。

温度对聚合物溶液影响的分子模拟研究

杨　帆[1]　杨小华[1]　林永学[1]　金军斌[1]　张宏玉[2]　杨　昕[2]

[1. 中国石化石油工程技术研究院；2. 中国石油大学(华东)]

摘　要　通过密度泛函和分子动力学模拟研究了温度对聚合物降滤失剂微观结构与运动的影响。模拟结果直观展示了聚合物分子受热由功能基团脱落到主链断裂的动态分解过程，研究表明高温破坏聚合物整体分子结构、破坏水分子之间的氢键作用、加速聚合物分子和水分子的运动、减少黏土表面水分子层厚度是导致聚合物降滤失性能变差的主要原因之一。

关键词　降滤失剂　聚合物　高温　分子模拟　热分解

随着钻探目标转向深部地层，钻井液在高温、超高温极端环境下的降滤失性能对深井、超深井钻井成功至关重要。高温条件下钻井液中的核心处理剂之一——聚合物降滤失剂会发生高温降解、高温去水化等一系列变化[1]，导致钻井液性能变差甚至恶化。因此，研究温度对降滤失剂的破坏作用对于研发抗高温降滤失剂、维持井壁稳定意义重大。

关于温度对降滤失剂影响的研究，目前的传统方法主要基于室内实验考察温度对降滤失剂滤失量、黏度等宏观性能的影响，或者借助常规测试方法表征降滤失剂理化性能，如光谱分析、相对分子质量测定、粒度分析、热重分析等，但忽略了原子尺度上温度对聚合物降滤失剂分子影响的微观动力学与热力学研究，且传统实验手段难以对聚合物的热分解、水化性能等进行直观的、定量的研究。计算机分子模拟通过基本原理构筑起一套模型与算法，计算出合理的分子结构与分子行为，从而解释已有实验现象，为开展新的实验提供指导和预测[1]，使微观定性观察与定量描述成为可能。

本文借助 Materials Studio 软件建立了典型聚合物降滤失剂分子、蒙脱石晶体、水分子的单独或体系模型，采用分子动力学方法研究了聚合物分子的热分解动态过程和能量变化，利用密度泛函方法分析了水分子在高温下的形态与行为，通过径向分布函数、扩散系数的计算研究温度对黏土表面水分子层厚度等微观参数的影响，从而为深刻认识温度影响降滤失剂分子的微观作用机制、设计抗超高温的降滤失剂提供理论基础。

1　计算方法的提出与模拟方法

分子模拟提供了连接分子或分子体系的微观细节与宏观性能的手段。在本文研究中，从两个角度分析温度对聚合物降滤失剂的影响，一是聚合物分子在高温下受热分解的演化特征，二是体系中聚合物分子、水分子的运动行为特征。从这两个角度出发，选择合适的参数进行模拟计算。

1.1　计算参数的选择

1.1.1　热分解过程及热性能参数、能量

聚合物在高温下会发生分解反应，导致功能性降低。以常规实验演示分解过程、测定反应速率难度很大，分子模拟可以定量计算聚合物的热分解反应速率与温度的关系。利用阿伦

尼乌斯公式的微分形式，本研究定义聚合物热分解反应速率常数的对数形式 $\ln k$ 随温度的变化率为热性能参数，热性能参数越大，表明聚合物分解反应速率常数随温度变化越大，聚合物对温度越敏感，热稳定性越差。热性能参数计算公式如下：

$$\text{热性能参数} = \frac{\mathrm{d}\ln k}{\mathrm{d}T} = \frac{E_a}{RT^2} \tag{1}$$

式中，k 为温度 T 时的反应速率常数；T 为聚合物温度，K；E_a 为活化能，单位 J/mol；R 为摩尔气体常数，J/mol·K。

聚合物分子的能量 E 可以表示该聚合物结构的稳定程度，能量越高，组分原子运动越剧烈，化学键易断裂，分子结构稳定性减弱。

1.1.2 氢键

水作为水基钻井液中的溶剂，用量大，传统实验方法难以从原子层面直观观察或表征水分子的形态，分子模拟可以通过计算氢键个数来表征水分子之间的相互作用，进一步研究高温条件下水分子本身的形态变化、运动方式。氢键个数越多，分子间相互作用越强，所形成的结构不易破坏。

1.1.3 均方位移及扩散系数

溶液中原子或分子的移动性可通过均方位移 MSD 进行分析，计算足够长的时间内的均方位移曲线斜率可以得到分子的扩散系数 D，即均方位移对动力学时间斜率的六分之一即为扩散系数数值，从而表征不同温度下分子的移动性。扩散系数越大，说明粒子移动性越大，运动越活跃。均方位移及扩散系数公式如下：

$$MSD = <\mid r_i(t) - r_i(0) \mid 2> \tag{2}$$

$$D = \lim_{t \to \infty} \frac{1}{6N} \frac{\mathrm{d}}{\mathrm{d}t} \left[\sum \mid r_i(t) - r_i(0) \mid^2 \right] \tag{3}$$

式中，D 为扩散系数；N 为体系粒子数；t 为时间，$r_i(t)$ 为 t 时刻 i 粒子的位置；$r_i(0)$ 为 0 时刻 i 粒子的位置。

1.1.4 径向分布函数

聚合物具有水化能力，能将一部分水分子束缚在自身和黏土表面形成水分子层。径向分布函数 RDF 是反应流体微观结构有序性的物理量，通过径向分布函数的计算可以得到黏土表面的水分子层厚度，进而研究高温条件对水分子层厚度的影响。水分子层厚度越大，说明聚合物水化能力越好，越有利于降滤失。径向分布函数计算公式如下：

$$g(r) = \mathrm{d}N/\rho^4\pi r^2 \tag{4}$$

式中，$\mathrm{d}N$ 表示与中心粒子距离为 $r \longrightarrow r+\mathrm{d}r$ 间的分子数目；ρ 为中心粒子周围某种粒子的平均数目密度。

1.2 模拟方法

在计算机模拟中，所模拟的时长以皮秒级计算。为了使聚合物能够在模拟时长内发生宏观层次中数小时才能发生的热分解反应，需要提高模拟温度。利用 Materials Studio 软件中的 GULP 模块对聚合物进行 1000ps 热分解动态过程模拟，从而计算均聚物的热性能参数。对每一条件下的模拟终态的聚合物进行单点能计算，即可得到该聚合物的分子能量。丙烯酰胺（AM）和丙烯酸（AA）是降滤失剂的常见典型组分，为了考察 AM 和 AA 特征基团以及主链的分解情况，分别建立 PAM 和 PAA 的均聚物模型进行热分解过程模拟。

常温条件下，水分子并不是以单个分子形态存在，而是以多个水分子形成的水团簇形态存在，分子之间由于氢键作用形成特定结构的水团簇，为了更加明确高温下水团簇的存在形态，利用软件中 DFTB+模块、采用密度泛函理论（DFT，density functional theory）对水团簇进行动力学计算。由于在 1mol 水中含量最多且水分子个数最少的幻数水团簇为 4 个水分子组成的团簇，因此以 4 个水分子形成的团簇为例进行研究。

建立黏土（本文采用蒙脱土模型）、水、聚合物的层状体系模型，利用 Forcite 模块对体系进行分子动力学计算，基于结果进行扩散系数和径向分布函数分析，得到分子的运动情况和黏土表面水分子层分布情况。聚合物采用 AM：AA＝8：2 的共聚物模型。

2 结果与讨论

2.1 温度对聚合物热分解的影响

模拟了均聚物 PAM、PAM 在不同温度下的热分解动态过程，选择可观察到分子结构发生分解现象的最低温度进行热性能参数的计算。因此，模拟了 PAM 在 1000K、PAA 在 1300K 下的分解过程，同时分析了聚合物分子能量随时间、温度的变化。

图 1 显示了 PAM 在 1000K 条件下的分解动态过程。可以看出，300ps 时酰胺基团的氧原子（实线圈内深色珠子）从相邻酰胺基团夺走一个氢原子（实线圈内浅色珠子），导致失去氢原子的酰胺基团（虚线圈区域）从主链脱落，并逐渐远离主链（500ps），随时间延长最终发生主链碳碳键断裂（点划线圈区域，600ps），此时计算其热性能参数为 0.080K^{-1}。从表 1 和表 2 可以看出，在 1000K 下随时间延长，PAM 分子能量逐渐增加，分子愈发不稳定；随温度升高，PAM 分子能量亦增加，因此，时间积累和温度升高均对聚合物分子热稳定性有负面影响。因此，高温通过使聚合物失去功能基团、改变整体分子结构减弱其降滤失性能。

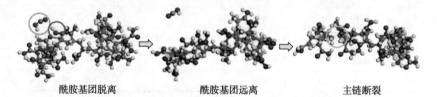

酰胺基团脱离　　　　　　酰胺基团远离　　　　　　主链断裂

图 1　1000K 时 PAM 分子热分解过程图

表 1　PAM 不同模拟时长下的能量（1000K）

序号	模拟时长/ps	分子能量/（K/mol）	序号	模拟时长/ps	分子能量/（K/mol）
1	20	220.187	4	500	538.482
2	90	252.285	5	800	721.166
3	300	435.270	6	1000	766.862

表 2　PAM 不同模拟温度下的能量

序号	模拟温度/K	分子能量/（K/mol）	序号	模拟温度/K	分子能量/（K/mol）
1	400	163.009	4	800	345.943
2	500	200.437	5	1000	766.862
3	700	252.285			

图 2 显示了 PAA 在 1300K 条件下的分解动态过程。可以看出，PAA 分解过程是 400ps 时羧酸基团上的氢原子先发生脱离(虚线圈内白色珠子)，500ps 时发生主链断裂(实线圈区域)，但随着氢原子和羧酸基团的不断运动，脱离的氢原子会重新与氧原子成键；500ps 到 600ps 过程中，主链始终断裂，氢-氧断键-成键反复发生，整个分子很不稳定；800ps 发现由于断链的分子运动剧烈，其主链断裂处会出现距离接近到一定程度再次成键的现象，但随即又会断裂直至模拟结束。在同样的模拟时长内，PAA 的分解经历了断键、再次成键、再断键的过程，相比较 PAM 的断键后不再发生成键，显示了其较好的热稳定性。此时计算 PAA 热性能参数为 $0.071K^{-1}$，低于 PAM 的热性能参数，同样说明 PAA 的热稳定性优于 PAM。从表 3 可以看出，随时间延长，分子能量出现急剧升高后又有所降低，后又逐渐升高，即对应了以上断键、成键、再断键的过程。表 4 为 PAA 不同温度下的分子能量变化，能量随温度升高而增大，直至 1300K 时开始出现分解。

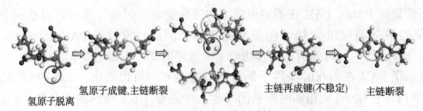

氢原子脱离　　氢原子成键,主链断裂　　　　　　　主链再成键(不稳定)　　主链断裂

主链断裂,氢原子脱离-成键

图 2　1300K 时 PAA 分子热分解过程图

表 3　PAA 不同模拟时长下的能量(1300K)

序号	模拟时长/ps	分子能量/(K/mol)	序号	模拟时长/ps	分子能量/(K/mol)
1	20	172. 847	5	500	630. 708
2	90	182. 699	6	600	1307. 671
3	300	216. 039	7	800	204. 107
4	400	633. 775	8	1000	304. 294

表 4　PAA 不同模拟温度下的能量

序号	模拟温度/K	分子能量/(K/mol)	序号	模拟温度/K	分子能量/(K/mol)
1	350	−95. 561	4	1000	219. 979
2	700	141. 253	5	1300	304. 294
3	900	182. 697			

2.2　温度对水分子间氢键的影响

聚合物分子溶于水后，由于聚合物分子与水分子之间、水分子与水分子之间会发生基于氢键的相互作用，使得聚合物分子周围包覆一层水分子层，这对聚合物的稳定护胶起着关键作用。不同温度下水分子分布形态如图 3 所示，氢键个数及水分子距团簇重心的平均距离如表 5 所示，随温度升高，氢键数量逐渐减少，水分子逐渐分离，由最初的水团簇形态变为最终的单个游离水分子形态。当温度达到 200℃时，分子间氢键消失。因此，高温破坏水分子之间的氢键是导致聚合物护胶作用减弱的原因之一。

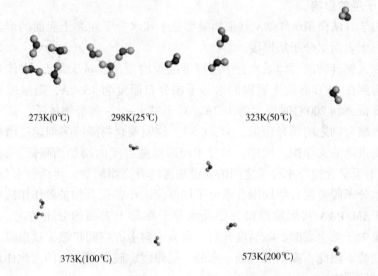

273K(0℃)　　　298K(25℃)　　　　　323K(50℃)

373K(100℃)　　　　　　　　573K(200℃)

图3　水团簇(H₂O)₄中水分子形态随温度的变化图

表5　水团簇(H₂O)₄分子间氢键个数和分子间距随温度的变化

模拟温度/K(℃)	氢键数量/个	水分子与体系重心平均距离/Å	模拟温度/K(℃)	氢键数量/个	水分子与体系重心平均距离/Å
273(0)	4	2.041	373(100)	1	15.388
298(25)	2	4.354	573(200)	0	48.274
323(50)	1	10.636			

2.3　温度对聚合物、水分子扩散性能的影响

基于分子动力学计算，分析了体系中不同温度下聚合物分子、水分子的扩散性能，扩散系数随时间变化曲线如图4和图5。随温度升高，水分子运动能力增强，扩散加快，在200℃时扩散系数最大。聚合物分子的运动趋势与水分子一致，随温度升高分子链运动加强，移动加快，但由于聚合物相对分子质量远大于水分子，其扩散速率也低于水分子。常温时通过相互作用束缚在聚合物周围的水分子在高温下移动显著性增强，因此，高温通过加快水的扩散来降低降滤失剂的水化作用，是导致聚合物高温降滤失性能变差的另一原因。

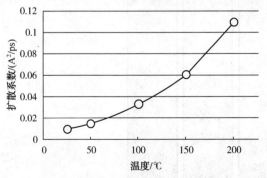

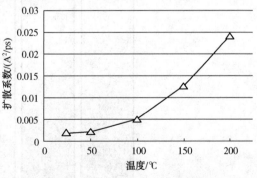

图4　黏土-水-聚合物体系中水分子扩散系数随温度变化曲线图

图5　黏土-水-聚合物体系中聚合物分子扩散系数随温度变化曲线图

2.4 温度对水分子层的影响

利用分子动力学方法模拟 AM/AA 共聚物模型分子和水分子在黏土表面的形态，通过径向分布函数计算黏土表面水分子层厚度。

图 6 显示了加入聚合物前后体系水分子层厚度随温度变化，对于黏土-水体系，经过径向分布函数分析得到在 25℃下黏土表面的水分子层分布厚度为 13.2Å，随温度升高，水分子层的厚度显著降低，到 200℃时厚度为 1.2Å。对于黏土-水-聚合物体系，黏土表面的水分子层厚度较加入聚合物之前明显增加，为 20.5Å，说明聚合物降滤失剂通过增加黏土表面水分子层厚度来促进降滤失作用。同样，水分子层厚度随温度的增加而降低，200℃时厚度降至 5.2Å。这是由于聚合物与水分子之间的氢键随温度升高而减少，再结合水分子间氢键、扩散结果分析，水分子脱离聚合物周围，水分子层厚度减小，聚合物护胶作用减弱。图 7 显示了不同温度下 PAM/PAA 共聚物模型分子及水分子在黏土表面的分布情况，可以看出，25℃时，水分子集中于黏土表面，随温度升高，水分子向上方空间扩散，远离聚合物和黏土表面，水分子层变薄。因此，高温通过减小水分子层厚度、破坏聚合物的水化作用也是导致降滤失作用减弱的原因之一。

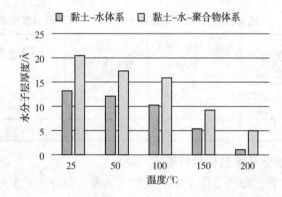

图 6 加入聚合物前后体系水分子层厚度随温度变化图

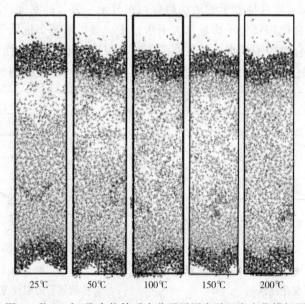

图 7 黏土-水-聚合物体系水分子层厚度随温度变化模拟图

3　结论

通过对聚合物降滤失剂分子或其形成的体系的模拟计算，分析了高温条件下分子热分解过程、氢键、扩散系数、水分子层厚度等参数，研究了温度对聚合物降滤失剂微观结构与运动的影响。获得如下结论：

(1) 高温下，PAM 的分解先是酰胺基团的氧原子从相邻酰胺基团夺走一个氢原子，使酰胺基团脱落，随后分子主链断裂；PAA 的分解经历了氢原子反复断键−成键、主链断裂的过程。高温通过使聚合物失去功能基团、无法维持原始分子结构而减弱其降滤失性能。

(2) 随温度升高，水分子之间氢键减少，水分子游离，高温通过破坏水分子之间相互作用而引起聚合物护胶作用减弱。

(3) 随温度升高，水分子、聚合物分子运动加剧，扩散加快。高温通过加快水分子的扩散来削弱聚合物的水化作用，是导致聚合物高温降滤失性能变差的原因之一。

(4) 随温度升高，黏土表面水分子层厚度减小，高温通过减小水分子层厚度、破坏聚合物的水化作用是导致降滤失作用减弱的另一原因。

参 考 文 献

[1] 马喜平，侯代勇，代磊阳，等. 共聚物钻井液降滤失剂的合成与性能评价[J]. 钻井液与完井液，2015，32(2)：39-42.
[2] 唐赞，李卫华，盛亚运. 计算机分子模拟—2013 年诺贝尔化学奖简介. 自然杂志，2013，35：408-415.

作者简介：杨帆，中国石化石油工程技术研究院，副研究员，从事钻井液处理剂及体系研究工作。地址：北京市朝阳区北辰东路 8 号北辰时代大厦 702，邮编：100101，电话：010-84988662，Email：yangfan. sripe@ sinopec. com。

分子自组装对超分子结构体系黏度恢复的机理研究

祝　琦[1]　蒋官澄[2]

[1. 中国石油集团渤海钻探工程有限公司第四钻井工程分公司；
2. 中国石油大学(北京)石油工程学院]

摘　要　近些年，通过疏水缔合聚合物与表面活性剂复配所形成的含"超分子结构"的液体体系，被作为新型清洁钻完井工作液已有相关的报道。绝大多数文章关注聚合物稠化剂的研发和性能评价，对这种含"超分子结构"的钻完井工作液体系(以下简称为"超分子"钻完井工作液体系)的成网机理、剪切"回复性"机理等基础研究较少。本文通过变剪切流变实验、环境扫描电镜、陶粒悬浮实验，对"超分子"钻完井工作液体系的成网机理、剪切"回复性"机理进行了分析研究，从可视化的角度直观地分析并阐述了分子自组装对"超分子"钻完井工作液体系表观黏度"回复"的作用。分析研究结果表明："超分子"钻完井工作液的"空间网络状结构"是通过疏水支链与表面活性剂"共用"胶束、疏水缔合聚合物分子间缔合和分子间缠绕的方式形成的；剪切作用撤销以后，拆散了的表面活性剂自组装成新的"胶束"并与剪碎了的疏水缔合聚合物的疏水支链，重新自组装形成新"网络状结构"；分子层间的"滑移"作用，使"超分子"钻完井工作液体系新"网络状结构"处于一种"动态平衡"状态，并以更密集的"网络状结构"满足自身悬浮能力。

关键词　水基钻完井工作液　黏度"回复"　超分子结构　分子自组装　机理研究

通过在疏水缔合聚合物溶液中添加表面活性剂的方法，形成一种复配体系，可以提高聚合物溶液的表观黏度。起初这种复配体系被应用于三次采油，以提高聚合物驱的波及效率[1]。

由于该种复配体系所形成的"超分子"结构具有优良的悬浮性，最近几年间，该种复配体系也被应用到水基钻完井工作液中[2~14]。然而，绝大多学者，将目光投向该种复配体系稠化剂的研发，对其流变性能的研究是通过数据分析的方法宏观地描述，忽视了对其流变性能与剪切"回复"机理、成网机理等基础研究和直观阐述。

笔者基于"超分子理论""能量最低原理""相似相容原理"，通过变剪切流变实验，对这类"超分子"钻完井工作液体系中聚合物与表面活性剂的相互作用、剪切"回复"性机理、成网机理进行了分析研究，提出并阐述了分子自组装对"超分子"钻完井工作液体系表观黏度"回复"的作用机理、"分子层间滑移"对"超分子"钻完井工作液体系新"网络结构"的孔眼、孔密的影响机理、"长链包裹作用"对"超分子"钻完井工作液体系抗剪切稀释的作用机理的一些个人观点。通过对以上机理的分析研究，有助于设计"超分子"钻完井工作液体系稠化剂的分子结构、优化成链单体、功能性单体的类型和加量，为形成更为完善的"超分子"钻完井工作液体系提供一定的理论性参考。

1　实验方法

1.1　"超分子"钻完井工作液体系配方

采用一套完整的"超分子"钻完井工作液体系进行相关的实验，体系配方如下：

0.2%疏水缔合聚合物(疏水支链分别是 C_{12}、C_{14} 两种碳链结构阳离子季铵盐)+0.3%

AF-9(阴离子双子表面活性剂)+1%CK-2(防膨剂)+1.5%CS-9(防乳破乳剂)+2%WK-3(助排剂)。

1.2 变剪切流变实验

采用 HAAKE MARS 流变仪对上述"超分子"钻完井工作液体系从室温 30℃，以 1.5℃/min 的梯度升温至 90℃，并按 $40s^{-1}$、$1000s^{-1}$、$170s^{-1}$ 的剪切速率进行变剪切流变实验。

2 "超分子"钻完井工作液体系黏度控制机理分析研究

当疏水缔合聚合物在水溶液中浓度小于 CAC(临界缔合浓度)时，添加一定浓度的表面活性剂。由于加入的表面活性剂量非常少，不能形成"胶束"，疏水缔合聚合物在水溶液中是无规则分散的状态，期间存在分子内缔合、分子间缠绕的情况。表面活性剂与疏水缔合聚合物单独存在于水溶液中，二者间的相互作用基本可以忽视，如图 1 和图 2 所示。

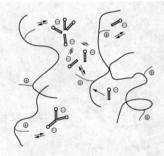

图 1　低浓度复配体系

注：长线为疏水缔合聚合物分子链；

⊕短线为疏水支链；

圆头短棒为表面活性剂。

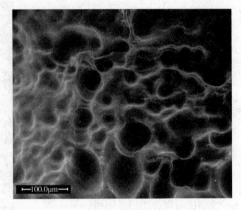

图 2　低浓度复配体系 500 倍电镜照片

图 1 表示：疏水缔合聚合物本身呈现无规则分散状态，分子内缔合明显，存在少量分子间缔合和分子缠绕。由于表面活性剂加量很少，并没有形成"胶束"结构，在水溶液自由移动。图 1 的示意分析可以从图 2 的环境扫描电镜照片反映出：此时，疏水缔合聚合物在其水溶液中呈现卷曲状态，说明分子内缔合作用明显。

当继续增加表面活性剂的浓度，根据"能量最低原理"可知，表面活性剂会以"胶束"的形式存在于水溶液中。随着表面活性剂加量的进一步增加，在水溶液中形成的"胶束"量也会逐步增加，如图 3、图 4 所示。

此时，由于疏水缔合聚合物上的疏水基团作用，表面活性剂"胶束"的亲水端会被"排挤"到远离聚合物的一侧；加之，疏水侧链上带有的极性基团会吸引或排斥表面活性剂的亲水端，使表面活性剂向疏水缔合聚合物的疏水链方向移动；由于疏水侧链多为脂肪族链节，根据"相似相容"原理，疏水侧链会更倾向于与表面活性剂"胶束"亲油端相互吸引，如图 3 到图 5 所示。此时，溶液中出现"网络状结构"雏形，如图 6 所示。

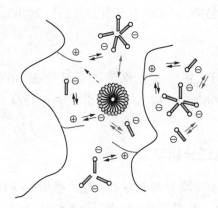

图 3　表面活性剂与聚合物相互作用

注：长线为疏水缔合聚合物分子链；

⊕短线为疏水支链；

圆头短棒为表面活性剂。

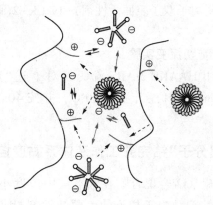

图 4　表面活性剂"胶束"移动趋向

注：长线为疏水缔合聚合物分子链；

⊕短线为疏水支链；

圆头短棒为表面活性剂。

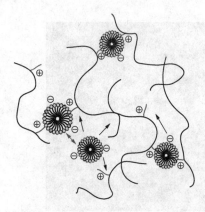

图 5　"胶束"与聚合物相互作用

注：长线为疏水缔合聚合物分子链；

⊕短线为疏水支链；圆头短棒为表面活性剂。

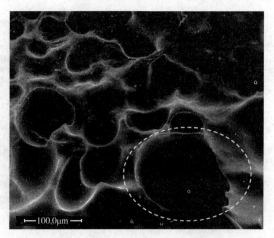

图 6　"超分子网络结构"雏形 500 倍电镜照片

　　表面活性剂"胶束"的亲水端受疏水侧链疏水、静电吸引作用，亲油端受疏水侧链的吸引，使疏水侧链则更倾向于"扦插"或是"黏附"在表面活性剂"胶束"中，如图 7 所示。

　　此时，如果提高疏水缔合聚合物浓度以后，由于表面活性剂"胶束"数量有限，更多疏水侧链会和其他疏水缔合聚合物上的疏水侧链"共用"同一个"胶束"，在疏水缔合聚合物溶液中，疏水缔合聚合物分子间会以"共用胶束"为"结点"，形成"空间网络状结构"。由"共用胶束"形成网络结构"结点"少，起初形成的"空间网络状结构"孔眼较大，孔眼密度较低，如图 8 所示。

　　但进一步调节聚合物与表面活性剂加量，聚合物溶液中形成的"空间网络状结构"孔眼会变得均匀，孔眼密度会显著提高(图 9，图 10)。

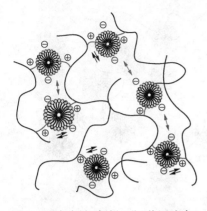

图 7 疏水支链"扦插"进"共用胶束"

注：长线为疏水缔合聚合物分子链；
⊕短线为疏水支链；圆头短棒为表面活性剂。

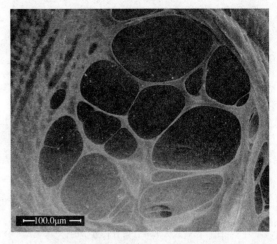

图 8 大孔眼、低孔密"超分子网络结构"500 倍电镜照片

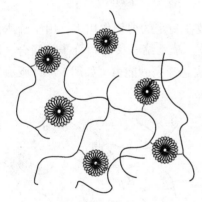

图 9 "超分子网络结构"

注：长线为疏水缔合聚合物分子链；
⊕短线为疏水支链；圆头短棒为表面活性剂。

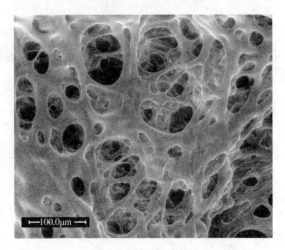

图 10 "超分子网络结构"500 倍电镜照片

随着表面活性剂"胶束"数量的增加，"共用胶束"逐步被新进"胶束"所取代，疏水支链分别"扦插"或是"黏附"到某一"胶束"中，如图 11 所示。

当大量的表面活性剂"胶束"扦插到疏水支链上后，由于表面活性剂"胶束"上亲水端之间的"同极相斥"导致原有形成的"空间网络状结构"消失，疏水缔合聚合物溶液中只存在分子间的缠绕、分子间的缔合作用；加之，带有"扦插胶束"的疏水缔合聚合物受"胶束"静电力、聚合物上极性基团的排斥作用，导致疏水缔合聚合物之间存在分子间"滑移现象"，导致分子间缔合效应降低，分子间缠绕几率下降，聚合物黏度降低，如图 12 所示。

3 "超分子"钻完井工作液体系黏度"回复"机理分析研究

所谓剪切"回复"，顾名思义就是当复配体系受到剪切作用后，复配体系溶液黏度又重新回到"初始"状态或是较高黏度水平。通过前面对"胶束"与疏水缔合聚合物相互作用的机理研究，可以得知"共用"胶束和分子间缔合、缠结作用，可以形成"空间网络状结构"。

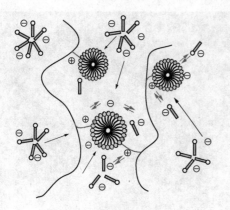

图 11 "胶束"扦插到单一疏水支链上
注：长线为疏水缔合聚合物分子链；
⊕短线为疏水支链；
圆头短棒为表面活性剂。

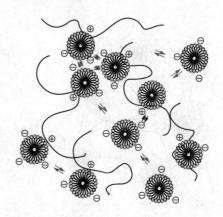

图 12 "超分子"结构破坏
注：长线为疏水缔合聚合物分子链；
⊕短线为疏水支链；
圆头短棒为表面活性剂。

　　然而，如图 13，图 14 所示，疏水缔合聚合物水溶液在一定的剪切作用下，由于疏水缔合聚合物分子链被"剪碎"，表面活性剂"胶束"也被拆散；疏水缔合聚合物分子间缔合、缠绕作用强度减弱或消失，导致聚合物溶液黏度降低，失去悬浮携砂能力，如图 15(a)所示。

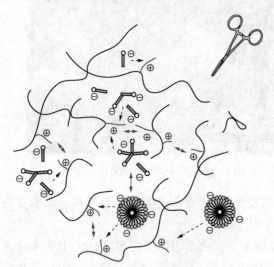

图 13 "空间网络状结构"破坏
注：长线为疏水缔合聚合物分子链；
⊕短线为疏水支链；
圆头短棒为表面活性剂。

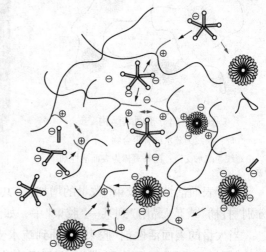

图 14 "超分子"网状结构恢复
注：长线为疏水缔合聚合物分子链；
⊕短线为疏水支链；
圆头短棒为表面活性剂。

　　图 15(b)是未受剪切作用的"超分子"钻完井工作液悬浮陶粒的初始状态，图 15(c)反映出"超分子"钻完井工作液从室温 30℃，以 1.5℃/min 的梯度升温至 90℃，并依次经 40s⁻¹、1000s⁻¹、170s⁻¹ 的变剪切作用后的陶粒悬浮状态。图 15(a)和图 15(c)为悬浮 1h 后的照片，图 15(b)和图 15(c)均按 1.1 节的"超分子"钻完井工作液体系配方进行配制。

(a)聚合物失去悬浮携砂　　　(b)悬浮陶粒的初始状态　　　(c)经历变剪切作用后的
能力状态　　　　　　　　　　　　　　　　　　　陶粒悬浮状态

图15　工作液陶粒不同状态

4 "超分子"钻完井工作液体系变剪切流变实验结果

从室温30℃，以1.5℃/min的梯度升温至90℃，并按40s^{-1}、1000s^{-1}、170s^{-1}的剪切速率，依次对该复配体系进行变剪切流变实验，实验结果如图16所示。

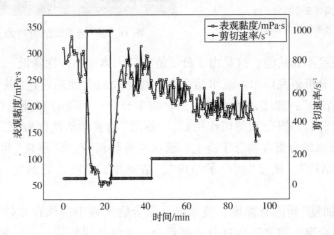

图16　变剪切速率下黏度随时间变化曲线

从图16可以看出，在40s^{-1}的剪切速率下10min内，复配体系表观黏度震荡起伏；而当剪切速率突然升高到1000s^{-1}后，复配体系表观黏度迅速下降至50mPa·s左右，当剪切速率恢复到40s^{-1}，复配体系的表观黏度随即"回复"，在300~250mPa·s的较高黏度区间摆动。

与此同时，随着温度的升高，复配体系表观黏度逐步下降。当温度升至90℃，恒定170s^{-1}的剪切速率剪切50min，期间复配体系表观黏度呈现小幅度振荡摆动，并保持在240~170mPa·s之间。

从变剪切流变实验结果分析，当外来剪切应力作用后，虽然聚合物长链被"剪碎"，表面活性剂胶束也被"拆散"，"空间网络状结构"破坏或消失，但当剪切应力消失以后，表面活性剂会重新组装成新的"胶束"，与断裂的聚合物分子链上的疏水支链之间会重新"共用"新的"胶束"，来重新构造"空间网络状结构"，这种复配体系黏度可以"回复"到初始黏度或是较高黏度水平，如图 17 和图 18 所示。

已经"剪碎"的分子链之间通过重新共用新的"胶束"形成新的网络"结点"，所构建的新"网络结构"中分子间的排斥、静电力、疏水作用较长链疏水缔合聚合物会更强，此时，"分子层间滑移"作用也会使重新构建的"空间网络状结构"处于一种"动态平衡"状态，所构建的网格孔密更大、孔眼更小，有利于悬浮陶粒，如图 17 和图 18 所示。

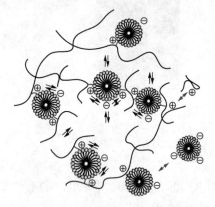

图 17　新超分子"网络结构"

注：长线为疏水缔合聚合物分子链；
⊕短线为疏水支链；圆头短棒为表面活性剂。

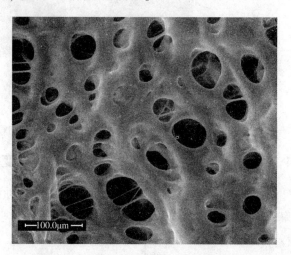

图 18　新"网络状结构"500 倍电镜照片

但是，悬浮强度不如从前，这是由于分子链断裂，体系黏弹性降低。

通过以上机理分析研究得出：疏水缔合聚合物与表面活性剂通过"共用胶束"相互作用形成"空间网络状结构"；加之，疏水缔合聚合物本身分子间缔合和缠绕作用，使得疏水缔合聚合物溶液黏度升高。当受到剪切作用后，"拆散"的表面活性剂胶束，重新自组装形成"胶束"，断裂的疏水缔合聚合物分子链上的疏水支链与新"胶束"重新"共用"，自组装形成新的"空间网络状结构"，恢复"超分子结构"，钻完井工作液表观黏度"回复"到较高黏度水平。

但是，若要"回复"到原有黏度，疏水缔合聚合物溶液中应该存在较多的长链聚合物。因为，长链疏水缔合聚合物之间通过分子间缔合、缠绕作用形成了一定的"包被空间"，可以将更多的聚合物分子"包裹"起来，这样就可以在受到外界剪切应力作用下，减少疏水缔合聚合物链的破损程度，从而保证有更多疏水缔合聚合物的分子间缔合、缠绕作用，被"剪碎"的短链疏水缔合聚合物也会与长链之间发生更多的缠绕和缔合几率，会形成"成串""成片"的缠结和缔合体系，这会使重新构建的"网络状结构"更稳定，疏水缔合聚合物溶液黏度可以"回复"到原有状态或是高黏度水平，如图 19 所示。

因此，在设计疏水缔合聚合物分子结构、成链单体选择、功能性单体合成和配比、反应条件优化、功能性单体的选择、稠化剂相对分子质量控制、促进缔合的表面活性剂筛选等方面时，应该考虑到如何形成长碳链聚合物主链，已形成足够的"包被空间"；配以一定数量和功能结构的疏水支链，在优化表面活性剂类型和浓度的基础上，更好地形成"共用胶束"结点，优化孔眼、孔密，进而形成稳定而牢固"空间网络状结构"，以满足悬浮陶粒的要求。

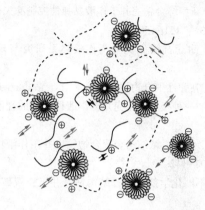

图 19 "分子层间滑移"与"长链包裹体"
注：长线为疏水缔合聚合物分子链；⊕短线为疏水支链；圆头短棒为表面活性剂；
虚线为疏水缔合聚合物长链，短线为"剪碎"的缔合聚合物分子链。

5 结论

本文从理论上分析研究了疏水缔合聚合物与表面活性剂这种复配体系的增黏机理和黏度控制、剪切"回复"性等机理进行分析研究，为形成更为完善的含"超分子结构"的钻完井工作液体系提供一些理论参考。通过对一套完整的"超分子"钻完井工作液体系进行的流变性能评价实验，结合环境扫描电镜结果，得出以下结论：

（1）增加聚合物浓度后，由于疏水作用、静电作用等因素的影响，聚合物由以分子内缔合为主，大量出现分子间缔合；超过临界缔合浓度（CAC）以后，此时疏水缔合聚合物溶液中以分子间缔合作用为主，伴有分子间的缠绕，此时，溶液中出现空间网格结构。

（2）"共用"胶束形成了"空间网络结构"的交点，合理控制表面活性剂与聚合物的配比加量，可以形成稳定、具有一定弹性和黏性的凝胶体系。

（3）当剪切力作用在该复配体系上后，"拆散"了原有体系"胶束""剪碎"了聚合物分子链、破坏了原有"空间网络结构"所形成的动态平衡状态。

（4）当剪切作用减弱消失后，分散的表面活性剂重新自组装形成了"胶束"、被剪碎的聚合物分子链上的疏水支链与恢复的"胶束"重新"共用"，形成新的"空间网络状结构"。

（5）不含疏水支链的聚合物链节与其他聚合物链节缠结、缔合，形成"成串""成片"的缔合结构，并与重新构建的"网络状结构"一起构成新的缔合体系，此时聚合物溶液黏度可以"回复"到原有状态或是高黏度水平。

参 考 文 献

［1］叶仲斌. 提高采收率原理(第二版)［M］. 北京：石油工业出版社，2011：52-83，174-177.

［2］罗平亚，郭拥军，刘通义. 一种新型钻完井工作液［J］. 石油与天然气地质，2007，28(4)：511-515.

［3］祝成. 清洁钻完井工作液的配制及性能研究［M］. 成都：西南石油大学，2010.

［4］黄光稳. 疏水缔合型聚丙烯酰胺与 Gemini 表面活性剂的合成及复配研究［M］. 长沙：湖南大学，2013.

［5］Jiang Yang. Viscoelastic Evaluation of Gemini Surfactant Gel for Hydraulic Fracturing［C］. SPE 165177.

［6］崔会杰，李建平，杜爱红，等. 低相对分子质量聚合物钻完井工作液体系的研究与应用［J］. 钻井液与完井液，2013，30(3)：79-81.

［7］林波，刘通义，谭浩波，等. 新型缔合钻完井工作液黏弹性控制滤失的特性研究［J］. 西南石油大学学报（自然科学版），2014，36(3)：151-156.

［8］段贵府，胥云，卢拥军，等. 耐超高温钻完井工作液体系研究与现场试验［J］. 钻井液与完井液，2014，31(3)：75-77.

［9］杨倩云，郭保雨，严波，等. 黏弹性聚合物钻井液技术［J］. 钻井液与完井液，2014，31(3)：6-9.

［10］李志臻，杨旭，涂莹红，等. 一种聚合物钻完井工作液稠化剂的性能研究及应用［J］. 钻井液与完井液，2015，32(5)：78-82.

［11］任占春，黄波，张潦源，等. 油醇系浓缩缔合聚合物钻完井工作液增稠剂的制备与应用［J］. 钻井液与完井液，2016，33(1)：107-112.

［12］姬思雪，杨江，李冉，等. 不同化学剂对缔合结构钻完井工作液破胶的影响［J］. 钻井液与完井液，2016，33(1)：122-126.

［13］Kevelam J, van Breemen J F L, Blokzijl W, et al. Polymer-surfactant interactions studied titration microcalorimetry: influence of polymer drophobicity, electrostatic forces, and surfactant aggregational state［J］. Langmuir, 1996, 12(20)：4709-4717.

［14］李琴，崔岩，张万喜，等. 分子自组装方法与应用研究［J］. 高分子材料科学与工程，2004，20(6)：33-41.

［15］苏晓渝，谢如刚. 超分子自组装中的非共价键协同作用［J］. 化学研究与应用，2007，19(12)：1304-1310.

［16］Shrestha R G, Shrestha L K, Aramaki K. Formation of wormLike micelle in a mixed amino-acid based anionic surfactant and cationic surfactant systems［J］. Journal of Colloid and Interface Science, 2007, 311(1)：276-284.

［17］Oelschlaeger C, Suwita P, Willenbacher N. Effect of counterion binding efficiency on structure and dynamics of wormLike micelles［J］. Langmuir, 2010, 26(10)：7045-7053.

［18］Song B, Hu Y, Song Y, et al. Alkyl aqueous wormLike micellar solutions chain length-dependent viscoelastic properties in of anionic gemini surfactants with an azobenzene spacer［J］. Journal of Colloid and Interface Science, 2010, 341(1)：94-100.

作者简介：祝琦，男，工程师，主要从事钻完井工作液理论与工程技术领域研究与管理工作。地址：河北省任丘市渤海中路60号，E-mail：zhu_ qi@cnpc.com.cn。

川西高密度钻井液流变性影响因素及控制措施

王　丽　张攀辉　郭明贤　邵广兴

(中国石化中原石油工程有限公司钻井一公司)

摘　要　钻井液流变性是衡量钻井液性能好坏的重要指标，也是其内部组成复杂作用的宏观表现。川西钻井液密度高、固相含量高、固相颗粒的分散程度高、钻井液体系中自由水量少、钻屑的侵入和积累不易清除，高温高密度钻井液流变性难以控制，严重制约高效、快速钻井，使钻井液费用显著增加。本文从固相含量、处理剂、温度、地层特点等方面分析了影响川西高密度钻井液流变性的主要因素，并提出优选钻井液体系、处理剂，严格控制坂含、固含，增强钻井液抑制性，根据实验选择合适的降黏剂 PAL 等方面控制钻井液流变性。现场应用 3 口井，钻井液流变性明显好转，钻井液成本大幅降低。

关键词　川西　高密度　钻井液　流变性

川西高密度钻井液经常陷入"加重→增稠→降黏→重晶石沉降→密度下降→再次加重"的恶性循环，影响钻井的正常进行，甚至可能引起严重卡钻事故。体系的流变性和沉降稳定性之间的矛盾十分突出。

钻井液转换时，为了控制钻井液流变性，防止增稠，通常要降低膨润土含量，由于体系坂含低，要控制其良好的流变性且兼顾较低的滤失量难度较大，高密度钻井液流变稳定性与滤失量之间的矛盾很突出。

1　川西高密度钻井液流变性影响因素

1.1　固相对川西高密度钻井液流变性的影响

如何确定高密度钻井液理想的固相容量和坂土含量比较困难。高密度钻井液，固相含量高达 40%~60%，易导致钻井液黏度、切力过高，甚至稠化，而降黏会引发重晶石沉降的问题。固相含量高，固相粒子之间相互作用使钻井液的黏度进一步提高，固相颗粒分散度越高钻井液的黏度越高。钻井液密度越高，固相容量限越小，活性固相对流变性影响越大。高密度钻井液自由水含量少，固–固、固–液之间摩擦力增大，同时加重剂与膨润土、聚合物形成网架结构，造成黏度、切力急剧上升，流动性变差。

重晶石的黏度效应，使钻井液黏切升高。重晶石中存在的劣质固相和钻进过程中大量钻屑侵入钻井液，这些活性的固相颗粒在钻井液中形成细分散，使钻井液流变性变差。

高密度条件下固控设备的使用受到了很大的限制。高密度钻井液，泵压高，造成排量降低、环空返速低，导致携砂困难，钻屑重复切削，引起钻井液坂含、固相含量持续升高，钻井液表观黏度、塑性黏度，切力不断升高。

1.2　处理剂对高密度钻井液流变性的影响

维护方案的合理性、处理剂配伍的合理性、各种污染源(如酸性气体、高矿化度地层水、固相等)对体系的破坏均会造成其稳定性下降，黏度非正常值升高。高密度钻井液中使用的处理剂种类繁多，相互之间影响，降低了处理剂的效用，可能导致钻井液黏切不断升高，处理剂加不进去。

高密度钻井液较难选择合理的降黏剂。通常情况下，降黏剂的降黏效果会随着钻井液体系固相含量的升高而降低，由于高密度体系固相体积分数一般均高于30%，常规降黏剂可能效果不理想。使用降黏剂减稠可能使钻井液进一步恶化，加剧重晶石沉降，采用增黏剂提高切力，以悬浮重晶石会导致流变性变差。有时表面活性剂也可能影响钻井液的流变性，可能使体系黏度增高。

1.3 高温对高密度钻井液流变性的影响

高温条件下，强分散剂对非膨胀性泥页岩的水化分散作用更强烈，加入少量就会使膨润土浆的细颗粒增加一倍左右，而这些大量的细颗粒又无法被固控设备清除，只能残留在钻井液中危害其性能。高密度钻井液黏度随着温度升高而增大，有高温增稠的现象。高压深井施工中经常因钻井液流动困难、循环阻力大、激动压力高而发生井漏、钻井液失稳、高温固化、胶凝等复杂情况。

1.4 地层造浆对高密度钻井液流变性的影响

（1）剑门关组、蓬莱镇组、遂宁组地层黏土含量高，易造浆、易吸水膨胀缩径或掉块，泥岩易水化分散，造成钻头泥包，导致钻井液黏度、切力升高。

（2）遂宁组、沙溪庙组主要是泥岩、砂岩为主。砂岩结构疏松，地层裂缝发育，井壁稳定性差，另外由于伊利石、蒙脱石的膨胀不一致，引起受力不均，易导致泥页岩沿层理分裂破碎，增大高密度钻井液维护处理的难度。

2 川西高密度钻井液流变性控制措施

2.1 控制固相含量、坂土含量改善流变性

采用无机盐（KCl、$CaCl_2$）作为液体加重剂减少固相含量，提高液相的密度和黏度，同时引入的 K^+、Ca^{2+} 可以增强钻井液的抑制性，减少因地层造浆而引起的钻井液黏切升高。选用高品质的重晶石（$\rho \geqslant 4.2g/cm^3$）。严格控制重晶石的黏度效应，注重重晶石的粒度分布。在满足钻井液密度的前提下，调整不同粒径重晶石的比例，降低高密度固相含量，减少束缚水含量。

在满足钻井液性能的前提下，应尽可能降低膨润土含量（表1）。

表1 不同密度情况下坂土含量

$\rho/(g/cm^3)$	1.60	1.80	1.9~2.0	2.0~2.1	2.1~2.2
$MBT/(g/L)$	30~40	25~35	25~30	20~25	12~18

根据不同密度，选择合适的坂土含量，密度越高，坂含越低，要兼顾好造壁性与流变性。

合理使用固控设备，及时清除有害固相，固相含量控制在40%以内。固控设备达到四级净化，以一级固控振动筛为主，正常情况下使用180目的振动筛筛布，除砂器、离心机为辅，定期开启离心机，及时清除钻井液中的有害固相。利用起下钻和测斜时间，清除沉砂罐中的沉砂。

合理控制聚合物类材料的用量，特别是相对分子质量高的聚合物 HP 和 DS-301，防止

胶液黏度过大；必要时使用有机盐 NH_4-HPAN 或 KHPAN 抑制水敏性地层，控制钻井液流变性。使用黏土稳定剂 ZSC-201 控制黏土分散，同时加入石灰对钻井液进行钙化处理，控制地层造浆和钻屑分散。避免使用强分散剂 SM-952，有利于保持体系的抑制性，减少固相含量，有利于流变性调控。

2.2 优选钻井液体系、处理剂控制流变性

以室内实验为依托，优化钻井液配方，优选钻井液处理剂，做好处理剂配伍性实验，优化钻井液处理剂加量，有针对性地处理维护钻井液，保持泥浆性能的稳定。一开采用无土相高钙盐聚合物强抑制性钻井液体系，二开采用强封堵、强抑制性钾石灰聚磺防塌钻井液体系。

使用适应深井高温高密度钻井液的抗高温降黏剂 SMC、SMT 等进行适度分散处理，拆散流体胶凝结构，控制黏度和切力升高，并保持 pH 值在 8～10。同时兼顾钻井液抑制性与流变性，高分子絮凝剂 DS-301 加量不能过量，配合小阳离子包被剂 ZSC-201 使用，增强抑制性并改善钻井液流变性。优选表面活性剂种类和加量，如 SP-80、OP-10、ABS 等表面活性剂与钻井液体系中固体颗粒的相互作用，非离子表面活性剂在黏土表面上吸附，可以提高黏土的抗盐膏能力，表面活性剂在钻井液固体表面的吸附可以减少固体颗粒的团聚，改善钻井液流变性。

优选降黏剂，降黏配方，同时兼顾降低黏切而不增加滤失量，见表 2～表 4。

表 2　什邡 307-1 井实验数据

序号	$\rho/(g/cm^3)$	FV/s	FL/mL	$PV/mPa \cdot s$	YP/Pa	K_f
1	1.80	121	3.8	48	14.5	0.130
2	1.80	88	4	40	11	0.112
3	1.80	85	3.6	36	10	0.101

注：①1——井浆；②2——1500mL 井浆+250mL 浓度为 12% 褐煤碱液；③3——1500mL 井浆+1% 聚合醇(15mL)。

从表 2 可以看出，1% 聚合醇兼具降黏、降滤失的双重功效，同时对钻井液的润滑性也有一定的提高。什邡 307-1 井采用 1% 聚合醇进行维护处理，极大地改善了钻井液的流变性，保证了施工的顺利进行。

表 3　江沙 103-1HF 井实验数据

编号	配方	FV/s	FL/mL
1	1500mL 井浆	148	4.2
2	1500mL 井浆+100mL1%CSMP 胶液+1.3% 石灰	60	8.6
3	1500mL 井浆+100mL4%NH_4-HPAN 胶液	128	7.6
4	1500mL 井浆+100mL 胶液(7%CSMP+7%SMC)	84	6.2
5	1500mL 井浆+100mL5%SMT 胶液	72	7.2
6	1500mL 井浆+100mL 胶液(2%NaOH+5%SMP-2+15%KCl+2%LV-CMC+15%SMC)	101	5.8
7	1500mL 井浆+200mL 胶液(0.5%NaOH+2.5%SMP-2+10%KCl+0.5% LV-CMC+5%SMC+0.5%SMT+0.5%HR-300)	82	5.6
8	1500mL 井浆+100mL 胶液(5%SMT+10%LV-CMC)	207	5.2
9	1500mL 井浆+100mL 胶液(5%SMT+10%LV-CMC)+100mL5%SM-952	133	3.2
10	1500mL 井浆+100mL10%NaOH 溶液	98	3.8

续表

编号	配　方	FV/s	FL/mL
11	1500mL 井浆+100mL 胶液(4%NH₄-HPAN+0.5%LV-CMC)	107	4.6
12	1500mL 井浆+200mL 胶液(0.5%NaOH+2.5%SMP-Ⅱ+10%KCl+0.5%LV-CMC+5%SMC+0.5%SMT+0.5%HR-300)+20mL CGY	86	4.6
13	1500mL 井浆+2%聚合醇 PAL	73	3.4

注：①所有配方都加重至 $2.07g/cm^3$。

从表 3 可以看出，用大量的胶液进行维护降黏稀释，不能够兼具降滤失的作用，且维护工作量大。降黏的同时，滤失量增大不利于井下安全，采用 2%聚合醇可以兼具降黏和降滤失的作用。本井后期黏切升高，采用聚合醇进行维护，钻井液的流变性得到控制，顺利钻完进尺、电测、下套管顺利。

表 4　高庙 33-8HF 井实验数据

编号	配　方	井浆 FV/s	实验 FV/s	井浆 FL/mL	实验 FL/mL	对　比
1	1500mL 井浆 + 100mL(1%LV-PAC+0.5%HP)	73	68	3.4	3.6	降黏效果不明显，滤失量略有升高
2	1500mL 井浆+0.6%10mL DS-302	83	66	3.0	3.0	降黏效果明显，维持时间短，仅一个班黏度升高至 90s
3	1500mL 井浆+1%15mL DS-302	98	86	3.0	3.0	降黏效果不明显，滤失量无变化
4	1500mL 井浆+2%30mL 聚合醇 PAL	97	57	3.2	3.2	降黏效果明显，滤失量降低
5	1500mL 井浆+5%75mL HR-300	100	77	3.0	3.6	黏度降低明显，但实际加入后，井浆黏度为 88s
6	1200mL 井浆+200mL 胶液(0.2%NaOH+2%SMC+2%SMP+0.5%LV-PAC+2.5%FT-1+5%KCl)	100	55	3.4	3.2	降黏效果明显，但工作量较大
7	1500mL 井浆+60mL(0.25%LV-PAC+0.25%HP+3%乳化沥青)	83	74	3.0	3.4	降黏效果不明显，滤失量略有升高
8	1500mL 井浆 + 60mL(8%SMT + 4%NaOH)	83	74	3.0	3.6	降黏效果明显，滤失量增加
9	1500mL 井浆+0.8% 10mL DS-302+10mL 水	92	96	3.2	3.4	无降黏效果，滤失量变化不大
10	1500mL 井浆+60mL(0.2%HP+0.25%LV-PAC)	93	76	3.0	3.6	降黏效果明显，滤失量增加不利于井壁稳定，易形成厚泥饼
11	1500mL 井浆+13.3%45mL HR-300	102	77	3.0	3.8	降黏效果明显，滤失量增加，泥饼厚
12	1100mL 井浆+300mL 胶液(0.2%NaOH+0.6%COP-LFL+0.8%LV-PAC+2.5%FT-1+5%KCl)	110	83	3.4	2.8	降黏效果明显，滤失量有所降低，泥饼薄

从表 4 可以看出，2%聚合醇降黏效果明显，最终按照实验配方 4 加入 2%PAL，降低钻井液黏度。高庙 33-8HF 钻井液加入 2%PAL 黏度可以控制在合适的范围内，流变性大大改

善，顺利钻完进尺。

通过上述实验可以看出，川西高密度钻井液流变性控制难度较大。常规处理剂不能满足降黏而不增加滤失量的要求，常规降黏方法不能满足川西高密度钻井液降黏要求，聚合醇降黏效果比较理想。

2.3 使用抑制性强的钻井液控制地层造浆

优选强抑制性钻井液类型与配方[1]，如无固相高钙聚合物钻井液，钾石灰聚磺钻井液体系等。

加入适量聚合物大分子包被絮凝剂 HP 和 DS-301、硅醇抑制剂 DS-302 抑制黏土水化分散控制地层造浆。加入 0.5%小阳离子包被剂 ZSC-201，通过静电吸附，大小分子复配控制地层造浆。

2.4 使用抗高温处理剂增强高温稳定性

通过小型实验，优选协同增效的抗高温处理剂[2]，保证高密度钻井液低黏高切，充分携砂。随着井温的增加，加入 0.1%PAMS-150、2%SMP-Ⅱ、2%SMC、2%SMT 等抗高温处理剂进一步增强钻井液的抗温性，防止高密度钻井液在高温下增稠。在流变性的控制方面[3]，主要通过调整胶液配方与加入 SMT、SMC 混合胶液进行日常维护处理。在适当的时候，选择加入 2%PAL 调整流变性，控制黏切。

3 结论

(1) 川西高密度水基钻井液流变性能维护困难的原因在于：高固相含量高、高固相粒子分散度高、地层易造浆等使其黏切升高，对外来物质的侵污敏感性强。

(2) 增强川西高密度钻井液体系流变性的稳定性途径有：优选钻井液体系、处理剂，增强体系的抑制性；改善钻井液中固相颗粒的分散度；严格控制钻井液中的膨润土含量和固相含量，充分利用好四级固控净化设备。

(3) 川西高密度钻井液流变性控制严格依据小型实验，根据小型实验结果选择合适的降黏剂，降黏方法。

参 考 文 献

[1] 邓小刚，庄立新，范作奇，等．深井高密度盐水钻井液流变性控制技术[J]．西南石油学院学报，2006，28，63-68.
[2] 蒲晓林，黄林基，罗兴树，等．深井高密度水基钻井液流变性、造壁性控制原理[J]．天然气工业，2001，21，48-51.
[3] 艾贵成，喻著成，李喜成，等．高密度水基钻井液流变性控制技术[J]．石油钻采工艺，2008，30，45-48.

作者简介：王丽，中国石化中原石油工程有限公司钻井一公司技术发展中心，工程师，现从事钻井液现场技术管理工作。地址：河南省濮阳市清丰县马庄桥镇钻井一司技术发展中心，邮政编码：457331，电话：15138521803，E-mail：hhwangli@126.com。

浅析不同类型钻井液流变性能的影响因素

赖晓晴[1] 余 进[2] 黄 凯[2] 杨东琦[1,3] 宫 琦[1,3]

[1. 中国石油集团工程技术研究有限公司；2. 中国石油集团西部钻探钻井液公司；3. 中国石油大学(北京)]

摘 要 从构成不同类型钻井液处理剂的分子结构出发，简述了钻井液分子结构对流变性的影响因素，并以新疆油田美6井和美10井同一构造上两口井使用不同类型钻井液为例，讨论了对流变性影响的因素，提出了环保型聚合物钻井液应该具有的分子结构特点，才能更好地做到替代聚磺钻井液，同时也有利于环境友好型聚合物钻井液的流变性控制。

关键词 流变性 聚合物钻井液 环保钻井液 聚磺钻井液

钻井液的主要功能之一就是将钻屑携带至地面，保持井眼清洁，这需要钻井液始终具有良好的流变性能作为保证。钻井液在井筒反复循环过程中，会经受不同温度、盐度和剪切作用的影响，在这种恶劣的工作环境中保护良好流变性，与构成钻井液的处理剂分子结构类型和特点密切相关。

本文分析了磺甲基酚醛树脂、磺化褐煤和商业化程度高的丙烯酸/丙烯酰胺聚合物分子结构特点，讨论了这些特点与流变性的关系，并以新疆油田同一构造上的美6井和美10井采用不同类型的钻井液对流变性的影响因素为例，讨论造成流变性不同影响因素的原因，结合聚磺钻井液的特点，提出了环保型丙烯酰胺聚合物降滤失剂应该完善的方向，使其更有利于环境友好型钻井液流变性能的控制，真正实现环保型聚合物钻井液对磺化钻井液的全替代。

1 不同类型产品的分子结构特点分析

1.1 磺甲基酚醛树脂分子结构特点

磺甲基酚醛树脂是甲醛和苯酚缩聚反应后，再磺甲基化而获得的产品，反应历程和分子结构如下[13]：

图1的磺甲基酚醛树脂反应历程和分子结构可知，它的反应历程是磺甲基酚醛树脂是通过缩聚反应制得；分子结构表明，它属于杂链高分子，分子主链除碳原子外，还含有硫原子。分子结构主链上含有大量苯环结构，侧链上含有空间位阻效应大的-SO$_3$H，即主链上含有刚性基团，化学性能稳定，具备良好抗剪切能力；侧链含有空间位阻效应大的-SO$_3$H，引入杂原子，分子键能大，不易脱落。即具有良好的抗温、抗NaCl和耐剪切能力强。

1.2 磺化褐煤树脂分子结构特点[4]

褐煤本身是天然大分子产物，分子结构极为复杂，具备很大的内表面积，属于多孔介质。分子结构中含有大量刚性基团和吸水基团，一定细度的褐煤颗粒分散于水中，本身也能形成一种胶体。自身带有活跃的含氧官能团，具有吸附、交换、络合性质。褐煤改性为磺甲基褐煤树脂是为了提高水溶性和空间位阻效应，它自身的吸附、交换和络合性质，有助于与网状结构的钠基膨润土结合，降低钻井液的黏度。

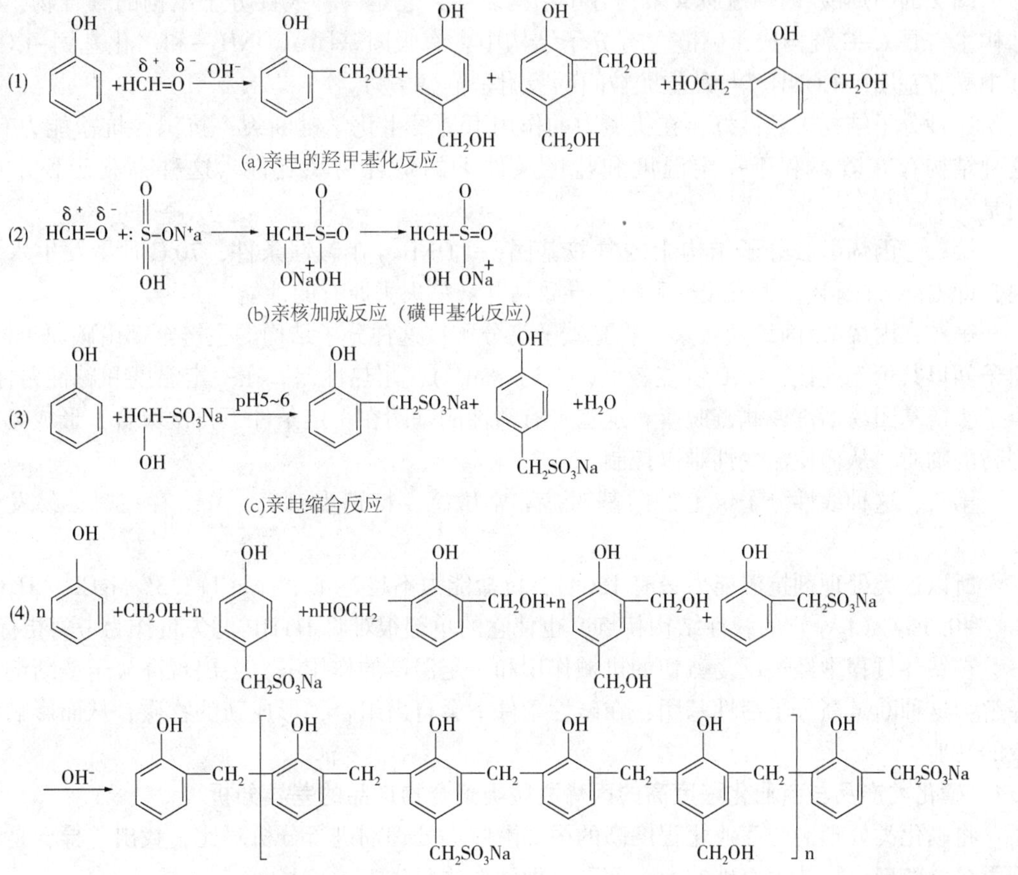

(a)亲电的羟甲基化反应

(b)亲核加成反应（磺甲基化反应）

(c)亲电缩合反应

(d)混合亲电缩合反应

图1　磺甲基酚醛树脂简单反应历程和产品分子结构简式

SPNH 褐煤树脂最初的产品是磺甲基酚醛树脂和水解聚丙烯腈两种高分子与磺甲基褐煤相互化合的产物，之后改进为只为磺甲基褐煤。它的反应就是中磺甲基酚醛树脂的反应中加入褐煤，褐煤本身的降滤失和降黏作用，通过磺甲基化更进一步优化褐煤的性能。

磺甲基酚醛树脂和磺化褐煤树脂分子主链上的适度刚性，合理的分子链柔顺性，也使其具备良好的抗温、抗盐和耐剪切能力的特点。

1.3　商业化程度高的聚合物类产品的分子结构分析

商业化程度高的丙烯酰胺类聚合物产品中，主要是包被剂和降滤失剂，常见的降滤失剂有 JT-888、PAC-142 及同类产品，它也是替代磺甲基酚醛树脂和磺化褐煤树脂的关键处理剂。丙烯酰胺聚合物降滤失剂是丙烯酰胺-丙烯酸的共聚物，最多引入少量阳离子基团，以提高其在黏土颗粒表面的吸附能力，目前市面上这些产品均为线性结构。

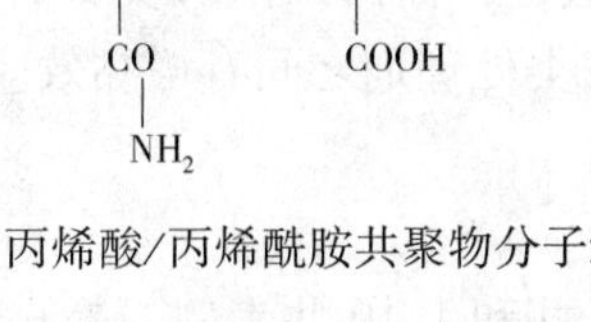

图2　丙烯酸/丙烯酰胺共聚物分子结构图

图 2 的丙烯酸/丙烯酰胺共聚物分子结构表明，它是一种线性分子结构的聚合物，分子结构主链是 C-C 键构成，侧链含有分子结构中含有吸附基团-$CONH_2$-和水化基团-COOH，其中酰胺基团(-$CONH_2$)与黏土颗粒间的吸附是范德华力。

这种分子结构柔顺性好，在机械力的作用下易发生化学键断裂，抗温、抗盐能力有限。这种结构存在着不利于一定温度和盐度条件下的聚合物稳定性。这种不利于稳定的原因是[5]：

第一，丙烯酰胺分子结构中的酰胺基团(-$CONH_2$)在碱性条件，70℃时易发生水解反映，即 C-N 键断裂，生成羧酸和氨，导致钻井液易失去原有的性能。

第二，丙烯酸/丙烯酰胺聚合物是碳链高分子，这种分子结构的主链全部由碳原子构成，原子间以共价键连接，C-C 键能较低($347kJ/mol^{-1}$)，耐热性差。在一定温度和碱性条件下，分子主链基团易断键或侧链脱落，这些带有活性的基团在一定条件下再次聚合，形成无法控制新的物质，从而使流变性难以控制。

第三，这种线性分子链上的羧基对盐非常敏感，特别当 Ca^{2+}、Mg^{2+} 存在时，易发生相分离。

所以这类处理剂抗温能力只有 150℃，抗盐能力不超过 4.5%NaCl+1.3%$MgCl_2 \cdot H_2O$ +0.5%$CaCl_2$。它的线性结构特点，也使它的单剂很难将 HTHP 滤失量作为考察指标。

在钻井过程中经过反复剪切的机械作用和一定温度的作用下，会出现高分子链断链，即降解，这种断链高分子活性基团，在碱性条件下会自由组合，形成新的物质，从而影响钻井液的性能。

1.4 磺化类产品与商业化程度高的丙烯酰胺类聚合物产品的差异分析

将磺化类处理剂与商业化程度高的丙烯酰胺类处理剂进行分析对比，找出差异，是环保型丙烯酰胺聚合物技术突破的一个前奏，做到取优弃劣。

表 1 磺化类和商业化程度高的丙烯酰胺类处理剂基本要素对比

对比项目	磺化类缩聚物	商业化程度高的丙烯酰胺类聚合物
分子结构主链	含有大量刚性结构的苯环	C-C 键
吸附基团	-OH 与黏土颗粒形成氢键	-$CONH_2$ 与黏土颗粒间形成范德华力
水化基团	-OH 和-SO_3H	-COOH
抗温和抗盐能力	150℃，30%NaCl	淡水中抗温 150℃
在钻井液中加量	大	小
维持钻井液流变稳定性的原因	有合适的降黏作用处理剂协同作用	无合适的降黏剂，常常黏度不易调整

表 1 的对比可看出，目前商业化程度高的丙烯酰胺类产品与磺化类产品相比，分子结构的主链磺化类产品，有足够的刚性基团，而丙烯酰胺类处理剂是线性聚合物高分子，没有刚性基团，抗温抗盐性不及磺化类缩聚物产品。与黏土颗粒的吸附基团，磺化类缩聚物吸附基团-OH 与黏土颗粒可形成牢固的氢键，而丙烯酰胺类聚合物吸附基团-$CONH_2$ 与黏土颗粒间只能形成范德华力。且丙烯酰胺类处理剂之间有增黏效应。

2 案例分析

西部钻探在同一区块，以美 6 井和美 10 井为例，美 6 井用了磺化类产品 SMP-1 的聚磺钻井液技术，美 10 井为聚合物钻井液技术，两口井比对，以判断不同类型钻井液的差异。

美 6 井三开聚磺配方：

4%坂土+0.2%Na_2CO_3+0.3%NaOH+0.8%SP-8+0.8%MAN104+6%KCl+0.7%YL-AY

+2%SMP-1+2%SPNH+3%阳离子乳化沥青+1%低荧光润滑剂+0.5%CaO+0.2%消泡剂+

3%TP-2+2%QCX-1+0.5%WC-1+重晶石粉，最高密度 1.4g/cm^3。

美 10 井三开聚合物配方：

4%坂土+0.2%Na_2CO_3+0.5%烧碱+7%KCl+0.8%SP-8+0.8%FA-367+3.5% SHY-2+5%

天然沥青+0.7%复配铵盐+1%低荧光润滑剂+0.5%CaO+2%随钻堵漏剂+1%胶凝剂+2%

QCX-1+重晶石，最高密度 1.49g/cm^3。

表 2　两个配方的主要处理剂对比

项目	磺化钻井液		聚合物钻井液	
包被剂	MAN104	0.8	FA-367	0.8
降滤失剂	SP-8	0.8	SP-8	0.8
	YL-AY	0.7	复配铵盐	0.7
	SMP-1	2	SHY-2	3.5
	SPNH	2		
封堵剂或储层保护剂	阳离子乳化沥青	3	天然沥青	5
	QCX-1	2	QCX-1	2
	WC-1	0.5		
随钻堵漏剂	TP-2	3	随钻堵漏剂	2
			胶凝剂	1

表 2 钻井液配方中所用处理剂对比可知，包被剂加量一致。

降滤失剂中 SP-8 和铵盐的加量一致，SP-8 是丙烯酸/丙烯酰胺共聚物，铵盐是腈纶废丝水解产物，均属于聚合物范畴，铵盐还具有一定降黏效果。

聚磺钻井液中磺甲基酚醛树脂 SMP-1 和褐煤树脂 SPNH 的加量总和为 4%，而聚合物钻井液 SHY-2(腐殖酸降滤失剂)加量 3.5%，将腐殖酸降滤失剂与传统磺化降滤失剂对比。

聚磺配方中颗粒状物质总和加量为 5.5%，聚合物配方中颗粒状物质加量为 7%；聚磺配方中随钻封漏仅用一种，加量为 3%，聚合物配方中该处理剂加量为 2%，多加胶凝剂 1%，合计 3%，加量基本一致。

这两套配方的对比主要是磺化降滤失剂(磺甲基酚醛树脂和磺化褐煤树脂)与腐殖酸降滤失剂的对比。磺化降滤失剂是甲醛和苯酚的缩聚物，这种缩聚物具有适度刚性的分子链，褐煤中含有腐殖酸，磺甲基化改性后，使分子结构更整齐，不仅保持腐殖酸的特性，而且与黏土颗粒具备较强的吸附能力，在高剪切条件下，能保持良好的稳定性。腐殖酸改性物，主要是用苛性碱从褐煤提取腐殖酸，其生产工艺与褐煤中腐殖酸的含量有关，在肥料生产中腐殖酸含量超过 40%可用干法生产腐殖酸钾，否则需采用湿法生产。在钻井施工中，干法生产的腐殖酸钾(目前大部分市场大部分产品选用该方法)在井下一定温度条件下发生湿法生产的方式，腐殖酸可能不能有效发挥应有的作用，此时丙烯酰胺降滤失剂需要充分发挥作用，即丙烯酰胺类聚合物断链或脱落的活性基团、腐殖酸反应物，钻井切削下的细小带电荷的钻屑混为一团，发生化学反应，生成新的物质。这种新物质会严重影响钻井液流变性，使钻井液越来越稠。同时钻屑在钻井液中反复剪切，如反复熬稀饭一样，时间长了，稀饭会熬"飞"，易导致流变性无法调控。最后使用聚合物钻井液的美 10 井，就是流变性无法控制。

3 解决策略

3.1 丙烯酸/丙烯酰胺共聚物分子结构的改进

提高丙烯酸/丙烯酰胺共聚物的抗温抗盐性，需要在分子主链上引入刚性基团。具体方法是：

第一，磺化改性，引入 2-丙烯酰胺基-2-甲基丙磺酸(AMPS)中的磺酸盐基(-SO3H)的水化能力强，抗温抗盐性能好的特点，在分子链上引入杂原子-SO_3-，通过化学方法引入到大分子链中，提高抗温抗盐性能。

第二，链刚性化改性，通过共聚或接枝的化学方法将含有苯环、环状结构的刚性基团引入大分子链中，高分子链刚性的大小直接影响其性能，较柔顺的大分子链在外来机械力的作用下易发生断链(化学链断裂)，设法降低高分子链的柔顺性，使大分子链适度刚性化，是改善抗温、抗盐、抗剪切性能的重要途径。苯乙烯磺酸钠功能单体含有磺酸基强阴离子基团，磺酸基有很好的抗金属离子干扰作用的同时，自身也有很强的水化作用；含有苯环刚性基团，苯环有很好的热稳定性，并可通过共振吸收分子其他部分的热能。

第三，形成支化高分子，丙烯酸/丙烯酰胺共聚物为线性高分子，线型高分子链直径"埃"级，长数百纳米，长径比极大，可以卷曲成团，也可以伸展成直线，取决于分子链本身的柔性和外部条件。如果在烯类单体的双键上活化使其支化，使高分子主链带上长短不一的支链，短链支化一般呈梳形，长链支化除梳型支链外，还有无规支化、星形、超支化、树形剂类型等(图 3)，控制好支化度和相对分子质量，使其具有一定的空间结构，从而提高分子的抗温抗盐能力，可将 HTHP 滤失量作为评价指标。

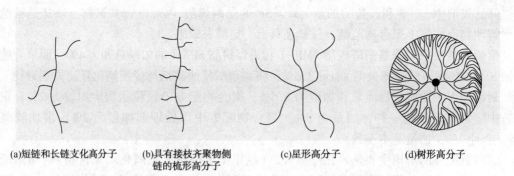

(a)短链和长链支化高分子　　(b)具有接枝齐聚物侧　　(c)星形高分子　　(d)树形高分子
　　　　　　　　　　　　　　　链的梳形高分子

图 3　几种典型的支化高分子链的模型

3.2 做好固相控制工作

固相颗粒在剪切作用下越来越细，细颗粒吸收钻井液中的自由水，导致黏度增加。在聚合物钻井液中，包被剂与丙烯酸/丙烯酰胺共聚物协同增黏，固相颗粒进入，更易造成流变性的不易控制，易做好钻井液中固相含量控制工作，保持钻井液中合理的级配，防止有害颗粒对钻井液性能的影响。特别注意<20μm 颗粒的含量，通过控制产品质量，使用适用于形成稳定钻井液的环保型处理剂，达到钻井液性能稳定的目的。钻井过程中引入到钻井液中的

外来固相颗粒总量应控制，即固相含量是影响流变性的一个重要因素。

4 结论

（1）替代磺化处理剂不是简单的替代，应从分子结构出发，研制出分子结构与磺甲基酚醛树脂和磺化褐煤树脂相抗衡的环保型处理剂，并能根据新材料特点，形成相配套的施工工艺，才能实现真正的替代磺化处理剂，也是有利于流变性控制的关键因素之一。

（2）丙烯酸/丙烯酰胺聚合物进行分子结构的磺化改性、主链的刚性化改性和形成支化高分子，均有利于形成与磺甲基酚醛树脂和磺化褐煤树脂相抗衡的处理剂材料，实现聚磺钻井液的全替代。

（3）固相颗粒控制是影响环境友好型流变性能的重要因素之一。

参 考 文 献

[1] 詹平，龚洁，磺甲基酚醛树脂Ⅱ型的合成及性能测试[J]. 化工生产与技术，V16(4)，2009，28-30.

[2] 许和允，田瑞亭，陈艳丽. 磺甲基酚醛树脂的合成研究[J]. 山东化工，V31(6)，2002，7-8，39.

[3] 王庆，刘福胜，于世涛. 磺甲基酚醛树脂的制备[J]. 精细石油化工，V25(2)，2008，21~24.

[4] 杨正宇. 多功能泥浆处理剂—SPNH，腐殖酸[J].1989(2)，7-14，18.

[5] 张黎明、高性能 PAM 类产品的研究——Ⅱ耐温、耐盐、抗剪切性能的改善[J]. 广东化工，V25(1)，1997，65-74.

作者简介：赖晓晴，中国石油集团工程技术研究院有限公司，高级工程师。地址：北京市昌平区黄河街 5 号院 1 号楼，电话：010-8.162987，13611097143，E-mail：lxqdri@cnpc.com.cn。

抗高温可酸化钻井液技术的研发及其在磨溪区块的应用

张　洁[1]　郭建华[2]　曹　权[2]　赵俊生[2]　王双威[1]　张荣志[2]　赵志良[1]

[1. 中国石油集团工程技术研究院有限公司；2. 中国石油天然气股份有限公司西南油气田分公司]

摘　要　针对磨溪区块深层碳酸盐岩储层温度高，溶蚀洞缝发育，钻井时存在井漏严重、安全密度窗口窄、井下复杂情况多等难点，而且储层敏感易损害，测试产量日产普遍不高。通过 6 口井现场调研和上百次室内实验分析，从扩大安全密度窗口和提高储层保护性能两方面改进钻井液配方，研发了抗温 180℃、酸溶率 90% 以上的两种新材料可酸溶纤维和高密度可酸溶加重剂(国产微锰)，储层段钻进时可有效提高地层承压能力，减少漏失，扩大安全密度窗口，减少复杂，高效解堵保护储层。现场试验结果表明：该井以 168.58d 刷新了川庆钻探川西公司磨溪 022 区块最快完钻记录，储层段全程无复杂事故，大幅缩短了钻完井周期。酸化后测试结果高产，表明该体系储层保护效果很好，达到了预期效果。该项技术成本低，现场配制方便，对高效钻进和储层保护均有显著效果，经济效益明显，应用前景广阔。

关键词　深层碳酸盐岩储层　高密度可酸溶加重剂　可酸溶纤维暂堵剂

1　储层主要特征及储层损害机理分析

磨溪区块气藏的主要目的层为震旦系灯影组灯四段，主要岩性为溶洞粉晶云岩、角砾云岩夹细晶云岩。震旦系灯影组灯四段顶深 5035~5290m，底深 5330~5700m，储层段厚度为 210~285m。

灯四段渗透率主要分布在 1mD 以下，平均值为 0.593mD，为低渗储层，孔隙度普遍在 8% 以下，平均孔隙度为 4.34%，缝洞体对灯影组储层具有较大的贡献，特别是顺层溶蚀缝洞对渗透性的影响极大(图 1、图 2)。灯四段地层压力系数为 1.094~1.15，压力系数相近。储层段试油温度为 147.1~154.8℃。

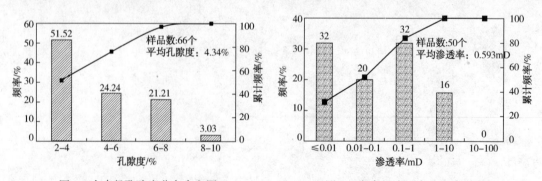

图 1　全直径孔隙度分布直方图　　　图 2　全直径渗透率分布直方图

缝洞是储层主要的渗流空间，钻完井过程中漏失复杂多发，导致严重的固相颗粒伤害。

同时起下钻及试油、试采过程中的压力波动会对储层裂缝造成应力敏感伤害。

对于较大裂缝或溶洞，应重点防止固相颗粒伤害和应力敏感伤害。当钻井液中的固相颗粒粒径与储层裂缝宽度不匹配时，固相及液相在井底正压差下长驱直入，在裂缝中形成封堵层，并沿裂缝面对储层形成网络状伤害带。钻井、测试、生产等过程中，裂缝发育的地层易在压力波动情况下发生裂缝闭合，导致应力敏感损害，受裂缝填充物，钻井液固相、液相侵入裂缝等因素影响，闭合后裂缝难以恢复原状，造成长久的储层伤害(图3)。

需要提高对裂缝的封堵，提高固相颗粒的酸溶率，降低酸化后固相颗粒对裂缝的伤害。使用可酸溶纤维进入裂缝后还可以对裂缝起到支撑作用，减少钻井过程中的应力敏感伤害，还能酸化解堵。

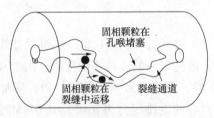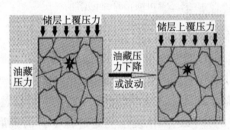

图3　储层损害机理示意图

2　关键储层保护剂的研制与评价

2.1　可酸溶纤维的研发与性能评价

将含量为85%~90%的LA水溶液在加热条件下脱水，生成LA齐聚物；然后在高温、高真空条件下，使LA齐聚物裂解生成丙交酯，并将其蒸馏分离得到；后采用精馏法，将制得的丙交酯纯化，以合成出更高相对分子质量的聚乳酯；通过对催化剂浓度、单体纯度、聚合真空度、聚合温度和聚合时间等因素的优化，实现相对分子质量高的聚乳酯产品；后通过共混改性，提高聚乳酯产品的抗温性能，得到了最终的可酸溶纤维(图4)。

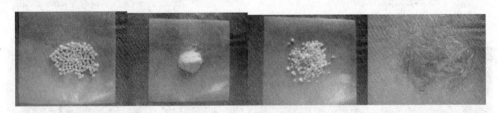

图4　可酸溶纤维样品

2.1.1　酸溶性能

可酸溶封堵剂纤维在150℃下与混酸(10%HCl+3%HAc+1%HF)和20%HCl反应3h后彻底溶解，酸溶率大于90%。加入后钻井液流变性能稳定，泥饼更加致密，而且能明显降低钻井液的滤失量；扫描电镜下观察加入封堵剂前后岩心断面的封堵情况表明，封堵剂堆积在岩心端面，能起到良好的封堵作用(图5、图6)。

图 5 可酸溶纤维酸溶前　　　　　　　　　　图 6 可酸溶纤维酸溶后

2.1.2 储层保护性能

暂堵剂的加入，增加了泥饼的致密程度，减少了钻井液滤失量(图 7)，可以有效地降低钻井液对储层造成的敏感性伤害、相圈闭伤害等，提高岩心的渗透率恢复值。用 15%HCl 浸泡岩心端面 2h 后，岩心污染端的泥饼厚度明显下降，泥饼的致密结构被打散，降低了返排压力(图 8)。渗透率恢复值测定过程中，污染后岩心的返排压力为 0.053~0.074MPa，能够起到较好的屏蔽暂堵的效果，三组岩心的渗透率恢复值平均为 88.24%(表 1)。

图 7 酸洗前后岩心污染端泥饼变化情况

图 8 酸洗前后岩心污染端在扫描电镜下微观结构改变情况

表1　加入可酸溶纤维后钻井液储层保护效果评价

实验编号	原始渗透率/mD	返排压力/MPa	污染后渗透率/mD	渗透率恢复值/%
1	8.39	0.053	7.6	90.58
2	9.39	0.071	8.31	88.50
3	5.92	0.074	5.07	85.64
平均	—	—	—	88.24

注：实验配方为原浆+3%可酸溶纤维。

2.1.3　封堵裂缝性能

通过调整可酸溶封堵剂长度和浓度，可以成功封堵裂缝宽度为0.5~3mm的裂缝通道：宽度为0.5mm的裂缝，使用长度为4mm的纤维暂堵剂浓度为1.5%，承压6MPa；宽度为1mm的裂缝，使用长度为6mm的纤维暂堵剂浓度为2.5%，承压7MPa；宽度为2mm的裂缝，使用长度为8mm的纤维暂堵剂浓度为2.5%，承压8MPa；宽度为3mm的裂缝，使用长度为12mm的纤维暂堵剂浓度为3.5%，承压5MPa(表2)。

表2　不同体系封堵性能评价

裂缝宽度/mm	纤维长度/mm	纤维浓度/%	突破压力/MPa	封堵后漏失量/mL	累积漏失量/mL
0.5	4	1.5	6	10	65
1	6	2.5	7	10	95
2	8	2.5	8	10	80
3	12	3.5	5	10	140

2.2　高密度可酸溶加重剂的研发与性能评价

高密度可酸溶加重剂的主要成分为 Mn_3O_4，通过氧化法制得。

重晶石加重剂粒度分布为0.8~300μm，颗粒形状棱角分明(图9)，可酸溶加重剂为0.2~7μm，颗粒为规则的球形(图10)。相比重晶石，可酸溶加重剂悬浮性好，同时可以作为封堵细小孔隙和微裂缝的屏蔽暂堵剂，由于具有球状结构，与重晶石相比具有较低的返排压力，具有较好的储层保护效果。

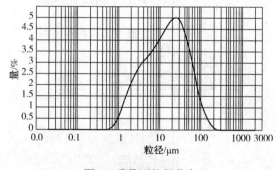

图9　重晶石粒径分布

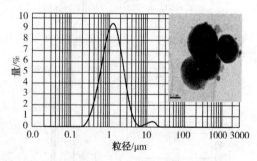

图10　高密度可酸溶加重剂粒度分布

将得到的实验泥饼在15%HCl溶液中2h，之后再次观察扫描电镜下的微观结构，通过微观形貌分析可知，酸化前可酸溶加重剂与其他钻井液材料协同作用形成致密的泥饼降低钻井液侵入储层。酸溶后球状颗粒明显减少，说明可酸溶加重剂已溶解(图11、图12)。

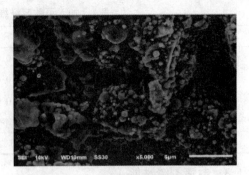

图 11　酸化前的微观结构　　　　　　　　　图 12　酸化后的微观结构

3　现场应用

抗高温可酸溶钻井液技术已经在西南油气田磨溪区块、华北储气库，塔里木油田等多个油田成功应用。下面以磨溪 022-H23 井为例，简单介绍下现场应用情况。

磨溪 022-H23 井是磨溪区块灯四气藏的一口开发建产井，井型为水平井（图 13），实际完钻井深 6450m。目的层为灯四组，岩性为灰色，褐灰色浅褐灰色白云岩。目的层斜深井段为 5505~6424m，垂深井深为 5366~5445m。本井区灯影组地层溶蚀洞缝发育，钻井过程中普遍井漏，钻井液密度窗口窄，磨溪 022-H23 井的井底最高温度达 165℃ 左右，最高地层压力达到 100.95MPa 左右。

试验在五开微增斜、水平段（5510~6424m）中进行。储层段钻井液采用钾聚磺体系，密度为 1.26~1.27g/cm³，黏度 40~41s，氯离子 3900~4254mg/L，泥饼 0.5mm，失水 2.2mL，初终切 2.0/6.0Pa。需要钻井液具有抗高温、扩大安全密度窗口和储层保护的性能。

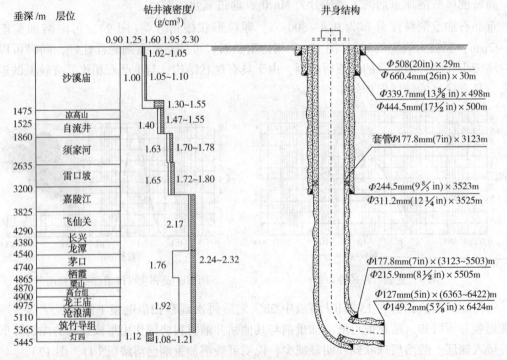

图 13　试验井井身结构

表 3　试验井与邻井产量对比

井类	井号	改造段长/m	储层段长/m	稳定油压/MPa	测试产量/($10^4 m^3$/d)	无阻流量/($10^4 m^3$/d)
试验井	磨溪 022-H23	824.0	474.5	30.0	106.56	169.3
改造条件相当的邻井	磨溪 022-x5	973.0	611.4	30.95	57.66	93.84
	磨溪 022-x6	866.0	540.8	30.77	73.38	119.22
	磨溪 022-x7	974.0	665.8	31.6	63.97	106.6
	磨溪 022-H21	882.8	665.3	38.36	55.29	118.27
	磨溪 022-H22	950.0	605.5	30.53	53.31	86.55
	磨溪 022-H31	871.0	484.5	31.11	55.26	93.2
	平均数				59.81	102
改造条件明显优越的邻井	磨溪 022-H4	1010.84	484.63	30.62	53.82	83.28
	磨溪 022-H8	1613.32	1284.8	29.52	106.84	165.38
	磨溪 022-H9	1093.0	750.8	43.65	50.37	84.19
	平均数				70.34	110.95

表 3 中列出了磨溪 022 区块中 10 口井的改造段长，储层段长、稳定油压，测试产量和无阻流量等数据，从表 3 可看出：试验井改造段长和储层段长最短，稳定油压最低，但在改造条件相当的六口井中，测试产量是平均数的 1.78 倍，无阻流量是平均数的 1.66 倍。

改造条件最优越的磨溪 022-H9，其改造段长几乎是 022-H23 井的 2 倍，储层段长是 022-H23 井的 2.7 倍，但是 022-H23 井的测试产量与其相当，无阻流量甚至更高。说明要非常重视钻完井过程中的储层保护，一旦储层没有保护好，尤其是无法通过后续的增产措施解堵，造成的损害将是永久性的。

现场试验结果表明：该井以 168.58d 刷新了川庆钻探川西公司磨溪 022 区块最快完钻记录，储层段全程无复杂事故，大幅缩短了钻完井周期。无阻流量 169.3×$10^4 m^3$/d，储层保护效果显著。表明该体系储层保护效果很好，达到了预期效果。该项技术成本低，现场配制方便，对高效钻进和储层保护均有显著效果，经济效益明显，应用前景广阔。

4　结论

（1）磨溪区块灯四组主要的储层损害机理为固相颗粒伤害和应力敏感伤害。

（2）研发的可酸溶纤维和高密度可酸溶加重剂（国产微锰），可有效减少固相含量，减弱应力敏感，提高地层承压能力，减少漏失，扩大安全密度窗口，减少复杂，高效解堵保护储层。

（3）现场应用结果表明：抗高温可酸化钻井液技术大幅缩短了钻完井周期，与储层改造条件相当的邻井相比，提高产量 1.78 倍。

一种高温高密度无土相油基钻井液的研究

王 楠[1] 耿 铁[1] 王 伟[1] 徐同台[2]

(1. 中海油田服务股份有限公司；2. 北京石大胡杨石油科技发展有限公司)

摘 要 针对在常规油基钻井液体系中，有机土在高温条件下存在胶凝现象导致体系的流变性变差和在高密度条件下，为了提高体系的悬浮性，采用提高有机土的加量来提高体系的切力，增加了钻井液中固相含量等问题。自主研制了增黏提切剂 VSSI 来代替有机土，并通过室内实验对其加量和性能进行了筛选和评价。选用与增黏提切剂 VSSI 相配伍的主乳，辅乳，润湿剂，降失水剂等材料成功构建了抗温达 250℃，密度可达 2.2g/cm³ 且性能稳定的高温高密度无土相油基钻井液体系，扩大了无土相油基钻井液的应用范围。

关键词 高温高密度 增黏提切剂 无土相油基钻井液

随着世界对石油资源需求量的增加和钻探技术的发展，油基钻井液的应用越来越广泛。油基钻井液是以油为连续相的钻井液，在高温高压深井、海上钻井、水平井、大斜度定向井、小井眼钻井、页岩气钻井等应用越来越普遍。目前在钻井过程中使用的油基钻井液均为有土的油基钻井液，使用有机土作为油基钻井液的增黏剂来悬浮加重材料，但由于有机土的胶凝性强，体系在高密度条件下往往存在流变性差，泥饼厚，起下钻不畅，机械钻速低，钻井成本高等问题。2000 年以来，国外开发了高温高密度无土油基钻井液体系、无土合成基钻井液体系、高密度低固相油基钻井液体系等新技术[1~9]，这些无土相油基体系在墨西哥地区、英国北海地区都成功应用，但是因其成本太高，在我国的应用还存在限制。而国内开发的无土油基体系还难以解决高温高密度的问题。因此存在对现有的无土油基钻井液及其制备方法的改进需求[10~12]。

1 无土相油基钻井液增黏提切剂的制备

在增黏剂中引入酰胺基团，可以通过静电引力、氢键等相互作用增强增黏剂分子间和分子内的结构，也可以增强增黏剂与其他处理剂之间的作用；在增黏剂中引入长烷基链，促进增黏剂与基础油的作用，提升增黏剂的溶解性能，此外长烷基链也可通过缔合作用形成网架结构。我们选用了在无土油基钻井液中增黏提切效果比较好的二聚脂肪酸和二乙烯三胺的反应产物作为无土油基钻井液的增黏提切剂[1]。

由于二聚脂肪酸中常常含有三聚体和多聚体，黏度很高，反应往往不能顺利进行，反应时间较长，且需要通氮气保护，因此我们选用了三乙二醇单丁醚作为稀释剂，这样加快了反应的进行，缩短了反应时间，同时不需要在反应中充氮气，简化了反应工艺，降低了反应成本。三乙二醇单丁醚既是反应物的稀释剂，也是产物的稀释剂。

在二聚脂肪酸中加入一定量的稀释剂三乙二醇单丁醚，搅拌均匀加热，滴加二乙烯三胺，在 150℃~160℃下进行酰胺化反应。反应结束后降温至 100℃，加入溶剂稀释，搅拌均匀即制得油基钻井液的增黏提切剂 VSSI。

增黏提切剂 VSSI 的红外光谱和分子链段 3D 模拟图如图 1 所示。

（1）3200cm^{-1}~3500cm^{-1}处是酰胺基团的 N-H 伸缩振动；1739cm^{-1}处为酰胺 C=O 的伸缩振动峰，制备得到了含有酰胺基团的增黏提切剂。

（2）增黏提切剂的分子间长烷基链比较近，可以通过缔合作用形成网架结构；分子内的酰胺基团也较近，基团间的静电力和氢键作用键能会较大，结构不易破坏。由于极性基团含量较高，分子 VISS 增黏提切剂分子间的作用力也较强。

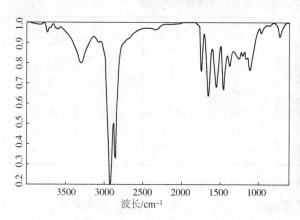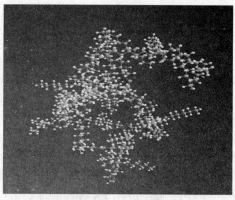

图 1　增黏提切剂 VSSI 的红外光谱图(左)和分子链段 3D 示意图(右)

2　高温高密度无土相油基钻井液体系的构建

2.1　增黏提切剂 VSSI 的加量优选

采用自行研制的增黏提切剂 VSSI 替代有机土，配制油水比为 85∶15，密度为 2.0g/cm^3 的无土相油基钻井液，探讨 VSSI 对无土相油基钻井液性能的影响。实验数据见表 1。配方：255mL 白油+X%VSSI+1.2%主乳化剂+1.5%辅乳化剂+3.0%润湿剂+45mL 氯化钙溶液+2%CaO+5%降滤失剂+重晶石加重至密度 2.0g/cm^3，200℃热滚 16h。

表 1　VSSI 加量对钻井液性能的影响

VSSI/%	PV/mPa·s	YP/Pa	YP/PV/(Pa/mPa·s)	Φ6/Φ3	FL$_{HTHP}$/mL	ES/V	Δρ/(g/cm^3)
0%	51	7	0.130	8/7	9.6	815	0.375
1%	56	15	0.275	19/18	—	950	0.034
2%	55	18	0.303	23/21	3.4	980	0.056
2.5%	56	18	0.306	26/24	—	972	0.055
3%	61	17	0.302	28/26	5.4	1035	0.052
4%	61	17	0.286	26/24	—	880	0.046
4.5%	51	16	0.295	19/17	6	786	0.096

详细分析 VSSI 对钻井液各项性能的影响，随着 VSSI 加量增加，PV、YP、YP/PV、Φ6/Φ3、Δρ、ES 各性能参数值先增大后减小的趋势，而 FL$_{HTHP}$ 呈先减小后增大的趋势，最终确定 VSSI 加量选用 2%~3%。

2.2　乳化剂 PF-MOEMUL 的加量优选

为了使水相分散在油相中，并保持乳状液的稳定性，需在钻井液中加入乳化剂，进而降低油/水界面张力。配制油水比 85：15，密度 2.0g/cm³ 的无土相油基钻井液，在 0~2.0% 范围内调节 PF-MOEMUL 加量，探讨 PF-MOEMUL 加量对钻井液性能的影响，实验结果见表 2。配方：255mL 白油 +2% VSSI+X% PF-MOEMUL+1.5% PF-MOCOAT+3% PF-MOWET+45mL 氯化钙水 +2.0%CaO+5%PF-MOTROL+重晶石加重至密度 2.0g/cm³，200℃ 热滚 16h。

表 2　PF-MOEMUL 不同的加量对钻井液性能的影响

PF-MOEMUL/%	PV/mPa·s	YP/Pa	YP/PV	Φ6/Φ3	FL_{HTHP}/mL	ES/V	$\Delta\rho$/(g/cm³)
0	51	20	0.392	26/24	1.8	845	0.070
0.80	53	18	0.34	22/20	3.6	940	0.056
1.20	51	17	0.333	22/20	4	960	0.101
1.60	47	9	0.191	12/10	6	875	0.167
2	47	9	0.200	12/10	7	835	0.175

详细分析 PF-MOEMUL 对钻井液各项性能的影响，随着 PF-MOEMUL 加量增加，PV、YP、YP/PV、$Φ6/Φ3$、ES 各性能参数值呈现减小的趋势，而 $\Delta\rho$、FL_{HTHP} 逐渐增大，最终确定 PF-MOEMUL 加量选用 0.8%~1.2%。

2.3　辅乳化剂 PF-MOCOAT 的加量优选

PF-MOCOAT 能提高油基钻井液的稳定性。配制油水比为 85：15，密度为 2.0g/cm³ 的无土相油基钻井液，在 0~2.5% 范围内调节 PF-MOCOAT 加量，评价 PF-MOCOAT 对钻井液性能的影响，实验结果见表 3。配方：255mL 白油 +2% VSSI+1.2% PF-MOEMUL+X% PF-MOCOAT+3%PF-MOWET+45mL 氯化钙水 +2.0%CaO+5%PF-MOTROL+重晶石加重至密度 2.0g/cm³，200℃ 热滚 16h。

表 3　PF-MOCOAT 不同的加量对钻井液性能的影响

PF-MOCOAT/%	PV/mPa·s	YP/Pa	YP/PV	Φ6/Φ3	FLHTHP/mL	ES/V	$\Delta\rho$/(g/cm³)
0	43	9	0.209	12/11	90.8	629	0.226
1	48	14	0.291	16/15	7.2	938	0.118
1.5	52	17	0.333	22/21	4	980	0.101
2	52	19	0.359	22/21	2.4	940	0.076
2.5	57	19	0.339	24/22	4.4	975	0.019

详细分析 PF-MOCOAT 对钻井液各项性能的影响，随着 PF-MOCOAT 加量增加，PV、YP、YP/PV、$Φ6/Φ3$、ES 各性能参数值呈现明显增加的趋势，而 $\Delta\rho$、FL_{HTHP} 逐渐减小，最终确定 PF-MOCOAT 加量选用 1.5%~2%。

2.4　润湿剂 PF-MOWET 的加量优选

配制油水比 85：15，密度为 2.0g/cm³ 的油基钻井液，在 0%~5.0% 范围内调节 PF-MOWET 加量，探讨 PF-MOWET 对钻井液性能的影响。实验结果见表 4。配方：255mL 白油 +2%VSSI+1.2%PF-MOEMUL+1.5%PF-MOCOAT+X%PF-MOWET+45mL 氯化钙水 +2.0% CaO+5%PF-MOTROL+重晶石加重至密度 2.0g/cm³，200℃ 热滚 16h。

表 4　PF-MOWET 不同加量对钻井液性能的影响

PF-MOWET/%	PV/mPa·s	YP/Pa	YP/PV	$\Phi6/\Phi3$	FL_{HTHP} mL	ES/V	$\Delta\rho$/ (g/cm^3)
0	44	7	0.159	10/8	34	1356	0.124
2	54	14	0.259	18/16	10	1290	0.085
2.50	61	20	0.329	25/23	4.8	1240	0.072
3	59	18	0.312	26/24	4.4	998	0.056
3.50	63	22	0.349	26/24	4	1025	0.037
4	65	24	0.369	28/26	4	1114	0.036
5	66	22.5	0.341	28/26	4	950	0.070

　　PF-MOWET 加量对 AV、PV、YP、YP/PV、$\Phi6/\Phi3$ 影响显著，随着用量的增加，以上各性能显著增大。PF-MOWET 加量对 ES 影响显著，随着用量的增加，ES 逐渐减小。PF-MOWET 加量与 FL_{HTHP} 和 $\Delta\rho$ 相关性较差，但总体来看，随着 PF-MOWET 用量的增大，FL_{HTHP} 和 $\Delta\rho$ 均减小。

2.5　高温高密度无土相油基钻井液体系性能评价

　　由于在常规油基钻井液体系中，有机土在高温条件下存在胶凝现象导致体系的流变性变差的问题和在高密度条件下，为了提高体系的悬浮性，通常采用提高有机土的加量来提高体系的切力，而这样会增加钻井液中固相含量等问题。本文中笔者通过在油基钻井液中使用增黏提切剂可以解决上述所面临的问题。

　　配制不同密度，不同油水比的高温高密度无土相油基钻井液体系，在不同温度下老化 16h 测其性，具体的配方如表 5。

表 5　高温高密度无土相油基钻井液配方

配方	密度/ (g/cm^3)	油水比	VSSI/%	PF-MOEMUL/%	PF-MOCOAT/%	PF-MOWET/%	25% CaCl$_2$/mL	CaO/%	PF-MOTROL/%
1	2.2	90/10	3	1.2	2	2	30	3	5
2	2.2	90/10	3	1.2	2	2	30	3	5
3	2.0	90/10	2	1.1	1.4	1	30	3	5
4	1.8	85/15	1	1	1.4	1	45	3	5
5	1.5	75/25	1	0.8	1.4	1.1	75	3	5

　　以上 5 个配方分别在 250℃、220℃、200℃、200℃、200℃下热滚 16h，在温度为 65℃测定钻井液的流变性和破乳电压(ES)，在温度为 180℃下测试 HTHP 滤失量，具体实验结果如表 6。

表 6　不同配方的钻井液性能

配方	温度/℃	密度/ (g/cm^3)	$\Phi6/\Phi3$	GEL/ Pa/Pa	AV/mPa·s	PV/ mPa·s	YP/Pa	ES/V	HTHPFL/ mL
1	250	2.2	18/16	11/18	61	50	11	1736	5.5
2	220	2.2	14/15	11/20	57.5	45	12.5	1034	5.0
3	200	2.0	19/20	14/19	58	41	17.0	1194	4.2
4	200	1.8	18/19	19/20	51	38	13.0	975	4.0
5	200	1.5	10/11	8.5/19	37.5	29	8.5	717	5.0

从表 6 的数据可以看出：

（1）该高温高密度无土油基钻井液的抗温性最高可达 250℃，密度可高达 $2.2g/cm^3$；

（2）在体系中使用的增黏提切剂 VSSI 具有独特的流变特性，可以提供很强的悬浮能力，从而有效地控制密度的沉降；

（3）该高温高密度无土油基钻井液体系的破乳电压高且高温高压滤失量低，增黏提切剂 VSSI 增大了体系的外相黏度，提高了体系的稳定性。

3 结论

（1）成功构建了抗温 250℃，密度高达 $2.2g/cm^3$ 的无土相油基钻井液体系，扩大了无土相油基钻井液的应用范围。

（2）针对有机土在高温条件下易稠化的特性，导致油基钻井液的固相容量减小，易发生沉降和污染低渗透储层等问题，成功研制了油基钻井液使用的增黏提切剂 VSSI 来替代有机土。

（3）增黏提切剂代替有机土用于油基钻井液体系，降低了体系塑性黏度、固相含量，提高了切力和悬浮性，可以有效控制重晶石的沉降，对提高机械钻速、减少废弃钻井液处理费用、降低储层伤害等具有重要作用。同时也解决了无土油基钻井液因一般有机材料遇高温降解而无法抗高温的问题，实现了抗 250℃ 以上高温，并且性能稳定。

参 考 文 献

［1］MahalingamSanthanam, Keith McNally. Oil and oil invert emulsion drilling fluids with improved anti-setting properties; US, 6339048［P］. 2002.

［2］Burrows K, Carbajal D, KirsnerJ, et al Benchmark Performance Zero Barite Sag and Significantly Reduced Downhole Losses with the Industry's First Clay-Free Synthetic-Based Fluid. . Paper SPE 87138 presented at the IADC/SPE Drilling Conference, Dallas, Texas, 2004 2-4 March.

［3］Stephen A Bell, Willian W Shumway. Addlves for imparting fragile progressive gel structure controlled temporary viscosity to oil based driUing fluids; US, 2007/0082824 Al［P］2007.

［4］Warren AThaler, Jolni CNew love, Cruise KJones, et al. David B. Acker, Drilling mud additives and in adding viscosification additives to oil-based drilling muds; US 5906966.

［5］Mniter H, Maker D, Herzog N. Thickeners for oil-based drilling fluids; US 2010/0256021 A1［P］. 2010, 7.

［6］Jeffrey J Miller, Shadaab Syed Maghrabi, WikrantBhavanishkar, et al. Suspension characteristics in invert e-mulsion, US, 2011/005380S A1［P］. 2011.

［7］米远祝，罗跃，等 . 油基钻井液聚合物增黏剂的合成与性能研究［J］钻井液与完井液 2013，30.

［8］邓皓，谢水祥，等 . 一种环保型油基钻井液增黏剂及其制备方法［P］. CN103146361A，2013.

［9］王康，等 . 一种油基钻井液用增黏提切剂及其制备方法［P］. CN201510656659，7，2015.

［10］耿铁，徐同台，王楠，等 . 一种高温高密度无土油基钻井液及其制备方法［P］. CN104818005A，2015.

［11］李振智，孙举，等 . 新型无土相油基钻井液研究与现场试验 . 石油钻探技术，2017，45.

［12］张蔚，蒋官澄，等 . 无黏土高温高密度油基钻井液 . 断块油气田，2017.24（2）.

［13］王伟，杨洁，等 . 油基增黏提切剂 VSSI 的制备与室内研究 . 长江大学学报（自然科学版），2019，6.

新型胺基聚合物钻井液体系研究与应用

张　蔚　赵　利　黄　凯　贾永红

(西部钻探钻井液分公司)

摘　要　针对新疆油田地层易坍塌的施工难点，钻井过程中易出现井壁失稳、卡钻等问题，以及日益严格的环保和排放问题，通过分子结构设计和合成，研发了"三聚"系列产品：钻井液用包被抑制剂高分子胺基聚合物 ZK-102、钻井液用页岩抑制剂胺基聚合物 ZK-301、钻井液用封堵剂聚合物乳胶 ZK-601，并在此基础上研发了一套 XZ 胺基聚合物钻井液体系。室内实验结果表明：该体系具有优秀的抑制性，页岩滚动回收率达 93.5%；具有良好的抗温性，体系在150℃下老化后流变性能稳定；抗污染能力强，加入 30%NaCl 或者 5%黏土污染后，体系性能稳定。现场试验结果表明，该体系性能稳定，具有较强的抑制防塌能力，施工过程中未发生井下复杂情况，作业顺利，说明该 XZ 胺基聚合物钻井液体系能够满足新疆油田的钻井需要。

关键词　胺基聚合物钻井液体系　抑制性　抗温性

井壁稳定针对新疆油田钻井突出问题是地层易坍塌，泥页岩易造浆，要求钻井施工过程中必须解决井壁稳定、抗污染、润滑防卡和环保等问题。油基钻井液具有优秀的抑制性能、抗污染能力和抗温性能，可以很好地解决深井、复杂井的施工问题。但是油基钻井液具有钻井液成本高、钻屑后处理难、污染环境的缺点，国内外都在积极研发创新，期望研发出适合环保要求的新型钻井液体系，实现与油基钻井液相当的性能，同时降低钻井的综合成本、保护环境，满足现场钻井需求。

1　作用机理

XZ 胺基聚合物钻井液体系设计，根据环境保护要求，利用现代物理、化学等领域最新发展成就对钻井液处理剂进行分子设计，合成了大、中、小相对分子质量的钻井液用包被抑制剂、高分子胺基聚合物 ZK-102、钻井液用页岩抑制剂、胺基聚合物 ZK-301 和钻井液用可变形聚合物乳胶 ZK-601，简称"三聚"，充分利用了 ZK-102 的包被性能和 ZK-301 的胺基去水化性能的双重作用有效解决了泥页岩水化与分散的问题；可变形聚合物乳胶 ZK-601解决封堵、防塌、润滑问题；"三聚"协同作用，起到稳定井壁，实现快速钻井的作用。利用钻井液用降滤失剂可变形聚合物 ZK-501，解决钻井液的降滤失、高温稳定性和抗盐性的问题。优选了适用于不同区块的体系配方及现场应用工艺，最终形成了无毒环保、抗温、抗污染、零排放的 XZ 胺基聚合物钻井液体系。

2　主要处理剂的研发和评价

2.1　抑制剂的研发

针对钻井过程对钻井液的抑制性要求较高，结合不同抑制剂的作用机理，研制出了钻井液用包被抑制剂、高分子胺基聚合物 ZK-102 和钻井液用页岩抑制剂、胺基聚合物 ZK-301。钻井液用包被抑制剂、高分子胺基聚合物 ZK-102 采用特殊的分散聚合生产工艺，高分子结构上引入端胺基基团，能够与钻屑或者黏土表面形成更强的相互吸附作用，有利于包被能力的提高，可有效地包被黏土和钻屑，抑制地层造浆。钻井液用页岩抑制剂胺基聚合物 ZK-301 是小分子端胺基聚合物。胺基聚合物水解出铵正离子可插入黏土晶层间，置换出水分子，促进黏土晶层间脱水，减小膨胀力，压缩晶层；同时，胺基聚合物作用在黏土表面，分子链上疏水部分覆盖在黏土表面，使黏土亲水性减弱，疏水性增强，进一步抑制黏土水化膨胀。该产品的抑制性能和剪切稀释性能优异，加入钻井液中，抑制黏土和泥页岩水化分散的同时不会引起黏土聚结沉降和絮凝现象。高分子 ZK-102 的包被作用和小分子 ZK-301 的抑制作用的双重效果，可有效抑制黏土和泥页岩水化分散。

通过滚动回收率实验和抑制黏土造浆实验评价抑制剂性。

滚动回收率实验：选取目标井区泥页岩钻屑过 6~10 目筛后，称取 20g 分别加入清水、3%ZK-301 水溶液、0.8%ZK-102 水溶液和 8%KCl 水溶液中，在 120℃下滚动老化 16h，测定钻屑滚动回收率。实验结果见表 1。

表 1　滚动回收率实验结果

项目	一次回收率/%	二次回收率/%	清水回收率/%
清水	9.68	6.87	2.03
3%ZK-301 水溶液	95.85	93.34	92.90
0.8%ZK-102 水溶液	90.11	88.52	86.53
8%KCl 水溶液	69.68	56.87	50.20

由表 1 可知，0.8%ZK-102 和 3%ZK-301 水溶液滚动回收率可以达到 80% 以上，能够较好地抑制钻屑水化分散。

抑制黏土造浆实验：分别在 4% 膨润土基浆中加入 2%ZK-301、0.8%ZK-102 和 8%KCl，高速搅拌 20min 后室温下养护 3h，再边高搅边加入 5% 膨润土，高速搅拌 20min，在 120℃下滚动老化 16h，使用六速旋转黏度计分别测定其 600r/min 读数。

表 2　抑制黏土造浆率实验结果

项　　目	600r/min 读数	项　　目	600r/min 读数
基浆+5% 膨润土	>300	基浆+0.3%ZK-102+5% 膨润土	37
基浆+3%ZK-301+5% 膨润土	19	基浆+8%KCl+5% 膨润土	20

由表 2 可知，0.8%ZK-102 和 3%ZK-301 能够较好地抑制膨润土造浆。

2.2　封堵剂的研发

钻井液用可变形封堵聚合物乳胶 ZK-601 是利用反向乳液聚合工艺生产的纳米级聚合物乳液。在钻井过程中，纳米颗粒在渗透性或微裂缝地层形成封闭膜。在压差作用下黏附于井壁上，聚集成可变形的胶束，当钻井液开始向地层渗透时，胶束在页岩上铺展开，在孔喉处形成低渗透封闭膜，阻止钻井液渗透，并有效降低钻井液滤失量，可封堵微孔隙并嵌入微裂缝中，可以阻缓压力传递，降低孔隙压力。

将不同封堵剂加入 4% 基浆中，在 120℃下老化 16h 后，高搅 5min，将高温高压关紧底部阀杆，称取 100g 粒径 0.66~0.90mm 的石英砂，尽量铺平。然后缓慢均匀地加入钻井液，液面距顶部至少 1.5cm，盖好并关紧顶部阀杆。测定压差为 0.7MPa，时间 30min 时不同封堵剂的封闭滤失量。

表3　封闭滤失量实验结果

项　目	封闭滤失量/mL	项　目	封闭滤失量/mL
基浆	全失	基浆+2%超细碳酸钙	6.0
基浆+2%ZK-601	0.0	基浆+2%磺化沥青	15.0

由表3可知，2%ZK-601具有较好的封堵效果。

2.3　降滤失剂的研发

钻井液用降滤失剂、可变形聚合物ZK-501是一种聚合物类降滤失剂，相对分子质量适中，加入钻井液中对流变性影响小，可以在井壁上形成致密的泥饼，有效降低滤失量，稳定井壁，适用于100~180℃不同井深的钻井液体系中。该系列产品包括：ZK-501A，ZK-501B。其中ZK-501A适用于120℃体系，ZK-501B适用于150℃以上盐水体系。

表4　降滤失剂评价实验结果

项目	老化条件	AV/mPa·s	API滤失量/mL	HTHP滤失量/mL
4%基浆	120℃×16h	8.0	全失	全失
4%基浆+2%ZK-501A		15.0	5.0	20.0
4%基浆+2%ZK-501B	150℃×16h	12.5	7.5	22.0
4%基浆+2%JT888		38.0	12.0	39.5

由表4可知，ZK-501A，ZK-501B具有较好的降滤失性能，且对表观黏度的影响较小。

3　钻井液体系性能评价

基于以"三聚"钻井液用包被抑制剂高分子胺基聚合物ZK-102、钻井液用页岩抑制剂、胺基聚合物ZK-301和钻井液用可变形聚合物乳胶ZK-601为主要处理剂，结合降滤失剂和润滑剂，研制出一套强抑制性的XZ胺基聚合物钻井液体系，并对体系的综合性能进行了评价，实验结果见表5。其中，体系基本配方为：2%~4%钠膨润土基浆+0.5%~1%ZK-501A+2%~3%ZK-501B+2%~3%ZK-601+0.2%~0.8%ZK-102+1%~3%ZK-301+3%超细钙+2%RH-1。根据老化温度适当调节各处理剂的加量，根据密度要求加适量重晶石。

表5　XZ胺基聚合物钻井液体系的基本性能

体系	老化时间	pH值	密度/ (g/cm³)	AV/ mPa·s	PV/ mPa·s	YP/Pa	G10″/G10′/ Pa/Pa	FL_{API}/ mL	FL_{HTHP}/ mL
1	老化前	11.0	1.20	33.5	22.0	11.5	2.0/5.0	1.5	7.0
	100℃×16h	10.0	1.20	31.0	22.0	9.0	2.0/4.0	1.6	8.0
2	老化前	11.0	1.30	35.0	23.0	13.0	2.5/6.0	1.4	6.0
	120℃×16h	10.0	1.30	30.0	21.0	9.0	2.0/4.0	1.8	8.0
3	老化前	11.0	1.45	36.0	23.0	13.0	3.0/9.0	1.4	10.0
	150℃×16h	10.0	1.45	30.0	19.0	11.0	2.0/7.0	2.0	11.5

注：体系1：2%钠膨润土基浆+1%ZK-201+0.5%ZK-102+3%ZK-301；

体系2：上浆+2%ZK-501A+2%ZK-501B；

体系3：上浆+2%ZK-601。

从表 5 可以看出，该体系具有较好的流变性、较低的滤失量和良好的抗温性。

3.1 抑制性

测试 120℃ 下滚动回收实验和 16h 线性膨胀率实验来评价该钻井液体系的抑制性，实验结果见表 6。

表 6　抑制性评价实验结果

项目	16h 线性膨胀率/%	滚动回收率/%	项目	16h 线性膨胀率/%	滚动回收率/%
清水	71.23	10.2	聚磺钻井液	2.55	80.2
XZ 胺基聚合物钻井液	1.10	93.5	现场油基钻井液	0.91	95.0

XZ 胺基聚合物钻井液体系的抑制性能与油基钻井液基本相当。该体系对泥岩具有良好的抑制性，能够防止泥岩水化分散，保证了井壁的稳定(表 6)。

3.2 抗盐能力(表 7)

表 7　XZ 胺基聚合物钻井液体系的抗盐性能

体系	老化时间	AV/mPa·s	PV/mPa·s	YP/Pa	$G10''/G10'$/Pa/Pa	FL_{API}/mL	FL_{HTHP}/mL
体系 1+30%NaCl	老化前	28.5	19.0	9.5	2.5/6.0	1.8	9.0
	100℃×16h	25.0	18.0	7.0	2.0/5.0	2.0	10.0
体系 2+30%NaCl	老化前	31.0	21.0	10.0	3.0/7.0	1.7	8.0
	120℃×16h	27.5	19.0	8.5	2.5/6.0	2.0	10.0
体系 3+30%NaCl	老化前	28.0	21.0	7.0	2.5/8.0	1.7	10.5
	150℃×16h	24.0	19.0	5.0	2.0/8.0	2.0	13.0

注：体系 1：2%钠膨润土基浆+1%ZK-201+0.5%ZK-102+3%ZK-301；

体系 2：上浆+2%ZK-501A+2%ZK-501B；

体系 3：上浆+2%ZK-601。

3.3 抗污染能力(表 8)

表 8　XZ 胺基聚合物钻井液体系的抗污染性能

体系	老化时间	AV/mPa·s	PV/mPa·s	YP/Pa	$G10''/G10'$/Pa/Pa	FL_{API}/mL	FL_{HTHP}/mL
体系 1+5%黏土	老化前	35.5	24.0	11.5	3.5/9.0	1.0	6.0
	100℃×16h	33.5	22.0	11.5	3.0/8.0	1.5	7.0
体系 2+5%黏土	老化前	38.0	25.0	13.0	3.5/9.0	1.2	5.0
	120℃×16h	32.5	22.0	10.5	3.0/8.0	1.8	8.0
体系 3+5%黏土	老化前	39.0	27.0	12.0	3.5/10.0	1.2	9.0
	150℃×16h	31.5	23.0	12.5	2.5/9.0	1.8	11.0

注：体系 1：2%钠膨润土基浆+1%ZK-201+0.5%ZK-102+3%ZK-301；

体系 2：上浆+2%ZK-501A+2%ZK-501B；

体系 3：上浆+2%ZK-601。

由表 7、表 8 实验结果表明，XZ 胺基聚合物钻井液体系在加入盐或者黏土污染后，依然保持良好性能。

4 现场应用

XZ 胺基聚合物钻井液体系在新疆地区玛湖进行现场应用。现场施工技术难点：

（1）第四系至白垩系地层黏土层地层易水化，易对钻井液形成黏土污染。

（2）侏罗系地层含多套煤层，易发生井壁坍塌。

（3）三叠系砾岩较多，易发生井壁失稳，克上克下组存在裂缝，易发生井漏。

4.1 Ma20021 井的现场应用

Ma20021 井三开井身结构，设计井深 3730m，二开采用 XZ-AN 胺基钻井液体系。

二开转化配方：4%坂土+0.2%Na_2CO_3+0.3%NaOH+0.3%～0.5%XZ-ZK102+0.3%～0.5%XZ-ZK201+2%～3%XZ-ZK301+5%～10%KCl。

胶液维护配方：水+0.5%～1.0%XZ-ZK102+0.3%～0.5%XZ-ZK201+2%～3%XZ-ZK301。

表 9　Ma20021 井钻井液性能

井深/m	密度/(g/cm³)	黏度/s	PV/mPa·s	YP/Pa	FL_{API}/mL
716	1.16	40	17	4	4.4
1122	1.21	41	15	4	3.4
1460	1.20	40	18	4	4.2
1653	1.19	45	23	4	4.0
1807	1.19	45	24	5.5	4.0
1971	1.20	47	25	6	4.4
2125	1.20	42	20	4	4.8
2372	1.22	44	21	5.5	4.6
2437	1.23	45	23	8	4.2

由表 9 知，胺基钻井液情况良好，密度 1.16～1.23g/cm³，黏度 40～47s，中压失水 4～6.4mL，屈服值 4～8Pa，流变性良好，钻井液黏度易控制。试验井段平均机械钻速 12.48m/h，机速较高，全井无复杂情况。

4.2 MaHW1300 井的现场应用

MaHW1300 井三开井身结构，三开段采用 XZ-AN 胺基钻井液体系。

表 10　MaHW1300 井钻井液性能

井深/m	密度/(g/cm³)	黏度/s	PV/mPa·s	YP/Pa	FL_{API}/mL
2978	1.35	47	24	7	4
3612	1.37	50	23	8	3.6
4002	1.40	52	30	10	3.8
4516	1.41	55	32	9	3.2
4958	1.42	54	31	10	3.0

由表 10 知，密度 1.35～1.42g/cm³，黏度 47～55s，中压失水 3.0～4.0mL，屈服值 7～10Pa，滤失量小，流变性良好，返出岩屑成形。

水平段螺杆钻进单趟以纯钻 264h，平均机速 2.67m/h，打出了单趟进尺 703m，创出了玛湖 131 井区水平段单只钻头+螺杆最高纪录。

4.3 MaHW1244 的现场应用

MaHW1244 井三开段 2680~5023m，采用 XZ-AN 胺基钻井液体系。

表 11　MaHW1244 井钻井液性能

井深/m	密度/(g/cm³)	黏度/s	PV/mPa·s	YP/Pa	FL_API/mL
2702	1.30	45	25	6	4.5
3542	1.37	50	24	8	4.0
4055	1.42	55	27	9	3.8
4601	1.43	59	30	10	3.2
5023	1.45	57	29	10	3.5

由表 11 知，密度 1.30~1.45g/cm³，黏度 45~60s，中压失水 3.2~4.5mL，屈服值 6~10Pa，封堵润滑性好，摩阻系数≤0.07；该井全井机械钻速达到 10.55m/h，打破区块纪录，节约工期 27d；优质的润滑性为高效施工提供保障，3d 时间内就完成造斜段，水平段最高日进尺达 208m。

4.4 Ma20004 井的现场应用

Ma20004 井位于井区位于玛纳斯湖西北约 5km，艾里克湖以东约 2.5km，设计井深 3650m，垂深 3680m，全井钻井顺利，取得良好效果：（1）二开、三开井段采用 XZ 胺基聚合物钻井液体系，施工过程中井壁稳定，井眼畅通，井径规则。（2）XZ 胺基聚合物钻井液体系不含磺化材料、色浅（现场泥浆为土色）、无毒，具有较好的环保性能，现场进行推广应用可以从源头上减少环境污染，减少后续的岩屑达标处理费用。（3）钻井液流变性好，性能稳定和操作维护简单，有利于预防井漏和复杂事故的发生。（4）体系有较好的抑制性和封堵防塌能力，ZK301 和 ZK102 加强钻井液的包被抑制能力可以对岩屑起到很好的包被作用，振动筛上的岩屑成型度好、不糊筛，坂土含量控制较好，以 ZK501A 控制钻井液滤失量，以 ZK601 改善滤饼质量，增强滤饼的防透性，可以有效地防止地层黏土矿物、岩屑的水化膨胀，从而稳定井壁。（5）该钻井液体系的材料性能优良，用量适中，体系的施工成本与钾钙基聚磺泥浆相当。Ma20004 井前期费用与聚磺钾相当，后期岩屑无须处理，钻井液无排放。

5　结论

（1）研制了"三聚"系列产品，室内评价结果表明，"三聚"协同作用抑制性能优异，并且能够改善泥饼质量。

（2）以"三聚"系列产品为主要处理剂，结合降滤失剂和润滑剂，形成了一套 XZ 胺基聚合物钻井液体系。该体系综合性能良好，具有较强的抑制性、封堵性、优良的流变性能、剪切稀释性能和自洁能力，使得处理剂消耗低，可有效提高机械钻速，降低钻井综合成本。

（3）XZ 胺基聚合物钻井液体系在青海油田和新疆地区进行现场应用。现场施工顺利，体系性能稳定，表现出良好的抑制防塌能力，环保、无污染，基本无排放、可循环再利用，现场试验效果良好，满足新疆油田的施工需求。

参 考 文 献

[1] 华松，常洪超，何振奎，等．复合盐钻井液在庆1-12-67H2井的应用[J]．西部探矿工程，2018，7：62-64.

[2] 陈庚绪，刘奥，王茜，等．适用于页岩气井的强抑制防塌高性能水基钻井液体系[J]．断块油气田，2018，25(4)：529-532.

[3] 郭盛堂．高性能水基钻井液体系研制与应用[J]．探矿工程(岩土钻掘工程)，2017，44(11)：26-29.

[4] 景岷嘉，陶怀志，袁志平．疏水抑制水基钻井液体系研究及其在页岩气井的应用[J]．钻井液与完井液，2017，34(1)：28-32.

[5] 赵春花，罗健生，夏小春，等．高性能合成基钻井液体系的研制及性能研究[J]．钻井液与完井液，2018，35(3)：25-31.

[6] 季菊香．乳液高分子钻井液研究与应用[J]．技术研究，2018，8：85.

[7] 刘祥国，王长征，李小刚，等．环保型高性能水基钻井液体系研究[J]．工业、生产，2017，4：24-26.

作者简介：张蔚，西部钻探钻井液分公司开发研究中心；高级工程师。地址：新疆克拉玛依白碱滩区门户路65号，邮编：834000，电话0990-6366561、13909900978，E-mail：113469708@qq.com。

复杂地层长裸眼提速钻井液技术

吴修振

（中国石化中原石油工程有限公司塔里木分公司）

摘　要　随着勘探开发力度的深入，在技术进步以及成本控制的双重促进下，新的简化井身结构不断出现，长裸眼井、大斜度井、短半径造斜井屡见不鲜，尤其是长裸眼井作为新常规井身结构在实际中广泛应用。长裸眼井钻穿地层层位复杂，温度、压力梯度跨度大，具备垮漏同层、长裸眼穿盐等特点，作业难度大，施工中对钻井、钻井液技术要求高，提速困难。技术措施采取不合理的情况下，极易发生井下事故复杂，造成周期、费用的极大浪费，成为制约单井效益的关键点。

关键词　长裸眼　垮漏同层　穿盐层

随着勘探开发力度的深化，区域钻井技术不断完善、优化，钻井技术由探索阶段、总结完善阶段迈入了成熟阶段，加上钻井设计有意识的压缩成本，提高效益，新的井身结构、非常规井身结构不断在实践中应用，长裸眼井、大斜度井、短半径造斜井屡见不鲜，对钻井技术提出了新的挑战。尤其是主要开次的裸眼段越来越长，钻穿地层愈加复杂，温度、地层压力跨度大，垮漏同层、长裸眼穿盐愈发普遍，施工难度成倍增加。为保障单井安全高效的施工，保障单井效益，钻井液必须具备防漏、防塌的优良性能，且能适应各种地层，保障中完电测、下套管的一次到位。单井施工前对区域邻井的施工调研，识别作业中钻井液的重点维护处理阶段，制定针对性的钻井液技术措施以及实际施工作业中钻井液性能的灵活调整愈加重要。如果钻井液性能不能适应长裸眼各地层，那么井壁不稳定就难以避免，井下事故、复杂的风险就会增加，造成钻井液较大规模的反复处理，钻井液性能难以稳定、波动大反作用于地层，井况愈加恶化。

长裸眼井段钻遇地层多，岩性多样，钻井液总量大，维护处理相对困难。新疆塔里木富源、玉科区块多设计为四级井身结构，二开钻至石炭系中完，二开裸眼段普遍3500~3800m，钻井液总量达到400m³。富源、玉科区块二开均钻遇承压能力低的二叠系地层，且二叠系均有玄武岩发育。不同之处在于富源区块二叠系视厚约500m，个别小区块纯玄武岩厚度达300m左右，玄武岩质地坚硬，进尺缓慢且易破碎掉块，钻进期间划眼、倒划眼较为严重，造成二叠系施工周期长；玉科区块二叠系视厚200余米，玄武岩普遍在80~100m，其施工周期相对于富源区块有很大差异，但是玉科区块石炭系发育盐膏岩，纯度较低，厚度70~110m不等，钻井液使用欠饱和盐水体系钻穿后矿化度均达不到饱和，但盐膏存在塑性蠕变，需要较高的钻井液密度才能提供充足的力学支撑，造成上部承压能力低的二叠系漏失风险增大，如何在保证不漏的前提下抑制盐膏层的蠕变，是玉科区块钻井液的重点工作。

1　玉科区块长裸眼穿盐钻井液技术

1.1　井身结构

玉科区块长裸眼穿盐井设计为四级井身结构，盐层位于二开石炭系上部，二开穿盐后见30m左右泥岩中完（表1）。

表 1　玉科区块井身结构

开次	钻头×钻深/mm×m	套管×下深/mm×m	中完原则
一开	$\Phi444.5×1500$	$\Phi339.7×1500$	封浅层疏松岩层
二开	$\Phi311.2×5000\sim5200$	$\Phi(244.5+273)×5000\sim5200$	封膏盐层
三开	$\Phi215.9×6800\sim7200$	悬挂$\Phi177.8×6800\sim7200$	封产层以上地层
四开	$152.4×7000\sim7400$	裸眼完井	

1.2　盐层特点及邻井施工情况

1.2.1　盐层特点

玉科区块石炭系发育 70~110m 不等的盐膏层，盐膏层岩性结构为白色盐岩、灰白色膏盐岩、白色盐岩、灰色含膏泥岩。盐岩易溶解、膏岩易塑性蠕变从而造成井段形成小井眼，造成遇阻情况的出现。石炭系上部为二叠系地层，主要发育凝灰岩、玄武岩，承压能力相对薄弱，高密度钻井液下易发生漏失。

1.2.2　邻井施工情况

玉科区块已完成多口四级结构井，各井针对石炭系盐层均采取了一定的技术措施，但总体效果不佳，中完作业耗时时间长，盐层蠕变导致通井遇阻情况频发(表2)。

表 2　玉科区块邻井施工进度情况

序号	井号	二开中完井深/m	二开钻进周期/d		二开中完周期/d	
			设计	实际	设计	实际
1	玉科201H	5170	30	48.1	15	62.29
2	玉科202X	5125	35	39.75	15	19.08
3	玉科501H	5195	45	43.3	33	53

注：①二开钻进平均超周期23.4%；②二开中完平均超周期134.6%。

表 3　玉科区块邻井二叠系、石炭系施工信息

序号	井号	各工序钻井液密度/(g/cm³)			漏失情况简述
		二叠系	石炭系	中完作业	
1	玉科201H	1.30	1.30~1.34	1.34	二叠漏失 39.26m³ 1.30g/cm³ 井浆 石炭漏失 231.3m³ 1.30g/cm³ 井浆 中完漏失 264.8m³ 1.34g/cm³ 井浆
2	玉科202X	1.28	1.28~1.38	1.38	二叠漏失 348.1m³ 1.28g/cm³ 井浆 中完漏失 146.4m³ 1.38g/cm³ 井浆
3	玉科501H	1.25	1.25~1.38	1.38~1.47	中完漏失 37m³ 1.47g/cm³ 井浆

邻井玉科201H井及玉科501H井中完作业远超周期的原因在于下套管前的通井作业，三口邻井二开电测均一次成功，但玉科201H井电测后对盐层两次扩眼，测蠕变后再次通井扩眼两次。二开套管下至5120.3m遇阻，反复活动无法通过。后续经过扩眼器下钻4趟，对盐层井段反复控时扩眼8次，注入密度1.91g/cm³的重浆50m³，静止测蠕变56.5h钻头能顺利通过，满足了下套管条件。玉科501H井鉴于玉科201H井的教训，中完多次通井遇阻，通过提密度，反复扩眼的措施达到下套管要求(表3)。

从邻井作业情况分析，玉科区块二叠系、石炭系盐层、中完作业如钻井液性能控制不当，易发生井漏和通井遇阻情况，造成材料和周期的大浪费，不利于单井提速创效。

1.3 提速技术措施的制定

通过邻井资料的调研，分析邻井在钻井液性能、工程配合方面的得失，针对二叠系承压能力低易漏失、石炭系盐层蠕变的特点，制定针对性技术措施以提高作业效率。

（1）二叠系采用"先期封堵、随钻堵漏"的技术思路提高地层承压能力。

（2）根据邻井情况，二叠系采用 $1.28g/cm^3$ 密度进行钻进作业。

（3）提前做好防塌工作，从化学抑制、沥青防塌、失水控制方面多元协同，防止三叠系、二叠系出现恶性井壁失稳，杜绝塌漏同层的出现。

（4）钻穿二叠系后根据距盐层顶高度及日进尺情况计划钻具组合，保障使用 PDC 钻头+无螺杆无扶正器的组合钻穿盐层。

（5）石炭系采用欠饱和盐体系，控制合适的进入矿化度，保持盐膏的适度溶解。

（6）降低泥浆黏切，削减循环压耗；分段循环，防止憋漏地层。

（7）石炭系钻进逐渐提密度至 $1.36g/cm^3$，中完采取 $1.38g/cm^3$，采用合适的封闭浆，配合工程双扶通井、扩眼技术措施使井眼满足电测、下套管条件。

1.4 现场技术措施的实践应用

通过邻井调研分析及提速技术措施，在玉科区块先后进行 3 口井的现场实践，各井施工情况如表 4 所示。

表 4 玉科区块施工进度情况

序号	井号	二开中完井深/m	二开钻进周期/d		二开中完周期/d	
			设计	实际	设计	实际
1	玉科 201-H4	5118	50	25.1	18	16.1
2	玉科 3-H2	5088	48	28.2	20	13.3
3	玉科 301-H5	5223	46	22.4	28	40.5

注：①二开钻进平均节约周期 47.5%；②二开中完平均超周期 0.2%。

表 5 玉科区块二叠系、石炭系施工信息

序号	井号	各工序钻井液密度/(g/cm³)			漏失情况简述
		二叠系	石炭系	中完	
1	玉科 201-H4	1.28	1.33~1.38	1.38	固井漏失 57m³ $1.38g/cm^3$ 井浆
2	玉科 3-H2	1.27~1.31	1.35~1.38	1.38	固井漏失 269m³ $1.38g/cm^3$ 井浆
3	玉科 301-H5	1.28	1.34~1.40	1.40~1.45	中完漏失 87.7m³ $1.40g/cm^3$ 井浆

从表 4、表 5 数据对比表 2、表 3 数据可以看出，采取相应的提速技术措施后，二开钻进周期大幅削减，由原来的均超支 23.4%提速至均节约 47.5%，提速 70.9%；二开中完由原均超支 134.6%提速至均超支 0.2%，提速 134.4%，提速效果显著且井漏情况亦大幅削减。玉科 301-H5 井中完作业超支 12.5d，原因在于下套管前通井遇阻，冲划难以通过，下压吨数大于 10t，多次扩眼及候蠕模拟通井造成周期的增加。但通过邻井、实践 3 口井的施工，玉科区块小区之间存在较大差异，中完作业下套管前是否采取反复通井、候蠕模拟的方

式来保障井眼满足下套管的条件取决于下套管前的通井阻卡情况，若遇阻冲划顺利，则扩眼后及可进行下套管作业；若冲划困难，下压大于10t则需考虑提密度以及扩眼、候螺模拟以保障套管一次下入顺利，避免起套管情况的出现。

2 富源区块大段玄武岩钻井液技术

2.1 井身结构

富源区块井身结构有三级、四级两种。三级结构井为长裸眼井，裸眼段长达5600～5800m，三级结构井二叠系玄武岩发育薄，通常低于100m，且二叠系承压能力弱，二叠系及以下深地层钻井液密度不可超过1.25g/cm³，在做好分段循环、防塌的基础上，钻井液正常维护可顺利完成长裸眼段的钻井作业。四级井身结构井二开裸眼段长3600～3800m，二叠系视厚约500m，玄武岩分布无规律性，厚者可达300m以上，给作业施工带来极大困难，富源210H井钻遇311m纯玄武岩，在厚玄武岩钻井作业中极具代表性(表6)。

表6 富源210H井井身结构

开次	钻头×钻深/mm×m	套管×下深/mm×m	中完原则
一开	Φ444.5×1200	Φ339.7×1200	封浅层疏松岩层
二开	Φ311.2×4850	Φ244.5×4850	封二叠系
三开	Φ215.9×7446	悬挂 Φ177.8×7444	封产层以上地层
四开	152.4×7694	裸眼完井	

注：①二叠系井段4140～4650m。

2.2 二叠系地层特点及邻井施工情况

2.2.1 地层特点

二叠系视厚约500m，顶部为薄层褐色泥岩，上、中部为纯玄武岩夹薄层褐色泥岩，下部为泥岩、砂岩。玄武岩深黑色，磁性强，硬度高，机械钻速低。二叠系承压能力相对较强，在做好"先期封堵、随钻堵漏"的钻井液措施基础上，其可承受密度1.30g/cm³钻井液进行钻进作业。

2.2.2 邻井施工情况

富源2小区设计井位少，邻井距富源210H井普遍较远，实际参考价值少。相邻同期富源105-H1井为三级结构井，两口井二叠系差别极大，富源105-H1井二叠系未钻遇玄武岩，且基本无火成岩，富源210H井钻遇火成岩，且有大段玄武岩。

2.3 现场作业情况

2.3.1 二叠系地质及工程施工信息

本井施工邻井调研未预计富源210H井钻遇大段玄武岩的可能性，钻井提速措施以及钻井液针对性维护处理措施在实践现场不断摸索、完善(表7、表8)。

表7 富源区块2口井二叠系简述

序号	井号	井段/m	段长/m	井眼尺寸/mm	岩性描述
1	富源105～H1	4580～5015	435	241.3	上部英安岩、细砂岩，下部泥岩、细砂岩
2	富源210H	4140～4650	510	311.2	311m玄武岩、下部泥岩、砂岩

表8　富源区块2口井二叠系施工简述

序号	井号	排量/(L/s)	施工时间/d	起下趟次	钻具组合简述
1	富源105-H1	31-29.5	6	1	①PDC+螺杆+18m-238mm 扶正器 ②4836m 更换阿特拉扭冲+18m-238mm 扶正器
2	富源210H	48-54	28	5	①PDC+螺杆+18m-307mm 短棱扶正器 ②4142m 更换阿特拉扭冲+18m-307mm 短棱扶正器 ③4340m 更换牙轮+无扶正器 ④4372m 更换阿特拉扭冲+无扶正器 ⑤4454m 更换牙轮+无扶正器 ⑥4481m 更换阿特拉扭冲+无扶正器

2.3.2　二叠系钻井液维护处理情况

（1）以密度 1.25g/cm³ 进入二叠系，后续钻进、通井因井下复杂，最终提密度至 1.31g/cm³。

（2）采用低黏切、强抑制的钻井液性能，后期因井下划眼、倒划眼，逐渐提高井浆黏切以增加携岩性能，并多次使用坂土浆、随钻堵漏材料配制滴流稠浆推砂。

（3）井浆中以乳化沥青为主做防塌剂，间断补充，含量不低于3%。

（4）使用磺化材料控制井浆失水<5mL。

2.3.3　二叠系井下复杂情况

（1）个别接立柱时存在上提困难，需循环、划眼（图1）。

（2）短起下个别点需倒划眼一个单根。

（3）振动筛返出较大量玄武岩掉块（图2）。

 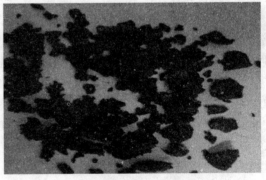

图1　4372m下钻划眼返出掉块　　　　　图2　玄武岩钻进期间返出掉块

（4）划眼期间扭矩波动大，同一位置反复憋停顶驱（扭矩设定23.5kN·m），憋停后可自行憋开（图3）。

（5）石炭系4762m下入扭冲+18m-309mm 常规螺旋扶正器通井钻进作业，下至井深2590m遇阻，间断冲划2.8d至3860m划眼困难。

2.3.4　二开电测井径模拟曲线

从井径扩大率分析，井深4762m通井划眼的原因在于上部地层长达21d未使用扶正器通井修复井壁，存在"缩径"现象，扶正器刮擦井壁造成长井段划眼。

二叠系玄武岩发育井段井径扩大率均低于20%，相对井径扩大率不高（图4），但作业期间频繁划眼、倒划眼，原因在于玄武岩破碎掉块，起钻掉块沉于钻头上，质地坚硬造成提钻困难；下钻在大小井眼处存在砂桥，开泵冲划后玄武岩掉块沉淀、上返同时造成划眼扭矩波动大，憋停转盘的现象。

图3　扭冲划眼时返出的岩屑及掉块

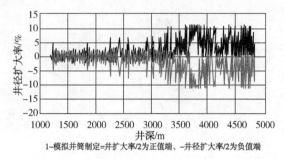

1—模拟井筒制定=井扩大率/2为正值端、−井径扩大率/2为负值端

图4　富源210H井二开1m间隔电测井径扩大率模拟井筒

2.4　大段玄武岩钻井液技术措施的完善

（1）保持井浆良好的流型，提高冲刷能力，防止井浆黏度高，造成井壁不清洁。

（2）选择合适的泥浆密度，根据井下情况果断提升、降低密度以削减井壁失稳、井漏风险。

（3）强化井浆净化，振动筛尽可能使用180目及以上筛布，坚持一体机、离心机的使用，井浆固相含量≤14%。

（4）使用乳化沥青、沥青粉做好防塌工作，振动筛做到返砂正常，基本无掉块。

（5）控制井浆中压失水<5mL，高温高压失水<12mL。

（6）使用KCl保持井浆强抑制性。

（7）做好随钻封堵工作，降低井浆消耗量。

（8）及时使用稠浆推带。

（9）下钻根据井下漏失风险程度进行分段循环以破坏长时间静止的泥浆结构。

3　认识与结论

通过富源、玉科区块多口井的现场实践，对于长裸眼复杂地层的井位，钻井液优良的防塌、防漏以及针对性的地层应对措施能显著地提高作业效率，增加单井效益。

（1）翔实调研邻井资料，辨析钻井液维护的重、难点。

（2）针对特殊地层开钻前提前制定操作性、实用性强的钻井液维护处理措施。

（3）钻井液性能调整需具备灵活性，根据实际地层岩性、井下情况变化灵活应变。

（4）对于长裸眼穿盐要综合考虑塌漏同防，做好"先期封堵、随钻堵漏"工作，强化对盐层通井的观察，根据电测、通井情况判断井下盐膏蠕变对井眼的影响，制定钻井液封闭浆、扩眼、模拟通井措施。

（5）对于大段玄武岩，要提高井壁的力学支撑，及时携带玄武岩掉块，配合工程使用动力钻具组合提高机械钻速，削减玄武岩井段作业周期，减少机械碰撞对井壁的伤害。

作者简介：吴修振，中国石化中原石油工程公司塔里木分公司泥浆站副站长，工程师。地址：新疆维吾尔族自治区巴音郭楞蒙古自治州库尔勒市轮台县虹桥开发区中原钻井 103 室，邮编：841600，电话：18199964930，E-mail：630808564@ qq. com.

安第斯水平井简化井身结构钻井液技术

崔贵涛[1,2]　李宝军[1,2]　蒋振伟[1,2]　赵向阳[1,2]

(1. 低渗透油气田勘探开发国家工程实验室；2. 川庆钻探钻采工程技术研究院)

摘　要　厄瓜多尔安第斯水平井大斜度井段经常出现高摩阻大扭矩、遇阻现象频发、卡钻时有发生，并且在大斜度井段出现的卡钻，没有成功解卡的先例；再加上井身结构的进一步简化和环保要求，使得大斜度井段施工难度进一步加大。针对上述难题，在厄瓜多尔政府环保要求的基础上，选取环境友好型钻井液处理剂，研制出了一种性能稳定、防塌能力突出、润滑性好、携砂能力强、环保性能理想等特点 GAP 钻井液体系。该体系在安第斯油田已规模化应用，成功完成了 16 口井，试验表明，该体系表现出良好的井壁稳定能力、润滑减阻和井眼净化能力，有效解决了泥页岩水化膨胀而引起的缩径扩径、掉块坍塌、高摩阻大扭矩、钻头泥包等技术难题。在大斜度井段施工过程中，16 口井眼始终处于良好净化状态，起下钻无阻卡，井底无沉砂，很好地解决了长裸眼段下存在的井壁坍塌、润滑防卡、携带岩屑等技术难题，确保了把 $9\frac{5}{18}$in 套管安全顺利下到预定位置，有效地将该区块水平井钻井周期降低到 20d 以内，大大降低作业成本，开拓了安第斯油田水平井开发新模式。

关键词　钻井液　防塌　井眼净化　润滑防卡　水平井

厄瓜多尔安第斯区块位于奥连特盆地，属于海相环境沉积，主要地层为晚第三系、第三系、白垩系；由于地层比较新，沉积时间短，成岩性差，极不稳定。水平井少，并且在大斜度井段施工中经常出现高摩阻大扭矩、遇阻现象频发、卡钻时有发生，并且在大斜度井段出现的卡钻，没有成功解卡的先例。所以该区块水平井通常采用四开井身结构，即斜井段就采用两层技术套管。因此，如何将斜井段简化为一层技术套管并保证安全施工，是该区块水平井提速提效的关键[1,2]。

1　钻井液技术难点

1.1　井壁稳定问题

ORTEGUAZA 层位页岩和煤层防塌问题突出。由于页岩和煤层裂缝发育，脆性大、强度低，裂缝相互交叉切割，形成复杂的裂缝系统使煤层有易碎的特点，容易坍塌造成井下复杂事故。并且 TIYUYACU 砾石层本身结构松散，井眼缩径严重，易发生卡钻事故[3~6]。

1.2　斜井段大井眼携屑困难，摩阻大，滑动托压

页岩层、煤层、砾石层、软泥层都处于同一裸眼井段，缩径和"大肚子"井眼同时存在，增加了岩屑的上返难度，特别容易在大斜度井段形成岩屑堆积，造成摩阻大和滑动托压，严重影响井下安全。

1.3　钻头泥包问题

由于入窗前井段 TIYUYACU、TENA 等层位都存在软泥岩，易于水化分散，使井眼内泥质或固相含量大增，滑动钻进中易吸附于钻头表面造成钻头泥包。

157

1.4 润滑性问题

斜井段简化井身结构后，斜井段长度达到 1700 多米，地层的多样性易造成高摩阻大扭矩，因此，钻井液要有极高的润滑性。

1.5 环保问题

厄瓜多尔环保苛刻，钻井废弃物处理必须符合厄瓜多尔政府环保要求，否则将受到严厉处罚。

2 技术思路与对策研究

2.1 体系配方确定

选用有机胺抑制剂（G319）作为主抑制剂，通过有机页岩抑制剂分子吸附在黏土的表面，与水分子竞争黏土的活性来降低黏土膨胀；聚合醇（MSJ）在利用浊点效应地层孔隙形成一层高效的隔离膜；再复配不同粒径的石灰石；从而在井壁外围形成一层保护层，大大阻碍水或钻井液渗入地层中，有效抑制地层水化膨胀，封堵地层层理或微裂缝，防止井壁坍塌[7,8]。利用有机胺和聚合醇为基本组分，再选取对环境友好钻井液材料，进行常温、高温条件下的一系列的配方优选实验，最后得出了 GAP 钻井液体系的基本配方如下：1%～2%膨润土+0.3%～0.5%提黏提切剂 XC−HV+0.3%～0.5%絮凝抑制剂 PHPA+0.8%～1.2%降滤失剂 PAC−LV+0.3%～0.5%稀释剂 XY−27+1%～1.5%有机胺 G319+0.2%～0.3%NaOH+1%～2%聚合醇 MSJ+0.5%～1%钻头清洁剂 PPC+0.5%～1.5%润滑剂 GHR−1+不同粒径的石灰石，基本配方性能见表1。

表1 GAP 钻井液性能参数

测定条件	FV/s	$FLAPI/mL$	$PV/mPa \cdot s$	$YP/mPa \cdot s$	$Gel/Pa/Pa$
常温	45~75	2~3	15~25	10~25	2~4/4~10
100℃、16h	35~65	3~4	10~20	7~18	1~3/2~8

注：钻井液密度为 1.05～1.25g/cm³。

在上述配方基础上，用如下配方配制基浆进行室内评价实验：1%膨润土+0.5%XC−HV+0.3%PHPA+1.2%PAC−LV+0.3%XY−27+0.2%NaOH+2%MSJ+1%PPC+不同粒径的石灰石。

基浆性能参数：密度 1.20g/cm³，表观黏度（AV）27mPa·s，塑性黏度为（PV）15mPa·s，屈服值 12Pa，API FL 为 5mL，pH 值为 9，初切/终切之比为 3/5。

2.2 体系抑制性能评价

表2 体系抑制能力评价

配方	一次回收率/%	二次回收率/%	配方	一次回收率/%	二次回收率/%
基浆+0.5%G319	73.5	64.6	清水+1.5%G319	91.5	83.8
基浆+1%G319	85.3	74.2	清水+2%G319	93.1	84.6

注：岩屑为 TIYUYACU 层位顶部泥岩岩屑，该岩屑在清水中一次回收率为15%，热滚条件是100℃×16h。

由表2 的结果可以看出：有机胺 G319 加量到 1.5%以后如再继续提高 G319 加量，岩屑的回收率提高幅度很低，多加没有多大效果，因此确定 G319 加量为 1%～1.5%之间。

2.3 钢棒黏附实验

取上述 TIYUYACU 层位顶部泥岩岩屑，烘干，碾碎，备用。用基浆和清水做钢棒黏附对比实验，通过钢棒对比实验(图 1)，验证钻头清洁剂 PPC 清洁效果。在这两种样品中各加入 8% 的已制备好的岩屑，充分搅拌后，分别倒入两个高温陈化釜，然后在陈化釜中再分别放入一个同样钢棒，在 100℃ 的条件下热滚 16h 候后取出。

钢棒取出后发现，在清水中的钢棒外表黏附了一层厚 0.5cm 的泥饼，而在基浆样中的钢棒外表清洁，说明钻头清洁剂具有良好清洁能力。

2.4 体系封堵能力评价

根据当地硬脆性泥页岩和砾石层地层的特点，自行研制能够模拟微裂缝的金属板，模拟 0.05mm 的微裂缝，与高温高压失水仪配套使用，构成能够模拟微裂缝的钻井液封堵仪。评价基浆在 3.5MPa、100℃ 条件下封堵 0.05mm 微裂缝，结果如图 2 所示。

图 1　钢棒黏附实验

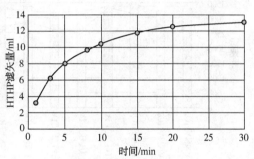

图 2　体系封堵能力评价

由图 2 可知，经过 15min 后滤失量增加的幅度明显减小，并且经过 30min 后，滤失量只有 13.1mL，说明基浆在正压差的作用下进入微裂缝，在较短的时间内架桥、填充，形成一层致密的封堵层，阻止钻井液中的水进入地层，从而达到防止地层坍塌的目的。

2.5 体系润滑性评价

针对该区块大斜度井段易坍塌、扭矩高、摩阻大的特点，室内筛选和评价和各种润滑剂，最终选定了环保型植物油润滑剂 GRH，进行了室内润滑性实验，实验结果见表 3。

表 3　体系润滑性能评价

序号	配方	FL/mL	PV/mPa·s	YP/Pa	极压润滑系数 R
1	基浆	6.9	17	11.5	0.1385
2	基浆+1%GRH	6.6	17	11.5	0.1196
3	基浆+1.5%GRH	6.4	17	11	0.1102
4	基浆+2%GRH	6.2	17	11	0.1065
5	基浆+0.3%PPC+1.5%GRH	6.0	17	11.5	0.0854
6	基浆+0.3%PPC+2%GRH	5.7	17.5	11.5	0.0602
7	6 号热滚(120℃×16h)后	5.5	17	11	0.0568

从表 3 可以看出，无荧光润滑剂 GRH 能够有效降低基浆的摩擦系数，润滑性能增强，

而且随着 GRH 含量的增加，摩擦系数明显降低，尤其是当防泥包快钻剂 PPC 与 GRH 配伍使用时，效果更加显著，0.3%PPC 和 2%GRH，就能使摩擦系数降低约 59%，而且在 120℃下热滚后，摩擦系数进一步降低，而流变性基本保持不变，说明体系抗温性能好，仍然能保持良好的润滑性能。

3 现场应用效果

GAP 钻井液体系已在安第斯油田规模化应用，顺利完成 16 口三开结构水平井（图 3），在大斜度井段施工过程中，16 口井井眼始终处于良好净化状态，起下钻无阻卡，井底无沉砂，很好地解决了长裸眼段下存在的井壁坍塌、润滑防卡、携带岩屑等技术难题，确保了把 $9\frac{5}{8}$ in 套管安全顺利下到预定位置，水平井平均钻井周期由 25d 以上降低到 20d 以内，大大降低作业成本，开拓了安第斯油田水平井开发新模式。

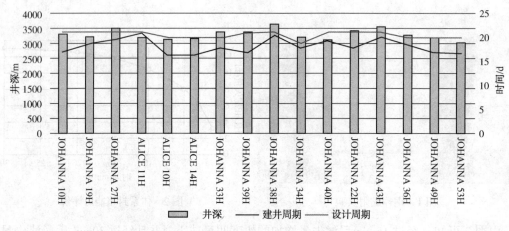

图 3 已完成三开结构水平井数

3.1 良好的井壁稳定能力

利用聚合醇的浊点效应，再复配不同粒径的石灰石，从而在井壁外围形成一层保护层，大大阻碍水或钻井液渗入地层中，有效抑制地层水水化膨胀，封堵地层层理或微裂缝，防止井壁坍塌，钻井液最高密度 1.21g/cm³，比以往斜井段降低 0.09g/cm³，没有发生井壁坍塌，该钻井液展现了良好的井壁稳定能力。

3.2 良好的流变性和井眼净化效果

定期使用超级纤维清洁剂 SUPER SWEEP 清扫井眼，既不影响钻井液的黏度和切力，又能成倍地提高钻井液的携带能力，使得斜井段钻井液表现出良好的流变性和井眼净化效果。

3.3 废钻屑处理符合厄瓜多尔政府环保要求，没有对环境造成污染。

表 4 JOHANNA 10H 井钻屑主要环保指标检测情况

	pH 值	电导率 CE/（μS/cm）	总烃 THC/（mg/L）	多环芳香烃 C/（mg/L）	镉 Cd/（mg/L）	总铬 Cr/（mg/L）	钒 V/（mg/L）	钡 Ba/（mg/L）
现场测定值	8.6	1065	0.56	<0.00005	<0.005	0.007	<0.001	2.6
规定值	<9	<4000	<1	<0.003	<0.05	<1	<0.2	<5

由表 4 可以看出：使用该钻井液所产生的岩屑各项指标均在厄瓜多尔政府环保要求指标范围内。

4 结论

GAP 钻井液体系在厄瓜多尔安第斯油田表现出超强的井壁稳定能力、良好流变性和润滑性能，有效解决了该区块水平井斜井段一系列技术难题，体系值得进一步推广应用。

GAP 钻井液体系在安第斯油田已规模化应用，开拓了安第斯油田水平井高效开发新模式。

参 考 文 献

[1] 兰凯，刘明国，郑华，等. 大压差泥页岩长裸眼斜井段安全钻井技术[J]. 地质科技情报，2016，35（1）：218-222.

[2] 余进，刘鹏，吴义成，等. 火烧山油田北部区块优化井身结构钻井液技术[J]. 新疆石油科技，2013，23（2）：6-8.

[3] 王业众，康毅力，李航，等. 裂缝性致密砂岩气层暂堵性堵漏钻井液技术[J]. 天然气工业，2011，31（3）：63-65.

[4] 张凤英，鄢捷年，李志勇，等. 钻井过程中暂堵剂颗粒尺寸优选研究[J]. 西南石油大学学报：自然科学版，2011，33（3）：130-132.

[5] 赵小龙，唐建新，范军. 井壁稳定性的研究[J]. 重庆科技学院学报：自然科学版，2007，（2）：10-13.

[6] 袁俊亮，邓金根，蔚宝华，等. 页岩气藏水平井井壁稳定性研究[J]. 天然气工业，2012，32（9）：66-70.

[7] 肖金裕，杨兰平，李茂森，等. 有机盐聚合醇钻井液在页岩气井中的应用[J]. 钻井液与完井液，2011，28（6）：21-25.

[8] 蒲小林，雷刚，罗兴树，等. 钻井液隔离膜理论研究与成膜钻井液研究[J]. 钻井液与完井液，2005，22（6）：1-4.

作者简介： 崔贵涛（1982—），工程师，川庆钻探有限公司钻采工程技术研究院。地址：陕西省西安市长庆兴隆园小区 710018，手机：18092016609，E-mail：cuigt_ zcy@cnpc.com.cn。

热响应膨润土在水基钻井液中的应用

董汶鑫　蒲晓林

(西南石油大学(成都)油气藏地质与开发国家重点实验室)

摘　要　为了适应于地层高温环境,本文以 N-异丙基丙烯酰胺(NIPAM)对常规膨润土进行改性,拟赋予膨润土热响应性。研究结果表明,温度小于 70℃,与常规膨润土相比,NIPAM/膨润土对钻井液流变及滤失无明显影响。但随钻井液温度进一步升高,常规聚合物的空间网状交联结构被破坏,钻井液表观黏度可由 22mPa·s 降至 12mPa·s,滤失量由 16mL 增至 40mL。相反地,热响应型 NIPAM/膨润土钻井液表观黏度则可回升至 21mPa·s,滤失量可降至 12mL,性能转变的温度窗口为 70~110℃。研究结果表明,热响应型 NIPAM/膨润土可提高钻井液流变稳定性,减小钻井液高温滤失量,具有一定的高温自修复性。

关键词　热响应　NIPAM/膨润土　流变　滤失　自修复性

膨润土的主要黏土矿物为蒙脱石,蒙脱石表面含有大量活化吸附位点,包含电负性氧原子及羟基基团[1,2]。基于此,具有极性酰胺基团的 NIPAM 分子可与蒙脱石表面的活化吸附位点间形成化学吸附,插入或吸附在黏土矿物层间或颗粒表面[3],以改善钻井液流变,增强钻井液高温下的封堵性。在常温条件下,吸附在蒙脱石表面的线性 NIPAM 分子表现为亲水性,黏土颗粒间空隙较大。而升高温度则可引发吸附在黏土表面的 NIPAM 分子单体进行原位自由基聚合[4],填补黏土颗粒间的空间漏缺,提高泥饼的封堵性,如下图 1 所示。且由于聚合温度大于 PNIPAM 的低相变临界温度,缔生的 PNIPAM 聚合物分子构象由线性转为蜷曲,可增加膨润土表面的疏水基比例,使得黏土表面憎水性增强,构成"外疏内亲"的泥饼结构,更好地阻止井筒内水分渗入地层。

1　NIPAM/膨润土复合物制备

1.1　实验材料

N-异丙基丙烯酰胺(购自 Sigma 试剂公司)及其聚合物结构如图 1 所示。钠基膨润土购自 Nanocor 公司,平均颗粒粒径为 2000 目(6.5μm),阳离子交换容量(CEC)为 145meq/100g。部分水解聚丙烯酰胺(PHP)(烧碱法)、羧甲基纤维素(CMC)及过硫酸钾(KPS),纯度均为化学分析纯,购自成都科龙化工试剂有限公司。超细碳酸钙(2000 目)及超细重晶石粉(2000 目)均购自上海阿拉丁试剂有限公司。

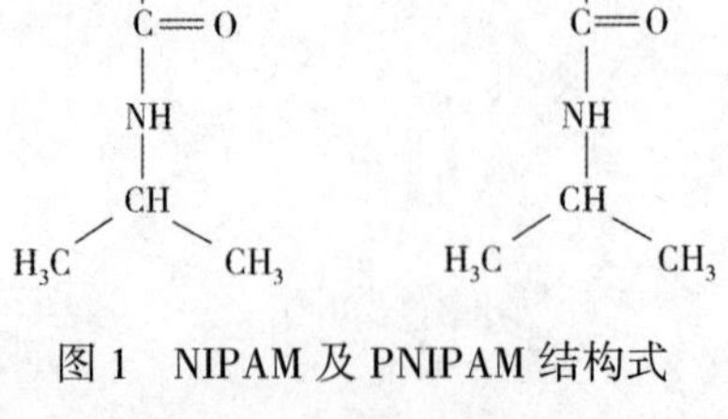

图 1　NIPAM 及 PNIPAM 结构式

1.2　NIPAM/膨润土复合物

首先预水化膨润土，将 4.5g 膨润土与 500mL 去离子水混合搅拌 12h。之后，加入 3gN-异丙基丙烯酰胺(NIPAM)晶体，在室温(25℃)下恒温磁力搅拌 12h，使 NIPAM 与水化黏土充分作用。之后，以 8000r/min 的离心速度离心混合液，倾倒掉上层清液，收集下层黏土。基于离心后黏土的体积，按体积比 1：50 加入去离子水，分散稀释黏土，并磁力搅拌 12h (25℃)，以洗脱未吸附在黏土表面的 NIPAM 分子。

将多次循环洗涤后的黏土置于 70℃的真空干燥箱中，干燥时间为 24h。之后，利用固体颗粒粉碎机，研磨干燥后的黏土颗粒至 200~400 目，制得 NIPAM/膨润土复合物。

2　NIPAM/膨润土的热响应行为

采用 KPS 作为引发剂，黏土表面吸附的 NIPAM 单体可在高温下自发实现原子自由基聚合，缔生为 PNIPAM 温敏聚合物[4]。含 NIPAM/膨润土的 KPS 水溶液在不同温度条件下的透光率如图 2 所示。复合物的透光率随温度升高逐渐减小，但当温度增至 70℃，复合物的透光率显著减小且降至最小值，说明吸附在黏土表面的 NIPAM 单体聚合并生成 PNIPAM 聚合物。

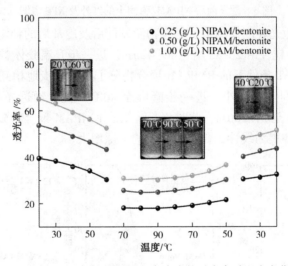

图 2　含 NIPAM/膨润土的 KPS 水溶液的透光率随温度变化图

激发前后的 NIPAM/膨润土复合物的红外结构谱图，如图 3 所示。其中，3681^{-1}cm 处尖锐的伸缩振动峰为蒙脱石端面羟基基团的结构表征，1644^{-1}cm 处的吸收峰为水分子的弯曲振动峰。另外，1259cm^{-1} 处的振动峰为仲酰胺的 C-N 伸缩振动峰，1560cm^{-1} 处的振动峰为仲酰胺 N-H 的面内弯曲振动峰，1681cm^{-1} 处的振动峰为酰胺羰基 C=O 伸缩振动峰，均为 NIPAM 的红外结构表征[5]。另外，图中 2873cm^{-1} 处尖锐的振动峰为烷烃 CH$_3$ 的对称伸缩振动，而 2952cm^{-1} 处的较为宽泛的吸收峰则为烷烃 CH$_3$ 反对称伸缩振动与烯烃 CH$_2$ 的对称伸缩振动，根据峰面积大小，可知膨润土中结合了大量的 NIPAM 单体。而激发后的 NIPAM/膨润土的红外结构发生显著变化，1385cm^{-1}、1459cm^{-1} 与 2927cm^{-1} 处的吸收峰分别为烷烃 CH$_2$ 的面外摇摆、变角与反对称伸缩振动[6]，1369cm^{-1}、2852cm^{-1} 与 2969cm^{-1} 处的吸收峰分别为烷烃 CH$_3$ 的变角、对称与反对称伸缩振动峰，说明 NIPAM 单体缔生为 PNIPAM 聚合物。同时，激发后的 NIPAM/膨润土的红外指纹区与表面羟基吸收峰消失，说明缔生的 PNIAPM 与膨润土发生反应并导致其黏土结构发生变化。进一步地，根据激发后的 NIPAM/膨润土的 XPS 谱图，可知 NIPAM/膨润土激发后黏土层间结构衍射峰消失，表明 NIPAM 的聚合行为导致黏土片层被完全剥离。

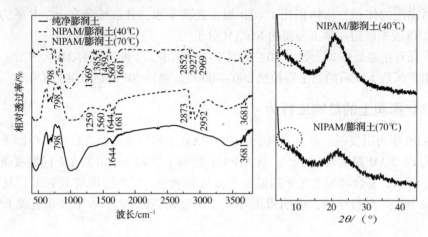

图 3　激发前后 NIPAM/膨润土的红外及 XPS 谱图

另外，本文采用激光粒度仪测量了复合物激发前后及冷却后的粒度变化(图 4)，可见激发后的 NIPAM/膨润土粒径由 26.85 增至 39.42μm，进一步升温胶体颗粒稳定，透光率无明显变化。表明高于 LCST 条件下的 PNIPAM 聚合物分子易进一步地相互缠绕与交联，使得黏土颗粒粒径增大，空间空隙减小。进一步降温至 40℃，复合物透光率则显著提高 40% ~ 50%，胶体颗粒粒径降至 31.26μm，此时相互缠绕的 PNIPAM 聚合物分子链解离，空间上蜷缩的 PNIPAM 分子链伸展为线性，黏土颗粒间的空隙增大。

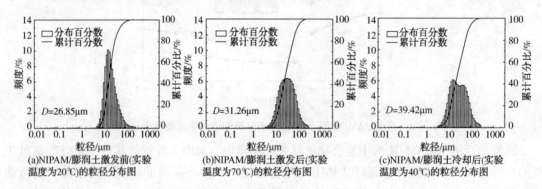

(a)NIPAM/膨润土激发前(实验温度为20℃)的粒径分布图

(b)NIPAM/膨润土激发后(实验温度为70℃)的粒径分布图

(c)NIPAM/膨润土冷却后(实验温度为40℃)的粒径分布图

图 4　激发前后 NIPAM/膨润土的 KPS 水溶液的粒径分布图

3　NIPAM/膨润土对钻井液滤失的影响

笔者采用高温高压滤失仪(实验压力为 3.5MPa)，进一步对比膨润土及 NIPAM/膨润土对钻井液的滤失量的影响，如图 5 所示。由图可看出，低黏聚丙烯酰胺可有效降低常规膨润土基钻井液的滤失量，但随温度升高，滤失量逐渐增大，高温稳定性差。但同样实验温度条件下，NIPAM/膨润土降滤失作用则明显强于常规膨润土，且具有明显的温度转变区间，其范围值为 70 ~ 110℃。具体地，低温下改性膨润土钻井液滤失量随温度升高略微增加，但当达到 70℃，滤失量显著减小，且当压滤温度约为 90℃时，滤失量趋于最小值。这是由于环境温度达到 NIPAM 单体的聚并温度区间，点吸附在黏土矿物表面的 NIPAM 分子充分交联，不仅极大增强了泥饼的疏水性，且聚并后的 NIPAM 分子粒径增大，可有效充填泥饼漏失孔洞，提高泥饼的致密性及封堵性。但当温度大于 110℃，钻井液滤失量又开始呈现出增长趋势，这是因为温度升高破坏了 PNIPAM 与膨润土间的部分化学吸附。

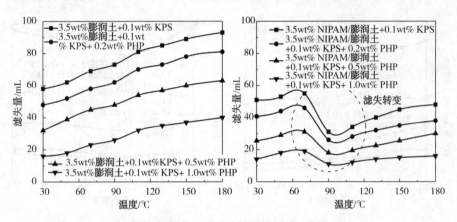

图 5　NIPAM/膨润土降滤失性随温度的变化

4　NIPAM/膨润土对钻井液流变的影响

钻井液流变性是钻井液重要的基础性能之一，对解决相关钻井问题(如携带岩屑，保证井眼的清洁；悬浮岩屑与重晶石；提高机械钻速；保持井眼规则和井下安全)时起着十分重要的作用。本文以 Fann 35A 型黏度计测试了室温下热响应型膨润土对钻井液流变的影响，如图 6 所示。

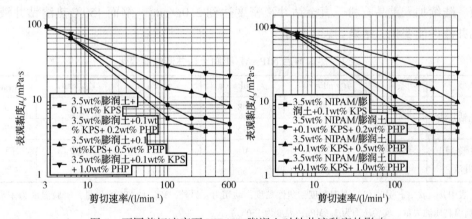

图 6　不同剪切速率下 NIPAM/膨润土对钻井液黏度的影响

研究表明，以热响应膨润土制备的钻井液流变特征基本与常规膨润土钻井液一致，满足假塑性流体特征。本文进一步研究温度对两种类型膨润土钻井液的影响，笔者先以不同温度热滚钻井液 16h，后以 Fann 35A 型黏度计迅速测量热滚后钻井液在 600r/min 转速下的表观黏度，实验结果如图 7 所示。由于热滚温度升高，可见常规膨润土钻井液黏度显著下降，但 NIPAM/膨润土钻井液黏度则随温度升高可逐渐恢复至初始状态，表现出一定的自修复性。

实验结果表明，NIPAM/膨润土钻井液流变转变温度区间为 70～110℃。当温度小于 70℃时，钻井液黏度逐渐减小，此时钻井液流变变化主导因素为 PHP 的弱交联结构的破坏，而当温度大于 70℃时，钻井液黏度逐渐升高，此时钻井液流变变化的主导因素为 PNIPAM 膨润土的热响应性，由于实验温度远大于 PNIAPM 的低临界相变温度，黏土表面新缔生 PNIPAM 聚合物可进一步交联，增强黏土间的结构力，起到稳定钻井液流变的作用。

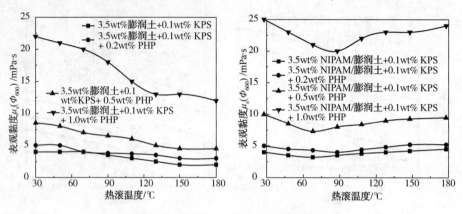

图 7　不同温度热滚后钻井液黏度变化

5　NIPAM/膨润土高密度钻井液

为了充分体现热响应型膨润土的性能，本文进一步以 NIPAM/膨润土为核心材料，辅以常用提黏剂及加重材料配制高密度热响应型钻井液。实验钻井液配方为 3.5wt%NIPAM/膨润土+0.1wt%KPS+0.5wt%PHP+0.5wt%CMC+3wt%CaCO₃（2000 目），对比钻井液配方为：3.5wt%润土+0.1wt%KPS+0.5wt%PHP+0.5wt%CMC+3wt%CaCO₃（2000 目）。搅拌上述两种钻井液，陆续加入重晶石粉，直至钻井液密度达到 2.0g/cm³。继而 150℃热滚钻井液 16h，测量钻井液性能变化，结果如表 1 所示。

表 1　热滚前后 NIPAM/膨润土钻井液性能变化

类型	条件	μ_a/mPa·s	μ_p/mPa·s	τ_o/Pa	V_{API}/mL	V_{HTHP}/mL
膨润土钻井液	热滚前	69	58	11.15	3.2	5.5
	热滚后	52	45	7.52	5.8	7.5
NIPAM/膨润土钻井液	热滚前	73	61	12.27	3.0	1.5
	热滚后	68	56	11.95	5.0	2.3

注：表中 μ_a，μ_p，τ_o 分别代表表观黏度，塑性黏度，动切力。另外，V_{API} 为 API 滤失量，实验温度为室温 20℃，V_{HTHP} 为高温高压滤失量，实验压力为 3.5MPa，温度为 150℃）。

研究表明，膨润土钻井液热滚后的黏度及动切力指数均明显降低，表明钻井液中聚合物成网能力下降，悬岩能力减弱。相反地，NIPAM/膨润土钻井液流变性较为稳定，说明高温条件下 NIPAM/膨润土钻井液仍具备空间成网能力，可保证钻井液的结构强度，悬浮高密度的重晶石颗粒。另外，高温高压条件下，NIPAM/膨润土钻井液滤失量减小率约为 50%，这是由于室温下伸展的 PNIPAM 聚合物分子随温度升高可进一步缠绕与交联，修复与填充泥饼孔洞，增强泥饼高温成膜性与疏水性所致。

6 结论

（1）基于 PNIPAM 的热响应性，本文以点吸附法制备的 NIPAM/膨润土，可稳定钻井液流变并降低钻井液的高温滤失量，其性能转变温度区间为 70~110℃。

（2）钻井液温度小于 70℃，NIPAM/膨润土对钻井液流变基本无影响。但当温度达到 NIPAM/膨润土的转变温度区间（70~110℃）时，钻井液黏度可恢复至初始值，最大滤失量可减小 43.6%，缓解了高温下 PHP 与 CMC 高分子聚合物的空间交联网状结构的破坏对钻井液稳定性的影响，表现出一定的自修复性。

（3）150℃热滚后，与常规膨润土高密度水基钻井液相比，NIPAM/膨润土高密度水基钻井液黏度显著提高，高温高压最大滤失量减小率为 54%，有效增强了钻井液高温条件下的稳定性。

参 考 文 献

[1] 苏俊霖，董汶鑫，罗平亚，等. 基于低场核磁共振技术的黏土表面水化水定量测试与分析[J]. 石油学报，2019，40(4).

[2] 董汶鑫，蒲晓林，任研君，等. 泥饼对钻井液用小分子抑制剂的阻挡作用[J]. 油田化学，2019(1)：23-26.

[3] Chen G，Yan J，Lili L，et al. Preparation and performance of amine-tartaric salt as potential clay swelling inhibitor[J]. Applied Clay Science，2017，138：12-16.

[4] Haraguchi K，Li H J，Matsuda K，et al. Mechanism of Forming Organic/Inorganic Network Structures during In-situ Free-Radical Polymerization in PNIPA-Clay Nanocomposite Hydrogels[J]. Macromolecules 2005，38 (8)，33-41.

[5] Haraguchi K，LI H. Mechanical properties and structure of polymer-clay nanocomposite gels with high clay content[J]. Macromolecules，2006，39(5)，1898-1905.

[6] 翁诗甫. 傅里叶变换红外光谱分析[M]. 化学工业出版社，2010.

作者简介：董汶鑫(1994—)，男，四川省乐山市人，现为西南石油大学油气井工程专业博士生，研究方向为钻井液工艺学。E-mail：511126a22pc. cdb@ sina. cn。

川东北区块钻井液高温稳定性控制技术及分析

张雪

（中国石化西南石油工程有限公司重庆钻井分公司）

摘　要　CS1 井是西南油气分公司部署在四川盆地川中隆起北部斜坡带柏垭鼻状构造的一口超深预探直井，以震旦系灯影组为目的层，完钻井深 8420m，预测井底最高温度 187℃，实际井底温度 178℃，钻井液的高温稳定性是该井的最大难点之一。本文首先从理论上分析了高温对钻井液处理剂分子链的影响及对钻井液性能造成的影响，通过高温稳定性机理分析，提出了解决方向；然后详细阐述了 CS1 井三开、四开和五开钻进过程中钻井液高温稳定性控制技术。由于钻井液处理措施制定充分，现场处理及时，保证了钻井液的高温稳定性，为钻井提速提效提供了良好的保障。

关键词　CS1 井　高温稳定性机理　钻井液技术　高温性能控制　流变性

1　施工概况

CS1 井是西南油气分公司部署在四川盆地中隆起北部斜坡带柏垭鼻状构造的一口超深预探直井，施工概况见表 1。

表 1　CS1 井施工概况

开钻程序	钻头程序		套管程序		钻井液类型	重难点
	尺寸/mm	深度/m	尺寸/mm	下入井段/m		
导管	Φ914.4	20	Φ720	0~20	高坂含钻井液	
1	Φ660.4	910	Φ508	0~910	空气钻	井眼大，环空返速低，携砂难
2	Φ444.5	3218.1	Φ365.1	0~4264		
		4264			钾基聚磺钻井液	气转液后易井壁失稳
3	Φ320.68	6880	Φ273.05/Φ279.4	3969.21~6880	聚磺防卡钻井液	高温、膏岩层、盐水层
4	Φ241.3	8060	Φ193.7	6880~8059	抗高温耐盐聚磺钻井液	高温、高压盐水层
5	Φ165.1	8420	Φ139.7	悬挂(7764.66~8420.00)	抗高温耐盐聚磺钻井液	高温、高压气层、地层破碎

2　钻井液高温机理分析

由于井深增加，井底处于高温和高压条件下，CS1 井三开-五开钻遇多层不同压力系统地层，且三开、四开裸眼段长，因此对钻井液的性能的控制提出了更高的要求。在高温条件下，钻井液中各种组分均会发生降解、发酵、增稠及失效等变化，钻井液材料分子链会发生不同程度的断链或交联，从而使得钻井液性能发生剧变，主要表现为[1]：

（1）钻井液起泡严重。

（2）钻井液处理剂颗粒的热运动遭到破坏，导致动切力上升或下降。

（3）钻井液内部的内摩擦作用和黏土颗粒之间形成的网架结构遭到破坏，使得塑性黏度/表观黏度上升或下降。

（4）高温解吸附和高温去水化影响了处理剂的护胶能力，导致失水量剧增，一般以140℃为转折点。

（5）钻井液抗腐蚀能力降低。

具体高温稳定性机理分析如图1所示：

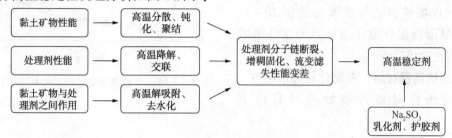

图1　钻井液高温稳定性机理分析

理论上，控制高温稳定性有以下解决方向：

（1）除氧作用：$Na_2SO_3 + O_2 \longrightarrow Na_2SO_4$。若处理剂分子中含有在溶液中易被氧化的键，则更容易发生高温降解。

（2）护胶作用：具磺酸基、羟基、胺基等基团的烯烃单体共聚物/改性后处理剂，基团在高温下吸附于黏土，防止黏土去水化和高温聚结，从而增强护胶能力。

3　现场高温稳定性控制技术

3.1　控制膨润土含量

由于高温使黏土矿物片状微粒的热运动加剧，一方面增强了水分子渗入黏土晶层内部，另一方面使黏土表面的阳离子扩散能力增强，导致扩散双电层增厚，ξ电位提高，更有利于分散，从而产生高温分散作用[1]。

高温分散作用使钻井液中黏土颗粒浓度增加，因此对钻井液流变性有很大的影响，且是不可逆和不可恢复的。室内实验和现场经验均表明：由于高温分散引起的钻井液高温增稠与钻井液中黏土含量密切相关，当黏土（特别是膨润土）含量大于其容量限时，在高温去水化作用下，相距很近的片状黏土颗粒彼此连接起来，形成布满整个容积的连续网架架构，即形成凝胶[1]。

现场采用现场井浆，测定其性能（表2），再通过先稀释再加重/加入不同量的膨润土，保证其他影响条件一致，测定不同坂含量的钻井液动切力，然后在150℃条件下老化16h，再冷却至室温测定各样品的动切力，具体实验结果如图2所示。

表2　现场用井浆性能

性能/测定温度70℃	实验数据	性能/测定温度70℃	实验数据
$\rho/(g/cm^3)$	2.10	$PV/mPa \cdot s$	39
FV/s	63	YP/Pa	8
FL/mL	2.8	$G1/G2/Pa$	2.5/11
K/mm	0.5	$Cb/(g/L)$	21
pH 值	10.5		

从图 2 可以看出：老化前，随着坂含的增加，动切力均呈现先缓慢后快速增长的趋势；通过老化作用之后，当坂含较低时，动切力有不同程度的降低，即具有一定的高温减稠作用，但当坂含高于 24g/L 后，则迅速上升，当坂含为 28g/L 时，钻井液增稠严重。因此现场控制钻井液坂含量在 20～22 g/L，降低因高温分散作用导致的钻井液增稠甚至固化的风险。

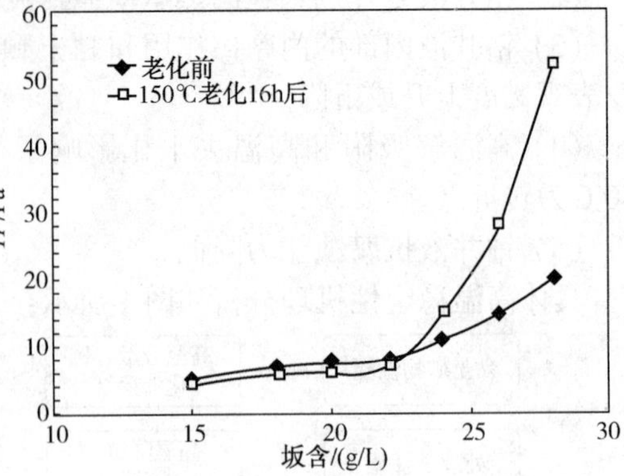

图 2　不同坂含钻井液老化前后动切力变化图

3.2　优选抗高温材料，并简化钻井液配方

高温条件对钻井液处理剂有以下要求[1]：

（1）高温条件下不易降解。

（2）对黏土颗粒有较强吸附能力，且受温度影响小。

（3）有较强的水化基团，在高温下具有良好的亲水性。

（4）有效抑制黏土的高温分散作用。

（5）抗高温降滤失剂不得使钻井液增稠。

（6）在 pH 值较低时也能充分发挥作用，有利于控制高温分散，防止高温胶凝和高温固化现象的发生。

为了满足上述要求，抗高温处理剂的分子结构应具有以下特征[1]：

（1）分子主链的连接键和主链与亲水基团的连接键应为"C—C""C—N"和"C—S"等，且避免分子中有易氧化的醚键和易水解的酯键。

（2）在处理剂分子中引入高价阳离子，使之与有机处理剂形成络合物，并抑制黏土的高温分散作用。

（3）处理剂水化基团选用亲水性强的离子基，如：$—SO_3^-$、$—CH_2SO_3^-$、$—COO^-$ 等，保证处理剂吸附在黏土颗粒表面后能形成较厚的水化膜，且受 pH 值影响小，使得钻井液具有较强的热稳定性。

现场通过小型实验，筛选了多种抗高温处理剂的最佳加量，然后再考察了多种处理剂（最佳加量）175℃时的高温高压降滤失能力，实验结果如表 3 到表 6 所示。

表 3　抗温抗盐聚合物降滤失剂评价结果统计表

编号	实验配方	G_1/G_2/Pa	PV/mPa·s	YP/Pa	$HTHP$（175℃）/mL
1#	井浆	3/18	36	11.5	44
2#	1#+0.5%DSP-1	10/39	68	28.5	31
3#	1#+0.5%磺酸盐	15.5/38	99	13	44
4#	1#+2%BZL-702	5/34.5	43	17	35
5#	1#+2%JNJS-200	7.5/34.5	45	17.5	40

表4　抗高温磺化类降滤失剂评价结果统计表

编号	实验配方	G_1/G_2/Pa	PV/mPa·s	YP/Pa	$HTHP$（175℃）/mL
1#	井浆	3/18	36	11.5	44
6#	1#+2%SPNH	3/19.5	40	12.5	30
7#	1#+2%SMP-3	3.5/19	42	13	17
8#	1#+2%SMP-2	2.5/15	35	10	54
9#	1#+2%BS-3	26/67	94	51.5	36

表5　抗高温沥青类封堵剂评价结果统计表

编号	实验配方	G_1/G_2/Pa	PV/mPa·s	YP/Pa	$HTHP$（175℃）/mL
1#	井浆	3/18	36	11.5	44
10#	1#+2%SMNA-1	4/24	38	11	24
11#	1#+2%磺化沥青粉	3.5/20	36	10	33
12#	1#+2%RHJ-3	3/19.5	33	9.5	23
13#	1#+2%SPNH（总院）	4.5/28	45	14	46

表6　抗高温降黏剂评价结果统计表

编号	实验配方	G_1/G_2/Pa	PV/mPa·s	YP/Pa	$HTHP$（175℃）/mL
1#	井浆	3/18	36	11.5	44
14#	1#+3%胶液（SMS-H：NaOH=3∶1）	3.5/20	36	10.5	29
15#	14#175℃老化26h	2.5/12	38	7	/
16#	1#+3%胶液（SMT：NaOH=3∶1）	3/16	34	8.5	15
17#	16#175℃老化26h	3/10	33	5	/

从表3可知：加入抗温抗盐聚合物降滤失剂后，均有一定的增黏效应，但高温高压滤失量均有不同程度的降低，其中以DSP-1效果最优。对几种抗高温磺化类降滤失剂的对比实验（表4）可知：除SMP-2外，其他几种处理剂对钻井液均有一定的增黏效应，但从高温高压滤失量看，SMP-3效果要明显优于其他几种处理剂。表5中对抗高温沥青类封堵剂的优选实验结果可以看出：RHJ-3既能降低钻井液的黏切，又能很好地降低高温高压滤失量，提高泥饼质量。表6中可以看出：加入配制成胶液的抗高温降黏剂，黏切均有一定程度的降低，而SMT能明显改善高温高压滤失量，经过老化之后，表现为高温减稠，是现场所需的良好的抗高温处理剂。

井越深，温度越高，钻井液性能越不稳定，维护难度越高，成本越高[2]。现场根据钻进情况，随着井深和井温的增加，逐步减少聚合物和聚合物降滤失剂的用量，同时增大磺化处理剂的用量，聚合物加量不超过0.1%（胶液量），聚合物降滤失剂加量不超过0.2%（胶液量），磺化处理剂加量不低于5%（胶液量）。同时复配各类抗高温处理剂，利用钻井液中处理剂的高温交联作用抵消或部分抵消处理剂高温降解作用及其影响，并增强处理剂效能以改善钻井液流变性和造壁性。

3.3　加入乳化剂提高高温稳定性

在高温条件下，黏土颗粒表面和处理剂分子中亲水基团的水化能力会降低，使水化膜变薄，从而导致处理剂的护胶能力减弱，滤失量增加。同时，高温下黏土表面的吸附能力也有所降低，导致处理剂的消耗量和加量会增加，从而增加成本。

乳化剂有较好的乳化、润湿和扩散等作用，钻井液中加入乳化剂后能有效地提高黏土与处理剂间的水化能力，从而大大提高处理剂(特别是降滤失剂)的作用效能，有助于减少处理剂的损失，并改善钻井液性能，提高钻井液的高温稳定性。

现场利用井浆，筛选了 OP-10 的最佳加量，由表 7 可知，OP-10 的加入有利于消除钻井液中因高温造成的起泡效应，改善钻井液的流变性，同时能降低高温高压滤失量，改善泥饼质量，从成本和应用效果综合考虑，现场 OP-10 加量为 0.1%。

表 7 乳化剂加量筛选

编号	OP-10/%	G_1/G_2/Pa	PV/mPa·s	YP/Pa	$HTHP$(175℃)/mL
1	0	3/16	40	11.5	23
2	0.05	3.5/15	38	11	22
3	0.1	3/14	35	10	20
4	0.15	3.5/14	35	10	19
5	0.2	4.5/17	45	12	19

3.4 合理使用固控设备

钻进过程中，对于亲水性极强的细小钻屑颗粒，一旦混入钻井液之中，会吸附钻井液中大量水分子，造成其流变性出现很大波动[3,4]。此外，CS1 井三开密度达到 2.12g/cm³，因此加强四级固控设备的使用也是高密度钻井液流变性控制的关键。现场振动筛筛网使用目数为 140~160 目，除泥器使用 180~200 目，及时将井浆中的岩屑和劣质固相筛除，并定期放沉砂罐和清掏过渡槽，保证各级固控设备使用良好。

4 结论

(1) 从理论上分析了高温对钻井液处理剂分子链的影响及对钻井液性能造成的影响，通过高温稳定性机理分析，提出了解决方向。

(2) 以理论为依据，根据现场实钻情况，从膨润土含量的控制，优选抗高温材料，加入乳化剂，以及加强四级固控使用等方面做工作，在钻遇高温地层前制定了充分的钻井液处理措施，并及时处理钻井液，保证了钻井液的高温稳定性，为钻井提速提效提供了很好的保障，保证了 CS1 井全井施工的顺利进行。

参 考 文 献

[1] 鄢捷年. 钻井液工艺学[M]. 北京：中国石油大学出版社，2001.
[2] 胡文军，罗平亚，白杨，等. 新型高温高密度盐水钻井液研究[J]. 钻井液与完井液，2017，34(3)：1-10.
[3] 李建军，王中义. 抗高温无固相钻井液技术[J]. 钻井液与完井液，2017，34(3)：11-15.
[4] 李栓，张家义，秦博，等. BH-KSM 钻井液在冀东油田南堡 3 号构造的应用[J]. 钻井液与完井液，2015，32(2)：93-96.

作者简介：张雪，工程师，现就职于中石化西南石油工程有限公司重庆钻井分公司，从事钻井液工艺与技术研究工作。地址：四川省德阳市泰山北路二段 86 号，邮编：618099，电话：13541168628，Email：lmxzx_ tommy.9@163.com。

钻井液低密度固相清除技术室内研究及现场试验

杨 新 陈小飞 张茉楚

（中国石油集团长城钻探工程有限公司钻井液公司）

摘 要 本文通过分析小相对分子质量阳离子聚丙烯酰胺的絮凝机理，对絮凝剂进行了室内实验研究优选，发现相对分子质量 600 万、阳离子度 20% 的阳离子聚丙烯酰胺作为絮凝剂，能有效降低钻井液的低密度固相，塑性黏度和切力也相应降低，且聚丙烯酰胺配成胶液浓度为 1% 时效果最佳。现场配合离心机实验发现，聚丙烯酰胺配成胶液浓度为 0.5%、流量为 0.35～0.4m³/h，比较有利于降低钻井液中低密度固相和坂含量，且塑性黏度相对较低。

关键词 钻井液 聚丙烯酰胺 阳离子 低密度固相 絮凝

近年来，随着地质条件的复杂、钻井深度和位移的增加，钻井难度相应增大，钻井液技术面临巨大的挑战。为了提高钻速、降低井下复杂事故的发生，钻井液固相控制技术成为从事钻井液工作人员关注的焦点。钻井液中固相按密度高低可分为两种：高密度固相和低密度固相。低密度固相即密度小于 2.7g/cm³ 的固相，如黏土和钻屑。随着井深增加，低密度固相含量越来越高。另一方面，工程施工过程中，为了降本增效，减少泥浆不落地处理的工作量，油田服务公司重复利用老浆，导致低密度固相累积现象比较明显。目前，大多数油田服务公司采取四级固控设备清除有害固相，分别是振动筛、除砂器、除泥器和离心机[1]。固控设备清除分散在钻井液中的低密度固相能力有限。随着钻井液中低密度固相的增加，钻井液的流变性变差，摩阻增大，钻具磨损严重，钻时增加，引发井下复杂事故的几率增加[2]。本文阐述了小相对分子质量阳离子聚丙烯酰胺的絮凝机理，对絮凝剂进行了室内实验研究优选。

1 室内研究

1.1 实验原理

钻井液中低密度、带负电荷的黏土和岩屑颗粒，均匀分散在胶液中，形成相对稳定的体系。然而，通过絮凝机理可知，这些小颗粒很容易被絮凝剂吸附、包裹起来形成尺寸相对较大的颗粒而发生沉降。小相对分子质量的阳离子聚丙烯酰胺通过链状结构和自由基团吸附钻井液中的低密度颗粒，包裹、聚集形成一个絮团。吸附一定量的带负电荷的颗粒后，絮团不带电荷，其表面形成一层非活性保护膜，阻止絮团聚结(图 1)。因此，阳离子聚丙烯酰胺的阳离子度决定了絮团尺寸的大小。在离心机作用下，大颗粒的絮团从钻井液体系中分离出来。由于此阳离子聚丙烯酰胺阳离子度与相对分子质量有关，阳离子度太大，带正电的阳离子聚丙烯酰胺与钻井液中的固相颗粒相互作用力增强，钻井液的黏度增大，反而不利于固相的清除；小相对分子质量的阳离子聚丙烯酰胺易于溶解，在清除固相的同时，对钻井液的流变性影响可忽略不计[3]。

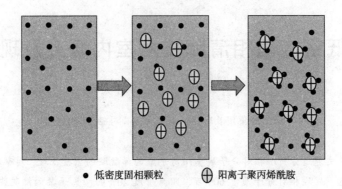

图 1   阳离子聚丙烯酰胺絮凝固相颗粒示意图

1.2   实验方法

（1）阳离子聚丙烯酰胺胶液的配制。按照标准 GB/T 31246—2014 的测试方法，检测了几种阳离子聚丙烯酰胺的阳离子度和相对分子质量，优选相对分子质量为 600 万，阳离子度为 20% 的样品作为絮凝剂。按照 1% 的质量浓度配制阳离子聚丙烯酰胺胶液，水中边搅拌边缓慢加入阳离子聚丙烯酰胺粉末，低速搅拌 2h 备用。

（2）量取 300mL 从钻井施工现场取回的有机硅聚合物体系钻井液，分别加入(1)中配制好的阳离子聚丙烯酰胺胶液 3mL（1%），6mL（2%），在 11000r/min±300r/min 转速下高搅 10min。

（3）将原井浆和加入阳离子聚丙烯酰胺胶液的井浆，用实验室低速离心机（型号 LD5-2B）在 2000r/min 下离心 5min。

（4）取离心后的液相，按照 GB/T 16783.1—2014 的方法，测量密度、流变性、坂土含量(坂含)和固相含量(固含)。

1.3   实验结果

实验结果见表 1。

表 1   实验数据

样品	$\rho_{df}/$ (g/cm³)	$\Phi600/$ $\Phi300$	$\Phi200/$ $\Phi100$	$\Phi6/\Phi3$	$AV/$ mPa·s	$PV/$ mPa·s	$YP/$Pa	初切/Pa	坂含/ (g/L)	$\varphi_s/\%$
1#	1.31	88.0 61.0	51.0 42.0	31.0 30.0	44.0	27.0	17.0	7.0	107.2	16.0
2#	1.21	80.0 57.0	47.0 36.0	27.0 26.0	40.0	23.0	17.0	5.5	105.1	11.0
3#	1.18	72.0 49.0	39.0 27.0	9.0 8.0	36.0	23.0	13.0	3.0	95.1	8.0
4#	1.17	61.0 41.0	33.0 23.0	6.0 4.5	30.5	20.0	10.5	2.5	97.2	10.0

注：1#为井浆；2#为井浆离心后的液相；3#为井浆+1%聚丙烯酰胺胶液离心后的液相；4#为井浆+2%聚丙烯酰胺胶液离心后的液相。

1.4 分析与讨论

1.4.1 低密度固相体积分数的计算

根据 GB/T 16783.1—2014《石油天然气工业钻井液现场测试第 1 部分：水基钻井液》8.4.3 中低密度固相体积分数计算公式，进行适当简化，可得本文中低密度固相体积分数计算公式。

（1）由于加重材料为一级重晶石，根据重晶石入库质检检测的数据，重晶石平均密度为 $4.21 g/cm^3$，因此公式中 ρ_b 取 4.21。

（2）依照 GB/T 16783.1—2014 低密度固相的密度 ρ_{lg} 取 2.60。

（3）由于本文涉及的都是淡水钻井液，氯离子浓度非常低，可忽略不计。因此，C_{Cl^-} 为 0，滤液密度 ρ_f 为 1。

（4）由于 C_{Cl^-} 为 0，悬浮固相体积分数 φ_{ss} 等于固相体积分数 φ_s。

（5）液相中油的密度 ρ_o 取 0.8。

简化后的低密度固相体积分数计算公式为

$$\varphi_{lg} = \left(\frac{1}{4.21 - 2.60}\right)[100 + (4.21 - 1)\varphi_s - 100\rho_{df} - (1 - 0.8)\varphi_o] \tag{1}$$

$$\varphi_{lg} = \frac{1}{1.61}(100 + 3.21\varphi_s - 100\rho_{df} - 0.2\varphi_o) \tag{2}$$

式中，φ_{lg} 为钻井液中低密度固相体积分数，%；φ_s 为钻井液中固相含量体积分数，%；φ_{df} 为钻井液密度，g/cm^3；φ_o 为钻井液中油的体积分数，%。

表 2　低密度固相含量

样品	$\rho_{dp}(g/cm^3)$	$\varphi_s/\%$	$\varphi_o/\%$	$\varphi_{lg}/\%$
1#	1.31	16.0	2.1	12.39
2#	1.21	11.0	2.0	8.64
3#	1.18	8.0	2.0	4.52
4#	1.17	10.0	2.0	9.13

从表 2 可知，通过离心处理，井浆的密度从 $1.31 g/cm^3$ 降至 $1.21 g/cm^3$，降低了 7.6%；坂土含量从 107.2g/L 降至 105.1g/L，降低了 2.0%；固相含量从 16.0% 降至 11.0%，降低了 31.2%；低密度固相含量从 12.39% 降至 8.64%。固相含量有效降低，但坂土含量降低有限，低密度固相降低了 30.3%。

当井浆中加入 1% 聚丙烯酰胺胶液絮凝离心后，井浆的密度从 $1.31 g/cm^3$ 降至 $1.18 g/cm^3$，降低了 9.9%；坂土含量从 107.2g/L 降至 95.1g/L，降低了 11.3%；固相含量从 16.0% 降至 8.0%，降低了 50.0%；低密度固相含量从 12.39% 降至 4.52%，降低了 63.5%。与仅仅通过离心处理的效果相比，加聚丙烯酰胺絮凝离心处理后的井浆固相含量和坂土含量降低效果明显。

当继续加大聚丙烯酰胺胶液浓度至 2% 后，与加入 1% 聚丙烯酰胺胶液絮凝离心处理后的井浆相比，密度降低了 $0.01 g/cm^3$，坂土含量增加了 2.1g/L，固相含量增加了 2%，低密度固相大幅度增加。由此可知，井浆经过絮凝离心处理后，可以有效降低井浆的固相含量和坂土含量，且加入聚丙烯酰胺胶液最佳浓度为1%。

1.4.2 流变性的变化

从表1可知，井浆通过离心处理后，表观黏度和塑性黏度分别降低了9.1%和14.8%，切力变化较小；当井浆中加入1%聚丙烯酰胺胶液絮凝离心后，表观黏度降低了18.2%，塑性黏度降低了14.8%，动切力降低了23.5%，初切降低了57.1%，井浆黏度降低的同时，切力大幅度降低。当继续加大聚丙烯酰胺胶液浓度至2%时，处理后的井浆黏度和切力进一步降低。由于小相对分子质量聚丙烯酰胺的消耗，对井浆黏度的影响有限，随着固相的清除，井浆的黏度和切力相应降低，有利于钻井液流变性的控制和调整。

2 现场试验

2.1 工艺设计

结合室内实验的结果，考虑到钻井液作业现场的实际情况，1.0%聚丙烯酰胺胶液太黏稠，采用泵输送有一定的难度，配制过程也不容易搅拌均匀，故确定0.5%聚丙烯酰胺胶液为理想的絮凝剂胶液。进行现场试验，工艺流程图见图2。采用计量泵注入聚丙烯酰胺胶液、供液泵注入钻井液至离心机进料口混合进入离心机中心管中，在离心作用下，分离出固相和液相。试验中的设备参数见表3。

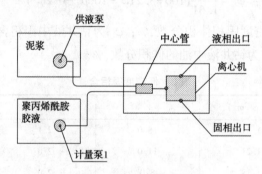

图2 现场工艺流程图

表3 现场试验设备参数

设备名称	规格型号	功率/kW	最大处理量/(m³/h)
离心机	GLW355-1257N	37(主机)	40
		7.5(辅机)	
供液泵	GYB-40	5.5	40
计量泵	GB-500/0.8	0.75	0.5

2.2 工程概况

2.2.1 工程概况

设计井深：3649.41m；现场试验井深：2620m；钻井液设计配方：4%~5%坂土浆+0.3%~0.5%NaOH+0.3%~0.5%多元包被剂+0.2%~0.4%GWJ+0.2%~0.4%SAHm+1%~1.5%KH931+1%~1.2%SLNP+1%~1.5%SMP+0.8%~1%SPNH+0.1%~0.3%PAC-LV+1.5%~2%超细CaCO+2%~4%液体润滑剂+石墨粉+加重剂。

2.2.2　设备性能参数(表4)

表4　现场试验设备参数

设备名称	规格型号	功率/kW	最大处理量/(m³/h)
离心机	LW600-1019N	45(主机)	60
		7.5(辅机)	
供液泵	HC/100GLB60	7.5	60
计量泵	GB-500/0.8	0.75	0.5

2.3　试验数据(表5、表6)

表5　现场试验参数

样品	聚丙烯酰胺胶液注入流量/(m³/h)	离心机供液泵注入钻井液流量/(m³/h)	样品	聚丙烯酰胺胶液注入流量/(m³/h)	离心机供液泵注入钻井液流量/(m³/h)
1	0	0	7	0.25	20
2	0	20	8	0.30	20
3	0.05	20	9	0.35	20
4	0.10	20	10	0.40	20
5	0.15	20	11	0.45	20
6	0.20	20	12	0.50	20

备注：①样品编号1的样品，从振动筛出口取，其余样品均从离心机溢流口取；②每次调整注入量后，待溢流口出液5min后取样。

表6　钻井液性能

样品	ρ_{df}/(g/cm³)	$\Phi600/\Phi300$	$\Phi200/\Phi100$	$\Phi6/\Phi3$	AV/mPa·s	PV/mPa·s	YP/Pa	坂含/(g/L)	φ_s/%	φ_{1g}/%
1	1.27	99 67	52 35	10 8	49.5	32.0	17.5	105.1	22.5	27.84
2	1.15	70 45	36 24	7 5	35.0	25.0	10.0	100.6	16.0	22.34
3	1.15	72 50	38 26	7 6	36.0	22.0	14.0	104.4	15.0	20.34
4	1.15	71 48	37 25	7 6	35.5	23.0	12.5	102.2	13.8	17.95
5	1.15	71 46	36 23	6 5	35.5	25.0	10.5	99.8	14.7	19.74
6	1.16	68 46	36 24	7 5.5	34.0	22.0	12.0	98.8	14.5	18.72
7	1.16	65 43	35 22	6 5	32.5	22.0	10.5	96.1	13.8	17.33
8	1.16	61 41	32 21	6 5	30.5	20.0	10.5	98.4	14.1	17.93

样品	$\rho_{df}/$ (g/cm³)	Φ600/Φ300	Φ200/Φ100	Φ6/Φ3	AV/ mPa·s	PV/ mPa·s	YP/Pa	坂含/ (g/L)	φ_s/%	φ_{1g}/%
9	1.16	69 46	35 23	6.5 5	34.5	23.0	11.5	85.4	12.0	13.74
10	1.16	64 41	32 21	6 5	32.0	23.0	9.0	73.2	11.7	13.14
11	1.16	66 42	31 20	4 3	33.0	24.0	9.0	73.5	11.5	12.74
12	1.16	60 36	28 18	5 4	30.0	24.0	6.0	72.2	11.6	12.94

2.4 结果与分析

2.4.1 聚丙烯酰胺对低密度固相含量的影响

从图 3 可知，随着聚丙烯酰胺胶液注入流量的增加，从离心机溢流口出来的钻井液低密度固相含量逐渐降低。当聚丙烯酰胺胶液注入流量从 0 增加到 0.3m³/h 时，钻井液低密度固相含量从 22.34% 降至 17.93%；当聚丙烯酰胺胶液注入流量从 0.3m³/h 增加到 0.35m³/h，钻井液低密度固相含量 17.93% 降至 13.74%，大幅度降低；随后，低密度固相含量随聚丙烯酰胺胶液注入流量的增加而趋于稳定 13% 左右。因此，选取浓度为 0.5% 聚丙烯酰胺胶液注入流量 0.35m³/h 比较有利于降低钻井液中低密度固相含量。

2.4.2 聚丙烯酰胺对钻井液坂含的影响

从图 4 可知，随着聚丙烯酰胺胶液注入流量的增加，钻井液坂含逐渐降低。当聚丙烯酰胺胶液注入流量从 0 增加到 0.3m³/h，钻井液坂含从 100.6g/L 降至 98.4g/L；当聚丙烯酰胺胶液注入流量从 0.3m³/h 增加到 0.4m³/h，钻井液坂含从 98.4g/L 降至 73.2；随后，随着聚丙烯酰胺胶液注入流量的增加，钻井液坂含趋于稳定在 72~73g/L 之间。因此，选取溶度为 0.5% 聚丙烯酰胺胶液注入流量 0.4m³/h 比较有利于降低钻井液中坂含。

2.4.3 聚丙烯酰胺对钻井液塑性黏度的影响

从图 5 可以看出，钻井液塑性黏度随聚丙烯酰胺胶液的注入流量的增加波动较大，当聚丙烯酰胺胶液注入流量增加至 0.3m³/h 时，钻井液塑性黏度降至最低 20mPa·s；随后，钻井液塑性黏度随聚丙烯酰胺胶液注入流量的增加而增加。原因可能是，聚丙烯酰胺胶液注入流量增加至 0.3m³/h 时之前，由于钻井液中的固相含量的清除导致塑性黏度的降低，而后固相含量随聚丙烯酰胺胶液的注入流量的增加而趋于稳定，由于聚丙烯酰胺胶液具有增黏作用，故钻井液的塑性黏度逐渐增加。

3 结论

通过室内研究和现场试验可以得出以下结论：（1）研究发现，相对分子质量 600 万、阳离子度 20% 的阳离子聚丙烯酰胺作为絮凝剂，能有效降低钻井液的低密度固相，塑性黏度和切力也相应降低，且室内发现聚丙烯酰胺配成胶液浓度为 1% 时效果最佳；（2）现场配合离心机试验发现，聚丙烯酰胺配成胶液浓度为 0.5%、流量为 0.35~0.4m³/h 比较有利于降低钻井液中低密度固相含量和坂含，且塑性黏度相对较低。

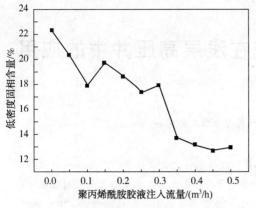

图 3　钻井液低密度固相随聚丙烯酰胺胶液
注入流量的变化

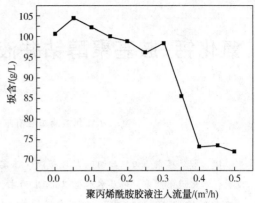

图 4　钻井液坂含随聚丙烯酰胺胶液
注入流量的变化

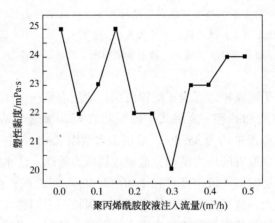

图 5　钻井液塑性黏度随聚丙烯酰胺胶液注入流量的变化

参 考 文 献

［1］王维．冀东油田固相控制技术优化［J］．钻井液与完井液，2018，35(1)：47-52.

［2］杨刚．辽河油区钻井液低密度固相控制［D］．东北石油大学，2017.

［3］董怀荣，李宗清，夏晔，等．胜利油田钻井液固液分离用絮凝剂的优选实验及相关分析［J］．西部探矿
工程，2018，30(7)：58-61.

作者简介：杨新，长城钻探钻井液公司，高工。地址：辽宁省盘锦市兴隆台区石油大街东段 160 号长城钻探东部基地，邮编：124010，E-mail：xyang.gwdc@cnpc.com.cn。

氯化钙–胺基聚醇钻井液在浅层高压井中的应用

成建强

(胜利石油工程有限公司井下作业公司)

摘　要　孤东油田馆陶组油层埋藏浅、压实差，胶结疏松，成岩性差；泥岩性较软且砂层发育，水化造浆严重，地层水水型以 $CaCl_2$ 为主，由于长期高压注水，往往打开油层时钻井液密度可在 $1.40 \sim 1.60 g/cm^3$ 之间；使用常规的钻井液技术经常产生黏卡、起钻拔活塞、下钻划眼、钻头钻具泥包、测井阻卡等井下复杂。针对这一难题，选用氯化钙胺基聚醇强抑制钻井液体系，在上部易造浆地层抑制黏土水化、膨胀分散，保证了低黏、低切、高失水下井壁稳定和井眼清洁，达到快速钻进的目的。在下部油层段高密度情况下，保证了抑制性、低失水和高润滑性，并且滤液与地层水矿化度相当，很好地保护了油气层。

关键词　氯化钙　胺基聚醇　高密度　抑制水化膨胀　保护油气层

孤东油田馆陶组属于河流相砂泥岩正韵律沉积，油层埋藏浅、压实差，胶结疏松，胶结类型多为接触式、孔隙式和孔隙–接触式。储层物性好，渗透率高，平均空气渗透率为 $1195 \times 10^{-3} \mu m^2$，有效孔隙度平均为 35.8%，地层水水型以 $CaCl_2$ 为主。开采过程中，由于长期高压注水，改变了地层原有的压力结构，造成地层压力活跃、注水窜流、油层中形成局部高压圈闭，往往打开油层时钻井液密度可在 $1.40 \sim 1.60 g/cm^3$ 之间；由于上部地层易水化分散，具有极强的造浆能力，这样为确保井控安全既要保持一定的钻井液密度，又要清除钻井液中的有害固相，这给钻井液维护处理带来很大的困难；使用常规的钻井液体系在钻二开时不能有效地控制造浆，高相对分子质量聚合物的使用量大，容易导致在高浓度下形成高的滤液黏度，造成钻井液黏滞性强，钻屑糊井眼，同时造成固控设备的分离效率降低，遇到大段泥岩层，钻井液变稠，为了稀释和降低钻井液黏度又需加水，加水后往往又需加处理剂调整其性能，这样多次反复处理钻井液，大大增加了钻井液材料消耗，使钻井液成本增加，不仅无法满足"不落地"固液分离技术要求，而且经常遇到黏卡、起钻拔活塞、下钻划眼、钻头钻具泥包、测井阻卡等井眼不畅通及不清洁造成的井下复杂难题。

1　钻井液技术及配方确定

1.1　选用氯化钙胺基聚醇强抑制钻井液体系

在体系中选用氯化钙配合胺基聚醇作为上部易造浆地层的强抑制剂，利用钙离子对黏土中和作用、同离子效应和渗透水化效应达到抑制黏土水化膨胀的目的，同时其中的离子反应后在泥饼地层之间形成一层致密的保护膜，致使钻井液难以对其进行冲刷破坏，有效防止水进入地层，从而起到了保护作用[1]，胺基聚醇分子链中引入的胺化合物靠特殊结构牢牢吸附在黏土上，减少黏土层间距，从而阻止水进入地层，起到抑制黏土水化稳定井壁的作用，从而提高了钻井液的整体抑制性[2~5]。

1.2 控制钻井液低黏、低切

（1）二开上部易造浆地层井段，在抑制住黏土水化膨胀分散的基础上，跟足聚合物稀胶液和清水控制黏度自然升高，维护钻井液低黏、低切、高失水，并采用大排量保持对井壁的冲刷能力以提高井眼扩大率，以保证快速钻进。

（2）在斜井段钻进过程中维持较低的黏度、切力、低失水，同时加大排量携带岩屑，以防钻屑在井壁上的黏附，同时利用钻具的旋转和短起下破坏岩屑床达到井眼清洁的目的。

1.3 清除劣质固相合理控制好钻井液密度

采用筛布为120目的振动筛2台、除砂器1台、离心机1台，三级固控设备同步运转，保证三级固控设备的处理能力，以清除劣质固相，钻井液自然密度控制在1.12g/cm³以内，根据井下实际情况用重晶石提高钻井液密度，一般在1000m左右将钻井液密度提到1.25g/cm³以上，起钻或短起时灌好钻井液防止抽汲井喷或井下其他复杂情况发生，确保井下安全。

1.4 储层段降低钻井液失水

水解聚丙烯腈–铵盐含有COOH、COONH₄、CONH₂、CN等基团，具有一定的抗温和抗盐能力，由于NH^{4+}在页岩中的镶嵌作用，还具有一定的防塌效果；抗高温改性淀粉具有较强的抗盐抗钙性能和降滤失性能，可有效减少钻井液对油层的污染；钻井液用多枝化酚醛树脂降失水剂具有抗温抗盐及降黏作用。所以配合使用钻井液用水解聚丙烯腈–铵盐、钻井液用抗高温淀粉及钻井液用多枝化酚醛树脂SPC-220作为钻井液降失水剂，在进入储层段以前将钻井液失水降到5mL以内。

1.5 增加钻井液润滑性

斜井段中加入白油润滑剂，高密度情况下加入随钻堵漏剂或承压堵漏剂封堵易形成压差的砂岩段，同时加入石墨、玻璃微珠等固体润滑剂利用物理作用降低黏卡，使钻井完井滤液具有良好的润滑性能，保证钻进、完井电测及下套管顺利。

1.6 提高封堵和抑制性来保护油气层

（1）提高钻井液的封堵能力：采用与油层孔喉相匹配的屏蔽暂堵钻井技术，以控制钻井液中的细粒进入油层，在进入油层前100m，加入钻井液用防塌降黏降滤失剂与随钻堵漏剂或钻井液用非渗透处理剂，充分保证钻井液中封堵材料有效含量，提高钻井液的泥饼质量，API常规滤失量小于4mL，以保护好油气层。

（2）强抑制性：氯化钙和胺基聚醇能有效控制黏土水化膨胀、分散，减少由于黏土水化膨胀、分散而造成对油层的堵塞，保护油气层。降低表面张力：胺基聚醇具有表面活性，能降低表面张力，有效控制水锁。

综上所述：针对该区块当前状况，应用氯化钙胺基聚醇强抑制钻井液体系，既能增强钻井液抑制，性有效地控制造浆，解决上部地层水化膨胀问题，又易进行钻井液处理，应用钻井液用水解聚丙烯腈–铵盐、钻井液用抗高温淀粉及钻井液用多枝化酚醛树脂SPC-220作为降失水剂，在上部二开造浆段实现低黏、低切、高失水，稳定井壁达到快速钻进的目的，下部地段达到低失水和有效封堵，利用液体润滑剂、固体润滑剂复配保证高密度情况下钻井液的润滑性能，能够保证下部施工顺利并且滤液与地层水矿化度相当，能够很好地保护油气层。

1.7 钻井液配方确定

钻井液配方：土浆+1%~2%氯化钙+0.5%钻井用胺基聚醇+0.1%~0.3%钻井液用聚丙

烯酰胺干粉+0.2%~0.4%烧碱+0.5%~1%钻井液用改性铵盐+1%~1.5%钻井液用抗高温淀粉+1%~1.5%钻井液用降失水剂多枝化酚醛树脂+1.5%~2%钻井液用防塌降黏降滤失剂+2%~2.5%钻井液用油基润滑剂-2+1%~2%随钻堵漏剂或钻井液用非渗透处理剂+1%~2%固体润滑剂，加重材料选用重晶石粉；密度：1.26g/cm³，塑性黏度：67mPa·s；动切力：10.5Pa，切力1/1Pa；滤失量：1.0mL，pH：9；钻井液体系流变性良好，滤失量很小，当密度提升到1.50g/cm³时，体系各项性能仍然良好，该钻井液体系现场可操作性强，完全适合该区块钻井的需要。

2 钻井液性能评价

2.1 抑制造浆实验

准确量取350mL蒸馏水两份，其中一份加入1.0%的氯化钙和0.5%胺基聚醇，向上述两份水溶液中分别加入35g膨润土，高速搅拌20min后放入老化罐中，室温密闭放置24h，高速搅拌5min，在25℃±2℃下用六速旋转黏度计测定基浆的100r/min读数。

按式（1）计算抑制造浆率：

$$X = \frac{\phi_1 - \phi_2}{\phi_1} \times 100 \tag{1}$$

式中，X 为抑制造浆率，%；ϕ_1 为纯水浆的100r/min读数。

实验结果见表1。

表1 抑制造浆实验表

	API滤失量/mL	$\Phi600/\Phi300$	$\Phi200/\Phi100$	$\Phi6/\Phi3$	钙离子
氯化钙胺基聚醇	全失	3/2	1.5/1	0.5/0.5	1686.41
膨润土浆	40	19/15	13/11	9/8	308.00

氯化钙胺基聚醇钻井液体系抑制造浆率=90.9%，从实验数据可以看出，抑制率大于85%，说明氯化钙胺基聚醇钻井液体系抑制造浆能力强。

2.2 页岩滚动回收率实验

（1）称取50.00g（准确至0.01g）2~4.5mm明化镇组泥页岩岩样，装入盛有350mL的该钻井液的老化罐中，加盖旋紧，将老化罐放入滚子加热炉中，热滚120℃/16h，取出老化罐冷却至室温，将罐内液体和岩样倒入孔径0.45mm（40目）标准筛中用清水漂洗后，收集筛余岩屑于表面皿中，在（105±5）℃下恒温烘干4h，取出冷却，在空气中静放24h后称重，即岩屑质量 m，计算回收率 R：$R = (m/50) \times 100\%$。

（2）将钻井液换成蒸馏水，作为空白对比实验。

表2 滚动回收率实验结果

配　方	回收质量/g	回收率/%
蒸馏水	7.30	14.60
氯化钙胺基聚醇钻井液体系	47.60	95.20

由表2可知：页岩在蒸馏水回收率为14.60%，在氯化钙胺基聚醇钻井液体系中的回收率在95.20%，由实验数据可知，同等条件下，氯化钙胺基聚醇钻井液体系比蒸馏水的回收

率高很多，说明氯化钙胺基聚醇钻井液体系有良好的抑制性，能有效地抑制泥页岩水化分散。

2.3 线性膨胀性实验

（1）称取已在(105±3)℃烘干4h的钻井液用钠膨润土10.00g，装入页岩膨胀仪测筒中，在压力机上加4MPa压力，保持5min，制得实验岩心。把装有岩心的测筒安装在页岩膨胀仪上，将氯化钙胺基聚醇钻井液注入测筒内，测定8h、16h的线膨胀量。

（2）将氯化钙胺基聚醇钻井液换成蒸馏水，测定蒸馏水8h、16h的线膨胀量作为空白实验，计算岩心膨胀率H：$H = (H_t/H_{岩心}) \times 100\%$，其中$H_t$为时间$t$的线性膨胀量，$H_{岩心}$为岩心原始高度。

表3 线性膨胀实验结果

体　　系	岩心线性膨胀率/%	
	8h	16h
蒸馏水	8.6	40.3
氯化钙胺基聚醇钻井液体系	3.2	4.3

由表3实验数据可知，16h后，氯化钙胺基聚醇钻井液的线性膨胀率比蒸馏水要低很多，说明氯化钙胺基聚醇钻井液体系能显著降低泥页岩水化膨胀量，可以防止因泥页岩水化膨胀造成的井壁不稳定。

2.4 油层保护评价实验

实验使用DW-Ⅲ动态污染仪，测定岩心被不同钻井液体系污染前后的渗透率，对比评价保护油气层效果。

表4 不同配方体系的渗透率恢复值测试结果

钻井液体系	渗透率恢复值/%	钻井液体系	渗透率恢复值/%
6%膨润土基浆	31.0	合成基钻井液	97.4
普通聚合物钻井液	60.7	柴油基钻井液	97.1
普通聚磺钻井液	82.5	氯化钙胺基聚醇钻井液体系	94.6

表4的实验数据可知，氯化钙胺基聚醇钻井液体系中岩心的渗透率恢复值较高，接近油基钻井液体系，说明氯化钙胺基聚醇钻井液对储层具有较好的保护作用。

通过室内实验可以得出，氯化钙胺基聚醇钻井液强抑制钻井液体系，抑制造浆能力强，页岩回收率高，线性膨胀率高，渗透率恢复值高，达到了孤东浅层高压区块钻进和油层保护要求。

3 现场施工工艺技术

3.1 二开300~1100m 左右井段地层施工工艺

上部地层钻井液主要以抑制地层造浆、防止上部泥岩缩径、提高钻速、确保钻进安全为目的。储层段防油气侵，防漏，防冲蚀扩径，保护好油气层。

（1）扫水泥塞期间，循环罐加入清水，并加入200kg CaCl₂、200kg胺基聚醇，小循环钻进，调整钻井液密度为1.15~1.20g/cm³，黏度为28~29s。

（2）钻开新地层后按每 100m 进尺，加 200kg $CaCl_2$ 及 100kg 胺基聚醇，保持 Ca^{2+} 含量为 1500~2000mg/L。将钻井液密度维护在 1.20~1.30g/cm^3，钻井液漏斗黏度调整至 28~32s。

（3）用加量为 0.05%~0.1%PAM 稀胶液来进行维护，钻速快时跟足清水，保证低黏、低切高失水，保持大排量冲刷井壁提高井眼扩大率，以利于快速钻进。

（4）振动筛、除砂器、离心机同时运转，并保证高的处理能力。

（5）1000m 左右用重晶石加重提高密度至 1.35g/cm^3 左右，加重时跟足清水，并用胺盐胶液维护流型，在以后的钻进中将密度维护在 1.35~1.40g/cm^3。

3.2　1100~1300m 左右井段地层施工工艺

（1）停止加入氯化钙适度造浆，钻井液密度一次加重到 1.45g/cm^3。

（2）加入 200kg 烧碱将 pH 提高到 9 左右，然后加入 500kg 钻井液用抗高温淀粉、1000kg 抗盐抗温防塌降滤失剂 KFT、500kg 钻井液用多枝化酚醛树脂降低失水，利用铵盐胶液调节钻井液流变性。

（3）在 1300m 左右短起并彻底调整钻井液性能，开启离心机彻底甩出劣质固相，根据性能加入 200kg 烧碱，500kg 抗高温淀粉、1000kg 抗盐抗温防塌降滤失剂 KFT、500kg 多枝化酚醛树脂降低失水到 5mL。

（4）加入 0.5%~1% 油基润滑剂-2，降摩减扭，防止黏附卡钻。

（5）钻井液性能达到设计要求，密度维持在 1.30~1.45g/cm^3，特别是失水≤5mL 后，进行打开油层保护验收。

在此过程中，务必保证除砂器、离心机连续使用；缺水或处理剂、固控设备处理能力不够。密度或黏度自然升高严禁强钻。

3.3　1300~完钻井深段地层施工工艺

（1）一次性加重密度 1.55g/cm^3 后，利用铵盐胶液及 PAM 稀胶液维护流变性，加入 500kg 防塌剂 KFT 增加钻井液的封堵性，保证储层井段钻进保持 API 滤失量不高于 5mL，防止储层胶结疏松冲蚀扩径。维持在密度设计要求 1.45~1.55g/cm^3。

（2）根据摩阻扭矩变化情况，适当添加油基润滑剂-2，降摩减扭，防止黏附卡钻。

（3）目的层前控制钻井液中压失水到 5mL 以下，并保证胺基聚醇含量达 0.5%。目的层段钻进时，适当提高黏切至 40~55s。

（4）钻完进尺充分循环 2 周以上，短起到造斜点以上。短起下测量循环周。通井时根据油气显示情况，必要时开启离心机甩除无用固相。

3.4　完井期间的维护处理

（1）起钻前在原井浆基础上加入玻璃微珠或石墨固体润滑剂及油基润滑剂-2，配制封井浆封闭裸眼井段，为顺利电测创造有利条件。

（2）电测完(下套管前)要认真通井，对起下钻遇阻卡的井段，采取技术划眼或倒划眼措施消除或减少阻力，并充分循环，并用胶液调整好钻井液性能，然后配制封井浆保证下套管顺利。

（3）下完套管后小排量开泵，逐步提高排量至正常循环排量，调整钻井液性能将钻井液黏度调整到 40~45s，并大排量洗井，冲除井壁虚滤饼，提高固井质量。

4　现场应用效果

氯化钙胺基聚醇强抑制钻井液体系已在孤东油田多口钻井施工中进行应用，其中孤东

6-28-斜更 1415 二开周期 8d，孤东 6-31-斜更 2515 井二开周期 9d，孤东 7-50-斜更 295 井二开周期 7d，孤东 2-22-斜 265 井二开周期 8d，几口井钻井施工顺利，起下钻正常、下套管正常、固井均顺利完成。

由上述施工井可以得出，氯化钙胺基聚醇钻井液体系具有很好的强抑制性，能有效抑制地层黏土造浆，解决了孤东地区高压调整井上部地层造浆严重导致流变性差、下部地层高密度下钻井液性能难维护的难题。

5 结论及建议

（1）应用氯化钙与胺基聚醇作为强抑制剂，在孤东明化镇馆陶组地层，抑制黏土水化膨胀能力强，钻井液性能保持低黏、低切、高失水，井壁稳定，有效保证了上部地层的快速钻进。

（2）氯化钙胺基聚醇钻井液体系中降失水剂抗盐抗钙能力强，钻井液降失水效果好，滤失量低形成的泥饼具有韧性具有良好的润滑性能，并且悬浮携砂能力强，保证了井眼清洁，满足了斜井段的定向钻进。

（3）整个施工中使振动筛、除砂器等与钻井泵同步运转，劣质固相易清除，钻井液密度控制在合理范围，满足了井控要求，在高密度条件下流变性易控制。

（4）氯化钙胺基聚醇钻井液体系封堵性好，滤液与地层水相当，在浅层高密度下很好地保护了油气层，缩短了钻井周期，获得了良好的经济效益。

参 考 文 献

[1] 王建华，鄢捷年，丁彤伟．高性能水基钻井液研究进展[J]．钻井液与完井液，2007，24(1)：72-75.
[2] 徐先国．新型胺基聚醇防塌剂研究[J]．钻采工艺，2010，33(1)：93-95.
[3] 钟汉毅．胺类页岩抑制剂特点及研究进展[J]．石油钻探技术，2010，38(1)：104-108.
[4] 黄汉仁．钻井流体工艺原理．石油工业出版社，2016.

作者简介：成建强，中国石化胜利石油工程有限公司井下作业公司工程师，地址：山东省东营市东营区西四路 2 号井下作业公司技术研发中心，邮编：257000，电话：18954014591，E-mail：orangetree24@163.com。

外围深井超深井难点分析及钻井液方案构想

王 震

（中国石化胜利石油工程有限公司塔里木分公司）

摘 要 2018 年随着钻井市场的逐渐回暖，塔里木油田的跃满区块成为主要的求产区块。该区块二开裸眼段长达 5500m 左右，地层复杂，井深超过 7000m，井底温度高达 200℃，地层安全密度窗口窄（0.01~0.02g/cm³），钻进过程中，渗透性漏失与井壁失稳现象严重。本文通过分析跃满区块的钻井液技术难点，制定了针对性强的钻井液技术方案，为在相同区块钻井过程中提供参考借鉴。

关键词 跃满 长裸眼 高温 漏失垮塌 难点 方案

塔里木油田跃满区块位于新疆阿克苏地区沙雅县内，地质构造是塔里木盆地塔北隆起轮南低凸起西斜坡，哈拉哈塘鼻状构造南翼。该区块井以三开制为主，特别是二开裸眼段可达 5500~5700m，存在多个地层压力系数，漏、垮等复杂情况频繁，针对这些难点提出本区块钻井液技术方案构想。

1 钻井液技术难点

1.1 三叠系以浅地层岩屑水化分散及井眼缩径

三叠系以上地层发育大段浅棕色、灰黄色砂岩，成岩性差，岩屑上返过程中易分散为细小砂粒，不易被固控设备清除，出现密度快速升高，固相超标；三叠系棕红色泥岩、泥质粉砂岩及层状泥岩，棕红色泥岩易水化分散，造浆严重，钻井液黏切上升很快，性能难以控制；泥岩水化膨胀、砂岩渗透性好形成虚厚泥饼，造成井眼缩径，起下钻困难。

1.2 二叠系火成岩裂缝发育不易封实，易复漏、垮塌

二叠系破碎带等级为一级Ⅱ级断裂带，地层破碎严重，井漏概率较高；二叠系岩性多为英安岩与凝灰岩互层，微裂缝发育，地层胶结性差，易垮塌漏失。二叠系地层的垮塌与漏失对密度非常敏感，封堵防塌与合理密度选择是安全钻进的关键。

1.3 石炭、志留、泥盆系泥岩段井壁垮塌

石炭、泥盆、志留系大段灰、深灰色泥岩，黏土矿物含量 20% 左右，伊蒙混层高，分散性强，极易出现剥落掉块，井壁失稳。

1.4 志留、奥陶系中部地层易漏

志留系砂岩地层易发生渗漏，奥陶系中部的泥岩微裂缝发育极易发生漏失。钻进过程中的随钻封堵要控制好固相颗粒含量，固相含量过高在较高的井底温度下易造成钻井液性能恶化。

1.5 高温下性能不易控制与HCO₃污染

7000多米的井下井底温度高达200℃，水基钻井液在高温条件下极易出现流变性恶化、滤失量显著增大、加重材料沉降等问题；其次高温条件下处理剂和地层极易对钻井液造成HCO_3^-污染，污染严重时泥浆黏切和失水都很大，裹有大量细小气泡，不易消除，使性能受到严重影响，且钻井液不接受处理。

2 钻井液技术对策

2.1 抑制岩屑水化分散

上部地层采用"三低一高一适当"聚合物钻井液技术即：低黏切、低固相、高坂含、适当的失水。低黏切配合大排量以紊流状态冲刷井壁再配以聚合物(含量>0.5%)的抑制包被功能较好地保证了井眼一定的扩大率，适当的失水配合优质的坂土浆和高性能的固相控制设备使井壁形成的泥饼既有很好地封堵效果也有较好的韧性，高坂含不仅有较好的微裂缝封堵效果还保证了低流变参数下的悬浮稳定性。二开快速前及时补充3%KCl进一步提高钻井液的抑制能力，对二开上部易分散泥页岩起到较好的抑制作用。

2.2 防止井眼缩径

(1) 在白垩系以上地层，保持低密度，低固相，四级固控设备使用率达到100%，控制密度最高1.14g/cm³(吉迪克膏质泥岩缩径)，固相含量小于6%，随着井深的增加，逐步控制加入KCl后的钻井液滤失量5mL左右，使用QS-2封堵砂岩孔隙，减少砂岩段虚厚泥饼。

(2) 进入白垩系后，继续维护提高钻井液抑制能力，控制泥岩水化膨胀，将密度提高至1.22g/cm³，平衡地层应力，定期搞短起下钻，修复井壁，防止泥岩井段缩径。

2.3 抑制三叠系泥岩造浆，二叠系防漏防垮

(1) 进入三叠系以后钻井液造浆会变得更为严重，容易造成泵压高、钻头泥包等一系列复杂问题，因此进入三叠系前既要保证钻井液的强抑制性又要保持钻井液的低黏切，黏度控制在45s以内。进入三叠后转换为氯化钾聚磺体系也能避免转型后钻井液黏切过高，无法保证PDC钻头正常使用。

(2) 三叠系由于井深增加和井温升高，将钻井液体系转换为氯化钾聚磺体系，转换体系前应该尽可能降低固相含量，提前加入足量封堵防塌类材料，做好下部二叠系的防漏、防塌工作。转型时采用逐步添加抗温、防塌处理剂的方法，在转型前期采用多聚少磺的钻井液体系。三叠系中下部的垮塌问题，要加强后续钻井液的强抑制性，在3%氯化钾的基础上增加0.3%~0.5%的硅醇抑制剂，性能方面保持钻井液的低黏切，坂含不宜过高。为稳定井壁，该井段钻进过程中还需将钻井液密度提至1.26g/cm³。

(3) 二叠系抗高温、封堵防塌、降失水工作要高度重视，进入二叠系火成岩前在保证足量防塌材料的同时加足优质随钻封堵和抗温材料。该区块二叠系地层对密度非常敏感，安全密度窗口窄(0.01~0.02g/cm³)，在加足封堵防塌材料的前提下，选择合理的钻井液密度是优快钻进的关键。参考跃满7-1、跃满702两口井实例，密度选择1.25~1.26g/cm³比较合适。

2.4 防止志留、泥盆、奥陶系泥岩段井壁垮塌

使用氯化钾聚磺封堵防塌钻井液体系，利用KCl与高分子聚合物协同作用提高钻井液的抑制防塌能力，有效抑制下部井段泥岩的水化分散。随着井深的不断加深要根据地层压力系

数的变化合理控制钻井液密度，控制高温高压滤失量(160℃)小于 12mL，复配使用 2%~3%高软化点乳化沥青、阳离子沥青粉配合优质坂土浆封堵泥岩微裂隙，防塌防漏。

2.5 提高氯化钾聚磺钻井液体系高温稳定性

优选抗温能力强的处理剂，优化氯化钾聚磺钻井液体系配方，提高体系抗温能力。通过实验确定体系抗高温材料种类及加量，使体系在 190℃下具有较好的流变性、滤失造壁性及沉降稳定性(表1)。同时，要加密 HCO_3^- 含量测定，出现 HCO_3^- 污染及时使用 $CaCl_2$ 进行处理。

表 1 抗高温氯化钾聚磺体系配方优化

配方	密度/(g/cm³)	黏度/s	PV/mPa·s	YP/Pa	G/Pa	API/mL	HTHP/mL
1	1.40	56	23	8	3/7	8	20
2	1.40	58	23	8.5	3/8	7.6	18.6
3	1.40	62	25	10	4/10	5.4	14

实验配方：

1. 井浆+2%膨润土+0.2NaOH+3%SMP-2+3%SPNH+3%KCl+2%QS-2。
2. 井浆+2%膨润土+0.2NaOH+3%SMP-3+3%SPNH+3%KCl+2%QS-2+2%FT-1A。
3. 井浆+2%膨润土+0.2NaOH+4%SMP-3+4%LL-JLS+3%KCl+2%QS-2+2%FT-1A+0.5%PAC-HV。

实验条件：190℃热滚24h后，冷却至70℃测得，HTHP测试温度为190℃。

2.6 强化全井筒防漏意识

跃满区块为三开制井，二开裸眼段较长，整个二开钻进周期长，二叠系复漏风险极高。钻进中强化全井筒的防漏意识，二叠系裂缝发育，破碎性强，堵漏不易封实容易复漏，钻穿二叠系后仍需注意继续对二叠系做好随钻封堵。合理控制钻井液密度的前提下，控制黏切，保持钻井液良好的流动性，降低环空流动阻力；每次短起下、起钻前对二叠系全段使用封闭浆封井，封闭浆配方：井浆+5~10m³坂土浆+2%HQ-1+2%QS-2+3%PB-1+2%乳化沥青+2%磺化酚醛树脂(根据实际情况进行浓度调整)；控制起下钻过程中的速度，尽量减小井内的激动压力，防止压漏地层；下钻过程中注意进行分段顶通循环，单泵缓慢开泵，严禁在二叠系、易垮塌地层进行循环。

3 钻井液技术方案构想

3.1 一开井段

一开钻遇第四系和新近系-古近系，岩性以灰黄色砂岩为主，夹褐黄色泥岩，地层渗透性好，使用膨润土-聚合物体系。使用10%膨润土浆开钻，已补充6%~8%的预水化的膨润土浆为主，打钻铤期间控制黏度60s以上，确保携砂及防止浅表流沙层垮塌。打完钻铤后控制黏度45s左右，胶液：0.2%NaOH+0.2%~0.4%大分子包被剂+0.3%中分子聚合物+0.5%PAC-LV细水长流补充泥浆消耗。钻进期间使用好四级固控设备，经常排放沉砂罐，及时清除有害固相，密度控制在 1.10~1.12g/cm³ 钻完进尺。

3.2 二开上部井段

二开上部钻遇新近系-古近系、白垩系、三叠系，岩性以砂岩，泥岩为主，钻进过程中先后选用膨润土-聚合物体系、氯化钾聚合物体系、进入三叠系前提前转换为氯化钾聚磺体系。

在新近-古近系，高分子聚合物 K-PAM、FA-367 的加量控制在 0.5%~0.8%，抑制包被泥岩钻屑，PAC-LC 加量控制在 1% 左右，逐渐降低滤失量小于 10mL，黏度控制在 40~45s，膨润土含量 40g/L，密度控制在 1.12g/cm³，确保钻井液具有良好的流动性。随着井深加深，钻遇大段泥岩时要及时控制坂含，在 2800m 左右及时加入 2%~3%KCl，在加入 KCl 前要做好小型实验，防止出现增稠现象。在加入 KCl 前井浆内加入 0.3%~0.5%PAC-LV，把滤失量稳定住，防止出现转型后滤失量显著增加。体系转换后进入吉迪克密度调整到 1.15g/cm³。进入白垩系后逐步将密度提高至 1.16~1.18g/cm³，黏度控制 38~40s，钻进过程中使用 QS-2 对该井段的高渗透砂岩地层进行封堵。日常胶液维护需要补充氯化钾：0.2%NaOH+0.5%~0.6%大分子+1%KCl+0.3%PAC-LV。

三叠系随着井深加深和井温升高，需要将钻井液体系转换为氯化钾聚磺体系并提前做好对下部地层的封堵防塌工作。转型前充分利用离心机降低固相含量，确保转型后钻井液具有良好的流变性。配方：0.2%NaOH+0.3%大分子包被剂+2%SMP-2+2%SPNH+1%LL-JLS+3%胶乳沥青+1%~2%随钻封堵剂，转型后密度调整到 1.24g/cm³，黏度在 45~47s。三叠系棕红色泥岩造浆严重，保证该井段钻井液的包被抑制能力，不断补充大分子、氯化钾，调整筛布目数，用好四级固控，控制坂含和固相，预防钻头泥包和黏切上升。日常维护以胶液细水长流补充：0.2%NaOH+0.2%大分子+0.5%KCl+1%SMP-2+1%SPNH+0.5%LL-JLS+0.5%胶乳沥青+0.5%随钻封堵剂。进入三叠系底部时及时补充胶乳沥青及沥青粉 FT-1A 等高温类沥青防塌剂，保证含量在 3% 以上，提高护壁防塌能力，做好二叠系钻进准备。

3.3 二开下部井段

进入二叠系后加足抗温、封堵防塌材料，调整钻井液中压滤失量 4mL 以内，高温高压滤失量小于 10mL，确保钻井液具有较好的抗温性和封堵防塌性；进入二叠系后提高全井筒防漏防垮意识；根据现场井下实际情况合理选择调整密度 1.25~1.26g/cm³，安全密度窗口较窄。整个二叠系钻进期间建议把封堵防塌放在首位，适当提高钻井液动塑比，减轻钻井液对井壁的冲刷预防二叠系垮塌。下部石炭系、泥盆系、志留系及奥陶系中部泥岩钻进过程中，钻遇易剥落掉块、垮塌岩性在保证氯化钾聚磺钻井液体系的抑制性前提下，应及时补充沥青类防塌剂（以抗高温沥青类为主）配合优质坂土及随钻封堵材料，提高钻井液的防塌护壁能力，确保井壁稳定。泥盆系和志留系砂岩地层易渗漏，要做好防漏与随钻封堵。在二开长裸眼全井筒防漏防垮的要求下，下部钻进钻井液密度要在保证井壁稳定的前提下适当走低限；钻井液黏切也不易过大，避免黏切过高，流动性差，造成环空流动阻力过高，压漏地层。因此，钻井液的抗温性也较为重要，要优化抗高温配方，控制钻井液性能：黏度 55~60s，$PV18~20mPa \cdot s$，$YP8.5~10Pa$，$G2.5/7.5Pa$，$API<5mL$，$HTHP<12mL$。

参考试验配方：井浆+2%膨润土+3%KCl+2%QS-2+2%FT-1A+0.5%PAC-HV+0.2NaOH+4%SMP-3+4%LL-JLS。

井底 200℃ 的高温，要随时监测 HCO_3^- 污染，发现污染及时进行小型实验，根据实验结果采用生石灰处理，避免污染处理不及时，引起钻井液性能恶化，造成井下复杂。

4 总结

针对跃满区块井深结构简化后带来的钻井施工中钻井液技术难题，通过技术难点分析，结合跃满 7、跃满 702 两口井实例效果，制定了今后在该区块钻井施工的钻井液技术方案构想。为跃满区块钻进过程中的上部井段阻卡、二叠系及以下地层岩性的易漏易垮、井底高温难题解决提供参考；为优快优质的钻井提供技术保障。

作者简介：王震(1988-)，男，毕业于中国石油大学(华东)应用化学专业，工程师，塔里木分公司钻井液主管，长期从事现场钻井液技术管理工作。地址：新疆库尔勒市塔指大院第六勘探公司技术装备管理中心。电话：13345337720；E-mail：768609091@ qq. com。

抗高温高密度油基钻井液在克深 21 井的应用

崔小勃[1]　杨海军[1]　晏智航[2]　王建华[1]　李承杰[1]

(1. 中国石油集团工程技术研究院有限公司；2. 中国石油塔里木油田分公司)

摘　要　克深 21 井是库车山前构造带上的一口预探井，钻井液最高密度 2.54g/cm³，完钻井深 8098m，井底温度 185℃。该井钻进至 7662m 遇高压盐水发生溢流，后用密度 2.54g/cm³ 钻井液压井后发生井漏，随后多次堵漏效果不佳，经多次密度及钻井参数调整后，无法确定平衡点，后采用控压排水技术保持盐水微出，减小漏失状态下钻进。现场实践表明，抗高温高密度油基钻井液盐水污染容量限高，盐水污染达 60% 仍未失去流动性。施工过程中在井底 185℃ 温度条件下静置最长达 72h，起下钻及电测、下套管顺畅，无遇阻及开泵困难现象，高温条件下沉降稳定性好。

关键词　抗高温　高密度　油基钻井液　克深 21 井　应用

克深 21 井是塔里木盆地库车坳陷克拉苏构造带克深 21 号构造高点上的一口预探井，完钻时为中国石油天然气股份有限公司陆上第一深井，设计井深 8220m，完钻井深 8098m。钻探目的是明确克深 21 气藏类型及含油气性；获取地质资料，为该区地震速度场研究、圈闭精细描述提供参数和依据；落实白垩系巴什基奇克组储层纵横向变化情况。库车山前巨厚盐膏层普遍发育，主要以盐、膏、泥岩、砂岩、硬石膏、含盐膏软泥岩等为主[1,2]。超高压盐水层异常发育，钻井过程中喷漏同存，压力窗口窄，平衡点难以确定[3,4]。本井 8½in 井段使用抗高温高密度油基钻井液钻进过程中，曾频繁同时出现溢漏并存的情况，8½in 井段总共出盐水 63.92m³，污染钻井液 1771.95m³，5⅞in 井段井底温度接近 190℃。属于典型"三高井"。该井顺利完钻，表明了抗高温高密度油基钻井液能够很好地解决油基钻井液盐水污染及高温条件下，流变性难以控制及体系稳定性差的难题。

1　井身结构

克深 21 井采用五开结构，井身结构见表 1。

表 1　克深 21 井井身结构

开次	套管层序	钻头直径/mm	套管外径/mm	套管内径/mm	下入深度/m	下入长度/m
1	表层套管	660.4	508	508	200.63	200.63
2	技术套管	444.5	339.7	318.58	5000	5000
3	技术套管	311.2	250.83	219.07	7492.89	7492.89
4	油层悬挂	215.9	181.99	167.19	7929	840
5	油层悬挂	149.2	127	117.5	8098	674.89

本井四开井段库姆格列木群岩性以泥岩、盐岩、膏盐岩为主。邻井克深 901、克深 904、克深 9 在该群泥岩段及上部井段分别出现了事故及复杂，以井漏、溢流及卡钻为主。

2 钻井液技术

2.1 四开 8½in 井段

四开抗高温高密度油基钻井液，配方如下：2%～4%主乳化剂 DR-EM+1%～3%辅乳化剂 DR-CO+1%～3%润湿剂 DR-WET+1%～2%有机土 DR-GEL+1%～1.5%降滤失剂 DR-COAT+1%～3%CaO+21%～26%CaCl$_2$盐水+0#柴油+重晶石，油水比（60/40～95/5），密度 2.10～2.65g/cm^3。

开钻前，以 0#柴油为连续相，配制基液，配方如下：2%～3%主乳化剂 DR-EM+1%～2%辅乳化剂 DR-CO+2%～3%润湿剂 DR-WET+1%～1.5%有机土 DR-GEL+0.5%～1%降滤失剂 DR-COAT+1%～2%CaO+0#柴油。钻进中补充基液。

四开钻进至 7662m，发现溢流 1.7m^3，用密度 2.54g/cm^{3}压井发生漏失。随后泵入堵漏浆，配方：3%SQD-98+4%KGD-1+4%KGD-2+6%KGD-3+2%KGD-4，漏速降低，随后泵入随钻堵漏浆，配方：3%GT-1+4%GT-2+3%GT-3，未见明显效果。后决定采用超高压盐水层安全钻井技术[5]和控制井底 ECD 来实现在窗口内钻进。采用超高压盐水层安全钻井技术对油基钻井液抗盐水污染能力要求极高，抗盐水污染能力差，将极大地破坏油基钻井液性能，导致井下复杂事故发生。克深 21 井 8½in 井段总共出盐水 63.92m^3，污染钻井液 1771.95m^3，对钻井液性能维护及正常钻进增加了极大的难度。抗高温高密度油基钻井液抗盐水污染能力强，盐水污染前后钻井液性能见表 2。

表 2　抗高温高密度油基钻井液盐水污染前后主要性能对比

盐水污染量/%	$\rho/(g/cm^3)$	$AV/mPa\cdot s$	$PV/mPa\cdot s$	YP/Pa	$\Phi6/\Phi3$	FL_{API}/mL	ES/V
0	2.49	91	72	8	5/3	1.8	1280
11	2.36	95	71	10	9/6	1.9	1250
20	2.27	97	74	13	10/7	2	1180
32	2.17	99	78	14	13/10	2.2	980
43	2.1	101	83	16	14/12	2.4	730
58	2.01	105	95	17	17/13	3	320
60	2	140	130	30	30/21	3.5	180
73	1.95	—	—	—	36/25	—	128

注：测试温度为70℃。

现场试验结果表明：随着盐水污染量增加，塑性黏度和动切力不断增大，钻井液破乳电压不断下降。当盐水侵比例达到 60%时，钻井液流动性极差，抗盐水污染已经到达极限，抗高温高密度油基钻井液盐水容量限高。

四开钻井液根据井下需要分别使用重晶石粉和轻泥浆调节钻井液密度，油水比（OWR）保持在 80/20～95/5 之间，体系的电稳定性大于 400V。维持较低的塑性黏度，动切力保持在 3～12Pa 间，保证泥浆具有良好的携岩能力及较低的 ECD。通过添加降滤失剂保持 HTHP 滤失量<4mL（149℃）以内，及时跟踪钻井液碱度，保持未溶石灰在 5～9kg/m^3 范围内。振动筛使用 180～200 目的筛布。

克深 21 井 8½in 井段，7492.89m 至 7929m，对钻井液性能进行维护，钻井液性能见表 3。

表 3　克深 21 井 8½in 井段钻井液基本性能

井深/m	$\rho/(\text{g/cm}^3)$	FV/s	PV/mPa·s	YP/Pa	Φ6/Φ3	FL_{API}/mL	ES/V
7492.89	2.3	93	69	9	5/4	1.8	620
7565	2.36	95	71	10	6/4	1.8	624
7608	2.38	96	65	7	7/5	1.9	631
7790	2.47	101	71	9	6/4	1.9	631
7843	2.46	101	71	9	6/5	1.8	645
7790	2.47	102	71	8	7/5	1.8	680
7885	2.46	101	70	9	7/5	1.8	649
7929	2.47	101	70	8	7/5	1.8	650

注：测试温度为 70℃。

2.2　五开 5⅞in 井段

五开抗高温高密度油基钻井液，其配方如下：1%~3%主乳化剂 DR-EM+1%~2%辅乳化剂 DR-CO+1%~3%润湿剂 DR-WET+2%~2.5%有机土 DR-GEL+0.5%~1%降滤失剂 DR-COAT+1%~3%CaO+21%~26%CaCl₂ 盐水+0#柴油+重晶石，油水比（85/15~95/5），密度 1.85~2.10g/cm³。

开钻前，以 0#柴油为连续相，配制基液，配方如下：2%~3%主乳化剂 DR-EM+1%~2%辅乳化剂 DR-CO+2%~3%润湿剂 DR-WET+1%~1.5%有机土 DR-GEL+0.5%~1%降滤失剂 DR-COAT+1%~2%CaO+0#柴油。钻进中补充基液。维持钻井液性能及补充钻井液量。

五开井段处于白垩系巴什基奇克组，钻探深度 7929~8098m，地层预测温度 180~200℃，完井 VSP 电测实际温度 185℃。由于井深，起下钻等非钻进时间长达 72h，对钻井液的抗高温能力及静态沉降稳定性提出了很高的要求。施工过程中起下钻及电测、下套管顺畅，无遇阻及开泵困难现象。表 4 为五开钻进时钻井液现场实测性能。试验结果及现场施工表明：抗高温高密度油基钻井液高温条件下性能稳定，没有较大的性能变化。

表 4　克深 21 井 5⅞in 井段钻井液基本性能

井深/m	$\rho/(\text{g/cm}^3)$	FV/s	PV/mPa·s	YP/Pa	Φ6/Φ3	FL_{API}/mL	ES/V
929	1.91	78	47	8	6/5	1.8	590
7956	1.9	76	48	9	6/4	1.8	585
7972	1.9	76	47	7	6/5	1.9	595
7998	1.9	77	48	8	6/5	1.9	598
8010	1.9	78	49	8	6/4	1.8	595
8025	1.9	78	47	8	6/5	1.8	586
8080	1.9	77	47	9	6/5	1.8	592
8098	1.9	78	47	9	6/4	1.8	593

注：测试温度为 70℃。

3　结论与认识

（1）抗高温高密度油基钻井液抗盐水污染能力强，最高可承受接近 60% 的盐水污染，而不失去流动性。

（2）抗高温高密度油基钻井液抗高温能力强，能承受接近 190℃ 的高温，72h 不稠化沉淀，性能稳定。

参 考 文 献

[1] 陈科贵，李士伦，曹鉴华，等．塔里木盆地山前牙哈、羊塔克构造符合盐层特性[J]．天然气工业，2003，23(4)：132-133.

[2] 唐继平，王书琪，陈勉．盐膏层钻井理论与实践[M]．石油工业出版社，2004.

[3] 刘振宇，易明新，魏广建，等．Power-V 垂直导向钻井技术在普光 7 井的应用[J]．天然气工业，2007，27(3)：58-59.

[4] 吉永忠，伍贤柱，邓仕奎，等．土库曼斯坦阿姆河右岸巨厚盐膏层钻井液技术研究与应用[J]．钻采工艺，2013，36(2)：6-8.

[5] 周健，贾红军，刘永旺，等．库车山前超深超高压盐水层安全钻井技术探索[J]．钻井液与完井液，2017，34(1)：54-58.

作者简介：崔小勃(1979-)，2003 年毕业于中国石油大学(北京)石油工程专业，现供职于中国石油集团工程技术研究院有限公司，长期从事钻井液研发与应用工作。地址：(102206)北京市昌平区西沙屯桥西中石油科技园 A34 地块 A301 室。电话：010-80162079。E-mail：cuixiaobo79@ 126. com.

超深水平井耐温低摩阻钻井液技术研究

宣　扬[1]　钱晓琳[1]　徐　江[1]　林永学[1]　王　沫[2]

(1. 中国石化石油工程技术研究院；2. 中国石化西北油田分公司)

摘　要　目前顺北油气田超深水平井普遍采用聚磺混油钻井液体系来控制摩阻和扭矩，但原油毒性大且难降解，不仅增加了钻井废液和钻屑的处理成本，若处理不当甚至还可能造成严重的环境污染事故。为了在满足顺北超深水平井钻探需求的同时缓解环保压力，研制了耐温环保润滑剂 SMLUB-E。实验结果表明，耐温环保润滑剂 SMLUB-E 抗温达 180℃，极压润滑系数降低率 92.8%，重金属含量、生物降解性和毒性指标均满足 SY/T 6788—2010《水溶性油田化学剂环境保护技术要求》，展示了优异的耐温性、润滑性和环保性。以 SMLUB-E 为核心形成了适用于顺北超深水平井的耐温低摩阻钻井液体系，抗温 180℃，极压润滑系数 0.12，高温沉降系数 $SF(7d)$ 为 0.516，说明该体系具有较好的高温润滑性和稳定性。试验井顺北 1-16H 定向、水平段钻进过程中未出现黏卡、托压现象，摩阻维持在 80~120kN，机械钻速提高了 17.5%，钻井周期节约了 21.8%，表明耐温低摩阻钻井液优异的润滑降摩性能有利于提高超深水平井钻井效率。

关键词　钻井液　润滑剂　摩阻　耐温　环保　顺北油气田

　　顺北油气田位于塔里木盆地顺托果勒低隆北缘，为中国石化西北油田分公司新探明的重点区块，储层平均埋深约 7300m 以上，属超深、超高温、超高压的海相碳酸盐岩油气藏。碳酸盐岩储层非均质性极强，裂缝和孔洞多，为有效串联多个溶洞与裂缝，水平井是开发顺北超深油气资源的主要方式。由于储层埋藏深、井眼小且轨迹复杂，顺北超深水平井钻进过程中摩阻和扭矩大，常导致起下钻困难、机械钻速慢、托压甚至卡钻等井下复杂[1~5]。目前顺北超深水平井普遍采用聚磺混油钻井液体系来降低摩阻和扭矩[6~12]，但原油毒性大且难降解，不仅极大增加了钻井废液和钻屑的处理成本，若处理不当甚至还可能造成严重的环境污染事故。为了在满足超深水平井钻探需求的同时缓解环保压力，以耐温环保润滑剂 SMLUB-E 为核心形成了适用于顺北超深水平井的耐温低摩阻钻井液体系，并在顺北 1-16H 井开展了现场试验。

1　顺北超深水平井对钻井液的技术挑战

1.1　耐温稳定性

　　顺北超深水平井(垂深>7000m)井底温度高(甚至可达 180℃以上)，对钻井液的耐温稳定性提出了高要求，若耐温稳定性不足会导致钻井液流变性调控困难、高温高压失水量大等诸多问题，甚至因高温降黏作用使重晶石发生沉降、运移并堆积，造成钻井液密度不均，继而引发井漏、沉砂卡钻、井壁失稳等诸多井下复杂。

1.2　润滑降摩性

　　顺北超深水平井储层段井眼小(149mm 或 120mm)，易形成岩屑床，且钻具柔性大，容易产生较大的摩阻和扭矩，使得定向段、水平段钻进过程中易托压、机械钻速慢，甚至发生起下钻遇阻、卡钻等井下复杂，极大考验了钻井液的润滑降摩性能。而常规钻井液润滑剂无法满足

195

顺北超深井井底高温，在高温下容易因分子链降解、润滑膜被破坏等原因丧失润滑性[13~15]。

2 耐温环保润滑剂 SMLUB-E

2.1 润滑机理

常规润滑剂在高温下易于降解，且形成的润滑膜在高温和高载荷的双重作用下易于被破坏。耐温环保润滑剂 SMLUB-E 为两亲性大分子，侧链含有大量抗高温、强极性基团，可在摩擦表面形成大面积铺展的低摩阻物理润滑膜，同时极压元素可与金属摩擦表面发生热摩擦化学反应，生成"铆固"物理润滑膜的化学反应膜。通过"铆固"作用形成的物理-化学复合润滑膜在高温、高载荷下也不易被破坏或脱附，从而具有优异的高温润滑降摩性能(图 1)。

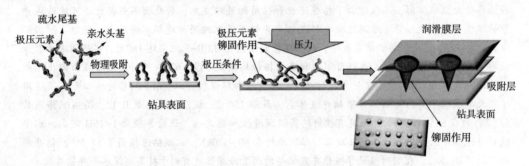

图 1 SMLUB-E 润滑机理示意图

2.2 性能评价

2.2.1 抗温性评价

向 4%膨润土浆中加入 1% SMLUB-E，在不同温度下老化 16h 后考察极压润滑系数变化，结果如图 2 所示。从图中可以看出，随着老化温度从 100℃升高到 180℃，极压润滑系数变化幅度较小，始终保持在 0.04~0.05。当温度进一步提高到 200℃，极压润滑系数显著上升到 0.08。这说明 SMLUB-E 抗温性较好，在 180℃高温下能保持优异的润滑性能。

图 3 是 4%膨润土浆中加入 1% SMLUB-E 后于 180℃老化不同时间后的极压润滑系数变化曲线。由图可见，随着老化时间从 16h 延长到 32h，极压润滑系数从 0.035 小幅增大到 0.058，但继续延长老化时间润滑系数基本保持不变，96h 后的极压润滑系数为 0.06。这表明 SMLUB-E 长期抗温稳定性较好。

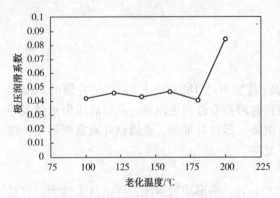

图 2 SMLUB-E 于不同温度老化后的极压
润滑系数变化曲线

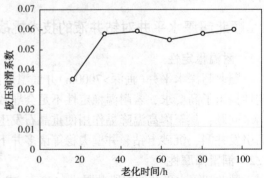

图 3 SMLUB-E 于 180℃老化不同时间后的
极压润滑系数变化曲线

2.2.2 加量对润滑性影响

在4%膨润土浆中加入不同质量的SMLUB-E，考察加量对润滑效果的影响规律，结果如图4所示。从图中可以看出，纯膨润土浆的极压润滑系数为0.48，加入1g/L SMLUB-E后润滑系数显著下降到0.071。随着加量从1g/L增大到10g/L，极压润滑系数进一步下降到0.035，相比纯膨润土浆降低幅度高达92.8%，这说明在较低加量下SMLUB-E即可发挥较好的润滑作用。但当加量继续提高至20g/L时，润滑系数反而略微增大到0.056。这可能是因为当浓度过高时两亲性的SMLUB-E大分子容易形成胶束，妨碍了在摩擦表面的单层牢固吸附。

2.2.3 与原油及国外高性能润滑剂对比

将SMLUB-E与原油和国外高性能润滑剂Lube167(M-I SWACO)在180℃下进行了润滑性对比，结果如图5所示。从图中可以看出，180℃下老化16h后，4%膨润土浆加入80g/L原油和10g/L Lube167后润滑系数分别为0.061和0.057，而加入10g/L SMLUB-E后的润滑系数仅为0.041。老化96h后，加入10g/L SMLUB-E的土浆润滑系数依然低于原油和Lube167，仅为0.06。这说明SMLUB-E在高温下的润滑效果要优于原油和Lube167。

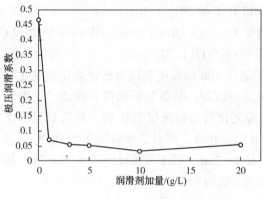

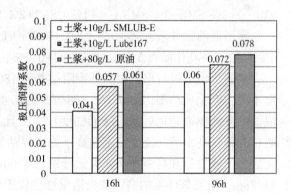

| 图4 SMLUB-E加量对极压润滑系数影响规律 | 图5 SMLUB-E与原油和Lube167润滑性对比(180℃老化) |

2.2.4 环保性评价

根据SY/T 6788—2010《水溶性油田化学剂环境保护技术要求》的分级标准对SMLUB-E进行了重金属含量、生物降解性和生物毒性检测，结果如表1所示。从表中可以看出，SMLUB-E的重金属(镉、汞、铬、铅、砷)含量均小于0.001mg/L，生物毒性$LC50$值高达58300mg/L，生物降解率达0.15，均符合甚至远超过行标规定的指标。这说明耐温环保润滑剂SMLUB-E属于符合环境保护要求的水溶性油田化学品，不会造成环境污染。

表1 耐温环保润滑剂SMLUB-E环保性能评价

项　　目	SMLUB-E	项　　目	SMLUB-E
化学耗氧量 $COD_{Cr}/(mg/L)$	195	镉/(mg/L)	<0.001
生物耗氧量 $BOD_5/(mg/L)$	29	总铬/(mg/L)	<0.001
生物降解率 BOD_5/COD_{Cr}	0.15	砷/(mg/L)	<0.001
生物毒性 $LC_{50}(96h)/(mg/L)$	58300	铅/(mg/L)	<0.001
汞/(mg/L)	<0.001		

3 顺北超深水平井耐温低摩阻钻井液体系

3.1 耐温低摩阻钻井液配方

针对顺北超深水平井地质与工程需求，以耐温环保润滑剂 SMLUB-E 为核心，辅以抗高温降滤失剂 SMPFL-H、抗高温防塌封堵剂 SMNA-1、抗高温提切剂 SMVIS-1 等关键配套处理剂，形成了顺北超深水平井耐温低摩阻钻井液体系。体系基础配方如下：

3%~4%膨润土+0.1%~0.2% NaOH+0.2%~0.3%抗高温提切剂 SMVIS-1+0.5%~1%抗高温降滤失剂 SMPFL-H+3%~4%磺化酚醛树脂 SMP-2+3%~4%磺化褐煤 SMC+3%~4%抗高温镶嵌成膜防塌剂 SMNA-1+重晶石+1%~3%耐温环保润滑剂 SMLUB-E。

3.2 耐温低摩阻钻井液性能评价

对耐温低摩阻钻井液进行了流变性和滤失量评价，并与顺北油气田目前普遍采用的聚磺混油钻井液体系进行了对比，结果见表 2。两种体系的实验配方如下：

耐温低摩阻钻井液：3%膨润土+0.1% NaOH+0.2% SMVIS-1+0.8% SMPFL-H+3% SMP-2+3% SMC+3% SMNA-1+1% QS-2+2% SMLUB-E+BaSO$_4$(1.30g/cm^3)

聚磺混油钻井液：3%膨润土+0.1% NaOH+1% PAC-LV+0.1% CMC-HV+4% SMP-2+4% SMC+2%乳化沥青 YK-H+6%原油+0.5%乳化剂+BaSO4(1.30g/cm^3)

从表 2 中可以看出，耐温低摩阻钻井液 180℃老化 16h 后黏度和切力相比老化前变化幅度不大，老化后动塑比为 0.36，$\Phi6/\Phi3$ 为 5/4，流型较好，具备较好的携岩性能。而聚磺混油钻井液体系老化后黏切降低幅度较大，且高温老化后动塑比仅为 0.19，说明耐温低摩阻钻井液在高温下的流变稳定性高于聚磺混油钻井液。此外，耐温低摩阻钻井液 180℃下老化后中压滤失量和高温高压滤失量分别为 1.0mL 和 11.2mL，低于聚磺混油体系的 4.2mL 和 14.8mL，说明该体系的高温滤失造壁性也优于聚磺混油钻井液。

表 2 耐温低摩阻钻井液体系流变性和滤失量评价

体系	实验条件	PV/mPa·s	YP/Pa	YP/PV	$\Phi6/\Phi3$	$Gel_{10'/10'}$/Pa/Pa	FL_{API}/mL	$FL_{180℃}$/mL
耐温低摩阻钻井液	室温	32	13	0.41	7/6	4/10	1.2	—
	180℃×16h	28	10	0.36	5/4	2/5	1	11.2
聚磺混油钻井液	室温	41	14	0.34	9/8	5/10	3.4	—
	180℃×16h	31	6	0.19	4/3	1/4	4.2	14.8

将室温配制的耐温低摩阻钻井液(密度 1.30g/cm^3)装于老化罐中，分别在 160℃ 和 180℃下静置 3d 和 7d 后测量钻井液液柱上部密度和底部密度，采用高温沉降系数 SF 评价耐温低摩阻钻井液的高温静态沉降稳定性。结果见表 3。

$$SF = \frac{\rho_{bottom}}{\rho_{bottom} + \rho_{top}} \tag{1}$$

式中，SF 为钻井液沉降系数，无量纲；ρ_{bottom} 为钻井液液柱底部密度，g/cm^3；ρ_{top} 为钻井液液柱上部密度，g/cm^3。

从表 3 中可以看出，160℃下 3d 和 7d 的高温沉降系数 SF 分别为 0.492 和 0.507，180℃下分别为 0.498 和 0.516，均低于 0.52，说明耐温低摩阻钻井液体系具有较好的高温沉降稳定性，180℃高温下不易发生重晶石沉降等问题。

表 3 耐温低摩阻钻井液高温沉降稳定性评价

静置温度	SF	
	3d	7d
160℃	0.492	0.507
180℃	0.498	0.516

通过极压润滑实验和泥饼黏滞系数实验考察了耐温低摩阻钻井液的润滑性，并与聚磺混油钻井液进行了对比，结果见表4。由表可见，耐温低摩阻钻井液体系基浆的极压润滑系数（C_{of}）为0.25，随着SMLUB-E的加入，极压润滑系数不断降低。SMLUB-E的加量达到2%时，极压润滑系数为0.14，当加量进一步增大到3%时，润滑系数可进一步降低至0.12。而聚磺混油钻井液体系基浆的极压润滑系数为0.31，加入6%的乳化原油可使润滑系数降低至0.24，继续加入原油则降低幅度不大。泥饼黏滞系数测试结果表明，随着SMLUB-E加量增加到2%，泥饼黏滞系数（K_f）从基浆的0.1405显著下降到0.0437，但进一步提高加量并不会使黏滞系数继续降低。聚磺钻井液基浆中加入6%乳化原油后能够将泥饼黏滞系数从0.1583降低至0.0524，进一步增大加量至8%时效果不变。评价结果综合表明，耐温低摩阻钻井液的润滑性优于常规的聚磺混油钻井液。

表 4 耐温低摩阻钻井液润滑性评价

配　方	C_{of}	K_f
耐温低摩阻钻井液基浆	0.25	0.1405
低摩阻钻井液基浆+0.5% SMLUB-E	0.21	0.0612
低摩阻钻井液基浆+1.0% SMLUB-E	0.18	0.0524
低摩阻钻井液基浆+2.0% SMLUB-E	0.14	0.0437
低摩阻钻井液基浆+3.0% SMLUB-E	0.12	0.0437
聚磺钻井液基浆	0.31	0.1583
聚磺钻井液基浆+6%乳化原油	0.24	0.0524
聚磺钻井液基浆+8%乳化原油	0.22	0.0524

上述评价实验结果综合表明，耐温低摩阻钻井液体系具有较好的高温稳定性、润滑性、流变性和滤失造壁性等性能，能够较好满足顺北超深水平井施工需要。

4 现场试验

4.1 顺北1-16井基本情况

耐温低摩阻钻井液体系在顺北1-16H井四开井段成功进行了现场试验。顺北1-16H是部署在顺托果勒北区块，顺北Ⅰ号断裂带南部的一口超深水平井，目的层位为奥陶系鹰山组。四开分直井段、造斜段、水平段。开钻井深7619m，造斜点井深7695m，完钻井深7992.40m。

4.2 耐温低摩阻钻井液现场配方

2.5%~3.5%膨润土+0.2%~0.3% NaOH+0.2%~0.3% SMVIS-1+0.5%~0.8% SMPFL-

H+3% ~ 4% SMP-3+3% ~ 4% SMC+ 3% ~ 4% SMNA-1+1% ~ 2% QS-2+BaSO$_4$+2% ~ 3% SMLUB-E($\rho = 1.29$g/cm^3, pH$=10$)

4.3 现场试验效果

4.3.1 摩阻分析

本井四开钻进过程中未出现托压，起下钻顺畅。四开井段摩阻曲线如图 6 所示。从图中可以看出，由于本井上部井眼轨迹不规则，导致直井段(7619 ~ 7695m)摩阻高达 140kN。钻进至造斜点 7682m 时加入 1% SMLUB-E，摩阻显著降低至 80kN。从造斜点开始随着井斜逐渐增大到约 30°，摩阻基本保持在 80kN 左右。而当井斜从 30°增大到 60°，摩阻也逐渐增大到 120kN，这是因为该井斜范围内钻具易贴井壁低边，且易形成岩屑床。为了更好控制摩阻，在井斜超过 60°后将耐温低摩阻钻井液中的 SMLUB-E 含量提高到 2%，摩阻随之下降到 80kN，且直至完钻井深摩阻始终能够保持在 120kN 以内，甚至低于造斜前套管内摩阻(140kN)，展示了耐温低摩阻钻井液优异的润滑降摩性能。

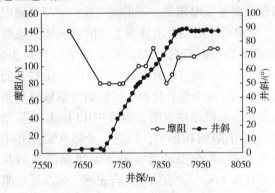

图 6 顺北 1-16H 四开摩阻曲线

4.3.2 机械钻速与钻井周期分析

顺北 1-16H 井四开实际机械钻速与设计钻速的对比如图 7 所示。由图可见，本井四开实际机械钻速为 2.35m/h，比设计钻速 2.0m/h 高 17.5%，钻井周期比设计节约了 21.8%。综合说明耐温低摩阻钻井液优异的润滑降摩性能有利于提高机械钻速，进而提升钻井效率。

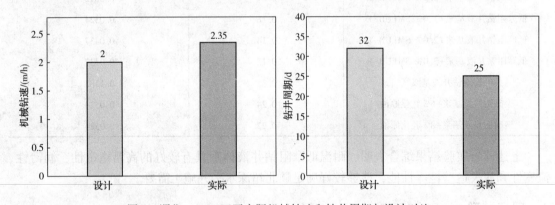

图 7 顺北 1-16H 四开实际机械钻速和钻井周期与设计对比

5 结论

(1) 耐温环保润滑剂 SMLUB-E 抗温达 180℃，极压润滑系数降低率 92.8%，各项环保指标均满足 SY/T 6788—2010《水溶性油田化学剂环境保护技术要求》，说明 SMLUB-E 兼具优异的高温润滑性和环保性。

(2) 以 SMLUB-E 为核心形成了适用于顺北超深水平井的耐温低摩阻钻井液体系，抗温达 180℃，极压润滑系数 0.12，高温沉降系数 SF(7d) 为 0.516，说明该体系具有较好的高温润滑性和稳定性。

（3）试验井顺北 1-16H 定向、水平段钻进过程中未出现黏卡、托压现象，摩阻低，机械钻速快，钻井周期节约了 21.8%，说明耐温低摩阻钻井液优异的润滑降摩性能有利于提高超深水平井钻井效率。

参 考 文 献

［1］Chen P，Cheng C，Xin J，et al. Drilling of an ultra-deep exploratory well - problems and solutions：a case study［C］. SPE 155826. 2012.

［2］Yu L，Zhang Y，Wang F，et al. Wellbore stability estimation model of horizontal well in cleat-featured coal seam［C］. SPE 167767，2014.

［3］王永宏. 水平井高密度钻井液摩阻控制技术［J］. 中国石油和化工标准与质量，2012，32（1）：122.

［4］刘清友，敬俊，祝效华. 长水平段水平井钻进摩阻控制［J］. 石油钻采工艺，2016，38（1）：18-22.

［5］何世明，汤明，熊继有. 小井眼长水平段水平井摩阻扭矩控制技术［J］. 西南石油大学学报（自然科学版），2015，37（6）：85-91.

［6］黄涛，许晔，陆永明，等. 侧钻水平井钻柱摩阻力分析［J］. 石油钻采工艺，2000，22（1）：27-29.

［7］李娟，唐世忠，李文娟，等. 埕海一区大位移水平井摩阻扭矩研究与应用［J］. 石油钻采工艺，2009，31（3）：21-25.

［8］金军斌. 塔里木盆地顺北区块超深井火成岩钻井液技术［J］. 石油钻探技术，2016（6）：17-23.

［9］金军斌. 塔里木盆地顺北地区长裸眼钻井液技术［J］. 探矿工程：岩土钻掘工程，2017（44）：9：5-9.

［10］牛晓，潘丽娟，甄玉辉，等. SHB1-6H 井长裸眼钻井液技术［J］. 钻井液与完井液，2016，33（5）：30-34.

［11］黄贤杰. 塔河油田 TK636H 超深水平井钻井液技术应用［J］. 西部探矿工程，2007，19（7）：59-61.

［12］张明勇. 塔河一区水平井钻井液施工工艺技术［J］. 西部探矿工程，2003，15（10）：63-64.

［13］Ahmet Sönmez，Mustafa Verşan Kök，Reha Özel. Performance analysis of drilling fluid liquid lubricants［J］. Journal of Petroleum Science and Engineering. 2013，108：64-73.

［14］Pettersson A. High - performance base fluids for environ -mentally adapted lubricants［J］. Tribology International，2007，40（4）：638-645.

［15］Mousavi P，Wang D，Grant C S，et al. Measuring thermal degradation of a polyol ester lubricant in liquid phase［J］. Industrial Engineering Chemistry Research，2005，44（15）：5455-5464.

作者简介：宣扬，中国石化石油工程技术研究院，助理研究员，北京市北辰东路 8 号北辰时代大厦 0518，邮编 100101，电话 13269763021，E-mail：xuanyang. sripe@ sinopec. com。

抗温深水恒流变合成基钻井液体系的研究与应用

李　超　罗健生　刘　刚　耿　铁

（中海油田服务股份有限公司油田化学事业部）

摘　要　深水合成基钻井液面临低温流变性难以调控、窄安全密度窗口地层漏失严重等技术难题，且近年来随着深水高温高压勘探领域进一步拓展，对深水合成基钻井液恒流变温度提出了更高的要求。本文以碳数相对集中且黏温特性好的 Escaid 110 为基础油，优化抗温且具有恒流变性质的有机土 PF-FSGEL，构建了一套抗温深水恒流变合成基钻井液体系，综合性能评价结果表明：该钻井液体系能在 3~160℃，6r/min、动切力 YP 等条件下流变参数变化较小，具有良好的恒流变特性、抗污染能力及储层保护性。成功应用于我国南海荔湾 2600 多米水深某超深水井，具有很高的推广应用价值。

关键词　深水钻井液　恒流变　抗温　合成基钻井液　南中国海

随着海洋油气勘探开发从浅水走向深水，甚至超深水，在钻井过程中，钻井液低温增稠、安全作业密度窗口窄、钻井液漏失、井壁失稳、水合物等挑战日益突出，对深水钻井液提出了更高的要求。常规钻井液体系在低温下流变性很难控制，易引起当量循环密度（ECD）升高，从而导致一系列问题。为了解决这一技术难题，综合作业安全因素，合成基钻井液体系成为深水及超深水钻井作业的首选[1~8]。但近年来随着深水高温高压勘探领域进一步拓展，所钻遇的地层越来越复杂，高温高压引起深水钻井作业窗口进一步变窄，要求深水钻井液体系须在更高的温度范围内具有相对稳定的流变性，即"恒流变"。"恒流变"最初的定义为在 4~65℃ 温度保持相对稳定的动切力、静切力和 6r/min 读数。但近年来，国际钻井液服务公司研发出第二代恒流变合成基钻井液，从现场应用角度将合成基钻井液"恒流变"温度范围从 4~65℃ 进一步延伸。哈里伯顿研发出无土相深水恒流变钻井液体系 NSURE，其恒流变温度范围为 3~121℃[4~7]，国内罗健生等研发的 FLAT-PRO 深水恒流变合成基钻井液恒流变范围为 3~135℃[1]，哈里伯顿的深水恒流变体系 BARAECD 及 MI-SWACO 的深水恒流变体系 RHELIANT PLUS 进一步将"恒流变"温度范围延伸至 3~149℃，目前深水"恒流变"温度的研究最高至 149℃[6~11]，本文在 FLAT-PRO 深水恒流变合成基钻井液的基础上，通过优选基础油及优化关键处理剂 PF-FSGEL，将深水合成基钻井液的"恒流变"温度进一步扩展至 160℃，6r/min、动切力 YP 等流变参数在温度范围内变化较小，具有良好的抗污染能力、沉降稳定性，成功应用于我国南海荔湾 2600 多米水深某超深水井，具有很高的推广应用价值。

1　抗温深水恒流变合成基钻井液体系构建

1.1　处理剂的研选

1.1.1　基础油的选择

钻井液要满足"恒流变"的特性，最关键的影响因素就是钻井液的基础油。为了使合成基钻井液在更宽的温度范围内满足"恒流变"特性，要求基础油黏度受温度变化影响要小。用 Agilent GCMS 6890N+5973i 气质联用色谱仪测定了几种常用基础油的碳数分布，测试结果如图 1 所示。

从图 1 中，Escaid 110 的碳链分布集中，主要分布在 C11~C15 之间，比其他基础油的碳链长度短得多，这种相对集中的碳数分布能使其构成的体系黏度受温度影响较小，满足深水"恒流变"的特性要求。

实验对比了几种基础油的黏温特性，实验结果见图 2。从图 2 可知，Escaid 110 碳链分布范围较窄，受温度的影响小，且黏度绝对值低，适合构建抗温恒流变合成基钻井液。

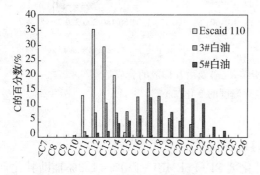

图 1 不同基础油的碳数分布

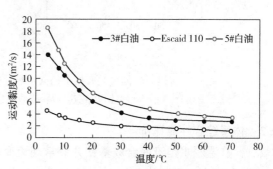

图 2 不同基础油的黏温特性

1.1.2 有机土的研选

有机土在 FLAT-PRO 深水恒流变合成基钻井液体系中提供黏切，与流型调节剂作用形成网架结构，但如果有机土的加量过大或受温度影响较大，不利于体系恒流变的维持。前期通过实验优选出高效且具有恒流变特性的有机土 PF-FSGEL。如图 3 所示，在相同加量的情况下，PF-FSGEL 表现出更高的黏度及较小的温敏特性，能够满足深水"恒流变"严苛的需求。

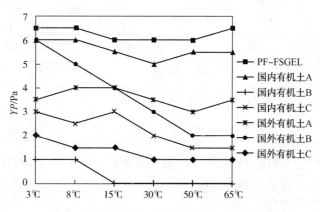

图 3 不同有机土对体系动切力 YP 的影响

针对不同有机土，利用同步热分析仪对比了有机土的抗温性能。如图 4(a) 所示，在热重(TGA)曲线上，MOGEL 和 FSGEL 分别在 180℃ 和 201℃ 附近失重率开始增大，且整个升温过程幅度较大，样品质量急剧减小，说明有机土 PF-FSGEL 具有更好的抗温性，有助于扩宽深水恒流变合成基钻井液体系的恒流变温度范围，而从图 4(b) 不同温度老化后的合成基钻井液流变 6r/min 读数也验证了这一结果。

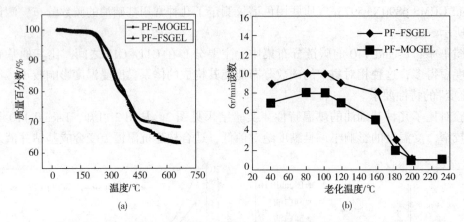

图 4　不同种类有机土的同步热分析结果(a)及由其形成的合成基
钻井液 6r/min 读数随老化温度的变化(b)

1.2　体系综合性能评价

1.2.1　抗温深水恒流变合成基钻井液常规流变性能评价

基础配方：气制油 320mL+0.7%~0.9%主乳化剂 PF-FSEMUL+1.0%~1.3%辅助乳化剂 PF-FSCOAT+1.1%~1.5%润湿剂 PF-FSWET+80mL 25% $CaCl_2$ 溶液+2.5%有机土 PF-FSGEL HT+0.25%流型调节剂 PF-FSVIS+3.0%氢氧化钙+2.5%降滤失剂 PF-MOHFR+重晶石粉加重到 1.6g/cm³。

按照基础配方测试了超深水合成基钻井液 160℃老化 16h 后不同温度下的流变性能，测试结果见表 1。

表 1　不同温度下超深水合成基钻井液流变性能

测试温度/℃	$\Phi600/\Phi300$	$\Phi200/\Phi100$	$\Phi6/\Phi3$	$G10''/10'/30'$/Pa	YP/Pa	ES/V	FL_{HTHP}/mL
3	120/70	54/31	11/10	5.5/7/8	10		
15	96/57	39/24	10/9	5/6/6	9		
30	69/43	35/22	9/8	4.5/5.5/6	8.5	1042	0.8
50	58/38	33/21	11/10	5.5/6.5/7.5	9		
65	53/37	26/20	11/10	6/7.5/8.5	10.5		

从表 1 中的结果可以看出，抗温深水恒流变合成基钻井液经过 160℃老化后在不同温度下的 YP 及 $\Phi6$ 读数随温度变化极小，能够满足深水环境对于恒流变的要求。

1.2.2　不同温压条件下性能

将待测样品 160℃老化 16h，使用 FANN 77 高温高压流变仪，测定钻井液的流变性能，测试结果见图 5。

由图 5 可知，抗温深水合成基钻井液体系在温度 3~160℃、压力 1000~9000psi 的温压范围内 $\Phi6$ 读数、YP 等流变参数随测试温度和压力的变化影响较小，满足宽温度范围内恒流变的要求。

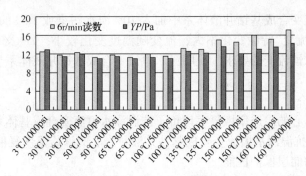

图5 抗温深水恒流变合成基钻井液体系在不同温度、压力下的流变性能

1.2.3 抗污染性能

在深水合成基钻井液中，加入不同加量人工海水或钻屑 REV-DUST，在 160℃下老化 16h 后，测试其在 3~65℃下的常压流变性能。测试结果见表2、表3。

表2 抗温深水恒流变合成基体系抗海水污染性能

测试项目	温度/℃	动切力/Pa	Φ6	$G10''/10'/30'$/Pa
基浆	3	6.5	8	4/6/6.5
	30	6	7	3.5/5/5.5
	50	6	7	3.5/5.5/6
	65	6.5	8	4/6/6.5
基浆+5%海水	3	8	10	5/8/9
	30	7	9	4.5/7.5/8
	50	7.5	10	5/7.5/8.5
	65	8	10	5/8/9
基浆+10%海水	3	10.5	14	7/11/13
	30	10	13	6.5/11/12
	50	10.5	13	6.5/10.5/11.5
	65	11	15	7.5/12/14

表3 抗温深水恒流变合成基体系抗钻屑粉污染性能

测试项目	温度/℃	动切力/Pa	Φ6	$G10''/10'/30'$/Pa
基浆	3	6.5	8	4/6/6.5
	30	6.5	7	3.5/5/5.5
	50	6	7	3.5/5.5/6
	65	6	8	4/6/6.5
基浆+5% REV-DUST	3	8	11	5.5/8.5/9.5
	30	7.5	10	5/7.5/8
	50	8	10	5/7.5/8
	65	7.5	11	5.5/8.5/9.5
基浆+10% REV-DUST	3	9.5	13	6.5/10/12
	30	8.5	12	6/8.5/9.5
	50	9	12	6/8.5/10.5
	65	9	12	6/10/12

在抗温深水恒流变合成基钻井液体系中加入10%海水污染或10%的钻屑REV-DUST污染后，钻井液的"恒流变"特性变化不大，流变随温度变化较小，YP及$\phi 6$读数随温度和压力变化极小这一深水恒流变的要求，说明深水恒流变合成基钻井液体系具有较强的抗海水污染和钻屑污染能力。

1.2.4 储保性能评价

室内采用人造岩心的渗透率恢复率评价了抗温深水恒流变合成基体系的储保性能，结果见表4。可以看出，抗温深水恒流变合成基钻井液对岩心的渗透率恢复值能达90%以上，说明该体系具有较好的储层保护性能。

表4 抗温深水合成基钻井液储保实验评价

岩心号	气测渗透率/mD	初始渗透率 K_0/mD	污染后渗透率 K_d/mD	渗透率恢复值/%
1#	421.23	37.55	37.09	98.8%
2#	132.52	25.53	24.32	95.3%
3#	100.12	11.78	11.14	94.6%

注：试验依据为《钻井液完井液损害油层室内评价方法》SY/T 6540—2002。

2 现场应用

抗温深水恒流变合成基钻井液体系在南中国海荔湾区块某超W深水井进行了现场应用。该井作业水深2619m，井深3994.3m，泥线温度2.3℃，井底循环温度22℃，出口温度14℃。17½in井眼钻至3478m；12¼in井眼钻至3994.3m。17½in及12.25in两个井段使用抗温深水恒流变合成基钻井液体系。在应用过程中，体系流变性能稳定，YP及$\phi 6$读数随温度和压力变化极小，钻井液携岩能力强，井眼清洁，直接起下钻，没有沉沙，下套管一次到位，井径规则。17.5in钻井液密度1.06~1.08g/cm³，12.25in钻井液密度1.11~1.12g/cm³，ECD值比钻井液密度高0.03~0.04，表现出较低的VECD值，满足了窄窗口密度的要求。该井创西太平洋海洋深水钻井水深记录。钻井液性能见表5，随钻测试的ECD的变化见图6。

表5 现场钻井液钻井至3994m泥浆性能

测试温度/℃	$\Phi 600/\Phi 300$	$\Phi 200/\Phi 100$	$\Phi 6/\Phi 3$	$G10''/10'/30'$/Pa	YP/Pa	ES/V	FL_{HTHP}/mL
3	78/46	33/21	8/7	4/5/7	7		
15	65/39	29/20	7/6	3.5/4/5	6.5		
30	51/32	26/17	7/6	3.5/4/4.5	6.5	826	2.8
50	44/29	23/16	8/7	4/5/6.5	7		
65	39/26	20/14	8/7	4.5/5/6.5	6.5		

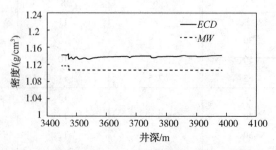

图6 12.25in井段 ECD 及 MW 随井深变化趋势图

3 结论

（1）选用碳数低且集中的基础油 Escaid 110，抗温且具有恒流变特性的有机土，有助于扩宽深水合成基钻井液体系的恒流变温度范围，构建的抗温深水恒流变合成基钻井液体系在 3～160℃ 6r/min，动切力 YP 基本保持不变。

（2）抗温深水恒流变合成基钻井液体系在超深水钻进过程中，YP 及 $\phi6$ 读数随温度和压力变化极小，抗海水及钻屑污染能力强且受温度-压力变化影响也较小。现场应用表明抗温深水恒流变合成基体系能满足苛刻条件下的超深水作业要求，应用效果良好，具有广泛的应用前景。

参 考 文 献

［1］罗健生，刘刚，李超，等．深水 FLAT-PRO 合成基钻井液体系研究及应用．中国海上油气，2017；29（3）：61-66.

［2］李怀科，罗健生，耿铁，等．国内外深水钻井液技术进展．钻井液与完井液，2015；32（6）：85-88.

［3］邱正松，徐家放，赵欣，等．深水钻井液关键技术研究．石油钻探技术，2011；39（2）：27-34.

［4］Julianne E B，Thomas E W. Rheologically stable deepwater drilling fluid development and application［C］. SPE 27453，1994.

［5］Xu L，Xu M B，Zhao L，et al. Experimental investigations into the performance of a flat-rheology water-based drilling fluid［J］. SPE Journal，2014，19（1）：69-77.

［6］Patel A D，Friedheim J，Lee J，et al. Flat rheology drilling fluid：WO［P］. America：2005/021676 A1，2005-03-10.

［7］Rife N，Young S，Lee L. Flat rheology wellbore fluid：WO［P］. America：2012/003325 A1. 2012-01-05.

［8］Rojas J C，Bern P，Plutt L J，et al. New constant-rheology synthetic-based fluid reduces downhole losses in deepwater environments［C］. SPE 109586，2007.

［9］Young S，Friedheim J，John Lee，et al. A new generation of flat rheology invert drilling fluids［C］. SPE 154682，2012.

［10］Herzhaft B，Peysson Y，Isambourg P，et al. Rheological properties of drilling muds in deep offshore conditions［C］. SPE 67736，2001.

［11］Gandelman R，Leal R，Goncalves J，et al. Study on Gelation and Freezing Phenomena of Synthetic Drilling Fluids in Ultradeepwater Environments，SPE/IADC 105881，2007.

作者简介：李超(1989-)，男，硕士，工程师。主要研究方向为油基、合成基钻完井液的研究与应用。电话：010-84528462，E-mail：lichao46@cosl.com.cn。

抗高温高密度复合有机盐完井液研究及应用

刘 鑫 郭剑梅 闫玉兵 穆剑雷 揭家辉 成晓雷 于文涛

(中国石油集团渤海钻探泥浆技术服务分公司)

摘 要 随着油气勘探开发程度的不断加深，井的深度从浅-中向中-深、甚至超深井发展，使完井工作面临巨大的挑战，超深井意味着储层温度升高和完井周期的延长，对完井液的抗温稳定性，尤其是长时间的抗温稳定性要求更高。满加4井是塔里木盆地塔中隆起北斜坡Ⅰ号坡折带坡下满加4井区的一口预探井，完钻井深7050m，根据邻井资料和评价结果，该井属异常高压压力系统，要求完井液密度2.10g/cm³，抗温能力达到200℃，在套管内静止10d以上，仍具备良好的流变性和沉降稳定性，通过使用复合有机盐完井液解决了满加4井目的层奥陶系鹰三段在超高地层温度、异常高压条件下试油作业的需要。

关键词 超深井 复合有机盐 完井液 抗温稳定性 沉降稳定性

满加4井位于塔里木盆地塔中隆起北斜坡Ⅰ号坡折带坡下满加4井区，目的层为奥陶系鹰山组鹰二段，该井实际完钻井深7050m，通过相关数据分析所建立的回归公式预测本井试油层的地层温度为200℃，根据邻井试油期间实测井深6651.60m处静压107.3MPa，属异常高压压力系统，完井液密度达2.10g/cm³以上，采用常规高密度完井液无法满足套管内静止10d后流变性和沉降稳定性要求。采用复合有机盐完井液基液密度高，固相含量少，在超高温、超高密度、长时间静止条件下完井液性能稳定且流型调控容易，为该井安全、高效试油作业提供了有力的技术保障[1~4]。

1 复合有机盐完井液及其性能评价

传统盐水基液密度低，需引入大量固相来调控密度，造成流型调控困难，且容易堵塞油气孔喉造成储层伤害，而溴盐作为完井液成本高，高温下容易对钻具造成腐蚀伤害[5~8]。复合有机盐完井液采用复合有机盐作为基液加重材料，基液中含有大量的有机酸根 $X_mR_n(COO)_n^{q-}$ 阴离子，阴离子含有较多的还原性基团，可除掉钻井液中大部分溶解氧，提高体系抗温能力，实现流行调控、高温悬浮、储层保护、防止钻具腐蚀目的。

复合有机盐完井液配方：清水+4%抗高温提切剂+3%抗高温降滤失剂+1%聚合醇+150%复合有机盐+重晶石。

1.1 抗高温性能

将配制好的复合有机盐完井液放置在烘箱中，在200℃下静置老化1~10d，分别测定1~10d后的完井液性能，结果见表1。

表1 不同老化时间的完井液性能

老化时间/d	密度/(g/cm³)	Φ600/Φ300	Φ200/Φ100	Φ6/Φ3	Gel/Pa/Pa
0	2.10	65/37	26/16	5/4	8/12
1	2.10	70/50	30/22	8/6	6/12
2	2.10	71/52	32/23	10/8	7/12

续表

老化时间/d	密度/(g/cm³)	Φ600/Φ300	Φ200/Φ100	Φ6/Φ3	Gel/Pa/Pa
3	2.10	72/52	33/25	14/13	7/13
4	2.10	80/58	35/27	19/18	9.5/14
5	2.10	82/60	36/28	22/20	10/14
6	2.10	84/62	37/28	24/21	11/15
7	2.10	90/65	40/31	26/22	12/18
8	2.10	98/70	45/37	28/25	13.5/19
9	2.10	110/78	48/39	30/27	14/20
10	2.10	116/80	52/44	30/28	14/20

注：实验数据在70℃下测定。

从实验数据可以看出，复合有机盐完井液在200℃静置老化10d后黏度有所上升，但整体流变性能仍在合理范围内，有利于现场施工作业。

1.2 沉降稳定性

将复合有机盐完井液装入老化罐中放置在烘箱中，在200℃下静置老化1~10d，分别测定1~10d后的上部密度和下部密度(如果完井液有游离液体，应先倒出后，取游离液体下层的完井液测上部密度)，通过上下密度差以及静态沉降因子SF判断完井液的沉降稳定性，结果见表2和图1、图2。

表2 不同老化时间对完井液密度的影响

老化时间/d	上层清液体积/mL	上层密度/(g/cm³)	下层密度/(g/cm³)
1	20	2.120	2.180
2	21	2.120	2.180
3	20	2.120	2.170
4	22	2.130	2.200
5	23	2.140	2.190
6	23	2.130	2.195
7	26	2.150	2.200
8	28	2.150	2.200
9	26	2.140	2.190
10	28	2.150	2.195

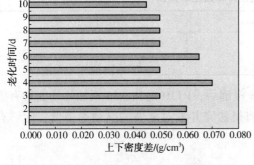

图1 不同老化时间的上下密度差

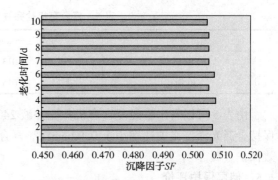

图2 不同老化时间的静态沉降因子 SF

从表 2 和图 1、图 2 实验结果可知,复合有机盐完井液经 200℃ 高温、10d 静置老化后,出罐时玻璃棒自由落体到底,底部无硬性沉淀,沉降因子 SF 小于 0.51,说明复合有机盐完井液有较好的悬浮稳定性。

1.3 高温高压流变性能

分别取在 200℃ 高温下静置老化 5d 和 10d 的复合有机盐完井液做高温高压流变性能实验,结果见表 3 和表 4。

表 3 200℃ 老化 5d 后的高温高压流变性能

流变性能实验条件	Φ600/Φ300	Φ200/Φ100	Φ6/Φ3	Gel/Pa/Pa
70℃,500psi	94/73	62/52	42/35	21.5/22
120℃,1000psi	61/45	37/28	18/10	9/10.5
150℃,1000psi	50/31	22/15	7/5	6.5/8
180℃,1000psi	37/28	21/14	6/5	2.5/4
200℃,1000psi	24/19	16/11	5/4	2/3

表 4 200℃ 老化 10d 后的高温高压流变性能

流变性能实验条件	Φ600/Φ300	Φ200/Φ100	Φ6/Φ3	Gel/Pa/Pa
70℃,500psi	132/107	95/81	56/43	19/21
120℃,1000psi	77/66	58/47	25/15	20/20
150℃,1000psi	61/57	48/40	16/11	12.5/13
180℃,1500psi	45/32	23/16	7/6	4.5/5
200℃,1000psi	29/23	22/17	7/6	2/4.5

从表 3 和表 4 的实验结果可知,随着温度和压力的增加,流变性能呈降低趋势,但 Φ3 仍能保持在 4Pa 以上,终切在 3Pa 以上,实验结束后样品杯中未发现沉降现象,这些都说明该复合有机盐完井液具有较好的悬浮稳定性和抗高温老化能力。

1.4 腐蚀实验

通过测定不同类型钢片在复合有机盐完井液中腐蚀速率来评价其腐蚀性,具体实验数据见表 5。

表 5 复合有机盐完井液挂片腐蚀速率测试

钢材型号	腐蚀速率/(mm/a)	腐蚀后钢片外观
P110 钢	0.013	基本保持实验前金属光泽
N80 钢	0.015	基本保持实验前金属光泽

由表 5 可以看出,经复合有机盐完井液 240h 浸泡后,P110 钢和 N80 钢蚀片均能够有效保持金属光泽,腐蚀速率小于 0.02mm/a。复合有机盐完井液对金属的腐蚀率极低,能够有效保护金属。

1.5 储层保护评价

对复合有机盐完井液体系进行了渗透率恢复值实验,实验具体数据见表 6。

表 6　复合有机盐完井液储层保护评价

岩心编号	气测渗透率/md	孔隙度/%	污染前/md	污染后/md	恢复值/%
1	67.78	15.8	16.312	15.019	92.07

注：使用岩心为低渗储层岩心。

由表 6 可以看出，岩心渗透率恢复值达到了 92% 以上，进而说明复合有机盐完井液对储层具有良好的保护作用。

2　现场应用

替浆作业前，为防止液体之间不配伍造成井下复杂，对现场井浆进行了配伍性实验，结果见表 7。

表 7　替浆前各液配伍性实验

复合有机盐完井液：聚磺钻井液	Φ600/Φ300	Φ200/Φ100	Φ6/Φ3	Gel/Pa/Pa
聚磺钻井液	123/77	58/42	13/12	8/18
复合有机盐完井液	110/60	43/28	2/2	2/5
1：9	170/107	80/58	28/28	17/40
3：7	134/88	66/45	15/14	10/31
5：5	162/93	65/41	6/5	4/13
7：3	145/82	60/36	5/5	10/31
9：1	113/64	45/26	3/2	2/8
复合有机盐完井液：聚磺钻井液：高黏隔离液＝1：1：1	102/60	41/18	3/2	1.5/5

从实验结果可知，在复合有机盐完井液中加入不同比例的聚磺钻井液，均会造成完井液增稠，同时静切力增加较大。聚磺钻井液与复合有机盐完井液之间加入高黏隔离液后完井液流变性与完井液原浆保持一致。根据上述结果，现场替浆时配制了高黏隔离液 20m³，泵入 12m³ 进行隔离，有效防止了钻完井液混浆污染。

满加 4 井现场试油作业时间长达 66d，期间的完井液性能稳定，见表 8。

表 8　满加 4 井试油期间完井液性能

性能日期	密度/(g/cm³)	Φ600/Φ300	Φ200/Φ100	Φ6/Φ3	Gel/Pa/Pa
2017.03.16	2.10	219/129	80/45	8/6	2.5/6
2017.03.22	2.10	224/130	97/61	12/8	3/6
2017.03.25	2.10	194/111	86/48	9/8	2.5/7
2017.03.29	2.10	166/98	70/47	10/8	3/6
2017.03.30	2.10	166/98	71/47	9/8	3/6
2017.04.01	2.10	164/96	71/45	10/7	3/8
2017.04.04	2.10	180/112	79/56	12/9	4/8
2017.04.07	2.10	180/112	79/56	12/9	3/8
2017.04.11	2.10	153/97	72/49	11/7	3.5/7.5

续表

性能日期	密度/(g/cm³)	Φ600/Φ300	Φ200/Φ100	Φ6/Φ3	Gel/Pa/Pa
2017.04.14	2.10	166/100	74/49	10/7	2.5/7.5
2017.04.19	2.10	144/88	67/45	13/9	3/7
2017.04.20	2.10	125/77	56/40	15/10	3/8
2017.04.22	2.10	123/79	58/42	14/9	3/8
2017.04.25	2.10	131/80	62/43	11/7	3/7.0
2017.05.05	2.10	133/84	62/45	12/9	3/7.0

从现场数据可以看出，复合有机盐完井液在 66d 井下作业过程中密度未发生变化，流变性及切力均保持在合理范围内，有效保障了现场试油安全。

3 结论

（1）满加 4 井是目前塔中区块试油作业温度最高的一口井，试油期间静温高达 200℃，通过使用复合有机盐完井液有效解决了在超高温、超高密度、长时间静止条件下的悬浮稳定性和抗高温老化能力。

（2）复合有机盐完井液基液密度高，固相含量少，渗透率恢复值达到 92%，相比于常规高密度完井液更有利于储层保护及现场施工中流型调控，适用于超高温完井作业。

参 考 文 献

[1] 王健，彭芳芳，徐同台，等，钻井液沉降稳定性测试与预测方法研究进展[J]，钻井液与完井液，2012，29(5)：79-83。

[2] Jason Maxey, Rheological. Analysis of static and dynamic sag in drilling fluids[J]. Annual transactions of the Nordic Rheology Society, Vol. 15, 2007.

[3] Jefferson D T. New procedure helps monitor sag in the Field[C]. ASME 91-PET-3, Energy Sources Technology Conference and Exhibition, New Orleans, 20-24 Jan 1991.

[4] 叶艳，安文华，尹达，等. 高密度甲酸盐钻井液配方优选及其性能评价[J]，钻井液与完井液，2014，31(1)：37-39.

[5] 王洪福，熊汉桥，马占国，等. 抗高温无固相清洁盐水完井液实验研究[C]，中国油气田钻采与水处理应用化学技术研讨会，2009.

[6] 霍宝玉，成挺，张晓崴，等. 抗高温有机酸盐完井液研究[J]，油田化学，2013，30(4)：500-504.

[7] 王平，全黄芸. 抗高温高密度水基钻井完井液的室内研究[J]，精细与专用化学品，2014，22(4)：50-53.

[8] 王松，胡三清，秦绍印，等. 高温高密度钻井液完井液体系室内研究[J]，河南石油，2003，17(5)：46-48.

作者简介：刘鑫(1987-)，男，毕业时间：2010 年 7 月，毕业院校：长江大学，专业：高分子材料与工程专业，工程师。地址：天津市大港油田红旗路东段；邮编：300280；电话：18910557170；E-mail：116573640@qq.com。通讯作者 E-mail：116573640@qq.com。

海水钻井液在大位移定向井中的应用

周艳平　梁明月　刘传清

(胜利石油工程公司海洋钻井公司)

摘　要　大位移定向井施工具有摩阻大、扭矩大、风险大的特点，针对施工井的难度特点，通过细化施工方案、严格过程管理、优化钻具结构、合理工程措施、优化钻井液参数、精细维护钻井液等技术措施，成功克服了施工井裸眼稳斜井段长、井斜角大、水平位移大、定向易托压、井身轨迹控制困难、易黏卡、井壁稳定性差、携砂困难等施工难点，采用海水钻井液优质、高效、安全地完成了施工任务，取得良好的经济效益。

关键词　海水钻井液体系　钻井液参数　润滑　携砂　工程措施

2016 年随着油价逐级降低，采油的利润越来越少，采油厂的投资相应降低，主要表现在新布局井组的口数(一个井组 18 口井)越来越多，井间距(1.6m×1.8m)越来越密，施工井水平位移越来越大，施加给钻井公司的难度相应的也呈几何数增加。在这样严峻的经营形式下，海洋钻井公司完成了 X-16 井、X-17 井两口大位移定向井施工任务，此为海洋钻井公司有史以来完成的水平位移最大、井斜角最大、施工难度最大的定向井，它的顺利交井标志着海洋钻井公司施工大位移、高难度定向井的技术又跃升到一个新的高度。

1　施工难度

(1) 施工井井斜角大(大于 70°)，水平位移长，X-16 井位移 2647.14m，X-17 井位移 2699.70m，施工过程摩阻大、扭矩大、风险大是必须面对的困难。

(2) 投资原因造成水基钻井液成本投入少，钻井液润滑效果不如油基钻井液，施工周期长，稳定钻井液性能始终处于良好状态比较困难，润滑效果不好时有发生黏卡的可能。

(3) 稳斜井段长，井眼轨迹控制难度大，使用常规定向技术，后期定向钻进可能会出现托压严重现象，导致定向困难。

(4) 大位移、大井斜井施工，施工后期钻井液可能会出现携砂能力减弱，井眼清洁变差的现象，造成岩屑床厚度的增加，进而加大施工难度。

(5) 施工期间处于严寒季节(零下 20℃)，会遇到各种预想不到的困难和挑战。

2　施工对策

2.1　难度分解施工

X-16 井基础数据：

隔水管：桩入：850mm×80m。

一开：444.5mm×905.3m；表层套管：339.7mm×904.79m。

二开：241.3mm×3222m；油层套管：177.8mm×3219.9m。

施工井难度大，有目共睹，故我们采用难度分解的方法进行施工，就是把该井分成若干段，打一段进尺巩固一段井眼，保证上面的井段畅通，降低施工下一井段的风险，以致于钻进至 2800m 时，职工普遍反映不是想象的那样难打，这充分说明该措施起到的作用。

2.2 预防式处理与应急式处理相结合

钻进到预定深度，按比例加入液体和固体润滑材料，保证润滑材料的有效含量，始终保持钻井液良好的润滑性效果，遇到摩阻、扭矩显著增加或定向钻进困难时，采用加大润滑材料使用量的措施来确保安全施工。

2.3 钻井液净化

使用好四级固控设备是控制固相的关键，同时化学絮凝、清罐放沉砂、置换钻井液也是控制钻井液固相必要的辅助手段，必须综合应用至极致以实现良好的净化效果。

2.4 排量控制

出套管鞋后的前 4 柱钻进，适当控制排量（33L/s，正常排量的 85%～90%）钻进，以防刚出表层套管鞋后的极软地层造成"大肚子"井眼，致使后期电测困难及增加下套管隐患（虽然本井采用 LWF 无电缆方式测井，同样重视上部井眼质量，防止出现沙桥），之后钻进后排量提至正常排量 38L/s 左右。

2.5 钻井液井眼清洁与携砂

明化镇井段保持包被剂的有效含量，抑制造浆，钻进造浆严重井段可直接泵入胶液（15～20m³）清洗井眼，以起到清洁井壁的作用，砂岩井段钻进携砂效果不理想时可采用"低打高带"改变环空流态接力循环方式提高携砂效果。

2.6 工程措施

要求钻进 1100m 以后，打完一个立柱需划眼两遍再接下一立柱。由于井斜角大，钻屑上返速度慢，该措施可以使钻屑尽可能地往上走，降低环空钻屑浓度，防止倒划眼时某处环空钻屑浓度过高，造成环空不畅，憋停顶驱、憋泵、造成井漏，同时此技术措施可以更好地修整井壁；中途短起（或其他原因被动起钻）循环时，注意循环方式和方法，避免冲出"大肚子"井眼；继续钻进每 400m 井段进行一次短程起下钻，及时破坏岩屑床，清洁井眼，降低施工风险；充分做好电测、下套管前的通井工作，使用通井钻具认真通井，对井斜角、方位角变化比较大的井段，必要时可采用划眼方式修整井眼，直到显示正常，必要时再进行一次短程起下钻，确保井眼畅通，确保钻井液悬浮能力良好，起钻前应在关键裸眼井段封入固体或液体润滑剂加强井壁润滑，降低摩阻，确保电测顺利，保证 $\Phi177.8mm$ 油层套管安全下入。

3 精细钻井液维护

3.1 基础数据

X-16、X-17 两口大位移定向井数据见表 1。

表 1 两口大位移定向井数据

井号	井深/m	垂深/m	最大井斜/(°)	位移/m	位垂比
X-16	3222	1414.56	74.05	2647.14	1.87
X-17	3286	1406.35	74.18	2699.70	1.92

3.2 海水钻井液材料选择

包被剂：天然高分子包被剂。

降滤失剂：天然高分子降滤失剂。

润滑剂：固体聚合醇、油基液体润滑剂（或极压润滑剂）、石墨粉、塑料小球（10~20目）。

提黏剂：钻井级生物聚合物。

防塌剂：钻井液用无荧光白沥青。

pH值调节剂：烧碱。

3.3 海水钻井液体系配方

海水+6%土粉+0.4%~0.5%天然高分子包被剂+0.5%~1.5%天然高分子降滤失剂+2%~4%固体聚合醇+2%~4%油基润滑剂（极压润滑剂）+1%~2%石墨粉+2%钻井液用无荧光白沥青+0.2%钻井级生物聚合物+塑料小球（封井使用）+烧碱（适量）。

3.4 钻井液维护措施

3.4.1 "抓两头、保中间"技术措施

针对井斜大的井，出套管前提前调整好钻井液参数，防止套管鞋附近形成大井眼；钻进期间进一步优化钻井液性能，加强钻井液的净化措施，保证钻井液性能良好稳定，确保打出的井眼规则，同时加强与定向人员的交流，控制好井身轨迹；完钻后强化钻井液的润滑、封井处理措施及工程措施保障。

3.4.2 二开前钻井液处理

先下一个311.2mm牙轮钻头钻塞，同时调整泥浆性能，混入胶液（海水+0.5%天然高分子包被剂IND-30+0.5%海水钻井液用降滤失剂）调整钻井液密度，循环混合均匀，密度符合要求后，再加入海水钻井液用降滤失剂1250kg调整滤失量，测量钻井液密度1.08g/cm³，黏度33s，滤失量15mL，满足二开要求起钻，下241.3mmPDC钻头钻进。按照施工的思路，出表层后前4柱控制排量钻进（正常排量的90%），之后达到正常排量38L/s钻进，出表层500m（斜深905~1400m，垂深660~820m）左右尽量控制滤失量钻进（要求滤失量12~18mL），以期能打出比较规则的井眼，之后钻进，滤失量可以适当放宽，工程措施（1100m以后）是打完立柱后划眼两遍再接立柱，目的是将钻屑往上赶一赶，降低环空钻屑浓度，清洁井眼，同时该技术措施可以更好地修整井壁。2006m（垂深1013m）以前钻进不断向泥浆中补充0.4%~0.6%IND-30天然高分子包被剂胶液，并保证其有效含量不低于0.4%，以确保泥浆的强抑制性，目的是控制明化镇地层黏土造浆，加强固相控制技术，实现低密度、低黏、适当滤失量钻井液特点钻进，即密度控制在1.08g/cm³以内，黏度30~33s，滤失量始终小于36mL。工程上保证排量达到38~40L/s，环空流态实现紊流，防止钻具泥包和井眼缩径。经常观察振动筛钻屑的返出情况，强抑制性泥浆最关键的技术就是保证返出的钻屑要一直"清爽"，当返出的钻屑较黏时，或泥浆密度上升，超过1.08g/cm³、黏度超过33s时、动切力大于3Pa、静切力显著变化，说明泥浆的抑制性已经开始减弱，不足以包被所有的钻屑，此刻就应该及时置换部分受黏土污染的泥浆，以保证泥浆的抑制性。若置换不及时，加上钻时又很快，势必造成过量钻屑糊井壁，反映到井下就是扭矩和摩阻增大，起下钻到此位置也会比较困难。钻进至2006m（垂深1013m、位移1500m）准备短程起下钻，循环时加入2t

固体聚合醇、2t 液体润滑剂增强基浆的润滑性，加入 1t 海水钻井液用降滤失剂滤失量由 16mL 降至 6.4mL，处理完钻井液性能：密度 1.08g/cm³，黏度 33s，滤失量 6.4mL，静切力 0.5Pa/1.5Pa，塑性黏度 6mPa·s，动切力 2.5Pa。从短程起下钻的情况看，井眼比较畅通，没有倒划眼及划眼直接下钻到底，说明低黏切强抑制泥浆在排量合适的情况下携砂能力是没有问题的，也能够保障井眼畅通。

3.4.3 继续钻进依然采用上述方法施工

2803m（垂深 1272m、位移 2252m）以上地层还是明化镇地层，多以泥岩为主，钻井液处理主要是抑制造浆，保持低固相、低黏度钻进，控制滤失量小于 8mL，胶液维护：海水+0.4%天然高分子包被剂+0.4%~1.0%降滤失剂，钻进至 2405（垂深 1138m、位移 1878m）m、2803m（垂深 1272m、位移 2252m）分别进行一次短程起下钻，每次短起前循环时加入 2t 固体聚合醇、2t 液体润滑剂保证钻井液的润滑性良好，处理完钻井液性能（2405m）：密度 1.09g/cm³，黏度 33s，滤失量 6.8mL，静切力 0.5Pa/1.5Pa，塑性黏度 7mPa·s，动切力 2Pa。钻井液性能（2803m）：密度 1.10g/cm³，黏度 36s，滤失量 6mL，静切力 1Pa/2Pa，塑性黏度 9mPa·s，动切力 3.5Pa。从两次短程起下钻的情况看，井眼比较畅通，摩阻较小，钻时很快（钻进一柱时间在 30min 以内）的井段起钻稍有遇阻显示，钻时较慢（如控制轨迹：吊打）的井段起钻比较畅通，可以通过延长划眼时间或多划一遍井眼来更好地修整井壁。

3.4.4 进入馆陶组地层，沙泥岩互层且多以砂岩、细砂岩为主，泥浆维护应针对性的以携砂、净化、防卡、改善滤饼质量为主

随着井深的不断延伸，水平位移越来越长，钻具与井壁的接触面积不断增大，扭矩和摩阻都相应增加，此时控制泥浆的低滤失量，形成薄而致密、且光滑的滤饼是本井段润滑防卡、安全钻进的关键。钻进期间加大降滤失剂的用量，根据摩阻、扭矩情况加大固体及液体润滑剂使用量，保证钻井液润滑始终处于良好状态，在井深 2872~2878m 井段定向顺利，钻时较快（2~4min/m），滑动钻进时没有托压及黏卡迹象，充分说明钻井液携砂良好、润滑良好。馆陶组地层胶液维护配方为：0.4%~0.6%IND-30 包被剂+1.0%NAT-20 天然高分子降滤失剂+0.1%~0.2%生物聚合物，钻进至 3222m 完钻，垂深 1414.56m，井底水平位移 2647.14m，短起新井眼比较顺利，换通井钻具下钻也很正常。

3.4.5 电测前钻井液处理措施

钻井液处理主要是加强润滑、降低滤失量、提高黏度，电测前泥浆性能如下：密度 1.14g/cm³，黏度 48s，滤失量 4mL，静切力 2Pa/5Pa，塑性黏度 22mPa·s，动切 6.5Pa，pH=8.5。起钻时井底最大摩阻不超过 20t，起到 2000m 以上时，几乎没有摩阻，井况非常好，使用 LWF 方式（用时 46h）测井一次成功。

3.4.6 下套管前钻井液处理措施

循环正常后加入 2600kg 液体润滑剂、1000kg 固体聚合醇、1000kg 钻井液用白沥青、500kg 烧碱、封闭裸眼井段加入 2000kg 的塑料小球，钻井液处理主要是强化润滑，下套管前泥浆性能如下：密度 1.14g/cm³，黏度 48s，滤失量 3.6mL，静切力 2Pa/5Pa，塑性黏度 20mPa·s，动切 6.5Pa，pH=8.5。起钻时井底最大摩阻不超过 15t，塑料小球的加入增加了钻具与井壁的滚动摩擦，进一步降低了摩阻，确保了下套管的安全。

4 施工效果

4.1 指标高

X-16 井钻井周期仅 9.41d；

机械钻速 39.56m/h；

最高日进尺 807m；

短程起下钻井眼畅通用时短，2000m 以后每 400m 进行一次短程起下钻，一般用时 3h。

4.2 上部井眼（井段 905~1395m）井径规则

X-16 井出表层 500m（斜深 905~1400m，垂深 660~820m）左右尽量控制滤失量钻进（要求滤失量 12~18mL），905~1395m 井段电测井径扩大率 7.38%，井眼相当规则。一般情况下，采用上述处理措施上部井段井眼扩大率能控制在 12% 以内，油层段钻进严格控制滤失量小于 5mL，控制井径扩大率小于 10%，规则的井眼不易形成台阶或沙桥，能够降低施工风险，良好的井身质量对测井还是有帮助的，也可以降到下套管的风险。

4.3 定向顺利

定向钻进，特别是 2800m 以后需要调整轨迹时，钻时一般 2~4min/m，定向期间钻时较快，无黏附迹象，无托压现象，说明钻井液携砂良好、润滑良好，充分发挥了海水钻井液的技术优势。

4.4 降摩阻效果好

表 2　X-16 井静止黏卡实验数据

井深/m	静止时间/min	静止悬重/t	起钻悬重/t	最大拉力/t
3164	5	73.6	95	97
3168	8	73.6	93	98
3160	10	73.6	95	98

电测前通过钻具静止黏卡实验，掌握钻具在井底附近分别静止 5min、8min、10min 的黏附力的情况，从表 2 数据可知，钻具静止一段时间后起钻摩阻在 20~22t，黏附力比起钻悬重值大 5t 以内，说明钻井液润滑非常好，钻具即使静止 10min，也不会出现钻具黏卡事故，安全系数比较高。

表 3　X-16 井悬重与摩阻数据

井深/m	正常悬重/t	电测前通井起钻悬重/t	电测前通井起钻摩阻/t	下套管前通井起钻悬重/t	下套管前通井起钻摩阻/t
3204	73.89	93	19.11	89	15.11
3150	73.32	91	17.68	88	14.68
3100	72.76	89	16.24	86	13.24
3062	72.47	89	16.53	86	13.53
3005	71.91	88	16.09	85	13.09

电测前与下套管前通井钻具相同，钻具组合：241.3mm 牙轮钻头+630×410X/O+411×410F/V+238mmSTAB+127mmHWDP×27 根+127mmDP，工程措施也相同（一次短程起下钻循

环干净后再起 15 柱下到底不循环起钻），钻井液处理胶液维护：海水+0.5%IND-30 天然高分子包被剂+1.0%NAT-20 天然高分子降滤失剂+0.5%烧碱，循环正常后加入固体聚合醇 1000kg、生物聚合物 325kg、极压润滑剂 4000kg，钻井液处理主要是提高黏度、加强润滑，下套管前起钻裸眼井段封井加入 2t 塑料小球（含量约 2%），从表 3 起钻悬重数据看，下套管前通井起钻的悬重比电测前通井起钻的悬重几个记录点普遍小 3~4t，说明钻井液加入塑料小球后钻具与井壁间的滚动摩擦能够进一步降低摩阻，从而保证施工更加安全。

5 结论与建议

（1）海水钻井液良好的性能是确保各环节施工顺利进行的重要保障。

（2）固控设备是实现海水钻井液达到良好净化效果的关键。

（3）合理的工程措施能够降低大位移定向井施工风险。

（4）固体、液体润滑剂的合理配比使用可以实现海水钻井液良好的润滑效果。

作者简介：周艳平，胜利石油工程公司海洋钻井公司技术科，高级工程师，长期从事钻井液现场以及技术管理工作。联系电话：13589973991，E-mail：dyjhzhyp@163.com。

渤南难动用井组钻井防黏技术研究

马其浩

（胜利石油工程有限公司渤海钻井总公司）

摘　要　随着 2018 年渤南油田义 178-斜 2 和义 184-1 井 2mm 油嘴自喷，获得高产油流，渤南致密砂岩难动用储藏的开发掀起了新的高潮，但受各方面因素的影响，近期的钻井施工中，钻具防黏成为一项工作重点。渤南难动用井组的钻具黏附现象是多方面因素引起的，通过采取针对性研究，形成渤南难动用井组钻井防黏技术，解决了钻具黏度的问题，取得了良好效果。

关键词　渤南　致密砂层　难动用　钻具黏附　防黏

渤南洼陷位于沾化洼陷中部，是济阳坳陷中的一个三级构造单元。渤南油田于 1964 年开始勘探，该油田油层较多，有中生界、沙四段、沙三段、沙二段、沙一段和东营组，其中以沙三段为主，进行了较深入的勘探，钻井技术也较为成熟。义 176 区块低部位沙四上致密油藏一直被认为是难动用储藏，但近年来随着对其的进一步认识，所部署的义 178-斜 2 和义 184-1 井 2mm 油嘴自喷，初期口井日产油近 30t，渤南地区沙四上亚段低部位致密油藏的开发又掀起了新的高潮。但在近期施工的渤南地区难动用井组的钻井施工中，钻具防黏成为一项突出工作，这在先前的钻井施工中是未遇到的。

1　渤南难动用井组钻具黏附的因素

钻具黏附具有三方面的重要因素：液柱与地层间的压力差、滤饼与钻具的接触面积以及接触面的润滑性。与现阶段其他区域以及渤南地区前期的钻井施工的侧重点不同，渤南难动用井组的施工中，钻具防黏成为钻井液施工的一项重点，究其原因，分析有以下几个方面。

1.1　钻井液不落地、全过程小循环应用

在实现勘探开发目标的同时，钻井作业产生的废钻井液等污染物也越来越多。这些污染物对生态环境造成了不良影响，成为石油行业急需解决的一个技术问题，尤其是 2015 年 1 月 1 日实施的《环境保护法》，使油田面临的环保形势更加严峻。钻井液不落地处理技术及全过程小循环应运而生，随着其被广泛地推广应用，钻井液处理技术，尤其是在上部地层钻井液的处理方面，也随之发生了变化。胜利东部油区，上部地层施工中，与钻井液不落地所配套的是氯化钙强抑制钻井液，该体系能够有效地解决上部地层造浆的问题，减少废弃泥浆的产生量，从而降低环保压力。

全过程小循环在应用初期时，常有黏糊井眼的现象发生，其原因在于，固相在不能有效清除的情况下，钻屑经过反复的研磨，分散程度不断增加，钻遇强造浆层位时，甚至会导致钻井液黏切急剧升高，造成黏糊井眼的情况时有发生。较高的黏切不利于上部地层钻进时形成开放式的井眼，井径扩大率较低，随着井深的增加，井壁附近的滞留层导致井眼进步缩小，增加了钻具接触面积及活动摩阻，易造成钻具黏卡。

1.2 强抑制体系的应用

渤南难动用井组施工中为达到抑制钻屑分散，以低黏低切的钻井液提高机械钻速为目的，采用了具有更高 Ca^{2+} 浓度的氯化钙钻井液，由于钻井液中加入 Ca^{2+} 后，Ca^{2+} 交换黏土表面吸附的 Na^+，使黏土表面的水化双电层和水化膜变薄，电动点位下降，更易聚结变为大颗粒，从而使自由水增多。强抑制钻井液的应用有效地解决了上部问题造浆的问题，但同时也给钻井液带来了潜在的影响—土相不能有效分散，造成滤饼松散，滤饼质量受到影响。

较厚的滤饼中更容易包裹钻屑等劣质固相，使滤饼厚度增加，质量进一步下降，渗透率也随之提高，钻柱在斜井段和定向井段嵌入泥饼越深，接触面积就愈大，摩阻力增高，在强渗透性地层，受液柱压力的影响下，更易发生钻具黏附。

1.3 长裸眼段附带更复杂的压力系统

钻具黏附普遍存在于高密度定向井中，也是高密度定向井施工中的一大难题。渤南地区沙三段发育大段异常高压油泥岩、油页岩，局部地层压力系数甚至高达 1.80 以上，而同处于技套井段的馆陶组、东营组、沙一段、沙二段发育大段低压层，同一技套裸眼中多套高低压层并存。

钻井液密度过高，会产生极大的液柱压力，低压层附近的钻柱在内外压差的作用下贴向井壁，造成接触面积增大。同时过大的内外压差会在钻具上附加一个正压力，使其作用在泥饼上的接触力大大高于本身重力，从而导致摩阻增大、滑动托压、钻具黏附等现象的发生，因此，在长裸眼、高密度段钻进过程中产生摩阻与扭矩普遍较大，发生钻具黏附的概率也相对较高。

2 渤南难动用井组钻具防黏技术

2.1 强化钻井液抑制能力

考虑到渤南难动用井组施工均采用钻井液不落地工艺，二开为 $9\frac{1}{2}$in 井眼，为满足上部地层的高机械钻速，固相的控制应具有更高的要求。使用具有高钙离子的氯化钙钻井液体系，其中 Ca^{2+} 能够达到 2000ppm 以上，加量为 4~5 吨/口井，使用井段为 350~1500m，是常规钙处理钻井液用量的两倍以上。施工中为提高其抑制效果，配合使用聚丙烯酰胺（PAM）、氨基聚醇（AP-1），能够达到抑制黏土过度水化的目的。

同时，为满足控制劣质固相的目的，在所有施工队伍推进配备双离心机，钻井液总处理量达 120m³/h。

2.2 使用优质土替代传统自然造浆

重视膨润土浆的应用，为弥补因上部强抑制造成的土相不分散，形成滤饼虚厚的负面影响，采用经水化分散的膨润土浆改善滤饼质量。通过利用膨润土的水化、分散、堵孔作用，提高滤饼的质量，降低滤饼渗透性和厚度，降低钻具活动摩阻扭矩，预防压差卡钻的发生。

2.3 提高上部井眼清洁程度

环空清洁程度，很大程度上是对虚泥饼的清除。采用"工具物理清除+钻井液紊流携带"方法配合来解决：在钻具中加入偏心扩眼器、螺旋扶正器等修壁工具，并配合短起下钻操作，破坏井壁附着的虚泥饼；提高钻井泵的排量，保持钻井液的环空流速>1.2m/s，使环空流速始终大于或接近环空临界返速，在井眼中形成局部紊流，降低大斜度井段的钻屑沉降，提高岩屑的返出率。

2.4 采用"精细控压钻井技术"+"承压堵漏技术"尽可能降低正压差

采用"精细控压钻井技术"控制钻井液的液柱力，使高压油气层始终处于近平衡状态。通过"承压堵漏技术"降低近井壁污染层的渗透率，两方面共同作用，控制高密度引起的高渗低压层位的正压差，尽可能降低钻具的摩阻扭矩，降低压差卡钻的风险。

3 应用效果

义178-斜10井为渤南难动用井组第一口施工井，在该井的施工过程中由于对地层特点掌握不够清晰，在摩阻扭矩控制上尚有不足；经过总结探索，在使用了减摩防黏钻井技术后，渤南难动用井组的减磨防黏工作进入模式化，义184-斜4井是近期施工的一口井，该井与义178-斜10井同属渤南难动用井组1号台，为同一钻井队所施工。

义178-斜10井于3355m造斜，最大井斜11.5°；义184-斜4井2070m造斜，最大井斜22.5°。图1为义178-斜10井的摩阻扭矩变化曲线，图2为义184-斜4井摩阻扭矩变化曲线，通过对比可见，虽然178-斜10井造斜点深、井斜较小，但其摩阻及扭矩要远大于斜井段长、井斜大的义184-斜4井，尤其在二开2200m后，义184-斜4井的摩阻得到有效的控制，扭矩也相对平稳，说明减摩防黏钻井技术的应用，使钻具的活动摩阻大幅降低。经统计，义184-斜4井滑动钻进的时间也大幅缩短，其所占斜井段钻进时间的比例由常规大位移井的27%降低至12%，定向效率也得到有效提高。

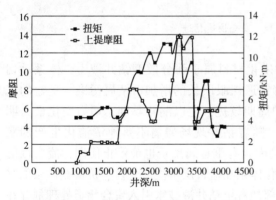 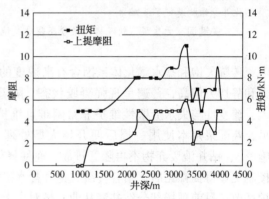

图1 义178-斜10井摩阻扭矩变化曲线　　图2 义184-斜4井摩阻扭矩变化曲线

4 结论

渤南难动用井组防黏技术，通过清洁井眼、改善滤饼质量、降低接触面正压差等手段，切实达到了减磨防黏的效果，并在难动用井组进行了现场应用。现场应用表明，该技术能有效降低钻具的活动摩阻及旋转扭矩，同时能够改善井壁，防黏压差卡钻的发生。

作者简介：马其浩，胜利石油工程有限公司渤海钻井总公司，钻井工程师，山东省东营市河口区钻井街；邮编：257200；电话：18606467725；E-mail：maqh1228@sina.com。

ZQ2 井上段盐膏层聚磺高密度欠饱和盐水钻井液技术

祝学飞[1]　孙　俊[1]　舒义勇[1]　徐思旭[1]　周华安[2]

(1. 中国石油川庆钻探工程有限公司新疆分公司；2. 中国石油川庆钻探钻井液技术服公司)

摘　要　ZQ2 是库车凹陷秋里塔格构造中秋 2 号构造的一口预探井，吉迪克组~库姆格列木群泥岩段（N_1j^2~$E_{1-2}km^1$）盐膏层埋藏深度 4545~5827m，地层特性膏盐层段长、石膏含量高、压力系数高、盐间软泥岩欠压实高含泥质高含水与软黏特性、13⅛in 大尺寸井眼，原设计为油基钻井液，后更改为水基钻井液，且井深结构更改为高低压层套打，对水基钻井液技术提出了较高要求。针对地层特性通过改变传统钻井液体系思路引入烯丙基磺酸钠四元共聚降滤失剂 MYY、改性植物胶包被抑制剂 NXX、国内首次在欠饱和盐水体系中引入有机盐 Weigh2 对传统的欠饱和盐水磺化钻井液进行改造升级为聚磺高密度欠饱和盐水钻井液，实钻过程中表现出包被抑制性强、抗盐膏污染能力强、性能稳定、维护简单、岩屑代表性强，流变性控制优于邻井欠饱和盐水磺化钻井液，在 ZQ2 井该段盐膏层取得了良好效果，解决了传统欠饱和盐水磺化体系因使用稀释剂致强分散、强依赖性而出现"加~放~加、增黏~降黏~增黏"难题，实现了该层位盐膏层及软泥岩安全快速钻进、井壁稳定、井下安全，电测、下套管一次性成功，为该区块优化井身结构奠定了基础。

关键词　膏盐层　软泥岩　聚磺高密度欠饱和　安全快速钻进

传统欠饱和盐水磺化体系因含有高浓度的磺化材料属于强分散型钻井液[1]，体系动切力和静切力偏高，普遍呈现强凝胶状态，随着钻遇裸眼段长的增加、钻屑污染、膏盐的侵入，流变性与失水造壁性维护非常困难且维护周期较短，尤以漏斗黏度、切力变化最为明显，新配浆基本使用一周后便开始大型处理，随着钻井现场岩屑不落地清洁化生产的实施[2,3]，钻井液废弃物不再随意排放，而稀释剂因含有重金属离子也被停止使用，流变性的控制更显得捉襟见肘。结合传统欠饱和盐水磺化体系在盐膏层解决流变性、抗膏盐污染的维护环节，目前现场部分钻井液从业人员对中上部盐膏层钻井液技术引入聚合物类处理剂存在着反对或排斥意见或不情愿引入，担心引入后引起塑性黏度、漏斗黏度过高，随着抗盐抗钙抗高温类型聚合物处理剂的研发与实际应用，随着清洁化生产的不断加强与环境保护的严格管理，笔者认为钻井液处理剂发展方向以多元聚合物类、抗温抗盐抗钙类、纳米类[4,5]、低色度环保类等产品，会逐渐替代传统的、高色度、强分散性的趋势。

1　ZQ2 井地质构造特点

库车山前区块经多次地震运动形成高陡构造，中秋构造吉迪克膏盐层发育巨厚且构造褶皱变形多[6]，以盐岩、膏盐、软泥岩、泥岩不等厚互层为主，本开次电测井底温度 125℃，要求钻井液既要有较强的抗盐膏污染能力，还应具有良好的高温稳定性；盐岩溶解引起盐间泥岩失去支撑形成掉块易造成掉块卡钻，软石膏分散溶解性极强引起流变性较大变化，石膏层缩径、盐膏层蠕变造成缩径卡钻[7]。ZQ2 井吉迪克组~库姆格列木群（N_1j^2~$E_{1-2}km^1$）地质分层与岩性见表1。

表1　ZQ2 井吉迪克组 ~ 库姆格列木群(N_1j^2 ~ $E_{1-2}km^1$)地质分层与岩性

层　位	埋深/m	岩　性
N_1j^2(吉迪克组)	4545 ~ 5532	膏盐岩、膏泥岩
$E_{2-3}s$(苏维依组)	5532 ~ 5733	泥岩、膏泥岩
$E_{2-3}km^1$(库姆格列木群泥岩段)	5733 ~ 5827	膏泥岩、粉砂岩

2　钻井液技术难点与思路

本开次原设计为油基钻井液体系，套管结构为套管+膨胀管模式，为解决井身结构难题，油田公司决定本井段试验油基改水基钻井液，套管结构更改为全套管，将复合盐层与低压层套打，对水基钻井液技术提出了较高要求。邻井 ZQ1 井本段分第三、第四开次采用油基钻井液钻进，钻井液最高密度 2.33g/cm^3，且钻进起下钻过程中阻卡频繁，第四开次因井漏逐步降密度至 2.19g/cm^3。盐膏层钻井液维护最大的难点是盐与膏对流变性的影响，尤其是膏污染特别严重[8,9]，流变性优控为盐膏层钻井液的第一要务，优控的基础是钻井液护胶，其实质对黏土颗粒的有效保护。

针对本井上段膏盐层埋深，采用高密度欠饱和复合盐适度控制盐膏层溶解，适当扩大井径避免形成大肚子，防止盐层蠕变形成小井眼；针对软泥岩、盐质泥岩分散性强，对高密度钻井液性能影响大，邻井多次出现软泥岩堆积堵塞防溢管现象[10]，引入抗盐钙型中小分子四元共聚物 MYY，利用其抗盐抗钙抗污染与护胶；改性植物胶 NXX 对泥岩、软泥岩进行包被抑制剂避免分散与敷筛现象；KCl、有机盐 Weigh2 加强抑制、适当磺化材料进行抗温与护胶，几者相结合形成聚磺高密度欠饱和盐水钻井液解决盐膏污染与软泥岩引起的流变性矛盾，同时极致润滑封堵的思路。

2.1　主要材料选择与作用机理

经室内实验优选以下几种主要处理剂，一是聚合物类降滤失剂四元共聚物 MYY：以甲基、酰胺基、羧基、磺酸基合成的共聚物，配伍性好，属可生物降解的环保产品，分子链中含有四元环状结构其刚性较强，不易受盐钙侵入影响而脱附，侧链磺酸基团的两个 S—O(π键)键的存在，在高温、高矿化度环境中具有较强的热稳定性，高温下不易与主链断裂，且可以与羟基等亲水基团形成稳定的共轭体系，阻止盐钙离子侵入，从而提高整体抗盐钙能力，加量 1% ~ 1.5%。二是改性植物胶包被抑制剂 NXX，带有抑制性基团与吸附基团，对泥岩有效包被抑制，加量 0.1% ~ 0.2%。三是有机盐 Weigh2$a_水$值极低，其井壁、钻屑、黏土颗粒的水化应力($\tau_水$)相应降低，使其井壁稳定，钻屑黏土颗粒不分散不水化，同时电离出大量的阳离子通过静电引力吸附进入黏土晶格抑制黏土表面水化和渗透水化从而具有较强的抑制性；同时有机盐钻井液有着较高浓度的电解质，使得侵入的盐、钙物质难以溶解，其抗盐抗钙污染能力较强，加量 5% ~ 8%。

2.2　室内优化配方实验

以常规欠饱和盐水氯化钾磺化体系配方为基础，在室内优选关键处理剂的基础上，基于合理低土相、合理低黏切、强包被、强抑制、强封堵、强润滑防卡、盐膏溶解控制的技术思路，以流变性、抑制性、润滑性、封堵性为主要考察评价指标，不断优化完善基础配方，最终形成一套聚磺高密度欠饱和盐水钻井液体系。配方为：1%土+4%SMP-3+4%SPNH+1.5%

MYY+0.1%NXX+8%Weigh2+1.5%DYFT-2+10%KCl+20%NaCl+2%润滑剂+高密度重晶石，将基础配方分别进行 5%NaCl、2%CaSO₄、5%膨润土抗污染评价。基浆性能与抗污染实验结果见表 2。

表 2　基浆性能与抗污染实验结果

	ρ/ (g/cm³)	PV/ mPa·s	YP/Pa	$\varphi6/\varphi3$	Gel/ Pa/Pa	FL_{API}/ mL	pH 值	Cl^-/ (mg/L)	Ca^{2+}/ (mg/L)	MBT/ (g/L)
基浆	2.10	55	12	4/3	1.5/5	2.6/0.5	8.5	18875	1086	8
基浆 110℃热滚 24h	2.10	50	10	3/2	1/3.5	2.2/0.5	8	18875	1086	8
基浆+5%NaCl 污染	2.11	55	12	4/3	1.5/5	2.2/0.5	8.5	20155	1086	—
基浆+2%CaSO₄ 污染	2.10	55	13	4/3	1.5/5	2.2/0.5	8.5	18875	2286	—
基浆+5%膨润土污染	2.10	55	15	4/3	1.5/5	2.2/0.5	8.5	18875	1086	8

由表 2 可看出，聚磺高密度欠饱和盐水钻井液呈现 PV 值略高、Gel 值较低特点；污染后 PV 值、Gel 值均在理想范围，具有良好的抗盐膏和土相污染能力。

3　现场应用

3.1　钻井液配制

优先配制胶液，配方为：水+0.5%NaOH+4%SMP-3+4%SPNH+2%MYY+0.2%NXX+2%DYFT-2，待其充分水化后与二开聚磺井浆按体积比 6：4 混合，胶液应分次加入，加重过程中陆续补充，防止一次性加入至固液比例失调造成重晶石沉淀，再依次加入 KCl、NaCl、润滑剂，最后加重至所需密度，加重过程中在循环罐前中后三位置插入压缩空气管线对重晶石进行吹吐防止沉淀发生，配制完毕钻井液漏斗黏度较高，替入井筒充分循环剪切 2~3 循环周再进行钻进作业。本次根据井筒容积与地面循环量共配制密度 2.10g/cm³ 的井浆 440m³，先期应控制地面循环量，建立循环即可，后续根据性能调整再补充循环量。

3.2　现场应用效果

（1）流变性控制。钻进中保持密度稳定，有机盐、润滑剂、沥青类按适时循环周均匀补充；胶液充分水后均匀补充入井，实钻中钻井漏斗黏度呈下降趋势，切力趋势平缓，无波峰波谷现象，没有大型处理、大量稀释、排放钻井液现象。ZQ2 井实钻钻井液性能与邻井性能对比见表 3。

表 3　实钻钻井液性能与邻井性能对比

井号	井深/ m	ρ/ (g/cm³)	FV/s	PV/ mPa·s	YP/Pa	Gel/ Pa/Pa	FL_{API}/ mL	pH 值	Cl^-/ (mg/L)	Ca^{2+}/ (mg/L)	MBT/ (g/L)
ZQ2	4545	2.10	77	73	17.5	1.5/5	2.8/0.5	8	169664	1078	10
ZQ2	5303	2.10	68	63	12	1.5/8	2.8/0.5	8	207355	1293	11
ZQ2	5672	2.10	57	54	10.5	1.5/8	2.8/0.5	8.5	181964	1164	12
ZQ2	5827	2.10	60	5512		1.5/8.5	2.2/0.5	8.5	185991	1293	13
ZQ101	4560	2.04	76	56	17	3/22	2.4/0.5	9	160000	960	18
ZQ101	5012	1.98	72	50	14	2.5/15	2/0.5	9	137500	1000	18

井号	井深/m	ρ/(g/cm^3)	FV/s	PV/mPa·s	YP/Pa	Gel/Pa/Pa	FL_{API}/mL	pH 值	Cl^-/(mg/L)	Ca^{2+}/(mg/L)	MBT/(g/L)
ZQ101	5290	2.02	61	47	17	2.5/28	3/0.5	9	129959	1198	19
ZQ102	4549	2.08	56	45	6	1.5/10	2.8/0.5	9	137000	1360	14
ZQ102	5112	2.07	61	52	11	2/20	2.8/0.5	9	162500	720	15
ZQ102	5459	2.07	57	48	11	1.5/16	2.6/0.5	9	162500	680	18

ZQ101、ZQ102 为邻井资料，均使用传统欠饱和盐水钻井液体系，在 Cl^- 含量低一些的情况下，初终切值差值仍较大，说明该钻井液被已有被污染或分散的可能。

（2）井眼质量。本开次钻进周期 32.70d、固井前中完周期 7.05d，钻进、中完过程中短起下 13 次，起下钻 6 次，经短起下、起下钻验证，井壁稳定，但在 4545～4630m、5000～5150m 段每次都有阻卡现象，上提下放遇阻最高吨位 35t，该段为膏盐层缩径阻卡，后经扩眼作业解决阻卡问题。

（3）现场岩屑效果。实钻中 N_1j^2 软泥岩、盐岩、盐膏交替发育，钻进阶段，因盐间软泥岩强度低，钻井参数钻压 2～3t，扭矩 5～8kN·m，振动筛返出岩屑表现为粉末状、糊状、团状，PDC 切屑痕迹模糊，条状岩屑较少，维护采取适当浓度的 MYY 与 NXX 胶液及适度提高 KCl/Weigh2 浓度的措施进行有效的应对，效果明显未出现软泥岩敷筛堵出口管现象；$E_{2-3}s$ 与 $E_{2-3}km^1$ 膏泥岩段岩屑代表性好，PDC 切削明显。如图 1 所示。

盐岩　　　　　　　　　膏岩　　　　　　　　　泥岩

图 1　ZQ2 井三开岩屑代表性照片

本开次实钻井段 4545～5827m，共 1282m，连续 987m 盐或盐质地层、含盐泥岩夹层、275m 膏质、含膏泥岩地层。

（4）工程施工效果。后期作业电测、下套管、固井作业均一次性成功，井壁稳定、井下安全。下 $10\frac{3}{4}$in+$9\frac{5}{8}$in 套管钻井液静止 94h，开泵泵冲 20 冲，泵压 5MPa 顶通静止钻井液。

4　钻井液维护要点[11~13]

（1）合理 MBT 含量是复合盐高密度钻井液流变性、失水造壁性的基础，且有效土强化护胶是保证高浓度盐水钻井液性流变性的首要条件，在高矿化度条件下才能形成胶体有效载体，在满足悬浮重晶石的前提下，尽可能保持低 MBT、低黏切，利于流变性控制，本开次严格控制在 15g/L 以内。

（2）抗盐抗钙是高密度欠饱和盐水钻井液的维护重点，是优控流变性的基础，重点以处理剂 MYY 进行抗盐抗钙，维护胶液配方沿用配浆胶液配方。ZQ2 井井深 5672m 井浆抗石膏污染实验见表4。

表4　ZQ2 井井深 5672m 井浆抗石膏污染实验

石膏加量	$\rho/$ (g/cm^3)	$PV/$ $mPa \cdot s$	YP/Pa	$Gel/$ Pa/Pa	$FL_{API}/$ mL	pH 值	$Cl^-/$ (mg/L)	$Ca^{2+}/$ (mg/L)	$MBT/$ (g/L)
0	2.10	54	10.5	1.5/8	2.4/0.5	8.5	181964	1146	12
0.5	2.10	56	13	1.5/10	2.6/0.5	8	—	1771	12
1	2.10	53	11	2/13	2.6/0.5	8	—	1987	12
1.5	2.10	43	9.5	2/15	2.6/0.5	8	—	2203	11
2	2.10	47	10	2/12	2.6/0.5	7.5	—	2314	11
3	2.10	56	14.5	3/25	2.6/0.5	7	—	3371	11

表4 中井浆在 2%石膏污染范围内流变性比较理想，3%相对较高，但在接受范围。

（3）合适合理的密度是盐膏层井眼稳定的关键，从力学角度出发，在满足井控和井壁稳定的前提下，应尽可能地控制较低的密度，液柱压力与地层压力平衡是防塌技术中最简单有效的技术手段，将钻井液密度严格控制在地层安全密度窗口内，本开次密度基本控制在 2.10g/cm³，在苏维依组砂岩易漏失 5600~5700m 井段降密度至 2.07~2.08g/cm³，钻过该井段后恢复至原密度，同时井浆加入 1%随钻堵漏剂与快钻时井段间断向井浆加入刚性堵漏剂 KGD-1 进行主动防漏，实现了高低压层套打。

（4）抑制性：强抑制性是保证软泥岩井段钻井液流变性、发挥固控设备效率的关键，如软泥岩不能有效包被则会造成敷筛使固控设备失去作用。一是通过聚合物类处理剂的成网状结构，改进钻井液的流型，抑制泥页岩与钻屑的水化分散，有效包被钻屑；二是胶液中 8%~10%KCl、井浆 5%~8%Weigh2 持续跟进补充。

（5）盐含量控制：合适的 KCl、NaCl 比例及 Cl⁻含量是保持盐膏层井壁稳定的基础，采用 8%~10%KCl+22%~25%NaCl 的复配方式，使滤液中 Cl⁻总浓度处于饱和或过饱和且仍有较高浓度 K⁺，通过降低滤液活度进而降低水敏效应，降低水化对地应力的影响。

（6）盐重结晶：5045~5055m 井段振动筛出现严重跑浆现象，仔细观察振动筛发现盐结晶颗粒较多致堵筛孔现象，向井浆一次性补充 0.5%的盐重结晶抑制剂 NTA-2 后恢复正常。

（7）控钙思路：地层钙离子侵入是造成流变性失控的根源，严控滤液钙离子浓度在 2000mg/L 以内。

（8）润滑、防塌、井壁稳定控制：一是利用处理剂的复配、协同效应，严格控制钻井液的 API 与 HTHP 滤失量；二是密切关注井下摩阻、振动筛返砂情况，及时向井浆补充 1%~2%的抗盐极压润滑剂、沥青类、乳化石蜡类润滑防塌封堵剂。

5　结论及认识

（1）ZQ2 井聚磺高密度欠饱和盐水钻井液技术的成功应用，即在传统磺化欠饱和盐水体系基础上引入聚合物，首次引入有机盐，该钻井液体系表现出包被抑制性强、抗污染能力强、性能稳定、维护简单，抛弃了稀释剂，为解决埋藏相对较浅的中上部盐膏层高密度钻井液流变性维护难题提供了一种思路。

（2）盐膏层钻井液维护要点，优控流变性为第一要务，护胶是基础，自身抑制性、抗盐抗钙抗污染能力是前提。

（3）欠饱和盐水钻井液处理剂需继续研发优选抗盐、抗钙、抗温、抑制性更强的处理剂。

（4）本开次盐膏层及苏维依组低压漏层安全快速钻进、井壁稳定、井下安全，电测、下套管一次性成功，为该区块优化井身结构奠定了基础。

参 考 文 献

[1] 尹达，李天太，胥志雄．塔里木油田钻井液技术手册[M]．北京：石油工业出版社，2016：105-127．

[2] 徐云龙，徐堆，张晓明，等．钻井液不落地技术在白鹭湖井工厂的应用[J]．钻井液与完井液，2016，33（6）：63-67．

[3] 孟繁萍，段丽杰．浅析油田固体废弃物对环境的影响及处置措施[J]．能源环境保护，2010，24（5）：37-41．

[4] 光新军，豆宁辉，贾云鹏，等．纳米技术在石油工程中的应用前景[J]．钻采工艺，2013，36（2）6-8．

[5] 晏军，于长海，梁冲，等．纳米石蜡乳液封堵材料的合成与性能评价[J]．钻井液与完井液，2018，35（2）73-77．

[6] 何选蓬，程天辉，周健，等．秋里塔格构造带风险探井中秋1井安全钻井关键技术[J]．石油钻采工艺，2019，41（1）：2-7．

[7] 杨晓冰，蔺志鹏，陈鑫，等．土库曼斯坦南约略坦洛坦复杂膏盐层钻井液技术[J]．天然气工业，2011，31（7）：55-58．

[8] 张志财，孙明波．超高密度抗高温饱和盐水钻井液技术[J]．钻井液与完井液，2010，27（5）：12-14．

[9] 黄宏军，杨海军，蔺志鹏，等．尤拉屯 No.15 井超高密度聚磺复合盐水钻井液技术[J]．钻井液与完井液，2009，26（5）：10-13．

[10] 祝学飞，严福寿，舒义勇，等．裸眼水基钻井液替换油基钻井液技术[J]．钻井液与完井液，2016，33（3）：56-59．

[11] 刘政，黄平，刘静，等．川渝地区盐膏层钻井液技术对策[J]．天然气勘探与开发，2014，37（3）：75-77．

[12] 蔺文浩，黄志宇，张远德．高密度饱和盐水钻井液在膏盐层钻进中的维护技术[J]．天然勘探开发，2011，34（1）：64-68．

[13] 祝学飞，周华安，孙俊，等．CT1 井盐膏层钻井液技术[J]．天然气与石油，2017，35（4）：88-92．

作者简介：祝学飞（1983-），男，工程师，主要从事钻井液技术工作。地址：新疆库尔勒塔指二勘公司公寓楼 409；邮编：841000；电话：13899081413；E-mail：253183111@ qq. com。

多套压力系统下大斜度井钻井液技术研究与应用

胡成军　雷志永

（中海油田服务股份有限公司油田化学事业部）

摘　要　锦州25-1S油田群是渤海油田的主力油田，其12¼in井眼属于大位移井，裸眼井段长，钻穿明化、馆陶组、东营组下部，涵盖多套压力系统，泥浆密度窗口窄，导致钻井和起下钻过程中复杂情况频发，包括憋扭矩、憋泵压、漏失、阻卡以及携岩困难等问题，严重影响了钻井时效。为解决锦州25-1南油田大斜度井携岩困难、起下钻阻卡、倒划眼困难等问题，本文通过研究形成以"低黏高切"携岩技术、"交联接枝"流变控制技术、"适度抑制+活度平衡"井壁稳定技术及"纳米封堵+逐级拟合封堵"四大核心技术为主的大斜度井高效携岩钻井液体系，成功解决该油田群大斜度井携岩困难、起下钻阻卡、井壁失稳等多项难题，有效提高该油田大斜度井段的钻井作业效率和安全性，这对渤海油田其他大斜度大位移井钻井提效具有重要指导意义。

关键词　渤海油田　大斜度井　阻卡　携岩困难　低黏高切　适度抑制　纳米封堵

近年来，随着大型整装油气田以及优良储层开发程度的不断加大，以单井方式获得的可采油气储量也呈现出递减趋势。为了降低开采成本，尽可能提高单井可控储量，根据储层分布情况实施定向钻进的工艺技术便应运而生。由于大位移井/水平井可以最大限度地揭露储层，在老油田的增储上产、稠油储层、低渗储层以及施工环境受限井位等情况下，这种施工工艺已经逐渐成为整个钻井工程不可缺少的组成部分，实践表明，采用大位移井钻井工艺技术能够有效提高特定储层的开发效率，大幅降低建井和完井成本。

锦州25-1油田(位于渤海辽东湾海域，该油田群是渤海油田的主力油田，地层层系自上而下可划分为第四系平原组(Qp)、上第三系明化镇组(Nm)和馆陶组(Ng)、下第三系东营组(Ed)及沙河街组(Es)，其中12¼in井眼属于大位移井，其裸眼井段长，钻穿明化、馆陶组、东营组下部，涵盖多套压力系统，泥浆密度窗口窄，导致钻井和起下钻过程中复杂情况频发，包括憋扭矩、憋泵压、漏失、阻卡以及携岩困难等问题，严重影响了钻井时效。针对这些问题，本文从基础研究、数据分析、工艺措施等方面进行钻井液体系研究，形成一套适用于锦州25-1油田大斜度井的高效携岩钻井液体系，有效提高该油田大斜度井段的钻井作业效率和安全性，对渤海油田其他大斜度大位移井钻井提效具有重要指导意义。

1　技术难点

(1) 井眼净化问题：由于大位移井的长水平段特点，钻进中钻屑的上返已成为施工中必须要解决的主要矛盾之一。调节良好的钻井液流变性能固然能提高井筒净化效率，但大斜度井钻进时产生的岩屑在同样的排量下，其环空返速低，岩屑极易堆积形成岩屑床，沉降速度较快。同时由于渤海油田锦州25-1S油田群大斜度井主要钻遇活性泥岩地层，若黏度过高，钻井液性能难以控制，黏度过低，不能及时带出岩屑，因此大斜度井对钻井液的流变性的选择和控制提出更高的要求。

228

（2）井壁稳定问题：研究和实践均表明，大位移井的井壁稳定问题比常规井更加突出。JZ25-1S 油田东营组含大段泥页岩，而泥页岩地层在钻进过程中易发生井壁失稳等复杂问题，对于极易水化的泥页岩地层，若钻井液抑制性不好，容易出现泥页岩剥落掉块等现象，此外若钻井液滤液在复杂压力下的活度与地层水的活度不平衡，导致滤液通过渗流进入地层，使泥页岩水化，造成地层岩石受力不均引起井壁失稳。所以针对此类地层需要加强钻井液的抑制性能，并且有效地降低钻井液的活度。

（3）其他问题：由于上部明化镇组的软泥岩伊利石和蒙脱石含量较高，占比约 76%，钻屑遇水易水化分散，表面黏附性较强，钻屑在钻井液运移的过程中极易黏结在一起形成大的泥团，同时水化黏滞的岩屑也更容易黏附在井壁上，并且一旦黏附就很难脱落，并随着新井眼的加深越积越厚，又在钻具旋转的离心力等外力作用下压实形成假泥饼，造成起下钻阻卡，因此，大斜度井返砂及润滑减阻也存在很大问题。

2 钻井液关键技术

2.1 "低黏高切"携岩技术

针对大斜度井存在岩屑床的问题，经验上往往通过提高钻井液的黏度和切力来提高携岩效率，但往往收效甚微。通过调研和实验发现，高黏不利于岩屑床的扰动，所以提出了"低黏高切"的思路，即在大斜度井和大位移水平井中漏斗黏度和表观黏度要低，低剪切速率时的切力要高。在水平井段时，高黏流体从沉积的岩屑床上滑动而过，而低黏流体易形成紊流，对岩屑床产生了强烈的扰动作用；在直井段时，低黏流体携岩时，岩屑会不断往下滑动，而高黏流体携岩时具有较稳定的悬浮性，这说明低黏流体更加利于水平井携岩。

在室内，通过我们研发的可视化大斜度井模拟携岩装置(图 1)进行了模拟实验，通过该装置模拟大斜度井携岩，可直观观察出钻井液对大斜度井井眼的清洁效果，宏观上验证了低黏流体利于大斜度井井眼清洁，静置高切防止停泵时岩屑下沉，从而减缓岩屑床的形成；即体系应该具备较高的 $\Phi 6/\Phi 3$ 值和适度低的 AV，而且这种流变特性对钻井过程中的井壁稳定性的影响很小。

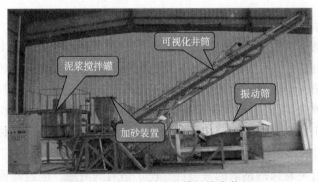

图 1 可视化大斜度井模拟携岩装置

依据可视化大斜度井模拟携岩装置，模拟井斜角为 60° 时的大斜度井和井斜角为 90° 的水平井携砂效果。从图 2 可知，井斜角为 60° 时(大斜度井)，低黏流体的携砂效率大于同一条件下高黏流体的携砂效率；从图 3 可知，井斜角为 90° 时(水平井)，低黏流体的携砂效率同样大于高黏流体的携砂效率。这再次说明，对于大斜度井以及水平井携岩，低黏流体比高黏流体更加利于携岩。

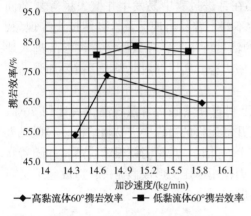

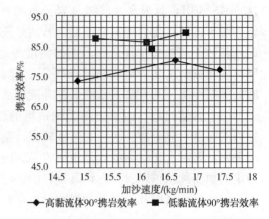

图 2　高、低黏流体大斜度井(60°)携岩效率　　　　图 3　高、低黏流体水平井井(90°)携岩效率

2.2 "交联接枝"流变控制技术

为实现钻井液性能上的"低黏高切",通过多糖聚合物与黄原胶的"交联接枝"(图 4),实现钻井液"低黏高切"的弱凝胶结构和强的剪切稀释性,即保证了流动时低黏紊流,又保证了停泵状态下的悬浮能力,此时钻井液内部不能形成有效结构,不利于固相悬浮,随着 PF-XC(黄原胶)加量增大,钻井液内部网状结构从无到有,且结构强度逐渐增大,利于固相的携带和悬浮。

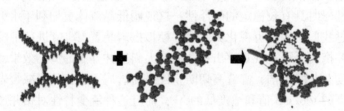

图 4　交联接枝示意图

2.3 "适度抑制+活度平衡"井壁稳定技术

要提高钻井液的抑制性,传统的主要方法是采用加入高浓度 KCl 来实现强抑制作用。然而研究表明,这种方法并不能从根本上解决活性泥页岩井段膨胀、遇阻现象。为了解决该问题,通过引入一种阳离子聚合物(CPI),从而使体系达到适度抑制。CPI 是一种相对小分子质量的有机阳离子聚合物,其相对分子质量比通常的有机阳离子小得多,带有较高的正电荷,通过静电吸附黏土颗粒的表面,可降低黏土表面的负电荷,降低黏土活性,使之趋于稳定。CPI 对于页岩的抑制性比 KCl 要好,但是其抑制机理不同于 KCl,不具有镶嵌作用,不会硬化井壁,并且更易保持钻屑的完整性,便于钻屑的清除,通过降低钻屑的分散程度可以实现钻井液性能的稳定。

KCl 与 CPI 复配使用(图 5)可有效解决井壁硬化的问题,达到平衡抑制的效果。同时通过引入 NaCl 降低水相活度,提高膜效应,使体系水相活度能够与地层达到平衡,通过测定,高效携岩体系水相活度仅为 0.892,而地层水活度为 0.90,形成反渗透,阻止滤液进入地层,降低泥岩的活性,三类抑制剂的复合使用可钻井液达到"活度平衡"和适度抑制效果,提高大段泥岩的井壁稳定性。

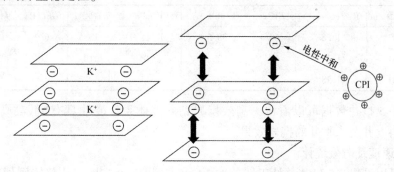

图5 KCl与CPI的抑制原理示意图

2.4 "纳米封堵+逐级拟合封堵"井壁稳定技术

由表1可知，聚合醇在浊点效应下产生的微小乳液液滴粒径主要在 $0.1 \sim 1.0 \mu m$ 之间，属于微纳米范畴，该微小乳液可以产生形变，能够很好地填充在微裂缝之中，不受裂缝形状限制，同时在浊点以上不溶于水，能够成功阻止钻井液滤液侵入地层，防止造成储层伤害。同时，利用软件根据不同地层特性拟合不同级配封堵材料，采用逐级封堵泥页岩微裂缝和孔喉，提高井壁的承压能力及稳定性。

表1 聚合醇"浊点效应"下纳米封堵粒径分布

粒径/μm	0.056~0.24	0.271	0.306	0.345	0.389	0.439	0.495	0.559	0.63	0.711	0.803	0.906	1.022
频率/%	0	4.069	5.628	7.148	7.267	7.356	7.501	7.55	7.497	7.33	7.022	6.522	5.893
累积/%	0	4.069	9.697	16.845	24.112	31.468	38.969	46.519	54.016	61.346	68.368	74.89	80.783
粒径/μm	1.153	1.301	1.467	1.656	1.868	2.108	2.378	2.683	3.027	3.416	3.854	4.348	
频率/%	5.171	4.362	3.463	2.528	1.633	0.916	0.457	0.256	0.174	0.116	0.08	0.061	
累积/%	85.954	90.315	93.779	96.307	97.94	98.856	99.313	99.569	99.743	99.859	99.939	100	

3 现场应用情况分析

大斜度井高效携岩钻井液体系及现场维护工艺技术在锦州25-1油田应用效果良好：目前Ⅱ期已作业26口井，平均倒划眼速度122.2m/h，较原有基础提高69.72%，起下钻平均速度提高至380.9m/h，较原有基础提高12.24%；单井钻井周期同比缩短18.39%；大斜度井高效携岩钻井液体系在现场应用上取得成效的同时，还很好地掌握了技术与成本的平衡点，同时在低油价时代可达到降本增效的目的，为渤海边际小油田开发提供了技术保障，并有利于推广应用。以下以JZ25-1S应用该体系的5口井（E15H、E21H、E3H、E30H、E25H）为例说明现场应用效果。

3.1 现场钻井液典型流变性能

表2 高效携岩体系现场泥浆典型性能

井名	取样井深/m	$MW/(g/cm^3)$	FV/s	$AV/mPa \cdot s$	$PV/mPa \cdot s$	YP/Pa	GEL/Pa	$\Phi6/\Phi3$	FL_{API}/mL
E15H	1590	1.3	55	32.5	21	11.5	4/6	8/7	4.2
E21H	1582	1.28	62	41	26	15	6/8	11/9	4.2

井名	取样井深/m	$MW/(g/cm^3)$	FV/s	AV/mPa·s	PV/mPa·s	YP/Pa	GEL/Pa	$\Phi6/\Phi3$	FL_{API}/mL
E3H	1583	1.28	60	38.5	15	13.5	6/9	10/9	4.6
E30H	1561	1.21	48	28	18	10	3/5	7/6	4.8
E25H	1561	1.28	54	29.5	17	12.5	4/6	8/6	4.4

由表 2 中 5 口井数据可以看出，高效携岩钻井液体系流变性具有"低黏高切"的特点，能够满足大斜度井及水平井的携岩效果。

3.2 倒划眼速度及时效统计

由表 3 可以看出，5 口井总计工期节约 14.85d，提效 16.2%；从整体倒划眼速度来看，5 口井 12¼in 井段已超过开钻前制定的基础目标 90m/h，倒划眼速度提高到 116.12m/h。

表 3 锦州 25-1 南油田 5 口井倒划眼速度及周期统计

井名	完钻井深/m	实际周期/d	设计周期/d	提效/%	12¼in 倒划速度/(m/h)
E15H	2720	9	12	25	140.9
E21H	3559	22.02	25	11.9	101
E3H	4099	22.92	29	21	99
E30H	3466	20.00	20.00	0	113.96
E25H	2488	9.21	12.00	23.3	132
5 口井 12¼in 井段平均倒划眼速度					116.12
5 口井 12¼in 井段平均提效				16.2	

4 结论

(1) 通过"交联接枝"流变控制技术实现钻井液性能上的低黏高切；通过研究证明"低黏高切"携岩技术可有效提高大斜度井携岩效率，确保井眼净化；

(2) 通过 KCl 搭配 CPI 实现钻井液的适度抑制，通过协同 NaCl 实现钻井液与地层的活度平衡，提高膜效应，从而提高钻井液稳定性和井壁稳定性；通过协同"纳米封堵+逐级拟合封堵"技术，提高井壁承压能力，进一步提升井壁稳定性；

(3) 以四大技术开发的大斜度井高效携岩钻井液体系，成功解决锦州 25-1S 油田群大斜度井携岩困难、起下钻阻卡、井壁失稳等多项难题，在现场成功应用 26 口井，保障了井下作业安全，有效提高该油田大斜度井段的钻井作业效率和安全性，对渤海油田大斜度大位移井钻井提效具有重要指导意义。

作者简介：胡成军(1979-)，2003 年毕业于西南石油大学过程装备与控制工程专业，学士学位，现主要从事钻完井液技术方面的工作，工程师。地址：(300459)天津市塘沽海洋高新技术开发区海川路 1581 号。电话：022-59551636；E-mail：huchj@cosl.com.cn。

海上免破胶储层钻开液 EZFLOW 体系的研究及应用

陈缘博　徐安国　郭晓轩　苗海龙

（中海油田服务股份有限公司油田化学事业部）

摘　要　为满足海上不断提高钻完井作业时效的要求，对水平井和大斜度储层段钻完井作业提出了更高的挑战。通过对目前海上储层钻开液体系的分析和总结，以天然材料或其衍生物为处理剂，构建了一套新型免破胶储层钻开液 EZFLOW 体系。综合性能评价结果表明：该体系流性指数小于 0.25，剪切稀释性能优异；5min 静切力恢复至最大，静态悬岩性能强；20000mD以内多孔砂盘渗透性封堵滤失量低于 30mL，封堵性能良好；多孔砂盘突破压力小于 3psi，自然返排性能显著；体系抗温 160℃ 以上，热稳定性能好；60℃ 下 15d 表观黏度降低率高于 50%，易自然降解；岩心的渗透率恢复值均大于 85%，储层保护效果优异。目前在中国海上油气田应用近 200 余口井，现场应用结果表明：该体系井眼清洁能力强，储层保护效果优异，避免了破胶成本，能够显著提高作业时效，满足当前海上的水平井及大位移井的作业需求，推动了海上石油开发井完井方式的转变。

关键词　钻开液　免破胶　自然返排　储层保护

钻开液，又称为储层钻井液，用于油气井储层段钻进且兼顾完井功能的工作流体。相对于常规井眼的钻进而言，要求在水平井和大斜度储层段钻井施工中，钻开液更应具有良好的静态悬砂、动态携砂、储层保护等性能。

为了解决大斜度井、水平井易于形成岩屑床问题，20 世纪 90 年代，国外油田服务公司相继开发出了弱凝胶钻开液体系并得到了广泛应用[1]。国内中海油服、长江大学、石油勘探院、华北油田等也成功研制出了此类弱凝胶钻开液体系，取得了较好的应用效果，中海油服使用此技术弱凝胶钻开液体系 PRD 在海上油田进行了大规模的现场应用，是海上油气田储层钻开液的功勋体系[2~4]。此类弱凝胶体系具有良好的剪切稀释性能，较高的低剪切速率黏度，静切力恢复迅速，储层保护效果良好，有效解决了在水平井和大斜度储层段的技术难题。而与国外钻开液技术相比，国内的弱凝胶钻开液包括 PRD 弱凝胶钻开液均需要在完钻结束后，采取化学方法进行破胶作业，消除滤饼伤害，这对于提高作业时效和储层漏失方面等均存在缺陷和改进空间[5~7]。因此，研制出依靠自然返排便可清除滤饼的免破胶储层钻开液，显得十分必要。

1　体系构建

传统的弱凝胶钻开液 PRD 体系在储层段完钻后，需要经过替完井液、替破胶液、破胶作业、滤饼清除等程序后才能投产。开发免破胶储层钻开液，则要求钻开液在完钻后，直接返排投产，因此，钻开液不仅需要具有良好的基础性能，尤其还应具备钻开液形成的滤饼易返排，进入储层段聚合物易自然降解，储层保护效果优异等特点，从而实现储层钻开液和完井液一体化作业的目的。

根据以上思路并结合作业经验，采取以下技术措施构建免破胶储层钻开液体系：（1）构建体系的主要材料均为天然材料、天然改性材料或其衍生物，能够易于降解且环境友好；（2）流型调节剂类材料具有较强 pH 值敏感性，通过疏水表面改性，配浆时缓慢增黏避免形成"鱼眼"，且具有多重高级结构不含离子的大分子，实现钻开液使用无机/有机盐加重时良好的抗盐性能[8,9]；（3）降滤失剂类材料能够与增黏剂协同增效，提高单一材料的流变、降滤失、抗温等性能；（4）桥堵剂类材料能够有效封堵地层孔渗结构，与降滤失剂类协同形成正向强封堵反向易膨胀返排的滤饼；（5）所有材料均应当加量少，效果好，避免或减少因材料原因造成的储层损害。

根据上述原则，室内研发构建出了免破胶储层钻开液 EZFLOW 体系，典型配方为：海水+0.2%pH 值调节剂 NaOH+0.2%～0.4%流型调节剂 PF-EZVIS+1%～1.5%降滤失剂 PF-EZFLO+4%～6%桥堵剂 PF-EZCARB。该体系整合了智能调黏技术、自然降解技术、理想充填技术、自然返排技术等，目前授权了国家知识产权专利 4 项，计算机软件著作权 1 项。

2 EZFLOW 体系性能评价

2.1 流变性能

通过测定 EZFLOW 体系在三种不同温度下，不同剪切速率下的表观黏度，表明体系符合幂律流体的特性，如图 1 所示。体系的流性指数 n 值小于 0.25，假塑性强，表明体系具有较强的剪切稀释性能，较高的剪切速率下较低的黏度能够有效破岩传递水动力提高机械钻速，较低的剪切速率下较高的黏度能够有效携带岩屑，净化井眼[10]。

通过测定不同时间 EZFLOW 体系的静切力如图 2 所示。结果表明静切力值在 5min 达到最大不再发生变化，且不随时间的变化而增强，能够快速形成弱凝胶强度，有利于静态悬岩，避免形成岩屑床。这是因为体系通过体系分子键间相互缠绕，形成空间网架结构，结构形成与拆散可逆，静切力恢复迅速，避免形成较高的凝胶强度。

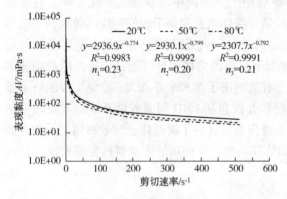

图 1　EZFLOW 体系表观黏度随剪切速率变化曲线

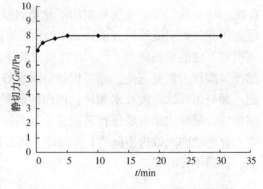

图 2　EZFLOW 体系静切力随时间变化曲线

2.2 封堵性能

钻进过程中，储层固相和液相伤害会导致井壁失稳和储层损害等，而通过合理的滤饼结构，反而能够将钻进过程中不可避免的伤害因素变为有利因素[11]。体系中选择的桥堵剂依据目标储层的储渗结构，通过自主开发的"Ideal Panking Experter"理想充填软件优选不同粒径的桥堵剂进行合理的粒径匹配，使得刚性桥堵材料与降滤失剂、流型调节剂相互促进，形成柔韧致密"软硬兼施"的低渗透性强封堵滤饼，能够将滤失量显著减低，提高地层承压能力。

实验中通过使用不同渗透率的多孔砂盘，使用渗透型封堵仪（PPT）在 120℃下，压差为 6.9MPa 下，测定 EZFLOW 体系的封堵性能，表明体系的滤失量较低，能够完全封堵 20D 范围以内的多孔介质[12~14]（图 3）。

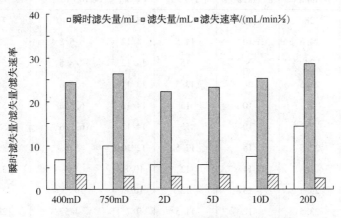

图 3　EZFLOW 体系渗透性封堵滤失实验曲线图

2.3　返排性能

实现 EZFLOW 体系形成的滤饼在生产压差条件下破坏返排，则要求滤饼具有较低的返排压力，室内通过自主研发且论证可行的滤饼返排压力仪[15]，评价钻开液体系在渗透率分别为 400md，2000md，5000md 下的多孔砂盘上形成的滤饼，模拟井底的采出液投产过程，测定滤饼的突破压力和返排平衡压力，如图 4 所示，实验结果表明，滤饼的返排压力均小于 3psi，即约 0.02MPa，滤饼完全具有自动返排的性能，且返排后的平衡压力较低，表明滤饼清除较为干净。这是因为随着渗流通道的不断建立，侵入滤饼的固相被不断驱出，液体流动阻力减小，返排压力逐渐减低，最后达到较低的平衡值。体系形成的泥饼特殊的结构无须任何泥饼清除工艺，仅依靠自然返排便能将泥饼轻易清除，说明滤饼的渗流通道极易打开，就能恢复储层的生产能力。

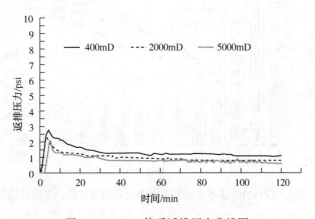

图 4　EZFLOW 体系返排压力曲线图

2.4 热稳定性能

为进一步评价 EZFLOW 体系的抗温性能，实验中测定体系在不同温度老化 16h 后的基础性能（表 1），表明体系具有良好的热稳定性能[12~14]。

表 1 EZFLOW 体系热稳定性能评价

条件	pH 值	AV/mPa·s	PV/mPa·s	YP/Pa	Φ_6/Φ_3	Gel10"/10'/Pa	$LRSV$/mPa·s	FL_{API}/mL
热滚前	9.5	28	11	17	18/16	8.5/10	71685	5.2
70℃×16h	9	24.5	10	14.5	14/12	6.5/8	53189	5
80℃×16h	9	24	9	15	14/12	7/8.5	53412	5.4
90℃×16h	9	23.5	9	14.5	13/11	6.5/8	56179	5.6
100℃×16h	9	25	10	15	14/12	6.5/8	52148	5.6
110℃×16h	9	25	10	15	14/12	6.5/8	53189	5.4
120℃×16h	9.5	27.5	15	12.5	12/10	5/6	39792	5.0
130℃×16h	9	26	14	12	10/8	4/5	33495	5.2
140℃×16h	9	25.5	13	12	10/8	4//5	32196	5.4
150℃×16h	9	23.5	12	11.5	9/7	4/5	28974	6.0
160℃×16h	8.5	22.5	13	8.5	6/5	3/4	20348	6.2
170℃×16h	8.5	18.5	11	7.5	5/4	2/3	13429	6.4

2.5 自然降解性能

实验中测定了 EZFLOW 体系分别在 60℃、80℃、100℃下随不同时间的表观黏度变化情况，如图 5 所示，结果表明 EZFLOW 体系受热后会缓慢降解，在较高温度和长时间热源影响下，降解速度较快。EZFLOW 体系的主要处理剂为天然材料或其衍生物，易自然降解，从图 5 可以看出：在 60℃以上，15d 后黏度降低率达 50%以上，说明即使进入储层的处理剂也能够在储层温压条件下自然降解，储层损害可逐渐消除。

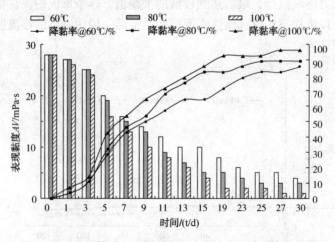

图 5 EZFLOW 体系在不同温度下表观黏度和降黏率曲线图

2.6 储层保护性能

依据并结合储层保护评价方法[16,17]，测定了 80℃下不同渗透率的天然露头岩心经过

EZFLOW 体系动态污染后，直接返排的渗透率恢复值，如表2所示，结果表明岩心渗透率恢复值达到85%以上。这主要是因为，EZFLOW 储层钻开液中不含黏土相和重晶石等不利于储层保护的处理剂，避免了固相颗粒侵入储层，较低的滤饼返排压力，有利于储层保护[18]。

表 2　EZFLOW 体系储层保护性能评价

天然岩心	K_g/mD	K_O/mD	K_{od}/mD	P_o/MPa	P_{od}/MPa	P_{max}/MPa	Rd/%
42#	28	4.33	3.74	0.105	0.114	0.464	86.4
224#	729	25.65	24.20	0.031	0.033	0.107	94.3
304#	1219	31.3	28.8	0.024	0.027	0.037	92.0
289#	3035	98.7	88.1	0.005	0.006	0.022	89.3

3　现场应用

3.1　基本工艺

钻至完钻井深，最后一趟下钻通井到底，循环至少一个半井眼体积的井浆至无钻屑返出，替入 EZFLOW 免破胶储层钻井液新浆，覆盖全部裸眼段并覆盖套管鞋以上150m。待完井管串到位后，使用完井液顶替出套管鞋或裸眼段以上的水基钻开液，后期直接返排投产。

3.2　应用效果

EZFLOW 免破胶储层钻开液陆续在中国海上渤海、东海、南海东部、南海西部等油气田应用至今超过200余口井。应用油气田包括：平均渗透率为2.1mD 低孔渗气田、平均渗透率高达6135mD 高孔渗油田、压力系数为0.67的低压和衰竭油田、水平位移高至1200m 长裸眼水平井井段等，应用最高井底温度159℃，最高密度至1.55sg。

现场应用结果表明：EZFLOW 免破胶储层钻开液体系井眼净化能力强，封堵降滤失性能优异，热稳定性好，抗污染性能强，性能易于维护，完钻后均采用直接返排的完井方式投产，投产生产压差低，储层保护效果优异，应用该体系油气井产量满足配产要求，能够满足当前海上钻完井作业要求。相比传统弱凝胶钻开液 PRD 体系，节省了破胶液、完井液、隔离液、堵漏液等材料，节省了顶替破胶和下中心管的时间，减少了作业周期，降低了作业风险，节约了综合钻完井成本，是性能优良的"钻完井液一体化工作液"。

4　结论

（1）通过以天然材料或其衍生物为处理剂，构建了一套新型免破胶储层钻开液 EZFLOW 体系。

（2）室内评价了 EZFLOW 免破胶储层钻开液体系的综合性能，结果表明：该体系剪切稀释性能优异，封堵降滤失性能良好，自然返排性能显著，热稳定性能好，易自然降解；岩心的渗透率恢复值均大于85%，储层保护效果优异。目前在中国海上油田应用近200余口井，现场应用结果表明：该体系井眼清洁能力强，储层保护效果优异，能够显著提高作业时效，降低了破胶成本，满足海上的水平井及大位移井的作业需求，推动了海上石油开发井完井方式的转变。

（3）该体系在中海海上渤海、东海、南海东部、南海西部等油气田应用效果良好，完钻后均采用直接返排的完井方式投产，避免了破胶成本，提高了作业时效，降低了综合钻完井成本。

参 考 文 献

[1] 鄢捷年. 水平井钻井液完井液技术新进展[J]. 钻井液与完井液，1995，12（2）：11-16.

[2] 岳前升. 生物降解型水平井钻井液研究[D]. 武汉理工大学，2009.

[3] 马美娜，许明标. 一种 PRD 钻井液性能评价[J]. 天然气勘探与开发，2006，29（2）：53-55.

[4] 谢克姜，胡文军，等. PRD 储层钻井液技术研究与应用[J]. 石油钻采工艺，2007，29（6）：99-101.

[5] 马美娜，许明标，等. 有效降解 PRD 钻井液的低温破胶剂 JPC 室内研究[J]. 油田化学，2005，22（4）：289-291.

[6] 李蔚萍，向兴金，等. 无固相弱凝胶钻井完井液生物酶破胶技术[J]. 钻井液与完井液，2008，25（6）：8-10.

[7] 杨荣奎. 弱凝胶钻井液技术研究与应用[D]. 中国石油大学（华东），2014.

[8] 赵志强，苗海龙，耿铁，等. 一种分散型黄原胶及其制备方法：CN，ZL201410377447.0[P]. 2016-04-06.

[9] 赵志强，苗海龙，耿铁，等. 一种表面疏水改性的黄原胶及其制备方法：CN，ZL201410378583.6[P]. 2016-04-06.

[10] 鄢捷年. 钻井液工艺学[M]. 2 版修订版. 东营：中国石油大学出版社，2012.

[11] 张金波，鄢捷年. 钻井液中暂堵剂颗粒尺寸分布优选的新理论和新方法[J]. 石油学报，2004，（06）：88-91+95.

[12] API RP 13B-1：2003，Recommended practice for field testing water-based drilling fluids[S].

[13] API RP 13I，Recommended practice for laboratory testing of drilling fluids[S].

[14] GB/T 29170—2012，石油天然气工艺 钻井液 实验室测试[S].

[15] 陈缘博，张兴来，苗海龙，等. 一种泥饼返排性能的测定装置：CN，ZL201310276374.1[P]. 2016-03-02

[16] SY/T 5336—2006，岩心分析方法[S].

[17] SY/T 6540—2002，钻完井液损害油层室内评价方法[S].

[18] 徐同台，熊友明. 保护油气层技术[M]. 第四版. 北京：石油工业出版社，2016.

作者简介：陈缘博（1986-），硕士，高级工程师，现从事钻完井液技术研究工作。电话：010-84522142；E-mail：chenyb8@cosl.com.cn。

氯化钾聚合物（聚磺）体系应用解析

王　震　王学涛

（中国石化胜利石油工程有限公司塔里木分公司）

摘　要　新疆塔里木油田油层埋藏普遍较深，较长的上部井段起下钻阻卡问题、下部井段易垮塌地层的垮塌问题、下部井段钻井液性能维护稳定问题成为西部钻井过程中的一种共性问题。如何既节约又高效地解决三个共性问题，是钻井过程中提速提效的关键。本文通过对钻井过程中三个共性问题原因分析，采用强抑制低黏切氯化钾钻井液体系在多口井应用取得良好效果，为今后钻井过程中提速提效提供明确钻井液性能和处理措施的选择方法，可供在其他地区钻进强水化分散地层及易垮塌地层时借鉴。

关键词　阻卡　垮塌　抑制防塌　钻井液　氯化钾　提速提效

1　西部钻井过程中钻井液技术难点

1.1　上部井段起下钻阻卡

塔里木盆地塔北地区上部地层（4000m 以上）特别是塔河油田 12 区及托普台区块的新近系的库车、康村、吉迪克组的黄灰、棕灰色泥岩极易分散，造浆严重，易造成劣质固相增多，泥浆稠化，流型变差。如图 1、图 2 所示。

图 1　康村组钻进中振动筛返出　　　　图 2　上部泥岩分散造浆后泥浆

从图 1、图 2 可以看出：上部地层钻进过程中泥浆包被抑制性不够，泥岩极易分散使泥浆劣质固相增多，稠化，流型变差。砂岩段渗透性强，劣质固相极易黏附在砂岩表面，泥饼虚厚形成缩径；泥岩极易水化膨胀和分散，造成井眼缩径。这均是造成上部地层起下钻阻卡的原因。

1.2 下部井段易垮塌

（1）三叠系至二叠系棕红色泥岩蒙托土含量高、分散性强，过度的分散易造成棕红色泥岩段的井壁失稳。

（2）二叠系火成岩易垮塌，石炭系、志留系、泥盆洗大段深灰泥岩，黏土矿物含量高，分散性强，微裂缝发育；极易造成井壁失稳，剥蚀掉块，井径扩大率大，造成井下复杂事故发生。

1.3 高温下钻井液性能不易控制

易分散地层，岩屑不断分散为细小颗粒，不易被固控设备清除，劣质固相超标。在高温高压条件下易出现流变性恶化，滤失量显著增大、加重材料沉降等问题，严重危及钻井施工安全。

从上面钻井液技术难点可以看出，钻井液的包被抑制性在西部钻井过程中的重要性。加强对泥岩的包被抑制，优化优选钻井液体系是提速提效的关键。

2 氯化钾体系强抑制机理

氯化钾钻井液体系抑制泥岩的水化分散，解决上部地层起钻阻卡问题，保证了钻进的提速提效；同时，下部使井壁稳定、井下安全、井径规则，提高了钻井速度，降低成本。

氯化钾抑制地层泥页岩水化分散、防止垮塌的机理：泥页岩中的黏土矿物吸附了不同的离子，表现出不同的水化程度，产生不同的水化压力。泥页岩中黏土发生不同程度的膨胀，其稳定性就会受到不同程度的影响。当吸附离子给泥页岩带来的水化应力达到足以破坏静电引力时，离子开始向外扩散，大量的水分子开始进入泥页岩的晶格内，就开始发生渗透水化。当钻井液的离子浓度增加时，钻井液中与黏土表面吸附离子浓度差减少，渗透水化就减弱。

3 氯化钾聚合物(聚磺)体系的优点

一直以来，上部地层钻进，无论塔指还是西北局各施工单位均采用低黏切低固相不分散聚合物泥浆体系。砂岩含量多的井段通过固相控制及其他工程措施来解决阻卡问题；泥岩含量多井段通过增加大分子聚合物、包被剂用量来增强钻井液对泥岩的包被，抑制泥岩分散。单纯增加高聚物用量不但增加钻井成本而且高聚物的用量过大不便于钻井液性能的维护稳定。氯化钾聚合物体系在低黏切低固相的基础上加强了钻井液的抑制包被性，2% ~ 3%的氯化钾加量与单纯的聚合物体系相比较好地抑制了大段泥岩的水化膨胀，短起下钻阻卡程度明显减轻。氯化钾的加入能够减少聚合物的用量，钻井成本降低。同时，氯化钾聚合物体系克服了聚合物体系钻井液流变性控制困难、滤失量偏高等缺点。转型后的氯化钾聚磺钻井液与聚磺钻井液相比，在相同防塌处理剂加量的情况下防塌性能更好。现场多口井应用表明，该钻井液体系具有流变性易调、滤失量可控、配制维护简便、防塌、井壁稳定效果更好，使井下复杂情况大大减少。现场氯化钾聚合物(聚磺)体系应用效果见表1（以 TH10390X 井为例）。

从表1可以看出氯化钾聚磺体系在现场应用过程中，通过日常的简便维护，性能比较稳定、流变性易调整，滤失量可控。在下部石炭系、志留系、泥盆洗大段黏土矿物含量高，分散性强的泥岩钻进过程中，具有较强的抑制能力，井壁稳定性强，井径扩大率小。

表1 氯化钾聚合物体系转型前后钻井液性能对比

井号	井深/m	密度/(g/cm³)	黏度/s	PV/mPa·s	YP/Pa	G/Pa	API/(mL/mm)	维护处理
TH10390X	4700(转型前)	1.24	43	18	5	2/5	5.6/0.5	6t SMP-2+6tHA树脂+1t KCl+6t胶乳沥青(转型)
	5600	1.30	50	20	7	1.5/6.5	4.8/0.5	0.2t 烧碱+0.1t KPAM+0.3t SMP-2+0.3t HA树脂+1t KCl+0.3t YK-H
	5964(二开中完)	1.30	49	20	7	2/7	4.8/0.5	0.2t 烧碱+0.1t KPAM+0.3t SMP-2+0.3t HA树脂+1t KCl+0.3t YK-H

TH10390X 井电测下部井段最大井径 276.6822mm、最小井径 255.0162mm、平均井径 266.0618mm、平均井径扩大率 6.05%(表2)。

表2 TH10390X 井下部井段电测数据

井段/m	250.88mm 井眼 井径数据/mm 电测井径	最小	平均	井段/m	250.88mm 井眼 井径数据/mm 电测井径	最大	平均
5400	264.6934			5650	271.4498		
5425	271.0942			5675	260.4008		
5450	276.6822			5725	255.0162		
5475	274.9042	255.0162		5800	276.8854	276.6822	266.0618
5550	262.001			5825	263.7536		
5575	263.9568			5875	258.8006		
5600	266.0142			5900	260.2738		
5625	271.6276			5925	259.4356		

4 现场氯化钾聚合物(聚磺)体系转换应用

为了更好地抑制上部地层泥页岩的水化分散膨胀，强化现场钻井液体系的抑制性，在一开"三低一高一适当"聚合物钻井液体系基础上加入3%氯化钾(表3)。配合超细等形成氯化钾聚合物强抑制封堵钻井液体系。但现场实际工艺操作过程中何时进行体系转换，体系转换前的性能控制和转换后的性能调整是关系到下步氯化钾聚磺体系转换成功的关键。

上部地层岩性压实性差，钻时快；泥页岩水敏性强、稳定性差，不仅分散程度高膨胀性也大。如果不能及时抑制泥页岩分散会造成泥浆中劣质固相含量增高。随着井深的加深，泥浆密度逐渐提高以满足井下地层岩性的需要，提高密度也增加了泥浆中的固相含量。泥浆中劣质固相增多进行氯化钾聚合物体系转换时会使泥浆增稠，无法满足体系转换时氯化钾的加量要求，导致现场体系转换失败。因此，现场进行氯化钾聚合物强抑制封堵钻井液体系转换在二开快速钻进之前提前加入2%~3%氯化钾。氯化钾加入后会使泥浆滤失量增大而体系转换后的氯化钾聚合物钻井液体系降低滤失量对泥浆材料的抗盐性要求较高，造成泥浆成本增加。因此，现场在进行体系转换前会适当降低泥浆滤失量。

表 3　HY1-5X、TH10390X 井氯化钾加入前后性能对比

井号	性　能					
	氯化钾加量	密度/(g/cm³)	黏度/s	PV/mPa·s	YP/Pa	G/Pa	API/(mL/mm)
HY1-5X	0%	1.12	42	10	3	0.5/2	6
	2%	1.12	38	10	1	0/1	8.5
TH10390X	0%	1.10	40	10	3.5	0.5/2	4.8
	3%	1.10	37	10	0.5	0/0.5	5.6

下部地层钻进中通过转换为氯化钾聚磺体系提高泥浆对三叠系、二叠系、石炭系、志留系、泥盆洗大段深灰泥岩、棕红色泥岩的抑制，防止过度分散造成井壁失稳。但单纯提高泥浆的抑制性并不能完全保证下部地层的井壁稳定，二叠系的火成岩微裂缝发育极易垮塌，钻进过程中应提高泥浆的封堵防塌性能。深部地层在氯化钾聚磺体系的基础上采用 2%~3% 高软化点沥青配合优质坂土浆、随钻封堵材料等"即打即封"的工艺技术，既能有效解决了西部工区因长裸眼渗漏损耗大、成本高问题又能综合解决下部地层的垮塌钻井难题。

5　总结

氯化钾聚合物(聚磺)体系在塔河油田 12 区及托普区块多口井的应用效果明显。氯化钾聚合物体系较强的抑制性，对上部地层水敏性强、稳定性差的泥页岩起到了较好的抑制作用。在 HY1-5X、TH10390X 两口井的应用过程中，未发生阻卡和 PDC 泥包；下部地层氯化钾聚磺体系对黏土含量高的棕红色泥岩、大段深灰色泥岩水解分散产生的剥蚀掉块起到了较强的抑制效果。但下部地层钻进过程中不能单纯地依靠抑制性防塌，针对二叠系的火成岩等易垮塌地层，深部地层在氯化钾聚磺体系的基础上采用 2%~3% 高软化点沥青配合优质坂土浆、随钻封堵材料等"即打即封"的工艺技术加强氯化钾聚磺体系的封堵防塌性，满足地层各类岩性的防塌需求。

作者简介：王震(1988-)，男，毕业于中国石油大学(华东)应用化学专业，工程师，塔里木分公司钻井液主管，长期从事现场钻井液技术管理工作。地址：新疆库尔勒市塔指大院第六勘探公司技术装备管理中心。电话：13345337720；邮箱：768609091@qq.com。

埕北丛式水平井钻井液技术

赵　湛

（中国石化胜利石油工程有限公司海洋钻井公司）

摘　要　埕岛区块是胜利油田在渤海湾大陆架构造浅海水域的重点开发区块，地表层为泥岩夹有的流沙层，胶结性差，上部为大段的泥岩，水化造浆性极强，易发生坍塌缩径泥包钻头；古潜山裂缝十分发育，界面风化易发生漏失。在该区块部署的 CB6D 丛式井组中，有4口是开发古潜山油藏的水平井，垂深 2385m、最大井深 3055m、水平段最长 383m，4口井都发生了不同程度的井漏等井下复杂情况，依据甲方要求，为满足安全钻井、油气层保护和海洋环境保护的需要，直井段和斜井段采用改性天然高分子海水钻井液体系，潜山水平段采用聚合醇无固相海水钻井液体系。

关键词　丛式井　钻井液体系　海洋环保　欠平衡　防漏堵漏

1　地质工程简况

1.1　地质特点

上部地层分为平原组、明化镇组、馆陶组、东营组。明化镇主要以泥岩为主，蒙脱石含量高、造浆能力强，易缩径、易泥包钻头。馆陶组主要以砂岩和泥质粉砂岩为主，地层疏松、胶结性差、渗透性好、井壁易垮塌、易形成厚泥饼。东营组以浅灰色泥岩，灰白色含砾砂岩为主。古生界地层以深灰、褐灰色灰岩夹薄层白云质灰岩为主，储层空间以裂缝为主，裂缝十分发育，极易发生漏失[1]。

1.2　工程概况

隔水管直径 $\Phi1000mm$，桩入深度 59m；一开 $\Phi660.4mm$ 钻头钻至井深 401～601m，下入 $\Phi508mm$ 表层套管；二开 $\Phi444.5mm$ 钻头预定向钻至井深 1201～1353m，下入 $\Phi339.7mm$ 技术套管；三开 $\Phi241.3mm$ 钻头钻至井深 2000～2020m 定向造斜，钻至 2560～2600m 进入古生界垂深 2～3m，进入 A 靶点，下入 $\Phi177.8mm$ 技术套管封住界面。潜山水平段，用 $\Phi152.4mm$ 钻头钻至 C 靶点（距潜山界面 0m）完钻，下入 $\Phi114.3mm$ 筛管。

2　钻井液技术难点

（1）由于海上丛式井组井间距小（2m），上部井段地层疏松，极易被冲刷发生坍塌，钻进中易引起"窜槽"现象，严重时会失去循环能力[1]。

（2）明化镇泥岩蒙脱石含量高、造浆能力强，易缩径、易泥包钻头。

（3）馆陶组地层中泥质粉砂岩胶结性差、渗透性好、井壁易垮塌、易形成厚泥饼。

（4）东营组泥页岩地层吸水性强造成不均质剥落坍塌。

（5）古生界界面风化，裂缝十分发育，易发生漏失和卡钻，给钻井作业造成困难，在堵漏过程中要注意保护油层，给钻井液技术增加了很大难度[2]。

3 钻井液技术

3.1 钻井液体系选择

3.1.1 一开、二开、三开选用改性天然高分子海水钻井液体系

天然高分子包被剂 IND30 能提高钻井液抑制性，较好控制地层造浆；天然高分子降滤失剂 NAT20 和无荧光白沥青 NFA-25 复配能改善钻井液的滤失性和造壁性，提高封堵能力；聚合醚 PGCS-1 提高井壁润滑性，SYF-1 和 QS-2 用于保护油气层。

改性天然高分子海水钻井液体系经国家海洋环境监测中心采用 GB/T18420.1-2001 以及 GB/T18420.2-2001 标准对更新式卤虫(artemiidae)幼虫 96h 急性毒性试验，结果证明，改性天然高分子钻井液体系的生物毒性远远大于一类海区生物毒性容许值，完全符合生物毒性要求[3]。

配方：海水+0.3%纯碱+7%~8%膨润土+0.4%~0.8% IND30+0.8%~1.5% NAT20+1%~2% NFA-25+3%~5% PGCS-1+0.1%~0.2% SD-2+2%~3% SYF-1+3%QS-2

钻井液性能为：马氏漏斗黏度 32~55s，塑性黏度 8~18mPa·s，屈服值 3~8Pa，动塑比 0.3~0.6Pa/mPa·s，滤失量<5mL。

3.1.2 古潜山水平段选用聚合醇无固相海水钻井液体系

有利于发现和保护油气层，有利于预防和减缓古生界地层的漏失。PAC 和 TV-1 为抗高温高效增黏剂，用于改善钻井液的流变性提高其携岩能力，聚合物选用 K-PAM，用来抑制潜山泥岩层的水化分散，聚合醇具有润滑和保护油气层作用。

配方：过滤海水+0.5%烧碱+0.8%~1% PAC+1.5%~2% TV-1+1%~1.5% SR-1+3%聚合醇+0.5%KPAM

钻井液性能为：马氏漏斗黏度 50~75s，密度 1.04~1.05g/cm³，塑性黏度 12~25mPa·s，屈服值 4~10Pa，动塑比 0.3~0.5Pa/mPa·s，滤失量<5mL。

3.2 润滑防卡

定向造斜段，充分利用离心机控制钻井液中的固相含量和膨润土含量，同时加大 IND30 的含量，抑制黏土的分散性，使膨润土含量控制在 40g/L 以内。随着井斜增加，增加 NAT20 和 NFA-25 的含量，使钻井液在井壁上形成致密、坚韧的泥饼。加入固体润滑剂聚合醚 PGCS-1，保持含量在 5%以上，以提高钻井液的润滑性，降低摩阻系数至 0.03以下。工程上采用短起下措施，每钻进 200m 短起下破坏岩屑床。水平段采用聚合醇无固相海水钻井液。全井起钻摩阻控制在 5~6t 以内，下钻摩阻控制在 5t 以内，确保井下施工安全。

3.3 防漏堵漏

钻进过程中，在井下条件允许的情况下，钻井液密度尽量采用设计下限，保持近平衡压力钻井。下钻过程中要分段循环钻井液，应采用"先转动后开泵"，开泵要缓慢，并且排量由小到大，避免因瞬时激动压力过大而引起井漏。在满足井眼净化的前提下，尽可能采用小排量钻进，同时，钻井液的切力要适当，尽量降低环空循环压耗，以减轻井漏。下钻遇阻不得硬下，要提到正常井段开泵循环钻井液，不得在遇阻井段开泵，防止憋漏地层。循环加重时要均匀，防止不均匀而引起井漏。钻至漏失井段前，钻井液堵漏材料要准备好，并储备足量的钻井液。

3.4 油气层保护

3.4.1 馆陶储层保护措施

（1）馆陶组及东营组油层孔隙度高，渗透性好，地层孔隙压力较小，进入油层前50～100m，严格控制钻井液密度（≤1.10g/cm³）降低正压差。

（2）加强固控设备的使用，控制钻井液滤失量<5mL，尽量减少滤液和固相颗粒对油层的侵入量[3]。

（3）加大天然高分子包被剂的浓度控制泥岩的水化膨胀分散。

（4）加入3%屏蔽暂堵剂SYF-1在油层近井壁附近形成屏蔽层。

（5）加入3%可酸化的固体屏蔽暂堵剂QS-2屏蔽暂堵油层孔喉。

3.4.2 古潜山储层保护措施

（1）潜山水平段采用过滤海水配制的聚合醇无固相钻井液体系。

（2）聚合醇含量3%～5%，采用欠平衡钻井技术（钻井液密度1.04～1.05g/cm³）。

（3）调整钻井液流变性，提高钻井液的携岩和悬浮能力。

（4）加入足量的聚合物充分利用固控设备清除钻井液内无用固相。

4 现场施工方案

4.1 一开直井段钻井液维护处理

配浆（预水化24h）开钻：海水+10%坂土+0.3%NaOH+0.4%SD-2，用0.4%～0.6%IND30+0.4%～0.6%NAT20胶液维护，钻井液性能为：马氏漏斗黏度34～36s，密度1.10g/cm³，滤失量12～15mL。

一开钻进为了防止井间窜槽，用较高黏度切力的钻井液开钻，小排量小钻压钻进出隔水管30～50m，然后提高排量钻压到正常，降低钻井液的黏度切力；660.4mm的大井眼环空返速低携岩困难，所以钻井液要有良好的携带能力。钻进至明化镇后，主要抑制地层造浆，控制钻屑分散和膨润土含量上升，加足包被剂保证钻井液有良好的流动性，通过固控设备清除和降低固相颗粒，使用离心机清除过多的膨润土，降低钻井液密度，采用低黏度（30～33s）、低切力和低密度（1.07～1.10g/cm³），钻至1500m左右进入下馆陶，提高胶液的浓度，配方为：海水+0.6%～0.8%IND30+0.8%～1.0%NAT20，降低钻井液滤失量。向钻井液中加入NFA-25，改善泥饼质量，提高钻井液的造壁性。钻进至2000m左右定向造斜前，调整钻井液密度为1.13g/cm³，控制膨润土含量小于40g/L。向钻井液中加入润滑剂PGCS-1，保证钻井液具有良好的润滑性。钻井液性能为：马氏漏斗黏度35～40s，密度1.13g/cm³，塑性黏度8～14mPa·s，屈服值4～8Pa，动塑比0.4～0.57Pa/mPa·s，滤失量<5mL。

4.2 二开定向造斜段钻井液维护处理

由于PDC钻头研磨性强，东营组泥岩被研磨成很细的颗粒溶于钻井液，对钻井液的性能影响较大。定向钻进中加强固控设备特别是离心机的合理使用，控制固相含量小于9%，膨润土含量小于40g/L[3]。同时增大胶液中包被剂IND30的用量，使含量达1%以上。随着井深和井斜的增加，增大NFA-25的用量，进一步改善泥饼质量。当井斜至60°以上，确保润滑剂PGCS-1达到5%以上的含量，提高钻井液的润滑性，摩阻系数控制在0.03以下，预防黏卡。工程上每钻进150m进行短程起下，破坏岩屑床，并适当提高钻井液上返速度，延缓岩屑床的生成。

该段胶液配方为：海水+1.0%~1.2% IND30+1.0%~1.5% NAT20，NFA-25 和 PGCS-1 以干粉加入。钻井液性能为：马氏漏斗黏度 40~55s，密度 1.13~1.14g/cm³，塑性黏度 12~18mPa·s，屈服值 6~10Pa，动塑比 0.4~0.55Pa/mPa·s，滤失量<3mL。

4.3 三开水平段钻井液维护处理

水平段钻井轨迹在古生界界面下 0~20m 之间，其间夹有厚泥岩层易水化分散，用足量的 KPAM 絮凝抑制，配合使用除砂器、除泥器、离心机清除进入钻井液里的黏土颗粒，保持钻井液的清洁。潜山油藏孔隙压力系数低，为了发现和保护油层，采用欠平衡钻井技术，钻井液密度低(1.04~1.05g/cm³)，油气比较活跃，防止井涌井喷，配制储备密度为 1.30g/cm³ 甲酸钠压井液。

采用聚合醇无固相海水钻井液体系，钻井液配方为：过滤海水+0.5%烧碱+0.8%~1% PAC+1.5%~2% TV-1+1%~1.5% SR-1+3%聚合醇+0.5%KPAM。由于裂缝十分发育，施工中有不同程度的漏失，当漏速小于 8m³/h 时，配制无固相钻井液补充，补充钻井液性能为：漏斗黏度 50s 以上，密度 1.05g/cm³，配方：过滤海水+0.5%烧碱+1%PAC+1.8%~2% TV-1+1%~1.2% SR-1+3%聚合醇。

5 复杂情况处理

四开水平段钻进，进入潜山后均有不同程度的漏失，当漏速小于 8m³/h 时，配制无固相钻井液补充，维持水平段的钻进，配方：过滤海水+0.6%PAC+0.6%~1% TV-1+1%~1.5% SR-1+3%聚合醇+0.6%~1% KPAM，其性能：马式漏斗黏度 50s 以上，密度 1.04g/cm³，当漏速大于 10m³/h 时，降低排量，控制起下钻速度，经甲方研究要求不能使用任何堵漏材料，于是配制高黏度无固相钻井液强行穿漏，配方：过滤海水+0.8%~1% PAC+1.5%~2% TV-1+1%~1.5% SR-1+3%聚合醇+0.6%~1% KPAM，其性能：马式漏斗黏度 80~120s，密度 1.05g/cm³，滤失量<5mL。发现当黏度在 80~120s 时漏速降低至 5m³/h 时以下，低排量建立循环，缓慢开泵尽量减少压力激动，然后渐提排量至钻进。完钻后用稠钻井液(漏斗黏度 140s；密度 1.05g/cm³)清扫井眼，下筛管前用同样稠钻井液 35m³ 封井，确保下筛管顺利。

6 使用效果

(1) 直井段及定向段采用改性天然高分子海水钻井液体系，钻进顺利，井眼畅通，电测一次成功。

(2) 古潜山水平段采用聚合醇无固相海水钻井液体系，利用欠平衡技术，及满足携岩又保护油气层要求。

(3) 埕岛油田古潜山水平井施工关键环节是古生界的漏失，在保护油层的前提下采取最佳堵漏措施，是安全钻井的保障。

7 结论

(1) 用改性天然高分子海水钻井液体系，性能良好体系稳定环保，很好的控制泥岩的水化造浆、稳定井壁，具有很强的携岩和悬浮能力，润滑性好、摩阻系数小于 0.01。

(2) 明化镇组、馆陶组，钻井液性能要保持低的黏度切力低的密度(黏度：33~35s，初切：0.5~1Pa，终切：2~3Pa、密度：1.07~1.10g/cm³）。

（3）古生界漏失是不可避免的，漏失量大小不一，钻到此段要严密观察情况，一旦发生井漏，就实施堵漏，重点是选用合理的堵漏技术及施工措施，在保护油气层的前提下，提高堵漏成功率。

（4）古潜山夹有不等厚泥岩层造浆较重，钻井液要保持良好的抑制性，同时利用固控设备严格控制钻井液的黏土含量，保持好钻井液性能。

参 考 文 献

［1］万绪新，刘绍元，王树强．耐温耐盐深井钻井液技术［J］．钻井液与完井液，2002．
［2］徐同台，崔茂荣．钻井工程井壁稳定新技术［M］．北京：石油工业出版社，1999．
［3］赵忠举，徐同台，卢淑芹．2004年国外钻井液技术的新进展［J］．钻井液与完井液，2005．

作者简介：赵湛，中国石化胜利石油工程海洋钻井公司，工程师，长期从事钻井液现场及技术管理工作。联系电话：13365461833，E-mail：453710200@qq.com。

深层页岩气水平井水基钻井液技术

林永学　甄剑武　韩子轩

（中国石油化工股份有限公司石油工程技术研究院）

摘　要　为了解决深层页岩气储层井壁失稳问题，研发了具有强抑制、强封堵的水基钻井液体系，以满足页岩气水平井长水平段的钻井施工。通过对威远区块页岩地层的矿物组分析、岩样滚动回收率测试等，井壁稳定要求钻井液的性能应具有较强的抑制性和封堵能力，钻井液润滑性也要满足长水平段的钻井要求，由此在抑制剂、封堵剂和润滑剂的研选基础上，形成了页岩地层水基钻井液体系。该钻井液室内评价表明，其抗温达 140℃，能有效降低页岩 Zeta 值，抑制黏土水化；压力传递评价能有效封堵页岩地层微孔缝，阻缓钻井液侵入页岩地层；极压润滑系数为小于 0.12。现场应用结果表明，研发的钻井液 HTHP 滤失量 4~5.6mL，封堵能力较强；井眼浸泡保持达 65d，有效保持了井壁稳定，保证了钻井的安全施工。该钻井液技术的研究和应用，有利于促进威远页岩气的高效开发。

关键词　钻井液　水平井　抑制　封堵　龙马溪　页岩气

近年来，中国石化加快了页岩气的勘探开发，其中威远、荣县、丁山、永川等深层页岩气资源是一个重要的开发方向[1]。页岩气水平井钻井过程中井壁易失稳，虽然采用油基钻井液能够较好地解决该问题，但是油基钻屑等废弃物处理难度大、成本高等，大大制约了页岩气的勘探开发进程。若采用常规水基钻井液，其抑制性、封堵能力难以满足水平段页岩地层稳定的要求，钻井施工的安全风险极大。目前，国内页岩水基钻井液技术尚处于研究探索阶段，在深层页岩气开发上，更是缺乏相应的水基钻井液技术。因此，迫切需要研发一种高性能的水基钻井液，在高温高压岩地质条件下，能够保持页岩地层的井壁稳定，以满足水平井段的安全钻完井施工。

以威远龙马溪深层页岩气地层为研究对象，通过研究分析页岩地层特征，揭示了地层失稳机理，提出了强化抑制性和封堵能力。在研发了相应的处理剂基础上，形成了深层页岩气的水基钻井液体系，以解决水平井长水平段页岩地层的失稳问题，并进行了现场试验应用，取得了良好的效果。

1　威远区块龙马溪组页岩地质特征及失稳机理

1.1　储层矿物学特征

威远龙马溪组页岩气地层平均埋深达 3800m，地层压力 1.60~1.80，地层温度达 140℃，属于深层页岩气藏。中石化威远区块龙马溪页岩气储层取心井为威页 1 井，以该井岩心为研究对象，通过对该井取心 78 个岩心样品全岩分析结果表明，主要矿物成分含量自上而下：石英由 32.85% 升高到 37.21%，碳酸盐矿物由 12.86% 升高到 20.51%，黏土矿物由 43.72%

降低到36.91%，总体上表现为脆性矿物含量升高，黏土矿物含量降低，且黏土矿物中以伊利石为主，少量伊蒙混层，不含高岭石和蒙脱石。

对威页23-6HF井实钻岩屑，上部地层黏土矿物含量高达46.64%~53.33%，石英含量为32.8%~38.89%，表现为塑性较强，脆性较弱，水化分散能力较强，水化分散速率较快，测试上部岩样的清水回收率约为4.53%~14.90%；而下部页岩呈黑色，石英含量高达46.04%~47.71%，黏土矿物含量为27.58%~25.93%，表现为脆性较强，易掉块失稳，测试其页岩清水回收率高达94.94%。

1.2 储层物性

威远区块页岩气储层的物性较为致密，以威页1井岩心为研究对象，实测孔隙度：含气页岩段平均为3.28%；底部优质页岩段平均为4.15%、最高7.03%，孔隙度分布范围为2%~5%，孔隙度优。纵向上孔隙度自上而下逐渐增高。页岩岩心实测渗透率介于0.021~14.855mD区间范围内，平均值为0.478mD。底部优质页岩段基质渗透率介于0.041~7.737mD，平均值为0.903mD。基质渗透率纵向上呈自上而下递增的趋势(图1)。

页岩样品中发现丝缕状、卷曲片状伊利石间发育大量微裂缝，缝宽一般50~300nm，最大可超过1μm，连通性较好。威页1井龙马溪组岩心观察描述统计，龙马溪组页岩共发育裂缝425条，裂缝密度4.86条/米，其中平缝350条、斜缝42条、立缝33条。底部优质页岩段共发育裂缝175条，裂缝密度3.81条/米，其中平缝147条，斜缝2条，立缝26条。镜下也见微裂缝发育，宽度>100nm(图2)。

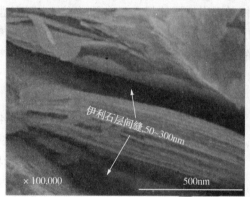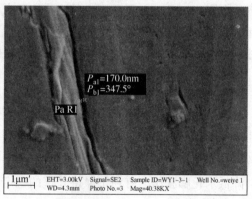

图1 威远深层页岩气地层伊利石层间孔

图2 威页1井龙马溪组岩心层理及裂缝发育特征

因此，威远深层页岩气地层，渗透率及孔隙度较低，但是地层裂缝较发育，裂缝分布较广，实钻过程中裂缝扩张、延展、连通，导致地层强度降低的可能性较大[2]。

1.3 页岩地层失稳机理

通过对威远区块龙马溪组龙一段地层矿物分析，黏土含量少，石英含量较高。黏土中以伊利石为主，含有一定量的伊蒙有序间层，页岩清水回收率达 94.94%，与蒙脱石地层相比，属非膨胀型地层。由于伊蒙有序间层中不同黏土矿物膨胀速率不同，滤液进入地层后会产生膨胀应力，改变井周应力分布，且水化降低地层岩石强度，井塌复杂情况几率增大[3~7]。

水相沿层理裂缝或孔隙地层，一方面降低弱结构面间的摩擦力，进而削弱泥页岩的力学岩强度而导致井壁垮塌；另一方面，液相产生水力尖劈作用，导致裂缝扩展连通，地层破碎、诱发井壁失稳；同时，钻井液液柱压力沿层理微裂缝、孔隙进入地层，压力传递作用导致井周应力分布发生变化，导致井壁周围页岩碎裂、垮塌[4~8]。

2 深层页岩水基钻井液体系构建

2.1 钻井液体系构建思路

针对威远区块页岩气地层特征，水基钻井液要满足水平井长水平段的钻井要求，需提高钻井液的封堵能力，形成致密的封堵层，一方面可以减弱因压力传递效应造成的页岩地层力学不稳定影响，另一方面可以减弱钻井液及水相对页岩地层的侵入量，并结合钻井液的强抑制性，减弱页岩地层的水化程度，达到页岩地层的稳定。因此，钻井液体系构建除了要考虑液柱压力有效支撑外，还需要着重考虑钻井液的封堵、抑制两个特性，对于水平井还要考虑钻井液的润滑性。

2.1.1 抑制性

威远区块龙马溪组龙一段为硬脆性页岩，以伊利石为主，页岩清水回收率达 94.94%，属非膨胀型破碎性岩石。由地层失稳机理可知，地层黏土含伊蒙伊蒙混层水化产生膨胀压，导致硬脆性页岩地层失稳几率增大[6]。因此，采用能够抑制黏土矿物水化晶格膨胀的化学剂，降低水化膨胀压，有利于保持井壁的稳定。

2.1.2 封堵能力

由于威远区块龙马溪组龙一段页岩地层的层理、微裂缝发育，钻井液沿层理裂缝侵入页岩地层，引起地层压力升高、弱胶结面强度降低、裂缝分布发生变化等，导致地层破碎、诱发井壁失稳。因此，水基钻井液必须含有合适的封堵材料，对微裂缝形成致密封堵层，并且降低滤饼渗透率，减少滤液渗入地层，从而降低滤液对页岩地层的影响，进一步达到提高井壁稳定能力[7,8]。

2.1.3 钻井液密度

页岩层被打开后，地应力释放，会造成地层压力不平衡而坍塌，因此合理确定钻井液密度，平衡岩层坍塌应力，是保证长水平段页岩井段井壁稳定的先决条件。针对威远深层页岩气地层，根据地层压力系数为 1.60~1.80，故钻井液设计密度 1.90kg/L 以上。由于在气层中水平段较长，钻井液与气层接触面积较大，气侵相对直井更严重，考虑井下安全，钻井液密度可能需要更高。

2.1.4 润滑性

威远龙马溪组龙一段页岩地层为硬脆性地层，且页岩渗透性极低，钻具与页岩地层直接接触较多，钻进过程中扭矩大、起下钻摩阻大、拖压严重等，影响钻井时效。且层理裂缝发育页岩地层在钻具机械扰动等外力作用下，易出现井壁失稳。因此，钻井液需要有较好的润滑性，在钻具与地层之间有较好的润滑界面，有利于钻井安全施工。

2.2 配方优选

2.2.1 抑制剂评价

威远龙马溪页岩地层岩样清水回收率即达到 94.94%，其膨胀率仅有 10% 左右，因此通过测试 Zeta 电位，优选出抑制性较好的聚胺抑制剂 SMJA-1。SMJA-1 复配 KCl 使用更有利于降低膨润土 ZETA 电位。考察不同加量的 SMJA-1 与 KCl 的协同作用对膨润土的 ZETA 电位的影响如表 1 所示。

表 1 SMJA-1 与 KCl 复配对膨润土 ZETA 电位影响 (单位：mV)

SMJA-1 加量/%	KCl 加量/%				
	0	0.1	0.5	2	5
0	−48	−49	−40.5	−32	−22.3
0.1	−31	−35	−28	−22	−19
0.5	−23.8	−19.6	−16.8	−17.2	−11.7
1.0	−17.8	−17.4	−15.3	−11.6	−7.1

注：不同 SMJA-1 和 KCl 组合 100℃浸泡 24h。

由表 1 数据可知，随着抑制剂浓度的升高，SMJA-1 和 KCl 浸泡过的膨润土，ZETA 电位绝对值逐渐降低，对膨润土的稳定能力逐渐增强；建议采用 0.5%~1%SMJA-1+5%~7% KCl 组合，获得较高的抑制能力。

2.2.2 封堵材料评价

威远龙马溪页岩地层裂缝发育，有微米级裂缝，也有大量纳米尺度的孔缝。通过实验优选出：刚性颗粒为超细碳酸钙复配：1.5%2500 目超钙+1.5%1250 目超钙+1%800 目超钙；可变形封堵材料为固体封堵剂 SMSS-2 和液体封堵剂 SMLS-1 协同；纳米封堵材料为固体封堵剂 SMNP-1，与微米级封堵剂超细碳酸钙、可变形封堵材料协同。

采用 1.5%膨润土浆，加入常规聚合物降滤失剂、抗温抗盐降滤失剂和优选的抑制剂，形成基浆。在基浆中再加入优选的封堵剂 (4%CaCO₃+2% SMSS-2+2% SMLS-1+2% SMNP-1)，配制成钻井液 a，分别采用渗透率封堵测试仪测试 PPA 滤失量和高温高压滤失仪测试 HTHP 滤失量。

表 2 PPA 滤失量和 HTHP 滤失量测试 (140℃)

钻 井 液	PPA 滤失量/mL	HTHP 失水滤失量/mL
基浆	20	16.8
钻井液 a	5.4	7.0

由表 2 数据可知，优选的固体液体、微米纳米等封堵材料，具有多元协同增效作用，起到了有效的封堵作用，能够形成致密的封堵层。

2.2.3 润滑剂评价

极压润滑剂 SMJH-1 分子中含有极压元素,能够在极压条件下发生摩擦化学反应,在摩擦面形成致密的润滑膜;高效润滑剂 SMLUB-E 分子中含有极性基团,能够吸附在钻具和地层表面,疏水基团朝外形成一层疏水的油膜,大幅降低钻具与地层之间的摩擦系数[10]。

表 3　润滑剂对钻井液性能影响评价

钻井液	PV/mPa·s	YP/Pa	API 滤失量/mL	HTHP 滤失量/mL	润滑系数	降低率/%
钻井液 a	45	2.5	0.5	6.0	0.237	—
钻井液 a+润滑剂	42	8	0	4.8	0.113	52.3

注:润滑剂=2%SMJH-1+2%SMLUB-E。

由表 3 数据可知,优选的润滑剂能够提高钻井液的润滑性,有利于水平井长水平段的滑动钻进。

通过进一步优化配方,形成了深层页岩水基钻井液 SM-ShaleMud 配方:基浆+3%~4% $CaCO_3$+2%~4%SMSS-2+2%~4%SMLS-1+2%~4%SMNP-1+2%~3%SMJH-1+2%~3% SMLUB-E+重晶石粉。配制钻井液时,在配方范围内调整加量,以达到最佳的钻井液性能。

3　钻井液性能评价

3.1　常规性能

威远页岩气地层压力系数,并参考周边区块实钻情况,将配制的基浆分成 3 份,调整加重剂加量,在 1.90~2.20kg/L 范围内配制成不同密度的钻井液,分别测试其性能。威远深层页岩气地层的温度为 140℃,钻井液在 140℃下高温滚动 16h,在室温下测试钻井液常规性能。其性能可以满足长水平段钻井的需要。见表 4。

表 4　SM-ShaleMud 钻井液常规性能

编号	密度/kg·L^{-1}	AV/mPa·s	PV/mPa·s	YP/Pa	Gel/Pa	API 滤失量/mL	HTHP 滤失量/mL	润滑系数
1	1.90	47.5	33	14.5	3/9.5	1.0	5.6	0.096
2	2.05	54	38	16	3.5/10.5	0.8	5.2	0.101
3	2.20	69	48	21	4/12	0.1	4.0	0.113

注:HTHP 滤失量测试温度为 140℃。

3.2　抑制性

3.2.1　Zeta 电位

Zeta 电位是反应体系抑制性的重要参数,测量聚磺钻井液、聚合物钻井液、高性能聚胺钻井液以及 SM-ShaleMud 对膨润土 Zeta 电位的影响。评价数据见表 5。

表 5　不同钻井液体系 Zeta 电位对比评价(单位:mV)

序号	聚磺	聚合物	聚胺	SM-ShaleMud
1	−28.8	−25.4	−17.0	−14.4
2	−30.6	−24.6	−19.6	−12.6
平均	−29.7	−25.0	−18.3	−13.5

由表 5 数据可知，SM-ShaleMud 体系的 Zeta 电位绝对值最低，能够大幅降低黏土水化趋势。

3.2.2 岩样浸泡 CT 扫描及滚动回收率测试

利用 CT 扫描实验仪观察页岩在浸泡过程中的裂缝扩展情况。清水和氯化钾聚合物体系浸泡后，较短时间内即产生微裂缝，并迅速扩展，而使用高性能水基钻井液，浸泡 64h 内未产生新裂缝。说明该体系可有效抑制页岩微裂缝的产生和扩展。威远龙马溪岩样测试滚动回收率达 96.13%。

3.3 封堵能力

在 140℃ 条件下，测试 SM-ShaleMud 钻井液的 PPA 封堵滤失量为 4.4mL，HTHP 滤失量为 5.6mL。说明钻井液形成滤饼较为致密，阻缓了钻井液滤液侵入页岩地层，有利于页岩地层的稳定。

采用威远区块页岩岩心，分别用清水、聚合物钻井液、聚合物钻井液、国外页岩水基钻井液以及研发的 SM-ShaleMud 钻井液进行压力传递测试，上游试液压力为 1.38MPa，下游压力为 0，评价测试流体阻缓压力传递的能力。评价结果见图 3。

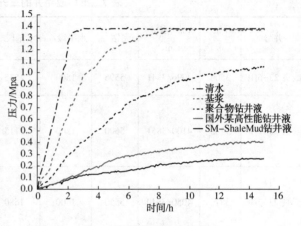

图 3　钻井液压力传递测试

如图 3 所示，由于清水中无封堵剂，2.5h 即发生压力穿透，下游压力上升至 1.38MPa；基浆中无封堵材料，实验开始后 8h 发生压力穿透；聚合物钻井液比国外某页岩水基钻井液、研发的 SM-ShaleMud 钻井液压力上升较快；研发的 SM-ShaleMud 钻井液较国外高性能钻井液的压力上升较慢，能够较好地封堵岩心，阻缓压力传递。

4　现场应用

SM-ShaleMud 钻井液技术在威远区块威页 23 平台五口井进行了应用。威页 23 平台为开发威远龙马溪页岩气，埋深达 3800m 以深，属深层页岩气藏。三开钻井液采用高性能水基钻井液 SM-ShaleMud。

4.1 钻井液配制

威页 23-6HF 和威页 23-3HF 井为配制新浆，威页 23-2HF 井、威页 23-4HF 和威页 23-5HF 回收利用了部分老浆。钻井液初始性能见表 6。

表 6　SM-ShaleMud 钻井液配浆量及初始性能

井号	配新浆/ m³	老浆/ m³	密度/ kg·L⁻¹	FV/ s	PV/ mPa·s	YP/ Pa	Gel/ Pa	API 滤失量/ mL	HTHP 滤失量/ mL	pH 值
威页 23-6HF	190	0	1.95	47	32	14	3/9	0.8	6.4	10
威页 23-2HF	70	110	2.00	48	30	8	3/11	0.8	6.0	10

续表

井号	配新浆/ m³	老浆/ m³	密度/ kg·L⁻¹	FV/ s	PV/ mPa·s	YP/ Pa	Gel/ Pa	API 滤失量/ mL	HTHP 滤失量/ mL	pH 值
威页 23-3HF	184	0	2.05	53	32	11	3/7	0.5	5.4	9
威页 23-4HF	60	120	2.05	51	28	11	3/8	0.5	5.2	9
威页 23-5HF	55	135	2.10	52	35	11	3/10	0.5	5.6	9

4.2 实施效果

在威页 23-6HF 井和威页 23-5HF 井应用，由于水平段钻遇破碎地层井壁失稳导致井壁失稳，转油基打完剩余水平段完钻。威页 23-2HF 井、威页 23-3HF 和威页 23-4HF 井，利用高性能水基钻井液，顺利按设计井深完成了水平段钻井施工，水平段长均为 1500m（表 7）。

表 7　五口应用井的三开施工情况

井号	开钻/ m	A 点/垂深/ m	完钻/m	水平段/m	水基段/m	三开工 时/d	水平段 工时/d	简况
威页 23-6HF	3506	4096/3841	5596	1500	1535	57	43	钻至 5041m 转油基。全程近钻头伽马
威页 23-2HF	3485	4100/3851	5600	1500	2115	65	25	旋导正常钻进至 A 靶点 4100m，起钻换成远端方位伽马直至完钻。完钻转油基完井
威页 23-3HF	3870	4050/3840	5550	1500	1680	17.5	16	旋导正常钻进至 4982m（水平段 932m），起钻换成远端方位伽马直至完钻。电测后转油基下套管
威页 23-4HF	3485	4046/3840	5546	1500	2061	37	27	旋导钻至 A 靶点 4046m，换远端方位伽马直至完钻，摩阻 30t。转油基完井
威页 23-5HF	3488	4100/3840	5600	1500	1391	20	13	钻进至 4879m 钻遇破碎地层井壁失稳转油基

通过现场试验，SM-ShaleMud 钻井液具有以下特点：

① 抑制性较强，能够抑制威远龙马溪页岩的水化作用。实钻期间，返出的钻屑形状较完整，钻头切削痕迹非常清晰（图 4）。

龙一段　　　　　　龙二段　　　　　　龙三段

图 4　威页 23 平台实钻的钻屑

② 封堵性较强，HTHP 滤失量控制在 4~6mL。通过日常维护，严格控制 HTHP 滤失量，保持了较好的封堵能力。

③ 润滑性好，满足了长水平段滑动钻进的需要。威页 23-3HF 井，水基完钻时上提摩阻 150~350kN，威页 23-4HF 井，完钻时上提摩阻 150~300kN，与邻井威页 23-1HF 井油基钻井液摩阻相当(300kN)。

④ 流变性较稳定。钻井液密度高，随着水平段的延长，钻井液长时间循环使用，劣质固相增多，通过加强胶液维护和流型调节剂使黏切得到有效控制。

5 结论

(1) 针对威远深层页岩气地层硬脆性强、水化膨胀性较弱、层理裂缝发育的特点，提出了钻井液体系强抑制、强封堵的构建思路，并提出了处理剂优选的原则。

(2) 研选的聚胺抑制剂能够有效抑制页岩水化，封堵剂具有封堵作用降低 PPA 和 HTHP 滤失量，润滑剂能够降低钻井液的极压润滑系数。

(3) 对 SM-ShaleMud 钻井液体系综合性能较好，钻井液具有优良的抑制防塌性、流变性、润滑性和抗污染能力，优于其他水基钻井液体系。

(4) SM-ShaleMud 钻井液应用于威页 23 平台，水平段的井壁稳定周期较长，携岩能力较强，润滑性能够满足水平井长水平段页岩地层钻井需要。

(5) SM-ShaleMud 钻井液技术，为中石化深层页岩气勘探开发提供了技术保障。

参 考 文 献

[1] 路保平，丁士东. 中国石化页岩气工程技术新进展与发展展望[J]. 石油钻探技术，2018，46(1)：1-9.
[2] 孙四维，刘学松，范聪，等. 页岩气水基钻井液技术分析[J]. 当代化工研究，2017，11：25-26.
[3] 谭秀华，熊鑫，曾强渗. 渝东南地区页岩气钻井泥浆优化技术[J]. 重庆科技学院学报(自然科学版)，2018，20(1)：67-70.
[4] 王中华. 页岩气水平井钻井液技术的难点及选用原则[J]. 中外能源，2012，17(4)：43-47.
[5] 王光兵，刘向君，梁利喜. 硬脆性页岩水化的超声波透射实验研究[J]. 科学技术与工程，2017，17(36)：60-66.
[6] 罗诚，吴婷，朱哲显. 硬脆性泥页岩井壁稳定性研究[J]. 西部探矿工程，2013，6：50-52.
[7] 丁乙，张安东. 川南龙马溪页岩地层井壁失稳实验研究[J]. 科学技术与工程，2014，14(15)：25-28.
[8] 刘洋洋，邓明毅，谢刚，等. 基于压力传递的钻井液纳米封堵剂研究与应用[J]. 钻井液与完井液，2017，34(6)：24-34.
[9] 钟汉毅，黄维安，林永学，等. 新型聚胺页岩抑制剂性能评价[J]. 石油钻探技术，2011，39(6)：44-48.
[10] 王琳，董小强，杨小华，等. 高密度钻井液用润滑剂 SMJH-1 的研制及性能评价[J]. 钻井液与完井液，2016，33(1)：28-32.

基金项目：国家自然科学基金重大项目"页岩油气高效开发基础理论研究"(编号：51490650)。
作者简介：林永学(1962-)，男，山东乳山人，1984 年毕业于华东石油学院钻井工程专业，2001 年获石油大学(北京)油气井工程专业工学硕士学位，教授级高级工程师，中国石化集团公司高级专家，主要从事钻井液技术研究及相关管理工作。E-mail：linyx. sripe@ sinopec. com.

川南页岩气油基钻井液应用现状及分析

陈 龙[1] 王 锐[1] 向 斌[2] 杨 欢[1] 张佳寅[1] 陈 骥[1] 周代生[1] 顾涵瑜[1]

(1. 中国石油西南油气田分公司工程技术研究院；2. 中国石油西南油气田分公司致密气项目部)

摘 要 目前油基钻井液在川南页岩气井钻探中的应用已较普遍，但由于龙马溪页岩储层特殊地质条件以及长水平段钻井液技术存在瓶颈，钻井过程中井壁失稳现象仍然存在，卡钻等井下事故频发。且在该地区提供钻井液技术服务的单位众多，各家钻井液技术、材料及调整维护思路存在差异，导致现场钻井液类型多、差异明显。本文从页岩气井油基钻井液技术难点出发，结合现场 31 口正钻井的钻井液性能参数，统计分析出目前川南地区所用油基钻井液均存在携砂能力和稳定性不足，为该地区油基钻井液性能提升和优化指明方向。

关键词 页岩气 油基钻井液 应用现状

川南页岩气产区是目前我国最大的页岩气勘探开发区，包括长宁-威远、自贡-荣县、昭通等区域，主要钻探层位为下志留统龙马溪组。由于龙马溪组黑色页岩层具有较强的层理结构，微裂缝和裂缝发育，钻井过程中井漏、掉块、卡钻等复杂事故频发，因而目前川南页岩气井已全部采用抑制性、润滑性较好的油基钻井液。但根据现场钻井情况来看，井壁失稳、井眼清洁困难等问题并未得到完全解决，钻井施工安全风险仍然较大。统计 2019 年以来，该地区已近 20 井次出现倒划眼困难的情况，其中 5 井次在倒划眼时遇卡钻复杂，油基钻井液的适应性与应用效果面临挑战。

1 页岩气油基钻井液技术难点

页岩井段夹杂黏土矿物、伊蒙混层，多以伊利石为主，属弱膨胀强分散地层，极易引起黏土水化，导致页岩局部强度下降，发生剥落掉块和垮塌，页岩地层页理发育，井壁稳定性差。在长水平段钻井中易发生井漏、剥落掉块，扭矩大、摩阻大、井眼清洁困难等问题是长水平段钻井无法避免的难题。因此，钻井液流变性、抑制性、封堵防塌能力、润滑性等性能及携砂清洁井眼能力是保障安全顺利钻井的关键点。

1.1 高密度

川南页岩气区块储层段地层压力系数普遍较高，实钻钻井液密度在 $1.80 \sim 2.30 \mathrm{g/cm^3}$，垂深 $3000 \sim 3500\mathrm{m}$，水平段长超过 $1500\mathrm{m}$，高密度和长水平段深井页岩气井对钻井液的配制要求和维护处理是一种挑战。高密度油基钻井液对固相控制及乳化稳定性、流变性要求高，水平段出现沉砂、岩屑床风险大。

1.2 抑制防塌能力

页岩储层段矿物组成差异大，黏土矿物含量，以高伊利石为主，含少量伊蒙混层，同时含有丰富的有机质和含铁绿泥石，表现出"油水双亲"特征，属弱膨胀强分散地层，极易发生剥落掉块和垮塌。油基钻井液必须具有强的抑制能力，减少泥页岩水化分散，以保持井壁稳定和减少低密度的岩屑分散。同时油基钻井液水相活度必须等于或略小于储层水活度，以

256

改变毛细管作用力的方向，减少侵入量。

1.3 封堵和降滤失能力

页岩气储层的页理构造发育，具有层理和天然裂隙等薄弱面，呈低孔隙度、低渗透率的物性特征，须优选匹配适合微细裂缝尺寸的封堵材料，达到封堵细微裂缝、减少侵入深度，避免沿缝隙侵入后造成页岩剥落，同时配合抗高温降滤失材料达到低滤失能力，形成优质的低渗透泥饼，减少液相侵入地层。

1.4 润滑性

长水平段深井对油基钻井液的润滑性提出了更高的要求，尤其是高密度钻井液中在劣质固相含量较大，井眼轨迹调整频繁，轨迹不规则，对钻井液的润滑性要求较高，合理选用高效优质润滑剂，有效清除有害低密度固相，对降低钻进中扭矩、起下钻和下套管摩阻意义重大。

1.5 流变性

油基钻井液的流变性受众多因素影响，高密度、强抑制、强封堵、低滤失性能下，钻井液流变性的控制难度很大，不能局限于只追求流变性，必须从整体配方出发，合理控制高、低剪切速率下的流性参数，平衡取舍各项性能指标。

1.6 井眼清洁

长水平段井眼环空间隙小，泵压高，排量受限，加上井眼轨迹不规则，岩屑自身的重力效应，易形成岩屑床，清洁难度大，倒划眼遇阻情况较多。维持较高的低剪切速率下的黏度及终切力对悬砂能力和井眼清洁有利，但理论模型与实际情况还需进一步拟合。

2 川南页岩气油基钻井液应用现状

根据川南地区钻井情况，对进入龙马溪地层的 31 口井所用油基钻井液进行了取样分析，性能参数包括密度、切力、流变性、滤失量、破乳电压、碱度、有害低密度固相含量等，涉及 10 家提供现场技术服务的钻井液公司。

现场油基钻井液取样包括白油基、柴油基和生物合成基，取样井井斜在 15.6°~96.6° 之间，进入水平段井数占 80.6%。钻井液密度范围在 1.57~2.15g/cm³，密度在 1.8g/cm³ 以下 4 口，1.8~2.0g/cm³ 之间 11 口，2.0g/cm³ 及以上 16 口，以下对主要性能参数进行统计分析。

2.1 初切力

在钻井液体系中"初切力"是悬浮浆体中重晶石、岩屑等固相颗粒的重要指标，若初切力过低，不利于携带岩屑，井内容易沉砂，特别是在长水平段易形成岩屑床。该地区油基钻井液初切力平均值在 3.6Pa 左右，密度在 2.0g/cm³ 以下的初切力平均值为 3.44Pa，密度在 2.0g/cm³ 以上初切力平均值为 3.78Pa。从统计情况来看，高密度油基钻井液初切力普遍偏低，为满足携砂性能，理论上初切力应大于 5Pa，当进入长水平段后，排量受限情况下，容易形成岩屑床。同时根据黏度计低转速读值可模拟计算井筒清洁效率的模型，6 转读值在 8~10 之间可有效保证井筒内岩屑的清除。根据统计情况，黏度计 6 转平均读数为 6.8，低于"8"，该范围的井次占 29.0%，密度 2.0g/cm³ 以上钻井液均读数为 7.09。分析认为该地区高密度油基钻井液在低剪切数率下的黏度过低，存在携砂能力不足的问题。

2.2 滤失量

因油基钻井液滤失量低是其重要特点，一般在氧化沥青及其他降失水剂合理添加处理后，失水量控制较为容易。高温高压滤失量实验均按 120℃进行，该地区失水量几乎都处于 2.0mL 附近，对失水量的控制整体较好，超过 2.0mL 的井占 25.8%左右，但超过幅度不大。滤失量较大的两口井，9#井因处理复杂，油基钻井液维护存在困难，浆体稳定性受到影响，其失水量上身至 3.0mL；23#井已完钻电测作业中，油基钻井液未有效维护，其失水量达 3.4mL(图 1)。

2.3 破乳电压

破乳电压代表了油基钻井液油包水乳状液的乳化情况，数值越高表明乳化效果越好。从检测统计表上看，各体系油基钻井液均能达到 400V 以上，低于 800V 的占 38.7%，平均值 1013V，整体上较好。部分井出现破乳电压靠近 400V 的原因是由于井漏补充新浆，新配浆在乳化程度不足，或乳化剂加量不足，体系乳化分散情况较差，体系不稳定，破乳电压会有明现的下降。此外还有 2 口井油水比已超过检测设备量程(2048V)，其原因主要为钻井液重复利用，钻井液已形成极小的细分散液相颗粒，当油包水乳状液的有进一步变小形成小颗粒液相时，破乳电压会进一步升高，过高后期流变性等性能调整存在一定难度(图 2)。

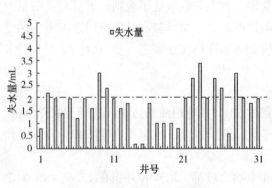

图 1 HTHP 失水量统计分析

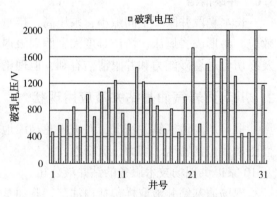

图 2 破乳电压统计分析

2.4 碱度

根据统计情况，平均碱度 2.3，各井碱度差异较大，低于 2 的井占到了 35.5%。在油基钻井液体系中，若碱度过低，即钙离子含量过低，将难以保证乳化剂充分发挥效能，一般要求碱度能达到 2~2.5，在此条件下，浆体的乳化效果及稳定性较好。钻进中会持续消耗石灰等材料，后期遇地层出水或酸性气体介质容易破坏油基钻井液的稳定性，带来增稠等一系列问题(图 3)。

2.5 氯根含量

油基钻井液中氯根是表征浆体活度的参数，一般要求控制油基钻井液活度使之与页岩水体的活度相等，以减少水相从钻井液中侵入到地层中去，防止水敏性地层的坍塌。根据现场检测情况，平均氯根含量 27000mg/L，而低于 20000mg/L 的占 19.4%，整体上较好(图 4)。

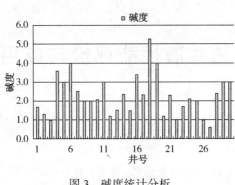

图 3　碱度统计分析

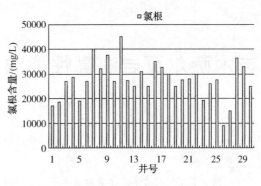

图 4　氯根含量统计分析

2.6　低密度固相含量

油基钻井液体系中存在的岩屑在经水眼剪切后被打碎形成微米-纳米级的固相颗粒，由于固控设备不能完全有效清除，因此在老浆重复长时间使用后，其颗粒堆积存在于浆体中，造成流变性、黏度等难以控制，即出现越钻越稠的现象，目前除补充新浆稀释这一方式之外，并未有较好方法。川南地区油基钻井液老浆使用比例约占井浆的 50%~70%，根据理论推算，平均有害低密度固相含量在 6.75% 左右，由于现场有井漏、新老浆配比、各类材料消耗等参数不精确，根据理论推算的结果存在一定误差，该项检测结果仅作为参考。

3　结论

通过对川南地区页岩气 31 口井的油基钻井液检测情况分析，认为目前该地区油基钻井液性能整体上存在低剪切速率下不足，破乳电压、碱度各井差异较大，携砂能力和稳定性存在一定程度的问题。由于各家公司油基钻井液体系配浆及维护思路存在不同之处，因此现场钻井液性能也表现出明显差异，结合川南地区页岩气井安全钻进需求，提出以下建议：

（1）加强油基钻井液的体系稳定维护，保持相对稳定的碱度、油水比、破乳电压，以减少复杂地层钻进时油基钻井液不稳定带来的风险。

（2）合理控制初、终切力以及动切力范围，尽可能避免形成岩屑床，防止上提钻具时刮削岩屑床，造成遇阻、卡钻等井下复杂。

（3）因龙马溪页岩的"双亲"特征，目前除尽可能提高现场油基钻井液性能之外，建议加快"双疏"型钻井液体系研究并适时开展现场试验。

参 考 文 献

［1］王平全．钻井液处理剂及其作用原理［M］．石油工业出版社，2003，83-96.

［2］马新华．四川盆地天然气发展进入黄金时代［J］．天然气工业，2017，37(2)：1~10.

［3］王中华．页岩气水平井钻井液技术的难点及选用原则［J］．中外能源，2012.7(4)：43-47.

［4］李茂森，等．高密度油基钻井液在长宁-威远区块页岩气水平井中的应用［J］．天然气勘探与开发，2017.3：88-92.

作者简介：陈龙(1988-)，工程师，主要从事钻完井液及处理剂质检工作。地址：成都市青羊区小关庙后街 25 号工程技术研究院质量检测与评价所(610017)。联系电话：028-86010408(15196381803)；E-mail：chenlong01@petrochina.com.cn。

吉木萨尔页岩油高性能油基钻井液性能评价与应用

周双君　白兴文　曹青天　李　竞

(中国石油西部钻探钻井液分公司)

摘要　针对吉木萨尔页岩油水平井开发中存在的钻井液污染稠化、井壁失稳和机械钻速低等技术难题，开展了油基钻井液技术研究与评价，根据吉木萨尔页岩油储层特征以及长水平段施工要求，研制了一套高性能油基钻井液。室内实验表明，该油基钻井液体系具有良好的热稳定性、乳化稳定性和抗污能力，流变性能稳定、切力可调，封堵能力强等优势。高性能油基钻井液技术在吉木萨尔区块完成5口井试验，井壁稳定性好，起下钻顺利，机械钻速大幅提升，现场应用取得了良好的提速效果。研究结果表明，高性能油基钻井液解决了页岩油开发中梧桐沟组泥岩失稳等难题，满足了吉木萨尔页岩油长水平段安全快速钻井的需求。

关键词　油基钻井液　井壁稳定　页岩油　水平井　抗污染

吉木萨尔凹陷主要围绕芦草沟组储层进行开发，纵向钻遇多套地层，地层夹层多、岩性变化大、可钻性差，开发难度大。采用水平井开发芦草沟组，主要在梧桐沟组地层造斜，易发生井壁失稳，导致起下钻遇阻，电测困难等。为了解决开发难题，加快吉木萨尔页岩油开发效率，通过室内优选油基钻井液配方，结合现场应用情况开展钻井液相关性能评价，并针对长水平段对携岩的要求，根据实际情况对钻井液流变参数进行调整。现场应用中，各项性能指标优异，稳定性好，在降低复杂、提高机械钻速和钻井效率起到重要作用[1~4]。

1　性能评价

通过处理剂评价优选，形成一套油基钻井液配方：白油：水(85：15)+1%~3%有机土+2%~3%主乳化剂+3%~5%辅助乳化剂+0.5%~1.5%提切剂+0.8%~2.0%润湿剂+2%~4%降滤失剂+2%~5%封堵剂+1%~2%碱度调节剂+加重材料。

1.1　不同密度钻井液性能

通过处理剂用量调整，分别配制了不同密度的油基钻井液，实验结果如表1所示。

表1　不同密度油基钻井液性能评价

序号	密度/(g/cm³)	AV/mPa·s	PV/mPa·s	YP/Pa	Gel/Pa	FL_{HTHP}/mL	ES/V
1#	1.20	34	28	6	6/8	—	960
	1.20	32	27	5	4/6	2.6	1018
2#	1.50	38	30	8	4/9	—	1241
	1.50	35	29	6	2/5	2.4	1280
3#	1.81	48	41	7	3/7	—	1482
	1.81	49	44	5	3/9	2.0	1538

续表

序号	密度/(g/cm³)	AV/mPa·s	PV/mPa·s	YP/Pa	Gel/Pa	FL_HTHP/mL	ES/V
4#	2.10	81	70	11	7/12	—	1521
	2.10	83	74	9	5/11	2.8	1608

注：老化条件为120℃×16h。

由实验数据可得，不同密度的油基钻井液配方，整体性能稳定，破乳电压维持在1000~1600V；随着密度提升，钻井液切力和黏度相应提升，保障悬浮能力；通过有效封堵，钻井液高温高压滤失量控制在3.0mL以内。

1.2 抗温性评价

选择密度为1.50g/cm³的油基钻井液配方，在不同温度老化后测定流变性、滤失性以及电稳定性，实验结果如表2所示。

表2 油基钻井液体系抗温性评价

老化温度/℃	AV/mPa·s	PV/mPa·s	YP/Pa	Gel/Pa	FL_HTHP/mL	ES/V
120	35	29	6	2/5	2.4	1280
150	38	30	8	2/6	3.2	1322
180	41	32	9	3/8	5.0	1210

注：老化时间为16h，高温高压滤失量测定温度与老化温度一致。

由实验数据可得，随着老化温度上升，黏度波动较小，破乳电压稳定，高温高压滤失量低。该体系处理剂均通过抗高温老化评价，配伍性好，形成的钻井液体系具有良好的抗高温稳定性。

1.3 抗污染性评价

针对页岩油水平段钻井液应用密度，将室内2#配方加重到1.55g/cm³开展钻井液抗污染评价实验。

1.3.1 抗岩屑污染实验

采用不同浓度芦草沟组地层岩屑加入钻井液中，搅拌均匀后测试流变性，再次老化后测试性能，实验结果如表3所示。

表3 油基钻井液体系抗岩屑污染评价

岩屑浓度/%	老化时间/h	AV/mPa·s	PV/mPa·s	YP/Pa	Gel/Pa	FL_HTHP/mL	ES/V	密度/(g/cm³)
0	0	40	32	8	4/10	—	1320	1.55
	16	36	30	6	3/6	2.2	1394	1.55
5	0	42	34	8	4/11	—	1357	1.57
	16	39	32	7	2/5	2.0	1420	1.57
10	0	44	35	9	5/12	—	1397	1.58
	16	40	33	7	3/7	1.8	1474	1.59
15	0	49	38	11	5/13	—	1355	1.59
	16	45	35	10	4/10	1.8	1502	1.60
20	0	65	52	13	7/15	—	1463	1.61
	16	62	50	12	5/12	2.0	1650	1.62

以上实验结果表明，随着油基钻井液中钻屑含量增加，钻井液黏切和破乳电压均呈上升

趋势，高温高压滤失量变化不大；钻屑含量在 10% 以内黏切变化较小，主要原因是钻屑在油基钻井液中不分散。

1.3.2 抗水污染实验

配制足量油基钻井液老化后，以不同水加量污染油基钻井液，测试老化前后流变性、滤失性以及电稳定性，实验结果如表 4 所示。

表 4 油基钻井液抗水污染性能评价

水浓度/%	老化时间/h	AV/mPa·s	PV/mPa·s	YP/Pa	Gel/Pa	FL_HTHP/mL	ES/V	密度/(g/cm³)
0	0	40	32	8	4/10	—	1320	1.55
	16	36	30	6	3/6	2.2	1394	1.55
5	0	37	30	7	4/9	—	1300	1.52
	16	40	35	5	2/5	2.0	1326	1.52
10	0	45	37	8	5/12	—	1230	1.50
	16	42	35	7	4/7	2.6	1135	1.50
15	0	54	42	12	7/11	—	925	1.48
	16	52	41	11	6/10	3.2	870	1.48
20	0	65	50	15	8/17	—	813	1.45
	16	63	49	14	7/13	4.4	650	1.46

注：老化条件为 120℃×16h。

以上实验结果表明，该油基钻井液体系能抗 20% 水侵，随着水侵程度加重，体系流变黏度性能先降低后增大，但切力呈增大趋势。

1.4 流型调节与评价

为满足页岩油钻井提速和长水平段携岩要求，对现场油基钻井液流变性进行了调整测试，主要是为了提高动切力和 $\Phi 6$ 值。

1.4.1 有机土评价

现场油基钻井液中加入不同含量有机土，试验结果如图 1 所示，随着有机土含量增加，钻井液切力和 $\Phi 6$ 值逐步提升，塑性黏度和破乳电压增加明显，但过多有机土含量将不利于钻井液黏度控制。

1.4.2 提切剂评价

现场油基钻井液中加入不同浓度提切剂，试验结果如图 2 所示，随着提切剂含量增加，钻井液切力和 $\Phi 6$ 值逐步提升，塑性黏度和破乳电压相应升高，当提切剂含量超过 1.0% 时，黏切变化较大。因此，加入提切剂时，用量不宜过高，加入量应控制在 1% 以内。

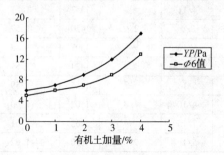

图 1 有机土加量对油基钻井液性能影响

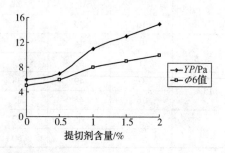

图 2 提切剂加量对油基钻井液性能影响

2　现场应用

高性能油基钻井液通过一系列实验配方优选和性能评价实验后，在吉木萨尔页岩油现场应用，取得了良好的复杂控制和钻井提速效果，为页岩油开发提供了技术保障。

2.1　一号平台应用

2.1.1　基本情况

油基钻井液试验首选吉木萨尔页岩油一号平台 3 口井，从二开开始采用油基钻井液施工，主要解决上部盐膏层污染和造斜段梧桐沟组井壁失稳问题。

2.1.2　性能控制(表 7)

表 7　一号平台油基钻井液应用性能

井　　号	JHW00124	JHW00126	JHW00121
密度/(g/cm³)	1. 26 ~ 1. 55	1. 24 ~ 1. 55	1. 27 ~ 1. 55
漏斗黏度/s	52 ~ 80	55 ~ 75	50 ~ 86
塑性黏度/mPa·s	25 ~ 45	23 ~ 45	25 ~ 47
动切力/Pa	4 ~ 11	4 ~ 10	3 ~ 12
初切/Pa	1 ~ 4	1 ~ 3	1 ~ 4
终切/Pa	4 ~ 10	3 ~ 12	4 ~ 15
含砂量/%	0. 3 ~ 0. 5	0. 3 ~ 0. 5	0. 3 ~ 0. 5
FL_{HTHP}/mL	1. 2–2. 8	1. 6–2. 4	1. 2–2. 4
ES/V	1020 ~ 2040	1115 ~ 1920	1030 ~ 2047
$\Phi 6$ 值	5 ~ 7	5 ~ 7	5 ~ 8
碱度	2. 0 ~ 2. 4	2. 2 ~ 2. 8	2. 0 ~ 2. 6

2.1.3　现场应用效果

（1）油基钻井液应用过程中，全井段无阻卡，各项性能稳定，梧桐沟组造斜段井径扩大率不超过 10%，平均每口井起下钻时间较水基节约 60%。

（2）油基钻井液润滑性好，采用螺杆施工平均机械钻速达到 4.82m/h，较水基提高107%，如图 3 所示。

2.2　JHW00421 井应用

2.2.1　基本情况

JHW00421 井二开采用水基钻井液施工，技术套管下至 A 点，三开水平段采用油基钻井液施工，设计水平段长达 3000m。超长水平段施工，油基钻井液需要解决以下几个问题：井壁稳定性，摩阻控制，井眼清洁以及较高循环压耗下的防漏问题。实际施工中，试验指导生产，通过不断调整钻井液性能，提高钻井液封堵和携岩能力，严格控制固相含量及含砂量，结合工程措施将摩阻和扭矩控制在较低水平。

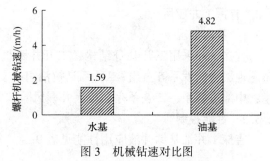

图 3　机械钻速对比图

2.2.2 性能控制

JHW00421 井油基钻井液应用性能控制情况见表 8。

表 8　JHW00421 井油基钻井液应用性能

井段/m	2738~3728	3728~4102	4102~5730
密度/(g/cm³)	1.54~1.55	1.55	1.55
漏斗黏度/s	60~70	60~65	60~70
塑性黏度/mPa·s	35~38	38~42	42~48
动切力/Pa	4~5	6~7	7~9
初切/Pa	2~3	3~4	4~5
终切/Pa	6~8	7~8	8~10
含砂量/%	0.3	0.2	0.2
FL_{HTHP}/mL	2.0~2.4	1.6~2.0	1.2~2.0
ES/V	1130~1430	1430~1500	1500~2047
$\Phi6$ 值	5~7	7~8	8
碱度	2.0~2.4	2.4~2.6	2.2~2.6

2.2.3 现场应用效果

（1）采用油基钻井液加旋转导向施工，平均机械钻速达到 13.7m/h，较水基提高 87.5%，如图 4 所示。

（2）油基钻井液施工井段井径扩大率集中在 4% 以内，如图 5 所示，高效携岩能力确保 3100m 水平段施工顺利。

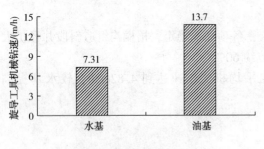

图 4　机械钻速对比图

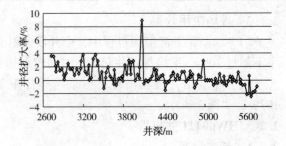

图 5　JHW00421 井三开井径扩大率图

2.3　吉探 1 井应用

2.3.1　基本情况

吉探 1 井采用三开井身结构，二开井眼直径为 311.2mm，采用油基钻井液施工，主要钻遇地层为侏罗系齐古组-二叠系乌拉泊组，上部井段至梧桐沟组地层井壁稳定性较差易失稳；中部三叠系、二叠系存在较大井漏风险；下部地层可钻性差。

2.3.2　性能控制

吉探 1 井油基钻井液应用性能见表 9。

表 9　吉探 1 井油基钻井液应用性能

井深/m	1498	2550	3508	4508
密度/(g/cm^3)	1.35	1.45	1.48	1.52
漏斗黏度/s	60	57	51	68
塑性黏度/mPa·s	29	30	28	41
动切力/Pa	5	5	5	5
初切/Pa	2	2	2	2
终切/Pa	4	5	4	5
含砂量/%	0.3	0.3	0.3	0.3
FL_{HTHP}/mL	2.0	2.0	1.6	1.2
ES/V	920	1107	1351	1920
$\Phi6$ 值	3	3	4	4
碱度	2.8	2.6	2.4	2.2

2.3.3　现场应用效果

（1）该井二开采用油基钻井液施工，机械钻速达到 11.99m/h，同比水基钻井液施工邻井，平均机械钻速提高 392%。

（2）邻井钻至芦草沟组水基钻井液密度在 1.55g/cm^3 以上，油基钻井液为密度 1.52g/cm^3，保持井壁稳定情况下有效降低井底压差，结合其强封堵性，防漏取得成功。

（3）油基钻井液井壁稳定效果良好，全井段无复杂，井径扩大率8%以内，如图6所示。

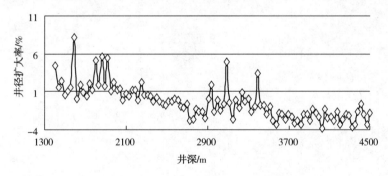

图 6　吉探 1 井二开井径扩大率图

3　结论

通过对高性能油基钻井液实验评价与吉木萨尔页岩油现场应用，得出以下结论：

（1）评价优选的油基钻井液配方性能稳定，抗温抗污染能力强，具有良好的封堵能力，电稳定性高，现场应用时破乳电压保持在 1000V 以上，高温高压滤失量控制到 2.0mL 以内。

（2）油基钻井液在应用井段井径扩大率均控制在 10% 以内，成功解决了梧桐沟组泥岩失稳问题，平均起下钻时间较水基减少 60% 以上。

（3）油基钻井液现场应用效果良好效果，机械钻速大幅提高，施工井段无复杂，确保 3100m 水平段钻井施工安全。

参 考 文 献

[1] 吴彬，王荐，舒福昌，等．油基钻井液在页岩油气水平井的研究与应用[J]．石油天然气学报，2014，36(2)：101-105.

[2] 刘明华，孙举，王阳，等．油基钻井液在中原油田非常规油气藏开发中的应用[J]．中外能源，2013，18(7)：38-41.

[3] 凡帆，王京光，蔺文洁，等．长宁区块页岩气水平井无土相油基钻井液技术[J]．石油钻探技术，2016，44(5)：34-39.

[4] 王中华．国内外油基钻井液研究与应用进展[J]．断块油气田，2011，18(4)：533-537.

作者简介：周双君(1984-)，工程师，2009 年 6 月毕业于长江大学应用化学专业主要从事钻井液技术研究与应用。电话：0990-6366664，E-mail：zhoushuangjun@163.com，地址：新疆克拉玛依鸿雁路 80 号，单位：中国石油西部钻探钻井液分公司，邮编：834000。

威荣气田 WY29-4HF 长水平段三维水平井油基钻井液技术

任 茂

（中国石化西南油气分公司石油工程技术研究院）

摘 要 WY29-4HF 是中国石化部署在四川盆地川西南坳陷北部白马镇向斜的一口开发井，完钻井深 5960m，水平段地层以灰黑色页岩为主，遇水易水化分散，同时水平段长 2000m，钻井作业时存在井壁垮塌、卡钻等潜在风险。针对该井钻井液技术难点，研究油基钻井液体系，要求其具备强封堵、强抑制、良好润滑、悬砂及流变性能。现场实践表明，该油基钻井液性能稳定，材料种类少，日常维护简单，钻进过程中，井壁稳定，携砂良好，井下安全，顺利钻达设计井深。

关键词 页岩气 长水平段 油基钻井液

WY29-4HF 是部署在四川盆地川西南坳陷北部白马镇向斜的一口开发井，以龙马溪组底部优质页岩②号小层为目的层。本井用 Φ609.6mm 钻头钻至井深 102m，下入 Φ508mm 导管；一开用 Φ444.5mm 钻头钻至 761m，下入 Φ339.7mm 表层套管至井深 759.79m；二开用 Φ311.2mm 钻头钻至井深 3294m，下入 Φ244.5mm 技术套管至 3292.2m；三开用 Φ215.9mm 钻头钻至 5960m 完钻，垂深 3710m，下入 139.7+145.6mm 生产套管至 5956.48m。本井是一口三维水平井，水平段长 2000m，是威荣气田水平段最长的页岩气井。

1 施工难点分析及解决思路

1.1 施工难点分析

水平井段所钻遇层位为龙马溪组和五峰组地层，以灰黑色页岩为主，伊利石含量高，蒙脱石和伊/蒙混层含量较低，且微裂缝、裂缝发育，遇水易水化分散。本井是三维长水平井，钻进所需管柱的结构复杂，易与井壁底部接触，并与井壁底部岩屑相互作用，致使钻具上提下放困难、承压严重、加压困难。水平段施工时，钻具在井眼中靠向下井壁，井眼中部的环空较大、钻具偏心、环空返速降低、携岩效果变差，岩屑易沉在下井壁且不易清除。随井深的增加，与井壁的接触面积不断增大，钻进过程中摩阻扭矩逐渐增加，极易发生卡钻事故。

1.2 解决思路

针对钻井液面临井壁失稳、摩阻高以及井眼净化等技术难题，要求钻井液具备强封堵、强抑制、良好润滑、悬砂及流变性能。目前水基钻井液难以达到上述要求，因此在三开阶段采用抑制性和润滑性能良好的油基钻井液体系。

2 油基钻井液的室内性能评价

2.1 油基钻井液配方组成

基本配方：80%白油+1%主乳+1.5%辅乳+1%润湿剂+3%石灰+2%有机土+20%盐水

（25%氯化钙）+2%降滤失剂+1%封堵剂

2.2 沉降稳定性评价

将配制好的最优配方装入陈化罐于150℃下老化16h，后在室温下分别静置16h、32h，测量配方静置后上下两部分密度差，测试结果见表1。

表 1 沉降稳定性评价

实验条件	$\rho/$ （g/cm³）	E_S/V	PV/ mPa·s	YP/Pa	G_1/G_2/ Pa/Pa	Φ_3/Φ_6	$HTHP_{150℃}/$ mL	静置 16h $\Delta\rho/$（g/cm³）	静置 32h $\Delta\rho/$（g/cm³）
150℃×16h	1.5	872	56	11	5/9	4/6	3.2	0.005	0.007
150℃×16h	2.0	827	74	16	8/12	6/7.5	2.1	0.005	0.009

注：$\Delta\rho$ 为配方老化后常温静置一定时间的上下密度差。

评价结果分析表明，该油基钻井液在150℃下热滚16h后，在室温下分别静置16h、32h后，钻井液的上下密度差不超过0.01g/cm³，表明配方在150℃高温下具有良好的沉降稳定性。

2.3 抗温稳定性评价

在钻井过程中，由于特殊情况钻井液会长时间停留在井筒中，持续高温易导致钻井液性能变差。为此，室内考察评价了配方的抗温稳定性，结果见表2所示。

表 2 抗温稳定性评价

实验条件	ρ(g/cm³)	E_S/V	PV/mPa·s	YP/Pa	G_1/G_2/Pa/Pa	Φ_3/Φ_6	$HTHP_{150℃}$/mL
150℃×16h	1.5	896	54	11	5/9	4/6	3.2
150℃×32h	1.5	823	51	9	4/7	3.5/6	4
150℃×16h	2.0	847	77	16	8/12	6/7.5	2.1
150℃×32h	2.0	815	69	12	6.5/10.5	5/6.5	3.5

2.4 抗污染性评价

室内分析了该油基钻井液配方在岩屑粉、盐水及水基钻井液中不同污染条件下的性能影响变化情况，同时改变污染程度进行分析，为现场维护、调整提供理论依据，实验结果如表3所示。

表 3 抗污染性能评价

测试介质	污染介质加量/%	E_S/V	PV/ mPa·s	YP/ Pa	G_1/G_2/ Pa/Pa	Φ_3/Φ_6	$HTHP_{150℃}/$ mL
油基钻井液+岩屑	3	837	64	12	5/9.5	4/5.5	3
	5	804	69	14	6/10.5	6.5/7	2.4
	10	783	81	14	7.5/11	8.5/12	2.2
油基钻井液+盐水	5	873	61	11	5/10	4.5/7	3
	10	880	67	13	6.5/11	7/9.5	2.8
	15	895	78	15	8.5/14	9/12	2.1
油基钻井液+水基钻井液	5	793	68	13	5.5/11	4/6.5	2.9
	10	721	73	17	8/12.5	7.5/9.5	3
	15	654	84	19	11/14	7/12	2.7

3 现场应用

3.1 新浆配置

根据油水比(80:20)及加重后体积变化情况，向储备罐泵入一定量白油，按照配方依次加入主乳化剂→辅乳化剂→石灰→有机土→降滤失剂→提切剂。每种材料加入后持续循环并剪切搅拌 2h 以上，全部材料加完后循环并剪切 5h 以上。将氯化钙盐水泵入已混配好的油基浆中，循环并剪切 6h 以上。

3.2 维护措施

(1) 由于水平段长度约为 2000m，井壁稳定问题显得至关重要，钻井液密度要维持在 $1.90\sim2.10g/cm^3$，既确保对井壁提供足够的支撑，以维持井壁的力学平衡，又要避免液柱压力过高压漏地层，因为页岩微裂缝发育，易发生裂缝张开，进而导致漏失发生。加重的时候采用补充重浆，缓慢提高密度。

(2) 保持电稳定性 $\geq600V$，若预计可能会钻遇盐水或被水基钻井液污染，应将 E_s 提高到 700V 以上；确保 API 和 HTHP 滤失量的滤液为全油相，无游离水相，否则乳化体系不稳定，且游离水相可能影响井眼稳定；保持钻井液中的剩余石灰储备在 $4.0\sim9.0kg/m^3$；氯化钙溶液不能配制为饱和溶液，否则会导致乳化液不稳定，固相被水润湿；加乳化剂时，可根据碱度需要补加石灰，碱度主要控制在 $1.5\sim3.0$ 之间。

(3) 提高破乳电压。破乳电压值降低可能有几种原因：一是主乳、辅乳的消耗；二是钻屑含量增加，油润湿不足；三是受到地层水、水基钻井液等污染[5,6]。提高破乳电压值通常通过同时补加主乳和辅乳，或其中之一，补加量一般在 $1\sim3kg/m^3$。但补加主乳可能会提高黏度，增加滤失量，在不需要增黏或滤失量比较高的时候不用此法；补加辅乳在提高破乳电压值的同时能进一步降低滤失量。根据其他性能需要，通过实验确定添加的乳化剂种类和加量，推荐主乳:辅乳在 $0.3\sim0.45$ 之间。如果是大量钻屑污染或加重引起的破乳电压降低，补加润湿剂也能提高破乳电压值

(4) 降滤失量主要使用降滤失剂，但降滤失剂必须是在乳化体系稳定，固相油润湿良好的情况下才能充分发挥作用，否则事倍功半。因此，降滤失首先看破乳电压值是否足够，即观察滤液是否含水，固相是否有水润湿现象，如果有此现象，说明破乳电压值不足，那么，在补加降滤失剂的同时应补加乳化剂；只要黏度不是很低，在补加降滤失剂的同时，可补加 $0.1\%\sim0.2\%$ 的润湿剂[7,8]。

(5) 使用好固控设备，采用 ≥200 目的振动筛筛布，24h 使用振动筛，间歇使用除砂除泥器、离心机的方法，及时清除有害固相，确保钻井液流变参数稳定。选用目数高的筛网，充分利用振动筛清除绝大部分劣质固相(图 1)，再根据振动筛的处理效果不定期使用除砂除泥器、离心机。每钻进 $300\sim500m$ 进行短程起下钻，到底后，开动离心机 4h 时，清除部分有害固相。如果钻井液密度增加过快，测定固相含量和油水比例，油水比例控制到 82:18，最低为 80:20。固相含量增加，有以下几个方面的原因：①钻屑进入油基钻井液，固控设备未有限清除劣质固相，检查振动筛筛布是否有破损；②工程上是否在定向，在长时间扭方位的情况下，钻屑磨得很细，振动筛上没有筛除物，直接进入油基钻井液进行循环。

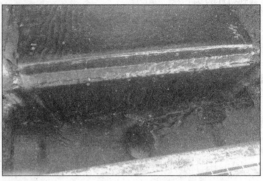

图 1　双轨迹振动筛

3.3　效果分析

WY29-4HF 三开使用油基钻井液施工安全顺利，全井无复杂及事故，平均机械钻速 4.2m/h，划眼修整井壁时间占三开钻井作业时间的 4.23%。该油基钻井液抑制能力强，岩屑成形性好（图 2），有明显的 PDC 钻头切割牙痕。钻进过程中返砂正常，每次起下钻前充分循环泥浆，振动筛面上无钻屑，井眼非常清洁。水平段多次调整井眼轨迹、扭方位，但井壁依然稳定，无阻卡、掉块发生。完钻后起钻比较顺利，仅在井深 5163m 附近循环 10min 后继续起钻，起钻最大摩阻为 25t，钻头顺利出井（表 4，图 3）。

表 4　WY29-4HF 钻井液性能

	$\rho/(g/cm^3)$	$PV/mPa \cdot s$	YP/Pa	初切/Pa	终切/Pa	E_S/V	FL_{HTHP}/mL	油水比
入井	2.05	58	11	4	8	600	3.4	83:17
造斜段	2.05~2.16	55~60	12~15.5	4~5	8~9	780~900	3.2~3.4	≥82:18
水平段	2.15~2.17	59~64	4.5~6	11~13	11~13	920~980	2.8~3.4	≥83:17
完钻	2.15	63	16	5	12	920	3	85:15

图 2　返出钻屑

4 结论与认识

（1）WY29-4HF 是部署在威荣气田的一口三维水平井，最大垂深 3714.1m，完钻井深 5960m，水平段以灰黑色页岩为主，长 2000m，井壁稳定、润滑防卡和井眼清洁是钻井液面临的主要难题。

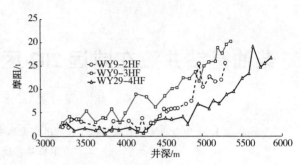

图 3　WY29-4HF 井与使用油基泥浆的邻井完井起钻摩阻对比

（2）现场应用表明，三开使用的油基钻井液体系性能稳定，材料种类少，日常维护简单，钻进过程中，井壁稳定，携砂良好，井下安全，能满足威荣气田页岩气长水平井钻井技术需要。

（3）通过实验确定添加的乳化剂种类和加量，提高油基钻井液的破乳电压。同时根据地质预测和井下实际情况，缓慢提高密度，结合力学支撑，达到稳定井壁的效果。

（4）加强固相控制，通过选用高频振动筛等措施尽可能净化钻井液，进一步延长油基钻井液性能稳定时间，减少排放及资源浪费。

参 考 文 献

[1] 朱宝忠. 国内页岩气长水平井 JY2-5HF 井钻井液技术[J]. 钻井液与完井液，2018，35（6）：60-64.

[2] 唐文明. 高密度油基钻井液在长水平井中的应用[J]. 中国资源综合利用，2018，36（5）：182-184.

[3] 李秀灵，郭辉. 盐 227-4HF. 长裸眼长水平井钻井液技术[J]. 精细石油化工进展，2.15，16（6）：24-26.

[4] 梁文利，宋金初，陈智源，等. 涪陵页岩气水平井油基钻井液技术[J]. 钻井液与完井液，2016，33（5）：19-23.

[5] 李茂森，刘政，胡嘉. 高密度油基钻井液在长宁-威远区块页岩气水平井中的应用[J]. 天然气勘探与开发，2017，40（1）：88-92.

[6] 梁文利. 柴油基钻井液在涪陵页岩气田开发中的推广应用[J]. 江汉石油职工大学学报，2016，29（4）：34-37.

[7] 史连勇. 油基钻井液在焦页 68-1HF 井中的应用[J]. 中国科技期刊数据库，2016，11：294-295.

[8] 凡帆，王京光，蔺文洁. 长宁区块页岩气水平井无土相油基钻井液技术[J]. 石油钻探技术，2016，44（5）：34-38.

[9] 周峰，张华，李明宗，等. 强封堵型无土相油基钻井液在四川页岩气井水平段中的应用[J]. 钻采工艺，2016，39（3）：106-109.

[10] 温银武，周雪. 油基钻井液技术在川西页岩气井的应用[J]. 辽宁化工，2016，45（6）：773-776.

[11] 李胜，夏柏如，王显光，等. 油基钻井液施工工艺技术[J]. 钻采工艺，2017，40（2）：82-85.

作者简介：任茂（1976-），男，四川省绵阳市人，高级工程师，主要从事钻井液方面的科研和设计工作。地址：德阳市旌阳区中石化西南油气分公司石油工程技术研究院，邮编：618000，电话：0838-2552822，E-mail：renmao2004@126.com。

柴油基钻井液在威远 202 区块页岩气开发中的应用

南　旭[1]　董彦民[2]　王　刚[1]　刘胜兵[1]

(1. 中国石油集团长城钻探工程有限公司钻井液公司；2. 中国石油集团长城钻探
工程有限公司页岩气项目部)

摘　要　威远 202 区块龙马溪页岩层理发育，具有硬脆性，易剥落掉块引发井下事故，开发期间多次出现卡钻、旋转导向工具落井事故。柴油基钻井液抑制性和稳定性高，通过室内优化实验柴油基钻井液配方，同时封堵剂复配和固体润滑剂的加入，强化了钻井液抗温稳定性、封堵能力和润滑性。首次在威 202H40-2 井成功应用，未出现掉块、卡钻等复杂井下事故，起下钻顺利，完钻顺利，柴油基钻井液适应于威远 202 页岩气水平井开发，完全满足施工要求。

关键词　威 202 区块　柴油基钻井液　水平井　页岩气

威远 202 区块位于国家级页岩气示范区，储量丰富，具有商业开采价值[1]。目的层龙马溪组以黑色页岩为主，该层页岩层理发育，黏土矿物含量高，属于硬脆质泥页岩，易剥落掉块引发井下事故[2,3]，测的地层压力系数 1.80～1.90，而前期施工的井密度维持在 2.06～2.14g/cm³，依然出现了多次旋转导向工具落井，仅 2018 年和 2019 年就有 6 串旋转导向落井，常规钻具卡钻 10 多次，多为打完立柱倒划和起钻倒划卡钻。可见依靠密度物理支撑无法解决掉块问题，为了进一步寻找更适合威 202 区块的水平井钻井液体系，室内通过实验，优化出了柴油基钻井液体系，并在现场首次成功应用。

1　威 202 区块页岩储层地质特征及水平井钻井液施工难点

1.1　威 202 区块储层龙马溪岩石矿物分析

威 202 区块龙马溪页岩地层矿物组成差异性大，非均质性强，其中，黏土矿物含量平均值在 9%，以伊蒙混层和伊利石为主[4]，非黏土矿物中，石英、长石、白云石和方解石硬脆矿物含量高，平均在 78%，龙马溪页岩硬脆属性特征明显，极易发生剥落掉块[5]，威 202H7-2 龙马溪矿物分析数据见图 1。

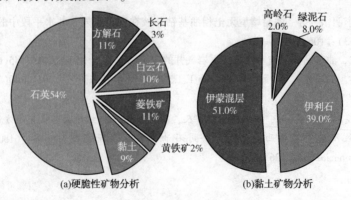

图 1　威 202H7-2 矿物分析

1.2 水平井钻井液施工难点

威远 202 区块硬脆质泥页岩，易剥落掉块引发井下事故，依靠密度物理支撑无法解决掉块问题，高密度会加剧油侵入层间造成剥落掉块，因此威 202 区块水平井施工存在以下难点。

（1）选择合理钻井液密度，保证井控安全和地层压力平衡，降低侵入地层深度和泥饼变厚。

（2）尽量控制较低劣质固相含量，保证泥饼薄韧，减少摩阻，提高钻井液润滑性，从而减少划眼，避免造成二次破坏井壁，导致掉块发生卡钻。

（3）保证钻井液高温稳定性和携岩性，确保长时间静止不发生沉降，防止岩屑床形成。

（4）保证基本性能满足施工情况下，塑性黏度尽量低，从而利于封堵剂含量提高和补充。

2 柴油基钻井液室内配方优化

2.1 柴油基钻井液配方组成

采用该区块常用的白油基钻井液和柴油基钻井液进行对比，见表 1。

表 1 常规白油基钻井液与柴油基钻井液性能对比

实验配方	实验条件 （150℃×16h）	$\Phi600$	$\Phi300$	$\Phi6$	初/终切/ Pa/Pa	PV/ mPa·s	YP/ Pa	$HTHP$（150℃）/ mL	泥饼/ mm	E_S/V
白油	老化前	116	68	11	4.5/5	48	10			1055
	老化后	97	55	8	3/3.5	42	6.5	4.1	2.0	844
柴油	老化前	130	78	14	6/7	52	13			1114
	老化后	96	54	7	3/3.5	42	6	2.3	2.0	1152

通过实验数据可以看出，在经过老化后充分溶解，白油和柴油基流变性能相差不大，但柴油基更稳定，破乳电压高，这有利于沥青类材料溶解、分散，控制失水，同时也利于封堵剂的大量加入。柴油基钻井液基本配方组成见表 2。配浆时严格按照配浆顺序，保证搅拌均匀，以提高钻井液乳化稳定性。

表 2 柴油基钻井液基础配方

处理剂名称	功能	加量/（kg/m³）
0#柴油	基础油	
GWEMUL	主乳化	22~28
GWCOAT	辅助乳化	12~18
GWFL	降滤失	18~26
氯化钙盐水	调节水相活度	30%水溶液
重晶石特级	加重	根据需要
石灰	调节碱度	25~30
有机土	增黏	12~25
封堵剂系列	封堵	35~65

2.2 有机土优选评价

威远 202 区块页岩气埋藏垂深在 2800～3900m，最高温度达到 140℃，在白油基施工中存在黏切控制困难等问题。为了保证柴油基钻井液流变性和抗温性，对有机土进行了优选评价，见表3。

表3 有机土优选评价实验

实验配方	实验条件(150℃×16h)	Φ600	Φ300	Φ6	初/终切/Pa/Pa	PV/mPa·s	YP/Pa	HTHP(150℃)/mL	泥饼/mm	E_S/V
1 号样品	老化前	115	77	17	8/10.5	38	19.5			1384
	老化后	93	54	8	3/5.5	39	7.5	2.35	2.0	1001
2 号样品	老化前	102	63	10	4.5/6.5	39	12			1425
	老化后	77	40	5	2.5/3.5	37	1.5	3.025	2.0	984
3 号样品	老化前	118	79	16	8/11	51	11			1386
	老化后	58	30	2	1/2.5	28	1	3.875	塌	716
4 号样品	老化前	117	71	14	6/7.5	46	12.5			1640
	老化后	101	59	8	3.5/5	42	8.5	2.85	2.0	1139

通过实验数据可以看出，2、3 号样品抗温能力较差，老化后切力衰减明显并失水较高；样品 1 号和 4 号老化后切力衰减较少，1 号样品 PV 增加相对较少，流变性较好，因此选择 1号样品为配方用土。

2.3 封堵剂优选评价

对于油基钻井液，通过微裂缝传递的水力压力会引起井壁失稳，因此必须加强对尺寸在纳米和微米之间的微裂缝的封堵，尺寸均匀、具有一定刚性、弹塑性的颗粒可以是一种很好的页岩微裂缝封堵剂。微球凝胶具有一定的柔性与弹性，在压差作用下可以变形，容易挤入不同级别的孔喉中形成典型的架桥封堵，与孔隙适应性好，对孔隙或裂缝实现更加严密和结实的封堵。室内在原封堵技术方案的基础上，对微球凝胶进行柴油基中配伍性和封堵性评价。

2.3.1 微球凝胶在柴油基中配伍性评价

微球在柴油基中配伍性评价见表4。

表4 微球在柴油基中配伍性实验数据

实验配方	实验条件(150℃×16h)	Φ600	Φ300	Φ6	初/终切/Pa/Pa	PV/mPa·s	YP/Pa	HTHP(150℃)/mL	泥饼/mm	E_S/V
基浆	老化前	147	84	9	4.5/15	63	10.5	1.85	1.8	1243
	老化后	144	81	8	4.5/20.5	63	9	2.425	2.0	1057
0.5%微球样品 1	老化前	138	80	7	4/17	58	11			1205
	老化后	137	77	7	4.5/19.5	60	8.5	3.05	2.0	1180
0.5%微球样品 2	老化前	147	85	9	4/18	62	11.5			1383
	老化后	140	79	9	4.5/19.5	61	9	3.075	2.0	1063

续表

实验配方	实验条件 （150℃×16h）	Φ600	Φ300	Φ6	初/终切/ Pa/Pa	PV/ mPa·s	YP/ Pa	HTHP（150℃）/ mL	泥饼/ mm	E_s/V
0.5%微球 样品 1	老化前	132	76	7	4/14.5	56	10			1286
	老化后	130	74	7	4/18	56	9	3.875	2.13	1163
1%微球 样品 2	老化前	145	83	8	5/17.5	63	10.5			1341
	老化后	141	80	8	5/21	61	9.5	4.2	2.2	1067

可以看出，微球样品 1 在一定程度上降低钻井液塑性黏度，对稳定性影响不大，和柴油基钻井液配伍性好；样品 2 提高黏度，失水增大，和柴油基钻井液配伍性差。

2.3.2　微球凝胶封堵剂封堵性评价

使用砂盘来计算滤液量，实验数据见图 2。可以看出加入微球凝胶后，基浆的滤液量都有所降低，表明两种材料具有一定的封堵性，1~4 号泥饼都在 3mm，5 号稍微大 3.2mm，1 号样微球比 2 号封堵性较好。综合以上实验，选择 1 号产品作为柴油基钻井液的新增柔性封堵剂。

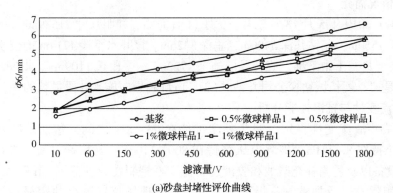

(a)砂盘封堵性评价曲线

(b)砂盘微球凝胶泥饼

图 2　微球凝胶封堵性能评价

2.4　固体润滑剂优选评价

随着水平井水平段的增长，钻具对岩屑研磨更细，不可避免地造成有害固相的增大，摩阻增大，造成起下钻不顺畅，而划眼会再次破坏井壁，导致掉块发生，引发卡钻风险。因此引入固体润滑剂，降低起下钻摩阻。通过评价配伍性来考察固体润滑剂在柴油基钻井液中的可用性。实验数据见表 5。

表 5 润滑剂评价实验

实验配方	实验条件 （150℃×16h）	Φ600	Φ300	Φ6	初/终切/ Pa/Pa	PV/ mPa·s	YP/ Pa	HTHP（150℃）/ mL	泥饼/ mm	E_S/V
基浆	老化前	147	84	9	4.5/15	63	10.5	1.85	1.8	1243
	老化后	144	81	8	4.5/20.5	63	9	2.425	2.0	1057
1%样品 1	老化前	145	83	8	4/19	62	10.5			1069
	老化后	145	82	8	4.5/20.5	63	9.5	2.15	2.0	908
1%样品 2	老化前	148	84	8	4.5/18.5	64	10			1102
	老化后	146	82	8	4.5/19	64	9	2.75	2.0	907

可以看出，固体润滑剂的加入对钻井液的流变和稳定性影响不大，样品 1 有降失水效果，具有封堵能力，因此选择样品 1 作为柴油基钻井液的固体润滑剂。

3 现场应用

3.1 威 202H40-2 情况简介

威 202H40-2 井于 2019 年 5 月 13 日三开，6 月 11 日完钻，井眼尺寸 215.9mm，三开进尺 2163m，水平段长 1550m，完钻井深 5400m，垂深 3426m。该井水平段 4714m 前位于龙 1-1 底部，4714m 后位于龙 1-1 中下部。旋转导向施工 1722m（水平段长 1109m），期间三次起下钻，仅划眼 3h，是二季度长城钻探公司开钻井（21 口）旋转导向施工井段最长的井。

3.2 柴油基钻井液流变性与抗温性能分析

本井施工中，钻井液流变性稳定，漏斗黏度维持在 73~81s 之间，塑性黏度在 46~64mPa·s，动切力维持在 8~11Pa，破乳电压维持在 800~1100V。封堵剂对流变性影响较小，高效使用固控设备以及适当补充柴油和胶液，将流变性控制在合理范围。6 转维持在 8 以上，有效悬浮固相颗粒以及加重剂，提高泥浆携砂性。现场仪器测得井底循环温度为 138℃，通过测量高温静止泥浆性能和老化实验考察柴油基钻井液抗高温稳定性，见表 6、表 7。可见柴油基钻井液流变性能稳定性良好。

表 6 威 202H40-2 高温静止前后性能

起下钻 趟数	井底静止 时间	密度/ (g/cm³)	Φ600	Φ300	Φ6	初/终切/ Pa/Pa	PV/ mPa·s	YP/ Pa	HTHP（150℃）/ mL	泥饼/ mm	E_S/V
1	138℃×40h	2.05	143	83	8	5.5/16	60	11.5	2.0	1.8	1030
		2.06	147	82	10	6.0/16.5	65	8.5	2.1	1.8	950
2	138℃×48h	2.05	140	81	8	4/14	59	11	2.0	1.8	830
		2.06	145	83	8	4.5/15	62	10.5	2.2	1.8	790
3	138℃×43h	2.05	141	81	8	4/14	60	10.5	1.8	1.8	820
		2.06	149	85	10	5.5/16	64	10.5	1.9	1.8	810
4	138℃×21h	2.05	150	86	8	4/14	64	11	1.8	1.8	1040
		2.05	155	87	11	5.5/16	68	9.5	1.9	1.8	990

表7　威 202H40-2 高温高压流变性(取样井深 5200m)

温度/℃	压力/psi	$\Phi6$	$\Phi3$	PV/mPa·s	YP/Pa	$Gel_{10''}/Gel_{10'}$/Pa
65	5000	9.7	9.5	112.2	8.1	3.6/28.3
100	7000	9.6	9.3	65.6	8.4	4.05/20.55
120	9000	10.8	10.6	48.3	10.9	3.35/19.1
140	10000	10.1	9.8	41.7	10.7	3.4/20
160	12000	10	9.7	40.3	11.5	3.9/20.25

通过数据可以看出，柴油基钻井液在井底和实验室老化前后，流变性稳定，抗温能力较好。井底静止后的泥浆性能较好，密度稳定，没有发生沉降等问题，满足现场施工需求。

3.3　起下钻情况

本井起下钻情况见表8，起钻之前循环充分，加入固体润滑剂，降低摩阻，全井起下钻顺利，部分录井曲线见图3。

表8　起下钻情况统计

起/下钻趟数	起/下钻日期	起钻井深/m	起钻原因	起下钻耗时/h	划眼耗时/h	摩阻/t
1	2019.5.25 14:00	4645	钻时慢	26	无	10~15
1	2019.5.26 20:00	4645	钻时慢	16	无	10~15
2	2019.5.28 23:00	4685	钻时慢	25	无	12~18
2	2019.5.29 0:00	4685	钻时慢	23	无	12~18
3	2019.6.3 14:00	4959	导向坏	25	3	15~23
3	2019.6.4 16:00	4959	导向坏	18	无	15~23
4	2019.6.11 15:00	5400	短起到3500m	12	无	20~25
4	2019.6.12 5:00	5400	下钻到底	9	无	20~25
5	2019.6.12 20:00	5400	起钻下套管	30	无	20~25

4　结论及建议

(1)威远地区龙马溪页岩层理特别发育，胶结弱，容易发生掉块、卡钻等复杂情况，对泥浆封堵性、流变性、抗温性都有较高的要求。

(2)柴油基钻井液配方稳定性良好，利用封堵剂复配提高封堵性，同时利用润滑剂可以改善起下钻情况。

(3)柴油基钻井液现场使用效果良好，抗温能力、封堵能力满足施工要求，没有发生掉块、卡钻等复杂情况，顺利完井。

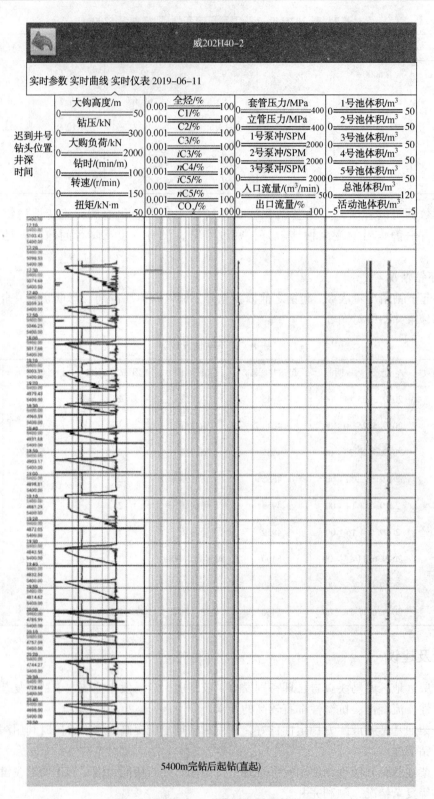

图 3　W202H40-2 井完钻起钻录井曲线

参 考 文 献

［1］朱梦月，等. 川东南 DS 地区龙马溪组页岩裂缝发育特征及主控因素［J］. 油气地质与采收率，2017，24（6）：1.

［2］STEVENS S T，MOODHE K D，KUUSHRAA V A. China shale gas and shale oil resource evaluation and technical challenges［R］. SPE 165832，2013.

［3］MKPOIKANA R，DOSUNMU A，EME C. Prevention o f shale instability by optimizing drilling fluid performance［C］. SPE 178299，2015.

［4］唐文泉，高书阳，王成彪，等. 龙马溪页岩井壁失稳机理及高性能水基钻井液技术［J］. 钻井液与完井液，2017，34（3）：22.

［5］陈济峰，李根生，万立夫. 川南地区钻井难点及对策［J］. 石油钻探技术，2009，37（6）：48-52.

作者简介：南旭，2009 毕业于西南石油大学，应用化学专业，中国石油集团长城钻探工程有限公司钻井液公司四川项目部经理，从事钻井液相关工作，E-mail：nanxv. gwdc@ cnpc. com. cn。

致密油长水平段水平井钻井液技术研究与应用

白相双　蒋方军　孙　达

（中国石油吉林油田公司钻井工艺研究院）

摘　要　吉林油田致密油主要位于松辽盆地南部中央拗陷区，由于油藏丰度低，需采用浅表套二开 1500～2000m 长水平段水平井才能实现效益开发，目的层为青山口组和泉头组，埋深 1900～2300m，其中青山口组硬脆泥页岩发育、层理和微裂隙发育、水敏性强、应力敏感，给水平井施工带来了极大的挑战。针对这些难点，开展了钻井液封堵防塌技术研究和净化润滑技术优化，优化后的钻井液体系具有良好的滤失造壁性、抑制性、封堵性和润滑性，成功应用 2 口井，水平段长度突破1900m，为常规装备浅表二开长水平段水平井高效开发探索出了一个新途径。

关键词　致密油　泥页岩　降摩减扭　长水平段

1　地质和工程概况

吉林油田致密油主要位于松辽盆地南部中央拗陷区，目的层为青山口组和泉头组，埋深 1900～2300m，单井厚度一般 5～15m，孔隙度为 8%～18%，渗透率为 0.1～20mD，属于低孔、特低渗致密油藏，采用水平井+大规模压裂技术开发。

为提高开发效益，钻井采用二开井身结构，表套下至四方台组，封隔地表浅水层及上部不稳定地层，井深为 3500～4200m，水平段长 1500～2000m，井身结构为 Φ393.7mm 钻头×350m+Φ215.9mm 钻头×实际井深，装备为常规 50 钻机，转盘驱动，2 台 1300 型泥浆泵，造斜段采用 MWD+γ，水平段采用近钻头地质导向/LWD+螺杆施工。

2　浅表套二开结构水平井施工难点

2.1　青山口组泥页岩发育、微裂隙发育、水敏性强、易坍塌掉块

由图 1 和图 2 可知，目的层青山口组层理发育、微裂隙发育、极易掉块坍塌，前期施工中 2 口井在青山口组出现严重井壁坍塌问题，井身结构被迫由二开改三开；由图 3 可知，沿水平方向取心时，岩心更容易破碎，说明水平井沿层理方向钻进时更容易发生井壁坍塌。因此，保证青山口组井壁稳定，是实现浅表二开长水平段水平井顺利钻完井的前提。

图 1　青山口泥页岩岩心

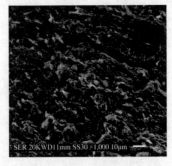

图 2　青山口泥页岩层理和微裂缝

图 3　直井和水平井取心情况

2.2 裸眼段及水平段长、摩阻扭矩大

致密油采用浅表二开井身结构，二开裸眼段3000～3800m，水平段1500～2000m，水平段采用近钻头地质导向/LWD+螺杆施工，水平段施工后期摩阻扭矩大、定向困难，甚至发生钻具自锁，水平段长度受限。因此，如何降低摩阻扭矩，保证动力有效传递，是实现水平段进一步延伸的关键。

2.3 钻井排量小，净化润滑问题突出

致密油施工队伍普遍为1300型泥浆泵，二开采用单泵施工，排量为28L/s，前期钻井液体系中润滑剂以白油为主，水平段施工过程中净化和润滑问题突出，影响了水平段长度的进一步延伸。

3 钻井液体系优化及性能评价

针对青山口组易坍塌及长水平段摩阻扭矩大等问题，钻井液体系在以下两方面进行研究优化：（1）强化封堵性、提高抑制性；（2）提高润滑性、降低摩阻系数。

3.1 钻井液防塌性能优化

3.1.1 青山口组地层坍塌机理分析

表1 乾A井全岩矿物X衍射分析

层位	岩性	矿物种类和含量/%						黏土矿物总量/%
		石英	钾长石	斜长石	方解石	白云石	方沸石	
青一	泥页岩	32.5	2.7	14.8	6.4	1.5	0.4	41.5
青一	泥页岩	34.6	1.7	14.4	5.6	2.7	0.8	40.8

表2 乾A井黏土矿物X-射线衍射分析

层位	岩性	黏土矿物相对含量/%					混层比/%	
		S	I/S	I	K	C	C/S	I/S	C/S
青一	泥页岩	/	80	14	2	4	/	50	
青一	泥页岩	/	78	17	2	3	/	20	

由表1和表2可知，致密油青山口组泥页岩黏土矿物约40%，黏土矿物中以伊蒙混层为主，不含蒙脱石，属于弱膨胀、弱分散、高分散速度硬脆性泥页岩。

综上，青山口组坍塌机理为：①含微裂缝的泥页岩，提供了优先水化的空间，促使其水化、分散是导致硬脆性泥页岩垮塌、掉块的直接原因。②黏土矿物以伊蒙混层为主，滤液沿微裂缝侵入后，由于伊蒙混层中的伊利石和蒙脱石的吸水膨胀率不一致，所产生的表面水化和渗透水化的压力不同，引起应力集中，导致硬脆性泥页岩剥落，是硬脆性泥页岩垮塌的内在因素。因此，泥页岩井壁稳定应从提高钻井液的封堵抑制性出发，减少钻井液滤液进入到地层微裂隙中，降低钻井液对地层的影响。

3.1.2 封堵剂优选

针对青山口泥页岩微裂缝特点，优选一种纳米封堵剂NF，在分子结构中引入疏水基团与亲水基团，在井壁上形成亲水基朝里疏水基朝外的憎水膜；同时封堵剂颗粒能够填充修补，在温度和压差的作用下形成一层韧性强、渗透性极低的滤饼。粒径尺寸和可变形特性使

得其可以进入泥页岩层理和微裂缝，阻止水分及钻井液进入地层，起到稳定井壁的作用。

3.1.1.1　滤失量和抑制性评价

测定 NF 在淡水基浆中的流变性、不同温度下的滤失量变化情况和滚动回收情况。

表 3　NF 淡水浆性能测定结果

项目	T/℃	AV/mPa·s	PV/mPa·s	YP/Pa	$\Phi6/\Phi3$	FL_{API}/mL
基浆	室温	15.5	5.0	10.5	18/17	16.8
基浆+3.0%NF	室温	9.5	8.0	1.5	2/1	7.6

表 4　NF 试验浆不同温度滤失量的变化

试验浆	T/℃	FL_{API}/mL
基浆+3%NF	150	5.8
	200	7.2

表 5　加入 NF 滚动回收率变化情况

实验浆	温度/℃	滚动回收率/%
井浆	100	91.83
井浆+3.0%NF	100	96.03

由表 3~表 5 可知，纳米封堵剂能够有效降低滤失量，提高对泥页岩的抑制性。

3.1.1.2　封堵性能评价

由图 4 和图 5 可知，水基钻井液污染前对岩心进行正向驱替，压力峰值仅为 1.1MPa，经钻井液污染后正向驱替岩心压力峰值约为 3.9MPa；添加 2%NF 封堵剂钻井液污染前对岩心进行正向驱替，压力峰值为 1.2MPa，经钻井液污染后正向驱替岩心压力峰值突破 10MPa，比未加封堵剂配方的最大突破压力有极大提高，具有优良的封堵能力。

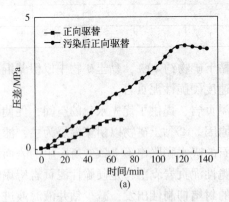

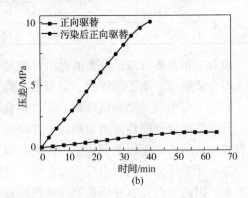

图 4　未添加封堵剂的钻井液驱替压力曲线　　　图 5　加 2%NF 封堵剂驱替压力曲线

利用扫描电镜对封堵前后的岩心截面进行观察，如图 6 和图 7 所示，未经封堵的岩心呈疏松多孔、微裂缝结构，封堵后岩心截面结构致密，有封堵层形成，说明纳米材料对低渗岩心具有较好的封堵作用，可以侵入并吸附填充页岩孔喉及微裂缝，形成有效封堵，减少页岩的自吸和水的渗透作用，进而降低页岩内部水化和裂隙的发展，达到稳定井壁目的。

图6　未封堵的岩心截面　　　　　　　　图7　封堵后的岩心截面

3.2　钻井液润滑性能优化

在原有配方基础上，进一步优选液体润滑剂 RHJ-3，液体润滑剂 RHJ-3 以天然植物油和混合多元醇胺为主料，然后接入极压抗磨元素以提高润滑剂的极压抗磨能力，再引入乳化剂以增强润滑剂在钻井液中的分散能力。

3.2.1　RHJ-3 对 5%膨润土浆润滑性能的影响

在 5%膨润土浆中加入不同量的润滑剂 RHJ-3，评价其润滑系数和润滑系数降低率。

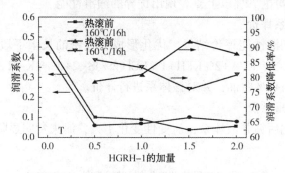

图8　不同 RHJ-3 加量对 5%膨润土浆极压润滑系数的影响

由图8可知，RHJ-3 能明显改善膨润土浆的润滑性。RHJ-3 加量为 0.5%时，热滚前后的润滑系数降低率均达到 80%以上；RHJ-3 加量为 1.5%时，膨润土浆的极压润滑系数降低率超过 90%，但热滚后降低率有所减小，但仍然达到 75%以上。

3.2.2　RHJ-3 对钻井液体系润滑性能的影响

在淡水钻井液体系中加入 RHJ-3，高温老化后评价其极压润滑系数。

表6　润滑剂 RHJ-3 对淡水钻井液润滑性能的影响

RHJ-3 加量/%	实验条件	$\rho/(g/cm^3)$	润滑系数 f	润滑系数降低率/%
0	—	1.19	0.4023	—
1.0	150℃/16h	1.19	0.1015	74.78
1.5	150℃/16h	1.19	0.0874	78.27
2.0	150℃/16h	1.19	0.0706	82.45

由表6可知，随着 RHJ-3 加量的增加，钻井液极压润滑系数下降明显。加量为 1.0%

时，润滑系数均下降 70% 以上；加量为 2% 时，润滑系数下降 80% 以上，表现出良好的润滑性能和适应性；RHJ-3 加入钻井液后，密度不变，说明 RHJ-3 不会引起钻井液起泡。

3.2.3 RHJ-3 在不同密度淡水钻井液中的润滑性能

在不同密度的淡水钻井液体系中加入一定量的润滑剂 RHJ-3，评价其对不同密度淡水钻井液润滑性能的影响。

表7　RHJ-3 在不同密度淡水钻井液中的润滑性能

$\rho/(g/cm^3)$	RHJ-3 加量/%	润滑系数 f	润滑系数降低率/%
1.25	0	0.4220	–
1.25	1.0	0.0885	79.03
1.51	0	0.4241	–
1.51	2.0	0.0827	80.5
2.02	0	0.4612	–
2.02	2.0	0.0945	79.51

由表7可知，RHJ-3 在不同密度的钻井液体系中均有良好的润滑性能。低密度条件下，RHJ-3 的加量仅为 1% 时，润滑系数降低率可达 79.03%；高密度条件下，RHJ-3 的加量为 2%，润滑系数降低率均达 79% 以上，表现出优异的润滑性能。

3.3 优化后钻井液体系评价

根据防塌性能和润滑性能评价结果，优化形成了致密油长水平段水平井配方：5% 土 + 0.5% 纯碱 + 2% 铵盐 + 0.5% KPA + 2% KFH + 1% KCl + 2% JS-2 + 2% YK-H + 2% HQ-1 + 2% NF + 3% RHJ-3 + 1% 固体润滑剂 + 3% 白油，并对该体系进行评价。

3.2.1 流变性及滤失量评价

由表8可知，优化后钻井液体系，流变性变化不大，滤失量明显降低，说明封堵能力得到了提升。

表8　优化前后钻井液性能（热滚条件 100℃×16h）

配方		$AV/mPa \cdot s$	$PV/mPa \cdot s$	YP/Pa	$Gel/Pa/Pa$	API/mL
原配方	热滚前	65	40	25	1/10	6.8
	热滚后	68	57	11	2.5/6.5	8.4
优化配方	热滚前	45	27	18	5/12	2.8
	热滚后	59	51	8	2/7	4

3.3.2 抑制性能评价

由表9可知，优化后钻井液抑制能力更强，能有效稳定井壁。

表9　抑制性能测定结果

试　样	热滚回收率/%	16h 线性膨胀率/%
清水	80.21	12.78
原配方	91.83	5.62
原配方 + 3% NF + 3% RHJ-3	96.03	3.24

3.3.3 封堵性能评价

在室温下进行砂床实验，优化后的钻井液体系滤液进入砂床的深度为 1.5cm，与原配方侵入深度 2.7cm 相比，封堵能力进一步提高。

3.3.4 润滑性能评价

由表 10 可知，优化后的钻井液润滑性显著增强。

表 10　润滑性能测定结果

项　目	E-P 极压润滑系数	润滑系数降低率/%
原配方	0.1015	/
优化后配方	0.047	53.69

综上，优化后的钻井液体系具有良好的滤失造壁性、抑制性、封堵性、润滑性，能够满足长水平段水平井施工需求。

4　现场应用效果

形成的钻井液技术现场成功应用 2 口井，其中乾 B 井表套下深 353m，完钻井深 4128m，垂深 2062m，二开裸眼段长 3775m，水平段长 1908m，基于常规装备和工具，创造了吉林油田致密油水平井最长水平段记录。

4.1　井壁稳定技术保障长裸眼段安全顺利施工

在钻井液中加入 2%NF 实现了对青山口组微裂隙的有效封堵和对黏土矿物水化膨胀的有效抑制，保障了二开长裸眼段的井壁稳定，全井施工顺畅，测井、下套管一次成功(表 11)。

表 11　乾 B 井钻井液性能表

井深/ m	ρ/ (g/cm³)	FV/ s	PV/ mPa·s	YP/ Pa	Gel/ Pa	FL/ mL	摩阻 (10min)	pH 值	固相/ %	含砂/ %
3678	1.25	75	24	20	8/12	2.9	0.1317	9	16	0.5
3800	1.26	80	22	17	7/10	2.9	0.1228	9	17	0.5
3990	1.29	90	23	14	7/14	3.0	0.1317	8.5	17	0.5
4128	1.28	75	27	22	11/17	2.9	0.1317	9	17	0.5

4.2　净化润滑技术保障动力有效传递和完井管串顺利下入

在造斜段和水平段初期，加入白油和乳化剂降低摩阻，钻至水平段 1355m，上提悬重 100t，下放 0t，空转 60t，反扭角 30°，摩阻系数高达 0.68，无法正常钻进。随后加入 3%RHJ-3，上提悬重 90t，下放悬重 40t，空转 70t，摩阻系数由 0.68 降到 0.44，通过计算预测可钻进至 4200m。实际钻进至 4128m，水平段长 1908m，与预测相符(图 9~图 12、表 12)。

表 12　乾 B 井钻井液润滑性能

井深/m	水平段长/m	试验条件	摩阻/t	钻柱力学软件拟合摩阻系数
3575	1355	白油+乳化剂，含油 5%	61	0.68
3575	1355	3%RHJ-3+白油+乳化剂，含油 6%	41	0.44
4128	1908	3%RHJ-3+白油+乳化剂，含油 6%	58	0.58

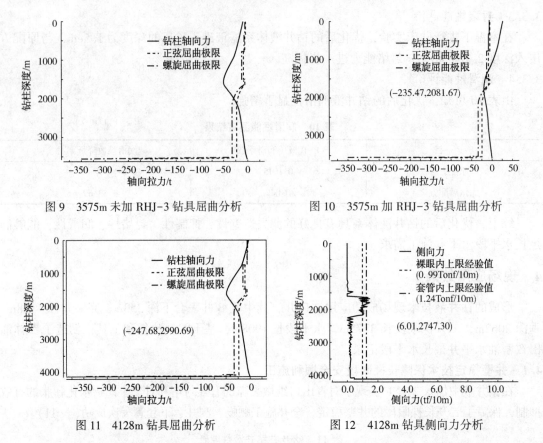

图 9 3575m 未加 RHJ-3 钻具屈曲分析　　　　图 10 3575m 加 RHJ-3 钻具屈曲分析

图 11 4128m 钻具屈曲分析　　　　图 12 4128m 钻具侧向力分析

钻井液良好的润滑性，为钻进过程中钻压的有效传递、起下钻顺畅和完井管串的顺利下入提供了保证。

5 结论与认识

形成的纳米封堵防塌技术能够解决青山口组硬脆泥页岩井壁坍塌难题，优化后的润滑技术能够满足 2000m 长水平段水平井降摩减扭需求，为复杂地质条件下、常规工程条件下实现致密油效益动用提供了新的思路和途径。

参 考 文 献

[1] 王勇茗，等. 致密油 1500m 长水平段水平井井身结构优化设计. 钻采工艺，2013，(11).
[2] 李洪，等. 玛湖致密砂砾岩 2000m 水平段水平井优快钻完井技术. 石油钻采工艺，2017，01(1).

作者简介：白相双，男，吉林油田公司钻井工艺研究院，总工程师，高级工程师。地址：吉林省松原市宁江区长宁北街 1546 号，邮编：138000，电话：13596939332，邮箱：jlbaixiangshuang@ cnpc. com. cn。

海南干热岩水基钻井液技术研究与应用

王磊磊[1,2]　张现斌[1,2]　张　坤[1,2]　郭剑梅[1,2]　闫晓婷[1,2]　胡伟杰[2]

(1. 天津市复杂条件钻井液企业重点实验室；2. 中国石油集团渤海钻探工程有限公司)

摘　要　海南琼北地区具有较高的地温梯度，存在较为丰富的高温地热资源，是我国干热岩地热资源的优先开发区，但该地区钻井存在温度高(高于185℃)、地层破碎、异常高压和黑色泥岩微裂缝发育易垮塌等难题。针对该地区地层特点，研发出适合干热岩开发的抗高温水基钻井液体系，具有抗240℃高温、强抑制、沉降稳定性好等特点，并在花东1R井成功应用，在琼北地区深度4387m处钻获超过185℃高干热岩，助力我国第一口具有独立知识产权的干热岩开发试验井圆满完钻，对我国干热岩地热能的开发利用具有里程碑式的意义。

关键词　干热岩　水基钻井液　抗高温　海南

依据成因和产出条件，地热资源可分为水热型地热资源和干热岩型地热资源。水热型地热资源是指以蒸气为主和以液态水为主的地热资源，通过对系统中流体的开发即可获取热能[1]；而干热岩是指地层深处(埋深超过2000m)普遍存在的没有水或蒸汽的、致密不渗透的热岩体，主要是各种变质岩或结晶岩体。干热岩呈干热状态，本身具有很高的温度，在150~650℃之间。因干热岩地热系统不要求岩石具有孔渗条件和含有流体，因而在目前钻探技术可达到的深度范围以上分布十分广泛，几乎是一种无限的能源类型[2,3]。

受菲律宾板块碰撞挤压，海南琼北地区具有较高的地温梯度，存在较为丰富的高温地热资源，据初步勘察，在福山断陷590km³的范围内，4500m深处温度大于180℃的可开发干热岩面积约98km³，是我国干热岩地热资源的优先开发区。但目前国内对干热岩的勘探开发尚处于探索阶段，干热岩钻井，尤其是适用于干热岩钻井的钻井液方面经验不足，开展干热岩钻井液技术研究具有重要的意义[4~7]。

1　海南干热岩钻井液关键技术难点

1.1　抗温问题

干热岩岩层温度高，一般在150℃以上，作为琼北地区实施的第一口干热岩井，花东1R井预测井底温度为171~192℃。高温不仅会造成钻井液中膨润土发生高温分散和高温聚结，还会使钻井液中有机处理剂发生高温断链分解、交联和去水化，导致处理剂丧失原有作用，严重影响钻井液的流变性、滤失量和稳定性[8]。

1.2　沉降稳定问题

海南福山油田储层钻井液的设计密度一般在1.60g/cm³左右，在井底高温和钻头水眼高剪切速率的双重作用下，钻井液中的聚合物类处理剂会发生降解，黏度效应显著降低，对加重材料和钻屑的悬浮能力大幅下降，给钻井施工带来风险[9]。

1.3　井壁稳定问题

海南福山油田倾角大、断层发育、断层面附近微裂缝发育，存在多套砂泥岩夹层及破碎性地层,存在多个破碎带,有异常高压层,流二段与流三段黑色泥岩微裂缝发育易垮塌,因此,对钻井液的防塌性能要求较高。

此外,在钻井过程中,井壁围岩受到温度场、渗流场和应力场的多场耦合作用,井壁热破裂现象明显,形成大量裂纹,岩石强度明显降低,极易造成掉块、卡钻和憋钻[7]。

1.4 润滑问题

该地区地层软硬交错、地层倾角大、砂泥岩互层,均质性差导致定向井井眼轨迹控制难,对泥饼质量和钻井液润滑性能要求较高。此外,高温条件下,润滑剂的增稠和起泡问题也是影响钻井液性能的不利因素。

针对海南干热岩的地层特点和甲方要求,我们通过大量的室内实验,从抗温、沉降稳定性、抑制防塌、流变、润滑等多个因素考虑,研发了抗高温水基钻井液体系的核心处理剂,并在此基础上研究出了适合海南干热岩用的抗温 240℃,密度可达 1.7g/cm³ 的抗高温水基钻井液体系,并在花东 1R 井成功应用,在琼北地区深度 4387m 处钻获超过 185℃ 高干热岩,助力我国第一口具有独立知识产权的干热岩开发试验井圆满完钻,对我国干热岩地热能的开发利用具有里程碑式的意义。

2 钻井液配方及性能评价

针对海南干热岩井的技术难点,采用抗高温的聚合物类处理剂实现对钻井液流变性、滤失量以及沉降稳定性的调控;采用小分子抑制剂和无机盐实现对泥岩等水敏性地层的水化抑制;采用部分水溶型处理剂实现对地层孔隙和微裂缝的封堵防塌;采用抗高温、抗盐液体润滑剂改善泥饼质量和钻井液的润滑性。钻井液的具体配方如表 1。

表 1 钻井液体系配方

组分名称	作 用	加量/%
BZ-VIS	增黏剂	0.2~0.5
BZ-KLS	降滤失剂	1.0~2.0
BZ-MJL	封堵防塌剂	2.0~4.0
BZ-FFT	封堵防塌剂	2.0~3.0
BZ-YZJ	抑制剂	1.0~1.5
BZ-RH	润滑剂	1.0~1.5
膨润土	造浆	2.0~4.0
Na$_2$SO$_3$	除氧剂	0.2~0.5
细目碳酸钙	封堵剂	2.0~4.0
NaOH	pH 值调节剂	0.3~0.5
KCl	抑制剂	5.0~9.0
重晶石	加重剂	按需

2.1 抗温性

采用上述配方配制海南干热岩钻井液,按 GB/T 16783.1 中规定分别测定流变、中压滤失量和高温高压(200℃、3450kPa)滤失量,数据如表 2 所示。

表 2 钻井液抗温性评价

实验条件	$\rho/$ (g/cm³)	$AV/$ mPa·s	$PV/$ mPa·s	$YP/$ Pa	$Gel_{10''}/$ Pa	$Gel_{10'}/$ Pa	$FL_{API}/$ mL	$FL_{HTHP}/$ mL
老化前	1.60	75	51	24	4.0	9.0	3.6	/
200℃老化16h后	1.60	49	41	8	2.0	5.0	5.6	24.0
210℃老化16h后	1.60	57	45	12	2.0	5.0	5.6	24.0
220℃老化16h后	1.60	53	43	10	2.0	6.0	4.8	24.0
240℃老化16h后	1.60	54	46	8	2.0	7.0	4.4	23.0
250℃老化16h后	1.60	40	35	5	2.0	6.0	5.6	23.0

从以上数据可以看出，在200~240℃的高温下，钻井液老化前后依然保持了较好的流变性能和较小的滤失量，且具有较为致密的泥饼[图1(a)]；而在250℃条件下老化后，钻井液的黏度发生了大幅下降，出罐后发生了沉淀现象[图1(b)]，怀疑高温下增黏剂和降滤失剂发生了断链分解，综合以上数据表明该体系抗温可达240℃。

2.2 沉降稳定性

水基钻井液高温条件下的沉降问题一直是一大技术难题，也是影响干热岩水基钻井液施工安全关键因素之一。所研发的海南干热岩水基钻井液的出罐状态如图1所示(密度为1.6g/cm³)，当老化温度在240℃以下时，钻井液可保持良好的沉降稳定性；而当老化温度进一步升高至250℃时，钻井液发生了明显的沉降现象[图1(b)]。

(a)240℃老化16h　　　　　　　　　(b)250℃老化16h

图1　老化16h后的出罐状态

为进一步评估钻井液的沉降稳定性，采用法国Forlmulaction公司开发的Turbiscan LAB多重光散射仪，通过监测样品透过光和背散射光强度随时间的改变，来实时动态地监测钻井液的沉降行为，测试时间为24h，测试温度为30℃。

背散射光参比谱图中(图2)，横坐标为样品高度，纵坐标为样品的背散射参比强度，不同时间的光强度曲线用颜色区分，对应右侧的彩色示意条。随测试时间延长，各测试钻井液顶部或多或少地出现了清液，导致背散射光强降低，清液的多少可反映钻井液沉降稳定性。如图2所示，沉降稳定性方面，210℃老化后>240℃老化后>老化前>250℃老化后，250℃老化16h

的钻井液发生了较为严重的沉降现象，该测试结果与图 1 所示的出罐结果一致。

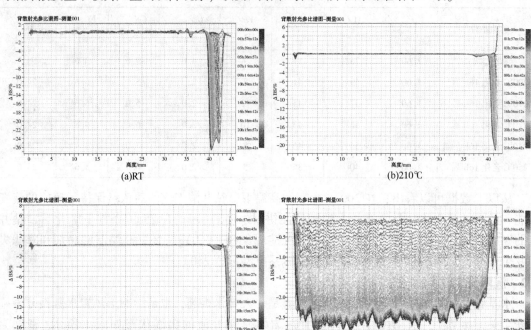

图 2　不同温度下老化 16h 后的钻井液背散射光参比谱图

为更直接地反映钻井液沉降稳定性，对以上 4 个钻井液的 TSI 稳定指数作图（图 3）。TSI 数值越大，钻井液越不稳定。

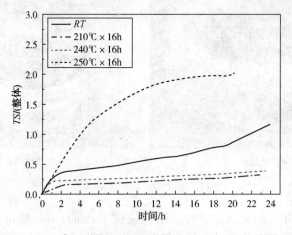

图 3　$1.6g/cm^3$ 钻井液在不同温度下老化 16h 后的沉降稳定性

结果显示，相比于老化前的钻井液，经过 240℃以下温度老化后钻井液的稳定性反而更好，其 TSI 指数小于 0.5，表明经过高温滚动后，体系中各组分溶解更加充分；但随着老化温度的升高，体系的沉降稳定性略有降低，当老化温度达到 250℃时，TSI 指数骤然增大，这可能是钻井液中的部分组分发生了高温分解所致。

2.3 高温长期稳定性

将 1.6g/cm³ 的钻井液在 210℃ 下分别老化 16～96h，以考察高温长期稳定性，结果如表3。

表3 钻井液 210℃ 下长期稳定性

实验条件	ρ/ (g/cm³)	AV/ mPa·s	PV/ mPa·s	YP/ Pa	$Gel_{10''}$/ Pa	$Gel_{10'}$/ Pa	FL_{API}/ mL	FL_{HTHP}/ mL
老化前	1.60	75	51	24	4.0	9.0	3.6	/
210℃老化16h后	1.60	57	45	12	2.0	5.0	5.6	24.0
210℃老化24h后	1.60	54	44	10	2.0	6.0	4.8	23.0
210℃老化48h后	1.60	50.5	41	9.5	2.5	6.5	4.7	22.0
210℃老化72h后	1.60	60.5	49	11.5	2.0	6.0	4.8	23.0
210℃老化96h后	1.60	51	40	11	2.0	6.0	5.6	23.0

结果显示，钻井液在 210℃ 下性能稳定，随老化时间延长，流变性和滤失性能均无明显下降，显示了较好的高温长期稳定性。

沉降稳定测试显示(图4)，随老化时间的延长，钻井液的沉降稳定性仅略有下降，经过 96h 的老化，其 TSI 稳定指数也仅有 0.59，显示了良好的高温沉降稳定性。

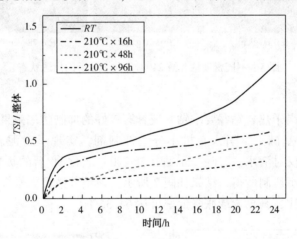

图4 钻井液在 210℃ 下老化不同时间后的沉降稳定性

2.4 不同密度下的钻井液性能

海南福山区块储层钻井液密度一般在 1.60g/cm³ 左右，但地层可能存在异常高压层以及油气活跃层，为保障施工安全，对钻井液的上限密度进行了考察，结果如表4。

表4 不同密度钻井液的性能

实验条件	ρ/ (g/cm³)	AV/ mPa·s	PV/ mPa·s	YP/ Pa	$Gel_{10''}$/ Pa	$Gel_{10'}$/ Pa	FL_{API}/ mL	FL_{HTHP}/ mL
老化前	1.60	75	51	24	4.0	9.0	3.6	/
老化后	1.60	57	45	12	2.0	5.0	5.6	24.0
老化前	1.70	86	58	28	4.0	9.0	3.4	/

续表

实验条件	$\rho/$ (g/cm³)	$AV/$ mPa·s	$PV/$ mPa·s	$YP/$ Pa	$Gel_{10''}/$ Pa	$Gel_{10'}/$ Pa	$FL_{API}/$ mL	$FL_{HTHP}/$ mL
老化后	1.70	59	48	11	2.0	7.0	5.2	23.5
老化前	1.78	85	60	25	4.0	10.0	3.6	/
老化后	1.78	56.5	49	7.5	2.5	6.5	5.8	29.0

注：老化条件均为210℃×16h。

结果显示，当钻井液密度在 1.70g/cm³ 以下时，性能较为稳定，随密度升高，流变性和滤失量变化不大；但当密度达到 1.78g/cm³ 时，钻井液的性能发生了明显恶化，尤其是高温高压滤失量、出罐状态和沉降稳定性方面(图5、图6)。

(a)1.60 g/cm³　　　(b)1.70 g/cm³　　　(c)1.78 g/cm³

图5　不同密度钻井液210℃老化16h后的出罐状态

2.5　抑制性

如前文所述，海南干热岩钻井要求钻井液具有较好的抑制防塌效果，为提高钻井液的抑制性，在常规 KCl 的基础上，引入有机小分子抑制剂，实现了对泥岩的水化抑制。采用 OFITE 线性页岩膨胀仪对清水、1.6g/cm³ 钻井液 240℃ 老化前/后的页岩膨胀抑制性进行了评价，所用岩芯为人工压制所得，结果如图7所示，该钻井液可大幅提高钻井液对泥岩水化的抑制性，与清水相比，其页岩膨胀降低率可达 64.36%。

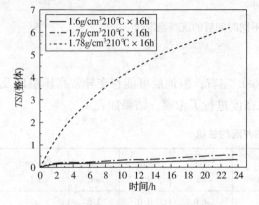

图6　不同密度钻井液210℃
老化 16h 后的沉降稳定性

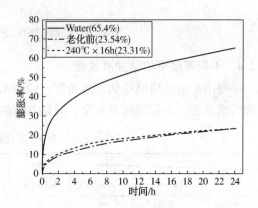

图7　抑制性评价结果

3　花东 1R 井现场应用情况

上述钻井液体系在海南花东 1R 井三开井段应用，取得了良好的应用效果。花东 1R 井是我国东部第一口具有独立知识产权的干热岩参数井，是海南福山油田福山凹陷花场构造的一口三开定向井，设计井深 4480.13m，完钻井深 4550m，最大井斜 35.3°，井底位移 717.84m，目的层为长流组，钻探目的为了解花东 6 断块深部热储情况以及落实花东 6 断块流二段 IV 油组及流三段 I、II、III、IV 油组高部位含油气情况及储层变化情况。该井地质条件复杂，存在高温、易垮塌、高浓度 CO_2 等复杂因素，实际使用钻井液密度 1.56g/cm³，在深度 4387m 处钻获超过 185℃ 高干热岩，施工难度大。

3.1　地质特点及施工难点

该井自上而下钻遇望楼港组、灯楼角组、角尾组、下洋组、涠洲组、流沙港组和长流组。三开井眼钻遇涠洲组、流沙港组和长流组。其中涠洲组岩性上部为灰色细砂岩、灰色含砾细砂岩，灰色荧光细砂岩与绿灰色泥岩、褐灰色泥岩；下部为灰色细砂岩夹褐灰色泥岩，存在井漏和黏卡风险。流沙港组岩性上部以褐灰、深灰色泥岩为主，中部以巨厚层黑灰色泥岩与浅灰色英安岩、灰色安山岩、黑灰色辉长岩为主，下部以灰色荧光砂砾岩、含砾粗砂岩和泥岩为主，存在井塌和卡钻风险。长流组由棕红色及棕褐色泥岩与灰绿或灰黑色泥岩不等厚互层组成，上部夹粉砂岩、砂岩，下部夹钙质砂岩、含砾砂岩和砂砾岩，存在卡钻和高温失稳风险。

3.2　工程简况

该井一开用 Φ444.5mm 钻头钻至井深 203m，下入 Φ339.7.0mm 套管至井深 202.75m；二开用 Φ311.1mm 钻头钻至井深 2205m，下入 Φ244.5mm 套管至井深 2203.35m；三开用 Φ215.9mm 钻头钻至井深 4550m，下入 Φ139.7mm 套管至井深 4546.14m，在深度 4387m 处钻获超过 185℃ 高干热岩，圆满完成钻探任务。

3.3　现场钻井液应用效果

三开(2205~4550m)采用所研发的干热岩水基钻井液，随井深增加，密度由 1.33g/cm³ 逐步提高至 1.56g/cm³，施工过程中，钻井液体现了良好的流变性、抗温性、较低的滤失量和较强的抑制性，未发生垮塌和沉降现象，钻井液性能数据见表 5。

表 5　花东 1R 井钻井液钻进性能数据

井深/m	$\rho/(g/cm^3)$	黏度/s	PV/mPa·s	YP/Pa	$Gel_{10''}$/Pa	$Gel_{10'}$/Pa	FL_{API}/mL
2205	1.33	51	26	8.5	3	8	6
2916	1.37	57	26	12	3	10	5
3351	1.50	69	43	12.5	4	12	4
3755	1.54	70	46	13	3	10	2.8
4198	1.55	70	49	12.5	3	10	2.4
4338	1.56	82	47	14	3	12	2.4
4550	1.56	84	49	15	3	12	3.2

表中数据显示钻井液的性能非常稳定，随着钻进的深入，始终保持了良好的流变性和较低的滤失量，没有出现因井底高温而导致的钻井液失效问题，保障了施工的安全。同时，钻井液具有良好的悬浮性能，可有效携砂，清洁井眼，封闭裸眼井段后起钻电测，电测顺利。

4 结论

（1）海南干热岩井井底温度高、地层倾角大、断层发育、泥岩微裂缝发育易垮塌，对钻井液高温条件下的抑制性、封堵性和流变性等要求较高。

（2）针对海南干热岩地层特点，采用抗高温聚合物处理剂、小分子抑制剂、部分水溶型处理剂，研发出适合该地区的抗高温水基钻井液体系，实现对钻井液流变性、滤失量、沉降稳定性的调控，以及对水敏性地层的水化抑制和微裂缝的封堵防塌。

（3）所研制的钻井液在花东 1R 井成功应用，钻获超过 185℃ 高干热岩，钻井过程中，在干热岩地层钻进时，钻井液不失效；有效抑制流沙港组大段泥岩层的水化，防止了剥落掉块、垮塌和卡钻，保障电测和下套管等作业。

参 考 文 献

[1] 汪集暘，胡圣标，等．中国大陆干热岩地热资源潜力评估[J]．科技导报，2012，30(32)：25-31．
[2] 杨方，李静，任雪姣．中国干热岩勘查开发现状[J]．资源环境与工程，2012，26(4)：339-341．
[3] 马峰，蔺文静，等．我国干热岩资源潜力区深部热结构[J]．地质科技情报，2015，34(6)：176-181．
[4] 蔺文静，刘志明，等．我国陆区干热岩资源潜力估算[J]．地球学报，2012，33(5)：807-811．
[5] 贾军，张德龙，等．干热岩钻探关键技术及进展[J]．科技导报，2015，33(19)：40-44．
[6] 张所邦，宋鸿，等．中国干热岩开发与钻井关键技术[J]．资源环境与工程，2017，31(2)：202-207．
[7] 刘伟莉，马庆涛，付怀刚．干热岩地热开发钻井技术难点与对策[J]．石油机械，2015，43(8)：11-15．
[8] 单文军，陶士先，等．干热岩用耐高温钻井液关键技术及进展[J]．探矿工程，2018，45(10)：52-56．
[9] 颜磊，蒋卓等．干热岩抗高温钻井液体系研究[J]．化学与生物工程，2015，32(7)：55-58．

基金项目： 天津市科技计划项目(19PTSYJC00120)"非常规和深层油气资源开发钻井液关键技术研究"资助。

作者简介： 王磊磊(1985-)，男，2013 年博士毕业于中国科学院化学研究所，高分子化学与物理专业，高级工程师。地址：天津市大港油田红旗路东段渤海钻探泥浆技术服务公司(300280)，联系电话：18622389832，邮箱：wangleilei131@163.com。

YJJS-Ⅰ高性能水基钻井液技术的研究与应用

王亚宁　郑　和

(华东石油工程公司江苏钻井公司钻井液技术服务公司)

摘　要　通过前期对四川泸州地区"太阳—大寨"构造页岩气井邻井资料调研分析，在该区块页岩气井的钻井施工中存在以下技术难点：上部地层溶洞裂缝发育失返性漏失频繁发生；目的层埋深浅，压力高，油气显示活跃，油气上窜速度快；目的层龙马溪组的页岩极易垮塌。针对以上难点，研究形成了一套适合该地区页岩气井顺利施工的高性能水基钻井液体系及施工工艺技术，该钻井液体系具有强封堵性、强抑制性和优良的润滑性，既满足了该区块页岩气水平井的安全钻井需求，也实现了替代油基钻井液满足了环保压力大的问题，提高页岩气井开发的整体效益。

关键词　高密度　页岩气井　水基钻井液　防漏

四川泸州地区的"太阳—大寨"构造页岩气井属于昭通国家级页岩气示范区。该区块施工的页岩气水平井通常面临如下难题：上部地层溶洞、大裂缝发育失返性漏失频繁发生；目的层埋深浅，压力高，油气显示活跃，油气上窜速度快；目的层龙马溪组的页岩由于强水敏性和地应力变化，井壁失稳严重；三维长水平段水平井摩阻扭矩大，托压严重，轨迹控制困难等等。常规油气钻井作业用的水基钻井液无法满足页岩气水平井钻井需要，为了解决这些难题，油基钻井液成为页岩气井施工中首选的钻井液体系。但是油基钻井液污染大，废弃物处理难度大、成本高，迫于环保和成本因素，迫切需要研究开发性能与油基钻井液性能相当的高性能水基钻井液，以满足页岩气水平井的施工。

1　区块施工难点

（1）地表地层、浅层茅口组-栖霞组碳酸盐岩层等层位普遍存在失返性漏失。上部地层一般采用空气钻，技术套管必须下至石牛栏组漏失层以下，确保在后期提密度施工中石牛栏地层不会漏失。

（2）地层压力系统复杂：上部茅口组-栖霞组碳酸盐岩层存在漏失层，石牛栏组底部地层承压能力低，在提密度过程中有诱导漏失风险，防漏堵漏难度大；同时石牛栏组地层浅层气活跃，且压力系数高，溢流风险高，压井过程中钻井液性能控制难度大。

（3）地层稳定性差：龙马溪下部含灰黑色页岩、底部黑色含碳质页岩、层理和裂缝及断层发育，断层多、破碎带多，极易发生井壁失稳，造成卡钻，要求钻井液抑制封堵能力强，使用的高性能水基钻井液体系性能要求达到或接近油基钻井液体系。

2　高性能水基钻井液室内评价实验

2.1　高性能水基钻井液体系配方

在完成各主处理剂研选的基础上，经过室内复配实验，研究形成一套密度可调的高性能水基钻井液配方。4%~5%土粉浆+0.2%~0.5% JS-KBY+1%~3% JS-KST+2%~4% JS-GYF+1%~3% JS-LUB+25%~50% JS-SYJ-2+重晶石+0.2%~0.5% PAIR+0.5%~2.0% PF-Greenseal

2.2 高性能水基钻井液综合性能评价

2.2.1 抗温稳定性评价

将高性能水基钻井液加重到密度 $1.75~1.85g/cm^3$，测试其140℃老化后性能(表1)。

表1 高密度高性能水基钻井液体系抗温性能评价

$T/℃$	$\rho/(g/cm^3)$	$AV/mPa \cdot s$	$PV/mPa \cdot s$	YP/Pa	$Gel/Pa/Pa$	API/mL	$HTHP/mL$	pH 值
50	1.75	59.0	52.0	7.0	3/8	4	11.6	10.0
50	1.85	74.0	60.0	6.0	5/12	3.8	12.5	10.0

注：140℃×16h。

由以上数据可以看出，140℃、密度 $1.75~1.85g/cm^3$ 的钻井液体系性能稳定，抗温性能良好。说明体系可以满足该区块施工井底温度需要。

2.2.2 高性能水基钻井液体系抑制性评

2.2.2.1 从活度方面评价

实验采用吸附等温曲线法准确测定了不同浓度的高性能水基钻井液中水的活度，具体数据见表2。

表2 不同浓度的复盐钻井液中水的活度

流 体	活 度	流 体	活 度
纯水	1.00	$CaCl_2$ 饱和水溶液	0.30
NaCl 饱和水溶液	0.76	JS-SYJ-2 水溶液	0.20
KCl 饱和水溶液	0.70		

由以上数据可见，高性能水基钻井液中水的活度极低，对易水化泥岩抑制能力极强，使钻井液性能较稳定。

2.2.2.2 岩心回收率及页岩膨胀率抑制性评价

评价钻井液的抑制性，就是评价其对黏土颗粒分散的抑制性与对黏土岩石膨胀的抑制性。室内评价了高性能水基钻井液与完井液岩屑回收率，所测数据见图1。

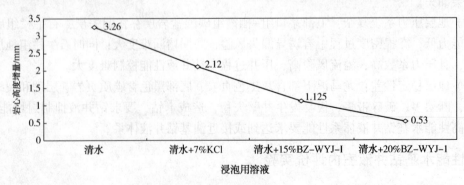

图1 浸泡后最高岩心高度增量

从图 1 的实验数据可以看出，岩心柱在 7%KCl 溶液中膨胀量有明显降低，但在 15%JS-SYJ-2 中降低幅度更大，说明 JS-SYJ-2 的抑制性强于 KCl，随着加量增加抑制性在加强。

2.3 高性能水基钻井液体系抗污染性能评价

2.3.1 抗土污染性评价

在高性能水基钻井液体系中加入 5%土进行污染实验，具体数据见表 3。

表 3 高性能水基钻井液抗土污染性能评价

体系	$\rho/(g/cm^3)$	$AV/mPa \cdot s$	$PV/mPa \cdot s$	YP/Pa	$Gel/Pa/Pa$	API/mL	$HTHP/mL$	pH 值
高性能水基钻井液	1.85	74	60	14	5/12	4.0	13.0	10
加 5%土污染后	1.85	80	65	15	8/16	5.6	18.0	10

由表 3 数据可见，高性能水基钻井液污染后性能变化极小，其抗土污染能力很强。

2.3.2 抗盐、膏污染评价

在高性能水基体系中加入 5%NaCl 进行抗盐污染实验，加入 1%石膏进行抗石膏污染实验，具体数据见表 4、表 5。

表 4 高性能水基钻井液抗盐污染性能评价

体系	$\rho/(g/cm^3)$	$AV/mPa \cdot s$	$PV/mPa \cdot s$	YP/Pa	$Gel/Pa/Pa$	API/mL	$HTHP/mL$	pH 值
高性能水基钻井液	1.85	73	59	14	4.5/11	4.2	13.0	10
加 5%NaCl 后	1.85	69	59	10	3.5/9.5	4.4	16.0	10

表 5 高性能水基钻井液抗石膏污染性能评价

体系	$\rho/(g/cm^3)$	$AV/mPa \cdot s$	$PV/mPa \cdot s$	YP/Pa	$Gel/(Pa/Pa)$	API/mL	$HTHP/mL$	pH 值
高性能水基钻井液	1.85	73	60	13	5/12	4.3	12.0	10
加 1%石膏后	1.85	70	58	12	4.5/11	4.5	14.0	10

注：以上均为 150℃热滚后性能。

分析上面表 4、表 5 实验数据可以看出钻井液加入了 5%NaCl、1%石膏后，其体系的性能变化不大，说明钻井液具有较强的抗盐、膏污染能力。

2.4 高性能水基钻井液润滑性评价

高性能水基钻井液与常规聚合物钻井液润滑性的对比，实验数据见表 6。

表 6 润滑性评价

钻井液	配　方	$\rho/(g/cm^3)$	润滑系数
常规聚合物钻井液	水+4%膨润土+0.5%FA367+0.7%JT888+0.7%NPAN+2%磺化沥青+1.5%SMP+0.5%RH3+铁矿粉	1.6	0.22
高性能水基钻井液	水+2%Visco1+0.2%Xc+2%JS-KST-Ⅱ+2%JS-GYF+100%JS-SYJ-Ⅰ+重晶石	1.6	0.06

由表 6 可以看出：高性能水基钻井液的润滑性优于聚磺钻井液。

2.5 高性能水基钻井液封堵性评价

表 7 封堵性评价

序号	$AV/$ mPa·s	$PV/$ mPa·s	$YP/$ Pa	YP/PV	n	$K/$ Pa·s^n	$Gel_{10''/10'}$	$API/$ mL	pH 值	$HTHP/$ mL	砂床/ mL
1#	46.5	34	12.5	0.37	0.66	0.5	2/18	4.1	9		
2#	50	46	4	0.09	0.89	0.11	1/3.5				
3#	133.5	70	63.5	0.91	0.44	6.53	25/35	2.6	9		
老化	101	87	14	0.16	0.81	0.37	2/6	2.5	8	9	0
4#	147.5	53	94.5	1.78	0.29	20.82	21.5/33.5	2.4			
老化	97.5	82	15.5	0.19	0.79	0.43	3/7	2.5	9	3.2	0

1#: 3%土浆+0.1%k-PAM+1.0%FT-388+1%QS-4+0.5%LV-PAC+0.2%LXJ-2+0.1%TJX-1(+1%极压润滑剂+重晶石加重至 1.60g/cm³, 坂含为 21.5mg/L。

2#: 1#石加重至 1.85/cm³, 般含为 17.9mg/L, 加完盐钻井液 pH 值会降低。

3#: 2#+0.05%JS-KBY 4#: 3#+0.3%PF-Greenseal。

由表 7 数据分析可知: 实验过程中发现复合高性能水基体系对温度、pH 值比较敏感。例如 2#配方加 JS-SYJ-2+JS-SYJ-1 组合提密度后, 再加 JS-KBY 黏度明显上升, 后加烧碱 0.3%, 将 pH 值提高到 9 以上, 流变性明显变好。

3 高性能水基钻井液现场应用

3.1 YS117H1-6 井举例说明

YS117H1-6 井是一口三开制长水平段页岩气水平井。目的层为志留系龙马溪组。龙马溪组上部灰黑色含灰泥岩、深灰色灰质泥岩夹褐灰色泥质粉砂岩; 中部灰黑色含砂质灰岩夹灰质砂岩; 下部灰黑色页岩、泥质粉砂岩; 底部黑色含碳质页岩。完钻井深 4306m, KOP: 1690m。该井钻进至 2290m 转换为高性能水基钻井液。

3.2 各井段现场钻井液处理措施

3.2.1 二开

二开井段: 809~1650m, 二开钻井液配方 KCl 聚胺润滑防塌钻井液。

(1) 二开前清罐, 按推荐配方将井浆转化为 KCl 聚胺钻井液。用少量铵盐配合纯碱处理好水泥侵。

(2) 防止泥岩分散膨胀, 控制劣质土相含量, 采用强包被抑制剂 KPAM、有机胺 TJX-1 和 KCl 结合使用, 抑制地层的水化膨胀, 防止垮塌; 同时利用 PAC-LV、NH4-HPAN 及封堵剂等处理剂控制钻井液失水, 提高泥饼的致密性和韧性; 若出现掉块或携砂困难, 可适当提高黏切; 还可以适当提高钻井液密度, 以保证井下安全。

(3) 严格控制较低膨润土含量和强化固控是控制好井浆性能的关键。钻进中 100%的使用振动筛, 除砂器、除泥器使用率达 85%, 离心机使用率 70%, 但在使用离心机时应随时监测钻井液性能和密度, 发现异常及时处理。及时淘洗灌池, 尽量降低井浆的含砂量和钻屑含量。

(4) 进入乐平组, 提高密度至 1.30g/cm³ 以上, 并及时加入防塌剂, 防止地层垮塌。

(5) 该井段存在气层和漏层, 发生井漏时, 应注意吊灌钻井液, 防止又喷又漏。井场应储备足够量的堵漏剂，以便及时堵漏；发生漏失时按防漏堵漏技术方案施工，同时注意提高地层承压能力。

（6）930m 开始定向，定向后及时加入极压润滑剂，并在后续钻进中及时补充。

（7）中完后，进行短起下钻，充分循环钻井液，性能均匀达设计要求后，起钻，确保下套管固井作业顺利。

3.2.2 三开

三开井段：1650~4306m 三开钻井液配方高性能水基钻井液。

本井段为主要目的层段，钻遇志留系地层，应注意防漏防塌，页岩地层钻井，强化井筒稳定，保持井壁稳定。密切注意循环罐页面变化和振动筛返砂情况。

（1）钻塞时加入 Na_2CO_3 除钙，用 0.5%~0.8%NH4-HPAN 水溶液控制黏切；扫完水泥塞后，处理好钻井液，添加 PAC-LV、KPAM 达到配方要求，调整钻井液性能达到设计要求后，方可钻进。

（2）三开井段先采用原钻井液体系钻进。重点加强对泥页岩的抑制和封堵，用有机胺抑制剂 TJX-1、KCl、KPAM 与 NH4-HPAN 配制混合胶液细水长流交替补充，以提高钻井液抑制能力和包被能力，用封堵防塌 NFA-25、FT-1 和 KD-23 加强对裂隙的封堵。

（3）三开钻至石牛栏组底部，进入龙马溪地层之前，要保证上部地层的承压能力满足设计的最高钻井液密度，如果用桥塞堵漏达不到承压能力，应打水泥浆封固薄弱地层，以满足下部地层提高钻井液密度的需要。

（4）钻进至石牛栏组底部，将 KCl 聚胺防塌钻井液体系转化成复合高性能水基润滑防塌钻井液体系。钻井中根据井下情况及时补充润滑剂；确保滑动钻井施工，提高极压润滑剂的加量至 3%和 2%固体润滑剂，并根据摩阻变化，定期补充润滑剂，短起下钻修复井壁，清除岩屑床。

（5）水平段钻进时需调整好流变性能，保证初切大于 3，终切大于 6，以提高钻井液的携砂能力，同时定期进行短起下作业，破坏岩屑床，修复井壁。用 NFA-25、PGCS-1 和封堵剂超低渗透处理剂加强对裂隙的封堵。采用合理的钻井液密度，防止井塌和掉块。提高密度应采取逐步提高泥浆密度方法加重，每循环周密度提高不得超过 0.04g/cm^3，定期进行短起下划拉井壁，清除岩屑。

（6）强化固控，保证四级固控设备良好运行，控制高密度下般含在 15~30g/L 左右，最大限度地降低无用固相含量，维护钻井液性能稳定。

（7）施工过程中加强对钻井液性能的检测，根据井下工程、地层、钻井液性能的变化及时调整配方和比例，性能调整前做好小型实验，做到对钻井液的性能、现状有比较客观和准确的把握，钻井液维护处理有的放矢，避免工作中的盲目和被动。

3.3 实施效果

（1）该井使用高性能水基钻井液具有良好防塌封堵性，不仅成功钻穿了断距达 12m 的断层和破碎带，还保证了易垮塌的页岩地层在长达 72d 的钻井液浸泡下，依然稳定，全井井径扩大率为 7.8%，目的层井径扩大率为 6.1%。

（2）钻井液良好的润滑性还成功克服了在没有旋转导向的不利情况下，使用普通 LWD 仪器完成了全井的轨迹控制。最终，该井电测一次成功，仅用 29h 就顺利将套管下至要求井深，固井施工作业顺利。

（3）该高性能水基钻井液体系很好地满足了四川泸州区块太阳背斜构造目的层龙马溪组地层页岩气井的施工要求。

（4）与油基泥浆相比，该钻井液体系在整个施工过程中的维护成本及后期岩屑处理成本上，都有了较大幅的节约，实现综合成本的有效控制。

（5）高性能水基钻井液在"太阳—大寨"构造页岩气水平井应用统计：高性能水基钻井液体系目前已经在四川叙永地区的"太阳—大寨"构造页岩气水平井施工 13 口水平井，平均井深 2422.3m，平均井斜 91.6°，水平段页岩地层平均井径扩大率 6.75%，应用井施工过程中顺畅，无钻井液引起的无复杂故障发生，润滑性、井壁稳定性良好，电测固井均一次性成功（表8）。

表 8　高性能水基钻井液在该区块推广应用井技术指标统计

序号	井号	完钻井深/m	垂深/m	最大井斜/(°)	水平段长/水平位移/m	井径扩大率/%
1	阳 102H1-1	1750	800.93	90.70	850/1109.54	3.64
2	阳 102H1-4	2045	813.93	93.4	1060/1233.76	4.62
3	阳 102H1-5	1906	861.24	91	1100/1292.64	6.28
4	阳 102H7-3	2361	1225.62	85.27	1282/1462.32	6.72
5	阳 102H2-4	2100	946.05	95	1040/1261.2	5.25
6	阳 107H1-2	2114	1120.41	102.81	1012/1200.14	6.16
7	阳 102H2-8	2650	1015.32	96.5	1140/1542.82	6.52
8	阳 102H7-1	2772	1331	84.5	1020/1563.06	6.23
9	YS117H1-6	4306	2603	88.28	1850/2223.0	6.52
10	阳 102H4-3	2260	1187.3	86.81	980/1386.71	11.3
11	阳 102H4-2	2445	1204.96	92.33	1040/542.19	9
12	阳 102H4-1	2481	1094.07	91.28	921/1427.11	7.56
13	阳 102H5-1	2300	1230	92.8	750/1177	7.97
	平均	2422.3	1187.2	91.59	1080.3	6.75

4　认识与建议

（1）研究形成一套适合该区块施工的高性能水基钻井液配方，体系具有抑制性强、封堵防塌效果好、润滑性良好，安全环保，有效保证了各项作业施工顺利，满足太阳-大寨构造页岩气水平井施工需求。

（2）高性能水基钻井液体系目前已经在四川叙永地区的"太阳—大寨"构造页岩气水平井施工 13 口水平井，平均井深 2422.3m，平均井斜 91.6°，平均水平段长 1080.3m，水平段页岩地层平均井径扩大率 6.75%，应用井施工过程中顺畅，无钻井液引起的无复杂故障发生，润滑性、井壁稳定性良好，电测固井均一次性成功。

（3）高性能水基钻井液环保优势突出，避免了油基钻井液钻屑处理的成本和环境风险，降低环保压力，其经济效益和环保效益突出，推广前景良好。

参 考 文 献

[1] 马丽，倪文学，丁丰虎. 胜北构造硬脆性泥页岩裂隙特征及防塌机理[J]. 西安石油学院学报，1999；14(4)：26-29.

[2] 李文拓，许传波，王晨. 泥页岩井壁坍塌周期实验研究简介[J]. 中国石油和化工标准与质量，2012；32(5)：180-181.

[3] 崔思华，班凡生，袁光杰. 页岩气钻完井技术现状及难点分析[J]. 天然气工业，2011；31(4)：72-75.

[4] 刘玉石，白家祉，黄荣樽. 硬脆性泥页岩井壁稳定问题研究[J]. 石油学报，1999；19(1)：85-88.

[5] 王正良，李淑廉，佘跃惠. 硬脆性泥页岩井壁稳定剂的研究[J]. 江汉石油学院学报，1996，18(4)：76-78.

作者简介：王亚宁，男，高级工程师。现主要从事钻井液室内研究及现场技术服务。地址：江苏省扬州市江都区邵伯镇江苏钻井公司，邮编：225262，电话：13179785067，E-mail：wangyning.oshd@sinopec.com。

涪陵工区水代油钻井液的研究及应用

刘浩冰　赵素娟　陈长元　罗志刚

（中国石化江汉石油工程公司钻井一公司）

摘　要　涪陵龙马溪-五峰组页岩地层页岩脆性矿物含量高，微纳米级孔隙裂缝和层理发育，常规水基钻井液无法满足钻进需要，针对龙马溪五峰组页岩裂缝发育等特性，提出吸附封堵提高承压，适活度和双抑制结合强润滑防卡四管其下形成减弱水基钻井液对页岩强度影响长效机制，构建了 JHGWY-1 水代油水基钻井液，该体系具有较好的封堵性，有效阻止页岩压力传递，能够满足涪陵区块龙马溪组页岩气水平井的钻探需要，并在涪陵焦页 18-10HF 井三开代替油基钻井液应用，在三开水平段 3081~4434m 平均机械钻速较邻井油基钻井液提高 21%，基本媲美油基钻井液，完井作业顺利，固井质量良好，说明该水基钻井液能够满足该井三开钻完井工程需要。

关键词　涪陵页岩气　水基钻井液　页岩水平段　水代油

涪陵工区是中国页岩气开发的三大页岩气区块之一，油基钻井液以自身良好的润滑和抑制性，一直是该地区水平井三开水平段首选钻井液，但它环保压力大，成本高。基于环保法规和经济性的要求，亟需开发可取代油基的环保型水基钻井液，国内外各大油服公司试图研发实现水代油，目前各大油田各区块已有成功应用水基钻井液的案例，但是由于涪陵五峰-龙马溪组页岩的复杂性，目前还未在涪陵龙马溪组页岩成功使用水代油水基钻井液，通过以涪陵页岩区为目标区块，通过分析该区块龙马溪组页岩特性和存在的技术难点，提出相应水基钻井液技术对策，研制了配套的水代油水基钻井液 JHGWY-1 体系，该体系具有良好的润滑性、抑制性和封堵性，并在焦页 18-10HF 井三开应用成功，在三开钻进过程中，该体系表现出良好的封堵性、润滑性及及时封堵裂缝抑制裂缝扩展的能力，为开采涪陵页岩气实现绿色钻探提供了新的思路和技术支撑。

1　涪陵龙马溪-五峰页岩特性分析

1.1　三开五峰-龙马溪组页岩矿物组分

涪陵区块的五峰-龙马溪组页岩矿物组成大体相当，均以石英和黏土矿物为主，含有少量的长石、方解石、白云石和黄铁矿。其中，涪陵区块石英含量 13.4%~70.6%，平均含量 39.6%，黏土矿物含量 16.6%~62.8%，平均含量 38.28%；涪陵石英和黏土矿物含量都具有极大的分布区间，表明五峰-龙马溪组页岩本身具有较强的非均质性。

1.2　形貌特征

五峰-龙马溪组页岩黏土矿物主要以伊/蒙混层和伊利石为主，膨胀性较强的蒙脱石含量极少，因此五峰-龙马溪组页岩总体活性较弱，膨胀性较差。图 1 显示五峰-龙马溪页岩裂缝层理发育明显。微裂缝发育、硬脆性页岩、伊蒙混层黏土矿物是影响岩石水化前后强度变化的主要内在因素。

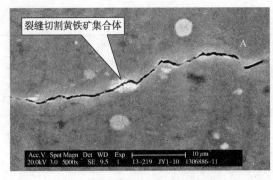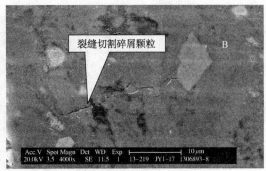

图 1　龙马溪页岩选择性微裂缝氩离子抛光扫描电镜图

2　涪陵龙马溪-五峰组水平段施工难点分析及对策

2.1　涪陵龙马溪-五峰组水平段施工难点分析

用水基钻井液进入龙马溪-五峰组页岩地层进行长平段施工需克服以下难点：（1）井壁稳定：五峰-龙马溪组页岩地层页岩脆性矿物含量高，微纳米级孔隙裂缝和层理发育，易剥落掉块，造成井壁失稳；因此基于微纳米尺度和宏观页岩井壁失稳机理分析，提出多元协同、及时强封堵与强抑制相协同水基钻井液技术对策。（2）井眼净化：随着井斜的增加，钻具与井壁接触面积增大，相互之间的摩阻也增大，因此水基钻井液必须有较强的携岩返砂特性。（3）降摩减阻：在水平段施工时随着水平段的延伸，摩阻和扭矩逐步增大，水基钻井液需具有优异的降摩减阻效果，以免发生起下钻困难及卡钻的风险。（4）漏失问题：龙马溪组泥页岩含微裂缝，要求水基钻井液具有较强的防漏封堵能力。（5）邻井压裂影响：水平段由于邻井压裂影响，地层破碎易垮易漏易窜气，有可能出现溢漏同存的复杂情况，对钻井液各项性能特别是防塌防漏性能有更高要求。

2.2　水基钻井液对策

（1）适活度和双抑制结合。涪陵龙马溪和五峰组页岩伊利石含量高，伊蒙混层较低，基本不含蒙脱石，通过加入活度调节剂保持活度平衡，页岩抑制剂抑制黏土矿物表面水化和渗透水化减弱水基钻井液对页岩强度的影响。

（2）及时强封堵。针对涪陵龙马溪页岩和五峰组微纳米孔隙和裂缝发育，是引起页岩地层井壁失稳的主要原因。开发改性多孔纳米吸附封堵剂，对页岩微纳米孔隙、裂缝进行及时封堵，增强井壁页岩承压能力，保持活度平衡及时强封堵，保持井壁稳定。

（3）强润滑防卡，通过加入长链醇胺酯类极压减摩剂和防泥包剂相配合，提高钻井液的润滑减阻能力，达到长水平段施工要求。

3　JHGWY-1 水代油水基钻完井液及其性能评价

利用改性多孔纳米颗粒吸附封堵、长效润滑与强抑制相结合的水基钻井液技术对策，有效保持页岩稳定，通过对核心处理剂的严选，构建了水代油水基钻井液，室内实验表明，该体系表现出较好的封堵、抑制、润滑、流变及抗污染等性能。

3.1 JHGWY-1 水代油水基钻井液流变性能评价

表 1 水代油水基钻井液性能

配方		$\rho/$ (g/cm³)	$FL/$ mL	pH 值	$AV/$ mPa·s	$PV/$ mPa·s	$YP/$ Pa	YP/PV (Pa/mPa·s)	$FL_{HTHP}/$ mL	极压润滑系数	切力	
											10s	10min
①	滚前	1.38	3.2	10	20	17.5	2.5	0.14		0.1099	0.5	1
	滚后	1.38	3.0	10	18	16	2	0.13	7.0	0.0958	1	2
②	滚前	1.80	2.4	12	38	33	5	0.15		0.1163	2	4
	滚后	1.80	2.3	12	35	30.5	4.5	0.14	6.0	0.1052	2.5	4
③	滚前	2.03	2.2	11	53.5	45	8.5	0.19		0.1169	1	3
	滚后	2.03	2.4	11	49.5	42	7.5	0.17	6.5	0.1022	1.5	4

从表 1 可以看出，在密度 1.38～2.03g/cm³ 范围内，150℃热滚前后体系流变性良好，具有较低的滤失量和较强的封堵性。对于强分散地层也有优秀的抑制性能。150℃ HTHP 下滤失量很低，其滤失量与目前现场油基钻井液的滤失量相当。控制钻井液 HTHP 下较低的滤失量有利于抑制泥页岩的水化分散，从而有利于井壁稳定。

3.2 JHGWY-1 水代油水基钻井液抑制性能评价

使用涪陵工区龙马溪露头页岩，采用页岩滚动回收实验评价体系的抑制性。

实验数据表明，水代油水基钻井液的膨胀率只有 0.6%，几乎与油基钻井液相当，测试结果还表明，水代油水基钻井液抑制岩屑分散的能力与油基钻井液基本接近，说明该体系具有类似油基的强抑制性，有利于井壁稳定(表 2)。

表 2 体系抑制性能评价

钻井液	8h 膨胀率/%			页岩滚动回收率/%
	标准岩样高度/mm	膨胀高度/mm	膨胀率/%	
清水	10.00	4.75	47.5	68.0
钾基聚合物钻井液	10.00	1.19	11.9	88.7
水代油水基	10.00	0.06	0.6	98.0
水代油水基(页岩浸泡48h后再测试)	10.00	0.08	0.8	97.3
油基钻井液	10.00	0.01	0.1	99.0

3.3 JHGWY-1 体系封堵性能评价

体系中核心处理剂纳米吸附封堵剂的粒径范围主要在 60～800nm 之间，可实现对页岩纳米裂缝孔隙的有效封堵(图 2)。

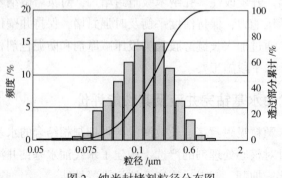

图 2 纳米封堵剂粒径分布图

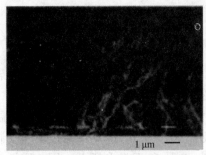
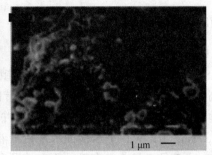

(a)压力传递实验前的页岩岩心扫描图　　　　　(b)压力传递实验后的页岩岩心扫描图

图3　压力传递实验扫描图

由图3可知，压力传递实验前的页岩岩心呈疏松多孔结构，还有大的微裂缝存在；而实验后的岩心表面结构致密，有封堵层形成，表明研制的JHGWY-1水基钻井液对页岩岩心有较好的封堵作用，其中微纳米材料和成膜材料可以侵入并吸附填充页岩孔喉及微裂缝，形成有效封堵，最终在近井壁地层形成连续的、致密的封堵层，从而达到减少水向页岩中的自吸和渗透作用，达到稳定井壁目的。

3.4　JHGWY-1水代油水基钻井液的润滑性评价

用焦页XX井二开完钻水基转化而成的水代油水基钻井液，其泥饼的黏附系数可控在0.1以内，从优控井身轨迹和钻井液润滑性着手，可满足长水平段施工作业的需要(表3)。

表3　龙马溪页岩滚动回收率实验结果

钻井液	极压润滑系数	泥饼黏附系数	滑块测试/度
井浆(焦页XX井二开完钻井浆)	8.2	0.1563	10~11
水代油水基钻井液	0.18	0.0347	2~3
现场油基	0.12	0.0174	1~2

3.5　JHGWY-1体系抗盐、抗石膏、抗岩屑污染性能评价

分别对该体系进行盐、石膏、岩屑污染评价，性能如下：

结论：通过以上室内研究得出页岩气JHGWY-1水代油水基钻井液体系在密度1.38~2.03g/cm³范围内具有良好的流变性，对页岩裂缝孔隙有很好的封堵能力，抑制性强，页岩回收率达到99%，润滑性能良好，沉降稳定性佳，可抗盐15%以上，抗钙5%，抗8%钻屑污染，抗温150℃。总体性能接近油基钻井液(表4)。

表4　页岩气JHGWY-1水代油水基钻井液抗污染评价数据

配方	ρ/(g/cm³)	FL/mL	pH值	AV/mPa·s	PV/mPa·s	YP/Pa	YP/PV(Pa/mPa·s)	切力 10s	切力 10min
空白	1.80	3.1	12	36.5	30	6.5	0.20	3.5	7.0
15%NaCl	1.81	3.8	11	27.5	26	1.5	0.06	0	3.5
8%CaSO₄	1.80	3.4	12	49	35	14	0.40	8	20.0
15%CaSO₄	1.80	3.0	11	56.5	42	14.5	0.35	8	18.0
10%岩屑	1.81	2.6	11	82.5	70	12.5	0.18	5	13

4 焦页 18-10HF 井现场应用

4.1 焦页 18-10HF 井完井基本概况

焦页 18-10HF 井位于重庆市涪陵区焦石镇楠木村 10 组，是中国石化涪陵页岩气公司部署在川东高陡褶皱带万县复向斜焦石坝背斜带的一口开发井，设计井深 4560m，三开五峰-龙马溪组地层采用 JHGWY-1 水代油水基钻井液钻进，完钻井深 4434m，井底温度 103℃，水平段长 1378m。JHGWY-1 水代油水基钻井液于 2019 年 6 月 14 日通过现场配制入井，入井井深 2360m，7 月 4 日 5 点完钻，下套管顺利，7 月 14 日顺利固井，固井质量优良。

4.2 JHGWY-1 水代油水基钻井液现场应用情况

该井三开钻进工程中 JHGWY-1 水基钻井液流变性能良好，该体系对井壁稳定起到了很好的效果。在钻井施工过程中，以物理封堵和化学防塌相结合，根据井下情况控制合适的密度，尽可能地降低钻井液的滤失量（API 滤失量控制在 2.0mL 以内，高温高压滤失量控制在 7mL 以内），提高和改善泥饼质量，减少钻井液滤液进入地层，起到了很好的防塌和稳定井壁的效果。应用证明该体系流变性好，悬浮携带性能强（表5、表6、图4）。

表 5 焦页 18-10HF 井 JHGWY-1 水基钻井液分段性能

井深/ m	密度/ （g/cm³）	黏度/ s	滤失量/ mL	pH 值	初切/ Pa	终切/ Pa	井温/ ℃	坂含/ （g/L）	AV/ mPa·s	PV/ mPa·s	YP/ Pa	YP/PV/ （Pa/mPa·s）
2450	1.38	61	2.6	10	0.5	0.75	40	18.12	44	37	7	0.19
3450	1.545	81	2.2	9.5	3	5.5	55	25.37	59.5	45	14.5	0.32
4050	1.55	84	2.0	9.5	4	9	58	28.6	68	52	16	0.31
4434	1.55	81	2.0	9.5	4	8	60	28.6	61.5	40	21.5	0.54

表 6 三开水平段与邻井油基钻井液参数对比

井号	井段/m	进尺/m	机械钻速/（m/h）
焦页 9-5HF（油基钻井液）	2546~4055	1509	7.49
焦页 18-10HF（水基钻井液）	3081~4434	1353	9.6

图 4 现场振动筛捞获的砂样代表性好

5 结论

JHGWY-1 水代油水基钻井液在钻井施工中性能稳定，流变性良好，携岩返砂正常，润滑性良好，无掉块，起下钻、下套管和固井施工作业均比较顺利。这表明研制的水代油水基钻井液完全满足页岩气各项正常钻井需要，具备水替油能力，可在同类井推广应用，为页岩气开发钻井用钻井液提供选择空间和新的思路。

（1）水代油水基钻井液体系在涪陵页岩气示范区焦页 18-10HF 井五峰-龙马溪组页岩地层钻进试验成功，钻井施工中未出现任何复杂情况，顺利钻达完钻井深，而且机械钻速比用油基钻井液的同类型井提高，井眼规则，扭矩小，泵压低，起下钻和通井顺畅，摩阻小，电测和下套管顺利，全井未出现井垮、井漏情况，为优质安全快速钻井提供了有力技术支持。

（2）试验效果表明该页岩气 JHGWY-1 水代油水基钻井液体系具有与油基钻井液性能相当，而且相对于油基钻井液具有低成本和环境友好的双重优势，在涪陵页岩气示范区勘探开发中具有一定的应用前景。涪陵页岩气示范区还有很多水平段超过 1800m 以上的深井，施工难度更大，对水基钻井液各项性能指标要求更高，该体系在深井长水平段的应用还需进一步验证。

参 考 文 献

［1］JULIOCM, ERICVO, RICARDOB, et al. Using a low-salinity high-performance water-based drilling fluid for improved drilling performance in Lake Maracaibo［C］. SPE-110366-MS, 2007.

［2］JAY P DEVILLE, BRADY FRITZ, MICHAEL JARRETT. Development of water-based drilling fluids customized for shale reservoirs［C］. SPE-140868-PA, 2011.

［3］何恕，李胜，王显光，等. 高性能油基钻井液的研制及在彭页 3HF 井的应用［J］. 钻井液与完井液，2013，30(5).

［4］闫丽丽，李丛俊，张志磊，等. 基于页岩气"水替油"的高性能水基钻井液技术［J］. 钻井液与完井液，2015，32(5).

［5］孙金声，刘敬平，闫丽丽，等. 国内外页岩气井水基钻井液技术现状及中国发展方向［J］. 钻井液与完井液. 钻井液与完井液，2016，33(5).

［6］梁文利，等. 涪陵页岩气水平井油基钻井液技术［J］. 钻井液与完井液，2016，33(5).

［7］于成旺，杨淑君，赵素娟. 页岩气井钻井液井眼强化技术［J］. 钻井液与完井液，2018，35(6).

长庆气田小井眼钻井液技术研究与应用

王清臣　胡祖彪　王伟良　侍德益　魏　艳

（中国石油川庆钻探工程有限公司长庆钻井总公司）

摘　要　为解决长庆气田小井眼施工中存在的井漏、地层自呼吸、井壁易失稳、携岩困难、电测成功率低等问题，从水力参数、岩屑清除和钻井液体系入手，在兼顾降低循环压耗和提高环空净化能力的同时，设制合理的泵排量，以此预防井漏、避免地层自呼吸现象；从新的实验评价方法入手，结合小井眼钻井液施工特点，优选出防塌剂作为主抑制剂、天然高分子降滤失剂作为降滤失剂、天然白沥青为封堵剂，并由此确定钻井液体系配方。2018年至今施工的6½in 井眼和6in井眼均使用了该技术，现场应用标明，井壁稳定，井径规则，较好地预防了井漏，防止了地层自呼吸现象，提高了电测成功率，提高了钻井速度，6½in 井眼 235 口井，电测成功率为 84.7%，6in 井眼 7 口，电测成功率为 100%，取得了很好的应用效果。

关键词　长庆气田　小井眼　钻井液　防漏　电测成功率

小井眼钻井技术能够带来钻井成本降低、钻井周期缩短、钻井废弃物较少，并提高经济效益，因此长庆油田公司的小井眼布井越来越多，有逐渐取代 8½in 井眼的趋势，但由于井眼尺寸较小，钻井液施工工艺和常规 8½in 井眼有较大差异。2017 年长庆钻井总公司施工了 7 口 6in 井眼，电测成功率只有 14.3%，并且伴有井漏和自呼吸现象、井壁难以稳定、携岩困难等技术难题，对钻井液技术和工艺提出了更高要求。通过研究水力参数、岩屑清除及钻井液性能对井壁稳定和电测成功率等影响因素，研究出了一套适合苏里格气田小井眼施工的钻井液技术和工艺，并在 2018 年和 2019 年施工中取得了较好效果，截至目前长庆气田目前施工 6½in 井眼 235 口井，电测成功率为 84.7%，6in 井眼 7 口，电测成功率为 100%，创造了很好的经济效益。

1　技术难点

1.1　易发生自呼吸现象、井壁稳定性差

小井眼环空间隙小，开停泵的环空压耗变化大，在水力尖劈作用下，在近井壁岩石处诱发很多微裂缝，开泵后 *ECD*(循环当量密度)大，钻井液被压入井壁，停泵后 *ECD* 降低，被压入井壁的钻井液又有一部分返回井筒，钻井液反复进出井壁，加速泥岩的水化，并且由于小井眼井壁受到的交变应力大且不稳定，在交变应力作用下，井壁产生疲劳破坏，加剧井壁的失稳。

1.2　环空压耗高、易发生漏失

小井眼的环空压耗较常规 8½in 井眼大得多，循环当量密度也就高得多，特别是扶正器处，环空压耗急剧增高，会在弱承压地层产生诱发性漏失。

1.3　携岩困难、易形成岩屑床和砂桥，电测成功率低

（1）大部分钻屑是通过钻杆的旋转呈螺旋上升状地沿钻杆本体被逐渐携带出井筒，因此

钻杆旋转对钻屑的清除有决定性作用。小井眼由于钻具刚性较弱、井眼轨迹不易稳定，滑动钻进多，钻杆不旋转的时间多，因此较常规井眼钻屑清除率低，更易形成岩屑床。

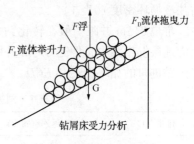

图 1 岩屑受力分析

（2）井壁上的岩屑受到重力、浮力、流体拖曳力和流体举升力的影响。重力和浮力是定量，因此拖曳力和举升力是破坏岩屑床，将钻屑带出井筒的关键因素（图1）。由拖曳力和举升力计算公式可知，小井眼的拖曳力和举升力均小于常规井，因此小井眼形成岩屑床后，更难以清除。

2 技术对策

2.1 设定合理的水力参数

合理的水力参数能够降低循环压耗，减小井壁受到的交变应力，从源头上解决诱发性漏失、自呼吸现象的发生，还能尽量提高井眼净化能力，清除钻屑。

2.2 确定适合小井眼施工的钻井液体系

相较于 $8\frac{1}{2}$in 井眼，小井眼对钻井液性能的要求更高，钻井液需要具备低黏度、低滤失量、适当切力和强抑制的特性，解决钻井施工中存在的循环压耗大、井壁稳定性差、易发生漏失、携岩困难和电测成功率低等问题。

2.3 采用特殊钻屑清除工艺清除钻屑

通过难点分析可知，小井眼钻屑较常规井眼更难以清除，延长洗井时间、重浆举砂等工艺均能取得较好的岩屑清除效果，此外，在钻具中接入岩屑清除器对岩屑有较好的破坏、清除效果（图2）。

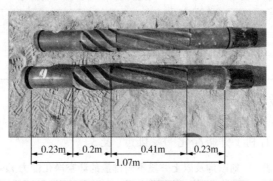

图 2 岩屑清除器

3 水力参数的合理设定

设定合理的水力参数对小井眼施工有极其重要的作用，泵排量过小不利于清洁井筒，泵排量过大不利于防漏，并且地层交变应力增大，也不利于井壁稳定。

3.1 基于防漏的考量

刘家沟是个易漏地层，承压能力低，易发生诱发性漏失，再加上环空间隙小，交变应力大且不稳定等因素，极易发生漏失和自呼吸现象，因此需要设定合理的泵排量和 *ECD*（当量钻井液循环密度)(表1)。

常规 8½in 井眼一般在转化钻井液后，钻至石千峰，密度升高至 1.18g/cm³ 左右时，刘家沟地层发生漏失，但是 6½in 井眼的环空压耗高得多，因此有必要计算聚合物钻井液在刘家沟钻进时的循环压耗和 ECD。

表 1 刘家沟钻进时(聚合物)的部分水力参数

排量/(L/s)	环空返速/(m/s)	漏层环空总压耗/MPa	当量密度/(g/cm³)	ECD/(g/cm³)
20	1.51	2.96	0.1184	1.178
22	1.66	3.32	0.1329	1.193
24	1.81	3.72	0.1489	1.209
26	1.96	4.15	0.1661	1.226
8½in 井眼钻穿刘家沟后发生井漏的数据				
34	1.42	0.944	0.038	1.218

统计天然气常规井眼的刘家沟井漏资料，计算出大部分井的循环当量密度 ECD 为 1.218 时发生漏失(表2)，由这个经验的漏失密度反推出小井眼的安全排量为：刘家沟及以上的聚合物井段为 24L 左右，钻穿刘家沟以下的低固相井段为 20L 左右。

表 2 刘家沟钻穿后(低固相)的部分水力参数

排量/(L/s)	环空返速/(m/s)	漏层环空总压耗/MPa	当量密度/(g/cm³)	ECD/(g/cm³)
19	1.44	1.4	0.056	1.216
20	1.51	1.54	0.0616	1.222
21	1.58	1.68	0.0672	1.227
22	1.66	1.83	0.0732	1.233
8½in 井眼钻穿刘家沟后发生井漏的数据				
34	1.42	0.944	0.038	1.218

3.2 基于井眼净化的考量

过大的排量不利于防漏，但是过小的排量也不利于井眼净化，因此还需要通过计算井眼环空净化能力 Lc，设置有利于井眼净化的泵排量(表3)。

表 3 刘家沟及以上井段不同排量的环空净化能力 Lc

	排量/(L/s)	环空返速/(m/s)	岩屑下沉速度/(m/s)	环空净化能力 Lc
6½in	19	1.42	0.73	0.4
	20	1.5	0.74	0.43
	21	1.57	0.74	0.45
	22	1.65	0.75	0.47
	23	1.72	0.75	0.49
8½in	34	1.42	0.72	0.44

参考常规井眼的环空净化能力，小井眼的环空净化能力 Lc 应该不小于常规井眼，因此刘家沟及以上的聚合物井眼排量为21L左右，刘家沟以下的低固相井段排量也为21L左右(表4)。

综合考虑防漏和井眼净化因素，刘家沟及以上的聚合物钻井液施工井段的泵排量设置为22~24L/s，最佳排量推荐23L/s；石千峰及以下的低固相施工井段的泵排量设置为20~21L/s，最佳排量推荐21L/s。

表4　石千峰及以下井段不同排量的环空净化能力 Lc

排量/(L/s)		环空返速/(m/s)	岩屑下沉速度/(m/s)	环空净化能力 Lc
6½in	18	1.35	0.59	0.5
	19	1.42	0.59	0.52
	20	1.5	0.6	0.54
	21	1.57	0.61	0.55
	22	1.65	0.61	0.57
8½in	34	1.42	0.55	0.54

4　钻井液体系的确定

由于小井眼的循环压耗较高，对黏度和密度较敏感，因此选择钻井液体系的原则为低黏高切强抑制。

4.1　泥岩泥抑制的选择

由于体系对抑制性的要求较高，因此选择防塌剂、氯化钠、甲酸钠、甲酸钾、复合盐、氯化钙和氧化钙等7种盐进行抑制剂的评价和筛选。

4.1.1　岩块滚动崩裂及抗压强度实验

实验方法：将7种抑制剂配制成水溶液，并分别加入易塌层位(石盒子)的岩心块，将盛有岩心块的溶液放入老化罐中滚动，对滚动完依然完好的岩心块进行抗压强度测试，抗压强度最大的岩心块所对应的抑制剂的抑制性最佳。

滚动后的岩心块如图3，仅有防塌剂、氯化钠和甲酸钾浸泡后的岩心块完好，将完好的岩心块继续进行抗压测试，实验数据如表5所示。

图3　岩心块热滚后形态

岩块滚动崩裂实验可以看出，防塌剂的抑制效果最好。

表 5　滚动后岩心块状态

抑制剂	滚动后形状描述	抗压强度/MPa	抑制剂	滚动后形状描述	抗压强度/MPa
防塌剂	完整，基本无裂痕	15.99	复合盐	裂成 2 块	—
氯化钠	完整，裂痕较多	8.72	氯化钙	裂成 3 块	—
甲酸钠	裂成 2 块	—	氧化钙	裂成 2 块	—
甲酸钾	完整，裂痕多	9.14			

4.1.2　岩屑滚动回收率实验

将这 7 种抑制剂进行岩屑回收率实验，实验结果如表 6。

表 6　岩屑回收率

抑制剂	一次回收率/%	二次回收率/%	抑制剂	一次回收率/%	二次回收率/%
防塌剂	33.18	25.8	复合盐	23.12	13.87
氯化钠	35.52	21.75	氯化钙	20.14	12.85
甲酸钠	27.83	15.26	氧化钙	21.86	15.42
甲酸钾	26.96	16.62		—	—

以上实验数据可以看出；防塌剂的二次回收率最高，对岩屑抑制效果最好。

通过抑制性的试验筛选，本体系的抑制剂选用防塌剂。

4.2　降滤失剂的选择

由于体系对黏度的敏感度较高，因此降滤失剂除了要具有较高的降滤失效果外，还应有较低的黏度效应，加入钻井液后，对钻井液黏度影响较小。

普通的降滤失实验，只能单一的评价处理剂的降滤失效果，无法判断处理剂的黏度效应，因此自创了一个黏滤比的概念，即降低基浆单位毫升滤失量时基浆升高的表观黏度值，也就是表观黏度/滤失量，数值越低越好。

考虑到环保因素，排除有色的磺化类处理剂，因此选择了天然高分子降滤失剂、GD-K、PAC-LV、永达降滤失剂、LY-1、SMC、REDU-1 等 7 种处理剂进行了黏滤比的评价，实验结果如图 2 所示。

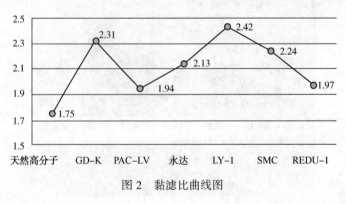

图 2　黏滤比曲线图

由实验数据可以看出，天然高分子降滤失剂的黏滤比最低，所以选择该处理剂作为本体系的降滤失剂。

4.3 封堵剂的选择

使用透水实验进行封堵剂的评价，分别选择天然白沥青、ZDS、LG-130 和永达白沥青等 4 种封堵剂进行实验，实验结果如表 7 所示。

表 7 透水实验数据

封堵剂	初透水时间/s	30 分钟透水量/mL	封堵剂	初透水时间/s	30min 透水量/mL
基浆	16	7.6	LG-130	41	5.2
天然白沥青	95	3.4	永达白沥青	78	4.4
ZDS	32	5.8	—	—	—

由透水实验的数据可以看出，天然白沥青的封堵性最好，所以选择该处理剂作为本体系的封堵剂。

4.4 体系配方的确定

在确定抑制剂、降滤失剂和封堵剂后，再选用黄原胶作为本体系的提切剂，并形成配方，即 3%~5%防塌剂+0.5%~1%天然高分子降滤失剂+1%~2%天然白沥青+0.1%~0.2%XCD+RY-838+GD-2，主要钻井液性能如表 8 所示。

表 8 钻井液性能范围

$\rho/(g/cm^3)$	FV/s	$PV/mPa \cdot s$	YP/Pa	YP/PV	$\Phi6$	$\Phi3$	Fl_{API}/mL
1.05~1.13	38~55	10~15	4~6	0.4~0.6	4~6	2~4	4~6

5 现场应用及效果

截至目前，长庆气田目前施工 6½in 井眼 235 口井，6in 井眼 7 口，均使用了小井眼钻井液技术，较 2017 年未采用该技术的井取得较大成果。

5.1 井漏复杂降低

采用小井眼钻井液技术后，ECD 大幅度降低，完钻 ECD 降低 $0.07cm^3$，使当量循环密度在地层安全窗口内，避免了自呼吸现象的发生，降低了井漏的发生率(表 9)。

表 9 水力参数重新设制后的效果对比

井眼	排量/(L/s)	完钻钻井液密度/(g/cm³)	ECD/(g/cm³)	自呼吸现象发生率/%	井漏发生率/%
6½in	20/23	1.13	1.19	0	6.85
6in	14/15	1.13	1.21	0	0

5.2 电测成功率提高

新钻井液体系使用后，在降低钻井液黏度、维持滤失量稳定的基础上，提高了钻井液抑制性，增强了钻井液维护井壁稳定的能力，基本避免了起下钻遇阻现象的发生，并大幅度提高电测成功率(表 10)。

表 10　转化钻井液体系后的效果对比

井眼	$\rho/$ (g/cm^3)	$FV/$ s	$PV/$ mPa·s	$YP/$ Pa	YP/PV	$\Phi6$	$\Phi3$	$Fl_{API}/$ mL	塌层平均井径扩大率/%	电测成功率/%
6½in	1.13	50	18	7	0.39	4	2	5	8.9	84.7
6in	1.13	50	15	8	0.53	5	4	5	4.5	100

6　结论

(1) 综合考虑钻井液上返速度和环空净化能力，设制合理的泵排量，对降低循环压耗有很大作用。

(2) 降低钻井液密度并设置合理的泵排量，能够较好地解决地层自呼吸现象，防止井漏的发生，并具有良好的环空净化能力。

(3) 研制的适用于小井眼施工的新钻井液体系，施工中表现出黏度低、切力高、抑制性强的特性、提高电测成功率和提高钻井速度等综合性能。

参　考　文　献

[1] 张金波, 鄢捷年. 国外特殊工艺井钻井液技术新进展[J]. 油田化学, 2003, 20(3): 285-290.

[2] 李少池, 周煜辉. 小井眼环空力学评述[J]. 石油钻采工艺, 1997, 19(5): 27-31.

[3] 孙金声, 杨宇平, 安树明, 等. 提高机械钻速的钻井液理论与技术研究[J]. 钻井液与完井液, 2009, 26(2): 1-2.

[4] 高清春, 雷鉴暄. 小井眼钻井环空清洁控制技术研究与应用[J]. 非常规油气, 2014, 1(3): 59-63.

[5] 张好林, 李根生, 等. 水平井中钻柱旋转对钻屑运移影响规律研究[J]. 科学技术与工程, 2016, 16(2): 125-130.

作者简介：王清臣，川庆钻探长庆钻井总公司高级工程师。地址：陕西省西安市未央区凤城四路兴隆园 2 区老中学办公区，电话：15349272725，E-mail：zjwqch@cnpc.com.cn。

川西海相超深井小井眼钻井液应用技术

邬 玲

(中国石化西南石油工程有限公司重庆钻井分公司)

摘 要 文章主要通过分析川西海相区块超深井小井眼钻井施工的技术难点，在常规聚磺钻井液基础上通过对大量处理剂优选，采用强抑制性强润滑性钾基聚磺防卡钻井液体系，在彭州 115 井、彭州 113 井、彭州 103 井、永胜 1 井等多口深井进行了成功运用，有效地解决了该区块小井眼井段钻井液的抗温、流变性调控、润滑防卡、盐膏及盐水污染、压差卡钻等复杂问题，为该区块进一步勘探开发提供了有力保障。

关键词 小井眼 钻井液 防塌 润滑性 携砂能力

川西海相小井眼井段钻遇地层类型多，岩性复杂，钻速低，钻井周期长，井下复杂及事故频繁。因此，钻井液技术难点主要有以下几个方面。

1 钻井液技术难点

（1）小井眼井段环空间隙小，裸眼井段长，导致循环压耗高，对钻井液流变性及携砂能力要求高[1]。

（2）小井眼裸眼井段长，导致钻井作业中摩阻增大，钻进中扭矩增加，因此钻进中钻井液的润滑防卡性就更为重要，尤其是超深井井底温度高，还需考虑润滑剂的抗温能力。

（3）川西海相超深井温度地梯多数在 2.20 以上，最高地层温度普遍 150℃ 以上，较高的井底温度使钻井液中处理剂不断降解实效，对钻井液性能产生巨大破坏作用[2]。

（4）小井眼井段钻进可能钻遇多个不同压力系统的地层，地层压力变化极易造成压差卡钻、井漏等复杂情况[3]。

（5）钻井液抗膏盐污染和 CO_2、H_2S 酸性气体污染问题。

（6）川西海相超深井小井眼地层以石膏岩、白云岩、粉晶云岩、膏质云岩为主，含有灰岩石膏岩互层，机械钻速低，施工周期长，石膏岩及泥质灰岩等经钻井液长时间浸泡后，极易发生剥落垮塌现象。对小井眼钻井而言，钻具与环空间隙小，易造成地层垮塌。

从永胜 1 井五开施工实际情况和多次取心所得岩心分析(图1)，粉晶云岩、膏质云岩及白云岩地层破碎，地层极不稳定，容易出现掉块和井壁垮塌[4]。

图 1 永胜 1 井取心所得岩心分析图

2 钻井液体系优选思路

根据以上提到的技术难点，积极开展了超深井钻井液体系优选和评价工作，最终优选钾基聚磺防卡钻井液体系。

（1）钾基钻井液体系具有良好的抑制性，通过 K 镶嵌作用和抑制黏土分散，实现化学固壁分散性。分散型聚磺钻井液利于形成薄而韧的泥饼，加入超微粉提供合适的固相颗粒粒级分布，形成优质泥饼防止井塌。

（2）为了能减少摩阻，利用抗高温润滑剂减少钻具与泥饼间的摩擦系数，同时利用封堵材料，让近井壁地层形成屏蔽带，以降低地层渗透率，从而阻止压力传递，减小压差卡钻风险。

（3）钻井液性能稳定，抑制性能强，抗污染能力强。

3 现场应用

在彭州 115 井[5]、彭州 113 井、彭州 103 井、永胜 1 井等多口川西海相超深井应用了钾基聚磺防卡钻井液体系，该体系具有沉降稳定性好，抗高温能力强，可以抗温 170℃，防塌封堵性能优良，抗污染能力强，润滑性能优异，流变性能好，充分保证了川西海相深井小井眼长井段安全优质高效钻井施工作业。

3.1 钻井液体系配方

配方：部分上部井浆（离心机处理）+1%~2%JNJS-220+1%~2%RHJ-3+1%~2%FDFT-1+1%~2%RH-220+0.5%~1%PAC-LV+0.2%~0.5%DSP-1+1%~2%SMP-3+1%~2%SPNH+3%~5%KCl+0.3%~0.5%CaO+1%~2%NH-1+重晶石。

3.2 现场钻井液性能

川西海相超深井小井眼钻井液性能见表 1。

表 1　川西海相超深井小井眼钻井液性能

井号	$\rho/$ (g/cm^3)	$FV/$ s	$FL/$ mL	$K/$ mm	pH 值	$P_v/$ mPa·s	$YP/$ Pa	$G_1/G_2/$ Pa	$C_s/$ %	$V_s/$ %	$C_b/$ (g/L)	K_f	$K_{HTHP}/$ mm	$FL_{HTHP}/$ mL
永胜 1	1.80	45	0.6	0.3	10	18	7	6/11	0.15	28	28.6	0.101	1.4	7.2
彭州 115	1.55	60	1.6	0.5	11	26	11	4/11	0.1	18	30	0.0699	1.6	9.8
彭州 113	1.47	60	2.4	0.5	10	26	10.5	5/10	0.1	21	32	0.11	1	9.8
彭州 103	1.50	66	2.0	0.5	11	23	10.5	4/10	0.1	26	25	0.093	1.5	9.8

注：①高温高压性能为井浆在 170℃热滚 24h 后测定。

3.3 提高体系抗高温抗污染技术对策

（1）深井段选用抗温抗盐钙污染能力强的 SMP-3、SPNH 磺化护理剂为主，配合使用高分子聚合物降失水剂 DSP-1，进一步提高钻井液的抗高温抗盐膏污染能力。

（2）根据小型实验加入 SP-80、FBFC 等抗高温热稳定剂，以提高体系高温热稳定性能。

（3）现场定期开展钻井液室内实验项目，为钻井液维护和处理提供科学依据。钻井液热老化实验（考查钻井液体系抗高温能力）；清水限实验（考查护胶剂加量是否充足到位）；坂土容量限实验（考查坂含控制是否合理）；体系抗污染实验（主要通过加入氯化钠、氯化钙来考查体系抗盐抗钙能力)；水样分析(检测外来离子入侵情况)。

3.4 抑制性与防塌措施

3.4.1 抑制性

(1) 钻井液中加足 NH-1 等处理剂提高钻井液的抑制性。

(2) 加入适量的氯化钾，并配合一定量的 KHPAN，以抑制水敏性地层的剥落掉块。

(3) 加大抗高温降滤失剂，严格控制高温高压失水，减少钻井液滤液进入地层裂缝的量，抑制泥页岩水化膨胀。

(4) 定期补充多软化点磺化沥青 RHJ-3、乳化石蜡 FDFT-1、井壁封固剂 FGL、超细钙等处理剂实施多元复合封堵技术，封堵微裂隙增强井壁稳定性。

(5) 随时监控钙离子含量，确保钙离子含量维持在 300~400g/L 之间，在絮凝降黏保持钻井液良好流变性的同时，利用钙离子填充作用，一方面使滤饼薄而韧，另一方面利于井壁稳定。

3.4.2 防塌

(1) 根据实际地层压力系数确定合理的钻井液密度，预防井壁失稳而引起的垮塌。

(2) 高温高压失水的控制：以高聚物 DSP-1，配合 SMP-3 和 SPNH 为主，配合使用 JI-JS-220，RHJ-3，增强钻井液抗温性和防塌能力[6]。

(3) 利用根据储层特性按照计算的比例把不同粒径的碳酸钙粒子主油层保护剂进行复配和沥青中的可变性粒子，降低滤饼渗透率，减少滤液进入地层，增强承压封堵能力，从而起到在泥质膏盐段防塌和泥质灰岩段防止压差卡钻、保护油气层等作用。

3.5 高温流变性技术措施

(1) 通过 PAC-LV 以及高聚物 DSP-1 等的复配使用，使得该体系动塑比高，剪切稀释能力强，在低剪切速率下具有良好的悬砂、携砂性能、井眼净化能力。在高剪切速率下黏度低，有利于提高钻速，同时还具有对井眼冲蚀低，抑制性强，耐高温，抗污染能力强等特点。

(2) 用 SMT 碱液调节钻井液流变性，并结合高软化点阳离子乳化沥青 RHJ-3、乳化石蜡 FDFT-1 方式来达到良好的封堵造壁作用；同时超深井配合适量的抗高温乳化剂，增强井浆的抗高温能力，以减弱钻井液的老化，保持钻井液性能稳定。

3.6 井眼净化技术措施

(1) 小井眼环空间隙小，压耗高，将明显的增加钻井液泵的负荷，钻井液黏切也不宜过高，所以通过调整钻井液动塑比，控制钻井液流型，携带出井底钻屑，达到净化井眼目的。

(2) 小井眼施工作业中，强化固控措施，严格控制钻井液中的劣质固相含量和低密度固相，确保优质的钻井液流变性能；小井眼施工作业，钻具柔性强，在加压条件下，钻具与井壁形成"齿合作用"，即钻具紧密贴合与井壁，在固相含量高时，特别是存在虚泥饼时，极易黏附卡钻，在上提钻具瞬间，会表现出较高摩阻，如果钻具抗拉强度不够，往往易引发断钻具事故；但由于小井眼段往往使用高密度钻井液，充分发挥固控的作用成为重点，尽量做好钻井液的净化工作，保持钻井液较低的膨润土含量，确保井下安全的重点。

(3) 钻井施工中注意观察振动筛返出岩屑数量、形状和尺寸，分析井内情况。坚持每打完一个单根后进行至少二次的划眼作业，并依据井内情况进行短起下钻，防止岩屑黏附井壁。

（4）单靠提高钻井液环空返速难以满足井眼净化的要求，科学调整钻速与排量的关系，控制钻速以保障井眼的清洁。

（5）起钻前充分循环，将井筒内钻屑携带出地面。只把井底的钻屑带出来并不能保证井眼是清洁的，观察振动筛，如仍有岩屑，就继续循环，直到振动筛上无岩屑为止。

3.7 润滑防卡技术措施

超深井小井眼施工作业中，由于钻具尺寸小，柔性强，易黏附井壁造成黏附卡钻，因此，良好的润滑性有利于减少摩阻和井下复杂情况的发生。由于井温高，还必须考虑润滑剂的抗温能力。

（1）在满足井下安全前提下（井控、井壁稳定）尽量使用低密度钻井液，以减少压差卡钻风险。

（2）加大抗高温润滑剂 RH-220，并辅以乳化石蜡 FDFT-1，阳离子乳化沥青 RHJ-3，JNJS220 等处理剂。

（3）强化固控，严格控制含砂量小于 0.2%，减少钻具与泥饼摩擦系数。

（4）配合使用快钻剂 KZJ 减少钻井液的表面张力，减少钻井液中固体颗粒在井壁和钻具表面上的黏附。

3.8 防漏及提高地层承压能力技术措施

（1）钻井液中加入可酸溶性小粒径随钻防漏堵漏材料（QS-2，LF-1，LF-2，PB-1），防漏堵漏材料进入地层中的微孔、微裂缝、裂缝通道，形成一段塞子，提高地层承压能力。随钻补充防漏堵漏剂的消耗，保持钻井液中随钻堵漏材料的含量为 5% 以上。

（2）每次起钻之前，大排量洗井一周，保障井眼通畅，注入堵漏浆封堵新钻开的地层，通过下钻的激动压力和加压循环，对地层就做一次承压堵漏施工，及时地对裂缝性易漏失地层进行有效封堵，提高地层承压能力。

（3）钻进中维持油质类封堵剂 RHJ-3 及改型树脂 JD-6，可变型纳米级封堵剂 FDFT-1 的含量，改善泥饼质量，依靠其相应作用机理封堵地层微裂缝，提高地层承压能力。

4 认识及总结

（1）钾基聚磺防卡钻井液体系具有良好的润滑性，抑制防塌能力和储层保护能力，井壁稳定，井径规则，井眼扩大率小，能显著降低复杂、事故损失率，降低钻井综合成本，提高油气产量。

（2）严格控制深井、超深井高密度钻井液的坂含和固含，充分利用固控设备降低无用固相，改善泥饼质量。

（3）在四川复杂的地质条件下的超深井，加足各类抗高温、抗污染处理剂及热稳定剂，保持 pH 值在 11 以上，以避免地层流体对钻井液性能产生影响而造成井内复杂情况。

（4）针对特殊小井眼的特性，加强对地层的封堵和润滑，提高地层承压能力，降低钻具与井壁接触面的摩阻和扭矩，能够有效防止黏卡事故的发生。

（5）超深井钻井液必须勤做抗高温老化实验和高温沉降稳定性实验，以保证钻井液在井下具有良好的流变性和稳定性。

（6）在超深井钻进过程中，在保证重晶石不沉降前提下尽量降低钻井液的黏度和切力，避免钻井液 ECD 过高，憋漏地层。

参 考 文 献

[1] 艾贵成，王宝成，李佳军. 深井小井眼钻井液技术[J]. 石油钻采工艺，2007，29(3)：86-88.
[2] 唐睿，彭州 115 井钻井液技术措施[R]. 彭州 115 井钻井液总结报告，2017，15-26.
[3] 汪春林，永胜 1 井小井眼钻井液技术[R]. 永胜 1 井钻井液总结报告，2017，23-32.
[4] 王兴武，小井眼长裸眼侧钻水平井钻井实践[J]. 钻采工艺，2010，33(3)：29-31.
[5] 禹尧，元坝 27-4 井钻井液技术措施[R]. 元坝 27-4 井钻井液总结报告，2017，31-35.
[6] 周煜辉，赵凯民. 小井眼钻井技术[J]. 石油钻采工艺，1994，16(2)：16-24.

作者简介：邬玲(1986-)，重庆市万州区人，现任重庆钻井分公司技术服务中心钻井液技术员，主要从事钻井液技术服务工作。助理工程师。地址：四川省德阳市旌阳区旌城一品；邮编：618000；联系电话：17781400520；邮箱：295255286@qq.com。

绿色高性能水基钻井液研究进展及发展趋势

司西强　王中华

（中国石化中原石油工程有限公司钻井工程技术研究院）

摘　要　在世界环保要求日益严格和钻遇复杂地层越来越多的形势下，对钻井液的环保性能和使用性能要求越来越高，绿色高性能水基钻井液成为钻井液技术发展的必然趋势。本文综述了近年来形成的绿色高性能水基钻井液体系的研究进展，主要包括醇基钻井液体系、糖基钻井液体系、胺基钻井液体系等，并在现有的绿色高性能水基钻井液研究及应用的基础上，对其发展趋势进行了展望。

关键词　绿色　高性能　水基钻井液　综述　研究进展　展望

近年来，随着世界环保要求的日益严格，钻井液的环保问题也就越来越凸显出来。早期钻井液体系中常含有原油、柴油等各种矿物油以及大量的非环保化学剂，不可避免的会对环境造成一定影响。为防止钻井液对地层、土壤和生态环境造成不良影响，同时考虑到复杂地层对钻井液性能的要求，需要使用无毒无害的绿色高性能水基钻井液来满足现场钻井施工的绿色、安全、高效钻进。前期国内外研究人员在绿色高性能水基钻井液方面开展了大量研究，钻井液的绿色化已成为世界范围内钻井液发展的必然趋势[1]。为进一步提高对绿色高性能水基钻井液重要性的认识，满足对绿色高性能水基钻井液进行深入研究的技术亟需，本文对近年来形成的常见绿色高性能水基钻井液体系进行简要介绍，主要包括醇基钻井液、糖基钻井液、胺基钻井液等，并在此基础上对其发展趋势进行展望，以期对钻井液研究人员具有一定启发作用。

1　绿色高性能水基钻井液研究进展

1.1　醇基钻井液体系

醇基钻井液是 20 世纪 90 年代发展起来的一类新型钻井液，具有抑制及润滑性能优良、配伍性好、无荧光、无毒、可生物降解和利于储层保护等优点。虽然该体系的作用机理尚存争议，但其表现出的优良抑制性能得到了研究人员的一致认可。最具代表性的是聚合醇钻井液和聚醚多元醇钻井液。

1.1.1　聚合醇钻井液

聚合醇多为聚二醇，也可以是丙三醇或聚甘油，以其为主剂配成的钻井液统称为聚合醇类钻井液。聚合醇分子含有多个羟基，易溶于水，但其溶解度会随着温度升高到某一点后而降低，此时水溶液呈浑浊状，这一转折温度称为浊点；当温度降至浊点以下时，聚合醇又恢复溶解状态。可以利用聚合醇的浊点效应来降低钻井液的高温高压滤失量,以满足对封堵性能要求较高的地层。

王洪宝等[2]报道了在聚合物钻井液中加入 3%聚合醇 JCP-1 得到了聚合醇钻井液。聚合醇的加入对钻井液漏斗黏度、滤失量、塑性黏度和动切力影响很小。聚合醇加入前后,100℃下页岩回收率由 58%升至 86%,80℃下的泥饼摩阻系数由 0.100 降至 0.038,摩阻系数降低率达 63%。在现场 42 口井的水平段使用 JCP-1 聚合醇钻井液,均未出现钻井事故。其中,永 12 平 4 井应用情况表明:钻具与井壁之间摩阻由 280kN 降至 90~110kN;无垮塌掉块现象,井径扩大率仅 6.68%;地层渗透率恢复值由 71.2%升至 87.0%,该井投产后产量是邻井直井的 9 倍。

于培志等[3]对聚合醇钻井液体系进行了实验研究。室内结果表明:钻井液流变性及滤失量变化很小,抗温达到 120℃,摩阻系数降低率达 50%。现场应用表明:钻井液润滑性好;抑制黏土水化膨胀效果显著,抑制防塌效果较好;钻井液使岩心的渗透率恢复值提高了 20%,达到 87.3%,储层保护效果较好。

刘平德等[4]研制了一种新型聚合醇钻井液。考察了聚合醇对钻井液流变性、热稳定性、抑制性等方面的影响。结果表明,当聚合醇加量为 3.0%时,得到的聚合醇钻井液具有较好的热稳定性、抑制性,流变性能优良,能够满足钻井施工要求。

褚奇等[5]基于页岩气开发中对页岩井壁稳定的严格要求和聚合醇抑制剂在钻井液中性能特点,应用聚合醇(丙三醇、乙二醇和聚乙二醇 200)与水共同构建钻井液液相的研究方法,配制得到一种新型聚合醇钻井液。与传统强抑制钻井液相比,新型聚合醇钻井液更有利于抑制地层黏土矿物的水化、膨胀、分散等现象。

张景红等[6]介绍了 AQUA-DRILL 醇基钻井液体系在雪古 1 井的应用情况。该体系是一种可以替代油基钻井液和合成基钻井液的新型环保钻井液体系,其主要处理剂为聚乙二醇类化合物 AQUA-COL,该主剂的页岩抑制性能及润滑性能优良,绿色环保。在雪古 1 井应用情况表明:该钻井液体系性能稳定,流变性及携岩带砂效果好,无沉砂、黏卡等现象,井壁稳定,井眼规则畅通,起下钻顺利。

1.1.2 聚醚多元醇钻井液

聚醚多元醇钻井液是除聚合醇钻井液之外的一类新型水基钻井液体系,主要用于地质条件较复杂地区和环境敏感地区。目前聚醚多元醇种类较多,由于分子结构不同,导致效果各异。使用过程中主要存在以下问题:(1)抑制防塌性能有待提高;(2)在钻井液中易起泡;(3)对钻井液流变性及滤失量影响大。因此,对聚醚多元醇分子结构的优化控制成为聚醚多元醇钻井液体系的技术关键。

邱正松等[7]以研发的改性聚醚多元醇防塌剂为基础,优化得到了一种新型醇类钻井液。该聚醚多元醇产品在钻井液中的防塌机理包括吸水机理、渗透机理、竞争吸附机理、成膜机理等。吕开河等[8]以新研制的多功能聚醚多元醇 SYP-1 为主剂,配伍优选了聚合物包被剂、防塌剂和降滤失剂等关键处理剂,得到了一种新型聚醚多元醇钻井液。对该钻井液进行了评价实验。在 LN3-6H 井和 HD4-23H 井进行了现场试验,结果表明:应用该钻井液体系钻进过程中,井壁稳定,井径规则,起下钻畅通;下套管等完井作业顺利。该体系抑制防塌和润滑效果好，可满足复杂地质条件下钻井需要。

1.2 糖基钻井液体系

1.2.1 烷基糖苷钻井液

1.2.1.1 甲基葡萄糖苷钻井液

甲基糖苷钻井液以其良好的抑制性、润滑性、环保及储层保护性能引起国内广泛关注[9]，1997年以来开展了相关研究及现场应用。在钻井液中加入35%以上的甲基糖苷，不仅可以降低钻井液水活度，而且可以形成理想半透膜，阻止与钻井液接触的泥页岩水化膨胀，有效维持井眼稳定。

1999年甲基糖苷钻井液在新疆准噶尔盆地沙南油田沙113井首次现场应用[10]。现场试验结果表明，该钻井液具有优良的抑制性、储层保护性能及独特的造壁护壁作用，解决了强水敏地层井壁垮塌问题，井径规则、电测取心一次成功。平均机械钻速为9.41m/h，比邻井提高47.8%。

2011年甲基糖苷钻井液在中原油田卫383-FP1井[11]、文133-平1井等非常规水平井上成功应用。现场应用结果表明，甲基糖苷钻井液润滑性能优良，适于钻探致密砂岩地层。但为了控制成本，现场施工过程中甲基糖苷加量仅为15%（最小加量应不小于35%，理想用量45%~60%），其抑制作用不能充分发挥，对泥页岩及含泥岩地层的井壁失稳问题不能很好地解决。

甲基葡萄糖苷钻井液现场试验效果良好，但也普遍存在着加量大、成本高、抑制性能有待提高、高温易发酵等问题，限制了其进一步推广应用。今后应在甲基糖苷产品本身的化学改性上开展研究，合成出高性能的甲基糖苷改性产物，弥补其自身性能的不足。

1.2.1.2 阳离子烷基葡萄糖苷钻井液

司西强等[12~16]针对烷基糖苷钻井液在现场应用中出现的问题，首次将阳离子烷基糖苷（CAPG）引入钻井液，研发得到CAPG钻井液。CAPG钻井液的优化配方为：6%CAPG+0.6%降滤失剂LV-CMC+0.6%流型调节剂黄原胶+0.4%增黏HV-CMC+3%封堵剂WLP+0.4%NaOH+0.2%Na$_2$CO$_3$+24%NaCl+0.4%抗氧化剂NaHSO$_3$。CAPG钻井液的相关性能测试结果表明：该钻井液体系在抑制性、抗温性、润滑性、滤液表面活性、抗污染性、降滤失性及储层保护等方面性能优良。岩屑一次回收率99.15%，相对回收率99.45%；相对抑制率91.4%；抗温达160℃；极压润滑系数0.097；滤液表面张力19.52mN/m；中压滤失量4.0mL；抗盐达饱和，抗CaCl$_2$达5%，抗膨润土10%，抗钻屑10%，抗水侵20%，抗原油10%；岩心的静态渗透率恢复值大于93%，动态渗透率恢复值大于92%。阳离子烷基糖苷钻井液的各方面性能均优于烷基糖苷钻井液，在油气勘探开发中的应用前景良好。近年来，阳离子烷基糖苷钻井液体系在陕北、中原、内蒙古等地区现场试验及推广应用80余口井，为现场井壁失稳、托压卡钻等井下复杂情况提供了较好的解决措施。

1.2.1.3 NAPG类油基钻井液（近油基钻井液）

司西强等[17~19]以自主研发的聚醚胺基烷基糖苷NAPG作为基液，优选增黏剂、降滤失剂、封堵剂等配伍处理剂，通过钻井液体系构建及配方优化，形成了环保型、低成本、高性能的NAPG类油基钻井液体系。钻井液性能评价结果表明：钻井液页岩一次回收率为99.90%，相对回收率为99.98%；钻井液抗温达150℃，流变性好，动塑比0.327，初终切适宜，中压滤失量0mL，高温高压滤失量6.0mL；润滑系数降低率达69.62%；滤液表面张

322

力 26.60mN/m；钻井液抗盐达饱和，抗钙 10%，抗土及钻屑 20%，抗水 40%，抗原油 20%；岩心动静态渗透率恢复值分别为 91.4% 和 96.8%；钻井液 EC_{50} 值为 528800mg/L，无生物毒性。对 NAPG 类油基钻井液和油基钻井液从抑制、润滑、降滤失、储层保护及生物毒性等方面进行了对比。结果表明，两者性能相当，且类油基钻井液在环保方面具有显著优势。NAPG 类油基钻井液适用于强水敏性泥岩、含泥岩等易坍塌地层及页岩气水平井钻井施工，可缓解目前油基钻井液环保压力，扩大水基钻井液适用范围，具有较好的推广应用前景。

1.2.2 聚糖钻井液

天然聚合糖以其来源丰富、价格低廉、绿色环保等诸多优点而备受青睐。自 20 世纪 70 年代以来，国内外在聚糖类油田化学品的开发上投入了大量的人力物力，目前已多达上百种，在实际应用中取得了较好效益。目前聚糖钻井液主要有淀粉钻井液和植物胶（杂多糖贰）钻井液。

1.2.2.1 淀粉钻井液

淀粉钻井液是一种最普遍的聚糖钻井液体系[20]。该钻井液体系是一种膨胀性流体，由于淀粉在高速搅拌时会形成网架结构，因此钻井液黏度随动切力的增大而升高，静置时又恢复原状。淀粉分子中的羟基与黏土表面的氢氧根离子之间可以形成氢键而互相吸附，保持黏土稳定的分散状态，具有较好的降滤失作用。淀粉分子在岩石颗粒之间形成胶结作用，同时淀粉分子在井壁表面吸附，形成一层薄而坚韧的膜，阻碍水分子进入地层内部，起到较好的防塌护壁作用。淀粉在钻井液中还能起到一定的润滑作用。淀粉具有优异的抗盐性，可作为饱和盐水钻井液中的降滤失剂。

1.2.2.2 植物胶钻井液

植物胶一般指由树木枝干伤裂处分泌而得的黏稠胶液，或从植物果实中提取而得到的产物。植物胶干燥后形成透明或半透明的无定形物质，其重要组成成分为半乳甘露聚糖形成的天然杂多糖苷。植物胶在工业领域应用广泛，但在传统钻井液中应用较少。与淀粉相比，植物胶具有较慢的降解速度和较好的抗高温能力，因此更适合用于钻井液中。自 20 世纪 90 年代以来，国内外多种植物胶相继被用于钻井液中[21]，取得了良好效果。其中国内在江苏油田成功将杂多糖应用于油田钻探施工并取得良好的经济效益和环保效益[22]。聚糖在国内外钻井作业中的应用情况表明，聚糖具有抑制防塌、增黏降失水、润滑、成膜护壁、抑制水合物结垢等优良性能。另外，聚糖无毒无害，不会污染自然水源，是一类环保型钻井液处理剂。

王越之等[23]以新研制的抗温抗盐增黏剂 FTVS 为基础，开发了一种多糖钻井液体系。性能评价结果表明：该钻井液体系具有独特的流变性，静切力对时间依赖性很小，抗温可达 150℃，抗盐可达 30%，与地层水、完井液等流体配伍性好，无毒，可生物降解。

张洁等[24,25]对天然聚糖 SJ 分别进行了磺化、磷酸酯化、阳离子化改性，得到系列改性聚糖产品，以其为主剂配制得到改性聚糖钻井液，抗温达 120℃。改性聚糖钻井液体系现场应用结果表明：该钻井液体系流变性好，滤失量低，携岩带砂效果好，起下钻顺畅。返出岩屑外观完整规则，硬度较大，井壁未出现明显的坍塌剥落现象，能够满足现场技术需求。改性聚糖钻井液具有良好的可生物降解性、无毒环保的特点。

1.3 胺基钻井液体系

1.3.1 UltraDrill 高性能水基钻井液

Patel 等研制了 UltraDrill 高性能水基钻井液[26]，目前该钻井液在国外应用广泛，其中包括一些极端气候环境。该钻井液主要以 UltraHib(碱性抑制剂)和 UltraCap(阳离子丙烯酰胺)为抑制剂，LV-PAC(聚阴离子纤维素)为降滤失剂，XC(黄原胶)为增黏提切剂，UltraFree(表面活性剂)为防泥包和润滑剂。聚醚二胺是一种低毒、易溶于水且稳定性高的钻井液抑制剂，分子链上的极性吸附基团在黏土颗粒上发生强吸附，形成吸附膜，阻止黏土矿物的水化分散。目前 UltraDrill 高性能水基钻井液在大港、冀东及湛江等油田进行了现场应用，结果表明，该钻井液能够稳定井壁，提高钻井速度，提高采收率。

1.3.2 聚胺高性能钻井液

聚胺高性能钻井液是性能最接近油基钻井液的水基钻井液，在深水钻井领域具有广阔的应用前景。

在 UltraDrill 钻井液研究及应用的基础上，石油大学邱正松等[27]研制了一种聚胺强抑制剂 SD-A。SD-A 是一种胺基多官能团化合物，易溶于水，水解后呈正电性，增强了其在黏土颗粒上的吸附能力。当在 SD-A 钻井液中加入 NaCl、$CaCl_2$ 和劣质土后，流变性能会有不同程度的变化，滤失量基本不变，说明该钻井液的抗污染能力较强。SD-A 钻井液可抗 120℃高温，该温度老化后的钻井液流变性能稳定。环保方面，该钻井液 EC_{50} 值为 12000mg/L，符合钻井液排放标准。

赵欣等[28]构建得到了适用于深水钻井的聚胺高性能钻井液体系。性能评价结果表明：该钻井液可抗 150℃高温，且低温流变性优良，2℃和 25℃的表观黏度比和动切力比分别为 1.36 和 1.14；其抑制页岩水化分散效果与油基钻井液相当；体现了其强抑制特性；在模拟 1500m 水深的海底低温高压(1.7℃，17.41MPa)条件下，具备 120h 抑制水合物生成的能力；抗钙、抗劣土污染能力较强；无生物毒性，能满足深水钻井环保要求。该钻井液体系的主要性能指标基本达到了用于深水钻井的同类钻井液水平，可满足深水钻井要求。

1.3.3 HPWBM 钻井液(高性能水基钻井液)

HPWBM 钻井液[29]是一种覆膜聚合物高性能水基钻井液，其主要由黏土抑制剂 AP-1、可变形封堵防塌剂 DS 及表面活性剂 S-80 组成，具有较好的稳定性、封堵性和润滑性。目前 HPWBM 钻井液已经在阿拉伯海湾、Campos 和 Santos 盆地试验成功。实验结果表明，黏土抑制剂采用 4.5%KCl 及胺基化合物复合使用时效果最佳；该钻井液还具有良好的抗污染能力，采用 42.795g/L 膨润土污染的钻井液坂土含量只有 14.265g/L。该钻井液在 Marlin Leste 油田应用时，平均钻速为 12m/h，比使用常规钻井液时快 7m/h，钻井效率明显提高。此外，国外研究表明，过去的几十年里，已经研发出了用作分散剂和降滤失剂的合成聚合物，与天然高分子相比，这些合成聚合物表现出更好的热稳定性和抗污染性能，但是环保性能还需继续优化提升。

1.3.4 铝胺高性能水基钻井液

铝胺高性能水基钻井液[30]的特殊之处在于添加了胺基聚醇(AP-1)及铝聚合物(DLP-1)，受到国内外钻井液技术人员的广泛关注。在实际钻井过程中，页岩不稳定会造成井壁失稳，严重时会导致井眼报废，而加入铝聚合物后会生成氢氧化铝沉淀，其可与地层矿物质结合而起到固结井壁的作用，在井壁上形成的物性薄膜能够起到较好的封堵作用。现场应用情况表明，铝胺基钻井液流变性能稳定，污染岩心渗透率恢复值达 90% 以上，动塑比为 0.5，中压滤失量为 2.4mL。该铝胺高性能钻井液在夏 103-1HF 井及辛 176-斜 12 井成功应用，表现出较好的井壁稳定及井眼清洁能力。

张浩[31]对有机胺、铝基聚合物、物理封堵剂、降滤失剂、润滑剂和流型调节剂等进行了优选和复配，确定了铝胺基钻井液的配方。该钻井液强抑制，强封堵，润滑、流变及抗温性能优良，其所污染岩心的渗透率恢复值>90%。在夏 103-1HF 井的现场应用表明：该钻井液流变性能稳定，动塑比在 0.5 左右，中压滤失量控制在 2.4mL 以内，高温高压滤失量控制在 8mL 以内，泥饼黏附系数<0.1，三开井眼井径规则，平均井径扩大率仅为 2.0%。该钻井液适用于非常规大斜度井和水平井。

2 绿色高性能水基钻井液发展趋势

近年来，尽管绿色高性能水基钻井液的研究及应用取得了较大进展，获得了较大的经济效益和社会效益，但钻井液评价技术及钻井液配方组成仍存在以下问题：(1)环保评价方法与标准不统一，有待于进一步完善和发展，特别是急需开展现场易操作的快速、安全、准确的环境可接受性评价方法的制定；(2)目前现有的多数绿色高性能水基钻井液性能优良，但成本偏高，一定程度上限制了其市场份额和进一步推广；(3)钻井液所用处理剂在环保性能和钻井液稳定性之间的矛盾没有得到很好解决；(4)针对近年来页岩油气大开发，由于钻遇裂缝层理发育地层、破碎带地层的井壁稳定难度较大，对钻井液的绿色环保、使用成本及防塌润滑性能等方面要求越来越高，用绿色高性能水基钻井液替代油基钻井液成为钻井液技术发展的必然趋势，但现有的绿色高性能水基钻井液还远远达不到现场绿色、安全、经济、高效钻进的技术亟需。

因此，未来的绿色高性能水基钻井液应该从以下几个方面实现突破：(1)深入开展钻井液处理剂作用机理的相关研究，找出处理剂结构组成与其性能之间的相互关系，为新型环保型处理剂的研究和开发指明方向；(2)充分利用高性能、来源广、储量丰富、廉价的环保天然材料，采用绿色工艺，对其进行化学深度改性，制备绿色新型钻井液处理剂，满足现场复杂地层绿色、安全、经济、高效钻进的技术亟需；(3)在新型钻井液处理剂及钻井液新型体系的推广应用过程中，要将钻井技术需求和环境保护有机结合起来，从钻井效果、钻井成本和环境效益三个方面来综合评价新型钻井液处理剂及钻井液新体系的应用效果，以获得最佳的综合效益。(4)大力完善和推广醇基钻井液、糖基钻井液、胺基钻井液等已经具有一定研究和应用基础的绿色高性能水基钻井液体系，特别是开展作用机理与油基相近、性能与油基相当、且具有油基钻井液所不具备的环保优势的近油基钻井液体系[32]的研发及推广，将会绿色高性能水基钻井液实现突破性发展的关键。

参 考 文 献

[1] 王中华. 钻井液及处理剂新论[M]. 北京：中国石化出版社，2017：77-81.

[2] 王洪宝，王庆，孟红霞，等. 聚合醇钻井液在水平井钻井中的应用[J]. 油田化学，2003，20(3)：200-201.

[3] 于培志. 聚合醇钻井液体系的研究与应用[J]. 石油钻采工艺，2001，23(5)：30-32.

[4] 刘平德，牛亚斌，张梅. 一种新型聚合醇钻井液体系的研制[J]. 天然气工业，2005，25（1）：100-102.

[5] 褚奇，薛玉志，李涛，等. 新型聚合醇钻井液抑制性能研究[J]. 科学技术与工程，2015，15（3）：208-211.

[6] 张景红，赵健，李波，等. AQUA-DRILL 醇基钻井液体系在雪古 1 井的应用[J]. 石油钻探技术，2001，29（6）：30-31.

[7] 邱正松，黄维安，徐加放，等. 一种新型多元醇钻井液的研制及应用[J]. 钻采工艺，2006，29（6）：5-7.

[8] 吕开河，邱正松，徐加放. 聚醚多元醇钻井液研制及应用[J]. 石油学报，2006，27（1）：101-105.

[9] 雷祖猛，司西强. 国内烷基糖苷钻井液研究及应用现状[J]. 天然气勘探与开发，2016，39（2）：72-74.

[10] 张琰，艾双，钱续军，等. MEG 钻井液在沙 113 井试验成功[J]. 钻井液与完井液，2001，18（2）：27-29.

[11] 赵虎，甄剑武，王中华，等. 烷基糖苷无土相钻井液在卫 383-FP1 井的应用[J]. 石油化工应用，2012，31（8）：6-9.

[12] 司西强，王中华，魏军，等. 阳离子烷基葡萄糖苷钻井液[J]. 油田化学，2013，30（4）：477-481.

[13] 司西强，王中华，魏军，等. 钻井液用阳离子烷基糖苷的合成研究[J]. 应用化工，2012，41（1）：56-60.

[14] 司西强，王中华. 阳离子烷基糖苷合成过程中的季铵化反应[J]. 应用化工，2014，43（6）：1159-1161.

[15] 司西强，王中华，贾启高，等. 阳离子烷基糖苷的中试生产及现场应用[J]. 应用化工，2013，42（12）：2295-2297.

[16] 司西强，王中华，魏军，等. 阳离子烷基糖苷的绿色合成及性能评价[J]. 应用化工，2012，41（9）：1526-1530.

[17] 司西强，王中华，王伟亮. 聚醚胺基烷基糖苷类油基钻井液研究[J]. 应用化工，2016，45（12）：2308-2312.

[18] 中石化石油工程技术服务有限公司. 一种聚醚胺基烷基糖苷类油基钻井液及其制备方法[P]. 中国，发明专利，2015104235570. 2017.

[19] 谢俊，司西强，雷祖猛，等. 类油基水基钻井液体系研究与应用[J]. 钻井液与完井液，2017，34（4）：26-31.

[20] 杨枝，王治法，杨小华，等. 国内外钻井液用抗高温改性淀粉的研究进展[J]. 中外能源，2012，17（12）：42-47.

[21] 李凤霞，王郑库，田云英. 植物胶钻井液完井液体系研究[J]. 科学技术与工程，2012，12（35）：9672-9674.

[22] 许春田，吴富生，张洁，等. 新型环保型杂多糖甙钻井液在江苏油田的应用[J]. 钻井液与完井液，2006，23（1）：19-23.

[23] 王越之，王宇，罗春芝，等. 新型多糖钻井液体系的室内研究[J]. 石油天然气学报，2006，28（2）：82-85.

[24] 张洁，张强，陈刚，等. 强抑制性改性杂聚糖在钻井液中的作用效能与机理研究[J]. 化工技术与开发，2013，42（10）：1-5.

[25] 张强. 聚合糖钻井液应用工艺优化及其机理探究[D]. 西安：西安石油大学，2014：72-73.

[26] 黄浩清. 安全环保的新型水基钻井液 ULTRADRILL[J]. 钻井液与完井液，2004，21（6）：4-7.

[27] 钟汉毅，邱正松，黄维安，等. 聚胺水基钻井液特性实验评价[J]. 油田化学，2010，27（2）：119-123.

[28] 赵欣. 深水聚胺高性能钻井液试验研究[J]. 石油钻探技术, 2013, 41(3): 35-39.

[29] 王建华, 鄢捷年, 丁彤伟. 高性能水基钻井液研究进展[J]. 钻井液与完井液, 2007, 24(1): 71-75.

[30] 王树永. 铝胺高性能水基钻井液的研究与应用[J]. 钻井液与完井液, 2008, 25(4): 23-25.

[31] 张浩. 铝胺基钻井液在夏103-1HF井的应用[J]. 石油钻探技术, 2013, 41(2): 59-64.

[32] 耍旭祥, 李慧. 近油基钻井液打破开采禁区[EB/OL]. (2018年09月25日)[2018年12月01日]. http://www.ccin.com.cn/ccin/news/2018/09/25/386861.shtml.

基金项目: 中国石化集团公司重大科技攻关项目"烷基糖苷衍生物基钻井液技术研究"(JP16003)资助。

作者简介: 司西强(1982-), 男, 2005年7月毕业于中国石油大学(华东)应用化学专业, 获学士学位, 2010年6月毕业于中国石油大学(华东)化学工程与技术专业, 获博士学位。现为中国石化中原石油工程公司钻井院钻井液工艺专家, 研究员, 近年来以第1发明人申报发明专利40件, 已授权15件, 发表论文80余篇, 获河南省科技进步奖等各级科技奖励20余项。地址: 河南省濮阳市中原东路462号中原油田钻井院, 邮编: 457001; 电话: 15039316302, E-mail: sixiqiang@163.com。

环保钻井液技术现状及应用进展

孙露露　吴广兴　宋广顺　赵亚涛　朱光宇

(大庆钻探工程公司钻井工程技术研究院)

摘　要　为满足安全、快速、环保、高效钻井需要，国内外在环保钻井液开发与应用方面开展了大量研究，本文主要介绍了国内外环保型钻井液的研究现状及进展，重点介绍了抑制型环保钻井液、生物酶降解钻井液、低固相环保钻井液、糖基钻井液及气制油钻井液的研究应用情况，以期为环保钻井液技术的发展提供参考。

关键词　环保型　钻井液　可降解　综述

环保型钻井液需满足以下条件：与油基钻井液相近的抑制性能、配制和维护成本与普通水基钻井液相近、满足施工地区的环保排放标准、对生态环境无害及可保证施工人员的健康和安全。本文从环保型水基钻井液和环保型合成基钻井液两方面综述了环保型钻井液技术国内外研究新进展，以期对环保型钻井液技术的研究起到一定的指导和参考作用。

1　无毒环保型高性能水基钻井液

1.1　抑制型环保钻井液

近年来，国外石油公司研发出了多种强抑制环保型水基钻井液体系，如 Schlumberger 公司研发的 Ultradril、HydraGlyde 体系；Halliburton 公司通过聚胺盐和铝酸络合物提高体系的抑制性，研发的 Hydro-Guard 体系；MGS 公司研发的 Pure-Bore 高性能水基钻井液等，以上体系已成功应用于阿拉伯海湾、澳大利亚、墨西哥湾、哥伦比亚、巴西和美国大陆等地区，取得了良好效果。

国内在抑制型环保水基钻井液方面也开展了相应的研究工作，部分产品已成功现场应用。中国石油大学的董鹏飞[1]基于"封堵、抑制、固化、双疏、润滑"理论，研发的 5 种处理剂，分别为仿生抑制剂 XZ-YZJ，是以芳香胺为原料合成的带有仿生基团的芳香胺盐酸盐，起到抑制黏土水化膨胀的作用[2,3]；仿生封堵剂 XZ-FDJ，是以仿生基团对纳米氧化石墨烯进行表面改性的产物，起到封堵纳米孔隙以及降滤失的作用[4,5]；键和润滑剂 XZ-RHJ，其中的活性组分与井眼内的自由离子缔合在钻具井壁表面产生平滑表面，有效控制流动界面内的固有涡流，降低大位移井等复杂钻井施工中的摩阻，提高孔道表面润滑性；固化成膜剂 XZ-CMJ，起到封堵泥页岩微孔隙和微裂缝的作用[6]；双疏剂 XZ-SSJ，是一种带有吸附基团及低表面能基团的特种表面活性剂，起到疏水疏油的作用，可减少水敏地层岩石的表面水化及渗透水化，达到稳定井壁的效果。以此形成的适合准噶尔盆地深井区块的 XZ-新型高性能水基钻井液，体系可抗温 120℃，对钠基膨润土的线性膨胀抑制率达 94% 以上，对现场泥页岩岩屑的滚动回收率均达 95% 以上，对纳微米孔缝的封堵强度在 29.6MPa 以上。该体系在吉木萨尔致密油 1 口井 JHW023 进行了现场应用，建井周期比邻近 JHW025 缩短 30% 以上，井径扩大率及复杂情况发生率要小于该地区定向井的平均值，适用于复杂情况较多的深井及深井大位移井。

塔里木油田公司针对库车山前构造高压、高温、高含盐地层，研发的由多元高性能井眼稳定剂、纳米成膜封堵剂 Hiperm、高效润滑剂 NDFT-3（抗温 180~200℃）和特殊提速剂组成的环保型高性能水基钻井液[7]，泥页岩滚动回收率达到 90% 以上，在库车山前构造带某区块 X 井上进行了现场试验，完钻井深 7006m，相比于应用油基钻井液的邻井，机械钻速快 6.6%，平均井径扩大率为 4.24%，体系 EC_{50} 值为 45900mg/L，无毒，产生的岩屑呈土本色，清晰可见 PDC 钻头切削痕迹，棱角分明。

中国石化胜利石油公司的陈二丁研发的抗温 120℃ 环保型水基钻井液[8]，在 -2℃ 仍具有良好的流变性，抗盐可至饱和，页岩滚动回收率达到 93.6%，重金属含量低，生物毒性 EC_{50} 值大于 106mg/L，环保性能满足环保要求。在曲 15-X 井进行了现场应用，下套管一次成功率 100%，使用该体系井段井眼扩大率仅为 1.53%。

1.2 生物酶降解钻井液

随着生物技术的发展，生物降解聚合物和降解生物酶逐渐渗透到石油开发中，产生了生物降解型钻井液技术，生物酶钻井液在钻井过程中可在井壁形成致密泥饼，防止固相及液相侵入，钻井作业结束后，在地层温度作用下，生物酶活化，开始降解泥饼中的天然高分子处理剂及封堵剂，地层渗透率得以恢复，实现了低伤害、低污染及保护储层的目的。Etel Kameda[9] 等研究发现，α 淀粉酶可以水解钻井液中的聚合物及碳酸盐颗粒，使储层渗透率得以恢复，Ezio Battistel[10] 等研究发现，芽孢杆菌耐热淀粉酶和木霉纤维素酶在高浓度盐溶液中具有良好的活性，岩心渗透率可恢复至 80% 以上。

中国石油大学的魏亚蒙[11] 研制出一种生物酶钻井液，创新性地使用了可自动水解封堵剂 ZFJ，并首次将其应用到生物酶钻井液中，ZFJ 为粉末状的高聚物，不溶于水，质地坚硬似砂，在 50℃ 以上可自动水解产生醇和酸，将超细 $CaCO_3$ 与之复配使用，在高温 α-淀粉酶（SWM-2）、纤维素酶（SWM-3）和 β-甘露聚糖酶（SWM-9）的共同作用下可有效降解。该体系抗温 130℃，砂床侵入深度小于 2cm，抗 NaCl 污染达 10%，抗 $CaCl_2$ 污染达 1%，抗 $MgCl_2$ 污染达 0.5%，抗钻屑污染能力可达 8%，润滑系数为 0.084，岩心渗透率恢复率为 93.77%，岩屑滚动回收率可达 92.14%，10h 岩心线性膨胀率为 13.71%。体系配方为：清水+0.4%聚阴离子纤维素+0.1%半乳甘露聚糖+4%改性植物胶降滤失剂+3%磷酸盐改性淀粉+3%ZFJ+2%超细 $CaCO_3$+1.5%胺基聚醇+1.5%杂多糖+1%润滑剂 SD505。

中国地质大学的吕帅锋[12] 研发的一种聚合物钻井液体系，固相含量极低，在纤维素酶作用下能够有效降解，96h 内黏度可降低至原来的 16%，通过生物酶解堵，储层渗透率伤害率可以从 50% 降低到 25%。该钻井液在中国首个煤层气工厂化钻井平台 X-2 井进行了现场试验，钻井液密度为 1.01~1.03g/cm³，漏斗黏度为 35~40s，API 滤失量小于 15mL，pH 值为 8~10，接近完钻时加入生物酶钻井液，黏度降低至 40%，有效降低了储层污染。

长庆油田的欧阳勇[13] 研制的清洁型可生物降解钻井液，体系一次回收率达到 95% 以上，岩心膨胀量降低率 8h 后达到 62.74%，API 失水小于 4mL，抗温 150℃，BOD_5/COD_{Cr} 值 0.365，易降解，EC_{50} 值 32400mg/L，无毒。现场应用 3 口井，平均井径扩大率为 5.66%、3.62%、4.16%，K_f 值达到 0.0787，对实现苏里格区块的清洁生产与效益开发发挥了重要作用。华北油气的魏凯研发的生物酶钻井液技术[14]，以纤维素类、淀粉类材料为处理剂，结合高效降解酶，实现了生产过程中致密泥饼的有效降解清除，既满足了低渗储层钻井保护，又实现了环境保护和可持续发展的需要，是具有推广价值的钻井液技术。

1.3 低固相环保钻井液

低固相钻井液具有较低的流动阻力、较小的静切力及较好的流变性等优势，既能保证井眼清洁的同时又可减少钻井液对储层的损害，不仅可以提高钻井效率而且能够很好地保护油气层。

美国 Newpark 公司研发的环保型高性能无黏土水基钻井液 Evolution，核心处理剂包括井壁稳定剂 EvoCon、阴离子聚合物增黏剂 EvoVis、环保型润滑剂 EvoLube 和流型调节剂 Evo-Trol，在墨西哥应用时井底温度达 204℃，在福山油田美 15x 井三开进行了现场试验[15]，钻速和润滑性能与油基钻井液相当，能够有效地降低压耗和激动压力，提高机械钻速。

长城钻探公司研发的无毒环保型高性能水基钻井液体系[16]，核心处理剂为胺基聚醇 HPAG、乳液大分子 GWAMAC 和高效封堵剂 GWHP FLEX Sea。胺基聚醇 HPAG 相对分子质量较小，可穿透或嵌入黏土晶层，通过质子化的胺基阳离子基团对黏土颗粒晶层形成强力的多点吸附，将相邻黏土片层紧密束缚在一起，减少黏土层间距，从而起到抑制黏土水化膨胀、稳定井壁的作用。乳液大分子 GWAMAC 是一种反相乳液包被抑制剂，分子量可达 1200 万以上，低速搅拌下能在数十秒内完全溶解在水相当中，可迅速吸附在钻屑等带负电性的黏土颗粒表面，分子链卷曲并呈现絮凝的现象，从而使钻井液中低密度固相容易被固控设备清除。高效封堵剂 GWHP FLEX Seal 是一种核壳类乳液聚合物，其分子链上含有大量阳离子化基团，能够较好地对黏土颗粒晶层形成多点吸附，以保证其能在黏土表面形成较为牢固的封堵膜。体系配方为：0~1.5%膨润土+0.1%~0.12%KOH+0.3%~0.5%K$_2$CO$_3$+0.5%~1.0%PAC-LV+0.1%~0.4%XCD+1.0%~2.0%Green. Starch+1.0%~3.0%H. Stable+2.0%~4.0%HPAG+0.5%~1.5%GWAMAC+3.0%~5.0%甲酸钾+3%GWHPFLEXSeal+重晶石。该钻井液在密度为 1.22~2.18g/cm³ 范围内具有优良的流变性及滤失造壁性能，体系静置 24h 后上下密度差为 0.03~0.06g/cm³，沉降指数低于 0.508，钻井液样品 API 泥饼黏滞系数最低达到 0.0262，润滑性能好，兼具较强的抑制性和抗岩屑污染性能，能够满足不同压力系统页岩地层钻井的需要。

川庆钻探研发的高黏低固相环保钻井液体系[17]，由清水、烧碱、高黏聚阴离子纤维素 PAC-HV、石油级黄原胶 XCD、阳离子包被抑制剂 SH-1、阳离子乳化沥青粉 SFT-1、磺甲基酚醛树脂 SMP-2、1250 目超细碳酸钙和重晶石粉配制而成，该体系从源头上降低了惰性固相的加入，改善了泥饼质量，通过高黏切低密度在保证井壁稳定的同时，保障了快速钻井。

1.4 糖基钻井液

糖基钻井液包括烷基糖苷钻井液和聚糖钻井液，烷基糖苷衍生物钻井液具有吸附成膜，有效抑制泥页岩水化（烷基糖苷体积分数不小于 35%，理想用量 45%~60%）、良好的润滑性能、易生物降解、无毒环保及储层保护效果好等优点。

川庆钻探公司以多糖衍生物 G312 为主剂，利用多糖衍生物的半透膜作用和有机胺的抑制防塌作用，形成了适合于长庆油田低压、低渗、低孔储层的水基环保成膜钻井液[18]，该体系仅有六种处理剂，不含无机盐，电导率和矿化度低，不会对电测、录井造成影响，岩屑一次回收率达到 94.80%、二次回收率达到 89.34%，抗温 120℃，生物毒性 EC_{50} 为 91600mg/L，生物降解性 BOD/COD_{Cr} 为 0.3708，重金属汞、砷、镉、铅、铬的含量分别为

0.00499、0.00125、0.004、0.003 和 0.772mg/kg，石油类物质含量为 2.73%，电导率为 3400μS/cm，符合国家污水综合排放标准要求。该体系在长庆油田苏 36 区块进行了现场试验，钻井过程中没有发生井下故障，井径规则，电测、下套管作业一次到底。

中原石油公司陆续研发了阳离子烷基糖苷、聚醚胺基烷基糖苷及烷基糖苷衍生物等钻井液处理剂[19]，以此形成了不同烷基糖苷钻井液体系，其中阳离子烷基糖苷钻井液已在新疆、中原等地区应用 30 余口井，抑制防塌效果突出，体系抗温可达 160℃，适用密度 1.15～2.30g/cm³，可实现 0.03～100μm 范围的粒径级配，抗钻屑污染能力强，体系岩屑一次回收率 99.15%[20]。聚醚胺基烷基糖苷钻井液抗温 150℃，HTHP 滤失量小于 10mL，EC_{50} 为 528800mg/L，该体系已在新疆塔中地区顺南 6 井等 10 余口井进行现场试验，顺南 6 井平均井径扩大率为 3.92%，邻井顺南 1 井则为 17.3%，井壁稳定效果突出，适用于强水敏性泥岩、含泥岩等易坍塌地层及页岩气水平井钻井施工[21,22]。烷基糖苷衍生物钻井液具有良好的流变性能[23]，高密度条件下 HTHP 滤失量小于 5mL，90℃ 条件下对露头页岩岩心连续浸泡 50d 与油基钻井液井壁稳定能力相当，润滑系数小于 0.1，该体系在长宁 H26-4 井的应用过程中，井壁稳定、携砂效果及润滑性能良好，可缓解目前油基钻井液的环保压力，扩大水基钻井液适用范围，具有较好的推广应用前景。

2　无毒环保型合成基钻井液

合成基钻井液是一种不仅在性能上具有油基钻井液的良好性能，而且在环保属性上具有无毒、易生物降解、对环境无污染的钻井液体系，已成为国际上常用的钻井液体系。合成基钻井液的基液主要为线型 α-烯烃(LAO)与异构烯烃(IO)等为代表的第二代产品，但使用成本较高。目前国内外研究者们正在不断寻求和改进合成基钻井液的基液、乳化剂及流型调节剂，进一步提高体系的高温高压稳定性，并在满足环境要求的前提下降低成本。

哈里伯顿研发的 BaraPure 无盐高性能合成基钻井液，使用 BDF-522 处理剂做内相，无黏土，无盐配方，可生物降解，为偏远地区的废物管理或基础设施面临挑战的地方提供了便利之处，与传统的钻井液相比，热稳定性高达 300℃。表 1 中列举了哈里伯顿研发的其他几种合成基钻井液体系的特点及适用性。

表 1　哈里伯顿公司研发的合成基钻井液体系

钻井液体系	钻井液类型	特点	适用地区
BaraECD® 合成基钻井液(烯烃、石蜡基础油)	无黏土高性能钻井液	具有较低的黏度；悬浮性能优良；最高抗温 204℃	适用于低压、大斜度或小井眼等具有技术挑战性的油井，且现场无须特殊设备
ENCORE® 合成基钻井液(石蜡基础油)	无黏土高性能石蜡钻井液	快速成型，易破碎凝胶；润滑性高，低 PV；固控能力高；抗温 232℃	适用于深井
INNOVERT® 合成基钻井液(石蜡基础油)	无黏土高性能石蜡钻井液	快速成型，易破碎凝胶；润滑性高，低 PV；固控能力高；抗温 232℃；符合挪威环保法规	适用于深井

国内在环保型合成基钻井液方面开展了新型基础油和气制油钻井液的研究工作，研发了多种环保型合成基钻井液体系。

2.1 气制油合成基钻井液

中国石油工程技术研究院研发了密度为 1.6~2.3g/cm³气制油合成基钻井液体系[24]，在 120~200℃范围内流变性好(表观黏度 27~61mPa·s，动切力 6~9Pa)，电稳定性强(破乳电压在 800V 以上)，HTHP 滤失量小于 2.5mL。其关键处理剂有机土 DR-GEL 为怀俄明型膨润土通过双十六烷基二甲基氯化铵及高分子 SOPAE 进行一、二次插层制得，具有凝胶性强(胶体率 98%、表观黏度为 14mPa·s、动切力为 3Pa)和高温性能稳定(抗温 220℃)。降滤失剂 DR-FLCA 为改性黑腐殖酸与双十六烷基二甲基氯化铵反应制得，具有高温高压滤失量低和辅助乳化等性能。该体系在印尼苏门答腊岛 JABUNG 区块 NEBBasement-1 井成功进行了现场应用，在井底温度大于 180℃下 40d 的使用过程中性能一直稳定，较好地解决了大斜度定向井钻井液悬浮性与携屑能力差等难题。

中国石化江苏石油公司研发的 185V 气制油合成基钻井液体系在泰国 Chatturat-3 井三开井段成功应用[25]，该体系循环当量密度比常规油基钻井液小，形成的泥饼容易清除，岩心渗透率恢复值大于 85%，使用井段平均井径扩大率 0.32%，机械钻速与邻井相比提高 16%。

2.2 改性基础油合成基钻井液

辽河油田公司研发的密度为 0.95~2.00kg/L 的低毒环保型钻井液体系[26]，基础油为普通原料油经脱硫、脱芳处理，使硫化物转化为 H₂S，烯烃和芳香烃转化为烷烃后得到的产物，其 96h 的 LC_{50} 值大于 1000000mg/L，毒性不足柴油的 1/10，芳香烃含量远低于柴油和天然气制油，且 C_{12}-C_{22} 含量达 92%以上，杂质含量低，易挥发降解。有机土为季铵盐阳离子表面活性剂等助剂对钠蒙脱土改性制得，经 150℃老化 16h 后性能变化不大，而且在弱极性基础油中的成胶率达到 73%以上，可满足配制高性能油基钻井液的技术要求。该钻井液体系 HTHP 滤失量为 3.2~9.5mL，沉降密度差最高 0.06g/cm³，破乳电压高达 1190V 以上，水侵和劣质土侵后乳化体系可以保持稳定，二次岩屑回收率达到 99.17%，线性膨胀率仅为 1.92%，岩心渗透率恢复率达 88.5%~94.6%。可满足复杂地层深井、超深井安全高效钻井的需求及环保要求。

中国石油西南油气田公司研发的一种生物合成基环保钻井液，采用第 3 代生物合成基液作为连续相，体系抗温达到 200℃，使用密度范围为 1.10~2.50g/cm³，120℃老化后 HTHP 滤失量为 1.6mL，极压润滑系数为 0.089，该体系在长宁 CN-H 井四开井段成功应用[27]，平均井径扩大率为 4.9%，单只钻头"一趟钻"进尺 2366m，钻井周期为 13.48d，水平段长 1500m，平均机械钻速为 9.74m/h，刷新了长宁页岩气"一趟钻"进尺和页岩气水平段钻井周期记录。

南化集团研究院研发了合成基钻井液基础油 NH-SO1[28]，是以合成气(H₂和 CO)为原料，在一定压力、温度、催化剂存在的条件下反应生成的烷烃类物质，其芳烃含量为 0.2%，以此配制的 NH-SO 合成基钻井液体系，体系耐温性能达 150℃，破乳电压热滚前 1073V，热滚后 904V，高温高压滤失量为 1.6mL，体系生物毒性基本为无，属于环保型高性能钻井液体系。中海油服公司研制了一种以乙酸钠(CH₃COONa)为内相的合成基钻井液[29]，以气制油为基础油，妥尔油脂肪酸脂衍生物为乳化剂，该体系具有三维网状结构，流体类型复合 Herschel-Bulkley 模型，该体系在 3.5MPa 压力下，50~180℃范围内具有较好的流变稳定性，对人造岩心的渗透率恢复值能达 89% 以上，并有较好的抗劣质土、海水污染能力，较宽的油水比适用范围，良好的储层保护性能，可满足复杂地层井、超深井安全高效作业要求。

3 其他环保钻井液

中国石油海洋工程公司研发的低生物毒性高温聚合物钻井液体系[30]，配方为：2%~3% 聚合物降滤失剂+0.25%~0.5%聚合物增黏剂+高温稳定剂+纳米封堵剂+聚合醇抑制剂+加重剂，高温低黏聚合物降滤失剂 BDF-100S 以 AMPS 为主要单体合成产物，高温增黏剂 BDV-200S 为 AM、AMPS 和 1 种抗盐型单体共聚而成，体系在 200℃ 高温热稳定时间长达 48h 以上，高温高压滤失量为 12~25mL，抗 20% 氯化钠和 0.5% 氯化钙污染，卤虫 96h 半致死浓度 LC_{50} 大于 $10×10^4$mg/L，EC_{50} 大于 $30×10^4$mg/L，符合一级海区生物毒性排放要求。该体系已在冀东油田、辽河油田等 10 余口井取得成功应用，试验最深井深 6066m，最高井底温度 204℃。

段志锋[31]以天然高分子处理剂为主剂研发的环保钻井液体系，120℃、3.5MPa 条件下的高温高压滤失量是 11mL，24h 沉降后上下层密度差仅为 0.0113g/cm³，岩屑回收率为 96.87%，润滑系数为 0.15。钻井液的环保性能较好，生化需氧量、化学需氧量值较低，易生物降解，$EC_{50} \geqslant 36000$mg/L，满足排放限制标准。

邢希金[32]研发了一种环保型无荧光白色化封堵剂 HBJ-3，是由 100~120℃ 软化点的天然油溶性物质经过化学接枝引入强亲水基团的一种改性产品，具有一定的封堵防塌作用，其 EC_{50} 值为 183200mg/L，无毒，可应用于不同水基钻井液体系，在新疆油田现场应用了 10 余口井，封堵防塌效果明显，井径规则，钻井液色浅、无毒、无荧光，具有较好的工程性能和环保特性。

4 结论

在环保型钻井液的研究应用过程中，需要将钻井工程性能良好和环境友好目标有机结合，使用来源丰富、价格低廉的天然材料，深入研究天然高分子材料的作用机制，融合化学、生物和纳米技术，在保持天然材料环境友好的前提下，拓展产品的研究领域，形成环保型钻井液关键处理剂系列，构建环保型钻井液体系，以获得最佳的综合效益。

参 考 文 献

[1] 蒋官澄，董腾飞，张县民，等.XZ-新型高性能水基钻井液的研究及应用[J].钻井液与完井液，2018，35(02)：49-55.

[2] Yuxiu An, Guancheng Jiang, Yourong Qi, et al. Synthesis of nano-plugging agent based on AM/AMPS/NVP terpolymer[J]. Journal of Petroleum Science and Engineering，2015，135.

[3] 蒋官澄，张弘，吴晓波，等.致密砂岩气藏润湿性对液相圈闭损害的影响[J].石油钻采工艺，2014，36(06)：50-54.

[4] 蒋官澄，宣扬，王金树，等.仿生固壁钻井液体系的研究与现场应用[J].钻井液与完井液，2014，31(03)：1-5+95.

[5] 程琳，胡景东，申法忠，等. 家 3-21X 井仿生固壁钻井液技术[J]. 钻井液与完井液，2015，32(06)：26-29+104-105.

[6] 唐文泉，高书阳，王成彪，等. 龙马溪页岩井壁失稳机理及高性能水基钻井液技术[J]. 钻井液与完井液，2017，34(03)：21-26.

[7] 李家学，张绍俊，李磊，等. 环保型高性能水基钻井液在山前超深井中的应用[J]. 钻井液与完井液，2017，34(05)：20-26.

[8] 陈二丁，王金利，张海青，等. 环保型水基钻井液体系的研究与应用[J]. 中国石油大学胜利学院学报，2018，32(03)：39-42.

[9] Kameda E，Neto J C D Q，Langone M A P，et al. Removal of polymeric filter cake in petroleum wells：A study of commercial amylase stability[J]. Journal of Petroleum Science & Engineering，2007，59(3-4)：263-270.

[10] Battistel E，Bianchi D，Fornaroli M，et al. Enzymes breakers for viscosity enhancing polymers[J]. Journal of Petroleum Science & Engineering，2011，77(1)：10-17.

[11] 魏亚蒙. 春光油田可生物酶降解钻井液研究[D]. 中国石油大学(华东)，2015.

[12] 吕帅锋，王生维，乌效鸣，等. 顺煤层钻进用可降解聚合物钻井液[J]. 钻井液与完井液，2016，33(4)：20-26.

[13] 欧阳勇，董宏伟，陈在君. 清洁型可生物降解钻井液体系研究及应用[J]. 钻采工艺，2019，42(02)：96-99+7.

[14] 魏凯，李国锋，党冰华. 生物酶钻井液技术在大牛地气田的研究与应用[J]. 天然气技术与经济，2018，12(03)：33-36+82.

[15] 崔露，周兰苏，罗文丽，等. EVOLUTION 类油基钻井液在美 15x 井的试验应用[J]. 石油工业技术监督，2018(4)：5-8.

[16] 姚如钢. 无毒环保型高性能水基钻井液室内研究[J]. 钻井液与完井液，2017，34(3)：16-20.

[17] 中国石油集团川庆钻探工程有限公司长庆钻井总公司. 一种高黏低固相环保钻井液及其制备方法：中国，CN201611126503.9[P]. 2017-05-31.

[18] 贾俊，赵向阳，刘伟，等. 长庆油田水基环保成膜钻井液研究与现场试验[J]. 石油钻探技术，2017，45(5)：36-42.

[19] 雷祖猛，司西强，王忠瑾，等. 现场钻井液用烷基糖苷类处理剂性能研究[J]. 精细石油化工进展，2016，17(1)：6-8，12.

[20] 赵虎，王忠瑾. 高含量阳离子烷基糖苷钻井液室内研究[J]. 精细石油化工进展，2016，17(5)：1-6.

[21] 谢俊，司西强，雷祖猛，等. 类油基水基钻井液体系研究与应用[J]. 钻井液与完井液，2017，34(4)：26-31. DOI：10.3969/j.issn.1001-5620.2017.04.005.

[22] 高小苁，司西强，王伟亮，等. 钻井液用聚醚胺基烷基糖苷在方 3 井的应用研究[J]. 能源化工，2016，37(5)：23-28.

[23] 赵虎，龙大清，司西强，等. 烷基糖苷衍生物钻井液研究及其在页岩气井的应用[J]. 钻井液与完井液，2016，33(6)：23-27.

[24] 王茂功，徐显广，孙金声，等. 气制油合成基钻井液关键处理剂研制与应用[J]. 钻井液与完井液，2016，33(3)：30-34.

[25] 龚厚平，王亚宁，张颐，等. 合成基钻井液研究及在泰国 Chatturat-3 井的应用[J]. 复杂油气藏，2015(1)：67-70.

[26] 解宇宁. 低毒环保型油基钻井液体系室内研究[J]. 石油钻探技术，2017，45(1)：45-50.

[27] 李茜，周代生，彭新侠，等．生物合成基钻井液在长宁页岩气水平井的应用[J]．钻井液与完井液，2018，35(04)：28-32．

[28] 袁俊秀．NH-SO1合成基钻井液基础油及体系性能研究[J]．钻采工艺，2016，30(2)：98-101．

[29] 刘雪婧，耿铁，赵春花，等．乙酸钠为内相的合成基钻井液体系研究[J]．精细石油化工，2018，35(6)：32-37．

[30] 刘晓栋，高永会，谷卉琳，等．低生物毒性高温聚合物钻井液体系研发及应用[J]．中国海上油气，2018(2)．

[31] 段志锋，陈春宇，黄占盈，等．天然高分子环保钻井液体系的构建与性能评价[J]．科学技术与工程，2018，18(25)：32-37．

[32] 邢希金，王荐，曹砚锋，等．一种环保型钻井液封堵剂性能评价及应用[J]．石油石化绿色低碳，2018，3(04)：52-55．

基金项目：国家重大科技专项"松辽盆地致密油开发示范工程"(2017ZX05071)

水基钻井液用绿色润滑剂研究进展及发展趋势

司西强　王中华　雷祖猛　王忠瑾

(中国石化中原石油工程有限公司钻井工程技术研究院)

摘　要　综述了近年来国内水基钻井液用绿色润滑剂的研究进展，主要包括醇醚类、酯类、酰胺类、乳液类、纳米材料类等多类润滑剂，还包括 DFL 润滑剂、蓖麻油硼酸酯润滑剂、砜醛树脂润滑剂等其他新型润滑剂，并在现有水基钻井液用绿色润滑剂研究及应用的基础上，对其发展趋势，特别是高温高密度水基钻井液用润滑剂的发展趋势进行了展望。

关键词　水基钻井液　绿色　润滑剂　高温高密度　综述　展望

在油气钻探过程中，随着深井、超深井、大斜度井、定向井及水平井等复杂井的增多，对井下摩阻控制提出了更高要求[1]。例如，大量加重材料的存在导致高密度钻井液的润滑性能较差，高摩阻已成为新形势下制约水基钻井液发展的核心难题之一[2]。而混油会对环境造成严重污染，随着世界环保要求的日益严格，混油措施已被严格禁止。目前，通过向水基钻井液中添加一些绿色高效润滑剂来降低井下摩阻，是实现安全快速钻进的主要技术手段之一[3]。近年来，钻井液用绿色高效润滑剂得到快速发展[4,5]。本文对钻井液用绿色润滑剂的研究进展进行简要综述，并对其发展趋势进行展望，以期对钻井液研究人员具有一定启发作用。

1　水基钻井液用绿色润滑剂研究进展

1.1　醇醚类润滑剂

醇醚类润滑剂是由提纯活化的天然物质与低分子烷氧基化合物缩合而成。固有的分子结构特征使得醇醚类润滑剂具有比其他润滑剂更加突出的特点。醇醚类润滑剂外观为白色至棕褐色的黏稠液体，密度小于 $1.00g/cm^3$，与水的混溶性差，但可在水面上迅速分散并形成一层分散膜。由于醇醚类处理剂为非离子型聚合物，具有浊点效应，因此醇醚类润滑剂的性能与其使用温度有关。当使用温度低于醇醚类润滑剂浊点温度时，其润滑效果较差，当使用温度高于醇醚类润滑剂浊点温度时，其润滑效果较好。

许明标等[6]研制了一种新型多元醇醚，是一种经化学处理的天然物质的烷氧基化产物，评价了其作为润滑剂在各种钻井液中的性能。加量 2.0%的该醇醚润滑剂对淡水、盐水、海水钻井液流变性的影响很小，可使三种钻井液的润滑系数降低率分别为 97%、71%、71%。在海水钻井液中加量为 0.5%~3.0%时，在 80~120℃高温滚动后，润滑系数降低率为 53.5%~96.8%；加量为 2.0%时，在 140℃高温滚动后，润滑系数降低率仍达 68.6%；pH 值为 7.0~11.0 时，在 120℃高温滚动后，润滑系数降低率为 74.3%~83.3%。该多元醇醚润滑剂无生物毒性，推荐使用温度≤120℃，pH<11。

吕开河等[7]研发了一种聚醚多元醇润滑剂 SYT-2，由环氧乙烷和环氧丙烷共聚而成，外观为白色至淡黄色黏稠液体，密度为 $0.95\pm0.10g/cm^3$，闪点大于 70℃，有效物含量约

80%。该产品能有效吸附在钻具、套管表面和井壁岩石上，形成非常稳定且具有一定强度的润滑膜，可大幅降低钻具与井壁及套管之间的摩擦，降低钻具旋转扭矩和起下钻摩阻，还可直接参与泥饼的形成，使泥饼具有良好的润滑性，避免或减少压差卡钻的发生。评价结果表明：SYT-2产品抗温达120℃；加量为0.5%~1.0%时，可使6%膨润土浆的润滑系数降低率达83.3%~86.5%，极压膜强度由30.2MPa升至153~203MPa；加量为1.0%~3.0%时，可使4%盐水浆的润滑系数降低率达72.9%~82.5%；加量为1.0%~5.0%时，可使35%盐水浆的润滑系数降低率达18.2%~68.4%。SYT-2产品无荧光，EC_{50}值$>1.0×10^5$mg/L，无生物毒性，易生物降解。在轮南3-6H井使用该润滑剂，加量为1.0%~3.0%，泥饼黏附系数从0.13降至0.05，极压润滑系数从0.35降至0.11，起下钻阻力从120kN降至70kN，实现了较低的扭矩和起下钻阻力。

肖稳发等[8]研发了绿色环保的聚合多元醇润滑剂Silicon-1。该产品的制备方法如下：将起始剂多元醇抽入聚合反应器中，升温至100~120℃，抽真空脱除轻组成及水分；按多元醇总量的0.5%~3.0%加入催化剂，加热至130~150℃，抽真空并通入高纯氮气保护，同时计量泵入氧乙烯化试剂，控制加料速度，温度不超过150℃，压力小于0.35MPa，加料完毕后，保温降压至0.2MPa，认为剩余原料反应完全；再计量泵入氧丙烯化试剂，待氧丙烯化试剂加完后，保温30min；在反应完全的物料中，按聚合多元醇物料量的3.0%~15.0%加入有机硅改性剂，通氮气，升温到70℃加入一定量催化剂，控制反应温度不超过100℃；当反应混合液澄清透明后，继续在90~100℃保温一定时间，降温出料，即为改性聚合多元醇水基润滑剂Silicon-1产品。Silicon-1产品外观呈淡黄色液体，含水0.2%，密度1.0547g/cm³，1%水溶液pH值为8.6，浊点为48.5℃。1.0%~3.0%的Silicon-1产品可使6%膨润土浆的润滑系数降低率达71.51%~83.8%，润滑性能优良，不起泡，无荧光，环境可接受性好。

1.2 酯类润滑剂

合成酯通常作为润滑剂的基础油，可分为单酯、双酯、复酯和多元醇酯等。酯类润滑油的热稳定性与酯的分子结构和环境因素有关。合成酯自身的热分解温度较高，例如双酯的热分解温度可达280℃，多酯为310℃以上，远高于相同黏度下的矿物油。但合成酯分子内含有羧基，在较高温度和水相条件下易水解成有机酸和醇，导致其在高温地层的应用受到限制。

陈馥等[9]以长链脂肪酸与多羟基醇为原料制得合成酯润滑剂HCZ。制备方法如下：将油酸与混合脂肪醇按质量比3:2混合，加入四口烧瓶中，搅拌升温至70℃，待混合多羟基醇熔化完全，加入酯化催化剂，缓慢升温至185℃，在常压条件下进行搅拌、酯化、脱水反应7.0h，得到合成酯润滑剂HCZ。该产品润滑效果优于聚醚、沥青、矿物油类润滑剂，在钻井液中加量为0.3%时，泥饼黏附系数降低率达51.2%；该产品在180℃高温下仍能使钻井液保持较好地润滑性能。该产品对发光杆菌的抑制发光率<18%，为低毒产品，不会对环境和生物造成不利影响。该产品在四川磨溪008-8-XX井进行了现场应用，钻井液为高密度聚磺钻井液体系，现场井浆中加入1.4%的HCZ产品，摩阻系数由0.1697降至0.0889，钻井液泥饼黏附系数降低率为47.6%，较好地满足了现场绿色、安全、高效钻进的技术要求。

孙金声等[10]制备得到了一种高分子量的聚酯润滑剂GXRH，是一种含高分子脂肪酸和脂化剂的聚酯化合物。以合成脂肪酸釜残为原料，在脂化剂作用下，在115~130℃下反应1.0~3.0h合成得到。该产品在密度为2.04g/cm³的高密度钻井液中，润滑系数降低率达

79.0%，扭矩降低率为 40.2%，降摩阻性能优良。该产品合成工艺简单，成本低，产品无荧光，无毒性，可降解达到环保要求。

刘娜娜等[11]利用精制地沟油与二乙二醇发生酯交换反应生成直链的酯类产物，利用单质硫将直链酯类产物部分转变为网状酯类，再与石墨进行复配得到钻井液润滑剂 RH-B。具体制备方法如下：(1)将精制地沟油、二乙二醇和乙醇胺搅拌均匀，130℃反应 2h，生成淡黄色液体；加入 6% 的硫黄，150℃反应 5h，生成深黄色黏稠状液体；(2)在上述反应液中加入 15% 的油溶性树脂和 5% 的石墨粉，在 80℃混合复配，搅拌均匀，即得钻井液润滑剂 RH-B。1% 的 RH-B 产品可使淡水钻井液的润滑系数降低率达到 86.19%；2% 的 RH-B 产品可使海水钻井液的润滑系数降低率达到 63.4%；该产品对钻井液的表观黏度和滤失量影响较小；无毒无污染，荧光级别低。

祁亚男等[12]以废弃植物油脂与小分子醇进行酯化或者酯交换反应，生成长链的脂肪酸酯，并经过表面活性剂和抗高温处理，制得一种新型植物油钻井液润滑剂。在常温下，6% 膨润土浆中加入 1% 该润滑剂后，极压润滑系数降低率达 85.0%~88.0%，黏附系数降低率达 78.0%~86.0%；该润滑剂抗温达 140℃，抗盐达 10%，荧光级别为 3 级，EC_{50} 值 > 50000mg/L，与聚合物、聚磺钻井液的配伍性好。在胜利油田桩 23 区块使用该润滑剂后，避免了混入原油，井深 3900m 的试验井平均建井周期从 33.55d 缩短为 29.11d，缩短了 10% 以上；在胜利油田莱 87 区块井深为 3100m 的试验井，平均建井周期缩短了 22.10%，钻井液成本降低了 9.8%。

1.3 酰胺类润滑剂

植物油润滑性能优良、可资源再生、易生物降解，是良好的环境友好型润滑材料，但由于其易皂化氧化，不能直接作为润滑剂使用。通过对植物油进行酰胺化反应，得到植物油酰胺类润滑剂，具有较好的润滑性能和环保性能。

逯贵广等[13]针对目前钻井液常用植物油润滑剂润滑长效性差以及抗温性能有待提高的问题，以油酸和聚醚胺作为原料，经酰胺化反应，制得钻井液润滑剂 NH-HPL。具体制备方法如下：在反应釜中加入一定量油酸，用氮气置换釜内空气，在氮气保护下升温至 120℃，缓慢加入适量聚醚胺，加完后升温至 140℃~200℃，反应 2.0~5.0h，停止加热，冷却放料，即得钻井液润滑剂 NH-HPL。常温下，在 5% 膨润土浆中加入 1.0% 的 NH-HPL，润滑系数降低率达 92.2%；抗温达 160℃；荧光级别为 1 级；EC_{50} 值为 $9.57×10^4$mg/L，无生物毒性；对钻井液流变性和滤失性无明显影响。

孔凡波等[14]对植物油进行胺解，使合成产物中含有酰胺基团，然后用低碳酸与其反应，从而合成得到改性植物油酰胺。具体制备方法如下：将植物油和多胺按照一定比例加入配有温度计、搅拌器和冷凝管的三口烧瓶中，搅拌均匀，在 100~110℃温度下反应 1.0h；然后缓慢加入定量低碳酸，继续加热反应一定时间，待反应完全后，停止反应，便得到具有一定黏度、棕色蜡状的植物油酰胺产品；通过对植物油酰胺进行乳化，得到乳液型润滑剂。该润滑剂在钻井液中加量为 0.5% 时，润滑系数降低率达 87.9%；并且该润滑剂抗温抗盐能力强，配伍性好。

1.4 乳液类润滑剂

乳液类润滑剂在钻井液、金属轧制和切削等领域应用较多，主要由基础油、水、乳化剂组成。乳化润滑剂是一种性质稳定、成分均一的乳液，它是原料经过乳化剂的乳化作用后，以细小的颗粒分散在水中所形成的一种乳状液。按照内外相的不同可分为水包油乳液和油包水乳液；按照乳液液滴的粒径可分为粗乳液（d>1μm）、细小乳液（50nm<d<500nm）以及微乳液（10nm<d<100nm）。从热力学和动力学的观点看，粗乳液属于热力学和动力学都不稳定的分散体系，细小乳液是动力学稳定的乳化体系，而微乳液是热力学稳定的乳化体系。

张文等[15]以多胺、棉籽油、低碳酸为原料合成得到植物油酰胺，以植物油酰胺为主要原料，NaOH 中和油酸生成的油酸钠做乳化剂，以硅膏、煤油和高黏度羧甲基纤维素钠 CMC-HV 做添加剂，制备得到水包油（O/W）型乳液润滑剂，其质量组成为：8%植物油酰胺+10%油酸+18%煤油+2.5%硅膏+7.14%NaOH 水溶液+0.1%CMC-HV+水。性能评价结果表明：该乳液润滑剂具有优越的润滑性能，用量在 0.5%时，钻井液润滑系数降低率≥80%，且不影响钻井液的流变性和密度。经 170℃高温老化，在 15%盐水钻井液中，钻井液润滑系数<0.10，表明该润滑剂具有良好的耐温抗盐性能。

夏晔等[16]制备得到了一种微乳型润滑剂，由矿物油或精炼地沟油、表面活性剂、无机盐、正丁醇和水组成。制备方法是：首先将水倒入反应釜中，在 2000~3000r/min 的搅拌速度下将表面活性剂缓慢加入反应釜中，待混合均匀后，缓慢加入无机盐，完全溶解后，加入正丁醇和精炼地沟油，静置 5~10h，反应制得微乳型润滑剂。该产品能有效降低钻井液摩阻系数和泥饼黏附系数，黏附系数降低率达 52.3%；配伍性好，绿色环保。

1.5 纳米材料润滑剂

近年来，纳米材料在钻井液中开始得到初步应用，如纳米封堵剂、纳米润滑剂等。钻井液用纳米材料已成为钻井液处理剂研发的热点之一。

王伟吉等[17]针对目前钻井液用常规润滑剂存在的极压膜强度低、抗温性差、毒性大等突出问题，采用硅烷偶联剂 KH570 对纳米 SiO_2 进行超声表面改性，然后将其与表面活性剂 S_1 按一定比例添加到菜籽油中，80℃下搅拌并加入适量稳定剂制备出纳米润滑剂 SD-NR。1%的 SD-NR 可使钻井液润滑系数降低率>85%，不影响流变性，具有一定的降滤失性和抑制性，极压膜强度高，抗温达 180℃以上，荧光级别在 1~2 级。

罗春芝、王越之等[18,19]针对油基润滑剂环保性差和常规的水基润滑剂持效性差、起泡严重、不抗温等问题，室内研制出一种弱荧光抗高温水包油型纳米乳液润滑剂 NMR。NMR 是一种含有纳米级高分子材料和 S、P 活性元素的润滑剂，密度为 0.94g/cm³，表观黏度为 15.5mPa·s，放置 40d 不分层。产品在膨润土浆中加量为 2%时，极压润滑系数降低率>80%；在现场聚合物钻井液中极压润滑系数降低率>60%，而且润滑性能持久性好；抗温达 180℃；对钻井液流变性无影响，滤失量略有下降，不起泡，与现场常用的正电胶钻井液、聚合物钻井液、磺化钻井液的配伍性好。

球形碳材料表面光滑，耐高温性能好，尺寸小且强度高，在钻井液体系中不易被清除或拍打破碎，可作为润滑剂用于钻井液中。杨芳等[20]制备得到了两种纳米碳球润滑剂。一种是以间苯二酚-甲醛聚合而成的纳米碳球，粒径在 500nm 左右，抗温 400℃；另一种是以葡萄糖为原料制成的纳米碳球，粒径在 700~900nm 范围内分布，抗温 250℃。这两种纳米碳球均能满足高温地层的润滑要求。间苯二酚-甲醛聚合成的纳米碳球加量为 0.4%时，180℃高温滚动 16h，钻井液润滑系数降低率达 22.8%，滤饼黏附系数降低率达 20.1%，但经高温老化后，钻井液的黏切增大，对钻井液流变性产生影响。基于葡萄糖的纳米碳球对钻井液具有很好的剪切稀释作用，高温老化前后，钻井液的黏切下降，当加量为 0.5%时，180℃高温滚动 16h，钻井液润滑系数降低率达 25.2%，但此时其滤饼黏附系数跟钻井液基浆相比，却反而升高了 6.9%。总的来说，合成的两种纳米碳球润滑剂可作为固体润滑剂用于钻井液中，降低钻井液润滑系数。

1.6 其他润滑剂

1.6.1 DFL 润滑剂

在 2011 年 10 月举行的美国石油技术年会上，一种称为 DFL 的新型钻井液润滑剂[21] 获得"2011 年七大最先进产品"奖。该产品由美国倚科能源有限公司（EGS）研发，可大大提高油田钻井效率，给钻井深度和成本带来革命性的变化。DFL 产品降低钻井液摩擦阻力的原理跟传统润滑剂完全不同，它是通过改变钻井液在流动界面的涡流而减少摩擦阻力。DFL 产品不会对钻井液的流变性能产生不利影响。在钻井液中添加 3% 的 DFL 润滑剂，钻井速度提高 3 倍，钻井扭矩和阻力减少超过 75%，滑动机械钻速增加 100%。DFL 产品的总使用量能够减少 1/2 到 2/3，使整体成本低于使用其他类型的润滑剂。DFL 产品已经在全球 500 余口井成功应用，能够降低钻井摩擦阻力高达 80%，减少钻机动力能耗，提高钻井速度，减少钻头磨损，与所有钻井液配伍性好，无毒无害。

1.6.2 蓖麻油硼酸酯润滑剂

蓖麻油来源广泛，经济性好，经过化学改性得到的改性蓖麻油润滑剂具有良好的防锈性和极压抗磨性，是一种高效环保的润滑剂产品。吴超等[22] 制备得到了一种蓖麻油硼酸酯水基润滑剂。制备过程如下：在装有搅拌器、回流冷凝管、温度计的三口烧瓶中加入适量蓖麻油，加热搅拌，反应温度达到要求时滴加 25% 的 NaOH 溶液进行皂化，皂化一定时间后，向反应物中加入适量有机醇胺，继续反应，至蓖麻油完全皂化后，降温至适当温度，向反应物中加入适量硼酸，继续反应一定时间后，反应结束，冷却后得淡黄色透明黏稠液体，即为蓖麻油硼酸酯水基润滑剂。该产品将硼元素引入到蓖麻油长碳链分子中，以其为载体，充分利用蓖麻油对金属表面的吸附作用和硼元素的极压性，从而提高润滑剂的润滑性能。

1.6.3 砜醛树脂润滑剂

蒋德强、田赛男等[23,24] 根据目前钻井液用润滑剂存在的不足，采用苯酚、甲醛、硫酸等常见原材料，制备得到一种砜醛树脂新型润滑剂，全称为二苯酚砜甲醛树脂，简称砜醛树脂。该产品是一种全新的水溶性高分子材料，与现有的水溶性酚醛树脂具有类似的结构，但其分子结构中含有硫酰基（砜），该基团可增强分子结构的柔韧性，同时具有优良的润湿性、附着性和抗腐蚀介质性能，因此其比水溶性酚醛树脂具有更好的性能。当砜醛树脂加量到 0.1% 时，钻井液润滑系数降至 0.205（基浆润滑系数为 0.489），润滑系数降低率达 58.1%；随着热滚温度的增加，钻井液的润滑系数降低，故该润滑剂可应用在高温地层；将砜醛树脂加入盐水钻井液中，可使钻井液润滑系数降低到 0.2~0.3 之间，润滑系数降低率在 50% 左右，该产品可应用于高矿化度地区。

2 水基钻井液用绿色润滑剂发展趋势

通过对水基钻井液用绿色润滑剂的研究现状进行分析，可以看到，目前水基钻井液用绿色润滑剂主要集中在醇醚类、酯类、酰胺类、乳液类、纳米材料类等多个研究方向，对现场的高摩阻问题提供了很好的解决办法，但对高温高密度钻井液的润滑性能控制问题一直未能有效解决。另外，绿色润滑剂的成本问题也是制约其在现场大规模推广应用的瓶颈。据前期本研究团队室内研究表明，自主研发的一种烷基糖苷衍生物产品——聚醚胺基烷基糖苷NAPG 具有较好的润滑效果[25]，当其在钻井液中的加量提高至 20% 以上时，可使高温高密度水基钻井液的润滑系数降至 0.062，润滑系数降低率达 81.76%。如果对该产品的生产工艺进行调整优化，制备得到低成本的烷基糖苷衍生物产品，减小其作为高温高密度钻井液润滑剂使用时的加量，同时保证高润滑性能，将会是目前高温高密度水基钻井液润滑剂研究的一个突破口。

除此之外，2017 年以来，中国石化中原石油工程公司针对目前高温高密度水基钻井液对润滑剂的抗高温、高密度下润滑效果好、绿色环保等技术要求，开展了磺化胺基烷基糖苷润滑剂的研制。具体研究思路如下：（1）为更好地实现润滑剂的润滑、环保性能，选用长链烷基糖苷为原料；（2）为解决烷基糖苷吸附能力弱，引入胺基，提高分子吸附量，胺基同时具有抑菌杀菌作用，基团位阻大，可提高分子抗温性；（3）为进一步提升烷基糖苷润滑和配伍性能，引入长链磺酸基，分子由非离子型转变为阴离子型，提高分子配伍性，同时具有较好的抗盐和润滑性能。目前磺化胺基烷基糖苷润滑剂产品的研制已经取得了较大进展，正在进一步开展深入研究。

总的来说，未来水基钻井液用绿色润滑剂的研究方向聚焦在如何解决高温高密度钻井液的高摩阻控制上，而且必须保证产品的低成本、绿色环保性能，实现高温高压地层的绿色、安全、高效钻进，提高机械钻速，降低钻井综合成本。

参 考 文 献

[1] 陈勇，蒋祖军，练章华，等. 水平井钻井摩阻影响因素分析及减摩技术[J]. 石油机械，2013，41(9)：29-32.

[2] 王中华. 页岩气水平井钻井液技术的难点及选用原则[J]. 中外能源，2012，17(4)：43-47.

[3] 魏昱，王骁男，安玉秀，等. 钻井液润滑剂研究进展[J]. 油田化学，2017，34(4)：727-733.

[4] 宣扬，钱晓琳，林永学，等. 水基钻井液润滑剂研究进展及发展趋势[J]. 油田化学，2017，34(4)：721-726.

[5] 金军斌. 钻井液用润滑剂研究进展[J]. 应用化工，2017，46(4)：770-774.

[6] 许明标，胥洪彪，王昌军，等. 新型钻井液用多元醇醚润滑剂的研究[J]. 油田化学，2002，19(4)：301-303.

[7] 吕开河. 钻井液用聚醚多元醇润滑剂 SYT-2[J]. 油田化学，2004，21(2)：97-99.

[8] 肖稳发，向兴金，王昌军，等. 含醇醚水基钻井液体系的研究与应用[J]. 石油与天然气化工，2000，29(4)：198-199.

[9] 陈馥，张浩书，张启根，等. 钻井液用低生物毒性合成酯润滑剂的研究与应用[J]. 油田化学，2018，35(1)：8-11.

[10] 孙金声，潘小镛，刘进京. 新型钻井液用润滑剂 GXRH 的研制[J]. 钻井液与完井液，2002，19(6)：13-14.

[11] 刘娜娜，王菲，张宇，等. 钻井液润滑剂 RH-B 的制备与性能评价[J]. 西安石油大学学报(自然科学版)，2014，29(1)：89-93.

[12] 祁亚男，吕振华，严波，等. 新型植物油钻井液润滑剂的研究与应用[J]. 钻井液与完井液，2015，32(3)：39-41.

[13] 逯贵广. 环保型钻井用高效润滑剂 NH-HPL 的制备与性能评价[J]. 西安石油大学学报(自然科学版)，2017，32(5)：85-89.

[14] 孔凡波. 含植物油酰胺钻井液润滑剂的制备及性能评价[D]. 南充：西南石油大学，2014：14-16.

[15] 张文，杜昱熹，孔凡波. 一种乳液型钻井液润滑剂的制备及性能评价[J]. 石油与天然气化工，2016，45(4)：73-76.

[16] 中石化石油工程技术服务有限公司. 一种钻井液用微乳型润滑剂及其制备方法[P]. 中国，发明专利，2015107171937. 2017.

[17] 王伟吉，邱正松，钟汉毅，等. 钻井液用新型纳米润滑剂 SD-NR 的制备及特性[J]. 断块油气田，2016，23(1)：113-116.

[18] 罗春芝，王越之. NMR 低荧光抗高温润滑剂的室内研究[J]. 石油天然气学报，2010，32(3)：113-116.

[19] 王越之，罗春芝，刘霞，等. 新型纳米乳液润滑剂 NMR 的研制[J]. 天然气工业，2008，28(12)：48-50.

[20] 杨芳. 纳米碳球耐高温钻井液润滑剂的研究[D]. 长春：吉林大学，2013：61-63.

[21] 佚名. 新型钻井液润滑剂将革新石油开采业[J]. 中国石油和化工标准与质量，2014(7)：1-1.

[22] 吴超，贾晓鸣，张好强. 蓖麻油硼酸酯水基润滑剂的制备及性能[J]. 河北联合大学学报(自然科学版)，2007，29(4)：53-55.

[23] 蒋德强，田赛男，吴新民. 新型钻井液润滑剂砜醛树脂的室内评价[J]. 兰州理工大学学报，2013，39(5)：58-60.

[24] 田赛男. 砜醛树脂在石油开采中的应用研究[D]. 兰州：兰州理工大学，2013：56-57.

[25] 司西强，王中华，王伟亮. 聚醚胺基烷基糖苷类油基钻井液研究[J]. 应用化工，2016，45(12)：2308-2312.

基金项目：中国石化集团公司重大科技攻关项目"硅胺基烷基糖苷的研制及应用"(JP19007)、化石油工程公司重大科技攻关项目"磺化胺基烷基糖苷的研制及应用"(SG18-18J)资助。

第一作者简介：司西强(1982-)，男，2005 年 7 月毕业于中国石油大学(华东)应用化学专业，获学士学位，2010 年 6 月毕业于中国石油大学(华东)化学工程与技术专业，获博士学位。现为中国石化中原石油工程公司钻井院钻井液工艺专家，研究员，近年来以第 1 发明人申报发明专利 40 件，已授权 15 件，发表论文 80 余篇，获河南省科技进步奖等各级科技奖励 20 余项。地址：河南省濮阳市中原东路 462 号中原油田钻井院，邮编：457001，电话：15039316302，E-mail：sixiqiang@163.com.

改性生物质抗高温增黏提切剂 MSG 的研制

司西强　王中华

(中国石化中原石油工程有限公司钻井工程技术研究院)

摘　要　生物质材料硬葡聚糖是一种由小核菌发酵生产的抗高温生物质多糖，分子糖元之间以 β-(1，3)和 β-(1，6)糖苷键连接，特殊结构决定了其具有较好的黏切性能。为进一步提升抗高温黏切性能，可利用硬葡聚糖分子结构上的多个羟基活性位，制备得到改性硬葡聚糖抗高温增黏提切剂。以硬葡聚糖为改性基质原料，在分子设计及合成设计思路的指导下，通过糊化及接枝反应，制备得到改性硬葡聚糖产品，并对其性能进行了评价，具有突出的抗高温增黏提切能力，且降滤失效果较好。结果表明：改性硬葡聚糖产品抗温>150℃；4%土浆中加入0.5%产品，150℃高温老化16h，表观黏度由土浆的3.0mPa·s升至115.0mPa·s，动切力由1.0Pa升至59.0Pa，动塑比由0.50升至1.05，静切力由0/0升至7.5/12.0，API滤失量由40mL降至6.8mL。而常用的生物聚合物黄原胶抗温<120℃。跟黄原胶相比，改性硬葡聚糖表现出明显的抗高温增黏提切技术优势。改性硬葡聚糖产品可用于解决深井、超深井等高温地层的钻井液流变性控制，预计具有较好的推广应用前景。

关键词　生物质　硬葡聚糖　改性　钻井液　抗高温　增黏提切

随着世界环保要求的日益严格，国内外为实现绿色钻井液的目标开展了大量的工作，绿色钻井液的关键是钻井液处理剂及材料的绿色化[1~5]。随着2015年以来我国《新环保法》的实施，对钻井液处理剂提出了更高的环保要求，当前钻井液处理剂正朝着绿色化的方向发展，除了环保因素之外，随着勘探开发过程中钻探深井、超深井及复杂地层的情况越来越多，现场对钻井液处理剂的性能要求也越来越高[6~8]。

而现有的钻井液处理剂普遍存在着环保性能与稳定性能存在冲突的现状[9~11]。具体来说，改性天然材料或生物质材料环保性能好，无毒，易生物降解，但抗温性能有待提高，如淀粉类、纤维素类、黄原胶；高分子聚合物类处理剂稳定性能较好，但存在环保问题，毒性较高，难生物降解，如丙烯酰胺类、聚胺类。而且现有的钻井液处理剂大多为针对某种性能的专用处理剂，性能单一，不符合钻井液处理剂一剂多用、多功能化的发展趋势，不利于控制钻井液成本。因此，研发环保性能和稳定性能集于一体的高性能、多功能的钻井液用处理剂成为现场急需。

在这种形势下，针对目前钻井液中所用生物聚合物增黏提切剂黄原胶抗温性能较差的问题(<120℃)，充分利用硬葡聚糖的高温黏切稳定性、环保型，在硬葡聚糖分子的多个羟基活性位上，通过糊化及接枝反应，制备得到改性硬葡聚糖(MSG)产品，具有较好的抗高温增黏提切效果，且绿色环保[12~15]。该产品的研制及应用对消除环保压力、减少井下复杂、降低钻井成本等方面具有重要意义，具有较好的前瞻性、创新性和实用性。本文对改性硬葡聚糖产品进行了合成研究，并对其性能进行了评价，以期对钻井液同行具有一定的启发及指导作用。

1 实验材料及仪器

1.1 实验材料

硬葡聚糖，工业品；接枝单体 A，工业品；接枝单体 B，工业品；亚硫酸氢钠，分析纯；过硫酸铵，分析纯；钠膨润土，工业品；碳酸钠，分析纯；黄原胶，工业品。

1.2 实验仪器

ZNCL-TS 恒温磁力搅拌器，河南爱博特科技公司；六速旋转黏度计，XGRL-4A 高温滚子加热炉，LHG-2 老化罐，GJS-B12K 变频高速搅拌机，青岛海通达专用仪器厂；DZF-6050 真空干燥箱，上海创博环球生物科技有限公司；BL200S 精密电子天平，上海勤酬实业有限公司。

1.3 基浆配制方法

4%的预水化膨润土浆的配制方法如下：

在 1L 水中加入 2g 无水碳酸钠和 40g 钻井液实验用钠膨润土，搅拌 20min 后，室温养护 24h 后制得。

2 产品分子设计及合成设计

2.1 产品分子设计

为能够准确快速的获得具有特定功能的产品，需提前对拟合成的产品分子结构进行设计。因为产品的功能来源于产品分子性质，而产品分子性质取决于产品分子结构，因此在分子设计前，需要对拟合成产品分子的功能做一个限定，根据功能需要来筛选具有特定官能团的原料，并对合成条件进行预测。本节对改性硬葡聚糖产品的分子设计过程进行了概述。

2.1.1 分子设计理念

产品分子设计需遵循如下理念：

(1) 原料廉价易得，天然可再生。

(2) 产品合成工艺条件温和、操作简单方便、易于工业化。

(3) 产品在相关应用领域性能优异，应用成本低。

(4) 产品无生物毒性，绿色环保。

2.1.2 分子设计思路

在产品分子设计理念指导下，提出如下分子设计思路：

(1) 原料主要选用硬葡聚糖、烧碱、接枝单体 A、接枝单体 B 等，还有合适的引发剂，确保了设计得到的产品绿色环保、无毒、完井作业后钻井液无环保压力。

(2) 产品分子结构中的硬葡聚糖母体结构具有较好的抗高温提切性能，引入接枝单体 A 可提升改性硬葡聚糖产品的黏度和水溶性，引入接枝单体 B 可进一步提升改性硬葡聚糖产品的抗高温增黏提切性能，且可使改性硬葡聚糖产品在钻井液中的加量较未改性硬葡聚糖明显降低，显著降低使用成本。

(3) 原料硬葡聚糖是一种由小核菌发酵生成的生物质材料；烧碱、接枝单体 A、接枝单体 B 等属常见工业原料，廉价易得。用所选原料制备得到的改性硬葡聚糖产品性能优、成本低。

2.1.3 分子设计过程

依据提出的产品分子设计思路，得到具体的产品分子设计过程：

（1）生物质材料硬葡聚糖绿色环保，增黏、剪切性好，含有多个羟基活性位，可通过深度改性得到抗高温增黏提切剂。

（2）在硬葡聚糖分子上引入具有酰胺基的接枝单体 A，可提升改性硬葡聚糖产品的黏度和水溶性。

（3）在硬葡聚糖分子上引入具有磺化基团的接枝单体 B，可进一步提升改性硬葡聚糖产品的抗高温增黏提切性能。

（4）设计得到的改性硬葡聚糖产品，具有突出的抗高温增黏提切能力，且降滤失效果较好。

2.1.4 理论设计结构

根据上述分子设计的阐述，改性硬葡聚糖产品应具有以下理论设计结构，如图 1 所示。

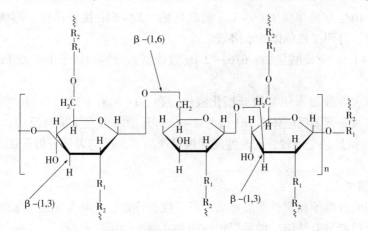

图 1 改性硬葡聚糖产品的理论分子设计结构

图 1 所示的改性硬葡聚糖的理论分子设计结构中，R_1 为接枝单体 A 的聚合链，含有酰胺基团，R_2 为接枝单体 B 的聚合链，含有酰胺基团和磺化基团。在硬葡聚糖分子结构上引入上述功能基团，保证了改性硬葡聚糖产品具有较好的抗高温增黏提切性能和降滤失性能。

2.2 产品合成设计

在产品分子设计的基础上，对其进行合成设计，合成设计的关键是合成原料的选择和合成方法的确定。

2.2.1 合成设计原则

通过对分子设计的理论结构进行拆分，保证所用合成原料廉价易得，反应易行，产品合成路线及合成工艺需满足以下原则：

（1）合成工艺简单，合成操作步骤少，简化反应流程，减少人工成本。

（2）合成反应采用常压加热反应，条件温和、降低设备要求及生产成本，易于实现工业化生产。

（3）采用选择性好的合成方法，产品收率高，副产物少。

（4）产品成品后处理简单，易包装储存，方便长途运输。

2.2.2 合成设计思路

按照合成设计原则，对理论设计结构"拆分"得到的硬葡聚糖结构单元、接枝单体 1、接枝单体 2 等基本合成单元(合成原料)进行合理"组合"，提出如下合成设计思路：

(1) 硬葡聚糖充分糊化，为下步接枝反应提供充足的活性。

(2) 在充分糊化后的硬葡聚糖中加入接枝单体 1、接枝单体 2 等接枝单体、pH 值调节剂、引发剂等，制备得到改性硬葡聚糖抗高温增黏提切剂。

3 产品室内合成及性能测试

3.1 产品室内合成

改性硬葡聚糖产品的具体制备方法如下：

(1) 在 200mL 水中溶解 20~80g 硬葡聚糖，在 60℃、1000r/min 下充分搅拌，溶解糊化 0.5~1.0h。

(2) 将 54~108g 接枝单体 1、6~12g 氢氧化钠、27~54g 接枝单体 2 溶解到 50~100mL 水中，溶解均匀，得到接枝单体的水溶液。

(3) 将 0.3~1.0g 亚硫酸氢钠、0.6g~2.0g 过硫酸铵分别溶解于 1.0~3.0mL 水中，制得引发剂水溶液。

(4) 将单体水溶液加入硬葡聚糖糊化液中，在 50~80℃下搅拌 0.5h，得到均一溶液，加入引发剂水溶液，调节反应体系 pH 值为 7~11，开始缓慢发生聚合反应，聚合反应持续 3~8h，即得到黏稠且触变性较好的改性硬葡聚糖产品。产品的表征分析正在进行。

3.2 产品性能测试

对制备得到的改性硬葡聚糖产品样品进行了性能评价，并与黄原胶、未改性硬葡聚糖进行了对比，主要包括抗温性能、增黏提切性能和降滤失性能。

3.2.1 抗高温性能

考察了黄原胶、硬葡聚糖、改性硬葡聚糖水溶液的抗高温稳定性，性能评价结果见表 1。

表 1　黄原胶、硬葡聚糖、改性硬葡聚糖水溶液的抗高温稳定性评价结果

水溶液组成	老化条件	$AV/$ mPa·s	$PV/$ mPa·s	$YP/$ Pa	$YP/PV/$ (Pa/mPa·s)	$G'/G''/$ Pa/Pa	pH 值
0.5%黄原胶	100℃、16h	12.0	4.0	8.0	2.00	4.5/6.0	8
0.5%硬葡聚糖	100℃、16h	59.0	26.0	33.0	1.27	4.0/4.5	8
0.5%改性硬葡聚糖	100℃、16h	55.0	30.0	25.0	0.83	5.0/5.5	8
0.5%黄原胶	120℃、16h	5.5	5.0	0.5	0.10	0/0	8
0.5%硬葡聚糖	120℃、16h	28.5	22.0	6.5	0.30	3.0/3.5	8
0.5%改性硬葡聚糖	120℃、16h	40.0	22.0	18.0	0.82	4.5/5.0	8
0.5%黄原胶	150℃、16h	1.5	1.0	0.5	0.50	0/0	8
0.5%硬葡聚糖	150℃、16h	2.0	1.5	0.5	0.33	0/0	8
0.5%改性硬葡聚糖	150℃、16h	27.0	16.0	11.0	0.69	3.0/3.5	8

由表 1 中实验数据可以看出,改性硬葡聚糖水溶液在 150℃仍具有较好的黏度和切力,硬葡聚糖水溶液在 120℃仍具有较好的黏度和切力,黄原胶水溶液在 100℃仍具有较好的黏度和切力,说明改性硬葡聚糖产品抗温至少可达 150℃。150℃老化 16h,黄原胶和硬葡聚糖均已经发生严重降解,二改性硬葡聚糖仍然具有较好的黏度和切力。其抗更高温度的能力在后续研究工作中继续深入研究。

3.2.2 增黏提切性能

考察了黄原胶、硬葡聚糖、改性硬葡聚糖的增黏提切性能。基浆为 4%的预水化膨润土浆。在 4%膨润土浆中加入 0.5%的黄原胶、硬葡聚糖、改性硬葡聚糖,150℃热滚 16h,测试钻井液性能,性能评价结果见表 2。

表 2　黄原胶、硬葡聚糖、改性硬葡聚糖在 4%土浆中增黏提切性能(150℃、16h)

配　　方	Φ_{600}	Φ_{300}	$AV/$ mPa·s	$PV/$ mPa·s	YP/Pa	$YP/PV/$ (Pa/mPa·s)	$G'/G''/$ Pa/Pa	pH 值
4.0%土浆	6	4	3.0	2.0	1.0	0.50	0/0	8.0
4.0%土浆+0.5%黄原胶	21	14	10.5	7.0	3.5	0.50	1.0/4.0	8.0
4.0%土浆+0.5%硬葡聚糖	9	5	4.5	4.0	0.5	0.13	0.0/0.5	8.0
4.0%土浆+0.5%改性硬葡聚糖	230	174	115.0	56.0	59.0	1.05	7.5/12.0	8.0

由表 2 中实验数据可以看出,150℃老化 16h,改性硬葡聚糖对土浆的增黏提切效果显著,其中,表观黏度由土浆的 3.0mPa·s 升至 115.0mPa·s,动切力由 1.0Pa 升至 59.0Pa,动塑比由 0.50 升至 1.05,静切力由 0/0 升至 7.5/12.0。改性硬葡聚糖加入 4%土浆中,表现出了显著的抗高温增黏提切性能,在实际高温及其他复杂地层的钻井施工过程中,可有效调节钻井液流变性,改善钻井液携岩带砂等性能,满足现场高温等复杂地层对钻井液黏切性能的技术要求。

3.2.3 降滤失性能

考察了黄原胶、硬葡聚糖、改性硬葡聚糖的降滤失性能。基浆为 4%的预水化膨润土浆。在 4%膨润土浆中加入 0.5%的黄原胶、硬葡聚糖、改性硬葡聚糖,150℃热滚 16h,测试钻井液的 API 失水,实验结果见表 3。

表 3　黄原胶、硬葡聚糖、改性硬葡聚糖在 4%土浆中降滤失性能(150℃、16h)

配　　方	FL_{API}/mL	pH 值
4.0%土浆	40	8.0
4.0%土浆+0.5%黄原胶	23.0	8.0
4.0%土浆+0.5%硬葡聚糖	13.0	8.0
4.0%土浆+0.5%改性硬葡聚糖	6.8	8.0

由表 3 中实验结果可以看出,在 150℃高温下,改性硬葡聚糖对 4%的膨润土浆具有较好的降滤失效果,API 滤失量由土浆的 40mL 降至 6.8mL。同时,黄原胶和硬葡聚糖对 4%的膨润土浆也有较明显的降滤失效果。

4　结论

（1）以生物质材料硬葡聚糖为改性基质原料，在分子设计及合成设计思路的指导下，通过糊化、接枝反应，制备得到具有较好抗高温增黏提切性能的改性硬葡聚糖产品。

（2）改性硬葡聚糖产品抗温>150℃；4%土浆中加入 0.5%产品，150℃高温老化 16h，表观黏度由土浆的 3.0mPa·s 升至 115.0mPa·s，动切力由 1.0Pa 升至 59.0Pa，动塑比由 0.50 升至 1.05，静切力由 0/0 升至 7.5/12.0，API 滤失量由 40mL 降至 6.8mL。而常用的生物聚合物黄原胶抗温<120℃。跟黄原胶相比，改性硬葡聚糖表现出明显的抗高温增黏提切技术优势。

（3）改性硬葡聚糖产品可用于解决深井、超深井等高温地层的钻井液流变性控制，预计具有较好的推广应用前景。

参 考 文 献

[1] 王中华. 钻井液及处理剂新论[M]. 北京：中国石化出版社，2017：77-81.

[2] 王中华. 钻井液化学品设计与新产品开发[M]. 西安：西北大学出版社，2013：208-236.

[3] 杨小华. 生物质改性钻井液处理剂研究进展[J]. 中外能源，2009，14(8)：41-46.

[4] 王中华. 国内天然材料改性钻井液处理剂现状分析[J]. 精细石油化工进展，2013，14(5)：30-35.

[5] Clark R K. The impact of environmental regulations on drilling fluid technology[A]. 1994，SPE 27979.

[6] 王中华. 高性能钻井液处理剂设计思路[J]. 中外能源，2013，18(1)：36-46.

[7] 王中华. 关于聚胺和"聚胺"钻井液的几点认识[J]. 中外能源，2012，17(11)：1-7.

[8] 王中华. 钻井液处理剂现状分析及合成设计探讨[J]. 中外能源，2012，17(9)：32-40.

[9] 王中华. 2013~2014年国内钻井液处理剂研究进展[J]. 中外能源，2015，20(2)：29-40.

[10] 王中华. 2011~2012 年国内钻井液处理剂进展评述[J]. 中外能源，2013，18(4)：28-35.

[11] 王中华. 国内钻井液及处理剂发展评述[J]. 中外能源，2013，18(10)：34-43.

[12] 李冰，张建法，蒋鹏举，等. 真菌硬葡聚糖的生产及在油田上的应用[J]. 微生物学通报，2003，30(5)：99-102.

[13] 韩明. 硬葡聚糖的结构与性质[J]. 油田化学，1993，10(4)：375-379.

[14] 高东方，吕世生. 改性硬葡聚糖可作为注入恶劣条件油层的聚合物[J]. 石油石化节能，1993，4(5)：5-8.

[15] Fiel，史凤琴. 用于高温地层的硬葡聚糖冻胶调剖剂[J]. 世界石油科学，1996，7(6)：46-54.

基金项目：中石化集团公司重大科技攻关项目"改性生物质钻井液处理剂的研制与应用"（JP17047）资助。

第一作者简介：司西强（1982-），男，2005 年 7 月毕业于中国石油大学（华东）应用化学专业，获学士学位，2010 年 6 月毕业于中国石油大学（华东）化学工程与技术专业，获博士学位。现为中国石化中原石油工程公司钻井院钻井液工艺专家，研究员，近年来以第 1 发明人申报发明专利 40 件，已授权 15 件，发表论文 80 余篇，获河南省科技进步奖等各级科技奖励 20 余项。地址：河南省濮阳市中原东路 462 号中原油田钻井院，邮编：457001，电话：15039316302，E-mail：sixiqiang@163.com。

环保型淀粉基油层保护剂的研究

孙中伟[1]　孟卫东[1]　杨　超[2]　韩　洁[1]

（1. 中国石化河南油田分公司石油工程技术研究院；2. 中国石油化工股份有限公司大连石油化工研究院）

摘　要　针对敏感性油藏钻井过程中油层保护技术现状及环保要求，以研究绿色、高效、经济的新型油气层保护材料为目的，开展了淀粉基油层保护材料的研发与性能评价。室内通过单因素实验及正交实验对制备工艺加以优化，采用激光粒度、红外光谱、热重热差、X 射线和电镜扫描等多种手段对淀粉基油层保护剂 FMS-ZD 进行表征分析。通过分析对钻井液体系影响，形成环境友好油层保护钻井液配方，着重考察了淀粉基油层保护材料的降滤失效果、膜承压能力及油层保护效果等室内指标。评价结果表明：合成的 FMS-ZD 材料表面孔道均匀分布，具有刚柔并济的特点，同时降滤失效果明显（APIFL 达到 3.2mL），在低渗透率岩心中的膜承压强度达到 13MPa，岩心渗透率恢复值大于 80%，表现出较好的油层保护作用。

关键词　油层保护　钻井液性能　承压能力　渗透率恢复率

淀粉是一种可再生性工业原料，具有毒性低、易生物降解、环境友好等突出特点，改性后淀粉已在石油、造纸、食品、饲料纺织等多领域中得到广泛的应用。淀粉基油层保护剂是由淀粉经交联反应合成，不但具有天然淀粉的性质，且在反应过程中通过合成条件的控制，提高产物的理化性能，满足需求。本研究以淀粉为原料，通过三乙醇胺和环氧氯丙烷的共同作用，聚合形成淀粉基聚合物，通过 X 射线、电镜、红外光谱、热重热差和粒度分析等多种表征手段对产物进行分析。考察了淀粉油层保护剂 FMS-ZD 与钻井液体系的配伍性、降滤失效果及油层保护效果等，为淀粉基材料作为良好油层保护剂提供一定的理论依据。

1　淀粉基油层保护剂 FMS-ZD 的合成

取一定量的淀粉加入水中充分搅拌，然后加入一定量的三乙醇胺，在 20~80℃下混合均匀，再加入环氧氯丙烷进行反应形成溶液；后将离子单体加入溶液中，充分溶解混合均匀后加入引发剂，在 60~80℃下反应 3~6h 后得到料液，将两性离子表面活性剂加入料液中搅拌混合均匀；在 30~60℃条件下，向料液中缓慢匀速加入无机盐溶液和环氧氯丙烷，待无机盐溶液和环氧氯丙烷加入完毕后继续反应，反应结束后，得到淀粉基聚合物稳定存在并均匀分散于含稳定剂、去离子水的乳液中，淀粉基聚合物乳液是反应所得的全部产品。

2　淀粉基油层保护剂 FMS-ZD 的结构表征

采用高速离心法将微球从乳液中分离出来，之后分别以乙醇、去离子水对其进行洗涤、过滤，洗涤后干燥至恒重，再对其进行物性分析。分别采用扫描电镜、X 射线衍射仪、红外分析仪、热重分析仪和粒度仪等手段对对其微观形貌、结构、热稳定性和粒径进行分析。

2.1　淀粉基油层保护剂 FMS-ZD 的表面形貌

与表面粗糙、形态各异的淀粉分子［图 1（c）］相比，淀粉基油层保护剂 FMS-ZD

[图 1(a)、图 1(b)]具有形态规整、分布均匀、表面光滑的良好微观形貌。增大扫描倍数，观察淀粉基油层保护剂在纳米尺度上的表面结构，发现淀粉基油层保护剂交联点的分布致密而均匀，孔容积较发达，对增强淀粉基油层保护剂的强度、提供一定的可形变性十分有利。

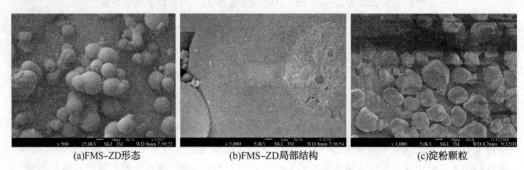

(a)FMS-ZD形态　　　　　　(b)FMS-ZD局部结构　　　　　　(c)淀粉颗粒

图 1　淀粉与淀粉基油层保护剂 FMS-ZD 的 SEM 照片

2.2　XRD 分析

通过图 2 分析，淀粉与淀粉基油层保护剂 FMS-ZD 均在 $2\theta = 14.3°$、$16.9°$、$19.7°$、$22.1°$、$24.0°$、$34.1°$左右出现不同强度衍射峰，位置基本一致，这表明淀粉交联成球以后基本组成未发生改变。不同的是球状油层保护剂 FMS-ZD 衍射峰相对强度明显降低，说明在制备过程中淀粉部分结晶结构被破坏，无定形结构增加。

2.3　红外光谱分析

通过图 3 分析，淀粉与淀粉油层保护剂 FMS-ZD 在 $3445cm^{-1}$附近均出现-OH 伸缩振动吸收峰，淀粉基油层保护剂由于部分氢键结构被破坏，-OH 吸收峰略向低波数方向移动；在 $2926cm^{-1}$附近均出现了 C-H 键的伸缩振动峰，淀粉基油层保护剂由于碳链在交联反应中增长，该处特征峰略向高波数方向偏移；另外，两者均在 $1652.6cm^{-1}$ 和 $1154cm^{-1}$处出现特征峰，分别代表了 C-O 键和 C-O-C 键的不对称伸缩振动，以上分析说明淀粉基油层保护剂的交联反应未破坏淀粉结构。

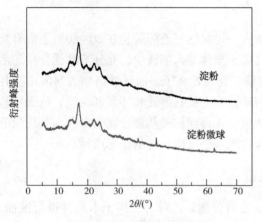

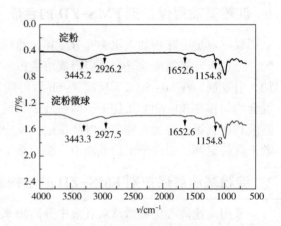

图 2　淀粉及淀粉基油层保护剂
FMS-ZD 的 XRD 分析

图 3　淀粉及淀粉油层保护剂
FMS-ZD 的 FT-IR 分析

2.4 热重分析

通过图 4 分析，淀粉与淀粉基油层保护剂 FMS-ZD 均有两处明显的失重特征峰。100℃附近的失重均是由自由水的脱除所导致的。淀粉基油层保护剂 FMS-ZD 则在 250℃ 附近出现第二个失重峰，峰强度较弱，表明微球中部分网状交联结构断裂。以上分析说明合成的淀粉基油层保护剂 FMS-ZD 热稳定性良好，在 200℃ 以内结构稳定。

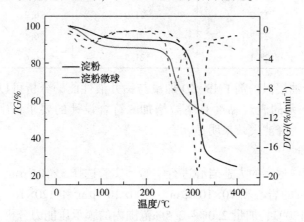

图 4　淀粉及淀粉基油层保护剂 FMS-ZD 的热重分析

2.5 粒径分析

通过调整优选的合成条件，得到不同粒径的淀粉基油层保护剂。可以针对不同的储层孔喉，起到"量体裁衣"的封堵效果(图 5)。

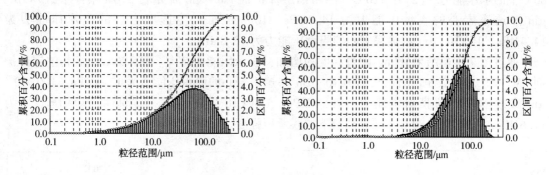

图 5　淀粉基油层保护剂的粒径分布

3 淀粉油层保护剂 FMS-ZD 的性能评价

3.1 对钻井液性能影响

室内分析了针对河南油田的储层特征合成的淀粉基油层保护剂 FMS-ZD 的性能。取回现场井浆，高速搅拌 20min 后，平均分成 6 份，测定其中 1 份的流变性和滤失量，在其余 5 份中分别加入不同质量百分比的淀粉油层保护剂 FMS-ZD，再高速搅拌 20min 后，测定室温下的流变性和滤失量，结果见表 1。

表 1　常温下的 FMS-ZD 对钻井液性能的影响

FMS-ZD 加量 w/%	表观黏度 μ_{AV}/mPa·s	塑性黏度 μ_{PV}/mPa·s	动切力 YP/Pa	API 滤失量/mL
0.0	25.0	19.0	6.0	4.7
1.0	25.5	19.3	6.2	4.4
1.5	26.4	20.2	6.2	4.0
2.0	27.2	21.0	6.2	3.7
2.5	27.7	21.2	6.5	3.2
3.0	28.1	21.5	6.6	3.2

　　根据表 1 中淀粉油层保护剂 FMS-ZD 加量与钻井液性能的分析可以看出，随着 DYB 加量的增加，钻井液体系的表观黏度有略微增加，符合设计的要求；中压滤失量由原浆的 4.7mL 可降至 3.2mL，降滤失效果明显。

3.2　膜承压能力评价

　　室内选择了不同渗透率的人造岩心进行实验。实验选择 $5\times10^{-3}\,\mu m^2$、$10\times10^{-3}\,\mu m^2$ 和 $20\times10^{-3}\,\mu m^2$ 三种低渗透率的岩心和 $70\times10^{-3}\,\mu m^2$、$100\times10^{-3}\,\mu m^2$ 和 $120\times10^{-3}\,\mu m^2$ 三种中低渗透率的岩心，开展 80℃/120℃、加量 2.0%～2.5% 范围内的膜承压能力分析。

　　取现场井浆，分别加入 2.0% 和 2.5% 的淀粉油层保护剂 FMS-ZD，通过岩心流动仪的驱动压力，将浆体驱入岩心中。观察岩心流动仪驱动压力表上数值的变化，记录数据。

　　通过图 6 实验图分析得到：(1)膜承压能力与淀粉油层保护剂 DYB 的加量和实验温度关系密切，随着加量和温度的增加，膜承压能力逐步增加。120℃ 条件下的膜承压能力要高于 80℃ 下的承压能力。(2)在 120℃、淀粉油层保护剂 FMS-ZD 加量在 2.0% 条件下，$5\times10^{-3}\,\mu m^2$ 渗透率岩心的膜承压能力为 14.8MPa，$10\times10^{-3}\,\mu m^2$ 渗透率岩心的膜承压能力为 14.4MPa，$15\times10^{-3}\,\mu m^2$ 渗透率岩心的膜承压能力为 13.8MPa。

　　通过图 7 实验结果分析：随着温度的增加，膜承压能力增大。在 120℃、淀粉油层保护剂 FMS-ZD 加量 2.5% 条件下，$70\times10^{-3}\,\mu m^2$ 渗透率岩心的膜承压能力为 12.4MPa，$100\times10^{-3}\,\mu m^2$ 渗透率岩心的膜承压能力为 12.4MPa，$120\times10^{-3}\,\mu m^2$ 渗透率岩心的膜承压能力为 11.6MPa，明显高于 80℃、同等加量下的膜承压强度。

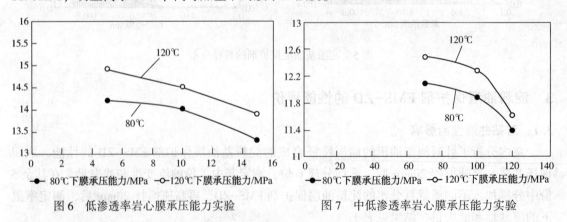

图 6　低渗透率岩心膜承压能力实验　　　　　图 7　中低渗透率岩心膜承压能力实验

　　结合图 6 和图 7 分析得到，淀粉油层保护剂 FMS-ZD 在加量 2%～2.5% 下，在低、中渗岩心中的膜承压能力均大于 10MPa，能够满足设计的要求。

3.3　岩心动态污染实验

根据淀粉基油层保护剂 FMS-ZD 对钻井液流变性的影响，选择其加量在 2.0%、2.5% 下，进行岩心动态污染实验，分析淀粉基油层保护剂 FMS-ZD 的油层保护效果。配置张店区块的钻井液配方 3 份，养护 24h 后，取其中两份分别加入 2% 和 2.5% 的淀粉微球材料，高速搅拌 20min 后，测定污染前后的岩心渗透率。

根据三组岩心渗透率恢复率实验结果表明，淀粉基油层保护剂 FMS-ZD 的岩心渗透率恢复率可以达到 80% 以上，具有较好的油层保护效果（表 2）。

表 2　油层保护剂 FMS-ZD 的岩心动态污染实验

配方	$K_d/10^{-3}\mu m^2$	$K_f/10^{-3}\mu m^2$	恢复率/%	暂堵实验条件	
				压差/MPa	时间/min
#1：张店区块钻井液配方	35.21	20.52	58.3	3.5	60
#1+2.0%FMS-ZD	41.47	34.54	83.3	3.5	60
#1+2.5%FMS-ZD	52.62	45.04	85.6	3.5	60

注：K_d、K_f 分别表示地层水测渗透率和暂堵后渗透率。

4　结论

（1）淀粉基油层保护剂合成工艺易于控制，可根据储层条件改变粒径分布范围。淀粉基油层保护剂表面规整，均匀分布纳米级孔道，吸水后适度膨胀，兼具弹韧性。

（2）合成的淀粉基油层保护剂 FMS-ZD，对钻井液流变性影响较小，随着加量的增加，降滤失效果、膜承压能力效果增强，提高岩心的渗透率恢复率显著，具有较好的油层保护效果，有利于现场的推广应用。

参 考 文 献

[1] 赵怀珍，吴肇亮，郑晓宇，等. 水溶性交联聚合物微球的制备及性能[J]. 精细化工，2005，22(1)：62-65.
[2] 杨艳丽，李仲瑾，王征帆，等. 水基钻井液用改性玉米淀粉降滤失剂的合成[J]. 油田化学，2006，23(3)：198-200.
[3] 赵新法，李仲瑾，王磊，等. N, N′-亚甲基双丙烯酰胺铰链淀粉微球的合成与表征[J]. 功能材料，2007.38(8)：1356-1362.
[4] 耿学礼，苏延辉，郑晓斌，等. 纳米微球保护储层钻井液研究及应用[J]. 钻井液与完井液，2016，33(4)：32-35.
[5] 于九皋，田汝川，刘延奇. 阴离子型淀粉微球的合成及性能研究[J]. 高等学校化学学报，1994，15(4)：616-619.

科研项目： 中国石油化工股份有限公司项目《高效环保型钻井液处理剂的开发与推广应用》部分研究成果，编号 217024-5。
作者简介： 孙中伟(1969-)，高级工程师，1992 年毕业于承德石油高等专科学校油田化学专业。在河南油田分公司石油工程技术研究院一直从事钻井液与油气层保护方面的研究与应用工作。电话：0377-63833271。E-mail：szw6600@163.com。

环保型抗高温油基钻井液技术研究

闫丽丽　王建华　王立辉　臧金宇

（中国石油集团工程技术研究院有限公司）

摘　要　为了满足环保要求和工程需求，优选了一种低成本、环境友好、适合油基钻井液使用的基础油，对比了该基础油与柴油、白油、气制油等常用基础油的基本物理化学参数，优选或研制了与该基础油配伍的关键处理剂，开发了一套环保型抗高温油基钻井液，并评价了其性能。结果表明，该基础油流动性好，黏度小，利于配制高密度、低油水比钻井液；不含芳香烃，无生物毒性，环境安全性好。研发的环保型抗高温油基钻井液在油水比80：20、密度2.1g/cm³条件下，180℃/16h老化后，具有良好的流变性和乳液稳定性，HTHP滤失量小于5mL，润滑性与矿物油基钻井液相当，且无毒环保。

关键词　绿色　高性能　水基钻井液　综述　研究进展　展望

随着勘探开发的不断深入，高温深井、非常规长水平段水平井等复杂井逐步增加，对所使用的钻井液及其环保性能也提出来更高的要求。当前国内外主要应用高性能水基钻井液、油基钻井液等体系。水基钻井液具有成本相对较低和环境友好等优点，但存在抑制和润滑等方面存在难以解决的技术瓶颈；以柴油、白油、气制油等为基础油的油基钻井液具有抑制和润滑能力强等优点，但是面临成本高、环保压力大、钻屑处理难度大等难题。

随着技术的发展，油基钻屑处理技术取得了一定突破，但环保性仍未解决，因此，研制经济、环保、实用性强的油基钻井液成为近些年的研究热点。基础油是油基钻井液的重要组成部分，占油基钻井液组成的60%以上，是油基钻井液能否符合环保指标的关键因素。生物柴油是一种可再生的环保基础油，几乎不含芳香烃，可生物降解，理化性能性质上同矿物柴油性质相差不大[1,2]；但生物柴油在低温情况下流动性较差，易形成类凝胶结构，另外，其在高温加重（密度为1.9g/cm³）的情况下生物柴油体系也过于黏稠，同时抗温能力不足[1]。植物油也是一种环保性能好且可生物降解的基础油，得到了国内外学者的广泛关注。如Baroid 公司[3,4]开发了 Baroid Petrofree 体系和 LV C8 体系，MI 公司研发了 ECOGREEN 体系[5]，Saudi Aramco 公司也开展了植物油基钻井液及改性处理剂的研究[6]。显然，植物油及其衍生物具有无芳烃、燃点闪点高、成本不高、可生物降解、废弃物处理成本低等优点[7]，但其自身黏度高，不利于配置高密度油基钻井液体系，目前最高只能抗温150℃，且高温下性能变化复杂，因此对需求高温高密度钻井液的地层使用具有局限性。鉴于此，本文优选了一种低成本、环境友好、适合油基钻井液使用的基础油，进而优选或研制了配套处理剂，开发了一种既满足工程需要，又对环境友好的环保型抗高温油基钻井液体系。

1　基础油的优选

植物油价格低廉，可生物降解，而且取材方便，在保障安全钻井、综合经济效益高等方面具有潜在的优势，但其直接作为油基钻井液基础油，极易在高温碱性条件下由甘油酯变为混合脂肪酸盐，形成固体而无法流动。基于此，本文优选了一种植物油衍生物，该产品流动性好，黏度小，利于配制高密度、低油水比钻井液，其理化性能如表1所示。由表1可知，该基础油与柴油、白油相比，闪点较高、倾点较低，表明其不易燃，流动性好，在生产、储运以及应用过程中安全性高；与植物油、白油相比，该基础油运动黏度较低，表明配制钻井液时可满足高密度、低黏度的需求；另外，该基础油不含芳香烃，环境安全性好。根据行标 SY/T 6788—2010，进一步采用发光细菌法对该基础油进行生物毒性测试，其 EC_{50} 为 15×10^4 mg/L，参照行标 SY/T 6787—2010《水溶性油田化学剂环境保护技术要求》生物毒性分级标准，该基础油没有毒性，利于环保。

表1 不同基础油的基本物化参数对比

性 能	气质油	植物油衍生物	植物油	5#白油	0#柴油
运动黏度(40℃)/mm² · s⁻¹	2.5~2.8	2.4~2.6	7	4.1~5.1	2.8~3.4
沸点范围 IBP/℃	>200	234	>200	244	175
芳烃含量/wt%	<0.001	0	<0.001	0.1	30~60
闪点/℃	>85	135	>140	>100	57~63
密度(@15℃)	777~790	778	880	820	865
倾点/℃	−20	−25	−10~−20	<−8	−17.7
硫黄含量/wt%	<3	0	<0.01	>0.05	<1

2 关键处理剂的研选

要形成优良的钻井液体系，就必须有与该植物油衍生物相配伍的处理剂，主要包括主/辅乳化剂、有机土、降滤失剂和封堵剂。其中，关键是乳化剂。

2.1 有机土

选择了4种有机土，按钻井液用乳化剂评价程序 SY/T 6615—2005 中的附录 B（钻井液用有机土技术要求）进行有机土的评价筛选实验。基本配方为：300mL 基础油+2%有机土，实验结果如图1所示。1#和3#有机土在该基础油中的常温胶体率和高温胶体率都较低，2#和4#有机土在该基础油中经过高温作用后，90min 胶体率差距不大，均大于90%，但是4#的24h 后胶体率最高，且常温90min 和24h 的成胶效果都最好，表明4#有机土和该基础油比较匹配。

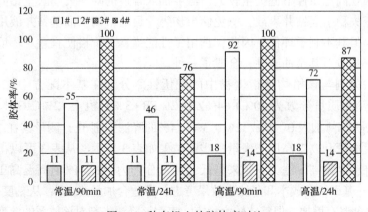

图1 4种有机土的胶体率对比

2.2 乳化剂

对于油基钻井液，乳化剂是保持乳液稳定和提升其他性能的基础。在油基钻井液中，通常使用两种乳化剂（主乳化剂和辅乳化剂）复配，形成致密的界面复合膜，来达到最佳的乳化效果。为了使研制的乳化剂能抗高温，乳化剂分子结构本身要抗高温，同时乳化剂还要在油水界面上与油相和水相之间均具有较强的作用力。基于植物油衍生物基础油的极性要求和乳化剂的抗高温要求，研制了与该基础油相匹配的抗高温乳化剂。

研发的抗高温主乳化剂 ZR 主要使用脂肪酸、有机胺、有机酸反应而成。产品中的活性基团含量低，高温稳定性好；保持适当酸值、低胺值，提供足够破乳电压；单个乳化剂分子上具有多个亲水基团，能明显提高单位质量乳化剂的乳化效率，增强乳液稳定性。

研发的抗高温辅乳化剂 FR 以脂肪酸、醇、胺在一定催化剂作用下反应而成，通过控制亲水、亲油基团的比例达到乳化和润湿的效果，从而实现对高密度钻井液流变性和沉降稳定性的控制。

根据油基钻井液用乳化剂 Q/SY ZJY J120563-2017 中的乳化稳定性和破乳电压的测定方法，对研制的主/辅乳化剂和常用的 3 种极性较高的乳化剂进行了对比，主要考察常温乳化率、高温稳定性、破乳电压以及配伍性，结果如表 2 所示。由表 2 可以看出，SP-80、EL-10 和 OP-10 与基础油在高温作用后，都出现析水现象，表明与该基础油不匹配。而研制的主/辅乳化剂 ZR 和 FR 对基础油的常温乳化率和高温乳化率都达到 99%，且在高温作用下仍能保持均一乳液状态，破乳电压大于 900V，表明研制的主/辅乳化剂对该基础油具有良好的配伍性和高温乳化稳定性。

表 2 乳化剂的性能对比

乳化剂种类	ES/V	常温乳化率/%	高温乳化率/%	高温乳化现象
SP-80	225	99	80	析水明显
EL-10	576	99	95	少量析水
OP-10	452	90	68	少量析水
ZR	951	99	99	均一乳液
FR	1020	99	99	均一乳液

2.3 降滤失剂

油基钻井液在高温条件下滤失量较大，需要加入合适的降滤失剂阻止钻井液滤液侵入地层，防止因井壁失稳引起钻井事故，避免储层伤害。目前市场上油基钻井液用降滤失剂产品主要为沥青类，但其不利于环保。因此，选用了性能优良、价格便宜、对环境友好的腐殖酸为原料，采用有机胺对其亲油改性，合成了一种。

评价该降滤失剂与该植物油衍生物中的配伍性。分别在基本配方中（240mL 基础油+60mL $CaCl_2$ 水溶液（质量分数为 20%）+4%ZR+2%FR+3%有机土+2%CaO+降滤失剂+重晶石，密度为 2.0g/cm³）加入 0、1%、2%、3%、4%的降滤失剂 JL，测量其在 150℃老化前后流变参数、破乳电压和高温高压滤失量，实验结果如表 3 所示。从表 3 可以得出，随着降滤失剂的加量增加，高温高压滤失量越来越低，加量分别为 3%、4%时高温高压降滤失量分别为 5mL、3.6mL，基于综合成本和降滤失效果考虑，最适合加量为 3%；从黏度数据可以看出，各体系热滚后黏度略有增加，但整体较为稳定，表明该降滤失剂对该体系的流变性影响不大。

表 3 降滤失剂加量对钻井液性能的影响

加量		AV/mPa·s	PV/mPa·s	YP/Pa	FL_{HTHP}/mL	ES/V
0%	老化前	49	42	7	—	760
	老化后	58	51	7	15	983
1%	老化前	52	42	10	—	1037
	老化后	58	49	9	13	1123
2%	老化前	56	47	9	—	937
	老化后	60	52	8	8	1027
3%	老化前	58	47	11	—	897
	老化后	62	53	9	5	943
4%	老化前	63	50	13	—	843
	老化后	68	58	10	3.6	891

注：基本配方：240mL 基础油+60mL CaCl₂水溶液(质量分数为20%)+4%ZR+2%FR+3%有机土+2%CaO+降滤失剂+重晶石，密度为 2.0g/cm³。

2.4 封堵剂

考虑到页岩纳微米孔缝发育，而有机土、降滤失剂和重晶石粒径都在微米级以上，难以对纳微米孔缝起到有效封堵作用。因此，通过有机单体接枝改性纳米 SiO₂，研制了一种核壳聚合物纳米封堵剂 NF，其粒径分布和 SEM 形貌分别如图 2 和图 3 所示。该封堵剂具有一定刚性和一定弹塑性，粒径分布区间在 30~200nm，平均粒径约为 100nm，颗粒能渗入微裂缝起到有效封堵作用，减少孔隙压力传递，从而起到稳定井壁的作用。

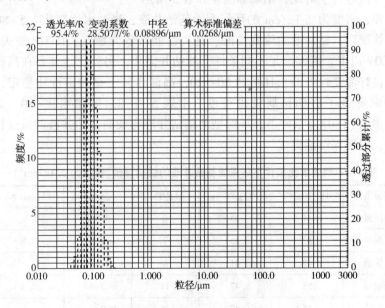

图 2 NF 的粒径分布图

图 3　NF 的 SEM 形貌

3　环保型油基钻井液配方及性能评价

以植物油衍生物为基础油,复配优选的有机土、研发的抗高温主/辅乳化剂、降滤失剂和纳米封堵剂,并优化各处理剂的加量,形成了一套环保型油基钻井液配方:基础油+20%CaCl$_2$水溶液+3%~5%ZR+2%~4%FR+1%~3%有机土+2%~4%CaO+2%~4%JL+1%~2%NF+重晶石,其密度可达 2.1g/cm³,抗温达 180℃。评价了其在不同油水比条件下的基本性能,并与柴油基钻井液进行了对比,结果如表 4 和表 5 所示。

由表 4 可知,密度为 2.1g/cm³ 的环保型油基钻井液,当油水比在 95:5~80:20 时,高温 180℃/16h 热滚后,钻井液的流变性能、滤失性能均较为稳定,HTHP 滤失量小于 5mL,破乳电压在 700V 以上,能够满足不同条件下的钻井需要。另外,该体系在高密度条件下钻井液仍保持了良好流变性;油水比可达 80:20,高温作用下钻井液性能稳定,利于降低钻井液成本,同时降低了后期钻屑处理难度。由表 5 可知,低油水比(80:20)、高密度(2.1g/cm³)、高温(180℃)条件下,环保型油基钻井液与柴油基钻井液的流变性、降滤失性和润滑性相当,但环保性能更优。

表 4　不同油水比条件下环保油基钻井液的性能评价(密度为 2.1g/cm³)

油水比	实验条件	AV/mPa·s	PV/mPa·s	YP/Pa	$\phi6/\phi3$	FL_{HTHP}/mL	ES/V
95:5	滚前	41	35	6	6.5/5		2048
	滚后	42	35	7	5/8	2.8	1475
90:10	滚前	47	41	6	4.5/3		2040
	滚后	58	47	11	5/4	3.5	1258
80:20	滚前	55	47	8	9/8		811
	滚后	67	58	9	7/5	4.4	786

配方:基液+4%主乳化剂+4%辅乳化剂+2%有机土+3%降滤失剂+2%封堵剂+3%CaO+重晶石,密度为 2.1g/cm³;热滚条件:180℃,16h;测试温度 50℃。

表5　不同体系油基钻井液性能对比（180℃）

类型	配方要求	AV/mPa·s	PV/mPa·s	YP/Pa	$\phi6/\phi3$	FL_{HTHP}/mL	ES/V	润滑系数
柴油基钻井液	油水比80：20，	61	53	8	10/9	4	1160	0.1012
环保型油基钻井液	2.1g/cm³	67	58	9	7/5	4.4	786	0.1075

进一步评价了该环保型油基钻井液体系的环保性能，其生物毒性 EC_{50}>1000000mg/L（标准指标为20000mg/L），BOD/COD 为 0.61。根据毒性分级标准判定，该基础油及其形成的钻井液实际无毒，生物易降解，绿色环保。

4　结论

（1）为满足环保要求，优选了一种植物油衍生物，倾点低，流动性好，黏度小，利于配制高密度、低油水比钻井液，该基础油不含芳香烃，环境安全性好，可用做环保油基钻井液的基础油。

（2）基于优选的植物油衍生物，优选或研制了关键处理剂，包括有机土、主/辅乳化剂、降滤失剂和封堵剂，形成了一套环保型抗高温油基钻井液配方，其油水比低（80：20），密度可达 2.1g/cm³，抗温达180℃，无毒环保。

参　考　文　献

[1] 孙明波，乔军，刘宝峰，等．生物柴油钻井液研究与应用[J]．钻井液与完井液，2013，30（4）：15-18.

[2] 程东，洪伟，杨鹏，等．生物柴油基钻井液体系的室内研究[J]．辽宁化工，2019，48（1）：18-20.

[3] Carlason T, Hemphill T. Meeting the challenges of deepwater gulf of mexico drilling with non-petroleum ester-based drilling fluids[J]. SPE 28739.

[4] Patrick K, Terry A/S, Graham B. Unique hole cleaning capabilities of ester-based drilling fluid system [J]. SPE28308.

[5] Arvind D. Patel. Ester based invert emulsion drilling fluids and muds having negative alkalinity [P]. US patent 5977031.

[6] "Waste Cooking Oil—A Potential Source of Raw Material for Localization of Green Products Development" published in "the Saudi Aramco journal of technology" in spring 2019.

[7] 张洁，李英敏，杨海军，等．植物油全油基钻井液研究[J]．钻井液与完井液，2014，31（6）：24-27.

基金项目： 中国石油集团工程技术研究院有限公司院级课题（CPET201806）资助。

第一作者简介： 闫丽丽（1984-），女，2013年6月毕业于中国地质大学（北京），获博士学位。现就职于中国石油集团工程技术研究院有限公司，高级工程师。地址：北京市昌平区黄河街5号院1号楼，邮编：102206，电话：80162089，E-mail：yanlilidr@cnpc.com.cn。

低黏切强抑制环保型钻井液研究及其应用

高龙[1] 顾雪凡[1,2] 张洁[1] 张明[1] 孙培哲[3] 陈刚[1,2]

(1. 陕西省油气田环境污染控制技术与储层保护重点实验室,西安石油大学; 2. 石油石化污染物控制与处理国家重点实验室,中国石油安全环保技术研究院; 3. 陕西鑫富瀚海石油科技有限公司)

摘　要　再生胶粉是一种环保型钻井液处理剂,在钻井液中表现为强抑制性、降滤失等优越性。本研究对再生胶粉钻井液在封堵性和润滑性上的不足,通过滤失性能实验和摩阻系数等实验,开展了水基钻井液体系的研究、优选和评价,形成了"4%土+1.5%再生胶粉+0.3%植物胶粉(Ⅱ)+0.3%LY-润滑剂"的低黏切强抑制环保型钻井液配方,并在苏里格气田应用11口井的三开,钻井过程无事故,完钻测井一次成功率100%。

关键词　植物胶　环保型钻井液　苏里格气田

环保型钻井液体系的成功应用可达到最大限度减小对环境的污染,满足钻井工程安全、优质、快速、高效需要,既保护油气层又保护环境的目的。随着油田勘探开发的发展,面临的环境保护和保护油气层的压力也越来越大,在油气钻探过程中,钻井液作为第一种入井流体,在对油气层实施保护的过程中起着至关重要的作用[1~4]。同时在勘探开发过程中产生的废弃钻井液,由于其含有多种化学处理剂,对周围的生态环境造成了污染,也给后续作业带来诸多不便,容易造成环境纠纷和经济损失等不良后果。环保型钻井液技术是环境污染控制技术在钻井工程中的具体应用和体现,可使钻井生产的全过程中能实施源头污染控制,最大限度地减少污染,减少钻井废物量,实施废物的综合利用,满足钻井工程安全、优质、快速、高效需要,既保护油气层又保护环境,确保钻井液添加剂及体系无毒无害。再生胶粉钻井液是近年来应用于深井、超深井等复杂地层的防塌钻井液,具有很好的抑制泥页岩水化膨胀性能,能够稳定井壁,防止塌陷;具有很好的生物降解性,能够保护油层,对环境破坏力小[5~7]。相比传统钻井液,新型再生胶粉钻井液在抑制泥页岩水化分散、水化膨胀和膨润土水化造浆上更有优势,具有较好的发展前景[8~11]。本研究针对苏里格气田钻井液的技术要求和环保需求展开研究,研究成果应景成功应用,为该地区的环保工作提供了良好的借鉴。

1　实验部分

1.1　主要试剂

再生胶粉、植物胶粉、石墨、膨润土、KY-润滑剂、LY-润滑剂(工业级,取自长庆油田);无水碳酸钠(分析纯,天津市化学试剂三厂);改性杂聚糖(KD-04,扬州润达油田化学剂有限公司代加工)。GJSS-B12变频高速搅拌器,ZNN-D6六速旋转黏度计(青岛创梦仪器有限公司),SD-6多联中压失水量测定仪(青岛海通达专用仪器厂);黏滞系数测定仪(NZ-3A,青岛海通达专用仪器厂)。

1.2 基浆的配制钻井液性能评价实验

1.2.1 基浆的配制

本文采用 4% 的淡水基浆，配制方法为：在 3500mL 水中加入 7.0g 无水碳酸钠，搅拌至完全溶解后再加入 140.00g 的钙膨润土，用电动搅拌器搅拌 2h，于室温下密闭老化 24h 后，即成为含土量为 4% 的淡水基浆。

1.2.2 表观黏度、塑性黏度、动切力和静切力的测定

实验采用青岛宏祥石油机械制造有限公司生产的 ZNN-D12 型数显旋转黏度计来测定黏度和切力。测定程序为：

（1）将样品注入容器中，并使转筒刚好浸入至刻度线处。

（2）使转筒在 600r/min 旋转，待表盘读值恒定（所需时间取决于钻井液的特性）后，读取并记录 600r/min 时的表盘读值。

（3）将转速转换为 300r/min，待表盘读值恒定后，读取并记录 300r/min 时的表盘读值。

（4）将钻井液样品在高速下搅拌 10s，静置 10s，测定以 3r/min 转速旋转时的最大读值，以 Pa 为单位记录初切力。

（5）将钻井液样品在高速下重新搅拌 10s，而后使其静置 10min，测定以 3r/min 转速旋转时的最大读值，并以 Pa 为单位记录 10min 静切力。

（6）按下列公式分别计算塑性黏度、动切力、表观黏度和静切力：

$$PV = \Phi_{600} - \Phi_{300} \tag{2-1}$$

$$YP = 1/2(\Phi_{300} - PV) \tag{2-2}$$

$$AV = 1/2\Phi_{600} \tag{2-3}$$

$$G_{10s} \text{ 或 } G_{10min} = 1/2\Phi_3 \tag{2-4}$$

式中，PV 为塑性黏度，mPa·s；YP 为动切力，Pa；AV 为表观黏度，mPa·s；G_{10s} 或 G_{10min} 为 10s 或 10min 静切力，Pa；$\Phi600$、$\Phi300$ 为 600r/min、300r/min 时的稳定读值；Φ_3 为静止 10s 或 10min 时 3r/min 最大读值。

1.2.3 滤失量的测定

实验采用青岛海通达专用仪器生产的 SD 型多联中压滤失仪测定钻井液的滤失量，工作压力为 0.69MPa，具体实验步骤如下：洗净并擦干钻井液杯各部件，尤其是滤网。将钻井液注入钻井液杯中，使液面刚好到下端刻度线依次放入密封垫圈、滤纸，并安装好仪器。将干燥的小量筒放在排出管下面以接收滤液。关闭减压阀，打开总压阀，按标示调节压力调节器，以便尽快使压力达到（690±35）kPa。加压的同时即开始计时。测量 7.5min 时滤液的体积（精确到 0.01cm³）以作为 API 滤失量。保留滤液。关闭压力调节器并打开减压阀。确保所有压力全部被释放的情况下，从支架上取下钻井液内。小心拆开，倒掉钻井液并取下滤纸，尽可能减少滤饼的损坏。为精确表述，需要对滤饼拍照并进行润湿性测试，记录好相关数据。

1.2.4 滤饼润滑性的测定

本实验采用青岛海通达专业仪器厂生产的黏滞系数测定仪（MOD NZ-3A220VAC）测定滤饼的润滑性，测定步骤为：

（1）开启电源，将滤饼置于木板上并调整水平，将钢条置于滤饼中间，电极"清零"，然后点击"电机"。

（2）待钢条刚刚开始略微移动时，再次点击"电机"，记录所显示的数值，即摩阻。

（3）取下钢条洗干净收起，取下滤饼并擦净木板，点击"清零"，关闭电源。

（4）根据表查出摩阻所对应的 tg 值。

1.3 膨润土的线性膨胀评价

根据 SY-T 6335—1997，评价钻井工作液处理试剂抑制评价步骤，测试再生胶粉的不同浓度下的膨胀量并绘制曲线。

2 结果与讨论

2.1 再生胶粉处理剂钻井液评价

室温下向淡水基浆中不同浓度的再生胶粉，测试处理浆在常温下的表观黏度（AV）、塑性黏度（PV）、动切力（YP）、滤失量（FL）等性能参数，测试结果见表1。由表1可知，与4%淡水基浆相比再生胶粉处理浆能使钻井液的表观黏度、塑性黏度增大，滤失量减小，tg增加；当添加 2.00% 再生胶粉时，处理浆滤失量最低，相比基浆降低了 64.56%，同时塑性黏度增加了 550%；当添加 1.50% 再生胶粉时，与 4% 淡水基浆相比，滤失量降低了62.02%，同时塑性黏度增加了 350%。由此可见，随着再生胶粉用量的增加，钻井液塑性黏度显著提高，同时滤失量也显著降低；综上所述 2.0% 再生胶粉处理剂钻井液滤失量最低，但相比 1.5% 再生胶粉处理剂钻井液滤失量相差不多，结合经济因素，后续以 1.5% 再生胶粉为主剂展开研究。

表 1 不同浓度再生胶粉处理浆性能

用量/%	AV/mPa·s	PV/mPa·s	YP/Pa	YP/PV	F_L/mL	tg
0.0	0.2	2.0	1.4	0.2	15.8	0.0787
1.0	8.0	8.0	0.0	0.0	8.0	0.1584
1.5	9.5	9.0	0.5	0.1	6.0	0.1673
2.0	13.5	13.0	0.5	0.1	5.6	0.2126

2.2 再生胶粉处理剂抗温性评价

选取 0.3% 再生胶粉，分别在 90℃、120℃、150℃ 下测试处理浆的表观黏度（AV）、塑性黏度（PV）、动切力（YP）、滤失量（FL）等性能参数，结果见表2。由表2可知，与 25℃ 下 1.5% 再生胶粉处理浆相比，90℃ 下再生胶粉处理浆塑性黏度与滤失量基本无变化；120℃ 下再生胶粉处理浆塑性黏度降低了 47.36%，滤失量增加了 166.67%；150℃ 下再生胶粉处理浆塑性黏度降低了 57.89%，滤失量显著增加。综上所述，再生胶粉处理浆在 90℃ 以内性能稳定，而 120℃ 与 150℃ 下塑性黏度明显减小，滤失量显著增加，失去其处理浆性能，因此再生胶粉处理浆至少可以抗温 90℃。

表 2 不同温度下 1.5% 再生胶粉处理浆的性能

温度/℃	AV/mPa·s	PV/mPa·s	YP/Pa	FL/mL	tg
25	9.5	9.0	0.5	6.0	0.1673
90	8.0	7.0	1.0	6.4	0.1763
120	5.0	4.0	1.0	16.0	0.1853
150	4.0	3.0	1.0	30.0	0,1763

2.3 再生胶粉处理剂抑制性评价

再生胶粉对膨润土线性膨胀的抑制作用如图 1 所示。

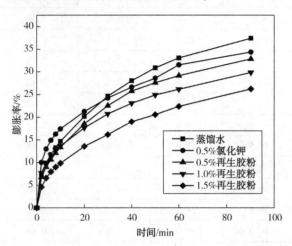

图 1　不同浓度的再生胶粉溶液中膨润土的线性膨胀

由图 1 可见，0.5% 再生胶粉在 1.5h 的黏土膨胀比率为 32.83%，与 0.5%KCl 相当。1.5% 再生胶粉抑制性最好，1.5h 的黏土的膨胀比率为 26.23%；由此可见，添加再生胶粉可以提高其对黏土膨胀的抑制作用。其原理可能是胶粉能够很好地吸附在黏土颗粒表面形成吸附层，滞缓水分子向黏土晶层中渗透，从而有效地抑制其水化膨胀。

2.4 降滤失处理剂评价

向淡水基浆中再生胶粉、多种不同型号的植物胶粉，测试处理浆在常温下的表观黏度（AV）、塑性黏度（PV）、动切力（YP）、滤失量（FL）等性能参数，测试结果见表 3。由表 3 可知，通过对植物胶粉（Ⅰ）、植物胶粉（Ⅱ）、植物胶粉（Ⅲ）、植物胶粉（Ⅳ）、植物胶粉（Ⅴ）、植物胶粉（Ⅵ）、植物胶粉（Ⅶ）多种不同型号的植物胶粉筛选发现，与 4% 淡水基浆相比处理浆不同型号的均能使钻井液的表观黏度、塑性黏度增大，滤失量减小；当添加 1.5% 再生胶粉与 0.3% 植物胶粉（Ⅱ）时，与 4% 淡水基浆相比，滤失量降低了 56.66%，同时塑性黏度增加了 75.00%；当添加 1.5% 再生胶粉与 0.3% 植物胶粉（Ⅰ）时，与 4% 淡水基浆相比，滤失量降低了 56.67%，同时塑性黏度增加了 112.50%；当添加 1.5% 再生胶粉与 0.3% 植物胶粉（Ⅲ）时，与 4% 淡水基浆相比，滤失量降低了 40.00%，同时塑性黏度增加了 137.50%；当添加 1.5% 再生胶粉与 0.3% 植物胶粉（Ⅳ）时，与 4% 淡水基浆相比，滤失量降低了 33.33%，同时塑性黏度增加了 337.50%；当添加 1.5% 再生胶粉与 0.3% 植物胶粉（Ⅴ）时，与 4% 淡水基浆相比，滤失量降低了 53.33%，同时塑性黏度增加了 362.0%；当添加 1.5% 再生胶粉与 0.3% 植物胶粉（Ⅵ）时，与 4% 淡水基浆相比，滤失量降低了 30.00%，同时塑性黏度增加了 41.37%；当添加 1.5% 再生胶粉与 0.3% 植物胶粉（Ⅶ）时，与 4% 淡水基浆相比，滤失量降低了 36.66%，同时塑性黏度增加了 125.00%。综上所述：1.5% 再生胶粉与植物胶粉（Ⅱ）复配后降滤失效果最佳，且塑性黏度符合工艺要求，故择优选植物胶粉（Ⅱ）型号进行后续研究。

表 3 1.5%再生胶粉与不同型号不同浓度的植物胶粉复配后评价结果

型号	用量/%	AV/mPa·s	PV/mPa·s	YP/Pa	YP/PV	FL/mL	tg
空白	/	9.0	8.0	1.0	0.13	6.0	0.1584
Ⅰ	0.1	14.5	13.0	1.5	0.12	3.0	0.1495
	0.3	19.5	17.0	2.5	0.15	2.6	0.1495
	0.5	22.5	20.0	2.5	0.13	3.0	9.1584
Ⅱ	0.1	12.0	11.0	1.0	0.09	2.8	0.1495
	0.3	17.5	14.0	3.5	0.25	2.6	0.1495
	0.5	19.5	17.0	2.5	0.15	2.6	0.1673
Ⅲ	0.1	20.0	15.0	5.0	0.3	5.6	0.1495
	0.3	26.5	19.0	7.5	0.4	3.6	0.1228
	0.5	34.5	24.0	10.5	0.4	3.6	0.1317
Ⅳ	0.1	16.0	14.0	2.0	0.14	5.2	0.1584
	0.3	39.5	29.0	10.5	0.36	4.0	0.1584
	0.5	48.5	35.0	13.5	0.39	3.6	0.1139
Ⅴ	0.1	26.5	20.0	6.5	0.3	5.2	0.1317
	0.3	43.0	30.0	13.0	0.4	2.8	0.1139
	0.5	51.0	37.0	14.0	0.4	2.6	0.1139
Ⅵ	0.1	11.0	10.0	1.0	0.1	5.6	0.1673
	0.3	15.8	14.5	1.3	0.1	4.2	0.1495
	0.5	18.0	16.0	2.0	0.1	3.2	0.2035
Ⅶ	0.1	10.5	10.0	0.5	0.1	4.0	0.1673
	0.3	18.3	17.5	0.8	0.0	3.8	0.2035
	0.5	21.0	18.0	3.0	0.2	3.6	0.2217

2.5 润滑剂处理剂评价

向 1.5%再生胶粉、0.3%植物胶粉（Ⅱ）处理浆中添加不同浓度的植物油润滑剂、KD-03、KY-润滑剂、LY-润滑剂，测试处理浆在常温下的表观黏度（AV）、塑性黏度（PV）、动切力（YP）、滤失量（FL）等性能参数，测试结果见表 4。由表可知，通过对植物油润滑剂、KD-03、KY-润滑剂、LY-润滑剂四种常见的不同型号的润滑剂进行筛选发现，与 1.5%再生胶粉、0.3%植物胶粉（Ⅱ）处理浆钻井液相比不同型号的润滑剂均能使钻井液的 tg 不同程度的减小；当在体系中添加 0.3% KY-润滑剂时 tg 值为 0.1228，与 1.5%再生胶粉、0.3%植物胶粉（Ⅱ）处理浆钻井液相比，tg 值降低了 22.47%；当在体系中添加 0.3%植物油润滑剂时 tg 值为 0.1495，与 1.5%再生胶粉、0.3%植物胶粉（Ⅱ）处理浆钻井液相比，tg 值降低了 5.61%；当在体系中添加 0.3%杂聚糖 kd-03 润滑剂时 tg 值为 0.1139，与 1.5%再生胶粉、0.3%植物胶粉（Ⅱ）处理浆钻井液相比，tg 值降低了 28.09%；当在体系中添加 0.3% LY-润滑剂时 tg 值为 0.0963，与 1.5%再生胶粉、0.3%植物胶粉（Ⅱ）处理浆钻井液相比，tg 值降低了 39.20%；综上所述：1.5%再生胶粉、0.3%植物胶粉（Ⅱ）与 0.3%LY-润滑剂复润滑效果最佳，且符合工艺要求，故择优选择 0.3%LY-润滑剂。

表4　1.5%再生胶粉、0.3%植物胶粉（Ⅱ）与不同型号的润滑剂复配后的结果

型号	用量/%	AV/mPa·s	PV/mPa·s	YP/Pa	YP/PV	F_L/mL	tg
空白	/	17.5	14.0	3.5	0.25	2.6	0.1584
KY-润滑剂	0.1	17.0	15.0	2.0	0.13	2.6	0.1673
	0.2	16.5	15.0	1.5	0.10	2.6	0.1584
	0.3	16.0	13.0	3.0	0.23	2.6	0.1228
	0.4	15.5	12.0	3.5	0.29	2.6	0.1495
	0.5	16.0	14.0	2.0	0.14	2.6	0.1495
植物油润滑剂	0.1	15.0	12.0	3.0	0.25	2.6	0.1495
	0.2	16.0	13.0	3.0	0.23	2.6	0.1584
	0.3	15.0	11.0	4.0	0.36	2.6	0.1495
	0.4	15.5	13.0	2.5	0.19	2.6	0.1405
	0.5	16.0	14.0	2.0	0.14	2.6	0.1763
杂聚糖 KD-04	0.1	12.0	11.0	1.0	0.09	2.6	0.1495
	0.2	12.0	11.0	1.0	0.09	2.6	0.1051
	0.3	11.5	11.0	0.5	0.05	2.6	0.1139
	0.4	11.5	11.0	0.5	0.05	2.6	0.1228
	0.5	11.0	10.0	1.0	0.10	2.6	0.1228
LY-润滑剂	0.1	16.0	15.0	1.0	0.07	2.6	0.1495
	0.2	15.5	14.0	1.5	0.11	2.6	0.1495
	0.3	15.5	15.0	0.5	0.03	2.6	0.0963
	0.4	15.0	14.0	1.0	0.07	2.6	0.1139
	0.5	15.0	14.0	1.0	0.07	2.4	0.1495

3　应用

2017~2018 年在长庆油田苏里格气田使用"4%土+1.5%再生胶粉+0.3%植物胶粉（Ⅱ）+0.3%LY-润滑剂"配方于三开，钻井 11 口，井深为 3110~3750m，包含了 1 口直井和 10 口定向井，钻井过程无事故，完钻测井一次成功率 100%。该钻井液体系的低切力保证了高速钻进过程，与常规聚磺体系相比速度提升 10%以上。

4　结论

（1）在淡水基浆中，再生胶粉处理浆具有较好的降滤失作用，其中 1.5%再生胶粉可使钻井液的滤失量降低至 6.0mL(API)；

（2）再生胶粉与植物胶粉具有良好的配伍性，通过与多种不同型号的植物胶粉进行复配后，择优选择了植物胶粉（Ⅱ）型号，1.5%再生胶粉与 0.3 植物胶粉（Ⅱ）复配后可使钻井液的滤失量降低至 2.6mL(API)，满足钻井液工艺要求；

（3）通过对四种常见的润滑剂与体系进行复配筛选，择优选择了 0.3%LY-润滑剂添加，1.5%再生胶粉、0.3%植物胶粉（Ⅱ）与 0.3%LY-润滑剂复配后体系 tg 降低至 0.0963，满足

钻井液工艺要求；

（4）形成了"4%土+1.5%再生胶粉+0.3%植物胶粉（Ⅱ）+0.3%LY-润滑剂"的低黏切强抑制环保型钻井液三开配方，并在苏里格气田应用 11 口井，钻井过程无事故，完钻测井一次成功率 100%。

参 考 文 献

［1］ Zhang J, Chen G, Yang N W. Development of a New Drilling Fluid Additive from Lignosulfonate［J］. Advanced Materials Research, 2012, 524-527(1)：1157-1160.

［2］ Clark R K. Impact of Environmental Regulations on Drilling-Fluid Technology［J］. Journal of Petroleum Technology, 1994, 46(9)：804-809.

［3］ 张克勤, 王欣, 何纶, 等. 2006 年国外钻井液体系和处理剂分类［J］. 钻井液与完井液, 2007, 24(s1)：45-51.

［4］ 陈大钧, 陈馥. 油气田应用化学［M］. 北京：石油工业出版社, 2006, 7：7-8.

［5］ 崔云海, 唐善法, 姚逸风, 等. 废旧轮胎精细胶粉改性及在钻井液中的应用研究［J］. 长江大学学报（自科版）, 2015(1)：37-40.

［6］ Yao R, Jiang G, Li W, et al. Effect of water-based drilling fluid components on filter cake structure［J］. Powder Technology, 2014, 262：51-61.

［7］ 杨元意, 程小伟, 付强, 等. 可再分散乳胶粉改性水泥石孔隙结构与氯离子渗透性研究［J］. 钻井液与完井液, 2013, 30(5)：56-59.

［8］ 王旭光. 可再分散乳胶粉对低温固井水泥浆性能的影响［J］. 钻井液与完井液, 2015, 32(6)：65-67.

［9］ Wang P Q, Bai Y, Qian Z W, et al. On the Development and Performance Evaluation of Potassium Silicate Polyol Drilling Fluid［J］. Advanced Materials Research, 2012, 524-527：1496-1502.

［10］ Xiao-Hua Y, Zhong-Hua W. A Review on Research and Application of Polymeric Alcohols as Oilfield Chemicals［J］. Oilfield Chemistry, 2007, 24(2)：171-170.

致谢：本论文工作受到陕西省重点研发计划重点产业创新链（群）项目"绿色多功能钻井液材料研究与应用及其钻后废液治沙技术开发"（2019ZDLGY06-03）和陕西省教育厅科研计划项目（18JS089）"木质素-聚糖的催化合成及其在清洁钻井液中的应用基础研究"的资助。

作者简介：陈刚（1977-），男，教授，研究方向为绿色油田化学；电话：029-88382693；E-mail：gangchen@xsyu.edu.cn。

环保型水基钻井液在胜利油田的研究与应用

刘均一　陈二丁　姜春丽　王金利　张海青

（胜利石油工程有限公司钻井工艺研究院）

摘　要　随着我国环保法律法规的不断完善及环保要求的不断提高，钻井工程环保形势日益严峻，废弃钻井液已成为钻井工程的主要污染物之一，而研发环保型水基钻井液体系，从源头上控制废弃钻井液环境污染，则是现阶段实现"绿色钻井、清洁生产"的重要途径之一。本文针对胜利油田环保型水基钻井液技术需求，自主研发了环保降滤失剂 HB-1、环保抑制剂 HB-2、环保润滑剂 HB-3 等环保型水基钻井液系列配套处理剂，构建了综合性能良好的环保型水基钻井液体系(SLHB)，抗温达 150℃，高温高压滤失量为 12mL，生物毒性 EC_{50} 值大于 10^5 mg/L，生物降解性 BOD_5/COD_{Cr} 为 16.2%，重金属元素含量满足国家二级污水排放标准。目前环保型水基钻井液体系(SLHB)已在胜利油田现场应用 10 余口井，现场应用结果表明，环保型水基钻井液体系(SLHB)的流变、滤失性能稳定，抗污染能力强，维护操作方便，完钻后钻井液生物毒性满足环保要求，为胜利油田"绿色开发"提供了环保钻井液技术支撑。

关键词　水基钻井液　环境友好　抗高温　胜利油田　现场应用

钻井液是钻井工程的"血液"，选用优质、高效钻井液体系已成为确保"安全、快速、优质、环保、高效"钻井的技术关键，但与此同时废弃钻井液也是钻井工程的主要污染物之一[1,2]。根据我国石油污染源的调查结果，钻一口 3000~4000m 的普通油气井，完井后废弃钻井液接近 300m³，国内 16 个主要油气田每年产生的废弃钻井液高达 1200 多万吨，废弃钻井液量大、无害化难度高、环境危害性大[3]。近年来，随着我国环境保护法律法规的不断完善、日趋严格，陆续出台了"最严"新环保法(2015 年)、"首部"环保税法(2018 年)，要求油气开发过程中不符合排放标准的废弃钻井液、含油岩屑、含油污泥等废弃物，必须全部回收、无害化处理，否则将对其征收高额的环境保护税，钻井工程环保形势更加严峻[4]。

胜利油田作为我国东部老油田的典型代表，主要油气区块分布广泛，辖区内部水系发达，特别是埕东、红柳、新滩、飞雁滩等核心油气开发区块，位于黄河三角洲自然保护区的核心区和缓冲区，生态环境脆弱，一旦遭受钻井液污染后很难恢复[5]。目前胜利油田采用的废弃钻井液处理技术多集中在"末端治理"方面，即废弃钻井液的无害化处理，相关工艺技术复杂、设备投入大、处理成本高、处理不彻底，无法有效地解决废弃钻井液的环境污染问题[6]。因此，研发环保型水基钻井液体系，从源头上控制废弃钻井液环境污染，是现阶段实现"绿色钻井、清洁生产"的重要途径之一。但前期研发的环保型水基钻井液体系，如聚合醇钻井液、甲酸盐钻井液、硅酸盐钻井液、烷基葡萄糖苷钻井液等[7,8]，因成本高昂或应用效果不理想，未能推广应用。同时为了满足复杂地层条件下的钻井液性能要求，现场应用中上述体系均复配了合成高分子聚合物或磺化沥青类处理剂[9]，影响了钻井液体系的整体环保性能。

本文针对胜利油田环保型水基钻井液技术需求，自主研发了基于天然高分子的环保型水基钻井液系列配套处理剂，构建了综合性能良好的环保型水基钻井液体系（SLHB），将废弃钻井液处理由"末端治理"向"源头控制"转变，从源头上控制废弃钻井液的环境污染。目前环保型水基钻井液体系（SLHB）已在胜利油田现场应用 10 余口井，为胜利油田"绿色开发"提供了环保钻井液技术支撑。

1 环保型水基钻井液关键处理剂研究与评价

以无毒易降解的天然高分子为基础，自主研发或优选了环保降滤失剂 HB-1、环保抑制剂 HB-2、环保润滑剂 HB-3、清洁絮凝剂 HB-4、环保防塌剂 HB-5 等环保型水基钻井液系列配套处理剂，上述处理剂的生物毒性 EC_{50} > 105mg/L，生物降解性 BOD_5/COD_{Cr} > 15%，能够满足"无毒、易生物降解"环保指标。

1.1 环保降滤失剂 HB-1

研究表明，淀粉、纤维素等天然高分子降滤失剂是一类"无毒、易生物降解"的环保型钻井液处理剂，但淀粉、纤维素的高温稳定性较差，高温下极易降解失效，单剂抗温一般不超过 120~130℃，无法满足环保型水基钻井液的抗温性能要求[10~12]。为此，通过分子结构设计与合成条件优化，以玉米淀粉为原材料，采用"醚化-交联"复合改性方法，研究了基于改性淀粉的环保降滤失剂 HB-1[13]。表 1 为环保降滤失剂 HB-1 的抗温与抗盐性能评价结果。分析表 1 可知，与其他淀粉降滤失剂相比，环保降滤失剂 HB-1 在淡水浆、盐水浆中均具有良好的降滤失性能，150℃热滚后 API 滤失量小于 10mL。此外，环保性能结果表明，环保降滤失剂 HB-1 生物毒性 EC_{50} 值为 96500mg/L，生物降解性 BOD_5/COD_{Cr} 为 20.6%，满足"无毒、易生物降解"环保指标。

表 1 环保降滤失剂 HB-1 的抗温与抗盐性能评价结果

体系	FL_{API}/mL	AV/mPa·s	PV/mPa·s	YP/Pa
4%膨润土浆	38.0	3.5	2.5	1.0
+1.5%HBFR-1	7.2	14.0	8.5	5.5
+1.5%HCMS	10.2	17.5	12.0	5.5
+1.5%FLO	13.6	7.0	5.0	2.0
4%NaCl 盐水浆	42.8	4.5	3.0	1.5
+1.5%HBFR-1	9.6	11.5	7.0	4.5
+1.5%HCMS	12.0	10.0	7.0	3.0
+1.5%FLO	15.2	6.0	5.0	1.0

1.2 环保抑制剂 HB-2

胜利油田东部油区上部地层松软、机械钻速快、造浆性强，极易造成钻具泥包、井眼缩径、起下钻困难等井下复杂情况，这就要求钻井液体系具有强抑制性，尽可能地保持劣质固相的低分散或不分散状态[14]。为此，研究了复合盐类环保抑制剂 HB-2，其水解产生的带不同电荷的正电基团与黏土矿物的负电荷结合能力强，同时也可以嵌入黏土晶层间，强力抑制黏土矿物水化膨胀或分散，发挥抑制钻屑分散、絮凝钻屑等作用。

以页岩滚动回收率作为评价指标，对比评价了环保抑制剂 HB-2 与其他抑制剂的水化抑制性能，由表 2 可知，天然岩样的清水滚动回收率仅为 11.8%，环保抑制剂 HB-2 的滚动回收率显著增大至 67.9%，与胺基硅醇 AP-1 性能相当，具有良好的抑制黏土水化分散性能。

表 2　环保抑制剂 HB-2 的水化抑制性能评价结果

配　　方	滚动回收率/%	配　　方	滚动回收率/%
清水	11.8	2%KCl	41.3
2%HB-2	67.9	2%JLX-C	27.1
2%AP-1	70.2		

1.3　环保润滑剂 HB-3

以废弃植物油为原料，通过酯化、酯交换反应、抗高温改性等工艺，研发了植物油环保润滑剂 HB-3，由表 3 可知，4% 膨润土浆中加入 2% 环保润滑剂 HB-3 后，极压润滑系数降低率、泥饼黏附系数降低率分别可达 92.7%、86.7%，润滑性能优于油基润滑剂、酯基润滑剂、聚醚润滑剂等常用润滑剂。同时植物油环保润滑剂 HB-3 无毒、易生物降解，EC_{50} 值大于 30000mg/L，生物降解性 BOD_5/COD_{Cr} 大于 15%。

表 3　环保润滑剂 HB-3 的润滑性能对比评价结果

配　　方	润滑系数降低率/%	黏附系数降低率/%
2%HB-2	92.7	86.7
2%白油润滑剂	72.6	34.6
2%酯基润滑剂	89.4	31.7
2%聚醚润滑剂	81.6	40.4
2%油基润滑剂	90.7	66.3

1.4　其他关键处理剂

清洁絮凝剂 HB-4 是一种通过加长扩链反应制得的天然高分子聚合物，具有较强的包被抑制性能，与丙烯酰胺类聚合物相比，清洁絮凝剂 HB-4 不含丙烯酰胺类单体，无毒易降解，环境可接受性强；环保防塌剂 HB-5 主要组分为聚乙二醇、聚丙二醇等，通过在井壁上吸附形成疏水油膜，起到抑制防塌作用，此外还具有一定润滑作用；流型调节剂 HB-6 则是利用生物化工发酵制取的生物多糖物质，由于氢键存在于聚合物链上的两个糖苷环之间，使整个溶液体系产生一种大范围的桥式效应，在淡水和盐水钻井液中具有优异的增黏提切性能，同时具有优良的剪切稀释性能，能够有效地改进钻井液的流型，抗温达 150℃。

2　环保型水基钻井液体系构建与评价

在环保型水基钻井液关键处理剂研选的基础上，通过配伍性评价及处理剂加量优化，构建了环保型水基钻井液体系（SLHB），具体配方如下：3% 膨润土浆+2% 环保降滤失剂 HB-1+3% 环保抑制剂 HB-2+2% 环保润滑剂 HB-3+0.3% 清洁絮凝剂 HB-4+2% 环保防塌剂 HB-5+0.03% 流型调节剂 HB-6。重点评价了环保型水基钻井液体系（SLHB）的流变滤失、抗污染、封堵防塌、水化抑制、润滑、环保等综合性能。

2.1　流变滤失性能评价

表 4 为 SLHB 体系的流变、滤失性能评价结果。分析可知，SLHB 体系配方的抗温能力

可达 150℃，热滚前后塑性黏度均在 30mPa·s 以内，动切力在 12～18Pa 之间，具有"低黏高切"特征，有利于降低钻井液当量循环密度；低剪切速率黏度适中，可有效提高钻井液的携岩能力；API 滤失量小于 5mL，*HTHP* 滤失量小于 15mL，降滤失性能良好，能够满足现场钻井需求。

表 4　SLHB 体系的流变、滤失性能评价结果

实验条件	AV/mPa·s	PV/mPa·s	YP/Pa	Gel/Pa	$\Phi6/\Phi3$	FL_{API}/mL	FL_{HTHP}/mL	pH 值
热滚前	48.0	30.0	18.0	4.0/9.5	12.0/10.0	3.0	–	9.0
120℃热滚后	44.0	30.0	14.0	3.5/9.0	11.0/9.5	2.8	8.4	9.0
150℃热滚后	41.5	29.0	12.5	2.0/8.0	11.0/9.0	4.2	12.0	9.0

2.2　抗污染性能评价

在钻井过程中，钻井液不仅要具有良好的抑制性，还要具有抵抗盐、石膏、钻屑等污染的能力。采用 10%NaCl、0.5%CaCl$_2$、10%评价土作为模拟污染物，实验评价了 SLHB 体系的抗污染性能。分析表 5 可知，加入 10%NaCl、0.5%CaCl$_2$ 后，SLHB 体系的黏度和切力变化不大，热滚后 API 滤失量均小于 5mL，说明 SLHB 体系具有良好的抗盐、抗钙污染性能；加入 10%评价土之后，SLHB 体系的黏度、切力略有升高，但仍能保持较为合理的流变、滤失性能，说明 SLHB 体系具有较好的抗劣土污染性能。

表 5　SLHB 体系抗污染性能评价结果

配方	实验条件	AV/mPa·s	PV/mPa·s	YP/Pa	Gel/Pa	FL_{API}/mL	pH 值
SLHB	热滚后	41.5	29.0	12.5	2.0/8.0	2.8	9.0
+10%NaCl	热滚后	32.5	21.0	11.5	3.0/6.5	3.2	8.5
+0.5%CaCl$_2$	热滚后	27.5	22.0	5.5	0.5/2.5	4.0	8.0
+10%评价土	热滚后	45.5	31.5	14.0	1.0/4.5	3.0	9.5

2.3　水化抑制性能评价

采用滚动分散实验与页岩膨胀实验，实验评价了 SLHB 体系的抑制性能。选用胜利油田天然岩样进行滚动分散实验(77℃/16h)，评价了 SLHB 体系抑制水化分散效果。结果表明，天然岩样的清水滚动回收率仅为 24.91%，而 SLHB 体系的滚动回收率为 94.11%，具有良好的抑制黏土水化分散性能。

选用钻井液用钠基膨润土压制实验岩样，利用页岩线性膨胀仪实验测试了岩样在清水与钻井液中的线性膨胀率。结果表明，岩样在清水中的线性膨胀率高达 27.33%，且初始膨胀速度快、膨胀率较高，而在 SLHB 体系的页岩膨胀率均大幅降低，仅为 7.27%，具有良好的抑制黏土水化膨胀性能。

2.4　封堵防塌性能评价

胜利油田沙河街组及以下地层具有埋藏深、温度高、泥页岩硬脆、层理性强等特点，在钻井施工中极易出现井眼坍塌、频繁划眼、起下钻遇阻等井下复杂情况，严重时可造成卡钻，甚至井眼报废。图 1 为胜利油田沙河街组三段泥页岩扫描电镜图片。分析可知，沙三段泥页岩地层微裂缝与纳米裂隙发育，缝隙开度的分布范围较广，从 241nm 一直到 5.93μm，且具有"延伸长、弯曲度大、网状分布"等特征，为钻井液侵入地层提供了天然通道。

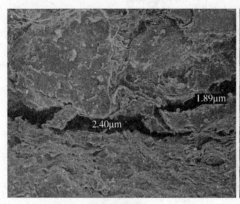 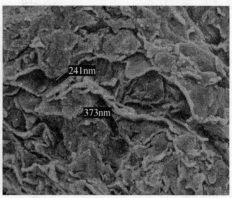

800倍 微缝隙　　　　　　　　12000倍 纳米裂隙

图 1　沙三段泥页岩地层扫描电镜图片

研究表明，加强钻井液微纳米尺度缝隙封堵性能，阻止钻井液压力传递与滤液侵入，是实现胜利油田沙河街组及以下地层井壁稳定控制"标本兼治"的关键措施[15]。同时为满足"环保，减量，低成本"等要求，放弃选用磺化沥青类、树脂类等"难降解"防塌剂，优选在现有微米尺度封堵剂(粒径级配超钙)的基础上，引入纳米聚合物封堵剂(图 2)，协同强化封堵页岩微纳米尺度缝隙，最终实现"多尺度"致密封堵效果，增强复杂地层的井壁稳定性。

利用渗透性封堵实验装置(Permeability Plugging Appertus，PPA)，选用渗透率为 400mD 超低渗透率沙盘，实验评价了 SLHB 体系的渗透性封堵性能，并与现场钻井液体系进行了封堵性能对比。由图 3(a)可知，现场钻井液体系的 PPA 滤失量较高(39.2mL)，而 SLHB 体系的 PPA 滤失量则显著降低，仅为 13.2mL。进一步分析图 3(b)可知，沙盘滤失量与时间平方根呈线性相关，且直线在 y 轴上的截距即为瞬时滤失量，而直线的斜率为静态滤失速率。现场钻井液体系的瞬时滤失量为 5.0mL，静态滤失

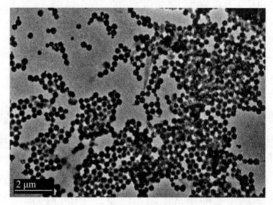

图 2　纳米聚合物封堵剂的
透射电镜图片

速率为 2.8mL/$\min^{1/2}$，而 SLHB 体系的瞬时滤失量为 1.0mL，静态滤失速率为 1.1mL/$\min^{1/2}$，具有良好的渗透性封堵性能。

2.5　润滑性能评价

利用极压润滑仪和泥饼黏附系数测定仪测试了 SLHB 体系 150℃/16h 热滚后的极压润滑系数和泥饼黏附系数。结果表明，由于加入了环保润滑剂 HB-3，SLHB 体系的极压润滑系数(0.087)和泥饼黏滞系数(0.0204)均较低，能够满足定向井段和水平井段的"减摩降阻"要求，同时避免了现场混油的环保和成本问题。

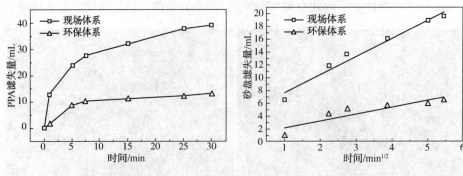

图3 渗透性封堵实验曲线

2.6 环保性能评价

环保型水基钻井液样品委托广东省微生物检测中心检测重金属含量及生物毒性等环保性能，结果见表6。分析可知，SLHB体系颜色呈浅灰色，生物毒性EC_{50}值大于105mg/L，生物降解性BOD_5/COD_{Cr}为16.2%，属于"无毒、易生物降解"，重金属元素、挥发酚等含量满足国家二级污水排放标准。

表6 SLHB体系的环保性能检测结果

序号	项目	检测结果/(mg/L)	序号	项目	检测结果/(mg/L)
1	总汞	2.51×10^{-3}	8	砷 As	0.075
2	总铅 Cr	0.238	9	挥发酚	<0.003
3	六价铬 Cr^{6+}	0.057	10	阴离子表活剂	<5
4	总镍 Ni	<0.05	11	生物毒性 EC_{50}	$>10^5$
5	铜 Cu	0.084	12	pH 值	9
6	镉 Ge	<0.05	13	生物降解性 BOD_5/COD_{Cr}	16.2%
7	锌 Zn	1.46			

3 现场应用试验

目前，环保型水基钻井液体系（SLHB）已在胜利油田 Q15、Z23、Y229 等区块现场应用10余口井，取得了良好的现场应用效果，为胜利油田"绿色钻井、清洁生产"提供了环保钻井液技术支撑。

Q15-X 井位于胜利油田 Q15 区块西部构造高部位，完钻井深 2505m，最大井斜 20.5°。由于该井上部东营组造浆严重，下部沙河街组易坍塌，增强钻井液体系的水化抑制与封堵性能，是该井抑制东营组水化造浆、沙河街组坍塌掉块的关键技术措施。

Q15-X 井二开井段采用环保型钻井液体系（SLHB）。上部地层采用聚合物钻井液体系，清洁絮凝剂 HB-4 加量保持在 0.2%~0.5%；钻进至1700m进行体系转化，调整钻井液黏度30~35s，膨润土含量30~40g/L，加入1%环保降滤失剂 HB-1，循环均匀后，继续加入3%环保抑制剂 HB-2，提高钻井液的抑制性。钻井施工中，根据需要加入环保降滤失剂 HB-1及流型调节剂 HB-6调整钻井液性能；进入沙河街组，及时加入环保防塌剂 HB-5 与粒径级配超钙，补充环保降滤失剂 HB-1，控制 API 滤失量小于5mL，提高钻井液的水化抑制与封堵防塌性能。根据施工需要，加入环保润滑剂 HB-3，保证钻井液的润滑性能。

Q15-X 井现场应用结果表明，环保型钻井液体系（SLHB）流变、滤失性能稳定，抗污染能力强，维护简便，具有良好的水化抑制与封堵防塌性能，润滑性能好。Q15-X 井二开小循环井段平均井径为 9.63in，井眼扩大率仅为 1.53%，电测下套管一次成功率 100%。此外，Q15-X 井完钻后钻井液生物毒性检测结果为 EC_{50} 值 >105mg/L，具有良好的环保性能。

4　结论与认识

（1）以无毒易降解的天然高分子为基础，研发了环保型水基钻井液系列配套处理剂，生物毒性 EC_{50} 值 >105mg/L，生物降解性 BOD_5/COD_{Cr} >15%，能够满足"无毒、易生物降解"环保要求。

（2）构建了环保型水基钻井液体系（SLHB），其具有良好的流变、滤失、抑制页岩水化及抗污染性能，抗温达 150℃，$FLAPI$ 为 4.2mL，$FLHTHP$ 为 12mL，生物毒性 EC_{50} 值 >105mg/L，生物降解性 BOD_5/COD_{Cr} 为 16.2%，环保性能良好。

（3）现场应用结果表明，环保型钻井液体系（SLHB）的流变、滤失性能稳定，抗污染能力强，维护简便，具有良好的水化抑制与封堵防塌性能，完钻后钻井液生物毒性满足环保要求，具有较高的推广应用价值。

参 考 文 献

[1] 卜文海，赵誉杰，杨勇，等. 环保型钻井液的研究应用现状及发展趋势[J]. 油气田环境保护，2010，20(3)：52-57.

[2] 杨振杰. 环保钻井液技术现状及发展趋势[J]. 钻井液与完井液，2004，21(2)：41-44.

[3] 刘亚，许春田，陈建民，等. "绿色"钻井液的研究与应用[J]. 石油钻采工艺，2001，23(4)：26-29.

[4] 刘均一. 高性能环保水基钻井液技术研究新进展[J]. 精细石油化工进展，2018，19(06)：33-38.

[5] 韩来聚，李公让. 胜利油田钻井环保技术进展及发展方向[J]. 石油钻探技术，2019，47(3)：89-94.

[6] 吴长勇，梁国昌，冯宝红，等. 海洋钻井液技术研究与应用显著及发展趋势[J]. 断块油气藏，2005，12(3)：69-71.

[7] Tehrani A, Gerrard D. Environmentally friendly water-based fluid for HPHT drilling[C]. SPE 121783, 2009.

[8] 胡进军，孙强，夏小春，等. 环境友好型水基钻井液 GREEN-DRILL 的研制与应用[J]. 钻井液与完井液，2014，42(2)：75-79.

[9] 王西江，曹华庆，郑秀华，等. 甲酸盐钻井液完井液研究与应用[J]. 石油钻探技术，2010，38(4)：79-82.

[10] 郑力会，周井红，万永生，等. 改性天然高分子基钻井液研究[J]. 天然气工业，2007，08：75-78.

[11] 杨枝，王治法，杨晓华，等. 国内外钻井液用抗高温改性淀粉的研究进展[J]. 中外能源，2012，17(12)：42-47.

[12] 马素德，郭焱，蒲春生，等. 马铃薯变性淀粉用作钻井液降失水剂的研究[J]. 西安石油大学学报（自然科学版），2004，19(6)：44-48.

[13] Liu J Y, Guo B Y, Li G R, et al. Synthesis and performance of environmental-friendly starch-based filtrate reducers for water-based drilling fluids[J]. Fresenius Environmental Bulletin, 2019, 28(7)：5618-5623.

[14] 陈二丁，王金利，张海青，等. 环保型水基钻井液体系的研究与应用[J]. 中国石油大学胜利学院学报，2018，32(3)：45-48.

[15] 刘均一，郭保雨. 页岩气水平井物化协同封堵强化井壁水基钻井液研究[J]. 西安石油大学学报（自然科学版），2019，34(2)：86-92.

　　作者简介：刘均一，(1988-)，男，博士，高级工程师，中石化胜利石油工程有限公司钻井工艺研究院，主要从事环保钻井技术研究工作。邮箱：danielliu1988@126.com，手机：15166299268。地址：山东省东营市北一路 827 号。

瓜胶基压裂返排液配制环保型钻井液工艺研究

张　洁[1]　张　凡[1]　刘雄雄[1]　都伟超[1,2]　唐德尧[3]　顾雪凡[1,2]　张　明[1]　陈　刚[1,2]

(1. 陕西省油气田环境污染控制技术与储层保护重点实验室，西安石油大学；2. 石油石化污染物控制与处理国家重点实验室，中国石油安全环保技术研究院；3. 陕西鑫富瀚海石油科技有限公司)

摘　要　针对瓜胶压裂返排液处理难度高、成本大、效果差等问题，提出了瓜胶压裂返排液重复利用配制环保型钻井液工艺。采用环保型钻井液处理剂，通过正交实验、极差分析、单因素实验筛选出了瓜胶压裂返排液配制的钻井液各个性能的最佳条件。线性膨胀率实验和泥球实验结果表明，压裂返排液配制的钻井液及其上清液都对膨润土的水化膨胀有较好的抑制作用，抑制性优于 4% KCl 溶液。钻井液可生化实验结果表明瓜胶压裂返排液配制的钻井液具有环保性。

关键词　瓜胶压裂返排液　钻井液　抑制性　环保性

压裂技术现已广泛用于油田压裂增产技术中，其中硼交联羟丙基瓜胶已成为当前水基压裂液的主流体系，因为羟丙基瓜胶压裂体系具有较好的携砂、滤失性和流变控制性能[1]。随着压裂规模和井次的增加，瓜胶压裂返排液也成了油田水体的主要污染物之一[2]。瓜胶压裂返排液中除含有原有的稠化剂、交联剂、杀菌剂、稳定剂等十几种添加剂外，还含有从地层中携带的固悬物、微生物、金属离子等。如果压裂返排液不及时处理或直接外排，将会对周围环境及其土壤造成不可逆转的危害，尤其对周围农作物及淡水环境造成污染[3-7]。目前国内外对压裂返排液的处理方法主要有外排、回注地层和回用[8,9]。其中，处理后达到外排水质指标的技术难度大，处理成本高；处理后回注地层，运行费用较高，前期投入大，且受回注地层条件的限制；而回用可以充分利用返排液中残余的各种添加剂和水资源重新配制压裂液，有效地解决环境污染，在水资源缺乏的地区，具有非常重要的意义。

本工作主要研究了将瓜胶压裂返排液用于配制钻井液，但是压裂返排液中含有氯化钾，它对黏土的水化膨胀有强抑制作用，难以直接配制钻井液。因此通过加入一定的护胶剂来保护瓜胶压裂液返排液配制的钻井液的稳定性，从而防止返排液中的氯化钾对黏土造浆的抑制作用和对钻井液产生的絮凝作用。由于瓜胶压裂液返排液含有钾盐和铵盐，利用瓜胶压裂液返排液配制的钻井液就有较好的抑制性，这对于钻富含黏土的地层所需钻井液来说至关重要。用压裂返排液配制钻井液不仅解决了压裂返排液处理的高成本和排放带来的环境问题，而且可以利用压裂返排液中对钻井液性能有促进作用的残余添加剂，对油气田开采过程具有显著的环保和经济效益。

1　实验部分

1.1　原料与仪器

钙基膨润土、钠基膨润土、改性植物酚、络合剂、瓜胶和低黏 CMC，均为工业级；无水碳酸钠、氯化钾、四硼酸钠和过硫酸铵，均为分析纯。

GJSS-B12K 型变频高速搅拌机、ZNN-D6 型六速旋转黏度计、SD-6 型多联中压滤失仪、NZ-3A 黏滞系数测定仪、液体密度计、NP-01 型常温常压膨胀量测定仪、FE28pH 计、FE38 电导率仪，生物培养箱。

1.2 模拟瓜胶压裂返排液的配制

取一定体积的水，加入 0.3% 的瓜胶，用低速搅拌器搅拌均匀，密封好溶胀 4h 左右，加入四硼酸钠，用玻璃棒搅拌充分交联后，再加入一定量过硫酸铵，在 65℃ 下破胶，直到压裂液的黏度小于 5mPa·s，再向其中加入 1% 的 KCl。

1.3 瓜胶压裂返排液配制钻井液性能评价

分别配制 8%、12%、16%、20% 和 24% 的钙基膨润土基浆，向 1.2 配制的压裂返排液中加入一定比例的络合剂和改性植物酚，调节其 pH 值为碱性，然后将返排液和 8%、12%、16%、20% 和 24% 的钙基膨润土基浆分别按 1:1、2:1、3:1、4:1 和 5:1 的比例混合，混合均匀后，再分别加入一定比例的低黏 CMC，评价各个混合比例下的钻井液性能，优选出最佳混合比例。

在以上最优混合比例下，为使混合后钻井液的各个性能较好，实验中以低黏 CMC 的加量、改性植物酚加量和络合剂加量为主要考察因素，设计 L9(3^3) 正交实验，如表 1 所示。以表观黏度、塑性黏度、动切力和滤失量为评价指标，进行田口分析和极差分析以确定反应的主要影响因素和较适宜的反应条件。

表 1 L9(3^3) 正交实验设计

实验序号	低黏 CMC/%	改性植物酚/%	络合剂/%
1	2.5	0.5	0.01
2	2.5	1.5	0.02
3	2.5	2.5	0.03
4	2.0	0.5	0.02
5	2.0	1.5	0.03
6	2.0	2.5	0.01
7	1.5	0.5	0.03
8	1.5	1.5	0.01
9	1.5	2.5	0.02

依据 GB/T16783.1-2014《石油天然气工业钻井液现场测试第 1 部分：水基钻井液》，对水基钻井液性能进行评价。主要评价的性能包括：表观黏度(AV)、塑性黏度(PV)、动切力(YP)、动塑比(YP/PV)、API 滤失量(FL)、滤饼摩阻(tg)、电导率(κ)、pH 值、密度(ρ)等[10~12]。

1.4 瓜胶压裂返排液配制的钻井液对黏土抑制性评价

线性膨胀率评价实验：称取 8.0g 充分烘干的钠基膨润土，用压片机压成样片(10MPa 下压 5min)，取出样片，测量样片厚度 K_0，用 NP-01 型常温常压膨胀量测定仪测量样片 1.5h 的膨胀量 K_1，根据公式(1-1)计算样片的线性膨胀率[13]。

$$K_r = \frac{K_1}{K_0} \times 100\% \tag{1-1}$$

式中，K_r 为黏土的线性膨胀率；K_1 为黏土的膨胀量，mm；K_0 为黏土片厚度，mm。

泥球实验：将钠基膨润土在 105℃下烘 2h，然后按 m(钠膨润土)：m(蒸馏水) = 2：1，混合均匀，揉成大约 10g 的泥球，将其放入装有不同液体的烧杯中，每隔一定时间记录现象并拍照。

1.5 钻井液的可生化分析

废水的可生化性，也称废水的生物可降解性，即废水中有机污染物被生物降解的难易程度，是废水的重要特性之一。目前，BOD_5/COD_{Cr} 比值法是最为常用的一种评价废水可生化性的水质指标评价法。废水可生物降解性评价参考数据见表 2[14]。

表 2　废水可生化性评价参考数据

BOD_5/COD_{Cr}	>0.45	0.3~0.45	0.2~0.3	<0.2
可生物降解性	好	较好	较难	不宜

BOD_5 是指有氧条件下好氧微生物通过新陈代谢分解废水中有机污染物过程中所消耗的氧量，通常将 BOD_5 直接代表废水中可生物降解的那部分有机物含量。COD_{Cr} 是指利用 $K_2Cr_2O_7$ 彻底氧化废水中有机污染物过程中所消耗氧的量，通常将 COD_{Cr} 代表废水中有机污染物的总量。

水质化学需氧量(COD_{Cr})的测定参照 HJ 828—2017《水质化学需氧量的测定重铬酸盐法》[15]。

水质五日生化需氧量(BOD_5)的测定参照 HJ 505—2009《水质五日生化需氧量(BOD_5)的测定稀释与接种法》[16]。

水中溶解氧质量浓度的测定参照 GB/T 7489—1987《水质溶解氧的测定碘量法》[17]。

2　结果与讨论

2.1　瓜胶压裂返排液与不同比例基浆混合比例筛选

为了使瓜胶压裂返排液能够得到较好的处理，将瓜胶压裂返排液重复利用来配制钻井液，并且使配制的钻井液的各项性能较好，将压裂返排液和不同比例的基浆混合，考察瓜胶压裂返排液与不同比例基浆混合后的钻井液性能，从而优选出最适宜的混合比例，结果如表 3 所示。

表 3　压裂返排液与不同比例基浆混合后的钻井液性能评价结果

混合比例	AV/mPa·s	PV/mPa·s	YP/Pa	YP/PV/(Pa/mPa·s)	pH 值	κ/(mS/cm)	ρ/g·cm^{-3}	tg	FL/mL
1：1	24.1	19.8	4.3	0.24	9.28	25.16	1.041	0.1051	6.4
2：1	22.7	19.2	3.5	0.62	9.24	28.27	1.039	0.0875	7.2
3：1	21.1	17.4	3.7	0.50	9.30	29.61	1.038	0.1139	8.2
4：1	16.6	15.0	1.6	0.38	9.34	32.66	1.035	0.0963	6.8
5：1	15.6	15.2	0.4	0.25	9.36	33.43	1.037	0.1051	7.4

根据表 3 中的数据，我们可以得出相对于返排液和 20% 基浆以 4：1 混合，返排液与 8%、12%、16% 的基浆按 4：1、2：1、3：1 混合后，钻井液的表观黏度和塑性黏度较大；返排液与 24% 基浆按 5：1 混合后，动切力较小以及滤失量较大。为了使钻井液的表观黏度、

塑性黏度、动切力和滤失量相对于其他比例下总体较好，又能充分利用返排液，返排液和20%的基浆按4∶1混合配制钻井液较好。

2.2　瓜胶压裂返排液与20%基浆混合的钻井液性能评价

瓜胶压裂返排液与基浆混合后的钻井液性能主要受低黏 CMC 加量、改性植物酚加量和络合剂加量的影响。为了分析各条件对钻井液性能影响的主次关系，优选反应条件，采用正交实验对各因素进行考察，正交实验评价结果如表4所示。

表4　正交实验评价结果

序号	AV/mPa·s	PV/mPa·s	YP/Pa	YP/PV/(Pa/mPa·s)	pH 值	κ/(mS/cm)	ρ/g·cm^{-3}	tg	FL(API)/mL
1#	23.2	17.4	5.8	0.24	9.63	24.12	1.042	0.0963	8.6
2#	44.9	37.8	7.1	0.62	9.73	38.80	1.051	0.0787	4.4
3#	43.0	35.4	7.7	0.50	9.69	37.01	1.050	0.0612	5.4
4#	28.6	25.2	3.4	0.25	9.71	33.93	1.046	0.0787	6.6
5#	28.5	25.0	3.5	0.38	9.70	34.11	1.045	0.0963	5.8
6#	28.1	24.2	3.9	0.50	9.80	36.80	1.045	0.1139	6.6
7#	14.5	13.0	1.5	0.31	9.79	31.80	1.037	0.1139	7.6
8#	20.3	14.6	5.7	0.44	9.71	32.21	1.039	0.0875	5.8
9#	19.2	17.4	1.8	0.44	9.84	33.45	1.038	0.1051	7.6

根据表4中的数据，采用极差法对反应结果进行分析，优选反应条件。正交实验的 AV、PV、YP 和 FL 的均值主效应图如图1~图4所示，均值响应如表5、表7、表8和表10所示。

（1）AV 与低黏 CMC%，改性植物酚%，络合剂%。

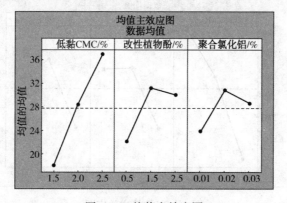

图1　AV 均值主效应图

表5　AV 均值响应表

水平	低黏 CMC/%	改性植物酚/%	络合剂/%
1	18.00	22.10	23.87
2	28.40	31.23	30.90
3	37.03	30.10	28.67
Delta	19.03	9.13	7.03
排秩	1	2	3

通过正交实验和极差分析，低黏 CMC 为主要影响因素，其次是改性植物酚，络合剂影响最弱。正交实验所得反应条件：低黏 CMC 1.5%，改性植物酚 0.5%，络合剂 0.01%。固定改性植物酚 0.5%，络合剂 0.01%，通过改变低黏 CMC 的加量进行钻井液性能评价。考察不同低黏 CMC 加量压裂返排液与 20%基浆混合后配制的钻井液的塑性黏度的影响，结果如表 6 所示。

表 6　低黏 CMC 加量对钻井液表观黏度和塑性黏度的影响

低黏 CMC 加量/%	AV/ mPa·s	PV/ mPa·s	YP/Pa	YP/PV/ (Pa/mPa·s)	pH 值	κ/ (mS/cm)	ρ/ g·cm⁻³	tg	FL(API)/ mL
0.5	11.7	10.2	1.0	0.44	9.25	33.80	1.032	0.1051	9.2
1.0	19.8	16.6	3.2	0.32	9.20	35.82	1.040	0.1317	7.0
1.5	24.2	19.8	4.4	0.38	9.17	38.57	1.043	0.0963	6.8
2.0	33.5	29.0	4.5	0.24	9.16	40.02	1.048	0.1228	6.4
2.5	46.2	36.4	9.8	0.18	9.24	45.29	1.050	0.1495	5.4

由表 6 数据可见，当低黏 CMC 的加量为 1.0%时，压裂返排液和 20%基浆混合后的钻井液的表观黏度较适宜。因此，低黏 CMC 的最适加量为 1.0%。为了使压裂返排液和 20%基浆混合后的钻井液的表观黏度较适宜，最适条件为：低黏 CMC 1.0%，改性植物酚 0.5%，络合剂 0.01%。

（2）PV 与低黏 CMC%，改性植物酚%，络合剂%。

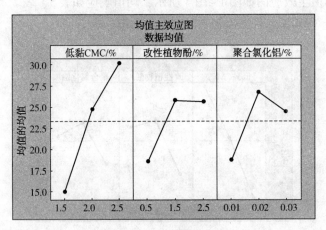

图 2　PV 均值主效应图

表 7　PV 均值响应表

水平	低黏 CMC/%	改性植物酚/%	络合剂/%
1	15.00	18.53	18.73
2	24.80	25.80	26.80
3	30.20	25.67	24.47
Delta	15.20	7.27	8.07
排秩	1	3	2

通过正交实验和极差分析，低黏 CMC 为主要影响因素，其次是络合剂，改性植物酚影响最弱。正交实验所得反应条件：低黏 CMC 1.5%，改性植物酚 0.5%，络合剂 0.01%，固定改性植物酚 0.5%，络合剂 0.01%，通过改变低黏 CMC 的加量进行钻井液性能评价。考察不同低黏 CMC 加量对压裂返排液与 20% 基浆混合后配制的钻井液的塑性黏度的影响，结果如表 6 所示。

由表 6 数据可见，当低黏 CMC 的加量为 0.5% 时，压裂返排液和 20% 基浆混合后的钻井液的塑性黏度较小。因此，低黏 CMC 的最适加量为 0.5%。为了使压裂返排液和 20% 基浆混合后的钻井液的塑性黏度较小，最适条件为：低黏 CMC 0.5%，改性植物酚 0.5%，络合剂 0.01%。

（3）YP 与低黏 CMC%，改性植物酚%，络合剂%。

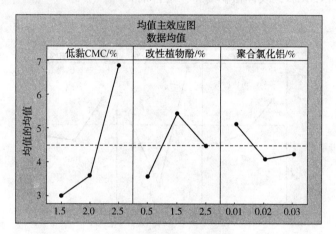

图 3　YP 均值主效应图

表 8　YP 均值响应表

水平	低黏 CMC/%	改性植物酚/%	络合剂/%
1	3.000	3.567	3.467
2	3.600	5.433	4.100
3	6.867	4.467	4.233
Delta	3.867	1.867	1.033
排秩	1	2	3

通过正交实验和极差分析，低黏 CMC 为主要影响因素，其次是改性植物酚，络合剂影响最弱。正交实验所得反应条件：低黏 CMC 2.5%，改性植物酚 1.5%，络合剂 0.01%，由此通过单因素实验确定低黏 CMC 的最适宜加量，结果如表 9 所示。

由表 9 数据可见，当低黏 CMC 的加量为 2.5% 时，压裂返排液和 20% 基浆混合后的钻井液的动切力较大。因此，为了使压裂返排液和 20% 基浆混合后的钻井液的动切力较大，最适条件为：低黏 CMC2.5%，改性植物酚 1.5%，络合剂 0.01%。

表 9 低黏 CMC 加量对钻井液动切力的影响

低黏 CMC 加量/%	$AV/$ mPa·s	$PV/$ mPa·s	YP/Pa	$YP/PV/$ (Pa/mPa·s)	pH 值	$\kappa/$ (mS/cm)	$\rho/$ g·cm^{-3}	tg	FL(API)/ mL
0.5	6.5	6.4	0.10	0.44	9.21	30.51	1.027	0.0875	7.6
1.0	12.1	11.2	0.45	0.32	9.17	33.71	1.034	0.1139	4.4
1.5	21.2	19.4	1.8	0.38	9.12	34.84	1.041	0.1317	4.0
2.0	35.6	30.2	5.4	0.24	9.06	38.65	1.052	0.1228	3.8
2.5	43.4	37.4	6.0	0.18	9.15	16.10	1.045	0.1405	2.6

（4）FL 与低黏 CMC%，改性植物酚%，络合剂%。

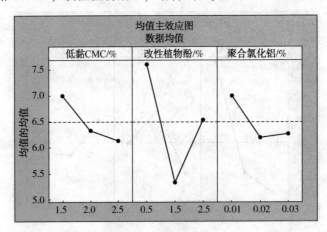

图 4 FL 均值主效应图

表 10 FL 均值响应表

水平	低黏 CMC/%	改性植物酚/%	络合剂/%
1	7.067	7.600	7.000
2	6.333	5.333	6.200
3	6.133	6.553	6.267
Delta	0.867	2.267	0.800
排秩	2	1	3

通过正交实验和极差分析，改性植物酚为主要影响因素，其次是低黏 CMC，络合剂影响最弱。正交实验所得反应条件：低黏 CMC 2.5%，改性植物酚 1.5%，络合剂 0.02%，由此通过单因素实验确定改性植物酚的最适宜加量，结果如表 11 所示。

由表 11 数据可见，当改性植物酚的加量为 1.5% 时，压裂返排液和 20% 基浆混合后的钻井液的滤失量较小。因此，为了使压裂返排液和 20% 基浆混合后的钻井液的滤失量较小，最适条件为：低黏 CMC 2.5%，改性植物酚 1.5%，络合剂 0.02%。

表 11　改性植物酚加量对钻井液滤失量的影响

低黏 CMC 加量/%	AV/ mPa·s	PV/ mPa·s	YP/Pa	YP/PV/ (Pa/mPa·s)	pH 值	κ/ (mS/cm)	ρ/ g·cm^{-3}	tg	FL(API)/ mL
0.5	48.0	44.6	3.4	0.44	9.24	42.23	1.049	0.1405	5.2
1.0	23.0	17.0	6.0	0.32	9.02	16.83	1.044	0.1228	4.4
1.5	16.0	11.6	4.4	0.38	9.11	16.67	1.040	0.1317	4.0
2.0	51.9	43.0	8.9	0.24	9.12	42.43	1.047	0.1139	4.2
2.5	53.4	44.2	9.2	0.18	9.09	42.02	1.051	0.1228	4.8

综上所述，瓜胶压裂返排液配制钻井液最适条件为：低黏 CMC 1.5%，改性植物酚 1.5%，络合剂 0.01%。

2.3　温度对压裂返排液配制的钻井液性能影响

对经过上述研究筛选出的钻井液体系进行了抗温性实验，结果如表 12 所示。

表 12　瓜胶压裂返排液配制的钻井液在不同温度下的钻井液性能评价结果

温度/℃	AV/ mPa·s	PV/ mPa·s	YP/Pa	YP/PV/ (Pa/mPa·s)	pH 值	κ/ (mS/cm)	ρ/ g·cm^{-3}	tg	FL(API)/ mL
30	21.9	17.5	2.20	0.24	9.32	13.93	1.044	0.1763	5.4
90	9.6	8.8	0.40	0.09	9.03	13.88	1.042	0.1228	6.0
120	8.9	8.4	0.25	0.06	8.67	10.75	1.041	0.2126	6.4
150	8.6	7.6	0.50	0.07	9.10	13.47	1.047	0.1584	9.0
180	3.9	3.2	0.35	0.02	8.64	13.41	1.041	0.1763	16.2

由表 12 可以看出，随着温度的升高，钻井液的表观黏度和塑性黏度逐渐减小；动切力先减小再增大再减小；滤失量逐渐增大。当温度达到 150℃时，钻井液各项性能较好；当温度达到 180℃，钻井液滤失量较大，不满足钻井液要求。

2.4　钻井液的可生化性

由表 13 可知，以低黏 CMC 作护胶剂，瓜胶压裂返排液配制的钻井液的滤液具有较好的生化降解性，其对地层的伤害小，表明以低黏 CMC 作为护胶剂，瓜胶压裂返排液配制的钻井液具有环保性。

表 13　滤液可生化性评价

BOD_5	COD_{Cr}	BOD_5/COD_{Cr}
3767	11407	0.33

2.5　瓜胶压裂返排液配制的钻井液对黏土水化抑制性评价

2.5.1　线性膨胀率

瓜胶压裂返排液配制的钻井液对膨润土线性膨胀的抑制作用如图 5 示。由图 5 可见，瓜胶压裂返排液配制的钻井液和钻井液上清清对黏土水化膨胀均有良好的抑制作用。其中瓜胶压裂返排液配制的钻井液对抑制黏土水化膨胀效果最佳，90min 时，瓜胶压裂返排液配制的钻井液的黏土膨胀率为 9.04%，明显低于 4% KCl 溶液的 51.30%。表明压裂返排液配制的钻井液对膨润土的水化膨胀有较好的抑制性。这可能是瓜胶压裂返排液配制的钻井液中含有钾离子、铵离子，由于其水化半径较小及水化能较低，易进入黏土层间两个氧六角环之间的空间，通过晶格固定作用抑制黏土水化膨胀[18]。

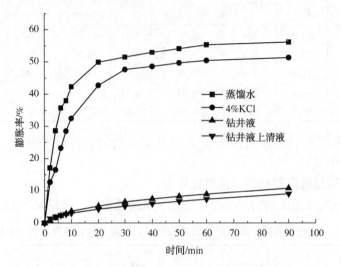

图 5　不同处理剂对黏土线性膨胀率的影响

2.5.2　泥球实验

黏土泥球在清水浸泡 24h 后如图 6 中（a）所示，有显著的渗透水化，泥球膨胀变大和坍塌，表面松软、有明显的裂隙；泥球分别在钻井液上清液和钻井液泥浆中浸泡 24h 之后分别如图 6 中（b）、（c）所示，（b）泥球大于（c）泥球，泥球（b）有较弱的水化膨胀，表面光滑几乎没有裂痕；泥球（c）未水化膨胀，表面光滑几乎没有裂痕。表明压裂返排液与 20% 基浆混合后配制的钻井液对黏土水化膨胀有一定的抑制性，这与膨润土的线性膨胀率结果一致。

(a)自来水　　　　　　　　(b)钻井液上清液　　　　　　　(c)钻井液

图 6　泥球在不同处理剂中浸泡 24h 的外观图

3　结论

（1）瓜胶压裂返排液与 20% 的基浆混合后配制的钻井液通过正交实验、极差分析及单因素实验，确定了瓜胶压裂返排液和 20% 基浆混合配制钻井液的配方：低黏 CMC 1.5%，改性植物酚 1.5%，络合剂 0.01%。瓜胶压裂返排液与 20% 的基浆配制的钻井液和钻井液上清液对膨润土的水化膨胀都有较好的抑制性，抑制效果优于 4%KCl。瓜胶压裂返排液配制的钻井液的滤液具有较好的生物降解性，表明瓜胶压裂返排液配制的钻井液具有环保性。

（2）由于压裂返排液的回注运行成本高，且产生了各类环境安全问题，而处理后达标排放又具有较高的技术难度和处理成本，因此将压裂返排液回用配制钻井液，既能有效利用压裂返排液中的有效成分，也节约了水资源，对油田开采具有重要的环保和经济效益。

参 考 文 献

[1] 田培蓉. 胍胶压裂返排液重复利用影响因素及消除方法研究[D]. 西安石油大学，2017：1-3.

[2] 王顺武，赵晓非，李子旺，等. 油田压裂返排液处理技术研究进展[J]. 化工环保，2016，36（5）：493-499.

[3] 杨德敏，袁建梅，夏宏，等. 页岩气开发过程中存在的环境问题及对策[J]. 油气田环境保护，2013，23（2）：20-22.

[4] Jessica D Rogers, Troy L Burke, Stephen G Osborn, et al. A framework for identifying organic compounds of concern in hydraulic fracturing fluids based on their mobility and persistence in groundwater[J]. Environmental Science & Technology，2015，2（6）：158-164.

[5] 杨德敏，夏宏，袁建梅，等. 页岩气压裂返排废水处理方法探讨[J]. 环境工程，2013，31（6）：31-36.

[6] Gordalla B C, Ewers U, Frimmel F H. Hydraulic fracturing：a toxicological threat for ground water and drinking water？[J]. Environmental Earth Sciences，2013，70（8）：3875-3893.

[7] Molly C Mc Laughlin, Thomas Borch, Jens Blotevogel. Spills of hydraulic fracturing chemicals on agricultural topsoil：biodegradation, sorption, and Co-contamination interactions[J]. Environmental Science & Technology，2016，50（11）：6071-6078.

[8] 郭威. 压裂返排液无害化处理技术研究[D]. 成都：西南石油大学，2014.

[9] API. Water Management Associated with Hydraulic Frac-turing[M]. Washington DC：API Guidance DocumentHF2，2010：9-22.

[10] 高起龙，马丰云，张建甲，等. 香蕉皮制备绿色钻井液处理剂的作用效能研究[J]. 化工技术与开发，2013，42（11）：5-9.

[11] 张洁，张云月，陈刚. 树胶的交联改性及其作为钻井液处理剂的研究[J]. 石油钻采工艺，2011，33（6）：37-40.

[12] 张洁，张强，陈刚，等. 强抑制性改性杂聚糖在钻井液中的作用效能与机理研究[J]. 化工技术与开发，2013，42（10）：1-5.

[13] SY/T 6335—1997 钻井液用页岩抑制剂评价方法[S].

[14] 张强. 聚合糖钻井液应用工艺优化及其机理探究[D]. 西安石油大学，2014：66-70.

[15] HJ 828—2017. 水质化学需氧量的测定重铬酸盐法[S].

[16] HJ 505—2009. 水质五日生化需氧量（BOD_5）的测定稀释与接种法[S].

[17] GB/T 7489—1987. 水质溶解氧的测定碘量法[S].

[18] Bruton J R, Mclaurine H C. Modified poly-amino Acid Hydration Suppressant Proves Successful in Controlling Reactive Shales[C]. SPE 26327，1993.

致谢：本论文工作受到陕西省重点研发计划重点产业创新链（群）项目"绿色多功能钻井液材料研究与应用及其钻后废液治沙技术开发"（2019ZDLGY06-03）和陕西省教育厅科研计划项目（18JS089）"木质素-聚糖的催化合成及其在清洁钻井液中的应用基础研究"的资助。

作者简介：陈刚（1977-），男，教授，研究方向为绿色油田化学；电话：029-88382693；E-mail：gangchen@xsyu.edu.cn。

高 COD 钻井废水化学和膜分离耦合技术的研究

王　委[1]　范益群[2]　许春田[1]　闻娟娟[2]

(1. 华东石油工程公司江苏钻井公司；2. 南京工业大学)

摘　要　针对石油钻井废液产生量大、成分复杂、处理工艺链长及成本高等问题，通过化学、氧化预处理技术和工艺参数优化、无机膜材料、孔径优选和运行参数优化等研究，形成了钻井废水膜分离技术。应用结果表明，经膜处理后的钻井废水 COD、色度、浊度等指标明显下降，出水水质达到综合排放一级标准的要求。

关键词　钻井废水　无机膜　渗透通量　参数优化　现场应用

由于陶瓷膜良好可控的孔隙度，被广泛用于废水处理。但随着废水黏度、COD 等指标的不同，陶瓷膜的寿命及处理效果也有较大差异。本文主要研究的钻井废水是来自于钻井现场，经破胶、混凝预处理后获得；废水的主要特点为 COD 含量高、盐含量高、硬度大，黏度大(3~4mPa·s，25℃)。首先对钻井废水的 COD 值、油含量、电导率、SS 及各种相关离子的含量进行测定，作为后续陶瓷膜处理等实验的基础和前提；主要对高黏度废水，采用臭氧氧化，降低黏度，以提高通量及运行时间。试制了 200nm、50nmZrO₂ 陶瓷膜和 8nmTiO₂ 陶瓷膜，对这三种陶瓷膜进行了系统的表征及分析，获得了膜表面微观形貌、陶瓷膜渗透性能及截留性能的数据。考察了氧化催化剂及腐蚀对陶瓷膜稳定性能的影响，通过通量及通量可恢复性行测试，优选出 50nmZrO₂ 陶瓷膜作为最佳陶瓷膜。最后进行了运行参数优化，保持高截留率的前提下尽可能地提高实际操作过程中的运行通量，延长现场装置运行周期及降低运行成本。

1　钻井废水膜分离工艺优化

1.1　钻井废水主要成分分析

取固液分离后废水，通过测定可以看出，COD 含量 3630mg/L，电导率 38000μS/cm，SS 值 462，具体见表 1。

表 1　钻井废水检测结果

测试项目	测试结果	测试项目	测试结果
COD/(mg/L)	3630	可溶固/(g/L)	27.54
总油/(mg/L)	6.3	SS/(mg/L)	462
电导率/(μS/cm)	38000		

1.2　预处理对膜分离出水水质和无机膜稳定性的影响

实验采用陶瓷膜处理钻井废水，装置如图 1 所示，控制操作压力为 0.2/0.1MPa，室温下，考察陶瓷膜处理钻井废水过程中渗透通量的变化及过滤效果，具体实验结果见表 2 及图 2。

高 COD 钻井废水化学和膜分离耦合技术的研究

表 2　陶瓷膜过滤原水数据

时间/min	温度/℃	压力/MPa	流量/(m³/h)	通量/(L/m² · h)
0	/	/	/	200
3	10	0.2/0.1	4.5	112
5	12	0.2/0.1	4.5	23
10	16	0.2/0.1	4.5	27
15	25	0.2/0.1	4.5	30
20	30	0.2/0.1	4.5	32
25	36	0.2/0.1	4.5	35
30	40	0.2/0.1	4.5	37

如图 2 所示，从表观上看，渗透液澄清透明，效果良好。从表 2 可以看出，钻井废水原水直接进行陶瓷膜处理，过程中陶瓷膜渗透通量在 5min 内迅速下降，降幅 88.5%，随后陶瓷膜渗透通量保持在一个较低的水平；实验过程中陶瓷膜通量低，主要原因是废水黏度较大，在 3~4mPa·s，过滤过程中高分子污染物在膜表面迅速形成架桥堵塞，陶瓷膜污染严重，其渗透通量下降越快。因此，在进行陶瓷膜处理前，需进行预处理，主要是降低废水的黏度。

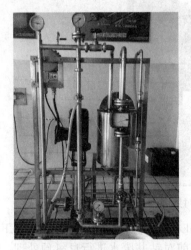

图 1　陶瓷膜实验装置

图 2　原水与清液对照图

1.3　氧化预处理工艺

臭氧氧化作为一种实用、高效的高级氧化技术，具有氧化能力强、反应时间短、无二次污染、设备简单等优点，被广泛应用。研究表明，臭氧氧化虽不能直接降低以 COD 为代表的水中有机物总量，但能改变有机物的性质和结构，使水中大分子有机物分解氧化为小分子有机物，从而有利于废水的后续处理。因此，本实验中由于钻井废水直接进行陶瓷膜过滤通量低，考虑改进工艺，在陶瓷膜过滤处理工艺前增加臭氧氧化预处理工艺，期望通过该氧化过程降低废水的黏度，从而延缓陶瓷膜的污染，提高陶瓷膜的渗透通量。

实验过程中考虑了臭氧氧化时间对钻井废水的黏度和通量的影响，具体情况如图 3、图 4 所示。

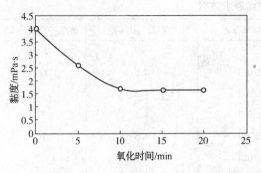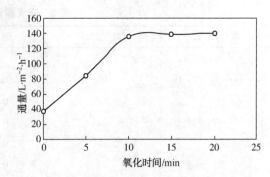

图 3 钻井废水原水黏度随氧化时间的变化情况 图 4 钻井废水原水通量随臭氧氧化时间的变化情况

由图 3 可知，随着氧化时间的延长，钻井废水黏度呈现先迅速下降后趋于平缓的趋势，初步认为拐点 10min 为最佳氧化停留时间，此时钻井废水黏度降到 1.7mPa·s。结合图 4 陶瓷膜处理过程中通量的变化，最终确定了 10min 为最佳氧化停留时间。

钻井废水经臭氧氧化处理后，进入陶瓷膜过滤装置，共处理约 40kg 水样，出清水 32kg，浓缩液 8kg。由图 5 可以看出，臭氧处理过程对钻井废水有一定的澄清作用，而再经陶瓷膜处理后，渗透液变得澄清透明。

图 5 原水、氧化处理水及清液对照图

经臭氧氧化处理后，陶瓷膜处理时，通量提升至 $136L/m^2 \cdot h$，与直接陶瓷膜处理工艺相比，通量提高了 4 倍左右，效果明显。因此，在陶瓷膜前对钻井废水进行臭氧预处理，可以有效降低废水体系黏度，提高膜处理通量。

2 无机膜优选与评价

根据膜材料的不同，可将膜分为有机膜和无机陶瓷膜两类。其中有机膜因材料稳定性差等，极大地限制了应用范围。陶瓷膜因具有良好的热稳定性、化学稳定性和溶剂稳定性，应用范围逐渐扩大。

膜分离的主要过程是当物料流经陶瓷膜时，在跨膜压差的驱动下，大于膜孔径的物质被截留，小于膜孔径的物质可以透过陶瓷膜，达到选择性分离的目的，如图 6 所示。

陶瓷膜的分离性能取决于膜的微结构、构型及表面性质等，而膜的微结构、构型及表面性质又取决于其顶层膜材料结构性质及制备工艺。陶瓷膜顶层膜材料包括 SiO_2、$\gamma-Al_2O_3$、

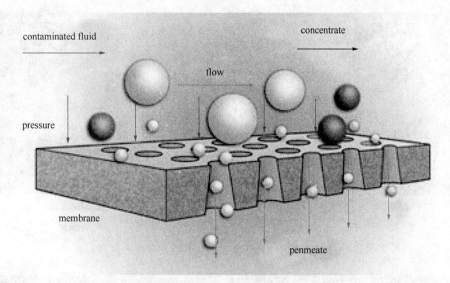

图 6　膜分离示意图

TiO_2、ZrO_2、HfO_2 等氧化物及无机复合材料，如 SiO_2-ZrO_2、TiO_2-ZrO_2、Y_2O_3-ZrO_2 等。由于 γ-Al_2O_3 膜不耐强酸及强碱，SiO_2 膜不耐碱，因此，在陶瓷膜应用中主要是 TiO_2、ZrO_2 及 TiO_2-ZrO_2 等复合膜材料。本文主要对不同孔径的 ZrO_2 和 TiO_2 材料陶瓷膜进行制备和考察。

2.1　陶瓷膜的制备

2.1.1　孔径 200nm 及 50nm ZrO_2 陶瓷膜

氧化锆陶瓷膜不仅具有良好的化学和热稳定性、高的机械强度等陶瓷膜所具有的共性，还兼备高熔点、低热导率等特性。

200nm 微滤膜及 50nm 超滤膜是采用固态粒子烧结法制备得到，其制备过程是将一定粒径分布的氧化锆粉体均匀分散在水中，通过添加有机物、酸等获得相对稳定的颗粒悬浮液；采用浸浆法在多孔陶瓷支撑体上获得一层完整的陶瓷膜层，经过干燥–烧结过程获得具备一定孔径及强度的氧化锆陶瓷膜。

所选用的 200nm 氧化锆陶瓷膜纯水通量在 $800\sim1000L/m^2 \cdot h \cdot bar$，其表面及断面微观形貌如图 7 所示。

所选用的 50nm 氧化锆陶瓷膜纯水通量在 $600\sim700L/m^2 \cdot h \cdot bar$，其表面及断面微观形貌如图 8 所示。

2.1.2　孔径 8nm TiO_2 陶瓷膜

二氧化钛材料具有化学及热稳定性好、亲水性好、无毒廉价等优点，是一种优良的陶瓷膜材料。

8nm 氧化钛膜也是采用固态粒子烧结法制备得到，具有比较好的机械强度及较高的渗透通量，所选用的 8nm 氧化钛陶瓷膜纯水通量在 $200\sim250L/m^2 \cdot h \cdot bar$，其表面及断面微观形貌如图 9 所示。

2.2　氧化催化剂对陶瓷膜渗透性影响测试

分别考察 200nm、50nm 氧化锆及 8nm 氧化钛陶瓷膜在氧化催化剂处理前后孔径分布或渗透性能的变化。将三种陶瓷膜浸泡在测试液中，每隔一周测一下膜管的纯水通量，如果膜

(a)表面 (b)断面

图 7　孔径 200nm 氧化锆陶瓷膜的微观形貌

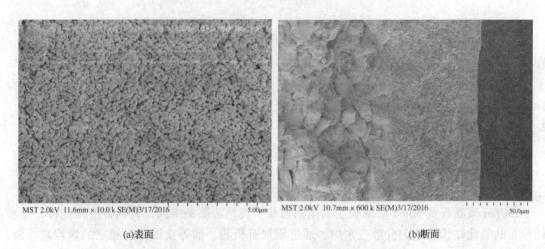

(a)表面 (b)断面

图 8　孔径 50nm 氧化锆陶瓷膜的微观形貌

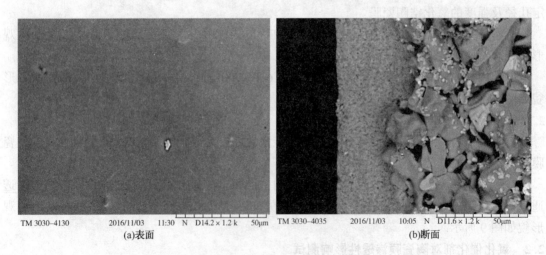

(a)表面 (b)断面

图 9　孔径 8nm 氧化钛陶瓷膜的微观形貌

管的纯水通量出现逐渐增大的趋势，则说明陶瓷膜管的稳定性被破坏，即陶瓷膜不耐该催化氧化剂；如果陶瓷膜管在测试期内能保持通量的稳定性，且测试期内陶瓷膜管的孔径分布或截留性能未发生变化，则说明陶瓷膜管耐氧化催化剂。考察了三种膜管在三个月中的性能变化情况，具体结果如图 10 所示。

由图 10 可知，200nm 氧化锆、50nm 氧化锆及 8nm 氧化钛这三种膜管在三个月通量均能保持稳定。

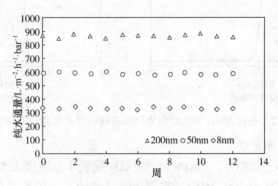

图 10　不同品种陶瓷膜通量随时间变化情况

2.3　腐蚀对陶瓷膜截留性影响测试

2.3.1　孔径 200nm ZrO_2 陶瓷膜

200nm 氧化锆膜管腐蚀前后孔径分布如图 11 所示。

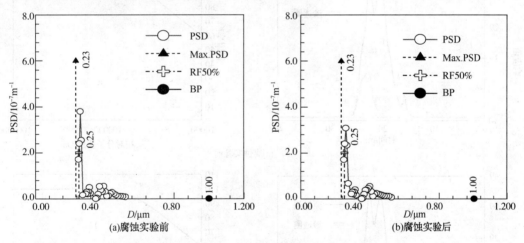

图 11　孔径 200nm 陶瓷膜实验前后孔径分布情况

由图 11 可知，200nm 氧化锆膜在测试期内孔径分布基本没有变化，结合其纯水通量数据可知，200nm 氧化锆膜管在三个月的考察期内能够保持性能的稳定。

2.3.2　孔径 50nm ZrO_2 陶瓷膜

采用 3g/L 的 2000KDa 葡聚糖溶液，控制操作温度为室温，操作压力为 0.2MPa，采用错流过滤的方式进行截留率测定实验，结果如图 12 所示。

由图 12 可知，腐蚀前后 50nm 氧化锆陶瓷膜对葡聚糖 2000KDa 的截留率均保持在 75% 左右，结合其纯水通数据可知，50nm 氧化锆陶瓷膜在三个月的考察期内能够保持性能的稳定。

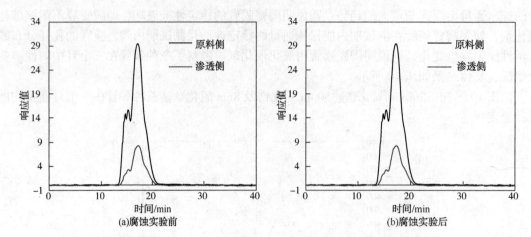

图 12　孔径 50nm 氧化锆陶瓷膜实验前后对葡聚糖的截留情况

2.3.3　孔径 8nm TiO$_2$ 陶瓷膜

采用葡聚糖 10KDa、40KDa、70KDa 及 500KDa 配置了总浓度 6.5g/L 的复配溶液，控制操作温度为室温，操作压力为 0.2MPa，采用错流过滤的方式进行截留率测定实验，平行测定了三根管子的截留率，结果如图 13 所示。

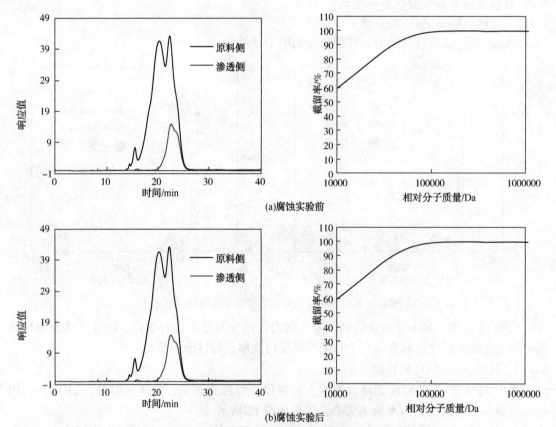

图 13　孔径 8nm 氧化锆陶瓷膜实验前后对葡聚糖的截留情况

由图 13 可知，腐蚀前后 8nm 氧化钛陶瓷膜对复配葡聚糖的截留相对分子质量均在 40KDa 左右，结合其纯水通量数据可知，8nm 氧化钛陶瓷膜在三个月的考察期内能够保持性能的稳定。

综上所述，200nm 氧化锆、50nm 氧化锆及 8nm 氧化钛这三种陶瓷膜在为期三个月的强化氧化催化剂测试中能够保持性能的稳定性。

2.4 陶瓷膜材料及孔径优选

2.4.1 废水预处理

取 L46-2 井废弃钻井液，经过破胶絮凝预处理，得到固液分离废水，测定主要指标，COD 为 745mg/L，黏度为 1.3mPa·s，见表 3。由于黏度小于 2mPa·s，因此在进入陶瓷膜前将无须进行臭氧降黏处理，直接进入陶瓷膜系统进行过滤实验。

表 3　钻井废水检测结果

样品名称	钻井液废水	样品名称	钻井液废水
COD/(mg/L)	745	黏度/mPa·s	1.3
总油/(mg/L)	39.81	色度	208
电导率/(μS/cm)	3510	浊度	78.1
pH	7.5	SS/(mg/L)	420

2.4.2 陶瓷膜的筛选

实验中控制操作温度 25℃，操作压力 2bar，膜面流速 3m/s，考察 200nm(1#)氧化锆陶瓷膜、50nm(2#)氧化锆陶瓷膜和 8nm(3#)氧化钛陶瓷膜在钻井废水过滤过程中通量的衰减情况，具体过滤效果及实验结果如表 4 及图 14 所示。

表 4　钻井废水检测结果

样品名称	钻井液废水	200nm 膜管	50nm 膜管	8nm 膜管
COD/(mg/L)	745	429	428.3	398.8
总油/(mg/L)	39.81	34.04	34.39	31.03
电导率/(μS/cm)	3510	3440	3400	3380
pH	7.5	7.5	7.5	7.5
黏度/mPa·s	1.30	1.30	1.28	1.25
色度	208	24	23	23
浊度	78.1	<1	<1	<1
SS/(mg/L)	420	<1	<1	<1
氯离子/(g/L)	604.01	601.14	598.01	595.42
铬离子/(mg/L)	0	0	0	0
铅离子/(mg/L)	0	0	0	0

从表 4 中检测结果可知，200nm 陶瓷膜及 50nm 陶瓷膜清液的 COD、油含量、电导率、色度等均略低于 8nm 陶瓷膜过滤清液，而对于废水的浊度及 SS 等的去除率是一样的，说明废水中存在的有机物相对分子质量比较小。

由图 14 结合表 4 可知，8nm 陶瓷膜、200nm 陶瓷膜及 50nm 陶瓷膜对废水的截留效果基本相近。

实验中控制操作压力 0.2MPa，操作温度为 25℃，膜面流速为 3m/s，考察三种不同孔径陶瓷膜处理废水过程中通量的变化情况，具体如图 15 所示

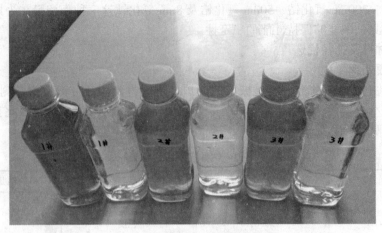

图 14 三种孔径陶瓷膜过滤效果

由图 15 可知，200nm 氧化锆陶瓷膜的纯水渗透率由 890 $L \cdot m^{-2} \cdot h^{-1} \cdot bar^{-1}$ 下降至 71L $\cdot m^{-2} \cdot h^{-1} \cdot bar^{-1}$，50nm 的氧化锆陶瓷膜纯水渗透率由 633L $\cdot m^{-2} \cdot h^{-1} \cdot bar^{-1}$ 下降至 43L $\cdot m^{-2} \cdot h^{-1} \cdot bar^{-1}$，而 8nm 氧化钛陶瓷膜的纯水渗透率由 335L $\cdot m^{-2} \cdot h^{-1} \cdot bar^{-1}$ 下降至 43L $\cdot m^{-2} \cdot h^{-1} \cdot bar^{-1}$；单从这一次实验过程中稳定通量来判断，200nm 陶瓷膜的稳定通量高于 50nm 的陶瓷膜及 8nm 的陶瓷膜，而 50nm 的陶瓷膜及 8nm 的陶瓷膜稳定通量相近。

2.4.3 陶瓷膜通量可恢复性

陶瓷膜运行一段时间后，陶瓷膜表面会被污染，随着过滤时间的延长污染层会增厚，过程中的通量会缓慢下降，所以陶瓷膜必须要进行周期性的清洗工作，以确保陶瓷膜通量的恢复。

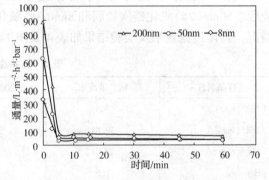

图 15 三种孔径陶瓷膜过滤过程中渗透率的变化情况

实验中对三种孔径的陶瓷膜做了清洗通量恢复性实验。采用质量分数为 2% 的氢氧化钠溶液及质量分数为 2% 的硝酸溶液在同样的条件下对三种陶瓷膜管进行清洗，具体实验结果如图 16 所示。

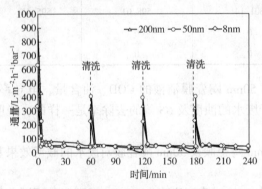

图 16 三种孔径陶瓷膜通量可恢复性研究

由图 16 可知，三种孔径陶瓷膜在经过四次的废水体系过滤实验及三次的清洗通量恢复性实验，三次清洗中 50nm 陶瓷膜及 8nm 陶瓷膜通量恢复性良好，而 200nm 陶瓷膜：一方面通量恢复值小于 50nm 陶瓷膜通量恢复值，另一方面 200nm 陶瓷膜管在过滤过程中通量一直在下降，不利于实验过程中通量的稳定性要求。50nm 陶瓷膜管的稳定通量与 8nm 陶瓷膜管的稳定相近，且 8nm 陶瓷膜管渗透清液的截留效果并没有明显优于

50nm 陶瓷膜管。因此，综合过滤效果及经济性考虑，最终选定 50nm 氧化锆陶瓷膜为最佳钻井废水用陶瓷膜。

2.5　陶瓷膜运行条件的优化

通量与温度、压力及流速有关，需优选出适合现场实施的最佳参数，以达到节能、高效的目的。

由于对物料控温会增加设备成本、能耗等，而且在实际运行过程中随着时间的延长，泵等设备的运行也会造成物料的温度缓慢增加，因此实际操作过程中将不考虑对废水体系进行控温。操作压力及膜面流速将会直接影响实际体系过滤过程中的通量及运行成本，因此本文将作为重点考察。

实验中先控制操作温度为 25℃，膜面流速为 3m/s，主要考察操作压力 0.1MPa、0.2MPa 及 0.3MPa 下对陶瓷膜过滤过程中通量（L·m^{-2}·h^{-1}，25℃）及渗透率（L·m^{-2}·h^{-1}·bar^{-1}，20℃）的影响，具体实验结果如图 17 及图 18 所示。

由图 17 可知，对于钻井废水体系，操作压力 0.1MPa 下 50nm 陶瓷膜的过滤通量基本稳定在 120L·m^{-2}·h^{-1}；操作压力为 0.2MPa 时，陶瓷膜的过滤通量呈缓慢下降趋势，从 5min 时 149L·m^{-2}·h^{-1} 下降至 60min 时 112L·m^{-2}·h^{-1}；而操作压力提高至 0.3MPa 时，陶瓷膜的过滤通量明显小于 0.1MPa 及 0.2MPa 下的过滤通量，并且过滤通量从 5min 时 113L·m^{-2}·h^{-1} 下降至 60min 时 81L·m^{-2}·h^{-1}。对于三种操作压力下过滤过程废水的渗透率，由图 18 可知，0.1MPa 下的陶瓷膜渗透率远大于 0.2MPa 及 0.3MPa 操作压力下数值。除此之外，实验中考虑到操作压力越大，过滤过程中所需要的能耗越大，认为 0.1MPa 的操作压力为最优操作压力。

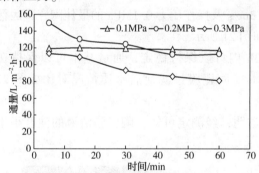

图 17　不同操作压力下陶瓷膜
过滤通量随时间的变化情况

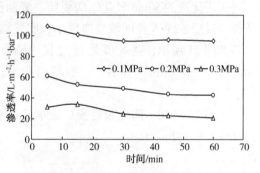

图 18　不同操作压力下陶瓷膜
过滤渗透率随时间的变化情况

实验中控制操作温度为 25℃，操作压力为 0.1MPa，主要研究膜面流速 1m/s、3m/s 及 5m/s 这三个条件下陶瓷膜对钻井废水体系过滤过程中渗透率随时间的变化情况，具体如图 19 所示。

由图 19 可知，实验中膜面流速在 1m/s 时陶瓷膜渗透率在一个比较低的水平，而膜面流速在 3m/s 及 5m/s 时陶瓷膜渗透率稳定在 96L·m^{-1}·h^{-1}·bar^{-1} 左右，通量提高了 100%；由于膜面流速的增大会增加过滤过程中的能耗，所以认为 3m/s 的膜

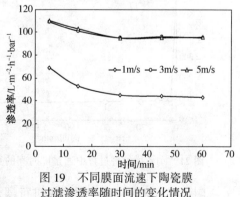

图 19　不同膜面流速下陶瓷膜
过滤渗透率随时间的变化情况

面流速为最佳膜面流速。如果保持之前的处理量，设备将节约一半的运行能耗，总体运行成本将下降超过 30%，处理效率提高 20%。

综上所述，在 25℃下，采用膜面流速 3m/s、操作压力 0.1MPa 为最佳运行条件。

3 应用实例

取 S23-5 井钻井废水，表观黑色，如图 20(a) 所示。经测定电导率 2.26μS/cm，pH 值为 8.04，固含量 5.4%。采用破胶絮凝预处理后，经固液分离，测得废水电导率 2.76mS/cm，pH 值为 7.73，黏度 1.41mPa·s，COD 值 942ppm(<1500ppm)。

(a)钻井废水原液　　　　　　　　(b)絮凝后清液

图 20　废水预处理前后

采用优选的 50nm 氧化锆陶瓷膜，膜面流速 3m/s 及操作压力 0.1MPa 的最佳陶瓷膜运行条件。过滤 S23-5 井固液分离废水，实验结果如图 21 所示。

如图 21 所示，陶瓷膜处理过程中通量在 3h 内可以保持稳定，通量基本可以保持在 90L·m⁻²·h⁻¹·bar⁻¹左右，具有较高的渗透通量。陶瓷膜过滤前后水质情况对比如图 22 所示。

由图 22 可知，陶瓷膜处理后废水基本澄清透明，经测定可知，陶瓷膜清液的浊度小于 1，COD 为 402mg/L。

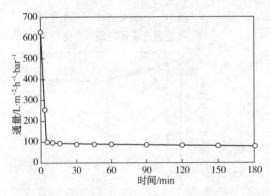

图 21　陶瓷膜处理过程中通量随时间的变化情况

图 22　陶瓷膜处理前后废水表观

陶瓷膜清液再经反渗透系统进行耦合处理，温度为常温，操作压力为 2.5MPa，流量为

$1.7m^3/h$，反渗透处理通量为 $9L/m^2 \cdot h$，处理前后的出水水质如表 5 所示。

表 5 处理前后水质情况对比

样品名称	钻井液废水絮凝后清液	50nm 陶瓷膜清液	反渗透清液
COD/（mg/L）	942	402	56
总油/（mg/L）	49.71	34.39	0
pH 值	7.73	7.5	7.5
黏度/mPa·s	1.41	1.28	1.25
色度	208	<50	<50
浊度	78.1	<1	<1
SS（/mg/L）	201	<1	<1

由表 5 可知，无机陶瓷膜过滤后，COD、色度、浊度及 SS 等明显降低，再经反渗透膜耦合处理，pH 值在 6~9 范围内、色度<50mg/L、悬浮物<70mg/L、COD<80mg/L、石油类<5mg/L、总铬<1.5mg/L、总铅<1.0mg/L，出水水质达到一级标准要求。

4 认识

（1）钻井废水经化学和臭氧氧化预处理，不仅对钻井废水有澄清作用，还能有效降低废水黏度，明显提高陶瓷膜通量，减轻陶瓷膜处理系统的压力；黏度小于 $2mPa \cdot s$ 的废水，可以不经臭氧氧化处理直接进行膜处理。

（2）通过对 200nm ZrO_2、50nm ZrO_2 及 8nm TiO_2 三种陶瓷膜的耐氧化催化、耐腐蚀及通量可恢复性等对比分析，最终优选出 50nm 氧化锆陶瓷膜为最佳钻井废水用陶瓷膜。

（3）在 25℃下，采用膜面流速 3m/s、操作压力 0.1MPa 为最佳运行条件，即保证低压高流速的原则，又可以获得比较高的渗透通量。

（4）经膜处理后的钻井废水出水 pH 值在 6~9 范围内、色度<50mg/L、悬浮物<70mg/L、COD<80mg/L、石油类<5mg/L、总铬<1.5mg/L、总铅<1.0mg/L，水质达到一级指标要求。

基金项目： 中国石化华东石油工程公司科研项目《钻井废水化学与膜处理耦合技术的研究与应用》（编号 JSPE201605）部分研究成果。

作者简介： 王委（1982-），2005 年毕业于重庆科技学院油田应用化学专业，2009 年毕业于中国石油大学（华东）石油工程专业。在中国石化华东石油工程公司江苏钻井公司工作，现主要从事钻井新工艺、新技术研究及推广应用等工作。地址：江苏省扬州市江都区邵伯镇甘棠路 101 号，邮编 225261。电话：0514-86761052，13625204056，信箱：58221821@qq.con。

去磺化环保水基钻井液在秋林致密气井中的应用

张佳寅[1] 赵 军[2] 刘 阳[1] 刘 波[1] 陈 骥[1] 周代生[1] 黎 然[1] 顾涵渝[1]

(1. 西南油气田公司工程技术研究院；2. 西南油气田公司致密油气勘探开发项目部)

摘 要 随着新环保法的颁布，钻井工程的环保标准日益提高，研究去磺化的水基钻井液成为目前环保钻井液的重点攻关技术。基于超分子理论，采用丙烯酸酯共聚物 JY-1B、聚氨酯聚合物 JHS-01、烯丙醇丙烯酸共聚物 YFKN 为主要材料研制出了一套去磺化环保水基钻井液，该钻井液体系可抗温 180℃，抗盐至饱和，具有良好的流变性、失水造壁性、润滑性以及抑制性，体系生物毒性、生物降解性以及重金属含量均满足标准要求，并在秋林区块致密气井取得了成功应用，虽然应用效果与油基钻井液尚有差距，但该体系可有效节约钻探成本，大幅降低环保压力，具有广阔的推广应用前景。

关键词 去磺化 环保 抗高温 抗盐 强抑制 水基钻井液 秋林区块 致密气

随着我国产业结构转型升级和供给侧结构性改革的纵深推进，矿业经济已经朝绿色、低碳、循环方向发展，矿业管理已发生重大转变，其中绿色矿山创建就是一项重要的改革举措，提出了"绿水青山、就是金山银山"的发展理念，对钻井液环保性能提出更严的标准要求。油基钻井液废液在 2016 年生态环境部颁布的《国家危险废物目录》中，被明确列为危险废物；另外，多家检测机构对磺化水基钻井液进行了环保性能检测[1~5]，发现磺化体系钻井液在色度、生物毒性和化学毒性方面均超过国家标准要求，远大于其他体系的钻井液，分析原因与其配置过程中加入的磺化酚醛树脂、磺化沥青等磺化物有关，除此之外，磺化钻井液体系在色度、石油类含量、重金属含量方面也存在部分超标。因此，为最大限度减轻钻井液对环境的不利影响，实施源头污染控制，研究能满足钻井工程要求的去磺化环保水基钻井液具有重要的经济和社会意义[6~9]。

1 去磺化环保水基钻井液理论机理

传统化学，也称为分子化学，主要研究原子如何通过共价键而构成分子。超分子化学，主要研究分子或大分子以上的层次如何通过非共价键(如氢键、π-π 堆积作用等)相互作用自组装成大分子聚集体。将超分子化学和高分子合成化学结合，借助于大分子或小分子单体间的非共价键及共价键相互作用使大分子或小分子单体在水溶液中自组装来"合成"水基膜聚合物钻井液体系，是目前合成钻井液的一个新方向。

水基膜钻井液体系由于其特殊的分子组装聚合物结构具有以下显著特点：(1)良好的流变性。水基膜钻井液的分子结构与传统意义上的线形聚合物的无规则团结构不同，其分子结构的"自组装"在空间具有三维立体结构，表现出牛顿流体行为，使其钻井液具有优异的流变可调性；(2)容易成膜。由于其特殊的分子结构，分子之间可"自组装"大分子膜，使其钻井液失水控制到极低值成为可能，能有效控制井壁稳定性，以及提高钻井液的抑制性；(3)良好的溶解性、耐温性及环境相容性。由于钻井液中有大量大分子单体和小分子聚合物使其钻井液具有良好的溶解性，其聚合物表面有大量的官能团存在，通过端基官能团的改性可以赋予钻井液良好的耐温性和环境相容性。

去磺化环保水基钻井液采用丙烯酸酯共聚物 JY-1B、聚氨酯聚合物 JHS-01、烯丙醇丙烯酸共聚物 YFKN 为主要材料，其中降滤失剂 JY-1B 是利用超分子聚合原理，以小分子聚合物自组装而得到的半生物质接枝聚合物，该聚合物具有极好的环境友好适应性，耐温性最高可达 180℃，耐盐性达饱和盐水。降失水性能优异，高温（180℃ 条件下）高压失水 ≤ 15mL，并与其他聚合物及助剂的配伍性良好，不影响钻井液的其他性能。封堵剂 JHS-01 是利用有机高分子聚合物乳化聚合作用合成的纳米级乳状物，是一种可变形的封堵聚合物微粒，可通过物理作用减少孔隙压力传播从而达到封堵效果。抑制剂 YFKN 是利用超分子聚合原理，以小分子长链铵盐、K^+ 单体借助非共价键相互作用自组装而得到的聚合物，该抑制键有小分子 NH_4^+、K^+ 对泥页岩的镶入抑制性又有高分子的包被吸附抑制性。

2 去磺化环保水基钻井液性能评价

2.1 基本性能

对去磺化环保水基钻井液体系的基本性能进行了评价，体系配方为 3%膨润土浆+8.75%降滤失剂 JY-1B+3%抑制剂 YFKN+7% NaCl+6% KCl +3%润滑剂 JHL +2%封堵剂 JHS -01+2.0%提切剂 RTQ-1+重晶石粉。结果数据见表1。由表1可知，去磺化环保水基钻井液各处理剂具备良好的配伍性，体系在 150℃下老化 16h 后，具有良好的流变性、润滑性和滤失造壁性。

表1 去磺化环保水基钻井液基本性能

$\rho/(g/cm^3)$	$AV/mPa \cdot s$	$PV/mPa \cdot s$	G_1/Pa	G_2/Pa	YP/Pa	FL_{API}/mL	FL_{HTHP}/mL	pH 值	K_f
1.30	43	35	1.5	4	8	2.4	8.8	8	0.1051
1.50	56	47	2	6.5	9	2.6	10.0	8	0.1051
1.80	76	65	2.5	7.5	11	2.4	13.6	8	0.0963

注：老化条件为 150℃、16h，流变性测试温度 50℃，FL_{HTHP} 测试温度为 150℃。

2.2 抗温性能

对去磺化环保水基钻井液体系在不同温度下滚动老化进行抗温性能评价，其结果见表2。由表2可见，温度由 80℃ 到 180℃ 不同温度老化后，钻井液都具有良好的流变性能和降滤失性能，没有发生高温降解失效现象，体系具有良好的抗高温能力，抗温可达 180℃。

表2 去磺化环保水基钻井液抗温评价结果

老化条件	$\rho/$ (g/cm^3)	$AV/$ $mPa \cdot s$	$PV/$ $mPa \cdot s$	$G_1/$ Pa	$G_2/$ Pa	YP/Pa	$FL_{API}/$ mL	$FL_{HTHP}/$ mL	pH 值	K_f
80℃×16h	1.50	35	30	1.5	2	5	2.4	6.8	8	0.1228
	1.80	51	42	2	2.5	6	2.4	8.4	8	0.0875
100℃×16h	1.50	47	37	2	4.5	10	2.4	6.8	8	0.1051
	1.80	69	57	3.5	6.5	12	2.2	9.2	8	0.0699

老化条件	$\rho/$ (g/cm³)	$AV/$ mPa·s	$PV/$ mPa·s	$G_1/$ Pa	$G_2/$ Pa	YP/Pa	$FL_{API}/$ mL	$FL_{HTHP}/$ mL	pH 值	K_f
120℃×16h	1.50	57.5	45	2.5	6.5	12.5	2.4	6.8	8	0.0875
	1.80	63	55	2	4.5	8	2.0	11.6	8	0.0963
150℃×16h	1.50	56	47	2	6.5	9	2.6	10.0	8	0.1051
	1.80	76	65	2.5	7.5	11	2.4	13.6	8	0.0963
160℃×16h	1.50	62	52	2.5	7	10	2.0	9.6	8	0.0963
	1.80	111	93	4	10.5	18	2.0	11.2	8	0.0963
180℃×16h	1.35	43	32	2	4	11	2.4	9.6	8	0.1051
	1.52	48	38	2.5	5	10	2.4	10.8	8	0.1139

注：流变性测试温度50℃，FL_{HTHP}测试温度为150℃。

2.3 抗盐性能

在去磺化环保水基钻井液中加入不同的盐量进行抗盐性能评价，结果见表3，由评价结果可见，NaCl 的加入对钻井液性能影响很小，随着盐含量的增加，黏度、切力基本不变，HTHP 失水还略有降低，去磺化环保水基钻井液具有良好的抗盐污染能力。

表3 去磺化环保水基钻井液抗盐评价结果

NaCl 含量	$\rho/$ (g/cm³)	$AV/$ mPa·s	$PV/$ mPa·s	$G_1/$ Pa	$G_2/$ Pa	YP/Pa	$FL_{API}/$ mL	$FL_{HTHP}/$ mL	pH 值	K_f
无	1.80	65	56	2	4	9	2.2	12.4	8	0.0963
5%NaCl	1.80	63	55	2	4.5	8	2.0	11.6	8	0.0963
10%NaCl	1.80	64.5	55	2	5	9.5	2.0	10.0	7	0.1228
15%NaCl	1.81	64.5	55	1.5	6.5	9.5	2.0	10.0	7	0.1139
20%NaCl	1.81	64	55	1.5	6	9	2.0	9.6	7	0.1051

注：老化条件为120℃、16h，流变性测试温度50℃，FL_{HTHP}测试温度为120℃。

2.4 抗污染性能

在去磺化环保水基钻井液中加入 CaSO₄ 和泥页岩盐粉进行污染性评价，120℃老化16h 后体系性能见表4。由评价结果可见，CaSO₄ 的加入对钻井液性能影响很小，随着 CaSO₄ 含量的增加，黏度、切力基本不变，HTHP 失水还略有降低；加入岩粉后，体系的黏度有一定上升，但流变性能处于可以接受范围。综上，去磺化环保水基钻井液体系可以抗 4%CaSO₄ 或 5% 岩粉污染。

表4 去磺化环保水基钻井液抗污染评价结果

污染物	$\rho/$ (g/cm³)	$AV/$ mPa·s	$PV/$ mPa·s	$G_1/$ Pa	$G_2/$ Pa	YP/Pa	$FL_{API}/$ mL	$FL_{HTHP}/$ mL	pH 值	K_f
无	1.80	63	55	2	4.5	8	2.0	11.6	8	0.0963
2% CaSO₄	1.80	65	54	2	6	11	2.2	9.2	7	0.0787
4% CaSO₄	1.80	66	55	2.5	6	11	2.2	9.0	7	0.0699

续表

污染物	$\rho/$ (g/cm^3)	$AV/$ $mPa \cdot s$	$PV/$ $mPa \cdot s$	$G_1/$ Pa	$G_2/$ Pa	YP/Pa	$FL_{API}/$ mL	$FL_{HTHP}/$ mL	pH 值	K_f
3%岩粉	1.80	66	55	2	5	11	2.2	11.2	8	0.1051
5%岩粉	1.81	73.5	61	2	5	12.5	2.2	11.2	8	0.1051

注：老化条件为120℃、16h，流变性测试温度50℃，FL_{HTHP}测试温度为120℃。

2.5 抑制性评价

称取50g 粒径为2.00~3.2mm 的沙溪庙泥页岩，分别在清水、去磺化环保水基钻井液中热滚16h，老化温度80℃，老化后用孔径为0.45 mm 筛网回收，烘干4 h，冷却至恒重后称量岩样质量，计算回收率。泥页岩在清水中的回收率为10.7%，在去磺化环保水基钻井液中达98.96%，说明去磺化环保水基钻井液具有很好的抑制页岩水化分散能力。

2.6 环保性能评价

2.6.1 生物毒性评价

用 DXY-2 生物毒性测试仪，按 GB/T 15441-1995《水质 急性毒性的测定 发光细菌法》标准实验步骤，对降滤失剂 JY-1B、抑制剂 YFKN、封堵剂 JHS-01 及去磺化环保水基钻井液体系进行极性生物毒性 EC_{50} 值分析，其结果见表5。

表 5　极性生物毒性 EC_{50} 值分析结果

样品名称代号	分析结果		
	$EC_{50}/(mg/L)$	EC_{50}拟合值/(mg/L)	毒性分级
降滤失剂 JY-1B	>30000	62163	无毒
抑制剂 YFKN	>30000	41356	无毒
封堵剂 JHS-01	>30000	51672	无毒
钻井液体系	>30000	41500	无毒

2.6.2 化学毒性(重金属有毒元素)评价

用 AA-6880 原子吸收光谱仪，按相关标准对降滤失剂 JY-1B、抑制剂 YFKN、封堵剂 JHS-01 及去磺化环保水基钻井液体系进行化学毒性分析，其结果见表6。

表 6　化学毒性(重金属有毒元素)分析结果

检测项目	样品名称	检测结果/(mg/kg)	环保参考值/(mg/kg)	参考检测标准
铅	降滤失剂 JY-1B	0.09	≤600	GB/T 7475—1987《水质 铜、锌、铅、镉的测定 原子吸收分光光度法》
	抑制剂 YFKN	0.86		
	封堵剂 JHS-01	0.17		
	钻井液体系	7.77		
镉	降滤失剂 JY-1B	0.38	≤20	GB/T 7475—1987《水质 铜、锌、铅、镉的测定 原子吸收分光光度法》
	抑制剂 YFKN	ND(<0.01)		
	封堵剂 JHS-01	ND(<0.01)		
	钻井液体系	4.92		

续表

检测项目	样品名称	检测结果/(mg/kg)	环保参考值/(mg/kg)	参考检测标准
铬	降滤失剂 JY-1B	0.91	≤13	HJ 757—2015《水质 铬的测定 火焰原子吸收分光光度法》
	抑制剂 YFKN	ND(<0.03)		
	封堵剂 JHS-01	0.04		
	钻井液体系	6.97		
砷	降滤失剂 JY-1B	0.04	≤75	HJ 694—2014《水质 汞、砷、硒、铋、锑的测定 原子荧光法》
	抑制剂 YFKN	ND(<0.01)		
	封堵剂 JHS-01	0.02		
	钻井液体系	0.38		
汞	降滤失剂 JY-1B	ND(<0.01)	≤15	HJ 694—2014《水质 汞、砷、硒、铋、锑的测定 原子荧光法》
	抑制剂 YFKN	ND(<0.01)		
	封堵剂 JHS-01	ND(<0.01)		
	钻井液体系	0.02		

注："ND"表示未检出。

2.6.3　生物降解性评价

用 HH-6 型化学耗氧量测定仪测量处理剂及钻井液的化学耗氧量 COD_{Cr} 值，用 880 型数字式 BOD_5 测定仪测量处理剂及钻井液的生物化学需氧量 BOD_5 值进行生物降解性分析，其结果见表 7。

表 7　生物降解性分析结果

样品名称	稀释位数	BOD_5/(mg/L)	COD_{Cr}/(mg/L)	BOD_5/COD_{Cr}/%	BOD_5/COD_{cr} 参考值/%
降滤失剂 JY-1B	16	15363.7	18734.4	82.0	<5 难降解
抑制剂 YFKN	4	384.9	480.4	80.1	5~15 可降解
封堵剂 JHS-01	8	4682.8	6994.4	66.9	15~25 较易降解
钻井液体系	20	10480.2	16812.0	62.3	>25 容易降解

从表 5~表 7 测试分析结果可知：降滤失剂 JY-1B、抑制剂 YFKN、封堵剂 JHS-01 三种处理剂及去磺化环保水基钻井液体系的极性生物毒性 EC_{50} 值均大于 30000mg/L，毒性分级结果为无毒，重金属有毒元素含量均小于环保参考值，化学毒性检测结果显示为合格，BOD_5/COD_{Cr} 比值均大于 25%，具有良好的生物降解性能。

3　秋林区块的现场应用效果

去磺化环保水基钻井液体系已在四川盆地秋林致密气区块 QL16、QL17 及 QL18 三口气井进行应用，三口气井均已顺利完钻，现场应用结果表明，该钻井液体系维护处理简单、性能稳定，满足秋林致密气区块地质和钻井需求，为绿色钻井工程提供有力的技术支撑。

3.1　实钻钻井液配方及性能参数

秋林区块沙溪庙组地层以砂、泥岩为主，夹黏土岩、页岩，井壁稳定存在风险，井眼清洁存在挑战。钻井液体系应具备较强的抑制性，保证在泥岩、页岩地层稳定；钻进应确定合理的钻井液密度、优化钻井液的携岩性能；采用合理的钻井参数保证井眼清洁，精细操作，并提高钻井速度减少泥页岩的浸泡时间，防止卡钻事故发生。因此，现场实钻钻井液配方为：3%土浆 + 10%KCl + 1%KPAM + 5%JY-1B+ 5%JHS-01 + 0.5%YFKN + 10%KCl + 3%润滑剂 WNRH-1，主要增加了防塌封堵剂 JHS-01 的用量，并使用了包被抑制剂 KPAM，另外根据现场材料准备的情况，采用氯化钾盐水体系，保证钻井液体系的强抑制性。钻进过程中，去磺化环保水基钻井液体系性能稳定，流变性能和抑制性能良好，性能参数表见表8。

表8 去磺化环保水基钻井液实钻性能参数表

井号	井深/m	$\rho/(g/cm^3)$	FV/s	PV/mPa·s	G_1/Pa	G_2/Pa	YP/Pa	FL_{API}/mL	FL_{HTHP}/mL	K_f
QL16	1235	1.19	43	18	1	2	4	4	4.8	0.0875
	1903	1.35	51	21	1	2	7	2.8	5.0	0.0875
	2224	1.42	50	24	1	3	6	2.1	5.2	0.0875
	2866	1.40	52	24	1	3	6	2.6	8.4	0.0612
QL17	1186	1.17	51	21	1	2	7.5	4.2	13.2	0.1673
	1888	1.25	51	24	1.5	2.5	8.5	3.5	13.0	0.1673
	2311	1.40	49	30	1	2	5	2.1	10.0	0.1495
	2423	1.45	65	41	1	2	11	1.2	5.4	0.1673
QL18	1183	1.21	39	12	1.0	2.0	4.0	3.2	9.6	0.0787
	1943	1.38	54	30	2.0	6.0	8.0	2.0	6.8	0.0699
	2208	1.40	54	28	2.0	4.5	4.5	3.0	7.2	0.1051
	2597	1.43	52	32	1.5	4.0	6.0	1.2	6.8	0.1051

注：FL_{HTHP}测试温度为100℃。

3.2 实钻工程参数及井眼轨迹

三口气井钻井顺利，起下钻和通井正常，无明显阻卡情况，电测一次成功，下套管固井作业顺利，机械钻速15m/h左右，钻井速度稳定，取心工作正常，。从钻井工程参数来看，钻压、转速、排量以及泵压均在设计范围之内，总体钻井情况正常(表9~表11)。

表9 秋林区块试验井施工基本情况表

井号	钻井周期/d	生产时效/%	纯钻时效/%	复杂时效/%	平均机械钻速/(m/h)	岩心收获率/%
QL16	22.29	100	34.1	0	15.5	99.2
QL17	25.43	94.7	28.0	0	14.6	99.2
QL18	17.25	100	36.8	0	16.2	98.6

表10 秋林区块试验井实钻工程参数表

井号	钻压/kN	转速/(r/min)	排量/(L/s)	泵压/MPa
QL16	40~120	40~60	22~32	10~23
QL17	60~110	40~65	30~40	10~22
QL18	50~150	55~60	30~40	7~21

表11 秋林区块试验井井眼轨迹数据表

井号	井深/m	垂深/m	最大井斜/(°)	最大全角变化率/[(°)/30m]	井底水平位移/m	二开平均井径扩大率/%
QL16	2866	2752.66	31.4	5.32	766	7.82
QL17	2655	2655	2.73	0.71	28.73	14.8
QL18	2597	2474.94	26.24	3.45	433	10.98

3.3 与邻井实钻效果对比

该区块其他致密气井钻井中，二开沙溪庙组地层采用油基钻井液钻井，去磺化环保水基钻井液与邻井油基钻井液应用效果对比数据见表12。从对比数据来看，去磺化环保水基钻井液在机械钻速、井径控制上与油基钻井液尚存在一定差距，但随着使用经验的增加，通过增大包被抑制剂加量并适当提高钻井液密度的方法，井径扩大率逐步减小。

表12 去磺化环保水基钻井液与邻井油基钻井液应用效果对比

井号	井深/m	钻井周期/d	机械钻速/(m/h)	二开最大井径/mm	二开最小井径/mm	二开平均井径扩大率/%
QL16	2866	22.29	15.5	341.55	212.73	7.82
QL17	2655	25.43	14.6	337.39	214.57	14.8
QL18	2597	17.25	16.2	255.21	218.62	10.98
QL202-H1	2326	15.33	37.1	229.97	197.64	1.37
QL203-H1	2310	11.97	41.2	262.92	214.02	3.76
QL205-H1	2436	10.29	42.0	262.94	208.66	2.31

4 结论

（1）基于超分子理论形成的去磺化环保水基钻井液，可抗温180℃，抗盐至饱和，具有良好的抗石膏、抗岩粉污染能力，具有强的抑制性，可有效防止泥页岩的水化膨胀、分散，防止地层造浆和井壁垮塌。

（2）去磺化环保水基钻井液是一种色度浅、无毒、生物降解性良好的环保钻井液，且性能稳定，满足钻井、地质录井的需要。

（3）秋林区块三口致密气井顺利完钻，证明去磺化环保水基钻井液在3000m以下气井取得成功应用。在钻井过程中，去磺化环保水基钻井液处理剂种类少、维护处理简单、泥饼润滑性能好。

（4）去磺化环保水基钻井液与油基钻井液相比，在机械转速及井径的控制效果上有一定差距，需要进一步对处理剂进行改进及攻关。

参 考 文 献

[1] 黄晓东. 国外钻井液毒性检测方法评述[J]. 石油钻探技术, 1995, 23(4): 55-56.

[2] 吕开河, 郭东荣, 高锦屏. 钻井液有机添加剂生物降解性评价[J]. 油田化学, 1996, 13(4): 376-380.

[3] 盖国忠, 李科. 钻井液环境可接受性评价及环保钻井液[J]. 西部探矿工程, 2001(02): 57-60.

[4] 郭健康, 鄢捷年. 硅酸盐钻井液体系的研究与应用[J]. 石油钻采工艺, 2003, 25(5): 20-24.

［5］徐同台.21世纪初国外钻井液和完井液技术［M］.石油工业出版社，2004，4.

［6］许毓，邓皓，孟国维，等.钻井液环保性能评价与分析方法研究［J］.油气田环境保护，2007（01）：43-46.

［7］谢水祥，蒋官澄，陈勉，等.环保型钻井液体系［J］.石油勘探与开发，2011，38（3）：369-378.

［8］褚奇，罗平亚，苏俊霖，等.抗高温环保有机硅钻井液的研究［J］.石油化工，2012，41（4）：454-460.

［9］杨丽，唐清明，陈智晖，等.抗温抗盐钻井液体系研究及现场应用［J］.钻采工艺，2016，39（2）：105-107.

作者简介：张佳寅（1986年-），工程师，现在从事钻井液技术研究检测工作。电话（028）86010408/13699653710；E-mail：zhangjiayin@petrochina.com.cn。

环保型钻井液处理剂急性毒性测试方法研究

宫　琦[1,2]　杨东琦[1,2]　赖晓晴[2]　李术元[1]　吴学文[3]

〔1. 中国石油大学(北京)；2. 中国石油集团工程技术研究院有限公司；3. 中国石油渤海钻探工程二公司〕

摘　要　建立了费氏弧菌替代明亮发光菌 T_3 小种的环保型钻井液处理剂测试方法，该方法使用对环境污染程度低的七水硫酸锌作为参比毒物，即阳性质量控制，测试结果显示，数据稳定可靠，它也是 ISO 标准中使用的方法。该方法可用于钻井液处理剂急性毒性测试，并有助于开展钻井液处理剂的生物毒性机理研究，商业化程度高的丙烯酰胺类聚合物处理剂产品并不都是理所当然的环保型产品。

关键词　钻井液生物毒性发光菌　环保钻井液　毒性测试方法

自 1954 年聚丙烯酰胺在美国实现商业化生产以来[1]，大量的丙烯酰胺类聚合物改性产品应用于石油领域[2]，钻井液中使用的包被剂、增黏剂、降滤失剂等都属于丙烯酰胺类聚合物，这些产品的纯度决定它的环保性。近年来随着国家对环境保护的日益关注，丙烯酰胺类聚合物产品作为环保型钻井液处理剂也日益受到重视。这是因为，自聚丙烯酰胺诞生以来，国外一直对聚丙烯酰胺的毒性进行系统研究，一直延续至今，研究表明[3]：聚丙烯酰胺本身基本无毒，进入人体后，绝大部分在短期内排出体外，很少被消化道吸收，许多商品已被美国环境保护局和食品、药品管理局批准，可用于饮用水处理、糖汁澄清的水果、蔬菜洗涤等，但应用的最大剂量是有限制的，丙烯酰胺单体在聚合物中的残余量应小于 0.05%。我国对聚丙烯酰胺中丙烯酰胺单体的含量也有严格的限制。[4]

然而目前用于钻井液的丙烯酰胺类产品，由于工厂追求效益和一些人为因素，是否产品的毒性均满足聚丙烯酰胺的要求，环保型钻井液的"环保型"如何表征成为人们关心的问题，生物毒性是表征钻井液环保性的重要手段之一。利用具有快速、灵敏、简便、价廉的发光菌开展生物毒性测试已被广泛认可，中国石油 2004 年已制定钻井液毒性检测的标准[5]，目前已上升至行业标准。最近两年由于外界客观原因，导致用于 SY6788-2010《水溶性油田化学剂环境保护技术评价方法》中的明亮发光杆菌 T_3 小种冻干粉价格暴涨，供货不稳定，发光菌的性能也不稳定。本文以费氏弧菌为测试菌种，通过毒性测试质量控制因素选择，以抑制率(实际就是致死率)为评价参数，评价钻井液的生物毒性。

1　选择费氏弧菌测试的原因

1.1　不同标准的异同分析

SY6788-2010《水溶性油田化学剂环境保护技术评价方法》中毒性测试方法和菌种沿用的是 GB/T 15441-1995《水质急性毒性的测定发光细菌法》方法。这两个标准中测试方法基本一致，SY6788-2010《水溶性油田化学剂环境保护技术评价方法》标准删除了 GB/T 15441-1995《水质急性毒性的测定发光细菌法》中用 $HgCl_2$ 作参照的方法，采用空白比对法，而以 $HgCl_2$ 作为标准曲线，进行比照，获得测试物毒性，从而回代至标准曲线中得到对应 *EC* 值。目前由于外界客观因素导致 GB/T 15441—1995《水质急性毒性的测定发光细菌法》和

SY6788-2010《水溶性油田化学剂环境保护技术评价方法》标准中采用的明亮发光杆菌 T3 小种冻干粉采购困难，而国内相关科研人员也成功培养出费氏弧菌，因而本文采用费氏弧菌进行环保钻井液的生物毒性测试。

GB/T 15441—1995《水质急性毒性的测定发光细菌法》自 1995 年实施，大量的研究结果分析表明[6]，它存在着非毒性因子的影响未被放入干扰分析中，受试生物的明亮发光杆菌的毒性测试数据较少，对于数据的质量控制在标准上没有提及。

费氏弧菌是国际流行的 Miscrotox test 中使用的推荐菌株，费氏弧菌也是 ISO 11348-3 水质毒性检测中急性毒性检测标准中规定的菌种。[7]

1.1.1 菌种的影响因素

发光细菌毒性检测技术基于在一定实验条件下发光细菌发光强度恒定，任何毒性物质抑制其正常代谢都会导致发光强度的减弱，毒性越强，对代谢的抑制作用越强，发光被抑制得越明显。大量的研究证明[8]：不同种类的发光菌进行毒性测定，其基本测试原理是一致的。即细菌生物发光反应是由分子氧作用，胞内荧光酶催化，将还原态的黄素单核苷酸及长链脂肪醛氧化为长链脂肪酸，同时释放出最大发光强度在波长为 490nm 处的蓝绿光。

$$FMNH_2 + RCHO + O_2 \xrightarrow{\text{细菌荧光素酶}} FMH + RCOOH + H_2O + h\nu \tag{1}$$

式中，黄素单核苷酸是还原型；FMN 是其氧化型；RCHO 是长链脂肪醛（C_8 以上）；RCOOH 是由醛氧化而成的相应脂肪酸；$h\nu$ 代表光子（最大发射波长 490nm）。

从机理来说用费氏弧菌同样适合急性毒性测试。

1.1.2 致毒物选择的原因分析

在 GB/T15541-1995《水质-急性生物毒性-发光细菌法》中采用毒物参比利用具有剧毒的 $HgCl_2$ 溶液作为参比毒物，其对于环境的影响非常巨大，在行业标准 SY6788-2010《水溶性油田化学剂环境保护技术评价方法》同样也是 $HgCl_2$ 作为标准曲线后，再进行比对，计算 EC_{50} 值。本文所采用的阳性质控液由 $ZnSO_4 \cdot 7H_2O$ 所配置，利用 Zn^{2+} 对发光菌的生物毒性来验证本次实验发光细菌是否有效复苏和复苏之前是否存活。相比之下 $ZnSO_4 \cdot 7H_2O$ 对于环境保护的危害大大降低。同样 $ZnSO_4 \cdot 7H_2O$ 也是 ISO 11348-3 进行毒物的比对方法。且七水硫酸锌具备易溶、稳定、常见、价廉、对人和环境危害小的特点，适合作为毒性参照物，也是 ISO 11348-3 推荐的致毒物。

1.2 测试仪器的差异

发光菌所有使用的仪器均为"黑箱"方法，是综合反映废水对生物毒性大小及危害程度。本文采用了国外进口和国内自主研发的两种适合费氏弧菌的仪器进行实验。进口仪器是美国 HACH 公司的 lumistox300 生物毒性测试仪，此台仪器具有三大功能，分别是：发光菌的发光强度 EC 值、发光菌的抑制率 IR 值和慢性毒性测试，并配有温控装置，可以很好地排除温度对于发光细菌的影响。该仪器测试出的慢性毒性是发光菌和样品混合后 30min 的发光强度的毒性，因为发光菌 30min 后死亡率高或全部死亡。

湖南碧霄环境科技有限公司研制的快速检测生物毒性测试仪，为国产自主研发的测试仪器。特点是操作快捷、简单，易于保存和记录实验数据，对于实验数据有直观的感受。可进行发光强度 EC 和发光菌的抑制率 IR 值的测试。

1.3 费氏尔弧菌国内外仪器测试结果对比

取相同的一组样品在不同仪器上抑制率（IR）进行测定，结果如表 1 所示

表 1　不同的样品在不同仪器上抑制率（IR）

样品	加量/%	国内仪器测试抑制率%	国外仪器测试抑制率%	误差率/%
阴性质控		0	0	0
NaCl 溶液		2	-1.90	3.9
阳性质控		96	99.17	3.17
自研抗 18NaCl 降滤失剂	4	3	-1.18	4.48
自研抗 30NaCl 降滤失剂	4	1	-3.52	4.52
自研抗 30NaCl 降滤失剂 + 抗氧剂	4	18	18.86	0.86
现场商业化聚合物降滤失剂-3	4	18.09	22.77	4.77

注：①阴性质控和阳性质控溶液由厂家提供，阴性质控也可以替换为 NaCl 溶液，本文采用 2.5% NaCl 溶液作为对照组，实验中默认阴性质控溶液的抑制率为 0%，从而确定校正系数；

②在实验的过程中菌液复苏液稀释了 20 倍，样品浓度稀释了 100 倍，所以测定的抑制率并不是物质原本加量 4% 的抑制率，本次实验只是简单地对两台仪器进行比较。

表 1 的实验结果表明，国内和国外两台仪器测试的误差率在 0.86%~4.77% 之间，排除仪器的系统误差和偶然误差，误差率没超过 5%，可以用于对比实验或者平行实验的测试。

2　实验部分

2.1　实验仪器

发光菌测试仪：生物毒性测试仪，lumistox300，美国 HACH 公司。

生物毒性测试仪，BX-ATA-P，湖南碧霄环境科技有限公司。

不同量程的精密移液器：Thermo 公司。

常规玻璃仪器。

2.2　实验材料

湖南碧霄环境科技有限公司发光菌试剂盒，$ZnSO_4 \cdot 7H_2O$（分析纯）、NaCl（分析纯）。样品聚合物包被剂-1、聚合物包被剂-2、聚合物包被剂-3、聚合物包被剂-4、聚合物降滤失剂-1、聚合物降滤失剂-2、聚合物降滤失剂-3、聚合物降滤失剂-4，均来自新疆和东部油田钻井施工现场。

2.3　实验方法

2.3.1　布局与编号

（1）阴性质控：蒸馏水，若不需平行实验，需要一根试管，标记为 Neg。

（2）阳性指控：阳性质控标准品，若不需要平行实验需要一根试管，可标记为 Pos。

（3）样品：本次实验一共对八种物质进行发光细菌毒性的测定，每一个样品需要一根试管，标记为 1#，2#……。

2.3.2　复苏菌液

吸取 1mL 菌液复苏液，在小试管中配置 20mL 菌液复苏液的稀释液，利用冷的 NaCl 溶液或者试剂盒渗透压调节液，摇匀 1min。

2.3.3　加入稀释菌液

准备 10 支透明测试管编号。向每一只空测试管中各加入 0.5mL 稀释菌液，平衡 3~5min。并以此测试初始发光强度，并记录阴性质控初始发光强度 C_0；样品的初始发光强

度记做 S_{10}、S_{20}、S_{30}……S_{80}；阳性质控可当作样品来处理初始发光强度记做 P_0。

2.3.4 加入样品及质控

在上述已经加入稀释菌液的测试管中，继续加入 0.5mL 待测样品，要注意标号和上一次测量初始发光强度的先后顺序，尽量保证相一致。

2.3.5 测试

设置反应时间，按照加样的顺序依次测定各管的发光强度，记录。$t=X$ min 时刻，阴性质控发光强度记做 C_t；样品终发光强度记做 S_{1t}、S_{2t}、S_{3t}……；阳性质控可当做样品处理，发光强度记做 P_{t0}。

3 结果与讨论

3.1 毒性测试质量控制

3.1.1 阴性质量控制

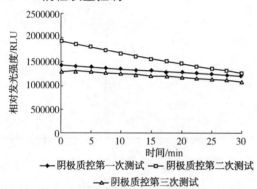

图 1 不同时间阴极质量控制对发光菌发光强度的影响

费氏弧菌和明亮发光菌 T_3 小种均为海洋微生物，在一定条件下的 NaCl 溶液中最适合细菌的生存，即存活率最高，因而将它作为阴性质量控制，也就是最佳存活状态，其他受污染物质的存活率与它作比对。通过发光菌在阴极质控条件下的发光强度，可确定发光菌最佳测试时间和一定时间下的生物毒性。

图 1 的实验数据表明，在 30min 内随着时间的增加，发光菌的生物活性逐渐降低，但是降低很平缓，仍然保持良好的生物活性。说明在该条件下，发光菌存活非常好。

3.1.2 阳性质量控制

七水硫酸锌标准溶液按一定浓度梯度稀释，获得毒性参照物与发光菌的发光强度曲线，表征发光菌在毒物条件下的存活率的标准限值。

图 2 表征了 30min 时不同浓度下七水硫酸锌对发光菌的发光强度的影响程度，可以反映出在反应时间为 30min 时，随着阳性质量控制中 $ZnSO_4 \cdot 7H_2O$ 的浓度增加，发光菌的发光强度逐渐减弱的变化。七水硫酸锌浓度越大，对发光强度影响越大，也就是致死率越高。

七水硫酸锌对发光菌的致死率，归根结底是 Zn^{2+} 对发光菌的致死率，测试30min 时不同浓度下七水硫酸锌对发光菌的抑制率的影响如表 2。实验数据表明：

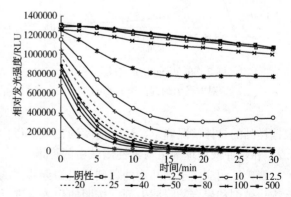

图 2 七水硫酸锌对费氏弧菌发光强度的影响
注：七水硫酸锌溶液浓度为 mg/L。

当 Zn^{2+} 浓度(mg/L)超过 4.550 之后，在 30min 后的发光菌抑制率达到了 96.0% 几乎接近于 100% 致死浓度。因而选择阳性质量控制的七水硫酸锌的浓度为 20mg/L。

表 2   在 30min 时不同浓度下七水硫酸锌对发光菌的抑制率

七水硫酸锌	Zn^{2+} 浓度/(mg/L)	30min RLU	发光菌抑制率/%
阴性	0	1081529	0
1	0.227	1082880	-0.124
2	0.455	1070065	1.059
2.5	0.569	1010823	6.537
5	1.137	782851	27.616
10	2.275	352441	67.412
12.5	2.843	201383	81.379
20	4.550	42196	96.098
25	5.687	40104	96.291
40	9.099	14783	98.633
50	11.374	6752	99.375
80	18.198	6555	99.393
100	22.748	3293	99.695
500	113.739	715	99.933

发光菌在 20mg/L 七水硫酸锌中，随时间对发光强度的变化是该研究关注的另一个问题，也是选择测试最佳时间的重要参数。测试了 30min 内不同时间对费氏弧菌发光强度的影响，与的抑制率的影响如图 3 所示。

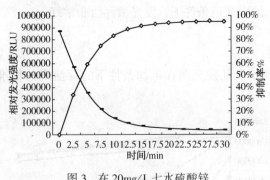

图 3   在 20mg/L 七水硫酸锌
对发光菌的抑制率的影响

3.1.3   方法的精密度

SY 6788—2010《水溶性油田化学剂环境保护技术评价方法》标准要求控制相同浓度的毒性参照物的相对标准偏差在 10% 以内，对于同一浓度的七水硫酸锌溶液，5min 的发光抑制率为 60%，15min 的发光强度或发光抑制率为 91%，30min 的发光强度或发光抑制率为 95%。5min 和 15min 测试结果差异较大，15min 也是生物活性走向平缓转折点，因而测试过程中选择 15min 或 15~30min 接触时间为测试时间，这需要根据样品的具体情况确定，精密度度均在 10% 以内。

3.2   在钻井液处理剂生物毒性测试中的应用

费氏弧菌应用于钻井液处理剂的生物毒性测试中是本项研究的初衷。不同现场获取的聚合物包被剂和聚合物降滤失剂，按照使用浓度进行生物毒性测试是本项研究的目的。测试不同时间发光菌的抑制率，考察随着时间增加，处理剂对发光菌的抑制率，更有助于反映处理剂对生物体的影响。不同时间钻井液处理剂的生物毒性测试结果见表 3。

表3 不同时间钻井液处理剂的生物毒性测试结果

样品	加量/%	15min 发光菌抑制率/%	45min 发光菌抑制率/%	180min 发光菌抑制率/%
阴性质控		0	0	0
阳性质控		97.40	99.86	100
聚合物包被剂-1	0.20	34.59	44.71	84.53
聚合物包被剂-2	0.20	64.88	63.14	87.66
聚合物包被剂-3	0.20	34.00	40.56	82.91
聚合物包被剂-4	0.20	44.91	57.78	85.70
聚合物降滤失剂-1	1	100	100	100
聚合物降滤失剂-2	0.33	63.44	74.99	94.50
聚合物降滤失剂-3	1	18.09	26.41	75.752
聚合物降滤失剂-4	1	99.99	100	100
CMC-Hv	0.4	41.46	44.84	80.11
XC	0.20	43.05	50.23	85.08
PAC-Hv	0.40	18.12	38.31	76.91

表3 的实验数据表明：4 种聚合物包被剂的生物毒性 15min 抑制率最少的是 34%，最高的是 64.88%，平均为 44.6%；45min 抑制率平均为 51.55%，180min 抑制率平均为 85.2%。聚合物降滤失剂的抑制率分别是：15min 为 70.38%，45min 为 75.35%，180min 为 92.56%。而天然大分子聚合物和生物聚合物 XC，它们的抑制率 15min 为 34.21%，45min 为 44.46%，180min 为 80.7%，此作为阴性质量控制的发光菌，完全存活。

将不同种类处理剂随时间变化的抑制率数据作图，可更清晰反映环保型钻井液的生物毒性，如图 4 所示。

图 4 的数据进一步表明：天然产物的毒性<聚合物包被剂<天然产物。这是由于包被剂主要是 AM/AA 聚合物，相对分子质量通常在 100 万以上，在钻井液中加量为 0.2%~0.5%，即使加入杂质，杂质的含量也不会太高，对毒性的影响相对较小。聚合物降滤失剂变化较大，聚合物降滤失剂-1 和聚合物降滤失剂-4，加入发光菌，15min 全部死亡，聚合物降滤失剂-2，由于黏度高，稀释 1/3 倍后，15min 抑制率达到 63.44%，因而可以推测，浓度为 1% 时，抑制率一定会高

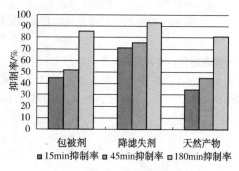

图 4 环保型钻井液处理剂
不同时间对发光菌的抑制率

于稀释 1/3 倍数时的情况。聚合物降滤失剂-3 是一种环保型产品。降滤失剂不同于包被剂的重要原因是在钻井液中加量大，对于抗温抗盐类产品，需要引入更多基团或其他成分达到抗温抗盐的目的。天然大分子产物 PAC-Hv 抑制率低于 CMC-Hv，这是可能是由于 PAC 和 CMC 原料来源一致，只是生产过程中，PAC 的取代度和分散状态更优于高于 CMC，因而纯度高，有毒物也低于 CMC，表现出毒性也低于 CMC。XC 是一种生物聚合物，他本身就是

淀粉的发酵产物，可能会有细菌间的协同作用，提高了对于费氏尔菌的生物毒性。

从上述数据分析可知，费氏弧发光菌的抑制率完全可以用于评价钻井液处理剂的生物毒性，并可用于毒性机理的研究。由于各种因素，丙烯酰胺类聚合物处理剂产品并不完全都是有利于环境保护，在使用过程中应通过实验测试后，获得可靠的生物毒性数据后才能确认其环保性。

4 结论

（1）本文建立的费氏弧菌对钻井液污染的测试方法，可以用于钻井液处理剂生物毒性的检测，并有助于对钻井液处理剂进行生物毒性产生的机理研究。

（2）七水硫酸锌替代氯化汞不仅有利于环境保护，也有可靠毒性实验数据库。

（3）费氏弧菌抑制率也可以作为评价污染物毒性的一个指标。

（4）纯度越高的丙烯酰胺类聚合物产品越有利于环境保护，在使用过程中应以实际生物毒性数据，确定其对环境的影响。

参 考 文 献

[1] 伍宣池，林瑞洵．聚丙烯酰胺和部分水介聚丙烯酰胺溶液黏度及分子量[J]．广州化学，1979(1)：3-11.
[2] 李勇．疏水缔合型丙烯酰胺类聚合物的制备及其性能评价[D]．山东大学，2006.
[3] 刘仁平．硒和维生素 E 对丙烯酰胺毒性的拮抗作用研究[D]．苏州大学，2006.
[4] HJ 697-2014，水质，丙烯酰胺的测定，气相色谱法．
[5] Q/SY 111—2007 油田化学剂、钻井液生物毒性分级及检测方法 发光细菌
[6] 杜丽娜，薛金玲，余若祯，等．对《水质急性毒性的测定发光细菌法》的改进和探讨[J]．中国环境监测，2013，29(6).
[7] 马勇，黄燕，贾玉玲，等．发光细菌急性毒性测试方法的优化研究[J]．环境污染与防治，2010，32(11)：48-52.
[8] 基于 Microtox 技术的中药毒性分级初步研究[D]．西南医科大学，2016.

作者简介：宫琦(1995 年-)。硕士。毕业于辽宁石油化工大学化学工程与工艺专业。现就读于中国石油大学(北京)。实习于中国石油工程技术研究院。地址：北京市沙河区昌平高教园 A34 地块，电话：17801232024，邮编：100000，邮箱：532957671@ qq. com.

川西区块沙溪庙组地层井壁失稳原因分析

梁 兵　郭明贤　孟宪波　邵广兴

（中国石化中原石油工程有限公司钻井一公司）

摘 要　川西地区作为中国石化西南地区油气勘探开发重要地区，自2014年开始重点开发高庙子、中江区块，主要目的层为上、下沙溪庙组。通过对川西区块施工井统计发现，井壁失稳主要集中在沙溪庙组地层，且井壁失稳情况较严重，掉块尺寸较大，严重时产生划眼、卡钻等复杂情况，为钻井施工带来了较大难题，为减少井壁失稳带来的一系列复杂事故引起的钻井周期增加等问题。本文通过对沙溪庙组地层的岩石矿物组分结构和理化性能进行分析，得出上沙溪庙组地层以水敏型失稳为主，下沙溪庙组地层以应力型失稳为主，从而为采取相应的预防与处理措施提供依据。

关键词　沙溪庙组　井壁失稳　原因分析

1 地质特征

上沙溪庙组地层岩性主要为绿灰、灰、紫棕、棕泥岩、粉砂质泥岩与褐灰、灰、绿灰色（泥质）粉砂岩、钙质粉砂岩互层；下沙溪庙组地层岩性主要为绿灰、灰、棕、紫棕色泥岩与浅灰、灰、绿灰色泥岩、粉砂岩不等厚互层，层间胶结性差。

2 失稳地层岩石矿物组分结构和理化性能分析

通过对高庙、中江区块发生井壁失稳地层进行调研，对其进行矿物组分结构和理化性能分析，得出沙溪庙组地层失稳原因。

2.1 沙溪庙组矿物组分结构分析

地层岩石的矿物组分、结构及其黏土含量、黏土类型是影响地层岩石的初始力学性能及钻井液作用下岩石力学性能的重要因素，均会对井周地层的稳定性状况产生影响。因此，分析研究地层泥页岩的矿物组分、岩石结构以及黏土类型及含量，有助于从岩石学层面分析认识工区的井壁失稳机理。分析失稳层位的岩性特征，为预防和解决川西工区井壁失稳提供依据。

不同种类的黏土矿物表现出不同的理化性能，以及不同的水化分散和膨胀特性，对井壁稳定的影响和作用机理也各不相同。通过"X射线粉晶衍射分析实验"分析确定川西地区主要区块钻遇地层泥页岩的黏土矿物的主要成分和含量，进而全面了解川西地区沙溪庙地层的井壁水化学不稳定的机理。

实验选用中江、高庙区块发生失稳层位掉块进行矿物组分分析，分析结果见表1。

411

2.1.1　全岩含量分析

表 1　全岩含量分析

编号	地层	全岩定量分析/%							
		黏土总量	石英	钾长石	斜长石	方解石	白云石	赤铁矿	菱铁矿
1	上沙溪庙组	54	34		8	5		6	1
2	下沙溪庙组	46	33		4		5	9	

由表 1 可以看出，上沙溪庙组泥岩地层黏土含量 54%，下沙溪庙组泥岩地层黏土含量 46%，非黏土矿物以石英为主，斜长石、赤铁矿次之，含少量白云岩及菱铁矿。上、下沙溪庙组的石英含量相当。

2.1.2　黏土矿物含量分析

表 2　黏土矿物 X 射线衍射实验

编号	地层	井深	黏土矿物相对含量/%					混层比/%	
			K	C	I	S	I/S	C/S	I/S
1	上沙溪庙组	M	3	8	18		64		20
2	下沙溪庙组	M	4	3	25		75		25

注：K：高岭石，C：绿泥石，I：伊利石，S：蒙皂石，I/S：伊/蒙间层，C/S：绿/蒙间层，I/S：间层比。

由表 2 沙溪庙组黏土矿物 X 射线衍射实验数据可以看出：沙溪庙组地层不含蒙脱石，黏土矿物以伊/蒙混层为主，伊利石次之，下沙溪庙组的伊/蒙混层含量为 75%，伊利石含量为 25%，上沙溪庙组的伊-蒙混层含量为 64%，伊利石含量为 18%。

2.2　失稳地层黏土矿物的微观结构分析

实验选用中江、高庙区块发生失稳层位掉块进行矿物微观结构分析，分析结果如下所述。

2.2.1　上沙溪庙组岩层结构特征分析

实验选择上沙溪庙组泥岩碎样，开展扫描电镜分析，测定结果见图 1。

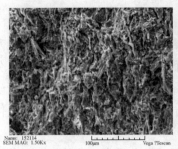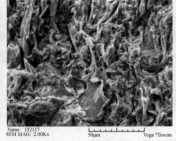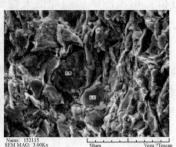

图 1　分别放大 1000 倍、2000 倍、3000 倍电镜照片

放大倍数 1000 倍，放大倍数 2000 倍，揭示样品孔隙结构，从电镜照片并结合全岩定量分析和黏土矿物含量分析可以看出，弯曲片状伊蒙混层、伊利石等黏土矿物。放大倍数 3000 倍，揭示样品孔隙结构，从电镜照片可以看出，结构较致密，黏土矿物主要为伊蒙混

层、伊利石。常见泥晶间微孔隙多<1μm，少量1~2μm。常见石英、长石碎屑微粒分布泥晶间，偶见重晶石碎屑微粒。

2.2.2 下沙溪庙组岩层结构特征分析

实验选择下沙溪庙组泥页岩，开展扫描电镜分析，测定结果见图2。

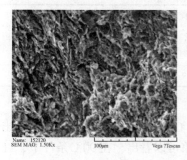 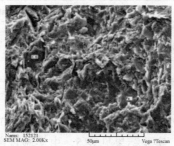 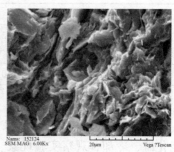

图2 分别放大1500倍、2000倍、5000倍电镜照片

放大倍数1500倍，放大倍数2000倍，揭示样品孔隙结构，从电镜照片可以看出，弯曲片状伊蒙混层、伊利石等黏土矿物，长石碎屑微粒、赤铁矿微粒分布泥晶间、泥晶间微孔隙多<1μm，少量1~4μm。放大倍数6000倍，揭示样品孔隙结构，从电镜照片可以看出。石英碎屑微粒分布泥晶间、微孔隙多<1μm，少量1~4μm。从电镜照片可以看出，结构较致密，黏土矿物主要为伊蒙混层、伊利石。常见石英、长石碎屑微粒分布泥晶间，见少量赤铁矿。

2.3 失稳地层理化性能测定分析

2.3.1 吸水率实验

取中江、高庙区块发生失稳层位沙溪庙组掉块的红色泥岩和灰色泥岩，用清水将表面黏附的钻井液洗干净，擦干表面水分，称重；在105℃条件下烘干4h后称重，计算岩样的吸水率。实验结果见表3，由实验数据可知，红色泥岩的吸水率较灰色泥岩的吸水率略高，但均不超过1%，说明岩样在接触少量水的瞬间吸附水的量不大。

但观察实验现象，红色泥岩水洗后30min就出现崩裂现象，有大量的碎块掉下；在60℃条件下烘干3h后崩裂的碎块更多，同时大块上的裂痕明显，轻轻碰触就可开裂，说明泥岩胶结性较差，或者泥岩含有微裂隙，水沿着微裂隙进入岩样，作用一定时间后使岩样发生崩裂；而灰色泥岩没有发生变化，保持稳定。

表3 吸水率实验数据

岩样	水洗后质量/g	干燥后质量/g	吸水/g	吸水率/%
红色泥岩	483.25	480.30	2.05	0.61
灰色泥岩	402.74	401.55	1.19	0.30

2.3.2 浸泡实验

取中江、高庙区块发生失稳层位掉块，红色泥岩和灰色泥岩，红色泥岩和灰色泥岩，用清水将表面黏附的钻井液洗去，干燥后称重，分别在室温和高温条件下进行浸泡实验。

2.3.2.1 室温浸泡

于室温(10℃)条件下，放置于300mL清水中进行浸泡，观察实验现象。实验结果见表

4。由实验现象可以看出，红色泥岩浸泡于清水中，20min 即开始出现裂缝，1h 崩裂成大量的碎块；而灰色泥岩浸泡于清水中，虽然有少量气泡冒出，但未造成任何影响，岩样保持完整。

表 4   岩样在室温(10℃)下浸泡

岩样	现象
红色泥岩	52.26g，浸泡于清水后 20min 有碎屑掉下，出现裂缝；1 后 h 于沿层理虽为多块，但水尚未浑浊，可见层理；1d 后更加破碎，且水浑浊
灰色泥岩	10.41g，浸泡 20min 无变化，1h 无变化，1d 无变化

2.3.2.2   高温浸泡

老化罐中盛放 300mL 清水中，将岩样放入，于高温(90℃)条件下进行浸泡 16h，取出老化罐，冷却，观察实验现象。实验结果见表 5。由实验现象可以看出，在 90℃条件下，红色泥岩浸泡于清水中 16h，水呈红色浑浊状态，岩样破碎为尺寸较小的碎块；而砂岩浸泡后的水依然清澈，说明泥岩在高温条件下水沿层理进入岩样以及水化速度加快，砂岩在高温环境下依然稳定。

由浸泡实验可以看出，泥岩的坍塌掉块与其水化崩落存在一定关系；而砂岩掉块的产生，分析认为可能是由于其与泥岩互层，加之在应力作用下沿着胶结不良的薄弱面崩落造成的。

表 5   岩样在 90℃下浸泡

岩样	现象
红色泥岩	82.97g，浸泡 16h 后岩样破碎，尺寸较小，水呈红色浑浊状态
灰色泥岩	21.11g，高温浸泡 16h 无变化

2.3.3   阳离子交换容量(CEC)分析

取中江、高庙区块发生失稳层位沙溪庙组掉块的红色泥岩和灰色泥岩，粉碎，取过 100 目筛的岩屑粉，测其 CEC。实验方法：取 1g 岩粉放入 100mL 蒸馏水中，搅拌均匀，加 15mL3%的过氧化氢和 0.5mL 稀硫酸，煮沸 10min，稀释至 50mL，用 3.74g/L 的亚甲基蓝标准溶液滴定，计算阳离子交换容量。

实验结果如表 6 所示，可以看出，红色泥岩的阳离子交换容量为 5.5 mmol/(100 g 土)，远远高于灰色泥岩的 1.75 mmol/(100 g 土)，说明红色泥岩在有水存在的条件下，活性物质可发生水化膨胀。红色泥岩与灰色泥岩互层，而水化膨胀率不同，在钻井液浸泡情况相同的情况下，会导致近井壁地带膨胀压存在差异，出现不平衡，从而导致井壁失稳。

表 6   阳离子交换容量

试样	阳离子交换容量/[mmol/(100g 土)]		
	1	2	平均
红色泥岩	5.5	5.5	5.5
灰色泥岩	1.5	2.0	1.75

2.3.4   岩屑回收率分析

取中江、高庙区块发生失稳层位沙溪庙组掉块的红色泥岩和灰色泥岩，破碎，取 2.0~

3.8mm 岩样于(105±3)℃下烘至恒重，降至室温。称取 100g 岩样(G_0)放入待测试液中于 90℃下滚动 16h，降温后取出，用孔径 0.42mm 筛回收岩样，于(105±3)℃下烘至恒重，降至室温称回收岩样质量(G_1)，计算回收率：$R_1 = (G_1/10) \times 100\%$。

实验结果见表 7，从结果可以看出，红色泥岩和灰色泥岩的滚动回收率都很高，超过 95%，说明两种岩性在钻井液的浸泡下不易发生水化分散。由实验现象可以看出，红色泥岩实验前颗粒均匀、完整，滚动回收后虽然回收率达到 96%，但破碎较多，说明水虽未造成岩样的水化分散，但仍浸入岩样中使得压力改变，造成岩样的崩裂。而灰色泥岩实验前后的岩样保持完整，且回收率较高，说明水对灰色泥岩的影响较小。

表 7　滚动回收率

试样	滚动回收率/%	
	烘 3h	烘 6h
红色泥岩	96.0	96.0
灰色泥岩	98.3	96.7

3　井壁失稳原因分析

（1）由全岩分析数据中可以看出：江沙 33-2HF 井地层掉块中上、下沙溪庙组中的黏土矿物含量平均分别为 54%和 46%。

沙溪庙组泥页岩中不含蒙脱石，伊/蒙混层含量较高，蒙脱石较强的膨胀能力与伊利石较弱的膨胀能力引起的膨胀不均匀，会产生一种膨胀压力，伊/蒙混层含量越高，此膨胀压力越大，当膨胀压力超过岩石自身强度时，引起泥页岩分散垮塌。

（2）沙溪庙组地层泥页岩表面有较多的微裂缝和微裂隙，一方面，提供了优先水化的空间和通道，加速泥页岩水化分散的速度和强度；另一方面，在外力的作用下泥页岩极易沿微裂缝破裂，造成井壁失稳。

（3）上沙溪庙组地层黏土含量高，水化膨胀能力大于伊/蒙混层产生膨胀压，为水敏性失稳地层。

（4）下沙溪庙组地层伊/蒙混层含量高，伊利石发育，产生的膨胀压大于黏土的水化膨胀力，易造成地层沿层理、裂缝断面发生剥落和坍塌，为硬脆性失稳地层。

4　结论与建议

（1）通过对地层岩性分析、电镜扫描分析及室内研究，找出了川西上沙溪庙组和下沙溪庙组地层失稳的主要原因，前者以水敏性井壁失稳为主，后者以应力性井壁失稳为主。

（2）对于沙溪庙组地层井壁失稳原因分析，应采取针对性预防井壁失稳的钻井液与工程措施。

破碎地层井壁稳定钻井液技术

唐 睿

（中国石化西南石油工程有限公司重庆钻井分公司）

摘 要 彭州 115 井设计井深 6609m，实际井深 7063m。较钻井设计周期 302d，提前了 36.25d，钻井周期缩短率为 12%。使用最高钻井液密度 2.10g/cm³。雷口坡破碎地层微裂缝发育，微裂缝宽窄不等、形状不规则，裂缝充填物为石膏岩，导致钻井过程中易出现掉块、垮塌等井壁失稳问题，为此通过固相颗粒匹配与承压挤堵技术，并利用乳化沥青、纳米乳液、WEF-1000 等封堵材料进行多元封堵，以及对钻井液性能优化，达到井壁稳定的目的。

关键词 破碎 井壁稳定 盐膏岩 超深井

油气勘探开发过程中，井壁稳定是制约钻速及钻井安全的主要难题。彭州地区地质构造复杂，海相地层雷口坡地层破碎，岩性主要是膏岩、盐膏层、灰岩和白云岩为主，且微裂缝发育，雷三中下部及雷二地层，裂缝充填物为石膏岩，石膏溶解后形成二次裂缝，加剧掉块的产生，膏盐溶解易造成钻井液的性能大幅度变化，引起井下复杂。为此通过固相颗粒匹配和承压挤堵技术，彭州 115 井现场应用有效解决雷口坡井壁失稳。

1 复杂情况

完钻井深 7063m 带泵（排量 16.5L/s，泵压 13MPa）上提至井深 7045m，起出第一柱钻杆，无明显阻挂点（带泵悬重 220t，正常上提 230~235t，上提摩阻 10~15t，正常下放 214t，下放摩阻 6t）。

停泵后钻具悬重 225t。上提至 255t，下放至 215t，回至原悬重。由于上提摩阻大，为保证钻具安全，决定开泵带泵划眼上提钻具，不再尝试停泵上提。开泵，泵压迅速升至 12MPa 出浆口未返浆，立即停泵，立压稳定在 8MPa，在 205~235t 之间活动钻具，悬重未弹回，钻具发生环空憋堵复杂情况。逐步憋压上下活动钻具出口返浆，恢复正常。

2 井壁失稳原因机理分析

2.1 井壁不稳定实质是力学不稳定

井壁不稳定根本原因是钻井液作用在地层的压力<地层塌坍压力或钻井液作用在地层的压力>地层破裂压力从而造成井壁岩石所受的应力超过岩石本身强度，引起井壁不稳定。钻井液与地层所发生物理化学作用，最终均因造成地层坍塌压力增高和破裂压力降低，而引起井壁不稳定（图 1）。

地层被钻开之前，地下的岩石受到上覆压力、水平方向地应力和孔隙压力的作用，处于应力平衡状态。当井眼被钻开后，井内钻井液作用于井壁的压力取代了所钻岩层原先对井壁岩石的支撑，破坏了地层和原有应力平衡，引起井壁周围应力的重新分布；如井壁周围岩石所受应力超过岩石本身的强度而产生剪切破坏，对于脆性地层就会发生坍塌，井径扩大；而对于塑性地层，则发生塑性变形，造成缩径。我们把井壁发生剪切破坏的临界井眼压力称为坍塌压力，此时的钻井液密度称为坍塌压力当量钻井液密度。

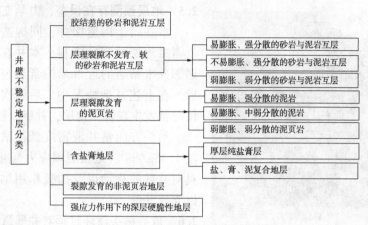

图1　井壁不稳定地层分类图

2.2　井壁不稳定的地层分类

彭州115井四开裸眼井段6458～6541m有83m石膏岩与膏盐岩互层井段，膏盐溶解后井壁不规则，重稠浆冲刷携砂时造成井壁失稳和环空堵塞。

2.3　岩屑和掉块堆积在"大肚子"井段中

裸眼段形成"大肚子"，部分未返出的掉块及沉砂沉积在"大肚子"井段，下钻扰动中在钻杆接头上搭桥形成环空砂堵，导致钻具阻卡，并且无法建立循环(图2)。

掉块岩性混杂，主要以灰岩、云岩为主。

图2　实钻过程中返出掉块情况

2.4　地层破碎且浸泡时间长

四开海相雷口坡地层，岩性破碎，且微裂缝发育，雷三中下部及雷二地层，裂缝充填物基本上为石膏岩，石膏吸水膨胀后加剧掉块的产生。四开裸眼浸泡时间长，加之地层周期性应力释放，易导致井壁失稳、垮塌，产生大肚子井段。裂缝充填物基本上为石膏岩，石膏溶解后形成二次裂缝，加剧掉块的产生。

钻井液与地层中矿物发生物理化学作用，引起井壁地层岩石强度下降和原始孔隙压力增高，从而造成地层坍塌压力增高或破裂压力下降。

图 3　取心钻头

2.5　地层预测存在误差，力学支撑不足

本井属于构造探井，同构造内无雷三底部及雷二地层的实钻资料，本井在雷三下部也钻遇邻井未钻遇的近百米的膏岩与膏盐岩互层井段。在上述复杂情况中，后两次环空憋阻复杂情况都发生在雷二地层，井壁失稳。

另一方面钻井液密度低，钻进时钻井液密度 $1.35g/cm^3$，地层坍塌应力高起下钻过程中钻具对井壁的扰动以及抽吸作用钻井液密度不足以支撑井壁。

2.6　取心钻头循环过程对井壁造成破坏性冲刷

本井于井深 6815.65 ~ 6823.65m 进行 $\Phi165.1mm$ 井眼尺寸满眼取心作业。为保证钻具安全，在裸眼段采取带泵循环的方式进行起下钻过程。由于设计原因，取心钻头排屑槽宽度仅为 5~10mm（图 3）。在满眼状态下，钻井液通过排屑槽时易形成高速流体，对稳定的井壁造成破坏性冲刷。

而本井在满眼取心后下钻全裸眼井段划眼和之后井眼状况的恶化都进一步证明了上述推论。

2.7　钻井液封堵性能不足

本井钻井液，虽然达到设计性能，但对于目前地层的情况钻井液体系还存在一定的不适应，对微裂缝的填充度不够，须加强在高温高压高含盐情况下钻井液的封堵性能，以及抑制性能。

3　现场钻井液处理

依据三个地层压力剖面、井身剖面，合理确定钻井液密度；地层成岩期、矿物组分选用钻井液类型、配方、性能，抑制地层坍塌压力增高；采用封堵层理裂隙或化学固壁等措施，阻止钻井液滤液进入地层与岩石相互作用；依据地层成岩期、层理裂隙、井身结构、井斜、方位、机械钻速等确定钻井液性能、环空返速、流型等。

3.1　力学支撑

四开井段设计最高密度为 $1.35g/cm^3$。实际钻进中最高密度 $1.38g/cm^3$，基本能够满足钻井需求，但起下钻失去循环压耗后，起下钻出现阻卡现象，说明目前力学支撑不足，加之该井雷三下部也钻遇邻井未钻的遇近百米的膏岩与膏盐岩互层井段，膏盐吸水膨胀剥落掉块，加剧了井壁的不稳定性，借鉴区域上邻川科 1 井、彭州 1 井实钻资料地层坍塌应力 1.05~1.52 g/cm^3，采用力学支撑实现力学平衡，钻井液密度上提至 1.55 g/cm^3。

3.2　化学固壁及抗盐抗钙处理

优选防塌钻井液类型与配方，提高钻井液的抑制性；用物理化学方法封堵地层的层理和裂隙，阻止钻井液滤液进入地层；提高钻井液对地层的膜效率，降低钻井液活度使其小于地层水的活度；提高钻井液滤液的黏度，降低钻井液高温高压滤失量和泥饼渗透率，减少钻井液滤液进入地层的数量等。

（1）循环划眼钻井过程中加入 5%KCl 控制 Cl^- 浓度 38000，以近一步提高钻井液的抑制性；通过 K 镶嵌作用和抑制黏土分散，实现化学固壁。

（2）保持护胶剂 DSP 与 SMP-3、JNJS-220 等抗高温降滤失剂在钻井液中的含量，严格控制高温高压失水，减少钻井液滤液进入地层裂缝的量，减小膏盐吸水膨胀剥落掉块。如发现流变性能与滤失量出现不稳定趋势，则可直接往钻井液中补充药剂，同时提高钻井液抗盐抗钙的能力。

老化实验温度 175℃ 分别热滚 24h、48h，以及高温加压静止。检测钻井液热滚前后性能变化，钻井液是否高温沉降、表面是否析水，热滚后钻井液是否稠化结块，钻井液处理剂是否高温降解、交联，给钻井液维护处理提供实验依据。

表 1　钻井液调整实验

实验配方	$\rho/(g/cm^3)$	FV/s	FL/mL	$HTHP$ (175℃)/mL	$PV/$ mPa·s	YP/Pa	$G_1/G_2/$ (Pa/Pa)
1. 井浆性能	1.55	58	6.8	15.6	22	10	4/10
2. 井浆+0.5%DSP	1.55	65	4.2	13.2	26	11	4.5/11
3. 井浆 + 0.5% DPS + 1% SMP-3+1% SPNH+1%% JNJS-220+1%SMT	1.55	60	2.8	10.2	25	11	4.5/10
4. 井浆 + 0.5% DPS + 1% SMP-3+1% SPNH+1%% JNJS-220+1%SMT+3% KCl	1.55	65	3.2	11.6	26	11	5/11
5. 井浆 + 0.5% DPS + 2% SMP-3+2% SPNH+2%% JNJS-220+1%SMT+3% KCl2%RHJ-3++2%FDFT-1+1%QS-2	1.55	68	1.6	8.6	27	11	5/12
6. 实验配方 5 钻井液 175℃ 热滚 24h			3.0	10.2	34	12	6/13
7. 试验配方 5.钻井液 175℃ 热滚 72h			4.2	12.6	36	13	6/13.5

通过高温老化实验优选钻井液处理剂，确定钻井液配方改善钻井液高温稳定性能。在原井浆中按实验配方 5 入井调整钻井液性能(表 1)。

3.3　强封堵

加大高软化点乳化沥青 RHJ-3(180°)、FDFT-1、WEF-1000、超细钙等处理剂实施多元复合封堵技术，封堵微裂隙增强井壁稳定性。

鉴于该井井壁失稳特征和雷口坡地层破碎、微裂缝发育特点，划眼到底后，注入封堵浆

（井浆+4%高软化点乳化沥青+2%超细钙+4%井壁固化剂+2%弹性石墨+2%暂堵剂+1%单封）覆盖全裸眼段后起钻至套管里，关井实施"承压挤堵技术"，封堵地层微裂缝，强化井壁稳定的同时在井壁形成屏蔽带，以降低地层渗透率，阻止压力传递，从而减小压差卡钻风险。

3.4 强携带

（1）循环划眼钻井过程中根据井下情况和返砂情况加入 XC 等处理剂适当提高钻井液黏切。

（2）采用稠浆、重稠浆配合变换排量，进行井眼清扫作业。

（3）不排除井下有大的掉块存在，小排量划眼赶至井底进行划眼破碎，化整为零，逐步带出。

3.5 合理的工程技术措施

（1）确定合理井下钻具结构。

（2）选择合理的泵排量，根据地层特点确定环空流型与返速。

（3）根据地层特点确定各井段起下钻速度，起钻过程中及时灌钻井液。

（4）尽量不在坍塌井段中途开泵循环，不用喷射钻头划眼。

4 认识与建议

（1）完钻井深 7063m 地层温度高（电测显示 165℃）对钻井液体系以及处理剂的抗高温能力要求高，钻井液维护处理难度大。实钻中 SMP-3、JNJS-220、DSP 复配使用高温老化实验 175°钻井液性能良好。

（2）钻遇石膏岩、盐膏层前，加入抗盐抗钙的钻井液处理剂，提高钻井液抗污染的能力，尽量避免盐膏岩溶解影响钻井液性能，发生井下复杂情况。

（3）通过固相颗粒复配及"承压挤堵技术"，封堵地层微裂缝，强化稳定井壁形成屏蔽带，现场应用效果显著。

（4）超深井钻进中真空除气器使用有利于钻井液维护，本井真空除气器使用后钻井液密度差 0.03g/cm^3，黏度差 10S 减少气泡对钻井液影响，同时加强固控设备使用。

参 考 文 献

[1] 鄢捷年，钻井液工艺学[M]，中国石油大学出版社，2001.
[2] 黄汉仁．杨坤鹏，罗平亚，编．钻井液工艺原理[M]，石油工业出版社，1981.
[3] 周华安．高密度钻井液流变模式及其参数计算方法选择[J]．钻采工业，1995，18（1）.
[4] 赵凯，于波．硬脆性泥页岩井壁稳定研究进展[J]．石油钻采工艺，2016，28（2）.

作者简介：唐睿，工程师，现就职于中国石化西南石油工程有限公司重庆钻井分公司，从事钻井液技术与现场管理工作。地址：四川省德阳市泰山北路二段 86 号，邮编：618099，电话：18623421160，Email：624993613@qq.com.

埕北 32 区块井壁稳定钻井液技术

于雷　张敬辉　李公让　李海斌

（胜利石油工程有限公司钻井工艺研究院）

摘　要　针对埕北 32 区块东营组地层泥页岩易发生水化膨胀、井壁失稳的特点，开展了低活度强封堵钻井液体系研究。优选了活度调节剂和成膜剂，确定了活度调节剂的最优加量和多级配填充封堵剂的配方，形成了低活度强封堵钻井液体系配方并进行了室内评价。实验得出，低活度强封堵钻井液体系活度小于 0.95，抑制性强，岩屑一次回收率为 92.36%，与油基钻井液相当，能保持自制岩心柱 120h 不松散，效果远好于普通聚磺钻井液体系，封堵性好，压力传递时间延长 6.87 倍。低活度强封堵钻井液在埕北 32 区块五口井中进行了应用，活度始终保持在 0.95 以下，五口井电测一次成功率 100%，平均电测周期较之前缩短 70.2%。研究结果表明，低活度强封堵钻井液可以减缓泥页岩的渗透水化，实现微裂缝的有效封堵，能够满足复杂泥岩地层的安全钻进要求。

关键词　低活度　强封堵　钻井液　井壁稳定

埕北（CB，以下同）32 区块位于埕岛油田东部斜坡带埕宁隆起埕北低凸起 CB30 潜山北界断层下降盘，主要含油层系为东营组。CB32 区块自 2002 年至 2012 年先后钻探完成了 CB32A 和 CB32B 两个井组 8 口井，钻探过程中多口井东营组出现井壁失稳、遇阻划眼等复杂情况，完井作业期间电测遇阻、遇卡等复杂情况频发，尤其是 CB32B 井组的 CB32B-1 和 CB32B-2 两口井均发生了电测仪器遇卡事故，电测一次成功率为零，平均电测时间 10.5d，并且由于电测困难导致地层数据录取不完整，严重影响了埕岛油田区块的高效开发。为解决埕北 32 区块井壁失稳、完井电测复杂的问题，研制了低活度强封堵钻井液体系，现场应用效果良好。

1　技术难点及复杂原因分析

根据地质及井史资料分析，认为该区块钻完井复杂情况的主要原因为：

1.1　井壁垮塌

埕北 32A-2 井完钻后发生井壁垮塌问题，相关机构从岩石力学角度进行分析，认为 CB32A-2 井的方位与该区块地层最大水平主应力方向平行，地层应力是造成井壁坍塌的主要原因。

1.2　泥岩地层缩径

东营组泥岩易水化膨胀，钻井液密度和抑制性不足以抑制泥岩地层的缩径，如 CB32A-4 井 3500~3800m 井段平均井径扩大率为 -1.05%，个别井段缩径严重。

1.3　砂泥岩互层，井径不规则

东营组中下部地层相对较硬，夹层较多，硬脆泥岩易掉块，夹层里砂岩处岩性较松散，钻时快，而钻井液封堵性能不足，且后期黏切升高不利于对井壁的冲刷，以致泥饼虚厚，电测仪器在虚厚泥饼处易阻卡。

1.4　钻井液抗温性不足

复杂情况主要发生在完井过程，部分井通井出现掉块，表明长时间浸泡下井壁出现失稳现象。钻井液抗温性能不足，完井时间较长时大量滤液进入地层，容易形成虚厚泥饼和井壁失稳，进而引起复杂情况的发生。

2　低活度强封堵钻井液体系的构建

在对以往钻井复杂情况分析的基础上，结合该区块地层特点及钻井液技术难点，认为需要从力学平衡、活度平衡、封堵性、抗温性等方面解决问题。

（1）提高泥浆当量密度，保证井下力学稳定，有效支撑井壁，防止失稳。

（2）提高钻井液抑制性，降低体系滤液活度，进一步防止泥页岩地层水化膨胀导致的缩径以及井壁垮塌问题。

（3）增强体系封堵性能，使之形成高质量薄而致密的泥饼，阻止滤液进一步侵入导致地层水化。（4）提高钻井液体系的高温稳定性。

2.1　低活度强封堵钻井液体系的构建思路

活度平衡是抑制泥页岩地层渗透水化、降低地层坍塌应力、维护井壁稳定的重要手段之一[1~3]。根据活度平衡理论，钻井液活度平衡防塌的前提条件是泥页岩存在理想或非理想的半透膜特性[4]，在此基础上降低钻井液中水的活度就能够减少水向近井地带扩散、渗透以及与地层矿物发生物理化学反应的趋势，有利于稳定井壁，因此低活度强封堵钻井液的设计主要考虑从降低钻井液活度和提高封堵性两方面入手。抑制性方面，通过加入有机盐控制钻井液活度，阻缓钻井液对地层的渗透水化作用。封堵性方面，提出了"多级配填充+多元协同"的封堵技术[5,6]，多级配填充封堵技术的核心就是现场实时监测钻井液固相粒度分布，通过及时调整超细碳酸钙的复配比例和配方，实现钻井液固相颗粒与地层孔吼的有效匹配；"多元协同"技术则是将微乳封堵剂和聚合醇两种封堵材料进行复配，利用微乳封堵剂的变形封堵和聚合醇的浊点效应来共同提高滤饼质量和膜效率，降低滤失量，达到封堵泥页岩纳微孔缝的目的。

2.2　活度调节剂的优选

鉴于有机盐环保性好和对钻井液性能影响小的特点[7]，采用取自埕北 32 井东营组泥岩岩屑，进行页岩线性膨胀实验，实验结果如图 1 所示。

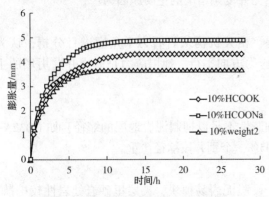

图 1　不同有机盐抑制膨胀实验结果

从图 1 可以看出，在前 2h 内，三种有机盐的抑制膨胀效果相差不大，随着时间的延长，当时间超过 6h 之后，有机盐 weigh2 抑制岩屑膨胀的效果要明显好于甲酸钠和甲酸钾。因此，确定有机盐 weigh2 为作为体系的活度调节剂。

在确定有机盐种类的基础上，通过考察不同钻井液活度下的东营组岩屑回收率和岩心膨胀率，确定了适用于埕北 32 井组东营组地层的钻井液活度，实验结果如图 2 和图 3 所示。

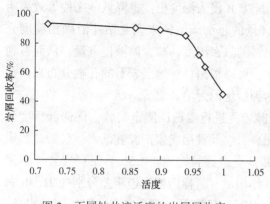

图 2　不同钻井液活度的岩屑回收率　　　　图 3　不同钻井液活度的岩心膨胀率

由图 2、图 3 可知，随着钻井液活度的升高，岩屑回收率和岩心膨胀率初始变化不大，当活度升高至 0.94 时，岩屑回收率急剧下降，岩心膨胀率急剧增大，表明钻井液活度对于抑制东营组岩屑水化分散存在一个最优活度值，综合考虑确定钻进东营组地层采用的钻井液活度为 0.94，根据有机盐 weigh2 溶液活度与浓度关系曲线，确定有机盐 weigh2 加量为 12%。

2.3　封堵成膜剂的优选

利用砂床实验对"多级配+多元协同"封堵技术的封堵性能进行了评价。砂床由 200g 粒径为 0.45~0.9mm 的砂粒构成。三种多级配填充封堵剂配方分别为：配方 B 为 3%超细碳酸钙(800 目：1500 目：3000 目=2：3：5)+2%微乳封堵剂、配方 C 为 3%超细碳酸钙(800 目：1500 目：3000 目=3：1：6)+2%微乳封堵剂、配方 D 为 3%超细碳酸钙(800 目：1500 目：3000 目=5：3：2)+2%微乳封堵剂。实验结果如图 4 所示。

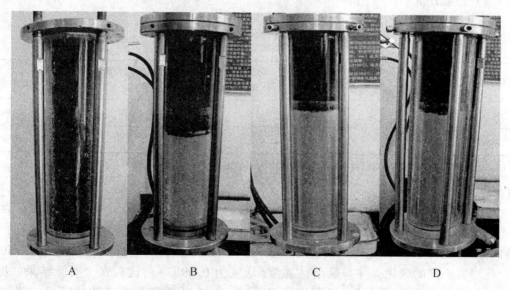

图 4　多级配纳米复合封堵砂床实验

由实验数据可知，基浆的砂床侵入深度为 18.2cm，配方 B、C、D 的砂床侵入深度分别为 3.3cm、1.2cm 和 1.5cm，配方 C 与配方 D 比配方 B 侵入深度更浅，降低砂床侵入效果明显，表明通过向钻井液中添加不同粒度级配和含量的超细碳酸钙来调整钻井液固相粒度分布，并与微乳封堵剂协同作用后可以提高内外泥饼的致密程度，减少滤液侵入量，从而有利于稳定井壁和保护油气层。现场实际应用过程中，可以根据目标地层岩石的孔喉分布来调整多级配填充封堵剂的粒度分布使之匹配，从而达到最优的封堵效果。

采用 SHM-3 型高温高压井壁稳定性模拟实验装置进行渗透压测定实验，优选低活度强封堵钻井液体系的成膜剂。实验中测定了空白泥页岩以及常用成膜剂胶乳沥青、硅酸盐、聚合醇与泥页岩作用后的渗透压。由于泥页岩样品具有半透膜性质，9.8h 后泥页岩岩样两侧渗透压差恒定为 1.32MPa，聚合醇、硅酸盐与其作用后，岩样两侧渗透压差分别在 21.3h 和 13.8h 后趋于稳定，压差分别为 2.03MPa 和 1.66MPa，都较空白泥页岩有一定幅度的提高。而胶乳沥青溶液作用后，上、下游试液由于渗透作用产生的压差与空白泥页岩样品相比，无明显变化。这说明聚合醇和硅酸盐均能有效地改善泥页岩的半透膜性质。根据实验结果，实验泥页岩样品的膜效率为 12.5%，而聚合醇、硅酸盐、胶乳沥青与其作用后，泥页岩膜效率分别为 19.2%、15.7% 和 12.5%，聚合醇的膜效率最高，因此优选聚合醇为低活度强封堵钻井液体系的成膜剂。

室内通过配方优化，最终形成了低活度强封堵钻井液体系配方：4%膨润土浆+0.3%烧碱+0.1%包被剂+12%有机盐 weigh2 +1.5%天然高分子降滤失剂+3%井壁稳定剂+0.5%磺酸盐共聚物+2%磺甲基酚醛树脂+3%多级配填充封堵剂+2%微乳封堵剂+3%聚合醇+2%润滑剂+适量重晶石。

3 低活度强封堵钻井液体系评价

3.1 常规性能评价

对其流变性能进行了评价，结果见表 1。

表 1 低活度强封堵钻井液体系常规性能

实验条件	密度/ (kg/L)	表观黏度/ mPa·s	塑性黏度/ mPa·s	动切力/ Pa	静切力/ Pa	API滤失量/ mL	高温高压 滤失量/mL	活度
老化前	1.20	31	22	9	2/8	3.4	11.8	0.945
老化后	1.20	29	21	8	2/7	3.6	12.6	0.941

注：老化条件为 150℃16h；高温高压滤失量测定温度为 150℃。

3.2 抑制性能评价

利用自制岩心柱进行了浸泡评价实验，首先用压力机制取岩心柱，称取 10g 含水 5%的膨润土，放入钢制岩心杯中，施加 4MPa 压力，压制 5min，小心取出岩心柱，测得岩心柱活度为 0.9885。将自制岩心柱放入低活度强封堵钻井液滤液（活度为 0.9509）中，观察岩心柱的变化，并与聚磺钻井液（活度为 0.9987）对比观察，实验结果如图 5 所示，其中 A 为聚磺钻井液滤液浸泡的岩心柱，B 为低活度强封堵钻井液滤液浸泡的岩心柱。

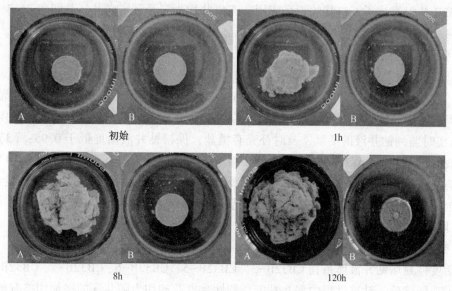

图 5 · 自制岩心浸泡实验

由图 5 可知，聚磺钻井液滤液浸泡的岩心柱在 1h 时就已经开始发生崩散，8h 崩散严重，而用低活度强封堵钻井液滤液浸泡的岩心柱 120h 后仍然保持原样，无崩散现象，表明低活度强封堵钻井液具有较强的抑制分散性能。

取埚北 32 区块东营组岩屑进行滚动分散回收实验，并与清水、油基钻井液、聚磺钻井液体系进行对比，由实验结果可知，清水、聚磺钻井液、低活度强封堵钻井液体系和油基钻井液的岩屑一次回收率分别为 34.74%、68.59%、92.36% 和 94.32%。低活度强封堵钻井液体系的岩屑一次回收率达到 90% 以上，与油基钻井液相差不多，远高于清水和聚合物钻井液体系，说明该体系具有良好的抑制页岩膨胀的作用，对保持井壁稳定十分有利。

3.3 封堵性能评价

采用 SHM-3 型高温高压井壁稳定性模拟实验装置进行压力传递实验，评价钻井液的封堵性能。分别测定灰色空白岩样，4% 基浆，以及低活度钻井液体系作用后的压力传递曲线，实验结果如图 6 所示。

结果表明，低活度强封堵钻井液体系作用后传递 1MPa 压差所需时间约为 9.13h，较空白岩样（约为 0.51h）和 4% 基浆（1.16h）均有较大幅度的提高。传递 1MPa 压差较空白岩样所需时间延长 16.90 倍，较 4% 基浆所需时间延长 6.87 倍，进一步说明低活度强封堵钻井液体系能有效阻缓孔隙压力传递，具有较好的封堵性能。

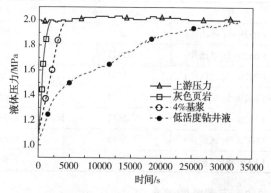

图 6 灰色页岩岩样下渗孔隙压力随时间的变化规律

4 现场应用

低活度强封堵钻井液体系在埚北 32 区

块埕北 32B 井组进行了五口井的现场应用，五口井均为三开制定向井，井斜角 21.3°~25.8° 之间，除 CB32B-5 井定向井深为 1400m 之外，其余四口井定向井深均为 2800m。

4.1 主要工艺技术措施

现场采取的主要工艺技术措施：

（1）钻井液转型前控制膨润土含量在 35%~40% 以下，用天然高分子降滤失剂进行护胶，进入东营组前进行钻井液体系转型，按设计一次性加入足量有机盐 weigh2，确保转型成功；（2）实时监测钻井液的活度，及时补充有机盐，保持钻井液活度低于 0.95；（3）定期测定钻井液的粒度分布，保持钻井液粒度分布与地层孔喉、微裂隙直径的匹配度；（4）保持各种处理剂的含量达到要求，并根据消耗情况及时补充，严格控制钻井液性能符合设计要求；（5）定向钻进过程中，根据摩阻扭矩变化情况，及时补充极压润滑剂。

4.2 应用效果(表2)

4.2.1 钻井液性能稳定

低活度强封堵钻井液体系在 CB32B-3、CB32B-5、CB32B-6、CB32B-7、CB32B-8 五口井进行了现场试验，钻进过程中漏斗黏度、塑性黏度及动切力随井深的增加均略有增大，但基本保持稳定。

应用井段钻井液各项性能参数：密度 $1.18~1.20g/cm^3$，漏斗黏度 50~60s，中压失水 3.2~4.4mL，高温高压失水 12~14.4mL，pH 值 8~9，塑性黏度 18~25mPa·s，动切力 7~10Pa，初终切力 (2~3)Pa/(6~9)Pa。

试验井在整个施工过程中钻井液各项性能稳定，流变性好，携岩性能优良，有效保障了井组的安全高效勘探。

4.2.2 抑制防塌性能好

五口试验井在钻进过程中均没有发生掉块坍塌，全井起下钻通畅，没有发生任何阻卡现象，井壁稳定性好，井眼规则，电测井径规则，井径扩大率均小于 10%，电测一次成功率 100%，平均完井周期较该井组之前完成的两口井缩短 79.8%，展示了该体系良好的抑制防塌性能。

表 2 低活度强封堵钻井液应用效果对比

井号	完钻井深/m	电测周期/d	电测通井次数	井径扩大率/%
CB32B-1(对比井)	3872	8.03	2	无电测数据
CB32B-2(对比井)	3821	8.17	3	无电测数据
CB32B-3(试验井)	3744	2.75	1	6.06
CB32B-5(试验井)	3824	1.05	0	2.42
CB32B-6(试验井)	3612	1.32	0	6.28
CB32B-7(试验井)	3648	2.25	1	9.92
CB32B-8(试验井)	3551	0.83	0	4.08

4.2.3 润滑性能优良

在整个斜井段钻进过程中，钻井液滤饼黏滞系数一直保持在 0.0524~0.0612 之间，斜井段钻进摩阻在 6~8t，平均扭矩在 10kN·m 以下，展示了良好的润滑性。

5 结论

(1) 通过优选活度调节剂和成膜剂，优化活度调节剂及多级配填充封堵剂配方，形成了低活度强封堵钻井液体系。

(2) 室内及现场试验表明，低活度强封堵钻井液活度低、抑制封堵性能强，应用低活度强封堵钻井液体系成功解决了埚北区块东营组地层电测遇阻遇卡严重、完井周期长的难题。

参 考 文 献

[1] 丁锐，李健鹰. 活度与半透膜对页岩水化的影响[J]. 钻井液与完井液，1994，11(3)：23-28.

[2] 刘敬平，孙金声. 钻井液活度对川滇页岩气地层水化膨胀与分散的影响[J]. 钻井液与完井液，2016，33(2)：31-35.

[3] 王书琪，梁大川，何涛，等. 降低地层坍塌压力增加幅度的钻井液技术[J]. 钻井液与完井液，2008，25(3)：22-24.

[4] 张行云，郭磊，张兴来，等. 活度平衡高效封堵钻井液的研究及应用[J]. 钻采工艺，2014，37(1)：84-86.

[5] 韩来聚. 胜利油田钻井完井技术新进展及发展建议[J]. 石油钻探技术，2017，45(1)：1-9.

[6] 石秉忠，胡旭辉，高书阳，等. 硬脆性泥页岩微裂缝封堵可视化模拟试验与评价[J]. 石油钻探技术，2014，42(3)：32-37.

[7] 李方，蒲小林，罗兴树，等. 几种有机盐溶液活度及抑制性实验研究[J]. 西南石油大学学报(自然科学版)，2009，31(3)：134-137.

基金项目：国家科技重大专项"致密油藏开发钻井技术优化及集成"(2017ZX05072-003)、胜利石油工程公司课题"低活度强封堵钻井液技术推广应用"部分研究内容。

作者简介：于雷，副研究员，目前任职于中国石化胜利石油工程公司钻井工艺研究院，主要从事油田化学及油气层保护方面的研究工作。地址：山东省东营市东营区北一路 827 号，电话：15066067601，Email：leiyu205@126.com，邮编：257000。

抗高温井壁稳定钻井液

陈金霞　吴晓红　朱宽亮

（中国石油冀东油田钻采工艺研究院）

摘　要　冀东油田深层硬脆性泥页岩因纳微米级孔缝发育而易发生井壁失稳，强化对泥页岩纳微米级微孔缝的有效封堵以及对岩石力学强度的保持能力才是井壁稳定的关键。为此室内优选纳微米级封堵剂，在渗透封堵性能测试、泥页岩压力传递实验等常规封堵性评价的基础上，重点考察了钻井液配方对岩石力学强度的保持能力，开展了钻井液水化作用对岩石抗压强度、抗张强度以及地层坍塌压力增量的影响等一系列评价优选实验，最终形成了一套适合于南堡深层硬脆性泥页岩的抗高温井壁稳定钻井液配方。配方为 3%膨润土浆+1.2%增黏剂 DSP-2+6%降滤失剂 SPNH+3%降滤失剂 SMP-I+1%降黏剂 SMT+0.5%聚胺抑制剂 AI-1+0.8%热稳定剂 Na_2SO_3+5%抑制剂 KCl+2%防水锁剂 HAR-D+2~3%纳微米封堵剂 G-seal。研究发现：该钻井液配方井壁稳定性能优良，渗透封堵滤失量仅为 13.8mL、泥饼承压能力大于 8MPa、对岩心裂缝封堵率高达 98%、延缓压力传递效果好，岩石力学强度保持能力强，钻井液作用后岩石力学强度下降幅值最小、且地层坍塌压力增量最低。

关键词　硬脆性泥岩　井壁稳定　纳微米封堵　封堵性评价　力学强度保持能力

南堡深层东二至沙河街地层发育大段硬脆性泥页岩，黏土矿物含量较高，易水化分散，导致井下掉块甚至垮塌复杂。纳米–亚微米级微孔缝发育以及严重的自吸水现象是导致井壁失稳的主要因素。钻井液滤液首先侵入泥页岩的微裂缝，水化作用导致微裂缝快速增大，并不断沿裂缝发展，最终导致泥页岩被破坏。单纯地提高钻井液的抑制性以及加大常规封堵剂的用量，并不能有效解决泥页岩井壁失稳难题，强化对泥页岩纳微米级微孔缝的有效封堵以及对岩石力学强度的保持能力才是井壁稳定的关键[1~3]。目前常用的碳酸钙、沥青、树脂、成膜剂等封堵剂的平均粒径属于微米级尺寸，与南堡深层泥页岩微孔缝尺寸不匹配，无法实现对泥页岩的有效封堵。

针对泥页岩纳微米级孔缝特点，本文对胶束剂、固壁剂、纳米封堵剂、仿生固壁剂等纳微米封堵剂开展性能优选评价，在渗透封堵性能测试、泥页岩压力传递实验等常规封堵性评价的基础上，重点考察了钻井液配方对岩石力学强度的保持能力，开展了钻井液水化作用对岩石抗压强度、抗张强度以及地层坍塌压力增量的影响等一系列评价优选实验[4~9]，以期优选出最佳的井壁稳定钻井液配方，能在近井壁地带快速封堵泥页岩纳微米级孔缝，阻止钻井液中的滤液和固相颗粒进入地层。

1　纳微米封堵剂 G-seal 作用机理

南堡深层泥页岩孔喉半径分布在 4~200nm 之间，以纳米至亚微米级为主。根据理想充填架桥理论，需要选择纳微米级别的封堵材料以保证在近井壁地层快速形成封堵层，阻止钻井液滤液侵入地层。而碳酸钙、沥青、树脂、成膜剂等常规封堵材料的粒径属于微米级范畴，与南堡深层泥页岩孔喉尺寸不匹配，为此室内优选了纳微米封堵剂 G-seal。

G-Seal 由微米级不可变形材料、纳米级可变形可再分散聚合物以及天然高分子改性材料构成，为白色固体粉末，能在水中迅速分散为可变形纳米级颗粒(图1)。该封堵剂在正向压差作用下能迅速进入近井壁地带，封堵/变形封堵微裂缝和孔喉，形成致密隔离层带(内泥饼)，降低滤液向地层的渗透、延缓压力传递，延长井壁稳定时间(图2)。

2 纳微米封堵剂优选与性能评价

室内实验以3%膨润土浆+1.2%增黏剂 DSP-2+6%降滤失剂 SPNH+3%降滤失剂 SMP-I+1%降黏剂 SMT+0.5%聚胺抑制剂 AI-1+0.8%热稳定剂 Na_2SO_3+5%抑制剂 KCl+2%防水锁剂 HAR-D、重晶石加重、密度为 $1.30g/cm^3$ 的抗高温钻井液为基浆，加入 1% FT-3000+2%胶束剂+3%固壁剂、3% G-seal、2%纳微米封堵剂+1%仿生固壁剂等不同的纳微米封堵剂，形成了 1#、2#、3#配方，考察不同封堵剂对钻井液封堵性能的影响，从而优选出最佳封堵剂，形成抗高温井壁稳定钻井液配方。

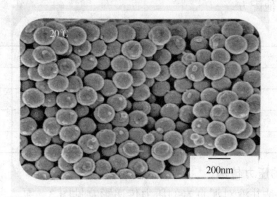

图1 纳微米封堵剂 G-seal 扫描电镜观察

图2 封堵剂 G-seal 作用机理示意图

2.1 基本性能

不同配方钻井液的基本性能见表1。由表1可知，该钻井液经150℃×16h 老化后流变性能仍较好，具有较好的抗温性；加入封堵剂后，不同配方的 HTHP 滤失量、砂床滤失量均有所降低、承压能力均有所提高，其中2#配方的 HTHP 滤失量最低(15mL)、砂床滤失量最低(39mL)、泥饼承压能力最强(>8MPa)。

表 1　不同配方钻井液的基本性能

钻井液体系	实验条件	$AV/mPa \cdot s$	$PV/mPa \cdot s$	YP/Pa	YP/PV	FL_{HTHP}/mL	FL 砂床/mL	泥饼承压/MPa
基浆	150℃×16 h	18.5	15	3.6	0.24	35	159.5	4.5
1#	150℃×16 h	30.5	27	3.6	0.13	23.2	68	7.5
2#	150℃×16 h	29.5	26	3.58	0.14	15	39	>8
3#	150℃×16 h	26	25	4.09	0.16	28.4	111	7

2.2　钻井液的渗透封堵滤失特性

PPT 渗透封堵实验可真实地评价封堵剂颗粒与地层的匹配程度，反映钻井液对地层的封堵性能，加入不同封堵剂的不同配方钻井液的滤失特性见表2。未加入封堵剂的基浆对陶瓷砂盘的PPT滤失量最大（40.8 mL），加入不同封堵剂后PPT滤失量均降低，其中加入3% G-Seal 的2#钻井液 PPT 滤失量最低（14 mL）；基浆对陶瓷砂盘的瞬时失水和静态滤失速率分别为10.4 mL 和5.5 mL/min，加入封堵剂后2#配方的瞬时失水量（2.8 mL）和静态滤失速率（2.0 mL/min）也低于其他配方，说明加入封堵剂 G-Seal 的2#钻井液对$775×10^{-3} \mu m^2$陶瓷砂盘的封堵效果优于其他配方。

表 2　不同配方钻井液的渗透封堵滤失特性

钻井液	$V_{7.5min}$	V_{30min}	PPT 滤失量/mL	瞬时失水/mL	静态滤失速率/mL·min^{-1}
基浆	12.8	20.4	40.8	10.4	5.5
1#	5.2	8.6	17.2	3.6	2.5
2#	4.2	7.0	14.0	2.8	2.0
3#	8.6	14.6	29.2	5.2	4.4

2.3　钻井液对泥页岩的压力传递

不同封堵剂配方的钻井液对泥页岩的压力传递影响见图3。泵入基浆的岩心下游端压力在80min 时增至3.17MPa 后达到平衡，泵入 1#和3#钻井液岩心的下游端压力在30min 左右即增至3.3MPa 并达到平衡，下游端压力增幅较大，封堵效果较差；而泵入2#钻井液岩心的下游端压力在10min 后增至1.5MPa 并一直保持稳定，下游端压力增幅最小，说明2#钻井液封堵效果最佳，有效减缓了钻井液的压力传递，阻止了钻井液滤液对地层的侵入。

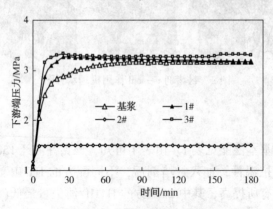

图 3　不同配方钻井液对泥页岩压力传递特性

2.4 钻井液对泥页岩裂缝的封堵效果

不同配方钻井液对泥页岩裂缝的封堵效果可知(表3)，基浆对泥页岩裂缝的封堵效果最差，封堵率仅为43.4%；加入封堵剂后钻井液的封堵率显著提高，其中2#钻井液对裂缝的封堵效果最佳，对泥页岩裂缝的封堵率高达98.76%。

表3 钻井液对泥页岩裂缝的封堵效果

钻井液	直径/cm	长度/cm	初始渗透率 $K_1/\mu m^2$	封堵后渗透率 $K_2/\mu m^2$	封堵率/%
基浆	2.490	2.620	1.47	0.83	43.54
1#	2.579	2.364	48.90	1.94	96.03
2#	2.542	2.358	50.20	0.62	98.76
3#	2.488	2.359	2.75	0.68	75.27

由钻井液对岩心裂缝封堵的电子显微镜照片可见(图4)，基浆封堵后仅在裂缝边缘处形成部分泥饼，且泥饼较为疏松、质量差，未达到有效封堵的目的；1#钻井液封堵后仍存在明显孔隙，封堵性能仍不够理想；2#钻井液加入G-Seal封堵后，形成泥饼致密且无明显孔隙及裂缝，达到了有效封堵裂缝的目的，封堵效果最佳；3#钻井液封堵后形成的泥饼极为疏松，封堵效果不理想。可见2#钻井液的封堵性能最佳，这与表2结果一致。

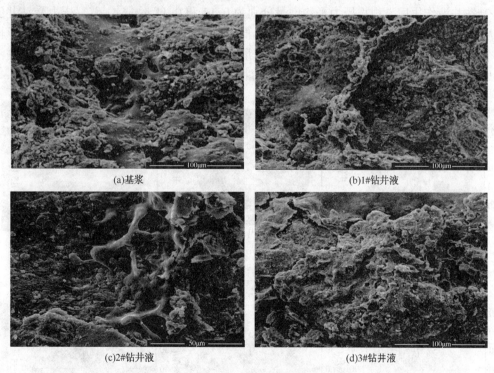

(a)基浆 (b)1#钻井液

(c)2#钻井液 (d)3#钻井液

图4 钻井液对岩心裂缝封堵的电子显微镜照片

2.5 钻井液对岩石力学强度的影响

室内优选性能较好的1#和2#钻井液开展了钻井液水化作用后泥页岩的抗压强度和抗张强度测试，结果见表4。钻井液浸泡后的岩石抗压强度与抗张强度均呈现下降趋势，其中抗压强度降幅明显。1#钻井液浸泡后，岩石抗压强度与抗张强度分别降低21.38MPa和

0.6MPa；2#钻井液浸泡后，岩石抗压强度与抗张强度分别降低 14.97MPa 和 0.05MPa。2#钻井液作用后岩石强度降幅小，稳定井壁性能好[10]。

表 4   钻井液对岩石力学强度的影响

岩心	内聚力/MPa	内摩擦角/(°)	单轴抗压强度/MPa	最大载荷/kN	抗张强度/MPa
未浸泡	24.14	21.76	62.16	3.45	4.97
1#浸泡	11.41	31.56	40.78	2.79	4.37
2#浸泡	15.53	25.63	47.19	3.22	4.92

2.6   钻井液对地层坍塌压力及破裂压力的影响

钻井过程中钻井液与泥页岩接触，降低泥页岩力学强度，改变泥页岩地层坍塌压力，诱发、加剧井壁失稳。结合南堡油田实际地质情况，制定的计算参数为：地层深度 2980 m、结构面走向 30°、结构面倾角 45°、上覆岩层压力 62.3MPa、最大水平地应力 56.6MPa、最小水平地应力 50.6MPa、地层孔隙压力 31.5MPa、孔隙度 7.2%、泊松比 0.23、地层温度 116℃、温差 15℃，同时依据井周应力分布特征与井壁失稳判断准则，用 matlab 软件计算分析不同配方钻井液作用后(72 h)的地层坍塌压力及破裂压力分布[11,12]，结果如图 5 和图 6 所示。受钻井液作用，整体坍塌压力呈明显上升趋势，高危钻井区域增大，钻井难度提升；1#和 2#钻井液作用后，坍塌压力平均增量分别为 0.14 和 0.11 g/cm³。破裂压力受钻井液作用影响较小，钻井液作用后破裂压力略有降低；1#钻井液作用后，破裂压力平均降幅为 0.04 g/cm³，2#钻井液作用后破裂压力平均增量为 0.02 g/cm³。整体对比而言，2#钻井液对井壁岩石力学强度的影响较小，稳定井壁能力相对较好。

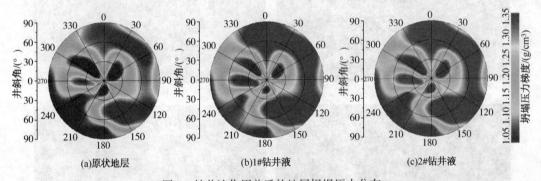

图 5   钻井液作用前后的地层坍塌压力分布

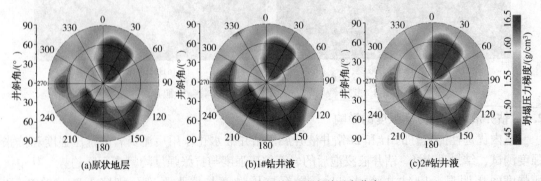

图 6   钻井液作用前后的地层破裂压力分布

综上分析，优选出的抗高温井壁稳定钻井液配方为3%膨润土浆+1.2%增黏剂DSP-2+6%降滤失剂SPNH+3%降滤失剂SMP-I+1%降黏剂SMT+0.5%聚胺抑制剂AI-1+0.8%热稳定剂Na_2SO_3+5%抑制剂KCl+2%防水锁剂HAR-D+2～3%纳微米封堵剂G-seal。

3 结论

（1）纳微米封堵剂G-seal能在水中迅速分散为可变形纳米级颗粒，在正向压差作用下能迅速进入近井壁地带，封堵微裂缝和孔喉，形成致密隔离层带，降低滤液渗透、延缓压力传递，延长井壁稳定时间。

（2）加入3%纳微米封堵剂G-seal的抗高温井壁稳定钻井液，其滤失量最低（高温高压滤失量15mL、砂床滤失量39mL、PPT砂盘失水14mL），泥饼承压能力最强（>8MPa），对岩心裂缝封堵率高达98%、延缓压力传递效果好。

（3）该体系具有较强的岩石力学强度保持能力，钻井液作用后岩石力学强度下降幅值最小、且地层坍塌压力增量和破裂压力增量均最低。

参 考 文 献

[1] 赵峰，唐洪明，孟英峰，等. 微观地质特征对硬脆性泥页岩井壁稳定性影响与对策研究[J]. 钻采工艺，2007，30(6)：16-18.

[2] 张洪伟，左凤江，李洪俊，等. 微裂缝封堵剂评价新方法及强封堵钻井液配方优选[J]. 钻井液与完井液，2015，32(6)：43-49.

[3] 卢运虎，陈勉，金衍，等. 钻井液浸泡下深部泥岩强度特征试验研究[J]. 岩石力学与工程学报，2012，31(7)：1399-1405.

[4] 梁利喜，熊健，刘向君. 水化作用和润湿性对页岩地层裂纹扩展的影响[J]. 石油实验地质，2014(6)：780-786.

[5] 王怡，徐江，梅春桂，等. 含裂缝的硬脆性泥页岩理化及力学特性研究[J]. 石油天然气学报，2011，33(6)：104-108.

[6] 袁和义，陈平. 基于直剪试验的页岩水化作用的强度弱化规律[J]. 天然气工业，2015，35(11)：71-77.

[7] 宋碧涛，马成云，徐同台. 硬脆性泥页岩钻井液封堵性评价方法[J]. 钻井液与完井液，2016，33(4)：51-55.

[8] 徐同台，卢淑芹，何瑞兵，等. 钻井液用封堵剂的评价方法及影响因素[J]. 钻井液与完井液，2009，26(2)：60-62.

[9] 梁利喜，丁乙，刘向君，等. 硬脆性泥页岩井壁稳定渗流-力化耦合研究[J]. 特种油气藏，2016，23(2)：140-143.

[10] 梁利喜，庄大琳，刘向君，等. 龙马溪组页岩的力学特性及破坏模式研究[J]. 地下空间与工程学报，2017，13(1)：108-115.

[11] 雷梦，梁利喜，熊健，等. 硬脆性页岩基础物性实验及井壁稳定性分析[J]. 科学技术与工程，2015，15(7)：34-39.

[12] 梁利喜，王光兵，刘向君，等. 页岩水化特征及其井壁稳定分析[J]. 中国安全生产科学技术，2017，13(9)：77-82.

作者简介：陈金霞(1983-)，工程师，硕士，现在从事钻井液技术研究工作。地址：河北省唐山市路北区51#甲区冀东油田钻采工艺研究院，邮政编码：063004，电话 0315-8768057，E-mail：zcy_ chenjx@petrochina.com.cn。

长庆气井水平井碳质泥岩井壁稳定钻井液技术

蔺文洁　　陈恩让　　凡帆

(川庆钻探有限公司钻采工程技术研究院)

摘　要　本文针对长庆气田水平井碳质泥岩段井壁稳定性极差、造成井下复杂频发、侧钻率高的技术瓶颈，开展了地层坍塌压力及井眼稳定性分析的系统力学研究，确定长庆气井水平井碳质泥岩井壁稳定防塌技术理念。通过纳米乳液、沥青、膨润土、超细钙等固相颗粒多级复配、软硬结合，形成了强封堵强抑制高性能钻井液体系配方，其性能达到了高性能水基钻井液的性能要求，$API\ FL \leq 2mL$，$HTHP\ FL \leq 6mL$。形成理想填充的、致密强化封堵成膜技术，能有效封堵微裂缝，遏制了碳质泥岩的垮塌。长庆气田水平井碳质泥岩井壁稳定钻井液技术通过现场应用填井侧钻率由原来 50% 降到了 16.7%，取得了良好的应用效果，保障了长庆气田水平井碳质泥岩段的安全钻进。

关键词　长庆气田　碳质泥岩　强封堵　强抑制　高性能钻井液

长庆气田水平井钻井过程中，位于大斜度井段的山西组、太原组及本溪组的碳质泥岩的稳定性极差，容易发生井壁垮塌，导致填井侧钻、提前完钻，严重影响了正常施工。甚至在下古马家沟组、上古石盒子地层也钻遇碳质泥岩。在大斜度井段或在水平段发生过不同程度的井下复杂，钻井周期大大增长，钻井费用增大。如 JP50-XX 井、JP51-XX 井斜井段复杂埋钻具，C3-X 井斜井段三次侧钻，JP 69-XX 井斜井段两次填井侧钻，JP22-4-X 井斜井段复杂，填井侧钻等。此外，碳质泥岩井段，同一裸眼井段同时存在塌层和漏层，更是增加了施工的难度。因此大斜度井段碳质泥岩垮塌、水平段钻遇大段碳质泥岩井塌问题，成为长庆地区复杂地层安全钻井技术亟待攻关的问题。

1　长庆气田水平井碳质泥岩坍塌机理研究

通过现场取心，进行了岩心组分、理化性能分析、与钻井液作用后的各项力学性能评价及电测资料完井资料等的分析研究，进行了碳质泥岩坍塌机理研究，得出以下结论：

（1）从图 1、图 2 可以看出，碳质泥岩地层微裂缝发育明显，在钻井压差、毛管力以及化学势的作用下，水相将沿裂缝或微裂纹侵入地层，一方面降低弱结构面间的摩擦力，进而削弱泥页岩的力学岩强度而导致井壁垮塌；另一方面，侵入的液相将产生水力尖劈作用，导致地层破碎、诱发井壁失稳[1,2]。

（2）从图 3 可以看出碳质泥岩黏土矿物以伊利石、伊/蒙混层为主，膨胀性较弱，但水敏性强[3]。由图 4 可以看出，伴随时间的变化，钻井液与岩石的相互作用，导致泥岩地层强度明显降低，坍塌压力增大，加剧井壁失稳。

（3）层理微裂缝、微裂隙发育，钻井过程中钻井液的冲刷作用以及钻杆的应力传递作用易引起井壁周围页岩碎裂、垮塌；起下钻过猛，引起井内激动；地层打开后，压力释放，造成压力不平衡，发生坍塌等[4,5]。

（4）碳质泥岩井段构造作用强，应力水平高且各向异性强，容易产生应力集中，导致井壁失稳。保持合理的钻井液密度，可有效缓解井壁失稳。

实际钻井过程中，若不能解决微裂缝的封堵问题，单纯通过提高泥浆密度维持井壁稳定性可能适得其反。而保持钻井液具有较强的封堵性能以及失水控制能力，尽量避免水或其他液相沿裂缝或裂纹侵入，是该类地层钻井液防塌的关键。

图1　微裂缝发育

图2　微孔洞发育

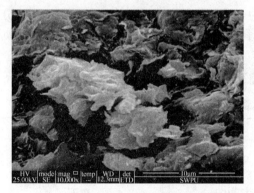
图3　黏土矿物以伊利石为主

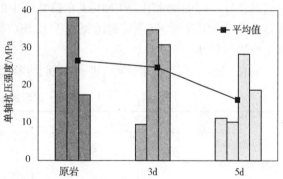
图4　不同钻井液作用时间下的单轴抗压强度

2　强封堵强抑制高性能钻井液体系配方研究及综合性能评价

2.1　封堵剂的优选

研制的纳米成膜封堵剂 G314，主要由惰性纳米颗粒和可变形聚合物两部分构成。惰性颗粒可以迅速进入微孔和微裂缝架桥形成初步封堵，快速形成内封堵层，迅速减少滤液对硬脆性泥页岩地层侵入。外层由可变形聚合物构成，在惰性材料封堵层上可变形封堵，增强封堵强度，强化封堵效果，可减少孔隙压力传递。

纳米乳液 CNP-1 是一种微纳米颗粒封堵材料，对微裂缝发育的硬脆性泥岩封堵性能良好，有利于控制钻井液的滤失量。其特点是分子链上带有多种吸附基团，能吸附在泥页岩表面通过钻井液中的颗粒填充修补形成滤饼，其粒径尺寸和可变形特性使得其可以进入泥页岩地层孔隙和层理，阻止水分及钻井液进入地层，起到稳定井壁的作用。其分散能力强，稳定性高，适用于微裂缝发育的硬脆性泥页岩地层。

纳米乳液 CNP-1 分散在水中，粒度分布其 $D50$(中值粒径)为 0.63μm，$D90$ 为 1.14μm，而碳质泥岩微裂缝在 1~3μm，而当固相粒度分布的 $D90$ 值与微裂缝或微孔隙大小相当时，其封堵裂缝或微孔隙的效果最好。

纳米乳液特点：不同于磺化沥青类封堵剂，其性能滤失量对比结果如表 1 所示。

表 1　纳米乳液 CNP-1 和磺化沥青 FF-I 清水滤失量对比评价

序号	配方	pH 值	FL /mL
1	FF-I 4%水溶液	7	11
2	CNP-1 4%水溶液	7	全失

表 2　纳米乳液 NP 和磺化沥青 FF-I 滤失封堵性评价

序号	配方	pH 值	六速	FL/ mL	FL 降低率/%
1	基浆	9	27/17/15/11/6/5	16	/
2	基浆 + 3%CNP	8	26/16/12/7/1/1	7.5	53.13
3	基浆 + 3% FF-I	9	18/10/7/4/1/0.5	7.8	51.25

注：基浆为 4%钠土浆。

从表 2 可以得出，纳米乳液 CNP-1 在清水溶液中滤失量全失，而在膨润土浆中的降失水效果较好，说明纳米乳液 CNP-1 在钻井液中的分散颗粒相对磺化沥青 FF-1 较细小，分散颗粒小于十几个微米(能穿过滤纸孔隙)，但对封堵泥饼微孔隙效果较强，有利于对泥页岩微裂缝的封堵。

同时，通过泥饼的透水量实验进一步说明纳米乳液封堵泥饼微孔隙能力。实验结果如表 3 所示。

表 3　泥饼透水量实验

名称	透水量/mL	透水降低率/%
4%钠土浆(基浆)	15	/
4%钠土浆+3% CNP-1	8.6	42.7
4%钠土浆+3% POL (对比样)	10.3	31.3

 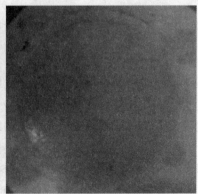

(a)泥饼透水后外观(基浆)　　　　　　(b)泥饼透水后外观(基浆+CNP-1)

图 5　泥饼透水后外观

通过膨润土滤饼透水实验，及与沥青类处理剂封堵性实验发现，含有纳米乳液 CNP-1 的配方，从图 5(b)可以看出，泥饼外观光滑，没有裂纹，透水量相对最小，封堵微孔隙的能力比较强。

2.2 沥青类处理剂的优选

沥青类处理剂是封堵泥页岩微裂缝的主要处理剂，其质量的优劣至关重要，目前主要为磺化沥青和乳化沥青，通过滤失量大小对其评价，评价结果如表 4 所示。

表 4　沥青类处理剂滤失量对比

序号	配方	pH 值	六速	FL /mL
1	乳化沥青 SFT 4%	9	7/4/3/1.5/0.5/0	16
2	高酸溶磺化沥青 FF-I4%	7	4/2.5/2/1/0.5/0	11
3	磺化沥青(STX) 4%	9	3/2/1.5/1/0.5/0	15
4	磺化沥青 FT-14%	9	3/2/1.5/1/0.5/0	34
5	磺化沥青 FT4%	9	3/2/1.5/1/0.5/0	55
6	稳定剂 ST-24%	9	3/2/1.5/1/0.5/0	45

从表 4 滤失量数据来看，在对比的沥青类处理剂中，磺化沥青 FF-I 的降滤失效果较好，乳化沥青 SFT 降滤失效果和国外样品 STX 基本相当。

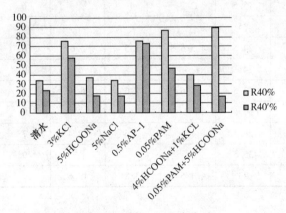

图 6　直罗岩心回收率实验

2.3 抑制剂的优选

从碳质泥岩矿物组成分析可知，黏土含量高，虽然黏土中无膨胀性较强的蒙脱石，但具有一定含量的伊蒙混层，页岩依然具有一定水敏性。因此防水敏是不可或缺的因素，要求钻井液滤液要保持强的抑制性。因而对抑制剂 CAP-1(有机胺)、PAM、KCl、HCOONa、NaCl 的抑制分散性进行了评价，通过直罗露头岩心一次、二次回收率来进行评价抑制性。

从图 6 直罗岩心(易水化膨胀分散)的一次回收率、二次回收率来看，3%KCl 水溶液的回收率明显高于 5% HCOONa、5%NaCl 水溶液的回收率，说明 KCl 的抑制性好于 HCOONa、NaCl 的抑制性。PAM 和有机胺 CAP-1 的抑制直罗岩心分散能力明显好于 KCl、HCOONa、NaCl 的水溶液，从实验对比来看，抑制直罗岩心分散能力大小排序如下：CAP-1 >PAM>KCl> HCOONa>NaCl。

2.4 强封堵强抑制高性能钻井液配方的研究(表5、表6)

表 5　配方筛选实验

编号	配方	编号	配方
1	基浆	3	基浆+ FF-1 3%+ 纳米乳液 CNP-1 3%
2	基浆+磺化沥青 FF-1 3%	4	基浆+SFT-1 3%+ 纳米乳液 CNP-1 3%

续表

编号	配方	编号	配方
3	基浆+ 乳化沥青 SFT 3%	5	基浆+ FT-13%+ 纳米乳液 CNP-1 3%
4	基浆+ 纳米乳液 CNP-1 3%	6	基浆+ FT 3% + 纳米乳液 CNP-1 2%

基浆: 0.1%烧碱+0.3%PAC-HV + 2%Bent + 1%PAC-LV +3% SMP-2 +5% KCL +10% NaCL + 5% HCOONa+0.5% CAP-1 +5%ASP1250 +35% $BaSO_4$。

表 6 配方性能实验

编号	状态	密度	$AV/$ mPa·s	$PV/$ mPa·s	$YP/$ Pa	$Gel/$ Pa	$FL/$ mL	$FL_{HTHP}/$ mL	pH 值
1	热滚前	/	65	39	26	/	/	/	9
	热滚后	1.31	44	30	14	2/2.5	5.5	17.8	7
2	热滚前	/	74.5	44	30.5	/	/	/	9
	热滚后	1.29	61.5	40	21.5	3.5/7	4		8
3	热滚前	/	66.5	38	28.5	/	/	/	9
	热滚后	1.25	71.5	46	25.5	3.5/5	4	15.0	9
4	热滚前	/	75.5	44	31.5	/	/	/	9
	热滚后	1.30	51.5	36	15.5	2/2	4		6
5	热滚前	/	85	50	35	/	/	/	9
	热滚后	1.31	70.5	46	24.5	4.5/5.5	1.5	5.6	6
6	热滚前	/	94	53	41	/	/	/	9
	热滚后	1.3	88.5	55	33.5	4/6	1.6	5.8	7
7	热滚前		88.5	52	36.5	/	/	/	9
	热滚后	1.3	76.5	48	28.5	4/6	3.6	12.4	7
8	热滚前		86.5	51	35.5	/	/	/	9
	热滚后	1.31	67	44	23	4/5	3.8	13.6	7

注: FL_{HTHP},130℃;热滚 130℃×16h。

通过表 6 配方性能实验可以发现 5#,6#配方效果较好,API 滤失量小于 2mL,HTHPFL 小于 6mL,达到了项目的指标要求。所以推荐现场应用强封堵强抑制高性能钻井液配方: 0.1%烧碱+0.3%PAC-HV + 2% Bent + 0.5-1%PAC-LV + 3%FF-1(SFT) +3% CNP-1 +3% SMP-2 +5% KCl+0.5%CAP-1 +12% NaCl + 7% HCOONa+0.5% CAP-1+ 5%ASP1250 + $BaSO_4$。

2.5 体系配方封堵性、抑制性能评价

从岩心膨胀量降低率实验结果(表7)可看出,岩心膨胀量降低率的大小,除与抑制性有关外,封堵性是一个重要的因素,5% KCl 水溶液,复合盐 5%HCOONa+10%NaCl 水溶液,虽然抑制性强,但岩心膨胀量降低率 24h 以内均小于 30%,但强封堵强抑制高性能钻井液配方的岩心膨胀量降低率却均在 75%以上,所以封堵性和抑制性要密切配合,才能发挥强抑制防塌的作用。

表 7 岩心膨胀量降低率实验

序号	配方	8h 岩心膨胀量降低率 /%	16h 岩心膨胀量降低率 /%	20h 岩心膨胀量降低率 /%	24h 岩心膨胀量降低率 /%
1	清水	/	/	/	/
2	水+5%KCl（1）	-3.26	10.55	15.15	18.34
3	水+5%KCl（2）	-10.67	12.91	19.13	/
4	水+5%HCOONa+5%NaCl	-6.47	15.94	20.94	/
5	水+5%HCOONa+10%NaCl	-9.49	16.75	23.61	28.65
6	实验配方（1#实验）	76.49	75.80	76.29	76.68
7	实验配方（2#实验）	76.62	76.67	76.75	/

用石盒子岩心评价封堵率，在压差相当于液柱压力 4.5MPa 时，作用 2h 未出滤液，表明其封堵率为 100%，将模拟液柱压力提高到 8.5MPa（相当于密度 1.30g/cm³）时，由表 8 可知，其封堵率在 85% 以上。这表明，该完井液在本身的液柱压力作用下，确实起到了良好的封堵作用，形成了致密的封堵层，阻止滤液进一步进入地层，有利于坍塌压力的降低和井壁稳定，同时保持一个合理的密度范围，具有强的封堵性，密度过高封堵率反而下降。

表 8 内压 8.5MPa 岩心封堵率实验

岩心号		K_{w1}/md	K_{w2}/(8.5MPa)/md	封堵率/%	平均封堵率/%
苏 15-19	10#	0.0497	0.0054	89.13	
苏 13-20	46#	0.0586	0.0070	88.05	87.43
苏 31-13	92#	0.0572	0.0085	85.14	
苏 31-13	15#	0.0587	0.0074	87.39	

注：K_{w2} 测定时内压 8.5MPa，围压 10.5MPa。

应用自主研制的 WSM-01 型高温高压井壁稳定仪测试钻井液对岩心的膜效率，以此作为考察钻井液封堵性能的指标，并与 3 种钻井液体系进行了对比，试验结果见图 7。

由图 7 可知，强封堵钻井液能在岩心上形成半透膜且膜效率达 65%，高于常用的三种钻井液体系，其封堵性能好。

同时应用 OFITE 封堵仪测试钻井液对磨砂盘的封堵性能，并与 3 种钻井液体系进行了对比，试验结果见图 8。

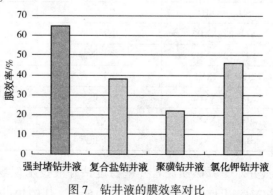

图 7 钻井液的膜效率对比

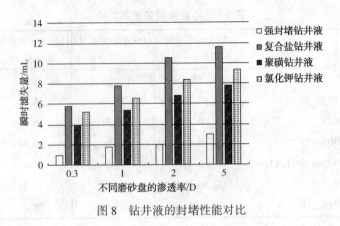

图 8　钻井液的封堵性能对比

　　从实验结果可知，在不同磨砂盘的渗透率下，强封堵钻井液瞬时滤失量低于常用的三种钻井液体系，表明体系封堵效果良好，能够有效进行瞬时封堵，快速形成优质泥饼，降低孔隙压力传输，有利于稳定井壁。

3　现场应用

表 9　气井水平井试验井统计

序号	井号	施工情况	侧钻情况
1	S99-22-XXH1	井下正常	/
2	S99-15-XXH2	/	大斜度井段 侧钻
3	S99-27-XXH1	井下正常	/
4	S99-15-XXH1	井下正常	/
5	S99-15-XXH2	井下正常	/
6	S99-2-XXH2	井下正常	/
7	J64-XXH	井下正常	/
8	GQ31-XXH1		水平段 侧钻
9	SD20-XXH2	井下正常	/
10	SD33-XXH1	井下正常	/
11	SD56-XXH1	井下正常	/
12	SD22-XXH1	/	水平段 侧钻
13	S14-22-XXH3	井下正常	/
14	S47-12-XXH2	井下正常	/
15	S14-1-XXH1	井下正常	/
16	S14-15-XXH2	井下正常	/
17	S14-15-XXH1	井下正常	/
18	S14-15-XXH2	井下正常	/

　　如表 9 所示，长庆气井水平井碳质泥岩井壁稳定钻井液技术现场应用 18 口井，平均水平段碳质泥岩段达到 18.21% 以上，平均长度达 218.50m，其中填井侧钻率较前大幅降低，

由以前的 50%左右降到了目前 16.7%，与该研究开展前相比，水平段、大斜度井段碳质泥岩稳定性明显提高，减少了复杂的发生，节约钻井成本，施工时效显著提高。

S99-2-XXH2 水平段为 Φ152.4mm 井眼，山西组地层，现场应用的强封堵强抑制钻井液体系，能够适应长水平段钻进，严格控制失水在 3mL 以下，水平段进尺 1359 m，共钻遇碳质泥岩 201m，最长连续碳质泥岩井段 141m，整个井段未出现坍塌异常情况，电测、下套管等施工顺利。水平段钻遇碳质泥岩井段钻井液性能见表 10。

表 10　水平段钻碳质泥岩井段钻井液性能

井深/m	ρ /（g/cm^3）	FV/S	FL/mL	pH 值	Gel/Pa	φ_6	AV/ mPa·s	PV	YP/Pa	YP/P
4051	1.26	58	2.8	9	4/5	8	24.5	14	10.5	0.75
4119	1.26	58	2.6	9	4/5	8	24.5	14	10.5	0.75
4177	1.27	58	2.8	9	4/6	8	29	18	11	0.61
4206	1.27	60	3.2	9	4/5	8	26	17	9	0.53
4282	1.27	66	2.6	9	5/7	9	34	18	16	0.89
4332	1.27	67	2.6	9	5/7	9	34	21	13	0.62
4385	1.26	66	3.0	9	4/6	10	33	19	14	0.74
4467	1.26	69	2.9	9	4/5	10	39	28	11	0.39
4543	1.27	70	2.8	9	5/7	10	36	22	14	0.64
4594	1.28	67	2.7	9	4/5	11	36	25	11	0.44
4669	1.30	72	2.6	9	5/8	11	56	36	20	0.56
4785	1.31	70	2.6	9	5/9	11	48	31	17	0.55
4872	1.30	69	2.8	9	5/9	11	51	33	18	0.55
4942	1.31	71	2.7	9	6/9	12	48	32	16	0.50
4998	1.31	72	2.6	9	6/10	12	59	40	19	0.48
5064	1.31	73	2.4	9	6/10	12	57	38	19	0.50

由于碳质泥岩质地坚硬，微裂缝发育，钻头、螺杆的机械作用，造成井壁周围泥页岩微裂缝开启，交结强度降低，起下钻剐蹭、碰撞等物理作用，同样会产生碳质泥掉块，聚集以后会造成钻具阻卡。图 9 为碳质泥岩掉块。

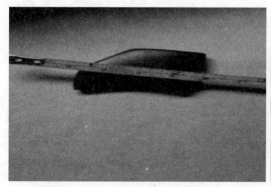

图 9　碳质泥岩掉块(左图为认为打磨后的碳质泥岩掉块，质地坚硬)

4　认识及建议

（1）通过岩心机理分析，针对质地硬而存在微裂纹的碳质泥岩，提出了保持钻井液具有较强的堵能力以及失水控制能力，尽量避免水相沿裂缝或裂纹侵入，是该类地层防塌的关键，确定气井水平井碳质泥岩井壁稳定防塌技术理念。

（2）通过纳米乳液、沥青、膨润土、超细钙等固相颗粒多级复配封堵，形成强化封堵成膜技术。通过大小颗粒复配，软硬结合等措施形成理想填充的致密封堵膜，有效封堵微裂缝，遏制了碳质泥岩的垮塌。形成了强封堵强抑制高性能钻井液体系配方，其性能达到了高性能水基钻井液的性能要求。

（3）在强化封堵性的基础上，强化抑制性，强化流变参数，强化工程措施，采取主动划眼的办法，有利于碳质泥岩掉块的携带、井眼清洁程度及碳质泥岩井段的稳定，有效解决了碳质泥岩在大斜度段及水平段极易发生垮塌的难题。

参 考 文 献

[1] 梁利喜. 深部应力场系统评价与油气井井壁稳定性分析研究[D]. 成都理工大学博士论文. 2008：84-100.

[2] 石秉忠，夏柏如. 硬脆性泥页岩水化过程的微观结构变化[J]. 大庆石油学院学报，2011，35（6）：28-34.

[3] 孔勇，杨小华，徐江，等. 抗高温强封堵防塌钻井液体系研究与应用[J]. 钻井液与完井液，2016，33（6）：17-22.

[4] 刘玉石，白家祉，黄荣樽，等. 硬脆性泥页岩井壁稳定问题研究[J]. 石油学报，1998，19（1）：85-88.

[5] 刘玉石. 地层坍塌压力及井壁稳定对策研究[J]. 岩石力学与工程学报，2004，23（14）：2421-2423.

基金项目：川庆钻探工程有限公司科研课题"长庆气田水平井碳质泥岩井壁稳定钻井液技术研究"（CQ2016B-11-1-3）。

第一作者简介：蔺文洁（1985-），硕士研究生，工程师，毕业于西安石油大学应用化学专业，现从事钻井液完井液研究工作。电话：13759961583，E-mail：gcy_ wenjie19851027@ cnpc. com. cn。

弱凝胶强封堵水基钻井液技术在辽河侧钻井的应用

李强　杨刚　王琬　温立欣

(中国石油集团长城钻探工程有限公司钻井液公司)

摘　要　针对辽河浅层侧钻井(完钻井深小于≤2000m)钻速快,携岩问题突出;中深部侧钻井(完钻井深>2000m)开窗层位在易塌地层,防塌压力大等问题,通过对弱凝胶体系进行评价,核心处理剂筛选和现场关键技术研究,形成现场弱凝胶强封堵水基钻井液技术。该技术有效解决了辽河油区侧钻井施工面临的井壁稳定,水平段润滑防卡,防漏堵漏,环空间隙小造成的泵压高等技术难点。2017年至2019年4月,弱凝胶强封堵水基钻井液技术在辽河油区应用285口侧钻井,平均口井周期较之前提速3.7d,提速效果明显。

关键词　侧钻井　弱凝胶　复配　辽河　ECD

侧钻井能使老井"复活",大幅度提高单井产量和采收率,在提高动用储量、减少投资、减缓环保压力等方面具有积极意义[1-3]。辽河油区开发近50年,每年需对大量老井进行侧钻修复,恢复生产能力,这就要求钻井液必须满足辽河侧钻井的施工需求。因弱凝胶体系具有改善钻井速率,缩短钻井周期,良好的携岩、悬岩能力[4-6],利用长城钻探钻井液公司现有技术,形成现场弱凝胶强封堵水基钻井液技术。在浅部地层保证携岩、提高机械钻速;中深部地层保证井壁稳定,提高井眼清洁、降低循环压耗,并利用"固液复配润滑""超细钙-磺化沥青-聚合醇-乳化沥青复配封堵""引入mudcal软件,精确预测ECD"有效保证中深部侧钻井顺利施工。2017年至2019年4月,通过该技术在辽河油区应用285口侧钻井,平均口井周期较之前提速3.7d,提速效果明显。

1　钻井液技术难点

辽河侧钻井分布较广,主要分布在欢喜岭、锦采、曙光区块和沈北区块。根据侧钻深度不同,可分为浅层侧钻井(完钻井深小于≤2000m)和中深部侧钻井(完钻井深>2000m)。主要的技术难题有:侧钻井开窗后井眼变小,环空间隙小,抗风险能力弱,发生事故后很难处理。钻具与井壁接触面积比率大,摩阻大,致钻压传递困难,托压问题突出。浅层侧钻井钻速快,携岩问题突出;中深部侧钻井开窗层位在沙三段等易塌地层,防塌压力大。Φ118mm小井眼环空间隙小,循环压力高,起钻极易抽吸,造成井塌。

2　钻井液体系研究

2.1　室内弱凝胶体系评价实验

室内对弱凝胶体系进行评价,并与XC、PAC-LV进行对比分析。

1#: 5%土浆500mL+0.75%PAC-LV+0.5%XC+0.2%NaOH

2#: 5%土浆500mL+0.14%PAC-LV+0.03%XC+0.2%NaOH

$3^{\#}$：5%土浆 500mL+0.1%PAC-LV+0.03%XC+0.2%NaOH

$4^{\#}$：5%土浆 500mL+0.5%正电胶+0.5%XC+0.2%NaOH

$5^{\#}$：5%土浆 500mL+0.4%正电胶+0.18%XC+0.2%NaOH

$6^{\#}$：5%土浆 500mL+0.4%正电胶+0.5%XC+0.2%NaOH

实验数据见表1。

表 1 弱凝胶体系评价性能表

配方	φ600	φ300	$PV/mPa \cdot s$	YP/Pa	$Gel/Pa/Pa$	温度/℃
$1^{\#}$	72	51	21	15	7.5/12	常温
$2^{\#}$	62	48	14	17	11.5/17	常温
$3^{\#}$	38	25	13	6	3/8	常温
$4^{\#}$	106	82	24	29	15/22	常温
$5^{\#}$	80	61	19	21	10/22.5	常温
$6^{\#}$	88	70	18	26	15/24	常温

从表1中数据可以看出，含正电胶体系具有更强的提黏切作用，在加量达到 0.5%时，切力提升最大；故现场推荐加量 0.5%。

2.2 筛选 PAC-LV 实验

在基础钻井液中，加入一定量的不同厂家的 PAC-LV，测试常温和 90℃的流变性及 API 失水，观察泥饼质量。

基浆：3%膨润土浆+0.8%包被剂+1.5%改性淀粉+8%KCl

$1^{\#}$：基浆+1%PAC-LV(75%)A 厂家

$2^{\#}$：基浆+1%PAC-LV(96%)A 厂家

$3^{\#}$：基浆+1%PAC-LV(98.8%)B 厂家

$4^{\#}$：基浆+1.28%PAC-LV(75%)A 厂家(折合成纯度为 96%的加量)

表 2 PAC-LV 筛选实验数据

配方	$PV/mPa \cdot s$	YP/Pa	n	$K/mPa \cdot s n$	$Gel/Pa/Pa$	FL_{API}/mL	温度/℃
基浆	13	22	0.3	4418	8/6.5	17.2	常温
	12	7.5	0.53	501	4/4	20.6	90
$1^{\#}$	54	42	0.48	3494	8.5/10	4	常温
	26	9.5	0.66	372	2/4.5	6.6	90
$2^{\#}$	51	26.5	0.58	1414	6/6	4.2	常温
	23	8.5	0.66	331	2/2.25	6.4	90
$3^{\#}$	59	35	0.54	2250	5.5/7.5	4.2	常温
	28	10.5	0.65	431	1.75/3	6.4	90
$4^{\#}$	62	49.5	0.47	4337	7.5/14	4.4	常温
	31.5	13	0.63	573	2/6.5	6.2	90

泥饼状态如图1、图2所示。

图 1　常温 API 滤失得到的泥饼　　　　　　图 2　90℃ API 滤失得到的泥饼[注]

注：将体系加温到 90℃用滤失仪进行测量。

由表 2 实验数据和泥饼状态可以看出，加入 PAC-LV 后钻井液的低温低压滤失量均有明显下降，且不同厂家和不同纯度的低温低压滤失量差别不大。A 厂家 96%的 PAC-LV 与 B 厂家的 PAC-LV 相比较，B 厂家的 PAC-LV 表现出稍高的黏切性，90℃的差别没有常温差别大。4#(B 厂家的 PAC-LV)泥饼较好，泥饼薄而且致密。故优选 B 厂家 PAC-LV。

2.3　抗盐增黏剂 GWVIS-PMP 的评价

长城钻井液公司通过对半乳甘露聚糖以及多糖进行环氧化物接枝改性，发明了一种钻井液用抗高温增黏剂，抗温 150℃、耐盐 4%，可显著提高钻井液动塑比，配制的钻井液携岩指数≥1.5，有利于大位移水平井大尺寸造斜段及超水平段井眼清洁。该体系与常见增黏剂 XC 性能对比见图 3。

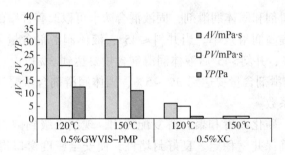

图 3　GWVIS-PMP 在清水中与 XC 的耐温增黏提切性能对比

该抗高温增黏剂具有同类产品的提黏、提切效果，可以显著提高钻井液动塑比，同时在抗温上具有优势，推荐加量为 0.5%。

3　现场钻井液技术

3.1　浅层侧钻井

浅层侧钻井钻遇层位主要为馆陶组、东营组和沙 1+2 段。该段馆陶组地层胶结疏松，含砂砾岩，易漏；东营组含灰绿色泥岩，易吸水膨胀，造成井眼缩径。采用弱凝胶体系（MMH 体系）：3%~5%土粉+0.5%Na_2CO_3+0.5%~1%MMH+1%~1.5%改性淀粉，根据需要补充 XC 和 GWVIS-PMP。主要性能配方见表 3。

表 3　浅层侧钻井主要性能

$\rho/(g/cm^3)$	FV/s	n	$K/mPa \cdot s^n$	pH 值	FL
≤1.15	60~80	0.55~0.62	500~800	7~8	≤8mL

维护处理：(1)该体系可倒运上部一开钻井液净化处理后配制，也可直接配制。(2)钻进中补充土粉为主，增强钻井液造壁性能，MMH、改性淀粉按 1:2 的比例补充加入，以维持凝胶体系。(3)后期强造浆地层加入 NH_4-PAN、多元包被抑制剂，增强体系抑制性。

3.2　中深部侧钻井

中深部侧钻井开窗层位在沙三段等易塌地层，完钻层位在沙四段，施工中会面临井壁稳定、润滑防卡、防漏堵漏等。采用体系以"0.5%~1%PAC-LV+0.2%~0.5%GWVIS"组合为主，适当补充 XC 和封堵剂。主要性能配方见表 4。

表 4　中深部侧钻井主要性能

$\rho/(g/cm^3)$	FV/s	$PV/mPa \cdot s$	YP	pH 值	FL	$MBT/(g/L)$
1.10~1.55	35~60	15~30	10~25	8.5~l0.5	<5 mL	<70

维护处理：(1)预水化板土用于控制滤失量和提高泥饼质量，可在配制新浆时加入，也可直接向井浆补充，加入前最好用稀释剂等进行预处理；(2)改性淀粉、防塌降滤失剂 GW-FL-MH 等用于控制泥浆的滤失量；随井深增加，井温较高时，可使用 SMP、SPNH、KH-931、沥青类来控制滤失量；(3)由于钻屑的吸附消耗，应经常向井浆中补充抑制剂，保持足够的浓度以维持体系的强抑制性。

3.3　关键技术

(1)加入液体润滑剂和固体润滑剂，固液混合防卡可以改善井壁的润滑状态，变滑动摩擦为滚动摩擦，从而提高润滑效率。当井斜≤45°，液体润滑剂含量要达到 2%、固体润滑剂含量要达到 1%~2%，井斜>45°后液体润滑剂含量要达到 3%以上、固体润滑剂含量要达到 2%，水平段液体润滑剂含量要达到 3%~5%、固体润滑剂含量要达到 2%~3%，降低钻具与井壁之间的摩擦系数。

(2)通过超细钙、磺化沥青和聚合醇复配使用，现纳米级到微米级封堵，提高封堵能力，改善泥饼质量，确保井壁稳定。良好封堵性，使安全密度窗口得到扩展，井漏风险降低，推荐封堵剂加量(表 5)。

表 5　封堵剂的复配比例

类别	粒度	加量
超细钙	小于 20μm	3%
乳化沥青+FT-1A	300nm~5μm	2.5%~3%
聚合醇	小于 100nm	1.5%~2%

(3)针对 Φ118mm 井眼，根据以往的施工经验知，环空返速在 0.60~0.80m/s 即可满足携带岩屑的需求，根据钻井液环空返速公式及现场施工的泵压等条件制约，最终确定泵的排量范围为 5.6~6.7L/s。钻井液需要保持钻井液有一定的低剪切速率黏度，即一定的 φ3 和 φ6 读数，以利于提高悬浮岩屑能力保持钻井液低剪切速率下携带岩屑的能力。

（4）侧钻井的环空循环压耗计算一直是重点，也是难点[7,8]。施工中需要精确预测 ECD，调整钻进循环过程中的钻井液密度，确保钻进过程中不因循环压耗过大产生诱导裂缝，引起地层漏失。在钻井液停止循环时，则需要封闭入重浆，即"泥浆帽技术"来平衡地层压力，稳定井壁，避免因停泵后，循环压耗消失，静液柱压力小于地层孔隙压力和坍塌压力，引起井塌等复杂情况。

现场施工中，引入 mudcalc 软件，精确预测 ECD，有效避开开泵、停泵压力激动。综合应用"泥浆帽"（重浆压井）技术，形成了精准井底液柱压力控制技术。测算一口深侧钻井 Q31C 井，该井的总环空压力损失达 8.14MPa，占现场施工泵压的 42.8%，较大的环空压耗导致井底循环当量密度，由正常 1.40g/cm³ 升高至 1.67g/cm³，增加了井漏的风险，且起钻后由于地层横向应力的释放，井壁失稳风险增大。为了平衡停泵后的环空压耗损失，采用起钻压重浆的方式，用密度为 1.70g/cm³ 的"泥浆帽"封堵窗口以下井段，平衡了裸眼段的地层压力，保证了井壁稳定，每次起下钻直接到底，未出现扩划眼现象。

4 应用效果

4.1 性能指标

浅层侧钻井 L2 性能见表 6。

表 6 浅层侧钻井 L2 性能

井深/m	ρ/(g/cm³)	FV/s	PV/mPa·s	YP/Pa	n	K/mPa·s^n	FL_{API}/mL	固相含量/%
895	1.12	50	19	6.5	0.67	248	6	6
920	1.14	45	16	5	0.69	178	4	7
1077	1.13	47	19	6.5	0.69	212	3.6	8
1160	1.13	48	19	6	0.68	212	3.8	7.5

注：井身结构 ϕ118mm×(888~1162m)。

深侧钻井 Q31C 性能见表 7。

表 7 Q31C 井现场钻井液性能

井深/m	ρ/(g/cm³)	FV/s	PV/mPa·s	YP/Pa	n	K/mPa·s^n	FL_{API}/mL	固相含量/%
2470	1.3	70	28	10.5	0.65	429	3.6	13
2530	1.31	65	26	10.5	0.64	457	3	13
2630	1.34	63	25	10	0.64	432	2.5	14
2730	1.36	67	29	10.5	0.66	417	2.2	14.5
2830	1.39	72	29	11.5	0.64	493	2.1	16
2930	1.40	72	28	12	0.62	551	1.9	16.5
3130	1.40	75	29	12	0.63	534	1.9	16.5

注：井身结构 Φ118mm×(2470~3130m)。

4.2 整体应用效果

2017 年至 2019 年 4 月，应用该技术在辽河油区共完成侧钻井 285 口，平均完井井深 1664m，平均口井裸眼进尺 527m，平均完井周期 16.38d（比 2015-2016 年完成井（总计 279 口）平均口井完井周期提前 3.7d）。其中，普通侧钻井 256 口，平均裸眼段长 496m；侧钻水平井 24 口，平均裸眼段长 835m；完井井深超过 3000m 深井侧钻井完成 5 口，平均裸眼段长 620m。

5 结论和认识

（1）通过评价弱凝胶体系、PAC-LV 以及抗盐增黏剂 GWVIS-PMP 的评价（筛选），确定了关键处理剂 MMH 加量为 0.5%，抗盐增黏剂 GWVIS-PMP 加量为 0.5%，PAC-LV 则采用 B 厂家。

（2）引入 mudcalc 软件，精确预测 ECD，有效避开开泵、停泵压力激动。综合应用"泥浆帽"技术，形成了精准井底液柱压力控制技术。

（3）该体系润滑性好，摩阻低，达到良好动态携岩、静态悬岩能力，有效防止岩屑床的形成。

参 考 文 献

[1] 王华义. 辽河油田小井眼侧钻井技术的应用[J]，化工管理，2015.

[2] 赵荣，谢立志，高学胡，等. 小井眼钻井施工技术分析[J]. 长江大学学报（自然科学版），2011（07）：44-45.

[3] 陈朝伟. 微小井眼钻井技术概况、应用前景和关键技术[J]. 石油钻采工艺，2010，32（1）：5-9.

[4] 李兵，张永成，李子健. 煤层气水平井弱凝胶钻井液体系的应用研究[J]. 矿业安全与环保，2019，46（2）：75-78.

[5] 杨荣奎. 弱凝胶钻井液技术研究与应用[D]. 山东东营：中国石油大学（华东），2014.

[6] 崔作风，陈长顺. 水平段弱凝胶钻井液体系的研究及应用[J]. 吐哈油气，2011，16（2）：189-194.

[7] 崔继明，何世明，陈远儒等. 小井眼环空循环压耗计算[J]. 河南石油，2005，19（6）：59-61.

[8] 刘文红，张宁生. 小井眼钻井环空压耗计算与分析[J]. 西安石油学院学报（自然科学版），2000，15（1）：59-61.

大庆油田致密油藏井壁稳定机理分析及对策研究

侯杰 杨决算

（大庆钻探工程公司钻井工程技术研究院）

摘 要 为高效开发松辽盆地北部长垣以西齐家–古龙凹陷的致密油资源，大庆油田钻井液技术先后经历了水基钻井液、油基钻井液到高性能水基钻井液再到目前使用的氯化钾盐水钻井液发展历程。但在现场施工过程中，经常发生剥落、掉块等复杂情况，有的井甚至发生较为严重井塌、卡钻等事故。因此，从致密油地层地质特点研究入手，从黏土矿物特征、黏土水化特性、地层微观结构、钻井液理化参数和泥饼质量等多方面对井壁失稳机理进行深入分析和研究，并形成提高抑制性和封堵能力，控制钻井液理化参数和改善泥饼质量等技术对策。室内评价实验表明，这些技术对策对致密油地层各层位岩心的滚动回收率都在80%以上，对模拟的地层微裂缝和微孔隙均具有良好的封堵防塌作用，为提高大庆致密油地层井壁稳定性提供了新的解决方向和思路。

关键词 致密油藏 水基钻井液 井壁稳定机理 抑制性 封堵能力 理化参数 泥饼质量

大庆油田除常规油气资源外，探区还发育有丰富的致密油资源，预计资源量超过 20×10^8t，是大庆资源接替的重要区块。为了高效开发致密油资源，大庆油田最早使用水基钻井液，由于施工效果欠佳又改用油基钻井液，但随着高成本、高污染等问题的暴露，油基钻井液在 2015 年停止使用。随后引进国外高性能水基钻井液施工了 5 口井，这 5 口井在钻遇青山口组层位时都出现了井壁剥落、掉块和起下钻遇阻等复杂，1 口井发生井壁垮塌，最大剥落块直径超过 5.0cm，5 口井全部提前完钻。2015 年，大庆油田通过优选处理剂形成一套高性能水基钻井液体系，基本上能够满足现场施工需求，但在钻遇青山口组时仍存在井壁剥落和掉块的情况，给钻井施工带来很大损失。因此，大庆油田从致密油地层地质特点研究入手，从黏土矿物特征、水化特性、地层微观结构、钻井液理化参数和泥饼质量等多方面对井壁失稳机理进行了深入分析和研究，并最终形成了相关钻井液技术对策，为提高大庆探区致密油地层井壁稳定效果提供了新的解决方案。

1 致密油地层井壁失稳机理分析

大庆油田致密油主要位于松辽盆地北部长垣以西齐家–古龙凹陷泉头组的扶杨油层。对近几年实钻资料分析得知，在钻遇嫩江组、姚家组、青山口组和泉头组等层位时，经常发生缩径、钻具泥包、井壁剥落、坍塌等井下复杂。特别是在青山口组，当钻井周期超过坍塌周期后，井壁极易发生大块剥落引起卡钻等严重事故，以往常通过采用提高钻井液密度和抑制性的方法来保持井壁稳定，虽然取得了一定效果，但井壁失稳现象依然存在。2013~2016年，共施工 36 口致密油水平井，在青山口组发生剥落、掉块和坍塌的井数超过 13 口，延长了钻井周期，造成了极大钻井损失。

因此，为了解决大庆油田致密油藏安全钻进技术难题，从黏土矿物特征、黏土水化特性、地层微观结构、钻井液理化参数和泥饼质量等多方面对井壁失稳机理进行深入分析和研究，为钻井液技术对策研究提供可靠依据。

1.1 地层黏土矿物组构和水化特性研究

从齐家-古龙凹陷致密油区块6个致密油层位(嫩江组二段、姚家组一段、姚家组二三段、青山口组二三段、泉头组四段、泉头组一段)的取心岩样中，优选出完整性相对较好的样品，对其黏土矿物组构和水化特性进行研究，以掌握大庆致密油地层真实资料。

1.1.1 黏土矿物组构分析

通过黏土矿物组构分析后得知大庆致密油地层黏土矿物组成存在以下几个特点：

(1)致密油地层总体黏土矿物含量较高。矿物绝对含量总体在4%~10%之间，有的层位绝对含量超过14%；(2)各层位矿物组成差异较大，非均质性强。主要体现在：①k1n2黏土矿物以蒙脱石为主，相对含量超过50%，然后是伊利石和高岭石各占30%和10%，不含伊/蒙混层；②k1y2+3、k1y1、k1qn2+3、k1q1、k1q4这几个层位的黏土矿物以伊利石和伊/蒙混层为主，只含有少量绿泥石；(3)k1y2+3、k1y1、k1qn2+3、k1q1、k1q4这5个层位黏土矿物含量分布中，伊利石含量最高(相对含量在50%~70%)，然后为绿泥石(相对含量在10%左右)，并含有少量的伊/蒙混层。

1.1.2 水化特性研究

1.1.2.1 清水浸泡实验

将6个致密油层位岩心块分别浸泡在清水和白油中，观察不同时间岩心块的水化和散裂情况，实验结果如图1和图2所示。由图1可知，嫩江组二段岩心块在清水中浸泡12h后即发生全部水化，成"稀泥"状，在白油中浸泡30d仍然保持完好，切开后内部干燥，没有油相侵入；图2中的青山口组二三段岩心在水中浸泡2h后即发生完全散裂，在白油中浸泡30d后完整度好，切开后内部干燥，油相同样未侵入，姚家组和泉头组层位岩心与青山口组岩心情况类似。

| (a) 清水(12h) | (b) 白油(30d) | (a) 清水(2h) | (b) 白油(30d) |

图1 k1n2岩心浸泡对比图　　　　　图2 k1qn2+3岩心浸泡对比图

1.1.2.2 线型膨胀实验

将不同层位岩心粉碎后过200目分样筛，进行线型膨胀实验，实验结果如图3和图4所示。由图3和图4可知，致密油各层位根据水化能力具有以下特点：①按水化能力强弱可排序为：k1n2>k1y1>k1y2+3>k1q4>k1q1>k1qn2+3；②不同井、同一层位的岩心，其水化膨胀能力会因井位的不同而存在一定差异；③同一口井、同一层位岩心，也会因深度的不同而导致水化能力存在一定差异。

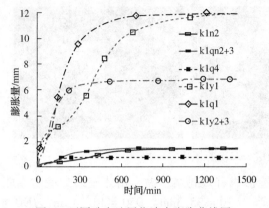

图 3　不同致密油层位清水膨胀曲线图

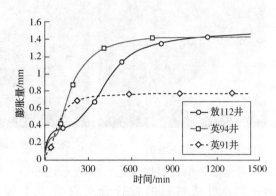

图 4　不同井 k1y1 层位清水膨胀曲线图

根据以上黏土矿物组构和水化特性研究结果，可以将大庆油田致密油地层分为两类：一是蒙脱石含量高的 k1n2 层位，属于活性软泥岩地层，这类地层黏土矿物晶层间作用力为范德华力，作用力弱，水分子很容易进入到晶层间，引起黏土渗透水化和表面水化；二是不含蒙脱石，只含伊利石和伊/蒙混层的硬脆性泥岩地层，如 k1y2+3，k1y1，k1qn2+3，k1q4，k1q1，这类地层黏土矿物晶层间引力以静电力为主，作用力强，加上相邻晶层间氧原子网格中 K^+ 的镶嵌连接作用，水分子不易进入晶层，只会发生表面水化。

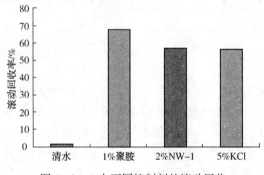

图 5　k1n2 在不同抑制剂的滚动回收

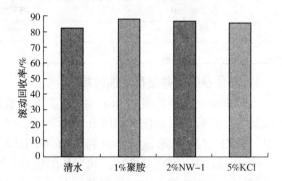

图 6　k1qn2+3 在不同抑制剂的滚动回收

将致密油各层位岩心在不同种类抑制剂溶液中进行滚动回收实验，实验结果如图 5 和图 6 所示（选择最具代表性的 k1n2 和 k1qn2+3 层位进行分析）。由图 5 和图 6 可知，无机盐、阳离子、聚合物等常规种类的抑制剂，对嫩江组这类活性软泥岩地层抑制效果较好，对青山口组等硬脆性泥岩地层抑制水化膨胀与分散效果不明显，这主要是常规种类抑制剂只能够抑制剂泥岩渗透水化，不能抑制泥岩表面水化。所以，只有合成具有同时抑制渗透水化和表面水化双重作用的新型泥岩抑制剂，才能从根本上解决不同泥岩地层的水化抑制问题。

1.2　微观结构对井壁稳定性的影响

将不同地层岩心进行扫描电镜分析，对其微观结构进行研究。如图 7 所示，大部分地层岩心属于灰绿色泥岩，颗粒排列紧密，大部分颗粒呈镶嵌状，层状分布明显，尤其是青山口组泥岩中夹杂砂岩，泥岩砂岩互层明显，胶结性差；并含有大量微裂缝和微孔隙，缝宽范围较多分布在 10~40μm 之间，平均缝宽 20μm，微孔隙直径主要集中在 35~210μm 之间，平均直径为 18μm。

图 7　不同致密油地层 SEM 分析图片

根据 2/3 架桥封堵理论，要想对这些孔、缝形成有效封堵，提高钻井液的封堵防塌能力，需要封堵材料的粒径分布符合以下规则：$D10 = 35.3nm$，$D50 = 14.24\mu m$，$D90 = 35.67\mu m$。但对目前钻井液常用沥青类封堵材料的粒径进行分析，分析结果如表 1 所示。由表 1 可知，磺化沥青粒径主要集中分布在 75μm 以上，小于 75μm 的仅占 1.89%，与地层孔缝尺寸不匹配，难以形成有效封堵。所以，必须优选粒径分布范围与地层孔、缝尺寸相匹配的封堵材料，才能解决致密油地层的封堵问题。

表 1　磺化沥青粒径分布统计表

目数	粒径/μm	比例/%
<200	75	1.89
200~60	75~250	70.24
>60	250	27.83
损耗		0.04

1.3　理化参数对井壁稳定性的影响

分别配制不同浓度的 KCl、NaCl 蒸馏水溶液，测试不同地层岩心在不同溶液中的水化膨胀能力。实验结果如图 8 和图 9 所示。由图 8 可知，k1n2 岩心在 KCl 溶液中膨胀率降低明显，NaCl 溶液中降低较小，将 KCl 和 NaCl 复配后膨胀率降低最明显，在矿化度大于100000ppm 时，膨胀率最低，其余各层位也具有一样的特点。由图 9 可知，k1qn2+3 岩心在酸碱度为 9 的溶液中水化膨胀能力最低，表明钻井液酸碱度等于 9 时更有利于保持井壁稳定，其余层位的实验结果与此一致。

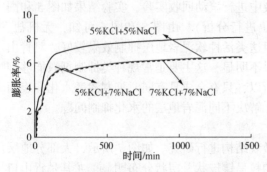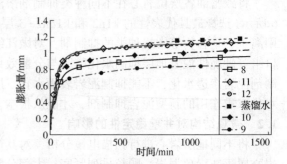

图 8　k1n2 在不同矿化度溶液中的膨胀率　　图 9　k1qn2+3 在不同酸碱度溶液中的膨胀率

1.4 泥饼质量对井壁稳定性的影响

评价了水基钻井液常用的降滤失剂、抑制剂等 8 类、20 余种常用处理剂对泥饼质量的影响，评价实验得知：(1)相对低分子质量聚合物类处理剂能降低泥饼表面黏滞系数，起到改善泥饼质量的作用。(2)非水溶性、大粒径处理剂会使泥饼表面黏滞系数增加。(3)电性强、相对分子质量大的处理剂会产生絮凝，使泥饼增厚、表面黏滞系数增加。(4)钻井液固相含量和含砂量较高时，泥饼质量虚、厚，黏滞系数大(图 10)。

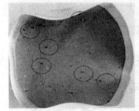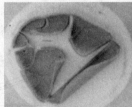

(a) FT-1泥饼质量　　(b) 阳离子抑制剂泥饼质量　　(c) 高固含时泥饼质量　　(d) 高含砂时泥饼质量

图 10　不同情况下钻井液泥饼质量

通过以上几方面的分析，总结出大庆致密油地层井壁易失稳机理为：

(1) 黏土矿物总体含量高、层间组成差异大。嫩江组地层因蒙脱石含量高易发生渗透水化而引起井壁失稳；其余层位因伊利石和伊/蒙混层含量高，易由表面水化引起井壁失稳。

(2) 地层微裂缝和微孔隙结构发育。水在毛细管力作用下，易沿着孔缝快速渗入页岩深部，使原始微裂缝纵深延伸、拓宽，并产生新的微裂缝、裂缝，导致井壁失稳。

(3) 泥饼质量差。由于目前钻井液种类较多、成分复杂、大粒径颗粒较多，钻井液泥饼质量较差，对井壁的护壁作用较弱。

(4) 常规钻井液酸碱度和矿化度等理化参数与地层水不匹配。导致近井壁地层会向钻井液中发生离子转移，也是导致井壁不稳定的原因之一。

2　井壁稳定钻井液对策研究

2.1　提高钻井液抑制性

针对常用钻井液抑制剂不能有效抑制泥岩表面水化的问题，通过开展分子结构设计，开展了新型聚胺抑制剂的合成研究工作，最终合成出新型低聚醇胺类抑制剂。通过室内评价实验后得知，经过该处理剂处理后的泥岩表面水滴的接触角明显增大，说明泥岩疏水性增强，自由能降低，能够有效抑制泥岩表面水化。如图 11 所示，该抑制剂即能提高活性软泥岩的水化抑制效果，还能提高硬脆泥岩滚动回收率，回收率都在 80% 以上。

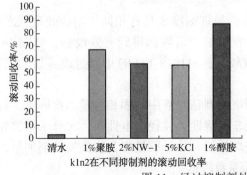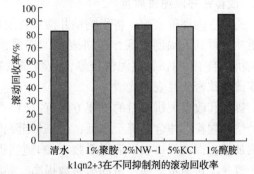

图 11　经过抑制剂处理后的泥岩滚动回收率

2.2 提高钻井液封堵能力

根据大庆致密油地层孔缝尺寸和 2/3 架桥封堵理论,优选出粒径分布范围广,与地层孔缝尺寸匹配的纳米乳液封堵剂,其粒径尺寸分布范围为:$D10 = 34.7nm$,$D50 = 14.05\mu m$,$D90 = 36.13\mu m$。

采用自主研究的微裂缝和微孔隙评价方法,对优选的封堵剂效果进行了评价。如图 12 和图 13 所示,该封堵剂对模拟的 $10\mu m$、$20\mu m$ 和 $40\mu m$ 微裂缝均具有良好的封堵降滤失能力;对模拟的 $30nm$、$200nm$ 和 $200\mu m$ 微孔隙均具有良好的封堵降滤失能力。说明该纳米乳液封堵剂对大庆致密油地层微裂缝和微孔隙具有良好的封堵能力,高温高压滤失量小。

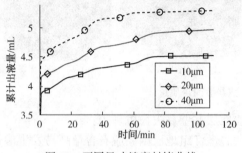

图 12 不同尺寸缝宽封堵曲线

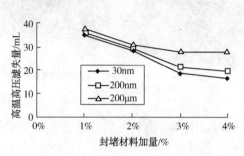

图 13 不同直径孔隙封堵曲线

2.3 控制合理的理化参数

评价不同地层岩心在不同酸碱度和矿化度条件下的膨胀率,实验结果如表 2 所示。由表 2 可知,将醇胺抑制剂和 KCl、NaCl 进行复配后,并将溶液酸碱度控制在 9、矿化度大于 100000ppm 时,对不同致密油层位的水化膨胀率抑制效果最好,其线型膨胀率最低。

表 2 磺化沥青粒径分布统计表

层位	膨胀率/%					
	清水 (pH=7)	7%KCl (pH=7)	7%KCl+7%NaCl (pH=7)	2%醇胺 (pH=8)	7%KCl+7%NaCl+1% 醇胺(pH=9)	白油
k1n2	23.09	12.82	12.35	9.26	7.23	1.96
k1qn2+3	8.02	7.57	7.49	6.25	5.31	0.97
k1q4	7.68	6.32	6.45	5.67	5.39	0.78
k1q1	7.16	5.96	5.78	5.34	5.10	0.68

2.4 改善钻井液泥饼质量

通过室内评价实验,将影响钻井液泥饼质量的处理剂换成具有相同作用的处理剂之后,泥饼质量得到大幅度提高,泥饼表面的润滑系数和黏滞系数都得到有效改善。如图 14 中(a)为改善前的泥饼,虚泥饼较厚,且黏滞系数较高,对比图 14(b)中经过改善后的泥饼,不仅薄而致密,且表面光滑。

提高和改善泥饼质量的主要方法有:(1)严格控制钻井液中的固相含量、含砂量,将大粒径惰性颗粒总体含量降至最低;(2)适当降低非水溶性大粒径、电性强、大分子量类处理剂的加量,提高泥饼表面润滑系数;(3)适当提高低相对分子质量聚合物类处理剂加量,有助于改善泥饼质量,使泥饼润滑系数提高,黏滞系数降低。

(a) 改善前　　　　　　　　　(b) 改善后

图 14　改善前后的泥饼质量对比图片

3　结论

（1）针对大庆致密油藏钻探过程中常发生井壁失稳的难题，通过开展黏土矿物特征、黏土水化特性、地层微观结构、钻井液理化参数和泥饼质量等多因素研究，分析出了大庆油田致密油井壁失稳的化学机理。

（2）形成提高抑制性和封堵能力，控制钻井液理化参数和改善泥饼质量等技术对策，对各层位岩心的滚动回收率都在 80% 以上，对模拟的地层微裂缝和微孔隙均具有良好的封堵防塌作用，对提高大庆致密油地层井壁稳定性提供了新的解决方向和思路。

参 考 文 献

［1］郭晓霞，杨金华，钟新荣．北美致密油钻井技术现状及对我国的启示［J］．石油钻采工艺，2014（04）：1-5.

［2］黄鸿，李俞静，陈松平．吉木萨尔地区致密油藏水平井优快钻井技术［J］．石油钻采工艺，2014（04）：10-12.

［3］屈沅志，赖晓晴，杨宇平．含胺优质水基钻井液研究进展［J］．钻井液与完井液，2009，26（3）：73-75.

［4］刘焕玉，梁传北，钟德华，等．高性能水基钻井液在洪 69 井的应用［J］．钻井液与完井液，2011，28（2）：87-88.

［5］王建华，鄢捷年，苏山林．硬脆性泥页岩井壁稳定评价新方法［J］．石油钻采工艺，2006，28（2）.

［6］胡金鹏，雷恒永，赵善波，等．关于钻井液用磺化沥青 FT-1 产品技术指标的探讨［J］．钻井液与完井液，2010（06）.

［7］侯杰，刘永贵，宋广顺，等．新型抗高温耐盐高效泥岩抑制剂合成与应用［J］．钻井液与完井液，2016，33（1）：22~27.

［8］侯杰，刘永贵，李海．大庆致密油藏水平井钻井液技术研究与应用［J］．石油钻探技术，2015，43（4）：59~65.

［9］胡进军，邓义成，王权伟．PDF-PLUS 聚胺聚合物钻井液在 RM19 井的应用［J］．钻井液与完井液，

2007, 2(46): 36-39.

[10] 王睿, 李巍, 王娟. 仿油基钻井液技术研究及应用[J]. 精细石油化工进展, 2011, 12(8): 1-3.

基金项目: 中国石油天然气集团公司"十三五"重大科技专项"大庆油气持续有效发展关键技术研究与应用"部分研究内容(2016E-0212)。

作者简介: 杨决算, 1985 年毕业于长江大学钻井工程专业, 现在主要从事石油钻井技术研究工作。地址: 大庆市八百晌钻井工程技术研究院, 邮政编码: 163413, E-mail: yangjuesuan@cnpc.com.cn。

井筒强化物理模型和数值模拟研究进展

杨峥[1] 潘雪超[1,3] 唐守勇[2] 彭云晖[2] 张志磊[1]

[1. 中国石油集团工程技术研究院有限公司；
2. 中国石油浙江油田分公司天然气勘探开发事业部；
3. 中国石油大学(北京)]

摘 要 井漏是钻井作业中最常见、损失最大的问题之一。长期以来，井筒强化一直被用以进行井漏的预防和处理，但针对井筒强化的基础理论研究却相对较少。自20世纪80年代起，钻井行业对井筒强化基础理论研究的关注越来越多。在过去三十多年中进行了大量的实验和建模研究，但是对于井筒强化的基本机理尚未形成统一的认识。本文对文献中关于井筒强化的基础研究工作进行了总结，对国内外物理模型进行了综述，以期为今后的研究提供帮助。

关键词 井筒强化 裂缝扩展 物理模型 数值模拟

井漏是长期困扰油气勘探开发的常见问题之一，处理耗时长、损失大，如处理不当还可能引发卡钻、井喷等次生事故[1,2]。相关研究发现，大多数井漏事件是由井壁上的钻井诱导裂缝或天然裂缝发生扩展引起的。地层中预先存在微小裂缝时会导致井壁岩石拉伸强度下降，当井筒压力大于近井壁环向应力时，裂缝就会扩展，并显著影响井筒的承压能力。在许多工况下，井筒强化是预防或减轻井漏的一种有效、经济的技术手段。其目的是通过桥接、封堵或密封发生漏失的裂缝，从而提高裂缝压力梯度，拓宽泥浆相对密度窗口[3,4]。随着20世纪80年代DEA-13项目的实施，钻井行业对井筒强化基础理论研究的兴趣日渐浓厚，自此不断有关于并筒强化的实验和模型研究被发表。

虽然国内外学者和工程师在过去三十多年中进行了大量的实验和建模研究，各类文献中也报道了不同的机制和模型，然而对于裂缝的发展行为以及井筒强化如何起作用等物理学基本原理还没有完全解释清楚，对于井筒强化的基本机理也尚未达成共识。本文围绕裂缝扩展造成的井漏问题，对文献中关于井筒强化的国内外物理模型进行了综述，为后面的研究者提供帮助。

1 物理模型研究

井筒强化是一种改变井筒附近应力分布、裂缝及其内部流体压力分布以提高井筒破裂压力的技术。随着相关研究的持续开展，研究人员一直在尝试建立井筒强化作用机制的物理解释模型。当前关于井筒强化研究主要有三种物理模型，即应力笼模型、裂缝闭合应力模型、裂缝扩展阻力模型。

1.1 应力笼模型

应力笼模型通过在开口附近对裂缝进行架桥支撑，以在井眼周围产生额外的环向应力[5]，如图1所示。当井壁上产生裂缝时，堵漏材料颗粒被挤入裂缝。较大的颗粒首先楔入井壁附近的裂缝开口区域，较小的堵漏材料颗粒填充于较大颗粒之间以及颗粒和断裂表面之间的空间,封堵裂缝开口。裂缝中截留的钻井液通过裂缝表面渗入地层,液柱压力转移到裂缝口处的堵漏材料桥塞上,导致其附近环向应力增大,使裂缝更难打开。

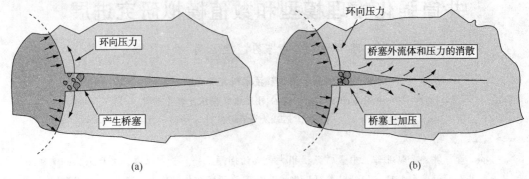

(a)   (b)

图 1　应力笼形成过程示意图[5]

1.2　裂缝闭合应力模型

裂缝闭合应力模型[6]是井筒强化的另一种解释(图 2)。该模型的重点是通过扩大裂缝并形成缝内段塞以提高裂缝闭合应力。含有堵漏材料的钻井液被强行挤入裂缝,液体向地层岩石中漏失,而堵漏材料颗粒会在裂缝中滞留并最终形成段塞,使裂缝保持开放状态,并将裂缝尖端与井筒压力隔离。在裂缝被逐渐充填回井壁之前,固体塞将随着滤液的损失而不断发展。裂缝闭合应力的增加和裂缝尖端的隔离使裂缝更难打开和延伸。

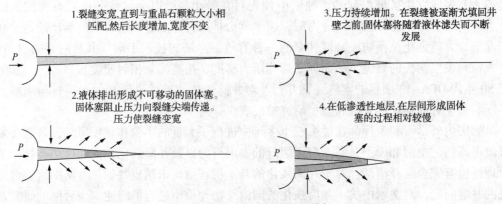

图 2　裂缝闭合过程示意图[6]

1.3　裂缝扩展阻力模型

20 世纪 90 年代 Morita 等提出了裂缝扩展阻力模型,最初称为尖端屏蔽模型[7]。与上述两种模型不同,裂缝扩展阻力模型的目的不是改变近井应力以增加环向应力或裂缝闭合应力,而是试图提高裂缝扩展阻力[8]。该模型假设随着裂缝的扩展和钻井液的滤失,在裂缝内部会形成滤饼(图 3)。滤饼可以密封裂缝尖端,防止尖端与井筒之间的压力传递,从而提高裂缝扩展阻力。研究者认为,钻井过程中钻头破岩时会在钻头附近诱发微裂缝,钻具振动和地应力释放也会诱发微裂缝,而这些微裂缝在井内压力作用下极易扩展。因此采用传统理论得到的破裂压力往往高于漏失压力[9]。井筒加固处理不能提高裂缝的萌生和重新开启压力,但可以显著提高裂缝扩展压力。

但值得注意的是,上述三个物理模型仅在现象描述层面上定性地解释了井筒强化机理,

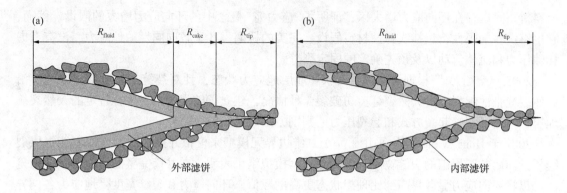

(a)水基钻井液裂缝延伸　　　　　　　　　　(b)油基/合成基钻井液裂缝延伸

图 3　不同类型钻井液裂缝尖端泥饼断面示意图[8]

并没有提供一个严格的数学模型来量化井筒强化处理中裂缝压力可以提高多少，以及堵漏材料桥接位置和地应力等因素如何影响加固效果。研究人员一直尝试从分析研究中量化的两个关键因素是井筒的破裂压力和裂缝的几何结构。前者是确定钻井液密度的关键，而后者对堵漏材料的设计具有重要意义。由于分析模型中通常涉及许多假设，数值方法也被逐渐用于相关问题的模拟。

2　数学模型和数值模拟研究

从 20 世纪 50 年代起，国内外学者和研究人员围绕裂缝行为和应力演化开展了大量的研究工作，对井漏防治具有重要的推动和指导意义。

1981 年黄荣樽[10]结合当时水力压裂裂缝的起裂和扩展的研究，提出了垂直裂缝和水平裂缝的起裂判据并分析了影响裂缝延伸方向的各种因素。1990 年卢祥国等[11]基于线弹性断裂理论，以 palmer 拟三维模型为基础，结合井筒和裂缝温度场，对模型的数值解进行了推导。

1995 年陈勉等[12]采用多孔弹性理论，对井壁围岩应力进行了推导，提出了新的斜井裂缝起裂判据。并在给定压力分布条件下，利用切比雪夫多项式简化积分方程，计算裂缝宽度。作者认为用切比雪夫多项式描述裂缝的非线性奇异瞬态特征比有限元方法更准确。阳友奎等[13]根据岩石断裂力学理论，认为水力压裂裂缝具有与缝内压力分布无关的椭圆形自相似扩展特征，在此基础上，结合断裂力学与流体力学给出了水力压裂裂缝内压力分布的近似解析解。

2001 年 Ito 等采用线弹性断裂力学模型来分析井筒强化[14]。该模型可用于估算桥接后裂缝压力的升高，且不受位置、地应力各向异性和孔隙压力的影响。模拟结果表明，用堵漏材料封堵裂缝，可以在液柱压力大于最小主应力的情况下恢复循环，并继续钻井。但该模型假定从井筒到堵漏材料桥塞的裂缝内压力是均匀的，没有考虑沿裂缝的压力降，因此不适于较长裂缝的分析。

2004 年鲁连军等[15]基于线弹性理论用局部径向流场假设对原一维流场假设进行修正，建立了新的拟三维模型，采用有限元方法对缝内的流场分布进行求解。Alberty 等[5]采用二维有限元模型研究了"应力笼"处理中的裂缝的几何形态和环向应力状态。结果表明，堵漏材料桥塞附近存在环向应力增大区，证明了"应力笼"概念中的环向应力增大的假设。然而，它也有一些局限性，包括线弹性材料假设、完美的桥塞、几乎各向同性的地应力、没有考虑孔隙压力和流体流动以及预先确定的固定裂缝。

2005 年金衍等[16]根据天然裂缝产状和地层地应力状态，针对裂缝在岩石本体起裂、沿天然裂缝张性起裂、沿天然裂缝剪切破裂 3 种情况，建立了破裂模型。并就特定的天然裂缝地层，给出了裂缝起裂方式和起裂压力的判别方法。

2007 年 Hong Wang 等[17]采用了一个二维边界元模型来模拟井筒加固。该模型能提供裂缝桥接前后井眼周围的裂缝宽度和应力分布。模拟结果表明，在井筒完整的情况下，应力笼法可以将环向应力显著提高到比理想状态更高的数值。环向应力和裂缝宽度受地应力各向异性和杨氏模量的影响较大，而泊松比和裂缝长度的影响较小。该模型同样未考虑孔隙的弹性效应和裂缝可能的增长。

2008 年程仲等[18]以 Realizable k-ε 紊流模型为基础，根据流体动力学理论建立了在旋转射流作用下环空流场的数学模型，并使用 CFD 软件 Fluent 模拟计算了物理法随钻防漏堵漏时的流场。

2010 年王贵等[19]通过建立诱导裂缝性漏失堵漏的断裂力学模型，分析堵漏后裂缝内的压力分布，给出了井下诱导裂缝尖端应力强度因子的计算方法。给出了堵漏阻止诱导裂缝延伸的必要条件，即堵漏材料在裂缝入口后较短距离内的封堵为封堵诱导裂缝的最佳位置形式；裂缝尖段内流体压力必须小于最小水平主应力，且其值越小越有利于裂缝的阻裂。

2011 年 Q-Guo 等[20]基于尺寸分析和线弹性断裂力学叠加原理，开发了一种近似的封闭式解。该模型仍然假设裂缝表面受到均匀的井筒压力或孔隙压力影响，同样仅适用于相对较短的裂缝。

2012 年 Morita 等[21]利用线弹性断裂力学和叠加原理，提出了两套闭合形式的解决方案，用于确定裂缝开口处和远离裂缝的井筒破裂压力。该模型忽略了井筒对从桥塞到裂缝尖端流体压力引起的应力强度因子的影响，因此仅适用于长裂缝。研究认为井筒强化方法对稳定微裂缝(0.1~1in)和宏观裂缝(1in~2ft)都是有效的，而影响强化程度的主要参数是堵漏材料的宽度和浓度，地层杨氏模量、井筒尺寸以及地应力。Salehi 等[22]采用内聚力模型研究井漏和井筒强化过程中的裂缝行为。模拟结果表明，当没有裂缝(完整的井筒)时，裂缝密封/桥接不能将井筒环向应力增加到初始理想状态以上。在该模型中，在裂缝进口处定义了一个恒定的注入速度边界条件，以驱动裂缝的扩展，这与实际钻井情况非常不同，在这种情况下，裂缝进口处的流速和压力均不是恒定的。

2013 年陈亚雄等[23]在改进的 Xu-Needleman 势函数基础上对结构面单元进行了推导，并将其嵌入到单元劈裂法中，用以模拟结构面的开裂过程。贾利春等[24]利用达西定律和泊肃叶方程分别分析了缝内封堵体区域和缝内其他区域的压力分布；基于线弹性断裂力学，给出了堵漏材料承压封堵过程中诱导裂缝止裂的必要条件，即缝尖的应力强度因子小于地层的断裂韧性。

2015 年李松等[25]应用有限元法模拟了封堵层对裂缝变形、井周切向应力以及裂缝尖端应力强度因子等裂缝变形因素的影响。模拟结果表明封堵层能够阻止液柱压力传递进裂缝，降低裂缝变形程度、井周切向应力及裂缝尖端应力强度因子，增强了裂缝力学稳定性。

2016 年曾庆磊等[26]采用扩展有限元法(XFEM)模拟岩石中裂缝沿着任意路径的扩展，

采用有限体积法(FVM)模拟裂缝中流体的流动，并通过牛顿迭代对全耦合物理过程进行数值求解。宋丁丁等[27]采用 ABAQUS 软件建立了二维井壁强化模型，通过数值模拟方法探讨了井壁强化的影响因素。结果表明，地应力各向异性、封堵架桥位置及井眼压力对周应力影响较大，应力各向异性越严重，井眼压力越大，架桥后周应力增量越大；封堵材料在距离井壁越近的位置架桥，在一定范围内强化井壁的效果越明显。Feng 等[28]结合 Kirsch 方程和线弹性断裂准则，提出了一种可供选择的井眼加固模型。参数研究表明，封堵裂缝可以有效地加固井眼，但封堵裂缝的位置、现场应力各向异性、地层孔隙压力等因素对加固程度有影响。随后开发了一个考虑岩石多孔性特征的二维有限元模型[29,30]。研究结果表明，用堵漏材料桥接裂缝可以显著提高井筒周围和裂缝沿线的环向应力。

2017 年陈旭日等[31]对页岩储层天然裂缝建模的方法进行了分析。认为双重孔隙模型无法描述一个网块内的连通问题，也无法表述网块之间只有部分连通的问题。离散裂缝网络模型将微裂缝表征为三维空间的正交平面，更易于对非均质、不连续裂缝进行描述。李佳等[32]建立了多孔弹性介质的有限元模型，模拟结果表明，刚性封堵材料可以减小裂缝后端的压降形变，并将该形变向井壁周围传递，提高周向应力。

2018 年何新星等[33]针对井筒压力波动诱发的裂缝动态形变进行了模拟。结果发现，随着闭合裂缝面的接触应力不断增大，接触面积与位移呈幂函数关系。裂缝的动态变形会对封堵层产生破坏，使用弹性堵漏材料能够更好地适应裂缝变形。邱正松等[34,35]以微观颗粒物质力链网络结构为基础，模拟分析了裂缝封堵层内部力链强弱与材料颗粒粒径、表面特征、弹性特征、摩擦系数等因素之间的关系。

2019 年张振南等[36]采用单元劈裂法将裂纹面之间的相互作用反映到计算模型中，建立了劈裂单元的全耦合水力方程。并采用 KGD 模型对该方程模拟多裂纹水力扩展及汇合过程进行了验证。李静等[37]利用 CT 扫描实验和数字图像处理技术，利用三维离散元方法定量表征储层岩石微观孔隙结构，并在三维颗粒流分析程序中进行了单轴压缩模拟。结果表明，储层岩石微观孔隙结构概率分布满足对数正态分布，几何形状复杂，孔隙结构对裂缝起裂位置、扩展及贯通方向具有决定性作用，裂缝起裂位置多出现在孔隙尖端处。

目前发表的井漏和井筒加固的数值研究，大多数都预先设定了固定的裂缝，而没有裂缝生长和愈合模型。采用非线性内聚力模型模拟动态断裂行为，但堵漏材料桥塞仍然被认为是一种理想的桥塞，并被模拟为一个预定的边界条件。它们都不能模拟堵漏材料颗粒的运输和沉积。由于漏失不像水力压裂那样具有相对恒定的注入速度和井底压力，因此准确描述井底边界条件对于模拟井漏和井筒强化仍是一项艰巨的挑战。

3 结束语

对相关研究的综述难免存在遗漏和不足，偏颇之处仍需完善。目前关于井筒强化的研究还相对较少，相关研究还存在一些不足，有待进一步完善和深入。

（1）了解环向应力或裂缝扩展阻力等物理学基本机制，是任何井筒强化设计的关键要素。受到研究样本大小的限制，大多数实验研究尚无法准确描述裂缝的扩展和愈合，应进一步加强裂缝形态的动态监测与描述研究。

（2）很多分析模型都包含了显著的简化，使用了诸如孔隙压力的线弹性、固定长度裂缝、缝内均匀流体压力以及"完美"堵漏桥塞等很多的假设。应进一步加强对已有裂缝及其扩展方式的研究。

（3）大多数数值模型也没有模拟堵漏材料粒子的传输、聚集。应进一步加大耦合流体动力学模型、离散元模型等先进数值模型的应用，提高对动态裂缝封堵、愈合的模拟能力。

（4）为了更好地应用井筒强化技术，在钻井过程中准确、快速地估计或测量井壁裂缝的几何形态，对堵漏材料粒度级配的实时调整具有重要意义。应进一步加强新型随钻前视测井技术的应用与结合，以便更好地掌握井壁裂缝状态。

参 考 文 献

[1] 王中华. 复杂漏失地层堵漏技术现状及发展方向[J]. 中外能源, 2014, 19(1): 39-48.

[2] Wang H, Towler B F, Soliman M Y. Fractured wellbore stress analysis: sealing cracks to strengthen a wellbore [C]. SPE 104947-MS, 2007.

[3] 任保友. 强化井筒的钻井液防漏技术研究[D]. 成都: 西南石油大学, 2018.

[4] Feng Y, Jones J F, Gray K E. A review on fracture-initiation and -propagation pressures for Lost circulation and Wellbore Strengthening[C]. SPE 181747-MS, 2016.

[5] Alberty M W, McLean M R. A physical model for stress cages[C]. SPE 90493-MS, 2004.

[6] Dupriest F E. Fracture Closure Stress (FCS) and lost returns practices[C]. SPE 92192-MS, 2005.

[7] Morita N, Black A D, Guh G F. Theory of Lost Circulation Pressure[C]. SPE 20409-MS, 1990.

[8] van Oort E, Friedheim J E, Pierce T, et al. Avoiding losses in depleted and weak zones by constantly strengthening wellbores[C]. SPE 125093-MS, 2009.

[9] 曾义金, 李大奇, 杨春和. 裂缝性地层防漏堵漏力学机制研究[J]. 岩石力学与工程学报, 2016, 35 (10): 2054-2061.

[10] 黄荣樽. 水力压裂裂缝的起裂和扩展[J]. 石油勘探与开发, 1981, 8(05): 62-74.

[11] 卢祥国, 任书泉. 裂缝几何尺寸的拟三维数值计算模型和方法[J]. 石油钻采工艺, 1990, 12(3): 47-54.

[12] 陈勉, 陈治喜, 黄荣樽. 大斜度井水压裂缝起裂研究[J]. 石油大学学报(自然科学版), 1995, 19 (2): 30-35.

[13] 阳友奎, 肖长富, 邱贤德, 等. 水力压裂裂缝形态与缝内压力分布[J]. 重庆大学学报(自然科学版), 1995, 18(03): 20-26.

[14] Ito T, Zoback M D, Peska P. Utilization of mud weights in excess of the least principal stress to stabilize wellbores: theory and practical examples[J]. SPE Drilling and Completion, 2001, 16(4): 221-229.

[15] 鲁连军, 孙逢春, 安申法, 等. 水力裂缝内流场分布的有限元分析[J]. 北京理工大学学报, 2004, 24(1): 27-30.

[16] 金衍, 张旭东, 陈勉. 天然裂缝地层中垂直井水力裂缝起裂压力模型研究[J]. 石油学报, 2005, 26 (7): 113-114.

[17] Wang H, Towler B F, Soliman M Y. Fractured wellbore stress analysis: sealing cracks to strengthen a wellbore [C]. SPE 104947-MS, 2007.

[18] 程仲, 熊继有, 程昆. 物理法随钻防漏堵漏机理的数值模拟研究[J]. 石油钻探技术, 2008, 36(2): 28-31.

[19] 王贵, 蒲晓林, 文志明, 等. 基于断裂力学的诱导裂缝性井漏控制机理分析[J]. 西南石油大学学报 (自然科学版), 2011, 33(1): 131-134.

[20] Guo Q, Feng Y Z, Jin Z H. Fracture Aperture For Wellbore Strengthening Applications[C]. ARMA 11-378, 2011.

[21] Morita N, Fuh G F. Parametric analysis of wellbore-strengthening methods from basic rock mechanics[J]. SPE Drilling and Completion, 2012, 27(2): 315-327.

[22] Salehi S. Numerical simulations of Fracture Propagation and Sealing: Implications for Wellbore Strengthening[D]. Missouri University of Science and Technology, 2012.

[23] 陈亚雄, 张振南. 基于单元劈裂法的岩体黏结型结构面数值模拟[J]. 岩土力学, 2013, 34(2): 443-447.

[24] 贾利春, 陈勉, 张伟, 等. 诱导裂缝性井漏止裂封堵机理分析[J]. 钻井液与完井液, 2013, 30(5): 82-85.

[25] 李松, 康毅力, 李大奇, 等. 堵漏封堵层对裂缝稳定性影响模拟研究[J]. 天然气地球科学, 2015, 26(10): 1963-1971.

[26] 曾庆磊, 庄茁, 柳占立, 等. 页岩水力压裂中多簇裂缝扩展的全耦合模拟[J]. 计算力学学报, 2016, 33(4): 643-648.

[27] 宋丁丁, 邱正松, 王灿, 等. 基于 ABAQUS 的井壁强化数值模拟研究[J]. 钻井液与完井液, 2016, 33(3): 15-19.

[28] Feng Y, Gray K E. A fracture-mechanics-based model for wellbore strengthening applications[J]. Journal of Natural Gas Science and Engineering, 2016, 29(2): 392-400.

[29] Feng Y, Gray K E. A parametric study for wellbore strengthening[J]. Journal of Natural Gas Science and Engineering, 2016, 30(3): 350-363.

[30] Feng Y, Arlanoglu C, Podnos E, et al. Finite-element studies of hoop-stress enhancement for wellbore strengthening[J]. SPE Drilling and Completion, 2015, 30(1): 38-51.

[31] 陈旭日, 杨康, 张公社. 基于页岩储层的离散裂缝网络建模技术[J]. 能源与环保, 2017, 39(10): 172-175.

[32] 李佳, 邱正松, 宋丁丁, 等. 井壁强化作用影响因素的数值模拟[J]. 钻井液与完井液, 2017, 34(2): 1-8.

[33] 何新星, 李皋, 段慕白, 等. 地层裂缝动态变形对堵漏效果的影响研究[J]. 石油钻探技术, 2018, 46(4): 65-70.

[34] 邱正松, 暴丹, 李佳, 等. 井壁强化机理与致密承压封堵钻井液技术新进展[J]. 钻井液与完井液, 2018, 35(4): 1-6.

[35] 邱正松, 暴丹, 刘均一, 等. 裂缝封堵失稳微观机理及致密承压封堵实验[J]. 石油学报, 2018, 39(5): 587-596.

[36] 张振南, 王毓杰, 牟建业, 等. 基于单元劈裂法的全耦合水力压裂数值模拟[J]. 中国科学: 技术科学, 2019, 49(06): 716-724.

[37] 李静, 孔祥超, 宋明水, 等. 储层岩石微观孔隙结构对岩石力学特性及裂缝扩展影响研究[J]. 岩土力学, 2019, 40(11): 1-9.

基金项目: 国家重大专项课题《山地页岩气井优快钻完井技术现场试验与应用》(2017ZX05063-003); 中国石油集团公司科技项目专题《裂缝性恶性漏失新型堵漏材料研发及工艺技术研究》(2018D-5009-05); 浙江油田科技项目《昭通页岩气钻井防漏堵漏机理研究及新型堵漏剂现场先导试验》(2018-428)。

作者简介: 杨峥, 工程师, 中国石油集团工程技术研究院有限公司, 电话: 010-80162089, E-mail: yangzhdr@cnpc.com.cn。

抗高温封堵防塌钻井液在火成岩水平井中的应用

潘永强　张坤　郝志强　王俊杰

(大庆钻探工程公司钻井工程技术研究院)

摘　要　针对大庆深部火成岩地层裂缝发育，钻井过程中易发生漏失、垮塌及高温钻井液性能变化大等问题，在分析总结前人研究成果及经验基础上，从深部火成岩地层地质特征及深层水平井施工难点出发，明确了钻井液技术对策，通过开展抗高温降滤失剂及抗高温增黏剂的研究，配合新型高效封堵材料，研发出一套适合于深层火成岩水平井施工的抗高温封堵防塌钻井液技术。室内研究及现场应用表明，该钻井液具有较强的高温稳定性、井壁稳定和润滑防卡能力，抗温达180℃以上，有效地解决了深层水平井地层漏失、润滑问题和高温稳定性问题，保证了深层水平井的顺利施工，创造了大庆油田深层水平井井深最深(5424m)，水平段最长(1608m)等几项新纪录，完全满足了徐家围子地区深层气藏的钻探需求，为深层水平井安全、快速、高效钻井提供了技术保障。

关键词　抗高温　封堵防塌　火成岩　水平井

大庆油田勘探开发进入攻坚期，天然气业务成为今后油气生产的重要领域，上产节奏和效益对油田整体发展起着至关重要的作用。大庆油田深层天然气分布范围广、储量丰富，主要分布于徐家围子断陷营城组、沙河子组和火石岭组等深部地层，岩性复杂多变，主要以致密砂岩、砂砾岩和火成岩为主，夹少量粉砂岩及泥岩，裂缝较为发育。深层气开发主要以水平井为主，深层水平井具有高难度、高风险的特点，对钻井液各方面性能要求很高。深层水平井施工中主要难题有以下两个，一是深层天然气埋藏深地温梯度高，平均4℃/100m，很多井底温度都在160~180℃之间；二是深层火成岩天然裂缝发育，易诱发井漏，以及次生出现井塌的问题，井漏、井塌的发生对钻井施工造成极大危害。针对上述难题，研究人员以自主研发的抗高温降滤失剂为核心，开展其他配套处理剂研究，研发出一套抗高温封堵防塌钻井液体系，实现了抗高温、减少井下复杂情况发生的目标，在徐家围子等地区现场应用18口井，解决了火成岩地层易发生复杂情况等难题，有效保证了深层水平井的顺利施工。

1　抗高温封堵防塌钻井液技术研究

钻井液的高温稳定性基本上取决于有机处理剂(分散剂、降滤失剂等)是否在所处实际温度下明显失去其长期性能，淀粉和纤维素类聚合物分别在117℃和137℃下降解，而合成聚合物则可用于温度高于197℃的环境中。针对深层气藏埋藏深、地温梯度高的问题，研选抗高温材料，提高体系的抗温能力，保证钻井液高温性能稳定。

1.1　抗高温降滤失剂的研制

抗高温降滤失剂的分子结构设计主要考虑抗温能力及降失水能力，抗温能力从单体抗温能力和空间结构入手，降失水能力从吸附集团和水化集团入手，通过筛选，确定采用以-C-

C-、-C-N-等键能大，分别包含水化、吸附和刚性基团的功能单体进行多元共聚，并对相对分子质量进行适度控制。选择水溶液聚合法作为抗高温降滤失剂的合成方法，合成出聚合物抗高温降滤失剂ZJY-1。用评价土浆进行评价（在1000mL水中加入40g钠膨润土和5g碳酸钠，高速搅拌20min，在室温下养护24h，即得含土质量分数为4%的评价土浆），基浆中加入0.5%ZJY-1时，常温API失水从20mL降低至4.8mL，200℃老化16h后，API失水从28mL降低至6.8mL；随着基浆中ZJY-1加量由0.5%提高至2.0%，高温高压失水由12.2mL降低至9.8mL（图1）。

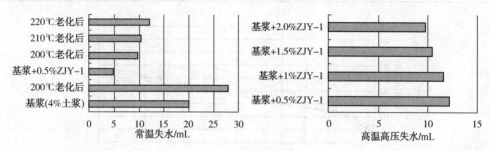

图1　ZJY-1性能评价

1.2　抗高温增黏剂的研制

为了保证井眼清洁和安全钻进，钻井液黏度和切力必须保持在一个合适的范围，当黏度过低时，经常采用添加增黏剂的方法。增黏剂均为高分子聚合物，由于其分子链很长，在分子链间容易形成网状结构，因而能显著地提高钻井液的黏度。用过室内实验优选2-丙烯酰胺基-2-甲基丙磺酸、N-乙烯基吡咯烷酮和N，N-二甲基丙烯酰胺为共聚单体，以白油为油相，采用反向乳液聚合法制备出抗高温增黏剂ZJYZN-1。用评价浆进行评价（在1000mL水中加入40g钠膨润土和5g碳酸钠，高速搅拌20min，在室温下养护24h，加入2%ZJY-1即得评价浆）。在评价浆中加入ZJYZN-1后，200℃老化16h黏度保留率由72.2%提高至83%以上，随着ZJYZN-1加量的增加，基浆表观黏度增加66.7%～150%，黏度保留率由72.2%提高至84.4%，研制的抗高温增黏剂在抗温性和高温稳定性方面，能够满足钻井液体系需要（表1）。

表1　增黏剂的增黏效果

增黏剂	类型	评价浆	ZJYZN-1		
	加量/%		0.3	0.4	0.5
流变性能	AV/mPa·s	18	30	38	45
200℃×16h老化后性能	AV/mPa·s	13	25	32	38
黏度保留率/%		72.2	83.3	84.2	84.4

1.3　抗高温封堵防塌钻井液性能评价

通过室内实验优选出抗高温封堵防塌剂FD-1、润滑材料JYRH-1、抑制剂YZ-1，与抗高温增黏剂、抗高温降滤失剂配伍，最终形成抗高温封堵防塌钻井液配方，体系抗温180℃，高温高压流变性稳定，岩屑滚动回收率90.6%，老化前后泥饼黏附系数<0.6、极压润滑系数≤0.1，各项指标满足深层水平井需要（表2，图2）。

表 2　钻井液热稳定性评价

温度	AV/mPa·s	PV/mPa·s	YP/Pa	Gel/Pa	API FL/mL
室温	33	24	11	3/9	2.0
160℃×16h	31	23	11	2/8	2.0
180℃×16h	29	22	10	2/6	2.2
180℃×48h	28	21	10	2/5	2.2
180℃×72h	28	20	10	2/5	2.4

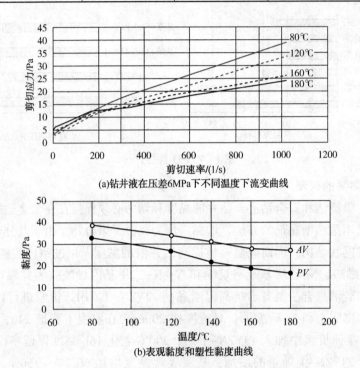

(a)钻井液在压差6MPa下不同温度下流变曲线

(b)表观黏度和塑性黏度曲线

图 2　流变性评价

利用登楼库组紫红色泥岩对不同类型钻井液抑制性进行了评价(图 3)，抗高温封堵防塌钻井液回收率高达 90.6%，与油基钻井液接近，远高于其他钻井液体系，抑制能力能够满足施工需求。

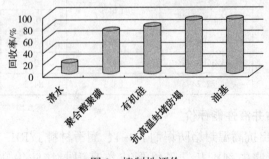

图 3　抑制性评价

分别使用极压润滑仪、泥饼黏附系数测定仪对深层水平井抗高温水基钻井液的摩擦系数进行了评价(图4)，老化前后钻井液体系泥饼黏附系数<0.6、极压润滑系数≤0.1，润滑能力能够满足施工需求。

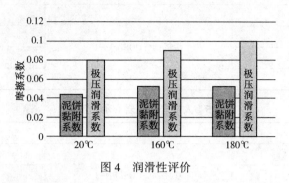

图4　润滑性评价

2　防漏堵漏技术研究

大庆深部裂缝破碎带主要集中在徐家围子断陷登娄库组以下火成岩发育地层，以熔结凝灰岩为主，含伊利石和绿泥石黏土矿物，易发生层间散裂而产生裂缝，火成岩裂缝发育强度受断裂控制，以高角度构造缝、溶蚀缝为主，裂缝宽度在 $10\sim200\mu m$ 之间，构成了钻井液漏失的天然通道，且裂缝密度高，胶结能力差，易导致地层破碎。火成岩裂缝类型主要有两种，其中构造缝占70%，裂缝倾角为高角度和直立缝66%，裂缝宽度以微缝和小缝为主，裂缝长度以晶屑凝灰岩最大；成岩缝占27%，成岩缝裂缝倾角为水平缝和高角度缝63%，裂缝宽度大多分布在 $10\sim200\mu m$ 之间，裂缝长度主要集中在 $2\sim5m/m^2$。

2.1　高效随钻封堵材料研制

通过火成岩裂缝引起漏失机理分析，利用颗粒级配的刚性粒子与可变形材料软化封堵裂缝，再用纳米级材料填充微裂缝的原理，优选出可变形材料、纤维材料、可膨胀材料及填充材料，研制出 DQSZFD-1，可封堵 $10\sim200\mu m$ 裂缝。室内进行砂床评价实验(表3)，侵入深度均较浅，堵漏效率高。

表3　封堵效果评价

配方	实验条件	砂床	侵入深度/cm
基浆	常温	10~20目	全部穿透
基浆+4%DQSZFD-1	180℃老化后		5.2
基浆	常温	20~40目	全部穿透
基浆+4%DQSZFD-1	180℃老化后		3.2
基浆	常温	40~60目	全部穿透
基浆+4%DQSZFD-1	180℃老化后		2.9

2.2　承压效果评价

使用堵漏承压评价装置对 DQSZFD-1 承压性能进行了评价(表4、表5)，加入封堵材料的钻井液对于各级别高渗透岩心和不同缝宽人造裂缝岩心均起到了较好的封堵作用，封堵层形成后其堵漏承压能力达到了5.0MPa以上。

表4　高渗透率石英砂岩心封堵实验

渗透率/md	配方	承压能力/MPa
5000	基浆+4%DQSZFD-1	6.2
15000		5.6
17000		5.2
18000		5.0

表5　人造岩裂缝岩心承压实验

缝宽/mm	配方	承压能力/MPa
0.5	基浆+4%DQSZFD-1	5.5
1.0		5.3
2.0		5.0

2.3　封堵效果评价

用动失水仪进行实验，通过收集出液量可评价钻井液在一定压力下对裂缝的封堵情况。分别进行了 50μm、100μm、200μm 三个量级微裂缝封堵实验，根据动态滤失量及颗粒堆积形态判断封堵效果。由图 5 可知，在封堵实验中钻井液的累计出液量随时间增长而逐渐增加，说明钻井液对 50μm、100μm、200μm 微裂缝均具较好的封堵效果。

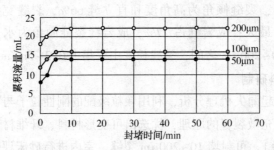

图5　不同级别微裂缝封堵实验累计出液量曲线

研制的 DQSZFD-1，可有效封堵 10~200μm 裂缝，承压能力达到 5MPa，对火成岩裂缝进行随钻封堵，达到预防漏失的目的，保证施工安全顺利进行。

2.4　堵漏效果评价

现场应用过程中会发生漏失速度>10m³/h 情况，需要进行堵漏，通过在丙烯酰胺上引入功能性单体 HAPS，并优化抗高温交联剂加量，研制出 DQPZFD-1，与复合堵漏剂配合使用(表6、表7)，可对 200μm~5mm 裂缝进行有效封堵。

表6　1mm 缝板堵漏实验

序号	复合堵漏剂含量/%	DQPZFD-1 含量/%	实验结果
1	1	1	加压至 3.5MPa 微漏，5MPa 稳定后共漏失 120mL
2	2	1	加压至 3.5MPa 微漏，5MPa 稳定后共漏失 160mL
3	2.5	1	加压至 3.5MPa 微漏，5MPa 稳定后共漏失 30mL
4	3	1	加压至 3.5MPa 微漏，5MPa 稳定后共漏失 30mL

表 7　5mm 缝板堵漏实验

序号	复合堵漏剂	DQPZFD-1	实验结果
1	4%	1%	加压至 3.5MPa 漏失 1540mL，加压到 4.5MPa 全部漏失
2	4%	1%	加压至 3.5MPa 漏失 1380mL，5MPa 稳定后共漏失 1800mL
3	4%	1%	加压至 3.5MPa 漏失 1130mL，5MPa 稳定后共漏失 1280mL
4	5%	1%	加压至 3.5MPa 过程中共漏失 970mL，5MPa 稳定后共漏失 1180mL

3　现场应用效果

通过在大庆油田徐家围子等地区 WS1-H4、WS1-H5、XS3-H2、XS9-H5、FS5-H1 等 18 口井现场应用说明，研发的抗高温封堵防塌钻井液体系性能稳定，部分数据见表 8，具有较强的封堵防塌能力，有效解决了深层火成岩裂缝发育，易发生井下复杂情况的难题，施工过程中，高温稳定性好、润滑能力强、稳定井壁能力突出，避免了复杂情况的发生，保证施工安全顺利进行。

表 8　现场应用情况表

井号	密度/(g/m³)	黏度/s	动切/Pa	塑黏/mPa·s	FL/mL	K_f
LH1	1.15~1.25	50~70	8~23	20~28	1.8~2.4	0.0437
FS6-H3	1.15~1.25	50~70	9~24	20~28	1.8~2.6	0.0524
FS6-H2	1.15~1.25	50~70	8~23	18~28	1.8~2.4	0.0524
FS6-CXH3	1.15~1.25	50~70	9~24	19~28	2.0~2.4	0.0437
FS6-H4	1.15~1.25	50~70	8~23	20~28	1.8~2.6	0.0524
FS5-H1	1.15~1.25	50~70	8~23	18~27	2.0~2.4	0.0437
XS8-H2	1.15~1.25	50~70	9~24	19~27	1.8~2.6	0.0437
XS8-H3	1.15~1.25	50~70	9~24	18~29	1.8~2.4	0.0437

取得效果主要体现以下几个方面：

（1）现场应用过程中表现出良好高温稳定性，施工中动塑比>0.46，携岩能力强，有效清洁井眼，滤失量低，失水≤2.8mL/30min，高温高压失水≤10mL/30min，减少滤液对地层损害，润滑性好，K_f≤0.0524，现场应用 18 口井中，完钻井深最深 5424m，垂深最深 4000m，水平段最长 1608m，水平位移最大 1845.18m。

（2）钻井液抑制和封堵防塌能力强，能够有效抑制泥页岩的水化膨胀，并对地层裂缝实施有效封堵，稳定井壁，钻进过程中未出现任何因钻井液而引起的井塌、卡钻情况。

（3）根据各井地质设计提示，钻进过程中及时加入新型封堵材料，有效预防了钻井液的漏失，施工 18 口井，仅有两口发生井漏，防漏成功率达 88.9%以上。

（4）XS903-H2 施工中发生 8 次漏失，累计漏失量 489m³，XS8-H2 施工中发生 5 次漏失，累计漏失量 406m³，应用浓度 15%~30%堵漏浆（30m³），同时钻井液密度执行设计下限，堵漏效果显著，漏失层位未发生二次漏失，保证施工安全顺利进行。

4 结论

（1）研制的抗高温封堵防塌钻井液体系，抗温 180℃，动塑比>0.46，失水≤2.8mL/30min，高温高压失水≤10mL/30min，滚动回收率>90%，泥饼黏附系数<0.6、极压润滑系数≤0.1，能够满足深层火成岩水平井施工需求。

（2）研制的 DQSZFD-1 可有效封堵 10~200μm 裂缝，承压能力达到 5MPa，对火成岩裂缝进行随钻封堵，发生漏失时，配合 DQPZFD-1 及复合堵漏剂使用，可对 200μm~5mm 裂缝进行有效封堵，保证安全快速施工。

（3）抗高温封堵防塌钻井液体系抑制、封堵防塌效果显著，解决了火成岩地层裂缝发育，易发生复杂情况的问题，钻进过程中未出现因钻井液而引起的井塌、卡钻等复杂情况，防漏成功率达 88.9% 以上，堵漏成功率 100%，能够满足深层火成岩水平井施工需要。

参 考 文 献

[1] 刘永贵，张洋，等. 深层水平井双聚胺基钻井液技术研究与应用[J]. 探矿工程，2015.
[2] 孔勇，杨小华，等. 抗高温强封堵防塌钻井液体系研究与应用[J]. 钻井液与完井液，2016.
[3] 高铭泽. 徐家围地区裂缝地层井壁稳定性研究[J]. 大庆石油学院研究生学位论文. 2009.
[4] 竹学友. AMPS 多元共聚物降滤失剂的抗温效果分析[J]. 西部探矿工程. 2016

作者简介：潘永强，（1979 年-），男，汉族，高级工程师，目前在大庆钻探工程公司钻井工程技术研究院钻井液分公司项目经理。电话：13936996508，邮箱：panyongqiang@cnpc.com.cn。

复杂裂缝地层致密承压堵漏基础理论与新技术研究展望

邱正松 暴 丹 钟汉毅 赵 欣 李 佳 刘均一 陈家旭 叶 链 臧晓宇

[中国石油大学(华东)石油工程学院]

摘 要 复杂裂缝地层井漏是钻井工程中的世界技术难题，严重制约复杂地质油气资源钻探开发。本文针对复杂裂缝地层漏失技术难题，剖析了裂缝封堵层失稳微观机制，借助颗粒物质力学基本理论与方法，探讨了基于强化力链网络结构的致密承压封堵机理；发展了堵漏材料特性精细评价及长裂缝堵漏模拟实验新方法。针对深层高温堵漏技术难题，研发了抗220℃高温新型堵漏材料；探索研制了一种对裂缝开度具有较好自适应能力的热致形状记忆智能堵漏剂，针对漏层具有温敏、自适应、高效封堵作用效果。加强致密承压封堵基础理论、堵漏模拟实验方法和新型高效堵漏材料等方面的系统化研究与创新，有望更好地解决复杂井漏技术难题。

关键词 裂缝地层井漏 堵漏模拟实验方法 致密承压封堵机理 抗高温堵漏剂 热致形状记忆智能型堵漏剂

随着陆地深层、海洋深水及非常规油气钻探领域拓展，防漏堵漏技术将面临更大的挑战。复杂裂缝地层井漏是钻井工程中的世界技术难题，严重制约复杂地质条件油气资源钻探开发进程。针对裂缝地层严重井漏难题，国内外已开展了大量研究工作，但至今复杂漏层现场堵漏承压能力及成功率不高。因此，迫切需要针对封堵失稳破坏机制、致密承压封堵基础机理、模拟实验新方法以及新型高效堵漏材料等方面开展创新研究。

针对钻井工程中裂缝地层漏失技术问题，本文基于裂缝封堵层失稳微观机制剖析，探讨了基于强化力链网络结构的致密承压封堵机理；给出了高效堵漏材料精细评价参数及长裂缝封堵模拟实验新方法。针对深层高温堵漏技术难题，研制了抗220℃高温堵漏材料；探索研制了一种对裂缝开度具有较好自适应能力的热致形状记忆智能型堵漏剂。

1 裂缝封堵层失稳微观机理剖析

桥接堵漏材料进入地层裂缝后，通过架桥、堆积、填充等作用可形成封堵层。堵漏材料在进入裂缝过程中，受到渗透力作用，当封堵层形成后，在水平方向上受井眼流体压力与地层孔隙压力作用，在垂直方向上受裂缝闭合压力作用，在三种力的综合作用下，封堵层与裂缝壁面会产生摩擦力。另外，封堵层中颗粒与颗粒之间相互挤压，产生法向力和切向力等接触应力。总之，裂缝封堵层在外力和内部接触应力共同作用下(图1)，处于力学平衡状态，可形成了承压的"封堵隔墙"，预防或控制钻井液漏失[1,2]。

在微观尺度上，钻井工作液与堵漏颗粒、颗粒与颗粒、封堵层与裂缝壁面之间均存在相互作用力，当外应力超过了封堵层能承受的最大作用力时，在宏观尺度上则表现为封堵层失稳破坏，可造成重复性漏失。基于裂缝封堵层微观结构受力分析，探讨分析了挤压破碎失稳、摩擦滑动失稳、剪切错位失稳、渗漏失稳等四种封堵层失稳破坏形式(图1)[1]。

裂缝封堵层发生失稳破坏是导致堵漏作业失败的关键原因。针对每种封堵层失稳破坏形式及微观机制，提出了堵漏材料的粒度降级率、表面摩擦系数、剪切强度、堆积孔隙比等特征精细化评价参数[1]，用于指导高效堵漏材料的研发，并通过堵漏材料类型组合和粒径级配合理优化，增加堵漏材料的摩擦系数（对抗摩擦滑动失稳）和剪切强度（对抗剪切错位失稳），降低粒度降级率（对抗挤压破碎失稳）和颗粒堆积孔隙比（对抗渗漏失稳），有效预防多种力耦合作用下的裂缝封堵层失稳破坏。

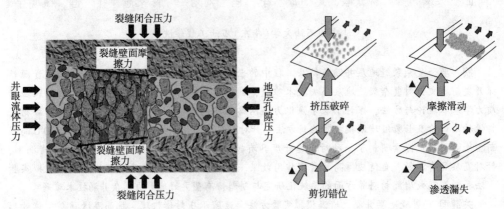

图 1　裂缝封堵层的受力概念模型（左）及失稳破坏方式（右）示意图[1]

2　基于强化力链网络结构的致密承压封堵机理及精细评价指标

微观而言，致密承压封堵层可近似为封堵材料的颗粒物质体系（图 2）[3,4]。堵漏材料进入地层裂缝后形成封堵层，也是堵漏颗粒之间挤压产生接触应力进而构成力链结构的动态过程。封堵层中颗粒之间紧密堆积，相互挤压，产生不同的接触应力，从而形成不同强度的力链，这些力链相互交错构成力链网络，并且非均匀地贯穿在封堵层内部，决定了封堵层的承压稳定性[5]。当封堵层内部形成的强力链越多时，封堵层承压稳定性越强，越容易达到致密承压封堵效果。裂缝封堵层内部力链强弱与堵漏材料的颗粒粒径与粒度级配、弹性变形特征、刚度、摩擦系数、材料组合类型等因素密切相关。

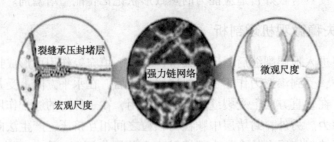

图 2　裂缝封堵层多尺度结构特征示意图[4]

（1）颗粒粒径与粒度级配。颗粒粒径越小，促使小颗粒在外载荷作用下移动锲紧，颗粒平均配位数增大，体系中强力链数目分布更多（图 3），封堵层更加致密承压[6]。粗、中、细粒径颗粒优化复配使用，增加颗粒配位数，降低封堵层渗透率，提高封堵层的致密承压能力。

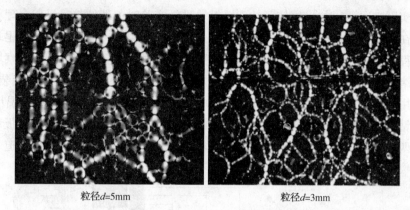

粒径d=5mm　　　　　　　粒径d=3mm

图3　光弹实验中不同颗粒粒径体系内部力链分布图[6]

（2）颗粒弹性变形特征。由于钻井液当量循环密度的变化，裂缝开度是动态变化的。因此要求裂缝承压封堵层具有较好的弹性变形性能，更好地适应裂缝开度的动态变化。另外，由于弹性变形特征可充填于微小孔隙之间，增加封堵层强力链数目，提高致密承压能力。

（3）颗粒刚度。相互接触颗粒在相同变形条件下，其刚度越大，颗粒接触力越大，越容易形成强力链网络结构。因此，堵漏体系中刚性颗粒越多（尤其是架桥颗粒），封堵层承压能力越高。

（4）颗粒摩擦系数。当堵漏材料表面粗糙时，有助于形成强力链网络结构（图4）[7]，封堵层具有较强的抗剪切能力。另外，有助于增加封堵层与裂缝壁面之间的摩擦力，从而有利于在裂缝端口形成封堵层，有利于裂缝的闭合及抑制裂缝尖端的扩展。

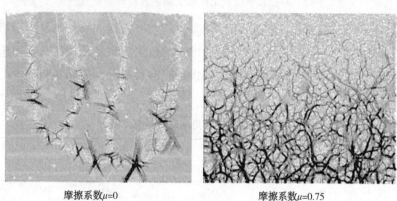

摩擦系数μ=0　　　　　　　摩擦系数μ=0.75

图4　离散元数值模拟不同摩擦系数颗粒体系内部的力链状态示意图[7]

（5）堵漏材料组合类型。当单独使用颗粒状、片状堵漏材料时，颗粒之间往往形成弱力链结构，在剪切应力作用下封堵层易发生失稳。当协同加入纤维堵漏材料，通过密集成网、挤压拉筋作用提高封堵层剪切强度，有助于形成强力链网络结构的封堵层，明显提高封堵致密承压能力。

3　长裂缝封堵模拟实验方法建立

目前常用的钻井液防漏堵漏模拟实验装置所采用的实验裂缝模块厚度不足，无法模拟地层裂缝深度实际情况。以往采用较薄的裂缝模块进行实验时，即使粒径级配合理，堵漏材料可能来不及在裂缝中完成架桥、堆积和填充等过程而流出裂缝，或滞留于裂缝尾端，与实际堵漏动态过程不相符。因此，为了更好地模拟井下堵漏过程实际情况，深入考察堵漏材料在裂缝中的封堵位置及堆积微观结构状态，为此本文研制了长裂缝封堵模拟实验装置(图5)。该装置可采用不同开度楔形长裂缝(最长达100cm)的实验模块，在模拟不同温度、压差及剪切速率下钻井液的动态或静态堵漏过程。裂缝模块由两块对称的半圆柱体钢板和两个环形箍组成。将两块钢板中间加工成凹槽，用环形箍将钢板组合固定，形成裂缝通道。

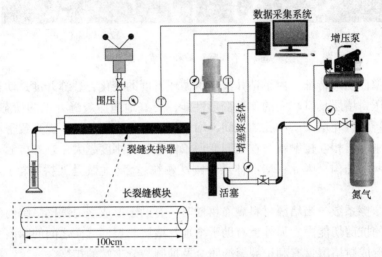

图 5 新型长裂缝封堵模拟实验装置原理示意图

为评价封堵致密承压能力，首先采用堵漏浆进行裂缝封堵实验，当封堵层形成后，将堵漏浆更换为不含堵漏材料的钻井液，逐步加压评价封堵层的致密承压能力。优选碳酸钙、核桃壳、弹性橡胶颗粒和有机纤维堵漏材料，评价了堵漏材料类型协同和粒径级配对堵漏效果的实际影响。

表 1 裂缝封堵实验用堵漏材料基本配方

堵漏材料类型		粒径级配/μm		
		1#	2#	3#
SCC，NS，或RUB	D10	90	430	780
	D50	800	910	1050
	D90	1200	1350	1480

注：SCC—碳酸钙颗粒，NS—核桃壳颗粒，RUB—橡胶颗粒，PPF—有机纤维。

3.1 堵漏材料类型协同堵漏效果

由图6结果可知，碳酸钙颗粒承压能力大于核桃壳颗粒，而弹性橡胶无法对裂缝进行有效封堵。颗粒间及其与裂缝壁面的相互作用力决定了封堵稳定性。堵漏材料在长裂缝中通过架桥、堆积和填充作用形成封堵层，颗粒间及其与裂缝壁面产生挤压应力，颗粒将发生局部的挤压变形，架桥颗粒易失去对裂缝壁面的有效支撑，导致封堵层失稳破坏。因此，堵漏材料刚度越大，越不易发生挤压变形，封堵层不易发生失稳破坏，承压能力越大。

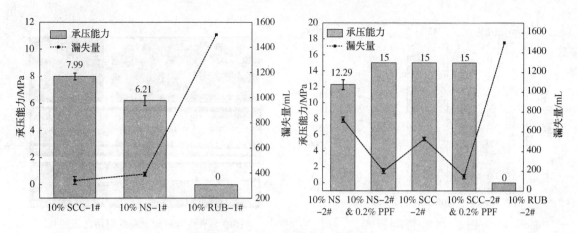

图 6　堵漏材料类型对封堵承压能力及漏失量的影响

由图 6 结果可知，加入有机纤维材料后，封堵承压能力提高，漏失量减少。由图 7 可知，纤维在堵漏颗粒之间拉筋、成网，纤维材料加入能提高封堵层剪切强度，增强封堵层力链网络结构强度，避免发生剪切错位失稳，因此封堵承压能力提高。同时纤维长径比较大，可弯曲变形充填于颗粒空隙中，提高封堵层的致密性，漏失量减小。

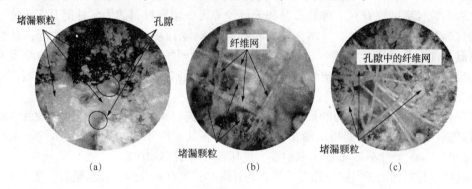

图 7　封堵区域微观图(50X)

3.2　堵漏材料粒径级配对堵漏效果的重要影响

堵漏体系配方 NS-1#由粗、中、细和特细颗粒组成。由表 1 可知，粒径级配分布宽。堵漏体系配方 NS-2#由粗、中和细颗粒组成，粒径级配较宽。堵漏体系配方 NS-3#由粗、中颗粒组成，无细小颗粒，粒径级配较窄。由图 8 和图 9a 结果可知，NS-3#堵漏配方无法对裂缝形成封堵。这是由于该堵漏配方中没有发挥填充封堵作用的微细颗粒，导致封堵层存在大量孔隙，易发生渗透漏失失稳。NS-1#堵漏配方承压能力较低(6.21MPa)。这是由于该配方粒径级配宽，当堵漏材料进入裂缝中，粗、中、细和特细颗粒迅速发生架桥、堆积和填充封堵作用，形成的封堵层薄(图 9b)，其封堵层中力链网络结构强度弱，封堵层易产生剪切错位失稳和摩擦滑动失稳，因此承压能力低。而 NS-2#堵漏配方粒径级配合理，粗粒径颗粒进行架桥，中和细粒径颗粒持续进行填充封堵，因此形成的封堵层致密且较厚(图 9c)，多层封隔可共同承受外力，封堵承压能力高(12.29MPa)。因此，存在一定漏失作用过程，有利于在裂缝中形成厚的封堵层，明显提高裂缝封堵承压能力。

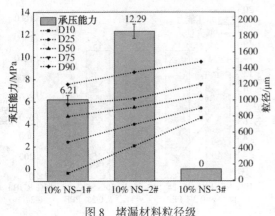

图 8　堵漏材料粒径级
配对承压能力的影响

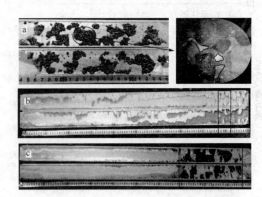

图 9　不同堵漏配方裂缝封堵区域照片
（a：NS-3#；b：NS-1#；c：NS-2#）

4　新型高效堵漏材料研制

4.1　抗 220℃高温堵漏材料系列产品研发

高温深层钻井对传统堵漏材料的抗/耐温能力提出了更高要求。实验表明[8]，220℃高温老化后小粒径碳酸钙颗粒、弹性石墨和云母片等无机堵漏材料的力学性能几乎不变，具有较好的抗高温（220℃）能力。然而，较大粒径碳酸钙颗粒脆性强、抗压强度低，且密度较大，高温条件下悬浮稳定性差[9]，不宜用作高温堵漏架桥颗粒。另外，常用的纤维类堵漏材料的抗温能力也不足。当前迫切需要研发抗高温、低密度的刚性架桥类堵漏材料以及抗高温高强度纤维类堵漏新材料。

基于具有刚性分子链结构的聚苯硫醚，与无机填充材料、增强纤维等共混改性，研发了一种抗高温（>220℃）刚性架桥堵漏新材料（图 10），其密度小（1.3~1.5 g/cm³），沉降稳定性好，220℃/48h 老化后质量损失率<1%，抗压粒度降级率<10%。

无机纤维材料相比于有机植物类、聚合物纤维等，具有更好的抗高温能力。基于天然岩料等无机材料，成功研发出抗高温（>220℃）高强度堵漏纤维（图 10），其纤维长度为 3~12mm 可调节，直径 20~30μm；220℃/48h 老化后的质量损失率<16%，断裂强度保持率仍>80%。

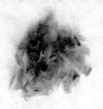

抗高温刚性架桥堵漏颗粒　　　　　　　　抗高温高强度堵漏纤维

图 10　新型抗高温堵漏材料 220℃/48h 老化前后外观（左：老化前；右：老化后）

利用新研制的抗高温颗粒和纤维堵漏材料，协同碳酸钙颗粒、弹性石墨和云母片等抗高温堵漏材料的粒径级配和浓度调控，实验优化得到了 1~5 mm 不同裂缝开度的抗高温堵漏体系配方，其高温封堵承压能力≥10MPa，最高可达 15MPa，为较好地解决超高温堵漏难题提供了技术保障。

4.2 热致形状记忆智能型堵漏剂研制

传统惰性刚性桥接堵漏材料的可变形性较差、封堵效果对裂缝尺度较敏感，即自适应性及广谱性不理想，且易产生封门或流入裂缝深部，往往导致堵漏失败。然而，现代材料科学研究新进展为新一代高效自适应堵漏剂的研发提供了新思路。热致感应型(温敏)形状记忆材料属于智能材料范畴，具有温敏响应、可恢复形变量大、强度高等优点[10~12]。可将膨胀型、大体积形状记忆类材料制成常温下蜷缩、小体积的堵漏剂产品，不仅便于随钻携带输送至漏层，并借助漏层温度激活后可发生形状回复，自适应在漏失裂缝中强力伸展、桥接，促进快速、高效承压封堵，有望实现温敏智能化堵漏关键技术突破。

聚合物类形状记忆效应源于其分子内部的固定相和可逆相结构，固定相可使聚合物在变形过程中能够记忆材料的初始形状；可逆相是结构中随着温度的变化发生冻结态和高弹态相互转变的成分。优选具有固定相又具有可逆相结构的低聚物单体，与高温交联剂和催化剂反应，成功研制了不同粒径的热致形状记忆智能型堵漏剂(密度 1.16g/cm³)。其玻璃化转变温度可依据漏层温度进行调控(72.86~102.35℃)，形状固定率和回复率大于99%，形状回复时间可调(140s~78min)，可用于不同井深堵漏作业。高温高压条件下(120℃/20MPa)颗粒 $D90$ 增长率大于40%，激活后抗压强度高，有利于在裂缝中自适应架桥封堵。热致形状记忆堵漏剂激活前为片状，便于随钻井液输送至漏层，易自适应进入裂缝；再借助漏层温度激活后，发生热致快速膨胀和伸展，形状回复至立方体块状的三维结构(图11)，在一定程度上可自适应匹配漏失裂缝开度，封堵效率高，采用一套封堵工作液配方即可成功封堵 3~5mm 不同开度共存裂缝地层，承压能力>11MPa，实现温敏、自适应、高效封堵作用，为更好解决裂缝地层严重漏失工程难题，提供了新一代"智能"型堵漏材料。

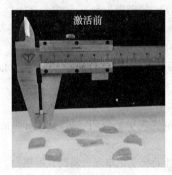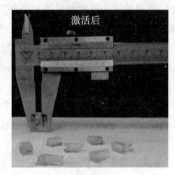

图11　高温激活前后的热致形状记忆智能型堵漏剂
(高温激活前为薄片状，激活后为立方体块状)

5　结论与认识

(1) 基于裂缝封堵层微观结构受力分析，探讨了挤压破碎失稳、摩擦滑动失稳、剪切错位失稳、渗漏失稳等四种封堵层失稳破坏形式；提出了粒度降级率、表面摩擦系数、剪切强度、堆积孔隙比等封堵失稳的特征评价参数。

(2) 揭示了基于强力链网络结构的致密承压封堵机理；封堵层中力链结构强弱主要取决于堵漏材料的颗粒粒径、弹性变形特征、刚度、摩擦系数、材料组合类型等主要影响因素。

(3) 新研制的长裂缝封堵模拟实验装置及方法，能更好地评价封堵裂缝动态过程及封堵层微观结构状态。堵漏材料刚度越大，裂缝封堵承压能力越大；纤维堵漏材料加入可明显提高致密承压能力；堵漏配方中粒径级配合理，封堵层致密且厚度较大，承压能力明显提高。

（4）研发出抗 220℃高温、高强度、低密度的刚性堵漏架桥颗粒和抗 220℃高温、高强度堵漏纤维两种新型堵漏材料产品，可较好解决超高温堵漏体系（220℃）地层堵漏难题。

（5）创新研制了一种热致形状记忆智能型堵漏剂，借助漏层温度激活后，可自适应匹配裂缝宽度；采用一套堵漏体系配方即可成功封堵 3~5 mm 不同开度的共存裂缝，封堵承压能力>11MPa。

致谢：感谢十三五国家科技重大专项（2017ZX05032004-005、2017ZX05005005-006、2016ZX05020004-010)、中石化胜利石油工程有限公司钻井工艺研究院、中海油田服务股份公司油田化学事业部、中石油渤海钻探泥浆公司等单位对本研究给予的项目支持与帮助。

参 考 文 献

[1] 邱正松，暴丹，刘均一，等. 裂缝封堵失稳微观机理及致密承压封堵实验[J]. 石油学报，2018，39（05）：587-596.

[2] Xu Chengyuan, Kand Yili, Chen Fei, et al. Analytical model of plugging zone strength for drill-in fluid loss control and formation damage prevention in fractured tight reservoir[J]. Journal of Petroleum Science and Engineering, 2017, 149: 686-700.

[3] 邱正松，刘均一，周宝义，等. 钻井液致密承压封堵裂缝机理与优化设计[J]. 石油学报，2016，37（S2）：137-143.

[4] 康毅力，许成元，唐龙，等. 构筑井周坚韧屏障：井漏控制理论与方法[J]. 石油勘探与开发，2014，41（04）：473-479.

[5] 邱正松，暴丹，李佳，等. 井壁强化机理与致密承压封堵钻井液技术新进展[J]. 钻井液与完井液，2018，35（04）：1-6.

[6] 陈平. 颗粒介质压缩和剪切的可视化试验与分析[D]. 华南理工大学，2014：37

[7] 孙其诚，王光谦. 静态堆积颗粒中的力链分布[J]. 物理学报，2008，（08）：4667-4674.

[8] 暴丹，邱正松，邱维清，等. 高温地层钻井堵漏材料特性实验[J]. 石油学报，2019，40（07）：846-857.

[9] Sandeep D. Kulkarni, Sharath Savari, et al. Designing Lost Circulation Material LCM Pills for High Temperature Applications[R]. SPE 180309. 2016.

[10] 徐祖耀，江伯鸿. 形状记忆材料[M]. 上海交通大学出版社出版，2000.

[11] 王敏生，光新军，孔令军. 形状记忆聚合物在石油工程中的应用前景[J]. 石油钻探技术，2018，46（05）：14-20.

[12] 暴丹，邱正松，赵欣，等. 基于温敏形状记忆特性的智能化堵漏材料研究展望[J]. 钻井液与完井液，2019，36（03）：265-272.

基金项目：国家重点基础研究发展规划（973）项目（2015CB251205）、十三五国家科技重大专项（2017ZX05032004-005、2017ZX05005005-006、2016ZX05020004-010）。

作者简介：邱正松（1964-），男，2001 年获石油大学（华东）博士学位，现为中国石油大学（华东）石油工程学院教授、博士生导师，主要从事井壁稳定理论与防塌防漏钻井液技术、复杂深层超高温超深井钻井液关键技术、海洋深水钻井液完井液技术等科研及教学工作。电话：（0532）86983576，Email：qiuzs63@sina. com。

顺北志留系窄密度窗口地层承压堵漏技术

宋碧涛　李　凡　张凤英　刘金华　陈曾伟　李大奇

（中国石化石油工程技术研究院）

摘　要　顺北一区 5 号断裂带地质构造复杂，受断裂带影响，钻井施工风险高、难度大。SHB52X、SHB5-5H、SHB5-6H 在志留系均钻遇多套漏层，单井井漏复杂处理累计超过 100 余天。志留系较低的漏失压力（$1.33\sim1.35\text{g/cm}^3$）与高压盐水侵（地层压力 $1.36\sim1.41\text{g/cm}^3$）和侵入体薄夹层（坍塌压力大于 1.35g/cm^3）需要提高密度的矛盾异常突出。为此开展了志留系窄密度窗口地层承压堵漏技术攻关，形成了针对顺北志留系漏层的高强度随钻堵漏技术、高失水固结堵漏技术、抗高温化学固结堵漏技术和抗高温致密承压堵漏技术，有效降低钻井井漏次数和井漏复杂程度，志留系井漏复杂处理时间降低 60% 以上，为顺北高效勘探开发提供了技术支撑。

关键词　顺北　承压堵漏　窄密度窗口　井漏

顺北油田是中国石化在特深层海相碳酸盐岩领域的重大发现，将成为中国石化增储上产的主战场[1]，顺北油田勘探开发主要集中在顺北一区的 1 号断裂带和 5 号断裂带上，由于地质构造复杂，钻井井漏是其中严重的技术难题，如顺北 52X 井志留系累计发生 19 次漏失，3 次出盐水，采用随钻及桥堵、水泥堵漏、化学堵漏等堵漏 25 次，耗时 134d，后因漏失严重、承压能力不能满足压稳水层的需求而被迫挪井位，顺北 5-5H 井和顺北 5-6 井被迫多下一层套管，累计复杂时间近 300 多天，经济损失巨大，已经严重制约了顺北一区 5 号断裂带的勘探开发进程。本文通过综合分析工程、地质、漏层特点以及顺北志留系钻井堵漏作业实践，总结了志留系窄密度窗口提高地层承压的原理和方法，研究了能显著提高地层承压能力的致密承压堵漏等技术，现场应用效果明显，井漏复杂情况大幅度降低。

1　窄密度窗口地层特征分析

1.1　地层特征和漏失通道分析

新疆顺北区块位于顺托果勒隆起构造带，位于沙雅隆起、卡塔克隆起和阿瓦提坳陷、满加尔坳陷之间，古生界志留系地层埋深 $5300\sim6900\text{m}$，包括塔塔埃尔塔格组和柯坪塔格组，塔塔埃尔塔格组主要由浅灰色细粒砂岩、粉砂岩、泥质粉砂岩与棕褐色泥岩、粉砂岩泥岩互层组成；柯坪塔格组从上到下分为三段，S_1K^3 为浅灰色细粒砂岩夹棕褐色、灰色泥岩，即沥青质砂岩段；S_1K^2 为深灰色、绿灰色泥岩、粉砂质泥岩，即暗色泥岩段；S_1K^1 为绿灰、棕褐、灰色泥岩、粉砂质泥岩与灰色泥质粉砂岩、细粒砂岩呈不等厚互层，地层温度超过 140℃。

由于地质构造的挤压和扭曲作用，志留系地层断裂带附近缝网发育，存在大段、大量张开和闭合裂缝，且裂缝对钻井液密度即压力变化敏感，易开启、扩大，通过图 1 顺北 5-8 和顺北 5-10 井的成像测井可见大量压力诱导裂缝和原始裂缝，其中诱导裂缝主要发生在塔塔埃尔塔格组，柯坪塔格组次之，而原始裂缝主要在柯坪塔格组。通过测井及工况分析等方法统计分析漏层位置如图 2 所示，志留系 5500～6300m 塔塔埃尔塔格组存在多处漏失层，6300m 以下的柯坪塔格组仍然存在零星漏层。

现场堵漏中需要先对裂缝宽度进行判断，然后进行针对性的防漏堵漏技术措施。从地质测井解释来看塔塔埃尔塔格组和柯坪塔格组均存在明显的压力诱导裂缝，塔塔埃尔塔格组以砂岩为主，诱导裂缝较多，柯坪塔格组以泥岩为主，原生裂缝较为发育。测井解释诱导裂缝宽度小于 1mm，但是从多口井的堵漏实践来看，单次漏失量上柯坪塔格组较塔塔埃尔塔格组大，故塔塔埃尔塔格组裂缝宽度要小一些，柯坪塔格组裂缝所用的堵漏材料颗粒最大已经达到 4mm，但是仍不能形成堵漏桥塞，顺北 52X 所用堵漏材料颗粒最大已经达到 20mm，但仍无堵漏效果，说明存在开度更大的裂缝和裂缝在压力下发生了扩展。可见志留系裂缝宽度分布范围广，且不确定性强，细微裂缝在压力下发生扩展，是其堵漏难、易复发的根本因素。

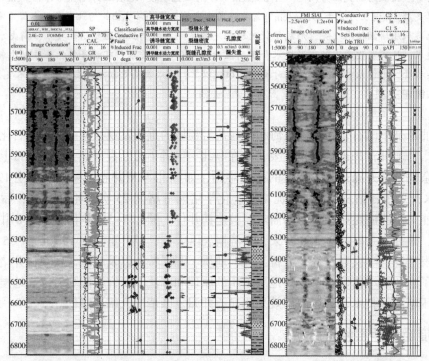

图 1　顺北 5-8 和顺北 5-10 诱导缝及高导缝定量评价

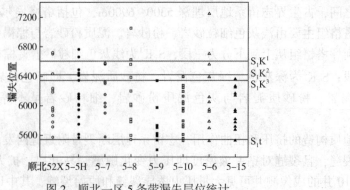

图 2　顺北一区 5 条带漏失层位统计

1.2　地层漏失压力研究

前期 5 口钻遇侵入体薄层的井中，顺北 52X（5461m，密度 1.28g/cm³）、顺北 5-10（5277m 和 5461m，密度 1.35g/cm³）发生卡钻，需要钻井液密度大于 1.35g/cm³。如图 3 和图 4 所示对顺北油气田已钻 44 口井志留系钻井液密度与漏失时钻井液密度进行统计分析表明：1 号条带漏失密度 1.37~1.39g/cm³，5 号条带漏失密度 1.33~1.36g/cm³，顺北志留系漏失压力普遍较低，由于部分井遭遇高压盐水层，盐水层当量压力密度 1.38~1.40g/cm³，存在漏失和出盐水的矛盾，安全密度窗口为负值，无高压盐水的情况下其安全密度窗口也只有 0.01~0.04g/cm³。考虑激动压力的影响，要求提高地层承压密度能到 1.45g/cm³ 以上。

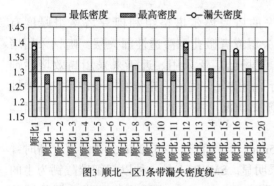

图3　顺北一区1条带漏失密度统计

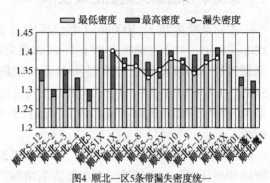

图4　顺北一区5条带漏失密度统计

1.3　承压能力影响因素分析

承压堵漏通常是指采用各种堵漏材料，通过在裂缝内阻挂、架桥、堆积或固结等方式形成封堵层，阻止井筒内钻井液继续漏失，阻止井筒压力传播至裂缝深部，从而提高地层承压能力，预防后期作业中再次发生井漏。

因裂缝性地层承压能力由封堵层失稳压力和裂缝扩展压力中的最小值决定，其中封堵层的失稳压力等于封堵层承压能力和裂缝尖端压力之和，对于小、微裂缝，封堵层以单颗粒架桥为主，其封堵层承压主要与桥接材料的强度有关，故高强度的堵漏材料有利于提高承压强度。而对于大、中裂缝，封堵层以多粒架桥为主，根据颗粒物质力学理论，封堵层强度由力链强度决定，其影响因素主要有堵漏材料弹性变形量、表面摩擦系数和封堵层孔隙度[2]。堵漏材料的弹性变形量、表面粗糙度越大，封堵层的孔隙度越小，承压能力越高。故在选择堵漏材料时，刚性架桥粒子和弹性材料需要配合使用，并需要优化材料的表面粗糙度、粒度分布，达成最优配方，实现最小的封堵层孔隙度，以最终提高封堵层的承压能力。

李大奇[2]详细研究了裂缝尖端压力与地层渗透率、裂缝宽度和裂缝长度均有关系，研究表明当地层渗透率较高或裂缝较长时，裂缝尖端压力接近地层压力，此时提高地层承压能力主要靠提高封堵层自身承压能力。当地层渗透率较低或裂缝较短时，裂缝尖端压力接近井筒压力，可能会导致裂缝扩展，需要采取工程措施尽量降低裂缝尖端压力。在裂缝不发生扩展的前提下，裂缝尖端压力增加，封堵层失稳压力增加，有利于提高地层承压能力。承压堵漏的关键是形成高强度封堵层和阻止裂缝扩展，即堵漏材料要求抗压强度高，封堵层要求致密、弹性变形率及摩擦系数大，且封堵位置靠近井筒，封堵层厚度要合适。

何新星[3]研究发现裂缝变形会对封堵层产生破坏，裂缝变形程度越大对封堵层的破坏越强，弹性堵漏剂能够更好地适应裂缝变形。因此，在裂缝性地层堵漏时，建议在堵漏浆中加入一定比例的弹性堵漏材料，在堵漏的后续作业中尽量降低井筒压力波动，以减小裂缝动态变形带来的不利影响。

已有现场实践表明，使用刚性堵漏材料、弹性堵漏材料和纤维类堵漏材料复合使用有利于提高堵漏成功率[3~8]，在不同层位根据漏失程度的大小选择合适的堵漏剂和堵漏工艺，并通过综合分析确定堵漏材料的浓度和粒度分布，制定合理的防漏堵漏技术措施，可有效降低井漏漏失量和提高堵漏成功率[9,10]。

2 长裸眼多点漏失随钻防漏技术

志留系裸眼段长 2000m 以上，其中易漏失的塔塔埃尔塔格组和柯坪塔格组厚度有 1200m 以上，对于裂缝宽度小于 1mm 以内的漏失层或者微孔隙渗透性漏失层，随钻采用堵漏材料进行防漏堵漏是非常经济有效的措施，现场已广泛采用。近年来采用高效堵漏剂 SMGF-1 与 SMPB-1 和 SQD-98 配合使用，进行了随钻配方优化，充分发挥刚性颗粒、弹性颗粒与纤维的相互缠绕增强作用，形成高强度随钻防漏堵漏技术，进一步提高了随钻堵漏效果。

SMGF-1 是一种纤维类材料，长度为 0.2~5mm，纤维直径 5~100μm，在温度升高时纤维链伸展开来，对渗透性漏失地层防漏堵漏效果明显。SMPB-1 是一种以超细碳酸钙为主的颗粒材料，含有少部分弹性颗粒材料，粒度范围在 5~300μm，主要用作砂岩地层的屏蔽暂堵。

顺北工区所用的随钻堵漏配方主要以 SMPB-1 和 SQD-98 为主，本文使用 FA 砂床评价装置，采用 20~40m 砂床，以现场三开井浆为基浆，评价了 4% 的随钻堵漏配方老化前后的封堵效果，结果见表 1。由表 1 可见，使用以高效堵漏剂 SMGF-1 为主的堵漏材料可以明显减少侵入深度，提高防漏堵漏效果，现场实践过程中一般用量为 4% 即可起到明显的防漏效果，且对流变性影响较小，可以根据实际情况调整加量，以达到钻井液流变性能与防漏堵漏性能之间的平衡。

表 1　随钻堵漏配方及砂床漏失实验

实验浆	实验条件	漏斗黏度/s	滤失量/mL	浸入深度/cm
基浆	常温	48	全失	穿透
	160℃老化	45	全失	穿透
基浆+4%QS-2	常温	48	18	穿透
	160℃老化	45	25	穿透
基浆+4%SMPB-1	常温	51	0	5
	160℃老化	47	0	5.5
基浆+4%SQD-98	常温	54	0	5
	160℃老化	49	0	5
基浆+2%SMPB-1+2%SQD-98	常温	53	0	4
	160℃老化	47	0	5.5

续表

实验浆	实验条件	漏斗黏度/s	滤失量/mL	浸入深度/cm
基浆+4%SMGF-1	常温	51	0	2
	160℃老化	47	0	3
基浆+2%SMPB-1+ 2%SMGF-1	常温	49	0	2
	160℃老化	47	0	3

3 高效承压堵漏技术

针对塔塔埃尔塔格组和柯坪塔格组较为普遍存在的原生裂缝和压力诱导性裂缝，当裂缝宽度大于 1mm 时，仅靠 SMGF-1 等防漏材料已经无能为力了，需要更大粒度的材料，采用合理的配比和工艺开展专项堵漏工作。近 3 年来，国内外各堵漏团队在志留系地层严重漏失层位开展了多种堵漏材料和堵漏工艺技术试验，取得了不少成功经验，其中效果比较好的几种堵漏技术介绍如下。

3.1 抗高温致密承压堵漏技术

现有桥接堵漏配方中大颗粒部分主要用果壳类。由于志留系井温普遍超过 130℃，果壳类在高温下易碳化失效，影响堵漏桥塞长期稳定性，易复漏。笔者采用抗高温的高强度高材料替换掉果壳类材料，并根据裂缝承压原理，充分发挥刚性、弹性材料和纤维材料特性，形成强度致密承压堵漏配方为：井浆+9%~18%刚性堵漏剂+2%~6%弹性堵漏剂+1%~3% 纤维堵漏剂 SQD-98+5%~10% 止裂封堵剂 SMLF-1+4%~8% 高效封堵剂 SMGF-1。其原理是刚性、弹性和纤维材料可作为一个整体在裂缝中推进，在狭窄处形成架桥，在压力作用下不同粒度不同类型材料相互推挤、缠绕、拉紧、填充，形成强度较高的堵漏桥塞，其中止裂封堵剂可封堵裂缝尖端，防止裂缝扩展，最终可在较快的时间内形成一种渗透率极低的堵漏桥塞，基本隔开井筒流体与裂缝流体的沟通，提高地层承压能力。其中的弹性材料还可以使形成的堵漏桥塞具有一定的塑性，在裂缝因为激动压力波动而稍微张开时仍能起到紧密封堵的作用。

抗高温致密承压堵漏技术在顺北 5-8 井和顺北 5-7 井成功应用 17 次，主要针对漏失速度为 15m³/h 以上的漏失层，采用的堵漏浆浓度为 30%~40%，通过适当憋挤，把 10~20m³ 的堵漏浆憋入地层，可将志留系承压能力由 1.35g/cm³ 提升到 1.45~1.50g/cm³。

3.2 高失水固结堵漏技术

裂缝性漏失通道复杂且诱导敏感性强，采用常规桥塞堵漏材料堵漏，由于堵漏材料的粒径难以与裂缝尺寸相匹配，堵漏成功率低，且易发生重复漏失，而采用水泥浆堵漏，不但水泥浆驻留性差且存在安全风险。为此，根据"快速滤失驻留+纤维成网封堵+胶凝固化"的堵漏思路，选用滤失材料、纤维成网材料及胶凝材料复配了适用于裂缝性漏失的快速滤失固结堵漏材料 ZYSD。室内性能评价表明：ZYSD 堵漏浆的悬浮稳定性好，1min 析水率小于 5%；滤失速度快，30%~70%浓度堵漏浆在短时间内可全滤失，在 0.69MPa 压力下全滤失时间为 10~15s；封堵能力强，形成的滤饼厚度为 20~30mm，并具有一定的固结特点，固结强度可达 5~6MPa，在缝宽 5.0~10.0mm 裂缝中形成封堵层的承压能力达 18.5MPa[12]（图 5、图 6）。以 ZYSD 堵漏材料的主，结合顺北志留系漏层特点，在顺北 5-9 井中使用高失水固结堵漏技术 4 次，彻底封堵了 5624m、5699m 和 5975m 的较大程度的漏失，后期无复漏。

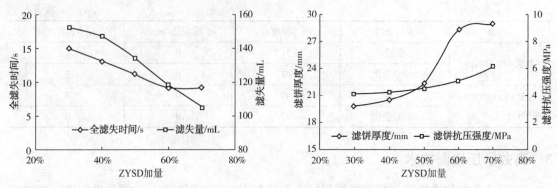

图 5　高浓度 ZYSD 堵漏浆在短时间内滤失情况　　　图 6　高浓度 ZYSD 堵漏浆形成滤饼及固结情况

3.3　抗高温化学固结堵漏技术

化学固结堵漏技术的主要材料是化学固结堵漏剂，其有正电黏结剂，纳米增强剂、密度调节剂和流型调节剂组成，适用于 15~180℃的地层，通过添加常用水泥缓凝剂或促凝剂控制稠化时间，其固结物抗压强度可达 20MPa，具有微膨胀性，固结物具有 1%左右膨胀率，提高了与裂缝的胶结能力，封堵强度高。主要用于裂缝、溶洞地层堵漏和破碎性地层井眼强化。

顺北 5-15 在志留系防漏堵漏实践中，使用随钻堵漏和桥塞堵漏针对塔塔埃尔塔格组细小裂缝和压差扩展性漏失取得了良好的效果，但是堵漏后但是对于裂缝开度大、堵漏后易大量反吐等情况，采用高强度致密堵漏和高失水堵漏均难以奏效，堵漏效率低。顺北 5-15 井钻至 5782m 发生 4 次较大程度漏失，采用随钻堵漏和高强度专堵暂时封堵住了漏失层，但是堵漏后循环过程中反吐钻井液 7m³，井漏复发，判断前期在 5534m 堵漏不严实。故对顺北 5534~5600m 多套漏失层开展了化学固结堵漏作业，配制了 10m³ 浓度为 40%的堵漏浆封堵 5600~5782m 井段，配制 18.5m³ 密度为 1.65g/cm³ 的化学固结堵漏浆封堵主要漏失层段，配制 12m³ 浓度为 20%的堵漏浆作为尾浆封堵 5500~5300m 上部裸眼段。把化学固结浆顶替到位后，讲钻具提到安全井段，关闭井眼环空，采用小排量缓慢地将 20%的堵漏浆挤出钻杆，推动化学固结浆进入漏失层，保持 3~5MPa 的井筒压力，使化学固结浆与地层充分发生漏失、造缝和裂缝充填，最后固化为一个整体。此次化学固结堵漏完成后，井漏和钻井液反吐情况消失，恢复钻进。

顺北 5-15 井钻至 6364m 的过程中又钻遇 5820m、5920m、5944m、6139m、6175m、6259m、6271m 和 6364m 等多个漏层，使用高强度随钻堵漏穿过，但是漏失情况并没有消失，反而随着漏层的增加，漏失速度逐渐增加，通过在不同位置变排量循环验证漏层，验证复漏位置 5820~6200m 井段。故决定对此段开展化学固结堵漏作业，在 6000m 处泵入化堵浆 18.7m³，化堵浆封闭井段 5500~6000m，关井正挤 3m³，反挤 5m³，压力最高 7.6MPa（井底循环当量密度 1.48g/cm³），理论塞面 5700m。候凝 24h 后扫塞至 5697m 探得上塞面，扫塞至 6020m 探得下塞面，塞长 323m，排量最大到 30L/s 无漏失，目前继续钻进到 7499m 无漏失。

4　现场应用效果分析

通过研究攻关，对志留系漏失层认识不断加深，对堵漏配方和工艺逐步优化，目前已经形成了高强随钻堵漏、致密承压堵漏、高强度失水堵漏、化学固结堵漏等一系列适合于志留系漏失层的防漏堵漏技术，通过对顺北一区志留系堵漏复杂时效的分析，井漏处理时间减少67%，平均单次堵漏消耗时间由攻关前的5.07d减少为目前的2.24d，漏失量也大为减少，降本增效明显(表2)。

表 2　顺北一区堵漏时效分析

井名	高压水层/m	漏失次数	漏失量/m³	堵漏次数/次	耗时/d	单次堵漏耗时/d	复杂处理时间减少/%	备注
顺北5-5H	6725	22	1522	22	110	5.00	—	桥堵10次、水泥3次、化学固结3次、一袋化2次、泰尔2次、高失水2次
顺北52X	6567	19	2379	25	134	5.36	—	桥堵11次、水泥7次、化学固结3次、华油2次、高失水1次、凝胶1次
顺北5-6	6644	17	661	19	92	4.84	—	桥堵17次、随钻2次
平均					112	5.07		
顺北5-10	6127	23	1550	29	85	2.93	24.1	膨胀型高桥塞、凝结型堵漏29次
顺北5-8	—	13	1131	18	40	2.86	64.3	随钻3次，静堵2次，高强度桥堵技术13次
顺北5-9	—	7	980	9	17	1.89	84.8	桥堵2次、高失水3次，复合桥堵4次
顺北53X	5975	9	647	10	21	2.10	81.3	桥堵6次，随钻4次
顺北5-7	—	11	548	18	30	2.12	73.2	随钻14次，承压堵漏4次
顺北5-15	—	11	456	13	29	2.23	74.1	高强度随钻11次，化堵2次
平均					37	2.24	67.0	

5　结论与建议

(1) 由于地质构造的挤压和扭曲作用，断裂带附近缝网发育，存在大量张开和闭合裂缝，且对井筒压力变化敏感，而为了平衡地层中随机存在侵入体薄夹层和易坍塌泥岩地层，以及柯坪塔格组存在高压盐水层，钻井液安全密度窗口很窄，甚至为负，造成顺北志留系井漏易发高发，能扩展安全密度窗口的高效承压堵漏技术是解决难题的关键。

(2) 志留系塔塔埃尔塔格组井漏最为频繁，主要为原生裂缝压差性漏失和微裂缝扩展性漏失，且存在漏失段长、漏点多、主要漏失点难判断的情况；柯坪塔格组井漏发生相对较少，但是单次漏失程度更大，主要是原生裂缝性漏失，部分井存在柯坪塔格组漏失其实是塔塔埃尔塔格组复漏造成，井漏处理难度大。

(3) 随着对志留系井漏裂缝宽度认识的不断深入，在不存在高压盐水层的情况下，采用高强度随钻堵漏技术和高效承压堵漏，目前已经基本上解决了顺北志留系的井漏复杂难题。

（4）在存在高压盐水层和侵入体薄层井壁失稳的情况下，采用较高密度的钻井液必然造成井漏高发，在此情况下，采用见堵即封和层层固结堵漏强化承压能力是必然选择，但是堵漏周期长，消耗量大，还需要加强针对性的技术攻关。

参 考 文 献

［1］潘军，李大奇．顺北油田二叠系火成岩防漏堵漏技术［J］．钻井液与完井液，2018，20（3）：42-47.

［2］李大奇，曾义金，刘四海，等．裂缝性地层承压堵漏模型建立及应用［J］．科学技术与工程，2018，15（2）：79-84.

［3］何新星，李皋，段慕白，等．地层裂缝动态变形对堵漏效果的影响研究［J］．石油钻探技术，2018，12（4）：65-70.

［4］金军斌．塔里木盆地顺北地区长裸眼钻井液技术［J］．探矿工程（岩土钻掘工程），2017，11（4）：5-9.

［5］张国强，辛泽宇．顺北 3 井堵漏工艺技术研究与应用［J］．西部探矿工程，2017，12（8）：89-92.

［6］樊相生，龙大清，罗人文．化学固结承压堵漏技术在明 1 井的应用［J］．钻井液与完井液，2016，14（5）：67-71.

［7］李大奇，高伟，杜欢，等．顺北 1-2H 井二开长裸眼井筒强化技术［J］．西部探矿工程，2017，5（5）：31-33.

［8］陈曾伟，刘四海，林永学，等．塔河油田顺西 2 井二叠系火成岩裂缝性地层堵漏技术［J］．钻井液与完井液，2013，30（6）：40-43.

［9］Eric Davidson，Lee Richardson，Simon Zoller. Control of lost circulation in fractured limestone reservoirs［R］. SPE 62734.

［10］Wayne Sanders W，Williamson R N，Ivan C D. Lost Circulation Assessment and Planning Program：Evolving Strategy to Control Severe Losses in Deepwater Projects［R］. SPE 79836.

［11］田军，刘文堂，李旭东，等．快速滤失固结堵漏材料 ZYSD 的研制及应用［J］．石油钻探技术，2018，46（01）：49-54.

深层火山岩低压裂缝型气藏堵漏技术研究与应用

于 洋 白相双 谢 帅

（吉林油田公司钻井工艺研究院）

摘 要 吉林油田英台气田位于松辽盆地南部英台断陷，目的层为营层组，属于火山岩天然气储层，埋藏深，垂深为 3000~4500m，温度高，地温梯度 2.8~3.3℃/100m，地层压力系数低，为 0.81~1.16，岩性复杂，基质致密，孔隙度 5%~9%，渗透率 0.02~1.5mD，微裂隙发育，属深埋低压致密火山岩气藏。前期施工中因诱导性裂缝漏失问题突出，成为该地区钻完井施工技术难点，为满足钻完井施工需求开展了堵漏技术研究，形成了抗高温超分子胶结+桥接的复合堵漏技术，该技术可满足高温、低压、裂缝气藏堵漏及完井承压需求，现场应用效果显著。

关键词 深层火山岩 低压裂缝气藏 堵漏技术 英台气田

1 地质及工程情况

英台断陷位于松辽盆地南部西部断陷带北部，为双断式地堑特征，断陷面积 1800km²，已探明储量 620 亿立方米，是吉林油田天然气产能建设评价开发的重点地区。目的层为营城组，属于火山岩天然气储层，埋藏深（3000~4500m）温度高，地温梯度 2.8~3.3℃/100m，地层压力系数低（0.81~1.16），岩性复杂，基质致密，孔隙度 5%~9%，渗透率 0.02~1.5mD，微裂隙发育，属深埋低压致密火山岩气藏。其中营城组上部主要岩性为大套砂砾岩、中部为大套泥岩夹砂岩、下部为凝灰岩与泥岩互层。通过对英台气田储层岩心 X 射线衍射及扫描电镜分析，发育有石英、长石、黏土等矿物，但黏土矿物含量差异大、粒间孔分布不均。

为实现效益开发，钻井采用二开井身结构，以直井和定向井为主，有少量水平井，垂深 3800~4500m，表套下至姚家组，封隔地表浅水层及上部不稳定地层，井身结构为 Φ311.1mm 钻头×1200~1300m+Φ215.9mm 钻头×3800~5000m。

2 漏失机理与技术方案

2.1 低压漏失

英台气田地层压力系数低（0.81~1.16），属于低压气藏，目的层压力系数显著低于上部井段。地层中存在未胶结或胶结差的未成岩的砂岩，泥岩段存在较大孔隙，由于连通性好，渗透率高，在钻遇该低压井段时，钻井液与地层之间压差作用增大，地层孔隙中的流体压力小于钻井液液柱压力和循环压力，而形成的泥饼不能及时封堵孔隙，在压差作用下钻井液进入到地层孔隙中，造成钻井液漏失（表1）。

表 1 实钻地层压力

井号	层位	井深/m	地层压力/MPa	压力系数
英深 A	营城组	4050	32.97	0.823
英深 B	营城组	3370	35.71	1.06

2.2 微裂隙、诱导缝漏失

由于地层中存在微裂隙，钻遇该地层时在压差作用下易形成诱导缝，逐步扩展后与其他天然缝、诱导缝连通，进而发生裂缝性漏失(图1)。

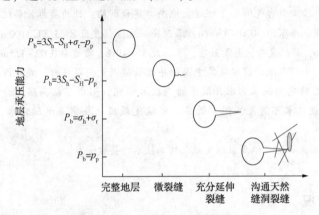

图 1 地层承压能力及裂缝示意图

2.3 技术思路及方案

常规承压封堵过程中诱导裂缝的延伸由封闭式变为开放式，与天然非至漏裂缝联通并延伸，造成缝内堵漏材料在地层内发生运移，消耗大量的堵漏材料并无法形成稳定的封堵体。钻井现场经常发生"开泵漏失、停泵返吐"的复杂情况，常规架桥堵漏、水泥封堵等技术无法有效控制井漏，因此，如何形成稳定的封堵体，阻止裂缝进一步延伸，是决定封堵效果的重要因素。

阻止裂缝延伸的关键在于：(1)封堵材料支撑诱导裂缝或天然裂缝张开，进而压缩井周地层，提高井周切向应力；(2)封堵材料同时隔离裂缝尖，阻止流体压力向裂缝尖传递，进而降低缝尖应力强度因子，保持缝系统稳定。

封堵模型如图 2 所示。

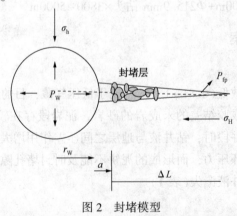

图 2 封堵模型

3 堵漏技术研究

针对英台低压裂缝型气藏，封堵钻井液需要有较高的黏度以降低封堵材料运移程度，并且封堵材料与缝面能够较好地胶结，增加摩擦力，逐渐形成桥架，进而形成封堵体，提高地层承压能力。

经过技术攻关及材料研发，形成了抗高温超分子胶结+桥接的复合堵漏体系，主体材料包括：超分子胶结剂、抗外压结构剂、粒径调节剂等，其主要特点如下：

（1）适用于水基、水包油钻井液体系，具有相当大的内聚力及摩擦力；

（2）流体有很高的黏度和黏弹性，且弹性比例高，在低剪切速率下表现出较高的屈服应力，而在高剪切速率下具有良好的稀释性；

（3）液体静置后产生凝胶结构，并随时间而增强，恢复流动时必须附加更大的同向应力以克服此结构力；

（4）能在地层中形成一个将井筒与地层完全隔离的塞段，且具有逆向启动压差。

3.1 堵漏体系流动性评价

由表2可知，封堵钻井液体系具有高黏弹性及内聚力，塑性黏度高、摩擦力大。

表2 封堵体系流变性

转速/(r/min)	600	300	200	100	表观黏度	塑性黏度
黏度/mPa·s	162	108	82	66	83	56

注：3%土浆+10%抗压结构剂+8%粒径调节剂+3%超分子凝胶。

使用英台气田现场钻井液进行转化实验，向井浆中加入一定量的超分子胶结剂、抗压结构剂、粒径调节剂，评价其前后流变性变化情况（表3、图3）。

表3 流变性变化情况

配方	密度/(g/cm³)	AV/mPa·s	PV/mPa·s	YP/Pa	YP/PV
井浆	1.35	40	34	6	0.18
井浆+2%超分子胶结剂+8%抗压结构剂+5%粒径调节剂	1.33	67	56	11	0.20

体系转化后，表观黏度、塑性黏度升高，动切力、动塑比变化不大，胶结剂对提高体系内聚力、摩擦力作用明显，能显著提高封堵层的胶结强度。

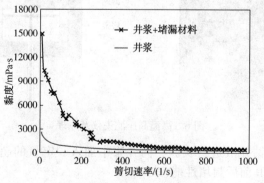

图3 超分子胶结剂流变特点

堵漏体系在钻头水眼剪切下迅速失去黏度，具有良好的高剪切稀释性，堵漏成功后可直接参与循环，减少排放、降低损失。而当体系进入地层后，在低剪切速率下表现出高黏度及屈服应力，可在裂缝中形成稳定的封堵隔离层。

3.2 堵漏体系粒度分析

由图 4、图 5 可知，原有钻井液粒径主要分布在 $1 \sim 5 \mu m$，体系转化后粒径分布宽泛均匀，主要分布在 $5 \sim 50 \mu m$，对于地层裂缝有较强的适应性。

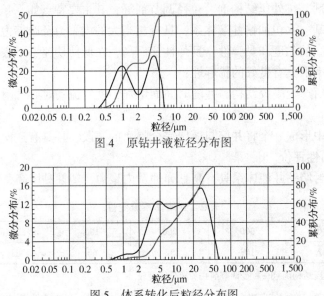

图 4　原钻井液粒径分布图

图 5　体系转化后粒径分布图

3.3 抗高温封堵性

利用 71 型高温高压失水仪(图 6)，通过调整石英砂的粒径大小来模拟不同地层孔隙及裂缝，记录砂床滤失量来衡量堵漏体系的封堵性能。

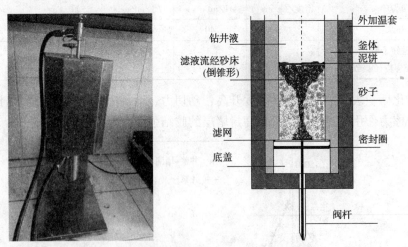

图 6　高温高压滤失仪及原理

使用英台气田现场钻井液进行实验，向井浆中加入一定量的超分子胶结剂、抗压结构剂、粒径调节剂，评价其前后封堵性能(表 4)。

表 4　高温高压砂床堵漏性能（150℃）

配方	砂样/目	0.7MPa	2MPa	4MPa	6MPa	8MPa
井浆	10~20	10	全失			
井浆+2%超分子胶结剂+8%抗压结构剂+5%粒径调节剂	10~20	0	0	0	0	2

由表 4 可知，向钻井液中加入一定量的超分子胶结剂、结构剂等堵漏药剂转化后，在压力不断增加的情况下，体系能够进入砂床孔隙中形成有效封堵，承压能够达到 8MPa，抗温达到 150℃。

4　现场应用效果

4.1　钻进封堵

4.1.1　漏失基本情况

英深 2-A 井二开钻进 215.9mm 井眼至 3460m 时发生漏失，漏失层位为营城组。钻井液密度 1.27g/cm³，黏度 60s；最大漏速 32m³/h，共漏失 660m³，先后使用常规堵漏材料、水泥等方式进行多次封堵，依然无法有效控制漏失。针对地层特点和漏失情况，通过研究决定采用超分子胶结+桥接的复合堵漏技术进行封堵。

4.1.2　堵漏工艺和过程

堵漏浆配方：土浆+8%抗压结构剂+4%粒度调节剂+1.5%超分子胶结剂。

按配方配制堵漏浆 25m³，打入井段 3020~3520m（漏点：3460m），钻具起至 1000m 表套内，开泵循环观察液面无漏失，静止 2h 后，开泵进行承压实验，承压 5MPa，无漏失，泄压继续静止 2h，下钻至井底循环一周无漏失，继续循环并筛除堵漏材料后恢复正常钻进，实现一次堵漏成功。

4.2　完井封堵

英深 2-B 和英深 2-C 井钻进过程中漏失严重，其中英深 2-B 井钻进过程中漏失 4 次，累计漏失 405m³，最大漏速 30m³/h；英深 2-C 井，钻进过程中漏失 2 次，累计漏失 245m³，最大漏速 46m³/h，完井前应用抗高温超分子胶结+桥接复合堵漏技术进行承压封堵，提高地层承压能力，固井施工顺利，无漏失，取得了较好的效果。

5　结论

形成了抗高温超分子胶结+桥接复合堵漏技术，现场应用表明该技术能有效解决英台深层火山岩低压裂缝气藏漏失难题，对于改善井筒漏失问题具有显著效果。

参　考　文　献

[1] 刘金华，等. 承压堵漏技术研究及其应用. 断块油气田，2011.
[2] 张新民，等. 特种凝胶在钻井堵漏中的应用. 钻井液与完井液，2007.

作者简介：于洋，男，汉族，吉林油田公司钻井工艺研究院，所长，高级工程师。地址吉林省松原市宁江区长宁北街 1546 号，138000，电话：13843822941，邮箱：278443994@qq.com。

热固性酚醛树脂堵漏剂的合成及应用性能研究

陈　亮[1]　郭文艳[2]

(1. 中石化华东石油工程有限公司；2. 中国地质大学(北京)工程技术学院)

摘　要　针对深部裂缝性和破碎性漏失地层的防漏堵漏技术要求，合成合成并加工成型热固性酚醛树脂薄片，进一步粉碎筛分出不同大小直径的堵漏剂产品。通过对热固性酚醛树脂堵漏剂的抗压性能、抗温性能及化学稳定性能进行评价，结果表明该堵漏剂具有较好的抗压、抗温能力和优良的化学稳定性，空气中抗温高达150℃，适用于180℃以上地层温度的钻井液使用，对裂缝性和破碎性漏失地层的防漏堵漏具有显著的使用效果。

关键词　漏失　酚醛树脂　堵漏剂　性能评价

在钻井工程中常遇到复杂性地层，其中裂缝性和破碎性地层往往会引起钻井液漏失的问题，采用随钻堵漏技术解决渗透性漏失和小裂缝性漏失的问题，但对于较大裂缝或漏失严重的地层，抗高温性能好的惰性片状材料是必不可少的。

本文研究的合成热固性酚醛树脂堵漏剂，该树脂片堵漏材料可加工成不同大小的粒径，与其他堵漏材料和堵漏技术配合使用，能够封堵较大的裂缝和溶洞，可解决普通材料无法堵住的大型漏失。该堵漏剂有着较好的抗高温性能，在高温地层环境下，可保持较好的抗压强度和化学稳定性，并且堵漏效果良好，有望较好地解决深井高温地层的防漏堵漏技术问题。

1　热固性酚醛树脂的合成与成型原理

1.1　合成原理

酚醛树脂的固化过程可以分为三个阶段，第一阶段是游离酚和游离醛进行加成反应形成羟甲基酚，第二阶段是羟甲基之间或羟甲基和苯环上活泼 H 之间进行缩合反应，形成二甲基醚键和亚甲基键，反应主要发生在酚轻基的邻位和对位，苯环上还有活泼 H，交联度小分子仍处于线性阶段，第三阶段是随反应温度升高、时间加长，二甲基醚键逐渐转变为亚甲基键，同时酚羟基的邻、对位活泼 H 几乎都被取代，交联度增大，形成网状结构。

1.2　分子结构表征

通过对酚醛树脂固化前后压片并测定其红外光谱图(图 1)。

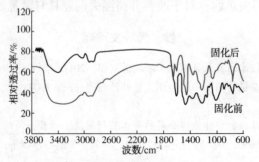

图 1　酚醛树脂固化前后红外光谱对比图

由图 1 可知，在酚醛树脂固化前的红外谱线中，$759cm^{-1}$、$1027cm^{-1}$、$1241cm^{-1}$、$1465\sim$ $1486cm^{-1}$、$1606\sim1614cm^{-1}$ 等处为强吸收峰，表明固化前酚醛树脂为高邻位取代酚醛树脂，且苄羟基含量较高，部分苯环通过醚键 $-CH_2-O-CH_2-$ 相连。并在 $1070cm^{-1}$ 处出现了醚键振动吸收峰，而固化前的红外谱线中 $1027cm^{-1}$ 处苄羟基吸收峰已基本消失，说明固化后，苄羟基大大减少，甚至消失了，生成了亚甲基桥及醚键，因此可证明酚醛树脂固化完全。固化机理为苄羟基之间及苄羟基与苯环上活泼氢产生交联缩合反应，而且后者主要发生在苯环的邻位上。在固化后的谱线中，亚甲基吸收峰（$1465cm^{-1}$）强度远大于醚键吸收峰（$1070cm^{-1}$、$1164cm^{-1}$）强度，表明固化后的酚醛树脂中亚甲基含量比醚键含量大得多，而苄羟基与苯环上活泼氢缩合形成亚甲基桥，苄羟基之间缩合形成醚键，由此说明酚醛树脂固化反应以苄羟基与苯环上的氢缩合反应为主，苄羟基之间的缩合反应占少数。

通过酚醛树脂固化前后的红外光谱对比分析表明：酚醛树脂固化时高含量苄羟基迅速地和苯环邻位上的氢发生缩合反应，形成高交联密度的固化树脂，因此高温下不易变形，可在成型温度下脱模。

1.3 挤出成型工艺设计

1.3.1 实验室制备工艺

根据实验配方称取样品，将样品置于高速搅拌机下混合搅拌 24h 左右，使各项添加剂混合均匀，如图 2 所示。

图 2 搅拌仪器及搅拌后混合物产品

采用热压成型获得小样，热压成型温度分成三段：80℃、120℃以及180℃（图 3）。

图 3 实验室热压成型仪器　　图 4 热固性酚醛树脂片样品

通过对压片产品进行粉碎筛分，制备出不同规格的热固性酚醛树脂片状样品，见图 4。

1.3.2 热固性酚醛树脂堵漏剂理化性能

热固性酚醛树脂堵漏剂理化性能评价结果见表 1。

表 1　热固性酚醛树脂堵漏剂理化性能

项目	指标	
	细颗粒复合片	粗颗粒复合片
外观	灰色多形状混合物	灰色多形状混合物
粒度	20~100 目筛余率≤5%	10~40 目筛余率≤5%
酸溶率	≥75%	≥75%
抗温性能	≥180℃	≥180℃

2　性能评价

2.1　理化性能分析

2.1.1　抗压性能

实验使用维卡仪评价树脂片的强度(图 5)，数值越大表明强度越高。每个高度做十组，取击穿频率 60% 左右的数值作为最终数值，实验结果见表 2。

图 5　维卡仪评价树脂片强度

表 2　树脂片强度测试结果

温度	1h	2h	4h	16h
180℃	11%~50% 12%~50% 13%~70%	11%~40% 12%~40% 13%~90%	10%~0% 11%~30% 12%~40%	4%~10% 5%~60% 6%~90%
170℃	11%~40% 12%~60% 13%~70%	10%~60% 11%~60% 12%~90%	9%~10% 10%~90% 11%~60%	4%~0% 5%~50% 6%~90%
160℃	11%~40% 12%~60% 13%~70%	10%~10% 11%~30% 12%~50%	9%~0% 10%~70% 11%~60%	5%~30% 6%~60% 7%~90%

温度	1h	2h	4h	16h
150℃	11%~50%	10%~40%	9%~40%	6%~20%
	12%~60%	11%~70%	10%~60%	7%~70%
	13%~90%	12%~80%	11%~80%	8%~90%

由表2实验结果可以看出，热固性酚醛树脂堵漏剂在高温下强度随着时间延长略有降低，但是低于150℃后强度基本不变，因此该树脂片堵漏材料具有较好的抗压强度，在空气中抗温能不低于150℃。

2.1.2 抗温性能

将粉碎筛分后的热固性酚醛树脂堵漏剂样品放入160~210℃干燥箱中烘24h，取出后观察样品变化情况，实验结果见表3。

表3 抗温实验结果

	10min	20min	30min	60min
160℃	无明显变化	无明显变化	无明显变化	无明显变化
170℃	无明显变化	略有臭味	略有臭味	有臭味，颜色变暗
190℃	有臭味	有臭味，颜色变暗	有臭味，颜色变暗	有臭味，颜色变暗
210℃	有臭味	有臭味，颜色变暗	有臭味，颜色深暗	有臭味，颜色略变黑

从抗温性能实验结果可以看出，热固性酚醛树脂堵漏剂具有较好的抗温性能。

2.1.3 化学稳定性能

将粉碎筛分后的热固性酚醛树脂堵漏剂样品分成3组，分别放入浓HCl溶液、浓NaOH溶液以及饱和NaCl溶液中浸泡24h，取出后观察树脂片变化情况，实验结果见表4~表6。

表4 抗酸实验表

浓HCl(pH=2)	1h	2h	12h	24h	48h	7d
质量	无变化	无变化	无变化	无变化	无变化	无变化
体积	无变化	无变化	无变化	无变化	无变化	无变化
颜色	无变化	无变化	无变化	无变化	无变化	无变化

表5 抗碱实验表

浓NaOH(pH=11)	1h	2h	12h	24h	48h	7d
质量	无变化	无变化	无变化	无变化	无变化	无变化
体积	无变化	无变化	无变化	无变化	无变化	无变化
颜色	无变化	无变化	无变化	无变化	无变化	无变化

表 6　抗盐实验表

NaCl 饱和溶液	1h	2h	12h	24h	48h	7d
质量	无变化	无变化	无变化	无变化	无变化	无变化
体积	无变化	无变化	无变化	无变化	无变化	无变化
颜色	无变化	无变化	无变化	无变化	无变化	无变化

从表 4~表 6 实验结果可以看出，热固性酚醛树脂堵漏剂样品在强酸、强碱和饱和 NaCl 盐中具有优良的化学稳定性能。

2.2　应用性能评价

在水基钻井液体系中，分别加入不同量的热固性酚醛树脂堵漏剂，实验结果见表 7。

表 7　堵漏效果

裂缝宽度	配方	堵漏浆体积/ mL	压力/MPa	累计漏失量/mL	封堵状态	封堵结果
1mm	Ⅰ	4000	0	75	—	堵漏成功
			0.69	150	稳压 10min	
			3.5	200	稳压 10min	
			6.9	200	稳压 10min	
2mm	Ⅱ	4000	0	125	—	堵漏成功
			0.69	200	稳压 10min	
			3.5	200	稳压 10min	
			6.9	300	稳压 10min	
3mm	Ⅲ	4000	0	200	—	堵漏成功
			0.69	500	稳压 10min	
			3.5	600	稳压 10min	
			6.9	600	稳压 10min	

注：配方①：基浆+0.3%RHTP-1+2%竹纤维随钻堵漏剂 SZD+8%细颗粒热固性酚醛树脂堵漏剂，用于堵 1mm 缝板；配方②：基浆+0.3%RHTP-1+2%竹纤维随钻堵漏剂 SZD+2%细颗粒热固性酚醛树脂堵漏剂+2%粗颗粒热固性酚醛树脂堵漏剂，用于封堵 3mm 缝板；配方③：配方②：基浆+0.5%RHTP-1+2%竹纤维随钻堵漏剂 SZD+4%10~20 目刚性堵漏剂+4%细颗粒热固性酚醛树脂堵漏剂+6%粗颗粒热固性酚醛树脂堵漏剂，用于封堵 5mm 缝板。

承压效果如图 6~图 8 所示。

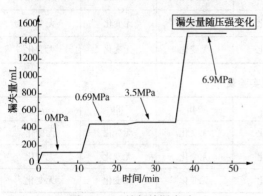

图 6　1mm 缝板堵漏实验

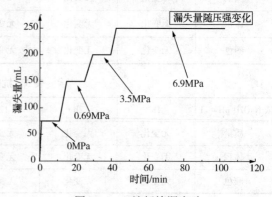

图 7　3mm 缝板堵漏实验

从上述实验结果可以看出，热固性酚醛树脂堵漏剂具有封堵大裂缝的堵漏效果，与其他堵漏材料具有较好的配伍性。

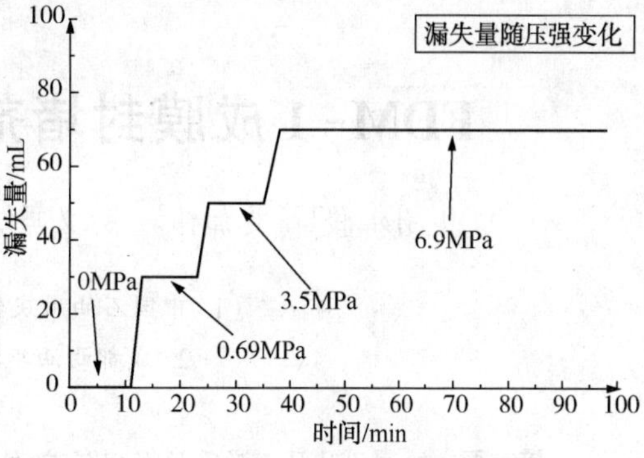

3 结论与建议

（1）热固性酚醛树脂堵漏剂的主要有效成分是合成酚醛树脂，采用特殊工艺热压成型压制而成不同厚度的片状树脂，进一步粉碎筛分而制成钻井液用堵漏剂。

（2）热固性酚醛树脂堵漏剂具有很好的抗温性能，空气中抗温可达 150℃，适用于 180℃高温深井钻井液使用，在钻井液中热滚 16h 后抗压强度基本不变，热稳定性较好。

图 8　5mm 缝板堵漏实验

（3）经钻井液防漏堵漏性能评价实验可知，热固性酚醛树脂堵漏剂防漏堵漏效果良好，配合其他堵漏技术，可应用于大裂缝和放空井段堵漏施工。

（4）建议通过现场应用对热固性酚醛树脂堵漏剂进一步完善，需要结合地层特性、地层温度和漏失井段地层压力对该堵漏剂应用性能及适用范围进行精细化研究，更好地发挥其应用效果。

参 考 文 献

［1］张希文，李爽，张洁，等．钻井液堵漏材料及防漏堵漏技术研究进展［J］．钻井液与完井液，2009，26（6）：74-76.

［2］王君国，张淑媛．高温钻井堵漏材料试验与应用［J］．钻采工艺，1995(1)：86-89.

［3］罗鸣，韩成，陈浩东，等．南海西部高温高压井堵漏技术［J］．石油钻采工艺，2016，38（6）：801-804.

［4］康毅力，王凯成，许成元，等．深井超深井钻井堵漏材料高温老化性能评价［J］．石油学报，2019，40（2）：215-223.

［5］Abdul Majid N F，Ismail I，Hamid M F．USING DURIAN RIND AS BRIDGING MATERIAL TO OVERCOME FLUID LOSS AND LOST CIRCULATION PROBLEMS IN DRILLING OPERATIONS［J］．Jurnal Technology，2016，78(8).

［6］许玲玲．钻井液防漏堵漏技术研究［J］．化工管理，2017(19)：57-57.

［7］潘凡，潘元双．惰性材料与聚合物堵漏技术室内研究［J］．当代化工，2016(11)：2567-2569.

［8］Zhao J G，Zhang X Y，Li M N，et al. Introduction of a New HTHP Permeability Plugging Apparatus for Drilling Fluid Based on Properties of Materials［J］．Advanced Materials Research，2013，830：337-340.

［9］王睿．伊朗南帕斯气田 11 区块防漏堵漏技术研究［J］．钻采工艺，2014(5)：17-18.

作者简介：陈亮，男，江苏无锡人，高级工程师，中国石化华东石油工程公司六普钻井液公司经理，长期从事钻井液现场工艺研究及钻井液处理剂材料研究。地址：江苏省镇江市天桥路 22 号，邮编：312000，电话：13952878912，E-mail：lpcl66@ 126.com.

FDM-1成膜封堵剂的实验评价及应用

孙　俊[1]　艾加伟[2]　舒义勇[1]　徐兴华[2]　徐思旭[1]　宋　芳[2]

(1. 中国石油川庆钻探公司新疆分公司；

2. 成都西油华巍科技有限公司)

摘　要　哈得逊地区石炭系地层以泥岩为主，夹薄层砂岩、角砾岩。钻井过程中剥落掉块严重，造成挂卡，岩屑代表性差，影响地质录井；增斜段和水平段钻井托压严重，定向和钻井效率很低。为此，钻井液引入了成膜封堵技术，对 FDM-1 新型成膜封堵剂进行了室内评价实验，建立了溶液漏失量和滤膜透失量评价成膜效率的方法。实验评价和现场应用结果表明，FDM-1 是一种纳米-微米级高分子聚合物乳液，可在多孔介质表面通过滤失形成致密的高分子膜，这种高分子膜具有非渗透、可变形的特征，在地层孔隙中形成致密的封堵层，降低滤失量，有效地稳定井壁，解决泥页岩掉块问题。同时，通过改善泥饼质量起到润滑减阻，有效地解决定向托压的问题。

关键词　钻井液　成膜　封堵　防塌　托压　井壁稳定

井壁不稳定是水平井钻井过程中最常见的问题之一，提高钻井液的封堵性是解决该问题的有效手段之一[1-5]。滑动定向和水平井钻井过程中托压是影响定向和钻进效率的另一常见问题，它除了与井眼轨迹、钻具组合等有关以外，与钻井液的泥饼质量和润滑性有一定关系[6-8]。成膜封堵技术不仅有助于解决井壁稳定问题，也有助于提高钻井液的润滑性[9-13]。

哈得逊油田主要油气层为石炭系卡拉沙依组和巴楚组东河砂岩[14]。钻遇地层岩性主要为灰、褐、灰黄色泥岩为主，夹薄层浅灰、褐灰色细、粉砂岩，角砾岩。泥岩黏土矿物主要为伊利石，少量伊/蒙混层黏土，具有较强的水化分散和膨胀性。储层埋深超过 5000m，上覆小海子组泥晶灰岩、二叠系凝灰岩和玄武岩良好的封闭层，形成储层段欠压实状态，砂泥岩胶结疏松且裂隙发育，造成石炭系泥页岩易水化分散，剥落掉块，甚至坍塌；这种情况在钻水平井中表现更加突出。砂岩地层孔隙压力低，渗透性强，井壁易形成虚厚泥饼，加上泥页岩掉块形成不规则井壁，斜井段和水平段钻井摩阻大，托压严重。这些地层因素严重影响井下安全钻进，降低定向造斜和钻井效率，成为该油区钻井的主要复杂问题。为此，本文引入成膜封堵技术，评价研究了新型的 FDM-1 成膜封堵剂，并应用于 HD4-60-1CH 井，取得了良好的效果。

1　钻井液技术难点

HD4-60-1CH 井是一口侧钻水平井，侧钻点 4815m，完钻斜深 5633m，水平段长450.29m。使用氯化钾聚磺钻井液体系，配合 FT-1A 封堵防塌剂，CHI 页岩抑制剂和PGCS-1 聚合醇稳定井壁。使用 LE-5、RH220、SFR 液体润滑剂和 GMJ、HR-2 固体润滑剂润滑减阻、防卡。在钻井过程中，出现两个技术难题。

1.1 井壁稳定性差

石炭系斜井段和水平井泥页岩整体稳定性差。其中泥岩黏土易水化分散和水化膨胀不均匀，加上砂泥岩互层发育，极易剥落掉块；钻井液封堵能力抑制性不强，滤液沿微裂隙侵入地层深部，泥页岩将发生水化膨胀，产生膨胀应力，井壁失去平衡，导致坍塌掉块[15]。

从井深4815m开窗造斜开始一直掉块严重，返出的岩屑岩性混杂，代表性很差，造成岩屑录井判层困难，且频繁挂卡。通过加入改性沥青及封堵材料进行处理，情况没有得到改变，反而出现沥青糊筛现象，导致频繁停钻，循环处理钻井液。

1.2 定向托压严重

石炭系卡拉沙依组和巴楚组夹层砂岩胶结疏松，渗透性强，井壁上形成的泥饼比较虚厚；以及孔隙压力低于 1.00MPa/100m，井内压差较大，钻具因泥饼黏吸而造成摩阻大，滑动定向和水平段钻井托压十分严重。泥页岩坍塌掉块形成的不规则井壁，钻柱中稳定器、钻杆接头等不等径部位导致阻卡，进一步加剧托压现象[6,7]。经不断加大润滑剂使用量，并采取相应的工程措施，问题仍然难以解决。

2 成膜封堵剂作用机理

FDM-1成膜封堵剂是一种纳米-微米级高分子聚合物乳液，可在多孔介质(如孔隙性地层)表面，通过滤失形成致密的高分子膜。这种高分子膜具有非渗透、可变形的特性，在地层孔隙、裂隙中形成致密的封堵层，阻止滤液侵入地层，防止泥页岩孔隙或裂隙水化，控制井眼稳定；同时通过高分子材料参与泥饼形成，大大改善泥饼质量和润滑性，降低钻柱的摩阻，消除托压现象。其作用机理如图1所示。

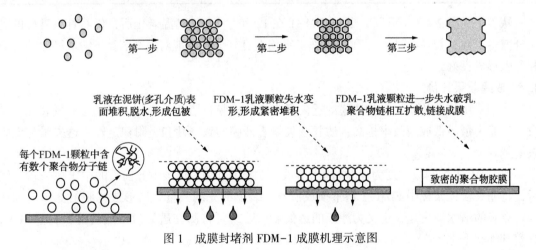

图 1 成膜封堵剂 FDM-1 成膜机理示意图

3 室内评价实验

3.1 粒径分析

用激光粒度仪对成膜封堵剂分别在常温、120℃ 老化和 140℃ 老化后的粒径进行对比评价。

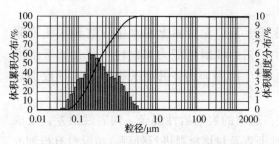

图 2　FDM-1 成膜封堵剂常温下粒径分布

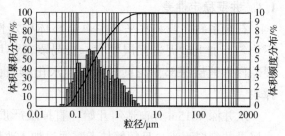

图 3　FDM-1 成膜封堵剂 120℃ 老化后粒径分布

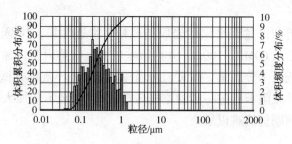

图 4　FDM-1 成膜封堵剂 140℃ 老化后粒径分布

表 1　FDM-1 老化前后粒径分布

条件	$D10/\mu m$	$D50/\mu m$	$D90/\mu m$	粒径范围/μm
热滚前	0.1010	0.306	1.244	0.035~3.289
120℃/16h	0.087	0.257	1.128	0.035~3.289
140℃/16h	0.087	0.238	0.779	0.035~1.476

从表 1 和图 2~图 4 可以看出，FDM-1 在 120℃、140℃ 高温老化后，仍然具有良好的乳化分散稳定性，粒径在纳米-亚微米-微米级均有良好分布，能对泥页岩微＝纳米尺度的孔隙和裂隙形成良好封堵。

3.2　成膜效果评价

分别采用溶液的滤失量和滤膜的透失量来评价成膜封堵效率。其中溶液滤失量表征成膜效率，滤失量越低成膜效率越高；滤膜透失量表征膜的致密性和吸附稳定性，透失量越低膜效应越好。

取 FDM-1 配制成浓度为 4.0% 的水溶液，测试其 120℃ 热滚 16h 前后的中压滤失量。然后，将滤失仪泥浆杯中 FDM-1 溶液换成清水，装上测完滤失量后所形成滤膜的滤纸，加压测定滤膜的清水滤失量，定义为滤膜的透失量（表 2）。将测完透失量形成的滤膜自然风干，观察其外观形态。

表 2　4.0%FDM-1 溶液滤失量和滤膜透失量

条件	老化前	120℃/16h 后
$API\ FL/mL$	42.00	60.00
滤膜透失量	18	21

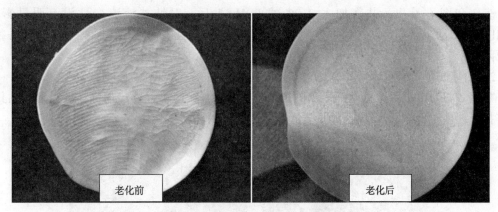

图 5　成膜封堵剂 FDM-1 风干滤膜

从表 2 和图 5 可以看出，FDM-1 在老化前后均能有效成膜，且形成的胶膜致密稳定，透失量低，体现出良好的封堵性。

4　现场应用

4.1　施工概况

HD4-60-1CH 井使用 149.2mm 钻头，从 4815m 开始定向侧钻。钻至 5086m 井斜增至 57.17°，一直伴随着严重掉块和托压的问题。掉块引起录井判层困难，托压造成定向困难，钻井效率很低，日均进尺仅有 15m/d。尽管采用了加大磺化沥青封堵降滤失剂和润滑剂用量，情况没有得到改善。为此，在前期的评价基础上，在钻井液中以细水长流的方式，按一个循环周的速度缓慢加入 2%FDM-1 进行处理，以改善封堵防塌和润滑减阻效果。

4.2　应用效果

井浆中加入 2.0% 的成膜封堵剂 FDM-1，经过 120℃16h 老化后，测定井浆性能如表 3 和图 6。

4.2.1　井浆性能明显改善

表 3　FDM-1 对钻井液性能的影响

项目	$\rho/(g/cm^3)$	$PV/mPa \cdot s$	YP/Pa	$G10/10/Pa$	FL_{API}/mL	δ/mm	FL_{HTHP}/mL	Kf
井浆	1.29	18	5	1/7	3.6	2	9.8/2	0.08
井浆+2%FDM-1	1.29	17	4	1.5/6	3.0	1	8.8/2	0.05

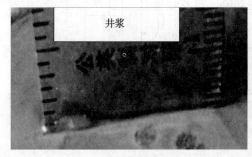

图 6　加入 FDM-1 后泥饼厚度

表3 和图 6 看出，井浆加入 2.0% 的 FDM-1 后，对钻井液流变性没有明显影响，HTHP/120℃滤失量降低，泥饼厚度明显变得薄而致密，且表面透出了油亮光泽，泥饼黏滞系数降低。

4.2.2 封堵防塌效果突出

加入 2%FDM-1 后，振动筛返出的掉块明显减少(图7)，并逐步消失，上提下放钻具不再有挂卡现象。FDM-1 石炭系泥页岩起到了很好的封堵防塌作用。

图 7 加入 FDM-1 前后砂样对比

4.2.3 有效解决托压问题

图8 录井曲线显示，加入 FDM-1 前托压明显，钻压非常不稳，存在明显的顿进施加钻压现象。加入了 FDM-1 后摩阻显著降低，钻井加压平稳，托压现象消失，定向扭方位效率大大提高，起下钻顺畅。加入 FDM-1 第二日进尺就达到 34m，较加入前提高 127%，钻井速度大幅度提高，体现出良好的润滑减阻的性能。

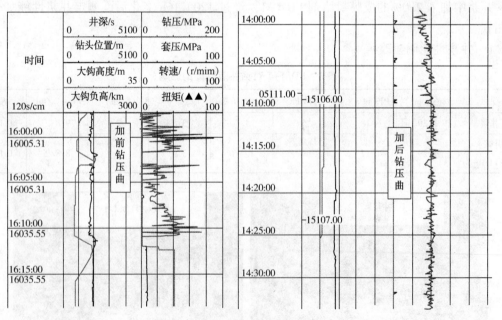

图 8 加入 FDM-1 前后托压现象对比

5 结论

成膜封堵剂 FDM-1 是一种高分子聚合物乳液产品，可在孔隙、裂隙性井壁表面通过滤失形成致密的高分子膜。实验评价表明，其粒径分布在纳米、亚微米和微米之间，形成纳米-微米级广谱封堵剂。采用溶液滤失量和滤膜透失量评价，具有优良的成膜效率和膜吸附稳定性。在 HD4-60-1CH 侧钻水平井中的应用试验展示，FDM-1 成膜封堵剂能降低钻井液的中压和高温高压滤失量，改善泥饼质量，提高润滑减阻能力，能有效稳定井壁，解决定向托压问题，而对钻井液流变性能基本无影响，值得进一步推广应用。

参 考 文 献

[1] 陈俊斌，李晓阳，舒小波，等. 川南龙马溪井壁失稳机理研究与应用[J]. 钻采工艺，2019(1)：4-7.

[2] 赵凯，樊勇杰，于波，等. 硬脆性泥页岩井壁稳定研究进展[J]. 石油钻采工艺，2016，38(3).

[3] 邱正松，暴丹，李佳，等. 井壁强化机理与致密承压封堵钻井液技术新进展[J]. 钻井液与完井液，2018，35(04)：5-10.

[4] 张雅楠. 钻井液封堵性能对硬脆性泥页岩井壁稳定的影响[D]. 北京：中国石油大学. 2017.

[5] Albooyeh M，Kivi I R，Ameri M. Promoting wellbore stability in active shale formations by water-based muds：A case study in Pabdeh shale，Southwestern Iran[J]. Journal of Natural Gas Science & Engineering，2018：S1875510018302403-.

[6] 薄玉冰. 定向钻井中托压机理分析及对策探讨[J]. 石油钻探技术，2017(1).

[7] 张国仿. 涪陵页岩气水平井定向托压主要影响因素及对策[J]. 钻采工艺，2017(06)：5+19-22.

[8] 李伟 张文哲 邓都都，等. 延长油田水平井钻井液优化与应用[J]. 钻井液与完井液，2017(2).

[9] 吴若宁，熊汉桥，苏晓明，等. 成膜封堵技术室内实验研究[J]. 油气藏评价与开发，2018(6)：57-61.

[10] 崔贵涛，郭康，董宏伟，等. 强抑制成膜封堵钻井液在长南气田的应用[J]. 钻采工艺，2016，39(5)：71-73.

[11] 董林芳，陈俊生，荆鹏，等. 新型钻井液用成膜封堵剂 CMF 的研制及应用[J]. 钻井液与完井液，2018(5)：31-35.

[12] 于洪江，拓丹，熊迅宇. 成膜性纳米微乳液封堵剂的制备与评价[J]. 应用化工，2018.

[13] Li L，Sun J S，Xu X G，et al. Study and Application of Nanomaterials in Drilling Fluids[J]. Advanced Materials Research，2012，535-537：6.

[14] 余义常，徐怀民，郭睿，et al. 哈得逊油田东河砂岩微观剩余油形成机理[J]. 科学技术与工程，2018，18(28)：77-84.

[15] 赵大卫，曹延蓉. 塔河油田三叠系、石炭系井眼失稳机理分析及控制[J]. 西部探矿工程，2006，18(1).

作者简介：孙俊(1971-)，高级工程师，川庆钻探二级技术专家，1991 年毕业于石油大学(华东)泥浆专业，一直从事钻井液技术工作。地址：新疆库尔勒市石化大道塔指五区川庆新疆分公司，电话：15276286333，Email：599129243@ qq. com。

中原油田文 23 储气库钻井防漏堵漏应用分析

王玉海[1]　王自民[1]　王慧丹[1]　陈　浩[2]

(1. 中原石油工程公司钻井一公司；2. 中原石油工程公司技术公司)

摘　要　文 23 储气库位于中原油田东濮凹陷中央隆起带文留构造北部，由文 23 区块枯竭砂岩气田改建。该区块钻遇断层多，邻井资料显示，已施工井 60% 均发生不同情况的井漏；再加上多年开采老区块，产层亏空严重，同时储气库井井身结构的特殊要求，井漏矛盾突出，是制约文 23 储气库钻井施工的难点，如何做好防漏堵漏工作是加快开发文 23 储气库的重点。经过室内研究、现场工艺措施不断优化，随着每一轮井施工不断推进，口井漏失次数和漏失量逐渐降低，保证了文 23 储气库一期钻井施工的顺利完成。

关键词　文 23 储气库　饱和盐水钻井液　微泡钻井液　防漏堵漏

文 23 储气库位于东濮凹陷中央隆起带文留构造北部，由文 23 枯竭砂岩气田改建，是华北地区五省二市(北京、天津、河南、山东、山西、江苏等)用气调峰储气库，是中国石化天然气分公司在中原油田投资兴建的第二个储气库。对中国石化供气管网平衡供气、调峰具有非常重要的战略意义。邻井资料调研，对文 23 气田 65 口已完钻井进行统计，发生漏失井数 38 口，漏失率 58.46%，漏失量 3579.7m³。文 23 气田经过三十多年的开发，气田处于枯竭状态，地下状况发生了较大改变，文 23 气田主块地层压力已经由原始状态的 38.6MPa 下降到目前的 3~4MPa，压力系数 0.10~0.60 左右。因而地层孔隙压力、破裂压力及岩层的性质均发生了不同程度的变化。同一井中存在多压力层系，漏、卡、塌或盐膏层、泥岩层塑性流动等共存，随着产层孔隙压力的不断降低，井漏现象更为突出，漏失井段长，或一井多个漏层且漏失量大。井漏成为制约储气库建设的重点和难点。文 23 储气库第一轮井共施工 13 口井，8 口井发生失返性井漏，漏失饱和盐水钻井液和微泡钻井液三千余方。针对已完成井存在的不足，组织专家认真讨论总结，不断优化防漏、堵漏方案。经过室内研究、现场实践，树立"防大于堵"的理念，采用"封""稳"相结合的防漏工艺，失返性井漏次数和漏失量得到有效控制，为储气库二期钻井施工积累了宝贵经验。

文 23 气田与文中油田毗邻，东西部分别为文东与文西断层所切割，形成地垒型断块，文西、文东和濮深 1 三条断层为文 23 气田的边界断层。文 23 气田内部东掉的文 68 断层、文 105 断层和东南倾的文 104 断层共同作用，将文 23 气田分割成西块、主块、东块和南块四个断块区。根据本区钻井揭示，本区自上而下钻遇的地层有第四系平原组，上第三系明化镇组、馆陶组；下第三系东营组、沙河街组及中生界地层，其中沙河街组又分为沙一段、沙二段、沙三段、沙四段。平原组至东营组地层可钻性强，其中馆陶组砂、砾岩为主，地层孔隙大，易发生渗透性漏失，明化镇、东营组软泥岩易缩径；沙一段上部灰色泥岩、白云质泥岩，胶结性差，下部灰质岩、盐岩，易发生塑流动；沙二段泥岩易水化膨胀坍塌，且有断层易发生失返性漏失；沙三段为盐膏层，易污染钻井液，地层易发生塑性变形；沙四段为目的层，砂岩为主，多年开采，地层亏空严重，易发生亏空性漏失，且漏失段长，漏失量大。

文 23 储气库钻井采用三开井身结构，一开采用 Φ508mm 钻头钻至井深 500m，下入 Φ406.4mm 表层套管封隔上部松软地层；二开采用 Φ340mm 钻头钻至文 23 盐底界以下 50m，下 Φ273.1mm+Φ282.58mm 技术套管封隔目的层以上复杂地层及盐层；三开采用 Φ241.3mm 钻头钻至井底，采用先悬挂后回接 Φ177.8mm 套管，保证固井质量，提高储气库的注采能力。

1 漏失特征分析

1.1 自然漏失

1.1.1 上部疏松地层及砂砾岩地层孔隙度大、胶结性差造成井漏

明化镇组以砂泥岩为主，地层疏松、胶结性差；馆陶组砾状砂岩、砾岩、粉砂岩互层，东营组下部砾岩地层，地层孔隙度大，再加上井眼尺寸大，裸露面积大，钻至该地层往往发生渗透性漏失。

1.1.2 文 10 块产层亏空引起漏失

文 23 储气库 7 号、8 号、11 号、6 号平台与文 10 相邻，沙一段至沙三段为文 10 块产层，一是压力系数低（1.10~1.20），二是产层亏空，空隙度大、渗透率高（2200~2400m 井段，测井解释空隙度 17.64%~28.6%，渗透率 29.26~217.32mD），造成地层承压能力低，转换饱和盐水钻井液后 1.48g/cm³ 左右的密度，施工中易造成井漏，特别是文 23 储气库 6、7、8、11 号台表现尤为突出，渗透性漏失，漏速一般 1~5m³，严重时失返。

1.1.3 断层导致的井漏

根据地质设计，该区块断层发育，每口井均钻遇 3~5 个断层，易发生渗透性或失返性漏失。特别是文 23 储气库 8、11、7、6 号井台更为突出，文 23 储 8-5 井在井深 2299m、2308m、2312m、2412m、2590m、2765m 发生 6 次失返性漏失，漏失位置与油气藏剖面图上断层相对应。其中，井深 2770m 处于断层叠加处，漏失钻井液 224m³，共漏失钻井液 575m³。图 1 为文 23 储 8-5 井油气藏剖面图。

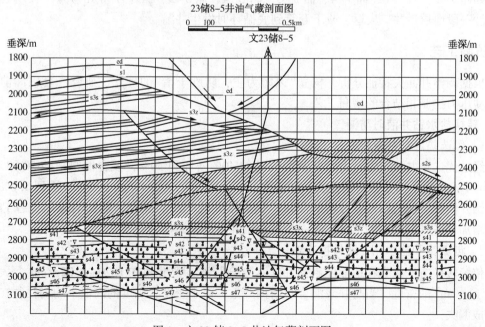

图 1 文 23 储 8-5 井油气藏剖面图

1.1.4 同开次压差引起的漏失

为安全钻穿文 23 盐岩层，防止文 23 盐岩层蠕变，钻井液密度要提高至
$1.48 \sim 1.50 g/cm^3$，高密度状态下，易造成上部低压层（压力系数 1.05）漏失。文 23 储 7-1
井下技术套管至东营组 1884m 发生井漏；文 23 储 7-6 井中完通井扩眼至明化镇组 913m 发
生井漏；文 23 储 7-1 井下技术套管至东营组 1884m 发生井漏；文 23 储 3-10 井下技术套管
至东营组 1650m 发生井漏；漏失原因均为泥饼被破坏掉，地层裸露，低压层导致井漏。

1.1.5 三开目的层亏空引起的井漏

三开为文 23 储气库目的层，该气田经过三十多年的开发，处于枯竭状态，地下状况发
生了较大改变。文 23 气田主块地层压力已经由原始状态的 38.6MPa 下降到目前的 $3 \sim 4$MPa，
压力系数 $0.10 \sim 0.60$ 左右，造成产层亏空，钻进过程中易发生失返性漏失。储 8-2 井钻至
井深 $2992 \sim 3192$m 发生连续失返性漏失，漏失钻井液 $1381m^3$；储 7-1 井钻至井深 $3050 \sim
3083$m 发生连续失返性漏失，漏失钻井液约 $350m^3$。

1.2 诱导漏失

诱导性漏失主要是指瞬间激动压力过大造成的漏失。

1.2.1 下钻速度过快，开泵过猛造成井漏

如文 23-28 井下钻至井深 2228m，中途循环时发生井漏；文侧 10-93 井二开完钻井深
1470m，下技套中途发生井漏，固井过程中未返浆；文 23 储 6-5 井中完通井下钻至 2437m
发生漏失。

1.2.2 窄间隙造成的下技术套管、开泵循环时井漏

技套扶正器与环空间隙小，下技套激动压力大，套管扶正器刮落泥饼，泥饼堆积、环空
不畅，同时把以前形成比较好的保护层刮掉，漏层暴露，或开泵循环时环空不畅造成憋堵，
导致井漏。

如储 7-1、储 7-6、储 7-4、储 3-6、储 6-4、储 5-2、储 3-7 等几口井下技术套管时
进入沙一段地层后井口失返，或下套管到底循环时发生井漏。

2 防漏工艺

根据调整井漏失特征分析，树立"以防为主，防胜于堵"的理念，研究一套以漏前封堵
与激动压力控制相结合的堵漏工艺。

2.1 转换盐水钻井液时防漏

2.1.1 优选防漏钻井液配方

经过优选钻井液配方，由原井浆混入量的 40% 增加到 50%，坂含由原来的 50g/L 提高
到 55g/L，增强了钻井液造壁能力；护胶剂 LV-CMC 或 PAC-LV 由 0.5% 增量到 1.0%，增
强了钻井液护胶能力以形成致密的泥饼；优选钻井院生产的微裂缝随钻堵漏剂代替 FD-4，
同时增加了各种封堵剂的加量，进一步提高钻井液的防漏能力。

2.1.2 创新饱和盐水钻井液转换方法。

传统转换方法是先在地面配制饱和盐水复合胶液，密度约在 $1.20 \sim 1.22 g/cm^3$，大于井
浆 $1.12 g/cm^3$ 的密度，当与井浆混合时增稠严重，由于密度、黏度的高低不均匀往往在替浆
时造成漏失。

转换时新浆调整钻井液密度同井浆相同，保持顶替时压力均衡；加盐、加重在钻进中逐

渐实施，井浆与胶液循环基本均匀后再逐步加盐，防止钻井液黏切变化大，增大环空流动阻力；密度的上升是逐渐提高，有利于提高地层承压能力，防止井漏发生。

2.2 钻遇断层井段防漏

2200m 至文 23 盐顶井段断层易漏失，钻至此井段，补加部分随钻堵漏、封堵剂(超细目碳酸钙、磺化沥青粉、石墨粉、高强封固剂、微裂缝随钻堵漏剂按配方加入)，同时加入 3%~5%复合堵漏剂，振动筛更换 10 目筛布，随着堵漏剂的筛除并及时补充，保证堵漏剂含量，预防失返性井漏的发生。

2.3 下技套、固井防漏

下套管前通井，裸眼段加入 3%~7%FD-4 细颗粒复合堵漏剂，防止下套管或开泵循环时发生井漏。

2.4 三开采用微泡钻井液防漏

三开目的层钻进过程中，利用微泡钻井液密度低(0.90~0.98g/cm³)、剪切稀释性好、微泡封堵作用强，防漏能力好的特点，与封堵剂(可变性材料 LMS 与植物类材料 XW)相结合，预防和减少漏失。

2.5 平稳操作防漏("稳"——减少压力激动)

(1) 严格控制下钻或下套管速度，每 1 个立柱或每根套管下行速度不得低于 50s，要分段循环，单凡尔顶通，正常后再逐渐增大排量，循环时应避开漏层。下钻遇阻要划眼，不能硬压，防止憋漏地层。

(2) 每次开泵前先开动转盘转动钻具 1~3min，以破坏钻井液结构，降低开泵时的激动压力。

(3) 对于可预知的漏失层段，在加入堵漏剂后，降排量钻进，并合理控制钻时钻穿漏层。

(4) 拉完井壁、下完套管后，由于钻具或套管扶正器刮井壁破坏泥饼，采用缓慢开泵，逐步增大排量的方法，以利于形成泥饼，巩固井壁，预防井漏。

2.6 防漏配方

2.6.1 渗透性漏失

基本配方+3%~6%QS-2+2%~4%FT-1+2%~4%随钻高强封固剂+2%~4%微裂缝随钻堵漏剂+2%~4%石墨粉(注：配方膨润土含量控制在 45~55g/L)。

2.6.2 裂缝性漏失

基本配方+3%~6%QS-2+2%~4%FT-1+4%随钻高强封固剂+2%~4%微裂缝随钻堵漏剂+2%~4%石墨粉+3%~4%FD-1+2%~1%FD-2(注：配方膨润土含量控制在 55~65g/L)。

3 堵漏工艺

3.1 堵漏配方

3.1.1 明化镇组、馆陶组、东营组地层孔隙度大发生渗透性漏失

随钻堵漏配方：井浆(50~70g/L 坂含)+2%~4%QS-2+2%~4%随钻堵漏剂

3.1.2 转换饱和盐水钻井液时压差造成渗透性漏失

随钻堵漏配方：井浆(50~70g/L 坂含)+3%~5%QS-2+2%~4%FT-1+2%~4%石墨粉+2%~4%随钻堵漏剂+2%~4%微裂缝随钻堵漏剂

3.1.3 沙一段至沙四段产层亏空及微裂缝，引起的渗透性漏失(漏速 1~10m³/h)

随钻堵漏配方：井浆+(2%~4%)QS-2+(2%~4%)FT-1+2%微裂缝随钻堵漏剂+2%~4%FD-1+2%~4%FD-2

注：振动筛布更换 10 目筛布，随着堵漏剂的筛除并及时补充，保证堵漏剂含量。

3.1.4 沙一段至沙三段断层形成的裂缝造成大于 10 m³/h 及失返性漏失

根据液面到井口的高度确定不同的堵漏方法，液面高度由高到低采用以下堵漏方法：

(1) 复合桥浆堵漏。

堵漏配方：井浆(坂含 50~70g/L)+10%桥塞堵漏剂(3%FD-1+5%FD-2+2%FD-3)

(2) 桥塞堵漏。

堵漏配方：井浆(坂含 50~70g/L)+15%~20%桥塞堵漏剂(5%FD-1+5%~10%FD-2+5%FD-3)

(3) 中原速堵。

堵漏配方：水快速封堵剂 = 1：0.5~0.7，复合 3%~5%片状架桥材料(3~5mm：1~3mm = 2：1)

3.1.5 三开堵漏配方

(1) 复合桥浆堵漏(漏失 ≥10m³)。

堵漏配方：井浆(坂含 50~70g/L)+10%~15%桥塞堵漏剂(1%改性纤维封堵剂 CPF +2%裂缝性随钻堵漏剂+2%~10%FD-1+5%~10%FD-2)

(2) 桥塞堵漏(失返漏失)。

堵漏配方：井浆(坂含 50~70g/L)+15%~20%桥塞堵漏剂(3%裂缝性随钻堵漏剂+5%FD-1+5%~10%FD-2+2%FD-3)

(3) 中原速堵(失返漏失)配方同上。

3.2 堵漏工艺措施

3.2.1 随钻堵漏

针对东营组及其以上的浅地层和转换饱和盐水钻井液时发生的渗透性漏失，漏速 1~5m³的井漏。

(1) 根据漏失层位的不同选择不同的堵漏体系及配方。

(2) 振动筛选择使用 10~40 目筛布，使用好除砂器，勤放锥形罐(沉砂罐)。

(3) 钻进过程中补充钻井液时按堵漏配方加入堵漏剂，并根据振动筛筛出的堵漏剂及时补充。

(4) 漏层钻过漏失消除，及时更换高目数筛布逐渐将堵漏剂筛除，净化钻井液。

3.2.2 静止堵漏

针对沙一段至沙四段产层亏空及微裂缝造成的渗透性漏失，漏速 5~10m³的井漏。

(1) 发现井漏后，立即停泵，活度钻具防止卡钻。

(2) 根据钻头水眼及螺杆水眼尺寸选择堵漏浆配方，谨防造成堵水眼现象，配制堵漏浆 20~30m³。

(3) 小排量(单凡尔或双凡尔)注入钻杆内，当堵漏浆出钻头时，若井口返浆正常，可增大排量(双凡尔或三凡尔)，尽量使堵漏浆部分进入漏层。

(4) 堵漏浆顶替到位后，若堵漏浆进入漏层较少，起钻至堵漏浆液面上或安全井段，采用循环加压法逐步(提高排量循环)尽量使堵漏浆部分进入漏层,然后静止 8~24h。

(5) 井口灌满钻井液,若液面稳定,分段循环下钻,开泵排量从小到大,至井底不漏恢复钻进。

3.2.3 复合桥浆堵漏及桥塞堵漏

针对沙一段至沙三段断层形成的裂缝造成的大漏及失返性漏失或三开亏空漏失,漏速大于 $10m^3$ 及全漏。

(1) 发现漏速大于 $10m^3$ 及失返,立即停泵、起钻,二开井段并连续灌钻井液,可灌密度较低的钻井液,防止钻井液液面漏至表套以下,出现卡钻具现象;三开井段按起出钻具体积灌钻井液。

(2) 下光钻杆。下钻过程中若有钻井液返出,应下钻至井底将漏层拨开(防止沉砂将漏层埋住),然后起钻至漏层以上 30~60m。

(3) 注堵漏浆。先采用小排量(单凡尔或双凡尔),当堵漏浆出钻杆时,若井口返浆,可增大排量(双凡尔或三凡尔),尽量使堵漏浆部分进入漏层。

(4) 堵漏浆顶替到位后,若堵漏浆进入漏层较少,起钻至堵漏浆液面上或安全井段,采用间接挤替法(关井小排量反复挤压)使堵漏浆部分进入漏层,然后静止 8~24h。

(5) 井口灌满钻井液,若液面稳定,分段循环下钻,开泵排量从小到大,至井底不漏恢复钻进,暂不用振动筛,待漏层钻过或钻进 30m 不漏,再使用振动筛逐渐筛除堵漏剂。

3.2.4 中原速堵

(1) 发现漏速大于 $10m^3$ 及失返,立即停泵、起钻,二开井段并连续灌钻井液,可灌密度较低的钻井液,防止钻井液液面漏至表套以下,出现卡钻具现象;三开井段按起出钻具体积灌钻井液。

(2) 下光钻杆。下钻过程中若有钻井液返出,应下钻至井底将漏层拨开(防止沉砂将漏层埋住),然后起钻至漏层以上 50~100m。

(3) 下钻到底之前按配方配制速堵堵漏浆。配制罐清理干净,放入所需清水,按速堵配方加入堵漏剂。

(4) 注堵漏浆(三凡尔),堵漏浆顶替到位后起钻至堵漏浆液面以上 30~50m。

(5) 关井憋压,小排量注入以压力变化范围、幅度来决定泵入量(可部分或全部挤入)。

(6) 起钻、下钻扫塞恢复钻进。

4 现场应用

4.1 文 23 储 8-1 井

4.1.1 转换盐水钻井液防漏

(1) 优选钻井液配方。

经过优选钻井液配方,由原井浆混入量的 40% 增加到 50%,坂含由原来的 50g/L 提高到 55g/L,增强了钻井液造壁能力;护胶剂 LV-CMC 或 PAC-LV 由 0.5% 增量到 1.0%,增强了钻井液护胶能力以形成致密的泥饼;优选钻井院生产的微裂缝随钻堵漏剂代替 FD-4,同时增加了各种封堵剂的加量,进一步提高钻井液的防漏能力。防漏钻井液配方对比见表 1。

表 1 防漏钻井液配方对比表

原配方	40%井浆+60%复合胶液(清水+0.2%Na$_2$CO$_3$+0.4%NaOH+0.5%LV-CMC+0.3%HV-CMC+1%CFL+0.3%HP+0.4%液体 150+2%QS-2+1.5%FT-1+1.5%随钻高强封固剂+1.5%FD-4+NaCl+重晶石粉
现配方	50%井浆+50%复合胶液(清水+0.2%Na$_2$CO$_3$+0.4%NaOH+1.0%LV-PAC+0.3%HV-CMC+1%CFL+0.3%HP+0.4%液体 150+0.1%XCD+3%QS-2+2%FT-1+2%随钻高强封固剂+2%微裂缝随钻堵漏剂+1%石墨粉+NaCl+重晶石粉

(2)优化钻井液性能。

经过对已完成井不断总结,对防漏钻井液性能进行进一步优化。为了防止低黏切冲刷井壁不利于防漏,对黏切、流变参数、坂含做了提高的调整;为了降低液柱压力达到防漏的目的,密度选设计下限。防漏钻井液性能对比表如表 2。

表 2 防漏钻井液性能对比表

名称	密度/ (g/cm^3)	FV/s	Fl/mL	PV/mPa·s	YP/Pa	n	K/Pa·s^n	Gel/ Pa/Pa	MBT/ (g/L)
原性能	1.20~1.50	45~60	4.0	25~40	3~7	0.72~0.65	0.1~0.2	0.5~2/2~4	50
现性能	1.15~1.48	50~75	4.0	20~46	6~15	0.65~0.55	0.3~0.5	2~4/6~12	60

(3)优化转换方法。

地面配制的复合胶液密度同井浆相同,且胶液流动性好,不会造成局部压力增高现象;加盐、加重在钻进过程中逐步进行,控制每周提高密度不大于 0.02g/cm^3。

4.1.2 易漏井段防漏

2200m 至文 23 盐顶井段属于易漏井段,钻至此井段,补充钻井液时按配方补加封堵剂,同时加入 3~5 复合堵漏剂,振动筛布更换 10~20 目筛布,随着堵漏剂的筛除并及时补充保证堵漏剂含量;出现渗透性漏失(大于 2m^3)现象适当降低排量(由 50L/s 降至 45L/s);进入盐层后分 2~3 周逐渐把堵漏剂筛出,做好钻井液净化工作。

由于认真执行优化后的施工方案,该井二开施工过程中没有发生失返性漏失,渗漏现象也大大减轻,仅用 9d 时间顺利钻完二开进尺,创中原工程公司储气库施工井队二开最快纪录,同时钻井液成本与同井台井相比降低近二十万元。

4.2 文 23 储 8-6 井

4.2.1 井漏发生经过

2018 年 4 月 4 日 21:00 钻进沙三下,井深 2616m,井口失返,漏失 6m^3。起钻期间灌浆 10.5 m^3(密度 1.15g/cm^{3}轻钻井液),井口未满。起钻至套管鞋,灌浆 10 m^{3}灌满,液面无法稳定下降很快。静止至 4 月 5 日 18:00 起钻探液面位置 65m 处,井口灌浆 10 m^{3}灌满,液面无法稳住下降很快,决定起钻下光钻杆堵漏。

发生井漏时采用钻井液体系为饱和盐水钻井液,密度 1.48g/cm^3,黏度 60s,PV30mPa·s,YP12Pa,切力 3/8.5Pa,失水 3.8mL,pH9。

4.2.2 漏失原因分析:

钻遇断层,造成井漏。

4.2.3 堵漏措施

下光钻杆采用复合桥浆堵漏。

4.2.4 堵漏经过

下钻到底排量 20L/s 注入堵漏浆 18 m³(5%FD-1+5%FD-2+5%FD-3)，替浆 26 m³，共计漏失 10m³，起钻。下入常规钻具到底排量 20L/s 顶通循环，漏速 4m³/h，期间加入复合堵漏剂 FD-2 4%，漏失得到控制，排量调整至 30L/s，未漏，恢复钻进。

共计漏失饱和盐水钻井液 58.7 m³，损失时间 60h。

5 认识与建议

（1）井漏是文 23 储气库钻井施工的最大难点，防漏是关键，在预计的漏层前调整好钻井液性能，并加入封堵剂、随钻堵漏剂、复合堵漏剂，提前做好封堵工作，平稳操作，可有效降低井漏的发生。

（2）膨润土含量是防漏钻井液的重要指标，选择合适的膨润土含量是防止井漏的关键。

（3）在易漏地层钻进，层流比紊流防漏效果好。

（4）转换盐水钻井液时采用提前封堵，边钻进边转换，逐步提高密度的方法，有效降低了井漏的风险。

（5）微泡钻井液密度低、剪切稀释性好、微泡封堵作用强，有利于防止井漏，适用于文 23 储气库钻井。

（6）发生失返性漏失或漏速较大时，应立即起钻至安全井段，并连续灌钻井液，防止液柱压力降低导致井壁失稳的发生，次生井下事故。

参 考 文 献

[1] 鄢捷年. 钻井液工艺学[M]. 东营：中国石油大学出版社，2011.
[2] 王中华. 钻井液技术员读本[M]. 中国石化出版社，2017.

作者简介：王玉海，中原石油勘探局钻井一司技术发展中心，主任技师，现从事钻井液现场技术管理工作。地址：河南省濮阳市清丰县马庄桥中原石油勘探局钻井一司技术发展中心，邮政编码：457331，电话：18236090335，E-mail：472860848@qq.com.

超分子仿生封堵技术研究与应用

朱明明 张建卿 吴付频 胡祖彪 张 健 孙 艳 王清臣 侍德益

(川庆钻探工程有限公司长庆钻井总公司)

摘 要 长庆油田区域地质条件复杂，延长组、刘家沟组及洛河组由于承压能力较低，频繁发生漏失。在钻井复杂时效中井漏占据了 84.55%，且失返性恶性漏失比例较大，占漏失井的 43.53%，堵漏效率低、堵漏难度大。针对此种情况，研发超分子仿生堵漏技术，解决以前堵漏剂在漏层中停不住、易被水混合冲稀、难以滞留堆集在漏层入口附近、难以堵死漏失通道等技术难题。

关键词 钻井液 井漏 超分子 凝胶

目前制约长庆致密油气田钻井堵漏的核心因素有以下几点：①漏失井段钻进漏失速度控制技术缺乏；②恶性漏失治漏工艺技术不成熟；③高密度条件下高承压堵漏难度大。采用超分子仿生堵漏技术，形成的"隔段式凝胶段塞"具有强的静屈服值，大幅提高启动压差，进而提裂缝、孔隙的承压能力。

1 超分子凝胶的材料设计

超分子化学是国际最先进的化学理论之一，超分子堵漏材料利用非共价键形成超分子聚集体凝胶结构，无须交联，可有效黏附在岩石固体表面，有利于堵漏浆在漏层停留。

1.1 合成总体目标

(1) 低剪切速率下黏度低，易于泵送。

(2) 高剪切速率下，堵漏剂分子间通过非共价键形成空间网架结构，具有高强度性，易于堵住漏层。

1.2 合成总体思路

(1) 筛选合成超分子功能单体，将超分子功能单体引入乙烯基单体，便于共聚产生超分子聚合物。

(2) 利用水溶液聚合将超分子功能单体引入大分子链聚合物中。

(3) 在聚合过程中加入表面活性剂，一方面提高超分子聚合物黏附能力，另一方面表面活性剂又可以和疏水单体链形成缔合交联，从而形成超分子凝胶结构。

2 超分子聚合物凝胶的合成

第一步：采用季铵化反应，将长碳链卤代烃接枝到可聚合乙烯基单体中，从而形成可聚合疏水单体(图1)。第二步：以亲水单体为骨架、疏水单体为微链段通过自由基聚合合成了超分子聚合物凝胶(图2)。

图 1　第一步合成反应

图 2　第二步合成反应

3　超分子凝胶成胶机理

超分子凝胶 I 型聚合物微链段的疏水端会与表面活性剂的疏水端通过疏水缔合作用聚集在一起，形成混合胶束。以混合胶束为物理交联点，可形成三维网络结构。由于超分子聚合物主链带有正负电荷，在表面活性剂的静电屏蔽作用下，超分子聚合物主链也会与表面活性剂形成混合胶束，起到进一步物理交联的作用。此外，超分子聚合物微链段的疏水端也会与超分子聚合物和表面活性剂的疏水端通过疏水缔合形成胶束，从而形成凝胶结构(图 3、图 4)。

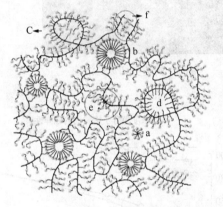

图 3　超分子成胶示意图

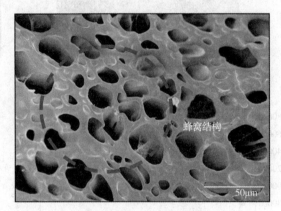

图 4　超分子成胶后电镜图

4　超分子凝胶堵漏原理剂和承压效果

能够适应不同深度漏层，在不同温度下形成不同强度和黏弹性的凝胶，不"封门"、耐稀释、滞留强，具有广泛适应性，

4.1　非共价键相互作用

超分子堵漏剂是在大分子链上引入功能性官能团，在水溶液中，大分子链上的官能团通过非共价键(包括氢键、配位作用、主客体相互作用、π-π 相互作用、亲疏水作用)相互作用可自发地形成有序超分子聚集体凝胶结构，形成的超分子结构具有可逆性(图 5)。

图 5　超分子凝胶费共价键交联示意图

4.2 堵漏浆剪切稀释性及黏弹性

超分子凝胶堵漏剂在刚刚配制完时，屈服应力较低，具有良好的流动性；成胶后，超分子堵漏剂屈服应力随之增大，表现为流动能力降低(图6，图7)。

将超分子堵漏剂溶于水配成溶液，高速搅拌 30min 在 50℃ 条件下静置 0.5h，成胶后，黏弹性明显增加(图8)。

图 6　刚配制的超分子溶液

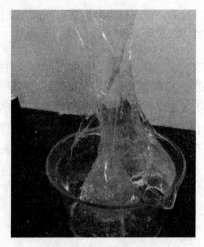

图 7　高速剪切后的溶液

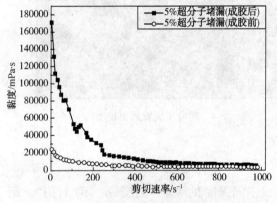

图 8　成胶前后黏度增幅对比图

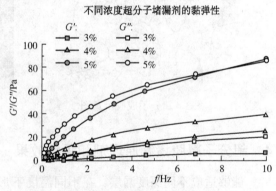

图 9　不同含量黏弹性对比图

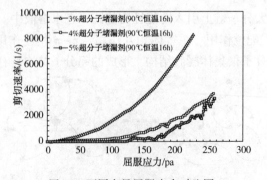

图 10　不同含量屈服应力对比图

4.3 堵漏承压能力评价

4.3.1 砂床封堵性评价

将配制好的5%超分子凝胶溶液，倒入71型失水仪中砂床之上，在90℃温度下静置16h，测定其在0.7MPa下的瞬时滤失量，测评堵漏剂的封堵性(表1)。

表1 超分子凝胶在不同砂床条件下的封堵性能

配方	砂样/目数	温度/℃	压力/MPa	漏失量/mL
5%超分子凝胶	80~120	90	0.7	0
	60~80	90	0.7	0
	40~70	90	0.7	1.6
	20~40	90	0.7	1.8

4.3.2 裂缝承压能力评价

利用动态堵漏仪和3mm异性缝隙板进行裂缝承压能力实验，对比常用的GD-3凝胶和超分子凝胶的挤封承压能力(表2)。

表2 超分子凝胶与常规凝胶承压能力对比表

配方	承压能力/MPa	承压过程中漏失量/mL(3mm缝板)										
		0MPa	0.5MPa	1MPa	1.5MPa	2MPa	2.5MPa	3MPa	3.5MPa	4MPa	4.5MPa	5MPa
1%超分子凝胶+5%细桥塞	>5	150	200	200	200	330	330	330	330	330	330	330
2%超分子凝胶+5%细桥塞	>5	20	50	50	50	50	50	50	50	50	50	50
1%GD-3凝胶+5%细桥塞	1.5	50	1000	1350	1350	4000						
2%GD-3凝胶+5%细桥塞	4	10	200	250	250	250	400	500	500	3000	4000	

5 现场应用情况

5.1 现场堵漏性能评价

利用钻井现场的钻井液进行超分子凝胶堵漏浆的配制，采用20~40目砂床进行承压能力评价(表3)。

表3 超分子凝胶配伍超分子结构剂的承压能力表

配比性	滤失量/mL	承压/MPa
1.40泥浆	全失	1
1.40泥浆+10%超分子结构剂	230	2
1.40+2%超分子凝胶	200	2
1.40泥浆+1%超分子凝胶	200	2
1.40泥浆+2%超分子凝胶+10%超分子结构剂	0	7
1.40泥浆+1.5%超分子凝胶+10%超分子结构剂	0	7

续表

配比性	滤失量/mL	承压/MPa
1.40 泥浆+1%超分子凝胶+10%超分子结构剂	0	7
1.40 泥浆+1%超分子凝胶+9%超分子结构剂	0	7
1.40 泥浆+1%超分子凝胶+8%超分子结构剂	10	7
1.40 泥浆+0.8%超分子凝胶+9%超分子结构剂	0	5

5.2 现场堵漏性能评价

超分子凝胶堵漏技术在长庆致密气井的宜黄、苏里格区块应用 3 口井，其中 2 口井一次性承压堵漏成功，1 口井随钻堵漏，漏速从失返降低到 12m³/h，一次堵漏成功率 66.7%，堵漏效率提高 33.8%（表 4）。

表 4　超分子堵漏技术现场应用情况统计表

井号	漏失井深/m	漏失速度/(m³/h)	常规堵漏方法			超分子凝胶堵漏	
			桥塞	打水泥	堵漏效果漏速/(m³/h)	堵漏次数	堵漏效果漏速/(m³/h)
宜 10-26-31A	1688	50	2	0	20	1	不漏
苏东 38-60A	3077	15	11	4	12	1	1~2
宜 10-8-37	1840	失返	4	0	40	1	10

6　结论

（1）超分子流体有很高的黏度和很好的剪切稀释能力。

（2）超分子流体有很好的黏弹性，且弹性比例高。

（3）堵漏浆体静置后产生内部结构而且会随时间而增强，欲使之恢复流动必须附加更大的应力以克服此静切力。

（4）堵漏剂溶液在胶凝前是可变形流体，在压差下可以自动变形进入漏层，不存在对漏失层孔隙或裂缝大小、形状的匹配问题。

（5）能在地层中形成一个能将井筒与地层完全隔离且长度可调的特种段塞，且段塞具有可调的启动压差。

参　考　文　献

[1] 王勇、蒋官澄. 超分子化学堵漏技术研究与应用[J]. 钻井液与完井液，2018，(3)：48-53.

[2] 李旋. 超分子水凝胶材料研究进展[J]. 应用化工，2019，(5)：1140-1145.

作者简介：朱明明，川庆钻探长庆钻井总公司，高级工程师，一直从事钻井液技术工作。地址：陕西西安未央区路 151 号，邮编：710018，电话：15129829802，邮箱：zqjszmm@cnpc.com.cn。

大湾 4 井飞仙关泄压区防漏堵漏及承压堵漏技术

张麒麟[1]　王长勤[2]　李旭东[1]　樊朋飞[1]

(1. 中国石化中原石油工程有限公司钻井工程技术研究院；
2. 中国石化中原石油工程有限公司钻井三公司)

摘　要　大湾 4 井是位于四川盆地川东断褶带黄金口构造带大湾构造的一口重点超深探井，钻探目的为预探大湾构造长兴组早期生物礁储层及含气情况，评价长兴组晚期生屑滩储层及含气情况，兼探栖霞–茅口组储层及含气情况。该井三开钻遇飞仙关气藏已投产属泄压区，压力系数极低 0.7~0.8，加之其晶间孔隙、微裂缝发育，高压差下易导致飞仙关低压储层裂缝开启、破裂造成钻井液漏失及其他井下复杂；将飞仙关承压能力由 0.70~0.8 g/cm³ 提高至 1.68 g/cm³，裸眼段长达 1126m，套管鞋处及飞仙关低压层提高承压能力难度大。针对该井难点，采用"以防为主，多元协同"承压堵漏技术思路提高低压易漏层承压能力。实践表明，采用该技术思路不仅解决了大湾 4 井低压易漏层的钻井井漏问题，而且大幅缩短钻井周期，为普光气田大湾区块开发新产层提供了有效的技术支撑。

关键词　超深探井　飞仙关　泄压区　以防为主　多元协同

普光探区二期主要包括大湾和毛坝两个构造，是川气东送工程的重要资源接替阵地[1]，开发潜力巨大，相比普光主体区块，地质结构和压力系统复杂[2]。2018 年以来普光气田部署大湾 4 井等探井，受投产井影响较大，尤其是飞仙关气藏实测压力系数 0.7~0.8，飞仙关泄压区三开裸眼段长、晶间孔隙、微裂缝发育，多套压力系统下安全、高效的钻井井漏处理及飞仙关泄压区的承压堵漏技术成为钻探该区域的关键技术之一[3]。如大湾 405-3 井：三开共漏失钻井液 562.68m³，配制堵漏浆 425m³，堵漏复杂时间为 147.62h。完钻承压堵漏将地层承压系数由 1.43 提高到 1.75，共进行承压堵漏施工 12 次，其中水泥 3 次，共配制堵漏浆 665m³，漏失钻井液 415.3 m³，用于提高地层承压能力辅助时间高达 772h。

1　地质及工程简况

1.1　地质简况

大湾 4 井是位于四川盆地川东断褶带黄金口构造带大湾构造的一口重点超深探井。以志留系韩家店组为主要目的层，钻探目的：预探大湾构造长兴组早期生物礁储层及含气情况，评价长兴组晚期生屑滩储层及含气情况，兼探栖霞–茅口组储层及含气情况。该井三开钻遇嘉陵江组、飞仙关组，详见表 1。嘉陵江组：以灰岩与白云岩为主，嘉二段有含泥灰岩；飞仙关组：岩性主要为灰色白云岩，孔隙度 1.6%~13.3%，渗透率（0.012~254.23）×10⁻³ μm²。储层岩石中溶蚀孔、晶间孔发育，连通性好，粒间孔隙 100~400μm，晶间缝、微裂缝发育，裂缝尺寸 10~30μm；邻井大湾 405-2H 井飞仙关组地层 4800.00~5837.20m 层段的 FMI 成像资料显示测量井段内张开裂缝 125 条，裂缝以斜裂缝和高角度裂缝为主，发生井漏的风险较高。综上，飞仙关泄压区地层晶间孔隙连通性好、微裂缝发育，为漏失提供了良好通道。

1.2 工程概况

大湾 4 井是一口四开制预探井,设计井深 6218.80m,目的层为志留系韩家店组。如表 1 所示,三开设计井深 4084~5210m、设计完钻层位为飞仙关组,飞仙关组、长兴组在该区域为气层,且高含硫化氢,岩性以灰岩为主,四开层位龙潭组至韩家店组含硫化氢情况测试资料较少,预计地层预测压力高,三开预计套管需封隔飞仙关组低压层。但是长兴组地层压力可能相对下部地层较低(地层压力系数见表1),依据飞仙关组的承压堵漏情况,若承压能力能够达到 1.68,则三开加深钻探深度,钻至龙潭组顶,下套管封隔长兴组地层。因飞仙关属泄压区,地层压力系数低,加之其晶间孔隙、微裂缝发育,提高地层承压能力难度极大[4]。

表 1 大湾 4 井地层及井身结构示意图

层位		垂深/m	地层压力系数	开次	井身结构(直径 mm×深度 m)	井身结构示意图
上沙溪庙组		907	1.0-1.1	导管	钻头 660.4×101 套管 508×100	
下沙溪庙组		1412		一开	钻头 444.5×1151 套管 346.1×1150	
千佛崖组		1857	1.12-1.15	二开	钻头 320×4084 套管(273.1+282.6)×4082	
自流井组		2287				
须家河组		2962	1.15-1.24			
雷口坡组		3377	1.20-1.15			
嘉陵江组	嘉四-五	4032	1.19-1.23	三开	钻头 241.3×5210 套管(193.7+206.4)×5208	
	嘉一-三	4642				
飞仙关组	飞三-四	4812	0.7-0.8			
	飞一-二	5127				
长兴组	长二段	5372	1.13-1.53	四开	钻头 165.1×6218.8 套管 146.1×(5008~6215)	
	长一段	5527				
龙潭组		5637	1.04-1.51			
茅口组		5802	1.5-1.9			
梁山组-栖霞组		5992	1.6-2.0			
韩家店组		6042▽	1.51-1.91			

2 防漏堵漏及承压堵漏难点分析

从地质及工程概况不难看出:

(1)三开同一裸眼段存在多套压力系统,防塌和防漏矛盾突出;邻井三开嘉陵江组 1~3 段钻井液密度普遍达到 1.2~1.46 g/cm³,而飞仙关组地层预测压力系数 0.7~0.8,况且目的层可能与大湾已开发井主力生产层沟通,导致部分泄压,引起钻井液井底压差过大(可达 30MPa),高压差下飞仙关低压储层裂缝开启、破裂易造成钻井液漏失及其他井下复杂(情况发生);

(2)为了顺利揭开四开高压产层,设计要求三开钻穿飞仙关组后,需将飞仙关承压能力由 0.70~0.80 g/cm³ 提高至 1.68 g/cm³,三开设计裸眼段长达 1126m,不仅套管鞋处等薄弱地层易破裂,而且孔隙-裂缝型飞仙关低压层提高承压能力难度较大;

(3)一旦飞仙关承压不能达到预期,则长兴组储层将在四开揭开,长兴组井温较高,压力系数 1.13~1.53，而下部的茅口组和栖霞组的钻井液密度可能高达 2.0g/cm³，部分发育较好的溶蚀孔洞可达 10mm 左右，因此长兴组存在高井底压差导致钻井液漏失及储层伤害问题。

3 防漏堵漏及承压堵漏技术对策

针对泄压区压力系数极低，单靠钻完进尺后专项堵漏难以实现高压差承压堵漏要求，为此，设计了"以防为主，多元协同"技术思路如下：

（1）钻进过程中，强调"以防为主"，随钻封堵提承压，从钻井液密度控制、抑制防塌防漏及随钻封堵防漏等方面，以及强化工程操作，降低裂缝性漏失风险，同时降低后期专项承压堵漏难度；

（2）钻进时发生漏失，根据漏失情况配制不同浓度、粒径级配堵漏浆，采用段塞封堵措施，提高井漏处理时效，确保封堵深度及强度，降低后期专项承压堵漏难度；

（3）钻完进尺后提高地层承压能力，基于随钻封堵强化井壁的良好基础，采用专项承压堵漏技术"多元协同"的方式提高低压易漏层承压能力，确保下步安全钻进。

3.1 随钻防漏技术

由 1.1 可知飞仙关储层孔隙尺寸主要在 100~400μm，微裂缝尺寸 10~30μm，采用逐级架桥充填封堵理论，针对飞仙关低压储层孔喉及裂缝宽度，优化封堵材料粒径，采用"定制化"随钻封堵防漏材料微裂缝随钻封堵剂 MFP-Ⅰ和储层封堵剂 YBS，加强飞仙关储层溶蚀孔洞（100~400μm）及裂缝（10~30μm）封堵，重视提高钻井液滤饼质量（图 1），降低液相压力传递，减弱裂缝水力尖劈效应，提高低压地层的漏失压力，结合工程措施，预防井漏发生，降低井漏风险。

（1）微裂缝随钻封堵剂 MFP-Ⅰ：粒径较粗（75~350μm），在颗粒架桥、填充基础上，由微米级颗粒材料、纤维材料、片状材料及变形充填材料组成，不同功能材料的粒径级配和比例可进行针对化的设计及优选复配后，能够有效封堵地层微裂缝、改善泥饼质量、降低泥饼渗透率，提高地层承压能力。与钻井液配伍性好，不影响钻井液流变性能；承压能力达10MPa 以上。适用于泥岩、砂岩、层理发育页岩的井筒强化、随钻封堵及承压堵漏等。由表 2 实验可以看出，3%加量可密实封堵微裂缝，降低液相压力传递，提高封堵致密性及地层承压能力，预防微裂缝延展致漏。该技术在内蒙古杭锦旗、中原文 23 储气库、新疆顺北地区现场应用 20 余口井，应用井井段钻进渗漏损耗量降低 40%以上，漏失次数降低 67%。

（2）储层封堵剂 YBS：粒径相对较细且有一定范围的粒径分布（20~160μm），用以充填、封堵随钻堵漏剂之间的微小孔隙及储层较细小的孔喉，在近井地带停留并提高封堵层致密性，后期可利用酸化或射孔工艺解除。

基浆泥饼:虚　　　　　　　封堵泥饼:薄而致密　　　　　参与泥饼形成(放大527倍)

图 1 MFP-Ⅰ改善泥饼质量

表 2 不同加量对钻井液性能的影响

MFP-I /%	AV/mPa·s	PV/mPa·s	泥饼厚度/mm	375~750μm 石英砂床漏失比例/%
0	16.5	9	2，虚	100
1	17.5	9	1，致密	79
3	16.5	11	~0.5，致密	0(仅浸湿 8cm)
5	16.5	10	~0.8，致密	0(仅浸 5.5cm)

3.2 随钻堵漏技术

钻进过程中出现漏失可采用段塞封堵技术[5]，在单独一个泥浆罐中配制：15~20m³钻井液+4%~6%随钻堵漏剂(FD-1)+3%~5%微裂缝随钻封堵剂 MFP-I+1%储层保护剂 YBS+1%~2%氧化沥青，现场可根据地层岩性、工程参数、漏失参数等不同情况，调整堵漏浆浓度或材料粒径级配，将该堵漏段塞打入井底并循环一周可解决渗漏问题。若段塞封堵技术仍不能解决漏失问题，可判断为地层承压能力不足，应采用专项承压堵漏技术提高地层承压能力来满足施工要求。

3.3 专项承压堵漏技术

3.3.1 纤维凝胶承压堵漏技术

钻井过程中无严重井漏可采用纤维凝胶堵漏技术[6~8]，堵漏强度达 20MPa、抗温大于135℃，适用于裂缝性、孔隙性漏失的堵漏和长裸眼井段的承压堵漏。该技术解决常规桥堵材料与漏层的匹配问题，刚性架桥颗粒配合柔性纤维材料"缠绕"作用快速驻留成塞，有效解决常规桥堵材料与漏层的匹配问题，避免"大颗粒封门、小颗粒难驻留"的现象发生，配合利用凝胶材料膨胀、变形、驻留和压实作用实现对天然裂缝漏层、诱导裂缝漏层的有效封堵，提高地层承压能力。如图 2 所示，利用纤维材料"缠绕"驻留作用，及凝胶材料胶吸水膨胀压实封堵作用，在漏失通道内产生的膨胀堵塞作用提高对不同大小孔道的适应能力，可以将骨架材料、填充材料和地层很好地胶结成整体。在川东北、中原、杭锦旗等地区的分 2井、元坝 6 井等进行了 50 余井次的现场应用，成功率100%，一次成功率70%以上，可解决裂缝性漏失堵漏难题。

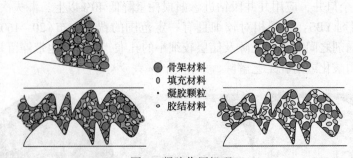

图 2 凝胶作用机理

3.2.2 固化承压堵漏技术

钻井过程中无严重井漏可采用固化承压堵漏技术[9~11]，该技术是在矿渣固井(MTC)基础上完善和发展的堵漏技术，具有密度可调，固化强度高，缓凝时间可控，抗污染能力强，驻留性好以及与钻井液配伍性好等特点，不仅适用于水基钻井液堵漏，同样适用于油基钻井液堵漏，解决了常规桥堵成功率低、存在复漏风险，水泥浆堵漏驻留性差与油基钻井液相容性差的难题。现场施工直接采用灰罐车配合水泥泵车配制、泵送，减少泥浆罐配制、掏罐等工序，减轻劳动强度、提高了堵漏效率。在长宁、涪陵、通南巴和普光等区块得到广泛应用，处理水基及油基钻井液复杂井漏 10 余井次，一次成功率达到 100%。

当纤维凝胶堵漏技术承压能力不能达到设计要求时，可采用固化承压堵漏技术。若因裸眼段过长造成易漏低压地层承压效果不理想，可采用分段提承压思路，利用段塞封堵与固化堵漏技术相结合的方式，有针对性的分段提高薄弱地层承压能力，"步步为赢"最终达到设计要求。

4 应用效果

大湾 4 井 2018 年 11 月 10 日 18：00 开钻，2019 年 3 月 27 日 16：30 钻至井深 4280m 二开完钻，技术套管下深 4276.50m，于 2019 年 4 月 17 日 16：00 三开开钻，5 月 2 日 23：00 钻至 5374m（进入长兴组 2m，钻井液性能：密度 1.33g/cm³，黏度 57s，滤失量 3.2mL，泥饼 0.5mm，塑性黏度 27s，动切力 10.1Pa，初终切 3/5.5Pa），循环后起钻准备做承压施工，至 5 月 5 日 7：00 采用凝胶承压堵漏技术，最高稳压 13.5MPa，折合井底当量密度 1.68g/cm³，满足施工要求。根据设计要求下钻到底筛除堵漏剂后，采用井内钻井液承压到 1.68m³ 可继续钻穿长兴组，大排量循环筛除堵漏剂后，至 5 月 7 日 0：00，采用井内钻井液最高稳压 15.7MPa，飞仙关地层折合承压当量密度 1.68g/cm³，满足设计要求，于 5 月 7 日 7：00 下钻到底恢复钻进，大湾 4 井承压堵漏施工辅助时间为 48h，较邻井大湾 405-3 井节约 724h（30.17d），大幅缩短了钻井周期，现场应用取得了明显效果。

4.1 随钻防漏技术应用

大湾 4 井三开（嘉陵江 1~3，飞仙关组 1~4）钻进，钻井液按照微裂缝随钻封堵技术方案：钻井液+2%随钻封堵剂 MFP-1+2%储层封堵保护剂 YBS+3%超细目碳酸钙+3%油溶性暂堵剂+3%沥青粉 FT，整个嘉陵江 1~3 未发生显著漏失。4 月 24 日钻至 4954m 进入飞仙关 4，定期维护防漏材料，保持泥浆中有充足的防漏材料，及时封堵地层孔隙、微裂缝，修复地层薄弱区域防止井漏发生。

表 3 大湾 4 井三开漏失情况统计表

漏失层位	漏失井深/m	漏失量/m³	漏失类型
飞仙关 4 段	4890.29~4911.01	7.2	微裂缝漏失
飞仙关 4 段	4914.51~4919.21	7.7	微裂缝漏失
飞仙关 4 段	4940.59~4951.42	6.3	微裂缝漏失
飞仙关 4 段	4987.18~4987.94	2.5	微裂缝漏失
飞仙关 3 段	4999.58~5027.40	12.4	微裂缝漏失
飞仙关 2 段	5082	82	微裂缝漏失
飞仙关 2 段	5160	25	微裂缝漏失
飞仙关 2 段	5264	12	微裂缝漏失

如表 3 所示，三开钻进中除正常损耗外，漏失均为微裂缝漏失（漏速<5m³/h）。根据漏失情况，加入大颗粒架桥材料（如随钻堵漏剂、核桃壳、改性竹纤维等），及时解决漏失问题，未增加非生产时间，顺利钻穿飞仙关低压储层，防漏措施取得良好效果。

4.2 承压堵漏技术应用

由 4.1 可知，三开钻进过程中发生漏失均为微裂缝漏失，且漏失次数较多，地层较为薄弱，为低压地层(压力系数 0.7~0.8)，根据该井实际情况决定先采用凝胶承压堵漏技术强化井壁，将飞仙关地层承压能力提高至设计要求，再分段循环下钻到底大排量循环筛除堵漏剂后，采用井内钻井液将飞仙关组地层承压能力提至 1.68。

4.2.1 纤维凝胶承压堵漏技术施工

纤维凝胶堵漏技术配方：井内钻井液(密度 1.33g/cm³)+8%刚性颗粒+3%凝胶复合暂堵剂+3%核桃壳+1%矿物纤维(长)+3%复合堵漏剂 FD-1(细)+2%微裂缝随钻封堵剂 MFP-1+3%随钻堵漏剂，承压堵漏浆密度加重至 1.68g/cm³。

承压堵漏施工过程：如图 3 所示，采用光钻杆下钻至 5374m，循环泵入 73m³ 承压堵漏浆，随后替井浆 40.6 m³ 内外替平，起钻至 3800m。关井做承压堵漏施工，如图 4 所示，共憋压 7 次，井口最高稳压 13.5MPa，共挤入地层堵漏浆 3.4m³，返吐 3m³，折合井底当量密度 1.68g/cm³，达到预期目标。

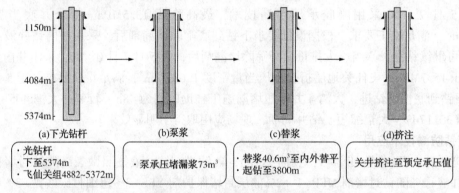

图 3 承压堵漏施工过程简图

4.2.2 井内钻井液承压施工

承压施工过程：堵漏浆承压实验后，分段下钻循环筛除堵漏剂，待振荡筛(20 目)无堵漏剂返出后，为降低井口压力，避免套管鞋处等薄弱地层破裂，循环期间循环均匀加重钻井液密度至 1.38g/cm³，起钻至 3800m，关井做承压实验。如图 5 所示，共憋压 8 次，井口最高稳压 15.7MPa，飞仙关地层折合井底当量密度 1.68g/cm³，承压施工达到设计要求，开井起钻，更换钻具组合继续揭开长兴组地层。

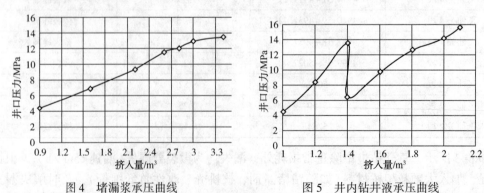

图 4 堵漏浆承压曲线   图 5 井内钻井液承压曲线

5 结论与认识

（1）普光气田大湾区块飞仙关泄压区三开裸眼段长、晶间孔隙、微裂缝发育，多套压力系统下安全、高效的钻井井漏处理以及易漏地层的承压堵漏难度大；

（2）以防为主，结合随钻封堵以及段塞封堵、凝胶堵漏、固化堵漏技术等专项提承压堵漏，可有效降低井漏复杂，提高堵漏效率；

（3）大湾 4 井现场应用表明，MFP-Ⅰ微裂缝随钻封堵防漏、纤维凝胶提承压封堵工艺的应用，不仅大幅缩短了钻井周期，而且取得了较好的应用效果。大湾 4 井飞仙关泄压区完钻井底当量密度达 1.68g/cm³，承压达到设计要求；

（4）推广应用"以防为主，多元协同"承压堵漏技术思路，能够有效提高飞仙关泄压区地层承压能力，为安全钻进深部高压层提供井下安全条件。

参 考 文 献

[1] 胥梦迪. 普光气田试井资料评价及产能变化规律研究[D]. 长江大学，2017.

[2] 何祖清，马开华，丁士东，等. 普光气田大湾构造开发井完井难点与对策[J]. 石油机械，2010，38（12）：21-24.

[3] 陈曾伟，刘四海，林永学，等. 塔河油田顺西 2 井二叠系火成岩裂缝性地层堵漏技术[J]. 钻井液与完井液，2014，31(1)：40-43.

[4] 谭茂波，何世明，范兴亮，等. 相国寺地下储气库低压裂缝性地层钻井防漏堵漏技术[J]. 天然气工业，2014，34(1)：15.

[5] 郑健，陈德红，韩宗原，等. 塔河裂缝型油藏多段塞复合治理技术研究[J]. 断块油气田，2005，12（4）：73-74.

[6] 聂勋勇，王平全，张新民. 聚合物凝胶堵漏技术研究进展[J]. 钻井液与完井液，2007，24(1)：82-84.

[7] 王睿，马光长，曾婷. 复合化学凝胶堵漏技术在四川地区的应用[J]. 钻采工艺，2009，32（1）：92-94.

[8] 黄峥，董殿彬，宁军明，等. 水化膨胀型凝胶堵漏技术在伊拉克油田的应用[J]. 钻采工艺，2014(3)：95-97.

[9] 王俊清，韩相义，吴达华. 多功能完井液和高密度矿渣固井液技术研究[J]. 钻井液与完井液，1999（6）：20-25.

[10] 彭志刚. 水硬高炉矿渣 MTC 固井技术研究[D]. 西南石油学院，2004.

[11] 何育荣，彭志刚，王绍先，等. 矿渣 MTC 固化体开裂的原因分析及解决途径研究[C]// 山东石油学会钻井专业委员会. 2005.

作者简介：张麒麟，中国石化中原石油工程有限公司钻井工程技术研究院，高级工程师，主要从事钻井液防漏堵漏工作。地址：河南省濮阳市中原路 462 号，邮政编码 457001，电话（0393）4899460；E-mail：zyytzql@ aliyun. com。

伊拉克鲁迈拉油田防漏堵漏钻井液技术

王向阳　梁　勇　朱科源　朱江伟

(大庆钻探工程公司钻井工程技术研究院)

摘　要　鲁迈拉油田位于伊拉克南部，是超巨型油田，位居世界第六，是国际各大石油巨头角逐的市场，竞争异常激烈。尤其自 2015 年以来，国际原油价格持续走低，加之伊拉克国内动乱，政府资金不足，鲁迈拉油田甲方不断减少钻井投资来缩减油田开发支出。同时鲁迈拉油田地质条件复杂，二开 Dammam 和 Hartha 层易漏，两个漏层间的 Umm 和 Tayarat 层易含流水侵；三开 Mishrif、Shuaiba 层渗漏频繁。激烈的市场竞争和复杂的地质条件给承包商带来巨大生存压力，想要在这个市场生存下来，提速提效是唯一的出路。因此进一步开展鲁迈拉油田防漏堵漏钻井液技术研究，不断优化防漏堵漏技术方案，大幅减少漏失引起的非生产时间，从而有效缩短钻井周期，保证钻井提速，降低钻井成本，只有这样才能在竞争激烈的鲁迈拉市场立于不败之地。

关键词　鲁迈拉油田　防漏　堵漏　随钻堵漏　钻井液

为满足鲁迈拉油田快速开发需要，进一步降低钻井成本，针对鲁迈拉油田 Dammam 与 Hartha 地层恶性漏失、中间夹杂含硫水层、密度窗口窄等地质难点及特殊工艺井的需求，大庆钻井研究院鲁迈拉钻井液项目组在近年来先后开展了 LCM 段塞堵漏、承压堵漏、水钻井液堵漏、随钻堵漏等技术研究与应用，不断优化堵漏技术和钻井液技术措施。通过实践表明，最新研究的防漏堵漏钻井液技术在钻遇漏层过程中，效果好，成本低，既节省时间，又节省材料，可满足鲁迈拉油田快速钻井的需要。

1　鲁迈拉油田基本概况

鲁迈拉油田位于伊拉克南部城市巴士拉以西 50km，是超巨型油田，位居世界第六。油田分南北两部分，南鲁迈拉油田和北鲁迈拉油田共占地 1800km²。

2　鲁迈拉地层漏失特征和技术难点

(1) 通过地震及实钻资料证实，鲁迈拉油田所钻井地层岩性结构较为复杂，Dammam、Hartha、Mishrif 层多为白云岩、裂缝性石灰岩，连通性较好、多孔、性脆，岩样为"蜂窝煤"，地层压实程度极差，承压能力弱，多发生孔洞性、无规律裂缝性失返漏失。

(2) 鲁迈拉油田所钻井二开地层具有"上下漏、中间喷"的层位分布特点(图 1)，在上部和下部中间地层易发生硫水侵和 H_2S 气侵污染现象。钻进 Hartha 层时，钻井液密度保持在 $1.13\sim1.14g/cm^3$ 以平衡异常压力，因此需要漏失层具有一定的承压能力。

(3) 根据之前的堵漏工艺和效果，传统复合堵漏材料的堵漏效果虽然不错，但是在粒径的匹配上存在一定的缺陷，一是部分颗粒不能通过脉冲器组件，从而进行随钻堵漏；二是不能根据漏速随意调整堵漏剂的粒径和浓度，影响堵漏效果；三是堵漏材料中的大颗粒易在井筒表面形成架桥，阻碍小颗粒的堵漏剂或水泥进入漏层，影响堵漏效果。

（4）使用水泥堵漏虽然效果很好，但是每一次堵漏都需要起钻更换钻具组合，堵漏用时长，成本高，风险大。

因此，开展新形势下的防漏堵漏钻井液技术研究，减少堵漏过程中的非生产时间，对钻井提速提效有着重大的影响，也为拓展鲁迈拉服务市场有着重要意义。

3 防漏堵漏工艺技术

3.1 鲁迈拉堵漏技术的发展阶段

鲁迈拉防漏堵漏技术主要经历了三个阶段：

3.1.1 见漏就堵，以堵为主

鲁迈拉堵漏最初阶段采取的主要方式是高黏钻井液加复合堵漏材料的方法，因为这种堵漏工艺需要频繁的更换钻具组合，降低了施工效率，而复合堵漏材料由于粒径分布广，看似对堵漏有利，实则不利于针对不同漏速分而治之，漏速较大时效果较好，漏速适中或较小时，易在漏层表面形成桥塞，阻碍了堵漏剂进入漏层，给人堵漏成功的假象，在后期施工时，由于钻井液的冲刷，导致反复漏失，而这时下面的含硫水层已经打开，形成"上漏下涌"的复杂局面。

3.1.2 以堵为主，堵防结合

第二个阶段主要采取的是水泥塞堵漏的方式，使用该方式堵漏，一旦堵漏成功，不会出现漏失反复的情况，给后期的安全施工带来保障，但是为了防止"插旗杆"的情况发生，漏失发生后，必须起钻更换光钻杆钻具组合打水泥塞，打完塞后，再起钻更换常规钻具组合钻塞，这大大影响了施工效率，导致钻井周期增长，钻井成本增大，已不能满足目前的快速施工的需求。

3.1.3 以防为主，防堵结合

为了有效地解决漏失与钻井速度之间的矛盾，结合之前堵漏过程中存在的问题和鲁迈拉油田漏失特点，优选了多种不同粒径和材质的堵漏材料，通过室内匹配实验，制定针对不同漏速的随钻堵漏钻井液，该钻井液体系不仅具有优良流变特性，而且还具有很强的封堵能力及承压能力；并且根据现场的施工情况，制定并完善了最新钻井液防漏堵漏施工程序。通过现场试验，取得了良好的防漏和堵漏效果，实现了边钻进边防漏堵漏的目标，极大地提高了堵漏效率，实现了钻井提速、降本增效的目的。

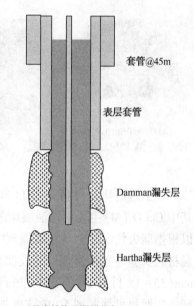

套管@45m

表层套管

Damman漏失层

Hartha漏失层

二开井身结构及漏层分布

图1 二开井身结构
及漏失层分布图

3.2 现阶段防漏堵漏技术的室内研究

鲁迈拉油田的漏层多为白云岩、裂缝性石灰岩，连通性较好、多孔、性脆，岩样为"蜂窝煤"，地层压实程度极差，承压能力弱，漏失情况复杂多变，小到 $2\sim3m^3/h$ 的渗漏，大到溶洞性质的完全漏失。

由于所使用的钻具组合中，孔径最小的是脉冲器组件，该组件的孔径大小约 5mm，为保证施工效率，尽可能做到随钻堵漏，根据架桥理论，优选不同粒径的随钻堵漏材料（表 1、图 2），进行随钻堵漏，无须起钻，大大提高堵漏效率。

表 1   优选的堵漏剂粒径

堵漏剂名称	CaCO₃(M)	Cell Fibrous(F)	Cell Fibrous(M)	KWIK SEAL(F)
粒径/目	50~300	80~200	50~100	30~80
堵漏剂名称	NUT PLUG(F)	SAW DUST(M)	KWIK SEAL(M)	LCM(M)
粒径/目	40~150	30~80	15~40	8~30

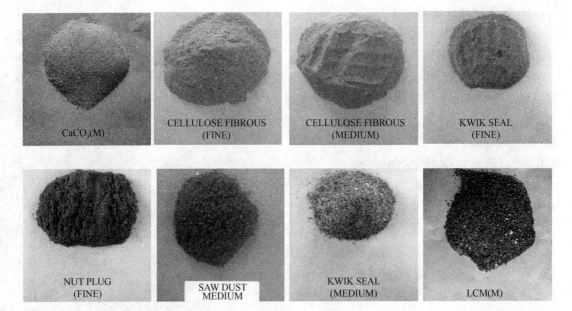

图 2   优选的堵漏材料

以上这些堵漏材料除了 LCM(M)，其他都可以通过脉冲器组件，用作随钻堵漏材料，其中 $CaCO_3$(M) 主要用作油层堵漏。从表 1 可以看出，这些堵漏剂的粒径分布更加广泛，可以根据漏失情况随意调整堵漏剂的组合，配置随钻堵漏钻井液。在实验室内，使用 QD-2 堵漏材料实验装置模拟现场漏失实验，筛选粒径为 0.01~0.45 mm(160~35 目)、0.45~0.90 mm(35~18 目) 两种石英砂进行砂床模拟实验，根据砂床粒径优选出两种匹配的两种堵漏剂，按照每种堵漏剂 5% 的浓度加入基浆中，高速搅拌 20min 后倒入砂床，压力从 0 逐渐增高，测量钻井液的漏失量，实验结果见图 3。

从图 3 可以看出，在粒径为 0.01~0.45 mm(160~35 目) 的石英砂床实验当中，基浆 +5%Cell Fibrous(F) +5% Nut plug(F) 的封堵实验效果最好。这两种材料的粒径与石英砂床的粒径匹配，而且木质纤维累材料有一定的膨胀性，随着压力的升高，封堵效果出色。

从图 4 可以看出，在粒径为 0.45~0.90 mm(160~35 目) 的石英砂床实验当中，基浆 +5% Nut plug(F) +5% KWIK SEAL(F) 的封堵实验效果最好，这两种材料兼顾了粒径匹配和材料的膨胀性，取得良好的实验效果。

实验结果可以看出，针对不同的孔喉直径，选用与其粒径匹配的堵漏材料，兼顾材料的膨胀性，能够起到很好的堵漏效果。

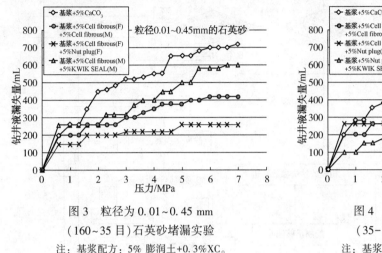

图 3　粒径为 0.01~0.45 mm
（160~35 目）石英砂堵漏实验
注：基浆配方：5% 膨润土+0.3%XC。

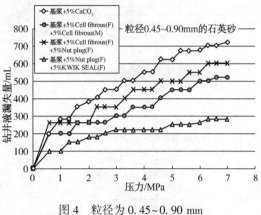

图 4　粒径为 0.45~0.90 mm
（35~18 目）石英砂堵漏实验
注：基浆配方：5% 膨润土+0.3%XC。

3.3　防漏堵漏技术现场施工工艺

鲁迈拉油田的漏层主要有三个，分别是二开井段的 Dammam，Hartha 层和三开井段的 Mishrif 层，其中 Dammam 层的漏失概率大，漏失情况复杂多变。由于该层相对较浅，又没有打开下部的含硫水层，对钻井液性能要求低，易储备钻井液，因此在漏速小于 $10m^3/h$，可以使用随钻的方式补充 2%~3% 的 CELL Fibrous（F）/ Nut plug fine（F）控制漏速，通过边配钻井液边钻进的方式钻穿漏层，如果此时的漏速仍大于 $2m^3/h$，为了防止后期施工当量比重增大，导致反复漏失，起钻使用水泥堵漏一次。Hartha 层相对 Dammam 漏失概率小一些，但是一旦发生漏失，处理难度更大，用时更长，储备钻井液也更困难，因此漏速小于 $5m^3/h$，可以边配钻井液边钻进，尽可能地钻穿漏层进行一次性堵漏，一旦漏速大于 $5m^3/h$ 或且储备钻井液小于 $120m^3$ 时，根据漏速及时配置随钻堵漏钻井液，进行静止堵漏，漏速得到控制时，恢复钻进直至钻穿漏层，钻穿漏层后使用随钻堵漏浆堵漏后，仍然大于 $2m^3/h$，可以考虑水泥堵漏一次。Mishrif 层漏失的概率较小，一般都是渗漏，出于油层保护考虑，根据漏速使用不同粒径的碳酸钙随钻堵漏即可。

3.2.2　堵漏技术措施

针对各漏层存在的漏失情况，制定出了详尽的堵漏作业流程，确保漏失情况发生时，现场技术人员可以按照流程，判断漏速，确定方案，精确施工。图 5 是流程 Dammam 层的方案图。

以钻 Damman 漏层为例，具体施工流程如下：

（1）钻进漏层前，提前在循环钻井液中加入 2%~3% 随钻堵漏材料 Cell Fibrous（F）或者 NUT PLUG（F）。

（2）发现漏失后，若漏失速度 ≤$10m^3/h$，持续补入 Cell Fibrous（F）或者 NUT PLUG（F）控制漏速，并持续配置钻井液，尽可能地保证地面有效钻井液量在 $80m^3$ 以上，否则配置随钻堵漏钻井液，进行静止堵漏，循环这一方案直至钻穿漏层。

（3）钻穿漏层后，使用随钻堵漏钻井液堵漏后，漏速仍然大于 $2m^3/h$，考虑使用水泥塞堵漏，确保彻底堵漏成功。

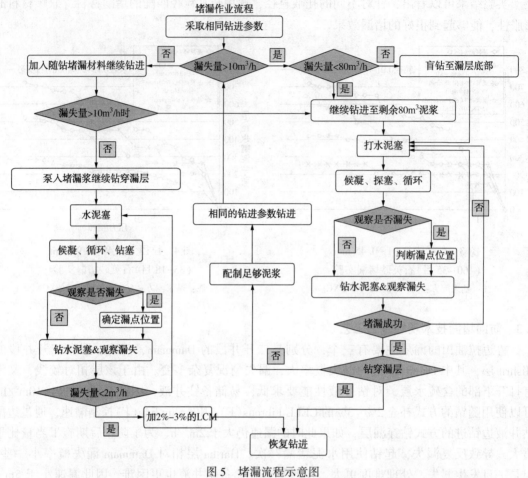

图 5　堵漏流程示意图

（4）发现漏失后，若 $80m^3/h \geqslant$ 漏速 $\geqslant 10m^3/h$，快速钻进，尽可能多进入漏层，当地面有效钻井液量接近 $80m^3$ 时，立即进行随钻堵漏钻井液堵漏，控制漏速并储备钻井液；继续钻进直至钻穿漏层。

（5）钻穿漏层后，使用随钻堵漏钻井液堵漏后，漏速仍然大于 $2m^3/h$，考虑使用水泥塞堵漏，确保彻底堵漏成功。

（6）发现漏失后，若漏速 $\geqslant 80m^3/h$，进行忙钻作业，钻穿漏层后，使用水泥堵漏。

4　防漏堵漏技术现场应用效果

通过 13 口井现场试验证明，改进后防漏堵漏技术能够更加有效地解决鲁迈拉地区的漏失问题，大幅提高施工效率。

下面以大庆钻探在鲁迈拉油田施工的 R-682 井为例：

R-682 井位于鲁迈拉最北侧，地层情况复杂，二开钻进过程中 Dammam 层和 Hartha 层位均发生漏失。在钻井施工中，采取随钻防漏堵漏技术，在钻进 Damman 层时，加入 2%~3% Nut plug fine（F）控制漏速，在漏速达到 $20m^3/h$，钻井液量接近 $80m^3$ 时，配置随钻堵漏钻井液，静止 2h 后，循环漏速降至 $6m^3/h$，恢复钻进直至钻穿漏层，更换钻具进行水泥堵漏，仅用 1 个水泥塞就成功封堵漏层。钻遇 Hartha 地层也出现部分漏失，泵入 $20m^3$ 5% Nut plug(F)+5% KWIK SEAL(F)堵漏钻井液，成功堵漏。本井堵漏用时16.5h，比单井平均堵漏损失时间缩短40.5h。R-682井完井周期仅20.73d，设计周期31.5d，提速34%，比哈里伯顿在鲁迈拉油田原纪录缩短1.46d，刷新了鲁迈拉区块的钻井记录，取得了明显的钻井提速应用效果(图6)。

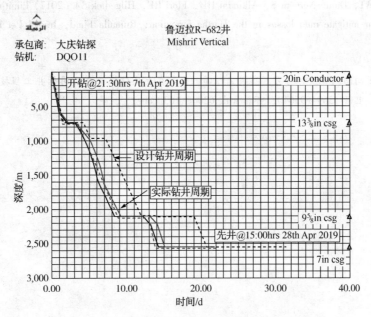

图6　R-682井实际钻井周期和设计钻井周期比较

5　结论

（1）鲁迈拉油田二开Dammam和Hartha层易漏，两个漏层间的Umm和Tayarat层易含流水侵；三开Mishrif、Shuaiba层渗漏频繁，应用随钻防漏堵漏钻井液+水泥复合堵漏工艺能够很好地解决鲁迈拉地层漏失问题，既节约时间，又节约成本。

（2）使用QD-2堵漏材料实验装置模拟现场漏失的实验结果可以看出，针对不同的孔喉直径，优选粒径匹配的堵漏材料，兼顾材料的膨胀性，能够起到很好堵漏效果。

（3）在现场应用中，通过优化施工流程，简化施工程序，使堵漏过程更易操作，具有更高的经济可行性。

（4）应用随钻防漏堵漏钻井液，有效地减少了起下钻次数，大幅度提高了随钻堵漏成功率，堵漏成功后地层承压能力得到进一步提升。现场应用13口井，堵漏成功率是同区块其他公司的2~3倍，满足了现场施工的需求。

参 考 文 献

［1］张希文，李爽，张洁，等．钻井液堵漏材料及防漏堵漏技术研究进展．钻井液与完井液，2009，11：74-79．

［2］邹大鹏，刘永贵，耿晓光，等．鲁迈拉油田防漏堵漏工艺技术．钻井液与完井液，2012，11：35-38．

［3］Al-Hameedi AT, Alkinani HH, Norman SD, Flori RE, Hilgedick SA. Insights into Mud Losses Mitigation in the Rumaila Field, Iraq. Al-Hameedi et al., J Pet Environ Biotechnol 2018, 9：1.

［4］Arshad U，Jain B，Ramzan M，Alward W，Diaz L，et al. (2015) Engineered solutions to reduce the impact of lost circulation during drilling and cementing in Rumaila Field，Iraq. International Petroleum Technology Conference，Doha，Qatar.

［5］顾军，向阳. 裂缝-孔隙型储层保护水钻井液体系研究. 矿物岩石，2002，3(22)：79-81.

［6］Al-Hameedi AT，Dunn-Norman S，Alkinani HH，Flori RE，Hilgedick SA (2017) Limiting drilling parameters to avoid or mitigate mud losses in the Hartha formation，Rumaila Field，Iraq. J Pet Environ Biotechnol 8：345.

作者简介：王向阳(1982 年-)男，高级工程师，目前在大庆钻探工程公司钻井工程技术研究院钻井液分公司项目经理。电话 13694595640，邮箱 wulei6200@ 163. com。

宁 209H22A 平台防漏堵漏技术应用实践

高小苀 董维哲 张旭广 贾宝旭 黄 涛

（中国石化中原石油工程有限公司钻井三公司）

摘 要 宁 209H22A 平台施工井三开井段飞仙关组-栖霞组地层裂缝、微裂缝发育，茅口组地层含气，长井段、气漏同层为防漏堵漏工作带来困难，为此开展了技术攻关，通过调研邻井资料，结合本平台施工的第一轮井情况，结合电测成像的成果，采用调整钻井液密度防漏、堵漏浆打钻、桥浆堵漏与专项堵漏相结合的堵漏方式，有效解决了该平台后续 3 口井的防漏堵漏问题，大大降低了井漏发生的几率，缩短了堵漏时间，为钻井提速提效提供了有力保障，同时也为同区块不同平台防漏堵漏方案的建立提供了可借鉴经验。

关键词 井漏 防漏 堵漏 宁 209H22A

1 概述

井漏是钻井过程中常见的井下复杂情况之一，不仅会耗费钻井时间，浪费大量的钻井液、水泥浆，而且有可能引起卡钻、井喷、井塌等一系列复杂情况，甚至导致井眼报废，造成重大的经济损失[1]。宁 209H22A 平台是部署在长宁背斜构造中奥顶构造南翼的一个钻井平台，主要目的层是龙马溪组，该平台第一轮井 6、10 三开井段施工过程中井漏严重，其中 6 井在飞仙关组、长兴组、龙潭组、茅口组、栖霞组地层共发生了 11 次井漏，进行了 14 次堵漏，累计漏失钻井液 2200m³，井漏时效 46.05%，严重影响着钻井提速提效。

1.1 三开井段地质分层（表 1）

表 1 三开井段地层概况

地层	垂深/m	垂厚/m	岩性简述
嘉五²亚段	745		云岩夹石膏
嘉二¹~嘉一段	1220	475	灰岩、云岩
飞四~飞二段	1600	380	泥岩夹粉砂岩及薄层石灰岩
飞一段	1700	100	泥质灰岩夹页岩及泥岩
长兴组	1745	45	灰岩、页岩互层及凝灰质砂岩
龙潭组	1865	120	铝土质泥岩夹页岩、凝灰质砂岩
茅四段	1920	55	深灰色灰岩，含燧石
茅三段	1965	45	浅灰色灰岩
茅一c亚段	2195	230	黑灰色含泥质灰岩
栖二段	2225	30	浅灰色灰岩
栖一b亚段	2340	115	深灰色灰岩含燧石
梁山组	2350	10	黑色页岩夹粉砂岩
韩家店组	2740	390	粉砂岩、页岩、夹灰岩

1.2 工程概况

宁 209H22A 平台共部署 5 口页岩气水平井，4、5、10 井为一排，6、11 井为一排，井口距 5m，排间距 30m，如图 1 所示由两个钻井队承钻。井 8 结构示意图如图 2 所示。

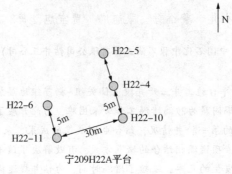

图 1 A 平台井口位置示意图

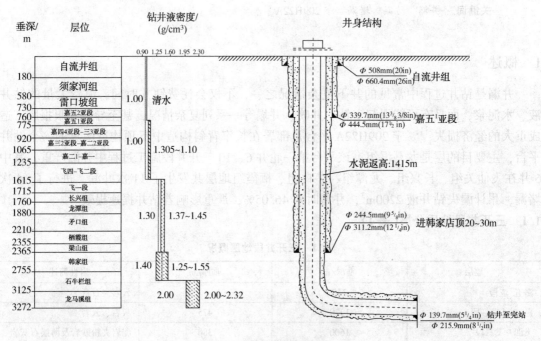

图 2 井身结构示意图

2 井漏原因及难点分析

2.1 井漏原因分析

综合分析 5、6 井井漏情况，漏失层位主要在飞仙关组一段、龙潭组、茅口组和栖霞组，基本都是失返性漏失，从多次堵漏情况看，漏失通道不易驻留，桥浆堵漏一次堵漏成功率低，易反复；桥浆堵漏可以架桥，为后续固结堵漏创造有利条件，提高固结堵漏成功率；截至目前该平台堵漏方式主要有桥浆、ZYSD、水泥堵漏，漏失主要原因初步判断为地层裂缝且压力低。

为了降低堵漏损失，进一步提高堵漏成功率，需要对地层情况深入了解，因此对 5 井的三开井段进行了电测成像分析。

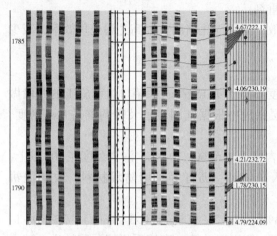

图 3　电测成像层间缝

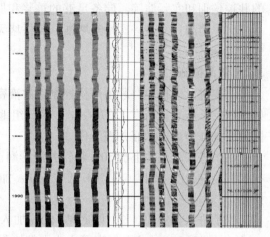

图 4　电测成像压裂缝

从图 3、图 4 电成像图上可以看出：地层层理发育，井段 1735.5~1835m 存在大量层间缝、井段 1972~2017m 存在大量压裂缝。地层倾角较小，主体在 10°~20° 之间，倾向为 220° 左右；层间缝倾角主体在 10°~20° 之间，倾向为 220° 左右；压裂缝倾角主体在 70°~80° 之间，倾向为 215° 左右。

综合分析该平台井漏的原因是飞仙关组一段-龙潭组地层存在天然裂缝，且压力比较低，密度过高会增加井漏发生的几率和漏失程度；茅口组地层漏失主要原因是过高的密度压裂地层，形成漏失通道。

2.2　难点分析

（1）纵向上具多产层特征，茅口组气漏同存，邻井在飞一段-茅口组钻进出现气侵、气测异常，其中龙潭组含煤层气，给防漏堵漏带来巨大困难。

（2）龙潭组为铝土质泥岩，韩家店组为页岩，钻井过程中防塌与防漏堵漏矛盾突出，若发生井漏，更有井塌风险。

（3）同台子井较多，为防碰和保证四开井段井眼轨迹圆滑，三开井段必须提前定向，易漏、易塌井段定向又增加了钻井施工风险，同时定向工具水眼尺寸限制，又给堵漏增添麻烦。

3　技术对策

3.1　整体思路

综合分析上述技术难题，要保证该平台施工井安全、快速、高效施工，必须要做好防漏堵漏工作，同时要兼顾防塌和井控安全。

（1）钻井液方面：重视钻井液泥饼质量，适当提高钻井液黏度和切力；强化封堵和抑制，提高钻井液防塌性能；控制合适的钻井液密度，保证井壁稳定前提下，钻井液密度走下限；合理选择振动筛筛布目数；随钻防漏。

（2）工程方面：控制排量；控制下钻速度，并对返出钻井液采用补充胶液的办法控制密度和稀释处理；漏层扫塞尽可能降低排量，防止封堵层冲刷复漏；大排量循环避开已知的漏点/段；根据电测成像提供的数据，易漏井段避免定向；确保井控装备灵活好用，加强班组的井控培训和实际演练，储备足够的重浆和加重剂。

（3）堵漏：立足一次桥浆堵漏，若桥堵无效，采用固化堵漏，提高井漏处理效率，减少井漏复杂时间。

3.2 防漏措施

（1）进入飞仙关一段前严格控制钻井液密度不高于 $1.15g/cm^3$，茅口组前施工的井段做好承压，承压当量密度 $1.37g/cm^3$，茅口组地层钻进中根据气测显示及时调整钻井液密度，同时要加强坐岗，做好井控工作。

（2）进入飞仙关组前 50m 将钻井液膨润土含量提高至 60~70g/L，漏斗黏度在 60s 以上，初切控制在 3Pa 以上，终切不低于 6Pa；加入超细钙、沥青等封堵防塌材料，改善泥饼质量。

（3）进入漏层前（飞一段底部）50m 加入 3%随钻、2%核桃壳（0.5~1mm）、2%FD-1、2%竹纤维（0.5~1mm）、锯末等中小颗粒堵漏剂，停用振动筛，直接采用堵漏浆钻进，基本上将该平台飞一段-龙潭组易漏地层（1700~1950m）钻穿。

（4）使用堵漏浆钻进时，注意观察摩阻等参数变化，发现异常及时汇报，调整方案。

（5）进入漏层前用井浆在循环罐中储备堵漏浆 $25m^3$。

桥浆堵漏配方：2%随钻+2%核桃壳（1~3mm）+2%核桃壳（0.5~1mm）+2%FD-1+2%FD-2+2%锯末+3%改性竹纤维+2%单封。

（6）控制排量：在满足井筒携砂的前提下，漏层钻进尽量使用低排量（40~45L/s），降低环空压耗，预防井漏。

（7）下钻过程中避开漏层分段循环，易漏井段控制下钻速度（<0.5m/s），开泵排量由小到大，返出的钻井液及时调整好性能。

3.3 堵漏措施

堵漏立足一次桥浆堵漏，若桥堵无效采用固化堵漏。提高井漏处理效率，减少井漏复杂时间。

（1）漏速 $10m^3/h$ 以内：采用堵漏浆钻进，3%随钻、2%核桃壳（0.5~1mm）、2%FD-1、2%竹纤维（0.5~1mm）、锯末等中小颗粒堵漏剂。

（2）漏速 $10~30m^3/h$：立即起钻简化钻具组合（光钻杆+刮刀钻头）进行堵漏，根据漏失情况配不同粒径的桥塞堵漏剂。

配方：2%蚌壳粉（1~3mm）+3%核桃壳或刚性堵漏剂（1~3mm）+4%核桃壳或刚性堵漏剂（0.5~1mm）+2%~3%FD-1+2%云母片+2%~3%B 型+（2%~3%）C 型刚性堵漏剂+3%~4%纤维短绒（1~2mm）+2%~3%微裂缝或堵漏能力大于 70%的随钻堵漏剂+2%~3%磺酸盐凝胶+5%坂土。

（3）漏速大于 30 m^3/h——失返性漏失：立即起钻简化钻具组合（光钻杆+刮刀钻头）进行堵漏，堵漏前根据漏失情况配不同粒径的桥塞堵漏剂。

桥浆堵漏配方：3%蚌壳粉（1~3mm）+3%核桃壳或刚性堵漏剂（3~5mm）+3%核桃壳或刚性堵漏剂（1~3mm）+3%~4%FD-2 +3%~4%A 型+3%~4%B 型+3%~4%C 型刚性堵漏剂+4%纤维长绒（3~5mm）+3%~5%微裂缝或堵漏能力大于 70%的随钻堵漏剂+2%~3%磺酸盐

凝胶+5%坂土。

（4）一次桥浆堵漏无效：采用水泥、ZYSD、固化堵漏技术。

4 应用效果

通过分析第一轮井施工，总结出了该平台防漏堵漏施工方案，分别应用于 11、4、10 井，防漏堵漏效果明显，尤其是 10 井，井漏发生的几率大大降低，堵漏一次成功率也得到了大幅度的提升，堵漏时间、三开钻井周期也大大缩短，详细情况上表 2。

表 2　宁 209H22A 平台施工井井漏概况

井号	漏失井段/m	漏失层位	三开钻井周期/d	堵漏时间/d	堵漏次数	备注
宁 209H22-6	1840.79~2479	飞仙关、龙潭栖霞组	61	30.48	14	第一轮井
宁 209H22-5	1734.7~2480	飞仙关、龙潭韩家店组	70.63	17.08	8	
宁 209H22-11	1832~2077	飞仙关、龙潭茅口组	43.19	21.55	11	第二轮井
宁 209H22-4	1508~2021	飞仙关、龙潭茅口组	33.53	8.94	5	第三轮井
宁 209H22-10	2032~2155	茅口组	20.2	0.25	2	

5 认识与建议

通过宁 209H22A 平台的钻探实践，对宁 209 区块三开井段海相地层有了较为深入的了解，同时在该区块防漏堵漏方面有以下几点认识与建议。

（1）三开井段通过控制钻井液密度可以有效防漏，但要做好防塌和井控预案。

（2）防漏堵漏的同时要注意维护好钻井液流变性能，保持良好的携岩性能。

（3）带着堵漏剂钻进时，由于排量小，携岩效果差，要注意短起下钻清砂，避免其他复杂情况的发生。

（4）不同平台差异较大，二开井漏，三开井漏、井塌，以不同的组合方式出现在施工过程中，需要总结分析第一口井施工情况，制定相应的技术方案。

参 考 文 献

[1] 贠功敏，高小苊，等.部 1-34 井防漏堵漏技术[J].钻井工程，2008，4(2)，63-65.

作者简介：高小苊，中原石油工程公司钻井三公司，2006 年毕业于郑州轻工业学院化学工程与工艺专业，高级工程师；地址：河南省濮阳市华龙区中原路东段钻井三公司前指，邮编：457001，电话：13633932522，Emalil：xpgaozjy@126.com。

低密度可固化堵漏工作液研发

朱明明　胡祖彪　王伟良　韩成福　魏　艳　何恩之

(川庆钻探工程有限公司长庆钻井总公司)

摘　要　桥塞堵漏由于无法形成固化体，只能堵住裂缝表面，在后续钻井过程中当裂缝处收到流体冲刷时，堵漏材料容易被"返吐"出来，从而导致堵漏失效；水泥浆堵漏虽然能在漏层处形成固化体，但由于自身比重高等缺陷，难以在漏层处停留，在形成固化体之前已漏失掉，从而导致堵漏失败。本文研发了1种低密度可固化堵漏工作液，目的是克服桥塞堵漏无法形成固化体，以及水泥浆堵漏固化体难以在漏层处停留的技术难题。

关键词　堵漏　水泥　纤维　低密度　可固化

低密度可固化堵漏工作液主要有以下特点：

（1）密度最低可达 $1.20g/cm^3$，可有效降低堵漏工作液的静液柱压力，并且利用纤维分散后在漏层处形成的网状结构，延长工作液在漏层处的停留时间。

（2）具有强度发展快的特点，8h 抗压强度可发展至 2~3MPa，16h 抗压强度达到 5MPa 以上。堵漏工作液泵至漏层处在短时间内可形成具有较高强度的固化体，从而对漏层进行有效封堵，减少堵漏候凝时间，从而缩短钻井周期。

（3）失水量小（APIFL ≤ 50mL），并具有良好的悬浮稳定性，上下密度差小于 $0.02g/cm^3$，且自由水为零，防止堵漏过程中由于体系不稳定造成的井下事故发生。

（4）堵漏工作液体系具有微膨胀效果，在工作液进入漏层固化期间能够逐渐膨胀以充满漏层裂缝，固化后对类型形成了有效的封堵，起到了提高地层承压能力的目的。

1　低密度可固化堵漏工作液 DLY-1 核心配方

根据施工现场的实际施工环境及配套环境，低密度可固化堵漏工作液细分为 2 套工艺技术：①DLY-1 堵漏工作液；②DLY-2 堵漏工作液。

1.1　DLY-1 核心组分

DLY-1 采用固井车、灰罐车等固井设备进行配浆和泵送，其特点为：①密度低（1.22~$1.38g/cm^3$）；②6h 抗压强度可发展至 2~3MPa，10h 抗压强度 ≥ 6MPa；③可适应 40~90℃井温条件；④配浆时间短（20~30min）；⑤堵漏浆残留量少，更环保；⑥稠度较高（初稠 ≥ 25BC）；⑦密度差 ≤ 0.02 g/cm^3；⑧颗粒物含量高，利于封堵漏层裂缝/孔隙（图1）。

1.2　DLY-2 核心组分

DLY-2 采用钻井队自有循环罐配制堵漏浆，自有钻井泵进行泵送，其特点为：①密度更低（1.20~1.28 g/cm^3）；②摆脱了固井设备的束缚；③可适应 40~75℃井温条件；④减少等停时间，提高了堵漏施工效率；⑤配浆量大，易于挤封作业；⑥稠度高（初稠 ≥ 45Bc）；⑦密度差 ≤ 0.03 g/cm^3；⑧富含纤维、颗粒物、桥塞堵漏剂，利于恶性漏失大裂缝的封堵（图2）。

图 1 DLY-1 核心配方

图 2 DLY-2 核心配方

2 高吸水材料性能优化

以膨润土、粉煤灰、微硅、膨胀珍珠岩、火山灰等超细粉末为减轻材料，这一类减轻材料一般为吸水或增黏物质，其水泥浆密度的降低主要依靠较大的水灰比，使用密度范围一般为 $1.40 \sim 1.60$ g/cm³；目前广泛适用粉煤灰+微硅作为高吸水材料，通过大水灰比来降低体系密度，同时具有增黏增稠的效果。

2.1 粉煤灰密度调配

粉煤灰的化学成分被认为是评定粉煤灰品质的重要技术数据，美国、印度等国的粉煤灰标准中，对低钙粉煤灰中 $SiO_2 + Al_2O_3 + Fe_2O_3$ 的含量，都规定不小于 70%（表 1）。

表 1　基本密度调配实验数据

序号	G级水泥/%	粉煤灰/%	水灰比/%	浆体密度/(g/m³)	强度/MPa	析水量/mL	密度差/(g/cm³)
1	70	30		1.646	5.8	3.5	0.01
2	60	40		1.615	5.5	3.5	0.01
3	50	50	60	1.586	4.4	3.8	0.04
4	40	60		1.558	2.8	8.0	0.10
5	30	70		1.50	1.2	10.0	0.2
6	70	30		1.585	5.0	4.5	0.03
7	60	40		1.559	4.4	4.0	0.05
8	50	50	70	1.533	2.3	5.0	0.10
9	40	40		1.508	1.4	10.0	0.23
10	30	70		1.484	0	14.0	0.31

注：实验条件：50℃/常压/强度养护 24h/析水量养护 2h。

2.2　粉煤灰水泥浆稳定性优化

通过对粉煤灰水泥性能分析，当粉煤灰与水泥比例一定时，只有通过水来调整水泥浆的密度；但当水含量过大时，粉煤灰水泥的稳定性及所形成的强度均达不到要求，这就要求引入某种化学复合品，首先其本身能与水起化学反应，消耗一部分浆体中的水分，达到保水的目的，其次反应所产生的新产物对粉煤灰具有一定的激活性，达到提高粉煤灰水泥强度的目的。

2.2.1　降失水剂与稳定剂配伍性

降失水剂对浆体性能实验的数据见表 2。

表 2　降失水剂对浆体性能的实验数据

序号	水泥/%	粉煤灰/%	稳定剂CQD/%	降失水剂GSJ/%	密度/(g/cm³)	滤失量/mL	析水量/mL	初始稠度/Bc	强度/MPa	稠化时间/min	流变性能 n	流变性能 k/Pa·s
1	50	50	3.0	1.8	1.47	12	<1.5	14	4.0	143	0.596	0.676
2	45	55	3.0	1.8	1.45	8	<1.5	14	3.3	157	0.624	0.441

注：实验条件：W/C—0.70/65℃/35MPa/35min；强度养护 75℃/常压/24h）。

2.2.2　调凝剂与稳定剂配伍性

加入调凝剂后粉煤灰低密度水泥浆性能见表 3。

表 3　加入调凝剂后粉煤灰低密度水泥浆性能

序号	水泥：粉煤灰	稳定剂/%	降失水剂/%	缓凝剂/%	密度/(g/cm³)	滤失量/mL	析水量/mL	初始稠度/Bc	抗压强度/MPa
1	50：50	3.0	1.8	0.05	1.47	22	<1.0	17	3.9
2	50：50	3.0	1.8	0.06	1.47	20	<1.0	16	3.9
3	50：50	3.0	1.8	0.07	1.47	22	<1.0	17	3.7
4	45：55	3.0	1.8	0.05	1.45	20	<1.0	15	3.3

序号	水泥：粉煤灰	稳定剂/%	降失水剂/%	缓凝剂/%	密度/（g/cm³）	滤失量/mL	析水量/mL	初始稠度/Bc	抗压强度/MPa
5	45：55	3.0	1.8	0.06	1.45	24	<1.0	16	3.3
6	45：55	3.0	1.8	0.07	1.45	24	<1.0	18	3.2

注：实验条件：W/C—0.70（65℃/35MPa/35min 强度养护75℃/常压/24h）。

3 减轻材料复配及优化

3.1 减轻机理

依靠减轻材料本身的低密度来降低水泥浆密度，如硬沥青、细小的耐压中空微珠或陶瓷球等，这一类低密度水泥浆的密度主要取决于减轻材料本身密度大小和掺量的多少，其密度范围一般为 1.30~1.60 g/cm³；目前主要采用的减轻材料有漂珠、玻璃空心微珠和膨胀珍珠岩等。

3.2 漂珠低密度水泥浆

漂珠是封闭的内充空气的玻璃珠，其自身密度约为 0.6~0.9 g/cm³，配制水泥浆时不吸水，只需少量的水润湿漂珠表面，使水泥浆具有一定的流动性即可。因此起减轻作用的主要成分是漂珠而不是水，所以随着漂珠掺量的增加，可配制出一般减轻剂达不到的密度（1.15~1.45 g/cm³），而且水灰比相应较小。另外，漂珠低密度水泥浆的低水灰比，决定了它的高强特性，即同一密度条件下漂珠低密度水泥的强度要高于其他类型的低密度水泥（表4~表6）。

表4 水泥浆密度与漂珠掺量关系

漂珠比例	水灰比	水泥奖密度/（g/cm³）	析水率/%
5	0.44	1.78	<1.5%
10	0.48	1.60	<1.5%
15	0.50	1.55	<1.5%
17	0.50	1.50	<1.2%
20	0.51	1.45	<1.2%
23	0.52	1.40	<1.2%
25	0.53	1.35	1.0%
30	0.55	1.30	1.0%
35	0.57	1.25	1.5%
40	0.58	1.20	2.0%

表5 不同漂珠掺量的水泥浆性能

漂珠比例	水灰比	水泥浆密度/（g/cm³）	初始稠度/Bc	稠化时间（50℃/MPa）/min	抗压强度/MPa（50℃常压）
15	0.50	1.55	22	135	11.8
17	0.50	1.50	21	139	10.1
20	0.51	1.45	21	140	8.5

漂珠比例	水灰比	水泥浆密度/ （g/cm³）	初始稠度/Bc	稠化时间 （50℃/MPa）/min	抗压强度/MPa （50℃常压）
23	0.52	1.40	20.5	142	6.9
25	0.53	1.35	20	155	6.2
30	0.55	1.30	19	147	5.5
35	0.57	1.25	20	158	5.0
40	0.59	1.20	19	150	4.8

表6 温度对漂珠水泥石强度的影响

养护温度/℃	30	50	70	90
24h 抗压强度/MPa	3.8	4.2	6.6	8.6
48h 抗压强度/MPa	5.0	5.5	8.5	10.8

3.3 膨胀珍珠岩低密度水泥浆

膨胀珍珠岩是一种内部为蜂窝状结构的灰白色颗粒状的材料，具有表观密度轻、导热系数低、化学稳定性好、使用温度范围广、吸湿能力小，无毒、无味等特点。

由于膨胀珍珠岩为海绵体，受到压力后体积发生收缩，虽然其密度指标低于漂珠，在同等配比条件下配制的浆体的密度更低，但在实验时发现新体系受到压力后的体积收缩明显大于同条件下的漂珠浆体，同时浆体的流动度明显变差，为了不影响施工的安全性，必须首先将其控制在施工可接受的范围内，以确保基础安全性能的可靠（表7）。

表7 珍珠岩混配浆体受压前后的密度变化表

水泥/%	漂珠/%	LB/%	水灰比/%	常压密度/ （g/cm³）	加压5MPa后密度/ （g/cm³）	密度变化率/%
70	30	—	0.65	1.30	1.34	3.1
70	—	30	0.65	1.23	1.43	16.2
75	—	25	0.75	1.25	1.44	15.1
80	—	20	0.75	1.29	1.47	13.9
85	—	15	0.75	1.34	1.48	10.4
90	—	10	0.75	1.39	1.49	6.9

3.4 辅助减轻材料

因珍珠岩的压缩性，为实现压差下浆体体积变化量不超出施工安全范围，引入其他非变形性的减轻材料，辅助其达到所需要降低的密度范围（表8）。

表8 引入辅助减轻材料 JQ 后体系的实验数据

水泥/%	珍珠岩/%	JQ/%	水灰比/%	密度/ （g/cm³）	加压后密度/ （g/cm³）	析水量/%	强度/MPa （50℃/常压/24h）
85	10	5	0.75	1.37	1.46	2.4	4.0
80	10	10	0.75	1.35	1.45	2.5	3.5

水泥/%	珍珠岩/%	JQ/%	水灰比/%	密度/ (g/cm³)	加压后密度/ (g/cm³)	析水量/%	强度/MPa (50℃/常压/24h)
75	10	10	0.75	1.33	1.43	2.5	3.2
70	10	20	0.75	1.31	1.41	2.0	3.0
65	10	25	0.75	1.29	1.39	1.5	2.5
65	10	25	0.85	1.26	1.35	1.5	2.2
65	10	25	0.95	1.23	1.31	1.0	2.0

引入减轻充填材料 JQ 后体系密度得到了一定的降低，但加压前后的密度差仍较大，体系的稳定性降低，需要进一步的按照颗粒级配原则引入支撑性稳定性材料，提高体系的稳定度和体系强度。

3.5 稳定剂和活性胶凝材料

通过研究，对引入的颗粒级配材(WD1)和活性胶凝材料(WD2)料进行选择、配比计算后，形成了新的低密度体系外掺材料—GJQ，它由 4 种密度较低、具有合理颗粒级配的活性超细胶凝材料组成，掺入水泥浆中，不仅能发生凝硬性反应，还可进一步充填水泥石空隙，形成更加致密的水泥石，可显著提高低密度水泥浆的强度稳定性等综合性能，同时，由于微细颗粒的滚珠效应，能获得良好的流变性能。根据体系材料的粒径分布和紧密堆积理论，设计材料的粒径分布分别为：LB 材料 30~150μm、JQ 材料 15~60μm、WD1 和 WD2 材料 0.2~30μm，基本实现了不同大小粒径球形粒子的比值为 2.0~2.5 倍的合理比值，使得堆积空隙能够冲分的被填充，有效地提高和改善水泥浆的综合性能(图 3，表 9)。

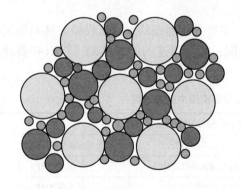

干料状态

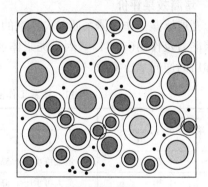

带水化膜状态

图 3　紧密堆积原理

表 9　引入稳定剂材料后体系的实验数据

水泥/%	LB/%	JQ/%	WD1、2/%	水灰比/%	密度/ (g/cm³)	加压后密度/ (g/cm³)	析水量/%	强度/MPa (50℃/48h)
70	10	20	0	0.75	1.31	1.38	0.1	2.5
65	10	25	1.5	0.75	1.30	1.38	0.1	6.0
65	10	25	2.0	0.85	1.26	1.32	0.2	5.5
65	10	25	2.5	0.95	1.23	1.28	0.2	4.3

4 纤维的作用及加量优选

4.1 纤维的堵漏作用机理

纤维在液体中分散后具有搭桥成网作用，配合不同级配固相颗粒的填充特性，形成纤维堵漏浆体系。当桥接堵漏材料通过漏失通道时，首先在其凹凸不平的表面及狭窄部位（喉道）产生挂阻"架桥"，形成桥堵的基本"骨架"。研究表明，利用不同长度尺寸的纤维进行组合来形成桥堵骨架可以封堵较大开度的漏失通道，增加形成桥堵的机会。纤维架桥作用后形成了阻塞漏失通道的基本骨架，这时，水泥浆中较细的颗粒材料对基本骨架中的微小孔道和地层中原有的小孔道进行逐步充填和嵌入，在压差的作用下慢慢压实，形成堵塞隔墙，从而达到消除井漏、提高液柱承压能力的目的。

4.2 纤维加量优选

表 10 纤维与工作液流动度、终切的关系

纤维加量/%	0.1	0.2	0.3	0.4	0.5	0.6	0.7
流动度/cm	23	22	21	20	20	19	17
终切/Pa	25	31	36	42	46	52	58

由表 10 知，体系的流动性随着纤维增加而降低，流动性越低越有利于堵漏工作液在裂缝处的滞留能力，但为了保证堵漏工作液的可泵性选取 0.5% 为堵漏工作液的纤维加量。

5 堵漏工作液的综合性能

5.1 堵漏效果评价

开展堵漏工作液体系低漏失速率的模拟实验，主要采用静态的方式来模拟浆体对漏失的封堵能力及作用（表 11）。因水泥浆体能够胶结凝固，为不可逆的硬式堵漏，没有必要开展堵漏后的逆向承压实验。

表 11 堵漏工作液浆体在渗透漏层模型中的实验数

浆体密度/(g/cm³)	渗透型漏层模型（3MPa 的带压基础上）		
	10 耳孔隙	20 耳孔隙	40 耳孔隙
1.25	最大可承压 1.5MPa	最大可承压 2.5MPa	可承压 5MPa
1.30	最大可承压 1.5MPa	最大可承压 2.5MPa	可承压 5MPa
1.35	最大可承压 1.0MPa	最大可承压 2.5MPa	可承压 5MPa

表 12 堵漏工作液浆体在缝隙型漏层模型中的实验数据

浆体密度/(g/cm³)	缝隙型漏层模型（3MPa 的带压基础上）		
	1mm 缝隙	1.5mm	2mm
1.25	承压 5.4MPa	承压 4.1MPa	承压 1.8MPa
1.30	承压 6.0MPa	承压 4.5MPa	承压 2.2MPa
1.35	承压 6.2MPa	承压 5.2MPa	承压 3.1MPa

根据堵漏测试数据分析，低密度可固化堵漏工作液在固化前具有良好的封堵漏失能力，

在不同裂缝宽度情况下，可以使地层比普通流体多承受1.5~6.2MPa的压力，说明通过密度的调节，在适当裂缝宽度条件下，堵漏工作液有足够的滞留能力保证体系在裂缝处固化，最终起到封堵裂缝提高地层承压能力的目的(表12)。

5.2 浆体性能参数评价

研发的低密度可固化堵漏工作液体系除了具有良好的堵漏效果外，还具有良好的强度、流动度、析水、失水等性能。

表13 堵漏工作液浆体综合性能

序号	水灰比	密度/(g/cm³)	12h 强度/MPa	24h 强度/MPa	API 失水/mL	析水/%	密度差/(g/cm³)
1	0.7	1.40	6.2	11.8	22	0	0
2	0.7	1.35	4.8	9.8	22	0	0
3	0.75	1.30	3.5	7.4	24	0	0.01
4	0.75	1.25	3.1	6.3	26	0	0.01
5	0.8	1.20	2.3	4.6	30	0.5	0.02

从表13中数据可以看出，研发的低密度可固化堵漏工作液除了有良好的堵漏效果外，其稳定性，析水，失水及固化后的强度指标都较为优异，可完全满足裂缝型漏失地层的堵漏需要。

6 现场应用

6.1 堵漏施工前取样评价

表14 堵漏工作液施工前性能测评

序号	水灰比	密度/(g/cm³)	12h 强度/MPa	24h 强度/MPa	API 失水/mL	析水/%	密度差/(g/cm³)
1	0.7	1.40	6.2	11.8	22	0	0
2	0.7	1.35	4.8	9.8	22	0	0
3	0.75	1.30	3.5	7.4	24	0	0.01
4	0.75	1.25	3.1	6.3	26	0	0.01
5	0.8	1.20	2.3	4.6	30	0.5	0.02

根据数据分析，现场大样的性能与室内研究性能保持一致(表14)。

6.2 现场应用数据统计

低密度可固化堵漏工作液现场应用共计21井次，堵漏成功率85.71%，平均单次堵漏成本降低31.8%，单井堵漏时效提高33.2%。宜黄区块的宜10-5-38C2井刷新了最短钻井周期，首次实现了单队全年6开5完的钻井指标(表15)。

表15 低密度可固化堵漏工作液现场应用效果统计

井号	漏失井深/m	漏失地层	漏失速度/(m³/h)	前期无效堵漏次数/次	低密度可固化堵漏次数/次	堵漏效果
鄂91	1800	延长	15~20	3	1	不漏
鄂91	2460	刘家沟	失返	4	1	不漏
宜64	1809	刘家沟	失返	4	1	不漏

井号	漏失井深/m	漏失地层	漏失速度/ （m³/h）	前期无效 堵漏次数/次	低密度可固化 堵漏次数/次	堵漏效果
宜 64	2009	石千峰	失返	4	2	漏速<1.2m/h
陇 38	3239	纸坊	失返	4	2	漏速<1m/h
陇 38	3505	纸坊	35~55	2	1	漏速<2.5m/h
宜 10-5-38C2	1650	刘家沟	失返	4	1	不漏
宜 10-5-38C2	1935	石千峰	失返	0	1	不漏
靖 62-010H2	1450	延长	失返	8	1	不漏
苏东 16-58C3	2249	刘家沟	失返	7	1	失返
宜 10-5-38C5	1852	刘家沟	25~30	1	1	不漏
宜 10-5-38C6	1696	刘家沟	8~12	1	1	不漏
宜 10-5-38C6	1935	石千峰	失返	1	1	漏速<0.5m/h
宜 10-14-23	1776	刘家沟	20~30	5	1	不漏
宜 10-14-23	1813	刘家沟	失返	1	1	漏速=6m/h
宜 10-14-23	1841	刘家沟	失返	1	1	不漏
宜 10-14-23	1974	石千峰	失返	3	1	不漏
宜 10-14-23	2056	石千峰	失返	2	2	漏速<0.5m/h
宜 10-9-24	1749	刘家沟	失返	3	1	漏速<1m/h
宜 10-9-24	2028	石千峰	失返	1	1	不漏

6.3 现场应用图

图 4、图 5 为工作液现场应用之后的情况图。

图 4 工作液稠度情况　　　　　图 5 固化后纤维网架结构

7　现场应用

(1) 密度最低可达 $1.20 \ \mathrm{g/cm^3}$，可有效降低堵漏工作液的静液柱压力，并且利用纤维分散后在漏层处形成的网状结构，延长工作液在漏层处的停留时间。

(2) 具有强度发展快的特点，8h 抗压强度可发展至 $2\sim3\mathrm{MPa}$，16h 抗压强度达到 $5\mathrm{MPa}$ 以上。堵漏工作液泵至漏层处在短时间内可形成具有较高强度的固化体，从而对漏层进行有效封堵，减少堵漏侯凝时间，从而缩短钻井周期。

(3) 失水量小 ($APIFL \leqslant 50\mathrm{mL}$)，并具有良好的悬浮稳定性，上下密度差小于 $0.02\mathrm{g/cm^3}$，且自由水为零，防止堵漏过程中由于体系不稳定造成的井下事故发生。

(4) 堵漏工作液体系具有微膨胀效果，在工作液进入漏层固化期间能够逐渐膨胀以充满漏层裂缝，固化后对类型形成了有效的封堵，起到了提高地层承压能力的目的。

(5) 低密度可固化堵漏工作液除了有良好的堵漏效果外，其稳定性、析水、失水及固化后的强度指标都较为优异，可满足裂缝型漏失地层的堵漏需要。

(6) 通过对堵漏工作液进行改进和深度开发，研制了 DLY-2 堵漏剂，摆脱了固井设备的束缚，可配制更高稠度、富含网架纤维结构的可固化浆体，提高了堵漏施工效率和成功率。

作者简介：朱明明，川庆钻探长庆钻井总公司，高级工程师，一直从事钻井液技术工作。地址：陕西西安未央区路 151 号，邮编：710018，电话：15129829802，邮箱：zqjszmm@ cnpc. com. cn。

顺北 5 号断裂带可固结复合防漏堵漏技术研究

方俊伟 谢海龙[1] 杨 鹏[2] 于 洋[1] 耿云鹏[1] 刘 彤[1] 刘文堂[3]

(1. 中国石化西北油田分公司；2. 西南石油大学；3. 中原石油工程有限公司)

摘 要 井漏是指钻井液在钻井过程中部分或全部漏失到地层中，会导致各种钻井事故，增加 NPT(非生产时间)和钻井成本[1]。顺北 5 号断裂中部志留系地层，地质条件复杂，缝网发育，极易发生井漏；井眼轨迹距离断裂带较近，易沟通地层深部天然裂缝，堵漏效果差，钻井周期长。为解决此难题，形成了"防堵结合，逐级强化"为防漏堵漏技术思想，经过室内研究与现场实践，优选出 MFP-1 作为钻井液随钻堵漏剂，同时形成了针对严重漏失的高浓度快速滤失堵漏体系，成功解决了裸眼段长、漏点多、地层承压能力低等难题。顺北 5-9H 现场应用结果表明，该堵漏浆能很好地与岩石表面吸附完成漏层填充，提高地层的承压能力及堵漏成功率，满足顺北区块钻井安全顺利施工的需求，其研究成果可为类似深井及超深井作业提供技术参考。

关键词 超深井 可固结 防漏堵漏 堵漏工艺

顺北油田拥有丰富的油气资源。油藏具有高温、高压，埋藏超深等特点。至今，顺北 1 区的 1 号断裂带和 5 号断裂带是顺北油田的勘探开发主要集中点。由于 5 号断裂带附近缝网发育，侵入体薄层坍塌压力、高压盐水与漏失压力之间形成负压力窗口，钻进中最为突出的是志留系砂泥岩互层漏失难题。井漏不仅影响正常钻进、产生非生产时间，而且增加钻井安全风险，甚至导致钻井事故的发生。目前，国内外学者进行了大量的研究，开发了弹性石墨、水泥、凝胶和化学固结等防漏堵漏材料并形成了多种堵漏工艺技术[2~7]。但针对深井应力敏感地层堵漏技术的研究较少，一次堵漏成功率低，现场缺乏行之有效的配套工艺技术，无法满足志留系防漏堵漏的需求。因此深入分析顺北油田志留系砂泥岩的漏失特征和防漏堵漏难点，研发高效的防漏与堵漏材料，形成有效的配套工艺技术是十分必要的。

1 技术难点

1.1 地层概况

顺北油气田属断溶体油藏，地层非均质性强，在志留系地层钻进期间，频繁发生井漏，多口井下部地层有侵入体薄层，薄层坍塌压力、高压盐水与漏失压力之间的矛盾形成负压力窗口。诱导裂缝的产生，导致堵漏难度大。该区块井漏特征如下：

(1) 根据现场漏失统计情况，2018 年该区块共施工 8 井次，7 井次三开钻井在志留系地层发生恶性漏失，漏失率高达 80%，漏失量近 8696m³，漏失周期近 500d，漏失具有易发生、量大、周期长的特点。

(2) 志留系地层岩性主要为砂泥岩薄互层，岩性较疏松。由于地质构造挤压和扭曲作用，志留系地层断裂带附近缝网发育，断距大，地层承压能力低，多发生孔隙-裂缝性漏失，漏失模式与测井数据见图 1。漏失呈现无规律性、随机性强。

(3) 该区块志留系地层具有漏失段与断层越近，漏失通道(天然裂缝或砂岩)渗透率越

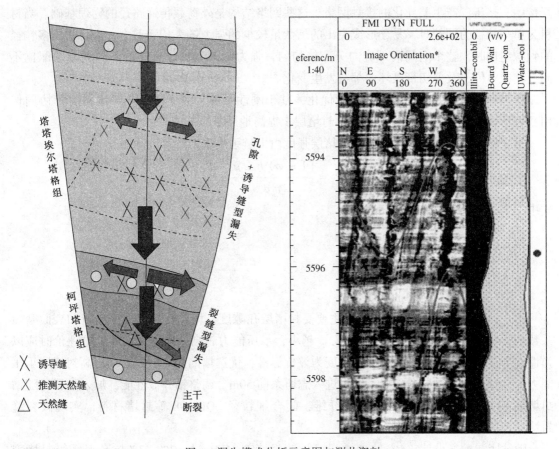

图 1 漏失模式分析示意图与测井资料

高，漏失量越大的特征。前期所钻井裸眼段长，漏层多，漏层段长，漏点判断困难，这需要优良的低密度随钻强封堵钻井液。此外，多口井志留系出现井漏伴随出盐水情况，钻井液密度窗口窄，同裸眼段塌漏同存处理难度大。

（4）常规堵漏见效快，但重复漏失严重，堵漏缺乏可固结强封堵不复漏材料。由于地层承压能力低，钻进时漏失平衡易被打破，堵漏后漏失在孔隙型与裂缝型相互转换，恶性循环。

1.2 防漏与堵漏技术难点

（1）志留系属于裂缝性地层漏失，桥堵材料架桥难度大，颗粒较大时，难以进入漏层，造成近井壁处封门现象，颗粒较小时，难以在漏层内停留。

（2）漏失井段较长，发育开口直径大小不同的裂缝，堵漏浆很容易沿着漏失通道较大的地方漏失，而漏失通道较小的地方堵漏材料很难进入，或仅少量进入，难以达到一次封堵和承压成功。

（3）地层承压能力低，具有多套压力系统。

2 技术研究与分析

2.1 MFP-1 随钻防漏堵漏技术

微裂缝随钻封堵剂 MFP-1 主要由片状变形材料、刚性颗粒和纤维材料组成。而颗粒相互接触、挤压，产生差异化的接触网络。这些网络结构是外荷载传递路径的物理基础。当材料为单一粒径的颗粒时，易于形成突出的、数量较少的强力链来传递剪力，当材料为多粒径的颗粒组成时，整个空间内部应力分布较均匀，强力链不突出，且随着不同颗粒的配比不同，其应力传递及剪切带破坏面都会发生变化[8]。

通过颗粒类型、粒度级配与浓度优化，基于刚性颗粒、弹性颗粒与纤维材料等协同作用，可形成具有"强力链网络结构"的封堵层，提高地层承压能力[9]。

根据颗粒物质导论，多粒架桥封堵层强度由力链强度决定[10]，可得：

$$P_z = \frac{(1 - \varphi) \, k_m \varepsilon \mu_m}{\pi \, d^2} \tag{1}$$

式中　φ——封堵层孔隙度；

　　　k_m——颗粒材料刚度，N/mm；

　　　μ_m——表面摩擦系数；

　　　ε——颗粒弹性变形量，mm；

　　　d——颗粒粒径，mm。

由式(1)可以看出，封堵层承压主要受封堵层孔隙度、堵漏材料弹性变形量和表面摩擦系数的影响。堵漏材料的 ε、μ_m 越大，φ 越小，承压能力越高。因此，堵漏配方评价时应以弹性变形量、摩擦系数及封堵层孔隙度为评价标准，优选堵漏配方，以最终提高封堵层承压能力。针对志留系地层微裂缝，要求进入志留系前 50m，调整钻井液性能，加入微裂缝随钻封堵剂 MFP-1(图 2)、细粒径矿物纤维，配合细粒径 SQD-98 等封堵材料，实现微裂缝封堵。

随钻堵漏配方设计：4%~6% 微裂缝随钻封堵剂 MFP-Ⅰ+2%~3% 抗高温纤维封堵剂 HPS-1+3%~5% 细粒径 SQD-98。

片状变形材料　　　　　　　　　　　刚性粒子　　　　　　　　　　　纤维材料

图 2　MFP-1 封堵剂微观尺度图像

2.2　快速滤失可固结堵漏技术

顺北区块志留系地层属于裂缝性漏失地层，承压能力低，应力敏感性强。在压力作用下，裂缝呈现开启与闭合的特征。裂缝开启初始阶段，缝宽较小，漏失不大，但在压力诱导下，缝宽逐步增大，漏失加剧[11,12]。采用常规桥塞堵漏材料堵漏，由于堵漏材料的粒径难以与裂缝尺寸相匹配，常产生"封门"假象[13,14]，堵漏成功率低，且易发生重复漏失。而采用水泥浆堵漏，不但水泥浆驻留性差且存在安全风险。针对志留系缝网发育，漏失通道复杂且应力敏感性强问题，采用强行固化封堵的思路，让快速滤失固结堵漏材料 ZYSD[15] 进入漏失通道后，在地层快速滤失驻留，接着纤维成网封堵，最后胶凝固化形成高强度封堵层（图3），阻止钻井液进一步漏失，达到提高地层承压能力的目的。

图 3　快速滤失堵漏材料及实验结果

2.3　堵漏浆配方

（1）漏速<5m³/h，堵漏浆配方为钻井液+10%~15%微裂缝随钻封堵剂 MFP-Ⅰ+5%~10%抗高温矿物纤维 HPS-1（100 目）+5%~10%快速滤失固结材料 ZYSD/复合纤维堵漏材料 SQD-98（细）。

（2）漏速 5~15m³/h，堵漏浆配方为钻井液+10%~15%快速滤失固结材料 ZYSD+5%抗高温矿物纤维（1~3mm）+5%细粒径复合颗粒、片状封堵材料+5%~10%微裂缝随钻封堵剂 MFP-Ⅰ。

3　现场应用

3.1　随钻防漏工艺

（1）以微裂缝随钻封堵剂 MFP-1 为主，钻至志留系前全井加入 2%~4%微裂缝随钻封堵剂+1%~2%矿物纤维 HPS+1%~2%复合纤维堵漏剂 SQD-98（细），利于钻井液固相控制、降低环空压耗，预防井漏。

（2）充分使用固控设备清除固相，使钻井液漏斗黏度为 45~55s，静切力为（2~3）/（3~5）Pa/Pa，提高井眼净化能力。下部漏层如果密度控制难度加大，可通过加重浆来调整。

（3）在漏层钻进时需控制机械钻速小于 10 m/h，降低排量防止憋漏地层，降低环空当量密度。

3.2　可固结堵漏工艺技术

遇到严重漏失和失返性漏失，采用可固结复合堵漏工艺。首先起钻至套管内，配制高浓度 ZYSD 快速滤失堵漏浆 50~55m³，采用光钻杆堵漏钻具注替堵漏浆 30~40m³ 入井，通过挤注憋压封堵漏层及整个裸眼。静止候凝后开始扫塞，堵漏成功后，恢复钻进。若堵漏不成功，则根据现场施工情况调整下次堵漏配方，调整注入堵漏浆浓度和量，采用光钻杆+铣齿接头高注高挤，覆盖整个裸眼。

堵漏施工注意事项：①在堵漏浆的配制过程中保持搅拌器连续运转，同时要控制加入速度，使之充分搅拌，防止堵漏材料结块。②尽量不要提前配制堵漏钻井液，以减少堵漏材料在循环罐内的水化时间。

3.3 堵漏施工简况及分析

表 1 顺北 5-9H 井志留系堵漏情况统计

井漏次数	井深/m	漏失层位	漏速/(m³/h)	堵漏方法	堵漏效果
1	5527.94		4~24	ZYSD	恢复钻进
2	5583.18		1~46	]ZYSD 复合桥堵	恢复钻进
3	5624.11		瞬间大漏失	ZYSD 复合桥堵	恢复钻进
4	5699.32	塔塔埃尔塔格组	18~24	]ZYSD	恢复钻进
5	5733.36		7.2	ZYSD 复合桥堵	恢复钻进
6	5975.11		3~18	桥堵	恢复钻进
				ZYSD	恢复钻进

由表 1 可以看出，5527.94m 至 5975.11m（447.14m）漏点多达 6 次，现场堵漏施工共 7 次，其中，桥堵 2 次，ZYSD 快速失水固结堵漏 3 次，ZYSD 复合桥塞堵漏 3 次，一次堵漏成功率高，应用效果良好。

3.4 邻井对比分析

表 2 顺北 5-9 邻井志留系堵漏情况统计

井号	累计漏失钻井液量/m³	井漏处理时间/d
顺北 5-5H 井	1521.51	74.0
顺北 5-6 井	2462.93	29.5
顺北 5-9H 井	980.00	17.0
顺北 5-10 井	1474.50	39.5

由表 2 可知，三开志留系共漏失钻井液约 980m³，井漏处理时间约 17d。与邻井志留系井漏处理效果相比，顺北 5-9H 井钻井液累计漏失量与井漏时间减少了 50%~80%，节约了时间与成本。

4 认识与建议

（1）通过微裂缝封堵技术 MFP-1 封堵防漏，可以有效降低井漏次数和井漏复杂程度。

（2）采用"随钻段塞堵漏+ZYSD 高失水固结堵漏"能够成功解决志留系复杂井漏技术难题，尤其是 ZYSD 高失水固结堵漏技术一次成功率 100%，对顺北志留系裂缝地层具有良好的适应性。

（3）为提高堵漏成功率高，解决桥堵段塞材料对漏层裂缝尺寸适应性不足的问题，下一步需要进一步研究可大范围变形的堵漏材料。

参 考 文 献

[1] Shahri MP, Oar T, Safari R, et, Mutlu U (2014) Advanced geomechanical analysis of wellbore strengthening for depleted reservoir drilling applications. In: IADC/SPE Drilling Conference and Exhibition, FortWorth, Texas, 4－6 March. SPE-167976-MS. http://dx.doi.org/10.2118/167976-MS.

[2] 张希文，李爽，张洁，等．钻井液堵漏材料及防漏堵漏技术研究进展[J]．钻井液与完井液，2009，26 (6)：74-76.

[3] 王中华．复杂漏失地层堵漏技术现状及发展方向[J]．中外能源，2014，19(01)：39-48.

[4] 温峥，杨双春，潘一，等．堵漏技术的研究进展[J]．油田化学，2016，33 (1)：186-190.

[5] 王建华，李建男，闫丽丽，等．油基钻井液用纳米聚合物封堵剂的研制[J]．钻井液与完井液，2013，30(6)：5-8.

[6] 蔡利山，苏长明，刘金华．易漏失地层承压能力分析[J]．石油学报，2010，31(2)：311-317.

[7] 张希文，李爽，张洁，等．钻井液堵漏材料及防漏堵漏技术研究进展[J]．钻井液与完井液，2009，26 (6)：74-76.

[8] 陈平．颗粒介质压缩和剪切的可视化试验与分析[D]．华南理工大学，2014.

[9] 邱正松，暴丹，李佳，等．井壁强化机理与致密承压封堵钻井液技术新进展[J]．钻井液与完井液，2018，35(04)：1-6.

[10] 孙其诚，王光谦．颗粒物质力学导论[M]．北京：科学出版社，2009：1-3.

[11] 王业众，康毅力，游利军，等．裂缝性储层漏失机理及控制技术进展[J]．钻井液与完井液，2007，24(4)：74-77.

[12] 贾利春，陈勉，谭清明，等．承压封堵裂缝止裂条件影响因素分析[J]．石油钻探技术，2016，44 (1)：49-56.

[13] 李大奇，康毅力，刘修善，等．裂缝性地层钻井液漏失动力学模型研究进展[J]．石油钻探技术，2013，41(4)：42-47.

[14] 詹俊阳，刘四海，刘金华，等．高强度耐高温化学固结堵漏剂 HDL1 的研制及应用[J]．石油钻探技术，2014，42(2)：69-74.

[15] 田军，刘文堂，李旭东，刘云飞，郭建华．快速滤失固结堵漏材料 ZYSD 的研制及应用[J]．石油钻探技术，2018，46(01)：49-54.

基金项目： 国家科技重大专项(2016ZX05053-014)；中国石油化工股份有限公司科研项目(P16049)

作者简介： 方俊伟(1986-)，男，硕士研究生，工程师，主要从事钻井液技术及储层保护研究。地址：新疆乌鲁木齐长春南路 466 号西北石油局，E-mail：fangjunwei555@126.com。

准噶尔盆地易漏地层防漏堵漏技术研究与应用

孟先虎[1] 周双君[1] 裴 成[1] 朱立鑫[2] 黄维安[2]

(1. 西部钻探钻井液分公司;2. 中国石油大学(华东)石油工程学院)

摘 要 井漏是影响钻井作业安全的危害最严重的复杂情况之一,由于漏失后漏层位置判断准确性低、室内堵漏评价不完善以及防漏堵漏材料的承压封堵性能差等原因,井漏仍然是困扰石油工业的世界性技术难题。针对准噶尔盆地玛湖和页岩油区块易漏地层钻井中的防漏堵漏问题,通过研究准噶尔盆地区域井漏情况,发现各区块漏失深度和地层分布均较广,其中八道湾组、梧桐沟组和乌尔禾组等地层孔隙和裂缝发育,承压能力差,为漏失多发地层;结合区域防漏堵漏材料形貌和粒径分析,基于防漏堵漏体系室内评价,优化构建了适合于准噶尔盆地的区域防漏堵漏体系,现场应用效果显著,无漏失钻进井段可达80%,该体系具有很强的适应性,在多区块均应用成功。

关键词 井漏 漏失原因 材料分析 防漏堵漏体系 堵漏工艺

近年来,我国钻井中新一轮井漏问题凸现。井漏严重、原因复杂、危害加剧,防漏堵漏难度加大,特别是长裸眼井、水平井、老油田调整井及裂缝性和疏松胶结性差地层漏失,迫切需要系统深入研究和综合治理[1~4]。新疆油田准噶尔盆地玛湖、东部页岩油等区块因地层孔隙度高、渗透性强、裂缝发育以及邻井压裂被迫提密度等原因,导致钻井施工过程中井漏频发,严重影响钻井效率和井控安全。目前采用随钻防漏、桥浆堵漏和注灰堵漏,总体成功率不高,容易出现反复漏失或承压能力提高幅度不能满足后续施工要求[5,6]。钻井过程中,漏失一旦发生,堵漏材料的选择需紧密结合漏失区域漏失特征分析及防漏堵漏材料的评价与优选,通过防漏堵漏技术现场应用,形成区域防漏堵漏作业标准化作业程序,提高防漏堵漏成功率、降低井漏损失[7~9]。为此,本文针对准噶尔盆地玛湖和页岩油区域漏失严重的问题,通过分析研究准噶尔盆地区域井漏情况,明确区域漏失原因,结合区域防漏堵漏材料形貌及粒径分析,基于防漏堵漏体系评价,进一步优化构建防漏堵漏钻井液体系,为该区域后期防漏堵漏工作提供理论依据和技术支持。

1 准噶尔盆地区域井漏情况

准噶尔盆地区域井漏频发,经济损失严重。据统计,在2018年累计完成承钻376口井中,发生复杂77口井264井次,损失时间21194h,发生事故复杂井占完成井的比例为20.48%;发生事故复杂当中,发生井漏的次数为242次,井漏次数占所发生事故复杂的比例为91.67%,井漏损失时间为20745h,占复杂时效的97.88%。井漏漏失钻井液31494m³,占所有事故复杂费用的比例为97.06%。

1.1 玛湖区块漏失概况

截至2018年12月,玛湖区块所辖完钻70口井,事故复杂井48口,其中井漏34口,占比70.8%,漏失井主要集中在百口泉、玛2、玛18、玛131四个区块。老区块长期压裂、注采,地层压力系数混乱,为保证钻井井控安全,在二开、三开阶段泥浆密度偏高,压漏地层，导致在克下组和百口泉组交接处地层承压能力相对较低。受邻井压裂影响，气测异常并伴有出水现象，被迫提高钻井液密度，造成上部地层漏失。在克下、百口泉多发生失返性漏失，八道湾底界、白碱滩顶界多发生恶性渗漏，桥堵封堵效果不理想。八道湾组底部砾石层，交接疏松渗透性好，易发生井漏。受压裂影响导致部分井，百3至百2段出现井壁失稳，给钻井带来施工风险，为了支撑井壁稳定，尽可能使用高密度钻井液，来平衡地层尤其是水平井段的坍塌应力，防止井塌，而高密度钻井液带来上部地层漏失。玛湖区块二、三开主要漏失情况如表1所示。

表1　2017－2018年玛湖区块二开、三开主要漏失情况

漏失地层	漏失井数	钻井液漏失量		损失时间	
		体积/m³	占比/%	h	占比/%
八道湾组	13	1590	18.9	519	8.2
白碱滩组	14	1743	20.8	1537	24.2
克拉玛依	18	2603	31	1429	22.6
百口泉组	11	1326	15.8	2039	32.2
乌尔禾组	9	1133	13.5	811	12.8
合计	65	8395	100	6335	100

1.2　页岩油区块漏失概况

据统计，页岩油区块50%的完成井发生不同程度的漏失。二开侏罗系井段表现为孔隙性漏失，在1200m进入漏失段，漏失频率高、漏失量大，该井段漏失量占区块钻井液总漏失量的65%，损失时间约占井漏总损失时间的55%；三开水平段梧桐沟和芦草沟组发生的漏失主要表现为裂缝性漏失，该段漏失量占区块钻井液总漏失量的35%，损失时间约占井漏总损失时间的45%。西北部漏失情况较为严重，整体呈现出由南向北，地层压实程度逐渐变差，地层承压能力逐渐下降。漏失发生主要因砾石层、砂岩层孔隙发育以及部分由于环空不畅造成的憋漏，同时发生一定的阻卡、掉块事故。页岩油区块二、三开主要漏失情况如表2所示。

表2　2017－2018年页岩油区块二开、三开主要漏失情况

漏失地层	漏失井数	钻井液漏失量		损失时间	
		体积/m³	占比/%	h	占比/%
齐古组	3	163	3.7	106	8.4
西山窑	2	217	4.9	65	5.1
三工河	1	62	1.4	6	0.5
八道湾	9	1467	32.9	340	26.8
克拉玛依	2	212	4.8	37	2.9
烧房沟	1	123	2.8	47	3.7
韭菜园	4	636	14.3	101	8.0
梧桐沟	7	738	16.6	248	19.6
芦草沟	5	714	16	283	22.3

续表

漏失地层	漏失井数	钻井液漏失量		损失时间	
		体积/m³	占比/%	h	占比/%
井井子沟	3	124	2.8	34	2.7
合计	37	4456	100	1267	100

1.3 漏失原因

准噶尔盆地各区块漏失原因主要有两种：一是孔隙和裂缝发育，地层承压能力低，易发生井漏；二是地层胶结性差，连通性好，地层压力紊乱，渗透性好，导致疏松易漏。其中八道湾组、梧桐沟组和乌尔禾组等地层孔隙和裂缝发育，承压能力差，为漏失多发地层。

2 区域防漏堵漏材料分析

针对玛湖和页岩油区块漏失严重问题，基于探井或开发井的测井成果，包括各个区块测试层位的孔隙大小分布、孔隙度和微裂隙发育情况，开展对区域防漏堵漏材料的形貌和粒径分析，用于优选适合准噶尔盆地主要漏失区域的防漏堵漏材料。

2.1 区域防漏堵漏材料形貌分析

2.1.1 颗粒材料形貌分析

防漏堵漏材料镜下拍照片、描述，分析颗粒材料的宏观形貌特征(形状、球度、棱角，表面粗糙度等)。如图 1 所示，核桃壳的不同目数的大小对比明显，且<18 目时，形状均呈颗粒状，球度较低，棱角分明，表明粗糙度较高。

图 1 核桃壳形貌分析

2.1.2 纤维材料和片状材料形貌分析

针对纤维材料的长度、质量、质地和颜色等进行形貌描述，分析纤维在堵漏时的形态及作用；测量片状材料的厚度和长径比，描述其颜色，形状、材质、质地变形和表面光滑程度等，分析片状材料在堵漏时的形态及作用，如图 2 所示。

由纤维材料形貌分析得知，纤维 FCL 和 FCL(陶瓷)形态相似，两者均质地柔软；墨绿色纤维和 LCC200 质地较硬，不易折，质量较轻；堵漏纤维和灰色纤维均呈絮状物。片状材料形貌分析知，两种片状材料的厚度均不足 1mm，长径比均约为 1.4，形状以多边形为主，塑料材质，质地柔软易变形，正反表面形貌相同，表面光滑平整，没有凸起；木质材料，质地坚硬不易变形。堵漏材料优选时，可基于玛湖和页岩油区块裂缝的宽度和长度等发育情况，优选对应尺寸的颗粒材料、纤维材料和片状材料作为重要封堵颗粒。

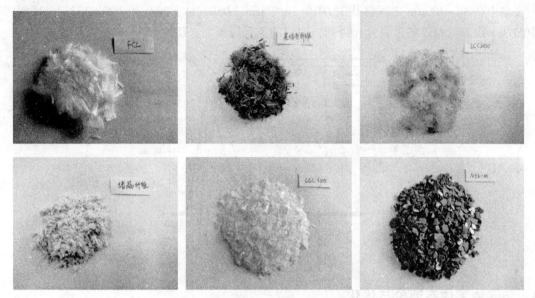

图 2　纤维材料和片状材料形貌分析

2.2　区域防漏堵漏材料粒径分析

2.2.1　筛分法粒径分析

采用筛分分析方法分析较大尺寸堵漏材料的粒径组成：称取一定质量较大尺寸颗粒堵漏材料，采用4~5种不同目数样品筛筛分，计量各个粒径下的质量，计算粒径组成，绘制粒径组成分布图。如图3所示，以核桃壳为例，采用4种不同目数样品筛筛分核桃壳，粒径分析知核桃壳的粒径分布集中于<1.7mm及2~3.35mm，占78%，4种粒径皆有分布，且有2种粒径区间质量百分数达35%以上，粒径分布较均匀。

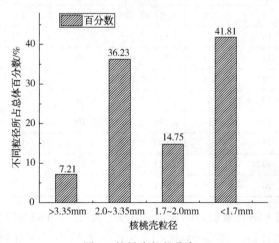

图 3　核桃壳粒径分布

2.2.2　粒度仪粒径分析

采用量程合适的激光粒度仪，称取一定质量较小尺寸颗粒堵漏材料，测试各堵漏材料粒径组成，绘制粒径组成分布图，求取粒径分布参数。如图4所示，以现场堵漏剂 KZ-5 为例，由图4中曲线2代表的每个粒度所占百分比可知，堵漏材料 KZ-5 颗粒较粗，粒度分布主要集中在 40~400μm 之间，其中 $D10 = 18.75\mu m$、$D50 = 112.7\mu m$ 和 $D90 = 323.2\mu m$；由图中曲线 1 代表的粒度累计百分比可知，曲线的上升段较陡，KZ-5 颗粒的粒度组成较均匀。

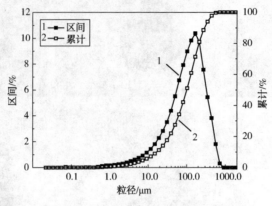

图 4　KZ-5 粒度分布曲线

3　防漏堵漏体系评价与优化

3.1　防漏体系

针对玛湖和页岩油区块二、三开漏失严重问题，结合现场二、三开井段常用的钾钙基聚胺有机盐钻井液体系及现场堵漏材料，采用砂床滤失仪，开展了随钻防漏相关的渗透性封堵评价实验，实验结果如表 3 所示。

表 3　堵漏材料加入前后钻井液体系流变滤失性能变化及封堵性能评价结果

体系	AV/ mPa·s	PV/ mPa·s	YP/Pa	Gel/ Pa/Pa	动塑比/ Pa/mPa·s	FL_{API}/ mL	平均侵入 深度/mm	滤失量/mL
基浆	15.5	13	2.5	0.511 /2.044	0.1923	4.5	33.0	0
YL-XD	16	13	3	0.511 /2.555	0.2307	4.3	27.0	0
SDSZ-1	20.5	17	3.5	0.511 /3.066	0.2059	3.5	16.0	0
SDSZ-2	23.5	19	4.5	0.511 /3.066	0.2368	3.6	21.0	0
SDSZ-3	24	19	5	1.022 /2.044	0.2632	3.6	14.0	0
LCM	14	12	2	0.511 /2.555	0.1667	5.6	30.0	0
SDSZ-4	27	19	8	2.044 /3.066	0.4211	3.8	25.0	0
SDSZ-5	25	19	6	0.511 /2.555	0.3158	3.8	20.0	0
SDSZ-6	26.5	20	6.5	0.511 /3.066	0.3250	4.2	22.0	0

由随钻堵漏材料加入钻井液前后的流变、滤失性等钻井液的基础性能测试可知，堵漏材料与现场钻井液配伍性良好。体系 SDSZ-1~SDSZ-3 是小于 120 目随钻堵漏体系，其中 SDSZ-3 随钻堵漏剂体系平均侵入深度为 14.0mm，侵入较浅，具有良好的渗透性堵漏性能；体系 SDSZ-4~SDSZ-6 是针对八道湾的失返性漏失"随钻"堵漏体系，其中 SDSZ-5 随钻堵漏剂体系平均侵入深度为 20.0mm，侵入较浅，具有良好的渗透性堵漏性能。现场使用的 YL-XD 及 LCM 随钻堵漏剂，效果均较差，漏失深度都在 30.0mm 左右，比基浆堵漏效果稍优。

3.2 堵漏体系

针对准噶尔盆地玛湖和页岩油区块漏失严重问题，以现场提供的堵漏材料及钻井液配方为基础，采用钻井液动滤失与长裂缝封堵模拟实验装置，评价了不同堵漏配方封堵漏层的堵漏效果和承压能力。

3.2.1 梯形缝板(3~1mm)堵漏配方

2-1#基浆 + 1% FCL + 3% SDL + 3% KZ-6 + 2%核桃壳(1号，细) + 8%核桃壳(3号，中) + 2%核桃壳(2号，粗) + 6% KGD-3 + 4% GYD-细。

按照2-1#配方配制堵漏浆，将其置于钻井液动滤失与长裂缝封堵模拟实验装置，进行动态堵漏，实验数据及结果见表4。

表4 2-1#配方堵漏评价数据及结果

类型	缝宽/mm		缝板长/cm	缝板直径/cm
梯形缝板	3~1		36	5
配方号	堵漏温度/℃	过程描述		结论
2-1	150	边升温边逐渐加压，压力加至2.82MPa(94℃)，发生漏失，压力降至0.59MPa，压力加至1.06MPa，发生漏失，压力降至0.68MPa，升温候堵，温度达145℃，压力至5.9lMPa。拆开缝板，缝条仅出口端有少量堵漏材料；累计漏失量为全失		封堵压力 5.5MPa 突破压力 5.9MPa

3.2.2 梯形缝板(8~5mm)堵漏配方

2-2#基浆 + 1% FCL + 7% SDL + 5% KZ-6 + 2%核桃壳(1号，细) + 6%核桃壳(2号，粗) + 4% KGD-2 + 8% KGD-3 + 10% GYD-细 + 4%复合堵漏剂(高强)。

按照2-2#配方配制堵漏浆，将其置于钻井液动滤失与长裂缝封堵模拟实验装置，进行动态堵漏，实验数据及结果见表5。

表5 2-2#配方堵漏评价数据及结果

类型	缝宽/mm		缝板长/cm	缝板直径/cm
梯形缝板	8~5		36	5
配方号	堵漏温度/℃	过程描述		结论
2-2	150	边升温边逐渐加压，压力加至1.27MPa(91℃)，升温候堵，升温至144℃，压力至4.5lMPa，加压至5MPa。拆开缝板，缝条中有极少量堵漏材料；累计漏失量0mL		封堵压力 5MPa

实验数据表明：对于1~3mm梯形缝板，2-1#堵漏配方的堵漏浆封堵，压力达5.5MPa；对于5~8mm梯形缝板，2-2#堵漏配方的堵漏浆封堵压力达5MPa。

4 现场应用

由区域内漏失井井况分析知，分布于不同区块的24口漏失井中，发生漏失67次，共漏失钻井液6500m³，总损失时间达3500h，漏失情况严重。现场应用的防漏堵漏措施主要有桥接堵漏和注水泥堵漏，总体堵漏效果不佳，堵漏一次成功率低于45%。针对该24口漏失井的相应邻井应用优化后的防漏堵漏工艺，即在二、三开钻进入漏失易发层段时，提前加入

557

或补充适合于该漏失地层的防漏堵漏体系进行护壁封堵，严格控制钻井液密度，使漏失频发情况得到显著改善。在对应的 16 口邻井中，全井无漏失发生的井数可达 50%，对应井段无漏失发生的井数达 80% 以上，防漏堵漏效果显著。

5 结论

（1）准噶尔盆地井漏情况分析可知，各区块漏失深度和地层分布均较广，其中八道湾组、梧桐沟组和乌尔禾组等地层孔隙和裂缝发育，承压能力差，为漏失多发地层。

（2）区域防漏堵漏材料形貌及粒径分析表明，各种颗粒材料、纤维材料和片状材料形貌均差异明显，堵漏材料在漏失通道内架桥堆积时的形态影响堵漏层的强度和封堵效果。

（3）优选出了小于 120 目的随钻堵漏体系 SDSZ-3 和针对八道湾失返性漏失的"随钻"堵漏体系 SDSZ-5，以及适用于裂缝性漏失的堵漏体系，对于不同梯形缝宽，该堵漏体系的室内承压均可达到 5MPa 以上。

（4）建立了适合于准噶尔盆地的区域防漏堵漏体系，现场应用效果显著，无漏失钻进井段可达 80%，该体系具有很强的适应性，在多区块均应用成功。

参 考 文 献

[1] 王业众，康毅力，游利军，等. 裂缝性储层漏失机理及控制技术进展[J]. 钻井液与完井液，2007，24（4）：74~99.

[2] 刘四海，崔庆东，李卫国. 川东北地区井漏特点及承压堵漏技术难点与对策[J]. 石油钻探技术，2008，36（3）：20-23.

[3] 刘延强，徐同台，杨振杰，等. 国内外防漏堵漏技术新进展[J]. 钻井液与完井液，2010，27（06）：80-84+102.

[4] 吴显盛. 钻井工程中井漏预防及堵漏技术分析[J]. 化学工程与装备，2019（02）：85-86.

[5] 徐同台，刘玉杰，申威. 钻井工程防漏堵漏技术[M]. 北京：石油工业出版社，1997：217-220.

[6] 潘军，李大奇. 顺北油田二叠系火成岩防漏堵漏技术[J]. 钻井液与完井液，2018，35（03）：42-47.

[7] Afolabi, Paseda, Hunjenukon, Oyeniyi. Model prediction of the impact of zinc oxide nanoparticles on the fluid loss of water-based drilling mud[J]. Cogent Engineering, 2018, 5(1).

[8] Richard O. Afolabi, Oyinkepreye D. Orodu, Ifeanyi Seteyeobot. Predictive modelling of the impact of silica nanoparticles on fluid loss of water based drilling mud[J]. Applied Clay Science, 2018, 151.

[9] 李松，康毅力，李大奇，等. 复杂地层钻井液漏失诊断技术系统构建[J]. 钻井液与完井液，2015，32（06）：89-95+110.

作者简介：孟先虎，工程师；供职于西部钻探钻井液分公司。地址：新疆克拉玛依市鸿雁路 80 号，邮编：834000，电话：13565450729，E-mail：32460989@qq.com.

封缝即堵承压堵漏技术在玉中 2 井的应用

杜　欢[1]李　翔[1]何　仲[1]谢海龙[1]刘　彤[1]罗显良[2]

（1. 西北油田分公司；2. 西南石油大学）

摘　要　玉中 2 井是部署在塔里木盆地麦盖提 2 区块的一口重点预探井，该井二叠系地层应力复杂，同一裸眼井段存在多个压力系统，严重影响在该区块的钻井效率与施工安全。为此，结合玉中 2 井地质情况，采用裂缝即时有效封堵技术，从封缝即堵技术承压堵漏原理分析出发，优选了承压堵漏材料，通过室内模拟堵漏实验及现场承压堵漏施工应用，证明该技术能快速地形成封堵，可有效地提高地层承压能力。封缝即堵技术操作简单，应用效果良好，为该区块井漏堵漏技术提供借鉴作用，具有良好的推广应用价值。

关键词　二叠系　承压堵漏　封缝即堵　现场应用

井漏是钻井过程中常见的井下复杂问题，它不仅影响钻井的正常作业，而且还经常引起其他类型的井下复杂情况，导致油气井坍塌、卡钻、井喷等事故的发生，同时也导致钻井成本的大幅增加[1,2]。通过邻井资料得知，玉中 2 井全井可能会存在不同程度的井漏，统计分析认为本区井漏主要层段为新近系阿图什组的疏松砂岩，二叠系上统沙井子组渗透性好的砂岩层，中统开派兹雷克组火成岩地层裂缝发育段，下统库普库兹满组和南闸组及石炭系卡拉沙依组地层灰岩发育段，奥陶系碳酸盐岩储层溶蚀孔洞、裂缝发育段。其中以二叠系各层段缝洞双漏尤为严重。

1　地质概况

玉中 2 井位于新疆塔里木盆地塔西南麦盖提斜坡中部麦盖提二区块，设计井深 7261m，海拔 1061m，以奥陶系鹰山组为主要目的层，钻探目的是探索目的层段储层发育特征、横向展布规律及含油气性，为研究该区储层的变化、油气富集规律以及储量计算提供基础数据。该区块井深度大，油层埋藏深，普遍存在二叠系，钻井过程中易发生井塌、井漏、高钙盐水侵等复杂事故，地质分层情况见表 1。

表 1　玉中 2 井二叠系地质分层情况

层位	井段/m	厚度/m	岩性描述
沙井子组	5187~5862	675	上部为灰、棕褐、灰褐色泥岩，粉砂质泥岩夹粉砂岩；中下部为棕褐、灰褐、灰色泥岩，粉砂质泥岩夹薄层灰色泥质粉砂岩、粉砂岩；底部为棕褐、灰褐、灰色泥岩与灰色粉砂岩略等厚互层
开派兹雷克组	5862~6175	313	灰、深灰、褐灰、灰褐、棕褐色凝灰岩，厚层灰黑色、深灰色玄武岩夹棕褐、褐灰、灰、深灰、灰褐色泥岩、凝灰质泥岩
库普库兹满组	6175~6307	132	棕褐、红棕、灰色（含）灰质泥岩、泥岩、泥质粉砂岩、含石膏质灰质泥岩
南闸组	6307~6419	112	黄灰、灰、浅灰色泥质灰岩、泥晶灰岩与灰质泥岩、泥岩不等厚互层。

2 封缝即堵技术承压堵漏原理

针对致漏裂缝，采用裂缝及时有效封堵技术，可以在时间短、漏失量很少的情况下堵死致漏裂缝，防止裂缝进一步扩大，即在漏失层出现时，能迅速有效地堵漏，同时又能使填充层的渗透性很低，甚至为零[3]。对于天然非致漏裂缝，当裂缝受诱导作用扩大到能引起钻井液漏失时，防漏钻井液能在很短的时间内堵塞裂缝，消除诱导力，防止裂缝进一步扩张。对于弱结构面，当弱结构面开裂形成非常小的裂缝时，防漏钻井液中的细颗粒组合能瞬间堵塞，从而消除水力尖劈效应，防止开口扩大，从而达到提高地层承压能力的目的。

3 室内实验

3.1 承压堵漏材料优选

根据提高承压能力封缝即堵技术原理，要求承压堵漏材料能快速地形成填塞层，一定要在裂缝中很快挂住、架桥、填充。因此，堵漏材料必须是颗粒状材料，因为颗粒状材料能迅速进入裂缝，而片状材料、长条状材料不易进入裂缝；其次一定是不规则的非球形物质，如果堵漏材料是规则的或者是圆球体物质，则不容易在裂缝中挂住、架桥，不规则的非球体物质，由于边缘效应，很容易在裂缝中挂住架桥，最后，材料粒径一定有大有小，大颗粒架桥，小颗粒逐级填充，才能够快速的形成填塞层。为了有效解决玉中 2 井二叠系地层钻完井过程中的承压能力低、地层易漏失问题，本文引进一种高酸溶率、表面呈锯齿状的刚性堵漏材料 GZD，与惰性材料核桃壳、弹性材料 SQD-98 和混合目数的碳酸钙等复配形成一种复配堵漏材料，并通过室内堵漏模拟实验评价其性能。GZD 是一种刚性暂堵颗粒，表面呈锯齿状，粒径分布较广，其主要成分为方解石，密度 2.8g/cm³，莫氏硬度为 2.7~3.0。颗粒直径分布在 0.2~2.0mm，主要分为 A(0.9~2.0mm)、B(0.45~0.90mm)、C(0.30~0.45mm) 和 D(0.125~0.3mm)4 个等级，如图 1 所示。有架桥和充填的作用，具有良好的抗温性，抗温达 200℃以上。实验测得 GZD 的酸溶率大于 98%，有利于后期的酸化解堵，对储集层起到保护作用[4]。

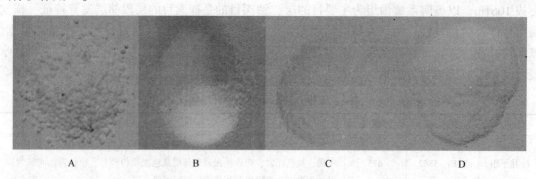

图 1　不同粒径的 GZD(从左到右分别为 A、B、C、D 级)

3.2 室内评价实验

利用 JHB-Ⅱ型高温高压堵漏试验仪进行了室内堵漏模拟实验，该仪器极限工作压力 15MPa，实验采用(1~5)mm×35mm×70mm 人造缝板，实验温度 80℃，慢慢加压至 7.5MPa，循环，测量 1h 滤失量，实验结果如表 2 所示[5]。

表 2　堵漏模拟实验结果

配方	固含/%	缝宽/mm	堵漏浆量/mL	漏失量/mL	压力/MPa	堵漏时间/min
1	30	1	3000	60	7.5	60
		2	3000	80	7.5	60
		3	3000	3000	5.0	0.5
2	35	2	3000	45	7.5	60
		3	3000	55	7.5	60
		4	3000	60	7.5	60
3	40	3	3000	55	7.5	60
		4	3000	65	7.5	60
		5	3000	70	7.5	60

配方 1：8%膨润土浆+3%SQD-98(中粗)+3%核桃壳(中粗 1~2mm 为主)+1%蛭石+3%GZD-A+3%GZD-B+3%GZD-C+3%GZD-D+3%超细碳酸钙+2%QS-2

配方 2：8%膨润土浆+3%SQD-98(中粗)+3%核桃壳(中粗 1~2mm 为主)+1%蛭石+4%GZD-A+4%GZD-B+4%GZD-C+4%GZD-D+3%超细碳酸钙+2%QS-2

配方 3：8%膨润土浆+3%SQD-98(中粗)+3%核桃壳(中粗 1~2mm 为主)+1%蛭石+5%GZD-A+3%GZD-B+3%GZD-C+3%GZD-D+3%超细碳酸钙+2%QS-2

从实验结果可以看出，刚性堵漏材料起到骨架作用，与弹性材料紧紧连在一起，增强封堵牢固性，填充材料可降低滤失量。不同宽度的裂缝，随着固相含量越高，封堵裂缝的宽度越大，封堵效果越来越好。其中配方 1 能有效封堵 1~2mm 封板，而对于 3mm 封板，当压力加至 5.0MPa 时全部漏失；配方 2 能有效封堵 2~4mm 封板；配方 3 能有效封堵 3~5mm 封板，且承压能力大于 7.5MPa。

4　现场应用

4.1　承压施工试验

4.1.1　沙井子组承压试验

本井段裸眼段长，用超细碳酸钙 ZD-1、ZD-2 以及微纳米级防塌封堵剂 EP-2 进行裂缝即时有效封堵，并随时补充其消耗量，同时根据起下钻情况加入润滑剂，使用 SPNH 和 DS-302 来控制钻井液的流变性，尤其是乳化沥青和氯化钾的配合使用，提高钻井液体系的强抑制性和强封堵能力，维护井眼的稳定。

钻进至井深 5842.00m，地质确认钻穿沙井子组，开派兹雷克组顶深 5825.00m。确认录井岩屑捞完钻井液处理好，振动筛无砂返出，随后起钻、简化钻具组合、下钻至井底，大排量循环一周后，各项性能稳定符合要求，逐步分次将密度从 1.60g/cm³ 提至 1.75g/cm³，每循环周控制在 0.02~0.03g/cm³。密度提至 1.68~1.70g/cm³，逐步向井浆中加入 1%GZD-C 级刚性颗粒+1%GZD-D 级刚性颗粒+1.5%ZD-1(1250 目)+1.5%ZD-2(2200 目)+3%EP-2(改性石蜡)，进行封堵以减少渗漏(往井浆中加入刚性材料时不停地转动钻具，提密度期间严禁使用固控设备，从现场实际情况考虑，使用剥皮的 40 目筛网)。密度提至 1.75g/cm³，大排量循环两周后，裸眼井段(5135.00~5842.00m)泵注 2.01g/cm³ 重浆，起钻至套管内，做地层承压。

井口逐级打压至 15.3MPa，稳压 30min，压降 0.2MPa，经过计算井底承压能力达到 2.05g/cm³设计要求，钻井液承压能力达到密度提至 1.75g/cm³后钻具短程起下摩阻为 6~12t 的要求，说明该体系在低渗透地层能够形成致密封堵层，隔绝压力传递，成功地封住了沙井子组渗透性好的砂岩层，有效提高了沙井子组地层承压能力，避免了井漏的发生。

4.1.2 开派兹雷克组承压试验

钻至井深 6097.31m(地质预测开派兹雷克组底界 6151m)，憋顶驱频繁，随后起钻、简化钻具组合下钻到底，大于钻进 5~10L/s 的排量将参与循环的钻井液充分循环均匀，至振动筛无岩屑返出，性能稳定后，按循环周往井浆中均匀加入 3%GZD-C 级刚性颗粒+3%GZD-D 级刚性颗粒+1%ZD-1+1%ZD-2，加完后循环均匀往裸眼段注入密度 1.95g/cm³的重浆，起钻至套管内逐步上提钻井液密度。按循环周 0.02~0.03g/cm³逐步将钻井液密度提至 1.95g/cm³，充分循环井浆至密度均匀，起钻做承压的同时验证钻遇地层井眼稳定情况，确保不黏卡、无掉块、无漏失(承压完下钻至井底筛除刚性封堵材料，调整钻井液性能)。提密度时主要加入低黏切重浆和高浓度胶液(胶液配方：0.1%NaOH+4%SMP-2+12%M-SMC+1.5%RHPT-2+1%LV-PAC+15%KCl+0.1%KPAM)，按循环周进行。

井口逐级打压至 6MPa，地层未破，折合井底当量密度 2.05g/cm³，管鞋当量密度 2.05g/cm³；稳压 30min，压降 0.1MPa；承压能力达到设计要求，玉中 1 井的破裂压力只有 1.85g/cm³，通过改造三开钻井液承压能力得到了显著提高(提高了 0.2g/cm³)，成功地封住了开派兹雷克组火成岩地层裂缝发育段，效果明显。

4.2 堵漏施工

2018 年 11 月 25 日 8：28 钻进至井深 6244.86m 发生漏失，排量 29L/s，漏速 62m³/h，降排量至 18.85L/s，漏速 56m³/h。随后起钻简化为光钻杆进行专项堵漏，本趟起钻共计漏失钻井液 47.22m³。发生漏失井深为库普库兹满组灰色(含)灰质泥岩，钻井液密度 1.95g/cm³。

4.2.1 第一次堵漏

下入光钻杆至 6100m 循环钻井液，排量 18L/s，漏速 27.84m³/h，随后注堵漏浆 23.1m³，起钻至套管内循环观察无漏失，自 2018 年 11 月 27 日 2：00 开始关井承压挤堵，控制井口压力不超过 4.5MPa，至 27 日 11：40 关井挤堵，泄压回吐后，计算共进入地层堵漏浆 9.14m³。其中井口压力 10min 由 4.5MPa 下降至 4.3MPa，20min 由 4.3MPa 下降至 4.1MPa，共计稳压 30min，压降 0.4MPa。配置总浓度 26%堵漏浆 40m³，入井 23.1m³，配方：井浆+3%SQD-98(中粗)+3%核桃壳(中粗 1~2mm 为主)+1%蛭石+5%GZD-A+3%GZD-B+3%GZD-C+3%GZD-D+3%CXD+2%QS-2。27 日 15：20 下钻至井底循环观察，先以排量 31L/s 循环，液面无变化，在 16：48 出口流量由 30.2%下降至 12%，发生漏失，漏速 52m³/h；随后循环测漏速，排量 15L/s 漏速 18.46m³/h，排量 12L/s 漏速 10.82m³/9h，排量 9L/s 漏速 9m³/h。

第一次堵漏未达到预期效果，分析认为地层吃入堵漏浆量少，存在"封门"现象，调整堵漏浆配方，进行第二次堵漏。

4.2.2 第二次堵漏

2018 年 11 月 27 日 21：40 钻具在井底注入堵漏浆 26.1m³，在堵漏浆出水眼过程中，地层吃入堵漏浆 3.32m³，随后起钻至套管内循环观察，逐级提排量至 32L/s，漏速 3.90m³/h；

敞井观察 2h，无漏失；关井承压挤堵，井口逐级给压至 3.7MPa 后压降加快，5min 降至 1MPa，随后泄压开井，静置观察 3h 无漏失；开泵以 10L/s 排量循环 1h，漏失 3.32m³；再次静置观察 5h 无漏失，下钻至井底排堵漏浆。配置总浓度 15% 堵漏浆 43m³，入井 26.1m³。首先泵入 11m³ 堵漏浆的配方为：井浆 +4%GZD-B+4%GZD-C+4%GZD-D，再次泵入 15.1m³ 堵漏浆的配方为：井浆 +4%GZD-B+4%GZD-C+4%GZD-D+3%GZD-A，即在第一次基础上加入 3%GZD-A。28 日 19：10 下钻至井底循环观察，逐级上提排量至 16.5L/s 液面无漏失，随后以该排量循环筛堵漏浆。筛出堵漏浆后，逐级上提排量至 31L/s，循环至 29 日 9：00 无漏失，循环期间降钻井液密度至 1.92g/cm³；之后因检修泥浆泵，单泵以 18.2L/s 排量循环至 9：25 发生失返性井漏，立压由 9.8MPa 下降至 4.8MPa，最后降至 0MPa，出口流量由 14.8% 下降至 6.8%，最后降至 0%；至 9：37 降排量至 10L/s 循环井口未返浆；截至 29 日 10：00 井口吊灌钻井液 12m³，出口未见液面。

第二次堵漏未达到预期效果，分析认为漏层裂缝发育，入井堵漏材料粒径偏小，堵漏浆进入裂缝未能"站稳脚"，调整堵漏浆配方，进行第三次堵漏。

4.2.3 第三次堵漏

配制浓度 28% 的堵漏浆 50m³，入井 29.4m³，堵漏浆配方：井浆 +3%SQD-98(粗)+2% 核桃壳(细为主)+1% 蛭石 +5%GZD-A+4%GZD-B+4%GZD-C+4%GZD-D+3%CXD+2%QS-2 +2%RHJ-3。29 日 10：00 开始注堵漏浆，入井 29.4m³，替浆 58.37m³，出口均未返浆。替浆结束后，起钻至井深 5105m 静止观察(期间每小时吊灌钻井液 1m³ 共 17m³，液面环空高度无变化，20h 又灌浆 20.1m³，出口返浆，无漏失)。再 24h 后循环(逐级增加排量至 31L/s，无漏失)；下钻到底(返浆量正常)，循环调整钻井液性能(排量 30L/s，无漏失，循环期间加入 RHJ-3：2T，RH-97D：2T)，确认堵漏成功。

4.2.4 堵漏施工总结

从发生井漏后的现象分析，应该属于裂缝性井漏，该井深地层承压能力低，在 1.95g/cm³ 钻井液密度下，地层微裂缝张裂连通，造成井漏。三次堵漏作业，刚开始循环时，都存在漏失的现象，稳不住压力，循环漏失一段时间后，漏失逐渐减小直至停止漏失，钻具下到底后循环都可不漏，循环一定时间后复漏。分析原因为挤入地层裂缝内的堵漏材料少，靠长时间漏失在裂缝中形成堵漏段塞，不易紧密、牢固，很难达到要求。第三次堵漏材料相对浓度较高，堵漏浆漏失时间长，加上前两次的累积作用，使堵漏成功，应用证明系列刚性粒子的封缝即堵技术可以堵住这种漏失。

5 结论与建议

(1) 结合玉中 2 井地质情况，采用裂缝即时有效封堵技术，提高二叠系薄弱地层承压堵漏能力，从封缝即堵技术承压堵漏原理分析出发，优选了承压堵漏材料，室内实验和现场应用均证明该技术能够快速地形成封堵，可有效地提高地层承压能力。

(2) 在堵漏浆段塞出钻头时，尽可能加大排量(远大于正常钻进排量)，将段塞喷出钻头，同时控制回压(一般按压力系数提高 0.10 控制)，直到段塞全部扫过漏点，之后恢复排量并取消回压。

(3) 承压堵漏时要控制好施工压力与泵入量，施工中密切关注压力变化幅度、停泵关井压力下降快慢，以此来决定泵入量的多少与间隔时间，杜绝无控制的泵入堵漏浆而破坏已形成的架桥颗粒。最终，使堵漏剂充分进入地层并形成有效填塞层，顺利完成承压堵漏作业。

（4）进行承压堵漏试验后，要求每次泄压不能太快，尽量开小闸门连续卸压，防止泄压过快导致堵漏浆回吐或人为压力激动造成井壁不稳定。

参 考 文 献

[1] 廖礼，张蔚，张菀乔，等．承压堵漏技术在滴西 142 水平井的应用[J]．新疆石油科技，2010，20（02）：3-5.

[2] 肖绪玉，史东军，李国楠，等．塔里木盆地顺北地区二叠系随钻堵漏技术[J]．探矿工程（岩土钻掘工程），2017，44(10)：37-41.

[3] 李家学．裂缝地层提高承压能力钻井液堵漏技术研究[D]．西南石油大学，2011.

[4] 苏晓明，练章华，方俊伟，等．适用于塔中区块碳酸盐岩缝洞型异常高温高压储集层的钻井液承压堵漏材料[J]．石油勘探与开发，2019，46(01)：165-172.

[5] 王广财，胡刚，李德寿，等．新型承压堵漏技术在吐哈盆地 L356 井的应用[J]．长江大学学报（自科版），2016，13(02)：56-60+6.

热塑性复合封堵技术在
徐家围子深部裂缝性地层的应用

闫　晶　刘永贵　耿晓光　郭　栋　王　鹏

（大庆钻探工程公司钻井工程技术研究院）

摘　要　针对徐家围子深部裂缝性地层漏失严重以及微裂缝封堵评价手段有限的问题，建立了有针对性的封堵评价方法，引入超细橡胶粒、热塑性弹性体和双性纤维等新材料，结合现场井实际情况，形成了热塑性复合封堵技术，在徐家围子区块的 10 口深井中进行了现场试验和应用。现场井与邻井相比较，漏失比例降低了 40%，平均单井漏失量减少了 100m³，堵漏成功率 100%，未发生由于恶性漏失导致的提前完钻的情况，为大庆油田深层裂缝性火山岩气藏安全高效钻井提供了有效的技术支持。

关键词　裂缝性地层　微裂缝封堵　徐家围子　热塑性弹性体

近年来，随着大庆油田勘探开发的不断深入，地层岩性复杂和裂缝发育的徐家围子断陷深层砾岩和火山岩气藏已成为油田稳产的重要接替资源之一，然而，防漏堵漏理论和评价方法存在三方面的不足，一是徐家围子深层非储层地质研究资料较少，特别是砾岩、火山岩地层裂缝发育情况掌握不全面；二是目前对钻井过程中的地层裂缝开启机理认识较少；三是国内外没有检索到多裂缝模型的模拟堵漏评价装置相关资料，研究过程中难以准确选择与地层裂缝相匹配的桥塞堵漏材料。

由于现有堵漏技术在裂缝性地层适应性较差，徐家围子深层天然气井钻井过程中经常发生渗漏甚至恶性漏失，导致堵漏成功率低和反复漏失，如徐深 9-平 3 井由于漏失严重未钻达设计井深导致提前完钻，徐深 1-平 4 井在营城组水平段共发生了 8 次漏失，共漏失 764m³钻井液，提前完钻；徐深 8 平 1 井，钻遇营城组火山岩地层，在 4256.3~4632.22m 井段共发生 5 次严重漏失及多次渗漏，累计损失钻井液 1115m³，损失时间长达 502h，延长了钻井周期。

1　热塑性复合封堵技术

1.1　微裂缝封堵评价方法建立

自 20 世纪 60 年代，人们开始运用实验室手段模拟地层的漏失情况。最初以 API 堵漏评价仪为主，而后，人们考虑了裂缝表面的形态、粗糙度等漏失通道特征，建立了多种封堵评价方法。常用的裂缝封堵评价方法主要为高温高压动、静滤失和岩心流动测试评价法，但模拟的裂缝的宽度、成分、形态与真实地层差异性较大，评价过程较为复杂，实验重复性较差。目前，国外防漏堵漏室内评价模拟装置较为先进，可以在模拟井底温度及压力等条件下，全尺寸动态模拟防漏堵漏作用效果。国内 20 世纪 80 年代中期开始相继研制或参照国外经验改进了一批堵漏评价实验装置，可以模拟不同张开度、横截面形状、孔喉锥度、粗糙度的漏层，但模拟程度差、裂缝开度规格少、实验误差大、重复性差，而且一些仪器操作相对过于复杂，尤其针对裂缝开度的模型有一定的局限。

根据高温高压失水仪的温度压力控制原理，结合 OFI 高温高压渗透性封堵仪，设计加工了长度分别为 5cm 和 10cm 的岩心套和可以承压的泥浆杯采用胶圈密封泥浆杯和岩心套。其中，岩心套中装有一定缝宽的岩心，制作方法是将水泥与水按一定比例混合，充分搅拌后，将长度为 10~20cm，宽度为 2~3cm，不同厚度和组合的造缝用软质铝箔片固定在岩心套中，浇筑搅拌均匀的水泥，浇筑完成放入 40℃恒温恒湿条件下进行养护，在水泥固化的同时腐蚀或拔出铝箔完成微裂缝的制作。使用此方法可以模拟微缝模型缝宽为 3~100μm，可以模拟徐家围子深部地层裂缝及微缝。该装置工作条件为室温~260℃，压力 0~10MPa，评价装置如图 1 所示，通过监测 30min 内漏失量来评价防漏材料对微裂缝的封堵效果。

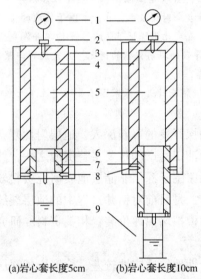

(a)岩心套长度5cm　　(b)岩心套长度10cm

图 1　微裂缝封堵评价装置示意图

1—气源；2—阀门；3—高温高压滤失仪外筒；4—泥浆杯；5—钻井液；
6—微裂缝岩心；7—岩心套；8—内六角顶丝；9—量筒

1.2　热塑性复合封堵材料研究

1.2.1　防漏材料研究

防漏材料由架桥粒子、可变形粒子和微细填充材料组成，其中，刚性颗粒架桥将微裂缝分割成小孔隙，可变形粒子变形后通过物理吸附等方式填充在被分割的小孔隙内，微细材料进一步填充，同时，改善钻井液粒度分布，随钻进入并封堵裂缝孔隙，防止漏失发生。

通过配伍性实验、滤失量测定和正交实验对架桥粒子、可变形粒子和微细填充材料的种类和加量进行了优选，使用微裂缝封堵评价装置考察防漏钻井液的封堵效果，最后利用粒度分析实验，确定防漏材料配方。其中，微细填充材料选用了具有粒度分布范围较广的超细橡胶粒，一方面解决了常规橡胶遇高温会老化变脆，影响钻井液性能的问题，另一方面为防漏钻井液提供了微米级别的填充粒子，调整钻井液的粒度分布，提高防漏效果。防漏钻井液对微裂缝的防漏效果如下。

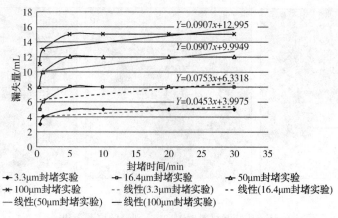

图 2　防漏钻井液对微裂缝的防漏效果

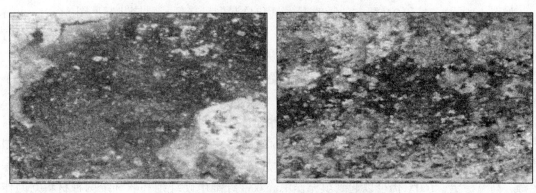

图 3　微观观察防漏钻井液对微裂缝的防漏效果

如图 2、图 3 所示，防漏钻井液对微缝形成了封堵，同时，通过线性回归计算出最终的总漏失量均小于封堵实验用钻井液体积，表明加入防漏材料的钻井液对 100μm 内微缝具有一定的封堵作用。

1.2.2　堵漏材料研究

堵漏材料由纤维材料、架桥粒子和软化填充材料组成，其中，纤维材料形成网架结构，随着压差增大，网架结构被挤入裂缝更深处，在楔形力的作用下网架结构更致密；架桥粒子和软化填充材料挤压在网架结构内，形成紧密封堵层。

使用便携式堵漏仪，研选架桥粒子、软化填充材料和纤维材料，正交实验确定各种材料的加量，研制出了可抗温 160℃、封堵 3mm 内裂缝，承压 5MPa 的堵漏材料，材料优选实验数据见图 4，堵漏效果见图 5。

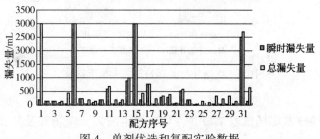

图 4　单剂优选和复配实验数据

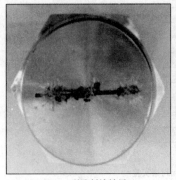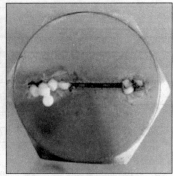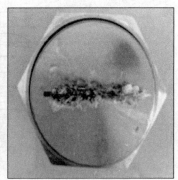

(a)1mm裂缝封堵效果　　　　　(b)2mm裂缝封堵效果　　　　　(c)3mm裂缝封堵效果

图 5　堵漏材料对 1~3mm 裂缝的堵漏效果

如图 4 所示，21#和 24#配方的瞬时漏失量和总漏失量最低，封堵状况见图 5(a)，可看出纤维材料和橡胶粒均进入裂缝中，形成了致密封堵。将 21#和 24#配方的堵漏浆进行 160℃、16h 老化，老化后可以观察到橡胶粒从老化前的有弹性、有韧性变成了失去弹性、发生塑性变化的状态，流变性和封堵能力均受到了影响，因此，对抗高温封堵材料进行了优选。

将 21#和 24#配方中的橡胶粒替换成热塑性弹性体，同时优选出了双性纤维，堵漏材料可以在 5.0MPa 压力下对 2~3mm 裂缝形成有效封堵，如图 5(b) 和 5(c) 所示。其中，热塑性弹性体，常温下具有橡胶的弹性变形性能，加热后具有热塑性塑料的塑化成型特点，环保无毒，高温稳定，160℃仍可以起到填充作用。双性纤维由硬纤维和软纤维两种材料共同作用，提高承压能力。

2　热塑性复合封堵技术现场应用

研制的热塑性复合封堵材料在徐家围子 10 口深井中进行了现场试验和应用，现场井与其邻井相比较，漏失比例减少了 40%，平均单井漏失量减少了 100m³，漏失井的堵漏成功率 100%，未出现因反复漏失导致提前完钻的情况，保障了深层天然气井易漏层位的钻井安全。现场井与邻井漏失情况对比见图 6。

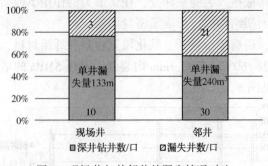

图 6　现场井与其邻井的漏失情况对比

2.1　防漏效果

热塑性复合防漏技术现场试验 7 口井，均未发生漏失，现场井及其邻井情况见表 1。

表 1　防漏钻井液现场应用井及其邻井情况

现场井号	邻井漏失情况	目的层复杂情况提示
XS27-平 1	无漏失	微缝为主，裂缝宽度平均 51.81μm，裂缝发育程度较差，可能发生井漏
XS9-平 5	肇深 6、徐深 6、徐深 8 发生漏失	裂缝发育程度为较发育到一般，裂缝以高角度构造裂缝为主，成岩缝次之，可能发生井漏
L 探 X3	徐深 33、徐深 8、肇深 6 发生漏失	钻遇裂缝破碎带易发生渗漏
XS14-平 2	徐深 14 发生漏失	营城组流纹质凝灰熔岩和流纹岩可能存在裂缝，易发生渗漏
L 平 1	肇深 6、肇深 8、肇深 19 发生漏失	缺少营城组，预测易漏层位是基底，密切注意防漏
XS8-平 3	徐深 8、徐深 8-平 1、徐深 8-更平 1 发生漏失	储层裂缝较发育
XS3-平 2	徐深 9-平 3 发生漏失	目的层火山岩裂缝发育，3810m 处、水平段 210m 和 660m 处可能存在局部小断层或破碎带，可能发生井漏

例：XS3-平 2 井

（1）基本情况。

本井位于黑龙江省大庆市肇州县境内，构造名称为松辽盆地东南断陷区徐家围子断陷兴城鼻状构造，开发水平井，目的层位营城组一段。完钻垂深 3912.00m。目的层火山岩裂缝比较发育，钻井过程中注意预防井漏。邻井徐深 9-平 3 井漏失 725m³，未钻至设计井深。

（2）防漏施工情况。

根据提示，XS3-平 2 井目的层裂缝发育，3810m 处、进入水平段 210m 和 660m 处可能存在局部小断层或破碎带。因此，在进入易漏层之前 20~50m，补充 3%~5% 防漏材料，现场钻井液粒度分布 d_{90} 值由 98μm 降低至 57μm，120μm 内的粒子比例提高至 97.33%，纳微米粒子比例增多，顺利钻穿三个裂缝破碎带，未发生漏失，防漏效果良好，有效保障了钻井施工安全。

2.2　堵漏效果

热塑性复合堵漏技术现场应用了 3 口井，现场井及其邻井情况见表 2。

表 2　堵漏材料现场应用井及其邻井情况

现场井号	邻井漏失情况	目的层复杂情况提示
XS903-平 2	徐深 903-平 1 发生漏失	目的层火山岩裂缝发育
XS8-平 2	徐深 8、徐深 8-平 1、徐深 8-更平 1 发生漏失	目的层微裂缝非常发育，极易发生井漏
SS18	升深 203、达深 28 发生漏失	微裂缝发育，存在煤层等脆弱地层，易发生漏失

2.2.1　XS903-平 2 井

（1）基本情况。

现场试验井位于构造名称为松辽盆地东南断陷区徐家围子断陷，开发水平井，目的层位营城组一段 I 组。侧钻前设计垂深 3938m，井深 4879m，后为了提高储层钻遇率更改设计垂深 3936m，井深 4848m，完钻垂深 3936m，完钻井深 4848m。目的层裂缝发育，钻井过程中应做好防漏、堵漏预案，同时预防漏后诱发井喷。邻井徐深 903-平 1 井发生漏失，进行承压堵漏，堵漏成功。

（2）堵漏施工情况。

本井共发生漏失 9 次，均发生在水平段钻进过程中，岩性均为灰白色流纹岩，累计漏失钻井液量 530m³，损失时间 248.5h。其中第一次为侧钻前漏失，垂深 3938m，堵漏措施为打水泥塞，第二次至第九次为侧钻后漏失，垂深 3931～3933m，实施静止堵漏、分段循环堵漏和随钻堵漏，注入堵漏浆浓度 10%～25%，其中，钻至 4241m 处钻进中有漏失，注入堵漏浆后高泵冲循环漏速仍较大，配合添加了 1% 热塑性弹性体后漏速降低了 75%，直至停止漏失，热塑性弹性体的堵漏效果明显。

2.2.2 SS18 井

（1）基本情况。

现场试验井位于构造名称为松辽盆地东南断陷区徐家围子断陷安达凹陷南部，预探井直井，目的层沙河子组。设计井深 4491m，完钻井深 4367m。该井深层较致密-致密地层注意预防火山岩段井漏、井塌，钻遇裂缝时，有可能发生井漏。邻井升深 203 井和达深 28 井发生多次漏失。

（2）堵漏施工情况。

本井三开钻遇营城组和沙河子组，共发生漏失 7 次，钻遇了裂缝、煤层、储层等脆弱地层，岩性为流纹岩、黑色泥岩、煤层、灰色砂砾岩，累计漏失钻井液量 395.6m³，损失时间 631.67h。堵漏措施为配制 17%～30% 堵漏浆进行静止堵漏，其中第 5 次漏失时，在常规堵漏剂的基础上添加了 0.8% 双性纤维，承压能力提高至 7.5MPa，较其余 6 次漏失，堵漏时效提高了 8%～71%，堵漏成功率 100%。

2.2.3 XS8-平 2 井

（1）基本情况。

现场试验井位于现场试验井位于构造名称为松辽盆地东南断陷区徐家围子断陷丰乐低凸起，开发水平井，目的层位营城组。设计垂深 3693m，井深 4677m，后更改为 4696m，完钻井深 4696m。该井目的层裂缝较发育，以高角度裂缝为主，微裂缝次之，钻井过程中应做好防漏、堵漏预案，同时预防漏后诱发井喷。邻井徐深 8 井、徐深 8-平 1 井和徐深 8-更平 1 井均发生漏失，单井漏失量最高达 1100m³。

（2）堵漏施工情况。

本井三开钻遇营城组，共发生 4 次漏失，累计漏失钻井液 406m³。配制 30% 的堵漏浆，进行静止堵漏和分段循环堵漏或随钻堵漏，其中，4310m 处发生漏失，配合添加了 0.33% 吸水树脂和 0.17% 双性纤维，有效控制了钻井液漏失，堵漏成功率 100%，与邻井相比较，钻井液损失量减少了 41%～63%。

3 结论

（1）根据高温高压失水仪的温度压力控制原理，改造了封堵评价装置，建立了防漏评价方法，为防漏材料的研究奠定了基础；

（2）引入超细橡胶粒、热塑性弹性体、双性纤维和抗高温吸水树脂等研制出了热塑性复合封堵材料，具有粒度分布范围广、高温形变量大和韧性强的特点，抗温 160℃，承压 5MPa，封堵 3mm 内裂缝；

（3）热塑性复合封堵技术在徐家围子 10 口深井中进行了现场试验和应用，防止了 7 口井发生漏失，漏失井的堵漏成功率 100%，与邻井相比较，漏失比例减少了 40%，平均单井漏失量减少了 100m³，未发生因反复漏失导致提前完钻的情况，保障了深层天然气井易漏层位的钻井安全。

参 考 文 献

[1] 冯学荣. 组合型裂缝漏床及其模拟堵漏试验方法的探索[J]. 钻采工艺. 2004，27(6)：14-16.

[2] 牛四兆. 防漏堵漏钻井液新技术研究[D]. 中国石油大学：2007，17-21.

[3] 徐同台，卢淑芹，何瑞兵等. 钻井液用封堵剂的评价方法及影响因素[J]. 钻井液与完井液. 2009，26(2)：60.

[4] 余海峰. 裂缝性储层堵漏实验模拟及堵漏浆配方优化[D]. 西南石油大学. 2014：5-9.

[5] 王波. 页岩微纳米孔缝封堵技术研究[D]. 成都：西南石油大学. 2015：7.

作者简介：闫晶(1983 年-)，女，高级工程师，硕士，2009 年毕业于大庆石油学院油气井工程专业，现在大庆钻探工程公司钻井工程技术研究院从事钻井液技术研究工作，黑龙江省大庆市红岗区八百垧钻井工程技术研究院钻井液技术研究所，13936721441，yanj_ zy@cnpc.com.cn。

一种改进型桥浆堵漏技术在 JPH-400 井中的应用

王宝军 刘金牛 李永正 李金锁

(中国石化华北石油工程有限公司西部分公司鄂北项目部立新创新工作室)

摘 要 JPH-400 井是位于鄂尔多斯盆地东胜气田杭锦旗区块 58 井区的一口三级结构无导眼水平井，井位于该区块的高漏失风险区，邻井 JPH-331 井在施工过程中曾经多次发生失返性漏失。本文针对该井在防漏难点，优化、改进桥堵配方，在现场应用均取得成功，在该区块有推广应用价值。

关键词 优化 桥堵 井漏 锦 58 井区 杭锦旗 东胜气田

1 概况

JPH-400 井是位于鄂尔多斯盆地东胜气田杭锦旗区块 58 井区的一口三级结构无导眼水平井，目的层位于二叠系下统下石盒子组盒 1 段，设计井深 4013.87m，三开水平段长 700m。

2 防漏技术难点

2.1 该区块地质构造复杂、断层发育

地域内断层发育，平面构造复杂，漏层裂缝纵向、横向交错分布。尤其是刘家沟发育高角度天然微裂缝及水平层理缝，横向连通。

J58P3H 成像测井结果显示，刘家沟底部存在 3~10mm 的天然裂缝。

2.2 岩层层间胶结弱，地层承压低

杭锦旗区块井漏因素主要是砂岩渗漏，碎裂泥岩砂岩裂缝。地层压力低，岩性结胶差，水平层理较发育，砂岩段容易发生渗漏，泥岩在没有强烈形变的情况下也可以碎裂成小块产生不规则的裂缝。

2.3 现有的桥浆堵漏不能有效实现"进得去，留得住"

现场的桥浆堵漏材料以随钻封堵材料为主，直径一般在 1mm 左右，复配 QS-2、NV-1 等进行桥浆堵漏。桥浆配置浓度过低，会进得去，但不一定"留得住"；桥浆配置浓度过高，会在进入漏层裂缝前形成"闭门效应"，难以实现"进得去"。

3 防漏、堵漏技术对策

3.1 防漏技术对策

(1) 钻进中跟随细颗粒钻堵漏材料。

(2) 保持合适的钻井液坂土含量，在揭开刘家沟前 50m 大排量循环钻井液，使钻井液中的封堵材料加到 7%，如超细及酸溶性堵漏材料，坂含 50g/L 左右。

(3) 严格控制钻井液的密度，降低失水，优化泥饼质量。

572

3.2 堵漏技术对策

3.2.1 现有堵漏方式优缺点对比分析(以下按照钻井综合成本 5 万元每天进行计算)

目前现场常用的堵漏方式有：桥浆堵漏、可控膨胀堵漏(以下简称 KPD 堵漏)以及常规水泥浆堵漏。三种常见堵漏方式优缺点对比见表 1。

表 1   堵漏费用、效率对比

堵漏工艺	桥浆堵漏	水泥浆堵漏	KPD 堵漏
施工用时/h	6	48	48
直接材料费用/万元	2.4	5	10
总费用/万元	2.4+6/24×5=3.65	5+48/24×5=10	10+48/24×5=20
成功率	低	高	高
施工工艺	原钻具堵漏	下光钻杆堵漏	下光钻杆堵漏
其他	易复漏	易划出新眼	-

备注：桥堵浆按照 30% 浓度，每次配置 20m^3，每吨堵漏材料按照 4000 元计算。

从表 1 可以看出：桥浆堵漏费用低但是容易复漏；常规水泥浆堵漏，因其强度高，易划出新井眼；KPD 堵漏成功率较高，费用同比最高，其单次堵漏总费用是桥浆堵漏总费用的 5.48 倍。

综上，在施工现场发生井漏后，第一时间采用桥浆堵漏，是最便捷有效的堵漏方式，只有在桥浆堵漏失败后，再采用 KPD 堵漏，才能最大限度地在节省成本的前提下提高堵漏效率。

3.2.2 桥堵配方改进

桥浆堵漏相比其他堵漏方式效率更高，发生井漏后不需起钻，直接将钻具提至漏层以上，泵入堵漏浆静堵即可。

现有桥塞堵漏成功率较低，原因可能是：一是粒径级配不足，目前现场使用的随钻堵漏材料均为细颗粒，粒径大约在 1mm 左右，虽然堵漏材料能够进入漏层，但是"留不住"；二是缺少刚性架桥颗粒，降低了堵漏材料"留的住"的几率。

针对上述原因：在现有钻井液助剂的基础上，选择塑料小球作为架桥颗粒，进行实验。塑料小球的直径是 0.66~2.0mm，依据 1/2~2/3 架桥原理，如果桥浆中各种堵漏材料匹配合理，完全可以封堵住架桥粒径 1.5~2.0 倍尺寸的裂缝，换言之，塑料小球可以在 1.32~4mm 的裂缝上成功架桥；此外，随着井温的上升，塑料小球体积有一定的膨胀，增加了成功架桥的几率。

改进后桥浆堵漏配方：井浆+3%QS-2+7.5%FDL-1+10%SZD-1+0.3%RHJ-3+1%的土+0.5-1%的塑料小球增强堵漏效果。

改进前与改进后桥浆堵漏配方对比，见表 2。

表 2   改进前后桥浆堵漏配方对比

配方	QS-2/%	FDL-1/%	SZD-1/%	RHJ-3/%	NV-1/%	小球/%	总浓度/%
改进前	3	10	15	0.2	1	0	29.2
改进后	3	7.5	10	0.3	1	0.5~1	22.2~23.2

4 现场应用

4.1 第一次堵漏

JPH-400 井于 2018 年 11 月 14 日二开, 二开钻至 2685m 时发生漏失, 漏速 12m³/h, 钻井液密度 1.13~1.14g/cm³。堵漏浆配方: 原井浆+3%QS-2+10%FDL-1+15%SZD-1+0.2%RHJ-3+1%NV-1, 配置堵漏浆 20m³ 入井静堵 3h, 静堵期间漏失 3.5m³, 开泵循环将堵漏浆替出井外, 逐步提排量循环, 当泵冲开到 50 冲/s 时再次发生漏失, 漏速 12m³/h, 堵漏失败。

分析原因: ①现有的堵漏材料因颗粒较细, 膨胀率有限, 此外, 在配置过程中可能已经吸水膨胀, 当堵漏浆进入漏层后, 不能有效深入, 形成的封堵层是虚拟的; ②如果需要提高桥浆堵漏的成功率, 必须在堵漏浆配置好之后, 立即泵入漏失层, "减缓"桥浆堵漏材料膨胀时间; ③静堵期间仅仅漏失了 3.5m³, 从刘家沟组堵漏的经验判断, 本次堵漏浆漏失量较小, 一般堵漏浆的漏失量在 5m³ 以上才可以有效地封堵刘家沟地层的漏失。

4.2 第二次堵漏

配方: 原井浆+3%QS-2+FDL-1: 7.5%+SZD-1: 10%+0.3%RHJ-3+1%的土+0.5%塑料小球, 配好后快速打入漏失层静堵 3h, 静堵期间漏失 6m³, 缓慢开泵再次进行验漏, 逐步将泵冲提至 40~50~60~80~85 冲, 无漏失现象, 开始钻进, 堵漏成功。

在后续钻井过程中, 将密度逐步提高至 1.15~1.16g/cm³, 无漏失。完钻将密度提高是 1.18g/cm³, 排量 26~27L 无漏失。

本井自第 1 次发生漏失, 至全井完钻, 通过改进后的桥浆堵漏, 最终将密度提高至 1.18g/cm³ 没有发生漏失, 密度提高了约 0.05g/cm³, 对应刘家沟地层承压能力增加了约 1.32MPa。

5 结论

(1) 改进后的桥浆堵漏配方在 JPH-400 井应用成功。

(2) 改进后的桥浆堵漏配方较常规桥浆堵漏配方成本增加约 0.3 万元。

(3) 改进后的桥浆堵漏配方较常规水泥堵漏以及 KPD 堵漏费用低, 值得在该区块进行推广应用。

(4) 后续需要进一步优化现有桥浆堵漏配方中的粒径级配问题, 以便更进一步提高桥浆堵漏成功率。

承压堵漏技术在 WT-1 井的应用

刘 媛[1]　沈欣宇[1]　李颖颖[2]　郝惠军[2]　刘力[2]

(1. 西南油气田分公司工程技术研究; 2. 中国石油集团工程技术研究院有限公司)

摘 要 川东地区地质条件和储层条件较为复杂, 纵向上多压力系统, 套管层序受限, 往往同一裸眼井段多个相差悬殊的高低压交替出现。针对该区块井漏原理进行了研究分析, 认为承压堵漏技术提高地层承压能力, 现场应用效果表明, 承压堵漏技术在 WT-1 井良好的试验效果, 为该区块恶性井漏堵漏技术提供借鉴作用, 具有良好的推广应用价值。

关键词 承压堵漏 承压能力 井漏

随着四川盆地勘探领域不断拓展, 密度窗口窄底层的钻探工作越来越多。高低压互层, 低压层承压能力低导致恶性漏失频发, 不仅延长钻井周期、损失钻井液等, 还有可能引起卡钻、井喷、井塌等一系列复杂情况的发生。

1 地质概况

WT-1 井是位于川东的一口探井, 钻探目的是主探震旦系灯影组、寒武系龙王庙组, 兼探洗象池组, 设计井深 7570m。地表出露侏罗系沙溪庙组, 从上到下发育有侏罗系、三叠系、二叠系、石炭系、志留系、奥陶系、寒武系、震旦系。储层以碳酸盐岩为主, 多属于裂缝、裂缝-孔隙性储层, 地质条件和储层条件较为复杂。

纵向上多压力系统, 套管层序受限, 往往同一裸眼井段多个相差悬殊的高低压交替出现。如嘉陵江组若钻遇裂缝型储层, 压力系数可达 1.30~1.40 以上, 储层致密时, 清水钻进中亦无显示, 飞仙关组及二叠系存在局部高压异常。

2 井漏原因分析

(1) 地层裂缝发育, 非均质强, 漏失通道主要以三个形态存在, 即: 孔隙、裂缝、溶洞。易钻遇大型裂缝和溶洞而发生恶性井漏后, 采用清水强钻, 不能平衡上部易垮塌层段而出现严重卡钻故障, 导致井眼报废。

(2) 同一裸眼段内高低压力层压力系数相差悬殊, 致使上部地层发生严重井漏, 同时又发生压差卡钻, 处理难度极大。

3 技术论证

3.1 刚性颗粒+高失水材料的封缝即堵承压堵漏技术

该技术是以应力笼理论(图1)为基础, 根据漏失程度的大小, 在常规堵漏材料中加入惰性刚性颗粒为主体的堵漏技术, 该技术的基本原理在于: 首先井内流体压力在井壁围岩上诱导出新裂缝; 固相颗粒在裂缝处临时停靠、聚集, 扶正器像打楔子一样将其嵌入裂缝中; 楔子形成后, 压力弥散, 裂缝闭合, 产生闭合应力, 封堵层的存在抵消了井壁围岩的周向应力，形如在井壁上就形成一层"应力笼"，从而使得地层岩石的弱结构面(非致漏裂缝、瑕疵等)不被诱导压开。

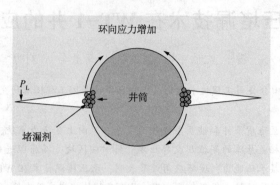

图 1　应力笼理论示意图

按照裂缝致漏宽度和封堵的要求对刚性封堵剂进行了分级(表 1，表 2)。AB 级封堵致漏裂缝的漏失；CD 级作随钻防漏用。

表 1　刚性颗粒的等级分类

等级	A	B	C	D
目数	>20	20~40	40~80	80~200
毫米数	>0.9	0.9~0.4	0.4~0.25	0.25~0.074

表 2　刚性颗粒+高失水堵漏技术应用范围

漏失程度	漏失量/m³	裂缝宽度/mm	防漏堵漏方式及推荐配方
渗漏	<2	<0.4	降排量、增黏度、降密度
微漏	2~5	0.4~1.0	全井浆防漏：井浆+1%~2%C+1%~2%D
			随钻段塞防漏：6~10m³：井浆+1% B+2%~3%C+2%~3%D
小漏	5~10	1.0~1.5	全井浆防漏：井浆+2%~3%C+2%~3%D
			随钻防漏：6~10m³：井浆+1% A+1%~2%B+2%~3%C+2%~3%D
			随钻堵漏：6~12m³：井浆+1%~2%A+1%~2%B+2%~3%C+2%~3%D
中漏	10~30	1.5~2.5	随钻堵漏：10~15m³：井浆+2%~3%A+2%~3%B+2%~3%C+2%~3%D
大漏	>30	>2.5	停钻堵漏：10~15m³：井浆+3%~5%A+3%~5%B+2%~3%C+2%~3%D
			停钻堵漏

3.2　"一袋式"承压堵漏技术

"一袋式"承压堵漏技术主要通过精细化管理模式，采用自主研发的水力学及堵漏软件，提供堵漏期间全部技术支持，堵漏材料对钻井液体系适应好，油基水基钻井液均可使用(图 2)。

堵漏材料配方一袋式，采用独特的泡沫及高失水材料相结合，堵漏过程简单化，工程化，可有效替代复配式，堵漏材料可直接通过钻头水眼、旁通阀，无须起下钻，针对裂缝性（3000μm 以上缝宽）严重漏失，泡沫+复合材料，最高承压 15MPa，堵漏流程简单(一趟钻)。

图 2　国外某技术服务公司一袋式堵漏材料

3.3　合成纤维+高失水材料堵漏技术

国外某技术服务公司 FORM-A-BLOK(合成纤维+高失水材料)堵漏技术(图 3,图 4)采用抗高温(177℃)的合成纤维材料，最高承压强度可提升 21MPa，提高地层承压能力远超国内外同类产品(图 3)，适用于各类钻井液体系。

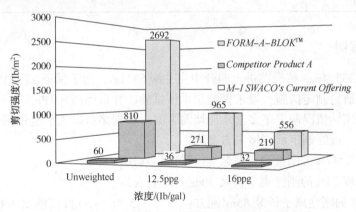

图 3　合成纤维堵漏与其他产品剪切强度对比

图 4　合成纤维+高失水堵漏材料

4 现场试验效果

WT-1 井从须家河至洗象池，共 10 个层多次发生漏失，共漏失密度为 1.20~1.80g/cm³ 的钻井液 4242.6m³，损失钻井时间 1398.89h，占钻井总时间的 20.33%。但采用随钻堵漏、桥浆堵漏、水泥浆堵漏、刚性粒子+复合堵漏等方法，安全钻至 6600m 井深，并成功下入相应尺寸套管固井(表 3)。

表 3 WT-1 井漏失及堵漏情况

层位	井深/m	漏速/(m³/h)	漏失量/m³	钻井液密度/(g/cm³)	堵漏方式	漏失类型
须家河	2591.64~2592.17	6.2	42.2	1.20	随钻堵漏	渗透性漏失
嘉四~嘉二³	3109.73~3111.37	10.8	533.3	1.25	桥浆堵漏	渗透性漏失
飞三~飞一段	4423.99	3.3	52.39	1.82	随钻堵漏	渗透性漏失
长兴组	4569.19	9.2~36	233.55	1.81	桥浆堵漏	裂缝性漏失
茅二	4829.17~4893.17	16.2~失返	1616.4	1.61~1.71	多次桥浆堵漏+1 次水泥	裂缝性漏失
黄龙组	5185.08~5185.31	失返	142.2	1.63~1.69	多次桥堵，提高承压能力	渗透性漏失
韩家店组	5332.72~5828.51	40.8	1263.56	1.72~1.80	桥堵+水泥	压裂性漏失
小河坝	5861.30~5862.40	11.7	52.1	1.75	一次桥堵、2 次水泥	盐水浸
湄潭组	6055.50~6056.00	4.8	15.3	1.72	降排量	渗透性漏失
洗象池组	6443.50~6544.14	38.3	293.6	1.74	降排量、桥堵	渗透性漏失
合计漏失/m³				4242.6		

5 典型试验案例

WT-1 井用 333.4mm 钻头钻进至四开中完井深 5331m，为了保证 273.05mm 技术套管固井质量，经技术研讨制定措施，要求做地层承压试验，井口憋压 9MPa。

为此，根据实钻情况制定了多套承压堵漏方案。根据茅口组为裂缝性漏失、石炭系为孔隙性漏失的特性，最终制定承压堵漏方案为：

(1) 配置浓度 47% 的刚性离子桥浆 85m³ 封闭茅口组。

(2) 配置浓度 24% 的刚性离子桥浆 30m³ 封闭石炭系。

浓度 47.25% 的刚性离子桥浆 85m³ 配方：井浆 + 5%(2~5) 目核桃壳 + 6%QDL-1 + 7%QDL-2 + 3%LCM-1 + 3%LCM-2 + 3%SDL + 7%GZD-A + 3%GZD-B + 3%GZD-C + 5%GZD-D + 2%GZD-O

技术措施：起钻后，以密度 1.66g/cm³ 井浆井口憋压 9.2MPa，稳压 1h，压降 0.2MPa。下钻到底，筛除堵漏剂后，以密度 1.68g/cm³ 井浆井口憋压 8.4MPa，承压堵漏成功。

施工工艺：先配制两罐 47.25% 桥浆共 85m³，下钻至 5108.96m，尽量泵注一罐桥浆入井后，补充井浆 20m³ 稀释，待剩余一罐桥浆(有效合计 65m³)尽量泵注入井后，将稀释后桥浆转入浓桥浆罐，相对浓度 24%，然后泵注入井(有效 23m³)，最后顶入替浆 48.5m³。起钻至 3472.1m，关井间断反挤钻井液 14.7m³，立压 0.2↑2.4MPa，套压由 5.7↑7.2MPa；关井间断反挤钻井液 8.1m³，泵压 0.2↑5.0MPa，套压由 5.3↑9.2MPa(稳压 1h，压降 0.2MPa)。循环筛除堵漏剂后，关井正挤钻井液 3.9m³，套压由 0↑9.1MPa，经 20min 压降 0.4MPa，承压堵漏成功。

6 结论与建议

（1）堵漏过程中，确定提密度限很关键，避免在承压过程中密度过高压裂地层，使裂缝严重开合，造成严重井漏失返，难以建立循环，给井下安全带来不利因素。

（2）承压堵漏技术在 WT-1 井的良好应用效果，为该区块恶性井漏堵漏技术提供了借鉴作用，具有良好的推广应用价值。

参 考 文 献

[1] 王广财，熊开俊，张荣志，等. 吐哈油田恶性井漏堵漏技术研究与应用[J]. 长江大学学报(自科版)，2014，11(2)：102-104.

[2] 王贵，蒲晓林. 提高地层承压能力的钻井液堵漏作用机理[J]. 石油学报，2010，31(6)：1009-1012.

依托项目：西南油气田公司重大科技专项《川东地区复杂构造盐下钻完井工艺技术研究》(2016ZD01-04)和《西南油气田天然气上产 300 亿立方米关键技术研究与应用》(2016E-0608)。

作者简介：刘媛，(1987-)，女，工程师，2010 年毕业于西南石油大学资源勘查工程专业，获学士学位，现从事钻井工艺技术相关工作。邮箱：l_ yuan@ petrochina. com. cn。

一种新型疏水聚合物表面活性剂储层保护机理研究

张　洁[1]　姚旭洋[2]　刘国军[3]　赵志良[1]　王双威[1]　段德祥[3]　王岩峰[3]　闫　军[3]

（1. 中国石油集团工程技术研究院；2. 中国石油新疆油田公司；3. 中国石油国际勘探开发有限公司）

摘　要　低渗–致密油气藏原始渗透率低（小于1mD），外来流体侵入油气藏会引起砂岩储层的损害。初始含水饱和度低，钻完井作业中容易发生水相圈闭损害，一旦损害发生，很难清除，严重损害油气生产。能实现岩石表面从水润湿转变为气体优先润湿的表面活性剂不多，常用的有：有机硅类表面活性剂和氟碳类表面活性剂，而氟化物不环保，普通有机硅类表面活性不能满足要求。本研究通过缩聚反应合成了一种低聚有机硅表面活性剂OSSF，并研究其在减少液相侵入、促进液体返排，转变润湿性、储层保护方面的作用。OSSF使岩心含水饱和度比自吸蒸馏水降低了14.65%。0.3wt%OSSF表面处理的岩心水接触角大于110°，实现了从水润湿到气体润湿的润湿性转变。渗透率恢复值测试结果表明，0.06MPa和0.03MPa驱替20PV时渗透率恢复值可分别从7.90%和6.75%提至92.90%和86.27%，表明表面改性为疏水后，促进了油气藏外来流体的返排。通过量子化学方法计算证明，储层孔隙表面吸附了OSSF后降低了CH_4、H_2O在其表面的亲和力和黏附力，使储层中CH_4、H_2O的渗透率提高，含水饱和度降低。

关键词　低渗储层液相　低聚物有机硅表面活性剂　气湿渗透率恢复值返排

低渗透储层喉道非常狭小，且岩石表面为水润湿，毛细管效应非常突出。低渗透气藏钻完井、固井和酸化压裂过程中，当外来流体由于毛细管效应进入低渗透气藏后，由于这种毛细管力产生水锁效应，使外来流体难以完全返排，最终使储层含水饱和度增加，气相渗透率大幅度降低。研究表明，低渗透气藏发生水锁伤害时，储层的渗透损害率可达到70%～90%，气井产量降至原来的1/3以下[1]。因此，研发高效低成本的防水锁剂对高效开发低渗透气藏具有重要的意义。

目前大多数人认为水锁是由毛细管力热力学和动力学效应引起的，常用的防水锁剂有低碳醇（尤其是甲醇）、醇醚、硅醚、碳系表面活性剂和氟碳表面活性剂。张文斌、赵东明和邓灵等都评价了甲醇、乙醇和乙二醇减缓低渗透砂岩气藏水锁效应，其实验效果依次为甲醇、乙醇、乙二醇，其原理为醇与实验岩心中残余的模拟地层水混合后形成低沸点共沸物，易于气化排除[2-4]；白方林等比较了甲醇和石油磺酸盐对塔中低渗透气藏的防水锁作用，发现甲醇解除水锁的效果要优于石油磺酸盐[5]；

Bang等用含氟碳表面活性剂的醇溶液解除了气藏裂缝中凝析液的水锁伤害，使储层裂缝的导流性增大；他还用3M公司的含氟表面活性剂解除了气藏凝析液的水锁伤害。研究表明，岩石表面的水化硅醇基团与含氟表面活性剂的烯氧基通过共价键吸附于储层孔隙表面，使氟烷基定向排列，岩石转变为优先气湿，使气相渗透率增加[6,7]。李颖颖等通过分步乳液聚合合成了一种含有全氟烷基侧链的钻井液防水锁剂，具有较低的表面张力和界面张力，可通过化学吸附固定储层孔隙表面，使岩心转变为优先气湿，降低了低渗透气藏的水锁伤害，减小了开发过程中的气相渗透率的降低[8]。李小琴用复配的两种非离子氟碳表面甲醇溶液进行水相驱替实验，发现该溶液可使岩心的渗透率减少降低[9]。刘燕等研制的阳离子含氟双子表面活性剂具有超低的表面张力，其醇溶液可显著降低水锁对低渗透储层的伤害[10]。生物表面活性剂如槐糖脂、海藻糖脂、鼠李糖脂、之肽和其他聚合物表面活性剂，由于含有的很多可吸附于岩石表面的活性基团，因而也改变岩石润湿性，且天然环保、易于工业生产，在解除水锁伤害方面具有很好的前景，如张小琴制备了硬脂酸葡萄糖酯甲苷马来酸双酯的生物表面活性剂，就能降低界面张力，使储层孔隙表面由水湿反转为非水湿，克服水锁效应，且热稳定性和化学稳定性好[11,12]。

主要针对氟碳类表面活性剂价高有毒等缺点，研发了一种主要通过二甲基硅烷和乙烯基硅烷缩聚反应得到的低聚有机硅表面活性剂，含有硅羟基、硅氧链和硅甲基等基团，可以通过物理吸附形成氢键或者化学缩合，使硅甲基定向吸附形成表面憎油疏水特性，达到气体优先润湿的效果。低相对分子质量的有机硅表面活性剂在扩散吸附过程中能更快吸附于界面，降低流体的动态表面张力。该产品具有超强表面活性，极少的加量即可以使表面张力下降至25mN/m以下，表面活性与氟碳类表面活性剂相当，成本仅不到其1/10。主要评价了其对岩心自吸量、水锁损害率、渗透率恢复值、接触角等影响，并通过定向吸附分析、润湿性分析以及量子化学分析解释了该产品的作用机理，以及其对于减少液相圈闭损害方面的重大意义。

1 实验部分

本文通过评价磺酸基低聚物有机硅表面活性剂(下用 OFFS 表示)和常用商品十二烷基苯磺酸三乙醇胺(下用 ABSN 表示)的表面活性，并单独评价 OFFS 防水锁作用，并应用表面化学研究其防水锁机理，为进一步研究有机硅表面活性剂解除水锁提供实验和理论依据。

1.1 实验材料

OFFS(Mz=2.985×103±5.95%，自制)；ABSN(保定华瑞化工有限公司)；人造石英砂岩心(海安石油科研仪器有限公司)；储层岩心(青海英西探区)；PAC-LV(湖北恒合科技有限公司)；CMC-LVT(保定华瑞化工有限公司)；SMP-I(胜利钻井泥浆公司)；SMC(江西宜春腐殖酸实验厂)；SPNH(重庆合成化工厂)；钠基膨润土(潍坊华膨润土基团股份有限公司)；KCl(分析纯，科龙化工试剂厂)；NaOH(分析纯，科龙化工试剂厂)；Na$_2$CO$_3$(分析纯，西陇化工股份有限公司)等。

1.2 实验仪器

Sigma701 表面张力测定仪(芬兰 KSV 仪器公司)；JC2000D3 接触角测量仪(上海中晨数字技术设备有限公司)；变频高速搅拌器(青岛同春石油仪器有限公司)、旋转黏度计(青岛海通达专用仪器有限公司)；三联失水仪(青岛海通达专用仪器有限公司)；压力表(上海自动化仪表有限公司)；岩心夹持器(海安县石油科研仪器有限公司)；围压泵(海安县石油科研仪器有限公司)等。

1.3 实验方法

1.3.1 接触角、润湿性和表面能测定

实验人造岩心的基本物性见表 1。将岩心放在 150℃、pH=9 的溶液中浸泡 16h，取出后

在 150℃ 下烘 4h，冷却至室温后，用接触角测量仪通过五点拟合法测定蒸馏水、乙二醇与岩心表面的接触角，并用 Qwens-Wendt 公式计算表面能。当接触角 $\theta < 90°$ 时为水湿，当接触角 $\theta \approx 90°$ 时为中性润湿，当接触角 $\theta > 90°$ 时为气湿。

1.3.2　表面张力测定

测量不同防水锁剂在 pH=9 的 NaOH 溶液和基浆中 150℃ 老化 16h 前后滤液的表面张力。

1.3.3　自发渗吸实验

利用如图 1 所示的实验装置，将岩心放入岩心加持器中，加入一定的围压；向计量管中加入待测液体，根据流速的变化确定待测液体与岩心接触时的初始体积，计录随时间变化的岩心自吸水量；根据自吸水量除以岩心孔隙体积得到岩心含水饱和度随时间变化的岩心自吸特征曲线。测定不同自吸时间的岩心渗透率，并用式(1)计算岩心水锁伤害率（%）：

$$1 = \frac{K_0 - K_i}{K_0} \times 100\% \qquad (1)$$

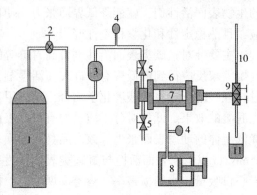

图 1　岩心自吸反排实验装置图

1—气源；2—气动定值器；3—加湿器；4—压力表；
5—两通阀；6—岩心夹持器；7—岩心；8—围压泵；
9—三通阀；10—流体计量管；11—液体接收器

其中，K_0 为非稳态气驱岩心建立束缚水的气测渗透率，$10^{-3} \mu m^2$，表示岩石初始气相渗流能力；K_i 是不同自发渗吸时间的岩心气测渗透率，$10^{-3} \mu m^2$，表示岩心不同渗吸时间的气相渗流能力。

1.3.4　气驱返排实验

用非稳态恒压气驱法返排自吸饱和的岩心，称量不同返排阶段的岩心质量，计算滞留水饱和度，并用式(2)计算岩心气测渗透率恢复值：

$$D = \frac{K_{npv}}{K_0} \times 100\% \qquad (2)$$

其中，K_0 为非稳态气驱法建立束缚水后测得的岩心渗透率，$10^{-3} \mu m^2$，表示岩石初始气相渗流能力；K_{npv} 是气驱返排 nPV 时测得的岩心渗透率，$10^{-3} \mu m^2$，表示岩心不同返排阶段气相渗流能力。

表 1　实验人造岩心的基本物性数据

岩心编号	L/mm	D/mm	$K/10^{-3} \mu m^2$	m/g	Φ7%	润湿性	
						接触角/(°)（水）	润湿性
1#	50.89	24.77	28.59	53.1561	14.69	液滴下渗	水湿
2#	50.76	24.85	29.43	53.1704	14.78	液滴下渗	水湿
3#	50.75	24.81	31.12	53.1695	14.52	液滴下渗	水湿
4#	50.81	24.83	26.91	53.1535	14.34	液滴下渗	水湿
5#	50.83	24.86	28.59	53.1674	14.45	液滴下渗	水湿
6#	50.81	24.83	31.96	53.1712	14.37	液滴下渗	水湿
7#	50.79	24.87	28.59	53.1741	14.58	液滴下渗	水湿
8#	50.76	24.81	29.43	53.1636	14.38	液滴下渗	水湿

2 结果与讨论

2.1 润湿性能

岩心在 OFFS 和 ABSN 溶液中吸附平衡后的接触角和表面能测定结果见表 2、图 2，与空白岩心相比，0.20%ABSN 溶液处理的人造岩心和储层岩心接触角减小，不能显著降低储层表面自由能，改变岩心润湿性；而人造岩心和储层岩心吸附了 OFFS 后，水在岩心表面的接触角均大于 90°，表面能显著降低，使岩心由水润湿转变为气润湿。岩心的接触角随 OFFS 浓度的增大，表面能随其浓度的增大而降低。以上实验结果表明，OFFS 可以在岩石-水界面形成低能吸附膜，使水只能沾湿储层孔隙表面，不能浸湿形成凹液面，使水在岩石表面的黏附减少，不产生正附加压力，减少岩心因渗吸外来流体而增大含水饱和度。而 ABSN 不具有将岩心水湿性改变成气湿性的作用，不评价其防水锁性能。

表 2 岩心在 ABSN 和 OFFS 溶液中吸附平衡后表面的接触角和表面能

| 岩心类型 | 浓度/% | 接触角/(°) | | 色散力/ | 极性力/ | 表面能/ | 润湿性 |
		蒸馏水	乙二醇	(mJ/m^2)	(mJ/m^2)	(mJ/m^2)	
人造岩心	0.0	水滴下渗	液滴下渗	---	---	----	水湿
人造岩心	0.2%ABSN	液滴下渗	液滴下渗	---	---	---	水湿
人造岩心	0.4%ABSN	液滴下渗	液滴下渗	---	---	---	水湿
人造岩心	0.2%OFFS	110.12	27.54	3.47	20.80	24.27	气湿
人造岩心	0.4%OFFS	110.71	32.14	2.96	19.53	22.48	气湿
储层岩心	0.0	13.47	液滴铺展	---	---	---	水湿
储层岩心	0.2%ABSN	8.75	液滴铺展	---	---	---	水湿
储层岩心	0.4%ABSN	6.42	液滴铺展	---	---	---	水湿
储层岩心	0.2%OFFS	114.53	39.19	6.44	27.96	27.96	气湿
储层岩心	0.4%OFFS	117.48	48.50	6.76	19.76	26.52	气湿

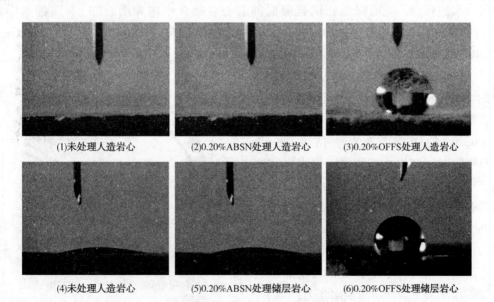

(1)未处理人造岩心   (2)0.20%ABSN处理人造岩心   (3)0.20%OFFS处理人造岩心

(4)未处理人造岩心   (5)0.20%ABSN处理储层岩心   (6)0.20%OFFS处理储层岩心

图 2 水滴在岩心处理前后的表面接触角

2.2 界面性能

表 3   ABSN 与 OFFS 在蒸馏水和基浆中的滤液表面张力

水锁剂名称	加量/%	热滚前表面张力/（mN/m）		热滚后表面张力/（mN/m）	
		NaOH 溶液	基浆滤液	NaOH 溶液	基浆滤液
空白	0	71. 254	41. 697	70. 767	41. 897
ABSN	0.2%	34. 269	29. 074	34. 052	28. 754
ABSN	0.4%	32. 852	26. 160	31. 578	26. 216
OFFS	0.2%	21. 436	23. 492	22. 712	24. 796
OFFS	0.4%	19. 986	23. 584	22. 191	23. 573

由表 3 可知，在加量为 0.02% ~ 0.04%、150℃ 老化 16h 后，两者均能使溶液的表面张力随着加量的增加而降低，但常用防水锁剂 ABSN 只能将 pH=9 的 NaOH 溶液和基浆滤液的表面张力分别从 70.767mN/m 和 41.897mN/m 降至 31.578mN/m 和 26.216mN/m；OFFS 可使其表面张力分别低于降至 22.191mN/m 和 23.573mN/m。低表面张力可减少过剩毛细管力吸入亲水孔隙中的滤液，提高侵入流体的返排，降低储层含水饱和度，减少水锁伤害，增加气相渗透率。

2.3 OFFS 的材料防水锁性能评价

2.3.1 岩心自吸性能

大多数低渗透气藏是水湿性储层，钻井过程中的外来流体将在狭窄的储层多孔介质中依靠毛细管力自吸和液柱压力驱替储层中的非润湿气相。从图 3 可以看出：（1）岩心的自吸含水饱和度随着时间的增加而逐渐增加，并会出现明显的自吸段和扩散段。在自吸段，岩心含水饱和度随着时间的增加快速增加，而在扩散段增加缓慢。（2）加入防水锁剂可以降低岩心自吸段含水饱和度，进而降低相同自吸时间岩心自吸含水饱和度。（3）在蒸馏水中加入 0.20% 的 OFFS 后，岩心自吸段含水饱和度从 70.84% 降至 67.89%，所需时间从 28.26min 增至 32.40min，使岩心含水饱和度比自吸蒸馏水降低了 14.65%；而岩心自吸 0.20% ABSN 溶液的含水饱和度仅从 70.95% 降至 70.56%，仅比自吸蒸馏水增大 9.35%。（4）与 ABSN 相比，0.20% 的 OFFS 溶液处理岩心可进一步降低自吸段时间和含水饱和度，含水饱和度降至 55.98%，自吸时间提高至 67.34min。以上实验结果说明 OFFS 对减缓岩心渗吸优于 ABSN；降低滤液表面张力和改变储层润湿性均可减小储层自吸速率和自吸外来流体量，进而减少储层含水饱和度，且改变储层润湿性的作用大于降低滤液表面张力。

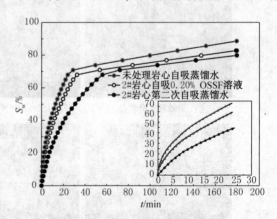

图 3   岩心自吸含水饱和度（Sw）与自吸时间（t）的关系（OSSF 溶液）

2.3.2 岩心自吸水锁伤害率

从图4可以看出，岩心自吸水锁率随着自吸时间的增加而逐渐增加，在自吸初期，岩心的水锁伤害率剧烈增加，而后缓慢增加直至不在明显增大；在岩心自吸时，在溶液中加入OFFS有助于减小水锁伤害。结合岩心自吸含水饱和度曲线，实验结果表明储层水锁伤害率随着含水饱和度的提高先显著增大后缓慢增加，且达到一定自吸含水饱和度后水锁伤害将不在明显增加。

2.3.3 岩心渗透率恢复值

通过岩心自吸条件模拟平衡压力下外来流体侵入储层，运用动态储层恢复率评价OFFS防水锁效果。具体结果如图5所示，分析实验数据可以得出：

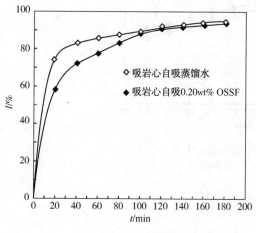

图4 自吸岩心水锁伤害率(I)与
自吸时间(t)的关系

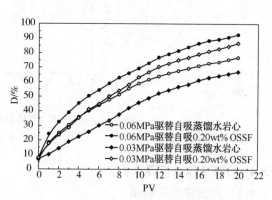

图5 返排PV数与岩心渗透恢复率
(D)的关系(OSSF溶液)

（1）随着返排PV数的增加，岩心的渗透率恢复值逐渐提高，但其恢复速率逐渐减小。气体在0.06MPa返排20PV时，自吸蒸馏水的岩心渗透率恢复值可从7.51%提高至77.38%。

（2）驱替压力越大，岩心的渗透率恢复值越高，其渗透恢复率也越大。气体返排自吸蒸馏水岩心20PV，当驱替压力从0.03MPa提高至0.06MPa时，岩心透率恢复值可从66.88%提高到76.78%。

（3）加入0.20%的OFFS后，岩心在0.06MPa驱替20PV时渗透率可从7.90%提高至92.90%，在0.03MPa时可从6.75%提高至86.27%；以上实验结果表明提高返排时间，增大返排压力，就可以提高储层渗透率恢复值，减少水锁伤害；在加量一定时，OFFS有助于储层渗透率恢复。

2.3.4 岩心束缚水饱和度

气体返排PV数与岩心束缚水饱和关系如图6所示，分析实验结果表明：

（1）自吸岩心的滞留含水饱和度随着气体返排PV数的增加而减小，且减小速率逐渐减小；自吸蒸馏水岩心在0.06MPa返排20PV时，滞留含水饱和度就可从90.37%降至33.80%。

（2）加入防水锁剂就可以增大岩心自吸水的返排，减小滞留含水饱和度。自吸0.20%OFFS岩心在0.06MPa返排20PV时，其含滞留水饱和度可从83.25%降至30.71%，与自吸蒸馏水岩心比，最终降低的含水饱和度是初始含水饱和度的 7.45%；结合自吸岩心返排渗透率恢复曲线，以上实验结果表明，增加返排时间就可以降低储层含水饱和度，提高储层渗透率，降低水锁伤害有利于外来侵入流体的返排。

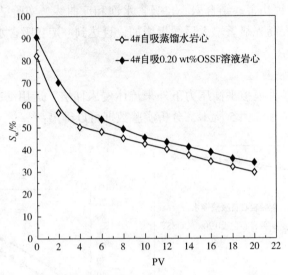

图 6　气体返排 PV 数与岩心束缚
水饱和度（Sw）的关系

2.4　OFFS 作用机理分析

2.4.1　缔合体定向封堵

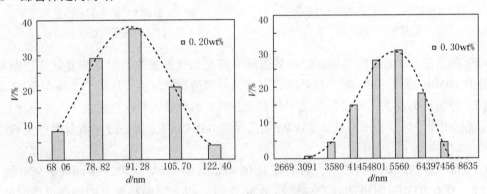

图 7　OFFS 粒径和分布下质量分数的关系

　　如图 7 所示，OFFS 的加量大于临界胶束浓度时，就可形成缔合体，且浓度越高，缔合体尺寸越大，分散度越高。调节 OFFS 的浓度就可形成与部分孔隙尺寸相匹配的缔合体尺寸。

　　当缔合体随外来流体侵入储层孔隙时，就会在孔隙表面产生摩擦力和界面张力：在遇到孔隙直径小于缔合体尺寸时，如图 8（1）所示，缔合体前端变形进入孔隙，使其前端与外来流体形成的界面张力大于后端，方向与外来流体流动相反，且黏度大于外来流体，将于与孔隙表面形成摩擦力，形成段塞，阻挡外来流体侵入；孔隙直径越小，界面张力越高。

　　当缔合体在孔隙中运动时，如图 8（2）所示，缔合体前后端与外来流体在孔隙中形成的界面张力相等，但流动时产生摩擦力，也会阻碍外来流体在孔隙中的流动。

当缔合体从孔隙运动到喉道时，如图8（3）所示，其表面张力与摩擦力共同降低外来流体在孔隙中的流速。

如8（4）所示，只有缔合体从喉道运动到孔隙时，缔合体前端与外来流体在孔隙中形成的界面张力小于后端，才有助有外来流体侵入。入井流体返排时，缔合体从喉道运动到孔隙和从孔隙中返出时，缔合体前后端与侵入流体在孔隙界面形成的界面张力差将是流动动力，能加速流体返排。

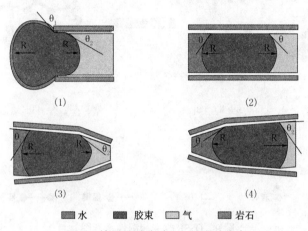

图 8　储层孔孙中 OSSF 的流动状态

2.4.2　将润湿性从水湿改变为气体优先润湿

当碱性的外来流体侵入储层时，硅酸盐矿物表面的硅氧（Si-O-Si）结构基团在水化作用下水解生成硅醇基团（Si-OH），其密度可达到每平方纳米 6~7 个，并与侵入水通过氢键、色散力、扩散等黏附在水-孔隙界面，其中起主要作用的是氢键，减少储层的滞留含水饱和度就需要克服岩石和水的黏附力做功。OSSF 的基本结构单元是聚二甲基硅氧烷，硅氧链为极性部分，与硅原子剩余两键相连的甲基为非极性部分，在高温和催化剂条件下，硅氧主链发生极化，硅醇基团（Si-OH）和硅氧键（Si-O-Si）可在固-液界面间与岩石表面的硅醇基团通过化学键和氢键定向多点吸附于岩石表面，非极性部分的甲基将定向旋转，使其连续整齐地排列在岩石外层，其作用机理如图 9 所示[13,14]。

这些定向吸附的甲基能够降低岩石的表面能，使岩石疏水化，从而改变了岩石的表面性能，进而改变毛细管力的方向，改变低渗透气藏的渗流特征[15]，如图 10 所示。

2.4.3　量子化学表面吸附

利用量子化学方法，选择可计算的模型，不需要引用任何实验参数，就可对分子间的弱相互作用进行较为精确的计算。用硅氧四面体（a）和二甲基硅氧烷（b）作为未处理岩心和 OSSF 处理岩心的表面模型，其边缘处的氧原子采用氢原子进行饱和，利用 Gaussian09W 软件中的从头计算（HF）法，选 6-31G 基组，并进行基组叠加误差（BSSE）校正，以 C/O 与 Si 原子距离作为流体分子和岩石表面吸附的平衡距离 r_e，并用式（3）和式（4）计算水和甲烷在岩心表面吸附时的吸附能（E_e）[16~18]：

$$E_e = E_{CH_3-Si//CH_4/Si-O//CH_4} - E_{Si-O/CH_3-Si} - E_{CH_4} \tag{3}$$

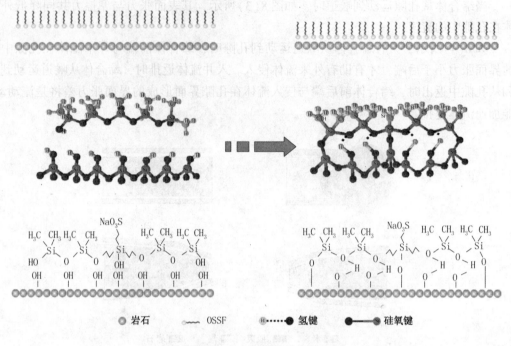

图 9 OSSF 改变润湿性示意图

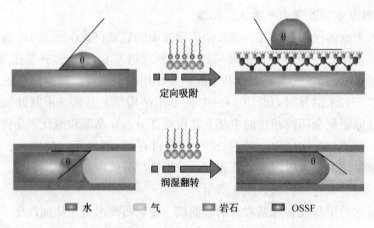

图 10 OSSF 在水–孔隙界面吸附产生的润湿翻转示意图

$$E_e = E_{CH_3\text{-}Si//H_2O/Si\text{-}O//H_2O} - E_{Si\text{-}O/CH_3\text{-}Si} - E_{H_2O} \tag{4}$$

式中，$E_{CH_3\text{-}Si//CH_4/Si\text{-}O//CH_4}$ 为硅氧四面体和二甲基硅氧烷吸附甲烷时体系的能量，kJ/mol；$E_{CH_3\text{-}Si//H_2O/Si\text{-}O//H_2O}$ 为硅氧四面体和二甲基硅氧烷吸附水时体系的能量，kJ/mol；$E_{Si\text{-}O/CH_3\text{-}Si}$ 为硅氧四面体和二甲基硅烷的能量，kJ/mol；E_{H_2O/CH_4} 为水或甲烷分子的能量，kJ/mol。实验结果见图 11 和表 4。图 11 为 Gaussian09W 软件计算的硅氧四面体/二甲基硅氧烷模型吸附 CH_4/H_2O 分子时的优化构型，表 4 为 Gaussian09W 软件计算的 CH_4/H_2O 在吸附模型表面的吸附平衡距离 r_e 和吸附能 E_e。

a–CH₄   b–CH₄   a–H₂O   b–H₂O

图 11　模型吸附 CH_4/H_2O 分子时的优化构型

表 4　CH_4/H_2O 在吸附模型表面的吸附平衡距离(r_e)和吸附能(E_e)

吸附模型	吸附质	r_e/nm	$E_e/(kJ \cdot mol-1)$
硅氧四面体(a)	CH₄	4.33	−11.21
	H₂O	3.32	−81.77
二甲基硅氧烷(b)	CH₄	5.17	−0.46
	H₂O	3.17	−52.18

由表 4 可知，硅氧四面体和二甲基硅氧烷模型吸附 CH_4 的吸附能分别为 11.21kJ/mol 和 0.46kJ/mol，表明甲烷在岩心表面的吸附为非氢键物理吸附；硅氧四面体和二甲基硅氧烷模型吸附 H_2O 的吸附能分别为 81.78kJ/mol 和 52.18kJ/mol，可见水在岩心表面的吸附为氢键吸附。

以上实验结果表明，在相同吸附条件下，由于 CH_4 和 H_2O 在硅氧四面体模型上吸附的结合能大于二甲基硅烷模型，所以 OSSF 处理岩心后，孔隙表面吸附的 CH_4 和 H_2O 的稳定性要小于未处理岩心，在返排压力相同时，CH_4 和 H_2O 更容易从表面解析。在温度压力等条件相同时，储层孔隙表面吸附了 OSSF 后降低了 CH_4、H_2O 在其表面的亲和力和黏附力，使孔隙表面流动的 CH_4、H_2O 切变应力减少，增大了 CH_4 和 H_2O 的流动性，最终使储层中 CH_4、H_2O 的渗透率提高，含水饱和度降低。

3　结论

（1）OFFS 极少加量即具有超低的表面张力，0.20%的加量就可使岩心从水润湿转变为气体优先润湿。

（2）OFFS 能明显降低岩心含水饱和度和自吸速率，导致岩心水锁伤害率更低；储层润湿性改变对含水饱和度和自吸速率的作用大于降低自吸液体的表面张力。

（3）在气体定压返排自吸岩心时，OFFS 能明显提高岩心渗透率恢复值和恢复速率，其束缚水饱和度也更低。

（4）OFFS 的主要作用机理为：通过缔合体尺寸与部分孔隙大小匹配，在孔隙中形成段塞在产生摩擦力和界面张力，阻挡外来流体侵入；通过气液和固-液界面吸附降低表面张力和岩石表自由面能，减小毛细管力，将其润湿性从水润湿改变成气体优先润湿；降低甲烷和液相在岩石表面的亲和力、黏附力及切变应力，增大其流动性。

参 考 文 献

[1] 钟新荣，黄雷，王利华. 低渗透气藏水锁效应研究进展[J]. 特种油气藏，2008，15(6)：12-23.

[2] H A Nasr -EI- Din，J D Lynn，K A AI-Dossary. Formation Damage Caused by a Water Blockage Chemical：Prevention Through Operator Supported Test Programs [R]. SPE 73790，2002.

[3] 张文斌，李丛峰，施晓雯. 醇酸酸化在青海油田的应用[J]. 油田化学，2009，26(1)：24-28.

[4] 赵东明，郑维师，刘易非. 醇处理减缓低渗气藏水锁效应的实验研究[J]. 西南石油学院学报，2004，26(2)：67-69.

[5] 白方林. 气藏水锁伤害及解除措施实验研究[J]. 石油化工应用，2010，29(10)：14-17.

[6] 郭和坤，李太伟，李海波，等. 自吸条件下火山岩气藏水锁伤害效应实验[J]. 研究论文，2011，29(24)：62-66.

[7] V Bang，G A Pope，M M Sharma. Development of a Successful Chemical Treatment for Gas Wells with Water and Condensate Blocking Damage [R]. SPE. SPE 124977，2009.

[8] 邓灵，杨振军. 苏里格气田低渗透砂岩储集层解水锁实验研究[J]. 辽宁化工，2011，40(3)：307-311.

[9] 李颖颖，蒋官澄，宣扬，等. 低孔低渗储层钻井液防水锁剂的研制与性能评价[J]. 钻井液与完井液，2014，31(2)：9-12.

[10] 李小琴，王宇池，王永青，等. 复配表面活性剂减缓水锁效应的实验研究[J]. 化学与生物工程，2013，(3)：85-89.

[11] 刘燕，郭亮，毕凯，等. 阳离子双子表面活性剂的合成及其在水锁损害中的应用[J]. 精细与专用化学品，2011，19(8)：8-10.

[12] XuefenLiu，YiliKang，PingyaLuo，LijunYou，YunTang，LieKong. Wettabilitymodification by fluoride and its application in aqueous phase trapping damage removal in tight sands to ne reservoirs[R] Journal of Petroleum Science and Engineering，133(2015)：201-207

[13] Koretsky C M，Sverjensky D A，Sahai N. A model of surface site types on oxide and silicate minerals based on crystal chemistry. Implications for site types and densities，multi-site adsorption，surface infrared spectroscopy，and dissolution kinetics[J]. Amer. J. Science，1998，298(5)：349-438.

[14] Castro E A S，Gargano R，Martins J B L. Theoretical study of bezene interaction on kaolinite [J]. Comput Aided Mater Des，2012，112：2828-2831.

[15] Taghvaei E，Moosavi A，Nouri-Borujerdi A. Superhydrophobic surfaces with a dual-layer micro-and nanoparticle coating for drag reduction[J]. Energy，2017，12：1-10.

[16] Castro E A S，Gargano R，Martins J B L. Theoretical study of bezene interaction on kaolinite [J]. Comput Aided Mater Des，2012，112：2828-2831.

[17] Taghvaei E，Moosavi A，Nouri-Borujerdi A. Superhydrophobic surfaces with a dual-layer micro-and nanoparticle coating for drag reduction[J]. Energy，2017，12：1-10.

[18] Martell M B，Rothstein J P，Perot J B. An analysis of superhydrophobic turbulent drag reduction mechanisms using direct numerical simulation[J]. Physics of Fluids，2010，22(6)：65-102.

基金项目：国家科技重大专项课题《深井超深井优质钻井液与固井完井技术研究》(2016ZX05020-004)，国家科技重大专项课题《库车坳陷深层-超深层天然气田开发示范工程》(2016ZX05051-003)，中国石油股份有限公司重大科技专项《西南油气田天然气上产300亿立方米关键技术研究与应用》(2016E-0608)，国家科技重大专项课题《四川盆地大型碳酸盐岩气田开发示范工程》(2016ZX05052。

作者简介：张洁(1985-)，女，现在中国石油集团工程技术研究院钻井液所工作，主要从事钻井液与储层保护研究。E-mail：zhangjiedri@ cnpc. com. cn。

储层保护技术在文 23 储气库建设中的应用

贾启高　张麒麟

（中原石油工程有限公司钻井工程技术研究院）

摘　要　中原油田文23储气库是中国石化为应对天然气调峰能力不足而建设的关键工程，针对钻井过程中的储层保护问题，利用微纤维、刚性酸溶颗粒和可变形粒子，研发了储层保护剂 WTS 和 YBS。现场应用 66 口井，日注气量比设计注气量提高 30.4%。储层保护效果显著。

关键词　文 23 储气库　储层保护

中原油田文 23 储气库是中国石化为应对天然气调峰能力不足而建设的关键工程，一期工程共钻新井 66 口，利用老井 6 口。为满足大排量注采、长期运行等需求，要求储气库建设过程中，保持井底结构稳定，保护气体流通通道完整。钻完井是储气库建设的关键环节和手段，是储气库建设工程投资最大的建设环节，钻完井过程中能否对气层通道进行有效的保护，直接影响到储气库的建设和运行效果。

国外在进行枯竭气藏型储气库建设时，储层保护采用的措施主要是钻井施工时采用储层专打、欠平衡钻井、不压井作业、先注气后钻井等储层保护技术。国内储气库建设时，主要采用钻井液和氮气钻井等储层保护技术。

文 23 储气库属于枯竭气藏型，长期开采后，气层衰竭压力低，钻井液固相和液相侵入气层的深度和伤害程度大，加之储层压力系统变化后，储层伤害主控因素变化大，储层保护难度大，严重影响储气库后期高效注采。

针对上述问题，在研究储层伤害主控因素的基础上，研制出针对文 23 储气库的储层保护剂，有效降低钻井液固、液相对地层的侵入，提高现场钻井液的储层保护效果。

1　室内实验

1.1　岩心分析

取文 23 区块的文 23-33 和文 23-11 井岩心，进行了岩心孔隙度和空气渗透率测试，平均孔隙度为 12.8%，平均渗透率为 $4.5 \times 10^{-3} \mu m^2$，平均孔喉直径 2.2 μm，属低孔低渗储层。沙四下以紫红色细、粉砂岩、泥质粉砂岩为主，粉砂质泥岩、泥岩呈薄层状。

经 X 衍射分析，$ES_4^{2~5}$ 砂组的黏土矿物均以含伊利石为主，平均 58.9%；其次为伊蒙混层，平均 27.3%；绿泥石，平均 10.0%；另有 ES_4^5 砂组中含高岭石，平均 3.8%。

1.2　伤害因素分析及储层保护措施

储气库储层基质属低孔低渗砂岩，以液相损害为主；长期开采后，气层衰竭压力低，岩层稳定性差，钻井液固相和液相侵入气层的深度和伤害程度大；岩性以紫红色细、粉砂岩、泥质粉砂岩为主，黏度矿物以伊利石、伊蒙混层为主，具有一定的水敏性；地层水矿化度 $(10~30) \times 10^4 mg/L$，属于高矿化度 $CaCl_2$ 水型，易形成沉淀堵塞，因此文 23 储气库的主要伤害因素为水敏伤害、固相颗粒侵入损害、盐敏伤害、水锁伤害。

文 23 气田主块地层压力由原始状态的 38.6MPa 下降到目前的 3~4MPa，压力系数 0.10~0.60，极易因压差过大导致漏失损害储层。结合文 23 储气库地层特点，钻井过程中储层保护应采取的措施有：

（1）工程方面：加快钻井速度，减少钻井液浸泡地层时间。采用低密度钻井液，减少压差导致的漏失和滤液侵入。

（2）钻井液方面：强化钻井液的封堵性能，提高井壁的承压能力，减少因漏失造成的钻井液侵入，避免地层的大范围污染。增强钻井液泥饼致密性，确保钻井液固液相不侵入或少侵入地层。降低钻井液滤失量，减少滤液进入地层导致的水敏、盐敏和水锁损害。

1.3 强封堵储层暂堵材料的研制

根据文 23 储气库地层伤害因素的分析结果，钻井液储层保护应加强钻井液的封堵能力和泥饼致密性，同时，钻井液设计采用泡沫体系，要求施工采用的储层保护剂不能对泡沫有较大影响。为此筛选了十几种材料，挑选出对泡沫钻井液体系影响较小并有较好储层保护效果的三种处理剂。在理想充填理论、无渗透理论等基础上，引入纤维加强技术，利用不同粒度可酸溶刚性粒子、可变型封堵剂和微纤维，形成适用于文 23 储气库的储层保护剂。

为便于施工，将可酸溶刚性粒子和微纤维混合形成产品 YBS；可变形封堵剂为产品 WTS。现场施工时，按照"钻井液 + 3%YBS-2+2%WTS"配比加入，可有良好的储层保护效果。

1.4 储层保护剂性能评价

1.4.1 配伍性

按照微泡钻井液配方制微泡钻井液，加入 YBS、WTS，性能见表 1，由表 1 可知，按照配方加量加入储层保护剂后，钻井液流变性和滤失性基本无变化，研制的储层保护剂与钻井液配伍性好。

表 1 加入储层保护材料后的钻井液性能

样品名称	密度/(g/cm³)	AV/mPa·s	PV/mPa·s	YP/Pa	FL/mL	pH 值	$Gel_{10'}$
微泡浆	0.96	53.5	29	24.5	8.4	8	8
微泡浆+2%WTS	0.95	57.5	30	27.5	8	8	9.5
微泡浆+3%YBS-2	0.98	50.5	26	24.5	8	8	7.5
微泡浆+2%WTS+3%YBS-2	0.96	56	31	25	8	8	8

备注：120℃/16h 热滚后测定。

1.4.2 渗透率恢复能力评价

测试加入储层保护剂前后的钻井液岩心渗透率，结果见表 2。

表 2 加入储层保护材料前后的渗透率

钻井液	岩心号	原始渗透率/mD	污染后渗透率/mD	渗透率恢复值
微泡钻井液	A7-2	0.91	0.40	43.9%
微泡钻井液	A8-1	1.13	0.76	66.9%
加油保后的微泡钻井液	A32-1	1.70	1.51	88.8%
加油保后的微泡钻井液	A29-1	1.80	1.72	95.6%

由表 2 结果可知，原微泡钻井液渗透率恢复值平均为 55.4%，加入储层保护剂后渗透率恢复值提高到 92.2%，所研制的储层保护剂能较好地保护气层。

2 储层保护效果评价

储层保护剂研制成功后，对文 23 储气库一期的 66 口井均进行了施工。

2.1 钻井液配伍性好

因储层保护剂在配浆阶段加入，无法收集数据，仅收集到部分二次补量前后的现场性能，见表 3。

表 3 现场钻井液加入储层保护剂前后的性能

样品名称	$\rho/(g/cm^3)$	$AV/mPa \cdot s$	$PV/mPa \cdot s$	YP/Pa	FL/mL	pH 值	$Gel_{10''}/Gel_{10'}$	备注
文 23 储 8-2	0.95	51	25	26	8.6	9	9/14	
文 23 储 8-2	0.95	55	26	29	9.6	9	9/13.5	YBS2t，WTS2t
文 23 储 5-4	0.96	35.5	23	12.5	7.6	9	3/5.5	
文 23 储 5-4	0.96	37	23	14	7.6	9	3/6	YBS2t，WTS1t

钻井液性能基本无变化，研制的储层保护剂具有良好的钻井液配伍性。

2.2 有效降低目标储层漏失伤害

储气库钻井施工因地层亏空，极易发生漏失，实施储层保护后三开漏失率仅 13.8%。可看出采用具有致密封堵效果的储层保护技术，降低了三开目的层段的漏失发生率。

2.3 显著提高渗透率恢复值

每口井储层保护施工后，均取样进行了渗透率测试，经统计，平均渗透率恢复值为 82.4%，具有良好的储层保护效果。

2.4 提高了注采能力

文 23 储气库一期工程开始注气，现投产的 19 口井原设计注气量为 $888.64 \times 10^4 m^3/d$，通过钻井液储层保护措施的实施，现实际注气量 $1277.4 \times 10^4 m^3/d$，较设计注气量提高 30.4%。储层保护效果显著。

3 几点认识

（1）储气库的注采井储层保护是一个地质、钻井、固井、测井、井下作业多工种配合的系统工程，储层保护技术应贯穿其中，其中一个环节保护不力，就会影响整体保护效果。

（2）储气库地层压力低，岩心稳定性差，应加强井壁稳定性研究，同时加强防漏措施，降低因漏失对地层造成的严重伤害。

作者简介：贾启高，中原石油工程有限公司钻井工程技术研究院，高级工程师。地址：河南濮阳中原东路 462 号，邮编 557001，电话 13839392418，邮箱 jiaqigao@ sina. com。

无固相封闭液在 HY1-5X 井现场应用解析

王 震　赵小平

(胜利石油工程有限公司塔里木分公司)

摘　要　石油钻井过程中发生溢流关井后组织进行压井作业。高密度钻井液压井过程中在裸眼段渗透性强的地层易形成较厚泥饼，泥饼在高密度钻井液及关井压力的双重作用下变得厚而坚硬。压井后起钻过程中渗透性强的井段易发生阻卡。井筒内长时间倒划眼困难，存在卡钻、断钻具风险。本文总结了 HY1-5X 井溢流压井后实施的无固相封闭液段塞浸泡工艺的成功经验，为将来同类复杂的处理提供了参考和依据。

关键词　溢流　压井　倒划眼　风险难点　无固相封闭液　HY1-5X 井

1　基本情况

HY1-5X 井位于轮台县境内，井口位于 S72-12 井南东 118°43′27″方位，平距 428m；HY1-1 井口北东 3°46′6″方位，平距 456m。构造位置为胡杨 1 井区石炭系潮道砂体岩性圈闭高部位。设计井深，斜深 5534in，垂深 5365m(进入双峰灰岩 30m)，目的层石炭系卡拉沙依组。

2　溢流及压井简介

2.1　溢流发生

2017 年 5 月 20 日 10：00～10：27 正常钻进，钻井液密度 1.30g/cm³(设计密度上限 1.30g/cm³)，10：27 钻进至 5370.64m(卡拉沙依组，井斜 39°)高架槽钻井液突然大量外溢(气体快速滑脱上升，溢流量 0.75m³)，高架槽坐岗人员通知司钻并立即实现了成功关井。读取立压 0MPa、套压 0MPa，11：00 立压 1.5MPa、套压 2.8MPa，14：00 套压逐步上升至 6.4MPa。

溢流发生时钻井液性能：密度 1.30g/cm³、黏度 55s、API 4mL、HTHP 10mL、G 2.5Pa/8Pa、pH 9.5、PV 25MPa·s、YP 9 Pa、坂含 32g/L、固含：11%。

钻具结构：250.8mmPDC(MQ616J)+197mm 螺杆 1 根(1.5°单弯，带 238mm 扶正器)+回压阀+178mm 无磁钻铤+MWD 悬挂短节+127mm 加重钻杆 1 根+127mm 无磁承压钻杆+139.7mmDP75 根+127mmHWDP44 根+旁通阀+139.7mmDP。

2.2　溢流发生后压井

首先采用节流循环压井，泵入密度 1.30g/cm³ 的钻井液 122 m³、密度 1.35g/cm³ 的钻井液 80m³，排量 13L/s。施工中共漏失泥浆 137.14m³，立压 0MPa、套压 9.2↘6.8MPa，出口密度 1.23g/cm³，因漏失严重且没有立压，故第一次压井失败。专家组决定：鉴于井下漏失的情况，直接采取钻井液泵平推压井。环空平推密度 1.35g/cm³ 的钻井液 367m³，密度 1.60g/cm³ 的重浆 20m³，排量 14L/s，套压由 13.5MPa↘4.7MPa↘1.5MPa，通过节流管汇放压，共回吐泥浆 16.3 m³。2017 年 5 月 22 日 12∶30 开井，井口无外溢后起钻。起钻至 3900m 后越来越困难，不得不反复循环倒划眼但钻具仍然难以起出。

3 起钻倒划眼风险评估

该井是一口斜井，井底井斜为 39°。从发现溢流关井到开井起钻，钻具在井内已静止 50 多个小时。在井控面临风险的同时还要尽快安全无损地起出全部钻具，要做到不漏、不喷、不卡、不断。

（1）钻具长时间的静止加之井眼轨迹的特殊性和压井液的密度不均，面临黏附卡钻。

（2）倒划眼异常困难，扭矩很大。分析认为，高密度钻井液压井和关井后产生的高压差已经造成巴什基奇克组及以上渗透性强的井段泥饼变得厚而坚硬，缩径严重。考虑到螺杆薄弱的因素随时都有可能卡钻或者出现断钻具事故。

（3）倒划眼卡瓦咬伤钻杆本体严重。起出的钻具均无法继续使用，经济损失大。

（4）严重影响钻井周期，平均每天只能倒划出 1~2 个单根，且下部易垮塌地层的垮塌风险与日俱增。

4 封闭液浸泡应用

经过对以上现实和风险的评估决定创新思路，利用钻井液浸泡渗透的原理化解该井面临的困境提高效率规避风险。通过室内定性实验我们得到了可行性实验结果（图 1）。

从照片中可以看出厚而坚硬的泥饼软化并出现了龟裂，证明了所选处理剂具有一定的破坏性，表明这一思路是可行的，考虑到安全和成本原因我们制定了两个配方分别实施：

图 1　实验室内试验后得到的泥饼

2% 磺酸盐高效快速渗透剂+0.8% WFA-1+井浆。井浆性能：密度 1.37g/cm³、黏度 52s、*API* 4mL、*HTHP* 10mL、*G* 3.5Pa/9Pa、pH 9.5、*PV* 21mPa·s、*YP* 10Pa、坂含 32g/L、固含 16%。

0.41m³ 柴油+0.36m³ 清水+75kgWFA-1+639kg 重晶石粉+32kg 磺酸盐高效快速渗透剂。配密度 1.37g/cm³ 无固相封闭液。

4.1 磺酸盐高效快速渗透剂+WFA-1 复配段塞

配制封闭液 50m³（入井 37 m³。浸泡井段 3725~3082m），浸泡 46h 后起钻，虽然起钻过程中仍需要倒划眼但扭矩明显变小，其他参数也得到了弱化，效率明显，由 6h 一根变为 30~40min 一根。倒划眼起钻至 3630m 开泵循环，循环后返浆正常，现场判断磺酸盐高效快速渗透剂+WFA-1 复配渗透效果差，应适当加大渗透剂量并不再与钻井液复配。

4.2 无固相封闭液段塞浸泡法

配制无固相封闭液 52m³ 对 3630~144m 井段进行浸泡，浸泡 3h 后回收封闭液起钻，起钻可以直接起立柱，无倒划眼现象。起钻至 3230m（库姆格列木组，砂岩）再次起钻困难（钻头已进入未浸泡段）。逐再次将回收的封闭液 19.8m³ 全部顶入环空井段 3230~2665m 浸泡，4.5h 后起钻，起钻正常。

4.3 无固相封闭液段塞浸泡法处理前后效果对比(表1)

表1 无固相封闭液段塞浸泡法前后划眼效果对比

方法名称	工艺单方配方	浸泡时间/h	倒划眼扭矩	单根划眼时间
正常倒划眼			扭矩大,钻具本体损伤严重	6h
快 T+ WFA-1	2%快T+0.8%WFA-1+井浆	46	扭矩变小,钻具本体损伤减弱	30~40min
无固相封闭液	0.41m³ 柴油 + 0.36m³ 清水 + 75kgWFA-1 + 639kg 重粉 + 32kg 快T	3~4.5	可以起整立柱,无倒划眼现象	整立柱起钻

通过表1无固相封闭液段塞浸泡法使用前后的效果对比,很明显可以看出无固相封闭液在 HY1-5X 井成功的应用,很好地解决了现场存在的井壁垮塌、卡钻、断钻具风险。达成了甲方业主提出的:不溢、不漏、不断、不卡的要求。同时,极大地节约了复杂处理时间,避免了钻具损伤。

钻具全部起出井筒后我们发现 1.5°单弯螺杆上带的 238mm 扶正器磨损严重,整个扶正器部分几乎磨平,钻头外径也有磨损。可想而知,长时间倒划眼后果可能会很严重。

5 总结

在高密度钻井液与关井压力的双重作用下,渗透性强的砂岩井段极易形成厚而坚硬的泥饼,原钻具结构不仅无法对其进行破坏,还会在不断地反复上下活动提拉时将其进一步压实,因此处理此类复杂的常规措施无论时效还是施工风险都是很高的。采用无固相封闭液段塞浸泡技术和工艺从本质上改变了泥饼的特性,对该类型复杂或事故处理提供了新的思路,因此具有很好的实用价值。

作者简介:王震(1988-),男,毕业于中国石油大学(华东)应用化学专业,工程师,塔里木分公司钻井液主管,长期从事现场钻井液技术管理工作。地址:新疆库尔勒市塔指大院第六勘探公司技术装备管理中心,电话:13345337720,邮箱:768609091@qq.com。

可降解纤维暂堵剂提高钻井液储层保护效果研究

王双威[1]　曹权[2]　冯杰[1]　张洁[1]　杨兆亮[2]　孔祥吉[3]　钱峰[3]　景宁[3]

(1. 中国石油集团工程技术研究院有限公司；2. 中国石天然气股份有限公司西南油气田分公司；
3. 中国石油国际勘探开发有限公司)

摘　要　针对高温高压裂缝性储层钻井过程中屏蔽暂堵困难，储层伤害严重的问题，通过聚乳酸和无机材料混聚，研究了一种可降解纤维暂堵剂。3%暂堵剂水溶液完全降解后，水溶液中 H^+ 浓度为 0.62mol/L，每 100mL 降解后溶液可以溶解 3.1g $CaCO_3$。纤维暂堵剂不但能够通过降解解除对储层的封堵，还能酸化复配使用的可酸溶颗粒类暂堵剂。即使在不进行酸化改造的条件下，依然能够发挥良好的储层保护效果。钻井液中加入可酸溶纤维暂堵剂、级配碳酸钙颗粒、片状可酸溶材料形成的储层保护钻井液配方污染缝宽为 100μm 的裂缝岩心后，初始渗透率恢复值平均为 67.83%，充分降解后渗透率恢复值为 87.1%。加入纤维暂堵剂和复配暂堵材料后，钻井液封堵能力大大提高。在压差为 5.0MPa 条件下，0.2mm 缝宽的缝板 30min 漏失 4.7mL，0.9mm 缝宽的缝板 30min 漏失 15.4mL。

关键词　裂缝储层　碳酸盐岩储层　储层保护　纤维暂堵剂　渗透率恢复值

与常规储层相比，裂缝性储层受到钻完井液的伤害更加严重。因为钻井液可以通过裂缝通道侵入地层深处，通过裂缝端面，对储层形成网状伤害区域。裂缝参数变化较大，易应力闭合导致渗透降低。同样的钻井条件下，比常规油气藏受到的伤害程度更大，导致储层产能降低、生产成本升高经济价值下降。常规颗粒类可酸溶暂堵剂尺寸、形状与裂缝不匹配，很难在裂缝端面建立致密泥饼，实现保护裂缝储层的目的。因此，钻完井过程中，对天然裂缝的屏蔽暂堵一直是裂缝性气藏储层保护亟待解决的关键问题。

1　纤维暂堵剂在钻井液储层保护中的应用现状

纤维暂堵剂在储层酸化压裂过程中应用广泛[1~3]。在转向压裂过程中，纤维暂堵剂可封堵天然裂缝改变酸液流向，增加压裂裂缝的复杂程度。酸化压裂结束后，纤维在酸液中逐渐溶解，恢复天然裂缝渗流能力，提高酸化压裂效果。在这一过程中，正是应用了纤维对储层裂缝通道封堵能力强的特点。在裂缝储层钻完井过程中，如何高效暂堵裂缝通道是提高钻完井液储层保护效果的最重要技术手段之一。鉴于纤维暂堵剂在酸化压裂过程中发挥出了良好的裂缝封堵能力，有学者研究了可酸溶纤维提高钻井液对裂缝储层的保护效果。喻化民等通过在聚磺钻井液中加入可酸溶矿物纤维与 600 目碳酸钙、2000 目碳酸钙等组成的暂堵剂后形成的储层保护钻井液配方，对缝宽为 50μm 的裂缝岩心的渗透率恢复值从 37% 提高至 78%，钻井液侵入裂缝深度从 1.7cm 降低至 0.3cm[4]。顾军等以超细碳酸钙和改性石棉纤维，复配使用油溶性树脂和液体石蜡研发了裂缝暂堵剂 EP-1，并优选出了钻完井配方。现场试验表明，该钻完井液体系储层保护效果明显，可使表皮系数下降 54.4%[5]。徐鹏研究了短纤维、团簇状纤维以及线性纤维与不同目数的 $CaCO_3$、石英、微锰矿等颗粒类暂堵剂复配形成的暂堵剂提高油基钻井液对裂缝岩心渗透率恢复值的效果。实验证明，使用纤维暂堵剂、刚性颗粒以及微锰矿复配的暂堵剂可以将油基钻井液对裂缝宽度为 $10\sim200μm$ 的裂缝岩心渗透率恢复值提高至 90.12%(酸化后)[6]。研究证明，短纤维材料与颗粒类刚性颗粒、可变性粒子复配后的暂堵剂能够大大提高钻井液对裂缝的封堵能力，酸化后纤维材料和部分刚性颗粒溶解，恢复裂缝渗流通道，大大提高钻井液渗透率恢复值。但是部分区块由于地质或工程因素限制，钻完井后不进行酸化改造，限制了可酸溶暂堵剂的应用。针对这种情况，有必要研发一种可降解纤维材料，在不酸洗条件下，可在储层中自动降解为有机酸和水，以有机酸溶解部分可酸溶颗粒，恢复裂缝的渗流通道，提高储层保护效果。

2 可降解纤维的研发与性能评价

可降解纤维是指在一定时间和适当的自然条件下能够被微生物（如细菌、真菌、藻类等）或其分泌物在醇或化学分解作用下发生降解的纤维[7]。可生物降解纤维是由可生物降解聚合物纺制而成的。目前，主要有天然高分子及其衍生物、微生物合成高分子、化学合成高分子三大类可生物降解聚合物[8]。国际上已开发了不少这类聚合物的纤维产品。其中，纤维素纤维、甲壳质类纤维、烷碳链聚酯纤维和聚乳酸类纤维是研究的热点[9]。其中合成聚乳酸的原材料来源广泛、生产成本相对较低、纤维强度高、耐溶剂性强、降解速度可调整等特点，在石油领域得到了一定应用。而且聚乳酸在含水条件下降解后可形成酸性溶液，具有自生酸的特点，因此采用聚乳酸为原材料，研发了可降解纤维暂堵剂。

2.1 可降解纤维暂堵剂研发

单个的乳酸分子中有一个羟基和一个羧基。当多个乳酸分子相遇时，一个乳酸分子的–OH 与另外一个乳酸分子的-COOH 脱水缩合生成的聚合物叫作聚乳酸。聚乳酸具有良好的生物可降解性，使用后能被自然界中微生物完全降解，最终生成二氧化碳和水，不污染环境[10]。聚乳酸的合成单体——乳酸使用可再生的植物资源（如玉米）提出淀粉为原料，淀粉原料糖化后可得葡萄糖，用一定的菌种将葡萄糖发酵则可制成高纯度乳酸。针对聚乳酸本身抗温能力不能满足暂堵储层要求的问题，改进了聚乳酸的生产工艺，并将聚乳酸与其他材料进行共混改性，以提高纤维材料的抗温能力。

2.2 可降解纤维暂堵剂常规性能评价

2.2.1 抗温性能评价

如图 1 所示，通过热重分析，证明样品的热失重温度为 393.84℃。如图 2 所示通过核磁共振测试，证明纤维暂堵剂的相对分子质量为 $1.3×10^5$。如图 3 所示通过样品热分析法测试，样品的玻璃化温度为 93.41℃，熔点为 185.84℃。检测证明，研发的纤维暂堵剂抗温能力>180℃，能够满足高温高压储层应用要求。

TGA

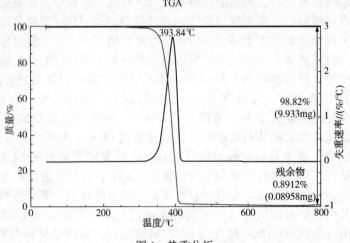

图 1 热重分析

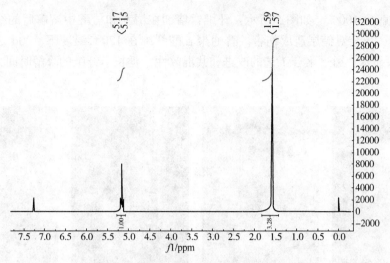

图 2　nmR 测试分析图

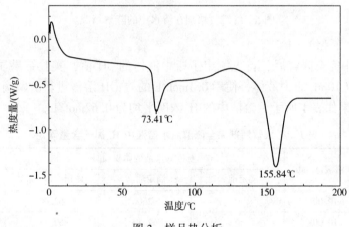

图 3　样品热分析

2.2.2　可降解性能评价

在 100mL 水和 100mL20%HCl 中分别加入 3g 纤维暂堵剂，分别配置若干样品。将样品放入 120℃恒温油浴锅中，测定不同时间后纤维暂堵剂的剩余质量，计算纤维暂堵剂的降解程度。如图 4 所示，纤维暂堵剂在清水中降解的过程中，前 20d 降解缓慢，降解率为 7.67%，20~60d 降解速度逐渐增加，降解率达到 67.2%，75d 时降解率为 96.7%。由于聚乳酸中的酯键可以发生水解反应，而纤维暂堵剂降解的过程中会产生 H^+，H^+ 会加快水解反应的进程，因此随着降解过程的发生，降解速度不断加快。基于同样原因，纤维暂堵剂在 20%HCl 中降解速度大大增加。20%HCl 中 5h 溶解率 22%，10h 溶解率

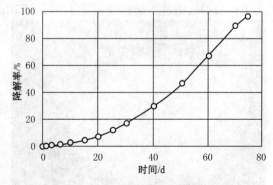

图 4　纤维暂堵剂降解情况

50%，24h 溶解率 100%。如图 5 所示，纤维暂堵剂在清水和盐酸中溶解后的纤维能够通过 100 目的筛网，不会对储层造成伤害。普通聚乳酸纤维在 120℃温度下，20d 之内会完全降解。实验结果显示，通过聚合工艺的改进和共混改性，延长了纤维的降解时间，满足钻井周期的需求。

| 0d | 30d | 60d | 75d |

图 5   纤维暂堵剂在清水中的降解情况

2.2.3   自生酸能力评价

纤维在清水中完全降解后，首先测定了瓶中液体的 pH 值，实验结果显示，溶液的 pH 值小于 1。然后取 10mL 瓶中液体，使用 0.1mol/L 的 NaOH 溶液进行酸碱滴定，测定溶液中 H^+ 含量。实验结果如表 1 所示，溶液中的 H^+ 浓度平均为 0.62mol/L。

表 1   纤维暂堵剂完全降解后水溶液中 H^+ 离子含量滴定

滴定次数	酸溶液体/mL	标准碱溶液的体积/mL			H^+/(moL/L)
		滴定前 v_1	滴定后 v_2	体积/(v_2-v_1)	
第一次	10.00	0	62.06	62.06	0.62
第二次	10.00	0	62.14	62.14	0.62
第三次	10.00	0	61.96	61.96	0.62

如图 6 所示，取 3g 纯度为 96%的 600 目碳酸钙，将其加入 50mL 纤维降解后的水溶液后，立即发生强烈的化学反应，并有大量气泡产生。充分搅拌并反应完全后，测定剩余碳酸钙质量，求得被溶解碳酸钙质量为 1.05g，即 100mL 含有 3%纤维暂堵剂在清水中不但自身可以降解，降解后生成的 H^+ 还能溶解 3.1g 碳酸钙。纤维暂堵剂的降解以及酸溶性颗粒的溶解能够破坏污染带的致密程度，形成高渗孔隙通道，在不进行酸化作业的情况下降低储层伤害程度，提高油气藏产能。

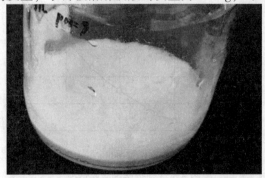

图 6   碳酸钙在纤维暂堵剂降解水溶液中剧烈反应

2.3   可降解纤维暂堵剂储层保护性能评价

将可降解纤维暂堵剂制备成过 100 目筛的短纤维，在聚磺钻井液中加入 0.5%可降解短纤维、2%可酸溶颗粒类暂堵剂和 2%可酸溶片状暂堵剂，形成储层保护钻井液配方。加入暂堵剂前后钻井液流变性能稳定，能够满足储层段安全钻进的要求。

使用 JHDS-Ⅲ 高温高压动态失水仪与 0.2mm 和 0.9mm 缝板，开展了动态封堵实验。实验结果显示在压差为 5.0MPa 条件下，储层保护钻井液配方在 0.2mm 缝宽的缝板 30min 漏失 4.7mL，0.9mm 缝宽的缝板 30min 漏失 15.4mL。相同条件下，优化前钻井液在 0.2mm 缝宽的缝板 30min 漏失 76.2mL，0.9mm 缝宽的缝板全部漏失，无法建立压差。说明纤维暂堵剂能够与颗粒暂堵剂、片状暂堵剂复配发挥良好的裂缝封堵能力。

如表 2 所示，使用储层保护钻井液配方污染裂缝宽度为 100μm 的碳酸盐岩人工造缝岩心后，返排压力为 0.003~0.005MPa，能够起到较好的屏蔽暂堵效果，三组岩心的渗透率恢复值平均为 67.83%。测定渗透恢复值后，将岩心夹持器近出口两端的阀门关闭，加 5MPa 围压后，放入温度设定为 120℃的烘箱中。期间定期监测围压值，并将围压值维持在 5MPA±0.2MPa。75d 后将，取出岩心夹持器，将污染端阀门打开的时候，有部分气体与钻井液返出。说明在纤维降解的过程中产生的 H^+ 与可酸溶颗粒暂堵剂和片状暂堵剂反应，生成了一定气体，提高了岩心内部压力，导致部分侵入裂缝岩心的钻井液返排。测定降解后岩心渗透率恢复值显示，三组岩心的渗透率恢复值平均为 87.71%，将渗透率恢复值提高了 19.88%。

表 2　储层保护钻井液渗透率恢复值测定

实验编号	原始渗透率/mD	返排压力/MPa	污染后渗透率/mD	渗透率恢复值/%	降解后渗透率/mD	降解后渗透率恢复值/%
1	78.27	0.003	54.30	69.37	68.62	87.67
2	82.61	0.005	56.32	68.17	71.50	86.55
3	85.05	0.005	56.09	65.95	75.62	88.91
平均	—	—	—	67.83	—	87.71

3　结论

（1）通过提纯 L-乳酸和 D-乳酸，并催化形成聚乳酸复合立构聚合物，然后与纳米碳酸钙和甲壳素已一定比例共混改性研发了可降解纤维暂堵剂。

（2）3%暂堵剂在清水中完全降解后，水溶液中 H^+ 浓度为 0.62mol/L，每 100mL 降解后溶液可以溶解 $3.1gCaCO^3$。即使在不采用酸化改造作业的条件下，依然能够发挥良好的储层保护效果。

（3）钻井液中加入可酸溶纤维暂堵剂和级配碳酸钙颗粒、片状可酸溶材料，污染缝宽为 100μm 的裂缝岩心后，初始渗透率恢复值平均为 67.83%，充分降解后渗透率恢复值为 87.1%。加入纤维暂堵剂和复配暂堵材料后，钻井液储层保护能力大大提高。

（4）在压差为 5.0MPa 条件下，储层保护钻井液配方在 0.2mm 缝宽的缝板 30min 漏失 4.7mL，0.9mm 缝宽的缝板 30min 漏失 15.4mL。

参 考 文 献

[1] 马海洋，罗明良，温庆志，等.转向压裂用可降解纤维优选及现场应用[J].特种油气藏，2018，25 (6)：145-149.

[2] 王建宁.用于碳酸盐岩储层改造的可降解纤维暂堵转向实验研究[J].综述专论，2018，6：84-85.

[3] 李栋，牟建业，姚茂堂，等. 裂缝型储层酸压暂堵材料实验研究[J]. 科学技术与工程，2016，16 (2)：158-163.

[4] 喻化民，田惠，吴晓花，等. 哈拉哈塘地区奥陶系碳酸盐岩保护储层钻井液技术[J]. 石油化工应用，2018，31(11)：76-83.

[5] 顾军，向阳，何湘清，等. 裂缝-孔隙型储层保护钻完井液体系研究[J]. 成都理工大学学报(自然科学版)，2003，30(2)：184-186.

[6] 徐鹏. 裂缝性致密砂岩气层油基钻井液伤害机理及保护技术研究[D]. 成都：西南石油大学，2016.

[7] 戈进杰. 生物降解高分子材料及其应用[M]. 北京：化学工业出版社，2002.

[8] 沈新元. 先进高分子材料[M]. 北京：中国纺织出版社，2006.

[9] 郑燕冰. 聚羟基丁酸羟基己酸共混改性及其纤维的制备与性能研究[D]. 天津：天津工业大学，2009.

[10] 谢盛良. 以淀粉质农产品为原料生产 L- 乳酸及聚乳酸[J]. 加工技术，2006，10：35.

基金项目：国家科技重大专项课题《深井超深井优质钻井液与固井完井技术研究》(2016ZX05020-004)，国家科技重大专项课题《库车坳陷深层-超深层天然气田开发示范工程》(2016ZX05051-003)，中国石油股份有限公司重大科技专项《西南油气田天然气上产 300 亿立方米关键技术研究与应用》(2016E-0608)，国家科技重大专项课题《四川盆地大型碳酸盐岩气田开发示范工程》(2016ZX05052

作者简介：王双威(1986-)，男，2013 年毕业于获得西南石油大学，应用化学专业，硕士学位。目前任职于中国石油集团钻井工程技术研究院，工程师，主要从事钻井液配方及储层保护技术领域。地址：北京市昌平区黄河街 5 号院 1 号楼；电话：15311540160，邮箱：wangswdr@cnpc.com.cn。

花深 1x 井四开复杂井段施工的启示

黄达全[1,2]　金刘伟[2]　周　涛[2]　黄　琳[2]　陈安亮[1,2]

(1. 天津市复杂条件钻井液企业重点实验室；2. 中国石油集团渤海钻探工程有限公司)

摘　要　花深 1x 井是 2017 年中油集团公司在福山油田部署的一口大斜度大位移风险探井，完钻垂深 4599m，斜深 5580m，最大井斜 48.88°，井底位移 2551m。针对本井存在破碎地层及微裂缝地层井壁稳定、高温对钻井液稳定性的挑战，研究形成了抗高温 180℃ 的强抑制钻井液配方和具有刚柔并济的致密封堵方案，较好地解决了破碎地层大斜度井井壁稳定、井眼净化、润滑防卡等施工难题，保证了高风险的四开井段施工，为顺利完成本井奠定了基础，也为类似地层、类似高风险井的施工提供了可借鉴的成功案例。

关键词　井壁失稳　致密封堵　密度支撑　高温稳定

花深 1x 井是 2017 年中油集团公司在福山油田部署的一口大斜度大位移风险探井，位于福山凹陷花厂构造花深 1x 断鼻高部位，由渤海钻探公司承担钻井施工服务，泥浆分公司承担钻井液技术服务。于 2017 年 12 月 20 日开钻，2018 年 12 月 29 日完井，完钻垂深 4599m，斜深 5580m，最大井斜 48.88°，井底位移 2551m。由于受区域地质活动的影响，在涠洲组与流一段、流一段与流二段、流二段与流三段地层交界面存在严重不整合，形成破碎带，给大斜度定向井井壁稳定带来巨大挑战，致使本井四开井段施工因严重井壁失稳被迫三次填井侧钻。通过优化钻井液体系配方、强化封堵、配合密度支撑、严格性能控制，最终完成了本井段施工。

1　地质、工程概况

花深 1x 井设计目的层为流三段，所钻遇地层自上而下为望楼港组、灯楼角组、角尾组、下洋组、涠洲组、流沙港组，其中流沙港组细分尾流一段、流二段、流三段，流二段存在大段黑色硬脆性泥岩，流二段与流三段交界面存在不整合破碎带，泥岩岩层理、微裂缝发育。变更后井身结构为：$\Phi660.4mm×348m+\Phi508mm×347.71$，$\Phi444.5mm×2135m+\Phi339.7mm×2116.1m$，$\Phi311.1mm×4270m+\Phi244.5mm×4268.9m$，$\Phi215.9mm×5023m+\Phi177.8mm×5021.8m$，$\Phi152.4mm×5580m+\Phi127mm×5573.42m$。井眼轨迹为：从 524m 开始定向，造斜至 1226m，井斜达到 47.96°，然后稳斜钻进至 1713m，再降斜钻进至 4720m，井斜角降到 3°，最后按照此井斜角钻进至完钻井深。

2　钻井液技术难点分析

本井涠三段以下地层发育大量灰黑色硬脆性泥岩，微裂缝发育，井眼方位 52°~56°，与地层最大水平主应力方向，且流二段与流三段交界面存在不整合破碎带，因此，井壁坍塌是影响本井安全施工的最大难点；按照海南地区地温梯度预测，本井井底温度将超过 180℃，因此，钻井液的高温稳定性将是又一技术难点；本井设计井斜 50°左右，位移超过 3000m，为大斜度大位移定向井，因此，井眼净化、润滑防卡也是钻井液技术面临的技术难题。

3 室内研究

3.1 体系配方研究

针对海南花深 1X 井钻井液高温稳定性、破碎带封堵要求高等难题开展室内研究，形成了一套抗温 200℃，密度 1.5~1.7g/cm³ 之间可调，高温下可保持性能长期稳定，抗污染性能良好的钻井液配方：4%BZ-TQJ+0.3%BZ-BYJ-I+8%KCl+30%BZ-YJZ-1+3%REDUL-200+4%BZ-MJL+3%SD-101+4%SD-201+3%BZ-YRH+3%高酸溶磺化沥青+3%BZ-DFT+2%BZ-RH-1+1%石墨+2%乳化沥青+0.3%Na₂SO₃+0.5%片碱+4%复合细目钙+重晶石粉

依据花深 1x 井抗温要求，对钻井液进行了抗温 180℃、190℃、200℃ 三个温度抗温能力评价，同时进行了不同滚动时间的高温温度性评价，实验见表 1。

表 1 钻井液抗温实验

$\rho/(\mathrm{g/cm^3})$	Φ_{600}/Φ_{300}	Φ_{200}/Φ_{100}	Φ_6/Φ_3	Gel/Pa	FL_{API}/mL	FL_{HTHP}/mL	pH 值	备注
4%BZ-TQJ+3%REDUL-200+8%KCl+0.5%片碱 +4%BZ-MJL+3%BZ-YRH+3%SAS+2%BZ-RH-1+0.3%Na₂SO₃+30%BZ-YJZ-1+重晶石粉								
1.71	173/106	80/49	7/5	2.5/			8	室温
1.72	123/72	53/31	4/3	1.5/2	1.5	9.0	6.5	180℃×16h
1.72	99/56	40/23	3/1.5	0.5/1.5	1.2	9.0	6.5	190℃×16h
1.72	102/58	42/24	4/2	1/1.5	1.0	11.0	7.5	200℃×16h

实验数据显示，该钻井液体系经 200℃ 老化 16h 后，流变性较好，高温高压滤失量小于 11mL，说明该体系抗温可达 200℃，具有良好的抗温性能，可满足海南高温井的需求。

表 2 抗高温稳定实验

$\rho/(\mathrm{g/cm^3})$	Φ_{600}/Φ_{300}	Φ_{200}/Φ_{100}	Φ_6/Φ_3	Gel/Pa	FL_{API}/mL	FL_{HTHP}/mL	pH 值	备注
4%BZ-TQJ+3%REDUL-200+8%KCl+0.5%片碱+4%BZ-MJL+3%BZ-YRH+3%SAS+2% BZ-RH-1+0.3%Na₂SO₃+30%BZ-YJZ-1+重晶石粉								
1.71	164/100	75/45	6/5	2.5/			8	室温
1.72	102/58	42/24	4/2	1/1.5	1.0	11.0	7.5	200℃×16h
1.70	95/54	39/22	2/1	0.5/1	1.2	11.4	7.5	200℃×24h
1.70	96/54	39/22	2/1	0.5/1	0.5	10.5	7.5	200℃×48h
1.70	96/54	39/23	2/1	0.5/1	1.2	12.0	7.5	200℃×72h
1.70	95/54	38/22	2/1	0.5/1	1.2	11.0	7.5	200℃×96h

由表 2 知，实验数据显示，随着 200℃ 下老化时间的延长，该钻井液体系的性能基本保持不变，显示了良好的高温长期稳定性能。

3.2 封堵效果评价实验

针对本井微裂缝发育、不整合面存在破碎带所导致的井壁坍塌和用于封堵评价的地层资料缺失等问题，提出了高柔并济、纤维颗粒结合、大小孔隙裂缝统筹的封堵方案研究思路，形成了本井的封堵方案，评价实验如表 3。

表 3　砂盘封堵评价实验

砂盘渗透率	30min 累计滤失量/mL					
	50℃		140℃		160℃	
	1000psi	1500psi	1000psi	1500psi	1000psi	1500psi
4%BZ-TQJ+0.3%BZ-BYJ-I+8%KCl +30%BZ-YJZ-1+3%REDUL- 200+4%BZ-MJL+3%SD-101 +4%SD-201+3%BZ-YRH+3%高酸溶磺化沥青+3%BZ-DFT+2%BZ-RH-1+0.3%Na₂SO₃+0.5%片碱+4%复合细目钙 +重晶石粉						
400mD	5.0	6.4	10.0	11.0	10.5	10.6
20D	7.5	7.4	12.0	12.5	13.0	12.8
100D	7.8	8.5	13.0	14.6	14.5	14.6

经不同渗透率砂盘 PPT 评价实验表明：PPT 滤失量均小于 15mL，按照 PPT 封堵实验国际评价标准，封堵性能判定为优秀，能够很好地封堵不同孔喉直径或裂缝缝宽的地层，可以将地层承压能力提高 10.0MPa 以上。

3.3 钻井液润滑性评价

针对大斜度大位移定向井施工对钻井液润滑性的要求，提出了综合考虑滑动摩擦、滚动摩擦，采取多种润滑剂复配使用的研究思路，形成了本井降摩减阻的润滑剂方案，实验结果见表 4。

表 4　钻井液润滑性评价实验

ρ/(g/cm³)	PV/mPa·s	YP/Pa	Gel/Pa	FL_{API}/mL	pH	FL_{HTHP}/mL	Kf	备注
4%BZ-TQJ+0.3%BZ-BYJ-I+8%KCl +30%BZ-YJZ-1+3%REDUL- 200+4%BZ-MJL+3%SD-101 +4%SD-201+3%BZ-YRH+3%高酸溶磺化沥青+3%BZ-DFT+0.3%Na₂SO₃+0.5%片碱+4%复合细目钙+重晶石粉								
1.72	37	13.5	2.5/					常温
1.72	35	14.5	1.0/1.5	1.6	8	7.0	0.22	180℃×16h 滚动
4%BZ-TQJ+0.3%BZ-BYJ-I+8%KCl +30%BZ-YJZ-1+3%REDUL- 200+4%BZ-MJL+3%SD-101 +4%SD-201+3%BZ-YRH+3%高酸溶磺化沥青+3%BZ-DFT+2%BZ-RH-1+1%石墨+2%乳化沥青+0.3%Na₂SO₃+ 0.5%片碱+4%复合细目钙+重晶石粉								
1.72	40	13	3.0/					常温
1.72	41	14	1.5/2.0	1.6	8	6.8	0.13	180℃×16h 滚动

实验表明：确保液体润滑剂有效含量，配合石墨的加入，能进一步改善泥饼质量，使其致密、薄而韧的同时，实现体系良好的润滑性。

3.4 抗污染实验

对钻井液体系分别做岩心粉和 $CaCl_2$ 污染实验，并对老化前后的性能进行评价，以考察钻井液的抗污染能力，结果如表 5。

表 5 钻井液抗污染实验

$\rho/(g/cm^3)$	Φ_{600}/Φ_{300}	Φ_{200}/Φ_{100}	Φ_6/Φ_3	Gel/Pa	FL_{API}/mL	FL_{HTHP}/mL	pH 值	备注
1#：优选配方								
1.71	164/100	75/45	6/5	2.5/			8	室温
1.72	102/58	42/24	4/2	1/1.5	1.0	11.0	7.5	180℃×16h
2#：1#+5%岩心粉								
1.72	173/105	79/47	8/7	3.5/			8	室温
1.72	110/63	45/27	5/3	1/2	1.2	12.0	7.5	180℃×16h
3#：1#+1%CaCl₂								
1.71	171/110	85/53	6/5	2/			8	室温
1.72	88/49	35/25	2/1	1/1	1.6	12.4	7.5	180℃×16h

实验表明：在体系中分别加入 5%的岩心粉和 1%的 $CaCl_2$ 后，体系的流变数据和滤失量仅略有增大，说明该体系具有良好的抗污染能力。

4 四开井段施工情况

4.1 原井眼（4270~5207m）

4.1.1 钻井液体系及配方

本井段钻井液配方为：8%KCl+20%BZ-YJZ-I+2%~3%SD-101+2%~4%SD-201+3%~4%BZ-FFT-I+2%~3%BZ-YRH+3%~4%乳化沥青+4%复合细目钙+0.3%BZ-BYJ-I+1%~2%REDUL-200+2%~3%BZ-MJL +2%~3%润滑剂+片碱

4.1.2 钻井液维护措施

（1）四开前清理地面循环罐，配制新浆 150m³，按照配方比例依次加入各种处理剂，下钻到套管脚循环调整泥浆性能，性能调整为：1.56g/cm³，黏度：75s，初终切：3/8，API 失水：2mL/0.5mm，HTHP 失水：10.2mL（150℃），MBT：23g/L。满足开钻性能要求。

（2）日常维护时将 SD-101、SD-201、REDUL-200、BZ-YJZ-I、KCl 等材料按照配方配制胶液，保证高温钻井液稳定性和强抑制性。4270~5207m，每次配制胶液按照 8%KCl+20%BZ-YJZ-I+0.3%BZ-BYJ-I+2%SD-101+2%SD-201+3%BZ-FFT-I+1%REDUL-200+2%BZ-MJL+2%BZ-YRH 执行。

（3）每 12h 测量两套常规钻井液性能，24h 测量一次高温高压失水性能，维持黏度在 70~90s，HTHP≤10mL（温度为预测的井底静止温度），若发现 HTHP 失水有增大趋势，加大胶液中抗高温材料的加量；利用现场配备的滚子加热炉，模拟长时间静止下钻井液性能变化（对应井底温度及静止时间），调整相关处理剂加量维持钻井液性能稳定。

（4）施工中根据钻井进尺及实际返砂量监测情况，采用过稠塞方式清洁井眼，配方：井浆 15~20m³+0.2% BZ-HXC+1%携砂剂，保证井眼清洁。

4.1.3 复杂情况

由于钻进过程中拉力、扭矩异常，为了下部施工安全，决定起钻换常规钻具通井。2018

年 4 月 10 日 07：00 下钻至井深 4760m 遇阻，正常下放悬重 100~120t，下压至 90t，活动 3 次无效，开泵划眼，划眼井段 4760~5123m，钻压 2t，转速 80r/min，扭矩 35~39kN·m。划眼至 5123m，5094~5151m 开泵活动钻具直接下入，2018 年 4 月 11 日 02：30 开泵冲划至 5171m 后，上提活动钻具，活动井段 5161~5171m，无憋泵憋顶驱现象，排量 34L/s，泵压 28MPa，顶驱转速 80r/min，扭矩 35~39kN·m。下放至井深 5170m 时顶驱憋停，扭矩 50kN·m，同时憋泵 31.5MPa，出口流量失返，停泵，反复上下活动钻具，上提 240t，下放至 130t，钻头位置不变，至 05：00 上提 280t，下放至 100t，钻具卡死。4 月 16 日经倒爆切割，起出钻具。

4.2 第一次侧钻（4665~5212m）

4.2.1 钻井液配方

本井段采用钻井液配方：8%KCl+20%~30%BZ-YJZ-I+2%~3%SD-101+2%~4%SD-201+3%~4%BZ-FFT-I+3%~4%BZ-YRH+3%~4%乳化沥青+4%复合细目钙+0.3%BZ-BYJ-I+1%~2%REDUL-200+2%~3%BZ-MJL+2%~3%润滑剂+片碱

4.2.2 维护处理措施

（1）候凝期间在地面按照配方配两罐 80m³ 新浆，钻塞时将水泥混浆放掉，然后用新浆逐渐置换老浆。通过调整使泥浆性能达到施工要求：

密度 1.58g/cm³，黏度 70~90s，失水 ≤2.0mL，泥饼 0.5mm，含砂 0.3%，初/终切 4.0/13.0，pH 为 9.0，固相 36%~40%，膨润土含量 25~30g/L，含油 3%，高温高压失水 ≤8.0mL。

（2）每钻进 100m 补充胶液 15~20m³，按循环周均匀加入，维持钻井液稳定性能。胶液配方：50%BZ-YJZ-I+3%BZ-FFT-I+2%BZ-YRH+1%REDUL-200+2%BZ-MJL+0.3%亚硫酸钠+4%细目钙+0.3%BZ-BYJ-I+2%SD-101+2%SD-201+2%润滑剂+片碱+3%~4%乳化沥青。

（3）钻进时保持 3%BZ-FFT-I、4%复合细目钙（800 目、1250 目 1:1 复配）、2%~3%BZ-YRH 的有效含量，提高钻井液的封堵性。

（4）固相含量维持在 36%~40%（包括盐）。以新浆固相含量以及钻塞完时的固相含量为标准，钻进时控制固相含量增量不超过 3%。膨润土含量维持在 25~30g/L。

（5）保持钻井液中润滑材料的浓度 3%~5%，配制胶液时加入 2%~3%BZ-YRH、3%~4%乳化沥青及 2%~3%润滑剂；每天监测泥饼摩阻系数，保持摩阻系数小于 0.06。

（6）每 12h 测量两套常规钻井液性能，24h 测量一次高温高压失水、固相、坂含、含盐量，每趟钻下钻到底循环调整好后检测一次 48h 热滚性能，热滚后控制高温高压滤失量小于 12mL。通过检测滤液密度，保持钻井液中 BZ-YJZ-I 浓度 30%。

4.2.3 复杂情况

钻进至 5212m 时由于顶驱故障起钻换顶驱，发生划眼、卡钻。2018 年 5 月 18 日 20：00 下钻至 5006m 遇阻循环后开始划眼，5 月 22 日划至井段 5094~5096m 时憋顶驱、憋泵频繁，13：30 划至 5096m 上提时憋顶驱憋泵卡钻，18：30 能开泵循环，21：00 解卡。划眼至 5 月 25 日未划到底，划眼困难，于 5 月 27 日电测井径，测得井径偏大，井塌严重无法下部施工，决定再次填眼侧钻。

4.3 第二次侧钻（4295～5002m）

4.3.1 钻井液配方

本井段钻井液配方为：0.3%～0.5%纯碱+40%～50%BZ-YJZ-I+20%～30%BZ-YJZ-II +3%～5%BZ-YRH+3%～4%BZ-Vis+1%～2%BZ-KLS-I+2%～3%BZ-KLS-II+4%～6%BZ-YFT +2%～3%BZ-NAX+0.3%～0.5%BZ-BYJ-I+2%～3%REDUL-200+2%～4%复合细目钙。

4.3.2 维护处理措施

(1) 侧钻前清理地面循环罐，按照配方比例依次加入各种处理剂，配100 m³新钻井液，下钻到套管脚循环调整泥浆性能。钻井液性能调整为：密度 1.53g/cm³，黏度66s，初终切：4.5/12，API 失水：2.8mL/0.5mm，HTHP 失水：6mL（130℃），MBT：23g/L 开始钻塞。

(2) 日常维护时将 BZ-YRH、BZ-KLS-Ⅰ、BZ-KLS-Ⅱ、BZ-YFT、BZ-BYJ-Ⅰ 等材料按照配方配制胶液，细水长流均匀加入，保证钻井液高温稳定性和强抑制性。胶液配方：40%～50%BZ-YJZ-I+20%～30%BZ-YJZ-II+3%～5%BZ-YRH+3%～4% BZ-Vis+1%～2% BZ-KLS-I+2%～3%BZ-KLS-II+4%～6%BZ-YFT 执行。

(3) 钻进时保持钻井液中细目钙（800 目、1250 目、1500 目）浓度达到4%，配合 BZ-YFT 和 BZ-NAX 等封堵材料，提高钻井液封堵性能，形成致密泥饼。

(4) 控制钻井液失水，中压失水≤2mL、高温高压失水≤6mL（对应井底温度），减少液相侵入地层。

4.3.3 复杂情况

2018 年6 月25 日，侧钻至5002m，循环进行短起下至4650m，05：00 下至4925m 遇阻，上下活动三次下放无效开始划眼。6 月25 日～7 月6 日经长时间多次划眼，提密度、黏度，更换 PDC、牙轮钻头通井划眼，划眼至4966m，换钻具组合（钻杆+牙轮钻头），进行泥浆调整，，甩密度至 1.65g/cm³ 除固相，再加至 1.70g/cm³，按比例首次复配加入三种国外新型材料 BRIDGEFORM 2%、MAXSHIELD 2.5%、NANOSHIELD 1%进一步提高钻井液的封堵性。更换 5in 钻具后，于7 月13 日01：30 下钻至4950m 无遇阻显示，接顶驱循环，7 月14 日18：00 冲划眼至4966m，接立柱后开泵不通，憋泵憋顶驱，造成卡钻事故。经过反复处理，造成断钻具事故，决定再次填井侧钻。

4.4 第三次侧钻（4275～5023m）

4.4.1 钻井液配方

本井段采用钻井液配方为：4%BZ-TQJ+0.3%BZ-BYJ-I+8%KCl +30%BZ-YJZ-1+3%REDUL-200+4%BZ-MJL+3%SD-101+4%SD-201+3%BZ-YRH+3%高酸溶磺化沥青+3%BZ-DFT+2%BZ-RH-1+1%石墨+2%乳化沥青+0.3%Na₂SO₃+0.5%片碱+4%复合细目钙。

4.4.2 维护处理措施

(1) 因侧钻前等停时间长达 37d，侧钻前按照钻井液配方配制新钻井液150m³，然后分段检测原井眼钻井液性能，排放已变质的深井段钻井液，再循环调整达到设计要求。侧钻前钻井液性能为：密度 1.60g/cm³，黏度86s，初终切 3.0/8.0，API 失水 2.0mL/0.5mm，HTHP 失水 7.6mL（140℃），*MBT* 32.1g/L。

(2) 每班监测含盐量、API 流失量，每天测量高温高压流失量，依据性能变化补充相应材料，所有钻井液材料补充均配制胶液，保证性能稳定。

(3) 分析之前施工井眼失败的教训，预计 4720m 将进入破碎的复杂地层，因此，在井深 4697m 进行测井、模拟下套管等作业，为缩短不稳定地层浸泡时间，加快中完做准备。起钻前用石墨、乳化沥青、润滑剂等配制润滑浆封闭裸眼，确保电测、模拟下套管施工顺利。

（4）恢复钻进前，将钻井液密度提高到 1.65g/cm³，按照封堵方案加入 4%复合细目钙、3%高酸溶磺化沥青、3%BZ-DFT 等封堵材料，同时控制钻井液高温高压失水在 6mL 左右，开展 180℃下 24h、48h、72h 热滚实验，检测热滚后钻井液性能，72h 热滚后高温高压失水为 12.4mL。

（5）钻进过程中密切监测返砂情况，计量返出岩屑量与理论容积进行比对，确定井眼清洁程度和井壁稳定性，从而措施制定提供依据。

（6）钻进至 5023m 确定进入流三段地层，决定四开中完。中完后短起至技套，然后充分循环洗井，起钻前用石墨、乳化沥青、润滑剂、SD-101 等配制润滑浆封闭裸眼，确保下套管施工顺利。

5 对比分析

5.1 钻井液配方对比

井眼 I：8%KCl+20%BZ-YJZ-I+2%~3%SD-101+2%~3%BZ-YRH+4%复合细目钙+2%~4%SD-201+3%~4%BZ-FFT-I+3%~4%乳化沥青+2%~3%BZ-MJL+2%~3%润滑剂+0.3%BZ-BYJ-I+1%~2%REDUL-200 +片碱。

井眼 II：8%KCl+20%~30%BZ-YJZ-I +2%~3%SD-101+2%~3%BZ-MJL+2%~3%润滑剂+2%~4%SD-201+3%~4%BZ-FFT-I+3%~4%BZ-YRH+3%~4%乳化沥青+4%复合细目钙+0.3%BZ-BYJ-I+1%~2%REDUL-200 +片碱。

井眼 III：0.3%~0.5%纯碱+40%~50%BZ-YJZ-I+20%~30%BZ-YJZ-II +3%~5%BZ-YRH+3%~4%BZ-Vis+1%~2%BZ-KLS-I+2%~3%BZ-KLS-II+4%~6%BZ-YFT+2%~3%BZ-NAX+ 0.3%~0.5%BZ-BYJ-I+2%~3%REDUL-200+2%~4%复合细目钙。

井眼 IV：4%BZ-TQJ+0.3%BZ-BYJ-I+8%KCl+2%乳化沥青+1%石墨+30%BZ-YJZ-1+3%REDUL-200+4%BZ-MJL+3%SD-101+4%SD-201+3%BZ-YRH+3%高酸溶磺化沥青+3%BZ-DFT+2%BZ-RH-1 +0.3%Na₂SO₃+0.5%片碱+4%复合细目钙。

四个井眼的钻井液配方对比表明：井眼 I、井眼 II、井眼 IV 均采用了 KCl 与有机盐复配使用，井眼 III 采用 I 型、II 型复合有机盐；井眼 I 钻井液盐总浓度最低，井眼 III 钻井液盐总浓度最高；其他功能性处理剂有所不同。

5.2 封堵方案对比

井眼 I：2%~3%BZ-YRH +3%~4%BZ-FFT-I+3%~4%乳化沥青+4%复合细目钙。

井眼 II：3%~4%BZ-YRH+3%~4%BZ-FFT-I+3%~4%乳化沥青+4%复合细目钙。

井眼 III：3%~5%BZ-YRH+4%~6%BZ-YFT+2%~3%BZ-NAX+2%~4%复合细目钙。

井眼 IV：3%BZ-YRH +2%乳化沥青+3%高酸溶磺化沥青+3%BZ-DFT+4%复合细目钙。

四个井眼的封堵方案对比表明：井眼 I 封堵剂总浓度为 15%，井眼 I 封堵剂总浓度为 16%，井眼 III 封堵剂总浓度为 18%，井眼 IV 封堵剂总浓度为 15%，井眼 III 引入了纳米封堵剂 BZ-NAX，井眼 IV 加入了具有复合纤维材料 BZ-DFT，其他封堵材料使用基本相近。

5.3 钻井液性能对比

四个井眼钻井液相关性能统计见表6，热稳定性实验见表7。表6、表7表明：井眼Ⅳ所用钻井液密度较其他井眼高，井眼Ⅲ的开钻钻井液最低。

表6 四个井眼钻进阶段相关钻井液性能对比表

	井深/m	密度/(g/cm³)	黏度/s	API 失水/HTHP 失水(℃)/mL
井眼Ⅰ	4200~4500	1.57	75~78	2.2/10(150)
	4500~4800	1.57	77~82	2.4/11(165)
	4800~5000	1.57	88~89	2.8/10.8(165)
	5000~5207	1.56~1.57	86~93	2.8-2.6/10(160)
井眼Ⅱ	4200~4500			
	4500~4800	1.58~1.60	78~86	2.4-2.0/8.4-8(160)
	4800~5000	1.59~1.60	80~86	2.2/7.6-7.2(160)
	5000~5210	1.60~1.62	84~95	2/7.6(160)
井眼Ⅲ	4200~4500	1.52~1.56	60~70	2.2-2/5.6-6(130-140)
	4500~4800	1.56~1.59	60~74	2/6(140)
	4800~5002	1.58~1.60	75~80	1.6/5.6(140)
井眼Ⅳ	4200~4500	1.60~1.63	76~86	2.5-2.0/8.7-7.0(130-140)
	4500~4800	1.63~1.65	85~90	1.6-1.2/6.8-6.0(150)
	4800~5023	1.65~1.66	102~110	1.6-1.2/6.0-5.8(160)

表7 四个井眼钻井液热稳定性对比表

	取样井深/m	热滚时间/h	热滚温度/℃	热滚前 FL_{HTHP}/mL	热滚后 FL_{HTHP}/mL
井眼Ⅰ	4700	48	140	10.2	12.2
	5000	48	140	10.8	11.8
	5200	48	160	10.4	12.0
井眼Ⅱ	4763	48	160	8.0	11.6
	5210	72	160	7.4	12.0
井眼Ⅲ	4925	48	140	5.4	8.0
	5002	48	160	6.0	6.8
井眼Ⅳ	4385	48	130	7.6	11.6
	4697	72	140	6.0	9.6
	5023	72	160	5.8	12.4

5.4 施工效果对比

四个井眼施工过程相关参数统计见表8。由表8表明：井眼Ⅰ、井眼Ⅱ钻井速度慢，井眼Ⅳ钻井周期包括了中途电测、模拟下套管及中完等施工，因此，井眼Ⅲ、井眼Ⅳ的钻井速度是相当的；井眼Ⅰ、井眼Ⅱ和井眼Ⅲ三个井眼实际返出钻屑量低于理论容积，施工过程中扭矩、拉力偏大，井眼Ⅳ实际返出岩屑是理论容积的 1.6 倍，施工过程中扭矩、拉力较低，这表明井眼净化效果好。

表8　施工参数统计表

	井段/m	钻井周期/d	扭矩/kN·m	拉力/t	平均返砂率/%
井眼 Ⅰ	4270~5207	16.39	35~43	230~270	78.0
井眼 Ⅱ	4665~5210	15.19	35~42	230~260	83.0
井眼 Ⅲ	4295~5002	11.04	35~42	230~250	96.0
井眼 Ⅳ	4275~5023	19.48	20~27	160~190	160.0

备注：①钻井周期含中完时间，未包括处理事故复杂时间；

②扭矩、拉力为正常钻进时参数，井眼Ⅰ、井眼Ⅱ和井眼Ⅲ采用复合钻具施工；

③返砂率为实际返出岩屑量与理论井眼容积的比值。

6　认识与启示

（1）大斜度大位移定向井合适的密度支撑是井壁稳定的前提，强化井眼净化是保证施工安全的关键。

（2）广适性致密封堵是保证破碎及微裂缝等不稳定地层安全施工的抓手，架桥与充填结合、材料刚柔并济是保证致密封堵效果的基本要求。

（3）与井眼匹配的合适钻具尺寸有利于降低施工扭矩、拉力，保证施工安全。

（4）大斜度大位移定向井井眼方位与地层最大水平主要应力方向的夹角对地层坍塌压力的影响目前没有办法进行预测，需要开展研究。

东北伊通盆地星 33 井井壁失稳分析

王玉海[1] 付庆林[2] 刘建军[2] 陈 浩[2]

(1. 中原石油工程公司钻井一公司；2. 中原石油工程公司技术公司)

摘 要 星 33 井是吉林油田在伊通盆地鹿乡断陷西北缘构造带部署的一口直探井，设计井深 3900m，完钻井深 3964m。在三开奢岭组施工过程中，由于所钻地层为大段泥岩，设计密度偏低，发生井壁失稳现象，造成多次划眼，最长一次划眼时间达 388.5h，通过对井下情况认真分析，采取一系列针对性处理措施，使井壁失稳现象得到缓解，顺利钻达甲方加深设计井深，并安全下入套管，完成该井施工任务。

关键词 星 33 井 泥岩 井壁失稳 划眼 处理

星 33 井位于吉林省长春市双阳区伊通盆地鹿乡断陷西北缘构造带，是一口直探井，设计井深 3900m，完钻井深 3964m，钻井目的探索鹿乡断陷西北缘奢岭组和双阳组含油气性。井身结构见表 1，地质分层及岩性简述见表 2，分段钻井液体系及钻井液密度见表 3。三开施工井段井深 2500～3964m，地层为奢岭组和双阳组，岩性为深灰色泥岩、灰色粉砂质泥岩、灰色泥质粉砂岩、灰色含砾细砂岩、灰色荧光细砂岩为主；粉砂质含量较低，泥质含量较高，质纯性软，较疏松。施工过程中虽然采用了抑制防塌较好的 KCl 聚胺钻井液体系，由于设计密度偏低(最高密度 1.30g/cm^3)，仍发生了井壁失稳现象，造成多次划眼，最长一次在井段 3129～3850m，时间达 388.5h。现场工程、泥浆技术人员根据井下情况认真分析，相互配合，采取优化钻具组合、优选钻头与排量、优化钻井液性能等一系列措施，战胜种种困难，终于划眼至原井深，并钻至加深井深 3964m 完钻，顺利下入套管，完成该井施工。

表 1 井身结构

开钻次序	钻头尺寸×井深/mm×m		套管尺寸×下深/mm×m		套管下入地层层位	
	设计	实际	设计	实际	设计	实际
一开	Φ444.5×312	Φ444.5×318	Φ339.7×309	Φ339.7×317.72	岔路河组	岔路河组
二开	Φ311.1×2502	Φ311.1×2502	Φ244.5×2500	Φ244.5×2499.33	奢岭组	奢岭组
三开	Φ215.9×3900	Φ215.9×3964	Φ177.8×3900	3961.17	双阳组	双阳组

表 2 分段钻井液体系及钻井液密度

开钻次序	钻井液体系		钻井液密度/(g/cm^3)	
	设计	实际	设计	实际
一开	膨润土钻井液	膨润土钻井液	1.05～1.15	1.0～51.15
二开	聚合物钻井液	聚合物钻井液	1.16～1.32	1.16～1.39
三开	聚合物钻井液	聚胺 KCL 钻井液	1.25～1.30	1.25～1.46

表3 地质分层及岩性描述

地层					设计分层	岩性描述
界	系	统	组	段	底界深度/m	
			第四系		50	
	新近系		岔路河组		285	黄色砂质黏土及杂色砂砾石组成。成分以石英为主，长石次之，暗色矿物少许，颗粒分选较好，磨圆呈次圆状，泥质胶结，较疏松，砾径最大4mm，最小1mm，一般1~3mm。与下伏地层呈不整合接触
新生界	古近系	渐新统	齐家组		620	杂色砂砾岩、绿灰色泥岩、绿灰色粉砂质泥岩组成的不等厚互层。成分以石英为主，长石次之，暗色矿物少许，颗粒分选较好，磨圆呈次圆状，泥质胶结，较疏松。与下伏地层呈整合接触
			万昌组		1270	灰色粉砂质泥岩，灰色泥岩，灰色泥质粉砂岩组成的不等厚互层。泥质含量较高且分布不均，质纯性软。与下伏地层呈整合接触
		始新统	永吉组		1800	深灰色泥岩、灰色粉砂质泥岩、灰色泥质粉砂岩。粉砂质含量较低，泥质含量较高，质纯性软
			奢岭组		3239	深灰色泥岩、灰色粉砂质泥岩、灰色泥质粉砂岩为主。粉砂质含量较低，泥质含量较高，质纯性软
			双阳组（未穿）		3964	深灰色泥岩、灰色粉砂质泥岩、灰色泥质粉砂岩、灰色含砾细砂岩、灰色荧光细砂岩为主。粉砂质含量较低，泥质含量较高，质纯性软。成分以石英为主，长石少量，暗色矿物少许，颗粒分选较差，磨圆呈次棱角状，泥质胶结，较疏松

1 井壁失稳发生经过与处理

1.1 第一次划眼

12月9日三开钻至井深2692m，由于地层倾角大、增斜过快，起钻换动力钻具纠斜。地层：奢岭组；岩性：深灰色泥岩、灰色粉砂质泥岩、灰色泥质粉砂岩为主；采用聚胺KCl钻井液，钻井液性能：密度1.27g/cm³，黏度66s，失水3mL，动切力10Pa，初/终切6/15Pa，pH值9。下钻钻具组合：Φ215.9mmPDC钻头+Φ172mm1度单弯双螺杆+Φ159mm无磁钻铤×1+Φ159mm钻铤×6根+Φ127mm加重钻杆×15根+Φ127mm钻杆；16：00下钻至2520m遇阻，接方钻杆划眼，划眼困难，扭矩大，转盘打倒车，返出块状和剥蚀片状掉块较多，将钻井液密度提高到设计上限1.30g/cm³。10日6：00划眼到底，共计14h。

1.2 第二次划眼

12月19日7：00钻进至井深3201m进行短起下钻作业。地层：奢岭组；岩性：深灰色泥岩、灰色粉砂质泥岩、灰色泥质粉砂岩为主；钻井液性能：密度1.30g/cm³，黏度68s，失水2.8mL，动切力10.5Pa，初/终切7/18Pa，pH值9。共短起下11柱，起钻比较困难，下钻时第3柱遇阻，有9柱不到底，13：00接方钻杆划眼，划眼时转盘扭矩大，有憋泵、打倒车现象，返出块状和剥蚀片状掉块较多，请示甲方监督将钻井液密度提高到1.35g/cm³，并加入磺化沥青粉、低荧光井壁稳定剂各 2t。直到 20 日 12：00 才划眼到底，共计 23h。

1.3 第三次划眼

12 月 20 日 22：30 钻进至井深 3218m 钻时慢起钻。地层：奢岭组；岩性：深灰色泥岩、灰色粉砂质泥岩、灰色泥质粉砂岩为主；钻井液性能：密度 1.35g/cm³，黏度 66s，失水 2.6mL，动切力 11Pa，初/终切 6/16Pa，pH 值 9。下钻钻具组合为：Φ215.9mmPDC 钻头+Φ172mm0.5 度双扶单弯螺杆+箭式浮阀+Φ165mm 水力加压器+Φ159mm 无磁钻铤×1＋Φ159mm 钻铤×12 根+Φ127mm 加重钻杆×15 根+Φ127mm 钻杆。21 日 21：30 下钻有 10m 不到底，而这 10m 划眼也非常困难，期间憋泵 2 次，打倒车现象突出。由于密度提高到 1.35g/cm³ 后，正常钻进返出掉块很少，井下正常，之所以下钻不到底的原因还是液柱压力满足不了平衡地层侧压力要求，将钻井液密度提高到 1.39g/cm³，直到 22 日 2：00 才划到底，共计 4.5h。

1.4 第四次划眼

12 月 27 日 19：00 钻进至井深 3850.96m 地质要求取心，于是起钻准备取心。地层：双阳组；岩性：深灰色泥岩、灰色粉砂质泥岩、灰色泥质粉砂岩、灰色含砾细砂岩、灰色荧光细砂岩为主。粉砂质含量较低，泥质含量较高，质纯性软。成分以石英为主，长石少量，暗色矿物少许，颗粒分选较差，磨圆呈次棱角状，泥质胶结，较疏松。钻井液性能：密度 1.39g/cm³，黏度 71s，失水 2.6mL，动切力 15Pa，初/终切 7/19Pa，pH 值 9。由于在起钻前循环时掉块多，而且从第 6 柱到 26 柱起钻不好起，担心直接下取心筒下不到底，况且取心筒不能划眼，遂决定通一趟井后再下取心筒。通井钻具组合为：Φ215.9mmHF637GH+箭式浮阀+Φ159mm 钻铤×1 根+Φ212mm 扶正器+Φ159mm 钻铤×5 根+Φ127mm 加重钻杆×15 根+Φ127mm 钻杆。12 月 29 日 4：00 下钻至 3129m 时遇阻，两个凡尔开泵正常，循环约 10min 发现出口排量减小约 1/2，活动钻具，上提遇卡，下放遇阻，改用一个凡尔开泵困难，多次开泵不成功。期间大幅度活动钻具，用方钻杆带出了 6 个单根，到下午 17：00 一个凡尔开通，逐渐增大到两个凡尔、三个凡尔，泵压正常后开始划眼。

30 日 7：00 将从井里带出来的 6 个单根划完，之后从遇阻点 3129m 开始划眼，划眼十分困难，加入 HV-CMC、重晶石粉调整钻井液性能：密度 1.41g/cm³，黏度 100s，失水 2.6mL，动切力 18Pa，初/终切 10/25Pa，pH 值 9。一直到 31 日 1：30 才划到井深 3165m。划眼仍很困难，决定简化钻具结构，换牙轮钻头、去掉扶正器再划眼，钻具组合为：Φ215.9mmHJT537GK+Φ159mm 钻铤×6 根+Φ127mm 加重钻杆×15 根+Φ127mm 钻杆。

1 月 1 日 3：00 分段循环下钻至井深 3165m 开始划眼，划眼困难，好不容易一个单根划到底后，钻具提起放不下去，划眼过程中经常出现扭矩增大打倒车现象，加入重晶石粉、HV-CMC、磺化沥青粉、SMP 调整钻井液性能：密度 1.43g/cm³，黏度 200s，失水 2.6mL，动切力 22Pa，初/终切 10/25Pa，pH 值 9。1 月 2 日 6：00 划眼到 3185m 后就非常困难，钻具往下放一点就憋泵、打倒车，划眼已经无法进行下去，于是起钻准备下井底清洁器打捞一些大掉块。钻具组合为：Φ195mm 井底清洁器+Φ127mm 加重钻杆×15 根+Φ127mm 钻杆。1 月 3 日 3：00 下到底，用井底清洁器清洁带出了一些核桃般大小的掉块，效果不理想(图 1)。

1 月 4 日 8：00 下钢齿钻头划眼，钻具组合为：Φ215.9mmGA114+Φ159mm 钻铤×6 根+Φ127mm 加重钻杆×15 根+Φ127mm 钻杆。钢齿钻头划眼刚开始也是十分困难，一个单根划到底后，钻具提起来后放不到底，扭矩也很大。加入 HV-CMC、磺化沥青粉、井壁护壁剂

FPS、SMP、腐殖酸钾调整钻井液性能：密度 1.43g/cm^3，黏度 300s，失水 2.6mL，动切力 30Pa，初/终切 18/40Pa，pH 值 9。同时进行分析难划的原因，此位置为井塌后形成的大肚子井眼，钻头在此位置循环时间越长冲刷的肚子越大，掉块越多，越不容易带出，只有接上单根钻头往下走离开此位置，以减小对大肚子的冲刷，对划眼才有利(图2)。于是采取单根接不上先接短钻杆(3m 或 5m)，再接单根的方法，划眼难度得到改善。就这样坚持划眼，有不易划的井段，也有易划和放空井段，相对来说 3500m 以下好划些。直到 1 月 13 日 8：30 划眼到原井深 3850.96m，共计 388.5h。

图 1　井底清洁器打捞出的掉块　　　　　图 2　划眼时返出的掉块

2　井壁失稳原因分析

2.1　地层交结性差

井壁失稳井段为奢岭组和双阳组，岩性均以深灰色泥岩、灰色粉砂质泥岩、灰色泥质粉砂岩为主。粉砂质含量较低，泥质含量较高，质纯性软，较疏松。从钻进过程中钻时也显现出来，可钻性强，钻时快(大多在 2~15min)。地层自身因素是引起井壁失稳的基础条件。

2.2　使用密度低，液柱压力不能满足地层侧压力的要求

三开设计最高钻井液密度 1.30g/cm^3，钻进时加上循环压力，仍有少量掉块，起下钻时掉块增多；密度提高到 1.39g/cm^3 后，短起下钻井下情况趋于正常；随着井径的不断扩大，大肚子井眼的形成以及浸泡时间的增长，1.39g/cm^3 的密度逐渐满足不了井下要求，造成地层垮塌加剧；密度提高到 1.45g/cm^3 后，从划眼过程和完井作业来看，井壁失稳现象减轻。故使用密度偏低，提密度不及时是造成井壁失稳的主要条件。

2.3　操作不当

钻至井深 3850.96m 起钻通井，下钻至 3129m 遇阻后没有按排量从小到大顺序开泵，直接开 2 个凡尔，开泵过猛造成环空憋堵，部分钻井液进入地层，停泵后反吐，使本来不稳定地层经受重创，导致井壁严重失稳，发生坍塌。故操作不当是加剧井壁失稳造成井下复杂的直接条件。

3　结论与认识

(1) 防止井壁失稳，单靠提高钻井液抑制和封堵能力两方面是不够的，必须有适合的液柱压力平衡，只有三方面形成统一，相辅相成，井壁失稳发生的几率才会降低。本井从三开开钻密度 1.27g/cm^3 到钻进过程中逐渐提高到 1.30g/cm^3、1.35g/cm^3，虽有好转，但井壁失

稳现象仍没有得到很好控制，当提高到 1.39g/cm³ 后，起下钻能基本到底，说明三开开钻使用密度偏低，建议应采用 1.39g/cm³ 的密度三开。

（2）本井虽然采用了抑制性较好的 KCl 聚胺钻井液体系，也采取了一系列封堵措施，但仍不能满足井下要求，出现了井壁失稳现象。对该区块适用的钻井液体系应进行研究，根据邻井使用情况，在该区块施工，建议可考虑采用 KCl 硅酸钠钻井液体系。

（3）对于胶结性差的地层，封堵作用非常重要，应选择适合地层需要的封堵剂，粒级搭配要合理，形成的封固层要致密、牢固，才能达到防塌的目的。

（4）对于直井，当形成大肚子或糖葫芦井眼时，使用高黏切或超高黏切钻井液，一是可形成平板型层流或塞流，有利于掉块的带出；二是可减少对井壁的冲刷，有利于巩固井壁，同时岩屑在大肚子处产生沉积，加上部分超细颗粒的填充和井壁护壁处理剂形成封闭层，可使大肚子逐渐减少，有利于井壁的稳定。

（5）技术措施制订要细化，落到实处，严谨操作，是避免井下发生复杂的关键。

（6）控制合适的钻井液 pH 值有利于降低井壁失稳的发生。研究证实，当水溶液中 pH 值低于 9 时，pH 值对泥页岩水化影响不大，pH 值继续增加，泥页岩水化膨胀加剧，促使泥岩坍塌。

参 考 文 献

[1] 鄢捷年. 钻井液工艺学[M]. 东营：中国石油大学出版社，2006.
[2] 王中华. 钻井液技术员读本[M]. 中国石化出版社，2017.

作者简介：王玉海，中原石油勘探局钻井一司技术发展中心，主任技师，现从事钻井液现场技术管理工作。地址：河南省濮阳市清丰县马庄桥中原石油勘探局钻井一司技术发展中心，邮政编码：457331，电话：18236090335，E-mail：472860848@qq.com。

杭锦旗工区钻井液性能控制难点与对策

刘金牛　李永正　刘桂君　王宝军

（中国石化华北石油工程有限公司西部分公司鄂北项目部立新创新工作室）

摘　要　本文针对鄂北工区施工井钻井液维护处理过程中出现的钻井液滤失量难以控制、性能反复等问题，分析原因、制定对策，通过在 JPH-331 井的现场试验，取得较好的现场应用效果。

关键词　钻井液　难点分析　技术对策　鄂北工区

2018 年鄂北工区钻井液维护处理过程中，出现钻井液中压滤失量反复或者难以降低（J58P40H 井二开中完期间中压滤失量在 6~8mL 之间反复、如 J58-5-2 井、J58-6-1 井、J58-6-2 井、DPT-128 井等失水降至 6mL 左右再难以降低，其他性能难以调控（JPH-401 井、J58-6-3 井、JPH-428 井）等现象，增加了钻井液处理的工作量，同时给井下安全带来一定的隐患。

1　难点分析

（1）钻井液抑制性降低。2018 年，受到外部环境影响，水解聚丙烯腈铵盐（NH_4-HPAN）、水解聚丙烯腈钾盐（K-HPAN）在鄂北工区乃至全国范围内缺货、断货，现有的钾铵基体系能提供抑制性的只有强力包被剂（BLZ）以及一些有机硅类处理剂，由于 NH_4-HPAN 及 K-HPAN 的缺失，钾铵基体系的抑制性相比之前有一定程度的降低。

（2）水泥塞、可控膨胀堵漏塞（KPD）的污染。在钻扫导眼回填塞，地质、工程回填塞，井漏 KPD 堵漏塞过程中钻井液性能均会受到水泥"钙侵"。

（3）在中压滤失量难以控制的情况下，大量加入使用 LV-PAC、LV-CMC、KJ-1、KJ-2 等材料，有时引起黏切急剧上涨、性能难以控制等其他不利影响。

2　技术对策

2.1　在 NH4-HPAN、K-HPAN 缺失的情况下，较好地利用现有的 BLZ 等材料，确保体系的抑制性。

二开直井段，在加强钻井液固控清除、防止钻井液"固侵"的前提下，钻井液处理剂以 BLZ 及 NH_4-HPAN 、K-HPAN 为主。BLZ 加量建议在 0.75%~0.5%，NH_4-HPAN/K-HPAN 加量建议在 0.5%~1.0%，钻井液性能主要观察初、终切，动切及塑黏的变化。如初、终切上涨，建议适当加大 BLZ 及 NH_4-HPAN/K-HPAN 加量，同时结合有机硅降黏剂处理，及时控制固相分散；如塑黏上涨过快，建议适当降低 BLZ 加量，提高 NH_4-HPAN/K-HPAN，以中分子材料置换大分子材料，降低液相黏度以降低塑黏。

二开斜井段，在钻进至石千峰造浆地层前，储备一罐高抑制性胶液防止造浆黏土侵（0.5%BLZ+1.0% NH_4-HPAN/K-HPAN），钻穿该地层后将 BLZ 的加量控制在 0.3% 左右至二开完钻，根据塑黏的大小适当调整，同时配合沥青类材料提供抑制封堵性。

2.2 正确认识与处理水泥污染

无论是导眼回填塞、地质、工程回填塞，KPD 堵漏塞，其主要成分为水泥，水泥的主要矿物成分为硅酸三钙、硅酸二钙、铝酸三钙以及铁铝酸四钙，它们遇水后发生水化反应，生成大量水化硅酸钙凝胶(可用 $CaO\text{-}SiO_2\text{-}H_2O$ 表示，简写 C-S-H)和氢氧化钙(简写 CH)，由于部分 $Ca(OH)_2$ 能在水中电离解生成 Ca^{2+} 和 OH^-(式 1)，所以水泥对钻井液的污染主要是这两种离子共同作用的结果。

$$Ca(OH)_2 \longrightarrow Ca^{2+} + 2OH^- \tag{1}$$

虽然 $Ca(OH)_2$ 溶解度不高，但几百个 ppm(1ppm = 0.0001%)的钙离子含量就足以让钻井液失去胶体特性。Ca^{2+} 对钻井液的主要污染是由于水泥提供的二价钙离子易与钠蒙脱石中的 Na^+ 发生离子交换，使钠质黏土变成钙质黏土，黏土 δ 电势减小，水化分散程度显著降低，水化膜变薄，从而使得阻止黏土颗粒聚结的电性斥力减小，聚结-分散平衡向着有利于聚结方向变化，导致钻井液黏土颗粒变粗，网状结构加强和加大，致使钻井液的黏度、切力、滤失量增大，泥饼变厚[1~4]，当 Ca^{2+} 的含量达到一定程度后，黏土颗粒继续变粗沉淀(絮凝)，此时黏土颗粒的分散度明显降低，黏切下降，滤失量继续增大，见图 1。而水泥引起的污染还同时伴有 OH^- 污染，致使钻井液 pH 值升高，由于大量的 OH^- 吸附在黏土晶层表面，增强了其表面负电性，使黏土水化分散加重，井下泥页岩不稳定，最终使黏切急剧上升，此外丙烯酰胺类高分子聚合物保持其分子中含有 20% ~ 30% 的 $-CONH_2$ 吸附基团，因为高分子聚合物只有吸附到黏土上才能实现架桥作用，钻井液的 pH 值过高时，部分的 $-CONH_2$ 会发生水解作用而形成 $-COO-$ 水化基团，从而失去对黏土颗粒的吸附性，pH 值的增大会促使聚合物的包被和絮凝效果降低，酚醛树脂(SMP)在高碱性环境下，分子中的酚羟基形成酚钠基，减少了 SMP 对黏土颗粒的吸附基团，使得 SMP 的抗盐、降滤失效果降低[5]。

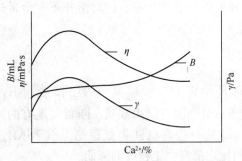

图 1 Ca^{2+} 对钻井液黏切及滤失量的影响曲线

目前现场去除 Ca^{2+} 离子的方法一般是加入 Na_2CO_3 [式(2)]，而 Na_2CO_3 过量加入会造成 CO_3^{2-} 或者 HCO_3^- 污染，因此现场难以确定最佳的 Na_2CO_3 加量。

$$Na_2CO_3 + Ca^{2+} \longrightarrow 2Na^+ + CaCO_3 \downarrow \tag{2}$$

从上述可以看出，水泥污染产生的 Ca^{2+} 会抑制钻井液中黏土颗粒的分散、促进其絮凝，而 OH^- 会促使其分散，因此，在处理水泥污染期间，处理好"分散"与"抑制"之间的矛盾是关键，钻塞及后续钻进期间尽量不要补充 NaOH，直至钻进消耗 pH 值自然恢复正常为止，同时加入适量的 Na_2CO_3 除去多余的 Ca^{2+}，保持钻井液中的黏土颗粒始终处于适度分散状态。

2.3 理清滤失量难以控制的原因，对症下药

结合工区现在使用的钾铵基钻井液体系(适度分散体系或者近似粗分散体系)，总结获得致密滤饼与较低滤失量的方法：①使用膨润土造浆；②加入适量纯碱、烧碱或者有机分散剂、提高黏土颗粒的 δ 电位、水化程度和分散度；③加入 CMC、PAC 或者其他聚合物，提高分散度；④加入一些极细粒子堵塞泥饼孔隙使泥饼具有较低的渗透率，抗剪切能力增强。

从上述④可以理解为加入类似超钙、沥青类、聚合物（胶体）类等材料可以达到降低泥饼的渗透率从而降低滤失量的目的；从上述①②③可以看出，增加钻井液的分散度，这个也是至关重要的一点，可以有效地降低滤失量。但是增加钻井液分散度不是让钻井液无限制分散，而是让钻井液处于适度分散状态。这是因为：处于钻井液细分散态时，泥浆失水量小，但黏度较大（主要是塑性黏度大），对可溶性盐类的侵污敏感；处于絮凝状态时，由于黏土颗粒变粗，水化膜减薄，泥浆失水量增大，由于絮凝结构的形成使泥浆黏度、切力大增（结构黏度大）；而当黏土粒子属于适度絮凝的粗分散态时，泥浆具有较小的黏度和切力（这时无论塑性黏度和结构黏度都小），同时具有比较满意的滤失量。

从目前工区降低滤失量的手段来看，引起钻井液性能难以控制、滤失量上涨、反复的原因有以下几个：①钻井液抑制性差、固相（劣质黏土）分散、细分散，黏切上涨，失水反复；②加入 LV-PAC、LV-CMC 等聚合物类降滤失剂造成黏切上涨，钻井液流动性差；③地层或者部分钻井液材料失效产生 CO_2 造成钻井液黏切上涨，失水增大。

3 现场应用

JPH-331 井是位于鄂尔多斯盆地伊陕斜坡北部的一口三级结构水平井，该井位于杭锦旗区块井漏高风险区，邻井（同井场）JPH-330 井漏失 11 次，漏失钻井液 871m³，井漏损失 22.1d，其中使用可控膨胀堵漏（KPD）5 次。井身结构为 Φ311.2mmBit × 431m + Φ222.3mmBit×3252.43m+Φ152.4mm ×4452.45m。

JPH-331 井钻至 2506m（刘家沟组）后，第一次井漏失返，采用 KPD 堵漏；钻至井深 2526m（刘家沟组）后，第二次井漏失返，强钻至井深 2664m（石千峰组），采用 KPD 堵漏；钻至井深 2954m，第三次井漏失返，采用 KPD 堵漏。

该井在二开井段钻进过程中发生失返性井漏 3 次，漏失钻井液 1400 多 m³，且发生第三次井漏时已经钻至石千峰组，该地层泥页岩发育，且处于斜井段，极易发生剥落掉块，下部石盒子地层灰色泥岩发育，易井壁失稳，在这种情况下，如何快速调整钻井液性能达到防塌的需要刻不容缓。

第三次井漏前钻井液性能见表 1。

表 1 JPH-331 井第三次井漏前钻井液性能

ρ/(g/cm³)	Fv/s	六速黏度						Im	Gel/Pa	YP/Pa	PV/mPa·s	Vb/(g/L)	FL_{API}/mL	pH 值
		θ_{600}	θ_{300}	θ_{200}	θ_{100}	θ_6	θ_3							
1.09	48	45	29	22	15	4	3	256	2/8	6.5	16	43	4.6	9

第三次井漏扫（KPD）塞后钻井液性能见表 2。

表 2 JPH-331 井第三次井漏扫塞后钻井液性能

ρ/(g/cm³)	Fv/s	六速黏度						Im	Gel/Pa	YP/Pa	PV/mPa·s	Vb/(g/L)	FL_{API}/mL	pH 值
		θ_{600}	θ_{300}	θ_{200}	θ_{100}	θ_6	θ_3							
1.09	36	20	11	8	5	1	0	26	0/0.5	1	9	38	12	14

对比表 1 及表 2 可以看出：水泥污染比较严重，造成钻井液 pH 值上涨，黏切下降，加入 0.3%Na_2CO_3（700kg）后测钻井液性能见表 3。

表3　加入 Na_2CO_3 后钻井液性能

$\rho/(g/cm^3)$	Fv/s	六速黏度						Im	Gel/Pa	YP/Pa	$PV/$ mPa·s	$Vb/$ (g/L)	$FL_{API}/$ mL	pH 值
		θ_{600}	θ_{300}	θ_{200}	θ_{100}	θ_6	θ_3							
1.12	46	37	22	17	11	2	2	93	1/4	3.5	15	42	8.4	13

从表3可以看出：加入 Na_2CO_3 处理后钻井液的黏切逐渐恢复，滤失量降低说明水泥污染逐渐消除。

考虑到水污染后钻井液 pH 值较高，后续维护期间不再补充纯碱，以防止黏土颗粒分散，胶液以降低滤失量及防塌为主，胶液维护配方：0.3%LV-CMC/LV-PAC+0.5% KJ-1+0.5%KJ-2+1%RHJ-3+0.5%QS-2。后期钻井液性能见表4。

表4　JPH-331 井后期钻井液性能

H/m	$\rho/$ (g/cm³)	Fv/s	六速黏度						Im	Gel/Pa	YP/Pa	$PV/$ mPa·s	$Vb/$ (g/L)	$FL_{API}/$ mL	pH 值
			θ_{600}	θ_{300}	θ_{200}	θ_{100}	θ_6	θ_3							
2779	1.11	49	44	27	20	12	4	2	141	1/3	5	17	45	5.2	12
2785	1.12	52	47	29	21	13	4	2	151	1/2.5	5.5	18	45	4.8	12
2800	1.12	53	47	28	21	12	3	1	95	1/4	5	20	45	4.8	11
2836	1.14	55	55	34	24	15	4	2	155	1/4	6.5	21	48	4.2	11
2847	1.14	57	62	38	28	18	5	2	139	2/4	7	24	48	4.2	11
2950	1.16	53	54	32	23	14	4	2	88	1/4	5	22	48	4.4	11
2996	1.17	50	49	30	22	13	3	2	137	1/4	5.5	19	50	4.4	10
3006	1.17	53	52	30	24	14	3	1	60	1.5/4	4	22	50	4.4	10
3078	1.17	55	51	29	22	14	4	2	125	1.5/4.5	5.5	22	50	4.6	10
3118	1.17	56	58	35	26	15	4	2	113	2/4	6	23	50	4.0	10
3170	1.17	60	60	37	27	17	4	2	150	1.5/4	7	23	50	4.0	9
3250	1.17	60	58	36	25	15	3	2	163	2/6	7	22	50	3.6	9

在该井钻至2847m时，观察钻井液性能发现，钻井液 YP 值一直在 5~7Pa，黏度从49s上涨到57s，而塑黏从17mPa·s上涨到24mPa·s，分析原因可能是胶液中补充的 LV-CMC 以及 LV-PAC 引起的液相黏度过高造成钻井液黏度以及塑黏上涨，后续胶液中补充 NH_4HPAN 以及 K-HPAN 替换 LV-CMC 以及 LV-PAC，通过中小分子置换大分子，在确保滤失量稳定的同时，降低黏切。后续钻进过程中，钻井液性能稳定。

4　认识

（1）石千峰、石盒子组棕红色泥岩易水化分散，在该地层钻进过程中加大 BLZ 用量，建议其加量在 0.5%~0.75%。

（2）在钻 KPD/水泥塞后，水泥污染造成 pH 值升高，胶液中不需要再加入 NaOH，以防止在高碱值环境下劣质固相进一步分散。

（3）降失水材料要根据具体黏切高低进行调整。

参 考 文 献

[1] 张正，张统德．钻井液水泥钙侵问题分析与处理技术研究[J]．探矿工程(岩土掘矿工程)，2013，40(3)：32-34．

[2] 李明，杨雨佳，李早元，等．固井水泥浆与钻井液接触污染作用机理[J]．石油学报，2014，35(6)：1188-1196．

[3] 宋正聪，李青，刘毅，等．塔河油田超深井裸眼段打水泥塞事故原理分析及对策[J]．钻采工艺，2012，35(6)：119-120．

[4] 马勇，郭小阳，姚坤全，等．钻井液与水泥浆化学不兼容原因初探[J]．钻井液与完井液，2010，27(6)：46-48．

[5] 马庆云，等．浅谈钻井液 pH 值对处理机的影响[J]．钻井液与完井液，2008，26(3)．

[6] 郭金爱．钻井液剪切稀释性及其相关性研究[J]．精细石油化工进展，2015，16(5)：12-15．

[7] 李烘乾．泥浆动塑比与剪切稀释能力的关系[J]．西部探矿工程，1994，6(6)：65-66．

[8] 王平全．不同流变模式下钻井液剪切稀释性评价[J]．天然气工业，1997，17(6)：43-45．

[9] 江小玲，雷宗明，刘佳．钻井液流变参数相关性研究[J]．钻采工艺，2010，33(4)：15-19．

文 23 储气库钻井液技术难点与对策

张攀辉　郭明贤　孟宪波　王玉海

（中国石化中原石油工程有限公司钻井一公司）

摘　要　文 23 储气库是国家"十三五"规划的重点项目，是中国石化在中东部发达地区建设的国家级战略储气库，建成后将成为我国规模最大的天然气储转中心，极大缓解区域用气高峰期间的用气紧张。文 23 块二开地层裂缝发育、地层压力系数上下差异较大，易造成上部低压层漏失，盐层段易发生盐溶、蠕动缩径导致阻卡等复杂情况发生，三开地层亏空严重，储层压力系数低，易漏失，受长期注采及酸化压裂等作业影响，储层地层极不稳定，部分井段易坍塌。本文针对文 23 储气库钻井液技术难点进行了分析，并针对各个地层出现的不同复杂情况和事故给予相应的预防和处理措施，有利于安全钻进，减少复杂事故发生，同时减少钻井周期，大大节约钻井经济成本。

关键词　文 23 储气库　微泡　防漏　堵漏

中国石化文 23 储气库是中国石化的重点项目，是国家大型天然气储转中心和天然气管网连接枢纽，辐射周边 6 个省和 2 个直辖市。项目位于濮阳县文留镇，由文 23 气田主块改建，设计库容 $104 \times 10^8 m^3$，建成后有效工作气量 $40 \times 10^8 m^3$ 以上，文 23 储气库建成投用后，将是全国最大的储气库[1~5]，能极大缓解华北地区乃至全国在用气高峰期间的用气紧张局面，对于保障国家能源安全、促进华北地区天然气管道平稳运行、推动区域经济发展等具有重要作用。

文 23 块二开地层裂缝发育、地层压力系数上下差异较大，易造成上部低压层漏失，盐层段易发生盐溶、蠕动缩径导致阻卡等复杂情况发生，三开地层亏空严重，储层压力系数低，易漏失，受长期注采及酸化压裂等作业影响，储层地层极不稳定，部分井段易坍塌。

文 23 储气库在二开、三开存在不同程度的井漏情况，井漏严重制约储气库的开发建设。储 8-2、储 8-3、储 7-5、储 7-1、储 7-6 五口井，在井深 2100～2350m 均发生不同程度的渗透性漏失，漏速 1～2m³/h，漏失量 130～220m³。8 号台二开的易漏井段主要在 2100m 到盐顶位置，储 8-2 井在二开盐层上面发生失返性漏失，技术套管固井时发生漏失，造成反挤水泥。三开为亏空产层，漏失井段长、钻进期间彻底根治井漏难度大，尽管上部地层封堵好，钻进新地层也面临着漏失的风险。因相邻文 10 块产层亏空，邻井施工时多次发生漏失，其中文 23-46 井井深 2034m 以下发生 9 次失返性漏失，共漏失钻井液 175 m³，8 号台子紧靠文 10 块施工难度更大，储 8-2 井三开微泡钻井液钻进时发生失返性漏失。

因此有必要对该区块进行分析，总结文 23 储气库钻井液技术难点与技术处理措施，形成符合文 23 储气库的钻井液技术处理方案。

1　技术难点

1.1　井壁稳定性差

明化镇组、东营组大段软泥岩极易吸水膨胀缩颈。沙一段至沙四上地层，泥岩易吸水膨胀、垮塌，盐层段易发生盐溶、蠕动缩径导致阻卡等复杂情况发生。沙四段受长期注采及酸化压裂等作业影响，储层极不稳定，部分井段易坍塌。

1.2 井漏问题突出

二开地层裂缝发育、压力系数上下差异较大，易造成上部低压层漏失；三开地层亏空严重，储层压力系数低(0.10~0.60)，易漏失；为安全钻穿文 23 盐盐层，钻井液密度要提高至 1.48~1.50g/cm³，高密度状态下，易造成上部低压层(压力系数 1.05)漏失；该区块断层发育，每口井均钻遇 3~5 个断层，易发生渗透性或失返性漏失；环空间隙小，套管接箍刮落泥饼，泥饼堆积，环空不畅，易憋漏地层。

1.3 钻井液润滑防卡难度大

文 23 储气库钻井为丛式井，定向井居多，同一裸眼段压力系数变化大，钻井过程中存在定向困难、易发生压差卡钻等难题，钻井液润滑防卡是关键。

2 井壁稳定和预防处理方法

井壁不稳定主要是泥岩、泥页岩地层的不稳定，根据所钻井不同地层泥岩的性质采取针对性措施，经过近 5 口井应用，钻井过程中没有出现井壁失稳现象，井壁稳定，井径规则。

(1) 明化镇及东营组以软泥岩为主，采用低固相聚合物钻井液，以高分子聚合物包被剂抑制泥岩分散，提高钻井液抑制性，以 NH_4-HPAN 和 LV-CMC 控制滤失量，放开钻井液滤失量，加大用水量，保持低黏切(黏度低于 35s)，滤失量大于 18mL，增加上部地层井径扩大率。使用好四级固控设备，及时清理沉砂罐，钻完馆陶组转换盐水钻井液前及时清理泥浆罐，降低钻井液中的有害固相。钻井液保持低黏切，充分发挥钻头水马力，增强对井壁的冲刷，形成薄而致密的泥饼，防止井眼缩径。

(2) 沙一段至沙四上地层，泥岩易吸水膨胀、垮塌，盐膏层易发生盐溶和塑性变形，调整、优化盐水钻井液转化时机。钻完东营组以后，短起下钻拉井壁，清理泥浆罐，下钻到底调整泥浆性能，使钻井液滤失量小于 5mL，按设计调整密度，加入 10%的盐转换为欠饱和盐水钻井液体系。钻至盐层前 50m，采用饱和盐水钻井液，循环调整钻井液性能，密度提高至 1.48~1.50g/cm³，Cl^->170000mg/L，滤失量小于 5mL，防止盐溶井径扩大，同时加入防塌封堵剂(FT-1、QS-2、石墨粉)封固井壁。

(3) 三开沙四段为目的层，由于地层亏空，压力系数较低，采用微泡钻井液，微泡钻井液的密度通过起泡剂、消泡剂配合现场施工工艺进行调整。如果需要降低密度幅度较小，可以利用剪切泵参与循环降低密度，不必加入发泡剂。如果需要大幅度降低密度，需加入发泡剂，但其加入速度和用量不宜过大，且必须按循环周加入，加入后在整个循环周内观察钻井液密度变化情况；如需提高钻井液密度，加入消泡剂，并注意控制消泡剂的加入速度且每次加量不超过0.02%，钻井过程中注意观察井筒压力变化情况，及时调整钻井液密度，加入聚胺抑制剂、胺基烷基糖苷抑制泥岩分散，加入液膜强化剂护壁，稳定井壁，确保安全钻进。

3 防漏、堵漏措施

3.1 防漏技术

防漏是文 23 储气库钻井重中之重，做好防漏工作是一口井成败的关键。针对沙一段至文 23 盐顶易发生断层漏失，沙四段易发生地层亏空漏失，采取不同的防漏措施，在施工过程中取得一定的效果。

3.1.1 防漏措施

对于井漏的处理，坚持"预堵为主，防胜于堵"的原则，根据施工情况，确定二开的易漏井段在 2100m 到盐顶位置，钻进时一次性加入足量的随钻堵漏剂对该井段进行预堵防漏，精心人为操作，放大振动筛筛布目数，进入盐层后可筛除随钻堵漏剂。

（1）控制钻具下放速度，杜绝猛顿猛刹，开泵排量由小到大，避免瞬间井底激动压力增大造成井漏。

（2）进入易漏失层前，适当提高钻井液坂土含量（50~60g/L），增强钻井液造壁性。

（3）进入漏层前，一次性加入 3% 的堵漏剂，其中 2% FD-1、1% FD-2，钻进过程中及时补充保持其含量。如需使用振动筛净化时，应及时补足堵漏剂有效含量。

3.1.2 易漏井段防漏

3.1.2.1 转换盐水钻井液时的防漏

创新饱和盐水钻井液转换方法。传统转换方法是先在地面配制饱和盐水复合胶液，密度约在 1.20~1.22g/cm³，大于井浆 1.12g/cm³ 的密度，当与井浆混合时增稠严重，由于密度、黏度的高低不均匀往往在替浆时造成漏失。转换时，调整新浆密度同井浆相同，保持顶替时压力均衡；加盐、加重在钻进中逐步实施，井浆与新浆循环基本均匀后再逐步加盐，防止钻井液黏切变化大，增大环空流动阻力；缓慢逐渐提高密度，有利于防止井漏发生。

3.1.2.2 二开防漏

2100m 至文 23 盐顶和过盐层后的低压层井段属于易漏井段，钻至此井段，补加部分随钻堵漏、封堵剂（超细目碳酸钙、磺化沥青粉、石墨粉、高强封固剂、微裂缝随钻堵漏剂），同时加入 3%~5% 复合堵漏剂，更换 10~20 目振动筛筛布，随着堵漏剂的筛除并及时补充保证堵漏剂含量，预防失返性井漏的发生。

（1）优选防漏钻井液配方。原井浆混入量由 40% 增加到 50%，坂含由原来的 50g/L 提高到 55g/L，增强钻井液造壁能力；护胶剂 LV-CMC 或 PAC-LV 由 0.5% 增量到 1.0%，增强了钻井液护胶能力，以便于形成致密的泥饼；优选微裂缝随钻堵漏剂代替 FD-4，同时增加各种封堵剂的加量，进一步提高钻井液的防漏能力。

（2）钻遇断层、低压层井段防漏。2100m 至文 23 盐顶断层较多的井段和过盐层后的低压层井段属于易漏井段，钻至此井段，补充钻井液时按配方补加封堵剂，同时加入 3%~5% 复合堵漏剂，振动筛布更换为 10 目筛布，根据堵漏剂的筛除量并及时补充，保证堵漏剂含量，预防失返性井漏的发生。

二开优化防漏方案后，经过文 23 储 8-1 井、文 23 储 8-4 井、文 23 储 8-6 井、文 23 储 7-7 井 4 口井应用，与优化方案前所钻井相比，失返性漏失次数减少，渗漏现象也大大降低，具体如表1~表3。

表1　文 23 储 8-1 井、文 23 储 8-4 井与同井台文 23 储 8-2 井、文 23 储 8-3 井对比

名称	井号	失返性漏失/次	渗透性漏速/（m³/h）	漏失量/m³	平均漏失量/m³
优化前	文 23 储 8-2 井	1	1~3	200	200
	文 23 储 8-3 井		1~5	200	
优化后	文 23 储 8-1 井		0.5~1	80	90
	文 23 储 8-4 井		0.5~2	100	
对比		0	-0.5~2.5	-200	-110

表 2　文 23 储 8-6 井与同井台文 23 储 8-5 井对比

名称	井号	失返性漏失/次	漏失量/m³
优化前	文 23 储 8-5 井	6	500
优化后	文 23 储 8-6 井	3	350
对比		-3	-150

表 3　文 23 储 7-7 井与文 23 储 7-1 井、文 23 储 7-6 井对比

名称	井号	失返性漏失/次	漏失量/m³	平均漏失量/m³
542 优化前	文 23 储 7-1 井	1	535	
	文 23 储 7-6 井	2	549	
优化后	文 23 储 7-7 井		90	90
对比		0		-452

（3）三开产层亏空严重，属于超低压地层，尽管上部地层封堵好，钻进新地层也面临着漏失的风险，三开采用微泡钻井液，密度控制在 $0.90 \sim 0.98\text{g/cm}^3$ 之间，同时加入改性纤维封堵剂、油层暂堵剂封堵砂岩空隙。根据井下情况合理调整参数、降低排量，提高封堵能力，巩固井壁，在保证上部井段井壁稳定的前提下，对连续漏失井段进行小排量强钻，钻完亏空漏失地层之后进行整体堵漏。

3.2　堵漏技术

3.2.1　根据井漏成因确定堵漏方法

3.2.1.1　胶结性差的砂岩引起的渗透性漏失

明化镇、馆陶组流沙层交胶结性差，易发生渗透性漏失，漏速 $1 \sim 5 \text{ m}^3$。一般采用补充钻井液的方法，同时保持钻井液良好的造壁性，钻过该砂层，形成封堵较好的泥饼，消除井漏。

转换饱和盐水钻井液时，由于密度高、压差大，易造成明化镇、馆陶组砂岩层发生渗透性漏失，漏速 $1 \sim 3 \text{ m}^3$。采用提前封堵的方法提高地层承压能力，再逐渐提高钻井液密度，减少漏失。

3.2.1.2　沙一段、沙三段产层亏空引起的井漏

钻至沙一段、沙三段上产层时，由于地层亏空，造成地层压力低，转换饱和盐水钻井液密度提高至 $1.48 \sim 1.50\text{g/cm}^3$，易造成井漏，漏速一般 $1 \sim 5 \text{ m}^3$。一般采用加入 3%～5% 复合堵漏剂，更换 10 目振动筛布，随着堵漏剂的筛除并及时补充，保证堵漏剂含量，钻过漏层后再将堵漏剂筛除。

3.2.1.3　沙一段、沙三段断层裂缝造成的井漏

钻遇该井段断层时，多发生失返性漏失，随着缝隙的大小，表现漏速不等，几十立方米到上百立方米。一般采用桥堵加静止堵漏的方法，漏速较严重采用中原速封堵漏技术。

3.2.1.4　沙四段目的层亏空造成的井漏

文 23 气田经过三十多年的开发，气田处于枯竭状态，压力系数只有 $0.10 \sim 0.60$，易造成产层亏空漏失。一般采用桥堵加静止堵漏方法。

3.2.2　根据漏速确定堵漏方法

根据不同漏速大小、选择不同浓度、不同尺寸堵漏剂，小漏采用小颗粒复配随钻堵漏、静止堵漏，中漏采用大小复配桥接堵漏，大漏以中粗颗粒和纤维为主桥接堵漏，失返性漏失

采用中原速封堵漏技术。

（1）当发生漏速<5m³/h 的渗漏时，首先应降低钻井液密度，提高钻井液的黏度和切力，选择小粒径的堵漏材料复配，采取随钻堵漏或静止堵漏技术。注堵漏浆过程中漏速明显减小或不漏，采取随钻堵漏，如漏速无明显减小趋势，采取静置堵漏。

随钻堵漏：适当提高黏切，并加入 2%~4%随钻堵漏剂。

静止堵漏：配制堵漏钻井液，加入 2%~4%随钻堵漏剂+2%~4%复合堵漏剂，打入井内静止堵漏 8~24h，观察堵漏效果。

（2）当发生漏速 5~10m³/h 的裂缝性漏失时，采用桥浆堵漏技术，以中、细堵漏材料为主。

复合桥浆堵漏：配制复合桥浆堵漏浆，加入 10%~20%桥塞堵漏剂(粗、中、细比例为 2∶5∶3)，打入漏层，根据地层情况，适度进行憋压。

（3）当发生漏速漏速 10~20m³/h 的裂缝性漏失时，采用桥浆堵漏技术，以粗、中堵漏材料为主。

桥塞堵漏：配制桥塞堵漏浆，加入 15%~30%桥塞堵漏剂(粗、中、细比例为5∶3∶2)。光钻杆下入漏层上部 50~100m，将堵漏浆泵入井内，根据地层情况，进行适度憋压。

（4）当漏速大于 20m³/h 或失返时，采用中原速封堵漏技术。

中原速封堵漏技术：配制堵漏浆 15~25 m³，水∶快速封堵剂为 1∶(0.5~0.7)，加入 3%~5%片状架桥材料[(3~5)mm∶(1~3)mm＝2∶1]。光钻杆下入漏层上部 50~100m，将堵漏浆泵入井内，进行憋压；堵漏结束起钻、下钻扫塞恢复钻进。

4　润滑防卡技术

钻井过程中通过多种方式进行润滑防黏卡。

（1）采用多种润滑剂复配使用，降低泥饼摩阻系数，以原油为主，含量不低于 4%，配合使用部分液体润滑剂 CGY、石墨类固体润滑剂，将泥饼摩擦系数控制在 0.10 以内。

（2）维持较低的钻井液黏切，提高钻井液液流对井壁的清洗能力，降低井壁动态泥饼厚度。

（3）严格控制钻井液滤失量，降低静态泥饼厚度。API 中压滤失量小于 4 mL。

（4）使用好四级固控设备，并加入固相清洁剂，控制含砂量小于 0.3%。

5　电测、下套管钻井液技术

中完裸眼段长，环空间隙小，做好下套管前的井眼准备工作是保证套管下入的关键。下套管前通井，裸眼段加入 3% 细颗粒复合堵漏剂，防止下套管或开泵循环时发生井漏。

5.1　中完电测井眼准备

（1）钻至中完井深后，大排量充分循环清洗井眼，起钻换牙轮钻头通井。

（2）循环时采用增大排量或交替推"稀-稠"塞的方式充分清洗井眼。

（3）起钻前打入抗温润滑封闭液，增强钻井液高温稳定性和防卡能力。

通过以上措施的实施，电测均一次成功。

5.2　下套管前井眼准备

（1）补充加入 SMP-Ⅱ、SMC、磺化沥青等抗温处理剂及石墨粉、QS-2 等防塌封堵剂，提高钻井液高温稳定性和封堵能力，保持钻井液高温稳定性和良好的封堵能力；

（2）根据电测的井径数据，用 Φ317 mm 钻柱扶正器在井径较小处扩眼，采用模拟套管柱刚性的钻具结构进行单扶扩眼，优化钻井液性能，加入适量封堵剂（QS-2、FT-1、高强封固剂、石墨粉），增强钻井液封堵能力。扩眼到底以后，混入原油 10t、加入 200kg 乳化剂，提高钻井液润滑能力。

（3）完钻单扶通井时，漏失井段打入堵漏浆，起钻至漏层以上，增大排量循环，使部分堵漏浆进入地层，提高地层的承压能力。后续进行双扶和三扶通井。

（4）下套管前最后一次通井，起钻前裸眼段加入 2%~3% 堵漏剂 FD-1。

（5）分段循环清砂，保持井眼清洁，下套管前，清理灌浆罐沉砂，防止砂子堵塞套管附件。下套管过程中，如果发现井漏，在钻井液中加入 7% FD-1 复合堵漏剂，灌入套管内。

（6）起钻前打入抗温润滑封闭液，其配方：2% CGY + 2% NSL + 2% SMP-Ⅱ + 2% SMC + 2% 玻璃微珠。

（7）起钻前做静止实验，保证 10min 不黏卡。

通过以上措施的实施，套管下入顺利。

6 结论与建议

（1）转换饱和盐水钻井液时采用边钻进边转换的方法，不但有利于防漏，同时还提高生产时效。

（2）在文 23 盐钻进必须保证 Cl^- 含量 ≥170000mg/L、密度 $1.48g/cm^3$ 左右，防止盐溶和盐层井眼缩径。

（3）文 23 储气库三开压力系数低、且多套压力系数共存，微泡钻井液可有效防止或减少井漏。

（4）在东营组及其以上地层采用清水聚合物钻进，并始终保持低黏切，可有效防止钻头泥包、起下钻阻卡的发生。

建议：

（1）盐水钻井液小型实验的滤失量与现场实际转换的实际滤失量偏差大，需要进一步细化转换措施。

（2）一次根治井漏难度较大，需要探索提高一次堵漏成功率的新工艺。

（3）对于井漏的处理，坚持"预堵为主，防胜于堵"的原则。

参 考 文 献

[1] 李称心，等. 新疆呼图壁储气库钻井液技术[J]. 钻井液与完井液，2012，29(4)：45-48.

[2] 刘在桐，等. 大张坨储气库钻井液技术[J]. 天然气工业，2004，24(9)：153-155.

[3] 李国韬，等. 双 6 储气库水平井钻井液技术[J]. 中国石油和化工标准与质量，2013，4：150.

[4] 王立波，等. 辽河双 6 区块储气库水平井钻井与完井技术[J]. 中外能源，2013，2：63-67.

[5] 王禹，等. 板南储气库井承压堵漏技术[J]. 钻井液与完井液，2013，30(3)：47-49.

作者简介：张攀辉，中国石化中原石油工程有限公司钻井一公司页岩气项目，工程师，现从事钻井液现场技术管理工作。地址：河南省濮阳市清丰县马庄桥镇钻井一司技术发展中心，邮政编码：457331，电话：15286903373，E-mail：zhangpanhui1984@126.com。

青海地区英西与山前区块钻井液技术研究与应用

王　刚[1]　程　智[2]　徐兴军[1]　贾利军[2]

(1. 渤海钻探第二钻井分公司泥浆技术服务中心；2. 渤海钻探工程技术研究院)

摘　要　青海油田地处柴达木盆地，构造应力大，断层褶皱多，地层倾角大，裂缝发育，岩性散碎，地层稳定性差，山前地区钻井施工困难。在地层中还普遍存在岩盐层、膏盐层和高压盐水层，钻进过程中钻井液性能易污染，维护困难，阻卡等钻井复杂频繁。英西区块深层裂缝油气埋藏深、压力大、断层多、裂缝多，同裸眼段高低压互层导致压力窗口窄、存在"漏喷转换"等复杂，井控风险尤其突出。本文根据英西区块以及山前地区特点采用聚合物钻井液体系及欠饱和盐水泥浆体系，优化钻井液性能参数，减少或消除了井下复杂，为优质安全快速经济的钻井施工提供保障。

关键词　青海油田　裂缝　压力窗口　盐水层　钻井液

青海油田地处柴达木盆地，由于高原地质运动活跃，区块构造异常复杂，部分区块构造应力大、断层多、倾角大、岩性散碎，地层稳定性差。地貌或为风蚀残丘沟壑纵横，或为戈壁滩盐碱地，英西区块、山前地区钻井施工主要难题各有不同，根据施工复杂情况，简单归纳为：

（1）易漏失[1-4]：下部井漏多是由于构造裂缝发育，英西地区除了盐隙裂缝，还有同裸眼段高低压并存导致低压区井漏。

（2）易垮塌[4-6]：主要原因是山前构造应力大，断层褶皱多，地层倾角大，裂缝发育，岩性散碎，地层稳定性差，极易垮塌掉块，钻井施工困难。

（3）易缩径[4-8]：上部一千多米岩性为棕黄色棕红色软泥岩，极易缩径，前些年各公司在此地层起钻始终很难起出，无论是淡水聚合物钻井液体系还是盐水泥浆体系均是如此。狮子沟地区下部存在大段盐岩层和盐膏层，盐膏层分布段长、层数多、单层厚度变化大。钻进过程中钻井液性能易污染，维护困难，盐膏层蠕变等导致阻卡频繁发生。

1　漏失地区防漏堵漏

1.1　实验浆的配制：

（1）取6%膨润土浆500mL，加入一定量堵漏剂，高速搅拌60min后进行测试（表1）。

表1　封堵性能测试

堵漏剂加量	封堵砂床	0.7MPa	3.5MPa
1%	60~80目	漏失量小于30mL	漏失量小于20mL
2%	10~20目	漏失量小于40mL	漏失量小于30mL
	20~40目	漏失量小于40mL	漏失量小于30mL
3%	6~10目	漏失量小于40mL	漏失量小于20mL

(2) 采用化学共混的方法制备堵漏剂：按比例 1∶1∶2 的质量比例分别称取长纤维、软短纤维及硬短纤维(堵漏材料分别是软短纤维：BZ-ACT、单封、细复合、随钻 801；硬短纤维：BZ-PRC、细核桃壳；长纤维：粗复合、棉籽壳、STA1 型、STA2 型)，然后对其进行均匀的混合，配制成堵漏剂主剂 A。每次可按 40g∶40g∶80g 配成 160g。

实验结果可以发现，适当增加变形粒子，调整 ACT 和 STA 的加量，堵漏剂变形性增强，从而起到更好的降滤失效果和对渗透性漏失的封堵效果。PRC 是由纤维颗粒和膨胀粒子组成，在一定粒径范围，在钻井液中能很好地对裂缝性漏失和破裂性漏失起到很好的封堵作用(表 2)。

表 2　各样品 3%加量对 5%坂土浆流变性及 API 滤失量的影响

样品	漏斗黏度/s	AV/mPa·s	PV/mPa·s	YP/Pa	FL/mL
基浆	20.6	10.0	6.0	4.1	16.0
1	69.2	29.0	11.0	18.0	16.0
2	67.3	23.5	8.0	15.5	15.0
3	38.3	10.5	10.0	0.5	16.0
4	46.6	22.0	11.0	11.0	26.0
5	332.2	32.0	11.0	21.5	24.0
6	38.7	33.5	11.5	23.0	23.0
7	226.4	28.5	7.0	22.5	24.5
8	47.7	21.5	11.0	10.5	25.0
9	43.7	27.5	10.0	17.5	14.1

1.2　制定指导性防漏堵漏措施

(1) 开钻前井上储备足量土粉和堵漏材料。(2) 开钻钻井液黏度保持在 60~80s，增大黏切可以提高泥浆封堵及携岩能力。(3) 若发生每小时 10m³ 以下的渗漏，采用随钻堵漏措施，加入 2%~3%单封或随钻 801，并补充土粉提高膨润土含量，增强承压和封堵效果。(4) 若发生较大的漏失(不失返)，则在井浆中加入 2%的单封+3%复合堵漏剂+3%棉籽壳+土粉提高坂土含量，随钻堵漏。(5) 如果失返可配 10~20m³ 堵漏泥浆，其中加入 5%单封+10%~15%复合堵漏剂+10%~15%棉籽壳，再加入土粉配至滴流，打到漏失井段，静止 2h(或以上)，静堵期间井眼内每半小时灌满泥浆，保持液柱压力，使堵漏浆进入地层。(6) 所有泥浆堵漏措施无效的情况下，利用已有的泥浆尽量快钻多钻，充分暴露漏层，再采用速凝水泥浆堵漏的方法。

1.3　现场应用

1.3.1　英西地区井漏处理情况

狮子沟地区下部井漏多是由于同裸眼段存在高低压同层导致密度窗口窄，狮 3-2 向 1 井在钻至 2563m 时发生渗漏，此时泥浆密度 2.01g/cm³，在钻至 2872m 时再次发生渗漏，此时泥浆密度 2.24g/cm³，这两次井漏都做了承压堵漏，均取得了成功，在下部高压地层泥浆密度达到 2.35g/cm³ 时也无漏失，说明承压堵漏非常成功，此方法为以后下部地层做承压堵漏积累了经验。

技术应用：BZ-PRC 具有强凝胶效果，随着温度的升高，承压堵漏剂会发生自交联反应，交联产物对地层岩石有极强的吸附能力，可在井壁上形成一层高强度膜，从而达到封堵漏层，并提高地层承压能力的作用，并具有较强的抗"返吐"能力。复合堵漏剂水化膨胀树脂 BZ-STA 具有遇水延迟膨胀特性，与钻井液滤液长时间接触，在正常情况下吸水膨胀至原体积的 5~10 倍，水化膨胀应力直接作用在其周围岩石和堵漏材料上，使"封堵墙"更加致密紧凑，增强了"封堵墙"在正、负压差作用下的抗破坏性，使地层达到较高的承压能力。

现场配方：欠饱和盐水聚磺泥浆（15~20m³）+5%BZ-PRC+5%BZ-STAⅠ+5%BZ-STAⅡ+0.5%PAC-HV。

1.3.2 堵漏效果对比

通过堵漏措施的实施，现场复合型堵漏技术应用于狮子沟三口井，一次堵漏成功率均达到 80% 以上，与 2018 年区块堵漏数据对比，一次成功率提高了 36%（表 3）。

表 3 英西狮子沟地区堵漏情况

井号	完井井深/m	漏失泥浆量/m³	堵漏次数	成功次数	成功率
狮 205	3598	565	12	10	83%
狮 3-2 向 1	3150	542.6	10	8	80%
狮 38-2	3527	216	9	8	89%

2 钻井液优化措施

狮子沟地区下部存在大段盐岩层和盐膏层，钻进过程中钻井液性能易污染，阻卡等钻井复杂频繁发生；狮 36 井在膏盐层段卡钻 4 次；狮 38 井二开电测 4 次遇阻，电测时间占生产时间 17%。进入盐膏层后，地层微裂缝发育，承压能力低，易发生井漏。英西区块深层裂缝油气埋藏深、压力大、断层多、裂缝多，同裸眼段高低压互层导致压力窗口窄、存在"漏喷转换"等复杂，井控风险突出。

2.1 下部干柴沟组盐层钻井液措施

表 4 狮子沟地区部分井盐层分布

井号	盐岩分布井段/m		分布层位	累计厚度/m	最大单层厚度/m
狮 22	2249	3437	N_1 底-K_{18} 以上 107m	157	21
狮 36	2155.9	3586	N_1 底-K_{18} 以上 114m	175	14
狮 28	2347.76	3680	N_1 底-K_{18} 以上 126m	121	7
狮 20	2408.7	3787.6	N_1 底-K_{18} 以上 128m	265	17.6
狮 29	2296.8	3831	N_1 底-K_{18} 以上 130m	105	10
狮 23	2058	3820	N_1 底-K_{18} 以上 128m	101	8
狮 25	2196	3868.3	N_1 底-K_{18} 以上 130m	118	10
狮 41	2173	3804	N_1 底-K_{18} 以上 160m	171.5	23

从表 4 可以看到盐膏层分布段长、层数多、单层厚度变化大。

2.2 钻井液技术措施

（1）钻完上部棕红色泥岩后，如果钻屑颜色变深，加入 1t 左右聚阴离子纤维素 PAC-LV 将失水降下来，同时会增加钻井液结构力，并提高悬浮携带能力。

图 1　狮 40 井取心获得的结晶盐

（2）进入盐层前泥浆中氯根含量保持在 $2.0×10^4$mg/L，为进入盐层后大量盐溶留足空间，避免饱和，因为饱和盐水泥浆由于温度不同溶解度也不同，井底的饱和盐水泥浆在上部温度降低时，会产生凝析结晶现象，导致缩径卡钻。

（3）盐膏的持续侵入会导致 pH 值的降低，因为 Na^+ 从黏土中把 H^+ 和其他酸性离子交换下来的结果，所以 pH 值也是判断钻井液是否受到污染的依据。及时补充烧碱，保持 pH 值不低于 8.5，避免由此引起的处理剂效能降低。

（4）维护胶液的配置：KPAM 为 0.5%浓度、NPAN 为 1%浓度、NaOH 为 0.5%浓度。随着钻遇的盐膏层越深，溶解盐越多，钻井液中氯根也在急剧增高，为了防止泥浆含盐饱和，需要用淡水药液去稀释泥浆调节降低含盐量。

（5）井较深或井温高时，配合加入磺化酚醛树脂，提高钻井液抗高温抗盐能力，降低失水的同时改善泥饼质量。也是欠饱和盐水聚磺钻井液体系的一部分。

2.3　抗盐实验

钻进地层含有盐层和盐水层，具完钻资料显示，钻进期间，地层中的盐逐渐溶入钻井液，造成钻井液氯根大幅增加，完钻后钻井液氯根高达 $1×10^4$ppm。

实验中，当 NaCl 加入量达到 $1×10^4$ppm，钻井液的性能变化不大，各项指标都能满足现场生产需要(表 5)。

表 5　抗盐实验数据表

序号	实验配方	性能						
		$\rho/(g/cm^3)$	$AV/mPa \cdot s$	$PV/mPa \cdot s$	YP/Pa	FL/mL	$HTHP/mL$	$Gel/Pa/Pa$
1	4%膨润土浆+2%SMP-2+0.6%PAC-LV	1.24	25	16	9	3.6	14.5	5/11
2	1#热滚 120℃，16h	1.24	17.5	13	4.5	4.8	15	3/6
2	1#+2%FT-1A+15%NaCl	1.25	38	26	10	4.8	12	4/12
3	3#热滚 120℃，16h	1.25	30	22	8	5.4	13.2	3/8

2.4　现场应用

2.4.1　钻井液配制

按室内实验得出的钻井液配方，补充药品进行配浆：3%膨润土浆+0.5%NPAN+3%SMP-2+1.2%PAC-LV+8%NaCl，改型完成后加重至设计钻井液密度。

2.4.2　钻井液维护处理

（1）使用 NPAN、PAC-LV、SMP-2 按照实钻岩性，配成不同浓度比例的胶液调整钻井液的滤失量和流型，使钻井液在高温的情况下不稠化，具有良好的流动性，同时将 API 控制在 5mL 内；维护时采用细水长流的方式补充。

（2）使用防塌剂 SMP-2，使它在钻井液中的有效含量在 3% 左右，用于调整钻井液抗温性和滤失量，改善泥饼质量及封堵造壁能力。

（3）不定期的使用预水化的膨润土替换老化的井浆，提高钻井液的活性。

（4）依据井下情况，合理调整钻井液密度，在井眼干净的前提下，将动塑比控制在 0.45 左右。

（5）保持钻井液中的氯根浓度控制在 $9 \times 10^4 \sim 1.6 \times 10^5\,\mathrm{mg/L}$，pH 值控制在 9~10。

表 6　狮子沟钻井液现场施工效果

井号	完井情况	最高密度/(g/cm³)	最高氯根/(mg/L)	电测情况
狮 205 井	顺利	2.25	145345	各开次电测一次完成
狮 3-2 向 1	顺利	2.35	120530	各开次电测一次完成
狮 206 井	顺利	1.85	113127	各开次电测一次完成
狮 41-3 井	顺利	2.05	155980	各开次电测一次完成
狮 38-2 井	顺利	2.07	153297	各开次电测一次完成

从施工效果（表 6）来看，欠饱和聚磺钻井液体系很适用于狮子沟区块，它具有矿化度高、抑制性强、流动性好、抗盐抗钙等污染能力强的特点，适合在盐膏层、岩盐层、高压盐水层、深井盐膏层等多种复杂井段施工，也适用于高密度井深井的施工。

3　垮塌地层钻井液优化措施

青海油田所施工的冷湖区块、牛鼻子梁区块、俄博梁区块以及尖顶山区块都属于山前地区。在构造应力作用下，地层坍塌压力大，受造山运动的影响地层倾角大、断层裂缝多、岩性混杂、地层稳定性差。这些年在这些地区施工的井几乎都存在地层垮塌掉块现象，卡钻侧钻事故完井时有发生。

3.1　山前垮塌井简况

尖探 1 井和牛 6 井均是位于山前地区，钻进中发生了垮塌现象，尖探 1 井采用 BH-WEI 钻井液体系，在钻至下干柴沟组下段时出现井垮现象，起钻遇卡，下钻遇阻划眼，从 2584m 发生井垮到 3600m 中完，时间长达 47d。牛 6 井采用淡水聚磺钻井液体系，在钻至小煤沟组时振动筛出现掉块，且在钻进过程中振动筛上掉块一直存在（图 2、图 3）。

图 2　牛 6 井钻进时返出掉块

图 3　牛 6 井返出掉块

3.2　青海山前垮塌地层钻井液技术措施

（1）钻遇垮塌地层时快速提高泥浆黏度和切力，推荐使用膨润土，黏度保持在 80s 以上。土粉可以提高泥浆的黏切，增强悬浮携带能力；同时在压差作用下，可以侵入到松散的岩层裂隙或者是破碎岩层中，利用其黏性将各种岩层填充胶结起来，并能在环空与地层间形成黏性泥饼，达到防止井壁坍塌的目的。

（2）适当提高钻井液密度，地层坍塌压力与构造应力与岩石强度有关，青海山前构造应力大，但岩石强度不大，所以密度并不是越高越好，在破碎地层密度过高压差大，侵入地层裂隙流体多会减弱岩层结构强度，反而会加剧垮塌现象。钻井液密度要依据空隙压力、坍塌压力、和破裂压力来确定。牛鼻子梁地区泥浆密度略大于工程设计中孔隙压力即可。

（3）加入 2% 防塌剂，目的是降低失水，提高泥饼质量。深层井温高可加入磺化类抗盐防塌剂，降低 HTHP 失水。防塌降失水可增强钻井液的造壁性和封堵能力。控制和减少钻井液滤液沿微裂隙侵入地层，达到稳定井壁的目的。裂缝发育地层推荐使用沥青类防塌剂。

（4）钻进过程中保持聚合物大分子处理剂含量，提高滤液黏度，抑制地层中黏土矿物水化膨胀而引起地层坍塌压力升高，大分子药液可提高钻井液动塑比，增强结构强度。黏度和切力的确定必须保证垮塌地层环空泥浆上返流态为层流。

（5）垮塌井段工程配合措施：送钻均匀、开泵要缓；起下钻具要平稳，杜绝猛提猛放猛刹车，避免钻具对井壁的撞击。

3.3　现场使用效果

牛 6 井出现垮塌现象后，立即采取山前垮塌地层泥浆技术措施调整性能（表 7），虽然钻进中新地层持续有垮塌现象，但掉块总能及时带出地面，并随时封固已垮塌地层，稳定井壁。全井起下钻顺利，完井后电测下套管顺利。没有复杂时效，钻井周期和机械钻速创区块纪录。

表 7　牛 6 井钻井液性能

井段/m	密度/(g/cm³)	黏度/s	失水/mL	Q_1/Pa	Q_2/Pa	PV/mPa·s	YP/Pa
0~298.00	1.09~1.12	60~65	6~7.4	3~4	9~13	22~33	13~17
298.00~2150.00	1.17~1.35	40~52	4~5	2~3	5~9	10~26	7~12
2150.00~3668.00	1.30~1.45	50~120	3.4~5	2~6	5~16	16~36	6~24

在牛鼻子梁地区钻井 6 口井，有两口井先后创下区块机械钻速最快记录，各井施工顺利，井下正常，钻井周期与机械钻速比较往年都有大幅度的提高。

通过对青海地区复杂区块钻井液技术优化研究，现场使用效果显著，对施工的工作具有一定的指导参考意义。既能提高机械钻速、缩短建井周期、提高生产效率、降低劳动强度、改善施工环境，减少污染物排放对生态环境污染，同时又对减少青海地区钻井施工中的事故与复杂起到重要作用，社会效益可观。

4　结论与认识

（1）高密度钻井液的技术难点在于对钻井液的流变性控制，而影响流变性的最主要因素就是加重剂，故对加重剂选择是重中之重。

（2）高密度钻井液在常规钻井液体系中的一个怪圈"加重–增稠–降黏–加重剂沉降–加

重"使我们寻求到更合适、固容量更高的不饱和盐水钻井液体系。

（3）钻井液的高温降解导致钻井液变稠，严重影响钻井液流变性和钻井液的沉降稳定性，优选高抗温处理剂可以大幅降低钻井液维护处理难度。

（4）高密度钻井液中固相含量≥30%，或使钻井液泥饼虚厚，最终导致定向托压，控制钻井液滤失量和抗温性润滑剂的加量选择需合适。

（5）加重时随同配置一定比例的堵漏剂，防止提高密度导致井下渗漏；井漏时根据井漏速度和岩性特点对堵漏剂种类和粒径进行选择。

（6）垮塌散碎地层掉块无法避免，钻井液必须要有足够的悬浮携带能力，及时将掉块带离井筒，其次是及时有效封固已垮塌地层，稳定井壁，防止继续垮塌。

（7）继续引入各类抗盐处理剂并优选，使处理的有效性和成本的经济性都能兼顾。

参 考 文 献

[1] 周爱照, 李贵宾, 张志湖. 青海油田开 2 井高密度钻井液应用技术[J]. 石油钻采工艺, 2002, 24(5): 23-26.

[2] 许京国, 郑淑杰, 陶瑞东, 等. 高陡构造克深 206 井钻井提速配套技术[J]. 石油钻采工艺, 2013, 35(5): 29-32.

[3] 李广冀, 张民立, 李树峰, 等. 雁探 1"四高"井钻井液应用技术[J]. 钻井液与完井液 2018, 35(4): 20-27.

[4] 艾贵成, 王宝成, 李佳军. 深井小井眼钻井液技术[J]. 石油钻采工艺, 2007, 29(3): 86-88.

[5] 张广清, 陈勉. 钻井液密度与井壁围岩破坏的关系[J]. 石油钻采工艺, 2002, 24(3): 13-15.

[6] 窦红梅, 黄名召, 周平, 等. 青海油田水平井钻井液技术[J], 钻井液与完井液, 2007, (09): 110-114

[7] 罗诚, 吴婷, 朱哲显. 硬脆性泥页岩井壁稳定性研究[J]. 西部探矿工程, 2013, (6): 50-52.

[8] 胥云, 田助红, 孙凌云, 等. 复杂岩性油藏酸压技术在青海油田的试验应用[J]. 石油钻采工艺, 2002, 24(5): 69-72.

作者简介：王刚，渤海钻探钻井二分公司青海项目部泥浆负责人，工程师，主要从事钻井液体系研发与现场应用。电话：15613771925，邮箱：20746661·qq.com。

高密度酸在普光 306-1T 井的应用

高小芃　朱晓明

（中国石化中原石油工程有限公司钻井三公司）

摘　要　针对普光 306-1T 井压井后发生掉块卡钻，酸浴解卡过程中需要使用加重酸的问题，通过加重材料优选实验确定不同密度加重酸所需加重材料种类，通过加重酸腐蚀性、配伍性实验，确定现场加重酸配方及注酸工艺，制定了针对性加重、注酸、替浆技术措施并应用于现场。现场施工表明，选用的加重材料及注酸工艺能够一定程度上满足现场酸浴解卡施工需要，但仍需要做好防漏工作。

关键词　加重酸　甲酸钾　有机盐　普光 306-1T 井

普光 306-1T 井是中原油田普光分公司部署在四川盆地川东断褶带普光构造的一口开发调整水平井，该井设计井深 6991m（斜深），钻进至井深 4808m 发生溢流关井，关井套压 29.5MPa，关井立压 31MPa，使用密度 2.18g/cm³ 钻井液采用平推压井法压井成功，压井过程中发生卡钻故障，通过判断为掉块卡钻，卡钻层位为嘉陵江组嘉一段，地层岩性为灰岩，在泡解卡剂无效后，现场决定采用酸浴解卡法进行处理。

常用浓度 30% 盐酸的密度为 1.17g/cm³，酸浴解卡法采用浓度 15%~20% 盐酸，密度约为 1.10g/cm³，井内钻井液密度为 2.18g/cm³，通过计算可知采用常规盐酸泵入过程中压差达到 31.7MPa，且低密度盐酸进入环空后造成环空液柱压力下降，无法满足井控要求，需要采用加重酸进行酸浴解卡。为此，通过优选加重材料，对加重酸腐蚀性进行评价，并在现场进行了应用。

1　加重材料优选

加重酸通常作为酸化增产工作液广泛应用于完井或后续修井作业的井筒清洗、基质酸化和压裂等施工环节，酸液通常以盐酸、盐酸-氢氟酸、有机酸（如乙酸、甲酸或其混合物）为主，以盐酸应用最广泛，使用过程要考虑储层保护，采用的加重剂通常为溴化锌、溴化钙等溴化物或溶解度高的有机盐，这些加重材料价格通常都比较高。

酸浴解卡如果不涉及储层，使用加重酸可以不考虑储层保护问题，加重材料可选用可水溶性盐类（水溶性无机盐和水溶性有机盐）和惰性材料（如重晶石），选用不同加重材料进行室内评价，结果表明，在室内温度为 20℃ 下，当盐酸浓度为 20% 时，采用氯化钠、氯化钙、甲酸钠、甲酸钾、溴化锌、重晶石、有机盐进行加重，使用氯化钠、氯化钙、甲酸钠、甲酸钾加重后酸液密度在 1.11~1.62g/cm³ 之间可调，使用溴化锌加重后酸液密度最高可达到 2.68g/cm³，使用某有机盐加重后酸液密度可达 2.10g/cm³，使用重晶石进行加重在酸液密度达到 1.80g/cm³ 之前容易造成重晶石沉淀，密度达到 1.80g/cm³ 后悬浮性良好。不同加重材料加重 20% 盐酸后酸液密度实测结果见表1。

表1 不同加重材料加重的酸液密度(20℃)

加重剂名称	加重剂密度/g·cm⁻³	加重剂溶解度/g·(100g 水)⁻¹	加重酸密度/g·cm⁻³	加重后体积增加率/%
氯化钠	2.17	35.9	1.11	/
氯化钙	2.15	74.5	1.31	/
甲酸钠	1.92	81.2	1.35	34
甲酸钾	1.91	337	1.62	166
溴化锌	4.20	446	2.68	103
重晶石	4.20	/	2.00	/
有机盐	3.8	298	2.10	81

根据表1的实验数据,加重酸密度在 $1.11\sim1.31\text{g/cm}^3$ 时使用氯化钙加重,加重酸密度在 $1.31\sim1.62\text{g/cm}^3$ 时使用甲酸钾加重,加重酸密度在 $1.62\sim1.80\text{g/cm}^3$ 可选择溴化锌或有机盐加重,加重酸密度在1.80以上且对储层保护无特别要求前提下可使用重晶石加重,在储层段则选择溴化锌或有机盐加重。

当加重酸密度较高时,加重后酸液体积变化情况不可忽略,尤其是加重后酸液密度超过 1.35g/cm^3 以后,加重后体积增长率可超过100%,在配制过程中不能忽略。

2 加重酸评价

2.1 加重酸腐蚀性评价[1]

分别取不同加重材料加重后的加重酸液 400mL,加入准确称取质量的灰岩岩心块1块,每隔半小时称一次岩心块质量,计算岩心质量减少率,即岩心腐蚀率,结果见图1。

通过图1可知,非加重的盐酸腐蚀效率最高,腐蚀速度最快;经过加重之后酸的岩心腐蚀率降低,主要是因为经过加重后,加重剂占位使酸液体积增加,酸的浓度降低,从而岩心腐蚀率降低,且腐蚀率降低程度与加重后酸的体积增加程度有关。

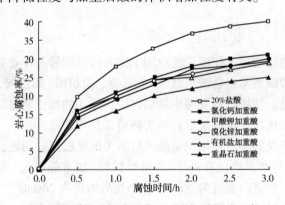

图1 不同加重酸腐蚀岩心后岩心质量减少率

通过评价实验可知,以上加重酸腐蚀性均能满足现场酸浴解卡要求,普光 306-1T 井施工中所需酸密度需要在 1.80g/cm^3 以上,综合考虑经济性及解卡效率,现场决定采用有机盐作为加重剂。

2.2 加重酸配伍性评价

取现场循环井浆 1500mL,依次累计加入加重酸 1mL、5mL、10mL、15mL,充分搅拌

15min 后测量钻井液马氏漏斗黏度，测量结果见表 2。

表 2 钻井液与加重酸配伍性实验性能表

加重酸加入量/mL	0	1	5	10	15
FV/s	80	108	216	滴流	出现结块，无法搅拌

通过表 2 可知，加重酸与现场钻井液无法配伍，在井下接触会发生反应造成环空憋堵，甚至憋漏地层，因此需要采用隔离液将酸液与钻井液进行隔离，隔离液为 0.25% 的 HV-CMC 水溶液。

取现场循环井浆 1500mL，加入配好的隔离液 10mL、20mL、40mL、80mL，充分搅拌 15min 后测量钻井液马氏漏斗黏度，测量结果见表 3。

表 3 钻井液与加重酸配伍性实验性能表

隔离液加入量/mL	0	10	20	40	80
FV/s	80	124	132	141	156

通过表 3 可知，隔离液与钻井液配伍性良好，且高黏度情况下不会造成钻井液中重晶石沉淀，能够满足现场施工需要。

3 现场施工

3.1 加重酸配方及配制工艺

现场需要浓度为 15%~20% 密度为 $1.80g/cm^3$ 的加重酸 $30m^3$，通过小型试验确定加重酸配方如下：31% 盐酸 10.0t + 水 $6m^3$ + 缓蚀剂 260kg + 有机盐加重剂 38.5t。

配加重酸过程步骤如下：

（1）将盐酸加入专用配制罐内，加入生产水 $6m^3$，开启酸泵进行循环。

（2）加入缓蚀剂 260kg，循环均匀。

（3）缓慢均匀加入有机盐加重剂 38.5t，加盐过程要缓慢并充分搅拌，保证加重剂能够充分溶解。

（4）充分搅拌循环，待酸液冷却后测量加重酸的密度，密度合格后方可进行注酸作业。

3.2 注酸工艺

（1）施工前大排量循环清洁井眼并调整钻井液密度，防止泡酸过程中出现溢流。

（2）注入密度 $2.30g/cm^3$ 加重钻井液 $60m^3$，平衡泡酸过程中酸液及隔离液造成的压力亏空。

（3）采用压裂车注入前置隔离液 $6m^3$，注入密度 $1.80g/cm^3$ 加重酸液 $28.5m^3$，注入后置隔离液 $3m^3$。

（4）采用压裂车替入密度为 $2.30g/cm^3$ 加重钻井液 $41m^3$。

（5）停泵后开始憋扭矩活动钻具。

3.3 施工效果分析

替浆过程中替浆至加重酸液出钻头 300m 处发生漏失，井口失返，降低排量后井口仍然不返浆，分析原因是酸液进入环空后将先前井漏地层泡开，酸液进入地层裂缝并腐蚀地层造成裂缝进一步扩大，发生失返性漏失，导致酸液没有到位，未解卡。

4 结论及认识

（1）根据所需加重酸密度选择合适的加重材料进行加重。

（2）因酸与岩石反应速度快，在压差作用下易漏失，不能在卡点位置充分反应，甚至无法到达卡点，因而解卡成功率较低。

（3）进一步探索具有防漏功能的乳化酸作为加重酸液，可降低井漏发生概率，提高酸浴解卡成功率。

参 考 文 献

[1] 李小刚，等. 加重酸腐蚀性能试验评价[J]. 勘探开发，2006，3：14-15.

作者简介：高小芃，中原石油工程公司钻井三公司，2006 年毕业于郑州轻工业学院化学工程与工艺专业，高级工程师。地址：河南省濮阳市华龙区中原路东段钻井三公司前指，邮编：457001，13633932522；E-mail：xpgaozjy@126.com。

伊拉克十区块钻井液技术研究与应用

张 鹏 黄 峥 张 坤 李彬菲 宋胜利 党 拓 周 彦

（中国石油集团渤海钻探工程有限公司泥浆技术服务分公司）

摘 要 伊拉克十区块位于伊拉克东南部，该区块地层岩性复杂，上部地层以泥岩、砂岩为主，钻进过程存在石膏层、含硫水层，容易造成体系增稠、钻头泥包，影响施工进度。下部地层以多孔、裂缝性发育的石灰岩和白云岩为主，同一裸眼段内溢、漏同层，大尺寸井眼钻进中存在多段漏层、页岩坍塌层，井下极易发生复杂情况，复杂处理困难。针对该区块施工难点，先期经过周密的室内分析和实验，采用物理化学复合封堵，提高体系抑制性、封堵性及抗污染能力，现场应用取得了良好的效果，其中 ERIDU-1 井产层平均井径扩大率 1.26%，日产原油 1528m³、天然气 83424m³。

关键词 伊拉克十区块 强抑制 封堵 井漏 井壁稳定

十区块位于伊拉克东南部，巴士拉以西 120km，西古尔那 II 油田以西 150km，总面积 5665km²，主要目的层为 Mishrif、Yamama。该区块油田开发项目属于新探区块，无前期施工经验。地质资料显示，该区块钻井过程中存在溢漏同层、石膏污染、井壁稳定难题，针对区块钻井难点，现场采用了强抑制封堵钻井液[1~5]，解决了钻井过程中出现的复杂问题，保障了施工过程顺利，实现了井壁稳定，有效保护了储层，现场应用效果良好。

1 地质概况

十区块上部地层以泥岩、砂岩为主，下部地层以多孔、裂缝性发育的石灰岩和白云岩为主。其中 Radhuma、Hartha 地层压力敏感，钻井液密度窗口窄，此外该段还存在多段漏层、不稳定页岩层，导致钻井过程中容易发生页岩坍塌或失返性漏失。Ahmaidi、NahrUmmr 地层含不稳定页岩易垮塌；Shuaiba、Zubair 层位易漏失；Yamama 地层以硬脆灰岩为主，易掉块，防塌，防卡（表1）。

表1 地质概况

地层	垂直顶深/m	地层岩性
Lower Fars	68	泥岩和砂岩
Jeribe		白云岩，石灰岩和石膏
Dammam	178	致密泥岩，石灰岩，白云岩互层，夹石膏
Rus	308	白云岩，石膏和泥灰岩互层，石膏层夹白云岩
Radhuma	388	白云岩，石灰岩与石膏夹层
Tayarat	723	白云岩和石灰岩与石膏的夹层
Shiranish	938	页岩，石灰岩与泥灰岩夹层
Hartha	1228	多孔、裂缝性发育的石灰岩和白云岩互层

续表

地层	垂直顶深/m	地层岩性
Saadi	1318	石灰岩与白云岩互层
Tanuma	1598	页岩与石灰岩互层
Khasib	1673	白垩质、泥质石灰岩
Kifil	1723	石膏和页岩
Mishrif	1733	泥灰岩和页岩
Rumaila	1928	生物碎屑泥粒灰岩粒状灰岩，由藻类，厚壳蛤类，珊瑚礁形成的灰岩
Ahmadi	1948	页岩夹灰岩，石膏
Mauddud	2013	石灰岩，石膏和页岩
NahrUmr	2118	上部页岩夹砂岩，下部砂岩
Shuaiba	2263	白云岩
Zubair	2293	砂岩，砂泥岩，泥岩
Ratawi	2743	石灰岩与砂岩夹层
Yamama	2828	灰岩和泥质灰岩
Sulaiy	3143	泥质灰岩

2 施工技术难点

2.1 井壁坍塌

Upper、Lower Fars 地层，主要由松散的泥岩和砂岩互层构成，易发生整体垮塌。Ahmaidi、NahrUmmr 地层含不稳定页岩，钻进过程易发生垮塌。Yamama 地层，为硬脆性灰岩，易发生掉块，施工过程中需注意防塌、防卡。

2.2 井漏

Dammam 地层主要由泥岩、石膏夹层及白云岩石灰岩互层构成，钻井过程中易发生漏失。Hartha 地层多孔、裂缝性发育，存在同一裸眼段内溢、漏同层，该井段将面临大尺寸井眼钻进，面临多段漏层、页岩坍塌层，需提高易漏地层承压能力，并同时做好防漏、堵漏、防塌、防卡的工作。Shuaiba、Zubair 层位存在地层微裂缝，有潜在漏失风险。

2.3 地层及流体污染

Dammam 地层存在石膏侵和黏土侵，并可能有含硫水层，易发生钻头泥包，地层中的石膏易导致钙离子污染，造成钻井液黏度上升。Mishrif、Rumaila 和 Ratawi 层位可能出现 H_2S。

3 钻井液技术对策

针对十区块下部地层井壁稳定及漏层发育难点，采用刚性物理封堵剂及铝基化学封堵剂，提高体系封堵性及抑制性[6~8]，在室内进行了钻井液体系配方的评测优选，最终配方如表 2 所示。

表 2　强抑制封堵钻井液体系配方

产品名称	作用	浓度/（kg/m³）
Soda Ash	除钙	1~2
Caustic Soda	pH 调节剂	1~2
PAC-L	降失水剂	10~12
BZ-BBJ	包被剂	2~3
BZ-YFD	抑制防塌剂	20~25
BZ-YRH	抑制润滑剂	20~30
BZ-XCD	流型调节剂	1~3
KCl	抑制剂	50~70
Nano	物理封堵剂	15~30
铝基封堵剂	化学封堵剂	1~2
Barite	加重剂	–
NaCl	抑制剂	220~230

3.1　体系抗温能力

体系抗温能力评价结果见表 3。

表 3　抗温性评价

实验条件	ρ/（g/cm³）	AV/mPa·s	PV/mPa·s	YP/Pa	Gel_{10}''/Pa	Gel_{10}'/Pa	FL_{API}/mL	FL_{HTHP}/mL
老化前	1.35	60	40	20	4	6	2.4	/
120℃老化16h后	1.35	58	37	21	3	5	3.0	10.6

注：1#实验数据在50℃测得，2#实验数据在120℃滚筒加热16h后加热至50℃测得后。

从实验数据看出，体系在120℃老化后，黏度、动切力及滤失量无明显变化，满足现场施工要求。

3.2　体系抗污染能力

针对十区块黏土及石膏污染，在室内采用土粉和$CaSO_4$对体系抗污染能力进行了评价，结果见表 4。

表 4　钻井液体系抗污染实验评价

实验条件	AV/mPa·s	PV/mPa·s	YP/Pa	Gel_{10}''/Pa	Gel_{10}'/Pa	FL_{API}/mL	FL_{HTHP}/mL
污染前	58	37	21	3	5	3.0	10.6
5%土粉污染	70	48	22	4.5	7	4.2	12.6
3% $CaSO_4$ 污染	65	40	25	3.5	6.5	3.8	13.0

注：以上数据均为120℃热滚16h后的性能。

从实验数据看出，土粉和$CaSO_4$对钻井液体系的性能略有影响，会使黏度和滤失量轻微增大，但从整体上看体系的性能维持在较好的水平。

3.3　体系抑制能力

针对地区强水敏性地层泥页岩易坍塌、缩颈和泥包等问题，我们对钻井液体系分别进行了岩屑滚动回收率以及线性膨胀率实验，该实验岩屑采用明化镇泥岩，老化条件为120℃×

16h。测试结果表明，钻井液体系的岩屑回收率为 90.8%，线性页岩膨胀降低率达到 80%，显示体系具有良好的抑制性。

3.4 封堵能力评价

采用 OFITE 封堵仪，对钻井液封堵性能进行评价，实验条件为 120℃，采用 35μm 孔隙板，结果见表 5。

表 5 钻井液体系封堵实验评价

钻井液	滤失量/mL	瞬时滤失量/mL	静滤失速率/(mL/min^2)
未加封堵剂	18.4	6.4	2.19
加入封堵剂	9.4	1.8	1.38

从表 5 数据可以看出，通过加入 Nano 和铝基封堵剂，实现物理化学双重封堵，钻井液滤失速率得到有效控制，有利于保障钻进过程中井壁稳定性，减少井漏发生可能性。

4 现场施工工艺

4.1 一开井段(膨润土钻井液)

开钻前提前配制膨润土浆，钻井过程中，以膨润土浆维护为主，视情况可加水或高浓度膨润土浆调整黏度。打完进尺后，泵入稠塞清扫井筒，打入封闭浆(黏度>80s)。

4.2 二开井段(强抑制封堵钻井液)

该井段可能钻遇石膏层，配置胶液时需预加入纯碱、片碱，控制钻井液钙离子含量，保持 Ca^{2+}<400mg/L。由于 Dammam 层为漏失层位，体系黏度一般维持在 50~60s，有利于预防漏失发生。该井段有含硫水层存在，需保持钻井液 pH≥9，并储备足量的除硫剂和片碱。

4.3 三开井段(强抑制封堵钻井液)

由于该井段 Shiranish 层为易漏层，钻进过程中控制黏度>45s，体系黏度一般维持在 50~60s，保持体系中固体润滑剂和防塌抑制类材料含量，并定期打入稠浆循环，清扫井眼。一旦发生失返性漏失，应立即起钻，防止沉砂埋钻具卡钻。

4.4 四开井段(强抑制封堵钻井液)

该井段 Ahmaidi 和 NahrUmmr 存在不稳定页岩，容易出现井壁坍塌，进入该地层前，需补充防塌剂，增强体系防塌能力。此外该井段可能钻遇 H_2S，在进入含 H_2S 地层前在钻井液中加入 0.3%~0.5%碱式碳酸锌，将钻井液密度提至设计上限，保证压稳地层，防止 H_2S 侵入，胶液配制时应补充片碱，随钻加入钻井液中，控制体系 pH≥9。

4.5 五开井段(强抑制封堵钻井液)

五开井段应避免钻井液性能大幅波动，如果地层有掉块，黏度调整至设计上限，减缓对井壁的冲刷，同时体系应保持足够的切力，满足携砂需要，钻进过程中适时开启离心机清除劣质固相，保持钻井液良好的流变性能。

4.6 堵漏方案

由于现场多层段存在潜在漏失可能，现场需储备 40m³ 堵漏浆。(1)漏速在 1~3m³/h 时，及时进行随钻堵漏。(2)漏速在 3~5m³/h 时，打入复合的堵漏泥浆，并让返出泥浆直接进罐，保证泥浆中堵漏材料的含量，并将黏度提高至 50s 以上，减少对井壁冲刷，提高携砂能力。(3)漏速在 5m³/h 以上，钻井液总量和性能难以维持正常，应加大堵漏剂用量，配制高浓度堵漏稠浆封漏失层位，静止 4~6h 进行静止堵漏，并适当加压，把堵漏浆挤入地层效果更好。(4)如果漏失速度一直较大，要进行短起下静堵作业。短起下前，打入堵漏段塞封闭漏失层段，利用短起下实现静止堵漏。如需打水泥塞堵漏，在后续钻水泥塞时，及时补充纯碱，消除水泥污染。并在储备罐，储备胶液和及时配制膨润土浆，留作备用。(5)当漏速过大时，考虑使用清水强穿漏层，由于含硫水层的存在，及时补充片碱，保持 pH≥9，并储备足量的除硫剂和片碱。

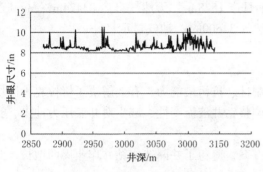

图 1　Eridu-1 井五开井径图

5　应用效果评价

十区块采用强抑制钻井液施工 3 口探井，现场应用表明，该体系具有很强的抑制性，钻井过程中无泥包阻卡，起下钻顺利，防塌性能良好，井眼稳定，井径规则，有效解决页岩垮塌卡钻等问题。Eridu-1 井产层平均井径扩大率 1.26%，其中五开井径图见图 1，现场钻井液性能见表 6。

表 6　现场钻井液性能

井深/m	AV/mPa·s	PV/mPa·s	YP/Pa	Gel_{10}''/Pa	Gel_{10}'/Pa	FL_{API}/mL	FL_{HTHP}/mL
2775	45	26	19	5	10	3.6	10.4
2868	44	25	19	4.5	10	3.2	10.2
2961	43	25	18	4.5	9.5	3.4	10.0
3081	45	27	18	4	9	3.4	10.2
3168	45	28	17	4	8	3.4	10.2

Eridu-2 井在储层取心作业中，共取心 81m，实际收获岩心 80.83m，综合取心收获率 99.79%；Eridu-3 井五开钻进至 1811m 开始取心作业，取心井段 1811~1892m，取心进尺 81m，心长 81m，岩心收获率 100%，显示了强抑制封堵钻井液良好的抑制性。现场取心情况见图 2。

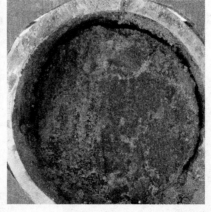

图 2　现场取心图片

Eridu-1 井在二开施工期间，钻至 Dammam 地层后出现明显漏失 5 次，其中上部地层漏失后采用粗中细颗粒复配的方式进行堵漏 4 次，堵漏均一次成功，一次堵漏成功率 80%，下部地层采用清水强穿的方式强行钻穿整个 Dammam 地层，在钻穿漏层后再次进行堵漏作业，堵漏成功。

现场应用表明，强抑制封堵钻井液对油层具有良好的保护效果，Eridu-1 井在试油期间，其中主产层 Mishrif B1 获得高产，测试原油日产 $1528m^3$、天然气日产 $83424m^3$，获高产油气流；Eridu-2 井测试原油日产 $1064m^3$，天然气 $34600m^3$，油气显示良好。

6 认识与建议

（1）强抑制封堵钻井液体系具有良好的抑制性、抗污染能力，有效解决了伊拉克十区块上部地层体系增稠、钻头泥包难题，通过合理调整钻井液流变性，减少对井底压力冲击，实现窄密度窗口的安全钻进，提高机械钻速。

（2）通过提高体系封堵性，合理制定堵漏方案，避免了井漏造成钻井作业周期增长、储层受损，有效提高了钻井时效。

参 考 文 献

[1] [1] 鄢捷年. 钻井液工艺学[M]. 中国石油大学出版社，2001：57-105.

[2] 张洪利，郭艳，王志龙. 国内钻井堵漏材料现状[J]. 特种油气藏，2004，11(2)：1-2.

[3] 陈建新，赵振书，李广环，等. 伊拉克米桑 Fauqi 油田水平井造斜段钻井液技术[J]. 钻井液与完井液，2017，34(2)：70-74.

[4] 赵欣，邱正松，张永君，等. 复合盐层井壁失稳机理及防塌钻井液技术[J]. 中南大学学报(自然科学版)，2016，47(11)：3832-3838.

[5] 李栓，张家义，秦博，等. BH-KSM 钻井液在冀东油田南堡 3 号构造的应用[J]. 钻井液与完井液，2015，32(2)：93-96.

[6] 张家义，邓建，黄达全，等. BH-KSM 钻井液技术在 NP12-X168 井的应用[J]. 钻井液与完井液，2012，29(6)：45-48.

[7] 陈强，雷志永. 高密度复合盐水钻井液体系在伊拉克 Missan 油田盐膏层中的应用[J]. 长江大学学报(自科版)，2017，14(15)：51-55.

作者简介：张鹏(1986-)，男，2009 年毕业于天津工业大学电子科学与技术专业。工程师。地址：天津市滨海新区大港油田红旗路东段，邮编：300280，电话：13920928715，E-mail：532674754@qq.com。

伊拉克东巴油田复杂地层钻井液技术对策研究

陈先贵　刘永贵　王　珩　林士楠

（大庆钻探工程公司钻井工程技术研究院）

摘　要　东巴格达（EB）油田位于东巴油田长轴背斜构造的东南末端，背斜构造东翼。二开主要岩性上部泥岩发育，下步膏盐层发育，易发生盐溶，石膏层缩径，存在卡钻风险。三开页岩发育，且地层胶结不好，极易剥落掉块，甚至井塌。从区块初期施工井来看，井塌风险最为严重，直井页岩段剥落掉块严重；S2区块水平井定向段发生两次井塌，最终改为直井。本文通过从改善钻井液的封堵性能和液柱压力入手进行研究，对现用的钻井液体系进行改进，并提出相应对策。建议先从小角度定向井开始，逐步摸清该区块定向井页岩的坍塌压力，降低施工风险。

关键词　伊拉克　盐膏层　页岩　防塌　钻井液抑制性

东巴格达（EB）油田位于伊拉克中部的巴格达省，EBS油田位于EB油田长轴背斜构造的东南端，美索不达米亚盆地内。截至2018年8月1日，EBS油田已钻探17口井。这些井在EBS中遇到第四纪，新近系，古近系，白垩纪和侏罗纪地层，总沉积厚度约为5000m。

1　地质概况

EBS（东巴格达南部）油田是一条长轴NW-SE趋势背斜，位于Ahdeb油田西北约70km处。EBS油田分为两部分：南1（S1）区和南2（S2）区。特许经济区东南部的南1（S1）地区是一个以大断层为界的低浮雕窄背斜。南2（S2）区域是特许区西北部的一个严重断层。EBS油田是城区背斜的东南端，是EB油田的中心部分。东巴格达（EB）油田S2区块二开Low fars地层石膏发育，地质砂样显示石膏最多可达100%；Jeribe上部为硬石膏，下部为白云岩；Tarjil/Palani上部为白云岩，下部为灰岩；Jaddala为灰岩。三开油气显示好，但地层胶结较差，从取心来看，多段岩心破碎，内筒间断堵心，页岩发育，页岩含量从20%到100%不等，给施工带来很大风险。

2　复杂地层难点分析

2.1　二开钻井液施工难点

（1）泥岩、泥质砂岩敏性泥岩水化膨胀、缩径、堵塞环空，对钻井液抑制性要求很高。

（2）根据地质设计，1060~1560m段石膏层发育，并且可能存在无法录取的盐层，因此钻井液需要较强的抗盐侵、钙侵能力，保持失水、携砂、流变性能等不受影响。

（3）盐层会溶解造成井径变大，石膏地层吸水膨胀缩径，造成起下钻工况遇阻，在此段之前需提高钻井液密度，平衡地层压力，防止石膏地层过分膨胀缩径。如通过EBSK-8-2H井二开电测井径数据（表1）可以看出，由于无固相KCl体系没能形成好的泥饼，多处井径扩大率大于30%，在1245~1265m井段，井径达到19.95in。

表 1　EBSK-8-2H 井二开井径

井深/m	井径/in	扩大/缩径率/%	井深/m	井径/in	扩大/缩径率/%
592	16.22	32.5	1245~1265	19.95	62.9
702	17.49	42.8	1306	16.31	33.1
783~813	15.43	30	1416~1537	12.15	-0.74
944~984	16.2	32.2	最大井径：1215m, 22.66in		
1205	16.89	37.9	最小井径：1426m, 12.09in		

2.2　三开钻井液施工难点

（1）根据已钻井及地质预测，Shiranish 层 1904~1924m 页岩含量 30%，具有一定的风险性，需要钻井液有很强的井壁稳定能力。

（2）地层页岩发育，极易剥落掉块，有页岩掉块时需要及时携带出井筒，返砂存在一定困难，需要钻井液保持井壁稳定性的同时，还需要良好的井筒清洁能力，防止页岩产生岩屑床而卡钻。

EBSK-8-2H 井 1904~1924m，钻进至 1943m 长起下划眼期间，振动筛上返出大量剥落掉块，经过岩屑对比，确认为上部地层（1904~1924m）的页岩；2361~2389m，取心钻进至 2388~2390m（100%页岩）后，振动筛开始持续返出页岩剥落，后续起下钻在 2385~2395m 之间均有阻卡显示。

EBSK-8-2H 井三开一次侧钻钻进定向顺利，定向阶段基本没有托压情况，钻进、短起下通井顺利，振动筛返砂正常，没有井壁剥落、掉块征兆。钻进至 2497.45m 测斜划眼过程中，突然发生卡钻工况。解卡无效，爆炸松扣填眼重钻。

EBSK-8-2H 井三开二次侧钻复合钻进从 2498~2562.38m（垂深 2391.17m），排量 2000，泵压 20MPa，振动筛返砂良好，井壁稳定无剥落；循环后短起至 2530m，超拉 5t 上提下放 3 次，开泵循环，排量 1240，泵压 9.9MPa，顶驱转速 20r/min，倒划眼至 2526m（垂深 2384m），憋泵 14.5MPa，顶驱 13.91kN·m 憋停，下放钻具由原悬重 97.3t 至 25t，随钻震击器下击作业，钻具被卡。经活动钻具及随钻震击器上、下击作业，未解卡，后爆炸松扣处理。

S2 区块第一口井两次侧钻发生坍塌卡钻情况，从钻井液角度分析其形成原因如下：

2.2.1　井壁稳定问题

从所遇复杂工况分析，超拉划眼基本发生在纯泥岩上部地层，剥落发生在泥页岩、纯页岩地层，1904~1924m 页岩含量 100%，2361~2388m 页岩含量为 20%，2388~2390m 页岩含量为 100%。钻井深 2497m，对应垂深 2393m；上提至 2471m 卡钻，对应垂深 2385m，正好处于 100%页岩含量井段。从工程、钻井液方面分析为泥页岩段坍塌导致卡钻。

2.2.2　钻井液性能分析

侧钻阶段钻井液密度 1.24g/cm³，黏度 50~60s，失水 1.2~1.8mL，含油 6%，含砂 0.1%，摩阻 0.0524，性能比较稳定，K^+>30000mg/L 左右（KCl>6%）、Cl^->80000mg/L（含盐量>13%），有很强的抑制性。

根据地层复杂及理论分析，KCl 聚合物钻井液体系中，K^+ 能够保持强的抑制性，配合 PHPA、聚合醇、氨基聚醇的协同抑制作用，足以保持泥岩、页岩不水化膨胀。从实钻情况表明，钻至泥岩井段岩屑返出完整，起下钻螺扶挂泥特性疏松，已经完全抑制住泥岩的水化分散，基本不会发生钻头泥包现象。但 K^+ 在抑制泥岩水化分散的同时，滤液渗透入井壁黏土晶层，产生较大的渗透压发生而渗透性膨胀，也会造成泥岩明显缩径，造成起下钻挂卡，从起下钻挂卡情况来看，与水化膨胀缩径有较为明显的区别，渗透性膨胀缩径疏松，不易黏附钻具，容易清除。

这种渗透性膨胀在页岩含量高的地层，表现形式又发生变化，页岩由于其独特的层理结构，导致发生渗透性膨胀后容易发生井壁剥落，经过钻具扰动、长时间定向等因素，从片状井壁剥落转化为带有厚度增加的掉块，随着处理时间增加继而演变为坍塌。

2.2.3 处理剂荧光问题

磺化沥青因其磺酸基水化作用很强，吸附在页岩晶层断面上，可阻止页岩水化；磺化沥青中的不溶颗粒进入井筒后软化，封堵页岩孔隙，保持井壁稳定。但因磺化沥青的特性具有强荧光，磺化沥青不溶颗粒极易吸附在岩屑上，影响地质录井。

2.2.4 泥饼形成问题

因无固相 KCl 聚合物钻井液体系中禁止加入膨润土，主要依靠超细碳酸钙形成泥饼，超细碳酸钙属于惰性固相，不能水化形成有效网架结构，因而导致泥饼相比膨润土厚；在井筒内压差较大的情况下，容易叠加在井壁上导致泥饼虚厚，在定向段会影响钻井液润滑性。

3 钻井液技术对策研究

根据以上钻井液技术难点，改进了初期使用无固相 KCl 体系，改进后的体系从钻井液的性能方面着手，降低失水，提高滤饼质量，加强封堵，提高钻井液密度，形成一套具有针对性钻井液配方。室内对，并对该体系其各项性能进行了评价研究，其配方如下：

3.1 无固相 KCl 体系改进为 KCl 聚合物钻井液体系

基浆：5%预水化膨润土浆+0.7% 聚合物降滤失剂

盐水溶液：5% KCl+5% NaCl+3%聚合物降滤失剂

表 2　KCl 聚合物钻井液体系实验

序号	混入盐水比例	含盐量	$\Phi600/\Phi300$	$\Phi200/\Phi100$	$\Phi6/\Phi3$	Gel 10s/10min	PV	YP
1#	基浆	0%	66/43	33/21	3/2	1.5/4.5	23	10
2#	基浆+10% 盐水溶液	0.5%	75/48	37/24	4/3	1.5/4.5	27	10.5
3#	基浆+20% 盐水溶液	1%	71/46	35/22	3/2	1.5/6	25	10.5
4#	基浆+30% 盐水溶液	1.5%	71/46	35/23	3/2	1.5/5.5	25	10.5

通过表 2 实验表明，低浓度膨润土基浆，在混入 0.5%低浓度盐水溶液，黏切小幅上涨，表现为轻微盐侵；继续增大盐水混入量，钻井液性能保持稳定。以上实验表明，经调整后 4#低固相 KCl 聚合物钻井液，含土 5%、含盐 1.5%，能够满足 12¼in、8½in、6in 井眼钻进过程中的携砂要求，并且有较好的悬浮性。说明改进后的 KCl 聚合物钻井液体系能够满足施工需要。

3.2 由 KCl 聚合物钻井液体系改进为 KCl 聚磺钻井液体系

由于 KCl 聚合物钻井液的 HTHP 失水较大，滤饼较厚。引入两种磺化材料各 3%，改进为 KCl 聚磺钻井液体系，模拟井底温度 120℃，高搅 8000r/min，搅拌 30min，测量 HTHP 失水及滤饼厚度(表3、表4)。

表3　基浆性能

$\Phi600/$ $\Phi300$	$\Phi200/$ $\Phi100$	$\Phi6/$ $\Phi3$	塑黏/ mPa·s	动切力/ Pa	初终切 Pa	API 失水/ mL	泥饼/ mm	HTHP 失水/mL	泥饼/ mm
76/50	38/25	6/5	26	12	2/3.5	3.0	0.4	9.0	1.2

注：原井浆 API 失水 1.2mL，HTHP 失水 7mL，加入 5%的盐水进行稀释后作为基浆。原井浆 HTHP 失水泥饼厚度约为 1.5mm。

表4　KCl 聚磺钻井液性能

$\Phi600/$ $\Phi300$	$\Phi200/$ $\Phi100$	$\Phi6/$ $\Phi3$	塑黏/ mPa·s	动切力/ Pa	初终切/ Pa	API 失水/ mL	泥饼/ mm	HTHP 失水/mL	泥饼/ mm
87/55	42/29	7/5	32	11.5	2/4	0.4	0.2	4.0	0.4

加入两种磺化材料以后，滤失量降低幅度较大，泥饼厚度明显降低，尤其是高温高压泥饼，配伍性也较好，没有起泡，没有不溶物，流变性合理。HTHP 实验温度为 120℃。

3.3　抗钙侵评价

针对东巴地区盐膏层发育的特点，对钻井液进行了抗钙侵评价实验在钻井液中加入 0.5%、1%、1.5%、2%氯化钙，评价其老化前后流变性及失水情况，确定钻井液体系抗钙侵能力；

在抗高温高密度钻井液加入不同量的 $CaCl_2$，老化后(160℃、24h)考察该钻井液的抗钙污染能力。

表5　$CaCl_2$ 污染对钻井液性能影响

$CaCl_2$ 加量/%	老化	密度/(g/cm³)	AV/mPa·s	PV/mPa·s	YP/Pa	API/mL
1.2	前	1.40	58	32	15	1.6
	后	1.40	51	30	12	2.0
1.4	前	1.40	60	34	14	1.8
	后	1.40	52	32	10	2.2
1.6	前	1.40	62	36	16	2.2
	后	1.40	54	34	14	2.6
1.8	前	1.41	64	36	18	2.4
	后	1.41	56	34	16	2.8
2.0	前	1.42	66	40	16	2.8
	后	1.42	60	36	18.5	3.4
2.2	前	1.42	96	78	29	4.6
	后	1.42	94	69	28.5	5.0

老化条件：160℃。

由表5可知，$CaCl_2$ 加量在 2%以内时流变性变化较为平稳，当超过 2%后钻井液黏度显著增高。

表 6 CaCl₂ 污染对钻井液沉降稳定性的影响

CaCl₂ 加量/%	上层密度/(g/cm³)	下层密度/(g/cm³)
1.2	1.40	1.40
1.4	1.40	1.40
1.6	1.40	1.40
1.8	1.41	1.41
2.0	1.42	1.42
2.2	1.42	1.42

由表 6 可以看出 CaCl₂ 对抗高温高密度钻井液沉降稳定性影响较小。综合流变性与沉降稳定性钻井液体系抗 CaCl₂ 污染能力为 2%。

3.4 抗盐性能评价

针对东巴含大段盐膏层特点，在室内对钻井液体系进行了抗盐性能评价实验。在钻井液中加入不同量的 NaCl(用 Cl⁻ 表示)，老化后(160℃、24h)考察该钻井液的抗盐污染能力。

表 7 NaCl 污染对钻井液性能影响

Cl⁻/(mg/L)	老化	密度/(g/cm³)	AV/mPa·s	PV/mPa·s	YP/Pa	API/mL
50000	前	1.40	58	34	15	1.6
	后	1.40	51	32	12	2.0
100000	前	1.40	60	33	14	1.8
	后	1.40	52	31	12	2.2
150000	前	1.40	56	32	10	2.6
	后	1.40	50	30	8	3.0
180000	前	1.40	44	26	8	4.4
	后	1.40	34	22	6	4.8

注：老化条件：160℃。

由表 7 可知，随 NaCl 加量的增加，使钻井液的黏度略有降低，Cl⁻ 含量在 180000mg/L 以内时整体变化不大，超过 180000mg/L 黏度有大幅度变化。

表 8 NaCl 污染对钻井液沉降稳定性的影响

Cl⁻/(mg/L)	上层密度/(g/cm³)	下层密度/(g/cm³)
50000	1.40	1.40
100000	1.40	1.40
150000	1.40	1.40
180000	1.40	1.37

由表 8 可以看出 NaCl 加量增减，Cl⁻ 在 150000mg/L 以内时体系沉降稳定性未受到影响，当，Cl⁻ 在 180000mg/L 后密度差变为 0.03g/cm³，体系沉降稳定性变差。综合流变性与沉降稳定性两方面性能，体系最高可抗 Cl⁻ 180000mg/L 污染。

4 现场应用

改进后的 KCl-聚合物钻井液体系，较好地稳定了井壁，实现了安全钻进。无固相 KCl 体系在 EBSK-8-2 井三开导眼井进行了应用，剥落掉块比较严重；改进后的 KCl-聚合物钻井液体系在 EBSK-8-2，剥落掉问题得到了改善，实现了顺利施工；在 EBSK-10-4H 进行了应用，泥饼质量、提高封堵能力、携岩能力、泥页岩抑制性均有提高，达到了施工要求。

钻井液的配制及维护见表 9、表 10。钻塞时加入适量的纯碱、烧碱，清除水泥钙侵；钻进中使用盐水胶液、磺化沥青胶液交替补充钻井液量，盐水胶液配制：5%KCl+7%NaCl+1% 聚合物降滤失剂；调整黏度 50~60s，整体黏度小于<60s，防止形成虚泥饼；垂深进入页岩层之前，页岩井壁封堵：以补充钻井液量磺化沥青胶液为主，补充足量磺化沥青、加入 2% 1200 目超细碳酸钙封堵地层；并加入 2%聚合醇、AP-1，利用其浊点效应封堵页岩微孔隙；盐水胶液补充：钻进中使用盐水胶液补充钻井液量，保持钻井液中含盐量>7%，Cl⁻> 80000mg/L；盐水胶液配制：5%KCl+7%NaCl+1%聚合物降滤失剂；控制泥浆失水量，泥浆性能保持稳定，根据实际情况调节钻井液性能，保证了钻井施工顺利进行。

表 9　EBSK-8-2 井三开钻井液性能

井深/ m	密度/ (g/cm³)	黏度/ s	塑黏/ mPa·s	动切力/ Pa	初终切/ Pa	失水 mL	固相 %	pH 值	MBT/ (g/L)	含砂/ %	Cl⁻/ (mg/L)	Ca²⁺/ (mg/L)	K⁺/ (mg/L)	K_f
1980	1.24	60	33	16	2.5/5.5	1.4	15	10.5	18.2	0.1	83308	2820	28980	0.0699
2080	1.24	58	32	15	2.5/5.5	1.6	15	10.5	18.2	0.1	82953	2440	28269	0.0524
2173	1.24	62	34	15	2.5/5.5	1.4	10		18.2	0.1	82953	1683	28110	0.0524
2215	1.24	63	33	14.5	2.5/5.5	1.4	15	10	18.2	0.1	80117	1563	27820	0.0699
2295	1.24	68	41	13.5	2.5/6	1.2	14		18.2	0.1	80826	1202	27241	0.0524
2318	1.24	69	40	14	2.5/6	1.2	15	9.5	18.2	0.2	80472	1162	27531	0.0699
2425	1.26	68	40	19	2.5/6	1.2	15		18.2	0.2	86144	1162	27531	0.0699
2510	1.26	70	41	19.5	3/6.5	1.2	15		18.2	0.2	86853	1162	27820	0.0699
2552	1.26	64	39	14.5	2.5/6	1.2	15		18.2	0.1	86498	1202	27300	0.0524

表 10　EBSK-10-4 井三开钻井液性能

井深/ m	密度/ (g/cm³)	黏度/ s	塑黏/ mPa·s	动切力/ (lb/100ft²)	初终切/ (lb/100ft²)	失水/ mL	固相/ %	pH 值	MBT/ (g/L)	含砂/ %	Cl⁻/ (mg/L)	Ca²⁺/ (mg/L)	K⁺/ (mg/L)
1704	1.31	59	32	29	4/25	2.8	17	8.5	28.6	0.3	84371	1483	28400
1821	1.34	65	34	31	4/22	2.0	18	9.5	28.6	0.2	82953	1082	27820
1980	1.35	69	36	33	7/21	2.0	18	9.5	28.6	0.2	86498	1041	28110
2055	1.35	65	35	32	7/20	2.0	18	9	28.6	0.2	84726	1002	27421
2190	1.36	65	34	30	6/20	1.8	18	9	28.6	0.2	85435	922	27820
2295	1.36	66	35	32	4/19	1.8	18	9	28.6	0.2	86498	842	27241
2419	1.39	71	40	35	6/21	1.6	20	8.5	28.6	0.2	81890	762	26951
2564	1.40	65	33	32	5/19	1.6	20	8.5	28.6	0.2	86144	762	27531

续表

井深/ m	密度/ (g/cm³)	黏度/ s	塑黏/ mPa·s	动切力/ (lb/100ft²)	初终切/ (lb/100ft²)	失水/ mL	固相/ %	pH 值	MBT/ (g/L)	含砂/ %	Cl⁻/ (mg/L)	Ca²⁺/ (mg/L)	K⁺/ (mg/L)
2602	1.40	65	33	32	5/19	1.6	20	8.5	28.6	0.2	86144	762	27531
2602	1.40	60	33	30	5/19	1.6	20	8.5	28.6	0.2	86144	762	27531

5 结论

（1）东巴三开地层页岩发育且胶结不好，密度很关键，采用合适的钻井液密度能够有效地降低坍塌风险。

（2）无固相体系滤饼差，不适合页岩发育地层，可以考虑从降低滤失量和调高钻井液封堵性能着手，降低页岩垮塌风险。

（3）由于东巴 S2 区块需要在页岩段定向，垮塌风险大，可以考虑先从小角度定向井开始，逐渐摸索，找到合理的钻井液密度区间，从而实现安全施工。

参 考 文 献

[1] 胡勇科，等. KCl/Polyplus 钻井液在冀东油田 M16×3 井三开井段的应用. 钻井液与完井液，2008，(5).

[2] 郭健康，鄢捷年，范维旺，等. KCl/聚合物钻井液的改性及其在苏丹 3/7 区的应用. 石油钻探技术，2005，(6).

[3] 钟汉毅，邱正松，黄维安，等. 聚胺水基钻井液特性实验评价. 油田化学，2010，(2).

作者简介：陈先贵(1975-)，高级工程师，，1999 年毕业于西南石油学院油田化学专业，现在大庆钻探工程公司钻井工程技术研究院钻井液技术分公司，从事钻井液研究及技术服务工作。地址：黑龙江省大庆市八百坰钻井工程技术研究院，邮编163413，电话：13836719237，E-mail：13836719237@ 163. com。

沈北深水平井"高黏切"KCl-聚合醇钻井液技术

于　盟　李芳茂　李国栋

（中国石油集团长城钻探工程有限公司钻井液公司）

摘　要　本文介绍了辽河沈北区块沙四段地层特点，针对沈北沙四大段灰色硬脆性泥岩等易垮塌地层，通过采用高密度、强封堵、强抑制、弱冲刷的"高黏切"KCl-聚合醇钻井液体系，通过加入聚合物改善钻井液流型指数和稠度系数，减少钻井液对井壁的冲刷，增加钻井液的悬浮携带能力，很好地解决了辽河易垮塌地层在钻进过程中容易出现的大面积井壁坍塌、掉块导致的长时间划眼、卡钻、断钻具等恶性事故频发的技术难题，突破了以往常规氯化钾钻井液体系和普通水基有机硅钻井液体系施工时相对低黏切的施工工艺，重新认识钻井液流变性能对井壁稳定的影响程度、钻井液漏斗黏度和流变性能之间的关联及深井高温性能对于现场施工的重要意义。现场应用结果表明，"高黏切"氯化钾钻井液体系使用后，易垮塌地层未再出现井壁坍塌，对于处理井漏时的井壁稳定也起到了积极保护作用，恶性事故得到了有效控制，事故复杂率大幅下降，完井周期大幅减少，提速明显。

关键词　辽河　硬脆性泥岩　井壁坍塌　"高黏切"　KCl-聚合醇

　　沈北沙四段水平井井位的部署区域，大多钻遇多套不同压力系数的压力层系，且经过长时间注水、注汽开发，在局部高温高压的作用下，地层压力系数和各种物化性能也随之发生了不可预见的变化。而且近两年随着体积压裂增产措施技术的成熟和大力推广应用，水平井均在目的层段进行压裂投产，邻井压裂投产可能在目的层段产生裂缝或憋压，人为改变了地层岩石的原始性能。尤其是在对比最近4年施工的水平井事故复杂率时，发现凭借以往成功的施工经验难以保证当下钻井的井下施工安全[1-4]，极有可能是易垮塌地层变得异常敏感、脆弱，而我们却没有深刻认识到这一变化，没有针对这一变化及时作出正确的改变和拿出相应的解决方案。

1　技术难点

1.1　泥页岩水化周期短

　　2015～2018年沈北区块共施工深水平井10口，其中2井次发生严重划眼事故，其他水平井也均有不同程度的划眼情况发生；从施工过程来看，沈北沙四段泥岩在普通水基钻井液中的水化周期基本为20d，而钻井周期和完井周期却远远超过泥岩的水化周期，所以该区块水平井施工过程中沙四段泥岩经常发生井壁坍塌（表1）。

表1　沈北水平井沙四泥岩井段、施工周期数据统计

井号	泥岩井段/m	施工周期/d	后续井段/m	后续施工周期/d
沈630-H1323	2689～3040	15	3040～3615	20
沈268-H303	2677～3136	14	3136～3925	26

续表

井号	泥岩井段/m	施工周期/d	后续井段/m	后续施工周期/d
沈 358-H111	2677~3134	6	3134~3667	17
沈 268-H308	2700~3300	17	3300~4151	29

1.2 定向段井壁失稳严重

从近 4 年沙四段泥岩发生井壁坍塌的井段和井斜数据来看，当在易垮塌地层中全力定向，井斜角为 30~60°，地层应力集中释放，地层变得更加不稳定，加之起钻至定向段时钻具大部分与上井壁接触，附加拉力基本作用于上井壁，也加剧了井壁失稳(表2)。

表 2 沈北水平井沙四泥岩发生坍塌的井段、井斜数据统计

井号	坍塌井段/m	井斜/(°)
沈 630-H1323	3000~3500	34~36
沈 268-H303	3200~3400	48~70
沈 358-H111	3000~3300	35~60
沈 268-H308	3400~3600	52~75

1.3 水平段摩阻、扭矩大

近两年随着水平井体积压裂的要求，水平段比以往增加 200~500m，水平段一般在 600~1200m 之间，水平位移在 1000~1500m 之间，水平段施工中后期，钻具直接压在下井壁上，钻井液只能从钻具上通过，下井壁容易形成岩屑床，导致上提下放钻具的摩阻和钻具旋转时的扭矩大；水平段施工时为了保证油层钻遇率，不断调整井斜，轨迹呈现出 S 形，甚至是波浪形；为了保证上部井壁稳定，高密度高压差增加磨阻和扭矩(表3)。

表 3 沈北水平井水平段和水平位移数据统计

井号	水平位移/m	水平段长/m	完钻周期/d	完井周期/d
沈 630-H1323	1132.9	422	331	343
沈 268-H307	936.47	450	71.88	96.92
沈 268-H303	890.38	494	82.88	103.88
沈 630-H1624	1351.82	579	101	117
沈 268-H308	1409.65	696	265.83	286.625
沈 358-H111	1492.27	618	46.56	57.875
沈 257-H212	1446	1060	142.7	189.5

1.4 窄密度窗口问题突出

为了保证沙四段泥岩井壁稳定，在进入沙四段泥岩前，密度一般为 $1.45~1.47g/cm^3$，水平段施工时为了保证上部泥岩井壁的稳定，密度一般维持在 $1.50~1.55g/cm^3$ 左右，最高达到 $1.60g/cm^3$。而在进入沙四泥岩段前提密度的过程中，渗透性好的砂岩极易发生井漏，防漏与防塌兼顾困难(表4)。

653

表 4　沈北水平井井漏、渗漏数据统计

井号	漏失井深/m	漏速/(m³/min)	漏失前密度/(g/cm³)	完井密度/(g/cm³)
沈 257-H212	2526~2682(定向段)	渗漏/5	1.47	1.44
沈 268-H303	3431(水平段)	失返	1.52	1.52
沈 268-H308	3851(水平段)	失返	1.54	1.58
沈 268-H102	3611(水平段)	渗漏	1.51	1.53

1.5　井下事故容易复杂化

沈北二开深水平井钻遇多套不同压力层系地层,一旦发生某种单一井下复杂事故,往往会引起其他次生事故,尤其是沙四段泥岩井壁坍塌后,掉块坚硬,形成大肚子井眼,携砂困难,划眼艰难、划眼时间长,会带来更多井下施工风险,特别是卡钻和断钻具事故,最后导致填井、工程报废等恶性事故。

1.6　钻井液热稳定性问题

普通水基有机硅体系在施工后期,普遍存在钻井液加温增稠现象,动、静切力明显增加,特别是高温老化性能很差,静止老化以后基本都丧失流动性,势必带来井下安全隐患。

2　室内研究

2.1　KCl 对钻井液抑制性的影响

用页岩滚动回收实验和黏土膨胀实验两种方法评价钻井液体系的抑制性。将该区块泥页岩样品与钻井液装入老化罐中,在 120℃下热滚 16h,测定了泥页岩的回收率,用 WZ-1 型页岩膨胀测试仪测试了黏土在钻井液体系中的线性膨胀率。表 5 数据表明,随 KCl 加量的增加,页岩回收率明显增加,而膨胀率明显下降。

表 5　泥页岩在不同含量 KCl 钻井液中的回收率和膨胀率

体系	热滚温度/℃	热滚时间/h	回收率/%	线性膨胀率/%		膨胀率降低/%	
				2h	24h	2h	24h
清水	120	16	44.7	7.1	48.3	0.0	0.0
基浆	120	16	64.5	3.1	20.8	56.3	56.9
基浆+3%KCl	120	16	85.7	2.4	15.1	64.8	68.7
基浆+5%KCl	120	16	90.7	2.3	14.4	66.2	70.2
基浆+8%KCl	120	16	96.5	2.1	13.3	67.6	72.5

2.2　聚合醇对钻井液性能的影响

在基浆中加入 1%、2%、3%的聚合醇,测定了钻井液的常规性能,用黏滞系数测定仪测定了钻井液的摩阻系数,结果见表 6。

表 6　聚合醇对钻井液性能的影响

体系	AV/mPa·s	PV/mPa·s	YP/Pa	FL/mL	泥饼摩阻系数(K_f)	摩阻系数降低率/%
基浆	28.0	17	9	9.3	0.0875	0.0
基浆+1%聚合醇	29.5	18	11	9.1	0.0702	20.1

体系	$AV/mPa \cdot s$	$PV/mPa \cdot s$	YP/Pa	FL/mL	泥饼摩阻系数(K_1)	摩阻系数降低率/%
基浆+2%聚合醇	31.0	18	12	8.6	0.0614	30.2
基浆+3%聚合醇	32.5	20	14	7.9	0.0431	50.1

随着聚合醇加量的增加，黏度略有上升，但变化不大，而滤失量有所下降；随着聚合醇不断增加，泥饼的摩阻系数逐渐降低。说明聚合醇与钻井液有良好的配伍性，该体系也具有良好的润滑性。

3 技术措施

3.1 调整流变性能

3.1.1 提高常温黏切，保证高温下减少冲刷

通过加入 PAV-HV 和 XC 保证常温下足够的黏切，把常温黏度控制在 80~120s，加温后 50~70s，常温稠度系数 K 值保持在 800~1300 之间，加温后 500~900 之间，减少钻井液对井壁的冲蚀，确保井壁稳定和井径规则。

3.1.2 更加关注六速数据，减少对漏斗黏度的关注

由于该体系扳含低，加温减稠现象明显，更应该把六速数据和通过六速计算出来的数据当做指导现场生产和反应井底钻井液真实状态的主要依据，而不是仅仅关注常温下的漏斗黏度，特别是井深超过 2500m 后要更加关注加温后的性能。

3.2 两个"一次到位"

3.2.1 提密度一次到位

进入沙四泥岩段之前密度必须一次到位，密度应该维持着在 1.45~1.47g/cm³，应避免在泥岩段施工时边钻进边提密度，否则也会出现边提密度边产生掉块的问题，最后能够支撑住井壁的密度肯定高于一次到位的密度，还会产生不规则井眼，给下步通井、电测等工序增加难度。

3.2.2 加沥青一次到位

为了能够进一步加强钻井液的封堵防塌能力，集中优势兵力，进行攻坚战，进入泥岩段前按照配方的比例一次性把沥青的量加够，短时间内提高钻井液防塌能力达到上限，能有效控制泥岩段井壁失稳。

3.3 广谱封堵防塌

沙三、四段通过加入 1%~1.5%超细 $CaCO_3$（平均粒径 0.02~0.1μm）+0.5%~1%乳化沥青（平均粒径在 2~3μm）+0.5%~1%聚合醇（小于 5μm 的粒子含量<25%，粒径中值>10μm）+0.8%~1.5%磺化沥青（粒径<0.45mm）复配，进行广谱封堵。

3.4 合理密度区间

为了保证在沙四段泥岩密度对井壁物理支撑的同时，又能减少对渗透性好的地层的压力，降低井漏风险，需要通过摸索，不断尝试，通过强化物理封堵降低密度带来的其他施工风险，最终总结出合理的密度区间，扩大安全密度窗口。

3.5 良好润滑防卡

加强离心机使用，最大限度清除有害固相，同时加入 PAC-LV 和 Starch-CM，控制滤失

量，形成薄而致密的泥饼；逐渐增加聚合醇含量至 3%，泥饼质量和润滑性提高，卡钻风险明显降低，定向托压情况大大减少。

3.6 良好的清洁能力

通过加入 XCD，确保 $\Phi6>8$、$\Phi3>6$，在井斜大于 $30°$ 的情况下，$YP>10$，同时保证钻井液的动塑比达到 0.5 以上，这样钻井液有良好的悬浮性和携砂能力，避免岩屑的堆积到井壁，形成厚的岩屑床，确保井眼清洁。

4 现场应用

4.1 沈 268-H308 井和沈 268-H102 井对比

沈 268-H308 井使用有机硅钻井液体系进行二开施工，多次发生井壁垮塌、卡钻、填井等恶性复杂事故；沈 268-H102 井二开采用高黏度氯化钾聚合醇钻井液体系，优质高效地完成了该井的施工，首次实现了该区块零事故、零复杂作业，并打破区块最快施工纪录。

4.1.1 井径数据对比

由图 1 和图 2 的数据对比可以看出：高黏切氯化钾体系施工的各个井段平均井径均要小于有机硅体系，特别是进入沙四段泥岩开始定向和全力定向后，井壁非常稳定，没有出现坍塌掉块现象，井径规则，井径扩大率<10%，为下步电测、通井和下套管创造有利条件。

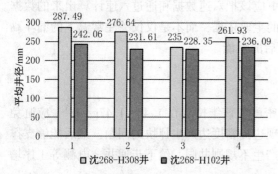
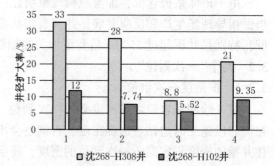

图 1　沈 268-H308 井和沈 268-H102
井井段平均井径数据对比图
1-360~1800m 直井段平均井径；
2-1800~2776m 稳斜井段平均井径；
3-2781~3175m 为沙四泥岩定向段平均井径；
4-全井平均井径

图 2　沈 268-H308 井和沈 268-H102
井井径扩大率数据对比图
1-360~1800m 直井段井径扩大率；
2-1800~2776m 稳斜井段井径扩大率；
3-2781~3175m 为沙四泥岩定向段井径扩大率；
4-全井井径扩大率

4.1.2 应用效果对比

从两口井使用不同体系的现场应用效果来看，使用氯化钾体系并调整钻井液性能参数后，没有出现井壁失稳和大面积垮塌，施工顺利、高效，提速明显(表7)。

表 7　两口井施工效果对比

井号	体系	钻井周期/d	完井周期/d	事故复杂/h	成本/万元	完钻井深/m
沈 268-H308	有机硅	265.83	286.62	4008	400	3923
沈 268-H102	氯化钾	38.33	54.46	0	160	3776

4.2 沈257-H212井现场应用

4.2.1 体系防漏能力差

沙四段上段钻遇一套渗透性好的砂砾岩地层，邻井在使用有机硅体系施工位时并未发生漏失，但是该井在使用氯化钾体系施工时，却发生了严重的漏失，漏速在 $5m^3/min$，体系本身的防漏能力缺陷凸显出来。

4.2.2 关键性能优势明显

该井处理井漏56d，井壁未发生失稳情况，从另外一方面看，该体系也体现出了在长时间处理井漏时，钻井液性能稳定，抑制防塌性能优良的优点，避免了恶性复杂事故发生。

4.3 使用效果对比

2015~2019年不使用氯化钾体系和使用氯化钾体系前后口井划眼损失时间、口井事故复杂损失时间、事故复杂率、恶性事故发生率对比来看，使用高黏切氯化钾钻井液体系后，基本解决了沈北和曙光地区二开深水平井易垮塌地层的井壁失稳问题，同时也减少了井漏带来的井壁失稳问题(表8)。

表8 使用氯化钾体系前后施工效果对比

时间	体系	口井划眼/h	口井事故复杂/h	事故复杂率/%	恶性事故发生率/%
2015~2018	有机硅	1207.74	1276.31	17.35	36
2019	氯化钾	0	0	0.65	0

5 认识结论

本文介绍了高黏切氯化钾-聚合醇钻井液体系的室内研究和应用情况，可以得出以下结论：(1)对于易垮塌地层，该体系有效解决了普通氯化钾钻井液体系应对井壁坍塌效果不佳的问题，通过调整流变性能，实现了易坍塌地层的安全钻井；(2)对于高温井段，该体系稳定性好，不存在加温增稠现象，静止老化后流动性较好；(3)对于处理井漏事故井段，该体系的良好稳定性能和抑制防塌性能为处理井下事故争取了时间，避免了恶性复杂事故发生。

参 考 文 献

[1] 郝庆喜，李先锋，彭云涛，等．聚合醇防塌钻井液在牛88井的应用[J]．钻井液与完井夜，1997，6(1)：21-23.

[2] 卿鹏程．沈625-H2井钻井液技术[J]．油田化学，2007，24(1)：5-8.

[3] 刘榆，卿鹏程．沈北地区新型防塌钻井液技术[J]．石油钻探技术，2005，(3).

[4] 刘榆，李先锋，卿鹏程．海水基氯化钾钻井液在仙鹤4井中的应用[J]．油田化学，2005，22(2)：101-103.

第一作者简介：于盟，2010年毕业于东北石油大学化学化工学院应用化学专业，硕士，任职于中油长城钻探钻井液公司，工程师。地址：辽宁省盘锦市兴隆台区石油大街东段160号，邮编：124000，电话：18009855664，E-mail：yumdf.gwdc@cnpc.com.cn.

方正断陷井壁稳定钻井液技术

朱晓峰　李承林　李国彬　侯砚琢

（大庆钻探工程公司钻井一公司）

摘　要　方正断陷位于依-舒地堑的中北段，该地区井壁稳定性差，井径扩大率超标问题较为突出，易发塌块卡钻事故。通过对施工井的统计，并对易坍塌层位的矿物进行分析，结果表明：该地区硬脆泥岩发育，砂泥岩互层，深层黏土矿物以高岭石为主，伴伊蒙混层，矿物膨胀率低，现场取心观察微裂隙、层理发育。泥页岩吸水膨胀改变了井眼周围的应力分布，加剧了应力分布的不均衡[1]。而且由于吸水使泥页岩的力学性能参数发生了变化，强度降低，弹性模量减少，泊松比增大等，这就使得泥页岩地层的井壁稳定问题更加严重。在钻井过程中，保障钻井液的抑制能力同时，快速、有效、致密的封堵地层孔隙，减少钻井液侵入深度，是控制硬脆泥岩垮塌的有效途径。施工中采用"刚性粒子架桥+柔性粒子填充+虑失控制"方案，形成封堵钻井液配方，通过现场应用，多口井施工井平均井径扩大率控制在9%以内。

关键词　方正断陷　硬脆泥页岩　钻井液　封堵

井壁稳定问题是一个长期困扰石油工程的重大技术难题，在全世界范围内广泛存在，我国各油田也都不同程度地存在，井塌大多发生在泥页岩地层中，约占90%以上[2]。对于钻井来说，井壁失稳会造成井下复杂情况，影响钻井施工进度，严重时可能导致井眼报废，造成巨大的经济损失。方正断陷井壁失稳情况较为普遍，2010年以来，16口井中有8口井径超标严重，尤其是宝泉岭组、新安村+乌云组井段稳定性更差。

1　方正断陷井壁失稳原因分析

1.1　上部地层胶结性差

方正断陷宝二段中部以上地层，普遍分布一套水进期的碎屑沉积，疏松砂质砾岩胶结差（F23井实钻1200~2280m）。

1.2　深部非膨胀性黏土矿物发育

大庆油田勘探开发研究院应用X一衍射仪对F6井进行了黏土矿物定量检验[3]。方正断陷深部地层黏土矿物以高岭石为主，夹少量伊蒙混层，是典型的非膨胀性黏土矿物。F6井深部地层岩石线性膨胀率为0.5%~0.9%时几乎不膨胀；地层岩石滚动回收率为89.4%~92.1%，分散性较弱，水化膨胀率低，岩屑回收率高。

1.3　岩性硬脆且微裂隙、层理发育

通过钻井取心观察，岩心微裂隙、层理发育，硬脆，易破碎（图1）。

1.4　存在地应力集中，椭圆井眼

由F23井、F2井四臂井径图（图2）可见，井眼呈明显椭圆状，证明方正地区存在应力集中问题，也是影响井眼扩大率偏大的因素。

1.5　工程因素影响

该井宝一段（2368~3102m）实钻岩性中较为连续泥岩砂岩互层，但在使用动力钻具后井

658

图 1　岩心图

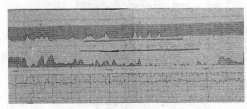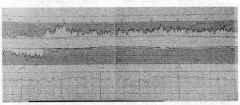

图 2　四臂井径图

径扩大率增大明显。更换常规钻头后,井径有明显变小的趋势,3700m 左右井径扩大率曲线有个明显的尖峰,分析原因为 3702~3718m 多段实钻煤层发育。认为,动力钻具的震动对井径扩大率影响较大。

小结:方正断陷井大段硬脆泥岩发育且微裂隙、层理发育,力学敏感,部分井存在应力集中问题。在施工中井壁与钻井液接触,在液柱压力、毛细管力作用下,钻井液会优先通过渗透性相对较好的微裂缝、砂岩层进入地层内部,增大了地层黏土矿物水化反应面积。

泥页岩吸水膨胀改变了井眼周围的应力分布,加剧了应力分布的不均衡。而且由于吸水使泥页岩的性能参数发生了变化。

对于含水敏性矿物少的致密硬脆性泥页岩地层,井壁失稳决定因素是孔缝的发育程度和压力传递的大小,其可控因素是近井壁地层渗透率的大小及封堵层衰减压力能力的强弱,对井壁进行有效封堵是解决硬脆泥岩井壁稳定的重要手段。

2　封堵剂材料优选

2.1　封堵材料优选

根据防塌封堵作用原理:微裂缝、层理是钻井液侵入地层的主要通道,对井壁稳定产生直接影响。依据硬脆微裂缝地层特征和防塌封堵作用原理分析,认为硬脆泥岩宏观裂缝、微观裂纹、层理都较发育,微裂纹开度可达 $5\mu m$ 以上[6],因此钻井液封堵剂应该具有下特点。

在一定条件下具有变软变形的特性;封堵剂粒子的平均粒度应小于 $50\mu m$,最好在 $3\sim10\mu m$;封堵剂本身必须是不溶或微溶于水,主要是分散而不是溶于水中。

优选各种处理剂,优选评价高温高压虑失量评级不同封堵材料的封堵能力。应用 5%膨润土浆为基浆做对比样实验,结果如图 2~6 所示。

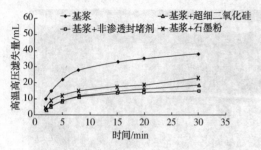

图3 刚性粒子(粒子浓度为4%)

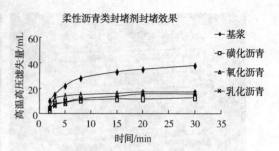

图4 柔性粒子沥青类(浓度3%)

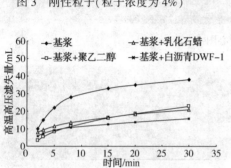

图5 其他封堵材料(浓度3%)

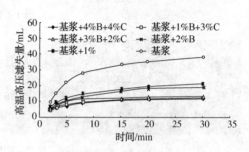

图6 刚性颗粒+柔性粒子

刚性粒子非渗透封堵效果最好；沥青材料荧光级别高，不适合探井施工，柔性粒子中优选白沥青DWF-1。综合考虑封堵材料对钻井液的性能的整体影响，应用3%的非渗透封堵剂+2%白白沥青组合。

2.2 封堵钻井液配方

在方正应用多年的聚合物钻井液体系基础上改进为封堵钻井液配方：

膨润土7%~10%+WYDZ-1 0.3%+HX-D 0.3%+非渗透3%+白沥青DWF-12%+HPAN 1%+JS-Ⅰ1%+SF260 1% +PAC 0.3%。

2.3 封堵钻井液性能评价

2.3.1 砂层封堵性能评价

应用中压可视中压砂床滤失仪，评价封堵钻井液体系的封堵能力。由表1可以看出，封堵钻井液体系封堵砂层的相比常规聚合物钻井液体系效果较优，对40~60目砂和20~40目砂的侵入深度均小于10cm，封堵钻井液体系具有较强的封堵砂层的能力。

表1 砂层封堵实验结果

序号	钻井液	砂床漏失	
		40~60目砂	20~40目砂
1	常规聚合物体系	9cm	11.1cm
2	封堵钻井液体系	4.5cm	8.2cm

2.3.2 封堵强度评价实验

取不同渗透率的人造岩心，用封堵钻井液体系进行实验，通过测定不同驱替压力下的渗透率评价封堵强度，实验结果见表2。

表 2　封堵强度评价实验

岩心	污染前渗透率/($10^{-3}\mu m^2$)	不同压力下的渗透率/($10^{-3}\mu m^2$)			
1	157.4	3.5MPa	5MPa	7MPa	9MPa
2	178.3	0.081	0.008	0.003	0.000
3	243.2	0.062	0.006	0.006	0.000
4	287.3	0.102	0.004	0.002	0.000
5	213.8	0.095	0.007	0.003	0.000
6	198.2	0.076	0.005	0.003	0.001
7	368.3	0.018	0.003	0.002	0.000

由表 2 可以看出，随驱替压力的增大，岩心的渗透率逐渐降低，当驱替压力达到 9MPa 时，岩心的渗透率接近或等于零，也就是说，当压力为 9MPa 时，未见渗透率突然增加，说明封堵带并没有受到破坏，在不同渗透率岩心上形成的封堵带至少能承受 9MPa 的压力。

3　封堵钻井液体现场应用(表 3)

针对方正断陷的地层特点，宝二段提高钻井液有效黏度，增加固相含量，提高钻井液密度，减少上部弱胶结地层冲蚀、垮塌失稳问题，；宝一段以后降低钻井液的触变性，减少压力激动带来复杂问题，转化为封堵钻井液体系。

表 3　封堵钻井液现场使用对比表

方案改进	开钻密度	离心机介入井深	配浆土含量	流行调节处理剂	开钻黏度	触变性 $G10m/G10s$
改进前	1.10g/cm³	800～900	5%	WYDZ-1	40S～45s	6.8
改进后	1.18g/cm³	300	7%～10%	WYDZ-1、PAC-HV	55S～60s	4.0

3.1　现场处理维护方案

（1）宝一段以上地层钻进中，主要以 0.3%～0.5%wydz-1 的和复合铵盐 1%～2%的水溶液交替维护，每钻进 200m 补加 50kg 预水化膨润土浆，配置钻井液补充新浆。

（2）宝一段以下钻进密度执行设计上限，将钾盐共聚物钻井液转化封堵钻井液。

（3）在进入宝一段，调整性能，降低钻井液劣质固相含量和黏度；在宝一段前 50m 在循环罐中一次补加 3%的超钙+2%白沥青。

（4）震动筛使用时间占总循环时间的 100%；加重前离心机使用时间占总循环时间 80%以上。

（5）每钻进 400m 定期倒换新浆 50m³，丰富钻井液固相颗粒级配。

3.2　现场应用效果(表 4)

表 4　现场施工效果统计表

井号	井深/m	完钻层位	平均井径扩大率/%	电测一次成功率/%
F4X5	3325	白垩系	6.59	100
F4X10	3473	白垩系	9.39	100
F4X7	3357	白垩系	3.36	100
F28	4075	宝一段	2.28	100
T4	3200	白垩系	7.92	100

4 认识与建议

（1）硬脆泥岩，在钻井液抑制能力的基础上，钻井液能够快速、有效、致密得封堵岩石的微裂隙层，减少钻井液液相对地层力学参数的影响，是有效地解决硬脆泥岩井壁失稳的手段。

（2）硬脆泥岩井段的井壁稳定问题，是各因素多方作用的结果，钻井工具的选择、参数的选择对硬脆泥岩井壁稳定影响明显。

（3）封堵工艺的探索，就各钻井液体系的应用情况来看，针对脆性地层，就钻井液方面核心是封堵，封堵材料的选择，可以在主动承压封堵，提高封堵层的封堵效果，提高地层的稳定能力。

参 考 文 献

［1］鄢捷年. 钻井液工艺学. 中国石油大学出版社，2001.

［2］沈守文，沈明道，梁大川. 泥页岩的 X 射线衍射定向指数与理化性能及井壁稳定的关系［J］. 沉积学报，2003.

［3］邓金根，程远方，陈勉，等. 井壁稳定预测技术. 石油工业出版社，2003.

［4］蒋祖军，郭新江，王希勇. 天然气深井超深井钻井技术. 中国石化出版社，2011.

［5］赵维超. 硬脆性页岩井壁稳定性影响因素研究. 西南石油大学，2014.

作者简介：朱晓峰，大庆钻探工程公司钻井一公司钻井工程技术服务分公司，工程师。地址：钻井一公司钻井工程技术服务分公司钻井液管理室 222 室，邮编：163400，电话：5602951，13766785584，E-mail：w_ yu_ w@ 163. com.

低固相氯化钾盐水钻井液在致密油水平井的应用实践

刘春明　张伟然　冷朝君　王楠男

摘　要　低固相氯化钾盐水钻井液是大庆钻井工程技术研究院自主研发的一套不饱和盐水钻井液体系，主要应用于大庆油田致密油区块水平井施工，有效解决了致密油区块地层泥岩水化分散性强、井壁稳定性差和固井质量不高等问题，减少井下复杂情况的发生。该体系具有良好的流变性和稳定性，可实现抗温 120℃，抗 Cll$^-$>90000mg/L，HTHP 失水<10mL，泥岩滚动回收率>90%，抗岩屑侵>20%，摩阻系数<0.1。该体系在 ZFP37 井进行了现场应用，取得了良好的应用效果。

关键词　低固相　氯化钾　盐水钻井液　抑制性　井壁稳定

致密油是致密储层油的简称，是一种非常规油气资源，大庆致密油储量丰富，覆盖整个大庆外围，储层主要集中在扶余油层和高台子油层，是大庆油田持续稳产的重要保障。近年来，大庆致密油已经进入全面开发阶段，针对致密油区块地层特点和钻井施工难点，钻井液技术也必须持续改进完善，以满足致密油水平井的施工需要，实现提速提效，减少井下复杂，降低钻井综合成本。

1　地质情况

大庆外围致密油区块施工的水平井主要开发层位为扶余油层，施工中主要钻遇四方台组、嫩江组、姚家组、青山口以及泉头组，其中四方台组和嫩江组地层发育大段软塑性泥岩，造浆性强；青山口组地层发育硬脆性泥岩和页岩，层理发育、层间胶结差，井壁稳定性差，易出现井壁剥落甚至井塌；姚家组和泉头组地层发育的灰绿色和紫红色泥岩造浆性强，泥质粉砂岩和粉砂岩中的泥质颗粒小，非常容易侵入钻井液中造成劣质固相侵。在致密油水平井的施工过程中，经常会出现缩径、泥包、环空泥环、起下钻阻卡、井壁剥落、井漏、钻井液黏切急剧升高等复杂情况，对钻井液的流变性、抑制性、井壁稳定性和劣质固相容量限等方面的要求也更加严苛。

2　低固相氯化钾盐水钻井液体系研究

针对大庆油田致密油水平井的地层特点和施工难点，通过大量室内实验，大庆钻井工程技术研究院自主研发了低固相氯化钾钻井液体系和与其配套的施工工艺技术（表1~表4）。

在抑制性方面，该体系由于矿化度高，Cl$^-$ 浓度>90000mg/L，K$^+$ 浓度>45000mg/L，本身就具有较强的抑制性，加之包被剂的包被作用、K$^+$ 的嵌合作用和胺基抑制剂中−NH$_2$ 的质子化和氢键效应[1,2]也都具有非常强的抑制效果，对于泥页岩井壁稳定、抑制岩屑膨胀分散有极大优势。在控制钻井液滤失方面，抗高温抗盐降滤失剂Ⅰ型和抗高温抗盐降滤失剂Ⅱ型处理剂的复配使用能够有效降低体系的 API 滤失量和 HTHP 滤失量。在封堵防塌方面，在保证体系强抑制性的基础上，添加的沥青类处理剂[3]配合各种粒径的碳酸钙能有效强化泥饼质量和封堵防塌能力，提高青山口组等不稳定地层的井壁稳定性。在润滑性方面，优选配伍性好的液体润滑剂降低泥饼黏滞系数和极压润滑系数，以满足水平井施工对润滑性的要求。

表 1　低固相氯化钾钻井液流变评价实验数据表

条件	密度/(g/cm³)	Φ600/Φ300	Φ200/Φ100	Φ6/Φ3	Gel/Pa	FL_{API}/mL	FL_{HTHP}/mL
热滚前	1.20	67/42	20/17	4/3	1.5/3	3.0	9.6
120℃热滚 16h	1.20	74/48	37/23	5/3	2/3.5	3.0	10.4

表 2　滚动回收率数据表

条件	条件	钻屑滚前重/g	钻屑滚后重/g	滚动回收率/%
清水	泥页岩	35.164	23.169	65.89
钻井液	120℃	35.013	31.996	91.38

表 3　抗污染能力评价实验数据表

条件	Φ600/Φ300	Φ200/Φ100	Φ6/Φ3	Gel/Pa	PV/mPa·s	YP/Pa
钻井液	67/42	20/17	4/3	1.5/3	25	8.5
钻井液+5%土	97/60	46/27	7/5	2.5/6	37	11.5
基浆+10% 100 目钻屑	77/48	37/27	5/3	2/4	29	9.5
基浆+20% 100 目钻屑	90/57	43/27	6/4	2/4	33	12

表 4　润滑性评价实验数据表

条件	极压润滑系数	泥饼黏滞系数
热滚前	0.109	0.0699
120℃热滚 16h	0.109	0.0612

3　现场应用[*]

3.1　ZFP37 井工程概况

低固相氯化钾钻井液体系在 ZFP37 井(表5)进行了现场应用。该井是一口两开次的导眼+侧钻井型的致密油水平井，钻遇嫩江组、姚家组、青山口组、泉头组等地层，导眼井段和侧钻井段使用同一套钻井液进行连续施工，钻井液(表6)施工难度较大。

表 5　ZFP37 井身结构数据表

开钻次序	设计井深/m	钻头尺寸/mm	套管尺寸/mm	套管下入深度/m	水泥浆返深/m	造斜点/m	靶点/m	最大井斜角/(°)
一开	301	374.7	273.1	300	地面	/	/	/
二开(导眼)	2061	215.9	/	/	1250	1300	1949.87	34.64
二开(侧钻)	2934	215.9	139.7	2931	地面	1550	2884.56	89.95

表 6 ZFP37 井钻井液性能指标数据表

井段	密度/ (g/cm³)	FV/ s	FL$_{API}$/ mL	pH	Gel/Pa		PV/ mPa·s	YP/ Pa	固含/ %
					初切	终切			
二开(导眼)	1.05~1.45	45~80	≤4.0	9~11	1.0~7.0	2.0~20.0	15~40	5~20	≤15
二开(侧钻)	1.40~1.45	45~80	≤4.0	9~11	1.0~7.0	2.0~20.0	15~40	5~20	≤15

3.2 ZFP37 井施工难点

ZFP37 井的施工难点主要在以下几方面:

(1) ZFP37 井钻遇嫩江组、姚家组、青山口组、泉头组,上部地层是大段强造浆性泥岩,下部地层泥页岩和粉砂岩发育,井壁稳定性差。

(2) ZFP37 井导眼井段和侧钻井段连续施工,施工周期长,总进尺 3375m,几乎相当于施工两口正常的致密油水平井。

(3) 上部地层钻遇大段泥岩,需要钻井液具有强抑制性;导眼固井施工三次,侧钻前钻水泥塞 105m,需要钻井液具有很强的抗水泥侵能力;水平段钻遇高压圈闭,发生油气侵,密度由 1.45g/cm³ 提高到最高 1.75g/cm³,是致密油水平井中密度最高的一口,同时,钻井液固相含量最高达到 29%,需要钻井液具有很高的固相容量限。

3.3 ZFP37 井钻井液现场应用

(1) 配浆配方:清水+1%膨润土+0.5%纯碱(土量)+0.4%烧碱+1%抗高温抗盐降滤失剂Ⅰ型+0.5%抗高温抗盐降滤失剂Ⅱ型+9%氯化钾+10%氯化钠+2%胺基抑制剂+2%超细碳酸钙+0.5%包被剂。

配浆时严格按照配方的加药顺序和加量配制新浆,侧钻继续使用导眼井段钻井液施工。

(2) 根据地层不同,针对性的制定胶液配方。胶液基浆为 9%氯化钾和 10%氯化钠的水溶液,添加 2%的降滤失剂和 2%~4%的超细碳酸钙后,再根据地层变化调整其他处理剂的加量:嫩二段及以上地层包被剂含量不低于 0.5%,抑制剂含量不低于 2%,嫩一段和姚二三段添加不低于 2%的聚合醇[4]和 4%的沥青类处理剂,姚一段以后,适当降低包被剂、抑制剂加量,并维持封堵防塌处理剂总含量不低于 4%。

(3) 由于盐水中 Na⁺ 与黏土矿物晶层间 H⁺ 的离子交换和 Ca²⁺、Mg²⁺ 等杂质离子的存在,钻井液消耗 OH⁻ 速度快[5],因此在胶液中 KOH 的加量必须执行配方上限加量,保证 pH 值维持为 9~11。

(4) 根据摩阻和扭矩的变化,适当补充液体润滑剂,维持含油量不低于 4%,保证钻井液的润滑性。

3.4 应用效果

ZFP37 井导眼平均机械钻速 11.22m/h,平均井径扩大率 6.67%,侧钻平均机械钻速 5.16m/h,侧钻井段未测井,水平段固井质量优质率 91.5%。低固相 KCl 盐水钻井液体系(表 7)在 ZFP37 井的成功应用,表现出了诸多优点,尤其是在强抑制性、封堵造壁性、润滑性、井眼净化能力和易于维护等方面具有明显优势,完全能够满足致密油水平井的施工需要。

表 7 ZFP37 井钻井液性能数据表

井段	密度/ (g/cm³)	漏斗黏度/s	API 失水/mL	pH 值	静切力/Pa		塑性黏度/mPa·s	动切力/Pa
					初切	终切		
导眼	1.15~1.45	45~60	4.0~1.8	9~10	1~3	2~9	26~38	4~12
侧钻	1.40~1.75	45~75	3.8~1.6	9~10	1~9	2~29	23~59	5~29

4 结论

（1）低固相氯化钾钻井液具有良好的流变性和稳定性。同时，该体系具有的强抑制性，能够有效抑制泥岩水化分散；高效的封堵防塌能力，能够有效提高井壁稳定性；优良的润滑性，能够有效降低摩阻系数。

（2）在现场应用过程中，低固相氯化钾钻井液维护简单，便于操作，在抑制泥岩造浆、控制页岩剥落、减阻防卡、抗水泥侵和劣质固相侵、提高井身质量和固井质量等方面效果显著。

（3）低固相氯化钾钻井液对致密油水平井具有良好的适应性，完全能够满足致密油水平井的施工需要。

参 考 文 献

[1] 李真伟，杨松. 胺基页岩抑制剂的现状、机理及研究进展[J]. 中国石油和化工标准与质量，2013（19）：48-48.

[2] 钟汉毅，邱正松，黄维安，等. 胺类页岩抑制剂特点及研究进展[J]. 石油钻探技术，2010，38(1).

[3] 陈金照. 磺化沥青泥浆在煤田地质钻探中的应用研究[J]. 能源与环境，2006(5)：109-110.

[4] 沈丽，柴金岭. 聚合醇钻井液作用机理的研究进展[J]. 山东科学，2005，18(1).

[5] 鄢捷年. 钻井液工艺学[M]. 山东：石油大学出版社，2001：167.

作者简介：刘春明(1981-)，男(汉)，吉林省扶余市，工程师，现从事钻井液技术服务工作。地址：黑龙江省大庆市红岗区八百垧大庆钻井工程技术研究院钻井液分公司，电话：13936952245，邮编：163413，E-mail：76107521@qq.com。

大庆油田嫩二段泥岩缩径区钻井液技术应用

赵 阳

（大庆钻探工程公司钻井三公司）

摘 要 大庆油田采油一厂北一断西高台子加密区，地质因素导致嫩二段套损憋压，地层压力系数高，泥岩段长期大量吸水，形成泥岩蠕动。钻井施工过程中，井壁缩径、井塌、井漏、钻速慢、阻卡等问题突显。对此，优选出钻井液性能稳定、抑制封堵能力强、润滑性优越的钻井液关键技术，以满足施工要求。现场应用表明，该钻井液技术解决了该区施工过程中井眼不畅、井塌、井漏、阻卡等技术难题，避免进尺报废等恶性事故的发生，保证了该井型施工安全顺利进行。

关键词 套损 嫩二段 吸水 缩径 井塌 阻卡 抑制性

大庆油田采油一厂北一断西高台子加密区，由于地质因素导致嫩二段套损憋压，致使嫩二段泥岩长期大量吸水，钻井施工过程中由于泥岩蠕动发生井眼缩径、垮塌、机械钻速慢、阻卡等一系列问题。因此，在抑制井眼缩径、防塌、防漏、防卡等方面对钻井液技术提出了更高的要求，为此开展了解决该区施工难题的钻井液技术研究。

1 技术难点及施工要求

1.1 嫩二段泥岩长期吸水，钻井过程中极易缩颈、坍塌

嫩二段大段水敏性极强的泥页岩，属于典型的易膨胀强分散的地层。这类地层由于长期吸水极易膨胀、缩径以及掉块、坍塌。要求钻井液具有较强的抑制防塌能力。

1.2 泥岩蠕动，钻进困难，极易发生卡钻

嫩二段由于长期吸水，发生泥岩蠕动，形成了一种类似橡皮的地层。因此，钻进困难，且钻进过程中，上下活动发生阻卡明显，严重时将引卡钻。所以，要求钻井液有良好的润滑性能，避免卡钻的发生。

1.3 压力系数高，井漏风险大

地层长期憋压、侵水，压力系数高，且嫩二段需要较高密度支撑井壁，而葡萄花油层常年开采，油层沉默度高，表明地层亏空欠压，极易发生井漏，要求钻井液有较强的封堵防漏能力。

1.4 密度高、定向井井斜位移大，卡钻风险大

由于井斜较大，钻具与井壁接触面积大，加之钻井液密度高。因此，产生较大的压差，且起下钻时产生的摩擦阻力大，严重时将引起黏吸卡钻。所以，要求钻井液的摩阻系数较小，避免黏吸卡钻的发生。

综上所述，该区施工要求钻井液体系应具备以下特点：抑制性强，滤失量小，钻屑及井壁泥岩分散程度小，有利于井壁稳定；泥饼致密润滑，摩阻低；钻井液封堵性强，防漏效果好。

2 钻井液技术的研究

2.1 防缩径、防塌钻井液技术

2.1.1 嫩二段采取强抑制降滤失防塌技术

嫩二段为水敏性极强的泥岩，属于典型的易膨胀强分散的地层。这类地层，发生井壁不稳定的主要原因是泥岩中蒙脱石和伊/蒙混层的吸水膨胀、分散以及缩径，然后在地应力或外力作用下发生掉块、坍塌，造成井径扩大，并常伴随卡钻等其他复杂情况发生。

采取的措施是二开配浆一次性按上限用量加足各种处理剂，严格控制钻井液滤失量，嫩二段以上失水≤4mL、嫩二段以下失水≤2mL。

2.1.2 封堵技术

为了防止井漏、井塌，加入一些封堵性材料封堵微细裂缝，降低滤失，提高地层承压能力。做法是在钻井液中加入1%~2%的沥青类处理剂和2%~3%的非渗透封堵剂。同时在进入易塌井段之前可适当提高钻井液密度，增强力学稳定性，适当提高钻井液漏斗黏度至60~65s。

非渗透封堵剂FST作为体系的封堵剂，用沙床漏失仪模拟实验，钻井液封堵承压实验见表1。

表 1 封堵能力实验表

配方	$\rho/(\text{g/cm}^3)$	FL/mL	实验条件：(0.7~1.5MPa、30min、20~40目石英砂、常温)测定钻井液侵入深度
膨润土配浆	1.50	12	瞬时全漏
膨润土浆+3% FST	1.04	8	瞬时浸透3.2cm，30min后浸入4.1cm不再增加，加压至1.5MPa，没变化
乳液体系井浆	1.50	4	瞬时全漏
井浆+1% FST	1.50	3.6	瞬时浸透6cm，30min后浸入8.5cm不再增加，加压至1.5MPa，没变化
井浆+2% FST	1.50	3	瞬时浸透2.8cm，30min后浸入3.5cm不再增加，加压至1.5MPa，没变化
井浆+3% FST	1.51	2.8	瞬时浸透2cm，30min后浸入2.5cm不再增加，加压至1.5MPa，没变化
井浆+4%FST	1.51	2.4	瞬时浸透1.7cm，30min后浸入2cm不再增加，加压至1.5MPa，没变化

实验表明，对于20~40目砂床(模拟裂缝0.45~0.38mm)，当压力加到1.5MPa时，含量3%封堵剂时封堵效果已比较好，钻井液侵入2.5cm后不再增加。

2.2 高密度支撑井壁技术

由于地层蠕动，形成了橡皮层，因此除了需要防塌降滤失剂稳定井壁外，还需要提高钻井液密度还支撑井壁，减小或者避免泥岩蠕动缩径。

根据地质精确压力预测，进入嫩二段前将比重提质1.80g/cm³左右，同时使用好固控设备，尽可能降低无用固相含量，同时使用膨润土随时补充有用固相，降低塑性黏度，保证动塑比≥0.4。

2.3 润滑防卡技术

采用复合环保油+固体润滑剂+玻璃微珠的复合润滑技术。

在钻井液中加入2%复合环保油+1%固体润滑剂，钻井液的其他性能基本保持不变，而摩阻系数最低，能够满足施工要求（表2）。

表2 润滑剂与钻井液配伍性实验

性能	FV/s	G_{10s}	G_{10min}	PV/mPa·s	YP/Pa	YP/PV/Pa/Pa	K_f/mm
钻井液	60	2	8	16	8	0.5	0.120
钻井液+2%环保油	66	1	8	14	8	0.57	0.100
钻井液+2%环保油+1%固体润滑剂	68	2	8	16	7	0.44	0.080
钻井液+3%环保油+2%固井润滑剂	66	2	10	16	8	0.5	0.079

3 现场应用

3.1 配制和维护

（1）二开配浆：转出一开钻井液、清罐，使用清水加纯碱、膨润土配浆。依次加入：0.16t 纯碱，0.3t 大阳离子包被剂，0.5t 小阳离子黏土抑制剂 NW-1，高温高压降滤失剂 0.5t，铵盐 0.3t。利用地面砂泵、罐上砂泵和搅拌器循环搅拌钻井液，循环后钻井液性能如表3。

表3 配浆钻井液性能表

ρ/ (g/cm³)	FV/s	FL/mL	NB/ mm	PV/ mPa·s	YP/Pa	YP/PV/ (Pa/Pa)	Gel/ Pa/Pa	pH 值	K_f/mm
按设计	42~50	≤5.0	0.5~1	15~25	4~8	0.30~ 0.45	1.0~1.5/ 3.0~5.5	9~9.5	≤0.12

使用新配钻井液钻塞，洗井至 pH≤9，补加 0.16t 纯碱。

（2）嫩二段处理泥浆提高密度。加入高温高压降滤失剂 0.5t，铵盐 0.3t，复合环保油 0.4t，固体润滑剂 0.5t，用 JN-A 调整黏度，钻进时用 KPAM、NPAN-II、SPNH 水溶液（浓度 0.3%~0.5%、0.5%~0.8%、1%~2%）维护。钻进过程中根据性能情况适当补充膨润土。FL≤2mL，YP/PV≥0.4，K_f≤0.10。

（3）嫩二段加重后钻进 30~50m 进行长起下作业，通畅井眼，提高返砂效率。

（4）进入油层前，用 JN-A（DJ-C）和水稀释钻井液黏度到 45s 左右，一次性加入 NPAN-II 0.3t，高温高压 1t，复合环保油 0.6t，固体润滑剂 0.5t。钻进时用 JN-A（DJ-C）调整黏度，用 KPAM、NPAN-II、SPNH 水溶液（浓度 0.3%~0.5%、0.5%~0.8%、1%~2%）维护。钻进过程中根据泥饼情况适当补充膨润土。FL≤2mL，YP/PV≥0.4，K_f≤0.09。

（5）进入 P1 油层前，加入 FT-3421t（2t 非渗透封堵剂 FST-II）。钻进时用 JN-A（DJ-C）调整黏度，用 KPAM、NPAN-II、SPNH 水溶液（浓度 0.3%~0.5%、0.5%~0.8%、1%~2%）维护。钻进过程中根据泥饼情况适当补充膨润土。FV 50~60s，FL≤3mL，YP/PV≥0.4，K_f≤0.09。

（6）钻进中细水长流补充聚合物胶液（浓度 0.5%~1%）保持含量稳定。

（7）测井起钻前加重 1t 玻璃微珠，防起钻过程中阻卡；测井后通井起钻前，加入 1t 玻璃微珠，防下套管遇阻。

3.2 现场效果

3.2.1 钻井液性能稳定

下面以 15121 队北 1-5-斜更 E53 井为例对现场试验情况说明。该井设计井深 1120m，设计加重井深 590m，密度 1.77~1.82g/cm³。该井施工 10d，钻井液始终保持优良的性能，各井段的性能范围见表 4。

表 4　北 1-5-斜更 E53 井钻井液性能

井深/m	流变性能							中压滤液		f	含砂量/%	pH 值（无因次）
	Φ600	Φ300	Φ3	PV/mPa·s	YP/Pa	初切/Pa	终切/Pa	FL/mL	K/mm			
240	54	36	3/10	18	9.0	1.5	5.0	4.0	1.0	0.13	0.8	8
645	82	50	3/15	32	9.0	1.5	7.5	1.8	1.0	0.09	1.0	8
806	86	54	4/18	11	9.5	2	9.0	1.2	1.0	0.08	1.0	8
1000	92	60	4/19	32	14	2	8.5	2.0	1.0	0.08	1.2	9
1120	98	62	4/16	36	13	1.5	8.0	2.0	1.0	0.09	1.4	9

表 4 中数据说明：590m 以后摩阻小于 ≤0.10，滤失量小于 2mL，含砂量 ≤1.5%，终切值大于 7，性能稳定、流变性好。

3.2.2 抑制性强

钻井液抑制性强，施工过程有效地控制了泥岩蠕动缩径，避免了泥岩蠕动制约机械钻速的现象，井径规则，无阻卡发生。

3.2.3 排放量小

加重前不外排，口井平均排放 20m³ 左右。

3.2.4 井下复杂少

该钻井液技术的应用，解决了嫩二段泥岩缩径、坍塌，葡萄花油层承压能力差导致井漏等问题，保证了钻井的顺利。施工的 24 口井均没出现井眼不畅、钻具上顶、钻具泥包等井下复杂，电测一次成功率 100%。

4　总结

（1）解决了因嫩二段泥岩蠕动缩径导致机械钻速慢，井塌、阻卡、卡钻等问题。

（2）加重后钻进 30~50m 进行长起下作业，有效地畅通井眼，避免了井眼不畅、钻具上顶、钻具泥包等井下复杂情况。

（3）润滑防卡技术的应用较好满足了高密度定向井低摩阻的需要。

参 考 文 献

[1] 徐同台，赵忠举. 21 世纪初国外钻井液和完井液技术[M]. 石油工业出版社，2004.

[2] 于洪金，等. 大庆钻井技术新进展[M]. 石油工业出版社，2005.

[3] 张增福，等. 小阳离子-聚合醇钻井液技术研究与应用[J]. 钻井液与完井液，2005，22(2).

第一作者简介：赵阳(1986—)，2008 年毕业于西南石油大学石油工程专业，现工作于大庆钻探工程公司钻井三公司，从事钻井液管理工作，工程师，电话：15045878082，邮编：163413；E-mail：116009406@qq.com。

D油田低渗高压区块中深调整
井钻井液技术研究与应用

柳洪鹏 李英武 刘彦勇 许明朋 董 明

（大庆钻探工程公司钻井二公司）

摘 要 D油田低渗高压区块具有压力高、降压缓慢的特征，同时，储层裂缝发育，钻井液密度设计窗口较窄，甚至为负窗口，对调整井钻井安全和质量造成较大影响。据不完全统计，近年该区块调整井平均使用钻井液密度为 1.75g/cm³以上，油气侵发生率15%左右，固井质量优质率仅为60%左右，管外冒发生率超过10%。该区块开发目的层为扶余油层兼顾S、P油层，属于多层位分段开发。井筒内多压力系统矛盾突出，易引发泥包钻具、局部井段环空憋压严重、局部井段井径扩大率超高、井塌卡钻、井漏等事故，且井漏发生后一次堵漏成功率较低，严重影响了钻井施工的顺利进行。应用强抑强封钻井液技术，有效抑制泥页岩的水化膨胀，减少地层环空憋压，并制定相应工程技术措施，降低井下激动压力；优选防塌封堵材料，确保井壁稳定，有效降低了井径扩大率；多种润滑剂复配使用解决定向井防卡润滑问题。2017～2019年进行了215口井的现场应用，固井优质率80%；井漏发生率由9.43%降低至零，一次堵漏成功率提高80%，取得较好的经济效益和社会效益。

关键词 中深调整井 封堵 防漏 堵漏 压力预测 度设计及监控

1 概述

1.1 地质概况

D油田中深调整井区块位于S盆地中央拗陷区G构造，开发目的层为扶余油层兼顾S、P油层，属于多层位分段开发。区块内断层充分发育，共发育30余条断层，断层附近受注水开发的影响，采出井点较少，形成S、P油层局部憋压，油层压力相对较高，SⅢ组、PⅠ组最低地层破裂压力18MPa，预计压力系数1.40～1.50；FY油层未注水开发，仍处于原始压力状态，平均地层压力为17.5MPa，压力系数平均为1.13。该区块N二段和QS组地层发育大段泥岩，泥岩钻遇段长达1500m以上，泥岩吸水水化膨胀易剥落，造浆性能强易泥包钻具，钻井过程中易井塌卡钻，而且易发生井漏。

1.2 施工难点

（1）区块内N二段和QS组地层大段泥岩发育，易发生钻具泥包复杂；

（2）井筒内多压力系统共存，高密度、高钻速条件下易发生井漏复杂；复杂发生一次堵漏成功率低；

（3）SL组和葡一组地层欠压且渗透性好，导致环空憋压严重（600～1300m左右起下钻遇阻严重）；

（4）局部井段井径扩大率超高（电测井径曲线显示井径扩大率最大超过70%且连续分布）。

（5）高密度、高钻速条件下大位移井防卡润滑矛盾突出。

2 钻井液技术研究与应用

2.1 钻井液抑制性研究与应用

2.1.1 QYZ-1 现场加量的优化

随机在钻井队现场取钻井液井浆进行钻井液抑制性实验，各项性能见表1（降黏剂加量 0.5% 和降滤失剂加量 1%）。

表 1 QYZ-1 加量优选实验

处理剂加量	黏度/s	失水/mL	泥饼/mm	切力 10s~10min	Φ600Φ300	动切/Pa	塑黏/mPa·s
+0.4%QYZ-1	28	4.8	1.6	0.5~3	22/12.5	1.5	9.5
+0.5%QYZ-1	26	5.0	1.5	0.45~2	23.5/13.5	1.7	10.0
+0.6%QYZ-1	25	5.2	1.0	0.5~1.5	25.5/15	2.25	9.5
+0.7%QYZ-1	24	4.6	1.0	0.5~1.5	31.5/18	2.3	13.5

随着 QYZ-1 加量的增加，漏斗黏度、塑性黏度、动切力、失水量都有不同程度的降低，但加量超过0.6%后，各项基本参数变化不大。考虑现场数据结果，微调 QYZ-1 的用量，由原来的加0.5%QYZ-1增加为0.6%QYZ-1，进一步增强钻井液的抑制性。最终确定现场使用配比为：井浆 + 0.6%QYZ-1 + 1%DJ-C + 0.5%NPAN+0.8%FH-C。

2.1.2 现场应用

现场具体的实施技术方案如下：

一开：用钻井液开钻，密度和黏度达到性能设计要求后开钻。

二开：（1）二开前钻开水泥塞后要充分洗井，洗至 pH 值小于 8.0。在钻井液中加入 QYZ-1200~300kg，HPAN200kg，性能达到设计要求后开钻。

（2）200m 至加重前，补充加入 QYZ-1，钻进过程中保持钻井液中有足够的 QYZ-1。调整好黏度、切力，维护好钻井液性能。

（3）加重前调整好钻井液性能，并加防塌剂 400kg。调整黏度、切力，性能达到设计要求方可钻开油层。打开油层后，每 4h 测一次电阻率，电阻率控制在 $3.5 \sim 4.5\Omega \cdot M$（18℃）。

（4）钻开 P1 组前再加入防塌剂：200kg。

（5）完钻前 50m 尽量减少处理剂用量，保证钻井液电阻率。

（6）完钻后充分循环钻井液三周以上，调整钻井液性能，使钻井液性能达到设计要求，然后起钻换相应尺寸的牙轮钻头加旋流发生器通井，下钻到底后要循环三周以上，方可电测。

（7）电测后通井，循环正常后，并循环到井底。调整钻井液性能，钻井液性能必须达到设计要求后，方可起钻下套管。

（8）下完套管后调整钻井液黏度、切力，使其性能达到设计要求。

（9）钻井液性能超出设计范围禁止钻进。

推广应用过程中，减少了废弃钻井液的排放量，使加重前废弃钻井液排放量控制在了 $10m^3$ 以内。

2.2 防漏、堵漏钻井液技术应用

2.2.1 易漏区块分布精细研究

根据该地区的地质特性、地层的压力梯度、临井的井漏状况、钻井液性能及其变化、钻井液排量和钻具结构等多项参数，综合分析预测易漏井分布。对分析确定的易漏井进行重点井漏预防。

2.2.2 梯次钻井液防漏技术

该区油层压力高，纵向上多压力系统矛盾突出，一方面P油层组聚驱后，由于聚合物特殊的流变性，在地层孔隙中形成聚合物油墙，使聚合物注入层压力波动大，在局部憋压，形成异常高压区，另外，P地层易发生渗透性漏失；另一方面QS地层泥页岩微裂缝普遍发育，高相对密度下裂缝被打开，形成漏失通道，导致井漏。现场证明绝大部分的井漏都是发生在QS地层，其主要原因就是高相对密度诱导地层裂缝开启，导致井漏的发生。针对该区块漏失特点，优选不同粒径封堵剂，采用梯次封堵技术，从上到下逐级封堵漏失地层，通过提高各个地层承压能力，增大钻井液进入漏失层的阻力达到防止井漏的目的。

2.2.2.1 SP油层应用增强型聚合物成膜钻井液技术

针对该区块地层孔隙发育的特点，在保持聚合物含量不变的前提下，对惰性固体颗粒和纤维进行了配伍组分调整，将纤维比例由30%提高到40%，强化了架桥能力，固体颗粒的粒径尺寸增加了5%~10%，柔性纤维的长度增加了10%~15%。

2.2.2.2 QS地层微裂缝优选复合封堵材料进行有效封堵

优选复合封堵材料对QS地层微裂缝进行有效封堵，同时巩固对SP油层的封堵效果。复合封堵材料包括FD-2和改性沥青。FD-2较FD-1粒径范围更大，选择封堵性更强，能够对孔隙和裂缝进行有效封堵。在室内进行了堵漏承压30min实验，结果见表2。实验表明，对于10~15目砂床（模拟裂缝1~2mm），当压力加到2.0MPa时，含量3%防漏剂时漏失量为零。

表2 FD-2实验表

项目	加压漏失量/mL				
	0.5MPa	1.0MPa	1.5MPa	2.0MPa	2.5MPa
1.8g/cm³钻井液	0	30	全失		
1.8g/cm³钻井液+1%FD-2	0	0	30	80	全失
1.8g/cm³钻井液+2%FD-2	0	0	0	10	20
1.8g/cm³钻井液+3%FD-2	0	0	0	0	0

2.2.3 堵漏技术研究与应用

2.2.3.1 堵漏技术研究

该区纵向上多压力系统矛盾突出，QS地层泥页岩微裂缝普遍发育，高相对密度下裂缝被打开，形成漏失通道。现场证明绝大部分的井漏都是发生在QS地层，其主要原因就是高相对密度诱导地层裂缝开启，导致井漏的发生。

2.2.3.2 堵漏材料研究

经过反复实验，配成了3种复合型堵漏剂：FHDL-1、FHDL-2、FHDL-3。见表3

表 3 堵漏剂配方试验

项　目	堵漏剂配方	初漏失量/mL	强度/MPa
模拟 2~3mm 裂缝	无堵漏剂	全部	0
	15%FHDLJ-1	>550mL	2.0MPa 全漏
	15%FHDLJ-2	60	>5.0
模拟 3~4mm 裂缝	无堵漏剂	全部	0
	15%FHDLJ-1	全部	0
	15%FHDLJ-2	500mL	2.5MPa 全漏
	15%FHDLJ-3	50	>6.0

2.2.3.3 堵漏剂现场应用

现场根据漏失程度选择堵漏配方，一般性井漏选择 FD-1 和 FHDL-1 或 FHDL-2，较严重井漏选择 FD-1 和 FHDL-2，严重井漏选择 FD-1 和 FHDL-3。对非常严重的井漏，需要现场组织多种材料复配堵漏剂。在循环池内组织 30~50m³ 高于井漏密度 0.1~0.15g/cm³ 的泥浆，加 8~10t 堵漏材料，混配均匀，然后打入漏层。5 口井漏井，采用疏通井眼及扩眼方法提高成功率，一次堵漏成功率 80%。具体情况见表 4

表 4 区块防漏堵漏统计表

井号	复杂简况及处理措施
X9-丁 1-斜 P118	钻进至 1375m，漏失 7m³。加复合堵漏剂 15t(其中中型 4t，细型 11t)，随钻堵漏剂 5t，恢复正常
X8-丁 4-P119	钻进至 1420m，漏失 10m³。加复合堵漏剂 10t(其中中型 6.5t，细型 3.5t)，恢复正常
XF8-4-斜 620	钻进至 1178m，漏失 8m³。加复合堵漏剂 18t(其中粗型 6.5t，中型 12t)，随钻堵漏剂 1.5t，封堵剂 6t，胶粒 2t，恢复正常
X8-4-斜 P121	下钻至井底开泵循环漏失 2m³，加复合堵漏剂 10t(其中中型 6t，细型 4t)，恢复正常
X9-丁 1-P317	下钻至 1400m 循环漏失 10m³，加复合堵漏剂 15t(其中粗型 3t，中型 5t，细型 7t)，非渗透封堵剂 5t，恢复正常

2.3 钻井液润滑防卡技术应用

区块内定向井施工中随钻段较长，螺杆外径较大且所钻井径不规则，高密度条件下，在钻进和电测过程中极易发生卡钻、卡仪器事故，所以钻井液润滑性十分重要。为了保证井下安全，采取润滑、封堵相结合的钻井液润滑技术方案。首先适当增加钻井液中润滑材料的加量，根据目的层位移的不同，增加弱荧光润滑剂、FHBY 和多功能固体润滑剂的加量，提高钻井液的润滑性。其次，利用 FD-2 的良好封堵造壁性，防止形成虚、厚的泥饼，保证井壁的规则、稳定。润滑技术方案见表 5。

表 5 润滑技术方案表

目的层位移 S/m	弱荧光润滑剂/t	FHBY/t	多功能固体润滑剂/t	FD-2/t
$S \leqslant 100$	0	0	0	2
$100 \leqslant S \leqslant 300$	1.5	0.5	1	2
$300 \leqslant S \leqslant 450$	3	1.5	2	3

目的层位移 S/m	弱荧光润滑剂/t	FHBY/t	多功能固体润滑剂/t	FD-2/t
$450 \leqslant S \leqslant 600$	5	3	3	3
$600 \leqslant S$	7	5	4	5

3 安全钻井配套措施

3.1 科学确定钻井液密度窗口

通过对地质数据、钻井数据、复杂事故数据、注采数据、测井数据等基础数据的综合分析，对单井密度窗口进行计算，并根据实钻情况对计算模型进行修正，确定区块修正系数，有效预防井涌、井漏等复杂情况。钻井液密度计算公式如下：

$$\rho_d = (p_{余} + \rho_{水} h_{射} g + p_{安}) \times 102/h + r \tag{1}$$

式中，ρ_d 为设计钻井液密度，g/cm^3；$p_{余}$ 为井口余压，MPa；$\rho_{水}$ 为水密度，取 $1.0g/cm^3$；$p_{安}$ 为附加安全压力 $0.05 \sim 0.1MPa$；$h_{射}$ 为水井射孔油层顶深，m；r 为区块修正系数（根据邻井实钻情况确定），g/cm^3。

通过式（1），可计算注水区各井段钻井液密度，并根据实钻情况，确定修整系数，从而准确判断钻井液密度窗口。

3.2 密度监控技术研究

由于采用负窗口钻井液密度，在钻井过程中面临较高的复杂发生危险，对钻井液密度的监控和及时快速反应是保证钻井安全的必要措施。

为此安装了钻井液密度监控仪，实现了对钻井液密度的全过程监控。发现密度异常，自动报警，能够及时采取相关的措施，避免出现后续复杂。该密度监控仪具有以下优点：

（1）测量精度 $\pm 0.01g/cm^3$；

（2）监测对象的数量最多为6个；

（3）具备自动、手动复位功能；

（4）具备防水、防爆、防结霜；

（5）采用无线传输技术。

密度监控流程如下：

监控原则：钻进阶段保持较低密度，有显示时逐步提高密度，最大限度地降低钻井液密度，调整后密度不高于地层破裂压力梯度1.70，保持电测阶段钻井液密度的平稳，降低井漏发生率。

通过密度监控技术，保持了较低的钻井液密度，即没有发生严重油气侵，也有效降低了井漏发生率，收到了良好的效果。

3.3 应用随钻划眼器

该类型井井筒内多压力系统共存，极易发生复杂，应用该工具一是为了提高钻进速度。二是明显降低环空憋压、钻具上顶、井漏井塌等复杂情况的发生概率。以往在钻进施工中为了保证井下安全，遇到裸眼井筒复杂时钻井队必须采取短起下钻或通井划眼、扩眼、添加堵漏剂、处理井壁剥落、井壁坍塌等极端情况，严重影响了钻井生产时效，更增加了额外的劳动强度。自洗式随钻划眼工具可以保证在不短起下钻和起钻通井划眼、扩眼的情况下减少环空憋压、井漏等复杂情况，提高钻井生产时效。

3.3.1 自洗式随钻划眼工具的原理

如图 1 所示，自洗式随钻划眼器的功能一是要实现随钻划眼。将该工具利用丝扣安装在钻具之间利用钻进过程中转盘旋转动力产生的扭矩带动该工具旋转，该工具的外刀翼对井壁进行刮削达到修整井壁的作用从而实现划眼的效果。

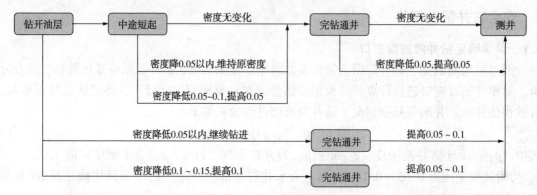

图 1   密度监控流程图

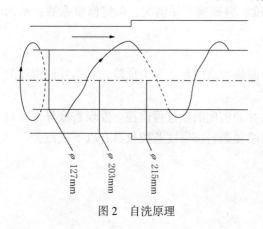

图 2   自洗原理

二是实现自洗。该工具的外刀翼设计为螺旋对称状分布，该设计是充分利用钻井液上返时产生的水动力而形成旋流冲击力，使工具不存泥砂并清洗本体，从而达到自洗效果（图 2）。

3.3.2   自洗式随钻划眼工具在钻具组合中位置的确定

应用时将第一个随钻划眼工具安防至距钻头 200m 处后每个 300m 再安防两个。这种安放随钻划眼器的方式分别可以划至 1200m、900m 和 600m，既降低了钻具上顶的风险，也避免了环空憋压。同时在钻进过程中采取钻进至 1000m 后每钻进 100m 短起 200m 的技术措施，保证了井眼通畅，增强返砂效果。后期试验证明：此方案效果最好，达到了预期目的（图 4）。

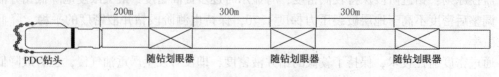

图 3   放置方案示意图

4   应用效果

在该区块施工的前两个月共施工 53 口井，发生井漏 5 口，井漏发生率 9.43%，部分井的施工中发生了局部井段环空憋压严重（600~1300m 左右起下钻遇阻严重）、局部井段井径扩大率超高（电测井径曲线显示井径扩大率最大超过 70% 且连续分布）等问题，通过应用中深调整井钻井液技术，区块内施工的 162 口井井漏发生率为零；起下钻通畅，井径规则，固井优质率 80%。取得了良好的经济效益。

5 认识与体会

（1）改进的抑制钻井液技术能够有效解决长裸眼井段大段泥页岩造浆问题，保证井筒清洁，井眼规则。

（2）梯次防漏钻井液技术通过强化多层段地层微裂缝和孔隙的封堵效果，减少钻完井过程中井漏的发生。

（3）应用的润滑防卡技术能够满足高密度、高钻速条件下定向井顺利施工。

（4）为公司在施工的其他中深调整井提供了技术保障。

参 考 文 献

[1] 鄢捷年. 钻井液工艺学[M]. 北京：中国石油大学出版社，2006.

[2] 孙金声，张家栋，黄达全，等. 超低渗透钻井液防漏堵漏技术研究与应用，钻井液与完井液. 2005，22（4）：21-24.

[3] 孙金声，林喜斌，张斌，等. 国外超低渗透钻井液技术综述，钻井液与完井液，2005，22(1)：57-59.

作者简介：柳洪鹏，男，汉族，33岁，大庆钻探工程公司钻井二公司钻井技术服务分公司钻井液室，特殊工艺管理，工程师。地址：大庆钻探工程公司钻井二公司钻井技术服务分公司钻井液室，邮编：163413。电话：（0459）5608492，13936894776，E-mail：liuhongp@ cnpc. com. cn。

尼日尔 Agadem 油田高性能钻井液室内研究

韦凤云　史凯娇

（中国石油集团长城钻探工程有限公司钻井液公司）

摘　要　针对尼日尔 Agadem 油田地层稳定性差、易形成糖葫芦井眼的问题，室内通过优选胺基抑制剂和乳液大分子主剂，与 KCl 协同作用，研究一套适用于尼日尔 Agadem 油田的高性能钻井液体系。该体系具有配方简单、环保、较好的流变性、抑制性、滤失造壁性及润滑性，解决了尼日尔区块井壁稳定等技术难题。

关键词　尼日尔　高性能钻井液　抑制性

Agadem 油田位于尼日尔东南部，主要由 Karam、Goumeri、Agadi、Faringa、Sokor、Gani 等七大区块组成。Agadem 油田不同区块遇到的复杂问题具有相似性，事故发生层段大多为 Sokor 泥页岩，Sokor 低速泥岩，以及砂岩和黏土互层，黏土层上部为软泥岩，下部地层的黏土层是硬脆性泥岩，上部地层容易引起缩径，下部地层容易发生剥落掉块，而且地层胶结程度较差，稳定性差[1]。现场使用 KCl 聚合物体系作为钻 Sokor 泥岩和低速泥岩及 Sokor 砂岩的主要体系。随着勘探开发的深入，定向井和水平井增多，为进一步提高钻井时效和产能建设，要求钻井液具有更强的抑制性、更好的封堵性和润滑性，因此室内开展高性能钻井液研究。

1　钻井液体系构建思路

针对地层特点钻井液体系的构建思路如下：

（1）胺基抑制剂通过物理化学吸附，抑制黏土的表面水化，阻止水分子进入黏土内部。氯化钾通过钾离子镶嵌作用，抑制页岩水化分散[2]。采用钾离子和胺基抑制剂的协同作用加强体系对软泥岩的抑制能力。

（2）优选包被剂强化对硬脆性泥页岩封堵包被能力；优选降滤失剂降低体系滤失量；筛选封堵剂，提升封堵能力。

（3）有效保障定向井施工，钻井液具有较好的携岩性和润滑性。优选一种增黏剂，提供黏度和凝胶结构，保证体系的携岩效果。筛选润滑剂，提升体系润滑性。

（4）简化配方，使用无环保压力的处理剂产品。

2　主处理剂优选

2.1　包被剂筛选

选用乳液大分子 GWAMAC 作为高性能体系的包被剂，该剂是一种反相乳液聚合物，分子量可达 1200 万以上，解决了常用大分子聚合物粉剂难以速溶的技术难题。

通过钻屑浸泡评价乳液大分子 GWAMAC 和 KPAM 的抑制性能。采用 agsdi-13 井 1800m 地层钻屑，选择尺寸大小基本相同的钻屑，分别在清水、0.5%乳液大分子 GWAMAC 溶液和

0.5%KPAM 溶液中浸泡。钻屑在清水中浸泡很快就开始分散，浸泡 24h 后分散呈粉状约占 70%，KPAM 溶液浸泡的岩屑呈粉状约占 40%，乳液大分子溶液浸泡的岩屑约占 30%，乳液大分子 GWAMAC 包被能力强于 KPAM。

2.2 胺基抑制剂筛选

对国内外 3 种胺基抑制剂进行抑制黏土分散实验，对抑制剂进行优选。配制胺基抑制剂水溶液，添加膨润土，通过测定各溶液的流变性反应抑制能力的强弱。在高速搅拌条件下分别添加 10%、15% 和 20%，测量 120℃ 老化前后流变性，实验结果见表 1。

表 1　胺基抑制剂抑制黏土分散实验

序号	配方	条件	$AV/mPa \cdot s$	$PV/mPa \cdot s$	$YP/(lb/100ft^2)$	$Gel/(lb/100ft^2)$	$\Phi6$	$\Phi3$
1	2%胺基抑制剂 A +10%膨润土	老化前	5.25	1	8.5	5/5.5	5	5
		老化后	4.5	2	5	3.5/3.5	4.5	4
2	2%胺基抑制剂 B +10%膨润土	老化前	3.75	3	1.5	1/1.5	1	1
		老化后	2.75	1.5	2.5	1/1	1	1
3	2%胺基抑制剂 C +10%膨润土	老化前	3.5	1.5	4	2/4	3.5	3
		老化后	2.5	1.5	2	2/2	2	2
4	2%胺基抑制剂 A +15%膨润土	老化前	20.25	1.5	37.5	11/13	19	17
		老化后	7	3	8	4/4.5	8	6
5	2%胺基抑制剂 B +15%膨润土	老化前	6	4.5	3	2/5	2	2
		老化后	6.5	4.5	4	5.5/9	5	5
6	2%胺基抑制剂 C +15%膨润土	老化前	6.5	2	9	5/6	7	5
		老化后	3.25	2	2.5	1/2	1	1
7	2%胺基抑制剂 A +20%膨润土	老化前	45	3	84	26/26	50	38.5
		老化后	6.75	5.5	2.5	6/14	5	5
8	2%胺基抑制剂 B +20%膨润土	老化前	15	5.5	19	19/27	17	17
		老化后	20	3.5	33	33/53	30.5	30.5
9	2%胺基抑制剂 C +20%膨润土	老化前	10	4	12	11/11	18.5	13
		老化后	5	3.5	3	4.5/9.5	4	4

注：①测试温度为常温；②老化条件为 120℃ 静置 16h。

抑制膨润土实验，流变性变化越小抑制性越强。实验过程中胺基抑制剂 B 起泡严重，其他两种抑制剂并无此现象。由表 1 可知，当膨润土含量 ≤15% 时，2% 加量的三种抑制剂均具有良好的抑制能力；当膨润土含量达到 20% 时，胺基抑制剂 A 与胺基抑制剂 C 依旧体现出较好的抑制能力，但胺基抑制剂 B 抑制能力略显不足。综合比较静置前后的抑制效果，胺基抑制剂 C 效果最佳。

3　高性能水基钻井液体系构建

优选胺基抑制剂 C 和乳液大分子为高性能水基钻井液的包被抑制剂主剂，配合使用 KCl 提高体系的抑制性；优选液体封堵剂提高体系的封堵防塌性能，使用 XC 提高体系的黏度和切力，采用改性淀粉和 PAC-LV 协同作用降低体系的滤失量，使用高效润滑剂提高体系的润滑防卡性能，构建了一套高性能水基钻井液体系，基本配方如下：

1%~2%膨润土+0.15%~0.3%NaOH +0.4%~0.8%PAC-LV +1%~3%改性淀粉+0.3%~0.8%GWIN-AMAC +0.5%~2%胺基抑制剂 C +1%~2%液体封堵剂+5%~8.5%KCl+0.1%~0.3%XC +1%~3%高效润滑剂 +重晶石

钻井液加重至密度为 1.20g/cm³。

4 高性能水基钻井液体系评价

4.1 常规性能评价

测试高性能水基钻井液的常规性能，包括流变性、API 滤失量、高温高压滤失量、极压润滑性等，测试结果见表 2 和图 1。

表 2 高性能钻井液常规性能

实验条件	$PV/\text{mPa} \cdot \text{s}$	$YP/(\text{lb}/100\text{ft}^2)$	$\Phi6$	$\Phi3$	$Gel/$ $(\text{lb}/100\text{ft}^2)$	FL_{API}/mL	$FL_{HTHP}/$ $\text{mL}(100℃)$	极压润滑系数
热滚前	25	30	7	6	6/12	3.2		
热滚后	24	25	7	6	6/9	2.8	10	0.089

注：①测试温度为 50℃；②热滚条件为 100℃×16h。

实验结果可以看出，钻井液具有较好流变性；API 和高温高压滤失量较低；滤饼"薄、坚、韧"，能够形成有效封堵，稳定井壁；体系的极压润滑系数为 0.089，能够满足定向井和水平井的需要，在生产过程中润滑剂加量可根据录井显示的钻具扭矩情况适当调整。

图 1 滤饼状态

4.2 抑制性评价

针对目标区块进行钻井液体系抑制性能的评价，主要从体系抑制黏土水化分散及体系对硬脆泥岩包被能力两方面进行实验。

4.2.1 回收率实验

选用 XX 井三个井段的钻屑进行页岩滚动回收率实验，评价体系抑制性。

实验过程中分别取 XX 井 1375~1395m 井段、1526~1558m 井段和 1620~1640m 井段钻屑 35g，分别在清水、KCl 聚合物钻井液和高性能钻井液中，于 100℃下热滚 16h 进行分散实验，热滚后存留的钻屑用 40 目标准筛回收，清洗，烘干后称重，得到的重量与起始钻屑重量(35g)比的百分率为相应体系的钻屑回收率。钻屑回收实验结果见表 3。

表 3 回收率实验结果

钻屑	分散介质	回收质量/g	回收率/%
1375~1395m 井段钻屑	清水	7.69	21.97
	1#钻井液	27.42	78.34
	2#钻井液	30.70	87.71

钻屑	分散介质	回收质量/g	回收率/%
1526~1558m 井段钻屑	清水	0.99	2.83
	1#钻井液	22.15	63.29
	2#钻井液	31.07	88.77
1620~1640m 井段钻屑	清水	6.70	19.14
	1#钻井液	28.53	81.51
	2#钻井液	31.71	90.60

注：1#为 KCl 聚合物钻井液；2#为高性能钻井液。

由表 3 可知，三个井段钻屑在清水中的回收率低于两个钻井液体系，说明这两种钻井液对三个井段钻屑具有较强的抑制性，钻屑在高性能钻井液中的回收率均高于 KCl 聚合物钻井液，说明高性能钻井液体系的抑制性优于 KCl 聚合物钻井液体系。

4.2.2 抑制黏土分散实验

评价 KCl 聚合物钻井液和高性能钻井液对软泥岩的抑制能力。在 KCl 聚合物钻井液和高性能钻井液中分别加入 10%、15%膨润土，测试 100℃静置老化 16h 后 50℃流变性，评价两套体系对不同含量膨润土的抑制能力，实验结果见表 4、图 2 和图 3。

表 4　KCl 聚合物钻井液和高性能钻井液抑制膨润土分散实验数据

配方	Φ6	Φ3	PV/mPa·s	YP/(lb/100ft²)	Gel/(lb/100ft²)
KCl 聚合物钻井液	9	7	20	31	9/33
KCl 聚合物钻井液+10%膨润土	11	9.5	22.5	32	11/39
KCl 聚合物钻井液+15%膨润土	14	12	26	33	14/46
高性能钻井液	7	6	25	27	6/10
高性能钻井液+10%膨润土	7	6	27	26	6/11
高性能钻井液+15%膨润土	7	6	29	30	6/13.5

注：①100℃静置老化 16h 后；②50℃测试流变性。

从左至右分别为 KCl 聚合物钻井液、KCl 聚合物钻井液中加入 10%膨润土、KCl 聚合物钻井液中加入 15%膨润土)

图 2　KCl 聚合物钻井液抑制黏土能力状态图

由表 4 可知，KCl 聚合物钻井液和高性能钻井液加入 10%和 15%膨润土后，增稠不严重，均具有良好的抑制黏土能力；KCl 聚合物钻井液随着膨润土加量的增加逐渐增稠，终切

（从左至右分别为高性能钻井液、高性能钻井液中加入
10%膨润土、高性能钻井液中加入 15%膨润土）

图 3　高性能钻井液抑制黏土能力状态图

显著提高，由 33lb/100ft² 增至 46lb/100ft²；高性能钻井液随着膨润土加量增加切力无明显变化，低剪切速率黏度无增加，显示了更加优良的抑制黏土能力。综上所述，高性能钻井液抑制黏土能力较现场 KCl 聚合物钻井液有明显提升。

5　结论与认识

（1）针对尼日尔 Agadem 油田地层特点，研发出一套高性能水基钻井液体系，具有良好的流变性、滤失造壁性、润滑性、抑制性能。

（2）胺基抑制剂与钾盐（KCl）配合使用，提升软泥岩抑制能力；加入超高相对分子质量的乳液大分子，强化硬脆性泥岩的包被能力。

（3）体系整体动塑比高，携岩能力强，采用无毒、环保的生物聚合物 XC 调节流型，进一步增强定向井、水平井井眼清洁能力。

（4）研究的高性能钻井液配方简单，去除磺化类和黑色处理剂，较为环保。

参 考 文 献

[1] 孙荣华，赵冰冰，王波，等. 尼日尔 Agadem 油田井壁稳定性技术对策[J]. 长江大学学报（自然科学版），2019，16（6）：24-29.

[2] 赵虎，司西强，王爱芳. 国内页岩气水基钻井液研究与应用进展[J]. 天然气勘探与开发，2018，41（1），90-95.

作者简介：韦凤云，工程师，工作单位：中国石油集团长城钻探工程有限公司钻井液公司。地址：辽宁省盘锦市石油大街东段 160 号钻井液公司技术中心，电话：18042717505；E-mail：weify. gwdc @ cnpc. com. cn。

中江区块钻井液防塌技术浅谈

李 振

（中国石化西南石油工程有限公司重庆钻井分公司）

摘 要 中江区块位于川西坳陷东坡，构造应力较大，泥岩成分主要为蒙脱石及伊利石，水敏性好；同时地层存在微裂缝发育，吸水膨胀同时伴随剥蚀性涧落，井壁稳定性较差。井壁失稳是在该区块钻井施工过程中遇到的突出问题，以传统的钻井液体系施工出现了大量的井下复杂及事故，给勘探开发造成的大量的损失。为解决上述问题，在总结多口施工井经验教训的基础上，以实验室与现场相结合为手段，通过分析井壁失稳的原因，指出存在的问题。通过室内实验和现场应用，在KCl/聚合物体系引入钾石灰体系的处理技术和相应处理剂，得到了防塌性能优良、流变性合理又有理想降滤失护壁能力的钾钙基聚磺防塌钻井液体系。

关键词 川西坳陷 防塌 井壁失稳 钾钙基聚磺

井壁稳定问题是井眼由于地质因素、泥页岩与钻井液相互作用和钻井作业等因素而出现不稳定的问题[1]。中江地区普遍存在井壁失稳难题，大部分井起下钻过程中都发生过掉块阻卡，甚至还造成埋钻、长时间长井段划眼、卡钻等复杂情况。给钻井施工带来了较大的施工风险。在一定程度上制约了该区块的勘探开发。因此研究该区块井壁失稳的原因并制定相应措施是加快该区块油气勘探开发的关键。

1 地质情况简介

中江区块位于川西坳陷东坡，向川中隆起过渡地带属陡坡构造，为山地丘陵地貌，主要以开采沙溪庙组气藏为主。剑门关组灰、褐灰色砾岩，含砾中粗砂岩、细砂岩、棕褐色粉砂岩与棕红色泥岩不等厚互层，蓬莱镇、遂宁组及沙溪庙组主要以砂泥岩互层为主。设计井深2000~3400m。压实程度较高，地层压力系数高，可钻性差，主要开展水平井钻井。钻遇地层详细岩性见表1。

表1 钻遇地层岩性简述表

地层名称				地层岩性简述
系	统	组	代号	
第四系			Q	褐黄色种植土及黄色黏土层。与下伏地层角度不整合接触
白垩系	下统	剑门关组	K_{1j}	灰、褐灰色砾岩，含砾中粗砂岩、细砂岩、棕褐色粉砂岩与棕红色泥岩不等厚互层。与下伏地层呈平行不整合接触
侏罗系	上统	蓬莱镇组	J_{3p}	棕褐、棕色(粉砂质)泥岩与褐灰、浅绿灰、浅灰、棕褐色中、细粒岩屑砂岩、(泥质)粉砂岩等厚-略等厚互层，夹暗灰绿色页岩。与下伏地层呈整合接触
侏罗系	上统	遂宁组	J_{3sn}	上部红棕、棕色泥岩、粉砂质泥岩夹褐灰粉砂岩；下部棕色泥岩、粉砂质泥岩与褐灰色含钙粉砂岩略等厚互层。与下伏地层呈整合接触

地层名称				地层岩性简述
系	统	组	代号	
侏罗系	中统	上沙溪庙组	J_{2s}	暗棕、棕、棕紫色泥岩，粉砂质泥岩与灰褐色粉砂岩、泥质粉砂岩及绿灰色细-中砂岩略等厚-不等厚互层。
侏罗系	中统	下沙溪庙组	J_{2x}	紫褐、灰绿色泥岩，含粉砂质泥岩与灰绿色粉砂岩、浅灰色细粒岩屑砂岩、长石岩屑砂岩略等厚。上部夹厚层-块状浅灰色中-粗粒岩屑长石、长石岩屑砂岩

2 中江区块井壁失稳机理[2]

引发井壁不稳定的根本是力学不稳定。发生井壁不稳定往往是井壁岩石所受的应力超过其本身的强度，其主要原因可以概况为物理化学因素、力学因素、工程技术措施等几个方面，但物理化学因素和工程技术措施最终均由于影响井壁周围的应力分布和井壁岩石的力学性能而引起井壁不稳定。结合中江区块地质情况和以往实钻资料，表明该区块发生井壁失稳有以下原因。

（1）中江区块地层构造处于川西坳陷东坡，向川中隆起过渡地带属陡坡构造，构造应力较大，而中江区块地层的泥页岩属于硬脆性泥页岩，容易发生应力失稳。

（2）中江区块地层微裂缝发育，一方面为渗透水化提供了渗透通道，另一方面增强了毛细管作用，进一步促进了渗透水化，降低了井壁岩石强度，导致泥页岩水化分散，增高了地层坍塌压力。

（3）沙溪庙组的地层岩性以泥岩、砂岩为主。砂岩结构疏松，地层裂缝发育，井壁稳定性差，所以掉块形状以块状为主。

（4）泥页岩水化膨胀。虽然该区块的水化膨胀量不是很大，但是由于伊利石、蒙脱石的膨胀不一致，引起受力不均，极易导致泥页岩沿层理分散碎裂。

（5）钻井液流变性引起的井壁不稳定。钻井液对井壁有剪切冲蚀效应，常常体现在黏滞性流体对井壁岩石的剪切作用和固相质点对井壁的冲击作用。

（6）工程措施不当也有可能导致井壁失稳。比如钻井参数不合适、起下钻速度过快、操作不平稳，导致钻具对井壁过于严重的机械碰击或者过大的激动压力和抽吸压力。

3 中江区块钻井液技术难点

（1）地层造浆性强。中江区块地层以泥岩、泥页岩、含砂泥岩和砂岩为主，其中井深2000m 以上地层胶结松散、易水化膨胀，新钻成的井眼很快就塑性变形，造成起下钻阻卡、泥包钻头现象。在近两年钻井施工中起下钻过程或多或少都会划眼或者倒划眼。

（2）地层极易坍塌掉块。中江构造地质特性多为硬脆性泥页岩。地层稳定性较差，易发生阻卡的井段主要是蓬莱镇、遂宁组、沙溪庙组，地层的岩性以泥岩、砂岩为主。地层岩性软硬交错，泥岩易水化膨胀；砂岩结构疏松，地层裂隙发育，吸水膨胀同时伴随剥蚀性凋落。在上、下沙溪庙交界处砂泥岩互层较多，更易垮塌。

（3）钻井液密度高，钻井液流变性不易控制。中江区块存在不同的压力系统。地层压力偏高，特别是下沙溪庙组，以往施工井钻井液密度都保持在 2.0~2.05g/cm³ 以上。高密度钻井液固相含量高，易造成钻井液的容土限、容水限低，流变性不易控制。

中江区块地层孔隙压力梯度、破裂压力梯度预测表2。

表2　中江区块地层孔隙压力梯度、破裂压力梯度预测表(当量密度推算)

地层	预测地层孔隙压力梯度	预测破裂压力梯度
第四系	1.00	/
剑门关组	1.00~1.10	/
蓬莱镇组	1.15~1.50	2.00~3.70
遂宁组	1.50~1.60	2.40~4.30
上沙溪庙组	1.50~1.70	2.70~4.20
下沙溪庙组	1.60~2.00	2.30~4.50

4　钻井液防塌机理研究[3]

4.1　K^+、NH_4^+镶嵌作用

K^+、NH_4^+进入黏土晶层间的Al-O四面体和Si-O八面体之间,使晶层间的静电引力加强,同时,K^+的大小刚好镶嵌在相邻晶层间的氧离子网格所形成的孔穴中,不能被其他离子所交换,这使水分子不易进入晶层间,从而防止了黏土因水化作用而引起的膨胀分散现象。

4.2　正电荷及高价正电荷对双电层的压缩作用

黏土的水化作用使水分子在黏土片上形成双电层,正电荷的存在使双电层间水分子厚度减薄,使黏土不易膨胀分散,从而起到防塌作用。这类防塌剂主要有NaCl、KCl、正电胶,羟基铝等。

4.3　高分子聚合物的包被作用

高分子聚合物上的吸附基团吸附在黏土片上,将众多黏土片连接在一起,将黏土片包被起来,这一方面使黏土不易分散,另一方面使水分子不易进入黏土晶层间,防止了黏土因水化作用而引起的膨胀分散,从而起到防塌作用。

4.4　充填、封堵作用

这类防塌剂通过进入岩心微裂缝中,充填封堵在岩心微裂缝的孔隙中,并在微裂缝中进行吸附,防止水分子进入岩心中,使水分子不易进入,防止了黏土因水化作用而引起的膨胀分散,从而起到防塌作用。这类防塌剂主要指沥青类产品,如氧化沥青、磺化沥青和其他一些通过充填岩心微裂缝而起到防塌作用的产品。

4.5　在钻井液中的低滤失作用

钻井液的滤失的降低,使水分子不易进入岩心中,从而降低了由于水化分散而引起的黏土不稳定作用,因此,大多数降滤失剂也具有防塌剂作用。另外,油类、酯类及合成基类等钻井液基液也有类似的作用。

4.6　对钻井液流型的改进作用

钻井液对井壁的冲击力大小影响到井壁的稳定性,紊流对井壁的冲击力大,塞流或平板流型对井壁的冲击力小,而这些表现在钻井液的流型上,也即钻井液的动塑比上。

5　中江区块钻井液防塌的应用

5.1　钻井液体系选择[4]

根据中江区块地质情况分析,同时结合该类地层坍塌机理研究,解决该区井壁稳定的有效途径是:首先钻井上采取合理的井身结构和合理的钻井液密度,以平衡地层压力;同时应

增强钻井液体系的抑制性，并采用封堵剂封堵微裂缝。研究表明，常规 KCl/聚合物钻井液具有强包被、强抑制性，而且具有优良的剪切稀释特性，但是其滤失量较高。而钾石灰钻井液具有良好的滤失造壁性。综合两种体系的优缺点，将两种体系的处理技术和方法优化组合。在 KCl/聚合物体系引入钾石灰体系的处理技术和相应处理剂，可得到防塌性能优良、流变性合理又有理想降滤失护壁能力的钾钙基聚磺防塌钻井液体系。

5.1.1　聚合物的选择

利用聚丙烯酰胺钾盐作增黏包被剂，该处理剂是一种含羧钾聚丙烯酰胺衍生物，是很强的抑制页岩分散剂，它能改善井液的流变性并能有效地包被钻屑，抵制地层造浆，钾离子的存在能防止软泥液岩和硬脆性泥液岩的水化和剥落，起到稳定井壁的作用，具有较好的降失水作用，与其他处理剂配伍性好。同时配合使用 FA367、DS301 作为辅助聚合物。

5.1.2　防塌剂的选择

该体系主要选择利用沥青类防塌剂和超细碳酸钙有效地填充封堵涂敷层理面及裂缝，巩固地层，同时抑制分散。

5.2　钾钙基聚磺防塌钻井液配方

钾钙基聚磺防塌钻井液的推荐配方：

2%~4%NV+0.3%~0.5%KPAM+5%~7%KCl+0.5%~1%NH₄HPAN+0.3%~0.5%PAC-LV+2%~3%SMP-2+2%~3%SPNH+1%~2%RHJ-3+1%磺化沥青+1%~2%QS-2

5.3　钻井液维护处理要点

（1）钻进过程中全面启动固控设备，振动筛、双除应 100% 使用，配合使用离心机充分净化钻井液，降低有害固相。

（2）钻进中主要采用 KPAM、PAC-LV、KOH、KCl 等进行维护处理，聚合物配成胶液以"细水长流"的方式均匀补充，以防止性能大幅度波动，确保钻井液性能稳定。

（3）定期补充 KCl、CaO，保持 K⁺ 浓度在 15000mg/L 以上，以确保钻井液始终具有较强的抑制性和防塌能力。保持 Ca(OH)₂ 质量分数在 0.1%~0.2%、Ca²⁺ 在 200mg/L 以上，以达到改善钻井液流变性的目的。

（4）MBT 值的选择。为保证钻井液流型和造壁性，根据钻井液密度控制 MBT 值在合适的区间。钻井液密度为 1.6~2.0g/cm³ 时，膨润土含量控制在 20~25g/L 较为合适，利于高密度钻井液处理、维护。

（5）用 SMP-2、PAC-LV、QS-2、沥青类防塌剂调节钻井液的滤失造壁性，始终保持薄而致密的泥饼，以稳定井壁，同时减少虚厚泥饼的形成。

（6）根据进尺和井下情况，勤短起下及时破坏造斜段和水平段的岩屑床。在每次钻完进尺后，应充分循环洗井，将井内循环干净后方能起钻。

5.4　现场应用情况

江沙 209HF 井是西南油气分公司部署在四川盆地川西坳陷中江-回龙构造的一口水平开发井，使用甲酸钾聚合物及甲酸钾磺钻井液体系(表 3)，在遂宁组和沙溪庙组出现了不同程度的井壁失稳情况。起下钻阻卡严重，划眼困难。最后在下套管作业发生了卡套管复杂事故。江沙 209-1HF 井是同井场的一口水平开发井，属于同一构造地带，在钻井过程中极有可能出现与江沙 209HF 井相同的复杂情况。为了防止再出现井塌，该井使用钾钙基聚合物钻井液和钾钙基聚磺钻井液体系。全井钻进、起下钻顺利，未出现井壁失稳情况。电测、下套管、固井作业顺利。而且是该地区首次下全管柱尾管，一次性顺利到位。该井是目前该构造施工最为顺利的一口井。

表 3　江沙 209-1HF 钻井液性能表

性能	井段/m		
	55～1005	1005～2200	2200～2990
	钾钙基聚合物	钾钙基聚合物	钾钙基聚磺
$\rho/(g/cm^3)$	1.10～1.57	1.60～1.75	1.75～1.86
FV/s	44～60	45～53	51～57
FL/mL	≤5.8	≤3.6	≤3.6
K/mm	≤0.8	≤0.5	≤0.5
pH 值	9～10	9～10	9～10
$PV/mPa·s$	10～23	18～223	23～27
YP/Pa	5～8	7～8	7～10
$G_1/G_2/Pa$	1～2/3～9	2～4/5～10	2～4/5～10
$C_s/\%$	≤0.3	≤0.2	≤0.2
$V_s/\%$	<25	≤27	≤29
$C_b/(g/L)$	20～30	24～28	24～28
$Ca^{2+}/(mg/L)$	>400	>400	>400
$K^+/(mg/L)$	>15000	>15000	>15000
K_f	≤0.14	≤0.11	≤0.11

6　结论与建议

（1）中江区块井壁失稳机理在于：①构造应力较大，钻井液密度未能及时平衡地层压力；②地层微裂缝发育，促进了渗透水化，导致泥页岩水化分散，增高了地层坍塌压力；③泥页岩水化膨胀导致泥页岩沿层理分散破碎。

（2）结合中江区块地质特征和钻井液防塌机理，优选出了一套适用于中江区块的钻井液体系：钾钙基聚磺防塌钻井液。该体系在近期钻井施工中有效地解决了井壁失稳的问题。

参　考　文　献

[1] 鄢捷年. 钻井液工艺学[M]. 中国石油大学出版社，2006.12.
[2] 陈丽萍，等. 中江地区井壁失稳机理及对策研究[J]. 天然气工业，2005；25(12)：100-102.
[3] 邹晓峰，杜欣来. 提高井壁稳定技术与方法[J]. 中国井矿盐，2013，44(5)：25-27.
[4] 张高波，吴锰，赵全民. 防塌剂的防塌机理及对应评价方法[J]. 西部探矿工程(岩土钻掘矿业工程)，1999，11(5)：41-42.

作者简介：李振，工程师，现就职于中石化西南石油工程有限公司重庆钻井分公司，从事钻井液研究及现场应用工作。地址：四川省德阳市泰山北路二段86号，邮编：618099，电话：13909026543，E-mail：244048567@qq.com。

胜坨油田坨 764 区块钻井液技术

丁海峰　李文明　刘全江　宋彦波

(胜利石油工程有限公司黄河钻井总公司)

　　摘　要　胜坨油田近几年相继钻探了一批井深超过 4000m 的高密度深井，使用了聚磺防塌钻井液体系完成了施工，但沙河街组地层垮塌现象严重，钻井液性能不稳定。2019 年又在坨 764 区块部署了 5 口井，在坨 764-斜 2 井应用了有机胺复合盐纳米封堵钻井液体系，钻井液抗温、抗污染能力明显增强，滤失及流变性能易于控制，井壁稳定，对该区块的开发具有借鉴作用。

　　关键词　胜坨油田　碳酸盐　高温　强抑制不分散　纳米封堵　有机胺复合盐水钻井液

　　胜坨油田坨 764 区块以深层砂砾岩油气藏为开发目的层，周围相继钻探了多口超过 4000m 的深井，如坨斜 723、坨 764-斜 1，普遍使用聚磺防塌钻井液体系，但沙河街组泥岩垮塌现象严重，钻井液性能稳定周期短，钻井液成本高。在坨 764-斜 2 井应用了有机胺复合盐纳米封堵钻井液体系，钻井液抗温、抗污染能力明显增强，滤失及流变性能易于控制，井壁稳定，钻井液成本也进一步降低，取得了较好的效果。

1　地质概况

　　坨 764 区块井区平原组、明化镇组以棕黄色、棕红色泥岩及杂色泥岩为主；馆陶组、东营组以泥岩及砂岩为主；沙一段、沙二段、沙三段以泥岩、砾砂岩、粉砂岩、泥质粉砂岩互层为主；沙三下、沙四段为深灰色泥岩、灰质泥岩、油泥岩、油页岩、砂砾岩。

2　钻井液主要技术难点

　　(1) 沙三中、沙三下及沙四上亚段泥岩、油泥岩、油页岩、灰质泥岩厚度大，层理及微裂隙发育，应力集中，易于垮塌掉块，有的井部分井段井径扩大率超过 25%。

　　(2) 沙三段、沙四段油层压力系数高，而且有盐水层对钻井液产生污染。

　　(3) 井温高、密度高、钻井周期长，钻井液流变性能稳定周期短。

　　(4) 本井压力异常高，小井眼施工，密度超过 $1.80g/cm^3$ 时，砂岩、泥岩、泥岩裂缝，承压能力弱的地层有可能井漏。

　　(5) 灰岩地层含有的碳酸岩盐污染钻井液现象严重。

3　钻井液体系的确定

　　复合盐钻井液体系以强抑制、不分散为理念，可有效解决泥岩地层的水化垮塌，并能实现长裸眼井的高清洁，有机胺具有强的抑制性和防塌性能，纳米封堵材料具有调整流变性及封堵作用，本区块选择使用有机胺复合盐水纳米封堵钻井液体系。

3.1　钻井液体系配方确定

3.1.1　抑制剂评价

　　根据表 1 实验结果，因此选择 AP-1 为体系主抑制剂。

表1 抑制性评价实验结果

序号	实验液	一次岩屑回收率/%	二次岩屑回收率/%	三次岩屑回收率/%	线膨胀量/mm
1	水	42.15	15.63	8.54	12.22
2	0.5%胺基聚醇	84.30	83.18	82.07	4.11
3	3%聚合醇	49.22	23.34	12.53	7.21
4	7%氯化钾	62.45	31.42	20.72	6.04
5	0.5%胺基聚醇+22%复合盐	92.56	90.43	88.57	2.86

注：岩屑回收率实验条件，使用坨71-70井沙三段钻屑90℃下热滚16h，岩屑颗粒6~10目。线性膨胀实验用岩心也使用此钻屑压制，实验时间7h。

3.1.2 配方确定

在经过实验确定配方范围基础上，采用多组实验确定了各处理剂加量，形成了有机胺复合盐纳米封堵钻井液体系配方：3%钠土 0.4%PHP+1%WNP-1+3%SMP-2+1.5%KFT+1%DSP-1+3%NP-1+1%NS-1%+15%NaCl+7%KCl+0.5%AP-1+1%SF-4+BaSO$_4$。

3.2 抗温抗钙能力实验

考虑到本井下部地层会遇到碳酸氢根污染，钻井液中提前加入一定量的钙，阻止碳酸氢根的污染，将以上配方钻井液加重至1.80g/cm^3，在160℃下热滚16h后，加入1% CaCl$_2$进行污染实验。实验结果见表2。

从表2评价实验结果可以看出，该钻井液体系加入0.2%CaCl$_2$，流变性能及滤失性能变化幅度较小，说明该体系配方具备较强的抗高温抗钙污染能力。

表2 Ca^{2+}污染能力评价实验结果

状态	AV/mPa·s		Gel/Pa/Pa		FL_{API}/mL		FL_{HTHP}/(mL/mm)	
	热滚前	热滚后	热滚前	热滚后	热滚前	热滚后	热滚前	热滚后
加CaCl$_2$前	43	40	3/11	3/9	1.4	2.2	6.4/1.5	8.6/1.5
加CaCl$_2$后	49	44	4/12	2/7	1.6	2.8	8.0/1.5	10.2/2

注：加0.2% CaCl$_2$后的滤液测量钙离子含量达到760mg/L，氯离子含量达到1.1×10^5 mg/L。

3.3 配方抑制性能实验

对配方进行了抑制性能评价，将以上配方钻井液加重至1.80g/cm^3，在160℃下热滚16h后，加入10%高岭土进行污染实验。实验结果见表3。

表3 高岭土污染能力评价实验结果

状态	$\Phi600$	$\Phi300$	$\Phi6$	$\Phi3$	Gel/Pa/Pa	AV/mPa·s	PV/mPa·s	YP/Pa
加土前	86	54	12	2/8		43	32	11
加土热滚前	90	57	14	6	3/11	45	33	12
加土热滚后	96	61	16	8	4/13	47	35	13

从表3可以看出，该钻井液体系配方加入10%高岭土，流变性能变化不大，说明该体系具备较强的抑制能力。

4 现场应用

4.1 设计情况

坨 764-斜 2 井位于济阳坳陷东营凹陷坨-胜-永断裂带胜北断层下降盘坨 764 块，是一口开发井，设计井深 4404m。

井身结构设计，以 Φ346mm 钻头一开，下入 Φ273.1mm 表层套管 400m；以 Φ241.3mm 钻头二开，下入 Φ177.8mm 技术套管 3275m；以 Φ152.4mm 钻头三开，悬挂 Φ114.3mm 尾管完井。

设计造斜点 2200m，最大井斜 29.8°，井底闭合距 1004m，井底垂深 4130m，斜深 4404m。

钻井液密度设计，2800~3277m 井段：1.30~1.50g/cm³，3277~4404m 井段：1.50~1.75g/cm³。

4.2 一开、二开井段（0~3277m）

一开井段钻过第四系平原组，使用清水自造浆方式一开钻进，钻进过程中双泵钻进，排量达到 55L/s，保证井眼清洁，一开后期钻井液黏度达到 40s 以上，保证表层套管的顺利下入。

二开井段要进入沙三下，技套需封过断层及承压能力较弱的砂层。二开采用不落地工艺小循环钻进，开启所有固控设备，保持低黏低切低固相性能，实现快速钻进。钻进过程中排量达到 40~50L/s。进入东营组地层改小循环钻进，进入沙一段，钻至 2200m 对钻井液进行转换，首先钻井液中加入 1%LV-CMC、1.5%KFT 逐渐将滤失量控制在 5mL 以内，然后加入 5%的 NaCl 和 7%的 KCl，2300m 后钻井液中逐渐加入 0.5%的有机胺，提高钻井液的抑制防塌能力，2600m 后主要是对泥页岩进行封堵防塌，加入 3%高酸溶磺化沥青、3%的纳米聚酯提高钻井液的封堵防塌能力，钻至盐水层前垂深 3000m，将钻井液密度加重至 1.50g/cm³，从而压稳盐水层，二开完钻钻井液性能应达到，ρ：1.50g/cm³，FV：45~55S，$FLAPI$<4mL。完钻后进行两次短起下，正常后起钻下套管。

4.3 三开井段（3277~4404m）

该井段包括沙三下、沙四上纯上及纯下亚段。该段地层以灰质泥岩为主，其次为油泥岩、油页岩、砂砾岩、灰质泥、油泥岩、油页岩极易垮塌造成起下钻阻卡，导致划眼等复杂情况。钻井液应从抗高温、抗油气污染、抗碳酸氢根污染、抑制封堵防塌、防漏方面开展工作。为了使钻井液具有以上性能，具体采取以下措施：(1)控制钻井液的劣质固相含量，一方面连续开启离心机，另一方面补充胶液进行稀释，控制劣质固相小于 10%。(2)降低坂土含量小于 35g/L。(3)提高钻井液中的钙离子浓度，保持钙离子大于 800mg/L。(4)使用抗油气污染能力强的处理剂 SF-4。(5)控制钻井液的初切、终切，努力降低循环压耗，防止小井眼压耗大，造成井漏。(6)使用了纳米二氧化硅、纳米聚酯，既能封堵地层，也能调整钻井液的流变性。(7)定期补充般土浆，保持有效般土，防止高温耗土[1]。

根据以上思路，在技套能调整钻井液性能为：ρ1.55g/cm³，FV48s，FL_{API}4mL，FL_{HTHP}15mL，Gel 1.5Pa/5Pa，PV20mPa·s，YP8Pa，pH 值 9，MBT35g/L。转换前后及完钻钻井液性能见表 4。

表4　钻井液转换前后性能对比

	井深/m	ρ/ (g/cm^3)	FV/ s	PV/ mPa·s	YP/ Pa	Gel/ Pa/Pa	FL/ mL	FL_{HTHP}/ mL	MBT/ (g/L)	Cl^-/ (mg/L)	Ca^{2+}/ (mg/L)
转换前	3277	1.35	55	20	6	3/12	3.4	15	52	56000	120
转换后	3450	1.50	48	30	9	1/4	3.8	12	40	$1.26×10^5$	756
完钻	4404	1.75	56	38	10	3/12	3.4	10	35	$1.32×10^5$	650

完钻时钻井液性能为，ρ1.75g/cm³，FV56s，FL_{API}3.4mL，FL_{HTHP}10mL，Gel3Pa/12Pa，PV 38mPa·s，YP10Pa，pH 值8，MBT35g/L，Cl^-1.32×10⁵mg/L，Ca^{2+}650mg/L。

该井自3277m三开，钻遇的都是泥岩、灰质泥岩、油泥岩，钻井液性能稳定，没有黏切大幅度升高、滤失量增大等受污染现象，钻井液漏斗黏度在55~65s之间，FL_{HTHP}稳定在10~11mL。振动筛返出钻屑砂样清晰，未见有掉块出现。起下钻正常，从未出现阻卡现象。完井测井井径数据显示，3277m 至4404m 井段，平均扩大率3.26%，井底温度160℃，邻井使用聚磺防塌钻井液体系，井径扩大率超过15%。

5　结论与认识

通过在复合盐水钻井液体系中加入有机胺增强体系抑制能力，优选抗温抗盐抗钙处理剂，控制般土含量、劣质固相含量，使用纳米聚酯、纳米二氧化硅封堵剂和膨润土，强化封堵，使有机胺复合盐纳米封堵钻井液体系具备优异且稳定的流变和滤失性能，并通过加入微量的氯化钙，保持一定的 Ca^{2+}含量可控制碳酸氢根的污染，避免钻井液性能反复变化，有利于井壁稳定。

参 考 文 献

[1] 万绪新. 济阳坳陷新生界地层井壁失稳原因分析及对策. 石油钻探技术，2012，36(5)：1-5.

作者简介：丁海峰(1970—)，中国石化胜利石油工程有限公司黄河钻井总公司技术发展科，高级工程师，主要从事钻井液现场技术管理工作。地址：山东省东营市黄河钻井总公司技术发展科，邮编：257000，电话：(0546)8720199，18562018183，E-mail：dinghaifeng.ossl@sinopec.com。

完井液静态沉降稳定性评价方法研究

马光长　肖沣峰

(中国石油川庆钻探公司钻井液技术服务公司)

摘　要　完井液需要在井筒中长时间静止，因而它的静态沉降稳定性受到高度关注。完井液在井筒中沉淀后，常常会导致完井工具下入遇阻或不能正常工作等，严重影响完井作业。现有完井液静态沉降稳定性评价方法存在较大局限性，不能很好地反映完井液在井筒中长时间静止后的沉降稳定性，尤其是高温高压条件下更是如此。因而，如何评价完井液的静态沉降稳定性，让它能更好地反映完井液在井筒中静止后的实际情况，国内外既没有统一的评价方法，也没有统一的评判指标。通过研究，提出了用"静态沉降稳定分层指数法(SSSI)"来评价完井液的静态沉降稳定性，并与完井液在井筒中的实际沉降稳定对比，得到了四川油气田深井超深井水基完井液"静态沉降稳定分层指数评价指标"(即SSSI值)。在实际完井作业中，使用该指标来指导完井液性能调整，减少因完井液沉淀引发的事故复杂，提高了完井作业效率。该评价方法及评价指标验证75口井，与实际情况的符合率为98.6%，证明了该方法和评价指标能很好地反映四川油田深井超深井水基完井液的静态沉降稳定性实际情况。

关键词　完井液　评价方法　静态沉降稳定性　静态沉降稳定性分层指数

完井液在井筒中静止后，其固相颗粒(主要是加重材料)发生沉淀是必然趋势[1]。大多数完井液都是通过钻井液改性得到的，属于有固相完井液。完井液中的加重材料通常使用重晶石，因而完井液在井筒中静止后，加重材料发生沉降是必然的[1]。加重材料沉降后，往往影响完井作业[2]。尤其是深井超深井，由于井下温度高，完井液在井筒中长时间静止发生沉降造成的完井复杂事故较为普遍。随着深井超深井越来越多，完井液在高温条件下的静态沉降稳定性越来越受到重视。在高温条件下，用现有常规方法评价得到的完井液静态沉降稳定性与实际情况之间的偏离比较严重，不能很好地反映完井液在井筒中长时间静止后的真实情况，导致深井超深井完井作业复杂事故越来越多。如何评价完井液的静态沉降稳定性，让它能更好地反映完井液在井筒中的实际情况，对指导完井液性能调整，减少因完井液沉淀引发的事故复杂，提高完井作业效率具有重要意义。

1　完井液静态沉降稳定性常用评价方法简述

多年来，为了评价完井液的静态沉降稳定性，国内外石油科技人员发明了多种评价方法，并且试图使用这些方法来描述完井液的沉降稳定性。这些方法主要有：直观法、密度差法、沉降因子法、静态分层指数法(SSI)等。

1.1　直观法(玻璃棒法)

该方法将待测完井液试样装入老化罐中，在井底温度条件下静止恒温一定时间，取出冷却至室温。将玻璃棒插入老化罐试样中，让其自然落下，如果玻璃棒能自然到底(无须施加外力），倾倒出罐内试样，观察老化罐底部有无沉淀。若无沉淀，则认为完井液沉降稳定性好，反之沉降稳定性差。

1.2 密度差法

该方法将待测完井液试样装入老化罐中，在井底温度条件下静止恒温一定时间，取出冷却至室温。去除上部清液，先用玻璃棒测试是否能自然到底，若能自然到底，则将试样平分成两份，用勺子分别取出上、下两部分完井液，搅拌均匀，用注射器各取 50mL，用称量法测定密度，密度差为：

$$\Delta\rho = \rho_t - \rho_b$$

式中，$\Delta\rho$ 为密度差，g/cm^3；ρ_t 为老化罐上部完井液密度，g/cm^3；ρ_b 为老化罐下部完井液密度。密度差越小，完井液沉降稳定性越好，反之则沉降稳定性越差。

1.3 沉降因子法（SF）

该方法与密度差法相近似。将待测完井液试样装入老化罐中，在井底温度条件下，静止恒温一定时间，取出冷却至室温。去除上部清液后，将试样分为三部分，上层 30mm 为第一部分，底部以上 30mm 为第三部分，中间为第二部分。用勺子分别取出各部分完井液，搅拌均匀。用注射器吸取上部（第一部分）、下部（第三部分）各 50mL，用称量法测定密度，沉降因子为：

$$SF = \rho_b / (\rho_t + \rho_b)$$

式中，SF 为沉降因子，无量纲；ρ_t 为老化罐上部完井液密度，g/cm^3；ρ_b 为老化罐下部完井液密度。SF 为 0.5 时说明完井液未沉降，当 SF 大小 0.52 时说明静态沉降稳定性较差点，SF 越大，沉降稳定性越差[3,4]。

1.4 静态分层指数法（SSI）

该方法将待测完井液试样装入老化罐中，在井底温度条件下静止恒温一定时间，取出冷却至室温。对老化罐中的完井液进行分层处理，测量不同层段的完井液密度和体积，计算得到静态分层指数（SSI）。分层的方法是这样的：老化罐至少分为四层，最上层为清液，其余部分分为三层或是更多层。静态分层指数（SSI）为：

$$SSI = \Sigma ABS\left[(\rho - \rho_i) \times \frac{V_i}{V}\right]$$

式中，SSI 为静态分层指数，g/cm^3；ρ 为完井液原始密度，g/cm^3；ρ_i 为各层完井液密度（$i = 0，1，2，3\cdots$），g/cm^3；V 为老化罐中完井液总体积，mL；V_i 为各层完井液体积（$i = 0，1，2，3\cdots$），mL。该方法主要是考察完井液发生沉降后形成的密度重新分布与沉降之前密度的偏差程度。静态分层指数（SSI）数值越大，说明完井液静沉降稳定性越差，数值越小说明完井液静沉降稳定性越好。当静态分层指数（SSI）数值为零时，说明完井液完全没有发生沉降。

另外，部分石油公司还专门开发了用于评价完井液静态或动态沉降稳定性的仪器，比如针入式沉实度测定、静沉降稳定性测定仪、重晶石沉降稳定仪、热稳定性测定仪等。

2 静态沉降稳定分层指数法

在上述完井液静态沉降稳定性常用评价方法中：（1）直观法（或玻璃棒法）是靠人的感官定性判定完井液是否发生沉淀的方法，它不能定量地描述完井液的稳定性；（2）密度差法的实验方法粗糙，仅将老化罐中的完井液分为上、下部，同时未考虑顶层清液的影响，密度差不能真实反映完井液的静态沉降稳定性；（3）沉降因子法（SF）主要是通过测量完井液上层密度和下层密度，得出沉降因子法（SF）来判定完井液静态沉降稳定性。尽管完井液在静恒温后其沉降稳定性变差，但是沉降因子法与密度差法一样，没有考虑上部清液对完井液沉降稳性的影响，所计算的沉降因子反而下降，这就会误判完井液沉降稳定性；（4）静态分层指数法（SSI）考虑了清液和分层问题，同时在计算静态分层指数 SSI 值时，考虑了各层的体积分数与密度差，能够较好地用来评价完井液的静态沉降稳定性。但是该方法只讲了把老化罐中的完井液至少分成四层，上部为清液，其余部分分为三层或是更多层，但具体分多少层没有明确，同时除清液外的各层厚度也不明确。由于分层数和各层厚度不明确，同一完井液就会得到不同的 SSI 值，这就难以形成统一的评判指标来判定完井液的静态沉降稳定性。

通过上述方法的对比分析，认为：静态分层指数法（SSI）与其他常用评价方法比，考虑的问题更全面，更科学，能够较好地用来评价完井液的静态沉降稳定性。同时，针对该方法存在的不足进行改进，明确将老化罐中静恒温后的完井液分为四层，并对各层厚度进行明确，即：最上层为清液；第二层为清液下部 25mm 高度的完井液；第三层为底部 25mm 以上与第二层之间的完井液；第四层为底部以上 25mm 高度的完井液。这就使得该方法具有很强的可操作性和可比较性，静态沉降稳定分层指数（SSSI）的计算公式为：

$$SSSI = \Sigma ABS[\,(\rho - \rho_i) \times \frac{V_i}{V}\,] \tag{1}$$

式中，SSSI 为静态沉降稳定分层指数，g/cm^3；ρ 为完井液原始密度，g/cm^3；ρ_i 为各层完井液密度（$i = 0$，1，2，3，$i = 0$ 为清液，1，2，3 分别代表第二层、第三层、第四层完井液），g/cm^3；V 为老化罐中完井液总体积，mL；V_i 为各层完井液体积（$i = 0$，1，2，3），mL。具体实验方法及各层体积、密度的求取方式如下：

2.1 完井液原始密度

将待测完井液在 11000r/min 下搅拌 10min 后，置于老化罐中，在井底温度条件下热滚 24h，冷却后按 SY/T 29170—2012 测定其密度，记作 ρ。

2.2 静态沉降稳定性

将上述 2.1 中测定密度后的完井液（约 400mL）重新置入老化罐，在井底温度条件下静止恒温一定时间（根据完井作业要求确定，一般为 24h、48h、72h 或更长），取出冷却至室温，测定或求取各参数值。

2.2.1 求取总体积

将钢板尺垂直插入到老化罐底部，测量老化罐内液体总高度（包括上部清液）；用游标卡尺测量老化罐内径，完井液总体积：

$$V = \pi \left(\frac{\phi}{2}\right)^2 \times h \,/\, 1000 \tag{2}$$

式中，V 为完井液体积，mL；Φ 为老化罐内径，mm；h 为老化罐内液体总高度，mm。

2.2.2 清液体积和密度（第一层）

将量筒置于电子天平上，用注射器抽取上层清液于量筒中，读取体积和质量，清液密度为：

$$\rho_0 = m_0/V_0 \tag{3}$$

式中，ρ_0 为清液密度，g/cm^3；m_0 为清液质量，g；V_0 为清液体积，mL。

2.2.3　第二层完井液体积和密度

用勺子取清液下部 25mm 高度的完井液放置于烧杯中，搅拌均匀，用注射器取 20mL 完井液，称取其质量。第二层完井液体积与密度：

$$V_1 = \pi(\phi/2)^2 \times 25/1000 \tag{4}$$

$$\rho_1 = m_1/20 \tag{5}$$

式中，V_1 为第二层完井液体积，mL；ρ_1 为第二层完井液密度，g/cm^3；m_1 为 20mL 第二层完井液质量，g。

2.2.4　第三层完井液体积和密度

第三层为底部 25mm 以上与第二层之间的完井液。用勺子取这一部分完井液放置于烧杯中，搅拌均匀，用注射器取 20mL 完井液，称取其质量。第三层完井液体积与密度：

$$V_2 = (V - V_0 - 2V_1) \tag{6}$$

$$\rho_2 = m_2/20 \tag{7}$$

式中，V_2 为第三层完井液体积，mL；ρ_2 为第三层完井液密度，g/cm^3；m_2 为 20mL 第三层完井液质量，g。

2.2.5　第四层完井液体积和密度

第四层为底部以上 25mm 高度的完井液。全部倒出老化罐中剩余完井液，搅拌均匀，用注射器取 20mL 完井液，称取其质量。第四层完井液体积与第二层相同，第四层完井液密度：

$$V_3 = V_1 \tag{8}$$

$$\rho_3 = m_3/20 \tag{9}$$

式中，V_3 为第四层完井液体积，mL；ρ_3 为第四层完井液密度，g/cm^3；m_3 为 20mL 第四层完井液质量，g。

在上述实验中，量筒为 100mL；电子天平感量为 0.01g；烧杯为 200mL；注射器为 50mL。实验过程中要注意提前称量好空容器质量，并且在称量过程中完井液中不能有气泡。

2.3　静态沉降稳定分层指数值（*SSSI* 值）

按照公式(1)计算出完井液的静态沉降稳定分层指数(*SSSI*)的值。*SSSI* 值为 0 时，完井液没有发生沉降；*SSSI* 值越大，完井液的静态稳定性越差。

3　静态沉降稳定分层指数评价指标

仅仅只有测试完井液静态沉降稳定性的方法是远远不够的，还必须制定完井液静态沉降稳定性评价指标，才能判定具体完井液的静态沉降稳定性，否则测试方法从根本上失去了意义。如果没有评价指标，即使通过实验计算出了 *SSSI* 值，也无法知道该完井液是否满足具体完井作业要求，完井液在井筒中是否会发生沉淀而引起完井作业事故无从而知。

完井液静态沉降稳定性受完井液中固相颗粒粒径、完井液黏切、密度、温度、静止时间等因素的影响。研究表明，完井液的静态沉降稳定性与液体的胶凝强度有关[4,5]，因而，在实际工作中，应根据完井作业情况，制定出完井液的 *SSSI* 评价指标，用来指导完井液性能调整，确保完井液在需要的静止时间内不因沉降而出现井下问题。通过对四川油气田二十多口深井超深井水基完井液静态沉降稳定性进行研究，并结合完井作业实际，对比分析完井液在井筒中静止后的沉降稳定性(各井段完井液密度差、完井工具遇阻卡情况等)，得到了四川油气田深井超深井水基完井液静态沉降稳定分层指数评价指标，见表 1。

表 1　四川油气田深井超深井水基完井液静态沉降稳定分层指数评价指标

完井液密度/(g/cm³)	≤1.40	1.41~2.00	>2.00
SSSI 值/(g/cm³)	≤0.12	≤0.15	≤0.20

按 2.1、2.2 中的实验方法，完井液静恒温度为 150℃，静恒温时间为 72h，并按式(1)计算出 SSSI 值。

应用上述静态沉降稳定分层指数法和表 1 的评价指标，对四川油气田 75 口深井超深井水基完井液静态沉降稳定进行了验证(如果该完井液的 SSSI 值达不到表 1 要求，则对完井液性能进行调整，直至达到要求为止)，实验温度分别为 120℃、130℃、150℃、160℃、180℃、200℃不等，静恒温时间均为 72h。在这 75 口验证井中，其中 74 口井完井作业顺利，1 口井下封隔器有遇阻现象，符合率为 98.6%。说明静态沉降稳定分层指数法及建立的评价指标能很好地反映四川油气田深井超深井水基完井液的静态沉降稳定性。

4　认识与建议

(1) 直观法、密度差法、沉降因子法等常规方法，尽管能在某种程度上反映完井液的静态沉降稳定性，但考虑的因素不全面，与实际情况相比，存在较大的局限性。静态分层指数法(SSI)考虑了清液和分层问题，同时在计算静态分层指数 SSI 值时，也考虑了各层的体积分数与密度差，能够较好地反映完井液的静态沉降稳定性。但该方法没明确具体的分层数和各层厚度，从而导致 SSI 值不同，无法形成统一的评价指标。

(2) 静态沉降稳定分层指数法(SSSI)针对静态分层指数法(SSI)存在的不足进行改进，明确了具体的分层数和各层厚度，同时也明确了各参数的获取方法，具有很强的可操作性，为制定完井液静态沉降稳定评价指标奠定了基础。

(3) 静态沉降稳定分层指数法(SSSI)的静恒温温度为井底温度，静恒温时间应根据实际情况确定，但建议静恒温时间最短不低于 24h，最长不超过 240h。

(4) 完井作业条件类似的井，应根据大多数井的情况，将实验室评价与实际相结合，对比分析完井液在井筒中静止后的沉降稳定性情况，制定出评价指标，用于指导完井液性能调整，确保完井液在需要的静止时间内不因沉降而出现井下问题，以提高完井作业效率。

(5) 通过对比研究，得到了四川油气田深井超深井水基完井液静态沉降稳定分层指数评价指标。应用静态沉降稳定分层指数法(SSSI)和得到的评价指标，验证了 75 口井，与实际情况的符合率为 98.6%。

参　考　文　献

[1] Ber, P A, Var Oort E, Neusstadt B, et al. Barite Sag: Measurement, Modelling and Management [D] SPE/IADC 47784, 1998.

[2] Omland T H, A Saasen, C Van Der Iwaag, et al. The Effect of Weighting Material Sag Drilling Operation Efficiency [C]. SPE 110537, 2007.

[3] Jason Maxey, Rheological. Analysis of Static and Dynamic sag in Drilling fluid [J]. Annual transaction of the Nordic Rheology. Society, Vol 15, 2007.

[4] 王健, 等. 钻井液沉降稳定性测试与预测方法研究进展[J]. 钻井液与完井液, 2012, 29(5): 79-83.

[5] 潘谊党, 于培志, 马京缘. 高密度钻井液加重材料沉降问题研究进展[J]. 钻井液与完井液, 2019, 36(1): 1-9.

[6] Wenqiang Zeng and Mario Bouguetta. A Comparative Assessment of Barite sag Evaluation Methods. SPE 180348, paper presented at the SPE Deepwater Drilling vs Completions Conference held in Galveston, Texas, USA, 14-15 Sep-tember 2016.

[7] 林枫, 等. 加重钻井液防重晶石沉降技术[J]. 钻井液与完井液, 2015, 32(3): 27-29.

作者简介: 马光长, 1987 年毕业于西南石油学院应用化学专业, 长期从事钻(完)井液研究与技术管理工作, 现任川庆钻探公司钻井液技术服务公司高级工程师, 副总经理。电话: (028)86010589, E-mail: magc@cnpc.com.cn。

对水基钻井液用降黏剂评价标准的认识和室内研究

王　琳　杨小华　王海波　钱晓琳　林永学

（中国石化石油工程技术研究院）

摘　要　介绍了国内钻井液用降黏剂的评价标准，分析了收集的 API、国标、行标、企标及供应商等各级降黏剂标准的评价方法，指出在降黏性指标、评价用基浆等方面存在的问题。针对石油天然气行业标准 SY/T 5243-91 进行了评价方法实验研究，通过对配制基浆的膨润土和基浆配制过程的实验研究，初步探索了评价降黏剂用基浆的配制方法。

关键词　钻井液　降黏剂　标准　评价方法

钻井液降黏剂是能够降低钻井液黏度和切力、改善钻井液流变性能的化学剂，也称为稀释剂、分散剂、解絮凝剂等。降黏剂产品种类较多，从来源看大体分为天然高分子和合成高分子两大类，前者以改性木质素类、单宁栲胶类为主，如木质素磺酸盐具有良好的抗盐性能和一定的抗温性能；后者以乙烯基或烯丙基类聚合物为主，如含羧酸基团类、含磺酸基团类、含阴阳离子基团的两性类，其抗温、抗电解质污染的能力仍需提高；另外近些年开发出了有机硅类以及有机硅氟类降黏剂，如　具有较好的抗温性[1,2]。随着油气勘探开发不断深入，钻遇地层更加复杂，尤其是高温、高盐地层钻探中，对控制钻井液流变性能的降黏剂要求更高，能够甄别不同地层适用的降黏剂的评价方法尤其重要[3]。

钻井液降黏剂是在钻井过程中用量较大的一类处理剂，目前给中石油、中石化及中海油供应降黏剂的厂家有上百个，降黏剂产品代号近 100 个、执行的标准有 80 多个，这些标准中的评价方法和指标要求等存在很大差异，这给产品生产、质量检验、质量监督抽查 带来很多困扰。本文在分析收集的 API、国标、行标、企标及供应商等各级钻井液降黏剂标准的基础上，及评价方法的异同，通过室内大量实验，对石油天然气行业标准 SY/T 5243-91《水基钻井液用降黏剂评价程序》[4]进行了评价方法实验研究，通过对配制基浆的膨润土和基浆配制过程的实验研究，得出评价降黏剂用基浆的配制方法。

1　钻井液降黏剂相关标准情况

分析收集的 API、国标、行标、企标及供应商等各级钻井液降黏剂标准。钻井液降黏剂相关标准有 API 标准 13I/ISO 10416：2008《Recommended Practice for Laboratory Testing of Drilling Fluids》、国标 GB/T 29170-2012《石油天然气工业 钻井液 实验室测试》，以及石油天然气行业标准 SY/T 5243-91《水基钻井液用降黏剂评价程序》、SY/T 5695-2017《钻井液用降黏剂 两性离子聚合物》，前者适用于木质素类、腐殖酸类、丹宁类、栲胶类水基钻井液降黏剂的评价，后者是 SY/T 5695-95《钻井液用两性离子聚合物降黏剂 XY27》的替代标准，主要针对合成聚合物类降黏剂。另外，针对某一类型降黏剂的石油天然气行业标准还有 SY/T 5091-93《钻井液用磺化栲胶》、SY/T 5702-95《钻井液用铁铬木质素磺酸盐》和 SY/T 5092-93《钻井液用磺化褐煤 SMC》。其中，SY/T 5702 铁铬木质素磺酸盐中由于含有毒性离子 Cr^{3+}，污染环境，该标准于 2015 年废止。而 SY/T 5092 在 2017 修订版《钻井液用降滤失剂 磺化褐煤 SMC》中归类为钻井液用降滤失剂，仍保留了高温老化前后降黏率和静切力的技术指标。

中国石化根据现场应用和质量检验需要制定了很多一级和二级企业标准，如，Q/SH 0318-2009《钻井液用聚合物类降黏剂技术要求》、Q/SH 0365-2010《钻井液用腐殖酸类降黏剂评价程序》、Q/SLCG 0060-2013《海水钻井液降黏剂技术要求》、Q/SH 1500 0048-2013《钻井液用降黏剂 磺化单宁技术要求》、Q/SH 3580 0004-2012《高密度钻井液用分散剂 SMS-19》以及有机硅类的 Q/SH 1500 0040-2013《钻井液用降黏剂 硅醇类技术要求》、Q/SHJS 0367.1-2011《液体抗高温硅氟稀释剂 SF-1》、Q/SHJS 0367.2-2011《甲基硅油稀释剂 MSO》。在钻井液降黏剂类产品的质量监督抽查中作为检测标准，发挥了一定的作用。中石油在降黏剂类处理剂采购和质量检验中采用经过认定的供应商的产品标准。

2 钻井液降黏剂评价方法分析

2.1 降黏性指标

钻井液降黏剂的关键性能是其降低黏度的能力，在所有标准中对降黏能力的评价主要有两种指标，分别是稀释效率和降黏率。

在所有钻井液降黏剂标准中，仅 API 标准和国标以稀释效率作为评价降黏性能的指标。13I/ISO 10416：2008（14 Deflocculation test for thinner evaluation）和 GB/T 29170-2012（14 稀释剂的解絮凝评价）中，在高浓度土浆（28% 膨润土浆）中评价降黏剂的相对有效性，与参比稀释剂（如铁铬木质素磺酸盐）在相同测试条件下性能对比，即稀释效率是加入待测降黏剂的高浓度土浆的动切力（或静切力），与加入参比稀释剂的高浓度土浆的动切力（或静切力）的比值。但是，此评价方法在国内各油田并不被采用，而且几乎所有降黏剂的产品标准都没有采用该方法。可能的原因在于，一是参比稀释剂没有标准试剂，而且举例的铁铬木质素磺酸盐由于含有重金属已禁止使用；再者，上述方法中仅仅是针对由高浓度土浆导致的黏切升高，降黏剂拆散的是黏土颗粒间形成的网状结构、使黏土颗粒处于分散状态，实际钻井液中膨润土（活性土）和钻屑（惰性土）的浓度达不到。而且对于聚合物钻井液体系和含有大量加重材料的高密度钻井液体系，不一定能甄别出现场有效的降黏剂产品。

降黏率是在降黏剂评价中被广泛采用的技术指标。石油天然气行业标准 SY/T 5243-91《水基钻井液用降黏剂评价程序》中，具体做法是配制具有一定黏度的基浆，其 100r/min 读值应保持在某一范围，如 50±10；测定在基浆中加入降黏剂后 100r/min 读数，计算其与基浆 100r/min 读数的比值为降黏率。有些标准中除测定对比 100r/min 读值外，还测试表观黏度、动切力、1min 静切力等性能指标的降低率。所测结果表明了使某一基浆黏度、切力等降低的绝对有效性，不需要参比稀释剂，更能直观反映出该降黏剂的作用效果。

2.2 评价用基浆

API 标准和国标中降黏剂的测定均是在用去离子水或蒸馏水配制的 28%（质量分数）Neutral Panther Creek 膨润土浆中，因为稀释效率的计算不是与基浆对比，不必测量基浆的黏度，而且如此高浓度的膨润土浆的六速值在测量中误差较大。

SY/T 5243-91 中规定了六种基浆的配制，分别是淡水基浆、4%盐水基浆、饱和盐水基浆以及相应的加重基浆（密度 1.5g/cm^3±0.03g/cm^3），用不同量的膨润土和评价土以及重晶石配制，各种基浆的 100r/min 读值应保持在 50±10 范围内，否则适当调整膨润土和评价土的加量。基浆由膨润土和评价土构成，能够模拟钻井过程中井浆的膨润土和研细的钻屑造成的黏切升高。但是，在单宁类、栲胶类降黏剂的标准中，如石油天然气行业标准 SY/T 5091-93《钻井液用磺化栲胶》，以及产品标准 Q/SH 1500 0048-2013《钻井液用降黏剂磺化单宁技术要求》、Q/KZYS008-2017《钻井液用稀释剂改性硅化单宁 TXS》等，均采用 6% 钠膨润土浆作为基浆进行评价，与前述的 SY/T 5243-91 评价程序标准中规定的相违背。对木质素类降黏剂，已废止的标准 SY/T 5702-95《钻井液用铁铬木质素磺酸盐》，采用 8% 钠膨润土+16% 评价土为基浆。但是目前较多的产品标准，如 Q/MHXH39-2017《钻井液用稀释剂改性接枝木质素 MFC》、Q/HS YF 027-2005《钻井液用降黏剂 PF-THIN》等，仅用一定浓度的钠膨润土浆作为基浆。对于腐殖酸类降黏剂，中石化一级企标 Q/SH 0365-2010《钻井液用腐殖酸类降黏剂评价程序》中基浆为 8% 钠膨润土+15% 评价土，但是一些企业的产品标准仍仅用钠膨润土浆作为基浆。

聚合物类降黏剂基本没有企业自己的产品标准，均采用石油天然气行业标准 SY/T 5695-2017《钻井液用降黏剂 两性离子聚合物》，或者中石化一级企标 Q/SH 0318《钻井液用聚合物类降黏剂技术要求》，这两个标准均采用 6% 膨润土+0.1% 聚合物增黏剂作为基浆，不同的是前者加入 0.1%PAM，后者加入 0.1%80A51。SY/T 5695-95《钻井液用两性离子聚合物降黏剂 XY27》基浆采用 7% 膨润土+0.1%FA367。由于聚合物 80A51 和 FA367 都不易找到标准的试剂，而且标准中也未对这两种聚合物的相对分子质量等指标作出规定，这也一定程度上导致了测试结果的差异。而在 2017 年修订的 SY/T 5695 中采用了可找到标准样品的 PAM（聚丙烯酰胺），并规定了其相对分子质量 500 万、水解度≤30%、固含≥90%。提高了该标准的操作性和实用性。

对于有机硅氟类降黏剂目前没有石油天然气行业标准，中国石油采用生产企业的产品标准、中国石化采用应用单位制定的标准或生产企业的产品标准，这些标准中基浆的配方多种多样，如 Q/SH 1500 0040-2013《钻井液用降黏剂 硅醇类技术要求》为 8% 钠膨润土+9% 评价土、Q/HGH 001-2009《SF260 钻井液用硅氟高温降黏剂》为 7% 钠膨润土浆+重晶石、SF-1Q/SHJS 0367.1-2011《液体抗高温硅氟稀释剂》为 7% 钠膨润土浆+氧化铁矿粉、Q/GWDC 0056-2015《有机硅络合物 GWTH-OS 技术要求》为 8.75% 钠膨润土。

各种降黏剂的标准中，除降黏率计算、基浆类型之外，基浆密度、老化温度以及膨润土、评价土、盐等加入顺序、搅拌时间等也存在较大差异。

3 评价方法实验研究

SY/T 5243-91《水基钻井液用降黏剂评价程序》颁布使用已近 30 年，一直没有修订。随着钻井液技术的发展，新降黏剂产品不断涌现，该标准存在操作步骤描述简单、不规范，在使用过程中易造成评价结果出现较大误差。这也是导致降黏剂评价标准及方法多种多样、良莠不齐的原因之一。下面以室内实验对配浆用土、配制过程等方面进行了研究。

3.1 配制基浆的膨润土

2016 年修订的 SY/T 5490《钻井液实验用土》代替了 SY/T 5490-93《钻井液实验用钠膨润土》和 SY/T 5444-92《钻井液用评价土》。符合 2016 标准的钻井液实验配浆用土为钙土，在配浆时加入土量的 3.5% 碳酸钠进行钠化再评价和应用。这两种土在悬浮液性能上存在一定差异，见表 1。

表 1 符合 SY/T 5490 修订前后两种标准土的性能

项目	符合 SY/T 5490-93 的钻井液实验用钠膨润土		符合 SY/T 5490-2016 的钻井液实验配浆用膨润土	
	常温	180℃/16h	常温	180℃/16h
表观黏度/mPa·s	10.0	5.5	20.0	24.5
塑性黏度/mPa·s	5.0	5.0	6.0	17.0
动塑比/(Pa/mPa·s)	1.0	0	2.3	0.44
滤失量/mL	15.6	21.6	14.0	22.0

从测试结果看，常温下，符合新修订标准的配浆土的表观黏度、塑性黏度、动塑比均高于符合原标准的土。而且经 180℃ 高温老化后，符合新修订标准的配浆土表观黏度、塑性黏度明显升高，尤其是塑性黏度剧增，而符合原标准的配浆土塑性黏度基本不变，表观黏度明显下降。

上述两种土黏度上的差异使得依照 SY/T 5243-91 配方配制的基浆 ϕ_{100} 读值与标准中要求的 50±10 范围有较大差异。从表 2 可以看出，淡水基浆、4%盐水基浆和饱和盐水基浆 ϕ_{100} 基本达到要求范围(40~60)，但 150℃ 老化后淡水基浆 ϕ_{100} 急剧增大，饱和盐水基浆 ϕ_{100} 明显降低。淡水加重基浆 ϕ_{100} 较大。4%盐水基浆 ϕ_{100} 在要求范围内(40~60)，高温老化后偏低。饱和盐水加重基浆 ϕ_{100} 偏低。使用新标准配浆土后，仅部分基浆性能满足行标要求，需深入研究分析。

表 2 不同基浆老化前后 ϕ_{100} 读值

类型	配方	室温 ϕ_{100}	150℃/16hϕ_{100}
淡水基浆	7%膨润土+18%评价土	62	92
4%盐水基浆	7%膨润土+25%评价土	46	49
饱和盐水基浆	7%膨润土+20%评价土	42	27
淡水加重基浆	6%膨润土+15%评价土+60%重晶石	129	106
4%盐水加重基浆	6%膨润土+20%评价土+50%重晶石	43	38
饱和盐水加重基浆	6%膨润土+18%评价土+36%重晶石	41	37

注：膨润土为符合 SY/T 5490-2016 的配浆土，在加膨润土之前均加入其 3.5%的无水碳酸钠，评价土为英国评价土，重晶石密度 4.29g/cm³。下述实验同上。

3.2 基浆配制过程研究

3.2.1 测试时间的影响

按照配方(4%膨润土+5%评价土+重晶石)配制 2.0g/cm³ 的基浆，在 10000r/min 高搅后不同静置不同时间开始测试 ϕ_{600} 和 ϕ_{100} 值。结果见表 3。可见，高搅后至开始测试(启动六速旋转黏度计)时间越长，测得的数值越大，表明结构力在不断形成。而且间隔时间越长对 ϕ_{600} 影响更大，高搅后立即测 ϕ_{600} 是 91，而间隔 60s 后测是 122。相对而言，高搅后到开始检测间隔时间测得 ϕ_{100} 值波动小。为减小测试误差，在高搅完后立即进行测试，尽量控制在 5s 以内，而且测试 ϕ_{100} 读值作为降黏性能参数更为合理。

表 3　高搅完至测试间隔时间的影响

高搅完至测试间隔时间	4%膨润土+5%评价土+重晶石	
	ϕ_{600}	ϕ_{100}
立即测(5s 以内)	91	54
20s	94	56
60s	122	60

3.2.2　黏度计读值时间的影响

　　按照配方 6%膨润土+20%评价土、5%膨润土+10%评价土+重晶石、饱和盐水+7%膨润土+22.5%评价土和配制基浆，用六速旋转黏度计保持 100r/min 下不间断旋转，读取不同时间的数值。由图 1 可见，淡水基浆和淡水加重基浆的 ϕ_{100} 读值在开始测量 100s 后逐渐趋于稳定，饱和盐水基浆的 ϕ_{100} 读值在开始测量 40~60s 后，趋于稳定，加入降黏剂后体系的 ϕ_{100} 读值在短时间内趋于稳定。为减少测试误差，建议读取旋转 100s 时的读值。在 SY/T 5490—2016 中 4.6.2 也规定了"测定 ϕ_{600} 和 ϕ_{300} 时旋转 100s 时读值"。

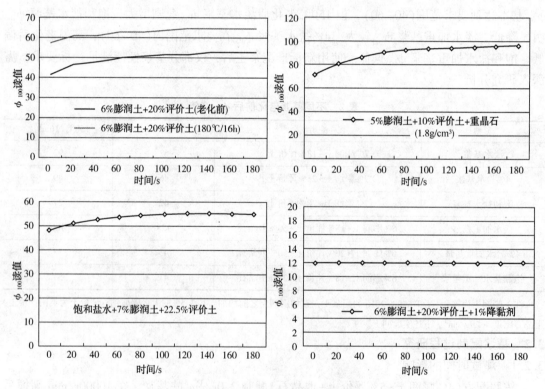

图 1　黏度计读值时间对测试结果影响

3.2.3　盐加入顺序的影响

　　研究了 4%盐水基浆和复合盐水基浆在配制过程中，盐加入顺序对基浆黏度的影响。4%盐水基浆配方为 7%膨润土+25%评价土，复合盐水基浆配方为 7%膨润土+25%评价土（表 3）。

表 3　盐加入顺序对基浆黏度的影响

配方	盐加入顺序	老化前测 ϕ_{100}	150℃/16h 后测 ϕ_{100}
4%盐水基浆	A. 在去离子中加膨润土和评价土，经陈化 24h 后，加入 NaCl	113	95
	B. 在 4%NaCl 水溶液中加入膨润土和评价土，陈化 24h	41	43
复合盐水基浆	C. 在去离子水中加膨润土，经陈化 24h 后加入 NaCl、CaCl$_2$、MgCl$_2$，再加评价土	106	86
	D. 在复合盐水中加入膨润土和评价土，陈化 24h	33	31

从实验结果可见，先用去离子水配制土浆，经陈化后再加盐配制的基浆，在老化前后 ϕ_{100} 读值均较大，而直接在 4%盐水或复合盐水中加入膨润土和评价土配制的基浆，黏度远远低于后加盐配制的基浆。由于后加盐时盐的溶解慢，浆体黏度高读数重复性差，故采用在盐水中加入膨润土和评价土配制 4%盐水基浆和复合盐水基浆的方式更为合理。

3.2.4　评价土加入时间及陈化的影响

前述实验中均是膨润土加入后立即加评价土，先后间隔不超过 5s。下面研究了淡水基浆配制时评价土加入的时间对基浆黏度的影响（表 4）。按照配方（6%膨润土+20%评价土）配制淡水基浆。从表 4 的实验结果可见，配制方式 1 和 2 中膨润土和评价土加入间隔时间较短，测得基浆的黏度基本一致，陈化后再测量，ϕ_{100} 增大 2~3。而按照方式 3 配制，膨润土高搅 10min 后再加评价土测得基浆的黏度较高，而且陈化过夜后 ϕ_{100} 值进一步增大，陈化前后均在 40~60s 范围内。结合实践，淡水基浆配制时采用膨润土加完后高搅 10min 再加评价土，高搅 20min 后陈化 16~24h，再测量，测量前高搅 5min。

表 4　淡水基浆配制评价土加入时间的影响

序号	配制方式	不陈化 ϕ_{100}	陈化 16h 后 ϕ_{100}
1	膨润土与评价土同时加入，高搅 20min	34	37
2	加膨润土高搅约 1min，加评价土，高搅 20min	35	37
3	加膨润土高搅 10min，加评价土，高搅 20min	42	48

按照配方（4%膨润土+15%评价土+重晶石）配制密度 1.5g/cm³ 的淡水加重基浆（表 5）。配制方式 1 为膨润土和评价土一起加入，高搅 20min 后加入重晶石，再高搅 10min 后立即测量。配制方式 2 和 3 为配制完陈化不同时间测量，配制方式 4 是先将土浆陈化，再加重晶石。从结果可以看出，配完后立即测量 ϕ_{100} 值最低，除陈化时间影响外，由于高密度情况下连续高搅时间过长，浆体的温度比室温会升高 3~5°，测得黏度会相应降低。陈化 16~24h 的基浆 ϕ_{100} 值稳定在 47、48。而配制方式 4 的基浆黏度值过高，不宜采用。

表 5　淡水加重基浆配制重晶石加入时间的影响

序号	配制方式	ϕ_{100}	备注
1	配制完立即测量	36	温度上升 3~5℃
2	配制完陈化 16h 高搅 5min 测量	47	温度稳定
3	配制完陈化 24h 高搅 5min 测量	48	温度稳定
4	土浆陈化 24h，再加重晶石高搅 10min 立即测量	106	

研究了不同配方的饱和盐水基浆是否陈化对黏度的影响(表 6)。可见,不同配方的饱和盐水基浆在陈化 16h 后,比不陈化立即测量时黏度均有所上升,ϕ_{100} 值高 3~7,高温老化后 ϕ_{100} 值高 2~3,而且土浆浓度越高陈化的影响越大。与淡水浆相比,是否陈化对饱和盐水基浆 ϕ_{100} 的影响小。对盐水基浆的配制可规定为:在盐水中加入膨润土和评价土,高搅 20min 陈化过夜后测量,测前高搅 5min。

表 6 陈化对不同配方饱和盐水基浆黏度的影响

序号	配方	陈化方法	ϕ_{100}	150℃/16h 后 ϕ_{100}
1	饱和盐水+7%膨润土+20%评价土	不陈化	41	36
		25℃下陈化 16h	44	38
2	饱和盐水+8%膨润土+20%评价土	不陈化	39	37
		25℃下陈化 16h	44	39
3	饱和盐水+7%膨润土+25%评价土	不陈化	74	67
		25℃下陈化 16h	81	70

3.2.5 评价降黏剂用基浆的配制方法

通过上述实验研究,对降黏剂评价的基浆,配制方法和过程如下:在去离子水(或 4%氯化钠溶液、饱和盐水、复合盐水)中搅拌下加一定量的纯碱和膨润土,高搅 10min 后加入评价土,继续高搅 20min(如需加重则加入重晶石高搅 10min),于 25℃下陈化 16h 后高搅 5min 立即测试。测高温老化后的基浆,则将配制好的基浆于一定温度下热滚 16h,冷却至室温,高搅 5min 立即测试。读取 100r/min 旋转 100s 的数值。

4 结语

(1)钻井液降黏剂种类多;应用量大;评价的标准多,即使对同一类降黏剂其标准中的评价方法差异较大,给钻井液降黏剂性能评价造成了混乱。

(2)5243-91《水基钻井液用降黏剂评价程序》是石油天然气行业评价降黏剂依据的主要技术准则,使用近 30 年亦没有修订,实验方法操作上描述简单、不规范,在使用过程中易造成结果出现较大误差。

(3)在室内用大量实验研究了基浆配制过程中不同的操作对基浆黏度的影响,故在标准修订时严格规定实验操作过程,将对减少实验误差、标准的执行力度等将起到积极的作用。

(4)针对降黏剂标准的不同认识和商榷性建议,均是今后标准修订中值得借鉴的经验。

参 考 文 献

[1] 王善举,杨小华. 近 5 年国内钻井液降黏剂研发进展[J]. 油田化学,2007,24(4):372-374.

[2] 边靖生,李波. 国内钻井液用降黏剂的研究应用进展[J]. 广东化工,2013,40(1):69-70.

[3] 张国钊,何耀春,郑若芝. 关于评价钻井液降黏剂使用的基浆的讨论[J]. 油田化学,1998,15(4):309-313.

[4] SY/T 5560-91 水基钻井液用降黏剂评价程序[S].

钻井液封堵性测试仪研究及承压封堵能力评价

肖沣峰　马光长　黄　平　唐润平

(川庆钻探工程有限公司钻井液技术服务公司)

摘　要　随着勘探开发向深部地层延伸以及大斜度井、水平井的增加，常常会因钻遇大段破碎地层造成井壁失稳，发生坍塌、漏失、卡钻等故障，钻井液的承压封堵能力是维持井壁稳定，防止发生上述故障的关键因素。如何在实验室评价钻井液的承压封堵能力，让它能比较客观地反映钻井液的封堵性，目前还没有较为科学合理的评价仪器及方法。因此，亟待需要研究新型评价仪器，使其能有效地量化评价各种封堵材料加入钻井液后对地层的承压封堵效果。通过研究，研制出了高压可视钻井液承压封堵评价仪，实现了钻井液对地层的承压能力可量化，钻井液对地层封堵深度可量化。该评价仪器及方法在川渝破碎地层进行了现场应用，与实际情况的符合率为100%。有效解决了破碎地层的承压能力，大大减少了破碎地层的漏失。该仪器和评价方法能很好地指导四川油田深井超深井及长水平井钻井液承压封堵性能的调整和优化。

关键词　钻井液　破碎地层　井壁稳定　微纳米　承压封堵　量化评价

近年来，随着勘探开发向深部地层延伸以及大斜度井、水平井的增加，常常会因钻遇大段破碎地层造成井壁失稳，发生坍塌、漏失、卡钻等故障，钻井液的承压封堵性能是维持井壁稳定，防止发生上述故障的关键因素，准确可量化的承压封堵性能评价也是目前研究的重要方向。钻进过程中，岩石被揭开后，由于压差作用，钻井液滤液侵入井壁，导致近井壁地层孔隙压力增加。如果该压力超过地层岩石内裂缝的应变极限，就会扩张裂缝，进而连接原本不连通的裂纹。随后进一步侵入的钻井液滤液与岩石产生物理或化学(一般为水敏性岩石)反应，导致裂纹加速扩展，同时一定概率破坏岩石晶体结构，降低岩石强度，反映为井壁失稳现象，甚至坍塌[1]。以上现象在钻遇深部及长水平段的破碎地层时，尤为突出。

当前，由于纳米材料具有纳米尺寸效应，结合配比合理的微米级颗粒形成的架桥封堵效应，在钻井液中可以产生较好的封堵性，特别是应对地层的微裂缝和微小孔隙，充填作用显著。常见的纳米封堵材料多为纳米碳酸钙、纳米二氧化硅、纳米乳液等，这些产品对微裂缝发育地层，对提高井壁稳定性有帮助。行业中致力于研究的纳米粒子封堵的评价方法主要包括：高温高压滤失量测定、高压渗透性失水实验、扫描电镜观察法、声波传递速率测定、压力传递实验、砂床滤失量实验等[2~5,9~10]，这些方法均可在一定程度上评价封堵性能。

1　钻井液封堵性能实验室评价方法简述

1.1　高温高压滤失法

在标准实验条件下，该方法通过对照基浆和样浆(基浆添加一定比例的微纳米材料)的高温高压滤失量，反映微纳米材料封堵效果。由于使用的高温高压滤纸的孔隙直径在20μm左右，大于大部分纳米级颗粒尺寸，导致加入的纳米颗粒后高温高压滤失量变化不大[6]。因此，在现有的高温高压滤失实验方法下，对纳米颗粒封堵性的评价效果非常有限[6]。另一方面，由于滤纸的孔隙是均质的，而地层的孔隙是非均质的，使用滤纸模拟渗透性地层是不真实的[7]。实际地层的孔隙结构与滤纸上"气孔"结构也完全不同，使用滤纸测得的滤失量与钻井液在渗透性地层中侵入程度趋势亦无任何直接联系[11]。

1.2 声波传递速率法

该评价方法利用声波在微纳米颗粒封堵后的岩心中传输速率的不同，来评价微纳米颗粒的封堵性能。试验表明，声波在岩石中的传递速率有了较大变化，利用含有微纳米颗粒的基浆浸泡的岩石降低率，相比基浆有明显变化，说明微纳米颗粒的封堵效果是存在的[6]。然而，该方法使用岩心作为实验材料，数据重复率很差，仅可定性分析微纳米封堵性能，完全无法满足钻井现场应用。

1.3 电镜成像法

该方法利用电镜成像观察使用微纳米封堵剂前后泥饼的不同，来评价微纳米封堵性能。实验表明，样浆（基浆添加一定比例微纳米封堵剂）的泥饼相对基浆显得更加致密，有微纳米颗粒充填在滤饼上，清楚直观地反映了微纳米颗粒对滤饼孔隙的封堵效果[6]。但是，该方法与声波传递速率评价法相似，无法定量分析封堵性能，而且受人为干预的因素较大，无法指导现场封堵剂的使用，因此无法应用于钻井现场。

1.4 高压渗透性失水法

该方法使用制备的滤饼通过对比高压渗透性失水量不同，来评价微纳米封堵性能。实验表明，高压渗透性失水在评价微纳米颗粒封堵效果时，随着微纳米颗粒的加量变化，渗透性失水有所变化，但变化较小，仅能在一定程度上反映出封堵性能[6]。但是，该方法需压制滤饼，比较耗时，且不够准确，不适用于钻井现场频繁测量微纳米封堵性能。

1.5 压力传递法

该方法利用封堵钻井液与泥页岩作用后可有效阻缓压力传递原理，对比空白泥岩与各类样浆（由基浆添加不同比例微纳米封堵剂）作用后，下游孔隙压力大小，来评价微纳米封堵性能。实验表明，采用压力传递实验，能反映出钻井液基浆中加入微纳米封堵剂后的封堵效果，使用该方法进行评价，可靠性较高[6]。但是，该方法使用岩心作为实验材料，获取难度大，数据重复率低，完全无法满足钻井现场应用。

1.6 砂床滤失法

该方法使用高温高压滤失仪，替换滤纸为 200g 洗净烘干的砂子，加入 300mL 钻井液进行常温高压滤失实验。通过对比滤失量，评价封堵性能。实验表明，砂床的高温高压滤失量与岩心上的高温高压滤失量变化规律的趋势一致[7,8]，能够直观反映封堵性能。该方法的实验材料方便获取及存放，但需要使用气源以及体积较大，在现场使用中面临安全和便捷性问题。

2 高压可视钻井液承压封堵评价方法

基于上述各类封堵性能评价方法存在的局限性，考虑到封堵性评价的准确性和直观性，以及现场对安全、可靠、便携等方面的要求，在砂床滤失量实验的基础上，设计出高压可视钻井液封堵性能测试仪，提出了微纳米封堵性能现场评价方法。该方法使用干砂，粒径的选择依据是地层的岩石物性，包括孔隙度、孔喉尺寸、渗透率等，即使用相应尺寸的干砂来模拟地层情况，通过钻井液滤液侵入深度来评估封堵性能[8]。

2.1 设计原理

高压可视钻井液封堵性能测试仪主要设计原理为液体不易压缩性质，利用"液体不易压缩性质"，通过压缩装有钻井液的腔体提供测试所需安全高压环境，完成测试后释放被压缩的钻井液腔体，快速卸压，整个过程压力变化由上部所连压力表进行指示。

在模拟井底岩屑空隙分布时选用的干砂堆积空隙尽量与地层空隙尽量一致，以川南地区龙马溪组页岩微裂缝封堵实验为例，说明干砂尺寸的选择。通过研究，川南地区龙马溪页岩微裂缝宽度集中在 $0\sim100\mu m$，占比达 90%，大于 $100\mu m$ 的微裂缝约占 10%[12]，对于粒径为 $20\sim40$ 目(颗粒尺寸约 $830\sim360\mu m$)的砂床，平均堆积颗粒尺寸为 $605\mu m$，实验得到堆积孔隙度为 36%，所以计算的有效孔喉尺寸为 $113\mu m$[9]。因此，选用 $20\sim40$ 目砂床评估微纳米封堵材料加入现场钻井液体系后，对等效尺寸微裂缝的封堵能力，较为合理。

2.2 新评价仪器的特点

图 1 展示设备的关键部分的结构图，其中，压力表置于设备顶部，用于指示钻井液的加压情况；与压力表相连接的部件为加压筒，即通过压缩装有钻井液的腔体，形成压差；下部为可视透明承压筒，按照固定数量加入特定干砂，充满承压筒，同时承压筒下端与大气相通。该评价仪器的特点及优势如下：

第一，透明承压筒上标有刻度，整个测量过程可视化，检测结果可量化；其次，可监测钻井液侵入砂床过程，如同时评价两种封堵材料，可通过比较滤液砂床侵入深度和承压的强度，择优使用。第二，如选择适用缝板或钢珠床，该设备也可在现场用于测量堵漏材料对特定尺寸缝板及孔隙的堵漏及承压效果。第三，设计出高压可视钻井液封堵性能测试仪采用特殊材质透明可视筒，该可视筒承压能力高达 20MPa 以上，而实际使用压差仅 6MPa，测试压力仅占最高值的 30%。第四，整个测试过程

图 1 高压可视钻井液封堵性能测试仪关键部分结构图

无须使用外界能量驱动，完全消除了高压或用电等作业风险，安全性高。第五，便携，所有配件，均可放入移动工具箱，尺寸仅有 25cm×40cm×75cm，方便在钻井现场使用。

3 现场承压封堵性能评价方法应用实践

在钻井现场实际应用时，首先从邻井数据获得需被封堵的目标层段的岩石物性及微裂缝尺寸信息，据此选择合适粒径的干砂。基于选定的干砂，该方法的应用主要包括两方面：(1)确定封堵剂加量浓度；(2)日常维护钻井液封堵性能。

3.1 确定封堵剂加量浓度

该方法可实现定量分析确定微纳米封堵剂加量浓度。通过对比实验确定封堵剂加量浓度。整个过程包括以下步骤。

首先，在钻井方案设计阶段，参照目标层段的地层数据和钻井难题，确定封堵性能要求；据封堵材料的封堵性能，设计封堵剂的计划加量浓度。

其次，钻进目标层段前，现场按照计划加量浓度配置样浆(目标层钻井液+相应比例的封堵剂)，使用现场封堵性能评价方法测量基浆(目标层钻井液)和样浆的承压能力和侵入深度。若满足钻井方案中的封堵性能要求，则参照此设计浓度配置目标层段的含封堵剂钻井

液；否则，据原样浆的实际封堵性能，配置新的样浆，持续实验，直到获得满足设计的封堵性能要求的封堵剂加量浓度。

最后，在目标层段钻进过程中，若地层变化超出预期，可采用上一步重新确定封堵剂加量浓度，确保实现地层对封堵性能的要求。

3.2 日常维护钻井液封堵性能

由于封堵剂从入井开始即处于"动态损耗"状态，包括地层封堵消耗和地面固控设备损耗，因此为了指导封堵性能的维护，须及时评价封堵性能。该方法可快速、实时、安全地获取钻井液实际的封堵性能。该方法包括两方面。

其一，在目标层段钻进过程中，每天测量钻井液实际封堵性能，实时跟踪钻井液封堵性能，图 2 是测量结果示例，图 3 是滤液侵入深度实测示例。

其二，若钻井液封堵性能由于封堵剂"动态损耗"导致封堵性能不足，可通过基浆和样浆的对比实验，定量分析出需补充的封堵剂数量，避免浪费，节约钻井成本。

该方法通过定量分析，在封堵性能维护过程中，提供准确的封堵剂使用量，避免因封堵性能不足带来的井下故障，如漏失和井壁坍塌，同时避免加入过量的封堵剂，造成浪费。

图 2　封堵性能测量示例　　　　　图 3　滤液侵入深度实测示例

4　现场应用效果分析

近年来，采用现场承压封堵性能评价方法在四川多个区块进行了应用，一次承压封堵成功率达 100%，解决了多口高难度井在破碎地层的承压封堵技术难题。下面以 3 口典型井为例，分别说明该方法在破碎性地层中的应用情况。

4.1　YB1 井——解决下川东地区二叠系漏失地层及梁山组破碎煤层的技术难题

YB1 井异常低压，地层压力系数<1.0，原二开在钻进至 1634m 程中，漏失与垮塌严重，二叠系地层 1076m 至梁山组 1634m，共 558m 直井段钻进共耗时 88d，其中停钻处理 1076m 漏失、1122m 漏失、1630m 垮塌等复杂井况时间长达 63d。现场反复泵注堵漏浆与水泥浆堵漏、强化井壁各 10 余次，共计漏失水泥浆约 50m³，泥浆约 460m³，井壁仍无法承压，且梁山组煤层垮塌严重，顶驱多次憋停，泵压、扭矩上涨，划眼困难，无法继续钻进，甲方决定填眼侧钻。

重新侧钻二开,引入微纳米封堵剂,并采用现场承压封堵性能评价方法成功钻过龙潭组破碎易漏失层位,未发生漏失情况,钻至1613m到达梁山组破碎易垮塌煤层时,振动筛处开始返出正常尺寸煤块,钻至1622m,成功钻穿煤层,无任何井壁失稳情况。图4展示原二开与侧钻后复杂井段钻井参数对比。

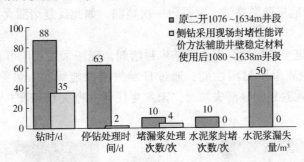

图4 原二开与侧钻后复杂井段钻井参数对比

4.2 MX124井——解决高磨地区探井灯影组长水平段井漏,垮塌的技术难题

高磨地区以往所部署几口水平探井,均在灯四段、灯三段、灯二段钻进过程中出现漏、垮等复杂井况,尚无成功先例。

MX124井,作为一口探井,钻进至灯影组四段产层后,引入微纳米封堵剂,现场采用高压可视承压封堵测试评价方法跟踪评价钻井液的封堵性。采用20~40目干燥疏松砂床模拟岩石物性,钻井液密度1.25g/cm³,实验加入微纳米封堵剂后,承压能力从1MPa提高至5MPa,砂床侵入度由15cm降低至3cm。微纳米封堵剂入井后,现场井浆循环均匀,实测得循环井浆砂床承压能力由0MPa提高至3.5MPa,封堵性能得到有效改善。在该井灯四段钻进过程中,地面未观察到漏失。成功钻过灯四段后,现场将循环泥浆密度由1.25g/cm³提高至1.50g/cm³,未漏。现场评价实验如图5和图6所示。

本井已钻至灯二段6300m,创造了水基泥浆浸泡灯影组水平段最长133d的记录,期间,未发生任何垮塌及漏失情况,现场使用高压可视钻井液封堵性能测试仪量化评价钻井液封堵性能,有效评估了循环井浆的实时承压封堵能力。

图5 MX124井现场井浆
封堵性能测试结果

图6 MX124井现场井浆加入微纳米
封堵材料后封堵性能测试结果

4.3 GS001-H9 井——解决高磨地区生产井灯影组安全钻进密度窗口窄的技术难题

高磨地区常规生产井在灯影组产层钻井过程主要挑战为：安全钻进密度窗口窄，低速井漏频繁，精细控压已在部分井使用。该井同平台及邻井在产层钻进过程中均出现频繁漏失，大部分可成功堵漏，但频繁起下钻又诱发一系列低速漏失，同时钻井液体系中缺乏细颗粒实时封堵材料，揭开新地层遇微裂缝，又需再一次堵漏。如此反复堵漏大大降低钻效，给作业者带来大量经济损失。

GS001-H9 井钻进至产层后，引入微纳米封堵剂，现场采用高压可视承压封堵测试评价方法，实时评价钻井液承压封堵性能，通过日常封堵性能维护，最终成功钻至设计井深5950m，期间地面未观察到明显漏失情况，未发生任何井壁失稳情况。现场评价实验如图 7 和图 8 所示。

图 7　GS001-H9 井现场井浆　　　　　图 8　GS001-H9 井现场井浆加入
封堵性能测试结果　　　　　　微纳米封堵材料后封堵性能测试结果

5 结论与建议

结合理论分析以及现场实际应用，验证了现场承压封堵评价仪及方法的合理性和有效性，该方法在现场对封堵材料加量浓度及日常维护起到了关键指导作用。基于该方法制备的高压可视钻井液封堵性能测试仪拥有以下主要特点，完全满足钻井现场作业对安全性、准确性和便携性的要求：

（1）安全，整个测量无须外界能量驱动。

（2）高压，目前，设备提供测试压差为 900psi（6MPa）。

（3）功能一体化，适应所有堵漏和封堵材料的封堵性能测量。

（4）实验可视化，整个测量过程可视化和滤液侵入砂床可视化。

（5）便携，所有配件及备件均可放入移动工具箱。

干砂的选择直接影响封堵性能测量结果的可靠性，目前主要选择 20~40 目和 40~60 目洗净烘干的砂子[7,9]，来模拟地层物性。但是由于不同区域砂子存在差异，且不同区域同一地层的岩石物性也不尽相同，需要进一步对测量介质（如干砂粒径或其他试验颗粒）的选择进行深入研究，以提升封堵性能测量的精确性和可靠性。

参 考 文 献

[1] 徐加放，邱正松，黄晓东．谈钻井液封堵特性在防止井壁坍塌中的作用．钻井液与完井液，2008，25（1）．

[2] 宋碧涛，马成云，徐同台，等．硬脆性泥页岩钻井液封堵性评价方法．钻井液与完井液，2016，33（4）：51-55．

[3] 张洪伟，左凤江，李洪俊，等．微裂缝封堵剂评价新方法及强封堵钻井液配方优选．钻井液与完井液，2015，32（6）：43-45．

[4] 付艳，黄进军，武元鹏，等．钻井液用纳米粒子封堵性能的评价．重庆科技学院学报：自然科学版，2013，15（3）：30-31．

[5] 邱正松，王伟吉，董兵强，等．微纳米封堵技术研究及应用．钻井液与完井液，2015，32（2）：6-10．

[6] 刘振东，李卉，周守菊，等．纳米封堵效果评价方法研究．天然气与石油，2019，（4）60-64．

[7] 孙金声，唐继平，张斌，等．几种超低渗透钻井液性能测试方法．固井与泥浆，2005，（11），33（6）．

[8] Helio Santos. Increasing Leakoff Pressure With New Class of Drilling Fluid. SPE/ISRM 78243.

[9] 牛静，兰林等．非渗透处理剂实验方法的建立及评价．西部探矿工程，2010，（4）．

[10] 安昊盈，侯吉瑞，程婷婷，等．适宜高渗窜流通道的新型桥接颗粒调驱体系及封堵机理研究．油田化学，2008，35（2）．

[11] 李大奇，曾义金，刘四海，等．裂缝性地层承压堵漏模型建立及应用．科学技术与工程，2018，18（02），79-85．

[12] Helio Santos. API Filtrate and Drilling Fluids Invasion: Is There Any Correlation. SPE 53791.

[13] 汪吉林，朱炎铭，宫云鹏，等．重庆南川地区龙马溪组页岩微裂缝发育影响因素及程度预测．天然气地球科学，2015，（26）8．

作者简介：肖沣峰，2008 年毕业于四川大学化学学院环境科学专业，硕士研究生，长期从事钻（完）井液研究与技术管理工作，现任川庆钻探公司钻井液技术服务公司高级工程师，生产技术发展部副部长。电话：028-86010803，18982228020，E-mail：xiaoff_ sc@ cnpc. com. cn

钻井液携岩规律实验研究

赵怀珍　李海斌　慈国良

（胜利石油工程有限公司钻井工艺研究院）

摘　要　定向井钻井过程中钻井液携岩效率对于井眼清洁至关重要，为了探讨钻井液流变参数、井斜角等因素对井眼环空岩屑浓度的影响规律，利用钻井液循环携岩模拟实验装置，以现场常用的聚磺钻井液体系为对象，考察了钻井液的携岩规律。对于不同粒径的岩屑，随着环空返速的增大，钻井液携岩效率增大；相同环空返速条件下，提高动塑比能够提高直井段的井眼清洁效果；在45°~75°井斜角范围内，钻井液的携岩效率最低。

关键词　循环模拟　携岩规律　流变参数　环空岩屑浓度

定向井钻井技术已经成为最常用的钻井技术，采用定向钻井技术能够显著提高油气产量，具有显著的经济效益和社会效益。目前定向井的井斜角往往超过60°甚至接近90°，这就给定向井井眼清洁带来了技术难题，对钻井液技术提出了更高的要求。由于重力沉降的原因，在井壁下侧极易发生岩屑沉降堆积，岩屑堆积过多则形成岩屑床[1,2]。环空岩屑堆积的后果是增大钻具的扭矩，上提下放钻具摩阻大，起下钻和下套管困难，钻具磨损大，甚至造成黏附卡钻、电测遇阻等问题。如部分水平井由于钻井液携岩能力不足或工程措施不合理，造成井下岩屑堆积成床，每次起下钻需要划眼。为防止减少井下复杂情况，弄清定向井钻井液携带岩屑规律有助于提高携岩效率解决井研清洁难题。

1　实验装置及钻井液体系

1.1　实验装置

钻井液携岩规律实验研究采用钻井液模拟循环实验，装置如图1所示。该装置主要包括实验井筒、泥浆泵、泥浆罐、振动筛、加砂器、测量系统、控制系统等。实验井筒是整个实验设备的关键部位，井筒材料采用无色透明有机玻璃管，能够观察井筒内介质流动和运行状态。井筒下部对称安装两个加砂器，实验前可事先加入不同粒径的砂粒。实验时通过调节加砂器转速控制加砂速度模拟地层钻速。井筒下部有排液管线，可拆卸，易于清洗。

图1　钻井液模拟循环实验装置图

1.1.1　钻井液模拟循环装置的主要指标

（1）实验温度：4~80℃；实验压力：常压~2MPa。

（2）井筒尺寸：长度2m，外管内径80mm，内管外径35mm，环空内流体流速0~2.5m/s。

（3）井斜角：主要有0°、15°、30°、45°、60°、75°、90°几个可选角度，精度控制在±1°，且井斜角的调节通过插销定位，操作方便。

（4）钻杆转速：可实现无级调速，转速为 0~150r/min。

1.1.2 钻井液循环模拟实验装置操作规程

（1）将预先配制好的钻井液或者测试流体转入泥浆罐；将计量好的砂子装入加砂器中。

（2）打开泥浆罐出口阀门，待测试液体充满泥浆泵腔室后开启电闸，同时开启钻杆和加砂器电机，通过控制面板调节钻杆钻速和加砂速度，并开始计时。

（3）待流动稳定后，观察井筒内砂子的流动状况。

（4）一段时间后收集返至振动筛处的砂子，同时收集加砂器中剩余的砂子，洗净烘干后称重，计算携岩效率。

1.2 实验用钻井液

为使研究结果更有参考意义，根据现场定向井及水平井常用的钻井液情况，室内采用聚磺钻井液体系进行携岩性能评价，具体配方为：4%~5%膨润土 + 0.2%烧碱+0.3%KPAM + 0.5%~1% LV−CMC +1.5%~2%SMP−1 +1.5%SPNH +1%~2%磺化沥青 +0.1%~0.5%XC，然后使用重晶石调整密度。具体实验用钻井液流变参数如表1和表2所示。

表1　不同动塑比的钻井液流变参数

序号	AV/mPa·s	PV/Pa·s	YP/Pa	$G10''$/Pa	$G10'$/Pa	动塑比	密度/(g/cm³)
1#	26.5	20	6.5	2	2.5	0.33	1.0
2#	32	21	11	3.5	4.5	0.52	1.13
3#	32.5	19	13.5	4	5.5	0.71	1.13
4#	37.5	20	17.5	6.5	9.5	0.88	1.13

表2　不同密度的钻井液流变参数

序号	AV/mPa·s	PV/mPa·s	YP/Pa	$G10''$/Pa	$G10'$/Pa	动塑比	密度/(g/cm³)
5#	20.5	16	4.5	1.5	2	0.28	1.0
6#	32.5	19	13.5	4	5.5	0.71	1.13
7#	63	38	25	8.5	10.5	0.66	1.28
8#	68.5	43	25.5	9	11	0.59	1.45

2　钻井液携岩规律研究

2.1　衡量钻井液携岩效率的基本准则

一般来说，如何衡量钻井液携岩效率需要从多角度多方面考虑，通常的准则如下。

2.1.1　岩屑几何特征评价

岩屑几何特征包括两个方面：岩屑尺寸及岩屑形状。当机械钻速、钻头类型与地层岩性等因素基本不发生变化时，而且携出井口的岩屑颗粒不仅棱角分明，还有较大岩块出现，则表明钻井液具有极佳的运移岩屑能力，井眼净化效果良好[3]。实践表明，若磨圆岩屑量低于20%时，井眼净化效果良好；若处于20%~30%之间，井眼净化效果中等；若在30%~50%范围内，井眼净化效果变得较差；若大于50%，则必然存在十分严重的井眼净化问题[3]。

2.1.2 岩屑体积评价

将钻进所产生的岩屑体积与返出岩屑体积相比较，用以评价井眼净化程度。比值越接近数值 1，表明井眼净化效果越好；比值越小，则井眼净化效果越差。

2.1.3 岩屑体积浓度评价

在正常钻进时，从井内返出的钻井液与岩屑的混合物，通过固相含量来计算返出的混合物中，岩屑占钻井液体积的百分数，该值的大小可间接评价井眼净化的状况[4]。根据实践经验，若岩屑体积浓度不大于 5%，则表明井眼净化效果基本良好。

2.1.4 岩屑输送比评价

岩屑输送比是岩屑随钻井液上升的绝对速度（钻井液上返速度与岩屑沉降速度之差）与钻井液的上返速度之比，经验表明：$M > 0.5$ 时，井眼净化相对良好，可保证安全钻进。

2.1.5 井眼畅通性评价

当起下钻过程中遇到起下钻困难或遇阻，则表明井下有大量岩屑沉积，遇阻严重时，可能使岩屑床下滑崩塌而造成卡钻事故。在不同井段，应当采用不同的井眼净化评价标准。在直（近直）井段，建议采用了岩屑输送比评价；在小斜度井段，建议采用了岩屑的体积浓度评价；而在中大斜度井段，建议采用工程实践上常用的标准，即如果岩屑床厚度不超过井眼直径的 10%，表示井眼净化状况良好。

2.2 钻井液携岩影响因素研究

影响钻井液携岩效率的因素可以分为三个方面，第一个方面是岩屑参数，包括岩屑密度、岩屑形状大小和岩屑浓度；第二个方面是钻井液参数，包括流变参数和密度；第三个方面是工程参数，包括井斜角、钻杆转速、环空尺寸和排量[1,2]。结合模拟实验装置特点，本文以不同粒径的石英砂（图 2）模拟岩屑，主要考察钻井液流变参数、岩屑粒径、密度、排量、井斜角等对环空岩屑浓度的影响，为现场施工确定合理的工艺参数提供参考。

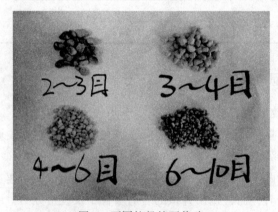

图 2　不同粒径的石英砂

2.2.1 岩屑粒径、环空返速的影响

当钻井液密度为 $1.05 g/cm^3$，钻杆转速为 $60 r/min$，井斜角为 0°，偏心度为 0，动塑比为 0.30 时，考察环空返速、岩屑粒径对环空岩屑浓度的影响规律，实验结果如图 3 所示。

由图 3 可以看出，对于不同粒径的岩屑，随着环空返速的增大，环空岩屑浓度不断减小。3~10 目的岩屑较 2~3 目的岩屑容易携带，当环空返速为 0.25m/s 时，3~10 目的环空岩屑浓度小于 5%；当环空返速在 0.35m/s 时，2~3 目的环空岩屑浓度小于 5%。在低环空返速(0.1~0.25m/s)条件下，小粒径岩屑(3~10 目)受环空返速的变化影响较大。由以上数据可以推断，增大环空返速有利于环空岩屑运移；岩屑粒径越大，越难运移。

2.2.2 动塑比、井斜角的影响

当钻井液密度为 1.15g/cm³，钻杆转速为 60r/min，环空返速为 0.47m/s，粒径为 6~10 目，偏心度为 0 时，考察动塑比、井斜角对环空岩屑浓度的影响规律，实验结果如图 4 所示。

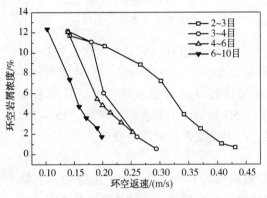

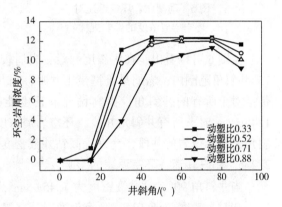

图 3　环空返速、岩屑粒径对
环空岩屑浓度的影响规律

图 4　动塑比、井斜角对环空
岩屑浓度的影响规律

由图 4 可以看出，在小斜度井段，岩屑较容易携带，井眼环空岩屑浓度较低；在 45°~75°井斜角范围内，井眼环空岩屑浓度大于 5%，岩屑较难携带；当井斜角为 90°时，井眼环空岩屑浓度大于 5%，井眼清洁效果不好。随着动塑比的增大，井眼环空岩屑浓度减小，但环空岩屑浓度仍较大。由以上数据可以推断，在小斜度井段，岩屑颗粒受钻井液拖曳力和浮力的作用影响较大，较容易携带出井眼；当井斜角在 45°~75°范围内时，岩屑颗粒在井眼环空中的沉降现象严重，较难携带出井眼；当井斜角为 90°时，岩屑主要在井眼岩屑床表面滚动运移，受液流拖曳力作用影响较大，岩屑携带效果较 45°~75°井斜角好。提高钻井液的动塑比有利于岩屑携带出井眼。

2.2.3 动塑比、环空返速的影响

当钻井液密度为 1.15g/cm³，钻杆转速为 60r/min，井斜角为 0°，岩屑粒径为 2~3 目，偏心度为 0 时，考察动塑比、环空返速对环空岩屑浓度的影响规律，实验结果如图 5 所示。

由图 5 可以看出，对于不同动塑比的钻井液，随着环空返速的增大，直井段的井眼环空岩屑浓度不断减小。在相同环空返速条件下，提高动塑比能够明显提高直井段的井眼清洁效果。当动塑比大于 0.52 时，保持直井段井眼清洁的最低携岩环空返速小于 0.2m/s。

2.2.4 钻井液密度、井斜角的影响

当钻杆转速为 60r/min，环空返速为 0.48m/s，岩屑粒径为 6~10 目，偏心度为 0 时，考察钻井液密度、井斜角对环空岩屑浓度的影响规律，实验结果如图 6 所示。

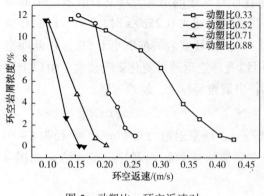

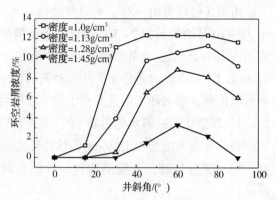

图 5　动塑比、环空返速对
环空岩屑浓度的影响规律

图 6　钻井液密度、井斜角对
环空岩屑浓度的影响规律

由图 6 可以看出，在小斜度井段，岩屑较容易携带，井眼环空岩屑浓度较低；在 45°～75° 井斜角范围内，岩屑最难携带出井眼；当井斜角为 90°时，岩屑较 45°～75°井斜角容易携带。对于所有的井斜角，提高钻井液密度能够明显提高井眼清洁效果。当钻井液密度为 1.45g/cm³ 时，所有井斜角井段，环空岩屑浓度低于 5%。由以上数据可以推断，45°～75°井斜角是最难携岩的井段，允许提高钻井液密度时，可明显改善井眼清洁效果。

2.2.5　钻杆转速、环空返速的影响

当井斜角 90°，钻井液密度为 1.45g/cm³，岩屑粒径为 6～10 目，动塑比为 0.59，偏心度为 0 时，考察钻杆转速、环空返速对环空岩屑浓度的影响规律，实验结果如图 7 所示。

由图 7 可以看出，在相同环空返速条件下，提高钻杆转速，井眼环空岩屑浓度变化不大。当环空返速大于 0.157m/s 时，井眼环空岩屑浓度低于 5%，井眼清洁效果较好。

3　结论

（1）对于不同粒径的岩屑，随着环空返速的增大，环空岩屑浓度不断减小。当环空返速大于 0.35m/s 时，井眼环空岩屑浓度低于 5%。岩屑粒径越大，越难运移。3～10 目的岩屑较 2～3 目的岩屑容易携带，当环空返速为 0.25m/s 时，3～10 目的环空岩屑浓度小于 5%；当环空返速在 0.35m/s 时，2～3 目的环空岩屑浓度小于 5%。

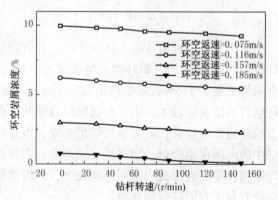

图 7　钻杆转速、环空返速对
环空岩屑浓度的影响

（2）在相同环空返速条件下，提高动塑比能够明显提高直井段的井眼清洁效果。当动塑比大于 0.52 时，保持直井段井眼清洁的最低携岩环空返速小于 0.2m/s。当井斜角为 0°～30°时，相同环空返速时，动塑比对环空岩屑浓度影响较小，较低动塑比有利于携岩；当井斜角为 30°～90°时，动塑比对环空岩屑浓度影响较大，增大动塑比可显著降低环空岩屑浓度，有利于携岩。

（3）在小斜度井段，岩屑较容易携带，井眼环空岩屑浓度较低；在 45°～75°井斜角范围

内，岩屑最难携带出井眼；当井斜角为 90°时，岩屑较 45°~75°井斜角容易携带。提高钻井液密度能够明显提高井眼清洁效果。当钻井液密度为 1.45g/cm³时，所有井斜角井段，环空岩屑浓度低于 5%。在相同环空返速条件下，钻杆转速对井眼环空岩屑浓度影响不大。

（4）室内配制了不同流变参数和密度的钻井液，进行了室内钻井液携岩循环模拟实验研究。综合考虑单因素携岩模拟实验结果，分析保持井眼清洁的合理参数指标。建议在现场实际条件允许的前提下，尽量提高钻井液环空返速，控制钻井液动塑比在 0.7 左右，钻井液密度在 1.50g/cm³以上。

参 考 文 献

[1] 汪海阁，刘希圣. 水平井钻井液携岩机理研究[J]. 钻采工艺，1996，19(2)：10-15.
[2] 张景富，严世才. 侧钻井钻井液携岩能力试验研究[J]. 石油钻采工艺，2000，22(2)：12-17.
[3] 刘希圣，汪海阁. 钻井环空水力学及携岩理论研究进展[J]. 西部探矿工程，1995，7(2)：1-7.
[4] 汪志明，张政. 大斜度水平井两层稳定岩屑传输规律研究[J]. 石油钻采工艺，2003，25(4)：8-10.

作者简介： 赵怀珍(1976-)，男，博士，高工，中石化胜利石油工程有限公司钻井工艺研究院，主要从事钻井液技术研究与应用工作。地址：山东省东营市北一路 827 号钻井院油化所，邮编：257017，电话：13562262256，E-mail：zjyzhz@126.com。

钻井液纳米封堵剂封堵性评价方法探讨

刘振东　李　卉　周守菊　明玉广

(胜利石油工程有限公司钻井工艺研究院)

摘　要　在含有大量微纳米孔隙的页岩地层钻井过程中，有效阻止钻井液或者滤液通过这些微纳米孔隙进入地层，防止页岩水化分散，是预防井壁失稳、安全快速钻井的关键技术难题。针对这些微裂缝和孔隙较发育地层，纳米颗粒一般来说具有较好的封堵作用。目前，纳米封堵剂也是钻井液研究的热点，但在封堵评价上目前还没有针对性的方法，在室内进行评价时，实验结果往往会无法反映出纳米颗粒的封堵作用。本文就此，在对几种现有评价方法分析研究基础上，提出借鉴高压渗透性失水实验方法，通过对滤失介质的选择和改善，形成了渗透性滤失评价方法。该方法可操作性高，能有效地反映出纳米颗粒的封堵效果。该方法对于纳米颗粒的评价和在现场施工中的选择有一定评价参考作用。

关键词　纳米封堵剂　封堵评价　滤饼改善　渗透性滤失

纳米材料因其具有纳米尺寸效应，在钻井液中能体现出较好的封堵性，特别是能够深入地层的微裂缝和细小孔隙，填充作用明显。目前，在钻井液行业中作为封堵剂应用较多的有纳米碳酸钙、纳米二氧化硅、纳米乳液等，这些产品针对泥页岩这种微裂缝较发育的地层，对提高井壁稳定性有一定帮助作用，特别是纳米二氧化硅及改性产品是研究的一个热点[1~4]。

目前钻井液行业中正在研究和使用的与纳米粒子封堵相关的方法，主要有高压滤失量测定、高压水测泥饼渗透率实验(高压渗透性失水实验)、扫描电镜观察法、声波传递速率测定、渗透性封堵实验、泥饼强度冲刷实验、压力传递实验等，这些方法在封堵效果评价中有一定的作用。但是，因为纳米颗粒的粒径非常的小，通常在100nm以内，非常容易通过一些大的孔隙和裂缝[5~7]，这些方法能否真实地反映出纳米颗粒对泥页岩微裂缝和孔隙的封堵效果还需要进一步的实验验证。如宋碧涛等[8]在研究中指出，在基浆中加入纳米封堵剂，利用高压滤失量测定方法进行评价时，对高压滤失量和滤失速率基本没有影响，无法有效反映出纳米颗粒的封堵效果；同时，在这篇文章中，作者也指出需要先用微米级的封堵材料填充滤纸孔隙形成的外泥饼才能体现出纳米颗粒的封堵效果。因此，本文在对已有方法分析对比的基础上，通过改善滤失介质，形成了一种适合纳米封堵评价的方法，该方法可操作性高，能有效地反映出纳米颗粒的封堵效果。

1　现有评价方法的分析对比

1.1　纳米颗粒粒径分析(图1)

纳米二氧化硅分散液颗粒分布较均匀，不易发生团聚，粒径中值在90nm左右。由于考虑到钻井现场的需要，采用的是工业级产品，因此存在着一些较大粒径的杂质。

1.2 高温高压滤失评价实验

1.2.1 配制基浆

按4%膨润土浆+0.2%K-PAM+0.5%天然高分子降滤失剂配制基浆。

1.2.2 配制钻井液

在基浆中分别加入5%纳米二氧化硅分散液、5%纳米二氧化硅分散液+3%胶乳沥青形成钻井液，测定120℃高温高压滤失量。

1.2.3 实验结果(表1)

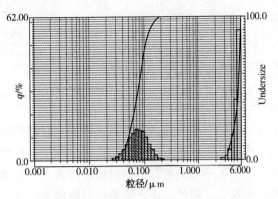

图1 纳米二氧化硅分散液粒径分布

表1 高温(120℃)高压滤失量的测定结果

配方	HTHP/mL	配方	HTHP/mL
基浆	33.2	5%纳米二氧化硅分散液+3%胶乳沥青	25.8
基浆+5%纳米二氧化硅分散液	31		

从实验结果可以看出：基浆中加入纳米颗粒前后的高温高压滤失量变化不大，并没有反映出纳米材料的封堵效果。纳米二氧化硅粒径非常小，为纳米级，而使用的高温高压滤纸的孔隙直径在20μm左右，因此无法阻挡纳米颗粒通过滤纸，因此导致加入纳米颗粒后高温高压滤失量变化不大。而在纳米颗粒的基础上，在基浆中再加入微米级封堵颗粒，则高温高压滤失量变化比较明显。有学者也指出需要先用微米级的封堵材料填充滤纸孔隙形成的外泥饼才能体现出纳米颗粒的封堵效果[1]，这与本实验结果是一致的。

1.3 高压渗透性失水评价实验

1.3.1 实验方法

(1) 按配方配制基浆，高速搅拌20min，在室温下放置16h。

(2) 压制滤饼：按照SY/T5621-93高温高压滤失量测试标准程序，在高压(常温)下完成操作，得到滤饼。

(3) 高压渗透性失水量测定：用上述步骤得到的滤饼进行高压渗透性失水量测定。

1.3.2 实验结果

按配方4%土浆+0.2%K-PAM+0.5%天然高分子降滤失剂配制基浆，在基浆的基础上，分别加入3%、5%、8%、10%、12%、15%的纳米二氧化硅分散液，形成不同的钻井液体系，进行高压渗透性失水量测定(表2)。

表2 高压渗透性失水实验

配方	流变性	高压渗透性失水/mL
基浆	25/14 10/5 0/0	9.6
基浆+3%纳米粒子分散液	21/11 7.5/5 0/0	9.4
基浆+5%纳米粒子分散液	19/10 7/3.5 0/0	8
基浆+8%纳米粒子分散液	20/10 8/4 0/0	7.2

续表

配方	流变性	高压渗透性失水/mL
基浆+10%纳米粒子分散液	23.5/13　9/5 0/0	5
基浆+12%纳米粒子分散液	17/9　6.5/3　0/0	6.8
基浆+15%纳米粒子分散液	21.5/12　8.5/4 0/0	7.4

从实验结果来看，高压渗透性失水在评价纳米颗粒封堵效果时，随着纳米颗粒的加量变化，渗透性失水有所变化，能在一定程度上反映出封堵作用，相对于高温高压滤失量评价实验，该方法在对纳米颗粒的封堵性评价上，封堵性的变化更加明显，更有利于反映纳米颗粒的作用效果。因此，该方法是很好的借鉴，可在此基础上，利用微米级封堵材料对滤饼进行封堵，然后在进行渗透性失水实验，用于纳米颗粒封堵效果的评价[1]。

2　纳米封堵剂封堵性评价实验方法的建立

2.1　实验药品及方法

2.1.1　实验药品

（1）评价土、钻井液实验用配浆膨润土；

（2）聚丙烯酰胺(PAM)、800 目超细碳酸钙、2500 目碳酸钙；

（3）纳米二氧化硅分散液；

（4）高温高压滤失用滤纸、滤膜(孔径 0.2μm)。

2.1.2　实验仪器

GGS42 型高温高压滤失仪。

2.1.3　实验方法

首先配制基浆，然后压制滤饼，再将压好的滤饼和滤纸或滤膜一起作为滤失介质，在常温高压下进行渗透性失水实验，评价纳米封堵剂封堵效果。

（1）实验浆的配制：在 400mL 淡水中加入配浆材料，高速搅拌 20min，在室温下放置16h。

（2）压制滤饼：按照 SY/T5621-93 高压滤失量测试标准程序，在常温下完成操作，得到滤饼。

（3）高压渗透性失水量测定：用上述步骤得到的滤饼，进行高压渗透性失水量测定。

2.2　实验结果及讨论

不同滤失介质对纳米颗粒封堵效果的影响如下：

（1）钻井液实验用配浆膨润土形成滤饼的高压渗透性失水量测定。

利用4%钻井液实验用配浆膨润土配制实验浆，压制滤饼后，分别测定水和加入10%纳米二氧化硅分散液的水溶液的渗透性失水量，结果如图 2 所示。

从图 2 中可以看到，纳米颗粒对滤失介质的封堵效果不明显，两条曲线比较接近，滤失量也基本没有减缓的趋势，这说明膨润土所形成的滤饼孔隙相对于纳米颗粒来说尺寸较大，纳米颗粒可以通过，造成了无法填充封堵，也就无法从结果上反映出纳米颗粒的封堵效果。

（2）超细碳酸钙改善后的滤饼高压渗透性失水量测定。

分别利用 A：4%钻井液实验用配浆膨润土+1%超细碳酸钙(500 目)；B：4%钻井液实

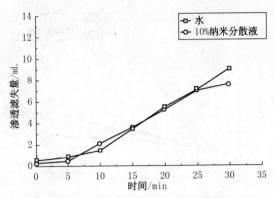

图 2　钻井液实验用配浆膨润土形成滤饼的高压渗透性失水量

验用配浆膨润土+1%超细碳酸钙(800目)；C：4%钻井液实验用配浆膨润土+1%超细碳酸钙(1500目)；D：4%钻井液实验用配浆膨润土+1%超细碳酸钙(2500目)；E：4%钻井液实验用配浆膨润土+1%超细碳酸钙(4000目)压制滤饼后，测定水和加入10%纳米二氧化硅分散液的水溶液的渗透性失水量，结果如图3~图7所示。

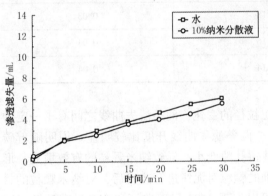

图 3　A 滤饼的高压渗透性失水量

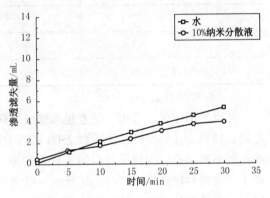

图 4　B 滤饼的高压渗透性失水量

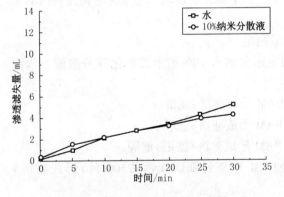

图 5　C 滤饼的高压渗透性失水量

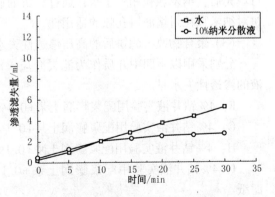

图 6　D 滤饼的高压渗透性失水量

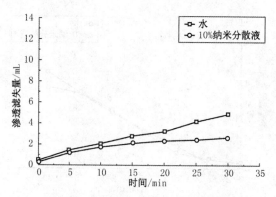

图 7　E 滤饼的高压渗透性失水量

表 3　不同滤失介质下的滤失速率

滤失介质	水的滤失速率/（mL/min）	10%纳米分散液的滤失速率/（mL/min）
A	0.12	0.2
B	0.16	0.04
C	0.18	0.08
D	0.16	0.04
E	0.14	0.04

注：滤失速率 = $(V_{30min} - V_{25min})/2$。

从以上图中可以看出，随着超细碳酸钙颗粒粒径的变化，两条滤失曲线之间有了一定的差别，特别是在碳酸钙粒度达到 2500 目以上时，两条滤失曲线开度比较明显。说明随着碳酸钙的不断填充，泥饼质量得到了有效改善，滤饼孔隙变小，导致纳米颗粒的有效填充，形成了一定的封堵作用。同时，还反映出微米级别的颗粒对泥饼进行改善后，对纳米颗粒的封堵有一定的评价意义。从滤失速率（表 3）中，可以发现 2500 目碳酸钙和 800 目碳酸钙对滤饼进行改善后，过水和过纳米颗粒的速率相差最为明显，说明了超细碳酸钙在对泥饼孔隙进行填充后，纳米颗粒相对于水，通过泥饼的速率大为下降，表现出了超细碳酸钙改善后的泥饼对纳米颗粒封堵滤饼孔隙的适用性。

（3）聚合物改善滤饼后的高压渗透性失水量测定。

分别采用以下四中介质作为滤失介质，测定水和加入 10%纳米二氧化硅分散液的水溶液的渗透性失水量。

F：4%钻井液实验用配浆膨润土浆 +0.1%PAM 形成滤饼 + 滤纸

G：4%钻井液实验用配浆膨润土浆 +0.1%PAM 形成滤饼 + 滤膜

H：4%钻井液实验用配浆膨润土浆 +0.1%PAM 形成滤饼 + 滤纸 + 滤膜

I：4%钻井液实验用配浆膨润土浆 +0.1%PAM +3%超细碳酸钙（2500 目）形成滤饼 + 滤纸

实验结果如图 8~图 11 所示。

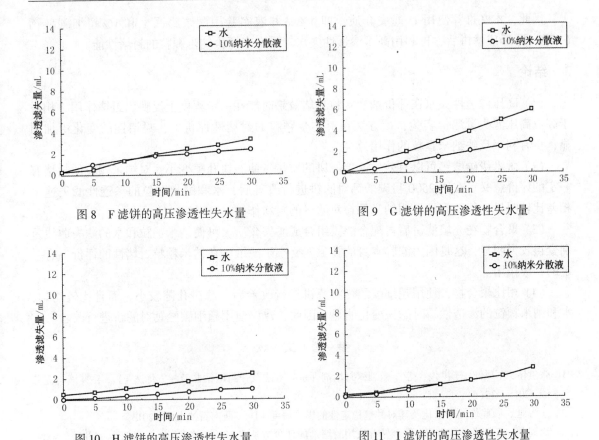

图 8　F 滤饼的高压渗透性失水量　　　　图 9　G 滤饼的高压渗透性失水量

图 10　H 滤饼的高压渗透性失水量　　　　图 11　I 滤饼的高压渗透性失水量

表 4　不同滤失介质下的滤失速率

滤失介质	水的滤失速率/（mL/min）	10%纳米分散液的滤失速率/（mL/min）
F	0.12	0.04
G	0.2	0.1
H	0.08	0.02
I	0.16	0.16

注：滤失速率=(V_{30min}-V_{25min})/2。

从图 8~11、表 4 中可以看出，聚合物对滤饼质量具有一定的改善作用，使滤饼孔隙变小，从而使纳米颗粒的渗透性失水变小。特别是聚合物和滤膜的组合，两条滤失曲线之间的差别较为明显，这是因为滤膜本身的孔隙就要小于滤纸，针对纳米颗粒的封堵作用在评价上有一定的意义。从水和纳米颗粒的滤失速率上也反映出了这一点，在加入滤膜后，两者滤失速率的变化最大。

再者，图 6 和图 9 相比，水和纳米颗粒的瞬时滤失即有区别，说明超细碳酸钙在形成滤饼的过程中已经对滤饼的孔隙进行了很好的填充，孔隙较小，而且比较均匀；而聚合物在滤饼形成过程中，孔隙大小分布不均匀，存在着较大孔隙，导致纳米颗粒在初始滤失发生时有通过的现象。从滤失速率上看，水和纳米颗粒在 D 介质下的渗透性滤失速率差值大于 G 介质，说明纳米颗粒的封堵效果在 D 介质中反映得更加明显。

因此，本文推荐使用 D 滤失介质，即 4% 钻井液实验用配浆膨润土和 1% 超细碳酸钙（2500 目）形成滤饼后，再利用高压渗透性失水量测定来评价纳米颗粒的封堵性能。

3 结论

（1）高压渗透性失水在评价纳米颗粒封堵效果时能在一定程度上反映出封堵作用，相对于高温高压滤失量评价实验，该方法在对纳米颗粒的封堵性评价上，封堵性的变化更加明显，更有利于反映纳米颗粒的作用效果。

（1）微米级碳酸钙可以有效地改善滤饼的质量，使滤饼孔隙变小，对纳米颗粒的封堵有一定的评价意义。在用 2500 目碳酸钙对滤饼进行改善后，水和纳米颗粒的渗透性滤失速率相差比较明显，能较好地说明纳米颗粒对滤饼的封堵作用。

（3）聚合物在充填滤饼后再配合滤膜组合成滤失介质，可使纳米颗粒和水的滤失曲线差别变得较为明显，这是因为滤膜本身的孔隙就要小于滤纸，在纳米颗粒封堵性的评价上有一定的积极作用。

（4）相比聚合物，使用超细碳酸钙对滤饼进行改善后，滤饼孔隙较小，而且比较均匀，水和纳米颗粒的渗透性瞬时滤失变化明显，因此，建议使用超细碳酸钙对滤饼进行改善。

参 考 文 献

[1] 张洪伟，左凤江，李洪俊，等. 微裂缝封堵剂评价新方法及强封堵钻井液配方优选 [J]. 钻井液与完井液，2015，32(6)：43-45.

[2] 李海旭. 硬脆性泥岩水化及其对井壁稳定性的影响研究 [D]. 西南石油大学，2013.

[3] 徐同台，卢淑芹，何瑞兵，等. 钻井液用封堵剂的评价方法及影响因素 [J]. 钻井液与完井液，2009，26(2)：60-62.

[4] 付艳，黄进军，武元鹏，等. 钻井液用纳米粒子封堵性能的评价 [J]. 重庆科技学院学报：自然科学版，2013(3).

[5] 岳前升，向兴金，李中，等. 油基钻井液的封堵性能研究与应用 [J]. 钻井液与完井液，2006(5)：40-42.

[6] 邱正松，王伟吉，董兵强，等. 微纳米封堵技术研究及应用 [J]. 钻井液与完井液，2015，32(2)：6-10.

[7] 徐四龙，余维初，张颖. 泥页岩井壁稳定的力学与化学耦合（协同）作用研究进展[J]. 石油天然气学报，2014，36(1)：151-153。

[8] 宋碧涛，马成云，徐同台，等. 硬脆性泥页岩钻井液封堵性评价方法[J]. 钻井液与完井液，2016，33(4)：51-55。

基金项目：国家科技重大专项《大型油气田及煤层气开发》课题五《致密油气开发环境保护技术集成及关键装备》(2016ZX05040005)。

作者简介：刘振东(1979-)，男，山东昌乐人，2006 年毕业于太原理工大学高分子化学与物理专业，硕士，高工，现从事钻井液技术研究工作。地址：山东省东营市东营区北一路 827 号，电话：13864703365，E-mail：liuzhendong.ossl@sinopec.com。

深水钻井液水合物抑制剂评价方法研究

赵　震　孙金声*　刘敬平　吕开河

[中国石油大学(华东)石油工程学院]

摘　要　在深水钻井作业过程中，深水钻井液面临水合物生成与分解难题，建立一套有效的深水钻井液评价方法是解决这些难题的前提。本文通过水合物模拟装置中可视化、电阻、温度和压力参数，研究了氮气、甲烷气水合物的生成和分解过程，发现NaCl能够有效抑制甲烷水合物晶体的生成、长大和水合物颗粒间的聚集过程。该方法直观、深入，能够为深水钻井作业过程中钻井液研发提供指导。

关键词　深水　钻井液　评价方法　水合物

海洋深水区蕴藏着十分丰富的油气资源，尤其是深水和超深水，同时有水深和资源发现量呈正相关的趋势[1~4]。我国近海，特别是南海附近，存在非常丰富的油气资源，具有极高的油气勘探价值和开发前景。随着海上深层钻井作业的日益增多，钻井液中天然气水合物生成问题凸显。一旦钻井液中生成天然气水合物，会带来大量的安全问题，如改变钻井液流变性、环空堵塞等问题[5~10]，所以，需要加入水合物抑制剂，增强钻井液的水合物抑制性能。而研究一种有效的深水钻井液水合物抑制性评价方法，是水合物抑制剂研究的前提。

现有水合物生成与抑制评价方法如下：通过PVT技术确定水合物生成的热力学条件，评价水合物抑制剂的抑制能力[11,12]；通过DSC技术评价水合物形成和分解时的热量变化，表征水合物相平衡条件，待测液用量少，且与固相含量无关[13~15]；通过四氢呋喃实验法测量小球在四氢呋喃和抑制剂的混合溶液中运动停止的时间，评价抑制剂的抑制效率；通过小环设备测试法观察溶解气体体积突降的时间，评价抑制剂的性能[16]等。本文通过TCSHW-3水合物模拟装置，不仅能清楚地观察和拍摄氮气水合物和甲烷水合物的生成和分解过程，而且借助压力随温度的变化和电阻随时间的变化关系，精确而直观地评价水合物生成、抑制和分解的状态。

1　实验部分

1.1　实验试剂与仪器

主要试剂：氮气(N_2)、甲烷(CH_4)、氯化钠($NaCl$)。

主要仪器：TCSHW-3型水合物模拟装置，如图1所示。

1.2　评价方法

分别将一定量的氮气和甲烷注入装有待测

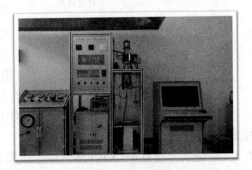

图1　TCSHW-3型水合物实验装置

液体的反应釜中，控制温度和压力。压力传感器和温度传感器分别记录实验压力和温度的变化，电阻率测量仪测试实验过程中电阻率的变化数据，扭矩测量仪主要检测实验过程中扭矩的变化，并对数据及时输出。

2 结果与讨论

2.1 氮气水合物生成实验

如图 2 所示，在 4℃和 30MPa 下，最初的一段时间内，无水合物生成。9min 时，水合物的晶核逐渐形成，电阻明显增大。随着时间的延长，晶核继续生长，直至 11min 时，晶核长大而变为肉眼可见的水合物颗粒，向溶液上部聚集，并吸附在反应釜壁上。此时，电阻出现一个小峰值。时间继续增加，水合物颗粒聚结生长，片状水合物晶体逐渐增多，至 16min 时，溶液上部水合物层越来越致密，片状水合物晶体已占据大半个溶液。此时，电阻又迎来一个较大的峰值。实验继续进行，在 19min 时，水合物晶体逐渐充满整个溶液。此时，电阻峰值变化明显。

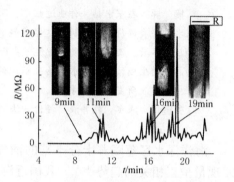

图 2 氮气水合物生成过程图

2.2 甲烷水合物生成实验

用甲烷气增压至 10MPa，保持封闭的状态，初始温度为 17℃，设置水浴循环温度为 4℃，转速为 200r/min，开始实验。压力将不断降低，当压力降低变缓时，设置水浴循环温度为 25℃，压力上升，当压力上升变缓慢时，结束实验。如图 3 所示，即为甲烷水合物生成和分解过程图。

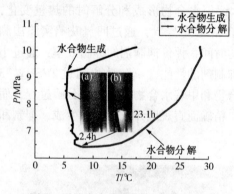

图 3 甲烷水合物生成和分解过程图

在水合物生成过程中，压力随温度降低而缓慢下降，水合物的晶核逐渐形成。2.3h 时，温度为 5.5℃，压力突降，水合物晶核大量生成，且长大而变为肉眼可见的水合物颗粒，向溶液上部聚集，并吸附在反应釜闭上。2.4h 时，由于水合物在溶液上部大量聚集，阻止搅拌器继续搅拌，转速为零，如图 3(a) 图所示。因为水合物生成时放热，温度有所上升，但压力仍急剧降低。23.1h 时，压力逐渐稳定在 6.42MPa。在此过程中，水合物颗粒在溶液上部越来越致密，最终如图 3(b) 图所示。

在水合物分解过程中，起初压力基本无变化，在 23.5h 时，随温度的升高，压力缓慢上升。随后水合物的分解越来越剧烈，压力上升速度加快，在温度为室温 28.5℃时，压力变化最快。

2.3 甲烷水合物在 4%NaCl 溶液中生成实验

甲烷水合物在 4%NaCl 溶液中生成过程中，3.3h 时水合物颗粒在溶液中形成，随时间的增加，水合物颗粒越来越多，逐渐充满整个溶液。3.8h 时，水合物颗粒变为片状水合物，如图 4(a)图所示。4.3h 时，片状水合物吸附在液体上部反应釜壁上，如图 4(b)图所示，其逐渐由上而下、由外向内充满可视窗口。最终，6h 时，片状水合物充满整个可视窗口，如图 4(d)图所示。整个过程中，在 200r/min 下，溶液一直可搅拌。而甲烷水合物在水中生成时，2.4h 时，转速为零。

由图 5 对比可知，在水中，1.3h 时，水合物晶核逐渐形成，压力下降减慢，2.3h 时，压力突降，水合物晶核长大形成水合物颗粒，并在溶液上部大量聚集，搅拌阻力增大；在 2.4h 时，转速由 200r/min 变为零，如图 5(a)图所示；7h 后，压力趋于水平；上部水合物聚集区逐渐变得致密，在 23h 时，如图 5(c)图所示。在 4%NaCl 溶液中，2h 时，压力趋于水平，此时溶液中形成不可见的水合物晶核。3.3h 时，压力突降，溶液中形成水合物颗粒，随后长大形成片状水合物。此后压力下降逐渐减慢。在 4%NaCl 溶液中，压力突降的时间晚于水中压力突降的时间，约 1h，且其值更低，同时，在此之前具有一段压力平稳段；10h 后，压力继续降低，而水中的压力趋于平缓。在整个过程中，片状水合物充满可视窗口，如图 5(b)图所示，但其在溶液中并未大量聚集，仍能维持 200r/min。

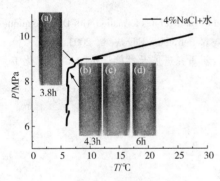

图 4 甲烷水合物在 4%NaCl 溶液中生成过程图

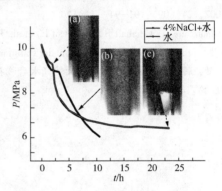

图 5 甲烷水合物在生成过程中压力随时间变化关系图

3 结论

本文通过 TCSHW-3 水合物模拟装置，不仅能清楚地观察和拍摄氮气水合物和甲烷水合物的生成和分解过程，而且借助压力随温度的变化和电阻随时间的变化关系，精确而直观的评价水合物生成、抑制和分解的状态。4%NaCl 溶液中，水合物晶体生成并长大的时间比水中延后 1h，且水合物颗粒之间的聚集受到抑制。因此，NaCl 不仅具有热力学抑制性，而且也具有动力学抑制性。

参 考 文 献

[1] 胡振宇. 中国海洋经济的国际地位——四大产业比较[J]. 开放导报，2013(1)：7-13.
[2] 王震，陈船英，赵林. 全球深水油气资源勘探开发现状及面临的挑战[J]. 中外能源，2010，15(1)：46-49.
[3] Zamora M, Broussard P N, Stephens M P. (2000, January 1). The Top 10 Mud-Related Concerns in Deepwater Drilling Operations. Society of Petroleum Engineers. doi：10. 2118/59019-MS
[4] 胡友林，张岩，吴彬，等. 海洋深水钻井钻井液研究进展[J]. 钻井液与完井液，2004，21(6)：50-52.

[5] 周诗崟, 张锦, 徐涛, 等. 天然气水合物生成促进因素的研究进展[J]. 石油化工, 2015, 44(1): 127-132.

[6] 王松, 宋明全, 刘二平. 国外深水钻井液技术进展[J]. 石油钻探技术, 2009, 37(3): 8-12.

[7] 刘正礼, 胡伟杰. 南海深水钻完井技术挑战及对策[J]. 石油钻采工艺, 2015(1): 8-12.

[8] 邱正松, 徐加放, 赵欣, 等. 深水钻井液关键技术研究[J]. 石油钻探技术, 2011, 39(2): 27-34.

[9] 何松, 邢希金. 海洋深水钻井液体系浅析[J]. 内蒙古石油化工, 2017, 43(6): 63-64.

[10] 罗俊丰, 刘科, 唐海雄. 海洋深水钻井常用钻井液体系浅析[J]. 长江大学学报(自科版), 2010, 7(1): 180-182.

[11] 孙宝江, 马欣本, 刘晓兰, 等. 钻井液添加剂 JLX-B 抑制天然气水合物形成的实验研究[J]. 石油学报, 2008, 29(3): 463-466.

[12] 徐加放, 邱正松. 深水钻井液研究与评价模拟实验装置[J]. 海洋石油, 2010, 30(3): 88-92.

[13] 王清顺, 冯克满, 李健, 等. 用高压微量热仪评价深水钻井液气体水合物抑制性[J]. 石油钻采工艺, 2008, 30(3): 41-44.

[14] 王清顺, 林卫红, 李健, 等. 应用 DSC 技术评价深水钻井液气体水合物抑制性[J]. 钻井液与完井液, 2007, 24(b09): 91-94.

[15] Dalmazzone C, Herzhaft B, Rousseau L, et al. Prediction of gas hydrates formation with DSC technique[C]// SPE Annual Technical Conference and Exhibition. Society of Petroleum Engineers, 2003.

[16] 王琴, 韩庆荣, 巨雪霞, 等. 天然气水合物抑制剂最新研究进展及性能评价[J]. 广州化工, 2013, 41(4): 44-45.

VIRTUALMUD 钻完井液水力学工程计算软件–井底 ECD 模块研发与应用

马 跃 李自立 耿 铁 苗海龙 李怀科 王 伟 肖 剑

(中海油田服务股份有限公司油田化学事业部)

摘 要 钻井施工面临高温高压、深水、窄压力窗口等工程挑战，人为经验已无法应对该未知风险，钻完井液工程计算软件是指导科学钻井的重要工具。本文就结合中海油服 COSL 钻完井液的体系进行大量的实验研究，同时，结合微芯片井下测量技术对水力学模型进行修正和对比，研发出 VIRTUALMUD 钻完井液水力学工程计算软件，并进行现场测试，对 VIRTUALMUD 所预测结果与井下实测工具对比，结果表明，其计算精度达到国际领先水平。

关键词 钻井液 水力学工程软件 水力学模型修正

国内对于石油能源的需求在逐年增加，实际所面临的情况是，常规井数量逐年减少，产量逐年减产，复杂井、重难点井的数量在不断增加，由此，给钻井施工作业带来了空前的挑战；面对未知情况，人为经验难免存在着一定风险，唯有科学钻井，才能保证复杂井、重难点井的顺利完成。针对钻完井液来说，钻完井液水力学工程计算软件的开发是集钻井完井液经验，流体力学，岩石力学，计算机编程于一体的系统工程，它是指导科学钻井的重要工具之一。中国石油行业在过去的 10 多年的时间，花费了数亿元的资金，也没有真正解决工程软件的难题，国内钻井工程软件和国外相比，依旧有很大差距，主要面临的问题是软件体系分散、依旧停留在理论层面，没有切实从实际施工角度来开发钻井工程软件，导致面对日益复杂的钻井施工状况，国内的软件无论在功能上、精度上都无法满足实际生产的需要[1~3]。

为此，针对钻井过程中水力学计算，由 COSL 油田化学研究院开展了自主创新研究，研发了覆盖钻完井液方面的 VIRTUALMUD 水力学工程计算软件，其功能包括井周温度场计算、井底钻完井液静止当量密度(ESD)计算，钻完井液循环当量密度(ECD)计算等，VIRTUALMUD 作为"科学工具"其中重要组成部分，其作用是无可替代的。本文就 VIRTUALMUD 主要功能以及相关的水力学模型进行详细的介绍。

1 VIRTUALMUD 水力学模型开发

1.1 井筒温度场的模拟

无论是在钻井阶段还是在完井阶段，井周温度场对于整个钻井生命周期来说，是不可忽视的影响因素。尤其对泥浆性能的影响更为重要。因为对于井底压力 ECD 来说，其受到 ESD 和泥浆流变性的影响，井周温度对两者影响非常巨大，如果对于井周温度预测不准确的话，对井底压力会直接产生错误的评估。所以，无论是在钻井设计阶段还是施工阶段，考虑井周温度场的分布情况是一项必要而且重要的工作。

图 1 是描述一种井周温度场的预测系统流程图。该系统与井场施工设备通信，所述系统包括基本参数设置、施工参数设置、井身结构设置、钻具组合设置、泥浆配方设置、井眼轨

迹设置、热物理参数设置、地层参数设置、温度场计算模拟器、配置管理数据库、软件加密系统软件日志系统等。

（1）基本参数设置用以进行温度场计算之前的参数设置，包括模拟的状态是静止过程还是钻进过程等。

（2）施工参数设置用以确定施工过程中，设备的工作参数，比如，泵压、排量、ROP 等。

（3）井身结构设置用以描述当前所下套管的层次以及相应的尺寸和井眼尺寸，套管内径、外径等。

（4）钻具组合设置用以描述当前钻杆、钻铤以及钻头等的属性参数，诸如钻杆内径、外径等。

（5）泥浆配方设置用以描述当前钻进过程中所用泥浆体系关键参数，诸如流变性、密度等。

（6）井眼轨迹设置用以描述井的轨迹信息，诸如井斜角、方位角、狗腿度等。

（7）热物理参数设置用以描述所有影响温度场实体的热物理属性，包括泥浆、套管、地层，诸如三者热传导系数、比热容等。

（8）地层参数设置用以描述地层的地温梯度以及岩性等。

（9）以上所有参数设置完毕之后，作为输入参数传输到温度场计算模拟器，利用有限差分法，进行大规模的动态计算模拟。

（10）最后可以得到该时刻下井底以及井周整个温度场的分布情况。

计算结果如图 2 所示。

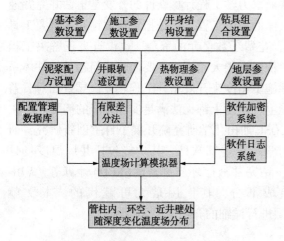

图 1　井周温度场预测系统流程图

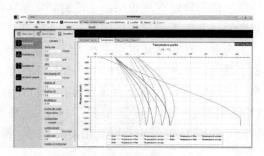

图 2　利用 VIRTUALMUD 计算井周温度场结果

1.2　ESD 模拟

泥浆树密度是受到温度和压力联合影响的。在压力不变的条件下，温度升高，泥浆树密度降低，温度降低，泥浆树密度升高；在温度不变的条件下，压力升高，泥浆树密度升高，压力降低，泥浆树密度降低。由此，可以看出，温度和压力对泥浆树密度的影响是一个互逆的过程。对于某一稳定体系的泥浆来说，无法确定是温度或压力起到主导左右，主导作用的影响程度有多大，可以通过 Grace M7500 中的 PVT 模块（图 3）的实验进行量化确定。

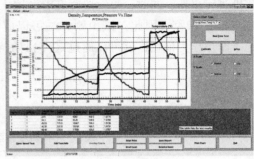

图 3　Grace M7500 PVT 实验设备和实验结果图

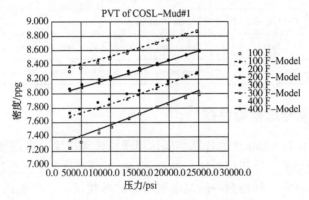

图 4　Mud#1 整理后的 PVT 数据结果

通过大量的实验，重新整理 PVT 实验结果，如图 4 所示。我们发现无论钻井液的体系如何，其相对密度与温度和压力有着相似的关系二项式，如式（1）所示。其中钻井液相对密度是温度和压力的关系函数，包含着 a_1，b_1，c_1，a_2，b_2，c_2 的 6 个系数[4~7]。通过 PVT 实验，针对某一种钻井液体系，只要确定 6 个系数，就可相应延伸确定，该钻井液在不同温度和压力下的相对密度情况。

$$\rho_{\text{oil}}\rho_{\text{brine}} = (a_1 + b_1 P + c_1 P^2) + (a_2 + b_2 P + c_2 P^2) T \tag{1}$$

其中，P 为压力，psi；T 为温度，F°。如果无法对钻井液体系做 PVT 实验，那么，如果知道钻井液液相的成分，对其单相的成分存在着 PVT 的数据，就可以利用式（2）和式（3），可以在指定温度和压力条件下，对混合后钻井液体系的树密度进行计算。

$$\rho_{\text{wf}} = w(a_{1w} + b_{1w}P_1 + c_{1w}P_1{}^2) + (a_{2w} + b_{2w}P_1 + c_{2w}P_1{}^2) T_1 \tag{2}$$

$$\rho_{\text{of}} = w(a_{1o} + b_{1o}P_1 + c_{1o}P_1{}^2) + (a_{2o} + b_{2o}P_1 + c_{2o}P_1{}^2) T_1 \tag{3}$$

其中，a_{1w}，b_{1w}，c_{1w} 是水相的相关系数；同样，a_{1o}，b_{1o} 和 c_{1o} 是油相的相关系数。

利用式（4）计算在 P_1 和 T_1 的钻井液体系密度

$$\rho_{\text{mud\_f}} = \frac{\rho_{\text{oi}}f_{\text{o}} + \rho_{\text{wi}}f_{\text{w}} + \rho_{\text{s}}f_{\text{s}} + \rho_{\text{c}}f_{\text{c}}}{1 + f_{\text{o}}\left(\dfrac{\rho_{\text{oi}}}{\rho_{\text{of}}} - 1\right) + f_{\text{w}}\left(\dfrac{\rho_{\text{wi}}}{\rho_{\text{wf}}} - 1\right)} = \frac{\rho_{\text{mud\_i}}}{1 + f_{\text{o}}\left(\dfrac{\rho_{\text{oi}}}{\rho_{\text{of}}} - 1\right) + f_{\text{w}}\left(\dfrac{\rho_{\text{wi}}}{\rho_{\text{wf}}} - 1\right)} \tag{4}$$

其中，f_{s} 和 f_{c} 固相和化学物质在钻井液中的体积占比，%。

1.3　ECD 模拟

通常大部分假设钻井液是不可压缩流体。通过 ESD 的预测方法，可以对每一井段的局部泥浆密度进行更新，同时，每一段存在着摩擦压力损耗，计算摩擦压力损耗是利用 Yield-Power-Las(YPL)模型，因此，该预测方法可以应用在其他诸如宾汉，幂律模型等(表 1)。一旦确定了摩擦压力损耗，就可以通过式(5)计算 ECD。

$$ECD_j = ESD_j + \frac{\Delta P_{f,j}}{0.052 H_j} \tag{5}$$

其中，$\Delta P_{f,j}$ 为第 j 段的摩擦压力损失。

表 1   不同流变模型的参数

Fluid Type	Rheo1	Rheo2	Rheo3	Formula
Newtonian	0	Viscosity，μ	1	$\tau = \mu\gamma$
Bingham Plastic	Yield stress，YP	Plastic Viscosity，PV	1	$\tau = \tau_y + \mu\gamma$
Power-law	0	Consistency index，K	Flow behavior index，n	$\tau = K\gamma^n$
Yield Power-law	Yield stress，τ_y	Consistency index，K	Flow behavior index，n	$\tau = \tau_y + \mu\gamma^n$

2   井下微芯片实测修正模型参数

为了能够使得 VIRTUALMUD 的计算结果达到现场计算精度，采用智能微芯片技术所获取的数据对水力学模型进行修正和对比。本节介绍一下微芯片井下测量技术。

温度压力测量小球是一种检测井筒温度和压力的球状仪器。它通过自身作为数据载体，集温度、压力测量和存储为一体，通过流体或其他手段使小球进入待测井段进行数据采集，待测量完成后再通过相同方法回收小球并下载数据。小球直径为 8mm，10mm，15mm 或 20mm，密度为 1.3~2.0g/cm³，小球外观如图 5 所示。

图 5   智能微芯片温压小球样机

智能温度压力测量小球内部包含微控制器、微型温度压力传感器、微型内存、微型电池等元器件，电路主板及所有元器件均通过高温固化手段被高分子环氧树脂包裹，形成球体，固化后的小球可承受井下的高温高压，目前使用的高分子环氧树脂可确保小球可在高达150~160℃，150MPa 的井底极端环境下正常工作。

在石油钻井、完井以及生产过程中，智能微芯片小球均可作为测量工具进行井下某一区块或全井筒的温度压力参数的快速检测，诊断井下存在的问题，从而保证现场井下作业安全高效地运行。

智能微芯片温度压力测量小球在钻井作业中的工作原理图如图 6 所示，激活的小球被投入钻杆内的循环泥浆中，随着循环泥浆向下运动，经过钻头后进入环空，和泥浆、岩屑一起上返至地面。在整个井下运动的过程中，小球持续测量井下的温度、压力参数并存入其内部。在振动筛处安装有小球回收筛网，返回的智能微芯片小球可被筛网捕获，最终回收到的小球测量数据可被下载。获得的全井筒温度压力等数据可检测井筒温度、压力异常情况，可以定位钻具刺漏和断裂、漏失地层位置等。

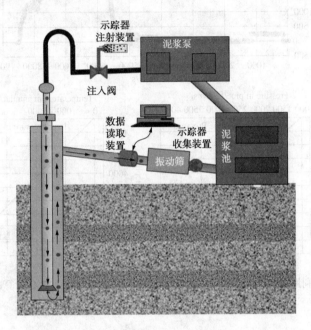

图 6　智能微芯片温度压力小球工作原理图

对南海某井进行投掷智能微芯片，利用 VIRTUALMUD 钻完井液工程软件进行跟踪计算，温度和压力计算分别结果分别如图 7、图 8 所示，分别通过微芯片所获取的温度和压力数据与 VIRTUALMUD 所计算温度和压力结果对比，表明 VIRTUALMUD 软件与实测数据非常接近，温度最大误差不超过 4℃，压力数据基本一致。

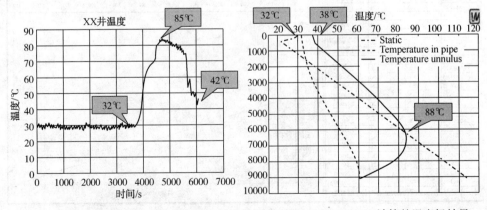

图 7　某井的利用微芯片技术所获取的温度数据和利用 VIRTUALMUD 计算的温度场结果

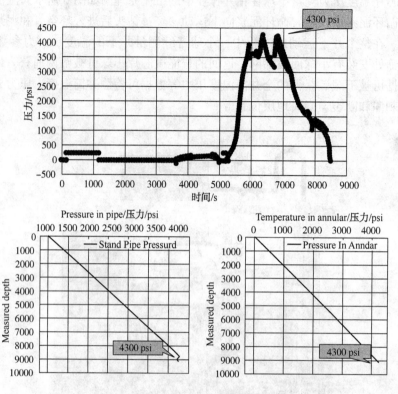

图 8　某井利用微芯片技术所获取的压力数据和利用 VIRTUALMUD 计算的压力结果

3　现场应用

VIRTUALMUD 钻完井液工程软件在位于琼东南盆地松南–宝岛凹陷凹中–近凹构造带 B 井进行应用，该井作业水深 917m，井深 4402m（斜深），相关的施工数据如图 9 和表 2 所示。利用 VIRTUALMUD 模拟结果，如图 10 和图 11 所示。

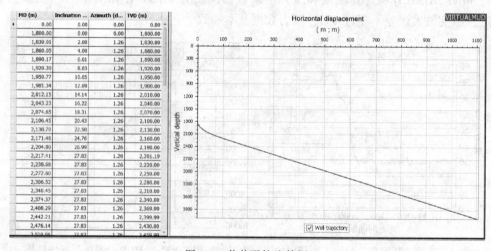

图 9　B 井井眼轨迹数据

表 2 B 井施工参数

泥浆导热系数/(ft·°F·h)	1.7	固相密度/(g/cm³)	4.2
泥浆比热容/(lbm·°F)	0.5	参考温度/°F	104
表观黏度/cP	40	泥浆入口温度/℃	20
地层导热系数/(ft·°F·h)	1.3	地表温度/℃	25
地层比热容/(lbm·°F)	0.2	地温梯度/(℃/m)	0.0419
地层密度/(lbm/ft³)	165	钻头尺寸/in	12.25
隔水管导热系数/(ft·°F·h)	20	水眼尺寸/1/32 in	3×18，5×20
隔水管比热容/(lbm·°F)	0.1	斜深/m	4402
排量/(m³/min)	4.2	水深/m	917
钻速/(m/h)	36	隔水管内径/in	21
地表泥浆密度/(lbm/gal)	10	隔水管外径/in	25
YP/Pa	14	钻杆内径和外径/in	5.5 5.8
油占比	0.0	钻铤内径和外径/in	2.75，6.25
水占比	100	井眼尺寸/in	12.25
固相占	0.16		

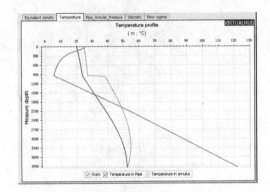

图 10　B 井温度场模拟结果

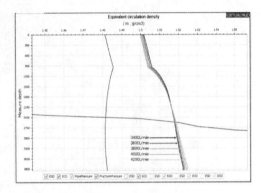

图 11　B 井 ECD 模拟结果

4　结论

对所研发的 VIRTUALMUD 水力学工程软件进一步地深入研究，并进行现场测试以及成果的显性化；经过实践，结合 COSL 钻完井液体系的独有特性，对 VIRTUALMUD 所预测结果与井下实测工具对比，结果表明，其计算精度达到国际领先水平。这标志着，由 COSL 油田化学研究院自主研发，具有自主知识产权国产化水力学工程计算软件，完全打破了国际上在该领域的技术垄断，扭转了国内钻井工程软件行业被动的局面。

参 考 文 献

[1] 赵庆，蒋宏伟，石林，等. 国内外钻井工程软件对比及对国内软件的发展建议. 石油天然气学报，
    2014，5.

[2] 张冬梅，周英操，赵庆，等. 钻井工程设计与工艺软件的发展现状. 重庆科技学院学报(自然科学版)，2012，2.

[3] 刘岩生，赵庆，蒋宏伟，等. 钻井工程软件的现状及发展趋势. 钻采工艺，2012.

[4] McMordie Jr，WC，Bland，R. G，et al. (1982，January). Effect of temperature and pressure on the density of drilling fluids. In SPE Annual Technical Conference and Exhibition. Society of Petroleum Engineers.

[5] Sorelle R，R，Jardiolin R A，Buckley P，et al. (1982，January). Mathematical field model predicts downhole density changes in static drilling fluids. In SPE Annual Technical Conference and Exhibition. Society of Petroleum Engineers.

[6] Karstad，Eirik，and Bernt S. Aadnoy. Density behavior of drilling fluids during high pressure high temperature drilling operations. IADC/SPE Asia Pacific Drilling Technology. Society of Petroleum Engineers，1998.

[7] Zamora M，Roy S，Slater K S，et al. (2013). Study on the Volumetric Behavior of Base Oils，Brines，and Drilling Fluids Under Extreme Temperatures and Pressures. SPE Drilling & Completion，28(03)，278-288.

大庆油田模块钻机钻井液循环系统改进与应用

赵 阳

(大庆钻探工程公司钻井三公司)

摘 要 目前大庆油田模块钻机仍在使用传统的钻井液循环系统，这套系统存在着人工掏砂劳动强度大、耽误工时、钻井液池占地面积大难以满足环保要求等问题。针对这种情况，通过研究对钻井液循环罐进行升级和改造，并采用自主研发卧式螺杆泵替代立式砂泵，再配合使用可拆卸的移动钻井液储集池，从而形成了一套与现有模块钻机相匹配的新型钻井液循环系统。现场应用表明，这套循环系统不仅实现了整个钻井过程中钻井液及废弃物不落地的目标，很好地保护了环境，并且避免了传统的挖坑做法，在节约挖坑成本和保护耕地的同时，还减少了人工进行清砂排砂的劳动量。研究结果表明，这套模块钻机新型循环系统为大庆油田现有模块钻机循环系统的更新升级提供了研究方向，具有广阔的应用前景。

关键词 模块钻机 循环系统 锥形罐 螺杆泵 泥浆池 环保

大庆油田目前模块钻机常用的循环系统包括钻井泵、钻井液池、钻井液槽(罐)、地面管汇、钻井液净化设备和钻井液调配设备等装置。井筒内返出的钻井液依次经过 $1^{\#}$ 和 $2^{\#}$ 循环罐，再由钻井泵泵入井内。从以往现场施工经验看，每钻一口井循环罐内的沉砂都需要工人下入泥浆罐内用铁锹把泥砂从排砂口铲出。这种方式工人劳动强度大，工作条件差，效率低，已限制了钻井技术的发展。为满足环保要求，对循环罐进行改装，将立式砂泵换成卧式螺杆泵，再配合使用可拆卸的移动储集泥浆池，从而形成一套新的钻井液循环系统，在不影响钻井液性能条件下，既保护了环境，节约了挖钻井液池成本，还减少了人工进行清砂排砂的劳动量，平均每口井能节约 $7\sim8t$ 重晶石粉，具有较好的经济效益[1,2]。

1 传统循环系统存在问题及解决方案

1.1 传统循环系统存在问题分析

大庆油田模块钻机钻井工艺按不同开次分为两个阶段，一开钻导眼，采用老浆开钻与清水自然造浆工艺，井内返出的钻井液经过地面循环沟流入砂泵池，然后经过罐上振动筛进入循环系统；二开井段从表层底部至完钻井深，按需要用各种处理剂配置泥浆以满足施工要求，井内返出的钻井液经过地面振动筛(或直接经地面循环沟)流入砂泵池，然后经过罐上振动筛进入循环系统。循环系统含有两个循环罐，其中 $1^{\#}$ 循环罐安装一套振动筛，一个搅拌器，罐内有一个沉砂锥型罐，两个隔仓，留做沉砂用；$2^{\#}$ 循环罐布有一个除砂器，罐内有两个搅拌器，两个隔板，每一个隔板仓内都会有约 $20cm$ 高的沉砂[3,4]。

这套传统循环系统存在以下几方面的问题：

(1) 钻井液池是传统循环系统中必不可少的部分，且占地面积较大，会因为挖钻井液池增加一定成本，还会造成大量土地或者耕地污染，环保性差。

(2) 整个循环过程中，$1^{\#}$ 罐内的锥形罐及 $2^{\#}$ 罐内的隔板底部会产生大量沉砂，均需要人工人罐进行清理，排入钻井液池。增加人工劳动强度的同时，还存在一定的安全隐患。

（3）传统循环系统中，泥浆罐上安装的电气电路也存在一定安全隐患，而且每次搬家的安装、架线和拆线工作量也比较大，还会造成部分电缆线损失。

（4）循环系统泥浆罐之间大部分采用泥浆槽联通，会因为密封不严或者钻井液流量大等原因，造成泥浆的跑冒滴漏，影响井场环境卫生。

1.2 解决方案

根据模块钻机循环系统存在的问题，结合现场施工技术特点，在满足钻井需求和环保要求的同时，对新循环系统的研究提出了以下设计方案：

（1）由于钻机下船底座高度受限，不能直接在井口安装钻井液不落地系统，所以对两个循环罐进行改装，达到取消地面钻井液坑、不用人工清砂排砂的目的；

（2）采用自主研发的卧式螺杆泵取代立式砂泵，配合可拆卸移动储集泥浆池的应用，实现整个施工过程中钻井液及废弃物不落地的目标。

2 新型循环系统研究

2.1 循环罐改装

如图 1 所示，传统循环系统含有两个循环罐，其中 1# 循环罐上安装有一套振动筛，一个搅拌器，罐内有一个沉砂锥型罐，两个隔仓，留做沉砂用。锥形罐底部的排淤口经常被振动筛筛出的泥砂覆盖，而使锥形罐无法排除沉砂。例如以前施工过的 P1 井，因井壁发生坍塌，振动筛清除的泥砂和岩屑填满整个锥形罐，必须每天人工清除振动筛下面的沉砂，否则会挡住锥形罐的排淤口，使锥形罐无法排淤[5]。

2# 循环罐装有一个除砂器，罐内有两个搅拌器，两个隔板，每一个隔板仓内都会有约 20cm 高的沉砂，要清除这些沉砂，必须使用搅拌器搅起部分泥砂，但泥浆罐内会有死角，死角处的沉砂无法搅起，沉砂清除率也不是很高。

所以，为了减少人工劳动强度，提高除砂效率，采用以下改进措施：(1)将 1# 循环罐内沉砂用的锥形罐取消，在 1# 罐的振动筛上安装 2 台 80 目进口筛布，组成双筛，可以将钻屑最大限度在进罐前清除掉。(2)将 2# 罐内的两个隔舱去掉，并配备 2 台除砂器，增加除砂器处理量，可将 2# 罐 80% 以上泥浆进行处理，大幅降低含砂量。(3)为保证除砂效率，提高 1# 和 2# 罐上的搅拌器下放至距离罐底更近的距离，使搅拌器充分搅动泥浆，减少沉砂死角的形成，以便立式泵将泥浆泵入下一个循环步骤。(4)在泥浆罐底部增加高压泥浆喷射枪，替换掉原有的泥浆枪，将搅拌器无法搅拌到的死角沉砂清除干净，进一步提高除砂效率。(5)在 2# 罐上增加一台除砂器，进一步降低钻井液的含砂量，改善泥浆性能。具体改装示意图如图 2 所示。

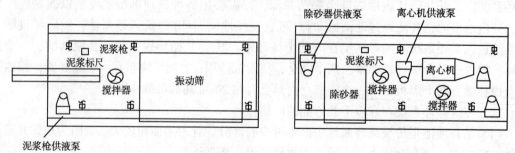

图 1 传统钻井液循环罐示意图

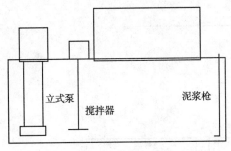
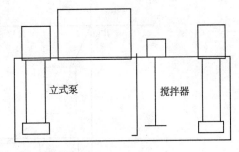

图 2　新型钻井液循环罐改造示意图

2.2　钻井液不落地系统研究

2.2.1　卧式螺杆泵改进

在现场施工过程中，传统立式砂泵存在着振动和噪声大、电能消耗高、稳定性差、维修不便等问题。针对这种情况，自主设计了一种结构简单、维修方便、备件和电能消耗少的卧式螺杆泵。安装后的效果图如图 3 所示。在现场应用时，这套卧式螺杆泵具有适应性强、流量平稳、压力脉动动小、自吸能力高、耐腐蚀、效率高、节省电能等特点，这是立式砂泵所不能替代的[6]。

2.2.2　可拆卸储集池

传统钻井液循环系统，从振动筛、除砂器和除泥器等固控设备上分离出的钻屑等废弃物会直接排放到地面钻井液池中。这种做法不仅会增加挖钻井液池的成本，更会严重污染环境。

图 3　卧式螺杆泵井场安装图

根据固控设备使用情况和井场条件，设计和焊接了 4 个可拆卸和移动的钻井液废弃物储集池，每个至少能盛放 $100m^3$ 钻井液废弃物。如图 4 所示，在振动筛下面放置 2 个储集池，除砂器和除泥器下面各放置 1 个。这样可以做到点对点式的收集、暂时储存，实现液相和固相的不落地，且地面不用挖钻井液池，产生的钻井液废弃物可以随时拉走进行处理，环保效果明显[7,8]。

3　现场应用及效果分析

改进完善后的新型循环系统 2018 年在大庆油田 X4-40-X610、B2-20-XB285 等 4 口井进行了现场应用。现场施工前，在井架与坡道之间挖一个砂泵池，池内卧入铁质收集箱，由砂泵将钻井液抽入循环导管进入缓冲池，通过螺杆泵举升到循环罐振动筛，即可实现钻井液不落地循环；如图 5 所示，在振动筛、除砂器出口的下方安装可拆卸移动的储集池，用体积小、易于迁装的可移动储集泥浆池替代地面钻井液池，由固控设备清除的废弃物直接进入可移动的泥浆池，与生产进度同步收集，然后由车辆运往集中储存处理点。这样既减小了对环境的污染，而且占地全部可以复原，最大程度减少了土地使用量、降低了钻井总成本。

在现场应用过程中，通过去掉 1# 钻井液罐中锥形罐和 2# 钻井液罐隔舱的基础上，采用在罐四

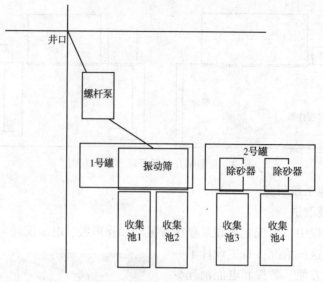

图 4　循环系统示意图

周均匀布置高压泥浆枪、加长立式泵探入深度、配备高效振动筛等技术措施,一方面解决了罐内固相的沉积,减少了人工清罐的劳动量;另一方面固相得到有效控制,钻井液中的无用固相及时清除,使钻井液性能达标。

同时,卧式螺杆泵的使用,既解决了钻井液从井内返出后落地;也改善了钻井液性能,钻井液不经过立式砂泵的抽吸而通过螺杆泵进入罐内,极大地减小了钻屑的进一步分散,泥浆性能得到改善。如表 1 所示,X4-40-X610 井钻井液性能,比使用传统循环系统的 X4-30-X611 井的钻井液性能更优异,含砂量更少,钻井液滤失量也更低。

图 5　不落地钻井液废弃物收集池

表 1　X4-40-X610 井泥浆性能

井号	井深/m	密度/(g/cm³)	黏度/s	滤失量/mL	塑性黏度/s	含砂/%
新循环系统(X4-40-X610)	200	1.25	47	3.0	16	0.8
	380	1.23	51	2.8	18	0.7
	600	1.24	50	2.6	26	0.7
	900	1.44	55	2.6	24	0.8
	1160	1.50	57	2.8	24	0.6
传统循环系统(X4-30-X611)	210	1.25	49	6	18	2
	430	1.23	51	5.2	16	1.7
	650	1.24	52	3.8	24	1.8
	920	1.43	58	3.2	26	1.6
	1160	1.49	60	3.2	24	1.5

应用新型循环系统，在施工结束后循环罐内的钻井液用泵抽走，剩下 20cm 高度，罐底沉砂很少，不用人工下罐掏砂，解决了沉砂清理问题和工人劳动强度的问题，不影响搬家和下口井使用。同时，由于去掉了锥形沉砂罐，一定程度降低了石粉沉淀造成的浪费。如表 2 所示，使用新型循环系统的试验井，平均每口井比使用传统循环系统的井节约重晶石粉 6.75t，节约成本 6 万余元。

表 2　石粉用量统计表

循环系统	井号	石粉用量/t	平均用量/t
新型循环系统	X4-40-X610	40	28.75
	B2-20-XB285	25	
	B2-20-XB283	25	
	B2-20-XBS286	25	
传统循环系统	X4-30-X611	45	35.50
	B2-10-XB2110	32	
	B2-10-XB2103	35	
	B2-10-XB2109	30	

4　结论与建议

（1）新型循环系统的使用，解决了清理沉砂问题，降低了工人劳动强度，减少了土地的使用量，达到了环境保护的目的，同时，使钻井液性能得以改善，并节约了石粉的用量，创造了一定的经济效益和社会效益，具有广阔的应用前景。

（2）现场试验也表明实施方案和设备还需进一步调整和完善，首先需要完善性价比更高的举升设备，同时钻井液加药和加重设备也需要进行改进与完善。

参 考 文 献

[1] 华北庄. 钻井液处理系统的设计[J]. 石油机械. 1992, 20(1)：42-47.
[2] 胡永建, 邹和均, 席梅卿, 等. 一种新型接钻具钻井液防溅装置[J]. 石油矿场机械. 2001, 40(5)：77-80.
[3] 卢胤锟, 赵霄. 现代石油钻井技术的新进展及发展方向[J]. 石化技术, 2016, 23(11)：213.
[4] 陈勇, 蒋祖军, 练章华, 等. 水平井钻井摩阻影响因素分析及减摩技术[J]. 石油机械, 2013, 41(9)：29-32.
[5] 张东海. 降压解卡技术在中原油田的应用[J]. 石油钻探技术, 1994, 22(4)：33-35.
[6] 王学文. 节能工作面临的形势和任务[J]. 石油石化节能. 2016, 6(11)：1-3.
[7] 彭金龙. 潜油直驱式螺杆泵技术研究与应用[J]. 石油石化节能. 2016, 6(4)：36-38.
[8] 陆树祥. 稳定砂泵扬量的改进措施[J]. 有色金属(选矿部分). 1988(06)：25-27.

作者简介：赵阳，1986 年生，2008 年毕业于西南石油大学石油工程专业，现工作于大庆钻探工程公司钻井三公司，从事钻井液管理工作，工程师，电话：15045878082，邮编：163413；E-mail：116009406@qq.com。